conecte
L I V E

CADERNO DE ESTUDOS

TÓPICOS DE
Física

RICARDO HELOU DOCA
Engenheiro eletricista formado pela Faculdade de Engenharia Industrial (FEI-SP).
Professor de Física na rede particular de ensino.

RONALDO FOGO
Licenciado em Física pelo Instituto de Física da Universidade de São Paulo.
Engenheiro metalurgista pela Escola Politécnica da Universidade de São Paulo.
Coordenador das Turmas Olímpicas de Física do Colégio Objetivo.
Vice-Presidente da IJSO *(International Junior Science Olympiad)*.

NEWTON VILLAS BÔAS
Licenciado em Física pela Universidade de São Paulo (USP).
Professor de Física na rede particular de ensino.

1

Editora Saraiva

Direção geral: Guilherme Luz
Direção editorial: Luiz Tonolli e Renata Mascarenhas
Gestão de projeto editorial: Viviane Carpegiani
Gestão e coordenação de área: Julio Cesar Augustus de Paula Santos e Juliana Grassmann dos Santos
Edição: Mateus Carneiro Ribeiro Alves e Thais Bueno de Moura
Gerência de produção editorial: Ricardo de Gan Braga
Planejamento e controle de produção: Paula Godo, Roseli Said e Marcos Toledo
Revisão: Hélia de Jesus Gonsaga (ger.), Kátia Scaff Marques (coord.), Rosângela Muricy (coord.), Ana Paula C. Malfa, Brenda T. M. Morais, Celina I. Fugyama, Cesar G. Sacramento, Daniela Lima, Gabriela M. Andrade, Maura Loria e Patricia Cordeiro
Arte: Daniela Amaral (ger.), André Gomes Vitale (coord.) e Lisandro Paim Cardoso (edição de arte)
Diagramação: Setup
Iconografia: Sílvio Kligin (ger.), Roberto Silva (coord.) e Carlos Luvizari (pesquisa iconográfica)
Licenciamento de conteúdos de terceiros: Thiago Fontana (coord.), Flavia Zambon (licenciamento de textos), Erika Ramires, Luciana Pedrosa Bierbauer e Claudia Rodrigues (analistas adm.)
Tratamento de imagem: Cesar Wolf e Fernanda Crevin
Ilustrações: CJT/Zapt, Luis Fernando R. Tucillo, Paulo C. Ribeiro e Paulo Manzi
Design: Gláucia Correa Koller (ger.), Erika Yamauchi Asato, Filipe Dias (proj. gráfico) e Adilson Casarotti (capa)
Composição de capa: Segue Pro
Foto de capa: Catalin Petolea/Shutterstock, Stocktrek Images/Getty Images

Todos os direitos reservados por Saraiva Educação S.A.
Avenida das Nações Unidas, 7221, 1º andar, Setor A –
Espaço 2 – Pinheiros – SP – CEP 05425-902
SAC 0800 011 7875
www.editorasaraiva.com.br

2018
Código da obra CL 800854
CAE 627975 (AL) / 627976 (PR)
3ª edição
1ª impressão

Impressão e acabamento: Bercrom Gráfica e Editora

Uma publicação

Apresentação

Caro estudante,

Este material foi elaborado especialmente para você, estudante do Ensino Médio que está se preparando para ingressar no Ensino Superior.

Além de todos os recursos do Conecte LIVE, como material digital integrado ao livro didático, banco de questões, acervo de simulados e trilhas de aprendizagem, você tem à sua disposição este Caderno de Estudos que o ajudará a se qualificar para as provas do Enem e de diversos vestibulares do Brasil.

O material foi estruturado para que você consiga utilizá-lo autonomamente, em seus estudos individuais além do horário escolar, ou sob orientação de seu professor, que poderá lhe sugerir atividades complementares às dos livros.

Para cada ano do Ensino Médio, há um Caderno de Estudos com uma revisão completa dos conteúdos correspondentes, atividades de aplicação imediata dos conceitos trabalhados e grande seleção de questões de provas oficiais que abordam esses temas.

No Caderno de Estudos do 3º ano, há ainda um material complementar com o qual, ao terminar de se dedicar aos conteúdos destinados a esse ano escolar, você poderá se planejar para uma retomada final do Ensino Médio! Revisões estruturadas de todos os conteúdos desse ciclo são acompanhadas de simulados, propostos para que você os resolva como se realmente estivesse participando de uma prova oficial de vestibular ou do Enem, de maneira que consiga fazer um bom uso do seu tempo.

Desejamos que seus estudos corram bem e que você tenha sucesso **Rumo ao Ensino Superior**!

Equipe Conecte LIVE!

Conheça este Caderno de Estudos

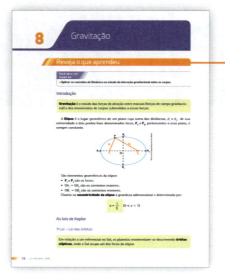

» Reveja o que aprendeu

Nesta seção, os principais conceitos de cada tópico de conteúdo do livro são apresentados de maneira resumida, para que você tenha a oportunidade de, sempre que desejar, retomar aprendizagens que vem construindo ao longo do primeiro ano do Ensino Médio.

Aplique o que aprendeu »

Depois de retomar os conceitos no **Reveja o que aprendeu**, é o momento de aplicar esses conceitos resolvendo atividades. A seção se inicia com **Exercícios resolvidos**, que trarão uma solução detalhada de uma atividade. Em seguida, haverá uma seleção de atividades para você resolver.
Ao final da seção, registre a quantidade de acertos que você teve em relação ao total de atividades. Se o seu desempenho estiver aquém de suas expectativas, verifique em quais páginas do seu livro-texto os conceitos são trabalhados e procure retomá-los, individualmente ou em grupos de estudo, dedicando mais tempo para se aprofundar neles.

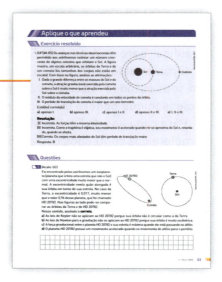

» Rumo ao Ensino Superior

Esta seção apresenta uma seleção de atividades que envolvem conteúdos estudados ao longo de todo o primeiro ano do Ensino Médio. Você encontrará questões elaboradas por nós, do Enem e de diferentes vestibulares do Brasil.

Sumário

☒ Já revi este conteúdo   ☒ Já apliquei este conteúdo

1 – Introdução à Cinemática escalar e movimento uniforme 6
- Reveja o que aprendeu 6
- Aplique o que aprendeu 12

2 – Movimento uniformemente variado 18
- Reveja o que aprendeu 18
- Aplique o que aprendeu 22

3 – Vetores e Cinemática vetorial 28
- Reveja o que aprendeu 28
- Aplique o que aprendeu 33

4 – Movimentos circulares 40
- Reveja o que aprendeu 40
- Aplique o que aprendeu 44

5 – Os princípios da Dinâmica 50
- Reveja o que aprendeu 50
- Aplique o que aprendeu 54

6 – Atrito entre sólidos 62
- Reveja o que aprendeu 62
- Aplique o que aprendeu 64

7 – Resultantes tangencial e centrípeta 70
- Reveja o que aprendeu 70
- Aplique o que aprendeu 72

8 – Gravitação 78
- Reveja o que aprendeu 78
- Aplique o que aprendeu 83

9 – Movimentos em campo gravitacional uniforme 90
- Reveja o que aprendeu 90
- Aplique o que aprendeu 93

10 – Trabalho e potência 98
- Reveja o que aprendeu 98
- Aplique o que aprendeu 101

11 – Energia mecânica e sua conservação 106
- Reveja o que aprendeu 106
- Aplique o que aprendeu 108

12 – Quantidade de movimento e sua conservação 116
- Reveja o que aprendeu 116
- Aplique o que aprendeu 119

13 – Estática dos sólidos 124
- Reveja o que aprendeu 124
- Aplique o que aprendeu 127

14 – Estática dos fluidos 136
- Reveja o que aprendeu 136
- Aplique o que aprendeu 141

Rumo ao Ensino Superior 148

Respostas 197

Significado das siglas dos vestibulares 200

1 Introdução à Cinemática escalar e movimento uniforme

Reveja o que aprendeu

Você deve ser capaz de:
- Reconhecer conceitos básicos para a análise de movimento, em especial o uniforme.
- Representar graficamente variáveis de movimento uniforme em função do tempo.

Introdução

Cinemática é a parte da Mecânica que estuda os movimentos de maneira descritiva, sem se preocupar com as causas que produzem e modificam esses movimentos.

Na **Cinemática escalar** são estudadas as grandezas velocidade e aceleração de forma escalar, isto é, levando em conta apenas seu valor numérico.

Localização no tempo

A medição do tempo pode ser feita por meio das repetições de qualquer fenômeno periódico, como o número de luas cheias, de rotações da Terra, de oscilações de um pêndulo simples ou dos giros de um ponteiro de relógio. No SI, o tempo tem por unidade o segundo (s).

Definimos **instante**, t, em uma escala temporal como um número real dessa escala capaz de "posicionar" um fato ou evento.
Define-se **origem dos tempos**, $t_0 = 0$, como o instante em que se inicia a contagem dos tempos.
Define-se **intervalo de tempo**, Δt, como a diferença entre o instante final e o instante inicial:

$$\Delta t = t_{final} - t_{inicial}$$

Referencial

O posicionamento requer um **referencial** que, matematicamente, pode ser constituído por um sistema de eixos cartesianos **x** (abscissas), **y** (ordenadas) e **z** (cotas ou alturas), perpendiculares entre si e com origens coincidentes.

Repouso e movimento

Um ponto material está em **movimento** em relação a um referencial quando pelo menos uma de suas coordenadas de posição em relação a esse referencial varia com o passar do tempo.
Um ponto material está em **repouso** em relação a um referencial quando suas coordenadas de posição em relação a esse referencial permanecem invariáveis com o passar do tempo.

Os conceitos de movimento e repouso são **simétricos**, isto é, se uma partícula **A** está em repouso (ou em movimento) em relação a uma partícula **B**, então **B** também estará em repouso (ou em movimento) em relação a **A**.

Conceito de trajetória

Trajetória é a linha constituída, durante certo intervalo de tempo, pelo conjunto das posições sucessivas de uma partícula em relação a um determinado referencial.

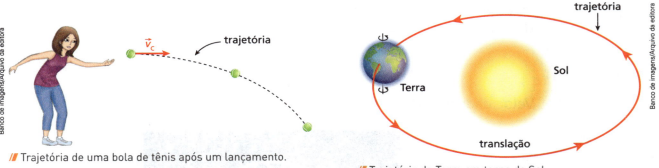

// Trajetória de uma bola de tênis após um lançamento.

// Trajetória da Terra em torno do Sol.

Coordenada de posição: espaço

O **espaço**, que pode ser representado por s ou x, é uma coordenada de posição – positiva ou negativa – que permite localizar uma partícula em uma trajetória pré-conhecida.

No SI, o espaço é expresso em metros (m).
A seguir, estão relacionadas algumas unidades frequentes e suas correlações com o metro:
- 1 m = 100 cm = 10^2 cm
- 1 km = 1 000 m = 10^3 m
- 1 mi ≅ 1,61 km

Variação de espaço e distância percorrida

Se $s_{inicial}$ corresponde à posição de uma partícula no tempo $t_{inicial}$ e s_{final} à posição da partícula no tempo t_{final}, a **variação de espaço** (Δs) entre $t_{inicial}$ e t_{final} é determinada por:

$$\Delta s = s_{final} - s_{inicial}$$

Assim, a variação de espaço (Δs) é a diferença entre o espaço final (s_{final}) e o espaço inicial ($s_{inicial}$).
A **distância percorrida** D é definida como o somatório dos módulos de todas as variações de espaço ocorridas no intervalo de tempo considerado, independentemente do sentido do movimento.

$$D = \Sigma \,|\Delta s_{ida}| + \Sigma \,|\Delta s_{volta}|$$

Função horária do espaço

Uma função do tipo $s = f(t)$ é denominada **função horária do espaço** e estabelece uma relação entre espaço e tempo, isto é, atribuindo-se um valor para o tempo, determina-se o correspondente valor do espaço e vice-versa.

Velocidade escalar média

Define-se **velocidade escalar média**, v_m, como a relação entre a variação de espaço, Δs, e o intervalo de tempo correspondente, Δt.

$$v_m = \frac{\Delta s}{\Delta t}$$

No Sistema Internacional (SI), utilizamos o **metro por segundo (m/s)** como unidade de velocidade e, frequentemente, usamos também a unidade **quilômetro por hora (km/h)**. Para transformar uma velocidade em metro por segundo para quilômetro por hora, ou vice-versa, utilizamos a seguinte relação:

$$3{,}6 \text{ km/h} = 1 \text{ m/s}$$

Velocidade escalar instantânea

Define-se **velocidade escalar instantânea**, v, como o valor da velocidade escalar em determinado instante, t.

$$v = \lim_{\Delta t \to 0} \frac{\Delta s}{\Delta t}$$

Aceleração escalar média e instantânea

Define-se **aceleração escalar média**, α_m, como a relação entre a variação da velocidade escalar instantânea, Δv, e o correspondente intervalo de tempo, Δt.

$$\alpha_m = \frac{\Delta v}{\Delta t}$$

A **aceleração escalar instantânea**, α, é o valor da aceleração escalar em determinado instante t. Matematicamente:

$$\alpha = \lim_{\Delta t \to 0} \frac{\Delta v}{\Delta t}$$

A unidade de aceleração no Sistema Internacional de unidades (SI) é o **metro por segundo ao quadrado (m/s²)**, pois:

$$\frac{\left(\frac{m}{s}\right)}{(s)} = \left(\frac{m}{s \cdot s}\right) = \left(\frac{m}{s^2}\right)$$

Classificação dos movimentos

Quando o movimento ocorre no sentido positivo da trajetória, a velocidade escalar instantânea é positiva e o classificamos como movimento **progressivo**.

Mas, quando o movimento ocorre no sentido negativo da trajetória, a velocidade escalar instantânea é negativa e o classificamos como movimento **retrógrado**.

> Um movimento é classificado como **acelerado** quando o módulo da velocidade escalar instantânea é sucessivamente crescente.

Nesse caso a velocidade escalar e a aceleração escalar têm o **mesmo sinal**, e podem ser ambas positivas ou ambas negativas. Veja os exemplos:

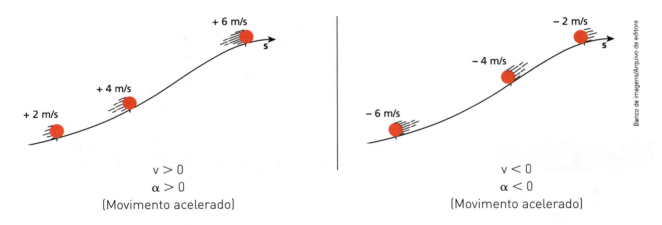

> Um movimento é classificado como **retardado** quando o módulo da velocidade escalar instantânea é sucessivamente decrescente.

Nesse caso, a velocidade escalar e a aceleração escalar têm **sinais contrários**. Veja os exemplos:

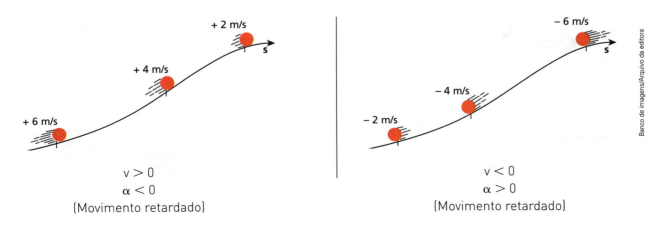

1 | INTRODUÇÃO À CINEMÁTICA ESCALAR E MOVIMENTO UNIFORME

Definição de movimento uniforme

Denomina-se **movimento uniforme** (MU) (em qualquer trajetória) todo aquele em que a velocidade escalar permanece constante (não nula).
v = constante ≠ 0
Nos movimentos uniformes, a **aceleração escalar** é **nula**.

De fato: $\alpha = \dfrac{\Delta v}{\Delta t}$

Se $\Delta v = 0 \Rightarrow \alpha = 0$

Função horária do espaço

$$s = s_0 + vt$$

Sendo:
- s_0 é o espaço em $t_0 = 0$, ou seja, o espaço inicial;
- v é a velocidade escalar;
- s é o espaço num instante t qualquer.

Diagramas horários no movimento uniforme

A seguir, temos as representações gráficas dos movimentos uniformes progressivos para $s_0 < 0$, $s_0 = 0$ e $s_0 > 0$.

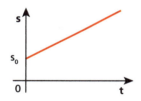

Movimento uniforme progressivo, com espaço inicial positivo:

$s_0 > 0$ $v > 0$

Movimento uniforme progressivo, com espaço inicial nulo:

$s_0 = 0$ $v > 0$

Movimento uniforme progressivo, com espaço inicial negativo:

$s_0 < 0$ $v > 0$

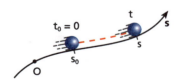

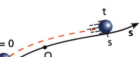

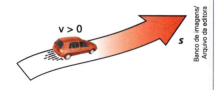

Na figura abaixo, temos as representações gráficas dos movimentos uniformes retrógrados para $s_0 < 0$, $s_0 = 0$ e $s_0 > 0$.

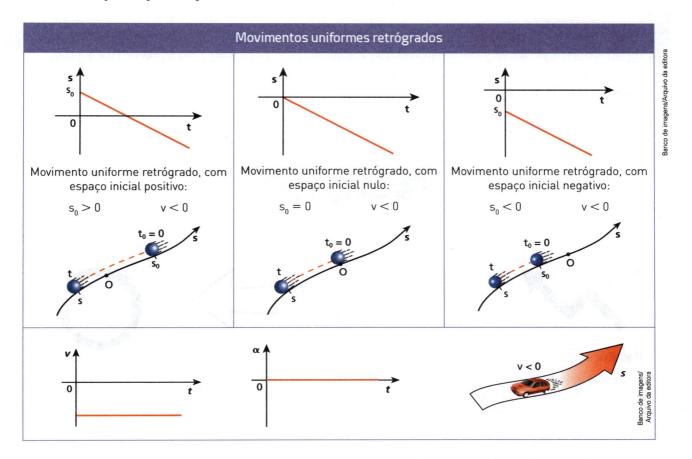

Propriedade do gráfico da velocidade escalar em função do tempo

A figura abaixo mostra o gráfico da velocidade escalar (v) em função do tempo (t) de um móvel em movimento uniforme.

A região destacada na figura é um retângulo, cuja base representa o intervalo de tempo Δt entre t_1 e t_2 e a altura representa a velocidade escalar v.

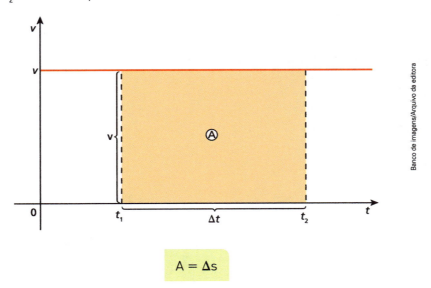

$$A = \Delta s$$

Aplique o que aprendeu

Exercícios resolvidos

1. (EEAR-SP) O avião identificado na figura voa horizontalmente da esquerda para a direita. Um indivíduo no solo observa um ponto vermelho na ponta da hélice. Qual figura melhor representa a trajetória de tal ponto em relação ao observador externo?

a)  b) 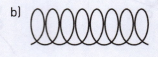 c)  d)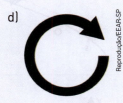

Resolução:

Se pensarmos em um ponto na hélice com o avião parado, teremos um movimento circular; agora, imaginando que o avião começa a se movimentar da esquerda para a direita, um observador no solo verá o ponto se deslocar para a direita e ao mesmo tempo realizar um movimento helicoidal.

Resposta: B

2. (UPF-RS) Considerando as informações apresentadas, assinale a alternativa que indica o pássaro mais veloz.
a) Beija-flores voam a aproximadamente 88 km/h.
b) Gaivotas voam a aproximadamente 50 m/s.
c) Faisões voam a aproximadamente 1,6 km/min.
d) Pardais voam a aproximadamente 583 m/min.
e) Perdizes voam a aproximadamente 100 cm/s.

Resolução:

Transformando as velocidades num mesmo sistema de unidades:

$$88 \frac{km}{h} = \frac{88}{3,6} \frac{m}{s} = 24,44 \text{ m/s}$$

$$1,6 \frac{km}{min} = \frac{1600}{60} \frac{m}{s} = 26,67 \text{ m/s}$$

$$583 \frac{m}{min} = \frac{583}{60} \frac{m}{s} = 9,72 \text{ m/s}$$

$$100 \frac{cm}{s} = 1 \text{ m/s}$$

Nota-se que a maior velocidade é das gaivotas, que voam a aproximadamente 50 m/s.

Resposta: B

Questões

1. (Unicamp-SP)

Em 2016 foi batido o recorde de voo ininterrupto mais longo da história. O avião Solar Impulse 2, movido a energia solar, percorreu quase 6 480 km em aproximadamente 5 dias, partindo de Nagoya no Japão até o Havaí nos Estados Unidos da América.
A velocidade escalar média desenvolvida pelo avião foi de aproximadamente

a) 54 km/h   b) 15 km/h   c) 1 296 km/h   d) 198 km/h

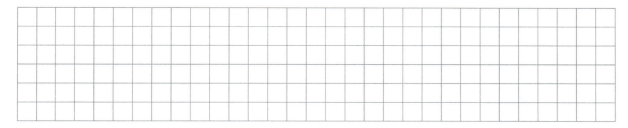

2. (Uerj)

O rompimento da barragem de contenção de uma mineradora em Mariana (MG) acarretou o derramamento de lama contendo resíduos poluentes no rio Doce. Esses resíduos foram gerados na obtenção de um minério composto pelo metal de menor raio atômico do grupo 8 da tabela de classificação periódica. A lama levou 16 dias para atingir o mar, situado a 600 km do local do acidente, deixando um rastro de destruição nesse percurso. Caso alcance o arquipélago de Abrolhos, os recifes de coral dessa região ficarão ameaçados.

Com base nas informações apresentadas no texto, a velocidade média de deslocamento da lama, do local onde ocorreu o rompimento da barragem até atingir o mar, em km/h, corresponde a:

a) 1,6   b) 2,1   c) 3,8   d) 4,6

3. (Vunesp)

A unha da mão humana cresce uniformemente 1,0 cm a cada 100 dias. Então o módulo de sua velocidade de crescimento, em mm/dia, tem ordem de grandeza igual a:

a) 10^{-5} b) 10^{-4} c) 10^{-3} d) 10^{-2} e) 10^{-1}

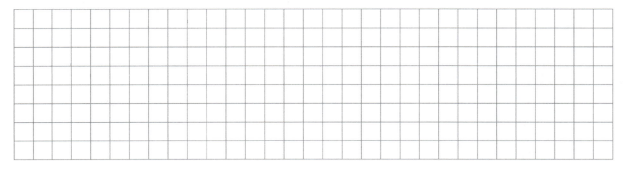

4. (Olimpíada Brasileira de Ciências)
Numa corrida de automóvel, o primeiro colocado completou as 60 voltas do percurso em 1,0 h 25 min. Tendo cada volta 5,1 km, pode-se afirmar que a velocidade escalar média do vencedor, durante a realização da prova, foi em módulo igual a:

a) 166 km/h b) 216 km/h c) 236 km/h d) 256 km/h e) 276 km/h

5. (Vunesp)
O agente de uma estação ferroviária consegue avistar o trem quando este entra em uma trajetória reta, a 1 200 m de distância de seu posto de trabalho na estação. Ao ver o trem, o agente deve se dirigir, na direção de onde vem o trem, até a cancela, a 200 m, para bloquear a passagem de nível e impedir o trânsito local até que a composição passe. Sabendo-se que, no trecho reto, o trem se move com velocidade constante de módulo 10 m/s, a velocidade escalar mínima constante que o agente deve desenvolver até a cancela é de

a) 1,0 m/s b) 1,5 m/s c) 2,0 m/s d) 2,5 m/s e) 4,0 m/s

6. (Escola Naval)

Um motorista faz uma viagem da cidade A até a cidade B. O primeiro um terço do percurso da viagem ele executa com uma velocidade escalar média de 50 km/h. Em um segundo trecho, equivalente à metade do percurso, ele executa com uma velocidade escalar média de 75 km/h e o restante do percurso faz com velocidade escalar média de 25 km/h. Se a velocidade escalar média do percurso todo foi de 48 km/h, é correto afirmar que, se a distância entre as cidades A e B for de 600 km, então o motorista ficou parado por:

a) 0,5 h   b) 1,0 h   c) 1,5 h   d) 2,0 h   e) 2,5 h

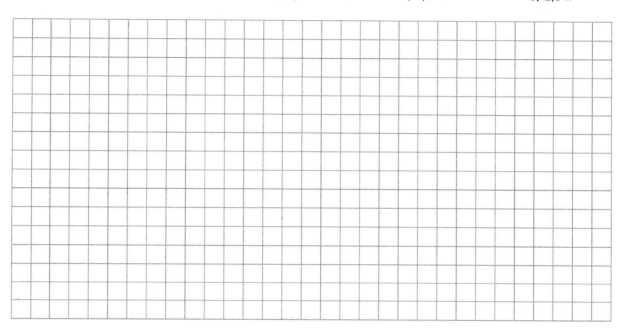

7. (Unesp-SP)

O limite máximo de velocidade para veículos leves na pista expressa da Av. das Nações Unidas, em São Paulo, foi recentemente ampliado de 70 km/h para 90 km/h. O trecho dessa avenida conhecido como Marginal Pinheiros possui extensão de 22,5 km. Comparando-se os limites antigo e novo de velocidades, a redução máxima de tempo que um motorista de veículo leve poderá conseguir ao percorrer toda a extensão da Marginal Pinheiros pela pista expressa, nas velocidades máximas permitidas, será de, aproximadamente,

a) 1 minuto e 7 segundos.   c) 3 minutos e 45 segundos.   e) 4 minutos e 17 segundos.
b) 4 minutos e 33 segundos.   d) 3 minutos e 33 segundos.

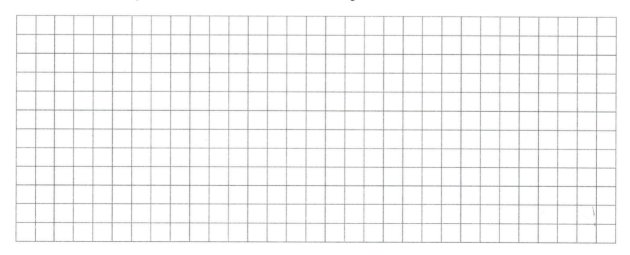

8. (UPE)

Uma viagem do Nordeste do Brasil até Ruanda, na África, é proposta da seguinte forma: decola-se um helicóptero e, ficando em suspensão no ar em baixa altitude, espera-se a Terra girar para pousar em solo africano. Sobre essa proposta, desprezando os efeitos de correntes de ar externas sobre o helicóptero, assinale a alternativa **CORRETA**.

a) É possível de ser realizada, mas é evitada por causa do longo tempo de viagem, que é de aproximadamente 24 horas.
b) É possível de ser realizada, mas é evitada porque o helicóptero mudaria sua latitude atingindo, na verdade, a Europa.
c) É impossível de ser realizada, uma vez que o helicóptero, ao decolar, possui aproximadamente a mesma velocidade de rotação da Terra, ficando no ar, sempre acima da mesma região no solo.
d) É impossível de ser realizada, por causa do movimento de translação da Terra.
e) É impossível de ser realizada porque violaria a irreversibilidade temporal das equações do movimento de Newton.

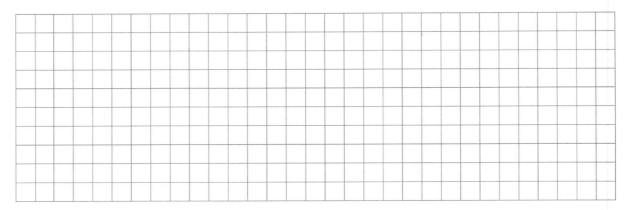

9. (Uern)

Um garoto que se encontra em uma quadra coberta solta um balão com gás hélio e este passa a se deslocar em movimento retilíneo uniforme com velocidade de 2 m/s. Ao atingir o teto da quadra, o balão estoura e o som do estouro atinge o ouvido do garoto 5,13 s após ele o ter soltado. Se o balão foi solto na altura do ouvido do garoto, então a distância percorrida por ele até o instante em que estourou foi de (Considere a velocidade do som = 340 m/s.)

a) 8,6 m.   b) 9,1 m.   c) 10,2 m.   d) 11,4 m.

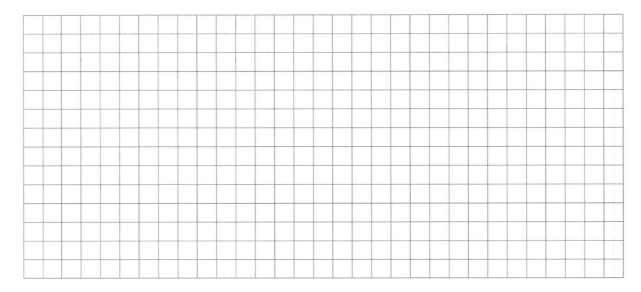

10. (UEFS-BA)

Em uma manhã, Pedro sai de casa para trabalhar e caminha, em movimento uniforme, por uma rua retilínea até perceber que esqueceu um documento importante em casa. Imediatamente ele inverte o sentido de seu movimento e retorna pelo mesmo caminho, também em movimento uniforme. No caminho de volta, cruza com seu irmão Paulo, que caminhava pela mesma rua e partira da mesma casa, um pouco mais tarde que Pedro, também em movimento uniforme. O gráfico que representa a posição (s) dos dois irmãos, em função do tempo (t), desde a partida de Pedro, está corretamente representado em

a)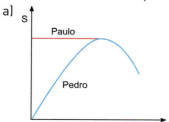

d)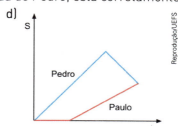

b)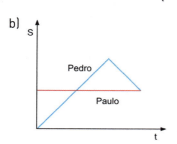

e)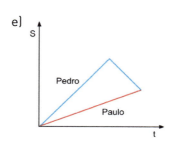

c)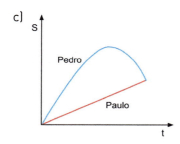

2 Movimento uniformemente variado

Reveja o que aprendeu

Você deve ser capaz de:
- Reconhecer conceitos básicos para a análise de movimento uniformemente variado.
- Representar graficamente variáveis de movimento uniformemente variado em função do tempo.

Introdução

Denomina-se **movimento uniformemente variado** (em qualquer trajetória) todo aquele em que a velocidade escalar varia uniformemente com o passar do tempo, isto é, sofre variações iguais em intervalos de tempo iguais.

// Um corpo lançado verticalmente para cima realiza, durante a subida, um MUV retardado.

// Um corpo de aço solto de determinada altura realiza, durante a queda, um MUV acelerado.

A figura abaixo compara os movimentos uniforme, uniformemente acelerado e uniformemente retardado.

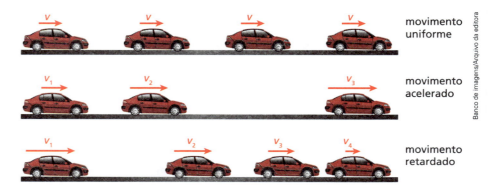

Função horária da velocidade escalar

A expressão que fornece a velocidade escalar *v* num instante *t* qualquer do movimento é denominada **função horária da velocidade escalar**.

Observe que essa função é do primeiro grau.

$$v = v_0 + \alpha t$$

Em que:
- *v* é a velocidade escalar no instante *t*;
- v_0 é a velocidade em $t_0 = 0$, ou seja, a velocidade inicial;
- s_0 é o espaço em $t_0 = 0$, ou seja, o espaço inicial;
- α é a aceleração escalar.

Gráfico da velocidade escalar em função do tempo

A seguir, temos as representações gráficas *v* × *t*, quando a aceleração escalar é positiva, para $v_0 < 0$, $v_0 = 0$ e $v_0 > 0$.

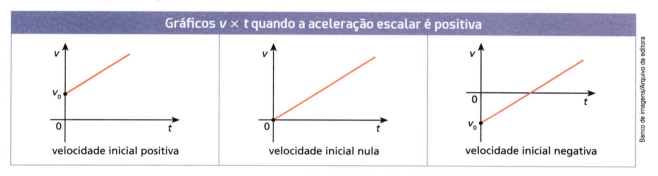

Em seguida, temos as representações gráficas *v* × *t*, quando a aceleração escalar é negativa, para $v_0 < 0$, $v_0 = 0$ e $v_0 > 0$.

Gráfico da aceleração escalar em função do tempo

Em um movimento uniformemente variado (MUV), a aceleração escalar é constante e diferente de zero, e pode ser positiva e negativa.

aceleração escalar positiva

aceleração escalar negativa

Propriedade do gráfico da aceleração escalar em função do tempo

Considere um movimento uniformemente variado (MUV) com aceleração escalar (α) positiva. A figura a seguir mostra o gráfico $\alpha \times t$.

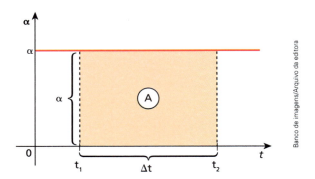

Dizemos, então, que a área A, em destaque na imagem, delimitada pela aceleração α e pelos instantes t_1 e t_2, é uma medida da variação de velocidade escalar da partícula.

$$A = \Delta v$$

Propriedade média da velocidade escalar

Considere um gráfico $v \times t$, de uma partícula com aceleração escalar positiva e $v_0 > 0$.
Observe que a área A abaixo do gráfico, entre t_1 e t_2, é numericamente igual à variação do espaço.

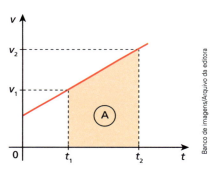

$$A \cong \Delta s = s_2 - s_1$$

Se v_1 corresponde à velocidade escalar do móvel no instante t_1 e v_2 corresponde à velocidade escalar do móvel no instante t_2, a velocidade escalar média pode ser calculada por:

$$v_m = \frac{v_2 + v_1}{2}$$

Função horária do espaço

A equação horária dos espaços de um móvel em MUV é dada por:

$$s = s_0 + v_0 t + \frac{\alpha}{2} t^2$$

Mas também podemos escrever da seguinte forma:

$$\Delta s = v_0 t + \frac{\alpha}{2} t^2$$

Note que essa função é quadrática, descrita por um polinômio do **segundo grau**.

Gráfico do espaço em função do tempo

Considere as representações gráficas $s \times t$, quando $\alpha > 0$.

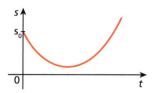 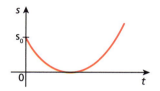 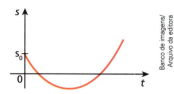

Em seguida, temos as representações gráficas $s \times t$, quando $\alpha < 0$.

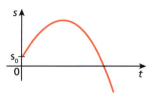 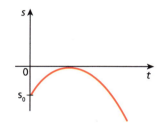 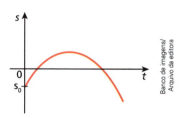

Equação de Torricelli

A equação de Torricelli é uma equação do movimento uniformemente variado (MUV) que permite determinar a velocidade de um móvel sem que o tempo seja conhecido.

$$v^2 = v_0^2 + 2\alpha \Delta s$$

Queda livre e lançamento vertical para cima

Nas proximidades do solo, independentemente de suas massas, formas ou materiais, todos os corpos em **queda livre** caem verticalmente com a mesma aceleração: **a aceleração da gravidade**, g.

Para calcular o deslocamento escalar desse corpo utilizamos a equação:

$$\Delta s = \frac{g}{2} t^2$$

Para o cálculo do tempo de subida utilizamos a equação:

$$T = \frac{v_0}{g}$$

E para encontrar a altura máxima:

$$H_{máx} = \frac{v_0^2}{2g}$$

Aplique o que aprendeu

Exercícios resolvidos

1. (EFOMM-RJ) Um trem deve partir de uma estação A e parar na estação B, distante 4 km de A. A aceleração e a desaceleração podem ser, no máximo, de 5,0 m/s², e a maior velocidade que o trem atinge é de 72 km/h. O tempo mínimo para o trem completar o percurso de A a B é, em minutos, de:

a) 1,7 b) 2,0 c) 2,5 d) 3,0 e) 3,4

Resolução:

Primeiro, vamos transformar o valor da velocidade máxima para unidades de m/s: $v_{máx} = 72$ km/h $= 20$ m/s

(I) Cálculo do tempo necessário para o trem atingir a velocidade máxima:

$$\alpha = \frac{\Delta v}{\Delta t_1} \Rightarrow 5 = \frac{20 - 0}{\Delta t_1} \Rightarrow \Delta t_1 = 4 \text{ s}$$

(II) Cálculo da distância percorrida pelo trem até atingir a velocidade máxima:

$$v^2 = v_0^2 + 2\alpha\Delta s_1 \Rightarrow 20^2 = 0^2 + 2 \cdot 5 \cdot \Delta s_1 \Rightarrow \Delta s_1 = 40 \text{ m}$$

(III) Depois de atingida a velocidade máxima, no trecho final o trem gastará o mesmo tempo e percorrerá a mesma distância até parar. Logo: $\Delta t_3 = 4$ s e $\Delta s_3 = 40$ m

(IV) Para o trecho intermediário, o trem deve desenvolver uma velocidade constante igual à máxima para que o tempo de percurso seja mínimo. Desse modo: $\Delta s_2 = 4000 - 2 \cdot 40 = 3920$ m

$$v = \frac{\Delta s_2}{\Delta t_2} \Rightarrow 20 = \frac{3920}{\Delta t_2} \Rightarrow \Delta t_2 = 196 \text{ s}$$

Assim, o tempo total do percurso será: $\Delta t = \Delta t_1 + \Delta t_2 + \Delta t_3 = (4 + 196 + 4)$s $= 204$ s $\Rightarrow \Delta t = 3,4$ min

Resposta: E

2. (PUC-PR) Um automóvel parte do repouso em uma via plana, onde desenvolve movimento retilíneo uniformemente variado. Ao se deslocar 4,0 m a partir do ponto de repouso, ele passa por uma placa sinalizadora de trânsito e, 4,0 s depois, passa por outra placa sinalizadora 12 m adiante. Qual a aceleração desenvolvida pelo automóvel?

a) 0,50 m/s². b) 1,0 m/s². c) 1,5 m/s². d) 2,0 m/s². e) 3,0 m/s².

Resolução:

Analisando o movimento do automóvel em cada instante, temos:

No instante 0: $\begin{cases} v_0 = 0 \\ t_0 = 0 \\ \Delta S_0 = 0 \end{cases}$ No instante 1: $\begin{cases} v_1 \\ t_1 = t \\ \Delta S_1 = 4 \text{ m} \end{cases}$ No instante 2: $\begin{cases} v_2 \\ t_2 = t + 4 \\ \Delta S_2 = 16 \text{ m} \end{cases}$

A partir daí podemos encontrar expressões matemáticas que representam as velocidades nos dois intervalos.

De 0 a 1, temos que: $v_1^2 = v_0^2 + 2 \cdot \alpha \cdot \Delta S_1 \Rightarrow v_1 = \sqrt{2 \cdot \alpha \cdot \Delta S_1}$

De 0 a 2, temos que: $v_2^2 = v_0^2 + 2 \cdot \alpha \cdot \Delta S_2 \Rightarrow v_2 = \sqrt{2 \cdot \alpha \cdot \Delta S_2}$

Mas $v_2 = v_1 + \alpha \cdot \Delta t$, onde $\Delta t = t_2 - t_1 = 4$s. Então:

$$\sqrt{2 \cdot \alpha \cdot \Delta S_2} = \sqrt{2 \cdot \alpha \cdot \Delta S_1} + \alpha \cdot \Delta t \Rightarrow \alpha \cdot \Delta t = \sqrt{2 \cdot \alpha} \cdot \left(\sqrt{\Delta S_2} - \sqrt{\Delta S_1}\right)$$

$$\alpha^2 \cdot 4^2 = 2 \cdot \alpha \cdot \left(\sqrt{4} - \sqrt{16}\right)^2 \Rightarrow \alpha = \frac{8}{16} = 0,5 \text{ m/s}^2$$

Resposta: A

Questões

1. (OBF)

Ainda no campo da "energia limpa", o Brasil experimentou um crescimento enorme na utilização da energia eólica, principalmente no Rio Grande do Sul, Rio Grande do Norte, Bahia e Ceará. Um aerogerador é um imenso cata-vento como podemos notar na imagem abaixo, em que homens aparecem fazendo a manutenção desse equipamento.

Ao liberar a movimentação das hélices do aerogerador, demora um bom intervalo de tempo para que a força do vento faça a hélice ganhar velocidade de trabalho e assim desenvolver um movimento uniforme.

Digamos que, em certo dia, no complexo eólico de Tianguá (CE), uma hélice de um aerogerador, partindo do repouso, levou 2,0 minutos para atingir a velocidade de trabalho. Esse processo ocorreu em movimento uniformemente variado, com as extremidades das pás da hélice sob uma aceleração escalar de 0,05 m/s². Determine qual a distância percorrida por uma dessas extremidades durante esses 2,0 minutos de movimento acelerado.
a) 360 m
b) 380 m
c) 400 m
d) 720 m

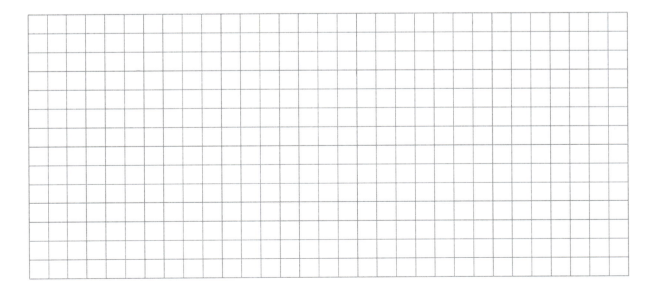

2. A Prefeitura de São Paulo realizou recentemente estudos que justificassem uma nova política de aumento da velocidade máxima permitida nas vias expressas que contornam a cidade, as marginais *Tietê* e *Pinheiros*. Por fim, deliberou-se pelo aumento dessa velocidade de 70,0 km/h para 90,0 km/h.

A imagem e a tabela abaixo foram extraídas do documento da CET (Companhia de Engenharia de Tráfego), anexado aos estudos citados. Essas informações revelam que a distância total percorrida por um motorista a fim de parar completamente seu veículo é dada pela soma da distância percorrida até que ele reaja*, com o deslocamento durante a frenagem propriamente dita.

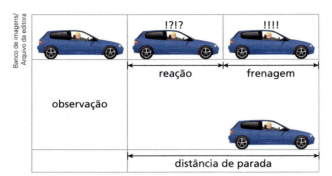

Velocidade (km/h)	Distância percorrida durante o tempo de reação (m)
50,0	9,72
60,0	11,7
72,0	14,0
80,0	15,6
90,0	17,5

*O tempo de reação de um ser humano pode ser definido como o lapso temporal existente entre a geração de um estímulo sensorial (visual, auditivo...) e uma ação motora. O tempo médio de reação de uma pessoa jovem e saudável compreende-se entre 0,15 s e 0,45 s. Esse é basicamente o intervalo de tempo para que o cérebro processe as informações que estão chegando até ele e defina uma ação muscular a ser adotada.

Considerando-se os dados da tabela e um aumento da velocidade-limite nas marginais de 72,0 km/h (valor pouco acima do nominal, de 7,0 km/h) para 90,0 km/h, determine a distância adicional de parada para um veículo no segundo caso em relação ao primeiro. Admita que nas duas situações – a antiga e a atual – o veículo seja detido durante o retardamento com aceleração escalar constante de módulo 5,0 m/s².

3. (Acafe-SC)

O motorista de uma van quer ultrapassar um caminhão, em uma estrada reta, que está com velocidade constante de módulo 20 m/s. Para isso, aproxima-se com a van, ficando atrás, quase com a van encostada no caminhão, com a mesma velocidade desse. Vai para a esquerda do caminhão e começa a ultrapassagem, porém, neste instante avista um carro distante 180 metros do caminhão. O carro vem no sentido contrário com velocidade constante de módulo 25 m/s. O motorista da van, então, acelera a taxa de 8 m/s².

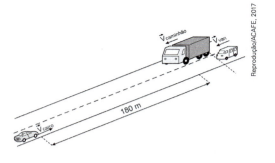

Os comprimentos dos veículos são: caminhão = 10 m; van = 6 m e carro = 4,5 m.
Analise as afirmações a seguir.
I. O carro demora 4 s para estar na mesma posição, em relação à estrada, do caminhão.
II. A van levará 4 s para ultrapassar completamente o caminhão e irá colidir com o carro.
III. A van conseguirá ultrapassar o caminhão sem se chocar com o carro.
IV. A van percorrerá 56 m da estrada para ultrapassar completamente o caminhão.
Todas as afirmativas estão corretas em:
a) II – III   b) III – IV   c) I – III – IV   d) I – II – III

4. O segundo brasileiro a ganhar uma medalha de ouro olímpica foi Joaquim Cruz, em 1984, na prova de 800 m. Ele ficou no segundo lugar por quase toda a prova, mantendo velocidade escalar constante de 7,0 m/s, permanentemente a 4,0 m de distância do queniano Edwin Koech. Ao adentrar a reta final, Cruz imprimiu uma aceleração escalar constante de 0,5 m/s², o que lhe garantiu a vitória, enquanto Koech só conseguiu manter sua velocidade escalar.

Com base nessas informações, responda:
a) Quanto tempo *T* Cruz gastou desde a sua condição de segundo colocado até emparelhar-se com Koech?
b) Em relação à pista, qual foi o deslocamento *D* de Cruz durante esse intervalo de tempo *T*?
c) Qual a intensidade *V* da velocidade de Cruz ao emparelhar-se com Koech?

5. (EEAR-SP)

A posição (x) de um móvel em função do tempo (t) é representada pela parábola no gráfico ao lado.

Durante todo o movimento o móvel estava sob uma aceleração constante de módulo igual a 2 m/s². A posição inicial desse móvel, em m, era

a) 0   c) 15
b) 2   d) −8

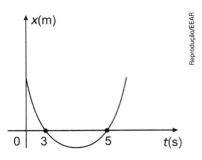

6. (PUC-PR)

O gráfico a seguir mostra como varia a velocidade de um atleta em função do tempo para uma prova de 200 m [...] Para médias e longas distâncias, a velocidade média do atleta começa a decrescer à medida que a distância aumenta, pois o suprimento de O_2 começa a diminuir, tornando-se insuficiente para a demanda. O atleta inicia seu esgotamento de O_2 entre 200 m e 400 m.

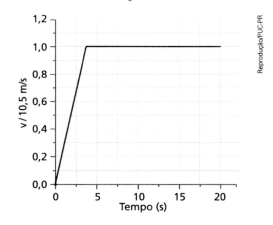

De acordo com as informações, o tempo necessário para completar uma prova de 200 m é de aproximadamente

a) 13 s.   b) 17 s.   c) 21 s.   d) 25 s.   e) 29 s.

7. (PUC-PR)

Considere os dados a seguir.

O guepardo é um velocista por excelência. O animal mais rápido da Terra atinge uma velocidade máxima de cerca de 110 km/h. O que é ainda mais notável: leva apenas três segundos para isso. Mas não consegue manter esse ritmo por muito tempo; a maioria das perseguições é limitada a menos de meio minuto, pois o exercício anaeróbico intenso produz um grande débito de oxigênio e causa uma elevação abrupta da temperatura do corpo (até quase 41 °C perto do limite letal). Um longo período de recuperação deve se seguir. O elevado gasto de energia significa que o guepardo deve escolher sua presa cuidadosamente, pois não pode se permitir muitas perseguições infrutíferas.

ASHCROFT, Francis. A Vida no Limite – A ciência da sobrevivência. Jorge Zahar Editor, Rio de Janeiro, 2001.

Considere um guepardo que, partindo do repouso com aceleração constante, atinge 108 km/h após três segundos de corrida, mantendo essa velocidade nos oito segundos subsequentes. Nesses onze segundos de movimento, a distância total percorrida pelo guepardo foi de

a) 180 m. b) 215 m. c) 240 m. d) 285 m. e) 305 m.

8. (Uerj)

Um carro se desloca ao longo de uma reta. Sua velocidade varia de acordo com o tempo, conforme indicado no gráfico.

A função que indica o deslocamento do carro em relação ao tempo t é:

a) $5t - 0,55t^2$
b) $5t + 0,625t^2$
c) $20t - 1,25t^2$
d) $20t + 2,5t^2$

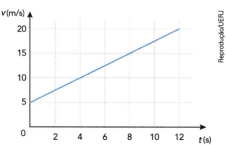

3 Vetores e Cinemática vetorial

Reveja o que aprendeu

Você deve ser capaz de:
▶ Utilizar adequadamente vetores na representação do movimento.

Grandezas escalares e vetoriais

Em Física, podemos dividir as grandezas em duas categorias: as **escalares** e as **vetoriais**. As grandezas escalares caracterizam-se apenas pelo valor numérico, acompanhado da unidade de medida. Já as grandezas vetoriais requerem um valor numérico (sem sinal), denominado **módulo** ou **intensidade**, acompanhado da respectiva unidade de medida e de uma orientação, isto é, uma **direção** e um **sentido**.

Vetor

Vetor é um ente matemático constituído de um módulo, uma direção e um sentido, utilizado em Física para representar as grandezas vetoriais.

Adição de vetores

Nas figuras a seguir estão ilustrados os vetores resultantes $\vec{s}$ e $\vec{v}$. Observe que o segmento orientado que representa $\vec{s}$ e $\vec{v}$ **sempre fecha o polígono** e sua ponta aguçada coincide com a ponta aguçada do segmento orientado que representa o último vetor-parcela.

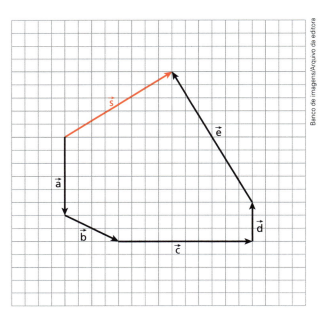

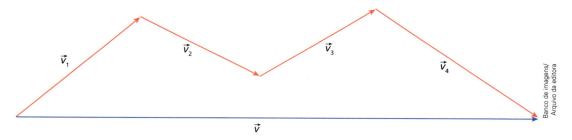

A esses métodos de adição de vetores damos o nome de **regra do polígono**.

Adição de dois vetores

Dados dois vetores, podemos representar graficamente o vetor-soma (resultante) utilizando a **regra do paralelogramo**. Para isso, representamos os segmentos orientados representativos dos vetores com "origens" coincidentes, ou seja, com mesma origem.

Considere os vetores $\vec{a}$ e $\vec{b}$ representados na figura a seguir. Vamos admitir que a "origem" dos segmentos orientados representativos coincide no ponto **0** e que o ângulo formado entre eles seja θ.

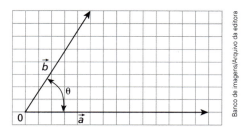

A partir da ponta aguçada do segmento orientado que representa um dos vetores, traçamos uma paralela ao segmento orientado que representa o outro vetor e vice-versa.

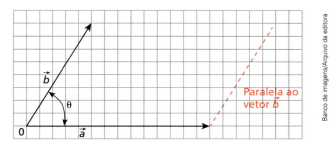

O segmento orientado representativo do vetor resultante está na diagonal do paralelogramo obtido. Observe na figura abaixo a representação da adição $\vec{a} + \vec{b}$, utilizando a regra do polígono:

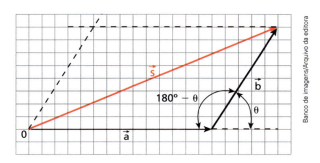

3 | VETORES E CINEMÁTICA VETORIAL

O módulo (s) do vetor-soma (resultante) $\vec{s}$ pode ser obtido aplicando-se uma importante relação matemática denominada **Lei dos cossenos** ao triângulo formado pelos segmentos orientados representativos de $\vec{a}$, $\vec{b}$ e $\vec{s}$.

$s^2 = a^2 + b^2 - 2a \cdot b \cdot \cos(180° - \theta)$

Como $\cos(180° - \theta) = -\cos\theta$:

$s^2 = a^2 + b^2 - 2a \cdot b \cdot (-\cos\theta)$

$$s^2 = a^2 + b^2 + 2ab\cos\theta$$

Subtração de dois vetores

O vetor diferença entre $\vec{a}$ e $\vec{b}$ ($\vec{d} = \vec{a} - \vec{b}$) pode ser obtido pela soma do vetor $\vec{a}$ com o **oposto** de $\vec{b}$. Graficamente, temos:

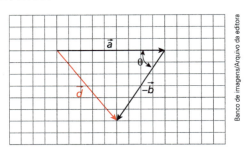

O módulo de $\vec{d}$ também fica determinado pela **Lei dos cossenos**.

$$d^2 = a^2 + b^2 - 2ab\cos\theta$$

Decomposição de um vetor

Vamos representar um vetor $\vec{a}$ e as retas x e y que se interceptam no ponto **0**, que é a "origem" de $\vec{a}$.

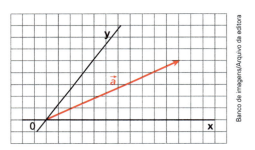

Utilizando a regra do paralelogramo, podemos imaginar que o vetor $\vec{a}$ seja a resultante da soma de dois vetores $\vec{a}_x$ e $\vec{a}_y$, contidos, respectivamente, nas retas x e y:

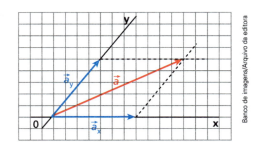

Em um caso particular, em que as componentes do vetor $\vec{a}$ estão contidas em duas retas **x** e **y perpendiculares entre si**, de modo que a_x seja o módulo de $\vec{a}_x$, a_y o módulo de $\vec{a}_y$, a o módulo de $\vec{a}$ e θ o ângulo formado entre $\vec{a}$ e a reta x, temos:

$$a_x = a\cos\theta$$
$$a_y = a\sin\theta$$

Multiplicação de um número real por um vetor

Quando efetuamos a multiplicação de um número real n, não nulo, por um vetor $\vec{A}$, o resultado é um vetor $\vec{B}$, de tal modo que o seu módulo é o produto do módulo de n pelo módulo de $\vec{A}$.

$$|\vec{B}| = |n||\vec{A}|$$

Podemos concluir que a direção de $\vec{B}$ é a mesma de $\vec{A}$; seu sentido, no entanto, é o mesmo de $\vec{A}$ se n for positivo, mas será oposto ao de $\vec{A}$ se n for negativo.

Deslocamento vetorial

O deslocamento vetorial sempre conecta duas posições na trajetória. Sua "origem" coincide com o ponto de partida da partícula e sua extremidade (ou ponta) aguçada, com o ponto de chegada.

Velocidade vetorial média

A velocidade vetorial média é o quociente do deslocamento vetorial $\vec{d}$ pelo respectivo intervalo de tempo Δt.

$$\vec{v}_m = \frac{\vec{d}}{\Delta t} = \frac{\vec{r}_2 - \vec{r}_1}{t_2 - t_1}$$

Velocidade vetorial (instantânea)

A velocidade vetorial instantânea é frequentemente denominada apenas velocidade vetorial e é matematicamente representada por:

$$\vec{v} = \lim_{\Delta t \to 0} \frac{\vec{d}}{\Delta t} = \lim_{\Delta t \to 0} \vec{v}_m$$

Aceleração vetorial média

A aceleração vetorial média da partícula no intervalo de t_1 a t_2 é definida por:

$$\vec{a}_m = \frac{\Delta \vec{v}}{\Delta t} = \frac{\vec{v}_2 - \vec{v}_1}{t_2 - t_1}$$

Aceleração vetorial (instantânea)

$$\vec{a} = \lim_{\Delta t \to 0} \frac{\Delta \vec{v}}{\Delta t} = \lim_{\Delta t \to 0} \vec{a}_m$$

Se um móvel segue uma trajetória curva, a aceleração vetorial instantânea $\vec{a}$ pode ser decomposta segundo as retas t e n, obtendo, respectivamente, as componentes a_t (**tangencial**) e a_n (**normal**).

A componente normal $\vec{a}_n$, pelo fato de estar dirigida para o centro de curvatura da trajetória em cada instante, recebe a denominação **componente centrípeta** (a_{cp}).

Assim, relacionando vetorialmente $\vec{a}$, $\vec{a}_t$ e $\vec{a}_{cp}$, temos:

$$\vec{a} = \vec{a}_t + \vec{a}_{cp}$$

A **aceleração tangencial** está relacionada com as **variações de intensidade** da velocidade vetorial.
A **aceleração centrípeta** está relacionada com as **variações de direção** da velocidade vetorial.

Velocidade relativa, de arrastamento e resultante

Considere um barco navegando em um rio, conforme ilustra a figura a seguir.

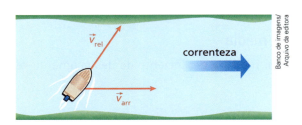

Sejam $\vec{v}_{rel}$ a velocidade do barco em relação às águas e $\vec{v}_{arr}$ a velocidade das águas em relação às margens.

Podemos representar a velocidade resultante utilizando a regra do paralelogramo:

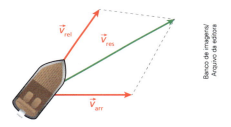

Assim, a velocidade resultante do barco será a soma vetorial de $\vec{v}_{rel}$ e $\vec{v}_{arr}$:

$$\vec{v}_{res} = \vec{v}_{rel} + \vec{v}_{arr}$$

Princípio de Galileu

Se um corpo apresenta dois ou mais movimentos (movimento composto), cada um dos movimentos componentes se realiza como se os demais não existissem, podendo ser analisado separadamente dos outros.

Aplique o que aprendeu

Exercícios resolvidos

1. (EEAR-SP) A adição de dois vetores de mesma direção e mesmo sentido resulta num vetor cujo módulo vale 8. Quando estes vetores são colocados perpendicularmente, entre si, o módulo do vetor resultante vale $4\sqrt{2}$. Portanto, os valores dos módulos destes vetores são

a) 1 e 7.
b) 2 e 6.
c) 3 e 5.
d) 4 e 4.

Resolução:

Sendo v e w os módulos dos vetores, temos:

$$v + w = 8 \Rightarrow v = 8 - w \Rightarrow v^2 = (8 - w)^2$$

$$\sqrt{v^2 + w^2} = 4\sqrt{2} \Rightarrow v^2 = 32 - w^2$$

Daí:

$$(8-w)^2 = 32 - w^2 \Rightarrow w^2 - 8w + 16 = 0 \Rightarrow w = 4; v = 4$$

Resposta: D

2. (Olimpíada Brasileira de Ciências) Considere os segmentos orientados que representam os vetores $\vec{a}$, $\vec{b}$, $\vec{c}$ e $\vec{d}$ indicados nas figuras 1 e 2.

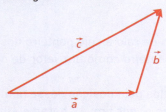

figura 1

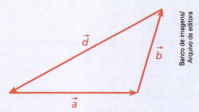

figura 2

Podemos escrever que:
a) $\vec{c} = \vec{a} - \vec{b}$
b) $\vec{d} = \vec{a} + \vec{b}$
c) $\vec{c} = \vec{d}$
d) $\vec{c} = -\vec{d}$
e) $\vec{d} + \vec{b} = -\vec{a}$

Resolução:

(I) Na figura 1, é correto que:

$$\vec{a} + \vec{b} = \vec{c} \quad (1)$$

(II) Na figura 2, é correto que:

$$\vec{a} + \vec{b} + \vec{d} = 0 \Rightarrow \vec{a} + \vec{b} = -\vec{d} \quad (2)$$

(III) Comparando-se as expressões (1) e (2), conclui-se que:

$$\vec{c} = -\vec{d}$$

Resposta: D

Questões

1. (UPM-SP)

Uma partícula move-se do ponto **P₁** ao **P₄** em três deslocamentos vetoriais sucessivos $\vec{a}$, $\vec{b}$ e $\vec{d}$. Então o vetor de deslocamento $\vec{d}$ é

a) $\vec{c} - (\vec{a} + \vec{b})$
b) $\vec{a} + \vec{b} + \vec{c}$
c) $(\vec{a} + \vec{c}) - \vec{b}$
d) $\vec{a} - \vec{b} + \vec{c}$
e) $\vec{c} - \vec{a} + \vec{b}$

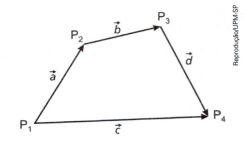

2. (Ifsul-RS)

Considere um relógio com mostrador circular de 10 cm de raio e cujo ponteiro dos minutos tem comprimento igual ao raio do mostrador. Considere esse ponteiro como um vetor de origem no centro do relógio e direção variável.

O módulo da soma vetorial dos três vetores determinados pela posição desse ponteiro quando o relógio marca exatamente 12 horas, 12 horas e 30 minutos e, por fim, 12 horas e 40 minutos é, em cm, igual a

a) 30
b) $10(1 + \sqrt{3})$
c) 20
d) 10

3. (SLMandic-SP)

A fim de corrigir a posição de um dente, um ortondotista fixou dois elásticos E₁ e E₂ no dente incisivo. O elástico E₁ traciona esse dente com uma força de 10 N e mede 3,0 cm; já o elástico E₂ traciona o dente com uma força de 20 N e mede 4,0 cm.

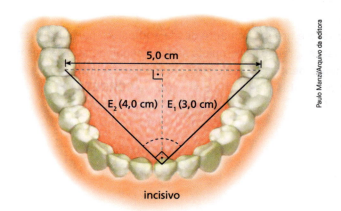

O módulo da força resultante exercida pelos elásticos no dente incisivo, em newtons, vale

a) 11
b) 14
c) $15\sqrt{2}$
d) $10\sqrt{5}$
e) 30

4. (UPE)
Um robô no formato de pequeno veículo autônomo foi montado durante as aulas de robótica, em uma escola. O objetivo do robô é conseguir completar a trajetória de um hexágono regular ABCDEF, saindo do vértice **A** e atingindo o vértice **F**, passando por todos os vértices sem usar a marcha ré. Para que a equipe de estudantes seja aprovada, eles devem responder duas perguntas do seu professor de física, e o robô deve utilizar as direções de movimento mostradas na figura ao lado:

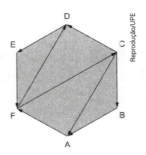

Suponha que você é um participante dessa equipe. As perguntas do professor foram as seguintes:
I. É possível fazer a trajetória completa sempre seguindo as direções indicadas?
II. Qual segmento identifica o deslocamento resultante desse robô?
Responda às perguntas e assinale a alternativa **CORRETA**.
a) I – Não; II – AF
b) I – Não; II – CB
c) I – Não; II – Nulo
d) I – Sim; II – FC
e) I – Sim; II – AF

5. Uma partícula parte do repouso no instante $t_0 = 0$ da origem de um referencial cartesiano triortogonal, Oxyz, fixo em determinado local, de modo que suas coordenadas de posição variam em função do tempo conforme as equações paramétricas: $x = 2,0\ t^2$, $y = 1,5\ t^2$ e $z = 6,0\ t^2$, com x, y e z em metros e t em segundos. No instante $t = 3,0$, pede-se determinar:
a) o módulo do deslocamento vetorial sofrido pela partícula;
b) a intensidade de sua velocidade vetorial.

6. (UPE)

Duas grandezas vetoriais ortogonais, $\vec{a}$ e $\vec{b}$, de mesmas dimensões possuem seus módulos dados pelas relações a = AV e b = BV, onde A e B têm dimensões de massa, e v, dimensões de velocidade.

Então, o módulo do vetor resultante $\vec{a} + \vec{b}$ e suas dimensões em unidades do sistema internacional são:

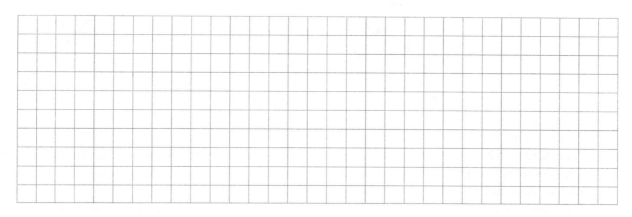

a) $(A^2v^2 - B^2v^2)^{1/2}$ em kg/s²
b) $(A^2v^2 + B^2v^2 - 2ABv^2\cos 120°)^{1/2}$ em N · s/kg
c) $(A^2v^2 + B^2v^2)^{1/2}$ em N · s
d) $(A^2v^2 - B^2v^2 + 2ABv^2\cos 270°)^{1/2}$ em kg · m/s²
e) $(A^2v^2 - B^2v^2)^{1/2}$ em kg · m/s

7. (UPM-SP)

Um avião, após deslocar-se 120 km para nordeste (NE), desloca-se 160 km para sudeste (SE). Sendo um quarto de hora, o tempo total dessa viagem, o módulo da velocidade vetorial média do avião, nesse tempo, foi de

a) 320 km/h   b) 480 km/h   c) 540 km/h   d) 640 km/h   e) 800 km/h

8. (CPS-SP)
O Exército Brasileiro possui unidades em todos os estados da federação, podendo realizar, por via aérea, o transporte de soldados ou equipamentos de um local a outro do país.

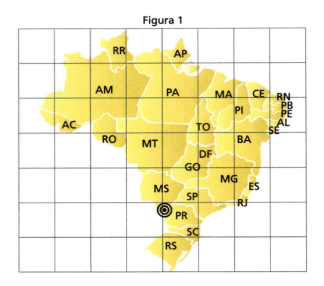
Figura 1

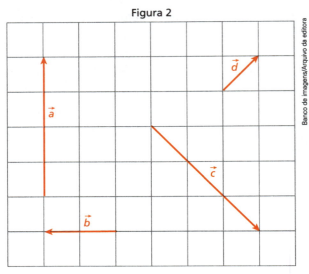
Figura 2

Nas figuras 1 e 2 foram traçadas malhas quadriculadas idênticas. Sobre a malha quadriculada da figura 1, está desenhado o mapa do Brasil. Na malha quadriculada da figura 2, estão representados os possíveis vetores deslocamentos a serem realizados.

Suponha que uma aeronave decole do ponto destacado na figura 1 pelo símbolo ◎ situado na divisa entre o Mato Grosso do Sul e o Paraná, e siga sucessivamente os deslocamentos indicados pelos vetores $\vec{a}$, $\vec{b}$, $\vec{c}$, e $\vec{d}$, nessa ordem. Completando o plano de voo, a aeronave estará sobre o estado

a) da Bahia.
b) de Tocantins.
c) do Rio Grande do Sul.
d) de São Paulo.
e) de Minas Gerais.

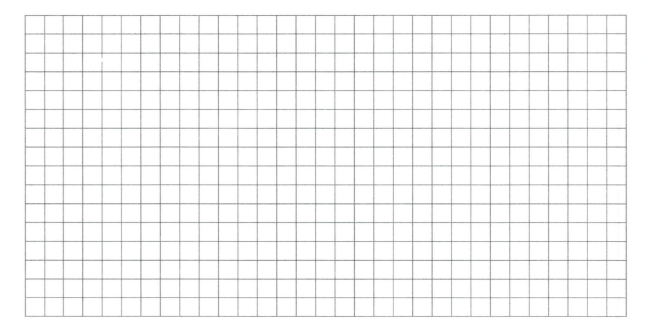

9. (UEL-PR)

Em uma brincadeira de caça ao tesouro, o mapa diz que para chegar ao local onde a arca de ouro está enterrada, deve-se, primeiramente, dar dez passos na direção norte, depois doze passos para a direção leste, em seguida, sete passos para o sul, e finalmente oito passos para oeste.

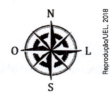

A partir dessas informações, responda aos itens a seguir.

a) Desenhe a trajetória descrita no mapa, usando um diagrama de vetores.

b) Se um caçador de tesouro caminhasse em linha reta, desde o ponto de partida até o ponto de chegada, quantos passos ele daria?

Justifique sua resposta, apresentando os cálculos envolvidos na resolução deste item.

10. (Uece)

Um corpo move-se no plano XY, sendo as coordenadas de sua posição dadas pelas funções $x(t) = 3t$ e $y(t) = t^3 - 12t$, em centímetros, com t em segundos. O módulo do deslocamento entre os instantes $t = 0$ e $t = 4$ segundos, em centímetros, é

a) 4.　　　　　　b) 20.　　　　　　c) 38.　　　　　　d) 48.

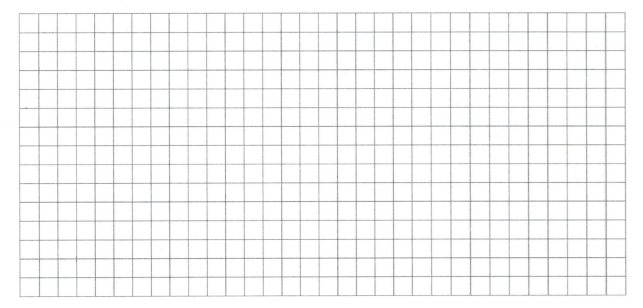

4 Movimentos circulares

Reveja o que aprendeu

Você deve ser capaz de:
- Descrever movimentos circulares e de rotação.
- Relacionar as grandezas termométricas e as medidas de temperatura.

Introdução

Considere uma circunferência dividida em 360 partes iguais, em que um **grau** (°) é o ângulo correspondente a $\frac{1}{360}$ do ângulo de uma volta completa da circunferência.

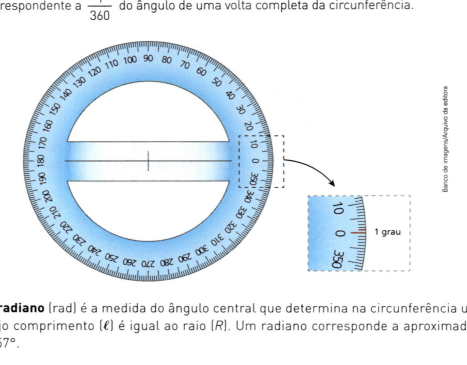

Um **radiano** (rad) é a medida do ângulo central que determina na circunferência um arco cujo comprimento (ℓ) é igual ao raio (R). Um radiano corresponde a aproximadamente 57°.

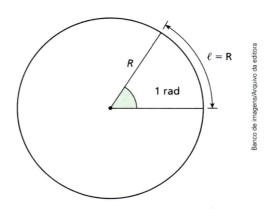

Espaço angular ou fase (φ)

Espaço angular ou **fase** é uma coordenada de posição na trajetória circular dada por um ângulo φ com vértice no centro da circunferência, medido positivamente no sentido do movimento a partir de uma reta de referência r até o raio que contém a partícula em um instante t.

A medida de φ é geralmente dada em **radianos** (rad).

$$\varphi = \frac{S}{R} \ (\varphi \text{ em radianos})$$

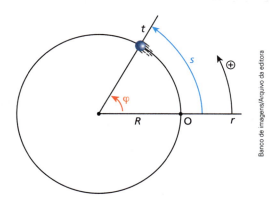

Velocidade escalar angular média (ω_m)

Considere uma partícula se deslocando sobre uma circunferência de raio R, sendo φ_1 sua posição angular inicial (em t_1) em radianos.

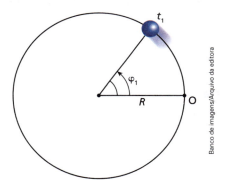

Seja φ_2 a posição angular final (em t_2) da partícula, em radianos.

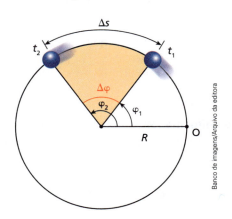

Define-se **velocidade escalar angular média**, ω_m, como sendo o quociente entre a variação do espaço angular (ou deslocamento angular), $\Delta\varphi$, e o correspondente intervalo de tempo, Δt.

$$\omega_m = \frac{\Delta\varphi}{\Delta t} = \frac{\varphi_2 - \varphi_1}{t_2 - t_1}$$

A variação de espaço linear (Δs) relaciona-se com a variação de espaço angular pela expressão: $\Delta s = \Delta\varphi R$

Então **velocidade escalar angular média** (ω_m) é igual à velocidade escalar média linear (v_m) dividida pelo raio (R) da circunferência:

$$\omega_m = \frac{v_m}{R}$$

A **velocidade escalar angular instantânea** (ω) é igual à velocidade escalar instantânea linear (v) dividida pelo raio (R) da circunferência:

$$\omega = \frac{v}{R}$$

Período (T)

Chamamos de **período** (T) em um movimento periódico o intervalo de tempo correspondente à realização de um ciclo completo: oscilação, revolução, rotação, etc.

Frequência (f)

Chamamos de **frequência** (f) o número de ciclos (N) que ocorrem em um movimento – ou fenômeno – periódico durante o período (T).

$$f = \frac{1}{T}$$

A unidade de medida da frequência no SI é o **hertz**, que é inverso da unidade de tempo.

$$\frac{1}{s} = s^{-1} = \text{hertz (HZ)}$$

Movimento circular e uniforme

Movimento circular e uniforme (MCU) é todo aquele que ocorre em trajetória circular com velocidades escalares, linear (v) e angular (ω) constantes e diferentes de zero.

$$v = \text{constante} \neq 0$$
$$\omega = \text{constante} \neq 0$$

Em um movimento circular uniforme (MCU), o movimento torna-se repetitivo, pois o móvel passará por uma mesma posição e com a mesma velocidade em intervalos de tempo iguais.

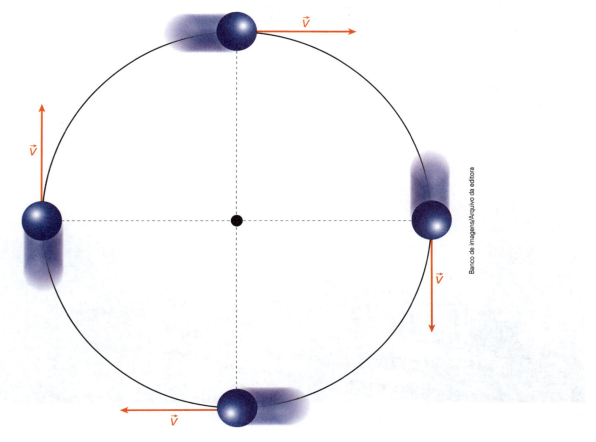

Função horária do espaço angular

A **função horária do espaço angular** de um movimento circular uniforme (MCU) é:

$$\varphi = \varphi_0 + \omega t$$

A velocidade angular é

$$\omega = \frac{2\pi}{T} = 2\pi f$$

Aceleração no movimento circular e uniforme

No **movimento circular e uniforme** (MCU), a aceleração vetorial é **centrípeta**, radial à circunferência em cada instante, perpendicular à velocidade vetorial e dirigida para o centro da trajetória.

$$a_{cp} = \frac{v^2}{R} = \omega^2 R$$

Aplique o que aprendeu

Exercícios resolvidos

1. Rodas-gigantes de grandes dimensões vêm sendo construídas em vários países, como Inglaterra, Austrália, Estados Unidos, Japão, China, Cingapura, Emirados Árabes Unidos, entre outros.

   Em Dubai, está instalada a imensa Dubai Eye com cerca de 200 m de diâmetro (um prédio de quase 70 andares) e capacidade para aproximadamente 1 400 pessoas. O período de rotação dessa monumental estrutura de aço é de 48 min.

   // A Dubai Eye está instalada em uma ilha artificial, sendo cercada por muitas outras atrações.

   Com a roda-gigante em funcionamento regular e adotando-se $\pi \cong 3$, considere dois ocupantes, **A** e **B**, instalados em gôndolas diametralmente opostas do dispositivo. Analise as proposições a seguir, classificando cada uma delas como verdadeira (**V**) ou falsa (**F**):

   (I) Os ocupantes **A** e **B** descrevem em relação ao solo trajetórias circulares de raio igual a 100 m, com velocidades vetoriais opostas, de módulo 0,75 km/h.

   (II) Como a distância entre os ocupantes **A** e **B** permanece constante, **B** está em repouso em relação a **A**.

   (III) O ocupante **B** está em movimento circular e uniforme em relação ao ocupante **A**, tal que o raio da trajetória descrita é igual a 100 m.

   (IV) A velocidade vetorial relativa do ocupante **B** em relação ao ocupante **A** tem módulo 1,5 km/h.

   (V) Durante 30 min, o deslocamento escalar de **B** em relação a **A** é de 0,75 km.

   De (I) a (V), a sequência correta de (**V**) ou (**F**) é:

   a) VVFFF   b) FFVVV   c) VFFVV   d) FVVFF   e) VFVFV

   Resolução:

   (I) Verdadeira.

   As velocidades vetoriais de **A** e **B** têm sentidos opostos em cada instante e módulos dados por:

   $$V = \frac{2\pi R}{T} \Rightarrow V = \frac{2 \cdot 3 \cdot 100 \cdot 3{,}6}{48 \cdot 60} \left(\frac{km}{h}\right)$$

   Da qual:

   $$V = 0{,}75 \text{ km/h}$$

(II) Falsa.

(III) Falsa.

O ocupante **B** está em movimento circular e uniforme em relação ao ocupante **A**, tal que o raio da trajetória descrita é igual a 200 m.

(IV) Verdadeira.

$\vec{V}_{B,A} = \vec{V}_B - \vec{V}_A \Rightarrow \vec{V}_{B,A} = \vec{V}_B + (-\vec{V}_A)$

Somando-se o vetor $\vec{V}_B$ com o oposto do vetor $\vec{V}_A$, obteremos um vetor resultante com módulo igual ao dobro do módulo de $\vec{V}_B$ ou de $\vec{V}_A$, logo:

$|\vec{V}_{B,A}| = 2 \cdot 0{,}75 \left(\dfrac{km}{h}\right) \Rightarrow |\vec{V}_{B,A}| = 1{,}5$ km/h

(V) Verdadeira.

$\Delta S_{rel} = |\vec{V}_{B,A}|\Delta t \Rightarrow \Delta s_{rel} = 1{,}5 \cdot 0{,}5$ (km)

Da qual:

$\Delta s_{rel} = 0{,}75$ km

Resposta: C

2. (UFPA) Durante os festejos do Círio de Nazaré, em Belém, uma das atrações é o parque de brinquedos situado ao lado da Basílica, no qual um dos brinquedos mais cobiçados é a roda-gigante, que gira com velocidade angular ω, constante.

Considerando-se que a velocidade escalar de um ponto qualquer da periferia da roda é V = 1 m/s e que o raio é de 15 m, pode-se afirmar que a frequência de rotação f, em hertz, e a velocidade angular ω, em rad/s, são respectivamente iguais a:

a) $\dfrac{1}{30\pi}$ e $\dfrac{2}{15}$ b) $\dfrac{1}{15\pi}$ e $\dfrac{2}{15}$ c) $\dfrac{1}{30\pi}$ e $\dfrac{1}{15}$ d) $\dfrac{1}{15\pi}$ e $\dfrac{1}{15}$ e) $\dfrac{1}{30\pi}$ e $\dfrac{1}{30\pi}$

Resolução:

Para um movimento circular uniforme, a velocidade linear de um ponto da circunferência é dada em função do raio deste ponto. Assim:

$V = 2\pi R f \Rightarrow f = \dfrac{V}{2\pi R} = \dfrac{1}{2\pi 15} = \dfrac{1}{30\pi}$ Hz

Já a velocidade angular não depende do raio: ela é a mesma para qualquer ponto da roda-gigante:

$\omega = 2\pi f = 2\pi \dfrac{1}{30\pi} = \dfrac{1}{15}$ rad/s

Resposta: C

Questões

1. (EFOMM-RJ)
Um automóvel viaja em uma estrada horizontal com velocidade constante e sem atrito. Cada pneu desse veículo tem raio de 0,3 metros e gira em uma frequência de 900 rotações por minuto. A velocidade desse automóvel é de aproximadamente:
(Dados: considere $\pi = 3,1$)
a) 21 m/s b) 28 m/s c) 35 m/s d) 42 m/s e) 49 m/s

2. (EEAR-SP)
Um ponto material descreve um movimento circular uniforme com o módulo da velocidade angular igual a 10 rad/s. Após 100 s, o número de voltas completas percorridas por esse ponto material é
Adote $\pi = 3$.
a) 150 b) 166 c) 300 d) 333

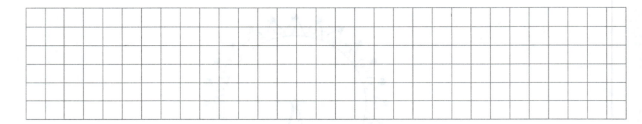

3. (UFTM-MG)
Um caminhão de carga tem rodas dianteiras de raio $R_d = 50$ cm e rodas traseiras de raio $R_t = 80$ cm. Em determinado trecho do trajeto horizontal e retilíneo, percorrido sem deslizar e com velocidade escalar constante, a frequência da roda dianteira é igual a 10 Hz e efetua 6,75 voltas a mais que a traseira. Considerando-se $\pi \cong 3$, determine
a) a velocidade escalar do caminhão, em km/h;
b) a distância percorrida por ele nesse trecho do trajeto.

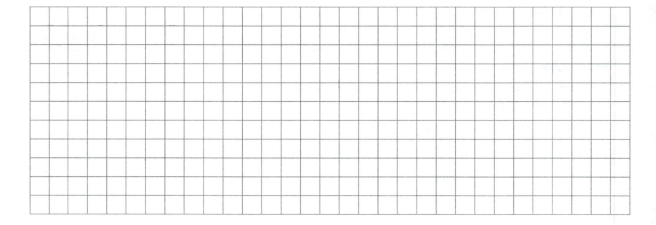

4. (Enem)

Pivô central é um sistema de irrigação muito usado na agricultura, em que uma área circular é projetada para receber uma estrutura suspensa. No centro dessa área, há uma tubulação vertical que transmite água através de um cano horizontal longo, apoiado em torres de sustentação, as quais giram, sobre rodas, em torno do centro do pivô, também chamado de base, conforme mostram as figuras. Cada torre move-se com velocidade escalar linear constante.

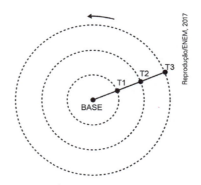

Um Pivô de três torres (T_1, T_2 e T_3) será instalado em uma fazenda sendo que as distâncias entre torres consecutivas bem como da base à torre T_1 são iguais a 50 m. O fazendeiro pretende ajustar as velocidades das torres, de tal forma que o pivô efetue uma volta completa em 25 horas. Use 3 como aproximação para π.

Para atingir seu objetivo, as velocidades escalares lineares das torres T_1, T_2 e T_3 devem ser, em metros por hora, de

a) 12, 24 e 36.
b) 6, 12 e 18.
c) 2, 4 e 6.
d) 300, 1 200 e 2 700.
e) 600, 2 400 e 5 400.

5. (Uece)

Em uma obra de construção civil, uma carga de tijolos é elevada com uso de uma corda que passa com velocidade constante de 13,5 m/s e sem deslizar por duas polias de raios 27 cm e 54 cm. A razão entre a velocidade angular da polia grande e da polia menor é

a) 3.
b) 2.
c) $\frac{2}{3}$.
d) $\frac{1}{2}$.

6. (Uece)

Considere o movimento de rotação de dois objetos presos à superfície da Terra, sendo um deles no equador e o outro em uma latitude norte, acima do equador. Considerando somente a rotação da Terra, para que a velocidade tangencial do objeto que está a norte seja a metade da velocidade do que está no equador, sua latitude deve ser

a) 60°. b) 45°. c) 30°. d) 0,5°.

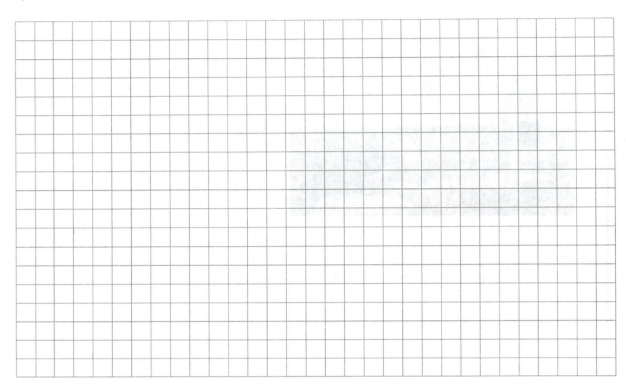

7. (UFU-MG)

Ainda que tenhamos a sensação de que estamos estáticos sobre a Terra, na verdade, se tomarmos como referência um observador parado em relação às estrelas fixas e externo ao nosso planeta, ele terá mais clareza de que estamos em movimento, por exemplo, rotacionando junto com a Terra em torno de seu eixo imaginário. Se considerarmos duas pessoas (A e B), uma delas localizada em Ottawa (A), Canadá (latitude 45° Norte), e a outra em Caracas (B), Venezuela (latitude 10° Norte), qual a relação entre a velocidade angular média (ω) e velocidade escalar média (v) dessas duas pessoas, quando analisadas sob a perspectiva do referido observador?

a) $\omega_A = \omega_B$ e $V_A = V_B$ b) $\omega_A < \omega_B$ e $V_A < V_B$ c) $\omega_A = \omega_B$ e $V_A < V_B$ d) $\omega_A > \omega_B$ e $V_A = V_B$

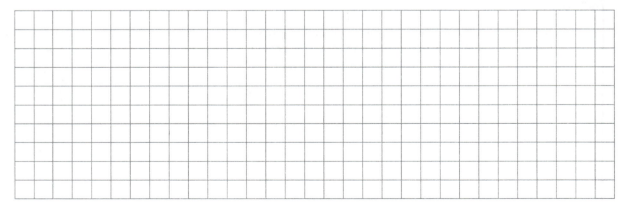

8. (UEL-PR)

Suponha que a máquina de tear industrial (na figura ao lado), seja composta por 3 engrenagens (A, B e C), conforme a figura ao lado.

Suponha também que todos os dentes de cada engrenagem são iguais e que a engrenagem A possui 200 dentes e gira no sentido anti-horário a 40 rpm.

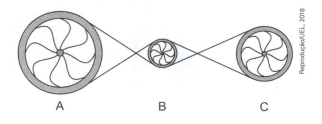

Já as engrenagens B e C possuem 20 e 100 dentes, respectivamente.

Com base nos conhecimentos sobre movimento circular, assinale a alternativa correta quanto à velocidade e ao sentido.

a) A engrenagem C gira a 800 rpm e sentido anti-horário.
b) A engrenagem B gira 40 rpm e sentido horário.
c) A engrenagem B gira a 800 rpm e sentido anti-horário.
d) A engrenagem C gira a 80 rpm e sentido anti-horário.
e) A engrenagem C gira a 8 rpm e sentido horário.

9. (EEAR-SP)

Duas polias estão acopladas por uma correia que não desliza. Sabendo-se que o raio da polia menor é de 20 cm e sua frequência de rotação f_1 é de 3 600 rpm, qual é a frequência de rotação f_2 da polia maior, em rpm, cujo raio vale 50 cm?

a) 9 000 b) 7 200 c) 1 440 d) 720

5 Os princípios da Dinâmica

Reveja o que aprendeu

Você deve ser capaz de:
- Identificar o papel das forças na variação de movimento dos corpos.

O efeito dinâmico de uma força

Força é o agente físico cujo efeito dinâmico é a aceleração.

Conceito de força resultante

Considerando o arranjo experimental representado a seguir, de um bloco pendurado, a força resultante de $\vec{F}_1$, $\vec{F}_2$ e $\vec{F}_3$ equivale a uma força única que, atuando sozinha, imprime ao bloco a mesma aceleração $\vec{a}$ que $\vec{F}_1$, $\vec{F}_2$ e $\vec{F}_3$ imprimiriam se agissem em conjunto.

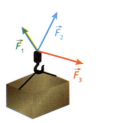
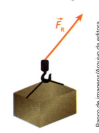

A resultante ($\vec{F}$) de um sistema de n forças é a soma vetorial das forças que o compõem:

$$\vec{F} = \vec{F}_1 + \vec{F}_2 + ... + \vec{F}_n$$

Exemplos de casos práticos:

a)  $F_R = F$

b) 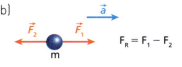 $F_R = F_1 - F_2$

c) $F_R^2 = F_1^2 + F_2^2$ (Teorema de Pitágoras)

Equilíbrio de uma partícula

Uma partícula está em **equilíbrio** em relação a um dado referencial quando a resultante das forças que nela agem é nula.

Uma partícula está em **equilíbrio estático** quando se apresenta em repouso em relação a um dado referencial.

Na figura abaixo, temos uma caixa presa por uma corda. Mesmo sob atuação de duas forças (tração e peso), a caixa está em repouso.

Uma partícula está em **equilíbrio dinâmico** quando se apresenta em movimento retilíneo e uniforme (MRU) em relação a um dado referencial.

Conceito de inércia

Inércia é a tendência dos corpos em conservar sua velocidade vetorial.

Tudo o que possui matéria tem inércia, e a inércia é uma característica própria da matéria.

Para que as tendências inerciais de um corpo sejam vencidas, é necessária a intervenção de força externa, ou seja, é necessária a aplicação de uma força externa.

O Princípio da Inércia (1ª Lei de Newton)

1º Enunciado

Se a força resultante sobre uma partícula é nula, ela permanece em repouso ou em movimento retilíneo e uniforme, por inércia.

2º Enunciado

Um corpo livre de uma força externa resultante é incapaz de variar sua própria velocidade vetorial.

O Princípio Fundamental da Dinâmica (2ª Lei de Newton)

Considere que $\vec{F}$ seja a resultante das forças que agem em uma partícula:

Como consequência de $\vec{F}$, a partícula adquire na mesma direção e no mesmo sentido da força uma aceleração $\vec{a}$, cujo módulo é diretamente proporcional à intensidade da força. A expressão matemática da 2ª Lei de Newton é:
$$\vec{F} = m\vec{a}$$

Um newton é a intensidade da força que, aplicada em uma partícula de massa igual a 1 quilograma, produz na sua direção e no seu sentido uma aceleração de módulo 1 metro por segundo, por segundo.

Peso de um corpo

O **peso** de um corpo é a força de atração gravitacional exercida sobre ele.

Através de experimentos, constatou-se que, ao nível do mar e em um local de latitude 45°, o módulo de $\vec{g}$ (denominado normal) vale:

$$g_n = 9{,}80665 \text{ m/s}^2$$

Podemos calcular o peso de um corpo através da relação:

$$\vec{P} = m\vec{g}$$

Observe que a massa m é uma grandeza escalar, enquanto o peso $\vec{P}$ é uma grandeza vetorial. Assim, o peso tem direção (da vertical do lugar) e sentido (para baixo).

Um quilograma-força é uma unidade de força usada na medição da intensidade de pesos e é definida pela intensidade do peso de um corpo de 1 quilograma de massa, situado em um local onde a gravidade é normal (aceleração da gravidade com módulo $g_n \cong 9{,}8$ m/s²).

$$1 \text{ kgf} = 9{,}8 \text{ N}$$

Deformações em sistemas elásticos

De acordo com a **Lei de Hooke**:

Em regime elástico, a deformação sofrida por uma mola é **diretamente proporcional** à intensidade da força que provoca a deformação.

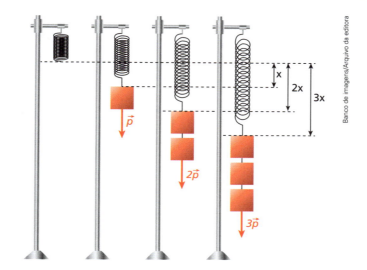

A expressão matemática da Lei de Hooke é dada a seguir:

$$F = K \Delta x$$

em que:
- F é a intensidade da força deformadora;
- K é a constante de proporcionalidade;
- Δx é a deformação (alongamento ou encurtamento sofrido pela mola).

O Princípio da Ação e da Reação (3ª Lei de Newton)

Considere a situação de um homem empurrando um bloco:

A toda força de ação corresponde uma de reação, de modo que essas forças têm sempre mesma intensidade, mesma direção e sentidos opostos, estando aplicadas em corpos diferentes.

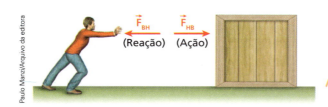

// O homem e o bloco trocam entre si forças de ação e reação.

Aplique o que aprendeu

Exercício resolvido

1. De acordo com a **1ª Lei de Newton**, ou Princípio da Inércia, aponte a alternativa correta:
   a) Um avião que voa em trajetória retilínea, com velocidade de intensidade constante, não está sob a ação de forças.
   b) Um apagador de giz em repouso sobre a mesa do professor não está sob a ação de forças.
   c) A Lua em seu movimento circular e uniforme ao redor da Terra desloca-se por inércia.
   d) A maior parte das viagens espaciais, embora em velocidades relativamente altas, é realizada em movimento retilíneo e uniforme, por inércia, com a espaçonave com seus propulsores desligados.
   e) Um herói como o Superman é viável na realidade, mesmo alterando sua velocidade vetorial sem nenhuma força externa resultante.

Resolução:

a) Incorreta.

Em um avião, mesmo em trajetória retilínea com velocidade de intensidade constante (MRU), atuam basicamente quatro forças: o peso $\vec{P}$, a força de sustentação aerodinâmica $\vec{S}$, a força propulsora (ou empuxo) $\vec{F}$ e a força de resistência do ar $\vec{F}_R$, como indica o esquema abaixo.

No caso de MRU, a resultante dessas forças é nula.

b) Incorreta.

Sobre o apagador de giz em repouso agem o peso (força da gravidade) e a força de contato aplicada pela mesa. Nesse caso, essas duas forças se equilibram, determinando resultante nula.

c) Incorreta.

A Lua orbita a Terra graças à força de atração gravitacional aplicada pelo planeta. Essa força desempenha o papel de resultante centrípeta no MCU, variando a direção da velocidade do satélite de ponto para ponto da trajetória.

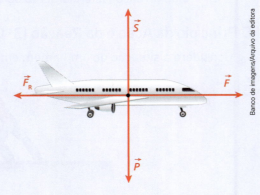

d) Correta.

Em ambientes sem influência gravitacional significativa, a espaçonave segue com seus propulsores desligados, por inércia, em movimento retilíneo e uniforme.

e) Incorreta.

Para que a velocidade de um corpo seja alterada, faz-se necessária a ação de uma força resultante externa. O Superman não tem nenhum sistema propulsor, sendo inviável sua existência real, já que contrariaria a 1ª Lei de Newton.

Resposta: D

Questões

1. (CPS-SP)
Há muitos conceitos físicos no ato de empinar pipas. Talvez por isso essa brincadeira seja tão divertida. Uma questão física importante para que uma pipa ganhe altura está na escolha certa do ponto em que a linha do carretel é amarrada ao estirante (ponto P), conforme a figura.

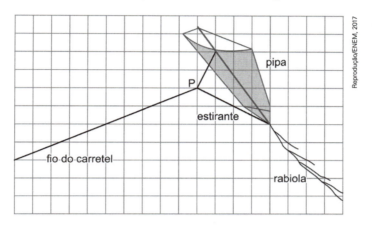

Na figura, a malha quadriculada coincide com o plano que contém a linha, o estirante e a vareta maior da pipa. O estirante é um pedaço de fio amarrado à pipa com um pouco de folga e em dois pontos; no ponto em que as varetas maiores se cruzam e no extremo inferior da vareta maior, junto à rabiola. Admitindo-se que a pipa esteja pairando no ar, imóvel em relação ao solo, e tendo como base a figura, os vetores que indicam as forças atuantes sobre o ponto P estão melhor representados em

a)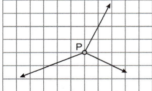

c)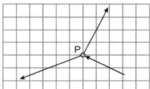

e)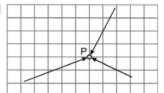

b)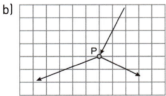

d)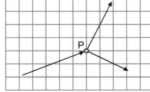

2. (Acafe-SC)

Um homem queria derrubar uma árvore que estava inclinada e oferecia perigo de cair em cima de sua casa. Para isso, com a ajuda de um amigo, preparou um sistema de roldanas preso a outra árvore para segurar a árvore que seria derrubada, a fim de puxá-la para o lado oposto de sua suposta queda, conforme figura.

Sabendo que para segurar a árvore em sua posição o homem fez uma força de 1 000 N sobre a corda, a força aplicada pela corda na árvore que seria derrubada é:

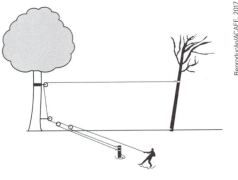

a) 2 000 N.　　　b) 1 000 N.　　　c) 500 N.　　　d) 4 000 N.

3. (Uerj)

Em um experimento, os blocos I e II, de massas iguais a 10 kg e a 6 kg, respectivamente, estão interligados por um fio ideal. Em um primeiro momento, uma força de intensidade F igual a 64 N é aplicada no bloco I, gerando no fio uma tração T_A. Em seguida, uma força de mesma intensidade F é aplicada no bloco II, produzindo a tração T_B. Observe os esquemas:

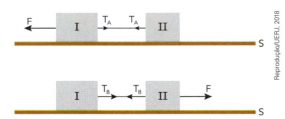

Desconsiderando os atritos entre os blocos e a superfície S, a razão entre as trações $\frac{T_A}{T_B}$ corresponde a:

a) $\frac{9}{10}$　　　b) $\frac{4}{7}$　　　c) $\frac{3}{5}$　　　d) $\frac{8}{13}$

4. (UFRGS-RS)

Aplica-se uma força de 20 N a um corpo de massa m. O corpo desloca-se em linha reta com velocidade que aumenta 10 m/s a cada 2 s. Qual o valor, em kg, da massa m?

a) 5. b) 4. c) 3. d) 2. e) 1.

5. (UFRGS-RS)

O cabo de guerra é uma atividade esportiva na qual duas equipes, A e B, puxam uma corda pelas extremidades opostas, conforme representa a figura abaixo.

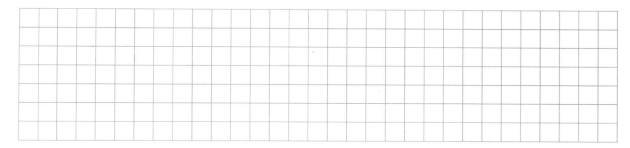

Figura adaptada de Thadius856 (SVG concersion) & Parutakupiu (original image) - Obra do próprio, domínio público. Disponível em: <https://commons.wikimedia.org/w/index.php?curid=3335188>. Acesso em: 18 set. 2017.

Considere que a corda é puxada pela equipe A com uma força horizontal de módulo 780 N e pela equipe B com uma força horizontal de módulo 720 N. Em dado instante, a corda arrebenta.

Assinale a alternativa que preenche corretamente as lacunas do enunciado abaixo, na ordem em que aparecem.

A força resultante sobre a corda, no instante imediatamente anterior ao rompimento, tem módulo 60 N e aponta para a _____. Os módulos das acelerações das equipes A e B, no instante imediatamente posterior ao rompimento da corda, são, respectivamente, _____, supondo que cada equipe tem massa de 300 kg.

a) esquerda – 2,5 m/s² e 2,5 m/s²
b) esquerda – 2,6 m/s² e 2,4 m/s²
c) esquerda – 2,4 m/s² e 2,6 m/s²
d) direita – 2,6 m/s² e 2,4 m/s²
e) direita – 2,4 m/s² e 2,6 m/s²

6. (Famerp-SP)

Um corpo de massa 8 kg movimenta-se em trajetória retilínea sobre um plano horizontal e sua posição (s) e sua velocidade escalar (v) variam em função do tempo (t), conforme os gráficos.

a) Determine a posição x, em metros, desse corpo no instante t = 10 s.
b) Calcule o módulo da resultante das forças, em newtons, que atuam sobre o corpo no intervalo de tempo entre t = 6 s e t = 12 s.

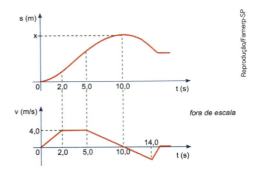

7. (UEPG-PR)

A figura ao lado representa um conjunto sobre o qual é exercido uma força igual a 10 N. Desprezando o atrito entre os blocos e a superfície, assinale o que for correto.
Dados: $g = 10$ m/s²; $m_A = 2$ kg; $m_B = 3$ kg

01) A aceleração dos corpos vale 2 m/s².
02) A força que B exerce em A vale 6 N.
04) A força que A exerce em B vale 4 N.
08) Considerando que o conjunto partiu do repouso, a equação que fornece o deslocamento do conjunto será $\Delta x = t^2$.

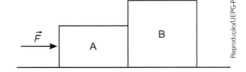

8. Na situação representada na figura aplica-se uma força horizontal com intensidade constante F, dirigida para a direita, no centro da face vertical de um bloco prismático e homogêneo, com base retangular, de massa M e comprimento L. Com isso, esse bloco adquire aceleração com a mesma orientação da força, sem receber a ação de atritos ou da resistência do ar.

A intensidade da força interna de tração em uma seção transversal S distante $\frac{2L}{3}$ da extremidade do bloco em que está aplicada a força $\vec{F}$ é igual a:

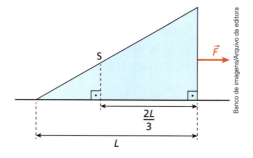

a) $\frac{2F}{3}$
b) $\frac{F}{3}$
c) $\frac{F}{6}$
d) $\frac{F}{9}$
e) $\frac{F}{27}$

9. Admita que na sátira caracterizada ao lado a mulher tenha massa igual a 80,0 kg e a balança, dessas utilizadas em banheiros, tenha massa de 4,0 kg. Geralmente, esse tipo de balança fornece indicações em kg mediante compressão em sua plataforma.

Considerando-se as posições indicadas para a mulher e a balança, é correto afirmar que:

a) A indicação da balança é nula;
b) A indicação da balança é de 4,0 kg;
c) A indicação da balança é de 84,0 kg;
d) Tanto com a mulher na posição mostrada na ilustração como com ela em pé de maneira convencional sobre a plataforma da balança, a indicação do aparelho é de 80,0 kg;
e) Como a balança fornece indicações em kg, estas independem da intensidade da aceleração da gravidade, já que a massa de um corpo é constante em qualquer local.

10. A hidrovia Paraná-Tietê, com uma extensão próxima de 2 400 km, interliga a região Centro-Oeste ao porto de Santos. Por essa extraordinária estrada aquática são escoados alguns milhões de toneladas de grãos com destino a diversos portos mundo afora. Rebocadores equipados com potentes motores empurram balsas sem propulsão abarrotadas com produtos do agronegócio brasileiro.

Admita que na imagem acima as três balsas sejam idênticas. Essas embarcações estão sendo empurradas pelo rebocador com uma simplesmente encostada à outra. O comboio se desloca com velocidade constante V = 4,0 m/s ao longo de um trecho retilíneo do rio Paraná, com extensão de 3,0 km. Seja F a intensidade da força aplicada pelo rebocador à primeira balsa e f a intensidade da força de atrito verificada em cada balsa. Desprezando-se os efeitos da correnteza, bem como os do ar, sendo $\frac{f}{2}$ a intensidade da força de atrito no rebocador, determine:

a) o intervalo de tempo, T, que o comboio gasta para percorrer o referido trecho do rio;
b) em função de F, a intensidade, C, da força de contato entre a balsa do meio e a balsa posicionada à frente do comboio;
c) em função de F, a intensidade, P, da força propulsora que os motores do rebocador disponibilizam ao sistema.

11. Na situação esquematizada ao lado, dois blocos **A** e **B** de massas respectivamente iguais a m estão sendo acelerados sobre um plano horizontal sem atrito, conectados por uma corda homogênea e inextensível, de densidade volumétrica p, comprimento L e seção transversal de área S. Uma força horizontal de intensidade F está aplicada diretamente no bloco **A**, como se indica.

Desprezando-se os efeitos do ar, podemos afirmar que a intensidade da força de tração na seção da corda que contém o ponto **P** é igual a:

a) $\left(\dfrac{pSL + 3m}{pSL + 2m}\right)\dfrac{F}{3}$

b) $\left(\dfrac{pSL + 2m}{pSL + 3m}\right)\dfrac{F}{3}$

c) $\left(\dfrac{pSL + 3m}{2pSL + m}\right)\dfrac{F}{3}$

d) $\left(\dfrac{3pSL + m}{pSL + 2m}\right)\dfrac{F}{4}$

e) $\left(\dfrac{3pSL + m}{2pSL + m}\right)\dfrac{F}{4}$

12. (Fuvest-SP)

Objetos em queda sofrem os efeitos da resistência do ar, a qual exerce uma força que se opõe ao movimento desses objetos, de tal modo que, após um certo tempo, eles passam a se mover com velocidade constante. Para uma partícula de poeira no ar, caindo verticalmente, essa força pode ser aproximada por $\vec{F}_a = -b\vec{v}$, sendo $\vec{v}$ a velocidade da partícula de poeira e b uma constante positiva. O gráfico mostra o comportamento do módulo da força resultante sobre a partícula, F_R, como função de v, o módulo de $\vec{v}$.

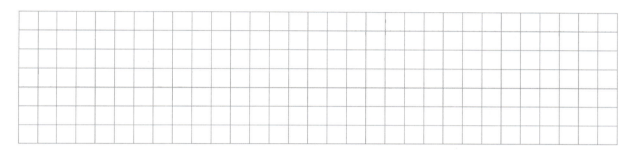

Note e adote: o ar está em repouso.
O valor da constante b, em unidades de N · s/m, é

a) $1,0 \cdot 10^{-14}$
b) $1,5 \cdot 10^{-14}$
c) $3,0 \cdot 10^{-14}$
d) $1,0 \cdot 10^{-10}$
e) $3,0 \cdot 10^{-10}$

6 Atrito entre sólidos

Reveja o que aprendeu

Você deve ser capaz de:

▶ Analisar situações em que a força de atrito atua sobre os corpos.

Mesmo que uma superfície seja bem polida, ela sempre apresentará irregularidades, saliências e reentrâncias, asperezas que podem ser observadas através de instrumentos ópticos como a lupa ou um microscópio.

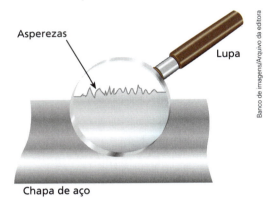

Considere dois corpos em contato, comprimindo-se mutuamente. Se um deles escorrega ou tende a escorregar em relação à superfície do outro, haverá troca de forças. Essas forças serão denominadas **forças de atrito**.

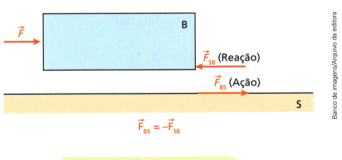

Se $\vec{F} = 0 \Rightarrow \vec{F}_{BS} = \vec{F}_{SB} = \vec{0}$

O atrito estático

A força de atrito **estático** mantém dois corpos em equilíbrio, evitando o escorregamento.

A máxima força de atrito estático, que se manifesta quando o escorregamento é iminente, denomina-se **força de atrito de destaque** ($\vec{F}_{at_d}$) e:

$$0 \leq F_{at} \leq F_{at_d}$$

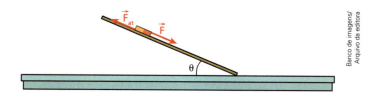

Pode-se verificar que a intensidade da força de atrito de destaque (F_{at_d}) é diretamente proporcional à intensidade da força normal (F_n) trocada pelas superfícies atritantes na região de contato. Assim, temos:

$$F_{at_d} = \mu_e F_n$$

A essa constante de proporcionalidade (μ_e) denominamos **coeficiente de atrito estático**, e seu valor depende dos materiais atritantes e do grau de polimento deles.

O atrito cinético

Nos casos em que a força resultante é maior que a força de atrito de destaque ($F > F_{at_d}$), o bloco entra em movimento. Nessa situação, o atrito recebido do plano de apoio é chamado de **cinético** (ou **dinâmico**).

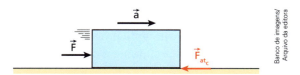

Pode-se verificar que a intensidade da força de atrito cinético (F_{at_c}) é diretamente proporcional à intensidade da força normal trocada pelas superfícies atritantes. Assim, temos:

$$F_{at_c} = \mu_c F_n$$

A essa constante de proporcionalidade (μ_c) denominamos **coeficiente de atrito cinético** (ou **dinâmico**), e seu valor também depende dos materiais atritantes e do grau de polimento deles.

A intensidade da força de atrito recebida por um corpo em função da intensidade da força que causa o escorregamento pode ser representada graficamente, conforme mostram os seguintes diagramas:

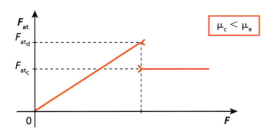
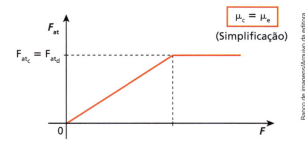

Lei do atrito

As forças de atrito de destaque e cinético são praticamente independentes da área de contato entre as superfícies atritantes.

Aplique o que aprendeu

Exercícios resolvidos

1. (PUC-RJ) Um bloco metálico de massa 2,0 kg é lançado com velocidade de 4,0 m/s a partir da borda de um trilho horizontal de comprimento 1,5 m e passa a deslizar sobre esse trilho. O coeficiente de atrito cinético entre as superfícies vale 0,2. Cada vez que colide com as bordas, o disco inverte seu movimento, mantendo instantaneamente o módulo de sua velocidade.

Quantas vezes o disco cruza totalmente o trilho, antes de parar?

Considere: g = 10m/s²

a) 0   b) 1   c) 2   d) 3   e) 4

Resolução:

Considerando que o movimento acontece na horizontal, a única força que age na direção do deslocamento é a força de atrito, sendo contrária ao sentido de movimento provocará uma desaceleração responsável por parar o bloco por completo. Sendo assim, a força resultante é a força de atrito.

$F_r = -F_{at}$

Usando o Princípio Fundamental da Dinâmica e a expressão para a Força de atrito:

$m \cdot a = -\mu \cdot m \cdot g$

A aceleração será:

$a = -\mu \cdot g = -0,2 \cdot 10$ m/s²

$a = -2$ m/s²

Do MRUV usamos a equação de Torricelli:

$v^2 = v_0^2 + 2 \cdot a \cdot \Delta s$

A distância total percorrida será:

$F_r = -F_{at}$

$\Delta S = \dfrac{v^2 - v_0^2}{2 \cdot a}$

$\Delta S = \dfrac{0 - 4^2}{2 \cdot (-2)} = \dfrac{-16}{-4} = 4$ m

Logo, o número de vezes que o disco cruza totalmente o trilho é:

$n = \dfrac{4m}{1,5m} = 2,667$ vezes

A distância corresponde a dois trilhos inteiros e mais uma fração de $\dfrac{2}{3}$ do trilho.

Então,

n = 2

Resposta: C

2. (Famerp-SP) Um caminhão transporta em sua carroceria um bloco de peso 5000 N. Após estacionar, o motorista aciona o mecanismo que inclina a carroceria.

Sabendo que o ângulo máximo em relação à horizontal que a carroceria pode atingir sem que o bloco deslize é θ tal que sen θ = 0,60 e cos θ = 0,80, o coeficiente de atrito estático entre o bloco e a superfície da carroceria do caminhão vale

a) 0,55
b) 0,15
c) 0,30
d) 0,40
e) 0,75

Resolução:

De acordo com o diagrama de forças da figura abaixo, temos:

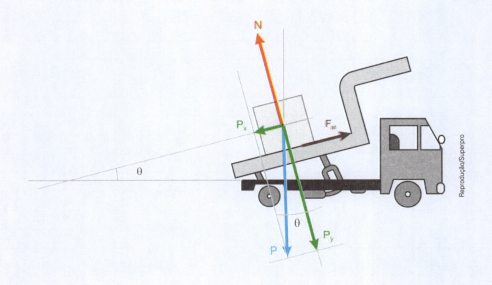

$P_x = F_{at} \xrightarrow{\substack{P_x = P\,sen\theta \\ F_{at} = \mu_e N}} P\,sen\theta = \mu_e N \xrightarrow{N = P_y = P\cos\theta} \cancel{P}\,sen\theta = \mu_e \cancel{P}\cos\theta$

$\mu_e = \dfrac{sen\theta}{cos\theta} = \dfrac{0,6}{0,8} \Rightarrow \mu_e = 0,75$

Resposta: E

Questões

1. (EsPCEx-SP)
Um bloco A de massa 100 kg sobe, em movimento retilíneo uniforme, um plano inclinado que forma um ângulo de 37° com a superfície horizontal. O bloco é puxado por um sistema de roldanas móveis e cordas, todas ideais, e coplanares. O sistema mantém as cordas paralelas ao plano inclinado enquanto é aplicada a força de intensidade F na extremidade livre da corda, conforme o desenho abaixo.

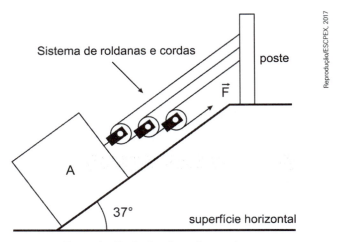

Desenho ilustrativo fora de escala

Todas as cordas possuem uma de suas extremidades fixadas em um poste que permanece imóvel quando as cordas são tracionadas.

Sabendo que o coeficiente de atrito dinâmico entre o bloco A e o plano inclinado é de 0,50, a intensidade da força $\vec{F}$ é

Dados: sen 37° = 0,60 e cos 37° = 0,80

Considere a aceleração da gravidade igual a 10 m/s²

a) 125 N b) 200 N c) 225 N d) 300 N e) 400 N

2. (UEL-PR)

Leia a charge a seguir e responda à questão.

Com base na figura e nos conhecimentos sobre o atrito e as Leis de Newton, assinale a alternativa correta.

a) Quando um corpo se movimenta em relação a outro, a força de atrito aparece sempre no sentido direto à tendência de movimento.

b) No final da caminhada (figura), a pessoa que está na frente fica parada sem escorregar, pois a $F_{atmáx} = \mu_e \cdot m \cdot g \cdot sen\theta$ e portanto $\mu_e = tg^{-1}\theta$.

c) Se por algum motivo (na figura), quem está atrás puxasse quem está na frente, a F_{at} estaria no mesmo sentido do "puxão" para quem aplicou a força.

d) Podemos afirmar que a força de atrito é proporcional à força normal e independente da área de contato.

e) No final da caminhada, a pessoa que está na frente está sujeita a uma F_{at} e, para que esta seja máxima, devemos ter $F_{atmáx} = \mu_e \cdot m \cdot g \cdot sen\theta$.

3. (ITA-SP)
Considere um automóvel com tração dianteira movendo-se aceleradamente para a frente. As rodas dianteiras e traseiras sofrem forças de atrito respectivamente para:

a) frente e frente.
b) frente e trás.
c) trás e frente.
d) trás e trás.
e) frente e não sofrem atrito.

4. (Unioeste-PR)
Um bloco está em repouso sobre uma superfície horizontal. Nesta situação, atuam horizontalmente sobre o bloco uma força F_1 de módulo igual a 7 N e uma força de atrito entre o bloco e a superfície (Figura a). Uma força adicional F_2 de módulo 3 N de mesma direção, mas em sentido contrário à F_1 é aplicada no bloco (Figura b). Com a atuação das três forças horizontais (força de atrito, F_1 e F_2) e o bloco em repouso.

Assinale a alternativa que apresenta CORRETAMENTE o módulo da força resultante horizontal F_r sobre o bloco:

a) $F_r = 3$ N
b) $F_r = 0$
c) $F_r = 10$ N
d) $F_r = 4$ N
e) $F_r = 7$ N

5. (Enem)

Em dias de chuva ocorrem muitos acidentes no trânsito, e uma das causas é a aquaplanagem, ou seja, a perda de contato do veículo com o solo pela existência de uma camada de água entre o pneu e o solo, deixando o veículo incontrolável.

Nesta situação, a perda do controle do carro está relacionada com redução de qual força?

a) Atrito.
b) Tração.
c) Normal.
d) Centrípeta.
e) Gravitacional.

6. (Uece)

O caminhar humano, de modo simplificado, acontece pela ação de três forças sobre o corpo: peso, normal e atrito com o solo. De modo simplificado, as forças peso e atrito sobre o corpo são, respectivamente,

a) vertical para cima e horizontal com sentido contrário ao deslocamento.
b) vertical para cima e horizontal com mesmo sentido do deslocamento.
c) vertical para baixo e horizontal com mesmo sentido do deslocamento.
d) vertical para baixo e horizontal com sentido contrário ao deslocamento.

7. (EEAR-SP)

Um plano inclinado forma um ângulo de 60° com a horizontal. Ao longo deste plano é lançado um bloco de massa 2,0 kg com velocidade inicial v_0 como indicado na figura.

Qual a força de atrito, em N, que atua sobre o bloco para fazê-lo parar? (Considere o coeficiente de atrito dinâmico igual a 0,2.)

a) 2
b) 3
c) 4
d) 5

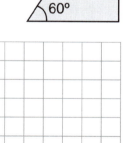

7 Resultantes tangencial e centrípeta

Reveja o que aprendeu

Você deve ser capaz de:
- Distinguir as componentes das forças em movimentos circulares.

Componentes da força resultante

Nos movimentos retilíneos, a direção do vetor velocidade pode se manter constante, mesmo se a sua intensidade variar.

Em um movimento curvilíneo ou circular a direção do vetor velocidade varia, mesmo com o seu módulo se mantendo constante.

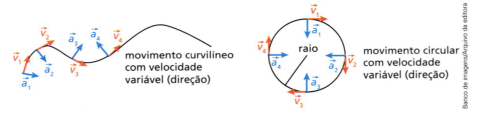

Podemos concluir que, para esses casos, a aceleração de um corpo é resultado de duas componentes: **tangencial** e **centrípeta**.

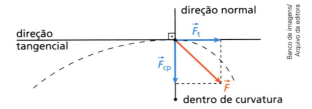

As componentes tangencial e centrípeta serão representadas por $\vec{F}_t$ e $\vec{F}_{cp}$, respectivamente.

A componente tangencial ($\vec{F}_t$)

A intensidade da componente tangencial é dada por:

$$|\vec{F}_t| = m|\alpha|$$

É importante observar que a direção de $\vec{F}_t$ é sempre a da **tangente** à trajetória em cada instante. Note que é a mesma da velocidade vetorial, que também é tangente à trajetória em cada instante.

A função da componente tangencial da força resultante ($\vec{F}_t$) é a de **variar a intensidade da velocidade vetorial** ($\vec{v}$) da partícula móvel.

A componente centrípeta ($\vec{F}_{cp}$)

A intensidade da componente centrípeta da força resultante é determinada por:

$$|\vec{F}_{cp}| = \frac{mv^2}{R}$$

Se ω corresponde à velocidade angular, podemos expressar $|\vec{F}_{cp}|$ em função de m, ω e R:

$$|\vec{F}_{cp}| = m\omega^2 R$$

Podemos verificar que a componente $\vec{F}_{cp}$ tem, a cada instante, direção normal à trajetória e sentido para o centro de curvatura.

A função da componente centrípeta da força resultante ($\vec{F}_{cp}$) é a de variar a direção da velocidade vetorial ($\vec{v}$) da partícula móvel.

Sem a força centrípeta, corpo nenhum se manteria em trajetória curvilínea.

As componentes tangencial e centrípeta nos principais movimentos

A seguir, verificaremos a presença ou não das componentes tangencial e centrípeta da força resultante em alguns movimentos.

Movimento retilíneo e uniforme

- Se é um movimento uniforme: $|\vec{v}|$ = constante ≠ 0 ⇒ $\vec{F}_t = \vec{0}$
- Se é um movimento retilíneo: $\vec{v}$ tem direção constante ⇒ $\vec{F}_{cp} = \vec{0}$

A resultante total é nula.

Movimento retilíneo e variado

- Se é um movimento variado: $|\vec{v}|$ é variável ⇒ $\vec{F}_t \neq \vec{0}$
- Se é um movimento retilíneo: $\vec{v}$ tem direção constante ⇒ $\vec{F}_{cp} = \vec{0}$

A resultante total é tangencial.

Movimento circular e uniforme

- Se é um movimento uniforme: $|\vec{v}|$ = constante ≠ 0 ⇒ $\vec{F}_t = \vec{0}$
- Se é um movimento circular: $\vec{v}$ tem direção variável ⇒ $\vec{F}_{cp} \neq \vec{0}$

A resultante total é centrípeta.

Movimento curvilíneo e variado

- Se é um movimento variado: $|\vec{v}|$ é variável ⇒ $\vec{F}_t \neq \vec{0}$
- Se é um movimento curvilíneo: $\vec{v}$ tem direção variável ⇒ $\vec{F}_{cp} \neq \vec{0}$

A resultante total admite as componentes tangencial e centrípeta.

Aplique o que aprendeu

Exercício resolvido

1. Observe a tirinha ao lado:

No terceiro quadrinho, o coelhinho de brinquedo entrou em órbita da Terra, descrevendo ao redor do planeta um movimento praticamente circular e uniforme (resistência atmosférica desprezível). A respeito desse movimento orbital, analise as proposições a seguir e classifique cada uma como Verdadeira (V) ou Falsa (F):

(I) A velocidade vetorial do coelhinho tem intensidade constante.

(II) A velocidade vetorial do coelhinho é constante.

(III) A força resultante no coelhinho admite uma componente tangencial (não nula) no sentido da velocidade vetorial.

(IV) A força resultante no coelhinho admite uma componente centrípeta (não nula) perpendicular à velocidade vetorial.

(V) A aceleração vetorial do coelhinho é constante.

De (I) para (V), a sequência correta de **V** e **F** é:

a) VVFFV
b) VFFVF
c) FVFFV
d) FFVFF
e) VVFVV

Resolução:

(I) Verdadeira.
Isso é próprio dos movimentos uniformes.

(II) Falsa.
A velocidade vetorial tem intensidade constante, mas sua orientação (direção e sentido) varia de ponto para ponto da trajetória.

(III) Falsa.
Se o movimento é uniforme, a componente tangencial da força resultante é nula.

(IV) Verdadeira.
A força resultante no movimento circular e uniforme do coelhinho é a força gravitacional aplicada pela Terra, que desempenha o papel de resultante centrípeta.

(V) Falsa.
A aceleração vetorial do coelhinho – centrípeta – tem módulo constante, mas sua orientação (direção e sentido) varia de ponto para ponto da trajetória.

Resposta: B

Questões

1. (Uece)

Uma criança deixa sua sandália sobre o disco girante que serve de piso em um carrossel. Considere que a sandália não desliza em relação ao piso do carrossel, que gira com velocidade angular constante, ω. A força de atrito estático sobre a sandália é proporcional a

a) ω.
b) ω^2.
c) $\omega^{1/2}$.
d) $\omega^{3/2}$.

2. (UPE)

Em um filme de ficção científica, uma nave espacial possui um sistema de cabines girantes que permite ao astronauta dentro de uma cabine ter percepção de uma aceleração similar à gravidade terrestre. Uma representação esquemática desse sistema de gravidade artificial é mostrada na figura a seguir. Se, no espaço vazio, o sistema de cabines gira com uma velocidade angular ω, e o astronauta dentro de uma delas tem massa m, determine o valor da força normal exercida sobre o astronauta quando a distância do eixo de rotação vale R. Considere que R é muito maior que a altura do astronauta e que existe atrito entre o solo e seus pés.

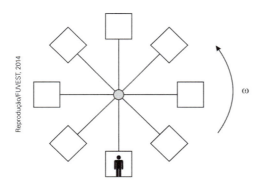

a) $mR\omega^2$
b) $2mR\omega^2$
c) $\dfrac{mR\omega^2}{2}$
d) $\dfrac{m\omega^2}{R}$
e) $8mR\omega^2$

3. (Fuvest-SP)

Uma estação espacial foi projetada com formato cilíndrico, de raio R igual a 100 m, como ilustra a figura ao lado.

Para simular o efeito gravitacional e permitir que as pessoas caminhem na parte interna da casca cilíndrica, a estação gira em torno de seu eixo, com velocidade angular constante ω. As pessoas terão sensação de peso, como se estivessem na Terra, se a velocidade ω for de, aproximadamente,

Note e adote: A aceleração gravitacional na superfície da Terra é $g = 10$ m/s².

a) 0,1 rad/s
b) 0,3 rad/s
c) 1 rad/s
d) 3 rad/s
e) 10 rad/s

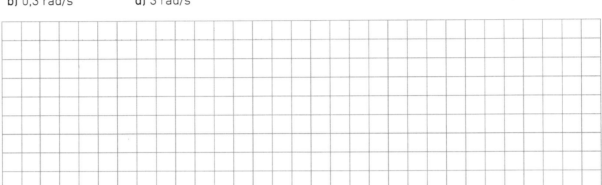

4. (PUC-RJ)

Um pêndulo é formado por um fio ideal de 10 cm de comprimento e uma massa de 20 g presa em sua extremidade livre. O pêndulo chega ao ponto mais baixo de sua trajetória com uma velocidade escalar de 2,0 m/s.

A tração no fio, em N, quando o pêndulo se encontra nesse ponto da trajetória é:
Considere: $g = 10$ m/s²

a) 0,2
b) 0,5
c) 0,6
d) 0,8
e) 1,0

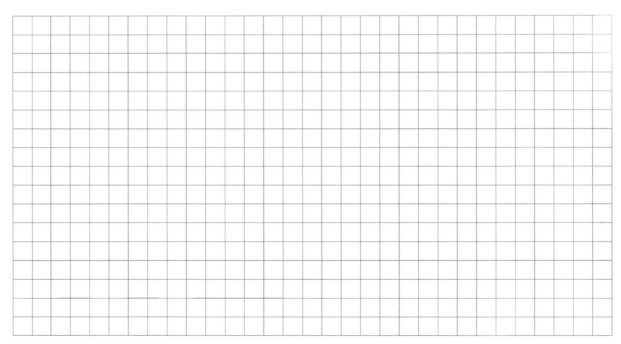

5. (Olimpíada Brasileira de Ciências)

Uma partícula realiza um movimento circular variado, no sentido horário, partindo do repouso do ponto A, conforme a figura. O raio da trajetória descrita é R = 1,0 m. Ao atingir o ponto C, o módulo da aceleração resultante da partícula é a = 20,0 m/s² e o ângulo θ é tal que sen θ = 0,60 e cos θ = 0,80.

A velocidade escalar da partícula ao atingir o ponto C e sua aceleração escalar têm módulos, respectivamente:

a) 4,0 m/s e 12,0 m/s²
b) 4,0 m/s e 16,0 m/s²
c) 2,0 m/s e 16,0 m/s²
d) 2,0 m/s e 12,0 m/s²
e) 8,0 m/s e 2,0 m/s²

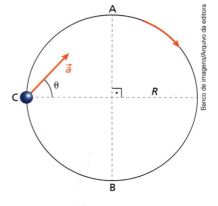

6. (FGV-SP)

Em um dia muito chuvoso, um automóvel, de massa m, trafega por um trecho horizontal e circular de raio R. Prevendo situações como essa, em que o atrito dos pneus com a pista praticamente desaparece, a pista é construída com uma sobre-elevação externa de um ângulo α, como mostra a figura. A aceleração da gravidade no local é g.

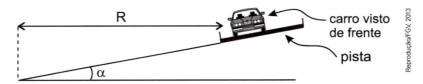

A máxima velocidade que o automóvel, tido como ponto material, poderá desenvolver nesse trecho, considerando ausência total de atrito, sem derrapar, é dada por

a) $\sqrt{m \cdot g \cdot R \cdot tg\alpha}$.
b) $\sqrt{m \cdot g \cdot R \cdot \cos\alpha}$.
c) $\sqrt{g \cdot R \cdot tg\alpha}$.
d) $\sqrt{g \cdot R \cdot \cos\alpha}$.
e) $\sqrt{g \cdot R \cdot sen\alpha}$.

7. O *fidget spinner* ou *inquieteco* é um brinquedo giratório de grande aceitação entre crianças e adolescentes. Feito de diversos materiais e em vários modelos, é dotado de um eficiente rolamento central que permite ao dispositivo girar com baixo atrito, levando, depois de dado um impulso rotativo inicial, um tempo relativamente grande até se imobilizar.

Admita que as argolas negras do *spinner* que se vê nas fotografias acima tenham massas iguais a 2,0, uniformemente distribuídas em toda a extensão dessas peças, de modo que suas bordas externas e internas distam do eixo de rotação do sistema 4,0 cm e 2,0 cm, respectivamente. Considerando-se que o brinquedo esteja em rotação com frequência constante de 5,0 Hz, adotando-se $\pi \cong 3$, pede-se determinar:

a) a velocidade angular, ω, em rad/s;
b) a intensidade da força resultante em cada argola, F, em newton.

8. (Epcar-MG)

Uma partícula de massa *m*, presa na extremidade de uma corda ideal, descreve um movimento circular acelerado, de raio R, contido em um plano vertical, conforme figura a seguir.

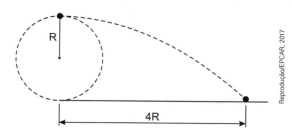

Quando essa partícula atinge determinado valor de velocidade, a corda também atinge um valor máximo de tensão e se rompe. Nesse momento, a partícula é lançada horizontalmente, de uma altura 2R, indo atingir uma distância horizontal igual a 4R. Considerando a aceleração da gravidade no local igual a *g*, a tensão máxima experimentada pela corda foi de

a) mg b) 2 mg c) 3 mg d) 4 mg

9. (Epcar-MG)

Uma determinada caixa é transportada em um caminhão que percorre, com velocidade escalar constante, uma estrada plana e horizontal. Em um determinado instante, o caminhão entra em uma curva circular de raio igual a 51,2 m mantendo a mesma velocidade escalar. Sabendo-se que os coeficientes de atrito cinético e estático entre a caixa e o assoalho horizontal são, respectivamente, 0,4 e 0,5 e considerando que as dimensões do caminhão, em relação ao raio da curva, são desprezíveis e que a caixa esteja apoiada apenas no assoalho da carroceria, pode-se afirmar que a máxima velocidade, em m/s, que o caminhão poderá desenvolver, sem que a caixa escorregue, é

a) 14,3 b) 16,0 c) 18,0 d) 21,5

8 Gravitação

Reveja o que aprendeu

Você deve ser capaz de:
▶ Aplicar os conceitos da Dinâmica no estudo da interação gravitacional entre os corpos.

Introdução

Gravitação é o estudo das forças de atração entre massas (forças de campo gravitacional) e dos movimentos de corpos submetidos a essas forças.

A **Elipse** é o lugar geométrico de um plano cuja soma das distâncias, d_1 e d_2, de sua extremidade a dois pontos fixos denominados focos, F_1 e F_2, pertencentes a esse plano, é sempre constante.

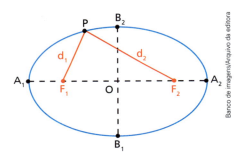

São elementos geométricos da elipse:
- F_1 e F_2 são os focos;
- $OA_1 = OA_2$ são os semieixos maiores;
- $OB_1 = OB_2$ são os semieixos menores.

Chama-se **excentricidade da elipse** a grandeza adimensional e determinada por:

$$e = \frac{f}{E} \quad (0 \leq e < 1)$$

As leis de Kepler

1ª Lei – Lei das órbitas

Em relação a um referencial no Sol, os planetas movimentam-se descrevendo **órbitas elípticas**, onde o Sol ocupa um dos focos da elipse.

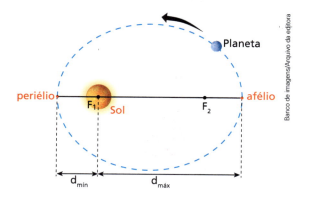

As distâncias do periélio e do afélio ao centro do Sol são representadas por, respectivamente, $d_{mín}$ e $d_{máx}$. Assim, podemos definir **raio médio da órbita** (R) do planeta como a média aritmética entre $d_{mín}$ e $d_{máx}$:

$$R = \frac{d_{mín} + d_{máx}}{2}$$

2ª Lei – Lei das áreas

As áreas varridas pelo vetor-posição de um planeta em relação ao centro do Sol são **diretamente proporcionais** aos respectivos intervalos de tempo gastos.

Sendo A a área e Δt o correspondente intervalo de tempo, podemos verificar que:

$$A = v_a \Delta t$$

A constante de proporcionalidade v_a é denominada **velocidade areolar** e caracteriza a rapidez com que o vetor-posição do planeta, que tem origem no centro do Sol e extremidade no centro do planeta, varre as respectivas áreas.

Também podemos enunciar a Lei das áreas da seguinte maneira:

O vetor-posição de um planeta em relação ao centro do Sol varre **áreas iguais em intervalos de tempo iguais**.

No caso particular de planetas descrevendo órbitas circulares, o movimento será **uniforme**.

3ª Lei – Lei dos períodos

Para qualquer planeta do Sistema Solar, o quociente entre o cubo do raio médio da órbita, R^3, e o quadrado do período de revolução (ou translação) em torno do Sol, T^2, é **constante**.

$$\frac{R^3}{T^2} = K_P$$

A constante K_P é denominada **constante de Kepler**, e o seu valor depende apenas da massa do Sol e das unidades de medida.

Lei de Newton da atração das massas

Representando por $\vec{F}$ a intensidade de $\vec{F}_{AB}$ ou de $\vec{F}_{BA}$, podemos escrever que:

$$F = G\frac{m_A m_B}{d^2}$$

O valor numérico da constante G (**Constante da Gravitação**), em um mesmo sistema de unidades, **independe do meio** em que os corpos se encontram.

Atualmente, o valor aceito para G é:

$$G = 6{,}67 \cdot 10^{-11} \, N \cdot m^2/kg^2$$

Satélites

Considere um satélite em órbita em torno de um planeta:

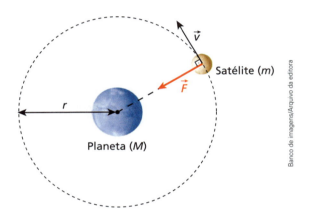

A força gravitacional que o satélite recebe do planeta é a **resultante centrípeta** no seu movimento circular e uniforme. Podemos verificar que a **velocidade orbital** (v) é dada por:

$$v = \sqrt{\frac{GM}{r}}$$

e que o período de **revolução** (T) é dado por:

$$T = 2\pi\sqrt{\frac{r^3}{GM}}$$

A constante, denominada constante de Kepler no caso do Sistema Solar, é representada pelo quociente $\frac{GM}{4\pi^2}$ e, de fato, só depende da massa central (M).

$$\frac{r^3}{T^2} = \frac{GM}{4\pi^2} \Rightarrow \text{constante}$$

A **velocidade aureolar** é determinada por:

$$v_a = \frac{1}{2}\sqrt{GMr}$$

Estudo do campo gravitacional de um astro

Linhas de força de um campo gravitacional são linhas que representam, em cada ponto, a orientação da força que atua em uma partícula (massas de prova) submetida exclusivamente aos efeitos desse campo.

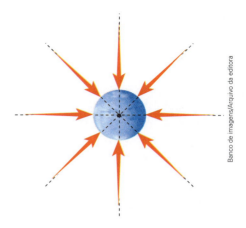

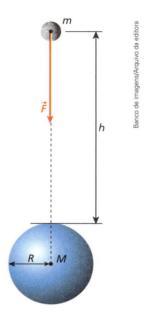

Calcula-se a intensidade da aceleração da gravidade num ponto externo ao astro por:

$$g = G\frac{M}{(R+h)^2}$$

A intensidade da aceleração da gravidade na superfície do astro é calculada por:

$$g_0 = G\frac{M}{R^2}$$

A intensidade da aceleração da gravidade num ponto interno ao astro é determinada por:

$$g = K\,r$$

em que $K = \frac{4}{3}\pi\mu G$ é uma constante e $\mu = \frac{m}{V}$ é a massa específica do astro.

Podemos verificar que a intensidade da aceleração da gravidade varia em função da distância x ao centro do astro, conforme representa o gráfico abaixo.

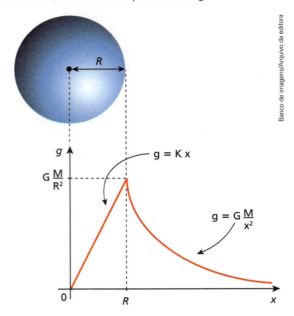

Variação aparente da intensidade da aceleração da gravidade devido à rotação do astro

Para um corpo de prova em rotação no ponto A e latitude φ sobre a superfície de um astro esférico, a componente $\vec{P}$ traduz o seu **peso aparente**, isto é, a indicação que seria fornecida por um dinamômetro situado no ponto A, caso esse corpo de prova fosse dependurado nesse aparelho. A componente $\vec{F}_{cp}$ representa a força centrípeta necessária para o corpo de prova realizar o movimento circular e uniforme acompanhando a rotação em torno do astro.

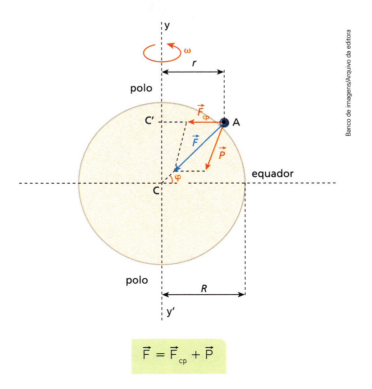

$$\vec{F} = \vec{F}_{cp} + \vec{P}$$

Aplique o que aprendeu

Exercício resolvido

1. (UFSM-RS) Os avanços nas técnicas observacionais têm permitido aos astrônomos rastrear um número crescente de objetos celestes que orbitam o Sol. A figura mostra, em escala arbitrária, as órbitas da Terra e de um cometa (os tamanhos dos corpos não estão em escala). Com base na figura, analise as afirmações:

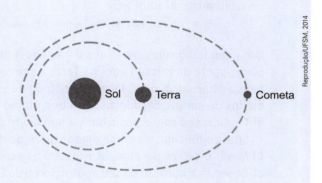

I. Dada a grande diferença entre as massas do Sol e do cometa, a atração gravitacional exercida pelo cometa sobre o Sol é muito menor que a atração exercida pelo Sol sobre o cometa.
II. O módulo da velocidade do cometa é constante em todos os pontos da órbita.
III. O período de translação do cometa é maior que um ano terrestre.

Está(ão) correta(s)

a) apenas I.   b) apenas III.   c) apenas I e II.   d) apenas II e III.   e) I, II e III.

Resolução:
[I] Incorreta. As forças têm a mesma intensidade.
[II] Incorreta. Como a trajetória é elíptica, seu movimento é acelerado quando ele se aproxima do Sol e, retardado, quando se afasta.
[III] Correta. Os corpos mais afastados do Sol têm período de translação maior.

Resposta: B

Questões

 1. (Acafe-SC)

Foi encontrado pelos astrônomos um exoplaneta (planeta que orbita uma estrela que não o Sol) com uma excentricidade muito maior que o normal. A excentricidade revela quão alongada é sua órbita em torno de sua estrela. No caso da Terra, a excentricidade é 0,017, muito menor que o valor 0,96 desse planeta, que foi chamado HD 20782. Nas figuras ao lado pode-se comparar as órbitas da Terra e do HD 20782.
Nesse sentido, assinale a **correta**.

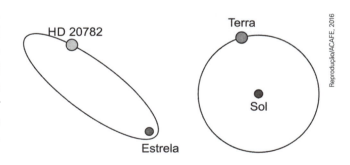

a) As leis de Kepler não se aplicam ao HD 20782 porque sua órbita não é circular como a da Terra.
b) As leis de Newton para a gravitação não se aplicam ao HD 20782 porque sua órbita é muito excêntrica.
c) A força gravitacional entre o planeta HD 20782 e sua estrela é máxima quando ele está passando no afélio.
d) O planeta HD 20782 possui um movimento acelerado quando se movimenta do afélio para o periélio.

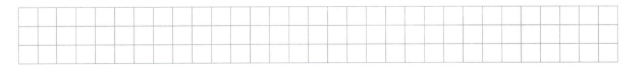

2. (UPE)

Em 16 de julho de 2015, a equipe da NASA, responsável pela sonda New Horizons, que tirou fotografias de Plutão, publicou a seguinte mensagem:

Uau! Acabamos de tirar mais de 1200 fotos de Plutão. Vamos tentar ter mais algumas enquanto estamos na vizinhança. #PlutoFlyBy

Disponível em: Twitter.com, usuário: @NASANewHorizons. Publicado em 16 de julho de 2015, traduzido e acessado em 19 de julho de 2015.

Uma das fotografias mostrava uma cadeia de montanhas em sua superfície. Suponha que você é um participante da missão aqui na Terra e precisa auxiliar a equipe no cálculo da massa de Plutão. Assinale a alternativa que oferece o método de estimativa mais preciso na obtenção de sua massa. Para efeitos de simplificação, suponha que Plutão é rochoso, esférico e uniforme.

a) Medir o seu raio e posicionar a sonda em órbita circular, em torno de Plutão, em uma distância orbital conhecida, medindo ainda o período de revolução da sonda.
b) Medir o seu raio e compará-lo com o raio de Júpiter, relacionando, assim, suas massas.
c) Observar a duração do seu ano em torno do Sol, estimando sua massa utilizando a Terceira Lei de Kepler.
d) Medir a distância percorrida pela sonda, da Terra até Plutão, relacionando com o tempo que a luz do Sol leva para chegar a ambos.
e) Utilizar a linha imaginária que liga o centro do Sol ao centro de Plutão, sabendo que ela percorre, em tempos iguais, áreas iguais.

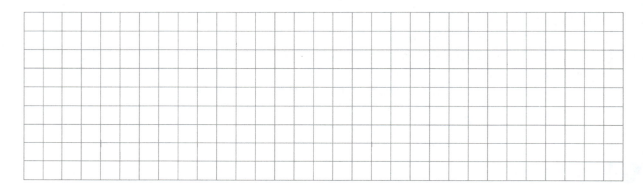

3. (ITA-SP)

Com os motores desligados, uma nave executa uma trajetória circular com período de 5 400 s próxima à superfície do planeta em que orbita. Assinale a massa específica média desse planeta.
a) 1,0 g/cm³   b) 1,8 g/cm³   c) 2,4 g/cm³   d) 4,8 g/cm³   e) 20,0 g/cm³

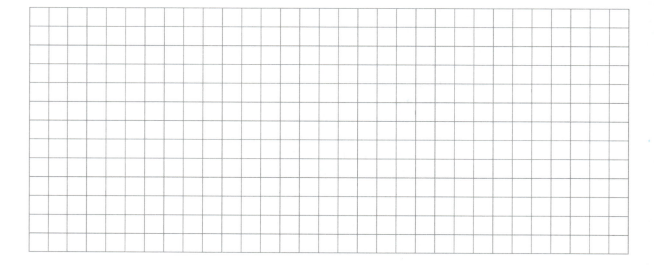

4. (PUC-RJ)
Dois pequenos satélites de mesma massa descrevem órbitas circulares em torno de um planeta, tal que o raio da órbita de um é quatro vezes menor que o do outro. O satélite mais distante tem um período de 28 dias. Qual é o período, em dias, do satélite mais próximo?
a) 3,5   b) 7,0   c) 14   d) 56   e) 112

5. (Fuvest-SP)
Em janeiro de 2006, a nave espacial New Horizons foi lançada da Terra com destino a Plutão, astro descoberto em 1930. Em julho de 2015, após uma jornada de aproximadamente 9,5 anos e 5 bilhões de km, a nave atinge a distância de 12,5 mil km da superfície de Plutão, a mais próxima do astro, e começa a enviar informações para a Terra, por ondas de rádio. Determine
a) a velocidade média v da nave durante a viagem;
b) o intervalo de tempo Δt que as informações enviadas pela nave, a 5 bilhões de km da Terra, na menor distância de aproximação entre a nave e Plutão, levaram para chegar em nosso planeta;
c) o ano em que Plutão completará uma volta em torno do Sol, a partir de quando foi descoberto.
Note e adote: Velocidade da luz = $3 \cdot 10^8$ m/s
Velocidade média de Plutão = 4,7 km/s
Perímetro da órbita elíptica de Plutão = $35,4 \cdot 10^9$ km
1 ano = $3 \cdot 10^7$ s

6. (IME-RJ)

Uma mola presa ao corpo A está distendida. Um fio passa por uma roldana e tem suas extremidades presas ao corpo A e ao corpo B, que realiza um movimento circular uniforme horizontal com raio R e velocidade angular ω. O corpo A encontra-se sobre uma mesa com coeficiente de atrito estático μ e na iminência do movimento no sentido de reduzir a deformação da mola. Determine o valor da deformação da mola.

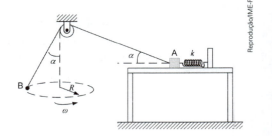

Dados:
massa do corpo A: m_A; massa do corpo B: m_B; constante elástica da mola: k; aceleração da gravidade: g.
Consideração:
A massa m_A é suficiente para garantir que o corpo A permaneça no plano horizontal da mesa.

7. (UFJF-MG)

Um satélite geoestacionário é um satélite que se move em uma órbita circular acima do Equador da Terra seguindo o movimento de rotação do planeta em uma altitude de 35 786 km. Nesta órbita, o satélite parece parado em relação a um observador na Terra. Satélites de comunicação, como os de TV por assinatura, são geralmente colocados nestas órbitas geoestacionárias. Assim, as antenas colocadas nas casas dos consumidores podem ser apontadas diretamente para o satélite para receber o sinal. Sobre um satélite geoestacionário é correto afirmar que:

a) a força resultante sobre ele é nula, pois a força centrípeta é igual à força centrífuga.
b) como no espaço não existe gravidade, ele permanece em repouso em relação a um ponto fixo na superfície da Terra.
c) o satélite somente permanece em repouso em relação à Terra se mantiver acionados jatos propulsores no sentido oposto ao movimento de queda.
d) a força de atração gravitacional da Terra é a responsável por ele estar em repouso em relação a um ponto fixo na superfície da Terra.
e) por estar fora da atmosfera terrestre, seu peso é nulo.

8. (Enem)

Conhecer o movimento das marés é de suma importância para a navegação, pois permite definir com segurança quando e onde um navio pode navegar em áreas, portos ou canais. Em média, as marés oscilam entre alta e baixa num período de 12 horas e 24 minutos. No conjunto de marés altas, existem algumas que são maiores do que as demais.

A ocorrência dessas maiores marés tem como causa

a) a rotação da Terra, que muda entre dia e noite a cada 12 horas.
b) os ventos marítimos, pois todos os corpos celestes se movimentam juntamente.
c) o alinhamento entre a Terra, a Lua e o Sol, pois as forças gravitacionais agem na mesma direção.
d) o deslocamento da Terra pelo espaço, pois a atração gravitacional da Lua e do Sol são semelhantes.
e) a maior influência da atração gravitacional do Sol sobre a Terra, pois este tem a massa muito maior que a da Lua.

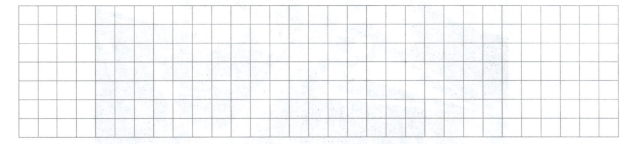

9. (EBMSP-BA)

Cientistas descobrem planeta parecido com a Terra que orbita estrela vizinha do Sol, nomeado de Próxima B. O planeta é pequeno, rochoso e pode ter água líquida. Ele orbita ao redor da Próxima Centauri, que fica a uma distância de 4,2 anos-luz do Sistema Solar. Os dados permitiram concluir que Próxima B tem uma massa de, aproximadamente, 1,3 vez a da Terra e orbita em torno da Próxima Centauri a cada 11,2 dias terrestres a uma distância média de 7,5 milhões de km dessa estrela, que equivale a cerca de 5% da distância entre a Terra e o Sol.

Disponível em: <http://g1.globo.com/ciencia-e-saude/noticia/cientistas-descobrem-planeta-parecido-com-terra-
-que-orbita-vizinha-do-sol.ghtml>. Acesso em: 09 out. 2016. Adaptado.

Considerando-se a massa da Terra igual a $6,0 \cdot 10^{24}$ kg, a constante de gravitação universal $G = 6,7 \cdot 10^{-11}$ N $\cdot$ m^2 $\cdot$ kg^{-2}, $\pi = 3$, as informações do texto e os conhecimentos de Física, é correto afirmar:

a) As leis de Kepler não têm validade para descrever o movimento do planeta Próxima B em torno da estrela Próxima Centauri, tomando essa estrela como referencial.
b) A ordem de grandeza da massa da estrela Próxima Centauri é maior do que 10^{29} kg.
c) A ordem de grandeza da velocidade orbital do planeta Próxima B é igual a 10^3 m/s.
d) A ordem de grandeza da distância entre a Próxima Centauri e o sistema solar é igual a 10^{12} km.
e) O módulo da força de interação gravitacional entre a estrela Próxima Centauri e o planeta Próxima B é da ordem de 10^{17} N.

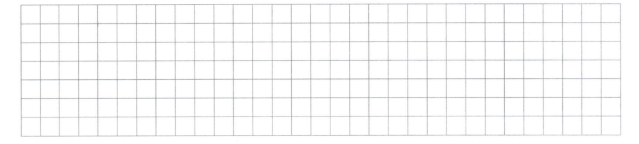

10. (UFSC)

Quer subir de elevador até o espaço? Apesar de esta ideia já ter surgido há mais de 100 anos, um avanço em nanotecnologia pode significar que iremos de elevador até o espaço com um cabo feito de diamante ou de carbono. A empresa japonesa de construção Obayashi investiga a viabilidade de um elevador espacial, visando a uma estação espacial ligada ao equador por um cabo de 96 000 quilômetros feito de nanotecnologia de carbono, conforme a figura abaixo. A estação espacial orbitaria a Terra numa posição geoestacionária e carros robóticos com motores magnéticos levariam sete dias para alcançar a estação espacial, transportando carga e pessoas até o espaço por uma fração dos custos atuais.

01) a estação espacial japonesa deve possuir movimento circular ao redor da Terra com velocidade linear igual à velocidade linear de rotação da superfície da Terra.
02) as pessoas que visitarem a estação espacial poderão flutuar no seu interior porque lá não haverá atração gravitacional.
04) a velocidade angular da estação espacial deve ser igual à velocidade angular de rotação da Terra.
08) um carro robótico terá, no trajeto da Terra até a estação espacial, vetor velocidade constante.
16) o período do movimento da estação espacial ao redor da Terra deve ser igual ao período de rotação diária da Terra.
32) a força de atração gravitacional da Terra será a força centrífuga, responsável por manter a estação espacial em órbita.
64) o valor da aceleração da gravidade (g) na posição da estação espacial terá um módulo menor que seu valor na superfície da Terra.

11. Satélites não propulsionados, de diversas nacionalidades e finalidades, descrevem órbitas circulares ao redor da Terra com centro coincidente com o centro do planeta, admitido esférico com raio **R**. No esquema ao lado está representado um desses satélites (Satélite 1), de massa m_1, cuja altura em relação à superfície terrestre é $h_1 = R$. Esse satélite percorre sua órbita com velocidade escalar angular igual a ω_1.

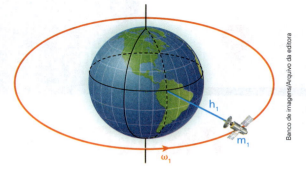

Se considerarmos outro satélite (Satélite 2), de massa $m_2 = 5m_1$, também em órbita circular ao redor da Terra, mas a uma altura em relação à superfície do planeta $h_2 = 7h_1$, esse Satélite 2 percorrerá sua órbita com velocidade escalar angular ω_2, tal que:

a) $\omega_2 = \omega_1$

b) $\omega_2 = \dfrac{\omega_1}{2}$

c) $\omega_2 = \dfrac{\omega_1}{4}$

d) $\omega_2 = \dfrac{\omega_1}{8}$

e) $\omega_2 = \dfrac{\omega_1}{16}$

9 Movimentos em campo gravitacional uniforme

Reveja o que aprendeu

Você deve ser capaz de:

- Estudar os efeitos do campo gravitacional uniforme sobre corpos em movimento.

Campo gravitacional uniforme

Chamamos de **campo gravitacional uniforme** todo aquele em que o vetor $\vec{g}$ (aceleração da gravidade) é **constante** em toda a extensão do campo, isto é, esse vetor tem módulo, direção e sentido invariáveis em toda a região analisada.

Em ambientes com dimensões pequenas como interior de sala de aula, ônibus, parques o campo gravitacional pode ser considerado uniforme, até mesmo em regiões maiores como cidades, podemos considerar o campo gravitacional uniforme, porque a intensidade do vetor $\vec{g}$ varia muito pouco.

// Representação de algumas linhas de força de um campo gravitacional uniforme.

Movimento vertical

Ao lançar, verticalmente, um corpo na superfície terrestre, ele percorre praticamente o mesmo segmento de reta durante a subida e descida e fica sob a ação exclusiva de seu peso, desprezando as ações atmosféricas. É importante lembrar que a aceleração verificada será $\vec{g}$ e é independente da massa do corpo.

Durante a subida, ocorre um movimento uniformemente retardado, até atingir a altura máxima e então inicia o movimento de descida, a queda livre. Em ambos os casos a aceleração da gravidade possui a mesma intensidade.

// Desprezada a influência do ar, ao deixar a mão da pessoa, a pedra ficará sujeita à ação exclusiva do seu peso $\vec{P}$ e, independentemente de sua massa, a aceleração adquirida por esse corpo será a da gravidade, $\vec{g}$.

Movimento balístico

O movimento balístico é uma denominação genérica atribuída ao deslocamento de corpos lançados obliquamente.

Ao adotar um referencial cartesiano 0xy, pode-se notar que a aceleração vetorial (e escalar) $\vec{g}$ é nula, o que implica movimento uniforme. Por outro lado, a aceleração vetorial (e escalar) $\vec{g}$ é constante e não nula, o que implica movimento uniformemente variado. Portanto, podemos inferir que:

> O movimento parabólico sob a ação exclusiva do campo gravitacional é a composição de dois movimentos parciais mais simples: um horizontal, **retilíneo** e **uniforme**, e outro vertical, **retilíneo** e **uniformemente variado**, retardado na subida e acelerado na descida.

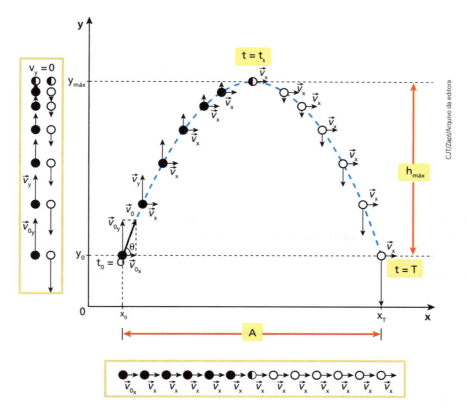

Repare alguns detalhes importantes nesse esquema que podem reforçar a compreensão do fenômeno:

- Em, $t_0 = 0$, $v_{o_y} = v_0 \, \text{sen} \, \theta$ e $v_{o_x} = v_0 \cos \theta$;
- $\vec{v}_x$ permanece constante, indicando o movimento é uniforme.
- Em $t = t_s$, o objeto atinge o ponto de altura máxima e sua velocidade vetorial é horizontal e não nula. A componente vertical da velocidade vetorial é nula. neste ponto ocorre a inversão do sentido do movimento vertical.
- $\vec{v}_y$ diminui uniformemente na subida, indicando que o movimento é uniformemente retardado, e aumenta uniformemente na descida, indicando que o movimento é uniformemente acelerado.
- Em pontos de mesma altura em relação do nível de lançamento, $\vec{v}_y$ na subida é igual à $\vec{v}_y$ na descida (simetria).

O intervalo de tempo decorrido desde o instante de lançamento até o instante em que o objeto atinge a altura máxima, tempo de subida (t_s), é dado por:

$$t_s = \frac{v_0 \cdot \text{sen}\theta}{g}$$

Por simetria, o tempo de descida (t_d) é igual a t_s, portanto o tempo total (T), ou o intervalo de tempo decorrido entre o instante de lançamento e o instante de retorno ao nível horizontal de lançamento, é:

$$T = \frac{2v_0 \cdot \text{sen}\theta}{g}$$

A altura máxima ($h_{máx}$) em relação ao plano horizontal de lançamento pode ser determinada por:

$$h_{máx} = \frac{v_{0y}^2}{2g} = \frac{v_0^2 \cdot \text{sen}^2\theta}{2g}$$

O alcance horizontal (A), é calculado por:

$$A = \frac{v_0^2}{g} \cdot \text{sen}2\theta$$

Para uma mesma intensidade de velocidade inicial e em um mesmo local, o ângulo de tiro que proporciona **o alcance horizontal máximo** ($A_{máx}$) é 45°.

A trajetória descrita pelo objeto lançado obliquamente em campo gravitacional uniforme, sem influência do ar, é parabólica e dada pela expressão:

$$y = \text{tg}\theta \cdot x - \frac{g}{2v_0^2 \cdot \cos^2\theta} x^2$$

Lançamento horizontal

O lançamento horizontal de um objeto com uma velocidade v_0 e uma altura H em relação ao solo é um semimovimento balístico que também se aplica os conceitos de lançamento oblíquo.

O cálculo para o tempo de queda (t_q) é definido por:

$$t_q = \sqrt{\frac{2H}{g}}$$

E o alcance horizontal (D) é dado por:

$$D = v_0 \sqrt{\frac{2H}{g}}$$

Aplique o que aprendeu

Exercícios resolvidos

1. O italiano Galileu Galilei (1564-1642) é considerado o pai da Física, como a conhecemos hoje. Por meio de metódica investigação científica, ele obteve importantes resultados, como a compreensão do movimento uniformemente variado. Para isso, ele teria realizado, com corpos diversos, experimentos de queda "livre" a partir do topo da Torre de Pisa, em sua cidade natal. Na imagem abaixo, Galileu demonstra suas conclusões sobre o movimento de queda vertical para o grão-duque de Toscana e professores da época.

// Na presença do grão-duque, Galileu realiza a experiência da queda dos corpos na Torre Inclinada de Pisa.

Segundo ensinou Galileu, para a queda de dois corpos maciços e esféricos, de mesmo diâmetro, um de madeira e outro de chumbo, abandonados simultaneamente do repouso a partir de uma mesma altura em relação ao solo, desprezada a resistência do ar, pode-se afirmar que:

a) O de madeira chega primeiro ao solo.
b) O de chumbo chega primeiro ao solo.
c) O de madeira cai com maior aceleração.
d) O de chumbo cai com maior aceleração.
e) Os dois corpos atingem o solo no mesmo instante com a mesma velocidade final.

Resolução:
Segundo a conclusão de Galilei, demonstrada de diversas formas com os recursos tecnológicos atuais, todos os corpos em queda livre (movimento sem a ação das forças de resistência do ar) têm a mesma aceleração: a aceleração da gravidade local ($\vec{g}$). Por isso, os dois corpos citados – o de madeira e o de chumbo – descrevem movimentos verticais idênticos, com a mesma aceleração, percorrendo até o solo distâncias iguais. E ambos atingem a base da torre no mesmo instante, com a mesma velocidade final.
Resposta: E

2. (PUC-RJ) Um astronauta, em um planeta desconhecido, observa que um objeto leva 2,0 s para cair, partindo do repouso, de uma altura de 12 m.
A aceleração gravitacional nesse planeta, em m/s², é:
a) 3,0
b) 6,0
c) 10
d) 12
e) 14

Resolução:
A aceleração pode ser calculada diretamente da equação para a altura no movimento de queda livre:

$$h = v_0 t + \frac{gt^2}{2} = \frac{gt^2}{2} \Rightarrow g = \frac{2h}{t^2} = \frac{2 \cdot 12 \text{ m}}{(2 \text{ s})^2} = 6 \text{ m/s}^2$$

Resposta: B

Questões

1. (OBF)

Um caminhão se desloca em movimento retilíneo e uniforme sobre uma estrada plana e horizontal. Um bloco **M** está suspenso a uma altura $\frac{L}{2}$ acima do nível da carroceria do veículo. No momento em que o ponto **P** da carroceria alinha-se com a vertical do ponto **A**, distante L da vertical que contém **M**, o barbante de sustentação do bloco se rompe e este despenca em queda livre (sem resistência do ar).

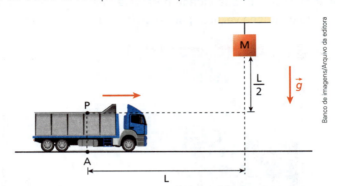

Sendo g a intensidade da aceleração da gravidade, determine o módulo V da velocidade do caminhão para que o bloco atinja sua carroceria no ponto **P**.

2. (UPF-RS)

Um vaso de cerâmica cai da janela de um prédio, a qual está a uma distância de 31 m do solo. Sobre esse solo, está um colchão de 1 m de altura. Após atingir o colchão, o vaso penetra 0,5 m nesse objeto. Nessas condições e desprezando a resistência do ar durante a queda livre, a desaceleração do vaso, em m/s², depois de atingir o colchão é de, aproximadamente
(Adote: $g = 10$ m/s²)
a) 600   b) 300   c) 15   d) 150   e) 30

3. (EFOMM-RJ)

Em um determinado instante um objeto é abandonado de uma altura H do solo e 2,0 segundos mais tarde, outro objeto é abandonado de uma altura h, 120 metros abaixo de H. Determine o valor de H, em m, sabendo-se que os dois objetos chegam juntos ao solo e que a aceleração da gravidade tem módulo $g = 10$ m/s². Despreze o efeito do ar.

a) 150   b) 175   c) 215   d) 245   e) 300

4. Para obter a profundidade H de um poço cilíndrico de eixo vertical, Fabiano abandonou uma pedrinha da boca desse reservatório, que despencou até o fundo sem sofrer ações da resistência do ar. O rapaz verificou que o som do impacto da pedrinha no fundo do poço foi notado decorridos $T = 3,15$ s do instante em que o corpo foi largado. Adotando-se $g = 10,0$ m/s² e considerando-se que o som se propaga no ar local com velocidade $V_s = 300$ m/s, pede-se calcular o valor de H.

5. Um paraquedista esportivo vai partir do repouso de uma altura H acima do solo com vistas a realizar um salto em trajetória vertical, que poderá ser dividido em duas etapas: (I) **Queda livre**, com o paraquedas fechado, sob a ação exclusiva do campo gravitacional (g = 10 m/s²), durante 5,0 s, e (II) **Movimento uniformemente retardado**, com o paraquedas aberto, dotado de aceleração escalar com módulo igual a 2,5 m/s², tal a atingir o solo com velocidade escalar de intensidade 5,0 m/s. Para essa situação, pede-se:
a) determinar a duração total, T, do salto;
b) calcular o valor de H;
c) esboçar o gráfico da velocidade escalar do paraquedista em função do tempo.

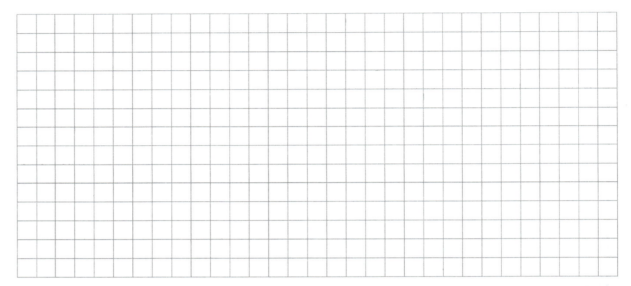

6. Na imagem ao lado, José Henrique atira uma bola verticalmente para cima e esta retorna às suas mãos, no mesmo nível do lançamento, depois de transcorrido um intervalo de tempo T. Nesse contexto, a aceleração da gravidade tem intensidade g e a influência do ar deverá ser desprezada.
Determine em função de g e T:
a) O módulo V_0 da velocidade inicial de lançamento da bola;
b) A altura máxima H atingida pelo objeto em relação ao seu ponto de disparo.

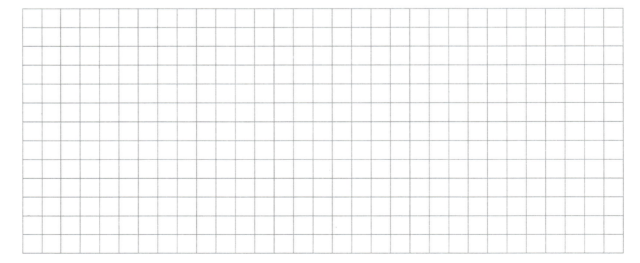

7. Recordes na natureza

Com apenas 6 mm de comprimento, a cigarrinha-da-espuma (*Philaenus spumarius*) é a campeã na natureza de saltos em altura. Ela pode saltar em torno de 80 cm, cerca de 400 vezes a sua altura – as pulgas saltam 135 vezes a sua altura e os gafanhotos, 8 vezes. Se um homem tivesse a mesma habilidade desse incrível inseto, conseguiria saltar a alturas comparáveis à do Morro do Corcovado, no Rio de Janeiro (aproximadamente 700 m). (Uau!)
Admita que uma cigarrinha-da-espuma realize um salto vertical, de acordo com o texto acima, em um local em que $g = 10$ m/s² e a resistência do ar é desprezível.
a) Qual a intensidade da velocidade inicial do inseto, v_0, em um salto?
b) Qual o tempo de voo (subida mais descida) da cigarrinha-da-espuma nesse salto?

8. (PUC-RJ)
A partir do solo, uma bola é lançada verticalmente com velocidade v e atinge uma altura máxima h. Se a velocidade de lançamento for aumentada em 3v, a nova altura máxima final atingida pela bola será:
Despreze a resistência do ar.
a) 2h **b)** 4h **c)** 8h **d)** 9h **e)** 16h

10 Trabalho e potência

Reveja o que aprendeu

Você deve ser capaz de:

▸ Relacionar o papel da energia ao trabalho realizado pelos corpos.

Trabalho de uma força constante

Uma força aplicada em um corpo realiza um trabalho quando produz um deslocamento no corpo. Considere um caso em que a força aplicada é paralela ao deslocamento:

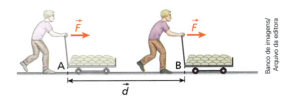

Nesse caso, o trabalho (τ) da força $\vec{F}$ no deslocamento de **A** a **B** é a grandeza escalar dada por:

$$\tau = |\vec{F}||\vec{d}|$$

Caso a força aplicada não seja paralela ao deslocamento:

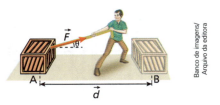

Nesse caso, o trabalho (τ) da força $\vec{F}$ no deslocamento de **A** a **B** é a grandeza escalar dada por:

$$\tau = |\vec{F}||\vec{d}|\cos\theta$$

Sinais do trabalho

O trabalho de uma força pode ser **motor** ou **resistente**.
Ele será **motor** quando esta é "favorável" ao deslocamento.

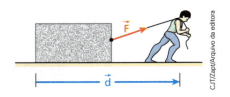

E será **resistente** quando esta é "desfavorável" ao deslocamento.

Casos particulares importantes

No caso de $\vec{F}$ e $\vec{d}$ terem a **mesma direção** e **sentido**, tem-se:

$$\tau = Fd$$

Quando $\vec{F}$ e $\vec{d}$ têm **mesma direção** e **sentidos opostos**, tem-se:

$$\tau = -Fd$$

Quando a força e o deslocamento forem **perpendiculares entre si**, a força não realiza trabalho. A **força centrípeta** nunca realiza trabalho; seu trabalho é sempre nulo.

Cálculo gráfico do trabalho

Considere uma força constante F aplicada paralelamente ao deslocamento d de um corpo, que se desloca da posição x_1 para a posição x_2. Graficamente, temos:

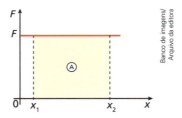

Sabendo que o produto Fd corresponde ao trabalho de $\vec{F}$ obtemos:

$$A = \tau$$

Trabalho da força peso

O trabalho da **força peso** ($\vec{P}$) é independente da trajetória descrita pela partícula:
$$\tau_{\vec{P}} = \pm Ph = \pm mgh$$

O trabalho do peso é **positivo** na descida e **negativo** na subida.

Trabalho da força elástica

O trabalho da **força elástica** ($\vec{F}_e$) independe da trajetória de seu ponto de aplicação:
$$\tau_{\vec{F}_e} = \pm \frac{K(\Delta x)^2}{2}$$

O trabalho da força elástica é motor (+) na fase em que a mola está retornando ao seu comprimento natural e é resistente (−) na fase em que ela é deformada (alongada ou comprimida).

O Teorema da Energia Cinética

A **energia cinética** (E_c) é a modalidade de energia associada aos movimentos, sendo quantificada pela expressão:

$$E_c = \frac{mv^2}{2}$$

E definida pelo teorema:

O trabalho total, das forças internas e externas, realizado sobre um corpo é igual à variação de sua energia cinética.

$$\tau_{total} = \Delta E_c = Ec_{final} - Ec_{inicial}$$

Potência média

Como a energia ΔE equivale a um trabalho τ, podemos definir a **potência média** (Pot_m) como:

$$Pot_m = \frac{\Delta E}{\Delta t} \quad \text{ou} \quad Pot_m = \frac{\tau}{\Delta t}$$

Potência instantânea

A **potência instantânea** pode ser expressa matematicamente por:

$$Pot = \lim_{\Delta t \to 0} Pot_m = \lim_{\Delta t \to 0} \frac{\tau}{\Delta t}$$

Relação entre potência instantânea e velocidade

A potência instantânea de $\vec{F}$ é obtida por:

$$Pot = |\vec{F}||\vec{v}|\cos\theta$$

Propriedade do gráfico da potência em função do tempo

Em um gráfico de potência em função do tempo, a "área" compreendida entre o gráfico e o eixo dos tempos expressa o valor algébrico do trabalho ou da energia transferida.

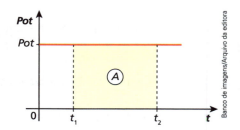

Rendimento

O **rendimento** (η) de um sistema físico qualquer é dado pelo quociente da potência útil (Pot_u) pela potência recebida (Pot_r).

$$\eta = \frac{Pot_u}{Pot_r}$$

Aplique o que aprendeu

Exercícios resolvidos

1. Formigas da caatinga ajudam a plantar sementes. Observou-se que várias espécies de formigas carregam a semente para o ninho, comem a carúncula e abandonam a semente intacta, que a terra do ninho é mais propícia à germinação do que o solo sem formigueiros.

(Adaptado de PESQUISA Fapesp, maio de 2007, nº 135, p. 37.)

Quatro formigas puxam uma semente, com forças $\vec{f}_1$, $\vec{f}_2$, $\vec{f}_3$ e $\vec{f}_4$ aplicadas na direção longitudinal de seus corpos. Num intervalo de 10 minutos, a semente é arrastada no solo, sofrendo deslocamento $\vec{d}$, como indica a figura.

Analise as afirmações:

I. A força $\vec{f}_1$ realiza trabalho positivo.
II. O trabalho realizado pela força $\vec{f}_3$ é nulo.
III. O trabalho realizado pela força $\vec{f}_4$ é nulo.

Está correto o que se afirma em

a) I, somente.
b) I e II, somente.
c) I e III, somente.
d) II e III, somente.
e) I, II e III.

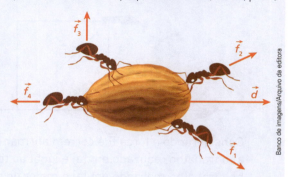

Resolução:

I. (V) O ângulo entre $\vec{f}_1$ e $\vec{d}$ é agudo e, portanto, $\vec{d}$ favorece o deslocamento, realizando trabalho positivo.

II. (V) A força $\vec{f}_3$ é perpendicular ao deslocamento e, portanto, $\theta = 90° \rightarrow \cos\theta = 0$ e $\tau_{f_3} = 0$.

III. (F) O ângulo entre $\vec{f}_4$ e $\vec{d}$ é 180° e, portanto, $\cos\theta = -1$ e $\tau_{f_4} = -|\vec{f}_4| \cdot |\vec{d}| < 0$.

Resposta: B

2. (UFRGS-RS) A figura mostra três trajetórias, 1, 2 e 3, através das quais um corpo de massa m, no campo gravitacional terrestre, é levado da posição inicial i para a posição final f, mais abaixo.

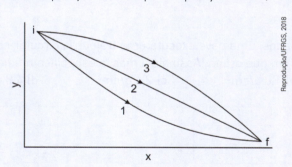

Sejam W_1, W_2 e W_3, respectivamente, os trabalhos realizados pela força gravitacional nas trajetórias mostradas. Assinale a alternativa que correlaciona corretamente os trabalhos realizados.

a) $W_1 < W_2 < W_3$
b) $W_1 < W_2 = W_3$
c) $W_1 = W_2 = W_3$
d) $W_1 = W_2 > W_3$
e) $W_1 > W_2 > W_3$

Resolução:

O trabalho da força gravitacional só depende da altura inicial e final do corpo, não importando sua trajetória.

$W_{gravitacional} = \Delta E_{gravitacional} = mg(h_2 - h_1)$

Portanto, o trabalho é o mesmo para as três situações.

Resposta: C

Questões

1. (UEMG)
Uma pessoa arrasta uma caixa sobre uma superfície sem atrito de duas maneiras distintas, conforme mostram as figuras (a) e (b). Nas duas situações, o módulo da força exercida pela pessoa é igual e se mantém constante ao longo de um mesmo deslocamento.

a)

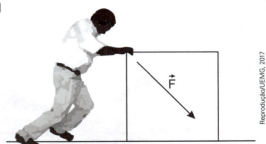

b)

Considerando a força $\vec{F}$ é correto afirmar que
a) o trabalho realizado em (a) é igual ao trabalho realizado em (b).
b) o trabalho realizado em (a) é maior do que o trabalho realizado em (b).
c) o trabalho realizado em (a) é menor do que o trabalho realizado em (b).
d) não se pode comparar os trabalhos, porque não se conhece o valor da força.

2. (ITA-SP)
Com os motores desligados, uma nave executa uma trajetória circular com período de 5 400 s próxima à superfície do planeta em que orbita. Assinale a massa específica média desse planeta.
a) 1,0 g/cm³   b) 1,8 g/cm³   c) 2,4 g/cm³   d) 4,8 g/cm³   e) 20,0 g/cm³

3. (Unicamp-SP)

Músculos artificiais feitos de nanotubos de carbono embebidos em cera de parafina podem suportar até 200 vezes mais peso que um músculo natural do mesmo tamanho. Considere uma fibra de músculo artificial de 1 mm de comprimento, suspensa verticalmente por uma de suas extremidades e com uma massa de 50 gramas pendurada, em repouso, em sua extremidade. O trabalho realizado pela fibra sobre a massa, ao se contrair 10%, erguendo a massa até uma nova posição de repouso, é

a) $5,0 \cdot 10^{-3}$ J.   b) $5,0 \cdot 10^{-4}$ J.   c) $5,0 \cdot 10^{-5}$ J.   d) $5,0 \cdot 10^{-6}$ J.   e) $5,0 \cdot 10^{-7}$ J.

Se necessário, utilize g = 10 m/s².

4. (UFRGS-RS)

Um plano inclinado com 5 m de comprimento é usado como rampa para arrastar uma caixa de 120 kg para dentro de um caminhão, a uma altura de 1,5 m, como representa a figura abaixo.

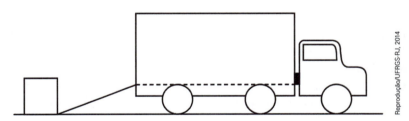

Considerando que a força de atrito cinético entre a caixa e a rampa seja de 564 N, o trabalho mínimo necessário para arrastar a caixa para dentro do caminhão é

a) 846 J.   b) 1 056 J.   c) 1 764 J.   d) 2 820 J.   e) 4 584 J.

5. (EsPCEx-SP)

Um bloco de massa igual a 1,5 kg é lançado sobre uma superfície horizontal plana com atrito com uma velocidade inicial de 6 m/s em $t_1 = 0$ s. Ele percorre uma certa distância, numa trajetória retilínea, até parar completamente em $t_2 = 5$ s, conforme o gráfico abaixo.

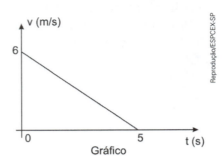

O valor absoluto do trabalho realizado pela força de atrito sobre o bloco é
a) 4,5 J   b) 9,0 J   c) 15 J   d) 27 J   e) 30 J

6. Uma análise criteriosa do desempenho de Usain Bolt na quebra do recorde mundial dos 100 metros rasos mostrou que, apesar de ser o último dos corredores a reagir ao tiro e iniciar a corrida, seus primeiros 30 metros foram os mais velozes já feitos em um recorde mundial, cruzando essa marca em 3,78 segundos. Até se colocar com o corpo reto, foram 13 passadas, mostrando sua potência durante a aceleração, o momento mais importante da corrida. Ao final desse percurso, Bolt havia atingido a velocidade máxima de 12 m/s.

Disponível em: <http://esporte.uol.com.br>. Acesso em: 5 ago. 2012. (Adaptado.)

Supondo que a massa desse corredor seja igual a 90 kg, o trabalho total realizado nas 13 primeiras passadas é mais próximo de
a) $5,4 \cdot 10^2$ J.   b) $6,5 \cdot 10^3$ J.   c) $8,6 \cdot 10^3$ J.   d) $1,3 \cdot 10^4$ J.   e) $3,2 \cdot 10^4$ J.

7. (Udesc)

Um bloco de massa m e velocidade escalar v_0 desliza sobre uma superfície horizontal. Assinale a alternativa que representa a força de atrito necessária para parar o bloco a uma distância d, e o coeficiente de atrito cinético necessário para isso, respectivamente.

a) $-\dfrac{mv_0^2}{d}$ e $\dfrac{v_0^2}{2dg}$

b) $-\dfrac{mv_0^2}{2d}$ e $\dfrac{v_0^2}{2dg}$

c) $-\dfrac{mv_0^2}{2d}$ e $\dfrac{v_0^2}{dg}$

d) $\dfrac{mv_0^2}{2d}$ e $\dfrac{v_0^2}{dg}$

e) $-\dfrac{mv_0^2}{d}$ e $\dfrac{v_0^2}{dg}$

8. (Olimpíada Paulista de Física)

Uma carreta com 4,4 m de comprimento se move em linha reta com velocidade escalar constante de 24,0 m/s, até bater contra um muro, parando de modo abrupto. Uma caixa de massa 3,0 kg, colocada sobre a carreta (ver figura), move-se solidariamente com esta até o momento da batida. Imediatamente após a batida, a caixa escorrega sobre a carreta, movendo-se na direção da parede e sofrendo a ação de uma força de atrito horizontal constante com módulo igual a 60,0 N.

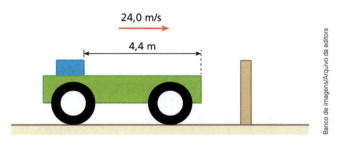

Determine
a) o módulo da velocidade de impacto da caixa contra a parede, em m/s;
b) a energia mecânica dissipada devido ao atrito.

11 Energia mecânica e sua conservação

Reveja o que aprendeu

Você deve ser capaz de:
▶ Reconhecer circunstâncias em que os diferentes tipos de energia mecânica se convertem umas nas outras.

Princípio da conservação — Intercâmbios energéticos

A energia total do Universo é **constante**, podendo haver apenas transformações de uma modalidade em outras.

Unidades de energia

São unidades de energia:
- **Caloria** (cal): utilizada nos fenômenos térmicos.

$$1\ cal \cong 4,19\ J$$

- **Quilowatt-hora** (kWh): utilizada em geração e distribuição de energia elétrica.

$$1\ kWh = 3,6 \cdot 10^6\ J$$

- **Elétron-volt** (eV): utilizada nos estudos do átomo.

$$1\ eV = 1,602 \cdot 10^{-19}\ J$$

Energia cinética

A **energia cinética** (E_c) está associada ao movimento de uma partícula e é proporcional ao quadrado de sua velocidade escalar (v):

$$E_c = \frac{mv^2}{2}$$

Energia potencial

A **energia potencial gravitacional** (E_p) está associada à altura (entende-se por altura a posição que um corpo ocupa em relação, geralmente, à superfície da Terra) e é dada por:

$$E_p = Ph \text{ ou } E_p = mgh$$

A **energia potencial elástica** (E_e) está associada à deformação de um corpo, e é dada por:

$$E_e = \frac{K(\Delta x)^2}{2}$$

Cálculo da energia mecânica

A **energia mecânica** (E_m) de um sistema pode ser calculada somando a energia cinética à energia potencial, que pode ser de gravidade ou elástica:

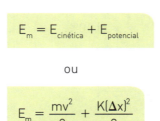

$$E_m = E_{cinética} + E_{potencial}$$

ou

$$E_m = \frac{mv^2}{2} + \frac{K(\Delta x)^2}{2}$$

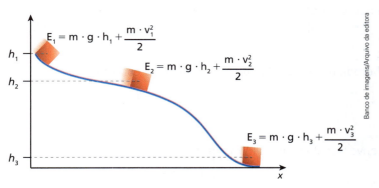

Sistema mecânico conservativo

Todo sistema em que as forças que realizam trabalho transformam, exclusivamente, energia potencial em energia cinética e vice-versa é chamado de **Sistema mecânico conservativo**. As forças de gravidade, elásticas e eletrostáticas são denominadas **forças conservativas**.

As forças que realizam trabalho e que transformam a energia mecânica de um corpo em outras formas de energia, como a energia térmica ou a energia sonora, são denominadas **forças dissipativas**. São exemplos de forças dissipativas as forças de atrito, de resistência viscosa e de resistência do ar.

Princípio da Conservação da Energia Mecânica

Em um sistema mecânico conservativo, a energia mecânica total é sempre **constante**.
$$E_m = E_{cinética} + E_{potencial} \Rightarrow \textbf{constante}$$

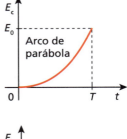

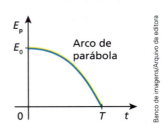

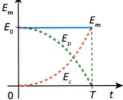

$$E_m = E_c + E_p$$

Aplique o que aprendeu

Exercício resolvido

1. (Unesp-SP) Um gerador portátil de eletricidade movido a gasolina comum tem um tanque com capacidade de 5,0 L de combustível, o que garante uma autonomia de 8,6 horas de trabalho abastecendo de energia elétrica equipamentos com potência total de 1 kW, ou seja, que consomem, nesse tempo de funcionamento, o total de 8,6 kWh de energia elétrica. Sabendo que a combustão da gasolina comum libera cerca $3,2 \cdot 10^4$ kJ/L e que 1 kWh = $3,6 \cdot 10^3$ kJ, a porcentagem da energia liberada na combustão da gasolina que será convertida em energia elétrica é próxima de
a) 30%.   b) 40%.   c) 20%.   d) 50%.   e) 10%.

Resolução:
A energia liberada na combustão de 5 L de gasolina comum é:

$$E = E_{p/litro} \cdot \text{total de litros}$$

$$E = 3,2 \cdot 10^4 \, \frac{kJ}{L} \cdot 5\,L = 16 \cdot 10^4 \, kJ$$

Fazendo a conversão de kJ para kWh, temos:

1 kWh ——— $3,6 \cdot 10^3$ kJ
8 kWh ——— x
$x \cong 3,1 \cdot 10^4$ kJ

A porcentagem pedida é:

$$p = \frac{3,1 \cdot 10^4}{16 \cdot 10^4} \cdot 100\% = 19,375\% \therefore p \cong 20\%$$

Resposta: C

Questões

1. (Fuvest-SP)

Em uma competição de salto em distância, um atleta de 70 kg tem, imediatamente antes do salto, uma velocidade na direção horizontal de módulo 10 m/s. Ao saltar, o atleta usa seus músculos para empurrar o chão na direção vertical, produzindo uma energia de 500 J, sendo 70% desse valor na forma de energia cinética. Imediatamente após se separar do chão, o módulo da velocidade do atleta é mais próximo de
a) 10,0 m/s   b) 10,5 m/s   c) 12,2 m/s   d) 13,2 m/s   e) 13,8 m/s

2. (Enem)

O brinquedo pula-pula (cama elástica) é composto por uma lona circular flexível horizontal presa por molas à sua borda. As crianças brincam pulando sobre ela, alterando e alternando suas formas de energia. Ao pular verticalmente, desprezando o atrito com o ar e os movimentos de rotação do corpo enquanto salta, uma criança realiza um movimento periódico vertical em torno da posição de equilíbrio da lona (h = 0), passando pelos pontos de máxima e de mínima alturas, $h_{máx}$ e $h_{mín}$, respectivamente.

Esquematicamente, o esboço do gráfico da energia cinética da criança em função de sua posição vertical na situação descrita é:

a)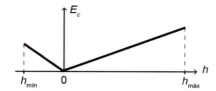

d)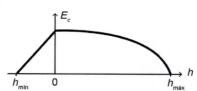

b)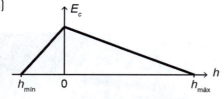

e)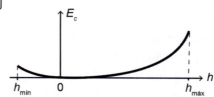

c)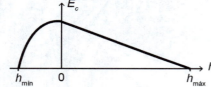

3. (UPM-SP)

Um *Drone Phanton 4* de massa 1300 g desloca-se horizontalmente, ou seja, sem variação de altitude, com velocidade constante de 36,0 km/h com o objetivo de fotografar o terraço da cobertura de um edifício de 50,0 m de altura. Para obter os resultados esperados o sobrevoo ocorre a 10,0 m acima do terraço da cobertura.

A razão entre a energia potencial gravitacional do Drone, considerado como um ponto material, em relação ao solo e em relação ao terraço da cobertura é

a) 2   b) 3   c) 4   d) 5   e) 6

4. Águas passadas não movem moinho.

As rodas-d'água são dispositivos ancestrais, utilizados desde a antiguidade até os dias de hoje, sobretudo nos meios rurais. A despeito de seu aspecto bucólico e rudimentar, esses equipamentos, altamente ecológicos, são capazes de aproveitar a energia mecânica da água para diversos fins, como o acionamento de moinhos e bombas hidráulicas. Com rodas-d'água, cogita-se até mesmo a produção de energia elétrica em pequena escala.

Considere uma roda-d'água que é movida por uma vazão de 300,0 L de água por segundo (densidade da água a 1,0 kg/L), que é captada praticamente em repouso em uma fonte situada 4,0 m acima do dispositivo. O líquido dirige-se ao equipamento pela ação das forças gravitacionais (aceleração da gravidade local igual a 10,0 m/s²), sem perdas de energia, e a roda-d'água aciona, por sua vez, um gerador elétrico que vai ser utilizado exclusivamente para aquecer água com rendimento de 20%. Considerando-se o calor específico sensível da água igual a kJ/kg °C, pergunta-se:

a) Qual a potência hídrica recebida pela roda-d'água?
b) Qual o intervalo de tempo gasto pelo sistema para aquecer 100,8 L de água de 20,0 °C a 70 °C?

5. (UPF-RS)

Considere um estudante de Física descendo uma ladeira em um skate. Considere também que, embora esteja ventando em sentido contrário ao seu movimento, esse aluno observa que sua velocidade permanece constante. Nessas condições, o estudante, que acabou de ter uma aula de mecânica, faz algumas conjecturas sobre esse movimento de descida, que são apresentadas nas alternativas a seguir.

A alternativa que indica uma ponderação **correta** feita pelo aluno é:

a) Sua energia cinética está aumentando.
b) Sua energia cinética não se altera.
c) Sua energia cinética está diminuindo.
d) Sua energia potencial gravitacional está aumentando.
e) Sua energia potencial gravitacional se mantém constante.

6. (Enem)

Bolas de borracha, ao caírem no chão, quicam várias vezes antes que parte da sua energia mecânica seja dissipada. Ao projetar uma bola de futsal, essa dissipação deve ser observada para que a variação na altura máxima atingida após um número de quiques seja adequada às práticas do jogo. Nessa modalidade é importante que ocorra grande variação para um ou dois quiques. Uma bola de massa igual a 0,40 kg é solta verticalmente de uma altura inicial de 1,0 m e perde, a cada choque com o solo, 0,80% de sua energia mecânica. Considere desprezível a resistência do ar e adote g = 10 m/s².

O valor da energia mecânica final, em joule, após a bola quicar duas vezes no solo, será igual a

a) 0,16.   b) 0,80.   c) 1,60.   d) 2,56.   e) 3,20.

7. (Unisa-SP)

Uma esfera é abandonada com velocidade inicial nula do alto de uma rampa com 8,0 metros de altura, que termina em uma pista semicircular de raio 3,0 metros, contida em um plano vertical, como mostra a figura.

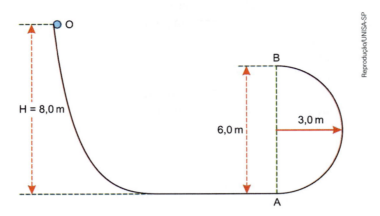

Não há atrito ao longo da pista, e o raio da esfera é desprezível comparado com as dimensões fornecidas. A razão $\frac{V_A}{V_B}$ entre as velocidades escalares atingidas pela esfera nos pontos A e B, respectivamente, é igual a

a) 2,0
b) 3,0
c) 4,0
d) 5,0
e) 6,0

8. Na figura abaixo, está representada a trajetória de um projétil lançado no campo gravitacional com inclinação θ em relação ao solo. A velocidade de lançamento é $\vec{v}_0 = \vec{v}_{0x} + \vec{v}_{0y}$, onde $\vec{v}_{0x}$ e $\vec{v}_{0y}$ são, respectivamente, as componentes horizontal e vertical da velocidade $\vec{v}_0$.

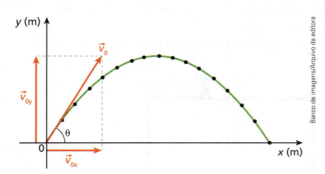

Assinale a alternativa que preenche corretamente as lacunas do enunciado abaixo, na ordem em que aparecem.

Considerando-se a energia potencial gravitacional igual a zero no solo e desprezando-se a resistência do ar, as energias cinética e potencial do projétil, no ponto mais alto da trajetória, valem, respectivamente, ... e ....

a) zero e $\dfrac{mv_0^2}{2}$

b) zero e $\dfrac{mv_{0x}^2}{2}$

c) $\dfrac{mv_0^2}{2}$ e $\dfrac{mv_{0y}^2}{2}$

d) $\dfrac{mv_{0x}^2}{2}$ e $\dfrac{mv_{0y}^2}{2}$

e) $\dfrac{mv_{0y}^2}{2}$ e $\dfrac{mv_{0x}^2}{2}$

9. (EFOMM-RJ)

Em uma mesa de 1,25 metro de altura, é colocada uma mola comprimida e uma esfera, conforme a figura. Sendo a esfera de massa igual a 50 g e a mola comprimida em 10 cm, se ao ser liberada a esfera atinge o solo a uma distância de 5 metros da mesa, com base nessas informações, pode-se afirmar que a constante elástica da mola é:
(Dados: considere a aceleração da gravidade igual a 10 m/s².)

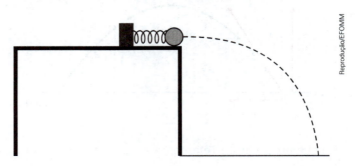

a) 62,5 N/m
b) 125 N/m
c) 250 N/m
d) 375 N/m
e) 500 N/m

10. (UPM-SP)

Uma bola é lançada obliquamente do solo sob ângulo de 45°. Admitindo-se que a resistência do ar seja desprezível e que a energia potencial gravitacional no solo é nula, no instante em que a bola atinge a altura máxima, pode-se afirmar que a relação entre as energias potencial gravitacional (E_p) e a cinética (E_c) da bola é

a) $E_p = \sqrt{2} \cdot E_c$
b) $E_p = \dfrac{1}{2} \cdot E_c$
c) $E_p = 2 \cdot E_c$
d) $E_p = E_c$
e) $E_p = 2\sqrt{2} \cdot E_c$

12 Quantidade de movimento e sua conservação

Reveja o que aprendeu

Você deve ser capaz de:
▶ Analisar a ocorrência de conservação de quantidade de movimento em sistemas isolados.

Impulso de uma força constante

Considere uma força constante aplicada em um corpo durante um intervalo de tempo.

O impulso de $\vec{F}$ no intervalo de tempo $\Delta t = t_2 - t_1$ é a grandeza vetorial $\vec{I}$, definida por:

$$\vec{I} = \vec{F}\Delta t$$

No Sistema Internacional (SI), temos:

$$\text{unidade (I)} = \text{newton} \cdot \text{segundo} = \text{N} \cdot \text{s}$$

Cálculo gráfico do valor algébrico do impulso

Considere um diagrama do valor algébrico de uma força atuante (com direção constante) em uma partícula em função do tempo:

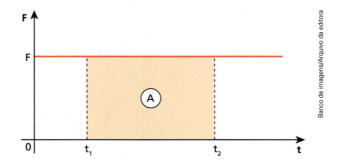

A "área" compreendida entre o gráfico e o eixo dos tempos expressa o valor algébrico do impulso da força.

Quantidade de movimento

Por definição, a quantidade de movimento de uma partícula é a grandeza vetorial $\vec{Q}$ expressa por:

$$\vec{Q} = m\vec{v}$$

Para m constante, $\vec{Q}$ tem módulo diretamente proporcional ao módulo de $\vec{v}$. O gráfico a seguir representa tal proporcionalidade.

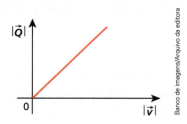

Assim, a declividade da reta representará o valor de m.

$$\frac{|\vec{Q}|}{|\vec{v}|} = m$$

No Sistema Internacional (SI), temos:

$$\text{unid }(Q) = kg \cdot \frac{m}{s}$$

O teorema do impulso

O impulso da resultante (impulso total) das forças sobre uma partícula é igual à variação de sua quantidade de movimento:
$$\vec{I}_{total} = \Delta\vec{Q} \Rightarrow \vec{I}_{total} = \vec{Q}_{final} - \vec{Q}_{inicial}$$

Sistema mecânico isolado

Quando a resultante das forças externas atuantes sobre uma partícula for nula, o sistema mecânico é denominado **isolado de forças externas**.

O Princípio da Conservação da Quantidade de Movimento

Em um sistema mecânico isolado de forças externas, conserva-se a quantidade de movimento total.
$$\Delta\vec{Q} = 0 \text{ ou } \vec{Q}_{final} = \vec{Q}_{inicial}$$

Quantidade de movimento e energia mecânica nas colisões

A quantidade de movimento total de um sistema mantém-se constante em qualquer tipo de colisão mecânica. Assim, a quantidade de movimento imediatamente após a interação é igual à quantidade de movimento imediatamente antes:

$$\vec{Q}_{final} = \vec{Q}_{inicial}$$

Velocidade escalar relativa entre duas partículas que percorrem uma mesma reta

Se duas partículas percorrem uma mesma reta no mesmo sentido, o módulo da velocidade escalar relativa entre elas é dado pelo módulo da diferença entre as velocidades escalares das duas, medidas em relação ao solo.

Se duas partículas percorrem uma mesma reta em sentidos opostos, o módulo da velocidade escalar relativa entre elas é dado pela soma dos módulos das velocidades escalares das duas, medidas em relação ao solo.

Coeficiente de restituição ou de elasticidade (e)

Sejam $|v_{r_{af}}|$ e $|v_{r_{ap}}|$, respectivamente, os módulos das velocidades escalares relativas de **afastamento** (após a colisão) e de **aproximação** (antes da colisão) de duas partículas que realizam uma colisão unidimensional. O **coeficiente de restituição ou de elasticidade** (e) para a referida colisão é definido pelo quociente:

$$e = \frac{v_{r_{af}}}{v_{r_{ap}}} \quad \text{sendo } 0 \leq e \leq 1.$$

Classificação das colisões quanto ao valor de e

Quando e = 1, a colisão é elástica e o sistema conservativo.

$$E_{c_{final}} = E_{c_{inicial}}$$

Quando e = 0, a colisão é totalmente inelástica e o sistema dissipativo.

$$E_{c_{final}} < E_{c_{inicial}}$$

Quando 0 < e < 1, a colisão é parcialmente elástica e o sistema dissipativo.

$$E_{c_{final}} < E_{c_{inicial}}$$

Aplique o que aprendeu

Exercício resolvido

1. (EsPCEx-SP) Um cubo de massa 4 kg está inicialmente em repouso sobre um plano horizontal sem atrito. Durante 3 s, aplica-se sobre o cubo uma força constante $\vec{F}$, horizontal e perpendicular no centro de uma de suas faces, fazendo com que ele sofra um deslocamento retilíneo de 9 m, nesse intervalo de tempo, conforme representado no desenho abaixo.

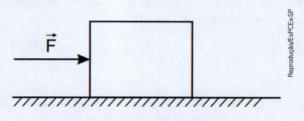

DESENHO ILUSTRATIVO FORA DE ESCALA

No final do intervalo de tempo de 3 s, os módulos do impulso da força $\vec{F}$ e da quantidade de movimento do cubo são respectivamente:

a) 36 N · s e 36 kg · m/s
b) 24 N · s e 36 kg · m/s
c) 24 N · s e 24 kg · m/s
d) 12 N · s e 36 kg · m/s
e) 12 N · s e 12 kg · m/s

Resolução:

A força $\vec{F}$ atua sobre o corpo por um intervalo de tempo. Durante este intervalo, a força é constante, e então pode-se afirmar que o corpo se desloca em um movimento uniformemente variado com aceleração igual a $\vec{a}$. A equação que escreve esse movimento é:

$$S = S_0 + v_0(\Delta t) + \frac{a}{2}(\Delta t)^2 \Rightarrow \Delta S = S - S_0 = v_0(\Delta t) + \frac{a}{2}(\Delta t)^2 \quad (I)$$

Como o corpo parte de repouso, $v_0 = 0$ e, pelo Princípio Fundamental da Dinâmica, tem-se:

$F = ma \Rightarrow a = \dfrac{F}{m}$ (II). Então, temos:

$$\Delta S = \frac{1}{2}\left(\frac{F}{m}\right)(\Delta t)^2 \Rightarrow F = \frac{2m\Delta S}{(\Delta t)^2} \quad (III)$$

Substituindo-se os valores conhecidos na equação (III), tem-se:

$$F = \frac{2 \cdot 4 \cdot 9}{3^2} = 8 \, N$$

O módulo do impulso $\vec{I}$ da força $\vec{F}$ sobre o corpo é:

$$I = F \Delta t = 8 \, N \cdot 3 \, s = 24 \, Ns$$

O impulso é exatamente igual à variação da quantidade de movimento do corpo. Sabendo que o corpo encontra-se inicialmente em repouso, a quantidade de movimento inicial Q_0 é zero, e então:

$$I = \Delta Q = Q_f - Q_0 = Q_f = 24 \, kg \cdot \frac{m}{s}$$

Resposta: C

Questões

1. (Olimpíada Americana de Física)

Duas rochas, **A** e **B**, estão no espaço sideral em uma região livre de ações gravitacionais de outros corpos celestes. Todas as observações são feitas em relação a um sistema de referência inercial, para o qual as rochas estão inicialmente em repouso.

A rocha **A** tem massa m e a rocha **B** tem massa $9m$. Uma força constante $\vec{F}$ atua na rocha **A** ao longo de uma distância d. Como consequência, a rocha **A** adquire uma quantidade de movimento com módulo Q. Se a mesma força constante $\vec{F}$ atuar na rocha **B**, ao longo da mesma distância d, então a rocha **B** vai adquirir uma quantidade de movimento de módulo:

a) $\dfrac{Q}{9}$ b) $\dfrac{Q}{3}$ c) Q d) $3Q$ e) $9Q$

2. Você sabe fazer aviõezinhos de papel?

Suponha que na imagem ao lado o aviãozinho de papel, de massa 3,0 g, receba da mão de uma pessoa, durante $2,0 \cdot 10^{-1}$ s, uma força impulsiva horizontal com intensidade constante igual a $8,0 \cdot 10^{-1}$ N.

Admitindo-se que a força de resistência do ar durante o lançamento também seja horizontal com intensidade constante igual a $2,0 \cdot 10^{-1}$ N, supondo-se que o aviãozinho parte do repouso, pede-se determinar:

a) a intensidade I do impulso resultante comunicado ao dispositivo no ato de seu lançamento;

b) o módulo v da velocidade do aviãozinho ao deixar a mão da pessoa.

3. (IME-RJ)

Um veículo de combate tem, como armamento principal, um canhão automático eletromagnético, o qual está municiado com 50 projéteis. Esse veículo se desloca em linha reta, inicialmente, em velocidade constante sobre um plano horizontal. Como o veículo está sem freio e descontrolado, um engenheiro sugeriu executar disparos a fim de reduzir a velocidade do veículo. Após realizar 10 disparos na mesma direção e no mesmo sentido da velocidade inicial do veículo, este passou a se deslocar com metade da velocidade inicial. Diante do exposto, a massa do veículo, em kg, é:

Dados:
- velocidade inicial do veículo: 20 m/s;
- velocidade do projétil ao sair do canhão: 800 m/s; e
- massa do projétil: 2 kg.

a) 1 420   b) 1 480   c) 1 500   d) 1 580   e) 1 680

4. (AFA-SP)

Uma partícula é abandonada sobre um plano inclinado, a partir do repouso no ponto **A**, de altura h, como indicado pela figura (fora de escala). Após descer o plano inclinado, a partícula se move horizontalmente até atingir o ponto **B**. As forças de resistência ao movimento de **A** até **B** são desprezíveis. A partir do ponto **B**, a partícula então cai, livre da ação de resistência do ar, em um poço de profundidade igual a $3h$ e diâmetro x. Ela colide 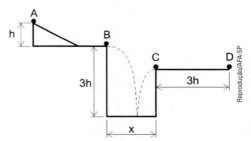 com o chão do fundo do poço e sobe, em uma nova trajetória parabólica até atingir o ponto **C**, o mais alto dessa nova trajetória. Na colisão com o fundo do poço a partícula perde 50% de sua energia mecânica. Finalmente, do ponto **C** ao ponto **D**, a partícula move-se horizontalmente experimentando atrito com a superfície. Após percorrer a distância entre **C** e **D**, igual a $3h$, a partícula atinge o repouso.

Considerando que os pontos **B** e **C** estão na borda do poço, que o coeficiente de atrito dinâmico entre a partícula e o trecho $\overline{CD}$ é igual a 0,5 e que durante a colisão com o fundo do poço a partícula não desliza, a razão entre o diâmetro do poço e a altura de onde foi abandonada a partícula, $\frac{x}{h}$, vale

a) 1   b) 3   c) $3\sqrt{3}$ d) $4\sqrt{3}$

5. (Famerp-SP)

Uma bola de tênis, de massa 60 g, se chocou com uma parede vertical. O gráfico representa a intensidade da força, em função do tempo, exercida pela parede sobre a bola, no qual F_M é a intensidade da força média no intervalo de tempo entre 0 s e 0,02 s.

Sabendo-se que a velocidade da bola, imediatamente antes da colisão, era perpendicular à superfície da parede com módulo 20 m/s e que, após a colisão, continua perpendicular à parede, é correto afirmar que o módulo da velocidade da bola, em m/s, imediatamente após a colisão foi

a) 15. c) 20. e) 38.
b) 18. d) 24.

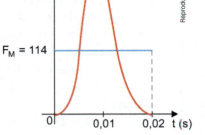

6. (Cesumar-PR)

Em um jogo de futebol, a bola se choca contra uma das traves com velocidade de módulo $V_A = 12$ m/s e retorna na mesma direção, mas com sentido oposto, com velocidade de módulo $V_D = 8,0$ m/s, como ilustrado nas figuras abaixo.

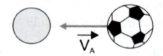

Antes da colisão   Depois da colisão

Sabendo que a massa da bola é 450 g, o impulso que a bola recebeu na colisão com a trave foi

a) 1,8 N · s   b) 9,0 N · s   c) 5,4 N · s   d) 4,5 N · s   e) 3,6 N · s

7. Um índio lança uma flecha de massa igual a 200 g verticalmente para cima num local em que $g = 10$ m/s². O gráfico ao lado mostra a variação da intensidade da força total do arco sobre a flecha durante o lançamento, que teve início no instante $t_0 = 0$ e término no instante $t_1 = 1,0$ s:

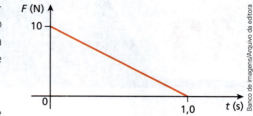

Desprezando o efeito do ar, determine:
a) o instante em que a velocidade da flecha tem intensidade máxima;
b) a intensidade da velocidade da flecha no instante $t_1 = 1,0$ s.

8. (Fuvest-SP)

Um núcleo de polônio-204 (^{204}Po), em repouso, transmuta-se em um núcleo de chumbo-200 (^{200}Pb), emitindo uma partícula alfa (α) com energia cinética E_α. Nesta reação, a energia cinética do núcleo de chumbo é igual a

a) E_α b) $E_\alpha/4$ c) $E_\alpha/50$ d) $E_\alpha/200$ e) $E_\alpha/204$

Note e adote	
Núcleo	Massa (u)
^{204}Po	204
^{204}Pb	200
α	4
1 u = 1 unidade de massa atômica	

TOTAL DE ACERTOS ___/8

13 Estática dos sólidos

Reveja o que aprendeu

Você deve ser capaz de:

▶ Reconhecer os elementos que permitem o equilíbrio dos corpos e a amplificação de forças.

Introdução

Para que ocorra o equilíbrio de uma partícula é necessário que a força resultante nela atuante seja nula, assim:

$$\vec{F}_{res} = \vec{0} \Rightarrow \vec{a}_{res} = 0$$

Ocorrem, então, duas possibilidades: a partícula estará em repouso ou em movimento retilíneo e uniforme.

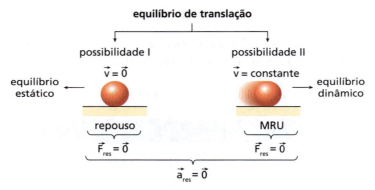

Momento escalar de uma força

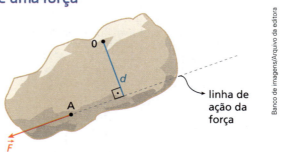

O momento escalar da força $\vec{F}$ em relação ao ponto **O** é o produto do módulo da força pelo braço de alavanca d, sendo esse produto precedido do sinal + ou −, conforme o sentido da rotação produzida pela força seja anti-horário ou horário.
Assim:

$$M_F^O = \pm Fd$$

Binário

Denomina-se **binário** ou **conjugado** um sistema de duas forças de intensidades iguais, sentidos opostos e linhas de ação paralelas entre si.
Braço do binário é a distância *d* entre as linhas de ação das forças.
Plano do binário é o plano determinado pelas linhas de ação das duas forças.

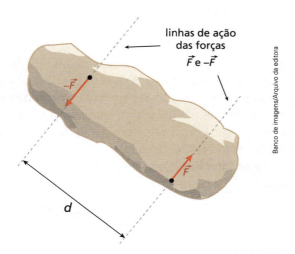

Equilíbrio estático de um corpo extenso

Para que um corpo extenso se mantenha em equilíbrio, além da resultante ($\vec{F}_{res}$) de todas as forças que agem sobre ele ser nula, a soma algébrica dos momentos de todas essas forças também será nula.

$$\sum M = 0$$

Centro de gravidade

Centro de gravidade (**CG**) de um sistema de partículas é o ponto onde se pode supor que o peso total desse sistema esteja aplicado.

A abscissa e a ordenada do centro de gravidade de um sistema de partículas em um campo gravitacional considerado uniforme são dadas por:

$$x_{CG} = \frac{p_1 x_1 + p_2 x_2 + \ldots + p_n x_n}{p_1 + p_2 + \ldots + p_n}$$

$$y_{CG} = \frac{p_1 y_1 + p_2 y_2 + \ldots + p_n y_n}{p_1 + p_2 + \ldots + p_n}$$

Em uma região onde a aceleração da gravidade $\vec{g}$ possa ser considerada constante, o centro de gravidade (**CG**) é coincidente com o centro de massa do corpo (**CM**).

A relação entre equilíbrio e energia potencial

Um corpo está em equilíbrio estável quando seu centro de gravidade está na posição mais baixa possível em relação a determinado referencial, e consequentemente sua energia potencial será mínima.

Um corpo está em equilíbrio instável quando seu centro de gravidade está na posição mais alta possível em relação a determinado referencial, e consequentemente sua energia potencial será máxima.

E quando um corpo está em equilíbrio indiferente, sua energia potencial será a mesma em qualquer posição que ele ocupar.

Alavancas

Máquinas são, de uma forma geral, dispositivos cuja função básica é transmitir, multiplicar e modificar de modo conveniente a ação das forças. Quando são constituídas de uma única peça, um único sistema rígido, são denominadas **máquinas simples**.

As alavancas são um tipo de máquina simples que consiste essencialmente em uma barra alongada que pode girar em torno de um ponto de apoio. Elas podem ser divididas em três tipos: interfixas, inter-resistentes e interpotentes.

Alavanca é chamada de **interfixa** quando o ponto de apoio está entre os pontos de aplicação das forças potente ($\vec{F}_p$) e resistente ($\vec{F}_r$).

Alavanca é chamada de **inter-resistente** quando a força resistente ($\vec{F}_r$) está entre o ponto de apoio e a força potente ($\vec{F}_p$).

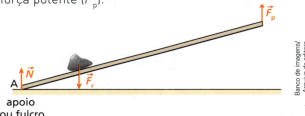

Alavanca é chamada de **interpotente** quando a força potente ($\vec{F}_p$) está entre o ponto de apoio e a força resistente ($\vec{F}_r$).

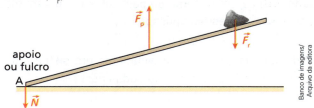

A talha exponencial

A talha exponencial consiste na combinação de várias polias móveis e uma única polia fixa. A relação entre a força $\vec{F}$ aplicada para erguer um objeto e uma força peso $\vec{P}$ é dada por:

$$F = \frac{P}{2^n}$$

Sendo *n* o número de polias móveis.

Aplique o que aprendeu

Exercício resolvido

1. (EEAR-SP) Um pedreiro decidiu prender uma luminária de 6 kg entre duas paredes. Para isso dispunha de um fio ideal de 1,3 m que foi utilizado totalmente e sem nenhuma perda, conforme pode ser observado na figura.

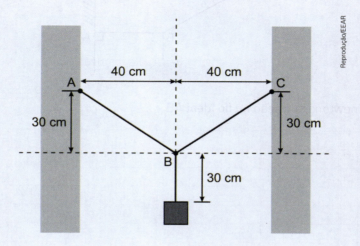

Sabendo que o sistema está em equilíbrio estático, determine o valor, em N, da tração que existe no pedaço $\overline{AB}$ do fio ideal preso à parede. Adote o módulo da aceleração da gravidade no local igual a 10 m/s².

a) 30   b) 40   c) 50   d) 60

Resolução:

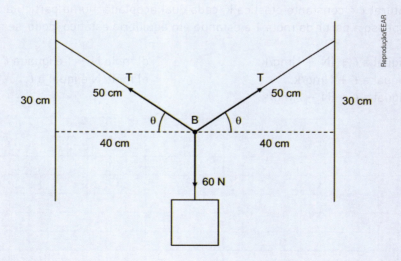

Pelas condições de equilíbrio, temos:

$2T \operatorname{sen}\theta = mg$

$2T \cdot \dfrac{3}{5} = 6 \cdot 10$

$\therefore\ T = 50\,N$

Resposta: C

Questões

1. (Uerj)

No esquema, está representado um bloco de massa igual a 100 kg em equilíbrio estático.

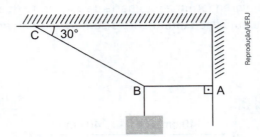

Determine, em newtons, a tração no fio ideal AB.

2. (ITA-SP)

Um sistema é constituído por uma sequência vertical de N molas ideais interligadas, de mesmo comprimento natural ℓ e constante elástica k, cada qual acoplada a uma partícula de massa m. Sendo o sistema suspenso a partir da mola 1 e estando em equilíbrio estático, pode-se afirmar que o comprimento da

a) mola 1 é igual a $\ell + (N - 1)mg/k$.
b) mola 2 é igual a $\ell + Nmg/k$.
c) mola 3 é igual a $\ell + (N - 2)mg/k$.
d) mola N − 1 é igual a $\ell + mg/k$.
e) mola N é igual a ℓ.

3. (UFPR)

Uma mola de massa desprezível foi presa a uma estrutura por meio da corda "b". Um corpo de massa "m" igual a 2.000 g está suspenso por meio das cordas "a", "c" e "d", de acordo com a figura abaixo, a qual representa a configuração do sistema após ser atingido o equilíbrio. Considerando que a constante elástica da mola é 20 N/cm e a aceleração gravitacional é 10 m/s², assinale a alternativa que apresenta a deformação que a mola sofreu por ação das forças que sobre ela atuaram, em relação à situação em que nenhuma força estivesse atuando sobre ela. Considere ainda que as massas de todas as cordas e da mola são irrelevantes.

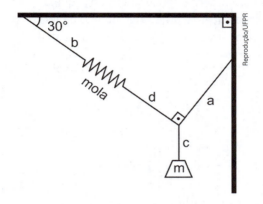

a) 0,5 cm.
b) 1,2 cm.
c) 2,5 cm.
d) 3,5 cm.
e) 5,2 cm.

4. (Unicamp-SP)

Hoje é comum encontrarmos equipamentos de exercício físico em muitas praças públicas do Brasil. Esses equipamentos são voltados para pessoas de todas as idades, mas, em particular, para pessoas da terceira idade. São equipamentos exclusivamente mecânicos, sem uso de partes elétricas, em que o esforço consiste usualmente em levantar o próprio peso do praticante. Considere o esquema abaixo, em que uma pessoa de massa m = 65 kg está parada e com a perna esticada em um equipamento tipicamente encontrado nessas praças. O módulo da força $\vec{F}$ exercida pela perna da pessoa em razão de sua massa m é (Se necessário, utilize g = 10 m/s²)

a) 1 300 N.   b) 750 N.   c) 325 N.   d) 560 N.

5. (FCMMG)

O brasileiro Arthur Zanetti tem se destacado no cenário da ginástica olímpica, especialmente na modalidade das argolas. As figuras destacam quatro posições clássicas dessa modalidade.

Para que o ginasta, que será considerado como corpo rígido, permaneça em equilíbrio nas posições indicadas, é necessário que

Posição 1

Posição 2

Posição 3

Posição 4

a) o centro de massa do atleta esteja situado fora de seu corpo apenas na posição 4.
b) o ginasta se encontre em condição de equilíbrio instável na posição 3 e equilíbrio estável em 4.
c) a força das mãos aplicadas sobre as argolas seja superior ao peso do ginasta nas posições 2 e 3.
d) a linha imaginária que liga suas mãos passe pelo centro de massa de seu corpo apenas na posição 1.

6. (ITA-SP)

Na figura, a extremidade de uma haste delgada livre, de massa m uniformemente distribuída, apoia-se sem atrito sobre a massa M do pêndulo simples. Considerando o atrito entre a haste e o piso, assinale a razão M/m para que o conjunto permaneça em equilíbrio estático.

a) $\tan\phi / 2\tan\theta$
b) $(1 - \tan\phi)/4\,\text{sen}\,\phi\cos\phi$
c) $(\text{sen}\,2\phi \cot\theta - 2\,\text{sen}^2\theta)/4$
d) $(\text{sen}\,\phi \cot\theta - 2\,\text{sen}^2 2\theta)/4$
e) $(\text{sen}\,2\phi \cot\theta - \text{sen}^2\theta)/4$

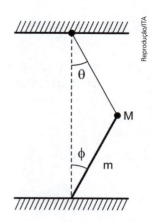

7. (EFOMM-RJ)

Uma haste homogênea de peso P repousa em equilíbrio, apoiada em uma parede e nos degraus de uma escada, conforme ilustra a figura abaixo. A haste forma um ângulo θ com a reta perpendicular à parede. A distância entre a escada e a parede é L. A haste toca a escada nos pontos A e B da figura.

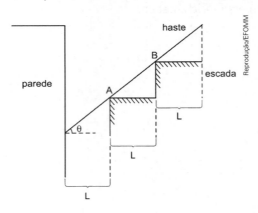

Utilizando as informações contidas na figura acima, determine o peso P da haste, admitindo que F_A é a força que a escada faz na haste no ponto A e F_B é a força que a escada faz na haste no ponto B.

a) $P = \dfrac{2}{3\cos\theta}(F_A + F_B)$

b) $P = \dfrac{2}{3\cos\theta}(F_A + 2F_B)$

c) $P = \dfrac{3}{2\cos\theta}(F_A + F_B)$

d) $P = \dfrac{2}{3\cos\theta}(F_A + F_B)$

e) $P = \dfrac{3}{2\cos\theta}(F_A + 2F_B)$

8. (Escola Naval)

Analise a figura ao lado.

A figura acima ilustra uma haste homogênea OA de comprimento L = 5,0 m. A extremidade O da haste está presa a um ponto articulado. A extremidade A suspende um bloco de massa m = 2,0 kg. Conforme a figura, o sistema é mantido em equilíbrio estático por meio de um fio preso à parede no ponto B. Considerando os fios ideais e sabendo que a força que o fio faz na haste tem módulo T = $15\sqrt{2}$ N, assinale a opção que apresenta, respectivamente, a densidade linear de massa da haste, em kg/m, e o módulo da componente vertical da força, em newtons, que a haste faz no ponto articulado.

Dado: g = 10 m/s²

a) 0,6 e 26   b) 0,4 e 26   c) 0,4 e 25   d) 0,2 e 25   e) 0,2 e 24

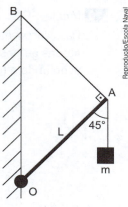

9. (PUC-RJ)

Um bloco está sendo sustentado pelos fios 1 e 2, como mostrado na figura. Os fios fazem um ângulo reto entre si. Sendo T_1 e T_2 os módulos das tensões nos fios 1 e 2, respectivamente, qual é o valor da razão $\dfrac{T_1}{T_2}$?

a) $\dfrac{5}{12}$ c) $\dfrac{12}{13}$ e) $\dfrac{13}{5}$

b) $\dfrac{5}{13}$ d) $\dfrac{12}{15}$

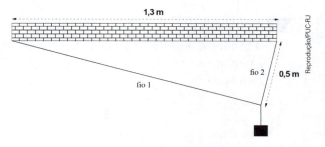

10. (Acafe-SC)

Para cortar galhos de árvores um jardineiro usa uma tesoura de podar, como mostra a figura 1. Porém, alguns galhos ficam na copa das árvores e como ele não queria subir nas mesmas, resolveu improvisar, acoplando à tesoura cabos maiores, conforme figura 2.

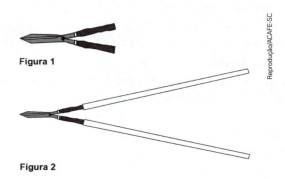

Figura 1

Figura 2

Assim, assinale a alternativa correta que completa as lacunas da frase a seguir.
Utilizando a tesoura da _____ o rapaz teria que fazer uma força _____ a força aplicada na tesoura da _____ para produzir o mesmo torque.

a) figura 2 – menor do que – figura 1
b) figura 2 – maior do que – figura 1
c) figura 1 – menor do que – figura 2
d) figura 1 – igual – figura 2

11. (EFOMM-RJ)

O esquema a seguir mostra duas esferas presas por um fio fino aos braços de uma balança. A esfera 2 tem massa $m_2 = 2{,}0$ g, volume $V_2 = 1{,}2$ cm³ e encontra-se totalmente mergulhada em um recipiente com água.

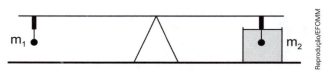

Considerando a balança em equilíbrio, qual é o valor da massa m_1 da esfera 1, em gramas?
Dados: $\rho_{água} = 1\,000$ kg/m³ e $g = 10$ m/s².

a) 0,02   b) 0,08   c) 0,2   d) 0,8   e) 0,82

TEXTO PARA A PRÓXIMA QUESTÃO:
Considere o campo gravitacional uniforme.

12. (PUC-RS)

No sistema apresentado na figura ao lado, o bloco M está em equilíbrio mecânico em relação a um referencial inercial. Os três cabos, A, B e C, estão submetidos, cada um, a tensões respectivamente iguais a $\vec{T}_A$, $\vec{T}_B$ e $\vec{T}_C$. Qual das alternativas abaixo representa corretamente a relação entre os módulos dessas forças tensoras?

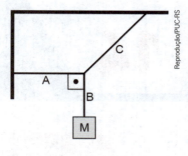

a) $T_A > T_C$ b) $T_A < T_C$ c) $T_A = T_C$ d) $T_B = T_C$ e) $T_B > T_C$

13. (Uema)

Um carro deverá ser projetado a pedido de um cliente com necessidades especiais que consegue exercer uma força de 200 N com os dois braços. A chave de roda deverá ser do tipo "L", por motivo de segurança. Cada parafuso das rodas deverá ter um aperto de 120 N.m.

a) Considerando a chave colocada na posição horizontal na retirada do pneu, esboce o diagrama de forças aplicadas à chave, desprezando sua massa.
b) Considerando o campo gravitacional e a massa da chave, esboce o diagrama de forças aplicadas à chave.
c) Considerando o campo gravitacional e a massa, "m", do braço de alavanca, "b", desenvolva uma expressão para calcular "b".
d) Desprezando a massa da chave, qual deverá ser o braço de alavanca, de tal modo que se tenha um menor esforço?

TOTAL DE ACERTOS ____/13

14 Estática dos fluidos

Reveja o que aprendeu

Você deve ser capaz de:
▶ Identificar características fundamentais do equilíbrio de líquidos.

Massa específica ou densidade absoluta (μ)

Uma substância pura tem massa específica (μ) constante, sob pressão e temperatura constantes e pode ser determinada pelo quociente da massa considerada (m) pelo volume correspondente (V):

$$\mu = \frac{m}{V}$$

Peso específico (ρ)

Uma substância pura tem peso específico (ρ) constante sob pressão e temperatura constantes e em um mesmo local. Este valor pode ser determinado pelo quociente do módulo do peso da porção considerada (P) pelo volume correspondente (V):

$$\rho = \frac{P}{V}$$

Densidade de um corpo (d)

Por definição, a densidade de um corpo (d) é o quociente de sua massa (m) pelo volume delimitado por sua superfície externa (V_{ext}):

$$d = \frac{m}{V_{ext}}$$

No Sistema Internacional (SI), a unidade da densidade é o kg/m^3.
Para transformar kg/m^3 para g/cm^3 ou vice-versa, utilizamos a seguinte regra:

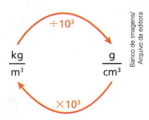

Densidade relativa

Por definição, chama-se densidade de uma substância **A** relativa a outra **B** o quociente das respectivas massas específicas das substâncias **A** e **B**, à mesma temperatura e pressão:

$$d_{AB} = \frac{\mu_A}{\mu_B}$$

O conceito de pressão

Por definição, a pressão média (p_m) que $\vec{F}$ exerce na superfície ϕ é obtida dividindo-se o módulo da componente normal de $\vec{F}$ em relação a ϕ ($\vec{F}_n$) pela correspondente área A:

$$p_m = \frac{|\vec{F}_n|}{|A|}$$

Pressão exercida por uma coluna líquida

Considere um reservatório contendo um líquido homogêneo de massa específica μ, em equilíbrio sob a ação da gravidade (de intensidade g).

Seja h a altura do nível do líquido no reservatório. Isolemos, no meio fluido, uma coluna cilíndrica imaginária do próprio líquido, com peso de módulo P e área da base A.

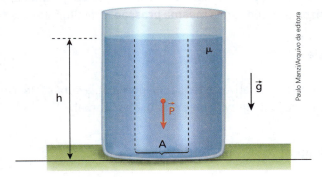

A pressão exercida pela coluna líquida pode ser ser calculada por:

$$p = \mu g h$$

Forças exercidas nas paredes do recipiente por um líquido em equilíbrio

Um líquido em equilíbrio exerce nas paredes do recipiente que o contém forças perpendiculares a elas, no sentido líquido → parede.

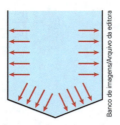

Caso as paredes do recipiente sejam planas, pode-se verificar que:

A intensidade (F) da força exercida por um líquido em equilíbrio contra uma parede plana do recipiente que o contém é igual ao produto da pressão no centro geométrico (C) da parede banhada pelo líquido (p_c) pela área (A) "molhada":
$$F = p_c A$$

O Teorema de Stevin

A diferença de pressões entre dois pontos de um líquido homogêneo em equilíbrio sob a ação da gravidade é calculada pelo produto da massa específica do líquido pelo módulo da aceleração da gravidade no local e pelo desnível (diferença de cotas) entre os pontos considerados:
$$p_2 - p_1 = \mu \cdot g \cdot \Delta h$$

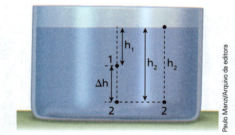

Consequências do Teorema de Stevin

1ª Consequência

Todos os pontos de um líquido em equilíbrio sob a ação da gravidade, situados em um mesmo nível horizontal, suportam a **mesma pressão**, constituindo uma **região isobárica**.

2ª Consequência

Desprezando fenômenos relativos à tensão superficial, a superfície livre de um líquido em equilíbrio sob a ação da gravidade é plana e horizontal.

O Teorema de Pascal

Um incremento de pressão comunicado a um ponto qualquer de um líquido incompressível em equilíbrio **transmite-se integralmente** a todos os demais pontos do líquido, bem como às paredes do recipiente.

Consequência do Teorema de Pascal

Todos os pontos de um líquido em equilíbrio exposto à atmosfera ficam submetidos à pressão atmosférica.

Pressão absoluta e pressão efetiva

Considere um recipiente aberto e contendo um líquido homogêneo em equilíbrio sob a ação da gravidade, como o representado a seguir. Seja um ponto **A** situado a uma profundidade h.

Pressão absoluta é a pressão total verificada no ponto A. Em outras palavras, é a soma da pressão exercida pela coluna líquida com a pressão atmosférica (transmitida até esse ponto).
$$p_{abs} = \mu gh + p_0$$

Pressão efetiva (ou hidrostática) é a pressão exercida exclusivamente pela camada líquida que se sobrepõe ao referido ponto:
$$p_{ef} = \mu gh$$

Vasos comunicantes

Considere os recipientes da figura a seguir, que se comunicam pelas bases.

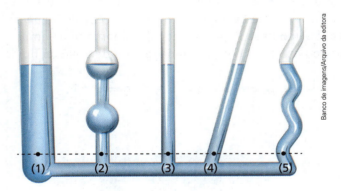

Como consequência do Teorema de Pascal: $p_1 = p_2 = p_3 = p_4 = p_5$

Em um sistema de vasos comunicantes abertos nas extremidades superiores, situados em um mesmo ambiente e preenchidos por um mesmo líquido em equilíbrio, tem-se, em todos os vasos, a **mesma altura** para o nível livre do líquido.

Em um recipiente em que comparecem vários líquidos imiscíveis em equilíbrio, as várias camadas líquidas apresentam massa específica crescente da superfície para o fundo.
Assim:

$$\frac{h_B}{h_A} = \frac{\mu_A}{\mu_B}$$

Prensa hidráulica

É um dispositivo muito utilizado, cuja finalidade principal é a multiplicação de forças.

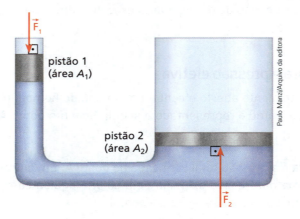

Nessa situação,

$$\frac{F_2}{F_1} = \frac{A_2}{A_1}$$

O Teorema de Arquimedes

Considere um recipiente com um fluido, com massa específica μ_f. Quando um corpo é imerso total ou parcialmente nesse fluido em equilíbrio sob a ação da gravidade, deslocando um volume de fluido V_{fd}, o corpo recebe do fluido uma força denominada **empuxo** (ou impulsão de Arquimedes). Tal força tem sempre direção vertical, sentido de baixo para cima e intensidade igual à do peso do fluido deslocado pelo corpo.

$$E = \mu_f V_{fd} g \Rightarrow E = m_{fd} g \Rightarrow E = P_{fd}$$

É importante notar os seguintes pontos:
- O empuxo só pode ser considerado a resultante das ações do fluido sobre o corpo se este estiver em repouso.
- A linha de ação do empuxo passa sempre pelo centro de gravidade da porção fluida que ocupava o local em que está o corpo.
- O empuxo não tem nenhuma relação geral com o peso do corpo imerso.
- Para μ_f e g constantes, E é diretamente proporcional a V_{fd}.
- Para V_{fd} e g constantes, E é diretamente proporcional a μ_f.

Aplique o que aprendeu

Exercícios resolvidos

1. (Unesp-SP) Considere as seguintes características da moeda de R$ 0,10: massa = 4,8 g; diâmetro = 20,0 mm; espessura = 2,2 mm.

(www.bcb.gov.br)

Admitindo como desprezível o efeito das variações de relevo sobre o volume total da moeda e sabendo que o volume de um cilindro circular reto é igual ao produto da área da base pela altura e que a área de um círculo é calculada pela fórmula πr^2, a densidade do material com que é confeccionada a moeda de R$ 0,10 é de aproximadamente

a) 9 g/cm³. b) 18 g/cm³. c) 14 g/cm³. d) 7 g/cm³. e) 21 g/cm³.

Resolução:

Cálculo do volume da moeda:

$V = \pi \cdot 1^2 \cdot 0,22 \Rightarrow V = 0,22\pi$ cm³

Cálculo da densidade do material: $\mu = \dfrac{m}{V} \cong \dfrac{4,8}{0,22 \cdot 3,14} \cong 6,95$

Resposta: D

2. (Unicamp-SP) Em junho de 2017 uma intensa onda de calor atingiu os EUA, acarretando uma série de cancelamentos de voos do aeroporto de Phoenix no Arizona. A razão é que o ar atmosférico se torna muito rarefeito quando a temperatura sobe muito, o que diminui a força de sustentação da aeronave em voo. Essa força, vertical de baixo para cima, está associada à diferença de pressão ΔP entre as partes inferior e superior do avião.

Considere um avião de massa total $m = 3 \cdot 10^5$ kg em voo horizontal. Sendo a área efetiva de sustentação do avião $A = 500$ m², na situação de voo horizontal ΔP vale

a) $5 \cdot 10^3$ N/m². b) $6 \cdot 10^3$ N/m². c) $1,5 \cdot 10^6$ N/m². d) $1,5 \cdot 10^8$ N/m².

Resolução:

A força de sustentação do avião em movimento pode ser calculada pela expressão:

(I) $F_{sust} = \Delta P \cdot A_{avião}$

Além disso, a resultante das forças na direção vertical que atuam sobre ele deve ser nula.

(II) $F_{verticais} = Peso + F_{sust} = 0 \Rightarrow P = -F_{sust} \Rightarrow |P| = |F_{sust}|$

Assim, temos que:

(III) $m \cdot g = \Delta P \cdot A$

$\Delta P = \dfrac{m \cdot g}{A} = \dfrac{3 \cdot 10^5 \cdot 10}{5 \cdot 10^2} = 6 \cdot 10^3$ N/m²

Resposta: B

Questões

1. (EEAR-SP)

O valor da pressão registrada na superfície de um lago é de $1 \cdot 10^5$ N/m², que corresponde a 1 atm. Um mergulhador se encontra, neste lago, a uma profundidade na qual ele constata uma pressão de 3 atm. Sabendo que a densidade da água do lago vale 1,0 g/cm³ e o módulo da aceleração da gravidade no local vale 10,0 m/s², a qual profundidade, em metros, em relação à superfície, esse mergulhador se encontra?

a) 10　　　　　b) 20　　　　　c) 30　　　　　d) 40

2. (Enem)

Um estudante construiu um densímetro, esquematizado na figura, utilizando um canudinho e massa de modelar. O instrumento foi calibrado com duas marcas de flutuação, utilizando água (marca A) e etanol (marca B) como referências.

Em seguida, o densímetro foi usado para avaliar cinco amostras: vinagre, leite integral, gasolina (sem álcool anidro), soro fisiológico e álcool comercial (92,8° GL).

Que amostra apresentará marca de flutuação entre os limites A e B?

a) Vinagre.
b) Gasolina.
c) Leite integral.
d) Soro fisiológico.
e) Álcool comercial.

3. (IJSO) Uma bola de massa 1,0 kg é lançada horizontalmente com uma velocidade de 10 m/s da borda de um edifício de altura de 20 m. Durante a queda, a bola se reparte em dois pedaços idênticos, X e Y, sem forças externas. Então, X e Y atingem o solo simultaneamente em pontos que distam horizontalmente 10 m e R da base do edifício, respectivamente. Considere a aceleração da gravidade igual a 10 m/s². Qual o valor da distância **R**? (Despreze a resistência do ar.)
a) 20 m
b) 30 m
c) 40 m
d) 50 m

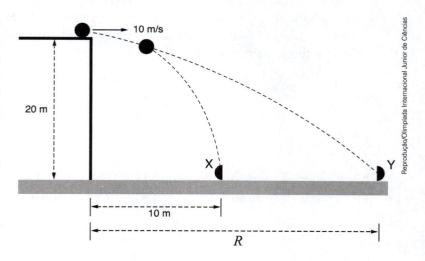

4. (OBF)

O experimento do italiano Evangelista **Torricelli** (1608-1647) mediu de forma pioneira a pressão atmosférica normal, à qual se atribui o valor de 1,0 atm (ou, no **SI**, $1,0 \cdot 10^5$ Pa). Em tal procedimento, realizado ao nível do mar, a pressão atmosférica normal equilibrou uma coluna de mercúrio de altura 76 cm, conforme representa a Figura 1.

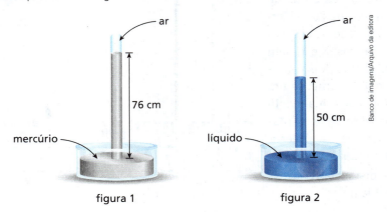

figura 1 figura 2

Repetindo-se tal experimento, também ao nível do mar e à pressão atmosférica normal, constatou-se que, utilizando-se outro líquido, o equilíbrio ocorreu com uma coluna de altura 50 cm, conforme indica a Figura 2. Sendo g = 10 m/s², qual a densidade desse outro líquido, em g/cm³?

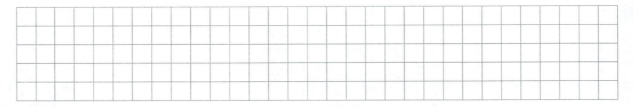

5. (International Junior Science Olympiad - IJSO - Indonésia)

Antes de submergir na água, um mergulhador livre faz uma última longa inspiração de ar e então prende sua respiração. Vamos assumir que o volume de seu pulmão depois de prender a respiração é de 6,0 L. Calcule o volume de seu pulmão a uma profundidade de 30,0 m, assumindo que o mergulhador faz uma boa equalização, tal que a pressão interna no pulmão é sempre igual a pressão total externa. Assuma que a temperatura dentro do pulmão seja constante e que não existe ar exalado.

Dados:
1) 1,0 atm = $1,0 \cdot 10^5$ Pa
2) g = 10,0 m/s²
3) densidade da água do mar: $1,0 \cdot 10^3$ kg/m³

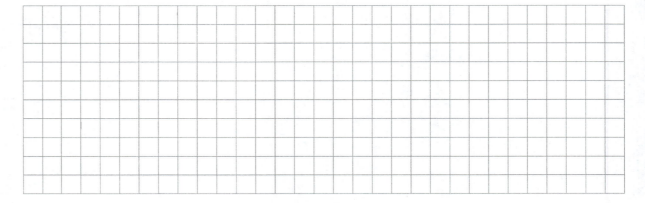

6. (EEAR-SP)

Em um sistema de vasos comunicantes, são colocados dois líquidos imiscíveis, água com densidade de 1,0 g/cm³ e óleo com densidade de 0,85 g/cm³. Após os líquidos atingirem o equilíbrio hidrostático, observa-se, numa das extremidades do vaso, um dos líquidos isolados, que fica a 20 cm acima do nível de separação, conforme pode ser observado na figura.

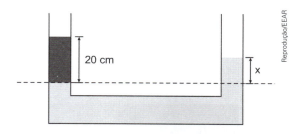

Determine o valor de x, em cm, que corresponde à altura acima do nível de separação e identifique o líquido que atinge a altura x.

a) 8,5; óleo   b) 8,5; água   c) 17,0; óleo   d) 17,0; água

7. (UFPR)

Numa prensa hidráulica, um fluido incompressível é utilizado como meio de transferência de força de um êmbolo para outro. Numa dessas prensas, uma força $\vec{F}_B$ foi aplicada ao êmbolo B durante um intervalo de tempo $\Delta t = 5$ s, conforme mostra a figura a seguir. Os êmbolos A e B estavam inicialmente em repouso, têm massas desprezíveis e todas as perdas por atrito podem ser desprezadas. As observações foram todas feitas por um referencial inercial, e as áreas dos êmbolos são $A_A = 30$ cm² e $A_B = 10$ cm². A força aplicada ao êmbolo B tem intensidade $F_B = 200$ N e o fluido da prensa é incompressível.

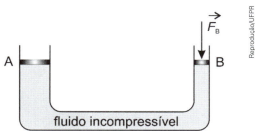

a) Durante o tempo de aplicação da força $\vec{F}_B$, o êmbolo B desceu por uma distância $d_B = 6$ cm. Qual a potência média do agente causador da força $\vec{F}_B$?

b) Qual a intensidade F_A da força produzida sobre o êmbolo A?

8. Sujeito a chuvas e trovoadas. É o que diz muitas vezes a previsão do tempo que atualmente utiliza uma vasta teia de satélites, sofisticados equipamentos em solo e poderosos computadores que processam em rede uma infinidade de dados com vertiginosa rapidez. É possível saber de manhã, por exemplo, com pequena margem de erro, qual o melhor traje a se utilizar no período da tarde ou da noite.

Satélites de diversas nacionalidades orbitam o planeta capturando informações sobre o tempo. O primeiro satélite exclusivamente meteorológico foi o Tiro I, lançado pela NASA em 1960. Esse equipamento, porém, só operou com eficiência por 78 dias.

Um dos primeiros "profetas" do tempo com fundamentação científica foi o italiano Evangelista Torricelli (1608-1647). Em 1643 ele criou um barômetro que utilizava mercúrio (Hg) vertido em uma cuba e em um tubo fechado em uma das extremidades, com cerca de 1,0 m de comprimento, também preenchido com mercúrio. Mergulhando o tubo com a boca para baixo no mercúrio da cuba e destampando-se a boca desse tubo, no equilíbrio hidrostático, Torricelli podia medir a pressão atmosférica local. Ele verificou que quando ocorria redução dessa pressão, em geral, chovia, o que logo lhe rendeu a pecha de bruxo e herege.

Gravura ilustrando Torricelli e seu barômetro. Juntamente com termômetros e outros instrumentos físicos da época, inaugurou-se a Meteorologia, que é a ciência da análise e previsão do tempo.

Na situação esquematizada a seguir um barômetro de Torricelli opera com o tubo disposto na vertical contendo mercúrio e ar de modo que esse tubo apresenta um comprimento igual a L acima do nível livre do mercúrio existente na cuba.

Verifica-se que na pressão atmosférica de 760 mm Hg e a uma temperatura de 27 °C, a altura da coluna de mercúrio no tubo é igual a 750 mm e que na pressão atmosférica de 740 mm Hg e a uma temperatura menor, de 2 °C, a altura da coluna de mercúrio no tubo diminui para 735 mm. Diante dessas informações, pede-se determinar o valor de L.

Rumo ao Ensino Superior

1. (Unesp-SP)
Um gerador portátil de eletricidade movido a gasolina comum tem um tanque com capacidade de 5,0 L de combustível, o que garante uma autonomia de 8,6 horas de trabalho abastecendo de energia elétrica equipamentos com potência total de 1 kW ou seja, que consomem, nesse tempo de funcionamento, o total de 8,6 kWh de energia elétrica. Sabendo que a combustão da gasolina comum libera cerca de $3,2 \cdot 10^4$ kJ/L e que 1 kWh = $3,6 \cdot 10^3$ kJ, a porcentagem da energia liberada na combustão da gasolina que será convertida em energia elétrica é próxima de
a) 30%.   c) 20%.   e) 10%.
b) 40%.   d) 50%.

2. Um pequeno objeto é lançado verticalmente para cima em um local onde se pode desprezar a resistência do ar e a aceleração da gravidade tem intensidade constante. Nesse caso, o corpo atinge uma altura máxima H depois de decorrido um intervalo de tempo T. No instante $t = \dfrac{T}{2}$, contando a partir do instante do lançamento, é correto afirmar que a altura do objeto em relação ao nível horizontal do ponto de lançamento é igual a:

a) $\dfrac{H}{4}$ b) $\dfrac{H}{3}$ c) $\dfrac{H}{2}$ d) $\dfrac{3H}{4}$ e) $\dfrac{5H}{4}$

3. (Fuvest-SP)
Um carrinho de brinquedo, motorizado, em movimento retilíneo, entra em uma pista de comprimento L e, ao deparar com o fim da pista, para. O gráfico mostra a velocidade escalar V do carrinho em função do tempo t, desde o instante em que entra na pista até o momento em que para.

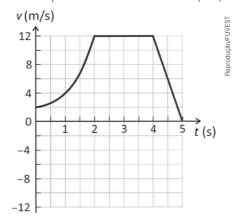

148 CADERNO DE ESTUDOS

É correto afirmar que o comprimento L da pista é mais próximo de:

a) 10 m c) 34 m e) 46 m
b) 24 m d) 40 m

4. (PUC-RJ)

Um objeto é abandonado do repouso sobre um plano inclinado de ângulo α = 30°, como mostra a figura. O coeficiente de atrito cinético entre o objeto e o plano inclinado é $\mu_c = \dfrac{\sqrt{3}}{9}$.

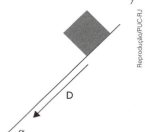

Calcule a velocidade do objeto, em m/s, após percorrer uma distância D = 0,15 m ao longo do plano inclinado.

Dados: g = 10 m/s²; sen 30° = $\dfrac{1}{2}$; cos 30° = $\dfrac{\sqrt{3}}{2}$

a) 0,00 c) 1,00 e) 1,73
b) 0,15 d) 1,50

5. (OBF)

Uma esfera de massa m_1, é abandonada de uma altura h, conforme ilustra a figura.

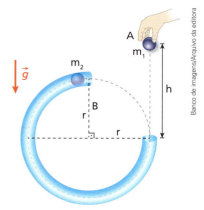

Depois de uma queda vertical, essa esfera penetra em um tubo circular de raio r contido em um plano vertical e, percorrendo o trajeto determinado pelo tubo sem nenhum atrito, colide elasticamente com outra esfera de massa m_2, inicialmente em repouso. Desprezando-se as dimensões das esferas, bem como a resistência do ar, pede-se:

a) relacionar as grandezas físicas presentes nessa situação que são conservadas;
b) determinar o valor de h tal que, na colisão, m_1 fique em repouso e m_2 seja projetada horizontalmente de modo a penetrar na outra extremidade do tubo.

6. (Famerp-SP)
A figura representa um satélite artificial girando ao redor da Terra em movimento circular e uniforme com período de rotação de 140 minutos. O gráfico representa como varia o módulo da aceleração da gravidade terrestre para pontos situados até uma distância 2R do centro da Terra, onde R = 6 400 km é o raio da Terra.

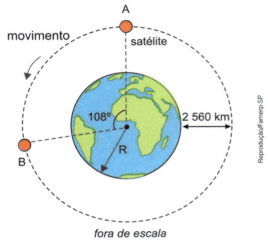

fora de escala

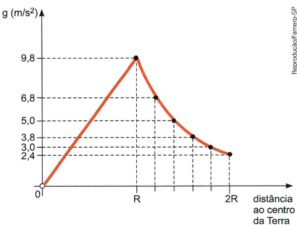

Considere a Terra perfeitamente esférica e as informações contidas na figura e no gráfico.
a) Calcule o menor intervalo de tempo, em minutos, para que o satélite se movimente da posição A para a posição B.
b) Determine o módulo da aceleração da gravidade terrestre, em m/s², na posição em que se encontra o satélite.

7. (UFRGS-RS)

A figura abaixo representa dois planetas, de massas m_1 e m_2, cujos centros estão separados por uma distância D, muito maior que os raios dos planetas.

Sabendo que é nula a força gravitacional sobre uma terceira massa colocada no ponto P, a uma distância D/3 de m_1, a razão m_1/m_2 entre as massas dos planetas é

a) 1/4.   c) 1/2.   e) 3/2.
b) 1/3.   d) 2/3.

8. (UFRGS-RS)

A figura abaixo representa um móvel **m** que descreve um movimento circular uniforme de raio R, no sentido horário, com velocidade de módulo V.

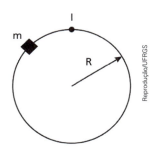

Assinale a alternativa que melhor representa, respectivamente, os vetores velocidade V e aceleração a do móvel quando passa pelo ponto **I**, assinalado na figura.

a)

b)   a = 0

c)

d)

e)

9.

A maneira como contamos o tempo em nosso dia a dia corresponde à visão newtoniana dessa grandeza, que conceitua o tempo como algo que flui de forma absoluta e inexorável – progressivamente – do passado para o futuro. Em nossa percepção temporal, hoje é depois de ontem e antes de amanhã.

A respeito da grandeza física **tempo**, de acordo com a Física Clássica, classifique cada afirmação a seguir como verdadeira (V) ou falsa (F):

(I) É possível definir-se um instante de tempo com valor negativo.
(II) É possível definir-se um intervalo de tempo com valor negativo.
(III) No SI (Sistema Internacional), o tempo é medido em minutos.
(IV) A duração de 72 h equivale a $\frac{3}{7}$ de uma semana.
(V) A duração de um ano é próxima de $3,15 \cdot 10^7$ s.

De (I) a (V), a sequência correta de (V) ou (F) é:

a) FFFFV;
b) VFFVV;
c) FVFVV;
d) FVVVF;
e) VFVFF

10. (Enem)

Um marceneiro recebeu a encomenda de uma passarela de 14,935 m sobre um pequeno lago, conforme a Figura I. A obra será executada com tábuas de 10 cm de largura, que já estão com o comprimento necessário para a instalação, deixando-se um espaçamento de 15 mm entre tábuas consecutivas, de acordo com a planta do projeto na Figura II.

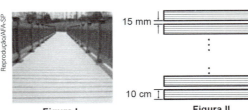

Figura I   Figura II

Desconsiderando-se eventuais perdas com cortes durante a execução do projeto, de quantas tábuas, no mínimo, o marceneiro necessitará para a execução da encomenda?

a) 60
b) 100
c) 130
d) 150
e) 598

11. Clarice monta o sistema esquematizado abaixo em que o fio e a polia podem ser considerados ideais. Os recipientes **A** e **B** têm massas respectivamente iguais a 200 g e 100 g e o coeficiente de atrito estático entre o recipiente **A** e a superfície horizontal de apoio é $\mu = 0{,}25$. A jovem coloca inicialmente duas dúzias e meia de ovos no recipiente **A**.

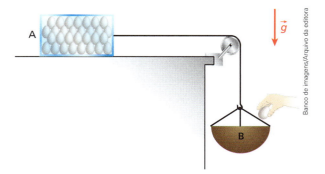

Adotando-se $g = 10$ m/s² e admitindo-se que os ovos sejam idênticos, cada um com massa $m = 50$ g, obtenha quantos ovos, no máximo, Clarice poderá retirar do recipiente A e depositar no recipiente B sem que o conjunto entre em movimento.

12. (AFA-SP)
Na situação da figura a seguir, os blocos A e B têm massas $m_A = 3{,}0$ kg e $m_B = 1{,}0$ kg. O atrito entre o bloco A e o plano horizontal de apoio é desprezível, e o coeficiente de atrito estático entre B e A vale $\mu_e = 0{,}4$. O bloco A está preso numa mola ideal, inicialmente não deformada, de constante elástica $K = 160$ N/m que, por sua vez, está presa ao suporte S.

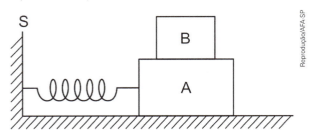

O conjunto formado pelos dois blocos pode ser movimentado produzindo uma deformação na mola e, quando solto, a mola produzirá certa aceleração nesse conjunto. Desconsiderando a resistência do ar, para que B não escorregue sobre A, a deformação máxima que a mola pode experimentar, em cm, vale

a) 3,0
b) 4,0
c) 10
d) 16

13. (UFU-MG)

A partir de janeiro de 2014, todo veículo produzido no Brasil passa a contar com freios ABS, que é um sistema antibloqueio de frenagem, ou seja, regula a pressão que o condutor imprime nos pedais do freio de modo que as rodas não travem durante a frenagem. Isso, porque, quando um carro está em movimento e suas rodas rolam sem deslizar, é o atrito estático que atua entre elas e o pavimento, ao passo que, se as rodas travarem na frenagem, algo que o ABS evita, será o atrito dinâmico que atuará entre os pneus e o solo. Considere um veículo de massa m, que trafega à velocidade V, sobre uma superfície, cujo coeficiente de atrito estático é μ_e e o dinâmico é μ_d.

a) Expresse a relação que representa a distância percorrida (d) por um carro até parar completamente, numa situação em que esteja equipado com freios ABS.

b) Se considerarmos dois carros idênticos, trafegando à mesma velocidade sobre um mesmo tipo de solo, por que a distância de frenagem será menor naquele equipado com os freios ABS em relação àquele em que as rodas travam ao serem freadas?

14. (Olimpíada Brasileira de Ciências)

Três blocos cúbicos idênticos, A, B e C, são colados, conforme indica a figura 1. Cada bloco tem peso P, sendo desprezível o peso da cola que os liga. O conjunto é colocado em um líquido homogêneo e fica em equilíbrio, conforme representa a figura 2, com B e C imersos e A emerso.

figura 1   figura 2

A relação entre densidade do material (d_m) que constitui os blocos e a densidade do líquido (d_L) no qual o conjunto está flutuando, é igual a:

a) $\dfrac{1}{3}$
b) $\dfrac{2}{3}$
c) $\dfrac{3}{7}$
d) $\dfrac{3}{8}$
e) $\dfrac{5}{9}$

15. (AFA - SP)

Em um local onde a aceleração da gravidade vale g, uma partícula move-se sem atrito sobre uma pista circular que, por sua vez, possui uma inclinação θ. Essa partícula está presa a um poste central, por meio de um fio ideal de comprimento ℓ que, através de uma articulação, pode girar livremente em torno do poste. O fio é mantido paralelo à superfície da pista, conforme figura abaixo.

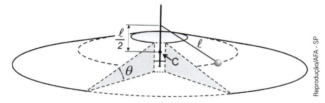

Ao girar com uma determinada velocidade constante, a partícula fica "flutuando" sobre a superfície inclinada da pista, ou seja, a partícula fica na iminência de perder o contato com a pista e, além disso, descreve uma trajetória circular com centro em **C**, também indicado na figura. Nessas condições, a velocidade linear da partícula deve ser igual a

a) $\sqrt{\left(\dfrac{3}{2}g\ell\right)}$ b) $\sqrt{(g\ell)}$ c) $\sqrt{3}\,g\ell$ d) $\sqrt[4]{2}\sqrt{(g\ell)}$

16. (Famerp-SP)

Em um autódromo, cuja pista tem 5 400 m de comprimento, há uma curva de raio 120 m, em superfície plana inclinada, na qual a borda externa é mais elevada que a interna, como mostra a figura. O ângulo de inclinação θ é tal que senθ = 0,60.

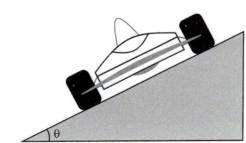

a) Supondo que um carro de competição desenvolva uma velocidade média de 216 km/h, determine o intervalo de tempo, em segundos, em que ele completa uma volta nessa pista.

b) Considere que a massa do carro seja igual a 600 kg, que sua velocidade na curva inclinada seja 30 m/s e que a componente horizontal desta velocidade seja igual à resultante centrípeta. Determine a intensidade da força normal, em newtons, aplicada pela pista sobre o carro, nessa curva.

17. (FGV-RJ)

    Dois carros, de massas M e 2M/3, trafegam com velocidade de módulo 15 m/s em relação ao solo, em sentidos opostos, em uma rua estreita, retilínea, plana e horizontal. Um deles está na contramão, e os carros colidem de frente. Imediatamente após a colisão, passam a se mover com velocidade de módulo V_0 presos um no outro, e se arrastam unidos até pararem, percorrendo uma distância **d**. O coeficiente de atrito cinético entre os pneus e o asfalto é 0,5. Nestas condições, os valores do módulo V da velocidade e da distância **d** são, respectivamente, próximos de

    a) 14 m/s e 45 m.
    b) 3,0 m/s e 0,9 m.
    c) 7,5 m/s e 5,6 m.
    d) 3,0 m/s e 2,7 m.
    e) 15 m/s e 22,5 m.

    Dado:
    Módulo da aceleração da gravidade local = 10 m/s².

18. Os blocos **A** e **B** representados no esquema são partes de dois cubos idênticos feitos de um mesmo material homogêneo de densidade volumétrica *p* com arestas iguais a *L*. Os blocos podem ser perfeitamente encaixados um ao outro, constituindo uma peça única.

    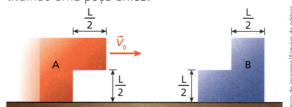

    O bloco **A** é lançado com velocidade de intensidade V_0 contra o bloco **B**, inicialmente em repouso. Os blocos estão sobre um plano horizontal e, depois da colisão, seguem encaixados com velocidade de intensidade *V*.

Desprezando-se todos os atritos, bem como a resistência do ar, pede-se determinar:
a) a massa M do corpo único constituído pela junção de **A** e **B**;
b) o valor de V em função de V_0;
c) a relação entre as energias cinéticas verificadas no sistema depois da colisão e antes da colisão, respectivamente.

19. (UFRGS-RS)

Em voos horizontais de aeromodelos, o peso do modelo é equilibrado pela força de sustentação para cima, resultante da ação do ar sobre as suas asas.

Um aeromodelo, preso a um fio, voa em um círculo horizontal de 6 m de raio, executando uma volta completa a cada 4 s.

Sua velocidade angular, em rad/s e sua aceleração centrípeta, em m/s², valem, respectivamente,
a) π e $6\pi^2$.
b) $\pi/2$ e $3\pi^2/2$.
c) $\pi/2$ e $\pi^2/4$.
d) $\pi/4$ e $\pi^2/4$
e) $\pi/4$ e $\pi^2/16$.

20. (EsPCEx-SP)

Um operário, na margem A de um riacho, quer enviar um equipamento de peso 500 N para outro operário na margem B.

Para isso ele utiliza uma corda ideal de comprimento L = 3 m, em que uma das extremidades está amarrada ao equipamento e a outra a um pórtico rígido.

Na margem A, a corda forma um ângulo θ com a perpendicular ao ponto de fixação no pórtico.

O equipamento é abandonado do repouso a uma altura de 1,20 m em relação ao ponto mais baixo da sua trajetória. Em seguida, ele entra em movimento e descreve um arco de circunferência, conforme o desenho abaixo e chega à margem B.

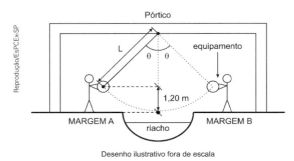

Desenho ilustrativo fora de escala

Desprezando todas as forças de atrito e considerando o equipamento uma partícula, o módulo da força de tração na corda no ponto mais baixo da trajetória é

Dado: considere a aceleração da gravidade g = 10 m/s².

a) 500 N
b) 600 N
c) 700 N
d) 800 N
e) 900 N

21. Dois jogadores de futebol, *Odorico* e *Nestor*, encontram-se, em determinado instante, na mesma posição P do campo, dotados das velocidades vetoriais constantes indicadas no esquema, $\vec{v}_O$ e $\vec{v}_N$, de módulos 6,0 m/s e 5,0 m/s, respectivamente. O ângulo entre essas velocidades é θ, tal que senθ = 0,80 e cosθ = 0,6.

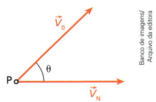

Qual o intervalo de tempo, T, para que a distância entre esses dois jogadores seja de 45,0 m?

22. Um pequeno caminhão de comprimento 5,5 m e um automóvel de comprimento 3,2 m trafegam no mesmo sentido ao longo de uma rodovia retilínea tal que, no instante $t_0 = 0$, a distância entre esses veículos é de 91,3 m, conforme representa, fora de escala, o esquema abaixo. O caminhão se movimenta em velocidade escalar constante de intensidade 90 km/h e o automóvel, que partiu do repouso em $t_0 = 0$, intensifica sua velocidade uniformemente, na taxa de 9,0 km/h por segundo, até alcançar uma velocidade escalar máxima, de magnitude 108 km/h.

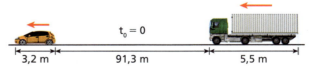

Nesse contexto, pergunta-se:

a) Em que instante t_1 o automóvel atinge sua velocidade escalar máxima?
b) Em que instante t_2 a parte traseira do caminhão fica emparelhada com a parte dianteira do automóvel?

23. Dois pequenos *karts*, **A** e **B**, partem do repouso no instante $t_0 = 0$ de um mesmo local em uma pista circular de comprimento $C = 600$ m e adquirem movimentos no mesmo sentido conforme os gráficos indicados no diagrama da velocidade escalar em função do tempo abaixo.

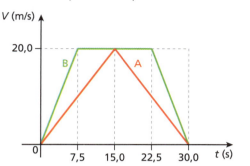

Adotando-se $\pi \cong 3$, pede-se determinar:
a) a distância percorrida pelos *karts* no intervalo de $t_0 = 0$ a $t = 30,0$ s;
b) a distância d que separa **A** e **B** no instante $t = 30,0$ s.

24. (Unifor-CE)
A figura a seguir mostra uma das cenas vistas durante a Copa das Confederações no Brasil. Os policiais militares responderam às ações dos manifestantes com bombas de gás lacrimogêneo e balas de borracha em uma região totalmente plana onde era possível avistar a todos.

(Fonte: http://noticias.uol.com.br/ultimas-noticias/efe/2013/09/07/protestos-em-sao-paulo-terminam-com-violencia-e-confrontos.htm)

Suponha que o projétil disparado pela arma do PM tenha uma velocidade inicial de 200 000 m/s ao sair da arma e sob um ângulo de 30,00° com a horizontal. Calcule a altura máxima do projétil em relação ao solo, sabendo-se que ao deixar o cano da arma o projétil estava a 1,70 m do solo. Despreze as forças dissipativas e adote $g = 10,00$ m/s².
a) 401,70 m   c) 601,70 m   e) 801,70 m
b) 501,70 m   d) 701,70 m

25. (ITA-SP)
A partir do repouso, um foguete de brinquedo é lançado verticalmente do chão, mantendo uma aceleração constante de 5,00 m/s² durante os 10,0 primeiros segundos. Desprezando a resistência do ar, a altura máxima atingida pelo foguete e o tempo total de sua permanência no ar são, respectivamente, de

a) 375 m e 23,7 s
b) 375 m e 30,0 s
c) 375 m e 34,1 s
d) 500 m e 23,7 s
e) 500 m e 34,1 s

26. (UPM-SP)

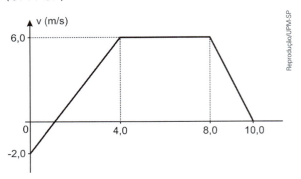

Um móvel varia sua velocidade escalar de acordo com o diagrama acima. A velocidade escalar média e a aceleração escalar média nos 10,0 s iniciais são, respectivamente,
a) 3,8 m/s e 0,20 m/s²
b) 3,4 m/s e 0,40 m/s²
c) 3,0 m/s e 2,0 m/s²
d) 3,4 m/s e 2,0 m/s²
e) 4,0 m/s e 0,60 m/s²

27. (FICSAE-SP)
Na modalidade esportiva do salto à distância, o esportista, para fazer o melhor salto, deve atingir a velocidade máxima antes de saltar, aliando-a ao melhor ângulo de entrada no momento do salto que, nessa modalidade, é o 45°. Considere uma situação hipotética em que um atleta, no momento do salto, alcance a velocidade de 43,2 km/h, velocidade próxima do recorde mundial dos 100 metros rasos, que é de 43,9 km/h. Despreze o atrito com o ar enquanto ele está em "voo" e considere o saltador como um ponto material situado em seu centro de gravidade.
Nessas condições, qual seria, aproximadamente, a distância alcançada no salto?
Adote o módulo da aceleração da gravidade igual a 10 m/s².

Dados: sen 45° = cos 45° = 0,7

a) 7 m
b) 10 m
c) 12 m
d) 14 m

28. (UFPE)
Os automóveis A e B se movem com velocidades constantes v_A = 100 km/h e v_B = 82 km/h, em relação ao solo, ao longo das estradas EA e EB, indicadas na figura. Um observador no automóvel B mede a velocidade do automóvel A. Determine o valor da componente desta velocidade na direção da estrada EA, em km/h.

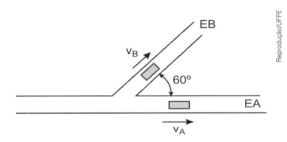

29. No esquema da figura, os fios e as polias são ideais. Num dado instante T os blocos **A** e **B** têm velocidades verticais dirigidas para baixo com módulo V_1. No mesmo instante T, o bloco **C** tem velocidade vertical, dirigida para cima com módulo V_2.

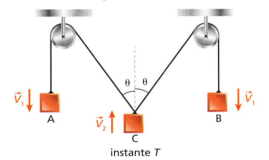

A relação entre v_1 e v_2 é:
a) $V_1 = V_2$
b) $V_2 = V_1 \cos\theta$
c) $V_2 = \dfrac{V_1}{\cos\theta}$
d) $V_2 = 2V_1 \cos\theta$
e) $V_2 = \dfrac{2V_1}{\cos\theta}$

30. (UFJF-MG)
Maria brinca em um carrossel, que gira com velocidade constante. A distância entre Maria e o centro do carrossel é de 4,0 m. Sua mãe está do lado de fora do brinquedo e contou 20 voltas nos 10 min em que Maria esteve no carrossel. Considerando essas informações, CALCULE:
a) A distância total percorrida por Maria.
b) A velocidade angular de Maria, em rad/s.
c) O módulo de aceleração centrípeta de Maria.

31. (UFPR)
Um veículo está se movendo ao longo de uma estrada plana e retilínea. Sua velocidade em função do tempo, para um trecho do percurso, foi registrada e está mostrada no gráfico abaixo. Considerando que em t = 0 a posição do veículo s é igual a zero, assinale a alternativa correta para a sua posição ao final dos 45 s.

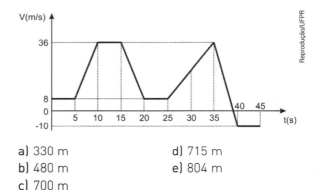

a) 330 m
b) 480 m
c) 700 m
d) 715 m
e) 804 m

32. Dirigindo à noite com velocidade escalar de módulo v_0 ao longo de uma rodovia retilínea e horizontal, um motorista avista ao longe, no instante $t_0 = 0$, um animal atravessando vagarosamente a pista. Depois de um tempo de reação com duração T, ele aciona os freios, que imprimem uma aceleração de intensidade constante α. Com isso, ele consegue parar o veículo em segurança no instante $t = 5T$, como ilustra o gráfico abaixo da velocidade escalar v em função do tempo t.

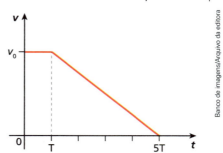

Imaginando-se outra situação no mesmo local, mas com o veículo dotado de velocidade escalar com módulo 3V₀ no instante t₀ = 0, inicia-se imediatamente após o tempo de reação com a mesma duração T a frenagem com a aceleração de intensidade a aplicada no caso anterior e o veículo também consegue ser levado ao repouso. Em relação a essa segunda situação, pergunta-se:

a) Em que instante t o veículo para?
b) Qual a distância adicional D percorrida pelo veículo se comparada com a distância percorrida no caso anterior?

33. Uma moto percorre uma via retilínea com velocidade escalar constante de intensidade v_0, percorrendo nessas condições uma distância d. Em seguida, o veículo é freado uniformemente com aceleração escalar de módulo a até parar. Sendo T_0 intervalo de tempo total gasto pela moto desde o instante inicial até sua imobilização total, qual o valor mínimo de T?

34. (Uece)
Considere dois instantes no deslocamento de um elevador em viagem de subida: o início (I) imediatamente após a partida, e o final (F) imediatamente antes da parada. Suponha que apenas um cabo de aço é responsável pela sustentação e movimento do elevador.

Desprezando todos os atritos, é correto afirmar que a força exercida pelo cabo na cabine no início ($\vec{F}_I$) e no final ($\vec{F}_F$) tem direção e sentido
a) vertical para cima e vertical para baixo, respectivamente, com $|\vec{F}_I| > |\vec{F}_F|$.
b) vertical para cima, nos dois casos, e com $|\vec{F}_I| > |\vec{F}_F|$.
c) vertical para baixo e vertical para cima, respectivamente, com $|\vec{F}_I| > |\vec{F}_F|$.
d) vertical para baixo, nos dois casos, e com $|\vec{F}_I| < |\vec{F}_F|$.

35. Fogo na mata
Incêndios florestais podem comprometer seriamente o meio ambiente, prejudicando a flora, a fauna e lançando na atmosfera enormes quantidades de poluentes que, além de prejudicar a visibilidade, colaboram para aumentar o efeito estufa. Por isso, ao menor sinal de fogo e quando tal procedimento é possível, cogita-se a utilização

de helicópteros, que abastecem contêineres com água em mananciais vizinhos ao incêndio indo despejar o líquido sobre as chamas.

Suponha que o helicóptero que aparece na fotografia esteja se deslocando horizontalmente para a esquerda em movimento acelerado com aceleração constante de intensidade a. A aeronave transporta um contêiner de massa M cheio d'água de modo que, em um determinado instante, o cabo em que está conectado esse recipiente forma um ângulo θ com a direção vertical. Sendo g a intensidade da aceleração da gravidade, determine nesse instante:

a) Em função de M, g e $θ$, a intensidade T da força de tração no cabo em que está preso o contêiner.

b) Em função de M, g, $θ$ e a, a intensidade F_{ar} da força horizontal de resistência do ar que atua no contêiner.

36. (PUC-RJ)
Um planeta, de massa m, realiza uma órbita circular de raio R com uma velocidade tangencial de módulo V ao redor de uma estrela de massa M. Se a massa do planeta fosse 2 m, qual deveria ser o raio da órbita, em termos de R, para que a velocidade ainda fosse V?
a) 0 c) R e) 4R
b) R/2 d) 2R

37. O peso, e sobretudo a altura da carga, são fatores que devem ser observados para o transporte rodoviário seguro utilizando-se caminhões. Uma carga muito alta pode facilitar o tombamento – capotagem – do veículo, especialmente em curvas.

Considere um caminhão que vai percorrer em movimento uniforme uma curva circular de raio R = 76,8 m contida em um plano horizontal. O veículo tem largura média L = 2,00 m e seu centro de gravidade está a uma altura h = 3,00 m em relação ao solo.

Admitindo-se g = 10,0 m/s² e supondo-se que o coeficiente de atrito entre os pneus e o asfalto valha μ = 0,75, pergunta-se:

a) Qual a intensidade da máxima velocidade com que o caminhão poderá percorrer a curva sem tombar?

b) Ignorando-se a possibilidade de tombamento, bem como as dimensões do veículo, qual a intensidade da máxima velocidade com que o caminhão poderá percorrer a curva sem derrapar?

38. (Fuvest-SP)

O projeto para um balanço de corda única de um parque de diversões exige que a corda do brinquedo tenha um comprimento de 2,0 m. O projetista tem que escolher a corda adequada para o balanço, a partir de cinco ofertas disponíveis no mercado, cada uma delas com distintas tensões de ruptura.

A tabela apresenta essas opções.

Corda	I	II	III	IV	V
Tensão de ruptura (N)	4 200	7 500	12 400	20 000	29 000

Ele tem também que incluir no projeto uma margem de segurança; esse fator de segurança é tipicamente 7, ou seja, o balanço deverá suportar cargas sete vezes a tensão no ponto mais baixo da trajetória. Admitindo que uma pessoa de 60 kg, ao se balançar, parta do repouso, de uma altura de 1,2 m em relação à posição de equilíbrio do balanço, as cordas que poderiam ser adequadas para o projeto são

Note e adote:
- Aceleração da gravidade: 10 m/s².
- Desconsidere qualquer tipo de atrito ou resistência ao movimento e ignore a massa do balanço e as dimensões da pessoa.
- As cordas são inextensíveis.

a) I, II, III, IV e V.
b) II, III, IV e V, apenas.
c) III, IV e V, apenas.
d) IV e V, apenas.
e) V, apenas.

39. (Univag-MT)
Em um terreno plano e horizontal, um golfista deu uma tacada na bola, imprimindo-lhe uma velocidade de módulo 50 m/s, cuja direção estava inclinada a um ângulo θ em relação ao plano horizontal, tal que sen θ = 0,60 e cos θ = 0,80.

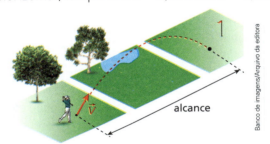

Considerando-se a aceleração gravitacional com módulo igual a 10 m/s² e desprezando-se a resistência do ar, o alcance horizontal da bola foi
a) 120 m   c) 240 m   e) 480 m
b) 180 m   d) 320 m

40. (UFU-MG)
Uma pedra é lançada do solo com velocidade de 36 km/h fazendo um ângulo de 45° com a horizontal. Considerando g = 10 m/s² e desprezando a resistência do ar, analise as afirmações abaixo.
I. A pedra atinge a altura máxima de 2,5 m.
II. A pedra retorna ao solo ao percorrer a distância de 10 m na horizontal.
III. No ponto mais alto da trajetória, a componente horizontal da velocidade é nula.

Usando as informações do enunciado, assinale a alternativa correta.
a) Apenas I é verdadeira.
b) Apenas I e II são verdadeiras.
c) Apenas II e III são verdadeiras.
d) Apenas II é verdadeira.

41. (PUC-PR)
Durante um jogo de futebol, um goleiro chuta uma bola fazendo um ângulo de 30° com relação ao solo horizontal. Durante a trajetória, a bola alcança uma altura máxima de 5,0 m. Considerando que o ar não interfere no movimento da bola, qual a velocidade que a bola adquiriu logo após sair do contato do pé do goleiro?
Use $g = 10 \text{ m/s}^2$.

a) 5 m/s.
b) 10 m/s.
c) 20 m/s.
d) 25 m/s.
e) 50 m/s.

42. (EEAR-SP)
O gráfico a seguir relaciona a intensidade da força (F) e a posição (x) durante o deslocamento de um móvel com massa igual a 10 kg da posição x = 0 m até o repouso em x = 6 m.

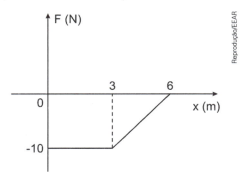

O módulo da velocidade do móvel na posição x = 0, em m/s, é igual a
a) 3
b) 4
c) 5
d) 6

43. (UFPR)
Numa competição envolvendo carrinhos de controle remoto, a velocidade de dois desses carrinhos foi medida em função do tempo por um observador situado num referencial inercial, sendo feito um gráfico da velocidade v em função do tempo t para ambos os carrinhos.

Sabe-se que eles se moveram sobre a mesma linha reta, partiram ao mesmo tempo da mesma posição inicial, são iguais e têm massa constante de valor m = 2 kg. O gráfico obtido para os carrinhos A (linha cheia) e B (linha tracejada) é mostrado a seguir.

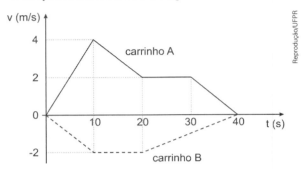

Com base nos dados apresentados, responda:
a) Após 40 s de movimento, qual é a distância entre os dois carrinhos?
b) Quanto vale o trabalho total realizado sobre o carrinho A entre os instantes t = 0 s e t = 10 s?
c) Qual o módulo da força resultante sobre o carrinho B entre os instantes t = 20 s e t = 40 s?

44. (Unigranrio)

Uma pedra cujo peso vale 500 N é mergulhada e mantida submersa dentro d'água em equilíbrio por meio de um fio inextensível e de massa desprezível. Este fio está preso a uma barra fixa como mostra a figura. Sabe-se que a tensão no fio vale 300 N. Marque a opção que indica corretamente a densidade da pedra em kg/m^3. Dados: Densidade da água = 1 g/cm^3 e g = 10 m/s^2.

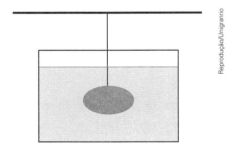

a) 200
b) 800
c) 2 000
d) 2 500
e) 2 800

45. Um trator de massa m desloca-se sobre uma pista reta e horizontal arrastando um contêiner de massa M com aceleração de intensidade constante. O coeficiente de atrito cinético entre o contêiner e o solo é μ e, no local, a aceleração da gravidade tem intensidade igual a g.

Considerando-se que a força motriz de atrito que o trator recebe do solo tem intensidade F, desprezando-se as forças passivas no trator bem como qualquer influência do ar, determine:
a) o módulo da aceleração, a, do conjunto trator-contêiner;
b) a intensidade da força de tração, T, no engate que conecta o trator ao contêiner.

46. (ITA-SP)
Considere um automóvel com tração dianteira movendo-se aceleradamente para a frente. As rodas dianteiras e traseiras sofrem forças de atrito respectivamente para:
a) frente e frente.
b) frente e trás.
c) trás e frente.
d) trás e trás.
e) frente e não sofrem atrito.

47. (FMABC-SP)
No dia 16 de outubro de 2017, um grupo de astrônomos anunciou a observação da colisão de duas estrelas de nêutrons. Uma estrela de nêutrons é um objeto celeste extremamente denso e com diâmetro de aproximadamente 10 km. Supondo que o Sol, súbita e instantaneamente, se transformasse em uma estrela de nêutrons (isso não pode acontecer, é apenas uma suposição), reduzindo seu diâmetro por um fator de 10^5, mas mantendo a sua massa e a mesma distância até a Terra, a intensidade da força gravitacional que o Sol, agora uma estrela de nêutrons, exerceria sobre a Terra, em relação à força gravitacional atual,
a) diminuiria 10⁵ vezes.
b) aumentaria 10¹⁰ vezes.
c) diminuiria 10¹⁰ vezes.
d) não se alteraria.
e) aumentaria 10⁵ vezes.

48. (Escola Naval)
Analise a figura abaixo.

Na figura acima, tem-se duas cascas esféricas concêntricas: casca A de raio $r_A = 1,0$ m e casca B de raio $r_B = 3,0$ m, ambas com massa M e com os centros em $x = 0$. Em $x = 20$ m, tem-se o centro de uma esfera maciça de raio $r_C = 2,0$ m e massa 81 M. Considere agora, uma partícula de massa m colocada em $x = 2,0$ m.

Sendo G a constante gravitacional, qual a força gravitacional resultante sobre a partícula?

a) $\dfrac{GMm}{4}$ para a direita.

b) $\dfrac{GMm}{2}$ para a direita.

c) $\dfrac{GMm}{2}$ para a esquerda.

d) $\dfrac{GMm}{4}$ para a esquerda.

e) Zero.

49. (Vunesp)
Suponha um corpo colocado entre a Terra e a Lua em uma posição tal qual a resultante das forças de atração gravitacional exercidas sobre ele pela Terra e pela Lua seja nula. São dados:
1) Razão entre a massa da Terra e a massa da Lua = 81
2) Distância entre o centro da Terra e o centro da Lua = **d**

A distância desse corpo ao centro da Lua é igual a:

a) $\dfrac{d}{2}$

b) $\dfrac{d}{4}$

c) $\dfrac{d}{5}$

d) $\dfrac{d}{10}$

e) $\dfrac{d}{20}$

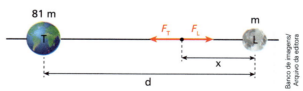

50. (PUC-PR)
Durante a preparação do país para receber a copa do mundo de 2014 e os jogos olímpicos de 2016, muitas construções foram demolidas para que outras fossem construídas em seu lugar. Um dos métodos utilizados nessas demolições é a implosão. Em 2011, a prefeitura do Rio de Janeiro, por exemplo, implodiu uma antiga fábrica para ampliar o Sambódromo. Na ocasião, para evitar que qualquer pessoa fosse atingida por detritos provenientes diretamente da explosão, os engenheiros responsáveis pela operação solicitaram a remoção temporária dos moradores em um certo raio medido a partir do ponto de implosão. Desprezando os efeitos de resistência do ar e considerando que a máxima velocidade com que um detrito pode ser arremessado a partir do ponto da implosão é de 108 km/h, o raio mínimo de segurança que deveria ser adotado para remoção dos moradores de tal forma que eles não fossem atingidos diretamente por nenhum detrito é de:

(Considere g = 10 m/s²)
a) 60 m.
b) 90 m.
c) 150 m.
d) 180 m.
e) 210 m.

51. (EFOMM-RJ)
Em um recipiente contendo dois líquidos imiscíveis, com densidade $\rho_1 = 0,4$ g/cm³ e $\rho_2 = 1,0$ g/cm³, é mergulhado um corpo de densidade $\rho_c = 0,6$ g/cm³ que flutua na superfície que separa os dois líquidos (conforme apresentado na figura). O volume de 10,0 cm³ do corpo está imerso no fluido de maior densidade. Determine o volume do corpo, em cm³, que está imerso no fluido de menor densidade.

a) 5,0   b) 10,0   c) 15,0   d) 20,0   e) 25,0

52. Um carro esportivo de massa *M* com tração nas rodas traseiras está acelerando ao longo de uma pista retilínea e horizontal com aceleração de intensidade constante *a*. Nesse contexto, a influência do ar deverá ser desprezada, bem como os atritos nas rodas dianteiras não motrizes. O centro de gravidade (CG) do veículo está a uma altura *d* do solo, situando-se também à equidistância *d* dos eixos das rodas dianteiras e traseiras, como indica a ilustração abaixo.

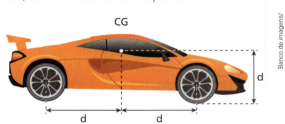

Sendo $\mu = 0{,}50$ o coeficiente de atrito estático entre as rodas traseiras e a pista e sabendo-se que essas rodas operam com torque máximo, isto é, na iminência de derrapar em relação ao solo, adotando-se para a aceleração da gravidade módulo *g*, pede-se determinar:

a) As intensidades N_T e N_D das forças normais que a pista exerce no carro, respectivamente, no par de rodas traseiras e no par de rodas dianteiras;
b) O valor de *a*.

53. (ITA-SP)

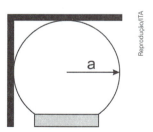

A figura mostra uma placa fina de peso P dobrada em ângulo reto e disposta sobre uma esfera fixa de raio a. O coeficiente de atrito mínimo entre estes objetos para que a placa não escorregue é

a) 1.
b) 1/2.
c) $\sqrt{2} - 1$.
d) $\sqrt{3} - 1$.
e) $(\sqrt{5} - 1)/2$.

54. (Famerp-SP)

Um caminhão transporta em sua carroceria um bloco de peso 5 000 N. Após estacionar, o motorista aciona o mecanismo que inclina a carroceria.

Sabendo que o ângulo máximo em relação à horizontal que a carroceria pode atingir sem que o bloco deslize é θ, tal que senθ = 0,60 e cosθ = 0,80, o coeficiente de atrito estático entre o bloco e a superfície da carroceria do caminhão vale

a) 0,55
b) 0,15
c) 0,30
d) 0,40
e) 0,75

55. (FMABC-SP)

No instante $t_0 = 0$, três móveis estão se deslocando em movimento retilíneo no sentido da origem de um plano cartesiano no qual cada unidade vale 1,0 km. O primeiro móvel está no ponto P1 (6, 8) com velocidade constante, o segundo está no ponto P2 (0, 8) com aceleração constante de 4,0 km/h² e velocidade nula, e o terceiro está no ponto P3 (15, 0) também com velocidade constante.

Para que os três móveis atinjam a origem do sistema no mesmo instante de tempo, os módulos das velocidades do primeiro e do terceiro móveis devem ser, respectivamente, em km/h.

a) 2,5 e 2,5
b) 5,0 e 7,5
c) 2,5 e 15,0
d) 4,0 e 7,5
e) 5,0 e 5,0

56. (Olimpíada Brasileira de Ciências)

Uma partícula partiu do ponto **A** e percorreu uma trajetória constituída por duas semicircunferências de raio R = 5,0 m, atingindo o ponto **B**. O intervalo de tempo transcorrido nesse percurso foi de 20s. Adote π = 3.

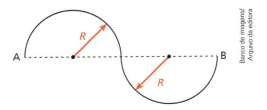

A velocidade escalar média e o módulo da velocidade vetorial média no percurso AB valem, respectivamente:

a) 0,75 m/s e 0,75 m/s   d) 1,5 m/s e 1,0 m/s
b) 1,0 m/s e 0,75 m/s   e) 1,5 m/s e 1,5 m/s
c) 1,25 m/s e 1,5 m/s

57. (ITA-SP)
Um caminhão baú de 2,00 m de largura e centro de gravidade a 3,00 m do chão percorre um trecho de estrada em curva com 76,8 m de raio. Para manter a estabilidade do veículo neste trecho, sem derrapar, sua velocidade não deve exceder a

a) 5,06 m/s.   c) 16,0 m/s.   e) 22,3 m/s.
b) 11,3 m/s.   d) 19,6 m/s.

58. (FMP-RJ)
Um helicóptero transporta, preso por uma corda, um pacote de massa 100 kg. O helicóptero está subindo com aceleração constante vertical e para cima de 0,5 m/s². Se a aceleração da gravidade no local vale 10 m/s², a tração na corda, em newtons, que sustenta o peso vale

a) 1 500   c) 500   e) 950
b) 1 050   d) 1 000

59. Na situação esquematizada na figura, um cilindro homogêneo de densidade volumétrica ρ, raio da seção transversal R e comprimento L encontra-se apoiado em um plano horizontal perfeitamente liso sob a ação de duas forças horizontais, $\vec{F}_1$ e $\vec{F}_2$ de modo que $F_1 > F_2$.

Não se levando em conta a resistência do ar, pede-se determinar:
a) a intensidade da aceleração, a, do cilindro em função de F_1, F_2, ρ, R e L;
b) a intensidade da força de tração, T, no centro geométrico do cilindro.

60. (EEAR-SP)
Dois garotos de massas iguais a 40 kg e 35 kg sentaram em uma gangorra de 2 metros de comprimento para brincar. Os dois se encontravam à mesma distância do centro de massa e do apoio da gangorra que coincidiam na mesma posição. Para ajudar no equilíbrio foi usado um saco de 10 kg de areia.

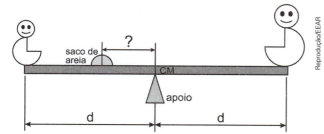

Considerando o saco de areia como ponto material, qual a distância, em metros, do saco de areia ao ponto de apoio da gangorra?
a) 2,0
b) 1,5
c) 1,0
d) 0,5

61. (UEFS-BA)

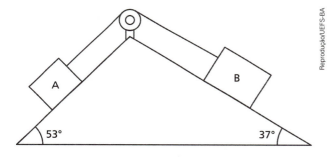

Dois blocos, A e B, de massas, respectivamente, iguais a 10,0 kg e 30,0 kg, são unidos por meio de um fio ideal, que passa por uma polia, sem atrito, conforme a figura.

Considerando-se o módulo da aceleração da gravidade local igual a 10,0 m/s², o coeficiente de atrito cinético entre os blocos e as superfícies de apoio igual a 0,2, sen37° = cos53° = 0,6 e sen53° = cos37° = 0,8, é correto afirmar que o módulo da tração no fio que liga os dois blocos, em kN, é igual a
a) 0,094
b) 0,096
c) 0,098
d) 0,102
e) 0,104

62. (UPM-SP)

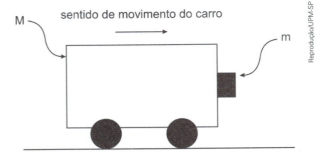

Um corpo de massa m está apoiado sobre a superfície vertical de um carro de massa M, como mostra a figura acima. O coeficiente de atrito estático entre a superfície do carro e a do corpo é μ. Sendo g o módulo da aceleração da gravidade, a menor aceleração (a) que o carro deve ter para que o corpo de massa m não escorregue é

a) $a \geq \dfrac{m}{M} \cdot \dfrac{g}{\mu}$

b) $a \geq \dfrac{M}{m} \cdot \dfrac{g}{\mu}$

c) $a \geq \dfrac{g}{\mu}$

d) $a \geq \dfrac{m+M}{m} \cdot \dfrac{g}{\mu}$

e) $a \geq \dfrac{m}{m+M} \cdot \dfrac{g}{\mu}$

63. (UEL-PR)

Um pedreiro precisa transportar material para o primeiro piso de uma construção. Para realizar essa tarefa, ele utiliza um sistema do tipo elevador mostrado na figura a seguir.

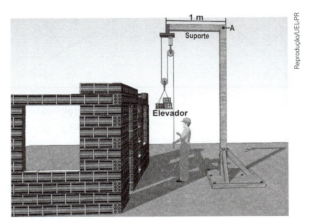

O peso máximo que pode ser levantado pelo sistema é limitado pelo peso do pedreiro e não pelo suporte ou pela corda. O pedreiro pesa 800 N. A partir dessas informações, responda aos itens a seguir.

a) Construa um diagrama de forças para o sistema e, considerando $g = 10$ m/s² calcule o peso máximo que poderia ser levantado pelo pedreiro.

b) Considerando o elevador com peso máximo, calcule o módulo do torque no ponto A.

64. (EFOMM-RJ)
Patrick é um astronauta que está em um planeta onde a altura máxima que atinge com seus pulos verticais é de 0,5 m. Em um segundo planeta, a altura máxima alcançada por ele é seis vezes maior. Considere que os dois planetas tenham densidades uniformes μ e $2\mu/3$, respectivamente. Determine a razão entre o raio do segundo planeta e o raio do primeiro.
a) 1/2
b) 1/4
c) 1/6
d) 1/8
e) 1/10

65. (UPM-SP)

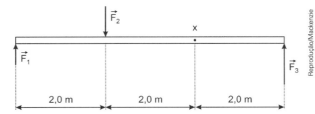

A barra homogênea, de peso desprezível, está sob a ação de três forças de intensidades $F_1 = 20$ N, $F_2 = 40$ N e $F_3 = 60$ N. A rotação produzida na barra em torno do ponto x é
a) no sentido anti-horário com um momento resultante de $1,2 \cdot 10^2$ N $\cdot$ m.
b) no sentido horário com um momento resultante de $1,2 \cdot 10^2$ N $\cdot$ m.
c) no sentido anti-horário com um momento resultante de $1,6 \cdot 10^2$ N $\cdot$ m.
d) no sentido horário com um momento resultante de $1,6 \cdot 10^2$ N $\cdot$ m.
e) Inexistente.

66. (SLMandic-SP)
A fim de aproveitar o potencial energético de um rio que corta sua propriedade rural para colocar em funcionamento um gerador que acionará um triturador de milho de 5,0 kW, um agricultor deseja utilizar todo volume de 200 litros de água que caem de um desnível de H, a cada segundo. Supondo-se que 80% da energia proveniente do movimento da água se converta em energia elétrica no gerador, o desnível H mínimo da queda-d'água, no ponto de instalação do gerador, em metros, deverá ser, aproximadamente:
(Adote g = 10 m/s² e a densidade da água igual a 1,0 kg/ℓ).
a) 7,2
b) 6,8
c) 5,4
d) 3,1
e) 2,5

67. (OBC)
Duas pequenas esferas, **A** e **B**, de massas respectivamente iguais a m e $2m$, que se deslocam ao longo de um eixo orientado, x, em sentidos opostos vão colidir frontal e unidimensionalmente. A esfera **A** tem velocidade escalar v_A e a esfera **B**, v_B. As figuras a seguir representam as situações dessas esferas imediatamente antes e imediatamente depois da colisão.

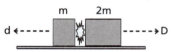

Observando-se que após a colisão as esferas permanecem em repouso, pode-se afirmar que:

a) $v_B = v_A$

b) $v_B = -v_A$

c) $v_B = \dfrac{v_A}{2}$

d) $v_B = -\dfrac{v_A}{2}$

e) $v_B = -\dfrac{v_A}{4}$

68. (SBF)
Duas caixas, de massas m e $2m$, estão em repouso sobre uma superfície horizontal, uma encostada na outra. A explosão de uma carga de pólvora colocada entre as caixas faz com que elas se afastem, como mostra a figura.

A caixa de massa m percorre uma distância d até parar; a distância percorrida pela caixa de massa $2m$ até parar é D. Se as duas caixas têm o mesmo coeficiente de atrito com o solo, podemos afirmar que

a) $d = D/2$
b) $d = D$
c) $d = 2D$
d) $d = 4D$

69. (ITA-SP)
Uma pequena bola de massa m é lançada de um ponto P contra uma parede vertical lisa com uma certa velocidade v_0, numa direção de ângulo α em relação à horizontal. Considere que após a colisão a bola retorna ao seu ponto de lançamento, a uma distância d da parede, como mostra a figura. Nestas condições, o coeficiente de restituição deve ser

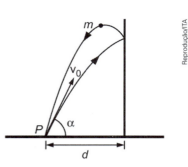

a) $e = gd/(v_0^2 \operatorname{sen} 2\alpha - gd)$.

b) $e = 2gd/(v_0^2 \cos 2\alpha - 2gd)$.

c) $e = 3gd/(2v_0^2 \operatorname{sen} 2\alpha - 2gd)$.

d) $e = 4gd/(v_0^2 \cos 2\alpha - gd)$.

e) $e = 2gd/(v_0^2 \tan 2\alpha - gd)$.

70. Na tradicional Corrida de São Silvestre que encerra a cada 31 de dezembro o calendário oficial das provas de pedestrianismo no Brasil, o trajeto a ser percorrido pelos atletas tem extensão de 15 km. Isso ocorre ao longo de ruas e avenidas da cidade de São Paulo. No gráfico abaixo, da velocidade escalar em função do tempo, estão registrados os desempenhos de dois atletas amadores, A e B, que em $t_0 = 0$, estão emparelhados e, a partir disso, se deslocam em trajetórias praticamente coincidentes.

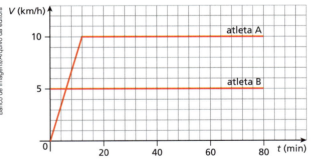

Analise as proposições a seguir e classifique cada uma delas como verdadeira (V) ou falsa (F):
(I) O atleta **A** volta a ficar emparelhado com o atleta **B** no instante t = 12 min.
(II) O atleta **B** completa a prova em 2,0 h 30 min.
(III) O atleta **A** completa a prova em 1,0 h 36 min.
(IV) O atleta **A** ultrapassa o atleta **B** ao fim do primeiro quilômetro de prova.

De (I) a (IV), a sequência correta de (**V**) ou (**F**) é:
a) VFVV   c) VVFF   e) FVVF
b) FVFF   d) VFVF

71. Indiscutivelmente, o elevador modificou sobremaneira os paradigmas da Arquitetura, permitindo a construção de edifícios verticais. Isso fica evidente hoje em dia em grandes metrópoles, como Tóquio, Nova Iorque e São Paulo, dentre outras, repletas de arranha-céus.

Teria sido o romano Vitrúvio, no século I a.C., o primeiro a cogitar o conceito do elevador. Mas foi o norte-americano Elisha Graves Otis, em 1853, quem dotou o dispositivo de freios de segurança para o caso de um súbito rompimento dos cabos de sustentação. O primeiro elevador elétrico, porém, só foi posto em funcionamento em 1880 por Werner von Siemens, no luxuoso Savoy Hotel, de Londres.

// Elevadores panorâmicos em edifício de grande altura.

Considere um elevador que tem um pêndulo pendurado em seu teto – um fio ideal com uma pequena massa em sua extremidade. Esse pêndulo vai realizar oscilações de pequena amplitude contidas em um mesmo plano vertical.

Quando o elevador acelera verticalmente para cima com intensidade 2,0 m/s², o pêndulo oscila com período T_1. Já quando o elevador acelera verticalmente para baixo com a mesma intensidade, o pêndulo oscila com período T_2.

Sendo g = 10 m/s², da primeira a segunda situação, qual o valor aproximado do aumento percentual no período de oscilação do pêndulo?

72. (UFRGS-RS)

A figura a seguir apresenta, em dois instantes, as velocidades v₁ e v₂ de um automóvel que, em um plano horizontal, se desloca numa pista circular.

Com base nos dados da figura, e sabendo-se que os módulos dessas velocidades são tais que $v_1 > v_2$ é correto afirmar que

a) a componente centrípeta da aceleração é diferente de zero.
b) a componente tangencial da aceleração apresenta a mesma direção e o mesmo sentido da velocidade.
c) o movimento do automóvel é circular uniforme.
d) o movimento do automóvel é uniformemente acelerado.
e) os vetores velocidade e aceleração são perpendiculares entre si.

73. (PUC-PR)
Os novos caças suecos adquiridos exigem muito da condição física dos pilotos. Capaz de atingir uma velocidade escalar máxima de 2 400 km/h, o Gripen possui autonomia de 1 300 km quando completamente carregado de armas e 4 000 km sem armas. Durante os testes para pilotar o Gripen, os pilotos brasileiros foram submetidos a uma aceleração centrípeta 9 vezes maior do que a aceleração da gravidade.

(Adaptado) Pilotos do Brasil lideram combate aéreo pela 1ª vez com Gripen, novo caça do país. Disponível em: http://g1.globo.com/mundo/noticia/pilotos-do-brasil-lideram-combate-aereo-pela-1-vez-com-gripen-novo--caca-do-pais.ghtml. Acesso em 06 mar. 2017.

Considere que a aceleração centrípeta (a = 9g), sob a qual foram submetidos os pilotos durante o teste, representa o limite máximo suportado sem que eles percam a consciência.

Em uma simulação de combate em velocidade escalar máxima, a torre exige que o piloto do Gripen realize uma curva circular de raio 1 000 m para interceptar um alvo. Com base nas suas limitações fisiológicas e nas limitações técnicas do Gripen, o piloto informa à torre que a manobra:

(use g = 10 m/s²)
a) É executável, mas precisará reduzir a velocidade em 10%.
b) É executável em velocidade máxima.
c) É executável, mas precisará reduzir a velocidade em mais de 50%.
d) É executável sem alteração na velocidade somente se o raio da curva for de 1 500 m.
e) Não é executável para nenhum valor de velocidade.

74. Uma moto parte do repouso de um determinado ponto de certa pista circular de raio R = 12,0 m, sendo acelerada com aceleração escalar constante a = 4,0 m/s². Decorrido 1,5 s da partida, a intensidade da aceleração vetorial do veículo é igual a:
a) 3,0 m/s²
b) 4,0 m/s²
c) 5,0 m/s²
d) 7,0 m/s²
e) 10,0 m/s²

75. Uma pulga de altura igual a 1,0 mm consegue realizar a proeza de saltar verticalmente a partir da superfície da Terra, de massa igual a $6,0 \cdot 10^{24}$ kg e raio R, a uma altura máxima equivalente a 100 vezes sua altura. Resguardadas as devidas proporções, para que um astronauta de altura igual a 1,5 m consiga realizar a mesma façanha do inseto, saltando verticalmente com um quarto da velocidade inicial da pulga, mas a partir da superfície de outro planeta de massa M_P e raio R igual ao da Terra, qual o valor de M_P? Despreza influências atmosféricas, bem como o movimento de rotação dos astros.

76. (Unicamp-SP)
Recentemente, a agência espacial americana anunciou a descoberta de um planeta a trinta e nove anos-luz da Terra, orbitando uma estrela anã vermelha que faz parte da constelação de Cetus. O novo planeta possui dimensões e massa pouco maiores do que as da Terra e se tornou um dos principais candidatos a abrigar vida fora do sistema solar.
Considere este novo planeta esférico com um raio igual a $R_P = 2R_T$ e massa $M_P = 8M_T$, em que R_T e M_T são o raio e a massa da Terra, respectivamente. Para planetas esféricos de massa M e raio R, a aceleração da gravidade na superfície do planeta é dada por $g = \dfrac{GM}{R^2}$, em que G é uma constante universal. Assim, considerando a Terra esférica e usando a aceleração da gravidade na sua superfície, o valor da aceleração da gravidade na superfície do novo planeta será de
a) 5 m/s².
b) 20 m/s².
c) 40 m/s².
d) 80 m/s².

77. (Unigranrio)
Para manter um carro de massa 1 000 kg sobre uma rampa lisa inclinada que forma um ângulo θ com a horizontal, é preso a ele um cabo. Sabendo que o carro, nessas condições, está em repouso sobre a rampa inclinada, marque a opção que indica a intensidade da força de reação normal da rampa sobre o carro e a tração no cabo que sustenta o carro, respectivamente. Despreze o atrito. Dados: senθ = 0,6; cosθ = 0,8 e g = 10 m/s².

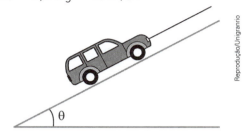

a) 8 000 N e 6 000 N
b) 6 000 N e 8 000 N
c) 800 N e 600 N
d) 600 N e 800 N
e) 480 N e 200 N

78. (IME-RJ)

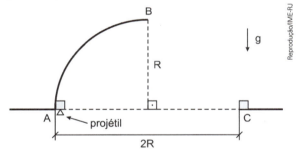

Conforme a figura acima, um corpo, cuja velocidade é nula no ponto A da superfície circular de raio R, é atingido por um projétil, que se move verticalmente para cima, e fica alojado no corpo. Ambos passam a deslizar sem atrito na superfície circular, perdendo o contato com a superfície no ponto B. A seguir, passam a descrever uma trajetória no ar até atingirem o ponto C, indicado na figura. Diante do exposto, a velocidade do projétil é:

Dados:
- massa do projétil: m;
- massa do corpo: 9 m; e
- aceleração da gravidade: g.

a) $10\sqrt{\dfrac{5Rg}{2}}$
b) $10\sqrt{\dfrac{3Rg}{2}}$
c) $10\sqrt{\dfrac{5Rg}{3}}$
d) $10\sqrt{\dfrac{3Rg}{5}}$
e) $10\sqrt{\dfrac{2Rg}{3}}$

79. Um barco e uma garrafa lançada nas águas de um rio...

Em um dia sem ventos alguém larga uma garrafa vazia fechada por rolha no rio Wall. Essa garrafa segue, então, rio abaixo arrastada pela correnteza, cuja velocidade relativa às margens do rio tem intensidade constante. Nesse mesmo instante e no mesmo local, um barco a motor navega rio acima em movimento uniforme. Após 10 min da passagem pelo local da garrafa o barco inverte instantaneamente o sentido de seu movimento e passa a descer o rio, com o motor à mesma potência, até ultrapassar novamente a garrafa 3 km a jusante do primeiro ponto de visualização desse objeto. Qual a intensidade da velocidade da correnteza do rio Wall?

a) 3 km/h   c) 12 km/h
b) 9 km/h   d) 15 km/h

80.
Um automóvel (**A**) e um caminhão (**B**) colidem no ponto O indicado, após o que prosseguem unidos, deslocando-se na direção OP. A massa do caminhão é quatro vezes a do carro e sua velocidade, imediatamente antes da batida, valia 30,0 km/h.

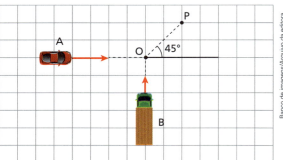

Ao narrar a colisão à Polícia Rodoviária, o motorista do carro argumentou que, antes do choque, a velocidade de seu veículo era inferior à máxima permitida (80,0 km/h).
a) Verifique, justificando, se a afirmação do motorista do carro é falsa ou verdadeira.
b) Calcule a velocidade do conjunto carro-caminhão imediatamente após a batida.

81. (FCMSCSP)
Duas esferas idênticas, A e B, sofrem uma colisão totalmente inelástica. Imediatamente antes da colisão, elas se movem no plano xy, representado na figura, com velocidades $v_A = 2v$ e $v_B = v$.

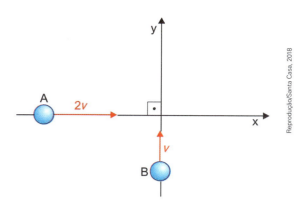

Sabendo que imediatamente depois da colisão elas se movem juntas com velocidade de módulo v', é correto afirmar que

a) $v' = \sqrt{5} \cdot v$

b) $v' = \dfrac{\sqrt{3} \cdot v}{2}$

c) $v' = \sqrt{\dfrac{5}{2}} \cdot v$

d) $v' = \dfrac{3 \cdot v}{2}$

e) $v' = \dfrac{\sqrt{5} \cdot v}{2}$

82. (IME-RJ)

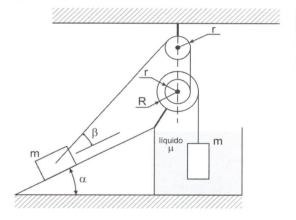

Como mostra a figura, dois corpos de massa m e volume V estão em equilíbrio estático. Admita que μ é a massa específica do líquido, que não existe atrito entre o corpo e o plano inclinado e que as extremidades dos fios estão ligadas a polias, sendo que duas delas são solidárias, com raios menor e maior r e R, respectivamente.
A razão R/r para que o sistema esteja em equilíbrio é:

a) $\dfrac{m\,\text{sen}(\alpha + \beta)}{m - \mu V}$

b) $\dfrac{m\cos(\alpha + \beta)}{m - \mu V}$

c) $\dfrac{\text{sen}(\alpha)}{\cos(\beta)}\left(1 - \dfrac{\mu V}{m}\right)^{-1}$

d) $\dfrac{\cos(\alpha)}{\text{sen}(\beta)}\left(1 - \dfrac{\mu V}{m}\right)^{-1}$

e) $\cos(\alpha + \beta)\left(1 - \dfrac{\mu V}{m}\right)$

83. Uma esfera de massa m, ligada a um ponto fixo O, deverá realizar voltas circulares contidas em um plano vertical. No local, a aceleração da gravidade vale g e a influência do ar é desprezível. No ponto B, o mais baixo da trajetória, a velocidade da esfera tem a mínima intensidade de modo que permita a realização de uma volta completa.

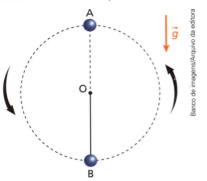

Considerando a esfera no ponto B, calcule a intensidade da força de tração no elemento que a conecta ao ponto O nos seguintes casos:
a) o elemento de conexão é um fio inextensível, flexível e de massa desprezível;
b) o elemento de conexão é uma haste rígida de massa desprezível.

84. (UPM-SP)

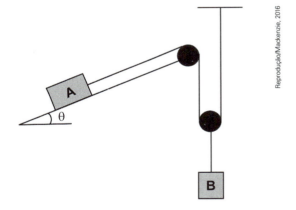

Na figura esquematizada acima, os corpos A e B encontram-se em equilíbrio. O coeficiente de atrito estático entre o corpo A e o plano inclinado vale $\mu = 0{,}50$ e o peso do corpo B é $P_B = 200$ N. Considere os fios e as polias ideais e o fio que liga o corpo A é paralelo ao plano inclinado. Sendo $\sen\theta = 0{,}60$ e $\cos\theta = 0{,}80$, o peso máximo que o corpo A pode assumir é
a) 100 N
b) 300 N
c) 400 N
d) 500 N
e) 600 N

85. (UFPR)

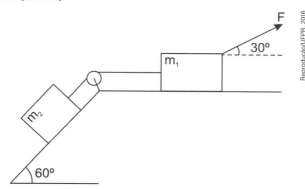

O sistema representado na figura acima corresponde a um corpo 1, com massa 20 kg, apoiado sobre uma superfície plana horizontal, e um corpo 2, com massa de 6 kg, o qual está apoiado em um plano inclinado que faz 60° com a horizontal. O coeficiente de atrito cinético entre cada um dos corpos e a superfície de apoio é 0,1. Uma força F de 200 N, aplicada sobre o corpo 1, movimenta o sistema, e um sistema que não aparece na figura faz com que a direção da força F seja mantida constante e igual a 30° em relação à horizontal. Uma corda inextensível e de massa desprezível une os dois corpos por meio de uma polia. Considere que a massa e todas as formas de atrito na polia são desprezíveis. Também considere, para esta questão, a aceleração gravitacional como sendo de 10 m/s^2 e o cos 30° igual a 0,87. Com base nessas informações, assinale a alternativa que apresenta a tensão na corda que une os dois corpos.

a) 12,4 N
b) 48,4 N
c) 62,5 N
d) 80,3 N
e) 120,6 N

86. (FCMSCSP)

Um automóvel move-se por uma rua retilínea e sua aceleração escalar está representada no gráfico.

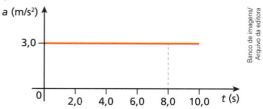

Sabendo-se que no instante t = 2,0 s a velocidade escalar desse automóvel é de 2,0 m/s, sua velocidade escalar média no intervalo entre t = 2,0 s e t = 8,0 s é de

a) 8,0 m/s.
b) 9,0 m/s.
c) 10,0 m/s.
d) 11,0 m/s.
e) 12,0 m/s.

87. (UFRGS-RS)

A figura abaixo representa duas esferas, 1 e 2, de massas iguais a m, presas nas extremidades de uma barra rígida de comprimento L e de massa desprezível. O sistema formado é posto a girar com velocidade angular constante em torno de um eixo, perpendicular à página, que passa pelo ponto P.

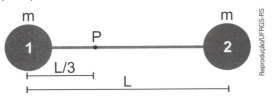

Em relação ao eixo de rotação em P, o centro de massa do sistema descreve uma trajetória circunferencial de raio

a) $\dfrac{L}{2}$. c) $\dfrac{L}{4}$. e) $\dfrac{L}{9}$.

b) $\dfrac{L}{3}$. d) $\dfrac{L}{6}$.

88. (OBF)

O motor de um barco possui a seguinte informação em seu manual:

"Sob potência máxima, o consumo médio de combustível é de 3,0 ℓ/h (litros por hora)."

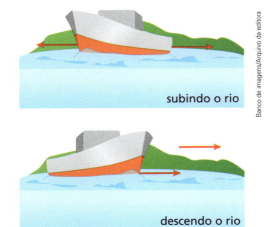

Esse barco efetua uma viagem de uma cidade **A** para outra cidade **B**, ambas localizadas às margens de determinado rio. Nesse percurso, "subindo o rio" (ou navegando a **montante**), o consumo médio de combustível é de 9,0 ℓ. No caminho inverso, ou seja, "descendo o rio" (ou navegando a **jusante**), o consumo médio de combustível é de 6,0 ℓ. Sabendo-se que nas viagens de ida e de volta o motor do barco opera em regime de potência máxima e que a intensidade da ve-

locidade da correnteza (V_a) é constante e igual a 1,8 km/h, pede-se determinar:
a) a distância D, ao longo do rio, que separa as cidades **A** e **B**;
b) a intensidade da velocidade própria do barco (V_b).

89. (PUC-RJ)
Um avião em voo horizontal voa a favor do vento com velocidade de 180 km/h em relação ao solo. Na volta, ao voar contra o vento, o avião voa com velocidade de 150 km/h em relação ao solo. Sabendo-se que o vento e o módulo da velocidade do avião (em relação ao ar) permanecem constantes, o módulo da velocidade do avião e do vento durante o voo, respectivamente, são:
a) 165 km/h e 15 km/h
b) 160 km/h e 20 km/h
c) 155 km/h e 25 km/h
d) 150 km/h e 30 km/h
e) 145 km/h e 35 km/h

90. Na situação esquematizada na figura, o bloco **A**, de massa M = 5,0 kg, está na iminência de escorregar para a direita. O coeficiente de atrito estático entre esse bloco e a mesa horizontal de apoio é μ = 0,80. As duas polias representadas são ideais, bem como o fio que conecta os blocos **B** e **C**, de massas respectivamente iguais a **m** e **2m**.

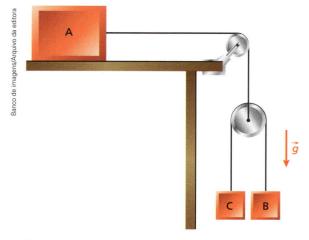

Desprezando-se os efeitos do ar e adotando-se g = 10,0 m/s², o valor de m, em quilogramas, que satisfaz à condição proposta é igual a:
a) 0,5
b) 1,0
c) 1,5
d) 2,0
e) 2,5

91. (ITA-SP)
Três molas idênticas, de massas desprezíveis e comprimentos naturais ℓ, são dispostas verticalmente entre o solo e o teto a 3ℓ de altura. Conforme a figura, entre tais molas são fixadas duas massas pontuais iguais. Na situação inicial de equilíbrio, retira-se a mola inferior (ligada ao solo) resultando no deslocamento da massa superior de uma distância **d1** para baixo, e da inferior, de uma distância **d2** também para baixo, alcançando-se nova posição de equilíbrio. Assinale a razão **d2/d1**.

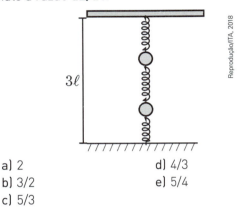

a) 2
b) 3/2
c) 5/3
d) 4/3
e) 5/4

92. (EsPCEx-SP)
Um bote de assalto deve atravessar um rio de largura igual a 800 m, numa trajetória perpendicular à sua margem, num intervalo de tempo de 1 minuto e 40 segundos, com velocidade constante.
Considerando o bote como uma partícula, desprezando a resistência do ar e sendo constante e igual a 6 m/s a velocidade da correnteza do rio em relação à sua margem, o módulo da velocidade do bote em relação à água do rio deverá ser de:

Desenho Ilustrativo

a) 4 m/s
b) 6 m/s
c) 8 m/s
d) 10 m/s
e) 14 m/s

93. (Epcar-MG)

Dois pequenos corpos A e B são ligados a uma haste rígida através de fios ideais de comprimentos ℓ_A e ℓ_B respectivamente, conforme figura a seguir.

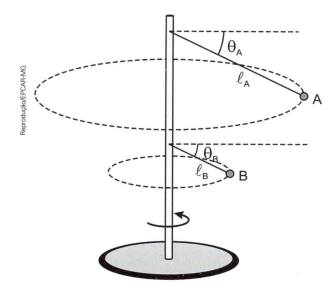

A e B giram em sincronia com a haste, com velocidades escalares constantes V_A e V_B, e fazem com a direção horizontal ângulos θ_A e θ_B, respectivamente.

Considerando $\ell_A = 4\ell_B$, a razão $\dfrac{V_A}{V_B}$, em função de θ_A e θ_B, é igual a

a) $2 \cdot \dfrac{\cos\theta_A}{\cos\theta_B} \cdot \sqrt{\dfrac{\operatorname{sen}\theta_B}{\operatorname{sen}\theta_A}}$

c) $\dfrac{\operatorname{sen}\theta_A}{\operatorname{sen}\theta_B} \cdot \sqrt{\dfrac{\cos\theta_A}{\cos\theta_B}}$

b) $\dfrac{\cos\theta_A}{\cos\theta_B} \cdot \dfrac{\operatorname{sen}\theta_A}{\operatorname{sen}\theta_B}$

d) $4 \cdot \dfrac{\cos\theta_A}{\operatorname{sen}\theta_A} \cdot \dfrac{\cos\theta_B}{\operatorname{sen}\theta_B}$

94. Na situação esquematizada a seguir, os blocos **A** e **B**, de dimensões desprezíveis, têm massas respectivamente iguais a $m_A = 1{,}0$ kg e $m_B = 3{,}0$ kg. Com o bloco **B** inicialmente em repouso sobre um plano horizontal, o bloco **A** é abandonado da posição indicada, a uma altura $h_0 = 3{,}2$ m, deslizando ao longo do plano inclinado até colidir unidimensional e elasticamente com o bloco **B**.

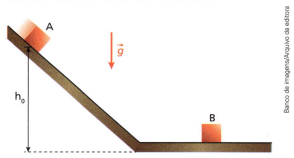

Desprezando-se todos os atritos bem como a resistência do ar e adotando-se g = 10 m/s², pede-se determinar:
a) a velocidade escalar de **A**, v_A, imediatamente antes da colisão;
b) a velocidade escalar de **B**, v_B, imediatamente após a colisão;
c) a altura máxima, h, que **A** atinge no plano inclinado após a colisão.

95. (EsPCEx-SP)

Um bloco A de massa 100 kg sobe, em movimento retilíneo uniforme, um plano inclinado que forma um ângulo de 37° com a superfície horizontal. O bloco é puxado por um sistema de roldanas móveis e cordas, todas ideais, e coplanares. O sistema mantém as cordas paralelas ao plano inclinado enquanto é aplicada a força de intensidade F na extremidade livre da corda, conforme o desenho abaixo.

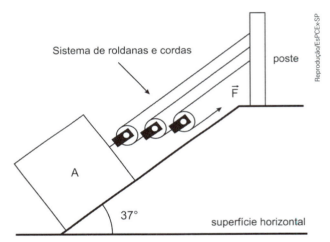

Desenho ilustrativo fora de escala

Todas as cordas possuem uma de suas extremidades fixadas em um poste que permanece imóvel quando as cordas são tracionadas.

Sabendo que o coeficiente de atrito dinâmico entre o bloco A e o plano inclinado é de 0,50, a intensidade da força $\vec{F}$ é

Dados: sen37° = 0,60 e cos37° = 0,60

Considere a aceleração da gravidade igual a 10 m/s²
a) 125 N
b) 200 N
c) 225 N
d) 300 N
e) 400 N

96. Um carro parte do repouso de um determinado ponto de uma pista retilínea, no instante $t_0 = 0$, com aceleração de módulo constante. No instante t = 2,0 s, o veículo passa a ser freado, também com aceleração de módulo constante, até parar no instante t = (T + 2,0) s. O gráfico abaixo retrata a situação proposta.

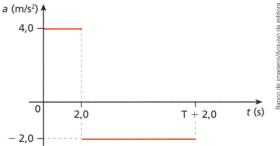

Determine:
a) a intensidade da máxima velocidade atingida pelo carro;
b) o valor de T;
c) a velocidade escalar média do veículo nesse movimento.

97. (Unifesp)
Dois corpos, A e B, de massas 10 kg e 8 kg, respectivamente, cinco polias e dois fios constituem um sistema em equilíbrio, como representado na figura. O corpo A está parcialmente mergulhado na água, com 40 cm de sua altura imersos e com sua base inferior paralela ao fundo do recipiente e ao nível da água.

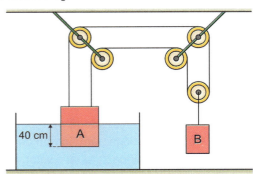

Adotando g = 10 m/s², densidade da água igual a 10^3 kg/m³ e considerando que os fios e as polias sejam ideais e que o teto seja paralelo ao solo horizontal, calcule:
a) a diferença entre as pressões, em Pa, às quais estão submetidas as bases superior e inferior do corpo A.
b) o volume do corpo A, em m³, que se encontra abaixo da superfície da água.

98. (Olimpíada Brasileira de Ciências)
A figura abaixo representa a seção vertical de uma pista circular de raio R = 10 m constituída por um trecho **AB**. Uma pequena esfera é abandonada no ponto **A** e atinge o ponto **B** com velocidade $\vec{v}$. A seguir, essa esfera destaca-se da pista e fica sob a ação exclusiva da gravidade, descrevendo um arco de parábola com vértice em **C**, a uma altura h em relação ao solo. É dado o módulo da aceleração da gravidade: g = 10 m/s².

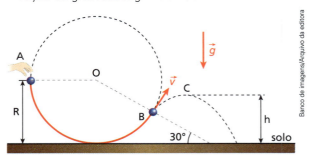

Desprezando-se todos os atritos bem como a resistência do ar, pede-se determinar:
a) a intensidade de $\vec{v}$;
b) a altura h.

99. (Escola Naval)
Observe a figura a seguir.

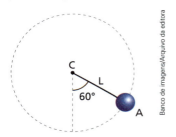

A figura acima mostra uma esfera presa à extremidade de um fio ideal de comprimento L, que tem sua outra extremidade presa ao ponto fixo C. A esfera possui velocidade de módulo V_A no ponto A quando o fio faz um ângulo de 60° com a vertical. Sendo ainda V_A igual à velocidade mínima que a esfera deve ter no ponto A, para percorrer uma trajetória circular de raio L, no plano vertical, e sendo B, o ponto da trajetória onde a esfera tem velocidade de menor módulo, qual é a razão entre os módulos das velocidades nos pontos B e A, V_B/V_A?

a) zero   c) $\dfrac{1}{3}$ e) $\sqrt{\dfrac{1}{2}}$

b) $\dfrac{1}{4}$ d) $\dfrac{1}{2}$

100. Um pequeno bloco de massa m = 3,0 kg parte do repouso da posição $x_0 = -4\alpha$ de um eixo horizontal 0x sob a ação de uma força resultante $\vec{F}$ paralela ao eixo, cujo valor algébrico varia conforme o gráfico abaixo. Os trechos curvos do gráfico são arcos de parábola simétricos em relação ao eixo 0_x.

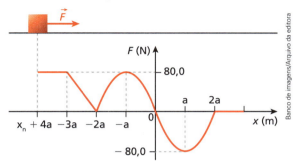

A partir de uma posição x_1, a velocidade da partícula se torna constante, com intensidade $v_1 = 4,0$ m/s. Com base nessas informações, determine a abscissa associada à posição x_1.

101. (EsPCEx-SP)
A figura abaixo representa um fio condutor homogêneo rígido, de comprimento L e massa M, que está em um local onde a aceleração da gravidade tem intensidade g. O fio é sustentado por duas molas ideais, iguais, isolantes e, cada uma, de constante elástica k. O fio condutor está imerso em um campo magnético uniforme de intensidade B, perpendicular ao plano da página e saindo dela, que age sobre o condutor, mas não sobre as molas.
Uma corrente elétrica i passa pelo condutor e, após o equilíbrio do sistema, cada mola apresentará uma deformação de:

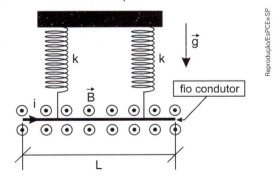

desenho ilustrativo - fora de escala

a) $\dfrac{Mg + 2k}{BiL}$ c) $\dfrac{k}{2(Mg + BiL)}$ e) $\dfrac{2k + BiL}{Mg}$

b) $\dfrac{BiL}{Mg + 2k}$ d) $\dfrac{Mg + BiL}{2k}$

102. (Ufal)

De dentro de um automóvel em movimento retilíneo uniforme, numa estrada horizontal, um estudante olha pela janela lateral e observa a chuva caindo, fazendo um ângulo (θ) com a direção vertical, com sen(θ) = 0,8 e cos(θ) = 0,6.

Para uma pessoa parada na estrada, a chuva cai verticalmente, com velocidade constante de módulo v. Se o velocímetro do automóvel marca 80,0 km/h, pode-se concluir que o valor de v é igual a:

a) 48,0 km/h   d) 80,0 km/h
b) 60,0 km/h   e) 106,7 km/h
c) 64,0 km/h

103. (IME-RJ)

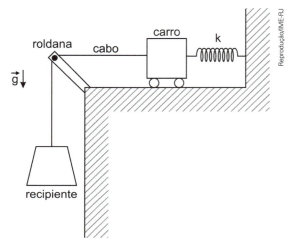

A figura acima mostra um conjunto massa-mola conectado a uma roldana por meio de um cabo. Na extremidade do cabo há um recipiente na forma de um tronco de cone de 10 cm × 20 cm × 30 cm de dimensões (diâmetro da base superior × diâmetro da base inferior × altura) e com peso desprezível. O cabo é inextensível e também tem peso desprezível. Não há atrito entre o cabo e a roldana. No estado inicial, o carro encontra-se em uma posição tal que o alongamento na mola é nulo e o cabo não se encontra tracionado. A partir de um instante, o recipiente começa a ser completado lentamente com um fluido com massa específica de 3 000 kg/m³. Sabendo que o coeficiente de rigidez da mola é 3 300 N/m e a aceleração da gravidade é 10 m/s², o alongamento da mola no instante em que o recipiente se encontrar totalmente cheio, em cm, é igual a

a) 0,5   c) 5,0   e) 15,0
b) 1,5   d) 10,0

Respostas

1 – Introdução à Cinemática escalar e movimento uniforme

1. a
2. a
3. e
4. b
5. c
6. a
7. e
8. c
9. c
10. d

2 – Movimento uniformemente variado

1. a
2. 16 m
3. c
4. a) 4,0 s   b) 32 m   c) 9,0 m/s
5. c
6. c
7. d
8. b

3 – Vetores e Cinemática vetorial

1. a
2. d
3. d
4. e
5. a) $d_{x,y,z} = 58,5$ m   b) $v_{x,y,z} = 39,0$ m/s
6. c
7. e
8. a
9. a)

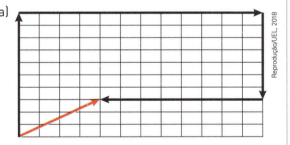

b) 5 passos
10. b

4 – Movimentos circulares

1. b
2. b
3. a) 108 km/h   b) 54 m
4. a
5. d
6. a
7. c
8. d
9. c

5 – Os princípios da Dinâmica

1. a
2. d
3. c
4. b
5. b
6. a) $x = 26$ m   b) $F_R = 6,4$ N
7. 11
8. d
9. b
10. a) $T = 750$ s $= 12$ min 30 s   b) $C = \dfrac{F}{3}$ c) $P = \dfrac{7F}{6}$
11. a
12. e

6 – Atrito entre sólidos

1. a
2. d
3. b
4. b
5. a
6. c
7. a

7 – Resultantes tangencial e centrípeta

1. b
2. a
3. b
4. e
5. a
6. c
7. a) 30,0 rad/s   b) $5,4 \cdot 10^{-2}$ N
8. c
9. b

8 – Gravitação

1. d
2. a
3. d
4. a
5. a) $1,75 \cdot 10^4$ m/s   b) $1,7 \cdot 10^4$ s   c) 2181
6. $x = \dfrac{\mu(m_A g - m_B \omega^2 R) + m_B g}{k}$
7. d
8. c
9. b
10. 84
11. d

9 – Movimentos em campo gravitacional uniforme

1. $V = \sqrt{gL}$
2. a
3. d
4. 45 m
5. a) 23 s
   b) 620 m
   c) v (m/s)

6. a) $\dfrac{gT}{2}$ b) $\dfrac{gT^2}{8}$
7. a) 4,0 m/s b) 0,80 s
8. e

10 – Trabalho e potência

1. c
2. d
3. c
4. e
5. d
6. b
7. b
8. a) 20,0 m/s b) 264 J

11 – Energia mecânica e sua conservação

1. b
2. c
3. e
4. a) 12 kW b) 2 h 27 min
5. b
6. a
7. a
8. d
9. e
10. d

12 – Quantidade de movimento e sua conservação

1. d
2. a) $1{,}2 \cdot 10^{-1}$ N · s b) 40,0 m/s
3. b
4. c
5. b
6. b
7. a) 0,80 s b) 15 m/s
8. c

13 – Estática dos sólidos

1. $1000\sqrt{3}$ N
2. c
3. a
4. c
5. d
6. c
7. b
8. c
9. a
10. a
11. d
12. b
13. a)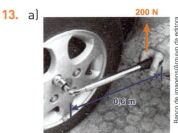
    b)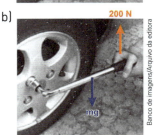
    c) $b = \dfrac{2\tau}{2F - mg}$
    d) 0,6 m

14 – Estática dos fluidos

1. b
2. e
3. b
4. 20 g/cm³
5. 1,5 L
6. d
7. a) 2,4 W b) 600 N
8. 768 mm

RUMO AO ENSINO SUPERIOR

1. c
2. d
3. d
4. c
5. a) Na situação proposta, conservam-se as massas das esferas, a energia mecânica total do sistema e a quantidade de movimento total no ato da colisão.
   b) $\dfrac{5r}{4}$
6. a) 42 min b) 5,0 m/s²
7. a
8. c
9. b
10. c
11. 5 ovos
12. c
13. a) $d = \dfrac{v^2}{2\mu_e g}$

b) A distância da frenagem é inversamente proporcional ao coeficiente de atrito, isto é, quanto maior este coeficiente, menor é a distância necessária para o veículo parar. Portanto, como o coeficiente de atrito estático atua nos freios ABS e é maior que o coeficiente de atrito dinâmico ($\mu_e > \mu_d$), a distância de frenagem será menor para o veículo com esse dispositivo.

14. b **15.** a

16. a) 90 s b) 7 500 N

17. b

18. a) $\dfrac{3}{2}\rho L^3$ b) $\dfrac{V_0}{2}$ c) $\dfrac{E_f}{E_i} = \dfrac{1}{2}$

19. b

20. e

21. 9,0 s

22. a) 12 s b) 16 s

23. a) $\Delta s_A = 300$ m; $\Delta s_B = 450$ m b) $100\sqrt{2}$ m

24. b **25.** a **26.** a **27.** d

28. O valor da componente da velocidade do automóvel A medida por um observador no automóvel B na direção da estrada EA é 59 km/h.

29. c

30. a) 160π m b) $\dfrac{\pi}{15}$ rad/s c) $0{,}018\,\pi^2$ m/s²

31. d

32. a) 13T b) $18v_0 T$

33. $2\sqrt{\dfrac{d}{a}}$

34. b

35. a) $\dfrac{Mg}{\cos\theta}$ b) $M(g\,\mathrm{tg}\,\theta - a)$

36. c

37. a) 16 m/s b) 24,0 m/s

38. c **40.** b **42.** a

39. c **41.** c

43. a) 130 m b) 16 J c) 0,2 N

44. d

45. a) $\dfrac{F - \mu M g}{M + m}$ b) $\dfrac{M}{M + m}(F + \mu m g)$

46. b **49.** d

47. d **50.** b

48. e **51.** d

52. a) $N_D = \dfrac{Mg}{3}$; $N_T = \dfrac{2Mg}{3}$ b) $\dfrac{g}{3}$

53. c **54.** e

55. b **57.** c

56. d **58.** b

59. a) $\dfrac{F_1 - F_2}{\pi R^2 L \rho}$ b) $\dfrac{F_1 + F_2}{2}$

60. d

61. d

62. c

63. a) 1600 N b) 2400 N/m

64. b

65. a

66. d

67. d

68. d

69. a

70. a

71. Aproximadamente 22%.

72. a **73.** c **74.** c

75. $2{,}5 \cdot 10^{20}$ kg

76. b

77. a

78. a

79. b

80. a) falsa b) 33,9 km/h

81. e

82. c

83. a) 6 mg b) 5 mg

84. d

85. d

86. d

87. d

88. a) 21,6 km b) 9,0 km/h

89. a

90. c **91.** a **92.** d **93.** a

94. a) 8 m/s b) 4 m/s c) 0,80 m

95. a

96. a) 8,0 m/s b) 4,0 s c) 4,0 m/s

97. a) $4{,}0 \cdot 10^3$ Pa b) $2{,}0 \cdot 10^{-3}$ m³

98. a) 10 m/s b) 8,75 m

99. d

100. 0,40 m **102.** b

101. d **103.** c

Significado das siglas dos vestibulares

Acafe-SC: Associação Catarinense das Fundações Educacionais (Santa Catarina)
AFA-SP: Academia da Força Aérea (São Paulo)
Aman-RJ: Academia Militar das Agulhas Negras (Rio de Janeiro)
Cefet-MG: Centro Federal de Educação Tecnológica de Minas Gerais
Cesumar-PR: Centro de Ensino Superior Universitário de Maringá (Paraná)
CPS-SP: Centro Paula Souza (O Centro Paula Souza é o órgão do governo do estado de São Paulo que administra as Escolas Técnicas (Etecs) e Faculdades de Tecnologia (Fatecs). São Paulo)
EBMSP-BA: Escola Bahiana de Medicina e Saúde Pública
EEAR-SP: Escola de Especialistas de Aeronáutica (São Paulo)
EFOMM-RJ: Escola de Formação de Oficiais da Marinha Mercante
Enem: Exame Nacional do Ensino Médio
Epcar-MG: Escola Preparatória de Cadetes do Ar (Minas Gerais)
Escola Naval: Marinha do Brasil – (Rio de Janeiro)
EsPCEx-SP: Escola Preparatória de Cadetes do Exército (São Paulo)
Faceres: Faculdade de Medicina de São José do Rio Preto
Famerp-SP: Faculdade de Medicina de São José do Rio Preto (São Paulo)
Fatec-SP: Faculdade de Tecnologia (São Paulo)
FCMMG: Faculdade de Ciências Médicas de Minas Gerais
FCMSCSP: Faculdade de Ciências Médicas da Santa Casa de São Paulo
Fepar-PR: Faculdade Evangélica do Paraná
FGV-SP: Fundação Getúlio Vargas (São Paulo)
FICSAE-SP: Faculdade Israelita de Ciências da Saúde Albert Einstein (São Paulo)
FMABC-SP: Faculdade de Medicina do ABC (São Paulo)
FMP-RJ: Faculdade de Medicina de Petrópolis (Rio de Janeiro)
Fuvest-SP: Fundação Universitária para o Vestibular (São Paulo)
Ifsul-RS: Instituto Federal de Educação, Ciência e Tecnologia Sul-Rio-Grandense (Rio Grande do Sul)
IME-RJ: Instituto Militar de Engenharia (Rio de Janeiro)
International Junior Science Olympiad - IJSO
ITA-SP: Instituto Tecnológico de Aeronáutica (São Paulo)
Olimpíada Americana de Física
Olimpíada Brasileira de Ciências
Olimpíada Brasileira de Física das Escolas Públicas
Olimpíada Paulista de Física
PUCC-SP: Pontifícia Universidade Católica de Campinas (São Paulo)
PUC-PR: Pontifícia Universidade Católica (Paraná)
PUC-RJ: Pontifícia Universidade Católica (Rio de Janeiro)
PUC-RS: Pontifícia Universidade Católica (Rio Grande do Sul)
SLMandic-SP: Faculdade São Leopoldo Mandic (São Paulo)
Sociedade Brasileira de Física
UAM-SP: Universidade Anhembi Morumbi (São Paulo)
Udesc: Universidade do Estado de Santa Catarina
UEA-AM: Universidade do Estado do Amazonas
Uece: Universidade Estadual do Ceará
UEFS-BA: Universidade Estadual de Feira de Santana (Bahia)
UEL-PR: Universidade Estadual de Londrina (Paraná)
Uema: Universidade Estadual do Maranhão
UEMG: Universidade Estadual de Minas Gerais
UEPG-PR: Universidade Estadual de Ponta Grossa (Paraná)
Uerj: Universidade do Estado do Rio de Janeiro
Uern: Universidade do Estado do Rio Grande do Norte
Ufal: Universidade Federal de Alagoas
UFCG-PB: Universidade Federal de Campina Grande (Paraíba)
UFG-GO: Universidade Federal de Goiás
UFJF/Pism-MG: Universidade Federal de Juiz de Fora/Programa de Ingresso Seletivo Misto (Minas Gerais)
UFJF-MG: Universidade Federal de Juiz de Fora (Minas Gerais)
UFMS: Universidade Federal de Mato Grosso do Sul
UFPR: Universidade Federal do Paraná
UFRGS-RS: Universidade Federal do Rio Grande do Sul
UFRJ: Universidade Federal do Rio de Janeiro
UFSM-RS: Universidade Federal de Santa Maria (Rio Grande do Sul)
UFU-MG: Universidade Federal de Uberlândia (Minas Gerais)
Unesp-SP: Universidade Estadual Paulista "Júlio de Mesquita Filho" (São Paulo)
Unicamp-SP: Universidade Estadual de Campinas (São Paulo)
Unifesp: Universidade Federal de São Paulo
Unifor-CE: Fundação Edson Queiroz Universidade de Fortaleza (Ceará)
Unigranrio: Universidade do Grande Rio (Rio de Janeiro)
Unioeste-PR: Universidade Estadual do Oeste (Paraná)
Unisa-SP: Universidade de Santo Amaro (São Paulo) [antiga Osec-SP]
Univag-MT: Faculdades Unidas de Várzea Grande (Mato Grosso)
UPE: Universidade de Pernambuco
UPF-RS: Universidade de Passo Fundo (Rio Grande do Sul)
UPM-SP: Universidade Presbiteriana Mackenzie (São Paulo) [antiga Mack-SP]
Vunesp: Fundação para o Vestibular da Unesp (São Paulo)

conecte
LIVE

TÓPICOS DE
Física

RICARDO HELOU DOCA
Engenheiro eletricista formado pela Faculdade de Engenharia Industrial (FEI-SP).
Professor de Física na rede particular de ensino.

RONALDO FOGO
Licenciado em Física pelo Instituto de Física da Universidade de São Paulo.
Engenheiro metalurgista pela Escola Politécnica da Universidade de São Paulo.
Coordenador das Turmas Olímpicas de Física do Colégio Objetivo.
Vice-Presidente da IJSO (International Junior Science Olympiad).

NEWTON VILLAS BÔAS
Licenciado em Física pela Universidade de São Paulo (USP).
Professor de Física na rede particular de ensino.

Direção geral: Guilherme Luz
Direção editorial: Luiz Tonolli e Renata Mascarenhas
Gestão de projeto editorial: Viviane Carpegiani
Gestão e coordenação de área: Julio Cesar Augustus de Paula Santos e Juliana Grassmann dos Santos
Edição: Andrezza Cacione, Lucas James Faga, Marcela Muniz Gontijo, Maria Ângela de Camargo e Mateus Carneiro Ribeiro Alves
Gerência de produção editorial: Ricardo de Gan Braga
Planejamento e controle de produção: Paula Godo, Roseli Said e Marcos Toledo
Revisão: Hélia de Jesus Gonsaga (ger.), Kátia Scaff Marques (coord.), Rosângela Muricy (coord.), Ana Curci, Ana Paula C. Malfa, Arali Gomes, Brenda T. M. Morais, Carlos Eduardo Sigrist, Celina I. Fugyama, Cesar G. Sacramento, Flavia S. Vênezio, Gabriela M. Andrade, Heloísa Schiavo, Hires Heglan, Paula T. de Jesus, Raquel A. Taveira, Rita de Cássia C. Queiroz e Sandra Fernandez
Arte: Daniela Amaral (ger.), André Gomes Vitale (coord.) e Lisandro Paim Cardoso (edição de arte)
Diagramação: Setup
Iconografia: Sílvio Kligin (ger.), Roberto Silva (coord.) e Carlos Luvizari (pesquisa iconográfica)
Licenciamento de conteúdos de terceiros: Thiago Fontana (coord.), Flavia Zambon (licenciamento de textos), Erika Ramires, Luciana Pedrosa Bierbauer e Claudia Rodrigues (analistas adm.)
Tratamento de imagem: Cesar Wolf e Fernanda Crevin
Ilustrações: CJT/Zapt, Fernando Gonsales, Gus Morais, Luciano da S. Teixeira, Luis Fernando R. Tucillo e Ricardo Helou Doca
Design: Gláucia Correa Koller (ger.), Erika Yamauchi Asato, Filipe Dias (proj. gráfico) e Adilson Casarotti (capa)
Composição de capa: Segue Pro
Foto de capa: Catalin Petolea/Shutterstock, Stocktrek Images/Getty Images

---

Todos os direitos reservados por Saraiva Educação S.A.
Avenida das Nações Unidas, 7221, 1º andar, Setor A –
Espaço 2 – Pinheiros – SP – CEP 05425-902
SAC 0800 011 7875
www.editorasaraiva.com.br

Dados Internacionais de Catalogação na Publicação (CIP)
(Câmara Brasileira do Livro, SP, Brasil)

```
Bôas, Newton Villas
   Tópicos de física 1 : conecte live / Newton Villas
Bôas, Ricardo Helou Doca, Ronaldo Fogo. -- 3. ed. --
São Paulo : Saraiva, 2018.

   Suplementado pelo manual do professor.
   Bibliografia.
   ISBN 978-85-472-3372-3 (aluno)
   ISBN 978-85-472-3374-7 (professor)

   1. Física (Ensino médio) I. Doca, Ricardo Helou.
II. Fogo, Ronaldo. III. Título.

18-17600                                    CDD-530.7
```

Índices para catálogo sistemático:
1. Física : Ensino médio 530.7
Maria Alice Ferreira – Bibliotecária – CRB-8/7964

2018
Código da obra CL 800854
CAE 627975 (AL) / 627976 (PR)
3ª edição
1ª impressão

Impressão e acabamento: Gráfica Santa Marta

> Dedicamos este trabalho ao nosso mestre, professor Eduardo Figueiredo, de raro conhecimento e exemplar entusiasmo pela Física. Obrigado por tantos ensinamentos.

Uma publicação

Ao estudante

Tópicos de Física é uma obra viva, em permanente processo de renovação e aprimoramento. Pretendemos nesta edição, mais uma vez, oferecer um material contemporâneo e abrangente, capaz de satisfazer aos cursos de Ensino Médio mais exigentes.

Elaboramos este trabalho com a certeza de proporcionar a você um caminho metódico e bem planejado para um início consistente no aprendizado de Física. Nem por um momento perdemos de vista a necessidade de despertar seu real interesse pela disciplina. Para alcançar esse objetivo, criamos uma obra rica em situações contextuais, baseadas em ocorrências do dia a dia. Uma variedade de exemplos, ilustrações e outros recursos foi inserida com o intuito de instigar sua curiosidade e seu desejo de saber mais e se aprofundar nos temas abordados.

Optamos pela distribuição clássica dos conteúdos e dividimos o material em três volumes:

Volume 1: Mecânica;
Volume 2: Termologia, Ondulatória e Óptica Geométrica;
Volume 3: Eletricidade, Física moderna e Análise dimensional.

Cada volume compõe-se de *unidades*, que equivalem aos grandes setores de interesse da Física. Estas, por sua vez, são constituídas de *tópicos*, que abordam determinado assunto teórica e operacionalmente. Em cada tópico a matéria está dividida em *blocos*, que agregam itens relacionados entre si. Nos blocos a compreensão da teoria é favorecida pela inclusão de um grande número de exemplos práticos, ilustrações e fotos legendadas.

Esperamos que, ao utilizar este material, você amplie sua percepção de mundo e torne mais flexível seu raciocínio formal. Desejamos também que você adquira uma consistente visão dessa fascinante disciplina, o que, certamente, contribuirá para seu ingresso nas mais concorridas instituições de Ensino Superior do país.

Os autores

Conheça seu livro

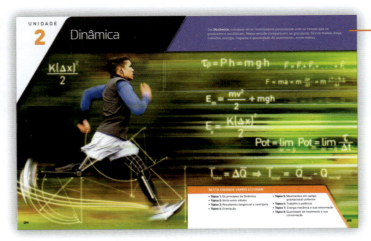

» Unidade
Na *Abertura de unidade*, é feita uma breve apresentação da área da Física que será estudada e da maneira como a unidade foi estruturada, indicando-se os tópicos que a compõem.

Tópico «
A *Abertura de tópico* traz uma breve introdução do que será trabalho ao longo do tópico.

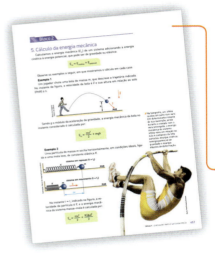

» Bloco
Cada tópico está dividido em *blocos*, que agregam itens relacionados entre si.

Faça você mesmo «
A seção *Faça você mesmo* traz atividades experimentais ou de verificação simples que podem auxiliá-lo na compreensão de fenômenos e conceitos importantes da Física.

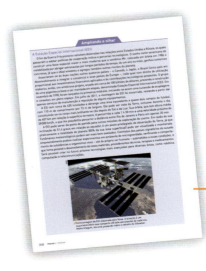

» Ampliando o olhar
Nesta seção, você encontra textos complementares cuja finalidade é propor outras referências fenomenológicas, históricas e tecnológicas, além de curiosidades e justificativas que podem contribuir para a construção do conhecimento da Física e de sua relação com outros componentes curriculares.

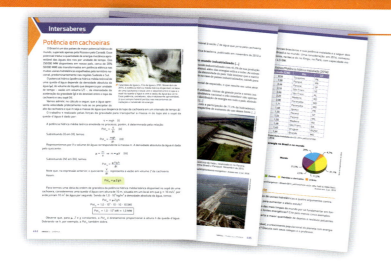

Intersaberes

Na seção *Intersaberes*, você tem acesso a textos que podem ser explorados de maneira integrada com outras disciplinas. É uma oportunidade de complementar e aprofundar o conteúdo do tópico, estabelecer conexões entre diferentes áreas do conhecimento, realizar pesquisas e promover um debate de opiniões envolvendo os colegas e o professor.

Já pensou nisto?

Neste boxe, você encontra imagens fotográficas acompanhadas de títulos instigadores. Esses títulos são propostos quase sempre em forma de perguntas ou simples reflexões, cujo objetivo é motivá-lo a fazer a leitura do conteúdo estabelecendo conexões com situações do cotidiano.

Descubra mais

No boxe *Descubra mais*, você encontra questões que o convidam a pesquisar e a conhecer um pouco mais os assuntos estudados. Com isso, você poderá ampliar a abordagem do texto e descobrir temas correlatos enriquecedores.

Em cada tópico há quatro grupos de exercícios com diferentes níveis de dificuldade: *nível 1*, *nível 2*, *nível 3* e *Para raciocinar um pouco mais*. Intercalados aos exercícios nível 1 e nível 2 há alguns *Exercícios resolvidos* (ER), que servem de ponto de partida para o encaminhamento de questões semelhantes.

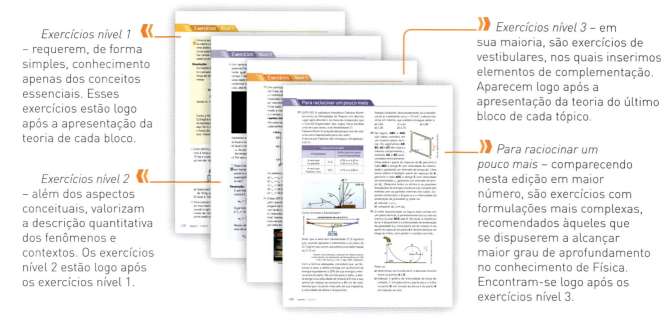

Exercícios nível 1 – requerem, de forma simples, conhecimento apenas dos conceitos essenciais. Esses exercícios estão logo após a apresentação da teoria de cada bloco.

Exercícios nível 2 – além dos aspectos conceituais, valorizam a descrição quantitativa dos fenômenos e contextos. Os exercícios nível 2 estão logo após os exercícios nível 1.

Exercícios nível 3 – em sua maioria, são exercícios de vestibulares, nos quais inserimos elementos de complementação. Aparecem logo após a apresentação da teoria do último bloco de cada tópico.

Para raciocinar um pouco mais – comparecendo nesta edição em maior número, são exercícios com formulações mais complexas, recomendados àqueles que se dispuserem a alcançar maior grau de aprofundamento no conhecimento de Física. Encontram-se logo após os exercícios nível 3.

5

Sumário

Parte I

Introdução à Física 10
1. Introdução 11
2. A necessidade de medir 14
3. O Sistema Métrico Decimal e o Sistema Internacional de Unidades (SI) 15
4. Algarismos significativos 17
5. Rotinas nas Ciências da Natureza e outros saberes 18
6. Grandezas escalares e vetoriais 20

Introdução à Mecânica 21
1. Introdução 22
2. Ponto material ou partícula 23

Unidade 1 – Cinemática 24

Tópico 1 – Introdução à Cinemática escalar 26

Bloco 1 27
1. Introdução 27
2. Localização no tempo 27
3. Localização no espaço – Referencial 29
4. Repouso e movimento 30
5. Conceito de trajetória 32
6. Coordenada de posição: espaço 34
7. Variação de espaço e distância percorrida 35
8. Função horária do espaço 37
9. Equação da trajetória 38

Bloco 2 42
10. Velocidade escalar média 42
11. Velocidade escalar instantânea 44
12. Aceleração escalar média 45
13. Aceleração escalar instantânea 48
14. Classificação dos movimentos 48

Tópico 2 – Movimento uniforme 61

Bloco 1 62
1. Introdução 62
2. Função horária do espaço 64
3. Diagramas horários no movimento uniforme 64
4. Propriedades gráficas 66

Bloco 2 77
5. Velocidade escalar relativa 77

Tópico 3 – Movimento uniformemente variado 87

Bloco 1 88
1. Introdução 88
2. Função horária da velocidade escalar 91
3. Gráfico da velocidade escalar em função do tempo 91
4. Gráfico da aceleração escalar em função do tempo 92
5. Propriedades gráficas 93
6. Propriedade da velocidade escalar média 94

Bloco 2 104
7. Função horária do espaço 104
8. Gráfico do espaço em função do tempo 105
9. A Equação de Torricelli 106

Bloco 3 114
10. Movimentos livres na vertical sob a ação exclusiva da gravidade 114

Tópico 4 – Vetores e Cinemática vetorial 130

Bloco 1 131
1. Grandezas escalares e vetoriais 131
2. Vetor 133
3. Adição de vetores 133
4. Adição de dois vetores 135

Bloco 2 141
5. Subtração de dois vetores 141
6. Decomposição de um vetor 142
7. Multiplicação de um número real por um vetor 143

Bloco 3 148
   8. Deslocamento vetorial 148
   9. Velocidade vetorial média 149
   10. Velocidade vetorial (instantânea) 149

Bloco 4 154
   11. Aceleração vetorial média 154
   12. Aceleração vetorial (instantânea) 154

Bloco 5 161
   13. Velocidade relativa, de arrastamento
      e resultante 161
   14. Princípio de Galileu 162

Tópico 5 – Movimentos circulares 177

Bloco 1 178
   1. Introdução 178
   2. Velocidade escalar angular 178
   3. Movimentos periódicos 181
   4. Movimento circular e uniforme 183
   5. Equações fundamentais 183
   6. Funções horárias dos espaços linear (s)
      e angular (φ) 184
   7. Aceleração no movimento circular
      e uniforme 184

Bloco 2 189
   8. Associações de polias e engrenagens 189

Unidade 2 – Dinâmica 204

Tópico 1 – Os princípios da Dinâmica 206

Bloco 1 207
   1. Introdução 207
   2. O efeito dinâmico de uma força 208
   3. Conceito de força resultante 209

Bloco 2 211
   4. Equilíbrio de uma partícula 211
   5. Conceito de inércia 212
   6. O Princípio da Inércia (1ª Lei de Newton) 212

Bloco 3 217
   7. O Princípio Fundamental da Dinâmica
      (2ª Lei de Newton) 217

Bloco 4 224
   8. Peso de um corpo 224

Bloco 5 234
   9. Deformações em sistemas elásticos 234

Bloco 6 238
   10. O Princípio da Ação e da Reação
      (3ª Lei de Newton) 238

Tópico 2 – Atrito entre sólidos 270

Bloco 1 271
   1. Introdução 271
   2. O atrito estático 272

Bloco 2 280
   3. O atrito cinético 280
   4. Lei do atrito 281

Tópico 3 – Resultantes tangencial e centrípeta 297

Bloco 1 298
   1. Componentes da força resultante 298
   2. A componente tangencial ($\vec{F}_t$) 299

Bloco 2 302
   3. A componente centrípeta ($\vec{F}_{cp}$) 302
   4. As componentes tangencial e centrípeta
      nos principais movimentos 305

Apêndice: Força centrífuga 326

Respostas 329

Sumário

Parte II

Unidade 2 – Dinâmica

Tópico 4 – Gravitação 339

Bloco 1 340
    1. Introdução 340
    2. As Leis de Kepler 345
    3. Universalidade das Leis de Kepler 348

Bloco 2 352
    4. Lei de Newton da Atração das Massas 352
    5. Satélites 353

Bloco 3 363
    6. Estudo do campo gravitacional
       de um astro 363
    7. Variação aparente da intensidade da
       aceleração da gravidade devido
       à rotação do astro 368

Tópico 5 – Movimentos em campo gravitacional uniforme 380

Bloco 1 381
    1. Campo gravitacional uniforme 381
    2. Movimento vertical 382
    3. Movimento balístico 384

Bloco 2 396
    4. Lançamento horizontal 396

Tópico 6 – Trabalho e potência 409

Bloco 1 410
    1. Energia e trabalho 410
    2. Trabalho de uma força constante 411
    3. Sinais do trabalho 412
    4. Casos particulares importantes 412
    5. Cálculo gráfico do trabalho 414

Bloco 2 418
    6. Trabalho da força peso 418
    7. Trabalho da força elástica 419
    8. O Teorema da Energia Cinética 420
    9. Trabalho no erguimento de um corpo 422

Bloco 3 430
    10. Introdução ao conceito de potência 430
    11. Potência média 430

Bloco 4 434
    12. Potência instantânea 434
    13. Relação entre potência
        instantânea e velocidade 434
    14. Propriedade do gráfico da potência
        em função do tempo 435
    15. Rendimento 436

Tópico 7 – Energia mecânica e sua conservação 455

Bloco 1 456
    1. Princípio de conservação –
       Intercâmbios energéticos 456
    2. Unidades de energia 459
    3. Energia cinética 460
    4. Energia potencial 461

Bloco 2 467
    5. Cálculo da energia mecânica 467
    6. Sistema mecânico conservativo 468
    7. Princípio de Conservação da
       Energia Mecânica 469

Apêndice: Energia potencial gravitacional 490

Tópico 8 – Quantidade de movimento e sua conservação 493

Bloco 1 494
    1. Impulso de uma força constante 494
    2. Cálculo gráfico do valor algébrico
       do impulso 495
    3. Quantidade de movimento 496
    4. O Teorema do Impulso 498

Bloco 2 507
   5. Sistema mecânico isolado 507
   6. O Princípio de Conservação da
      Quantidade de Movimento 507

Bloco 3 519
   7. Introdução ao estudo das
      colisões mecânicas 519
   8. Quantidade de movimento e
      energia mecânica nas colisões 519
   9. Velocidade escalar relativa 520
  10. Coeficiente de restituição ou
      de elasticidade (e) 522
  11. Classificação das colisões quanto
      ao valor de e 522

Apêndice: Centro de massa 545

Unidade 3 – Estática 552
Tópico 1 – Estática dos sólidos 554
Bloco 1 555
   1. Introdução 555
   2. Conceitos fundamentais 556

Bloco 2 569
   3. Momento escalar de uma força 569
   4. Binário ou conjugado 571
   5. Equilíbrio estático de um corpo extenso 573
   6. Teorema das Três Forças 573
   7. Centro de gravidade 575
   8. Centro de gravidade e centro de massa 576
   9. Equilíbrio dos corpos suspensos 579
  10. Equilíbrio dos corpos apoiados 579
  11. A relação entre equilíbrio e
      energia potencial 581

  12. Máquina simples 582
  13. Alavancas 583
  14. A talha exponencial 585

Tópico 2 – Estática dos fluidos 606
Bloco 1 607
   1. Três teoremas fundamentais 607
   2. Massa específica ou densidade
      absoluta (μ) 607
   3. Densidade de um corpo (d) 609
   4. Densidade relativa 609
   5. O conceito de pressão 610

Bloco 2 614
   6. Pressão exercida por uma coluna líquida 614
   7. Forças exercidas nas paredes de um
      recipiente por um líquido em equilíbrio 615
   8. O Teorema de Stevin 616
   9. Consequências do Teorema de Stevin 617
  10. A pressão atmosférica e o experimento
      de Torricelli 618

Bloco 3 625
  11. O Teorema de Pascal 625
  12. Consequência do Teorema de Pascal 626
  13. Pressão absoluta e pressão efetiva 627
  14. Vasos comunicantes 628
  15. Prensa hidráulica 630

Bloco 4 635
  16. O Teorema de Arquimedes 635
  17. Uma verificação da Lei do Empuxo 637

Apêndice: Dinâmica dos fluidos 655

Respostas 668

Introdução à Física

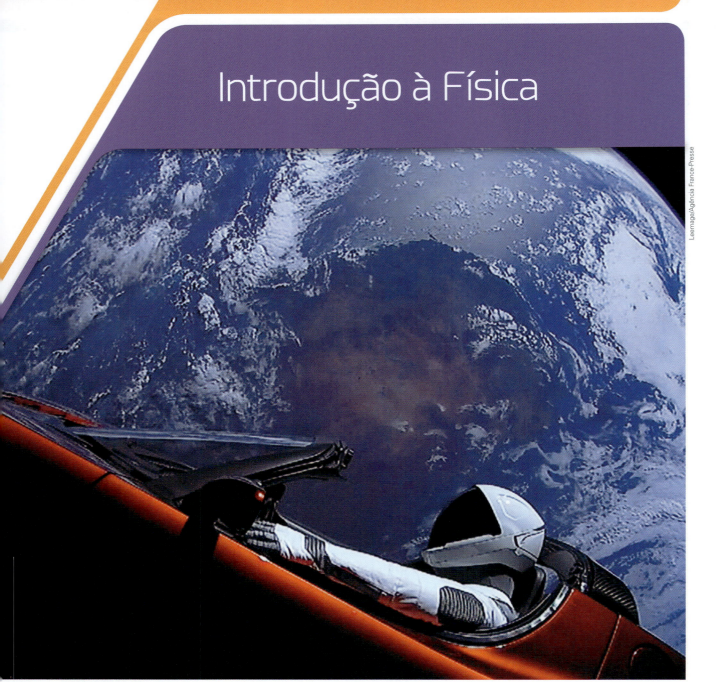

// Em 6 de fevereiro de 2018, o foguete Falcon Heavy realizou um lançamento que levou o carro da imagem acima ao espaço. As peças componentes do foguete foram reaproveitadas de lançamentos anteriores, tornando o Falcon Heavy o primeiro foguete reciclado lançado com sucesso.

A Física é mesmo uma ciência que não para de inovar!

Seus avanços teóricos e estruturais são logo disponibilizados à tecnologia, que se reinventa e surpreende com situações como a desta imagem, em que se nota um carro em órbita do planeta pilotado por um suposto astronauta (boneco). Trata-se de uma cena inusitada, porém real, que promove um fabricante de veículos equipados com tecnologia de ponta.

A Física, aliada a outros saberes, vem contribuindo para uma melhor compreensão do Universo e do mundo em que vivemos. De cá, nós, os viajantes da nave Terra, seguimos auscultando e compreendendo de forma cada vez mais ampla e consistente os sutis sinais do cosmo e da própria natureza.

1. Introdução

Você vê um prato sobre a mesa, um vaso de flores, seus pais... Mas qual será o mecanismo que nos faz enxergar?

Explicações antigas atribuíam aos olhos um estranho mecanismo de captura visual, constituído por uma espécie de cabo flexível dotado de um gancho em sua extremidade, algo como linha e anzol. Ao olharmos um objeto qualquer, esse cabo imponderável seria misteriosamente lançado em direção ao corpo, capturando os estímulos necessários ao funcionamento do globo ocular.

Você concorda com essa justificativa? Naquela época, mais e mais pessoas passaram a questionar essa explicação, que não resistiu por muito tempo, sobretudo em razão de perguntas como: Se fosse assim, por que não enxergamos em ambientes totalmente escuros? Nesses recintos, também não deveria funcionar essa intrincada "pescaria" de informações e detalhes?

Na verdade, enxergamos tudo aquilo que, de alguma forma, envia luz aos nossos olhos. O Sol faz isso de maneira primária, isto é, emite luz própria; já pratos, vasos de flores e pessoas refletem (difundem) de modo secundário a luz proveniente de outras fontes.

Como tantas outras explicações atribuídas a diversos questionamentos formulados ao longo do tempo, essa teoria não se manteve diante do confronto com os fatos e caiu por terra. E assim é a ciência, que caminha, se constrói, se reinventa e se modifica dia a dia em novas bases e hipóteses, a depender de preceitos filosóficos, teológicos e tecnologias disponíveis em cada tempo.

Hoje vivemos a era da informação – da conectividade, da globalização –, com tecnologias extremamente desenvolvidas se comparadas ao que se dispunha na Grécia antiga. Segundo o pensador estadunidense Alvin Toffler (1928-2016), na atualidade o conhecimento da humanidade praticamente duplica a cada gestação humana, isto é, de nove em nove meses.

Em um recorte simples da nossa era, fala-se das gerações de *baby boomers* X, Y e Z. Trata-se também das gerações W e alfa. Provavelmente, você e seu irmão (ou irmã) quatro anos mais novo (nova) pertencerão a gerações diferentes, com anseios, gostos e recursos distintos à disposição de cada um.

A Física é uma das ciências da natureza, assim como a Química e a Biologia, e todos esses saberes se reinventam continuamente...

// A escultura *Hércules e Lica* retrata uma cena da mitologia grega. Ela pode ser enxergada porque envia luz refletida aos olhos do observador. A iluminação ambiente é difundida pela peça, propiciando sua visualização.

// Pela diversidade de funções que disponibiliza, um telefone celular é quase um sexto sentido humano. O aparelho nada mais é do que um receptor-emissor de radiofrequências na faixa das micro-ondas.

A palavra Física – *physis*, do grego antigo – significa natureza. Sim, a Física é a ciência que estuda amplamente a natureza, ou seja, a matéria e a energia existentes no Universo, bem como seus intercâmbios, considerando-se para isso as forças naturais presentes em cada contexto.

Para qualquer lado que você olhar, a Física estará se manifestando de alguma forma. E isso sempre fascinou a inteligência humana, que desde o início buscou melhores axiomas e teorias consistentes para explicar todas as coisas.

Quanta Física há, por exemplo, em seu telefone celular! Interações quânticas entre as partículas do semicondutor – geralmente o silício ou o germânio –, que constituem os *chips* eletrônicos do aparelho, são responsáveis pela transmissão e pela recepção das micro-ondas que carregam desde mensagens de aplicativos de conversa até dados contidos em uma conversação.

No *videogame* e no *skate*, quanta Física!

Quanta Física há também nos parques de diversões! Nas montanhas-russas, por exemplo, ocorrem intercâmbios de energia – a energia potencial se transforma em cinética e vice-versa; no elevador que despenca, "altura vira velocidade", produzindo, durante a queda do sistema, uma grande sensação de leveza, quase uma ausência total de peso.

// Em um parque de diversões, atrações radicais deixam a adrenalina à flor da pele. Nesse ambiente de entretenimento, os conceitos físicos preponderam, como nas montanhas-russas, em que a força centrípeta se manifesta intensamente nas súbitas curvas que permeiam a trajetória do carrinho.

Quanta Física há, ainda, no processo de geração e distribuição de energia elétrica, insumo cada vez mais essencial no mundo moderno. Sua TV, sua geladeira, seu computador e outros itens de conforto funcionam alimentados pela eletricidade, que é produzida em diferentes tipos de usina (hidrelétrica, termelétrica, eólica, nuclear, etc.) para fazer girar grandes máquinas operatrizes ou um simples ventilador.

// De todas as modalidades de geração de energia elétrica, a energia eólica – determinada pelos ventos – é uma das menos agressivas ao meio ambiente. Seus impactos são mínimos, já que a captação da energia não exige grandes reservatórios, como no caso de instalações hidroelétricas, tampouco apresenta risco de exposição radioativa, como nas usinas nucleares. Pela grande extensão territorial e pela abundância de ventos, especialmente em regiões litorâneas, o Brasil deverá cogitar cada vez mais essa matriz energética.

A Física se apresenta também na simples correção visual ou no funcionamento de máquinas fotográficas, microscópios e telescópios; na propulsão de veículos de toda sorte, incluindo foguetes e naves espaciais; na operação dos principais equipamentos da Medicina diagnóstica, como aparelhos de ultrassom e tomógrafos; na compreensão do mundo quântico com suas várias partículas e subpartículas; e no espaço interestelar, essa imensidão que instiga e conduz o raciocínio de astrofísicos (ou não) rumo à elaboração de sofisticadas suposições e até mesmo de teorias efêmeras ou duradoras.

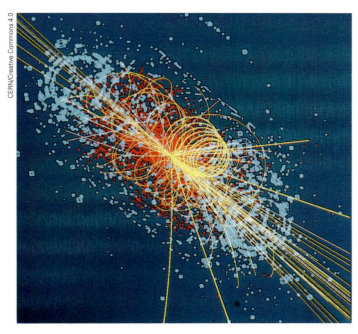

// A Física de partículas, objeto de inúmeras pesquisas, é uma das frentes mais modernas e promissoras da ciência. Uma recente detecção nesse universo foi a do bóson de Higgs, partícula capaz de replicar massa (*Partícula de Deus*, como tem sido chamada pela mídia). O bóson de Higgs teve sua presença registrada no LHC (Grande Colisor de Hádrons, ou, em inglês, *Large Hadron Collider*), o maior acelerador de partículas em operação na atualidade. Esse incrível laboratório, que exigiu um investimento bilionário, está instalado na Europa, na fronteira franco-suíça.

Essa fascinante ciência está, enfim, intimamente ligada aos grandes eventos cósmicos, como a colisão de buracos negros, que gera na teia do espaço-tempo intensas ondas gravitacionais, e também às sutilezas das menores estruturas. Por meio da Física e de equipamentos especiais é possível, por exemplo, registrar trajetórias de elétrons e outras partículas eletrizadas desviadas por campos elétricos e/ou magnéticos. Detectam-se também decaimentos nucleares e desintegrações atômicas.

// Temos agora um novo canal para "ouvir" o Universo: o das ondas gravitacionais. Previstas por Albert Einstein (1879-1955) em 1916 na sua Teoria da Relatividade Geral, essas perturbações foram detectadas recentemente na Terra em dois laboratórios: LIGO (*Laser Interferometer Gravitational-Wave Laboratory*), nos Estados Unidos, e Virgo, na Itália. Com isso, além de obter informações do Universo por meio de luz e outras radiações eletromagnéticas – respectivamente, por meio dos telescópios ópticos e radiotelescópios –, poderemos também auscultar o cosmo através de ondas gravitacionais. A detecção dessas ondas foi objeto do prêmio Nobel de Física de 2017.

E certamente será a Física, que se baseia em conceitos essenciais, como os de conservação da massa-energia, do momento (linear e angular) e da carga elétrica, a porta-voz que elaborará respostas consistentes às questões mais primordiais da humanidade: De onde viemos? Onde estamos? Para onde vamos?

2. A necessidade de medir

Desde épocas ancestrais cogitava-se traduzir porções de determinadas grandezas em definidas quantidades numéricas acompanhadas de uma unidade de medida, isto é, já se fazia necessária a obtenção de medidas. E as primeiras grandezas relacionadas ao dia a dia que exigiram medições foram o comprimento e o tempo.

Como se estimava a distância entre dois locais? Em pés, passos... E o intervalo de tempo entre um plantio e a respectiva colheita? Geralmente em luas cheias, fenômeno astronômico periódico muito marcante.

O volume também se apresentou como algo carente de medições. Por exemplo, observe a imagem a seguir e responda: Quantos copos de água, como os da imagem abaixo, são necessários para encher a jarra? Seis ou sete? Mais ou menos que isso?

Nesse caso, a capacidade da jarra será determinada pelo número de copos de água que ela for capaz de conter. Realiza-se com isso a medição da capacidade desse recipiente (volume interno), tomando-se como unidade de medida o copo de água.

> **Medir** é comparar determinada quantidade de uma grandeza com uma **unidade padrão** previamente estabelecida, verificando-se quantas vezes aquela é maior ou menor que esta.
> O resultado de uma medição denomina-se **medida**, que deve compreender um número real e uma unidade de medida.

A Física é repleta de grandezas, como comprimento, massa, tempo, velocidade, força, energia, temperatura, carga, corrente e tensão elétricas, que necessitam ser medidas, isto é, traduzidas em quantidades discretas de determinadas unidades padrão.

3. O Sistema Métrico Decimal e o Sistema Internacional de Unidades (SI)

Desde a Antiguidade, em razão da necessidade, os povos estabeleceram unidades para medir diversas grandezas. No final do século XVIII, diferentes países haviam elaborado seu próprio sistema de medições, cujas unidades tinham dimensões arbitrárias. Por exemplo, para medir comprimentos, a Inglaterra adotava a jarda (91,4 cm); a Espanha, a vara (86,6 cm); e a França, a toesa (195 cm). Ao se realizarem transações comerciais, essa diferença nas unidades acarretava erros, fraudes e discórdias, além de relações complexas entre seus múltiplos e seus submúltiplos.

A França tomou a iniciativa de estabelecer um sistema de pesos e medidas com unidades cômodas, invariáveis e simples. Em 1790, durante a Revolução Francesa, o anteprojeto de um novo sistema de pesos e medidas foi solicitado à Academia de Ciências de Paris pela Assembleia Constituinte da França. O novo sistema foi estabelecido por uma comissão de cientistas, da qual participaram Claude Berthollet (1748-1822), Joseph Louis Lagrange (1736-1813), Jean Baptiste Delambre (1749-1822), Jean Charles de Borda (1733-1799), Pierre François Mechain (1744-1804) e Gaspard François de Prony (1755-1839), entre outros.

Essa plêiade de notáveis elaborou as bases do que viria a ser o **Sistema Métrico Decimal**, fundamentado em uma constante natural, não arbitrária ou subjetiva, como era recorrente até aquele momento.

// Esta barra de platina iridiada, com cerca de 90% de platina, 10% de irídio e seção em forma de X, foi o primeiro padrão físico do metro.

Para o comprimento foi sugerida a unidade **metro** (do grego, *metron*, que significa "o que mede"), definida como a décima milionésima parte de um quarto do meridiano terrestre. E uma barra metálica de platina e irídio foi confeccionada para representar essa medida padrão. O metro de arquivo, como foi chamado, encontra-se guardado no Bureau Internacional de Pesos e Medidas, em Sèvres, nos arredores de Paris. Réplicas do metro padrão foram confeccionadas e distribuídas em outras localidades.

Além disso, foram estabelecidos múltiplos e submúltiplos do metro, conforme a tabela a seguir:

Metro – Símbolo: m					
Múltiplo			Submúltiplo		
Unidade	Símbolo	Relação	Unidade	Símbolo	Relação
Decâmetro	dam	m × 10	Decímetro	dm	m ÷ 10
Hectômetro	hm	m × 100	Centímetro	cm	m ÷ 100
Quilômetro	km	m × 1 000	Milímetro	mm	m ÷ 1 000

As conversões entre esses múltiplos e submúltiplos podem ser feitas obedecendo-se às operações indicadas ao lado.

As unidades de área e de volume decorreram imediatamente do metro, estabelecendo-se para isso, respectivamente, o metro quadrado (m^2) e o metro cúbico (m^3), com seus múltiplos e submúltiplos. É importante lembrar que o volume associado a um decímetro cúbico foi chamado de um **litro** (1 dm^3 = 1 L).

Para a medição de massa, por sua vez, estabeleceu-se um padrão baseado na água:

> Um **quilograma** (kg) é a massa correspondente a um decímetro cúbico de água pura (ou um litro), a 4,4 °C, situação em que esse líquido apresenta sua máxima densidade.

Construiu-se, também de platina e irídio, o quilograma de arquivo, guardado em Sèvres, assim como o metro. Trata-se de um corpo maciço de formato cilíndrico com o tamanho aproximado de uma ameixa.

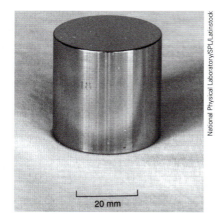

// À esquerda, o quilograma de arquivo e, no detalhe à direita, um cilindro metálico com dimensões semelhantes às do quilograma padrão.

Contudo, o padrão material definido para o metro não resistiu aos questionamentos científicos que logo se seguiram. Como unidade de medida, o metro de arquivo deveria ser imune aos efeitos do clima e ao desgaste do tempo.

Por isso, o metro está definido atualmente da seguinte forma:

> Um **metro** (m) é o comprimento percorrido pela luz no vácuo, durante um intervalo de tempo igual a $\dfrac{1}{299\,792\,458}$ do segundo.

O quilograma de arquivo também deverá ganhar em breve uma definição baseada em algum fenômeno natural que se repita igualmente em quaisquer condições. Isso porque o velho protótipo cilíndrico de platina-irídio tem revelado pequenos decréscimos em sua massa pela ação corrosiva do tempo, o que é inconcebível para um padrão de medidas.

Para a medição do tempo, estabeleceu-se como unidade o **segundo** (s), que deveria corresponder a 1/86 400 de um dia solar médio (ou 1/3 600 de uma hora, ou, ainda, 1/60 de um minuto). Mas essa definição também exigiu algo absoluto baseado em um fenômeno natural de duração imutável.

A definição moderna do segundo é:

> Um **segundo** (s) é a duração de 9 192 631 770 períodos da radiação correspondente à transição de um elétron entre dois níveis hiperfinos do estado fundamental do átomo de césio 133.

O **Sistema Internacional de Unidades** (SI) é uma ampliação do Sistema Métrico Decimal. Exceto os Estados Unidos, a Libéria e Myanmar (também conhecida como Birmânia), todos os demais países do mundo adotam oficialmente o SI, incluindo o Brasil, que incorporou esse sistema a partir de 1962.

O SI facilitou em grande medida o intercâmbio de conhecimentos e produtos entre as muitas nações e baseia-se nas unidades fundamentais **metro** (m), **quilograma** (kg) e **segundo** (s), respectivamente para o comprimento, a massa e o tempo. Além dessas três unidades de base, o SI também adota o **kelvin** (K) para a temperatura, o **ampère** (A) para a intensidade de corrente elétrica, o **joule** (J) para a energia, o **watt** (W) para a potência, entre outras.

4. Algarismos significativos

Vamos retomar a situação da jarra com os copos ilustrada no item 2 e supor que essa jarra comporte 6,5 copos de água.

Teria algum sentido alguém falar que a capacidade da jarra é de 6,57 copos de água? Não, já que os copos da imagem, bem como a jarra, não têm nenhuma escala impressa em sua lateral com subdivisões que permitam uma avaliação tão precisa. O algarismo 6, o primeiro da medida, está correto e refere-se ao número inteiro de copos de água que a jarra comportou. O algarismo 5, por sua vez, indica uma fração de meio copo de água que a jarra foi capaz de incorporar. Esse algarismo, no entanto, foi estimado com base em uma observação visual. Paira dúvida sobre esse segundo dígito. Assim como foi estimada uma fração de 0,5 copo, alguém poderia ter avaliado 0,6 copo ou 0,4 copo. Ainda assim, porém, o algarismo 5 é dotado de significado. Já o algarismo 7, o terceiro da medida, que se refere a centésimos de copo de água, foi incluído sem nenhuma base de precisão, sendo, por isso, destituído de significado.

Levando-se em conta que muitas grandezas físicas podem ser medidas a partir de instrumentos ou aparelhos dotados de escalas para as leituras, devemos ter em mente o seguinte conceito:

> Definem-se como **algarismos significativos** em uma medida todos aqueles considerados **corretos**, de acordo com a precisão da escala do instrumento ou aparelho, mais o **primeiro duvidoso**.

// Voltímetros são medidores de tensão elétrica. Que leitura você atribuiria à tensão indicada no voltímetro acima: 229 V, 230 V, 231 V ou 230,7 V? As três primeiras medidas são aceitas, pois contêm dois algarismos corretos mais um duvidoso (o último). Já a quarta medida contém o dígito 7 depois da vírgula, que é destituído de significado. Portanto, nunca extrapole a precisão da escala dos aparelhos. Não inclua nas medidas algarismos não significativos.

5. Rotinas nas Ciências da Natureza e outros saberes

Notação científica

Nas chamadas Ciências da Natureza – Física, Química e Biologia – e até em outros saberes, como Geografia, Economia e Finanças e Matemática, trabalha-se rotineiramente com quantidades muito grandes de certas grandezas e/ou quantidades muito pequenas de outras. A grafia corrente dessas quantidades implica números repletos de algarismos, principalmente zeros, o que constitui um empecilho na lida contínua com porções ou medidas próprias desses casos.

Por exemplo, o número de Avogadro, que expressa a quantidade de moléculas existentes em um mol de gás (cerca de 602 sextilhões de moléculas), seria escrito como abaixo:

602 000 000 000 000 000 000 000 moléculas

Já a carga elementar, denominação dada ao valor absoluto da carga elétrica inerente a prótons e elétrons (16 quintilhonésimos de coulomb), seria assim grafada:

0,000 000 000 000 000 000 16 C

Para simplificar a grafia dessas quantidades e medidas, foi criada a notação científica, que utiliza **potências de 10**. Escreve-se, então, a quantidade ou medida no seguinte formato:

$$n \cdot 10^p$$

com n compreendido no intervalo $1 \leq n < 10$ e p inteiro.

Dessa forma, o número de Avogadro ficará grafado em notação científica desta forma:

602 000 000 000 000 000 000 000 moléculas $= 6{,}02 \cdot 10^{23}$ moléculas

Por outro lado, a grafia em notação científica do módulo da carga elementar será:

0,000 000 000 000 000 000 16 C $= 1{,}6 \cdot 10^{-19}$ C

Ordem de grandeza

Em muitos casos, não é necessário informar o valor exato de uma quantidade ou medida. Basta dizer sua ordem de grandeza, que é a potência de 10 que mais se aproxima da quantidade ou medida considerada.

Por exemplo, a ordem de grandeza do número de Avogadro é 10^{24} moléculas. Já a da carga elementar é 10^{-19} C.

É conveniente observar então que, ao informarmos a ordem de grandeza do número de Avogadro, 10^{24} moléculas, fica registrada a magnitude da quantidade de moléculas existentes em um mol de gás. Do mesmo modo, quando dizemos que a carga elementar é da ordem de 10^{-19} C, passamos a ideia da quantidade de carga elétrica, em coulomb, que está associada a um próton ou elétron.

Para se obter a ordem de grandeza de uma quantidade ou medida, escrevemos o resultado em notação científica, isto é, no formato:

$$n \cdot 10^p$$

Comparamos, então, o fator n com $\sqrt{10} \cong 3{,}16$:

- Se $n \geq 3{,}16$, a ordem de grandeza de n é **10^1**;
- Se $n < 3{,}16$, a ordem de grandeza de n é **10^0**.

Esse procedimento se justifica porque, quando colocamos n compreendido entre $1 = 10^0$ e $10 = 10^1$, estamos fazendo uso de uma escala numérica não linear.

Trata-se de uma **escala logarítmica**, cujo ponto central entre $1 = 10^0$ e $10 = 10^1$ é $(10)^{\frac{1}{2}} = \sqrt{10} \cong 3,16$, e não 5,0 ou 5,5, como se poderia alegar.

A título de exemplo, determinemos a ordem de grandeza (OG) das medidas apresentadas a seguir:

- Distância média Terra-Sol:
$$149\,600\,000\,000 \text{ m} \cong 1,5 \cdot 10^{11} \text{ m} \Rightarrow \text{OG: } 10^{11} \text{ m}$$
- Valor aproximado da velocidade de propagação da luz no vácuo:
$$300\,000\,000 \text{ m/s} = 3 \cdot 10^8 \text{ m/s} \Rightarrow \text{OG: } 10^8 \text{ m/s}$$
- Valor aproximado da constante eletrostática do vácuo:
$$9\,000\,000\,000 \text{ N} \cdot \text{m}^2 \cdot \text{C}^{-2} = 9 \cdot 10^9 \text{ N} \cdot \text{m}^2 \cdot \text{C}^{-2} \Rightarrow \text{OG: } 10^{10} \text{ N} \cdot \text{m}^2 \cdot \text{C}^{-2}$$
- Tempo de vida médio de determinado bóson:
$$0,000\,000\,123 \text{ s} = 1,23 \cdot 10^{-7} \text{ s} \Rightarrow \text{OG: } 10^{-7} \text{ s}$$
- Valor aproximado da Constante da Gravitação:
$$0,000\,000\,000\,067 \text{ N} \cdot \text{m}^2 \cdot \text{kg}^{-2} = 6,7 \cdot 10^{-11} \text{ N} \cdot \text{m}^2 \cdot \text{kg}^{-2} \Rightarrow \text{OG: } 10^{-10} \text{ N} \cdot \text{m}^2 \cdot \text{kg}^{-2}$$
- Valor aproximado da Constante de Planck:
$$6,628 \cdot 10^{-34} \text{ J} \cdot \text{s} \Rightarrow \text{OG: } 10^{-33} \text{ J} \cdot \text{s}$$

Incluímos a seguir uma tabela com os principais prefixos de multiplicidade oficiais do SI empregados em medidas científicas.

Nome	Símbolo	Potência de 10	Equivalente decimal
Peta	P	10^{15}	1 000 000 000 000 000
Tera	T	10^{12}	1 000 000 000 000
Giga	G	10^9	1 000 000 000
Mega	M	10^6	1 000 000
Quilo	k	10^3	1 000
Hecto	h	10^2	100
Deca	da	10^1	10
Nenhum	-	10^0	1
Deci	d	10^{-1}	0,1
Centi	c	10^{-2}	0,01
Mili	m	10^{-3}	0,001
Micro	μ	10^{-6}	0,000 001
Nano	n	10^{-9}	0,000 000 001
Pico	p	10^{-12}	0,000 000 000 001
Femto	f	10^{-15}	0,000 000 000 000 001
Atto	a	10^{-18}	0,000 000 000 000 000 001

NOTA!

Um submúltiplo do metro utilizado na expressão de pequenos comprimentos é o **angstrom** (Å), que equivale a um décimo bilionésimo de metro, isto é, 1 Å = 10^{-10} m.

// Nas pesquisas relacionadas aos mundos atômico e quântico, os comprimentos envolvidos são da ordem de fm (femtômetro) ou am (atômetro). Já na Astronomia, o metro é uma unidade inadequada para a expressão de comprimentos, pois as distâncias envolvidas superam em muito o Pm (petametro). Por isso, nos estudos do cosmo, utilizam-se, entre outras, a UA (unidade astronômica: 1 UA é a distância média Terra-Sol, aproximadamente $1,5 \cdot 10^{11}$ m) e o pc (parsec: 1 pc é a distância a um corpo celeste cuja paralaxe anual média correspondente a um arco com ângulo central de um segundo equivale a $30,8 \cdot 10^{15}$ m).

6. Grandezas escalares e vetoriais

A Corrida de São Silvestre, em São Paulo, uma das mais importantes provas de corrida de rua mundial, marca cada último dia do ano – 31 de dezembro – de maneira competitiva e ao mesmo tempo descontraída. Fora o pelotão de elite, composto em grande número de tradicionais campeões africanos, há milhares de outros participantes que visam apenas concluir o percurso de 15 km estabelecido para a competição.

O comprimento correspondente aos 15 km de extensão da prova fica completamente definido mediante o número 15 seguido da unidade de medida, km.

// Nesta imagem, vê-se o roteiro da Corrida de São Silvestre, com largada e chegada, indicadas pelos pontos vermelhos, na Avenida Paulista. Na visão da maioria dos inscritos, o importante não é vencer; é apenas participar.

Sendo assim, o comprimento é uma **grandeza escalar** que, como massa, tempo, temperatura, carga elétrica, energia e potência, fica plenamente definido com base em um número seguido de uma unidade de medida.

> **Grandezas escalares** ficam completamente caracterizadas mediante o valor numérico acompanhado de uma unidade de medida.

Imagine agora que você vá assistir a um campeonato de arco e flecha em que uma competidora fará seu disparo como aparece na imagem ao lado.

Nesse caso, a flecha adquirirá uma velocidade inicial de valor equivalente a algumas dezenas de quilômetros por hora, na direção horizontal e no sentido da esquerda para a direita (do leitor).

Você reparou como a definição de uma velocidade não é tão simples como a de um comprimento?

A velocidade é uma **grandeza vetorial** que, como aceleração, força, impulso e campo elétrico, requer em sua definição um número seguido de uma unidade de medida associado a uma direção e um sentido.

> **Grandezas vetoriais** ficam completamente caracterizadas mediante o **valor numérico** – denominado módulo ou intensidade – acompanhado de uma unidade de medida, uma **direção** e um **sentido**.

Voltaremos a esse assunto com maior detalhamento no Tópico 4, da Unidade 1, Vetores e Cinemática vetorial.

Introdução à Mecânica

Até recentemente, os cientistas não achavam que isso [holografia quântica] poderia ser feito. Eles pensavam que as leis fundamentais da Física proibiam. Mas um grupo persistente de cientistas da Universidade de Varsóvia, na Polônia, conseguiu o impossível: eles criaram um holograma de uma única partícula de luz. Essa conquista está inaugurando uma nova era de holografia quântica, o que dará aos cientistas uma nova maneira de olhar para fenômenos quânticos.

MAES, Jessica. O "impossível" é alcançado: físicos criam holograma quântico. Disponível em: <https://hypescience.com/fisicos-criam-holograma-quantico/>. Acesso em: 20 jul. 2018.

A Mecânica é o setor da Física que estuda os movimentos. Em seus primórdios, esse saber visava explicar os mecanismos celestes, observáveis a olho nu, e o deslocamento de corpos na Terra.

Atualmente, a Mecânica se estende do macro ao micro, voltando seu olhar para o Universo em expansão e também para o mundo de partículas primordiais ínfimas, o que inaugurou, a partir do início do Século XX, a Física Quântica.

1. Introdução

Extasiado com suas constatações sobre os movimentos dos planetas, o astrônomo polonês Nicolau **Copérnico** (1473-1543), homem de profundas convicções católicas, teria se postado diante de Deus em atitude de penitência pelo fato de estar incorrendo em uma possível heresia de proporções inimagináveis. Suas observações indicavam que a Terra girava em torno do Sol, e não o contrário, como pensavam a Igreja e quase todos os filósofos naturais da época. Para eles, tudo deveria girar ao redor da Terra, *habitat* do homem, criatura de Deus... Vigorava, então, o pensamento geocêntrico.

Copérnico em conversa com Deus, óleo sobre tela do artista polonês Jan Matejko (221 cm × 315 cm, Jagiellonian University Museum, Cracóvia), retrata o astrônomo perplexo diante de suas descobertas que fundamentariam o heliocentrismo.

Nascia com isso uma consistente convicção heliocêntrica que colidia frontalmente com o pensamento ptolomaico então vigente. Sim, a Terra girava em torno do Sol... O livro de Copérnico (*Da revolução das esferas celestes — De revolutuinibus orbium coelestium*), publicado no ano de sua morte, apresentou as bases de uma teoria que constitui uma das maiores quebras de paradigma da história da ciência e serviu de amparo aos estudos subsequentes de **Galileu** Galilei (1564-1642), Johannes **Kepler** (1571-1630) e Isaac **Newton** (1642-1727), entre outros.

A Terra gravita ao redor do Sol da mesma forma que Mercúrio, Vênus, Marte, Júpiter, Saturno, Urano e Netuno. Isso é facilmente verificável nos dias de hoje, em que contamos com uma base observacional muito mais ampla e sofisticada. Há que se registrar que nos tempos de Copérnico os astrônomos só dispunham de instrumentos rudimentares, como tirantes, sextantes e esferas armilares.

Movimentos em geral sempre fascinaram a mente indagadora humana, e esse é o objeto da Mecânica, importantíssimo ramo da Física, nascedouro das primeiras teorias, como as de Copérnico, Galileu, Kepler e Newton.

> **Mecânica** é a parte da Física que estuda os movimentos.

Neste volume, dividiremos a Mecânica da maneira tradicional: Cinemática, Dinâmica e Estática.

A **Cinemática** estuda os movimentos sem se preocupar com suas causas. Realiza-se uma análise meramente descritiva na qual só interessam a trajetória do corpo e as variações com o tempo de sua posição, sua velocidade e sua aceleração.

Por que os objetos ganham velocidade enquanto despencam em queda livre? O que mantém um carro em uma curva sem que ele derrape, escapando da trajetória desejada?

Essas questões são respondidas pela **Dinâmica**, que estuda os movimentos considerando as causas que os produzem e os modificam. Nela figuram de maneira essencial as leis de Newton e de Kepler, além de outras.

Já a **Estática** estuda o equilíbrio dos corpos, especialmente em situações de repouso. Talvez seja essa a parte mais antiga da Mecânica, já que as primeiras teorias significativas a esse respeito, como as de Arquimedes, datam de séculos antes de Cristo.

2. Ponto material ou partícula

Você acha que as dimensões de um carro que percorre a Via Dutra de São Paulo até o Rio de Janeiro devem ser levadas em conta no estudo desse movimento? Certamente não. O comprimento do veículo, bem como sua largura e altura, da ordem de alguns poucos metros, são totalmente irrelevantes em comparação com a extensão do percurso a ser realizado, cerca de 420 km. Em situações como essa e em outras análogas, em que as dimensões do corpo podem ser desprezadas em comparação com as demais dimensões envolvidas, dizemos que esse corpo é um ponto material ou partícula.

> **Ponto material** ou **partícula** é todo corpo cujas dimensões podem ser desprezadas diante das demais dimensões envolvidas no contexto.

Atenção! Nem sempre, porém, esse mesmo carro poderá ser admitido como um ponto material ou partícula. O automóvel sendo manobrado para estacionar em uma garagem, por exemplo, terá dimensões consideráveis e, nesse caso, deverá ser tratado como um **corpo extenso**.

A Terra em seu movimento de translação em torno do Sol é um ponto material, assim como um elétron ejetado em um decaimento β, quando um nêutron se transforma em próton. O "tamanho" desses corpos é insignificante nessas situações.

É importante destacar, contudo, que, a despeito de um ponto material ou partícula ter dimensões irrelevantes, sua massa não é necessariamente desprezível. Se analisarmos as forças gravitacionais entre o Sol e a Terra, por exemplo, no movimento orbital da Terra em torno do Sol, a massa do planeta, considerado uma partícula nessa translação, não será desprezível.

Por outro lado, eventuais movimentos de rotação não são notados em corpos que atendem ao modelo de ponto material ou partícula. Assim, ao estudarmos a translação da Terra em torno do Sol, o movimento de rotação inerente ao planeta deve ser ignorado.

O modelo de ponto material ou partícula é bastante vantajoso no estudo da Mecânica, já que analisar determinados fenômenos sem levar em conta as dimensões dos corpos envolvidos é uma grande simplificação.

// Na imagem ao lado um trem-bala atravessa uma ponte. Nessa situação não se aplica ao comboio o modelo de ponto material, já que suas dimensões influem significativamente nos parâmetros dessa travessia. Por exemplo, quanto mais longo for o trem, maior será o tempo gasto para atravessar a ponte.

UNIDADE 1
Cinemática

Nas provas de automobilismo, especialmente de Fórmula 1, detalhes ínfimos fazem toda a diferença. Maiores velocidades certamente reduzem os tempos, mas isso não basta. Há que saber acelerar, frear, ousar nas ultrapassagens e realizar as curvas no traçado perfeito. E tudo em completa segurança! A análise do desempenho do carro, o domínio cinemático da prova, aliados a muita técnica e arrojo, favorecem o surgimento dos verdadeiros campeões.

A **Cinemática** é a parte da Física que estuda os movimentos, sem, no entanto, investigar as causas que os produzem e modificam. Ela geralmente descreve como a posição, a velocidade e a aceleração variam em função do tempo e, para isso, utiliza funções matemáticas. É um estudo preliminar, que visa desenvolver as bases para uma análise mais completa, feita pela Dinâmica.

NESTA UNIDADE VAMOS ESTUDAR:

- **Tópico 1:** Introdução à Cinemática escalar
- **Tópico 2:** Movimento uniforme
- **Tópico 3:** Movimento uniformemente variado
- **Tópico 4:** Vetores e Cinemática vetorial
- **Tópico 5:** Movimentos circulares

TÓPICO 1

Introdução à Cinemática escalar

// Foto de múltipla exposição (ou estroboscópica) de uma atleta na largada de uma corrida. Em provas de pequena extensão, como nos 100 metros rasos, os primeiros movimentos são decisivos no resultado final.

Quantos movimentos permeiam nosso dia a dia suscitando a atenção de todos, não é? São aviões, carros e motos que passam velozes, pessoas que se deslocam apressadas, pássaros que voam altivos, além de coisas sutis, como uma pequena formiga caminhando sobrecarregada ao transportar sozinha um enorme pedaço de folha que vai alimentar o formigueiro.

A descrição dos movimentos é o objeto de estudo da Cinemática e é essa parte da Física que vamos começar a estudar neste tópico

Bloco 1

1. Introdução

A palavra cinemática tem prefixo grego – *kinema* – e significa movimento.

Cinemática é a parte da Mecânica que estuda os movimentos de maneira descritiva, sem se preocupar com as causas que produzem e modificam esses movimentos.

Do ponto de vista cinemático, na queda de um pequeno objeto, por exemplo, não se questiona por que esse objeto cai ou por que sua velocidade se intensifica até chegar ao chão. Interessam apenas a trajetória descrita pelo corpo e como variam com o tempo sua posição, velocidade e aceleração, esta última constante numa situação particular de queda livre.

Na análise do comportamento temporal dessas grandezas são utilizadas funções matemáticas, denominadas **funções horárias**.

Suponha que em uma viagem de automóvel você esteja no banco do carona observando os detalhes da estrada e as ações do motorista à sua esquerda. Você repara que o caminho é muito sinuoso, com curvas para todos os lados, o que obriga a quem conduz o veículo manter as indicações do velocímetro em níveis baixos, além dos pedais do acelerador e freio sob total controle.

Nesse contexto, em que a estrada determina a trajetória a ser seguida pelo carro, a direção e o sentido do movimento estão implícitos, isto é, predeterminados. Interessam, portanto, apenas a intensidade da velocidade ao longo do percurso e quão rápidas serão as mudanças na magnitude dessa grandeza, especialmente em arrancadas e freadas – aceleração –, pois isso impactará diretamente no conforto e na segurança dos passageiros.

Velocidade e aceleração são grandezas físicas vetoriais, que demandam em sua plena definição módulo, direção e sentido. Em situações em que apresentam importância apenas seu valor numérico, a velocidade e a aceleração adquirem **caráter escalar**.

Na **Cinemática escalar** cujo estudo aqui iniciamos, trataremos as grandezas velocidade e aceleração escalarmente, isto é, levaremos em conta apenas seu valor numérico sem nos preocuparmos com as respectivas direções e sentidos, que estarão previamente contidos em cada situação.

Uma abordagem completa da velocidade e aceleração será apresentada no Tópico 4 desta Unidade, Vetores e Cinemática vetorial.

2. Localização no tempo

De acordo com a visão clássica, o tempo é absoluto e flui inexoravelmente, fazendo com que presente, passado e futuro fiquem perfeitamente situados em uma escala linear, orientada do passado para o futuro. A consciência humana e o próprio ritmo biológico do nosso metabolismo estão condicionados a essa escala. Sabemos – e sentimos – que ontem já passou, que hoje representa o agora e que amanhã traduz o que ainda está por vir. Sabemos – e sentimos – que uma hora corresponde a $\frac{1}{24}$ do dia e que um mês equivale a $\frac{1}{12}$ do ano.

A medição do tempo pode ser feita por meio das repetições de qualquer fenômeno periódico, como o número de luas cheias, de rotações da Terra, de oscilações de um pêndulo simples ou dos giros de um ponteiro de relógio.

Há unidades diversas para o tempo, como o ano, o mês, a semana, o dia, a hora, o minuto, etc. No SI, o tempo tem por unidade o **segundo**; símbolo **s**.

Algumas relações importantes:
- minuto (min): 1 min = 60 s;
- hora (h): 1 h = 60 min = 60 · 60 s = 3 600 s;
- ano: 1 ano ≅ 365 dias ≅ 365 · 24 h ≅ 365 · 24 · 3 600 s ≅ 3,1 · 10^7 s.

Definimos **instante**, *t*, em uma escala temporal como um número real dessa escala capaz de "posicionar" um fato ou evento.

Consideremos uma partida de futebol. Seria interessante uma escala de tempo que tivesse origem no início do jogo e se estendesse, pelo menos, até os 45 minutos do primeiro tempo.

"... *Autoriza o árbitro e bola em jogo, rolando sobre o gramado!*". Essa é uma frase recorrente entre os narradores esportivos ao anunciarem o início de uma partida.

Define-se **origem dos tempos**, $t_0 = 0$, como o instante em que se inicia a contagem dos tempos. É a data zero de uma escala temporal.

// O início do jogo se dá em $t_0 = 0$.

// O posicionamento temporal de um gol pode ser feito dizendo-se que esse fato ocorreu no primeiro tempo de jogo, no instante t = 43 min.

Suponhamos que nessa hipotética partida determinado zagueiro, depois de uma entrada dura em um atacante adversário no primeiro tempo de jogo, tenha sido advertido com o cartão amarelo, no instante $t_1 = 12$ min. Digamos ainda que esse mesmo jogador, nada habilidoso, ao praticar outra falta violenta, agora no volante rival, também no primeiro tempo, tenha recebido nesse ato o cartão vermelho – expulsão –, no instante $t_2 = 30$ min. Logo, o intervalo de tempo transcorrido entre uma ocorrência e outra foi Δt = (30 − 12) min = 18 min.

Define-se **intervalo de tempo**, Δ*t*, como a diferença entre o instante final e o instante inicial:

$$\Delta t = t_{final} - t_{inicial}$$

NOTAS!

- Um instante de tempo pode ser medido por um número positivo ou negativo. O último caso se refere a um evento ocorrido antes da origem dos tempos. Se tomarmos o nascimento de Cristo como data zero ($t_0 = 0$), fatos acontecidos antes disso deverão ser marcados com instantes negativos. Segundo se sabe, o cientista grego Arquimedes viveu em Siracusa no século III a.C. Assim, instantes que marcam episódios de sua vida devem ser caracterizados com números negativos na escala temporal que tem origem no nascimento de Cristo.
- A despeito de instantes negativos serem conceitualmente corretos, não existem intervalos de tempo negativos. Estes têm caráter essencialmente positivo, pois são definidos por $\Delta t = t_{final} - t_{inicial}$, sendo t_{final} sempre maior que $t_{inicial}$. Essa é uma decorrência do fato de, em Física Clássica, o tempo fluir progressivamente. Não teria sentido dizermos, por exemplo, que o primeiro tempo de uma partida de futebol durou -45 min.

3. Localização no espaço – Referencial

O colégio em que você estuda fica longe ou perto? O pássaro que se encontra pousado naquele galho está acima ou abaixo? A cidade mais próxima do local onde você mora fica à esquerda ou à direita?

Para responder a todas essas questões que envolvem localização, faz-se necessária a adoção de um sistema de posicionamento; um **referencial**.

Assim, você poderá responder que o colégio em que você estuda fica próximo da Prefeitura, ou que o pássaro que se encontra pousado naquele galho está abaixo da copa da árvore, ou ainda que, com você olhando para o Sol poente, a cidade mais próxima do local onde você mora fica à sua esquerda.

> O posicionamento requer um **referencial** que, matematicamente, pode ser constituído por um sistema de eixos cartesianos **x** (abscissas), **y** (ordenadas) e **z** (cotas ou alturas), perpendiculares entre si e com origens coincidentes.

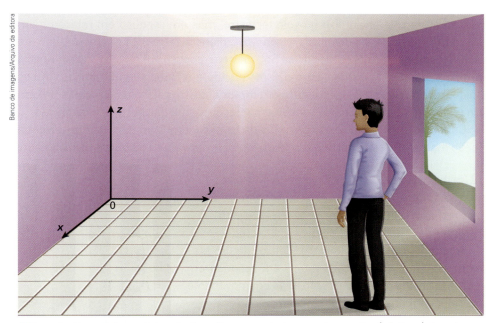

// Em relação ao referencial cartesiano **Oxyz** associado a um dos cantos (vértices) da sala em forma de paralelepípedo, a posição da lâmpada pendurada no teto fica definida por um trio de coordenadas x, y e z.

Posicionamentos no plano exigem apenas duas coordenadas, x e y, e na reta, apenas uma, x.

> **JÁ PENSOU NISTO?**
>
> ### Cristo Redentor: um ótimo referencial no Rio de Janeiro
> Essa estátua *art decó* de Jesus Cristo, concebida e construída por engenheiros franco-brasileiros e instalada no topo do morro do Corcovado, 708 m acima do nível do mar, tem 38 m de altura e 28 m de largura. É um monumento que faz parte da paisagem carioca. É considerada pela Unesco (Organização das Nações Unidas para a Educação, a Ciência e a Cultura) Patrimônio da Humanidade e foi eleita em 2006 uma das Sete Maravilhas do Mundo Moderno. O Cristo pode ser visto de quase todos os cantos da cidade, sendo, por isso, um privilegiado referencial local.

4. Repouso e movimento

Um avião em voo está em repouso ou em movimento? O planeta Terra está em repouso ou movimento? Você, dentro do ônibus ou metrô que o conduz à escola, está em repouso ou em movimento?

Respostas satisfatórias a essas perguntas dependem das definições a seguir:

> Um ponto material ou partícula está em **repouso** em relação a determinado referencial quando suas coordenadas de posição em relação a esse referencial permanecem invariáveis com o passar do tempo.
>
> Um ponto material ou partícula está em **movimento** em relação a determinado referencial quando pelo menos uma de suas coordenadas de posição em relação a esse referencial varia com o passar do tempo.

Diante do exposto, você poderá inferir que o avião citado está em movimento em relação a um referencial fixo no solo terrestre, mas em repouso em relação a um passageiro adormecido dentro da aeronave. O planeta Terra está em movimento em relação a um referencial associado ao Sol, mas em repouso em relação ao Burj Khalifa (prédio mais alto do mundo, com 828 m, situado em Dubai, nos Emirados Árabes Unidos). Já no seu caso, você estará em movimento em relação a um poste fixo em um ponto do trajeto, mas em repouso em relação a uma das portas da condução.

Conclui-se, então, que os conceitos de repouso e movimento, que envolvem a noção matemática de posição, são relativos, pois dependem do referencial adotado.

> **NOTA!**
>
> No caso da lâmpada pendurada no teto da sala ilustrada no item 3, se o fio de sustentação arrebentar, ela despencará em queda vertical. Nesse caso, em relação ao referencial **Oxyz** associado ao vértice do recinto, teremos uma situação de movimento, com as coordenadas *x* e *y* constantes e *z* variável. Reforçamos que basta uma das coordenadas de posição variar para que seja caracterizada uma situação de movimento.

> Um mesmo corpo pode estar, ao mesmo tempo, em repouso em relação a um referencial **A** e em movimento em relação a outro referencial **B**.

Veja mais um exemplo: você, dentro de um elevador em franca operação, estará em repouso em relação à cabine do equipamento, mas em movimento em relação a um referencial fixo no solo.

// No sobe e desce de elevadores, como os panorâmicos da imagem ao lado, as pessoas permanecem em repouso em relação às respectivas cabines, mas em movimento em relação à Terra. Considerando um referencial fixo no elevador da esquerda (que sobe), o elevador da direita (que desce) estará em movimento relativo de descida em relação a esse referencial.

JÁ PENSOU NISTO?

Abastecimento em pleno voo?

Em missões militares aéreas de longo percurso pode ocorrer de uma aeronave ser abastecida por outra em pleno voo. É o que se observa nesta fotografia, em que o avião de cima transfere combustível para o de baixo. Operações como essa são bem-sucedidas quando os aviões se mantêm em repouso entre si. Deve-se observar, porém, que ambos se apresentam em movimento em relação a um referencial fixo no solo.

Os conceitos de repouso e movimento são **simétricos**, isto é, se uma partícula **A** está em repouso (ou movimento) em relação a uma partícula **B**, então **B** também estará em repouso (ou movimento) em relação a **A**.

Veja no exemplo a seguir que o carro está em movimento de aproximação em relação ao muro, já que nos instantes t_1, t_2 e t_3 suas abscissas em relação ao referencial **Oxy** associado ao muro – respectivamente x_1, x_2 e x_3 – diminuem sucessivamente.

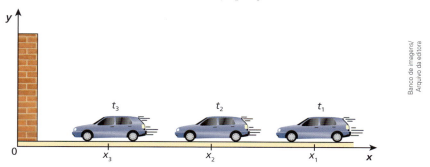

Adotando-se agora um referencial **O'x'y'** associado ao carro, o muro também estará em movimento de aproximação em relação a este, já que nos instantes t_1 e t_2 suas abscissas – respectivamente x'_1 e x'_2 – estarão diminuindo sucessivamente.

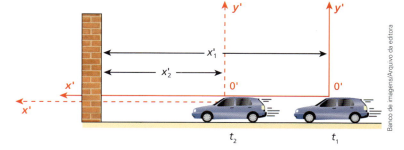

// Nesta imagem, o carro está em movimento em relação ao muro e este está em movimento em relação ao carro. Em situações como essa é evidente a noção de simetria entre os conceitos de repouso e movimento.

TÓPICO 1 | INTRODUÇÃO À CINEMÁTICA ESCALAR

5. Conceito de trajetória

Para se deslocar de certo local em uma capital até um parque ou um teatro, você deve percorrer determinados caminhos, alguns mais curtos, mas às vezes demorados por causa do tráfego, outros mais longos, contudo mais rápidos devido à existência de vias expressas.

Hoje em dia, o planejamento desses itinerários pode ser realizado previamente utilizando-se *sites* especializados ou mesmo aplicativos para *smartphones*.

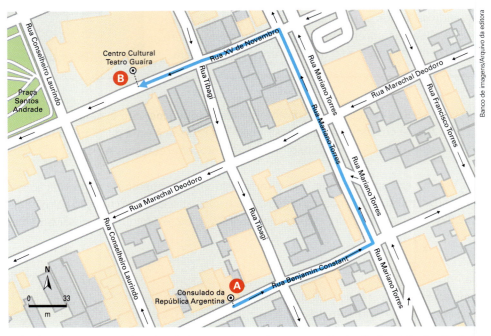

// Aqui você tem um roteiro planejado para chegar, de carro, ao Centro Cultural Teatro Guaíra partindo do Consulado da República Argentina, em Curitiba (PR).

Em sua opinião, esses caminhos a serem seguidos dependem ou não da adoção de um referencial?

Certamente dependem, já que a cada instante do trajeto você estará em determinado local da cidade, e a posição está associada ao referencial escolhido.

De forma geral e rigorosa, define-se trajetória do seguinte modo:

> **Trajetória** é a linha constituída, durante certo intervalo de tempo, pelo conjunto das posições sucessivas de uma partícula em relação a um determinado referencial.

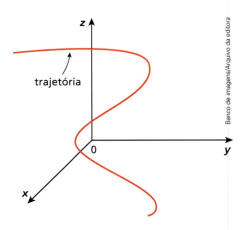

Desse conceito decorre que uma mesma partícula pode exibir trajetórias diferentes se observada de referenciais distintos.

Veja os dois exemplos a seguir:

Exemplo 1

Um avião em voo retilíneo com velocidade constante paralelamente ao solo admitido plano e horizontal larga uma bomba, conforme ilustra a fotografia ao lado.

Em relação a um referencial solidário ao avião e desprezando-se a resistência do ar, essa bomba conserva sua velocidade horizontal constante – devido à inércia de movimento –, mantendo-se rigorosamente na mesma vertical da aeronave. Por isso, em relação a esse referencial, a trajetória do artefato é um segmento de reta vertical, isto é, os tripulantes notam a bomba cada vez mais afastada, porém sempre sob o avião.

Já em relação ao solo, a bomba exibe uma trajetória em forma de arco de parábola, fruto da composição do movimento uniforme horizontal para a esquerda, com velocidade igual à do avião, com o movimento vertical acelerado regido pela aceleração da gravidade.

Veja a ilustração ao lado.

Exemplo 2

Um avião monomotor se desloca horizontalmente para a direita.

Considerando um ponto **P** na extremidade de uma das pás da hélice, qual a trajetória desse ponto em relação a um referencial no avião? A resposta é simples: Uma circunferência com raio igual ao comprimento dessa pá, já que, em relação à aeronave, o ponto **P** manifesta exclusivamente o movimento giratório devido à rotação da hélice.

Já em relação ao solo, o mesmo ponto **P** tem trajetória em forma de hélice cilíndrica – trajetória helicoidal –, como ilustra o esquema ao lado.

Isso porque, em relação a Terra, **P** tem dois movimentos parciais: o circular, devido à rotação da hélice, e o de avanço para a direita, provocado pela translação do avião nessa direção.

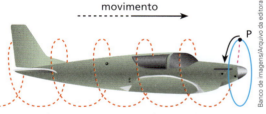

*A trajetória de **P** em relação à superfície da Terra é uma hélice cilíndrica.*

JÁ PENSOU NISTO?

Que circunferências são essas?

São as trajetórias apresentadas por várias estrelas em relação a uma câmara mantida com o diafragma aberto, fixa em relação ao solo, no Observatório Astronômico Australiano. No referencial da câmara, as estrelas descreveram trajetórias praticamente circulares em razão do movimento de rotação da Terra.

O centro das circunferências na imagem é denominado Polo Sul Celeste. Os polos celestes são as projeções dos polos geográficos da Terra na esfera celeste e são caracterizados por aparentarem estar fixos no céu.

Ampliando o olhar

A cicloide

Nesta fotografia de câmara fixa e longa exposição aparece uma das curvas mais fascinantes da Matemática – a **cicloide** –, que instigou sobremaneira o pensamento de notáveis cientistas, como **Galileu** Galilei (1564-1642), Evangelista **Torricelli** (1608-1647), Blaise **Pascal** (1623-1662) e Gilles Personne de **Roberval** (1602-1675).

Uma cicloide como a da imagem pode ser descrita por um ponto periférico **M** de uma roda circular, cujo centro se desloca em linha reta, supostamente para a direita, sobre uma bancada horizontal. Enquanto ocorre a rolagem sem escorregamento dessa roda, no sentido horário para o leitor, o ponto **M** em estudo passa respectivamente pelas posições M_0, M_1, M_2, M_3, M_4, M_5 e M_6.

Veja a ilustração abaixo.

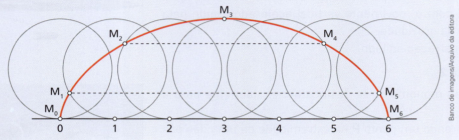

6. Coordenada de posição: espaço

Suponhamos que seja conhecida previamente a trajetória que vai ser descrita por uma partícula perante determinado referencial, como a estrada que aparece na imagem abaixo, perfeitamente definida em relação a um sistema de referência solidário ao solo terrestre.

> O **espaço**, que simbolizaremos geralmente por s ou x, é uma coordenada de posição – positiva ou negativa – que permite localizar uma partícula em uma trajetória pré-conhecida.

// A Atlantic Ocean Road, na costa atlântica da Noruega, apelidada de "A estrada para lugar nenhum", é uma das rodovias mais perigosas do mundo, seja pelo seu traçado sinuoso, seja pelas tempestades próprias da região, quase sempre acompanhadas de ventos muito fortes e ondas marítimas excepcionais.

Espaço é um comprimento e, por isso, as unidades de medida dessa grandeza física podem ser centímetros (cm), quilômetros (km), milhas (mi) – no Sistema Inglês –, além de outras.

No SI, o espaço é expresso em **metros** (m).

Abaixo, estão relacionadas algumas unidades frequentes e suas correlações com o metro:

- $1\ m = 100\ cm = 10^2\ cm$
- $1\ km = 1\,000\ m = 10^3\ m$
- $1\ mi \cong 1{,}61\ km$

34 UNIDADE 1 | CINEMÁTICA

Consideremos a trajetória representada a seguir, perfeitamente definida em relação a determinado referencial.

Para que seja possível medirmos espaços sobre essa curva, devemos, em primeiro lugar, orientá-la, isto é, estabelecer em que sentido os espaços serão crescentes. Por último, escolhemos um ponto **O** arbitrário que será a origem dos espaços, ou seja, o local a partir de onde os espaços serão medidos.

Verifique no esquema abaixo, no qual o eixo dos espaços foi graduado em metros, que as posições associadas aos pontos **A** e **B** são $s_A = +2$ m e $s_B = -1$ m, respectivamente.

> **NOTAS!**
> - Insistimos que espaço é uma grandeza algébrica, que deve estar sempre acompanhada de um sinal, positivo ou negativo.
> - Destacamos também que a medição dos espaços deve ser feita ao longo da trajetória, sem "atalhos". No caso da última figura, por exemplo, dizer que o espaço do ponto **A** é $s_A = +2$ m significa afirmar que esse ponto está no campo positivo do eixo, a 2 m de distância do ponto **O** medidos acompanhando-se a linha que define a trajetória.

Nas rodovias, que são trajetórias predeterminadas em relação a um referencial fixo na superfície terrestre, os espaços podem ser associados aos marcos quilométricos existentes ao longo dela. Assim, um veículo avariado, por exemplo, poderá ser facilmente localizado pelo socorro se o motorista informar sua coordenada de posição (espaço) na via: *Estou no quilômetro **X** e preciso de um caminhão guincho porque...*

// Aqui, um caminhão foi fotografado no instante em que passava pelo quilômetro 811 de uma rodovia. Esse é o "endereço instantâneo" do veículo nessa estrada: seu **espaço**. Essa indicação significa que o caminhão estava, naquele instante, a 811 km do marco zero – origem dos espaços –, medidos ao longo da via.

> **NOTA!**
> Não é usual em rodovias a utilização de espaços negativos. Afinal, soaria estranha a informação: *Estou no quilômetro −80 da Via Dutra*.

7. Variação de espaço e distância percorrida

Consideremos, a título de exemplo, a Rodovia dos Bandeirantes, moderna autoestrada que liga a cidade de São Paulo ao interior do estado, passando pela região de Campinas.

Como a maioria das rodovias paulistas, a Bandeirantes tem seu marco zero (origem dos espaços) na Praça da Sé, no centro da capital.

Suponhamos que em um domingo ensolarado o jovem Gustavo, que reside no quilômetro 10 da citada via, resolva se divertir em um parque repleto de atrações não muito distante de sua casa, situado no quilômetro 70, nas cercanias de Vinhedo.

No fim da tarde, depois de muitas emoções e adrenalina, Gustavo regressa a São Paulo para pernoitar na casa de sua avó, localizada na Praça da Sé, bem próxima do conhecido monumento do marco zero.

Veja no esquema a seguir, fora de escala, a saga de Gustavo nesse domingo fictício.

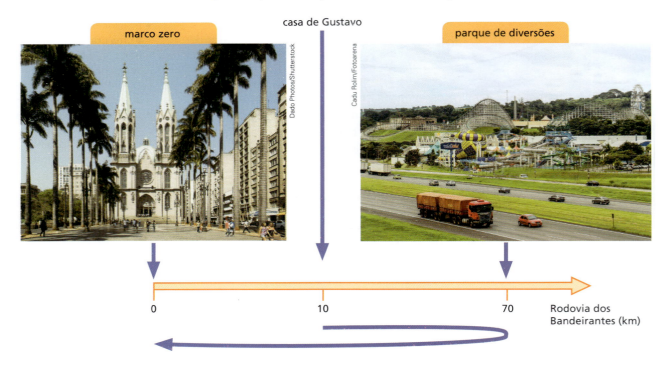

NOTA!

A variação de espaço Δs é uma quantidade algébrica, podendo assumir valores positivos, negativos ou nulos. Ao jogarmos um pequeno objeto verticalmente para cima, por exemplo, ele vai subir e descer, retornando à nossa mão (ponto de partida). Nesse caso, $\Delta s = 0$, já que s_{final} coincide com $s_{inicial}$.

Define-se **variação de espaço**, ou deslocamento escalar, Δs, sobre uma trajetória orientada, como a diferença entre o espaço final (s_{final}) e o espaço inicial ($s_{inicial}$). Matematicamente:

$$\Delta s = s_{final} - s_{inicial}$$

No caso da aventura de Gustavo, tem-se:

$$\Delta s = 0 - 10 \therefore \boxed{\Delta s = -10 \text{ km}}$$

Define-se **distância percorrida**, D, sobre uma trajetória orientada, como o somatório dos módulos de todas as variações de espaço ocorridas no intervalo de tempo considerado, independentemente do sentido do movimento. Matematicamente:

$$D = \Sigma|\Delta s_{ida}| + \Sigma|\Delta s_{volta}|$$

Ainda em relação ao contexto de Gustavo:

$$D = |70 - 10| + |0 - 70| \therefore \boxed{D = 130 \text{ km}}$$

A distância percorrida, D, é calculada cumulativamente, sem levar em conta o sentido do movimento sobre a trajetória. É, basicamente, o que marca o hodômetro de um veículo (medidor das quilometragens) ou um desses aplicativos para *smartphones* que contam o número de passos dados por uma pessoa durante certo período de tempo.

Um carro que viaja de Salvador a Aracaju e depois retorna a Salvador, por exemplo, rodará cerca de 325 km na ida mais 325 km na volta. A distância percorrida por esse automóvel no "bate e volta" citado será de 650 km e a variação de espaço, nula.

8. Função horária do espaço

No desenvolvimento da Cinemática escalar é importantíssimo relacionar matematicamente o espaço com o tempo. Uma função do tipo s = f(t) é denominada **função horária do espaço** e estabelece uma relação biunívoca entre essas duas grandezas, isto é, atribuindo-se um valor para o tempo, determina-se o correspondente valor do espaço e vice-versa.

Admitamos, por exemplo, a função horária abaixo referente ao movimento de uma partícula ao longo de uma trajetória orientada, com s medido em metros e t, em segundos.

$$s = 40 - 10t \text{ (SI)}$$

Qual o espaço inicial, s_0, da partícula, isto é, o espaço na origem dos tempos ou no instante $t_0 = 0$?

$$s_0 = 40 - 10 \cdot 0 \therefore \boxed{s_0 = 40 \text{ m}}$$

Agora, qual o espaço da partícula no instante t = 2 s?

$$s = 40 - 10 \cdot 2 \therefore \boxed{s = 20 \text{ m}}$$

Por outro lado, em que instante a partícula passa pela origem dos espaços, isto é, no local da trajetória em que s = 0?

$$0 = 40 - 10t \Rightarrow 10t = 40 \therefore \boxed{t = 4 \text{ s}}$$

Também podemos associar movimentos específicos a funções horárias do espaço típicas de cada um deles.

Por exemplo, veremos no Tópico 2 desta Unidade que uma função horária do espaço do **1º grau** corresponde a um **movimento uniforme**, que ocorre com velocidade escalar constante.

$$s = 5 + 20t \Rightarrow \text{movimento uniforme (MU)}$$

Já funções horárias do espaço do **2º grau**, como serão tratadas no Tópico 3, estão associadas ao **movimento uniformemente variado**, que se desenrola com aceleração escalar constante.

$$s = 15 - 12t + 5t^2 \Rightarrow \text{movimento uniformemente variado (MUV)}$$

Ainda, no caso de funções horárias do espaço trigonométricas, o que será estudado no Volume 2, tem-se o **movimento harmônico simples**, em que a partícula oscila com velocidade e aceleração escalares variáveis.

$$s = 2\cos(2\pi t + \pi) \Rightarrow \text{movimento harmônico simples (MHS)}$$

O conhecimento da função horária do espaço de certo movimento, por fim, possibilita a construção do gráfico do espaço em função do tempo – s × t –, como apresentamos abaixo.

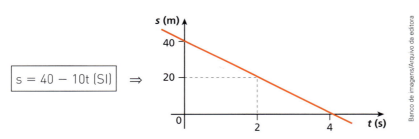

NOTA!

A função horária do espaço contém vários dados acerca do movimento, mas nada informa sobre o formato da trajetória da partícula.

9. Equação da trajetória

Admitamos que uma partícula realize um movimento plano em relação a um referencial cartesiano **Oxy** de modo que suas coordenadas de posição, *x* e *y*, variem em função do tempo, *t*, e em unidades do SI, conforme as funções horárias do espaço abaixo, chamadas nesse caso **equações paramétricas**.

$$x = 2t \quad \text{e} \quad y = 6 + 8t$$

> Denomina-se **equação da trajetória** em um movimento plano a função $y = f(x)$ que relaciona em cada instante a ordenada *y* da partícula com sua respectiva abscissa *x*.

Para obtermos $y = f(x)$ nesse exemplo, fazemos:

$$x = 2t \Rightarrow t = \frac{x}{2}$$

Substituindo-se esse valor de *t* na equação de *y*, vem:

$$y = 6 + 8\frac{x}{2} \Rightarrow \boxed{y = 6 + 4x \text{ (SI)}}$$

Como a equação da trajetória resultou do 1º grau, podemos afirmar que a trajetória dessa partícula é uma reta oblíqua ascendente, já que o coeficiente do termo em *x* é positivo.

Veja o esboço da trajetória no referencial **Oxy** abaixo.

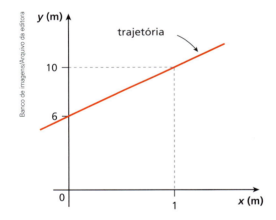

x (m)	y (m)
0	6
1	10

Exercícios — Nível 1

1. De dentro de um carro, você nota elementos fixos na lateral da estrada, como o *guard rail*, plantas e placas de sinalização, que passam muito rapidamente diante da sua janela. Com isso, você consulta o velocímetro do veículo e lá encontra uma indicação praticamente constante de 100 km/h. Diante disso, você **não** poderá concluir que:

a) O carro está em movimento a 100 km/h em relação à estrada.

b) A estrada está em movimento a 100 km/h em relação ao carro.

c) Se o *guard rail* passa rapidamente diante da sua janela, o carro passa rapidamente diante do *guard rail*.

d) O carro em que você viaja está em movimento em relação a todos os demais carros que trafegam nessa mesma rodovia.

e) O carro em que você viaja está em movimento em relação a um caminhão carregado que viaja a sua frente, no mesmo sentido, a 60 km/h.

2. Francisco, trafegando em uma autoestrada (de pista dupla), passa pelo quilômetro 68 da via quando seu pai se lembra de que no quilômetro 94 há uma ótima parada, com restaurante e abastecimento, só que na pista oposta, o que vai obrigar a realização de um retorno no quilômetro 101. Desprezando-se o deslocamento do automóvel na alça de retorno, pede-se determinar:
   a) a variação de espaço do carro nessa autoestrada do quilômetro 68 até a parada no restaurante/abastecimento;
   b) a distância percorrida pelo veículo nesse percurso.

3. **E.R.** Conta-se que Blaise Pascal, físico, matemático e filósofo francês, acordou certa noite com uma intensa dor de dentes. Começou então a raciocinar sobre propriedades da cicloide e, quando percebeu, a dor havia desaparecido... Ele tomou aquilo como um sinal divino e passou a estudar mais profundamente essa curva que lhe causava especial fascínio. Evidentemente que por outras razões, quase ao mesmo tempo, isso também foi feito por Galileu Galilei, Evangelista Torricelli e Gilles Personne de Roberval. Na foto de longa exposição abaixo, foram registradas cicloides sucessivas, fruto da rolagem sem escorregamento de uma roda de raio R dotada de uma pequena lâmpada instalada em sua lateral, a uma distância R do centro dessa roda.

Sabendo-se que o centro da roda foi deslocado em linha reta em um plano paralelo ao da lente objetiva da câmara com velocidade de intensidade constante igual a 30 cm/s, pergunta-se:
   a) Qual a forma da trajetória descrita pela lâmpada em relação a um referencial ligado ao centro da roda?
   b) Sabendo-se que o intervalo de tempo gasto pela roda em uma rolagem completa foi de 5,0 s, qual a distância horizontal entre dois pontos mais baixos e sucessivos da cicloide?
   c) Adotando-se $\pi = 3$, qual o desnível entre o ponto mais alto e o ponto mais baixo da cicloide?

Resolução:
   a) Em relação a um referencial ligado ao centro da roda, a forma da trajetória descrita pela lâmpada é circular.
   b) Movimento retilíneo e uniforme do centro da roda:
   $$v = \frac{\Delta x}{\Delta t}$$
   Com $v = 30$ cm/s e $\Delta t = 5,0$ s, pode-se calcular a distância horizontal Δx entre dois pontos mais baixos e sucessivos da cicloide:
   $$30 = \frac{\Delta x}{5} \therefore \boxed{\Delta x = 150 \text{ cm}}$$
   c) O comprimento da circunferência periférica da roda é $\Delta x = 150$ cm, logo:
   $$2\pi R = \Delta x \Rightarrow 2 \cdot 3 \cdot R = 150 \therefore \boxed{R = 25 \text{ cm}}$$
   O desnível pedido é o diâmetro da roda, isto é, $D = 2R$, assim:
   $$D = 2R = 2 \cdot 25 \therefore \boxed{D = 50 \text{ cm}}$$

4. Observe o avião monomotor que aparece na foto abaixo em voo retilíneo e horizontal, paralelamente ao solo, com velocidade escalar constante.

Levando-se em conta esse contexto, responda às questões a seguir:
   a) Considerando-se um ponto destacado na extremidade de uma das pás da hélice da aeronave, qual será a forma da trajetória desse ponto em relação a um referencial ligado ao avião? E em relação a um referencial ligado ao solo?
   b) Se uma pequena lâmpada instalada na extremidade de uma das asas da aeronave se desprender e ficar sob a ação exclusiva da gravidade (resistência do ar desprezível), qual será a trajetória dessa lâmpada em relação a um referencial ligado ao avião? E em relação a um referencial ligado ao solo?

Exercícios Nível 2

5. Imagine que você esteja andando de bicicleta em um parque de solo plano e horizontal, realizando um movimento circular em relação à superfície terrestre. Nesse caso, você pedala ao redor de um poste vertical fixo de modo a manter-se a uma distância constante igual a 20 m em relação a ele. Assim, você poderá concluir que:
a) Você está em repouso em relação ao poste, já que sua distância em relação a ele é constante.
b) Você está em movimento em relação ao poste, mas este está em repouso em relação a você.
c) Sua trajetória em relação ao poste é um ponto.
d) O poste realiza um movimento circular em relação a você, com raio igual a 20 m.
e) O poste realiza um movimento circular em relação à superfície terrestre, com raio igual a 20 m.

6. (Unesp-SP) A fotografia mostra um avião bombardeiro norte-americano B52 despejando bombas sobre determinada cidade no Vietnã do Norte, em dezembro de 1972.

(www.nationalmuseum.af.mil. Adaptado.)

Durante essa operação, o avião bombardeiro sobrevoou, horizontalmente e com velocidade vetorial constante, a região atacada, enquanto abandonava as bombas que, na fotografia tirada de outro avião em repouso em relação ao bombardeiro, aparecem alinhadas verticalmente sob ele, durante a queda.

Desprezando a resistência do ar e a atuação de forças horizontais sobre as bombas, é correto afirmar que:
a) no referencial em repouso sobre a superfície da Terra, cada bomba percorreu uma trajetória parabólica diferente.
b) no referencial em repouso sobre a superfície da Terra, as bombas estavam em movimento retilíneo acelerado.
c) no referencial do avião bombardeiro, a trajetória de cada bomba é representada por um arco de parábola.
d) enquanto caíam, as bombas estavam todas em repouso, uma em relação às outras.
e) as bombas atingiram um mesmo ponto sobre a superfície da Terra, uma vez que caíram verticalmente.

7. O helicóptero tem sido usado como solução de transporte rápido nas grandes cidades. Só em São Paulo, estima-se em 400 o número de aeronaves disponíveis, que cruzam o céu da metrópole diariamente transportando executivos, policiais, bombeiros, pacientes que requerem tratamento de emergência, etc.
Admita que um helicóptero de resgate, depois de embarcar um rapaz vítima de um acidente de motocicleta, decole, elevando-se na vertical com velocidade constante. Considere um ponto na extremidade de uma das pás da hélice principal da aeronave, que é girada pelo motor em rotação uniforme.
a) Qual a forma da trajetória desse ponto em relação a um referencial ligado ao helicóptero?
b) Qual a forma da trajetória desse ponto em relação a um referencial fixo no solo?

8. Na figura, uma formiga vai percorrer em movimento uniforme o raio **OA** de um disco circular rigidamente acoplado ao eixo de um motor, que gira esse disco com frequência constante de 30 rpm (rotações por minuto).

a) Quantas voltas por segundo realizará a formiga durante seu deslocamento sobre o raio **OA**?
b) Qual a forma da trajetória descrita pela formiga em relação a um referencial ligado ao disco?
c) Qual a forma da trajetória descrita pela formiga em relação a um referencial ligado à bancada em que está fixado o motor?

9. Com a finalidade de demonstrar para seus alunos o conceito de inércia, aproveitando-se também o exemplo para aconselhar os estudantes no sentido de nunca desembarcarem de veículos rápidos em movimento, um professor de Física utilizou um trenzinho de brinquedo que se deslocava em linha reta com velocidade constante ao longo de um trilho instalado sobre uma grande mesa plana e horizontal. Quando o trenzinho atingia um dado ponto **A** do trilho, disparava-se automaticamente da chaminé de sua locomotiva, verticalmente para cima em relação ao comboio, por um processo eletromagnético que acionava um sistema de molas, uma bolinha de aço que, depois de realizar seu voo praticamente sem sofrer influências do ar, encaixava-se novamente na chaminé quando o trenzinho atingia um ponto **B**, depois de a locomotiva transpor uma estrutura em forma de túnel instalada de modo a envolver o trilho. Os pontos **A** e **B** estão indicados no esquema abaixo.

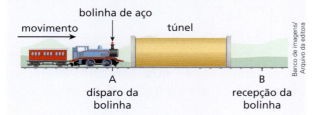

Com base nesse contexto, responda aos quesitos a seguir:

a) Para um referencial fixo no trenzinho, qual foi a trajetória descrita pela bolinha de aço desde seu lançamento da chaminé até seu posterior encaixe nesse mesmo alojamento?

b) Admita que em relação a um referencial cartesiano **Oxy** fixo na superfície da mesa e coincidente com o plano do voo, com **Ox** horizontal e **Oy** vertical, as equações paramétricas dos movimentos parciais verificados para a bolinha de aço foram: $x = 0,2t$ e $y = 0,1 + 3,0t - 5,0t^2$, com x e y em metros e t em segundos.
Qual a equação da trajetória da bolinha, $y = f(x)$, em relação a esse referencial, e qual a forma correspondente da trajetória?

Resolução:

a) Para um referencial fixo no trenzinho, a trajetória da bolinha de aço foi um segmento de reta vertical.

b) $x = 0,2t \Rightarrow t = \dfrac{1}{0,2} x \Rightarrow t = 5,0x$ (I)

$y = 0,1 + 3,0t - 5,0t^2$ (II)

Substituindo-se (I) em (II), obtém-se a equação da trajetória descrita pela bolinha de aço, $y = f(x)$, em relação à mesa:

$y = 0,1 + 3,0 \cdot (5,0x) - 5,0 \cdot (5,0x)^2$

$\boxed{y = 0,1 + 15,0x - 125,0x^2 \text{ (SI)}}$

Como $y = f(x)$ é de 2º grau, a forma da trajetória da bolinha é parabólica.

10. Fotos estroboscópicas são muito úteis na observação e na compreensão de detalhes sutis de certos movimentos, auxiliando, inclusive, na otimização do desempenho de atletas. Um equipamento fotográfico específico, dotado de um *flash* múltiplo, é acionado, colhendo-se uma sequência de fotogramas de uma mesma cena em intervalos de tempo regulares, geralmente de ínfima duração.
Ao lado, aparece uma espetacular foto estroboscópica de um golfista ao realizar uma tacada.

Suponha que se tenha fotografado estroboscopicamente o movimento de uma bola de futebol lançada obliquamente do gramado de um estádio. Analisando-se a imagem obtida e considerando-se um sistema de referência cartesiano **Oxy** fixo no gramado, com origem coincidente com a posição inicial da bola e no mesmo plano vertical do voo balístico, especialistas concluíram que o movimento descrito podia ser entendido como uma composição de dois movimentos parciais: um horizontal, com função horária de posições $x = 15,0t$ (SI), e o outro vertical, com função horária de posições $y = 20,0t - 5,0t^2$ (SI). Levando-se em conta o referencial **Oxy** citado, pedem-se:

a) obter a equação da trajetória da bola, $y = f(x)$;

b) esboçar a trajetória da bola, indicando o alcance horizontal do lançamento e a altura máxima atingida.

Bloco 2

10. Velocidade escalar média

// Pose icônica do lendário Usain Bolt ao comemorar suas vitórias.

Os maiores atletas do mundo se empenham obstinadamente em busca de vitórias, recordes e medalhas olímpicas. Em corridas de 100 m rasos, uma grande referência é o jamaicano Usain Bolt, detentor dos maiores prêmios nessa categoria.

Os tempos registrados por Bolt nas competições oficiais dessa modalidade sempre ficaram abaixo de 10 s, o que é extraordinário se pensarmos em pessoas comuns.

Adotando-se 10 s como um tempo razoável em uma prova de 100 m rasos, podemos determinar a rapidez média de deslocamento do atleta, bastando-se dividir 100 m por 10 s, o que resulta 10 m/s ou 36 km/h.

A grandeza física obtida dessa forma é denominada velocidade escalar média e informa qual foi, em média, a rapidez com que o espaço variou ao longo da trajetória.

> Define-se **velocidade escalar média**, v_m, como a relação entre a variação de espaço, Δs, e o intervalo de tempo correspondente, Δt.
> Matematicamente:
> $$v_m = \frac{\Delta s}{\Delta t}$$

No SI, a unidade de medida de velocidade é o **m/s**. Apresenta interesse, contudo, especialmente no Brasil, a unidade km/h, utilizada em veículos automotores.

Busquemos uma relação entre km/h e m/s.

$$1\,\frac{km}{h} = \frac{1000\,m}{3600\,s} = \frac{1}{3,6}\,\frac{m}{s}$$

Esquematicamente:

$\frac{km}{h}$ — ÷ 3,6 → $\frac{m}{s}$
$\frac{km}{h}$ ← × 3,6 — $\frac{m}{s}$

NOTA!

Ao dizermos que a velocidade escalar média em uma prova de 100 m rasos é próxima de 10 m/s, estamos expressando com que rapidez, em média, o espaço varia. É importante notar que na largada os atletas têm velocidade menor que esse valor médio (10 m/s) e, na chegada, velocidade maior.

Exemplos bastante requisitados em exercícios:

- $72\,\frac{km}{h} = \frac{72}{3,6}\,\frac{m}{s} = 20\,\frac{m}{s}$
- $30\,\frac{m}{s} = 30 \cdot 3,6\,\frac{km}{h} = 108\,\frac{km}{h}$

As ondas sonoras se propagam no ar com velocidade escalar média próxima de 340 m/s. Quanto representa isso em km/h?

Vejamos:

$$340 \frac{m}{s} = 340 \cdot 3,6 \frac{km}{h} = 1224 \frac{km}{h}$$

Esse valor de velocidade é chamado de Mach 1, como será abordado com mais detalhes em outros tópicos. Assim, corpos mais velozes que o som no ar são chamados corpos **supersônicos**. Alguns exemplos de corpos supersônicos são as armas de fogo modernas, alguns aviões de passageiros (como o Tupolev Tu-144 ou o Concorde) e aviões de caça, como o caça estadunidense McDonnell Douglas F-15 Eagle, capaz de voar com velocidades superiores a Mach 2. Além disso, estrondos supersônicos ocorrem ao estalar um chicote de couro cru e ao estourar um balão de látex.

A luz é o ente físico mais veloz que existe, como aparecerá diversas vezes no texto desta obra. Sua velocidade no vácuo beira 300 000 km/s, o que é algo impressionante. Para se ter uma ideia, a luz daria em torno da Terra, ao longo da linha do Equador, cerca de 7,5 voltas em apenas 1 s! Tente fazer esse cálculo (adote $\pi \cong 3$ e o raio do planeta próximo de 6 400 km).

// O McDonnell Douglas F-15 Eagle atinge velocidades superiores a Mach 2 ou 2 448 km/h. Ao romper a barreira do som, essa aeronave produz uma onda de choque de grande potência, percebida em solo como um forte estrondo.

Ampliando o olhar

Velocidades de referência em ordem crescente

// Atletas em uma prova de 100 m rasos: no trecho final, eles passam de 12,0 m/s ou 43,2 km/h.

// Guepardo (ou chita), animal endêmico das estepes africanas, considerado o mamífero mais veloz do mundo: chega a 30 m/s ou 108 km/h.

// Trens-bala, em operação sobretudo na Europa e na Ásia, podem atingir mais de 150 m/s ou 540 km/h.

// A Terra, em seu movimento de translação em torno do Sol, desloca-se, em média, a 30 km/s ou 108 000 km/h. Ilustração com distâncias e tamanhos fora de escala.

Faça você mesmo

Vida útil da vela

Vamos propor aqui um experimento muito simples para a determinação de velocidade escalar média.

Material necessário

- 1 vela relativamente fina e não muito longa (aproximadamente 20 cm);
- 1 isqueiro ou caixa de fósforos;
- 1 régua ou trena;
- cronômetro (podem ser utilizados relógios de pulso com cronômetro, o próprio aparelho de cronômetro, aplicativos de *smartphone*, etc).

Procedimento

I. Meça previamente, em centímetros, o comprimento Δs da vela apagada.

II. Agora, zere o cronômetro e, a seguir, acenda a vela com cuidado, disparando ao mesmo tempo o cronômetro.

III. Deixe a vela queimar até o fim. Verifique o intervalo de tempo Δt, em segundos, em que isso se deu.

Desenvolvimento

1. Dividindo-se Δs por Δt, você obterá, em cm/s, a velocidade escalar média com que a chama da vela se deslocou verticalmente para baixo. Qual o valor obtido para essa velocidade escalar média?

2. O que você faria para conseguir resultados mais precisos e confiáveis nesse experimento?

11. Velocidade escalar instantânea

Dentre os muitos instrumentos disponíveis nos carros e motos atuais está um velho medidor, o **velocímetro**, que registra a magnitude da velocidade dos veículos baseando-se no número de giros realizados por suas rodas.

Qualquer motorista prudente deve consultar esse dispositivo antes de entrar em uma curva, ou mesmo nas proximidades de um radar controlador de velocidades.

// Geralmente os velocímetros dos automóveis vêm graduados em km/h ou mi/h. No Brasil e nos demais países da América Latina, bem como em quase toda a Europa, a unidade mais utilizada é o km/h, informada em placas de trânsito e demais indicações.

Define-se **velocidade escalar instantânea**, v, como o valor da velocidade escalar em determinado instante, t.

Em essência, o módulo (valor absoluto, sem sinal) da velocidade escalar instantânea corresponde à indicação instantânea do velocímetro.

Seria, isso sim, a velocidade escalar média definida em um intervalo de tempo muito pequeno – tão pequeno quanto se queira –, de duração tendente a zero.

É interessante registrar que grandezas instantâneas, como a que estamos estudando, são obtidas de forma rigorosa por uma operação denominada **limite**. No caso, diz-se que a velocidade escalar instantânea é o limite da velocidade escalar média quando o intervalo de tempo tende a zero.

Matematicamente:

$$v = \lim_{\Delta t \to 0} v_m = \lim_{\Delta t = 0} \frac{\Delta s}{\Delta t}$$

Esse limite traduz a **derivada** do espaço em relação ao tempo no instante considerado.

Indica-se assim:

$$v = \frac{ds}{dt}$$

12. Aceleração escalar média

Suponhamos agora que, ao testar um carro esportivo em uma pista de provas, determinado piloto perceba que em um curto intervalo de tempo as indicações do velocímetro revelam-se sucessivamente crescentes, como sugere a imagem ao lado.

Bem, provavelmente esse piloto exclamará: *Que máquina! Que motor incrível! Que capacidade de aceleração!*

De forma geral, **aceleração** é a grandeza física que informa a rapidez com que a velocidade varia. Há quem talvez diga, com elevado grau de asserção, que aceleração é a *velocidade da velocidade*.

// Velocímetro acusando valores sucessivamente crescentes de velocidade. Nesse caso, o veículo está dotado de aceleração.

Define-se **aceleração escalar média**, α_m, como a relação entre a variação da velocidade escalar instantânea, Δv, e o correspondente intervalo de tempo, Δt.

Matematicamente:

$$\alpha_m = \frac{\Delta v}{\Delta t}$$

A unidade de medida de aceleração fica determinada dividindo-se a unidade de velocidade pela unidade de tempo.

No SI, tem-se:

$$\text{unid. } (\alpha) = \frac{\text{unid. } (v)}{\text{unid. } (t)} = \frac{\frac{m}{s}}{s} = \frac{m}{s \cdot s} \Rightarrow \text{unid. } (\alpha) = \frac{m}{s^2}$$

Se você largar no ambiente da sua sala de aula um pequeno objeto, como uma borracha de apagar ou a tampa de uma caneta, este cairá atraído pelo planeta com velocidade de intensidade crescente. Nesse caso, o corpo sofrerá um acréscimo de velocidade próximo de 10 m/s a cada segundo de queda, o que implica uma aceleração escalar média de 10 m/s², valor correspondente à **aceleração da gravidade terrestre (g)**.

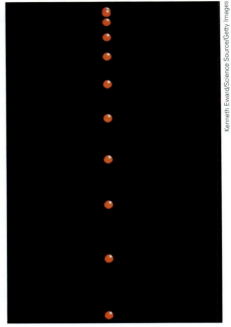

// Nesta foto estroboscópica, os intervalos de tempo entre imagens sucessivas são iguais. Percebe-se, então, que a velocidade escalar do objeto tem valor crescente, o que revela a existência de uma aceleração não nula.

Ampliando o olhar

Comparando acelerações

Ao partir do repouso de uma estação, uma composição do metrô atinge, em questão de 10 s, velocidades escalares próximas de 72 km/h = 20 m/s.

// Realizados o embarque e o desembarque dos passageiros, o trem arranca a partir do repouso, imprimindo uma aceleração que obriga as pessoas em pé em seu interior a se segurar com firmeza para evitar quedas e acidentes mais graves.

Esse ganho de velocidade justifica o cálculo de uma aceleração escalar média, como apresentamos abaixo.

$$\alpha_m = \frac{\Delta v}{\Delta t} \Rightarrow \alpha_m = \frac{20 - 0}{10}$$

Da qual:

$$\boxed{\alpha_m = 2 \text{ m/s}^2}$$

Isso significa uma aceleração escalar média equivalente a 0,2g, em que g = 10 m/s² é a intensidade da aceleração da gravidade terrestre.

Já ao espirrarmos partículas de saliva e outros sedimentos bucais são expelidos com velocidade próxima de 72 km/h = 20 m/s.

// Saúde!

Admitindo-se que essas partículas partam do repouso e sejam ejetadas em um intervalo de tempo próximo de 0,1 s = 10^{-1} s, sua aceleração escalar média fica determinada por:

$$\alpha_m = \frac{\Delta v}{\Delta t} \Rightarrow \alpha_m = \frac{20 - 0}{10^{-1}}$$

De onde se conclui:

$$\boxed{\alpha_m = 200 \text{ m/s}^2}$$

Esse resultado equivale a 20g.

Calculemos agora o valor da aceleração escalar média de um projétil disparado por uma arma de fogo, como um fuzil ou uma pistola.

Admitindo-se que o projétil tenha sido expelido com velocidade escalar igual a 200 m/s (valor subestimado) e que o trânsito desse corpo no cano da arma tenha durado 0,01 s = 10^{-2} s, vem:

$$\alpha_m = \frac{\Delta v}{\Delta t} \Rightarrow \alpha_m = \frac{200 - 0}{10^{-2}}$$

De onde se obtém

$$\boxed{\alpha_m = 20\,000 \text{ m/s}^2}$$

Nesta imagem pode-se observar o projétil deixando o cano da pistola logo após o disparo. Armas de fogo devem ser manuseadas apenas por pessoas devidamente habilitadas e capacitadas.

Veja que esse resultado significa uma aceleração escalar média equivalente a 10 000 vezes à do trem do metrô ou a 100 vezes à das partículas lançadas da boca em um espirro.

A aceleração escalar média do projétil em seu deslocamento ultrarrápido ao longo do cano da arma é algo bastante expressivo, comparável a 2 000g!

Será que um ser humano conseguiria se deslocar "montado" em um projétil como esse?

Certamente não!

Conforme verificações empíricas, nossa fisiologia é capaz de suportar acelerações pouco maiores que 10g. Acima disso, seríamos dilacerados sem nenhuma chance de sobrevivência devido às forças de inércia que tracionariam, ainda que por pouco tempo, tecidos, vasos sanguíneos, artérias, etc.

Em manobras aéreas radicais, como curvas fechadas, fortes arrancadas e freadas, pilotos de caça sofrem com as acelerações. Isso ficou registrado quando o oficial da FAB (Força Aérea Brasileira) Gustavo Pascotto foi submetido, na Suécia, em 2014, com aprovação, ao teste da centrífuga, com vistas a pilotar o caça supersônico Gripen, nova aeronave de combate do Brasil. Registrou-se que, no momento das imagens acima, o piloto estava sujeito a uma aceleração de intensidade 9g.

13. Aceleração escalar instantânea

Como será estudado na Unidade 2, Dinâmica, um pêndulo no teto de um veículo que se desloca horizontalmente em linha reta, como o representado no esquema abaixo, pode servir para medições indiretas dessa grandeza. Para tanto, basta conhecerem-se o valor de g (intensidade da aceleração da gravidade) e a tangente do ângulo θ formado entre o pêndulo e a direção vertical.

A aceleração escalar instantânea é o valor da aceleração escalar em determinado instante t.
Matemáticamente:

$$\alpha = \lim_{\Delta t \to 0} \alpha_m = \lim_{\Delta t \to 0} \frac{\Delta v}{\Delta t}$$

Esse limite traduz a **derivada** da velocidade escalar instantânea em relação ao tempo no instante considerado.
Representa-se assim:

$$\alpha = \frac{dv}{dt}$$

14. Classificação dos movimentos

Um movimento é classificado como **progressivo** quando o móvel percorre a trajetória no **sentido positivo**, isto é, de acordo com os **espaços crescentes**.
Nesse caso, **a velocidade escalar instantânea é positiva** ($v > 0$).

A Rodovia dos Imigrantes, que liga a cidade de São Paulo ao litoral paulista, é orientada no sentido do interior, isto é, da capital para Santos. Por isso, carros que se dirigem por essa via à Baixada Santista realizam **movimento progressivo**.

Um movimento é classificado como **retrógrado** quando o móvel percorre a trajetória no **sentido negativo**, isto é, de acordo com os **espaços decrescentes**.
Nesse caso, **a velocidade escalar instantânea é negativa** ($v < 0$).

No retorno de Santos para São Paulo, também pela Rodovia dos Imigrantes, os veículos passam por marcos quilométricos sequenciados com indicações decrescentes. Por isso, realizam **movimento retrógrado**.

Qual a sensação de ir de 0 a 100 km/h em linha reta em apenas 1 s?

É o que ocorre nos *dragsters*, veículos especiais projetados para arrancadas, que alcançam velocidades máximas maiores que as dos carros de Fórmula 1 (500 km/h contra 340 km/h, respectivamente). Os *dragsters*, que mais parecem foguetes sobre rodas, utilizam como combustível o nitrometano (95%) misturado com metanol (5%), sendo dotados de motores que, na categoria *Top Fuel*, podem atingir potências de até 10 000 hp. Durante a arrancada, um *dragster* realiza um **movimento acelerado**.

// Dragster em procedimento de arrancada: **movimento acelerado**.

Um movimento é classificado como **acelerado** quando a intensidade (módulo) da velocidade escalar instantânea é **sucessivamente crescente**.
Nesse caso, as grandezas instantâneas velocidade escalar e aceleração escalar **têm o mesmo sinal algébrico**.

$$v > 0 \text{ e } \alpha > 0 \text{ ou } v < 0 \text{ e } \alpha < 0$$

Como realizar a frenagem de um *dragster* desde 500 km/h até zero em trechos relativamente curtos?

Freios convencionais são insuficientes nessa tarefa, sobretudo porque as rodas dianteiras, sendo muito estreitas e pequenas, não contribuem efetivamente com o retardamento. Por isso, são utilizados paraquedas para ajudar a frear o veículo, que realiza nesse processo um **movimento retardado**.

// Para ajudar um *dragster* a frear são utilizados paraquedas que adicionam uma força aerodinâmica de resistência do ar decisiva para parar o veículo.

Um movimento é classificado como **retardado** quando a intensidade (módulo) da velocidade escalar instantânea é **sucessivamente decrescente**.
Nesse caso, as grandezas instantâneas velocidade escalar e aceleração escalar **têm sinais algébricos opostos**.

$$v > 0 \text{ e } \alpha < 0 \text{ ou } v < 0 \text{ e } \alpha > 0$$

DESCUBRA MAIS

1. Qual a trajetória de uma partícula em repouso em relação a determinado referencial?

2. Às vezes, no carro, no ônibus ou no metrô, você fica em dúvida – meio perdido – em relação a que veículo está em repouso ou movimento: o seu ou o outro emparelhado muito próximo? Por que ocorre esse lapso de definição e como resolvê-lo?

3. Alguns cadernos têm uma espécie de mola para fixar a capa e as folhas, sendo, por isso, chamados de "cadernos espirais". O nome mais apropriado não seria "cadernos helicoidais", considerando-se o formato da mola de fixação, uma hélice cilíndrica? Qual a diferença entre uma curva espiral e uma helicoidal?

4. Existe movimento acelerado com aceleração escalar negativa?

NOTAS!

- As grandezas instantâneas velocidade escalar e aceleração escalar são algébricas, assumindo sinais positivos ou negativos.
- Se a velocidade escalar for constante e não nula, a aceleração escalar será nula e o movimento é uniforme, como estudaremos no Tópico 2 da presente Unidade.

Exercícios Nível 1

11. Os radares controladores de velocidade instalados em estradas e avenidas Brasil afora colhem amostras da **velocidade escalar instantânea** dos veículos por meio de uma incidência e reflexão praticamente instantâneas de ondas eletromagnéticas na faixa das radiofrequências. Como os motoristas devem apresentar velocidade adequada não apenas no momento da passagem diante do radar, mas, sim, durante todo o percurso, estão em teste atualmente na cidade de São Paulo sistemas de radares detectores de **velocidade escalar média**.

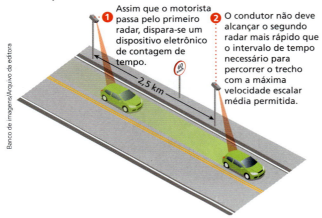

Velocidade média
Veja como os radares calculam a velocidade média dos carros.

① Assim que o motorista passa pelo primeiro radar, dispara-se um dispositivo eletrônico de contagem de tempo.
② O condutor não deve alcançar o segundo radar mais rápido que o intervalo de tempo necessário para percorrer o trecho com a máxima velocidade escalar média permitida.

Em uma extensão monitorada de 2,5 km em que a velocidade escalar média máxima permitida é de 60 km/h, qual o mínimo intervalo de tempo disponível ao percurso de um veículo para que não seja caracterizada uma infração de trânsito registrada pelo sistema de radares?

12. (E.R.) Um carro percorre um trecho de extensão L de uma rodovia com velocidade escalar média igual a v_1 e, na sequência, outro trecho também de extensão L com velocidade escalar média igual a v_2. Qual a velocidade escalar média do carro ao longo desses dois trechos?

Resolução:

Cálculo do intervalo de tempo total, T, gasto no percurso:

$$v_m = \frac{\Delta x}{\Delta t} \Rightarrow \Delta t = \frac{\Delta s}{v_m}$$

$$\Delta t_1 = \frac{L}{v_1} \quad e \quad \Delta t_2 = \frac{L}{v_2}$$

$$T = \Delta t_1 + \Delta t_2 \Rightarrow T = \frac{L}{v_1} + \frac{L}{v_2}$$

Da qual:

$$T = \frac{L(v_1 + v_2)}{v_1 v_2}$$

Cálculo da velocidade escalar média do carro, v_m, ao longo dos dois trechos:

$$v_m = \left(\frac{\Delta s}{\Delta t}\right)_{total} = \frac{2L}{T}$$

Substituindo o valor determinado para T, vem:

$$v_m = \frac{2L}{\frac{L(v_1 + v_2)}{v_1 v_2}}$$

De onde se obtém:

$$\boxed{v_m = \frac{2v_1 v_2}{v_1 + v_2}}$$

É importante destacar que a velocidade escalar média calculada não é uma média aritmética das velocidades escalares médias. É, isso sim, uma média harmônica dessas velocidades.

13. O GP Brasil de Fórmula 1 é uma prova de automobilismo que é realizada no Autódromo de Interlagos, em São Paulo, circuito especial pela dificuldade suplementar imposta aos pilotos que percorrem a pista no sentido anti-horário, o que impõe a todos um esforço físico a mais. Devem-se destacar também o maior número de pontos de ultrapassagem e o desnível de 58 m existente entre a Reta da Largada e a Reta Oposta, o que garante uma dose extra de emoções.
Admita que um determinado piloto, ao completar uma volta no circuito com velocidade escalar média de 180 km/h, seja informado pelo rádio de que deverá correr um pouco mais na volta seguinte, de modo que a velocidade escalar média de seu carro, nessas duas voltas, seja de 200 km/h. Qual deverá ser a velocidade escalar média a ser obtida na segunda volta para que a meta da equipe seja atingida?

14. O Maglev japonês é atualmente o trem mais veloz do mundo, tendo alcançado recentemente a velocidade recorde de 603 km/h. O Maglev funciona por meio de um sistema de levitação magnética que usa motores lineares para gerar um

50 UNIDADE 1 | CINEMÁTICA

campo magnético perto dos trilhos. Esse campo, que faz com que o trem seja elevado até 10 cm acima da ferrovia, impulsiona o veículo praticamente sem forças de fricção, a não ser com o ar. Embora atinja altas velocidades, o Maglev acelera de maneira confortável, atingindo 540 km/h somente depois de 75 s a partir do repouso. Considerando-se essas informações, determine a aceleração escalar média do Maglev nessa arrancada.

15. (Uerj) O cérebro humano demora cerca de 0,50 segundo para responder a um estímulo. Por exemplo, se um motorista decide parar o carro, levará no mínimo esse tempo de resposta para acionar o freio. Determine a distância que um carro a 108 km/h percorre durante o tempo de resposta do motorista e calcule a aceleração escalar média imposta ao carro se a freada durar 5,0 segundos.

16. Nesta imagem de múltipla exposição, uma bola colide sucessivamente contra o solo, descrevendo entre duas colisões consecutivas trajetórias sensivelmente parabólicas sob a ação da gravidade.

Como você classifica o movimento da bola durante uma subida: **acelerado** ou **retardado**? E durante uma descida?

17. Uma partícula se desloca ao longo de uma trajetória orientada de modo que sua velocidade escalar, v, varia em função do tempo, t, conforme o gráfico abaixo.

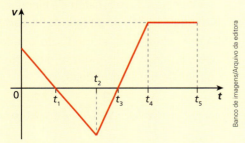

Analisando-se as indicações do diagrama, pede-se:

a) Classificar o movimento da partícula como **progressivo** ou **retrógrado**; **acelerado**, **retardado** ou **uniforme**, respectivamente nos intervalos de 0 a t_1, de t_1 a t_2, de t_2 a t_3, de t_3 a t_4 e de t_4 a t_5.
b) Dizer em que instantes a partícula inverteu o sentido do seu movimento.

Resolução:

a) Se a velocidade escalar é positiva, o movimento é progressivo e, se a velocidade escalar é negativa, o movimento é retrógrado. Se o módulo da velocidade escalar é crescente, o movimento é acelerado e, se o módulo da velocidade escalar é decrescente, o movimento é retardado. No caso de o módulo da velocidade escalar ser constante, o movimento é uniforme. Logo:

De 0 a t_1: movimento progressivo e retardado.
De t_1 a t_2: movimento retrógrado e acelerado.
De t_2 a t_3: movimento retrógrado e retardado.
De t_3 a t_4: movimento progressivo e acelerado.
De t_4 a t_5: movimento progressivo e uniforme.

b) Ocorre inversão no sentido do movimento quando a velocidade escalar se anula e troca de sinal. Isso ocorre nos instantes t_1 e t_3. É importante observar que o fato único de a velocidade escalar se anular não caracteriza, por si só, a inversão no sentido do movimento.

18. O movimento de uma partícula sobre uma trajetória orientada é descrito pelo gráfico da velocidade escalar, v, em função do tempo, t, abaixo.

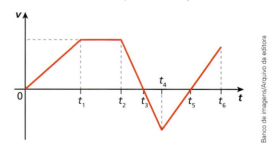

Pede-se:

a) classificar o movimento como **progressivo** ou **retrógrado**; **acelerado**, **retardado** ou **uniforme**, respectivamente nos intervalos de 0 a t_1, de t_1 a t_2, de t_2 a t_3, de t_3 a t_4, de t_4 a t_5 e de t_5 a t_6;
b) dizer em que instantes a partícula inverteu o sentido do seu movimento.

Exercícios Nível 2

19. (Fuvest-SP) Diante de uma agência do INSS, há uma fila de aproximadamente 100 m de comprimento, ao longo da qual se distribuem de maneira uniforme 200 pessoas. Aberta a porta, as pessoas entram, durante 30 s, com uma velocidade média de 1 m/s. Avalie:
a) o número de pessoas que entraram na agência;
b) o comprimento da fila que restou do lado de fora.

20. (FCMMG) Um professor, ao aplicar uma prova a seus 40 alunos, passou a lista de presença. A distância média entre dois alunos é de 1,2 m e a lista gastou cerca de 13 min para ser assinada por todos. Qual foi a velocidade escalar média dessa lista de presença, em cm/s?

21. Bárbara mora em São Paulo e teve um compromisso às 16 h em São José dos Campos, distante 90 km da capital paulista. Pretendendo fazer uma viagem tranquila, ela saiu de São Paulo às 14 h, planejando chegar ao seu destino pontualmente no horário marcado.

Durante o trajeto, porém, depois de ter percorrido um terço do caminho com velocidade escalar média de 45 km/h, Bárbara recebeu uma chamada em seu celular pedindo que estivesse presente meia hora antes do horário combinado. Para chegar ao local do compromisso no novo horário, desprezando-se o tempo de parada para atender à ligação, que velocidade escalar média mínima a moça teve que imprimir ao seu veículo no restante do trajeto?

22. Admita que o lateral direito de uma equipe de
E.R. futebol, depois de "roubar" uma bola do time adversário, faça a incursão retilínea **AB** – incomum – indicada na figura abaixo, criando uma boa jogada de ataque.

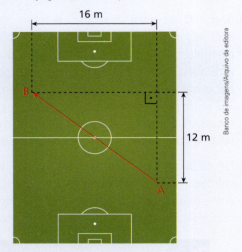

Sabendo-se que o percurso **AB** foi realizado em 5,0 s, pede-se calcular:
a) o comprimento do segmento **AB**;
b) a velocidade escalar média desse lateral direito de **A** até **B**.

Resolução:
a) O comprimento do segmento **AB** pode ser calculado aplicando-se o Teorema de Pitágoras.
$(AB)^2 = (12)^2 + (16)^2 \Rightarrow (AB)^2 = 144 + 256$
$(AB)^2 = 400 \therefore \boxed{AB = 20 \text{ m}}$

Deve-se observar que o triângulo retângulo em questão pertence à família dos triângulos retângulos pitagóricos, cujos lados são proporcionais a 3, 4 e 5, catetos e hipotenusa do triângulo retângulo pitagórico fundamental.

b) A velocidade escalar média do jogador fica determinada aplicando-se diretamente a definição dessa grandeza.

$$v_m = \frac{\Delta s}{\Delta t} = \frac{AB}{\Delta t} \Rightarrow v_m = \frac{20 \text{ m}}{5,0 \text{ s}}$$

Da qual:
$$\boxed{v_m = 4,0 \text{ m/s}}$$

23. *Drones* são veículos voadores não tripulados, controlados remotamente e guiados por GPS (sigla em inglês para *Global Positioning System*). Esses equipamentos têm sido muito utilizados em emergências médicas, nas quais transportam materiais de primeiros socorros, e em cinema e fotografia, de modo a registrarem cenas a partir de posições aéreas privilegiadas.

Admita que um *drone*, gravando uma das tomadas de um filme, tenha se deslocado em linha reta do ponto **A** ao ponto **B**, locais posicionados no referencial cartesiano **Oxy** mostrado abaixo, durante um intervalo de tempo de 20 s.

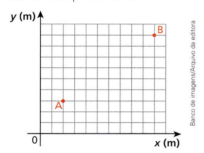

Sabendo-se que cada quadrícula do esquema tem lado correspondente a 1,0 m, pede-se calcular:

a) a distância percorrida pelo drone no percurso de **A** até **B**;

b) a velocidade escalar média do veículo nesse deslocamento.

24. **E.R.** Considere que a distância, por rodovia, entre Palmas e Brasília seja de 900 quilômetros. Um carro, viajando de Palmas a Brasília, percorre o primeiro terço do caminho com velocidade escalar média de 120 km/h, o terço seguinte com velocidade escalar média de 80 km/h e o restante do percurso – bastante esburacado – com velocidade escalar média de 60 km/h. Desprezando-se a duração das breves paradas para abastecimento e alimentação, determine

a) o intervalo de tempo total gasto na viagem;

b) a velocidade escalar média do veículo de Palmas a Brasília.

Resolução:

a)

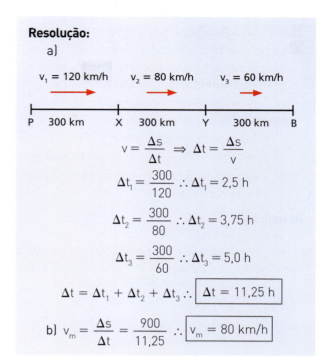

$$v = \frac{\Delta s}{\Delta t} \Rightarrow \Delta t = \frac{\Delta s}{v}$$

$$\Delta t_1 = \frac{300}{120} \therefore \Delta t_1 = 2{,}5 \text{ h}$$

$$\Delta t_2 = \frac{300}{80} \therefore \Delta t_2 = 3{,}75 \text{ h}$$

$$\Delta t_3 = \frac{300}{60} \therefore \Delta t_3 = 5{,}0 \text{ h}$$

$$\Delta t = \Delta t_1 + \Delta t_2 + \Delta t_3 \therefore \boxed{\Delta t = 11{,}25 \text{ h}}$$

b) $v_m = \dfrac{\Delta s}{\Delta t} = \dfrac{900}{11{,}25} \therefore \boxed{v_m = 80 \text{ km/h}}$

25. A praça quadrada, formada por casinhas coloridas e pedras irregulares, faz do Pátio de São Pedro, no Recife-PE, um dos únicos do Brasil a preservar o traçado comum no período colonial. O conjunto arquitetônico, que conta ainda com a imponente Catedral de São Pedro dos Clérigos, é tombada pelo Patrimônio Histórico Nacional. (...).

Disponível em: <https://jomeiralins.tumblr.com/post/144370207726/a-pra%C3%A7a-quadrada-formada-por-casinhas-coloridas-e>. Acesso em: 2 jun. 2018.

Considere que um atleta vá percorrer a pé, uma única vez, o comprimento perimétrico de uma praça quadrada de lado L. Sabendo-se que os quatro lados consecutivos dessa praça serão descritos com velocidades escalares médias respectivamente iguais a v, $2v$, $3v$ e $4v$, pede-se determinar:

a) o intervalo de tempo gasto pelo atleta no percurso total;

b) sua velocidade escalar média ao completar a citada volta na praça.

TÓPICO 1 | INTRODUÇÃO À CINEMÁTICA ESCALAR

26. O espaço de uma partícula medido ao longo de uma trajetória orientada varia com o tempo conforme a função horária abaixo, com s medido em metros e t, em segundos.
$$s = 4{,}0 - 2{,}0t + 6{,}0t^2$$
Considerando-se os instantes $t_1 = 1{,}0$ s e $t_2 = 3{,}0$ s, pede-se determinar:

a) os espaços s_1 e s_2 em t_1 e t_2, respectivamente;

b) a velocidade escalar média da partícula no intervalo de t_1 a t_2.

Resolução:

a) Em $t_1 = 1{,}0$ s:
$$s_1 = 4{,}0 - 2 \cdot (1{,}0) + 6{,}0 \cdot (1{,}0)^2$$
$$\boxed{s_1 = 8{,}0 \text{ m}}$$

Em $t_2 = 3{,}0$ s:
$$s_2 = 4{,}0 - 2 \cdot (3{,}0) + 6{,}0 \cdot (3{,}0)^2$$
$$\boxed{s_2 = 52{,}0 \text{ m}}$$

b) Aplicando-se a definição de velocidade escalar média, vem:
$$v_m = \frac{\Delta s}{\Delta t} = \frac{s_2 - s_1}{t_2 - t_1} \Rightarrow v_m = \frac{52{,}0 - 8{,}0}{3{,}0 - 1{,}0} = \frac{44{,}0}{2{,}0}$$

De onde se obtém:
$$\boxed{v_m = 22 \text{ m/s}}$$

27. Com a finalidade de estudar o movimento de uma gota d'água (mais densa) através do óleo de cozinha (menos denso), você preencheu uma proveta com capacidade pouco maior que um litro com óleo de cozinha, como ilustra o esquema a seguir.

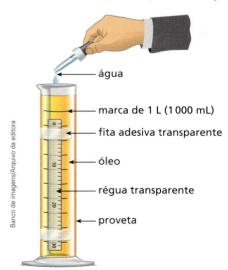

Em seguida, utilizando um conta-gotas, você pingou, no instante $t_0 = 0$, uma gota d'água com velocidade inicial praticamente nula sobre a superfície livre do óleo e observou sua descida em trajetória vertical até o fundo da proveta. Por meio de um cronômetro e de uma régua plástica transparente colada com fita adesiva no corpo do recipiente, ignoradas as forças de resistência viscosa, você estimou que a função horária do espaço para o movimento da gota deveria ser algo do tipo:
$$s = -10 + 0{,}1t^2$$
com s medido em centímetros e t, em segundos. Com base nessas informações, responda:

a) Em que instante a gota atingiu o nível do óleo marcado pela posição s = 0?

b) Em que instante a gota atingiu o fundo da proveta marcado pela posição s = 30 cm?

c) Qual a velocidade escalar média da gota entre os instantes $t_1 = 12$ s e $t_2 = 15$ s?

28. (UFABC-SP) Na natureza, muitos animais conseguem guiar-se e até mesmo caçar com eficiência, devido à grande sensibilidade que apresentam para detecção de ondas, tanto eletromagnéticas quanto mecânicas. O escorpião é um desses animais. O movimento de um besouro próximo a ele gera tanto pulsos mecânicos longitudinais quanto transversais na superfície da areia. Com suas oito patas espalhadas em forma de círculo, o escorpião intercepta primeiro os longitudinais, que são mais rápidos, e depois os transversais. A pata que primeiro detectar os pulsos determina a direção onde está o besouro.

A seguir, o escorpião avalia o intervalo de tempo entre as duas recepções, e determina a distância d entre ele e o besouro. Considere que os pulsos longitudinais se propaguem com velocidade de 150 m/s, e os transversais com velocidade de 50 m/s. Se o intervalo de tempo entre o recebimento dos primeiros pulsos longitudinais e os primeiros transversais for de 0,006 s, determine a distância d entre o escorpião e o besouro.

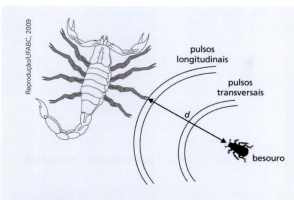

Resolução:

O intervalo de tempo Δt entre a percepção dos dois sinais é calculado por:

$$\Delta t = \Delta t_{transv} - \Delta t_{longit} \Rightarrow \Delta t = \frac{d}{v_{transv}} - \frac{d}{v_{longit}}$$

$$0,006 = \frac{d}{50} - \frac{d}{150} \Rightarrow 0,006 = \frac{3d - d}{150}$$

$$2d = 0,9 \therefore \boxed{d = 0,45 \text{ m} = 45 \text{ cm}}$$

29. (Unesp-SP) Nos últimos meses assistimos aos danos causados por terremotos. O epicentro de um terremoto é fonte de ondas mecânicas tridimensionais que se propagam sob a superfície terrestre. Essas ondas são de dois tipos: longitudinais e transversais. As ondas longitudinais viajam mais rápido que as transversais e, por atingirem as estações sismográficas primeiro, são também chamadas de ondas primárias (ondas **P**); as transversais são chamadas de ondas secundárias (ondas **S**). A distância entre a estação sismográfica e o epicentro do terremoto pode ser determinada pelo registro, no sismógrafo, do intervalo de tempo decorrido entre a chegada da onda **P** e a chegada da onda **S**.

Considere uma situação hipotética, extremamente simplificada, na qual, do epicentro de um terremoto na Terra são enviadas duas ondas, uma transversal que viaja com uma velocidade de, aproximadamente, 4,0 km/s, e outra longitudinal, que viaja a uma velocidade de, aproximadamente 6,0 km/s. Supondo que a estação sismográfica mais próxima do epicentro esteja situada a 1 200 km deste, qual a diferença de tempo transcorrido entre a chegada das duas ondas no sismógrafo?

a) 600 s.
b) 400 s.
c) 300 s.
d) 100 s.
e) 50 s.

30. **Fabricante americana revela novo esportivo com a arrancada mais rápida do mundo**

O Challenger SRT Demon traz motor V8, de 852 cv, capaz de fazer o carro acelerar de 0 a 96 km/h em apenas 2,3 segundos. O modelo começa a ser vendido nos Estados Unidos e Canadá a partir de meados deste ano.

Acabou o mistério! Depois de vários vídeos com *teasers* na internet, foi tirada da jaula a fera: apareceu finalmente o Challenger SRT Demon, uma das principais atrações para o Salão de New York, que será aberto ao público nesta sexta-feira, 12/04.

Com um poderoso motor V8-6.2 litros HEMI Supercharged, de 852 cv e quase 100 kgf.m de torque, o fabricante afirma ter criado o carro de produção em série mais rápido do mundo, capaz de acelerar de 0 a 96 km/h em 2,3 s e de percorrer, a partir do repouso, um quarto de milha (400 m) em apenas 9,65 s. [...]

Disponível em: <www.otempo.com.br/interessa/super-motor/dodge-revela-novo-esportivo-com-a-arrancada-mais-r%C3%A1pida-do-mundo-1.1459827>. Acesso em: 2 jun. 2018.

Considerando-se os dados citados no texto, determine:

a) a aceleração escalar média do veículo, em m/s², em sua arrancada;
b) a velocidade escalar média do carro no primeiro quarto de milha, em km/h.

31. A velocidade escalar instantânea de um novo modelo de motocicleta esportiva foi medida ao longo de uma pista de testes, o que permitiu a construção do gráfico v (km/h) $\times$ t (s) abaixo.

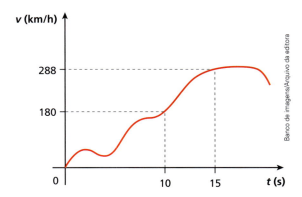

Sabendo-se que no intervalo de $t_1 = 10$ s a $t_2 = 15$ s a moto percorreu cerca de 320 m, determine nesse intervalo:

a) a velocidade escalar média da motocicleta, em km/h;
b) sua aceleração escalar média, em m/s².

32. (Unicid-SP) O gráfico mostra a variação da velocidade em função da distância percorrida por três atletas, **X**, **Y** e **Z**, em corridas de 100 m.

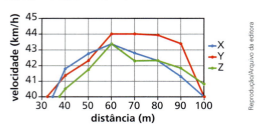

A partir do gráfico, é correto afirmar que

a) o atleta **Y** desenvolveu a maior aceleração entre 60 m e 80 m.
b) o atleta **X** desenvolveu movimento retardado entre 50 m e 60 m.
c) os três atletas desenvolveram movimento acelerado entre 40 m e 60 m.
d) o atleta **Z** desenvolveu movimento retardado entre 70 m e 80 m.
e) os três atletas desenvolveram movimento retardado entre 60 m e 80 m.

33. O espaço s de uma partícula que se desloca em uma trajetória orientada varia em função do tempo t conforme o gráfico abaixo.

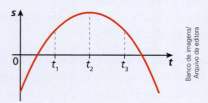

a) Classifique o movimento da partícula como **progressivo** ou **retrógrado**; **acelerado** ou **retardado**, nos intervalos de 0 a t_1 e de t_2 a t_3;
b) Responda o que ocorre com a partícula no instante t_2.

Resolução:

a) No intervalo de 0 a t_1, observa-se que o espaço é crescente, o que permite concluir que o movimento é progressivo. Além disso, pode-se notar que o espaço cresce de modo cada vez mais lento (menor variação de espaço, em módulo, em intervalos de tempo sucessivos e iguais), o que indica que o movimento é retardado. Logo, de 0 a t_1, o movimento é **progressivo** e **retardado**.

Já no intervalo de t_2 a t_3, observa-se que o espaço é decrescente, o que permite concluir que o movimento é retrógrado. Além disso, pode-se notar que o espaço decresce cada vez mais depressa (maior variação de espaço, em módulo, em intervalos de tempo sucessivos e iguais), o que indica que o movimento é acelerado. Logo, de t_2 a t_3, o movimento é **retrógrado** e **acelerado**.

b) No instante t_2, tem-se o ponto de inflexão da curva, isto é, até o instante t_2, o espaço era crescente e, a partir desse instante, torna-se decrescente. Isso implica uma inversão no sentido do movimento, que passa de progressivo para retrógrado. Nesse caso, a velocidade escalar troca de sinal. Logo, no instante t_2, ocorre inversão no sentido do movimento.

34. No instante $t_0 = 0$, Juca dispara uma pequena esfera verticalmente para cima a partir do solo, adotado como origem dos espaços. A esfera sobe, atinge o ponto mais alto de sua trajetória e retorna, sendo capturada na descida, no instante t = 3,0 s, por seu amigo Theo, posicionado a 15,0 m de altura acima do ponto de lançamento. O gráfico da posição y da esfera em relação a um eixo de espaços coincidente com a trajetória está mostrado em função do tempo t no diagrama abaixo.

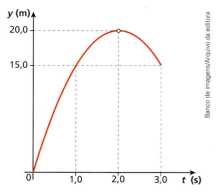

A partir dessas informações, pede-se:

a) determinar a distância percorrida pela esfera entre os instantes $t_0 = 0$ e t = 3,0 s;
b) calcular a velocidade escalar média da esfera entre os instantes $t_0 = 0$ e t = 3,0 s;
c) classificar o movimento da esfera como **progressivo** ou **retrógrado**; **acelerado** ou **retardado**, respectivamente nos intervalos de 1,0 s a 2,0 s e de 2,0 s a 3,0 s;
d) dizer o que ocorre com a esfera no instante t = 2,0 s.

Exercícios Nível 3

35. Um carro parte da posição x = 0 e, em trajetória retilínea, vai até o seu destino final na posição x = 6,0 km de acordo com o gráfico x (km) × t (min) mostrado na figura a seguir. O tempo gasto para as inversões de velocidade é desprezível.

Finalizado o percurso, o computador de bordo mede a razão entre a distância total percorrida e o tempo gasto. Essa grandeza é denominada **rapidez média** (r_m) (em inglês: *speed*).

Por outro lado, a **velocidade escalar média** (v_m) é a razão entre o deslocamento escalar e o tempo gasto.

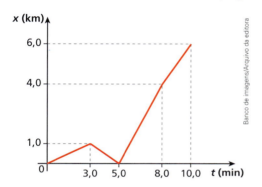

Os valores de r_m e v_m são:
a) $r_m = v_m = 48,0$ km/h
b) $r_m = v_m = 36,0$ km/h
c) $r_m = 48,0$ km/h e $v_m = 36,0$ km/h
d) $r_m = 36,0$ km/h e $v_m = 48,0$ km/h
e) $r_m = 30,0$ km/h e $v_m = 60,0$ km/h

36. (Fatec-SP) Em 2013, Usain Bolt, atleta jamaicano, participou de um evento na cidade de Buenos Aires (Argentina). Ele tinha como desafio competir em uma corrida de curta distância contra um ônibus. A prova foi reduzida de 100 m para 80 m devido à aceleração final impressa pelo ônibus. Depois do desafio, verificou-se que a velocidade escalar média de Bolt ficou por volta de 32 km/h e a do ônibus, 30 km/h.

(http://tinyurl.com/Bolt-GazetaEsportiva. Acesso em: 26.12.2013. Original colorido.)

Utilizando-se as informações obtidas no texto, é correto afirmar que os intervalos de tempo que Usain Bolt e o ônibus demoraram para completarem a corrida, respectivamente, foram, em segundos, de
a) 6,6 e 4,1.   d) 9,6 e 9,0.
b) 9,0 e 9,6.   e) 4,1 e 6,6.
c) 6,6 e 6,6.

37. (UPE) Em uma corrida de revezamento, um cão corre com velocidade escalar $V_1 = 6,0$ m/s, uma lebre, com velocidade escalar $V_2 = 4,0$ m/s, e um gato, com velocidade escalar $V_3 = 3,0$ m/s. Se cada um dos animais percorre uma distância L, a velocidade escalar média dessa equipe de revezamento, em m/s, vale
a) 6   c) 8   e) 5
b) 4   d) 3

38. O gráfico I apresentado a seguir traduz a velocidade escalar média de um ônibus em função da quantidade de quilômetros de lentidão registrados no trânsito de determinada capital.

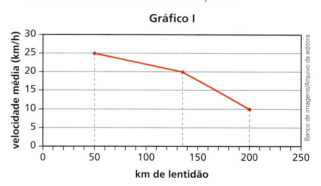

Já o gráfico II mostra a evolução do congestionamento do tráfego de acordo com cada horário do dia.

O ônibus faz o mesmo percurso, de extensão 10 km, às 7 h e às 19 h. Às 7 h, a viagem é realizada em um intervalo de tempo T_1 e às 19 h, em um intervalo de tempo T_2. Considerando-se essas informações, qual a economia de tempo de um passageiro, em minutos, ao fazer o percurso de manhã (às 7 h) em relação à mesma viagem realizada no período da noite (às 19 h)?

39. Um motorista ultrapassa um comboio de 10 caminhões que se move com velocidade escalar média de 90 km/h. Após a ultrapassagem, o motorista decide que irá fazer um lanche em um local a 150 km de distância, onde ficará parado por 12 minutos. Ele não pretende ultrapassar o comboio novamente até chegar ao seu destino final. Pede-se determinar o valor mínimo da velocidade escalar média que o motorista deveria desenvolver, até chegar ao local do lanche, para retomar a viagem, após o lanche, à frente do comboio.

40. (Unicamp-SP) A figura a seguir mostra o esquema simplificado de um dispositivo colocado em uma rua para controle de velocidade de automóveis (dispositivo popularmente chamado de radar).

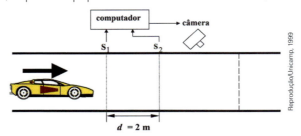

Os sensores S_1 e S_2 e a câmera estão ligados a um computador. Os sensores enviam um sinal ao computador sempre que são pressionados pelas rodas de um veículo. Se a velocidade do veículo está acima da permitida, o computador envia um sinal para que a câmera fotografe sua placa traseira no momento em que esta estiver sobre a linha tracejada. Para certo veículo, os sinais dos sensores foram os seguintes:

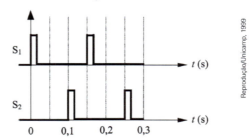

a) determine a velocidade do veículo em km/h;
b) calcule a distância entre os eixos do veículo.

41. (Fuvest-SP) Dirigindo-se a uma cidade próxima por uma autoestrada plana, um motorista estima seu tempo de viagem, considerando que consiga manter uma velocidade escalar média de 90 km/h. Ao ser surpreendido por uma chuva, decide reduzir sua velocidade escalar média para 60 km/h, permanecendo assim até a chuva passar, quinze minutos mais tarde, quando retoma sua velocidade escalar média inicial. Essa redução temporária de velocidade aumenta seu tempo de viagem, com relação à estimativa inicial, em:

a) 5,0 minutos
b) 7,5 minutos
c) 10 minutos
d) 15 minutos
e) 30 minutos

42. Dois torcedores, **A** e **B**, presentes em um grande estádio, escutam em instantes diferentes o som do trilar do apito do árbitro encerrando uma importante partida de futebol. O torcedor **A**, mais distante do árbitro, recebe o sinal sonoro depois de 0,25 s, com um atraso (*delay*) de $6,25 \cdot 10^{-2}$ s em relação ao torcedor **B**.
Admitindo-se que a velocidade do som no ar tenha módulo igual a 320 m/s e que as posições dos torcedores **A** e **B** e a do árbitro definam retas perpendiculares, pede-se calcular:

a) a distância entre o torcedor **A** e o árbitro;
b) a distância entre o torcedor **B** e o árbitro;
c) a distância entre os torcedores **A** e **B**.

43. Mapas topográficos da Terra são de grande importância para as mais diferentes atividades, tais como navegação, desenvolvimento de pesquisas ou uso adequado do solo. Recentemente, a preocupação com o aquecimento global fez dos mapas topográficos das geleiras o foco de atenção de ambientalistas e pesquisadores. O levantamento topográfico pode ser feito com grande precisão utilizando os dados coletados por altímetros em satélites. O princípio é simples e consiste em registrar o tempo decorrido entre o instante em que um pulso de *laser* é emitido em direção à superfície da Terra e o instante em que ele retorna ao satélite, depois de refletido pela superfície na Terra. Considere que o tempo decorrido entre a emissão e a recepção do pulso de *laser*, quando emitido sobre uma região no nível

do mar, seja 18,0 · 10⁻⁴ s. Se a velocidade do *laser* tiver módulo igual a 3,0 · 10⁸ m/s, calcule a altura, em relação ao nível do mar, de uma montanha de gelo sobre a qual um pulso de *laser* incide e retorna ao satélite após 17,8 · 10⁻⁴ s.

44. Considere uma moto que vai partir do repouso de um ponto **A** (origem dos espaços) de uma pista circular de comprimento igual a 576 m e vai acelerar ao longo dessa pista em obediência à expressão do espaço (s) em função do tempo (t) abaixo.

$$s = 2,0t^2 \text{ (SI)}$$

Adotando-se $\pi \cong 3$, orientando-se a trajetória no sentido do movimento da moto e lembrando-se de que o comprimento C de uma circunferência de raio R é calculado por $C = 2\pi R$, pede-se determinar:

a) o raio R da pista percorrida pela moto;
b) o espaço s_B associado ao ponto **B** por onde a moto passa no instante t = 12 s;
c) a distância D entre os pontos **A** e **B**.

45. Maria Eduarda – a Duda – adora flores, mas também gosta muito de falar com suas amigas e amigos ao telefone celular. Certo dia recebeu uma ligação de Valéria, uma colega de classe, no exato instante em que abriu uma torneira sobre um recipiente de vidro incialmente vazio, objetivando abastecê-lo de água para acondicionar as flores de um lindo buquê que recebeu de um possível namorado. A água foi sendo vertida dentro do recipiente constituído pela superposição de dois compartimentos cilíndricos, **A** e **B**, como representa a figura, a uma vazão constante de 0,90 L/min. O compartimento **A** tem raio $R_A = 20$ cm e altura $h_A = 15$ cm, enquanto o compartimento **B** tem raio $R_B = 10$ cm e altura $h_B = 15$ cm.

Adotando-se $\pi = 3$ e sabendo-se que a ligação de Valéria durou 30 min, pede-se:

a) calcular o intervalo de tempo gasto para o preenchimento total do recipiente;
b) determinar a relação entre as velocidades escalares de subida do nível da água, v_B e v_A, respectivamente nos compartimentos **B** e **A**;
c) traçar o gráfico da altura y do nível livre da água no recipiente em função do tempo t, desde o instante em que Duda abriu a torneira até o instante em que encerrou a ligação telefônica.

46. Quando uma aeronave decola, ela descreve na pista horizontal uma trajetória retilínea **Ox**, partindo do repouso de modo que sua função horária de posição na direção x pode ser expressa por $x = 3,0t^2$, com x em metros e t em segundos. Contudo, em um determinado dia, está soprando um vento paralelo ao solo que arrasta o avião no sentido do eixo y representado no esquema, com velocidade constante, de modo que a função horária nessa direção é expressa por y = 9,0t, com y em metros e t em segundos.

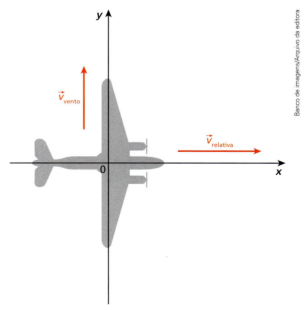

a) Determine a função y = f(x) que define a trajetória que será descrita pelo avião em relação a **Oxy**.
b) Qual a forma dessa trajetória em relação ao referencial **Oxy**?

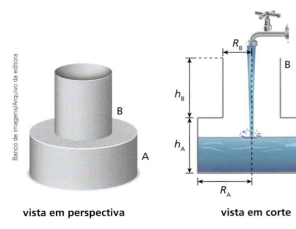

vista em perspectiva **vista em corte**

Para raciocinar um pouco mais

47. Um dos temores que rondam a humanidade é a ocorrência da colisão de um grande asteroide contra a superfície terrestre. Um cataclismo dessa natureza despejaria sobre o planeta uma quantidade de energia inimaginável, que poderia extinguir toda a sorte de vida. Por isso, centros astronômicos em todo o mudo realizam uma varredura permanente do céu em busca de NEOs (Near-Earth Objects), que seriam corpos celestes com alguma possibilidade de choque contra a Terra. Suponha que um grupo de astrônomos tenha definido um sistema de referência fixo constituído por três eixos cartesianos, x, y e z, com origens coincidentes e perpendiculares dois a dois, com o objetivo de estudar a situação de um determinado NEO. O que os astrônomos poderiam afirmar sobre a condição de repouso ou movimento desse asteroide se:

a) As coordenadas x, y e z permanecessem constantes?
b) As coordenadas x e y variassem e a coordenada z permanecesse constante e igual a zero?
c) As coordenadas x e y permanecessem constantes e diferentes de zero e a coordenada z fosse variável?
d) As coordenadas x, y e z permanecessem iguais, isto é, x = y = z?

48. Considere um hipódromo cuja pista tem o formato representado abaixo. Essa pista é constituída por dois trechos retilíneos de comprimento L e dois trechos semicirculares com raio igual a R.

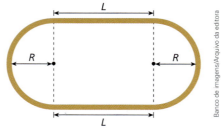

Um cavalo puro-sangue, em treinamento para um grande prêmio, ao percorrer essa pista, apresenta em uma das voltas velocidade escalar média igual a $\frac{4}{5}v$. Os observadores do treino constatam que, ao longo dessa volta, o animal percorreu os trechos retos com velocidade escalar média $\frac{2}{3}v$.

Diante dessas informações, determine:

a) a relação entre L e R;
b) o intervalo de tempo T' que seria gasto pelo cavalo se ele percorresse toda a pista com velocidade escalar média igual a v. Responda em função de L e de v.

49. Duas velas de mesmo comprimento são feitas de materiais diferentes, de modo que uma queima completamente em 3 horas e a outra em 4 horas, cada qual numa taxa constante. A que horas da tarde as velas devem ser acesas simultaneamente para que, às 16 h, uma fique com um comprimento igual à metade do comprimento da outra?

50. No esquema abaixo, dois irmãos, Nicolas e Vítor, estão posicionados respectivamente nos vértices **A** e **G** de um cubo quando Nicolas grita em direção a Vítor, emitindo um forte som monossilábico.

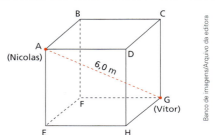

Admitindo-se que a distância entre as posições **A** e **G** seja de 6,0 m e que o som se propague isotropicamente no ar que preenche o cubo com velocidade de intensidade 300 m/s, responda às duas questões a seguir.

a) Depois de quanto tempo Vítor escutará o grito de Nicolas? Despreze quaisquer reflexões sonoras.
b) Se Nicolas caminhar exclusivamente ao longo das arestas do cubo com velocidade de intensidade constante igual a $\sqrt{3}$ m/s, em quanto tempo, no mínimo, ele atingirá a posição de Vítor?

51. Dois garotos, **A** e **B**, percorrem trajetórias retilíneas orientadas, perpendiculares entre si, x e y, respectivamente, obedecendo às seguintes funções horárias de posição:
x = 3,0 + 0,50t e y = 4,0 + 2,0t, com x e y em metros e t em segundos.

a) Qual a distância entre **A** e **B** no instante $t_0 = 0$?
b) Em que instante t_1 a distância entre os dois garotos será de 13,0 m?

TÓPICO 2

Movimento uniforme

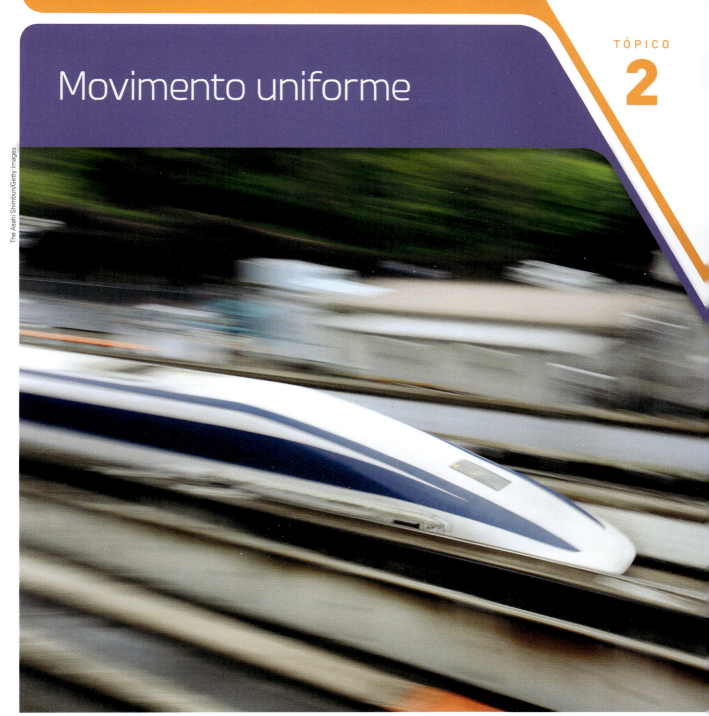

/// Em desenvolvimento no Japão desde 1960, o Maglev da linha de Tsuru, na imagem acima, alcançou velocidade de até 602 km/h.

O Maglev (comboio de levitação magnética, em inglês, *Magnetic levitation transport*) que merece verdadeiramente a denominação de trem-bala, por enquanto em operação apenas em alguns países asiáticos, levita sobre trilhos pela ação de forças magnéticas de grande intensidade provocadas por mecanismos que utilizam supercondutores. Isso atenua significativamente as forças de atrito e, depois de arrancar, o veículo consegue manter por longos trechos velocidades da ordem de 600 km/h.

Nesse tópico, você estudará a cinemática do movimento uniforme, que ocorre com velocidade escalar constante e aceleração escalar nula. Associada à descrição matemática do movimento, será feita a respectiva análise gráfica.

Bloco 1

1. Introdução

O voo para Manaus decolou. Feitas as primeiras manobras, ajustes de altitude e rota, a aeronave segue em trajetória retilínea com velocidade escalar relativa ao solo praticamente constante. Daqui a pouco, com o avião devidamente equilibrado e livre de turbulências, os passageiros serão liberados do uso do cinto de segurança e será iniciado o serviço de bordo.

// Um avião em voo de cruzeiro descreve praticamente um movimento retilíneo com velocidade escalar constante. A forma reta da trajetória pode ser verificada nesta imagem pelo rastro de "fumaça" (resíduos condensados de combustível queimado) deixado pela aeronave.

Viagens de avião ocorrem em grande parte – nos trechos entre o final da subida e o início da descida, denominado voo de cruzeiro – com velocidade escalar praticamente constante.

Também automóveis, caminhões e trens, especialmente aqueles dotados de controles eletrônicos de velocidades (pilotos automáticos), podem manter por longos trechos velocidade escalar constante.

> Denomina-se **movimento uniforme** (MU) (em qualquer trajetória) todo aquele em que a velocidade escalar permanece constante (não nula).
> **Movimento uniforme**: v = constante ≠ 0

Decorre dessa definição que, devido à constância da velocidade escalar, a aceleração escalar é nula.

> Nos movimentos uniformes, a **aceleração escalar é nula**.
> De fato:
> $$\alpha = \frac{\Delta v}{\Delta t}$$
> $$\boxed{\text{Se } \Delta v = 0 \Rightarrow \alpha = 0}$$

Decorre também da definição de movimento uniforme que, se a velocidade escalar é constante, **o móvel percorre distâncias iguais em intervalos de tempo iguais**.

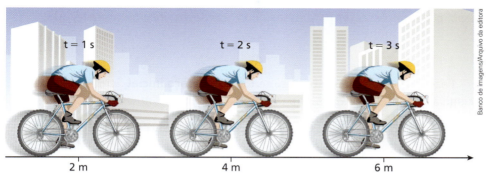

No exemplo acima, ao que tudo indica, o ciclista segue em **movimento uniforme**. Sua velocidade escalar é constante e a bicicleta avança na trajetória supostamente retilínea 2 m a cada segundo. Logo, $v = \dfrac{\Delta s}{\Delta t} = \dfrac{2\,m}{1\,s} = 2\,m/s$.

Fotografia estroboscópica de uma bola de tênis sobre uma canaleta reta e horizontal. Entre a captura, por parte da câmara, de dois fotogramas consecutivos, a bola percorreu distâncias sempre iguais.

Movimentos uniformes podem ocorrer em **qualquer trajetória**.

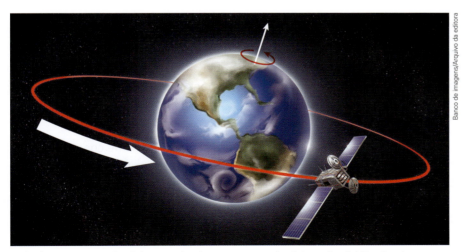

Satélites geoestacionários, ou simplesmente estacionários, têm órbita circular, contida no plano do Equador, e permanecem em repouso em relação à superfície terrestre. Para que isso ocorra, o movimento desses equipamentos ao longo de suas órbitas deve ser **uniforme**, com período de revolução igual a um dia, ou 24 h. Esses satélites, hoje existentes em grande número, são utilizados em telecomunicações.

2. Função horária do espaço

O fato de a velocidade escalar ser constante nos movimentos uniformes faz com que as velocidades escalares média (v_m) e instantânea (v) sejam iguais. Por isso, podemos escrever para essas duas grandezas, indistintamente, que:

$$v = \frac{\Delta s}{\Delta t} = \frac{s - s_0}{t - t_0}$$

Fazendo-se $t_0 = 0$, o espaço s_0 se torna o **espaço inicial**, isto é, aquele associado à origem dos tempos. Diante disso:

$$v = \frac{\Delta s}{\Delta t} = \frac{s - s_0}{t - t_0} \Rightarrow s - s_0 = vt$$

De onde se obtém:

$$s = s_0 + vt$$

Em que s é o espaço em um instante t, s_0 é o espaço em $t_0 = 0$ (espaço inicial) e v é a velocidade escalar.

> **NOTAS!**
> - A função horária do espaço do movimento uniforme é uma função polinomial do 1º grau ou, simplesmente, função do 1º grau ou função afim.
> - A função horária do espaço expressa a variação matemática do espaço em função do tempo e não traz nenhuma informação sobre a forma da trajetória da partícula. Esse conceito, diga-se de passagem, se estende também a quaisquer movimentos.

3. Diagramas horários no movimento uniforme

Denominamos **diagramas horários** todos os gráficos que representam o comportamento de determinada grandeza em função do tempo.

Em Cinemática, interessam fundamentalmente três diagramas horários: o do espaço ($s \times t$), o da velocidade escalar ($v \times t$) e o da aceleração escalar ($\alpha \times t$).

No caso do movimento uniforme, como a função horária do espaço é uma função afim (do 1º grau), o gráfico correspondente é uma reta oblíqua em relação aos eixos coordenados (crescente ou decrescente). Quem determina se a reta vai crescer ou decrescer é o sinal da velocidade escalar:

- se positivo ($v > 0$), a reta cresce;
- se negativo ($v < 0$), a reta decresce.

Já o gráfico da velocidade escalar deve traduzir a ideia de constância. Isso se obtém com uma reta paralela ao eixo dos tempos, em patamares positivos ou negativos.

Por último, o gráfico da aceleração escalar é uma reta coincidente com o eixo dos tempos, indicando a nulidade dessa grandeza durante todo o transcurso do movimento.

Lembrando-se de que em movimentos **progressivos** a velocidade escalar é positiva ($v > 0$) e que em movimentos **retrógrados** a velocidade escalar é negativa ($v < 0$), considerando-se apenas valores positivos de t, têm-se as seguintes famílias de gráficos:

Movimentos uniformes progressivos

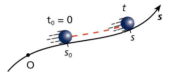

Movimento uniforme progressivo, com espaço inicial positivo:
$s_0 > 0 \quad v > 0$

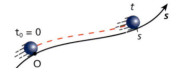

Movimento uniforme progressivo, com espaço inicial nulo:
$s_0 = 0 \quad v > 0$

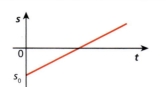
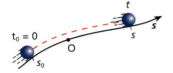

Movimento uniforme progressivo, com espaço inicial negativo:
$s_0 < 0 \quad v > 0$

Nesses três casos, os gráficos da velocidade escalar e da aceleração escalar em função do tempo são:

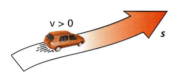

Movimentos uniformes retrógrados

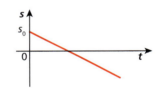
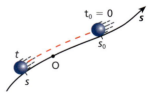

Movimento uniforme retrógrado, com espaço inicial positivo:
$s_0 > 0 \quad v < 0$

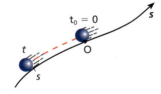

Movimento uniforme retrógrado, com espaço inicial nulo:
$s_0 = 0 \quad v < 0$

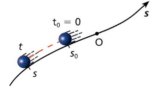

Movimento uniforme retrógrado, com espaço inicial negativo:
$s_0 < 0 \quad v < 0$

Nesses três casos, os gráficos da velocidade escalar e da aceleração escalar em função do tempo são:

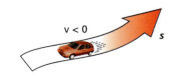

4. Propriedades gráficas

Algumas propriedades gráficas são úteis, já que podem agilizar a análise de muitas questões.

Citaremos nesse momento apenas duas propriedades, reservando uma terceira para o tópico seguinte, Movimento uniformemente variado.

Propriedade do gráfico do espaço em função do tempo

Vamos considerar o caso particular abaixo, em que está traçado o gráfico do espaço s em função do tempo t para um movimento uniforme. Seja θ o ângulo formado entre o gráfico e o eixo dos tempos (declividade da reta).

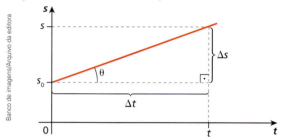

Com base no triângulo retângulo da figura, podemos constatar que a tangente do ângulo θ expressa a relação entre a variação de espaço sofrida pelo móvel, Δs, e o intervalo de tempo correspondente, Δt.

De fato:

$$\operatorname{tg} \theta = \frac{s - s_0}{t - 0} = \frac{\Delta s}{\Delta t}$$

Dizemos, então, que a declividade do gráfico fornece uma medida da **velocidade escalar**.

$$\operatorname{tg} \theta = v$$

Diante dessa conclusão, podemos afirmar que, quanto mais inclinado for o gráfico s × t em relação ao eixo dos tempos (mais verticalizado), isto é, quanto maiores forem θ e tg θ, mais veloz será a partícula.

No caso de gráficos s × t curvilíneos, teremos movimentos variados – **acelerados** ou **retardados**. Dependendo do comportamento da curva, é possível saber se o movimento é acelerado ou retardado.

Veja os exemplos a seguir:

- Gráfico s × t curvo e ascendente com concavidade voltada para cima
  Nesse caso, o gráfico vai ficando cada vez mais verticalizado e o movimento é **acelerado**, uma vez que, em intervalos de tempo sucessivos e iguais, os deslocamentos escalares ficam cada vez maiores, o que implica velocidades cada vez mais intensas.

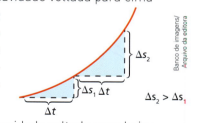

$\Delta s_2 > \Delta s_1$

- Gráfico s × t curvo e ascendente com concavidade voltada para baixo
  Nesse caso, o gráfico vai ficando cada vez menos verticalizado e o movimento é **retardado**, uma vez que, em intervalos de tempo sucessivos e iguais, os deslocamentos escalares ficam cada vez menores, o que implica velocidades cada vez menos intensas.

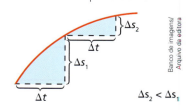

$\Delta s_2 < \Delta s_1$

Propriedade do gráfico da velocidade escalar em função do tempo

Consideremos agora o caso particular do gráfico da velocidade escalar em função do tempo, $v \times t$, esboçado abaixo. Como se pode notar, trata-se de um movimento uniforme, já que a velocidade escalar é constante. Vamos escolher dois instantes quaisquer, t_1 e t_2, e calcular a "área" A que eles determinam entre o gráfico e o eixo dos tempos.

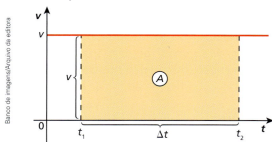

A região destacada na figura é um retângulo, cuja base representa o intervalo de tempo Δt entre t_1 e t_2 e a altura representa a velocidade escalar v.

Lembrando-se que a área de um retângulo é obtida multiplicando-se a medida de sua base pela medida da altura, tem-se:

$$A = v \, \Delta t \quad (I)$$

Como:

$$v = \frac{\Delta s}{\Delta t}$$

Temos que:

$$\Delta s = v \, \Delta t \quad (II)$$

Comparando-se as expressões (I) e (II), concluímos que:

$$A = \Delta s$$

Dizemos, então, que a "área" compreendida entre o gráfico $v \times t$ e o eixo dos tempos fornece, no intervalo de tempo delimitado pelos instantes t_1 e t_2, uma medida da variação de espaço ou deslocamento escalar da partícula.

NOTA!

A palavra área foi grafada entre aspas porque o que se calculou não foi simplesmente a área geométrica do retângulo, mas o produto daquilo que representa sua base (Δt) por aquilo que representa sua altura (v).

Pode-se demonstrar que o cálculo dessa "área" também fornece a variação de espaço ou deslocamento escalar em gráficos de formatos quaisquer.

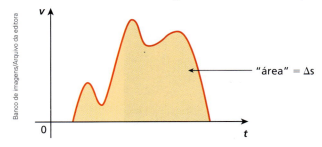

NOTA!

A demonstração formal e ampla dessa propriedade requer o uso de elementos de Cálculo Diferencial e Integral, o que não é do escopo deste curso.

Ampliando o olhar

Estilingues gravitacionais

As naves terrestres que vagam pelo espaço, algumas delas destinadas aos confins do sistema solar ou até para fora dele, não encontram, obviamente, modos de abastecer no caminho.

Sendo assim, depois da propulsão inicial dada por foguetes ou outros módulos de impulsão, seguem sem autopropulsão, em movimento praticamente **retilíneo e uniforme**. Essa situação inercial só é alterada quando essas naves se submetem a influências gravitacionais significativas, que podem determinar, a depender de sua posição em relação aos respectivos astros, movimentos acelerados ou retardados.

A sonda Galileu, por exemplo, lançada rumo a Júpiter em 1989 pelo ônibus espacial estadunidense Atlantis, ganhou velocidade ao utilizar os "estilingues gravitacionais" proporcionados pela Terra e por Vênus.

Mantida depois disso com velocidade escalar praticamente constante (movimento uniforme), essa sonda seguiu com suas antenas de alto ganho abertas com destino ao maior planeta do sistema solar e suas luas, Io, Europa, Calisto e Ganimedes.

Depois de enviar à Nasa (Administração Nacional da Aeronáutica e do Espaço) uma infinidade de dados científicos e imagens exclusivas colhidas ao longo do caminho, a sonda Galileu foi deliberadamente destruída em 2003, quando adentrou o campo gravitacional de Júpiter. O equipamento se desintegrou devido à fricção com a atmosfera do planeta e os fragmentos restantes se espatifaram na colisão contra a superfície do astro.

Esse procedimento foi necessário para que a nave Galileu não contaminasse as luas de Júpiter, especialmente Europa, com possíveis bactérias terrestres...

// Esquema do estilingue gravitacional em que uma sonda espacial sofre um significativo ganho de velocidade. Como a massa do planeta é muito grande em comparação com a da sonda, tudo se passa como se ocorresse uma colisão perfeitamente elástica entre esses dois corpos.

// Concepção artística da sonda Galileu sobrevoando a lua Io, tendo ao fundo Júpiter, o maior planeta do sistema solar.

Exercícios Nível 1

1. Os grandes prêmios de Fórmula 1 são transmitidos para o mundo inteiro a partir de câmeras de TV de última geração posicionadas estrategicamente nos principais pontos de cada circuito. Com isso, torna-se viável acompanhar cada detalhe de uma corrida, além de torcer pela escuderia favorita.

Admita que uma câmera, cujo monitor de visualização é quadrado com lado igual a 10 cm, posicionada em um plano paralelo a um trecho da pista com extensão igual a 40 m, registre a imagem de um carro que passa diante do equipamento com velocidade escalar constante de módulo 288 km/h. Com base nessas informações, determine, em cm/s, o módulo da velocidade escalar da imagem do carro ao atravessar o monitor de visualização da câmera.

2. (Cefet-AL) Dois carros deslocavam-se por duas estradas perpendiculares entre si, dirigindo-se a um ponto onde existe um cruzamento. Num dado momento, o primeiro carro, que estava com uma velocidade escalar de 40 km/h, encontrava-se a uma distância de 400 m do cruzamento, enquanto que o segundo encontrava-se a uma distância de 600 m do mesmo cruzamento.

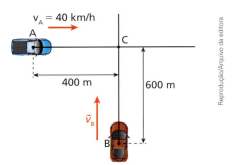

Considerando-se que os dois carros atingiram o cruzamento ao mesmo tempo, calcule a velocidade escalar do segundo carro.

a) 20 km/h c) 60 km/h e) 120 km/h
b) 40 km/h d) 80 km/h

3. (UFRJ) A coruja é um animal de hábitos noturnos que precisa comer vários ratos por noite.

Um dos dados utilizados pelo cérebro da coruja para localizar um rato com precisão é o intervalo de tempo entre a chegada de um som emitido pelo rato a um dos ouvidos e a chegada desse mesmo som ao outro ouvido.

Imagine uma coruja e um rato, ambos em repouso; em dado instante, o rato emite um chiado. As distâncias da boca do rato aos ouvidos da coruja valem $d_1 = 12{,}780$ m e $d_2 = 12{,}746$ m.

Sabendo que a velocidade do som no ar é de 340 m/s, calcule o intervalo de tempo entre a chegada do chiado aos dois ouvidos.

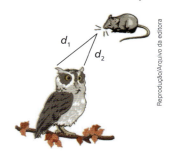

4. Um trem do metrô de comprimento C = 100 m, que se dirige para manutenção com velocidade escalar constante v = 72 km/h, passa direto pela plataforma de uma estação de comprimento L = 120 m. Qual o intervalo de tempo gasto pela composição para transpor completamente essa plataforma?

Resolução:

Nesse contexto, o trem deve ser considerado um corpo extenso, já que suas dimensões influem no cálculo do intervalo de tempo pedido, isto é, quanto maior for o comprimento C, maior será o intervalo de tempo gasto pela composição para transpor completamente a plataforma.

No esquema abaixo, fora de escala, representamos o início e o fim da passagem do trem diante da plataforma da estação.

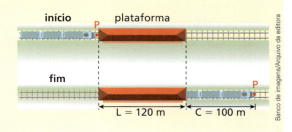

Analisando-se o deslocamento do ponto **P** indicado no esquema do início ao final do fenômeno cinemático, podemos concluir que:

$$\Delta s = L + C$$

Logo:

$$v = \frac{\Delta s}{\Delta t} \Rightarrow v = \frac{L + C}{\Delta t}$$

Sendo:
$v = 72$ km/h $= \frac{72}{3,6}$ m/s $= 20$ m/s, $L = 100$ m
e $C = 120$ m, vem:

$$20 = \frac{100 + 120}{\Delta t} \Rightarrow \Delta t = \frac{220}{20}$$

$$\boxed{\Delta t = 11 \text{ s}}$$

5. (Fatec-SP) O Sambódromo do Anhembi, um dos polos culturais da cidade de São Paulo, tem uma pista de desfile com comprimento aproximado de 530 metros.

<http://tinyurl.com/omlacq3> Acesso em: 17.03.2015.

No Grupo Especial, cada escola de samba deve percorrer toda extensão dessa pista, desde a entrada do seu primeiro integrante na concentração até a saída do seu último componente na dispersão, em tempo máximo determinado de 65 minutos.

Admita que certa escola de samba, com todas as alas integrantes, ocupe 510 metros de extensão total. Logo, para percorrer a pista no exato tempo máximo permitido, a velocidade escalar, suposta constante, durante o desfile deve ser

a) 0,4 m/s.
b) 8,0 km/s.
c) 8,0 m/min.
d) 16 m/min.
e) 16 km/min.

6. Nos primeiros momentos de um salto de paraquedas o movimento é acelerado, mas, depois de algum tempo, a velocidade escalar se torna constante em virtude de as forças de resistência do ar equilibrarem o peso do sistema.

Considere um paraquedista em movimento retilíneo e uniforme vertical de modo que sua posição em relação a um eixo vertical com origem no solo obedeça aos dados contidos na tabela abaixo.

Posição (m)	Tempo (s)
100	0
90	2,0
80	4,0
70	6,0

Pede-se:

a) determinar a função horária da posição do paraquedista, em unidades do SI;
b) traçar o gráfico da posição do paraquedista desde o instante $t_0 = 0$ até sua chegada ao solo.

Resolução:

a) Se o movimento é uniforme, a função horária do espaço é do tipo:

$$s = s_0 + vt$$

Da tabela, pode-se verificar que na origem dos tempos, $t_0 = 0$, o espaço vale $s_0 = 100$ m. Esse é o espaço inicial.

Por outro lado, a velocidade escalar fica determinada fazendo-se:

$$v = \frac{\Delta s}{\Delta t} = \frac{s_2 - s_1}{t_2 - t_1} \Rightarrow v = \frac{90 - 100}{2,0 - 0}$$

De onde se obtém:
$$v = -5,0 \text{ m/s}$$

O valor negativo da velocidade escalar indica que, no referencial adotado, o movimento é retrógrado.
Logo:

$$s = 100 - 5{,}0t \text{ (SI)}$$

b) A função horária obtida é do primeiro grau com o coeficiente do termo em *t* negativo. Por isso, o gráfico $s \times t$ é uma reta oblíqua decrescente.

O instante em que o paraquedista (admitido um ponto material) atinge o solo é obtido fazendo-se $s = 0$ na função horária do espaço:

$0 = 100 - 5{,}0t \Rightarrow 5{,}0t = 100 \therefore t = 20$ s

O gráfico pedido está traçado a seguir.

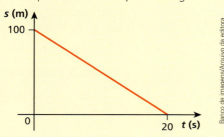

7. Pau de sebo

O pau de sebo faz parte das tradições juninas, de modo que, entre comidas típicas, música e dança, propõe desafios tentadores aos mais ágeis e corajosos. Trata-se de um mastro de madeira envernizada instalado verticalmente, o qual é recoberto previamente por uma camada de sebo (gordura animal) ou produtos similares. Uma prenda é fixada na extremidade superior do poste, a cerca de 10 m de altura – geralmente uma quantia em dinheiro –, e os candidatos devem escalar essa estrutura extremamente escorregadia em busca da recompensa. É diversão garantida e uma competição que deixa qualquer festa mais animada.

Admita que um homem, tendo chegado a quase 8,0 m de altura em um pau de sebo, tenha desistido da escalada, iniciando um movimento de descida vertical com velocidade praticamente constante. Nesse caso, seu peso, dirigido para baixo, é equilibrado pela força total de atrito aplicada pelo poste, dirigida para cima. Na tabela a seguir estão relacionadas as posições do homem, admitido um ponto material, em relação a um eixo de ordenadas **Oy** com origem no solo.

Posição: y (m)	Tempo: t (s)
6,5	0
4,5	4,0
2,5	8,0
0,5	12,0

Tendo-se em conta as indicações da tabela e o eixo de referência **Oy**, pede-se:
a) dizer se o movimento do homem é progressivo ou retrógrado;
b) determinar a função horária $y = f(t)$;
c) traçar o gráfico de $y = f(t)$ desde o instante $t_0 = 0$ até o instante em que o homem atinge o solo, em $y = 0$.

8. (OBF) A estrada que liga duas cidades tem marcos quilométricos cuja contagem se inicia na cidade de Santo Anjo e que terminam, 70 km adiante, na cidade de São Basílio. Antônio (**A**) sai de bicicleta da cidade de Santo Anjo com destino a São Basílio, e Benedito (**B**), um outro ciclista, parte de São Basílio, pela mesma estrada, em sentido oposto. O diagrama foi construído para representar a "quilometragem" de cada um deles para as "horas" de viagem. Com estes elementos, são feitas algumas observações:

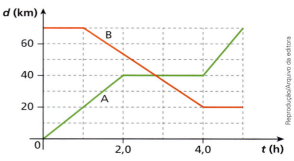

I. Benedito parte 1 hora após a partida de Antônio.
II. Benedito não chegou a Santo Anjo.
III. A maior velocidade (em módulo) desenvolvida em algum trecho do percurso foi próxima de 17 km/h, conseguida por Benedito.
IV. Antônio estava parado quando Benedito passou por ele.

Apenas estão corretas as observações:
a) I e IV.
b) II e IV.
c) I e III.
d) II e III.
e) I, II e IV.

9. (Unesp-SP) Os dois primeiros colocados de uma prova de 100 m rasos de um campeonato de atletismo foram, respectivamente, os corredores **A** e **B**. O gráfico representa as velocidades escalares desses dois corredores em função do tempo, desde o instante da largada (t = 0) até os instantes em que eles cruzam a linha de chegada.

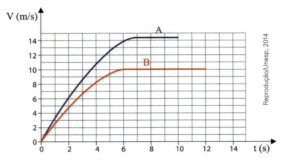

Analisando-se as informações do gráfico, é correto afirmar que, no instante em que o corredor **A** cruzou a linha de chegada, faltava ainda, para o corredor **B** completar a prova, uma distância, em metros, igual a
a) 5
b) 10
c) 15
d) 20
e) 25

10. Araçatuba e Andradina são duas cidades do Noroeste paulista que têm, dentre outras características, a pecuária de corte como um ponto forte de suas economias. Segundo dados recentes, cerca de dois milhões de cabeças de gado povoam as fazendas de engorda da região.

Os dois municípios são interligados pela SP 300 – Rodovia Marechal Rondon –, destacada no mapa abaixo.

Admita que no instante $t_0 = 0$ um automóvel parta de Andradina rumo a Araçatuba e um caminhão saia de Araçatuba com destino a Andradina, ambos em movimento uniforme.

Sabendo-se que a velocidade escalar do caminhão tem módulo igual a 36,75 km/h, orientando-se a SP 300 de Araçatuba para Andradina, com origem dos espaços em Araçatuba, e levando-se em conta as informações contidas no mapa, pede-se determinar:
a) as funções horárias dos espaços para os movimentos do automóvel e do caminhão, com s em quilômetros e t em horas;
b) o instante t_E em que um veículo passa pelo outro;
c) a que distância D de Andradina ocorre o cruzamento entre o automóvel e o caminhão.

Resolução:
a) Conforme a orientação dada à trajetória, o movimento do carro é retrógrado e sua velocidade escalar é negativa.
Observando-se no mapa que, para o automóvel:
$$\Delta s_A = -111 \text{ km}$$
$$\Delta t_A = 1 \text{ h} + 20 \text{ min} = 1 \text{ h} + \frac{1}{3} \text{ h} = \frac{4}{3} \text{ h}$$
Calcula-se a velocidade escalar desse veículo.
$$v_A = \frac{\Delta s_A}{\Delta t_A} = \frac{-111}{\frac{4}{3}} \therefore v_A = -83{,}25 \text{ km/h}$$
Como os movimentos são admitidos uniformes, as funções horárias dos espaços são do 1º grau, do tipo $s = s_0 + vt$. Logo:
Para o automóvel:
$$\boxed{s_A = 111 - 83{,}25t}$$
(s em quilômetros e t em horas)
Para o caminhão:
$$\boxed{s_C = 36{,}75t}$$
(s em quilômetros e t em horas)
b) No instante t_E em que um veículo passa pelo outro, ambos têm a mesma coordenada de posição na trajetória, isto é, $s_C = s_A$. Assim:
$$36{,}75t_E = 111 - 83{,}25t_E \Rightarrow 120t_E = 111$$
$$t_E = 0{,}925 \text{ h}$$
$$\boxed{t_E = 0{,}925 \cdot 60 \text{ min} = 55{,}5 \text{ min} = 55 \text{ min} + 30 \text{ s}}$$
c) Para a obtenção do local do encontro, substituímos o valor de t_E em qualquer uma das funções horárias.
$s_E = 36{,}75t_E \Rightarrow s_E = 36{,}75 \cdot 0{,}925 \therefore s_E \cong 34 \text{ km}$
A distância D a Andradina é calculada por:
$D = 111 - s_E \Rightarrow D = 111 - 34$
$$\boxed{D = 77 \text{ km}}$$

11. (UFG-GO) De duas cidades Alfa e Beta, separadas por 300 km, partem respectivamente dois carros **A** e **B** no mesmo instante e na mesma direção, porém em sentidos opostos, conforme a figura fora de escala ao lado. Os dois veículos realizam movimento retilíneo e uniforme com velocidades escalares de módulos 20 m/s e 30 m/s, como se indica no esquema.

A que distância da cidade Alfa ocorre o cruzamento entre os dois carros?

Exercícios Nível 2

12. Privilegiada por um relevo único e praias paradisíacas, a cidade do Rio de Janeiro justifica de forma plena seu codinome de Cidade Maravilhosa. E um dos cartões-postais que mais caracterizam o Rio é o conjunto dos morros da Urca e do Pão de Açúcar, de altitudes respectivamente iguais a 220 m e 400 m, com topos conectados por cabos de aço por onde trafegam os famosos bondinhos.

Considere os dois morros esquematizados a seguir, cujos cumes, **A** e **B**, são conectados por um teleférico de cabo retilíneo que se desloca com velocidade escalar constante igual a 18 km/h.

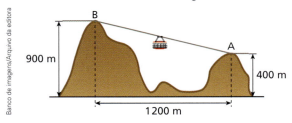

Com base nessas informações, responda:
a) De quanto se eleva o veículo ao percorrer horizontalmente 240 m?
b) Qual o intervalo de tempo T gasto pelo teleférico no percurso de **A** até **B**?

13. Considere uma caixa cúbica de papelão com aresta igual a 50 cm em queda vertical de modo que sua base permanece sempre paralela ao solo plano e horizontal. Devido à força de resistência do ar que equilibra o peso da caixa, esta descreve um movimento uniforme com velocidade escalar constante de intensidade igual a 10 m/s. Um tiro é disparado horizontalmente contra a caixa e o projétil trespassa as duas paredes verticais opostas de modo que o desnível entre o furo de entrada e o furo de saída é de 1,25 cm, conforme ilustra o esquema abaixo.

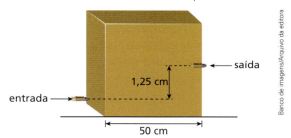

Nessas condições, qual a intensidade da velocidade do projétil?

14. (Uerj) Para localizar obstáculos submersos, determinados navios estão equipados com sonares, cujas ondas se propagam na água do mar. Ao atingirem um obstáculo, essas ondas retornam ao **sonar**, possibilitando assim a realização de cálculos que permitem a localização, por exemplo, de um submarino.

Admita uma operação dessa natureza sob as seguintes condições:

- temperatura constante da água do mar;
- velocidade da onda sonora na água igual a 1 450 m/s;
- distância do sonar ao obstáculo igual a 290 m.

Determine o intervalo de tempo, em segundos, decorrido entre o instante da emissão da onda pelo **sonar** e o de seu retorno após colidir com o submarino.

Resolução:

Seja d a distância entre o sonar e o submarino. Com $v = 1\,450$ m/s e $d = 290$ m, calcula-se o intervalo de tempo pedido (T):

$$v = \frac{D}{T} = \frac{2d}{T} \Rightarrow 1\,450 = \frac{2 \cdot 290}{T}$$

$$\boxed{T = 0{,}40 \text{ s}}$$

15. (OPF) Na água salgada, a propagação de ondas eletromagnéticas é rapidamente atenuada. Esta é uma das razões técnicas pelas quais as embarcações marinhas fazem, frequentemente, o uso de um dispositivo chamado sonar (do inglês *sound navigation and ranging* ou "navegação e determinação da distância do som"). Este instrumento tem muita utilização na navegação, na pesca, no estudo e pesquisa do fundo dos oceanos. Seu funcionamento consiste na emissão de uma onda sonora que, ao encontrar um obstáculo, sofre reflexão e retorna ao seu local de origem. Calcule a velocidade do som nas águas representadas na figura sabendo que o eco retorna após aproximadamente 0,02 s.

16. Para que o ouvido humano perceba separadamente dois sons distintos de breve duração, o intervalo de tempo entre eles deve ser maior que 0,10 s. Essa é uma característica fisiológica do aparelho auditivo que é determinada pela duração da vibração da membrana timpânica. Se, extinto o primeiro som, o segundo atingir o ouvido em menos que 0,10 s, o tímpano ainda estará vibrando e os dois estímulos acústicos serão percebidos "emendados", ocorrendo um prolongamento da sensação auditiva.

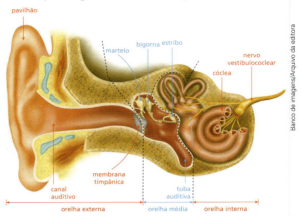

// Aparelho auditivo humano visto em corte. Se o intervalo de tempo entre dois estímulos sonoros for menor que 0,10 s, esses dois sons são percebidos "emendados". No caso de reflexão sonora, essa sobreposição de sons caracterizam o fenômeno denominado **reverberação** (prolongamento do som).

Imagine que o jovem João Victor, desejando ouvir o eco de sua própria voz (som refletido separado do som principal), se coloque a uma distância d de um penhasco rochoso vertical. Nesse caso, ele emite um forte grito monossilábico que vai incidir no penhasco, refletindo-se em sentido oposto. Adotando-se para a intensidade da velocidade do som no ar o valor 340 m/s, qual deverá ser o valor de d para que João Victor ouça o eco do seu grito?

17. Um transatlântico de comprimento C = 150 m vai atravessar um canal retilíneo de extensão L = 250 m. No instante em que a embarcação inicia a travessia, um passageiro se põe a caminhar ao longo de um grande corredor longitudinal interno que conduz aos camarotes, dando dois passos de 75 cm cada um por segundo. Se a velocidade escalar do navio é constante, com valor $v_N = 10$ nós (1 nó marítimo $\cong$ 1,8 km/h), determine:

a) o intervalo de tempo T que o transatlântico gasta para atravessar completamente o canal;

b) o número N de passos dado pelo passageiro no intervalo de tempo T, em relação ao piso do corredor do navio.

18. O trânsito nas grandes cidades é constantemente monitorado por câmeras posicionadas em solo ou por imagens aéreas, captadas por helicópteros ou mesmo *drones*.

Admita que um trecho retilíneo de uma autoestrada, de comprimento igual a 5,0 km, esteja sendo observado por um sistema aéreo fixo que envia suas imagens a uma central. No monitor do computador, esse trecho, paralelo ao plano que contém a câmera filmadora, aparece com comprimento de 25 cm. Admita que em determinado instante, $t_0 = 0$, a pessoa responsável pelas verificações detecte dois pontos móveis nas extremidades do trecho monitorado, correspondentes a dois veículos **A** e **B** que trafegam em sentidos opostos, um de encontro ao outro. Supondo-se que esses pontos se desloquem no monitor do computador com velocidades escalares constantes de módulos respectivamente iguais a 0,10 cm/s e 0,15 cm/s, pede-se determinar:

a) o instante t_E em que um veículo cruza com o outro nesse trecho da autoestrada;
b) a distância D, medida na autoestrada, da posição inicial do veículo **A** ao local onde ocorre esse cruzamento.

19. Cosme e Damião são dois irmãos praticantes **E.R.** de atletismo. A partir de diferentes posições de certa pista orientada e dotada de marcações métricas laterais, eles iniciam, no instante $t_0 = 0$, uma corrida moderada, em movimentos uniformes, conforme os gráficos da posição em função do tempo traçados no diagrama abaixo.

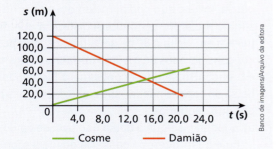

Pede-se determinar:
a) as funções horárias do espaço para os dois atletas, em unidades do SI;
b) o instante, t_E, e o local da pista, s_E, em que Cosme passa por Damião.

Resolução:

a) Sendo os movimentos uniformes, as funções horárias do espaço são do 1º grau, do tipo:
$$s = s_0 + vt$$
Para os dois atletas, depreende-se dos gráficos que:
Para Cosme (movimento progressivo):
$$s_{0_C} = 0 \text{ e } v_C = \frac{\Delta s_C}{\Delta t_C} = \frac{60,0 \text{ m}}{20,0 \text{ s}} = 3,0 \text{ m/s}$$
Logo:
$$\boxed{s_C = 3,0t \text{ (SI)}}$$
Para Damião (movimento retrógrado):
$$s_{0_D} = 120 \text{ m e } v_D = \frac{\Delta s_D}{\Delta t_D} = \frac{(20,0 - 120,0) \text{ m}}{20,0 \text{ s}}$$
$$v_D = \frac{-100 \text{ m}}{20,0 \text{ s}} = -5,0 \text{ m/s}$$
Logo:
$$\boxed{s_D = 120,0 - 5,0t \text{ (SI)}}$$

b) (I) No instante t_E de encontro, os dois atletas estarão lado a lado na pista, por isso,
$$s_C = s_D$$
$$3,0t_E = 120 - 5,0t_E \Rightarrow 8,0t_E = 120,0$$
Da qual:
$$\boxed{t_E = 15 \text{ s}}$$

(II) O local do encontro, em que Cosme passa por Damião, fica determinado substituindo-se $t_E = 15,0$ s em qualquer uma das funções horárias do espaço.
$$s_E = 3,0t_E \Rightarrow s_E = 3,0 \cdot 15,0$$
De onde se obtém:
$$\boxed{s_E = 45,0 \text{ m}}$$

20. Juliana adora correr com seu cão, Bolo!

Admita que na imagem anterior, que retrata o instante $t_0 = 0$, Juliana e Bolo estejam se deslocando ao longo de trajetórias retas e paralelas, igualmente escalonadas e orientadas, em movimentos uniformes, de acordo com os gráficos do espaço em função do tempo a seguir.

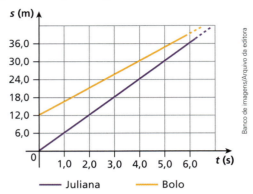

Com base nas informações contidas no diagrama, determine:
a) em que instante t_E ocorre o encontro entre Juliana e Bolo;
b) a que distância D da posição inicial de Bolo ocorre a interceptação.

21. Uberlândia e Uberaba são dois dos mais importantes municípios de Minas Gerais. Essas duas cidades, caracterizadas pela pujança do agronegócio, serviços e universidades de excelência, distam pouco mais de 100 km entre si pela BR 050. Admita que em certo instante $t_0 = 0$ um carro **A** saia de Uberlândia rumo a Uberaba, com velocidade escalar constante de módulo 80 km/h, e que, 15 min mais tarde, um carro **B** parta de Uberaba com destino a Uberlândia, com velocidade escalar constante de módulo 120 km/h. Adotando-se em Uberlândia a origem da BR 050 e orientando-se essa rodovia de Uberlândia para Uberaba, pede-se determinar:
a) depois de quantos minutos da partida do carro **A** os veículos se cruzam na estrada;
b) em que quilômetro da BR 050 ocorre esse cruzamento.

Resolução:
a) As funções horárias do espaço para os movimentos uniformes de **A** e **B** são do 1º grau, do tipo:
$$s = s_0 + vt$$
Para o carro **A** (movimento progressivo):
$s_A = 80t$ (s em quilômetros e t em horas)

Para o carro **B** (movimento retrógrado):
Esse veículo parte atrasado em relação ao carro **A** ($\Delta t = 15$ min $= 0,25$ h) e esse atraso deve ser subtraído na função horária do carro **B**, já que esse tempo não faz parte do movimento desse carro:
$$s_B = 100 - 120(t - 0,25)$$
(s em quilômetros e t em horas)
No instante em que os veículos se cruzam na estrada, suas coordenadas de posição são iguais, isto é, $s_A = s_B$:
$$80t_E = 100 - 120(t_E - 0,25)$$
$$80t_E = 100 - 120t_E + 30$$
$200t_E = 130$ ∴ $\boxed{t_E = 0,65 \text{ h} = 39 \text{ min}}$

Nota:
• O cruzamento ocorre 39 min depois da partida do carro **A** ou 24 min depois da partida do carro **B**.

b) O local do cruzamento dos carros fica determinado substituindo-se $t_E = 0,65$ h em qualquer uma das funções horárias do espaço.
$$s_E = 80t_E \Rightarrow s_E = 80 \cdot 0,65$$
De onde se obtém:
$$\boxed{s_E = 52 \text{ km}}$$

22. (Unesp-SP) Era um amor de causar inveja o daquele casal e bastou aquela viagem obrigatória da esposa para gerar uma gigantesca saudade. No retorno, quando se viram no desembarque do aeroporto, lançaram-se um em direção ao outro com passadas regulares, seguindo uma reta imaginária que os continha. Ela dava duas passadas e meia por segundo, enquanto ele, que havia adquirido com os anos aquela dorzinha chata na perna, fazia o que podia, movendo-se a uma passada e meia por segundo. A distância que os separava equivalia a 80 de seus passos, que podiam ser considerados de mesmo tamanho para ambos, e o encontro se daria conforme o planejado se a bolsa da esposa não tivesse caído, fazendo-a parar por oito segundos.
a) Supondo-se que a bolsa não tivesse caído, calcule quanto tempo passaria desde o momento em que o casal iniciara seu movimento até o encontro.
b) Determine a distância, medida em passos, relativamente à posição inicial do marido, em que ocorreu o esperado reencontro, considerando-se a queda da bolsa.

Bloco 2

5. Velocidade escalar relativa

Um bom motorista deve ter, ainda que intuitivamente, noções de velocidade escalar relativa. Isso é sempre necessário no trânsito, sobretudo, na realização de ultrapassagens.

Será que a velocidade do meu carro em relação ao veículo da frente é suficientemente grande para que a ultrapassagem seja realizada em segurança, antes do início da faixa contínua ou da próxima curva?

// Velocidade escalar relativa: conceito essencial para quem dirige em estradas ou no tráfego urbano.

Via de regra, velocidades são medidas em relação ao solo. Esse é o referencial "natural". Assim, quando alguém diz que a velocidade de um automóvel é de 100 km/h, a magnitude dessa grandeza está estimada em relação a um referencial fixo na superfície terrestre.

O conceito de velocidade escalar relativa, porém, estabelece medidas de velocidade escalar de uma partícula em relação à outra.

Temos dois casos a considerar:

Movimentos no mesmo sentido

Suponhamos que o piloto de um carro de corridas, **A**, a 200 km/h, queira ultrapassar um rival, **B**, a 180 km/h. A velocidade escalar relativa de **A** em relação a **B** é de 20 km/h, tudo se passando como se **B** estivesse em repouso e somente **A** trafegasse a 20 km/h.

No caso de movimentos no mesmo sentido, o módulo da velocidade escalar relativa é calculado por:

$$|v_{rel}| = |v_A - v_B|$$

NOTA!

Se as partículas que se movimentam no mesmo sentido em determinada trajetória tiverem velocidades escalares iguais em relação ao solo, terão velocidade escalar relativa nula entre si.

Veja alguns exemplos:

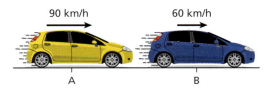

$|v_{rel}| = |90 - 60| \therefore |v_{rel}| = 30$ km/h

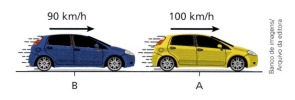

$|v_{rel}| = |100 - 90| \therefore |v_{rel}| = 10$ km/h

Movimentos em sentidos opostos

Consideremos agora a situação em que dois carros, **A**, a 100 km/h, e **B**, a 80 km/h, vão se cruzar em uma rodovia. Aqui, a velocidade escalar relativa de **A** em relação a **B** é de 180 km/h, tudo se passando como se **B** estivesse parado e somente **A** se movimentasse a 180 km/h.

No caso de movimentos em sentidos opostos, o módulo da velocidade escalar relativa é calculado por:

$$|v_{rel}| = |v_A| + |v_B|$$

Veja alguns exemplos:

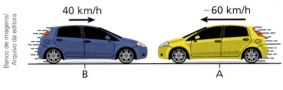

$|v_{rel}| = |40| + |-60| \therefore |v_{rel}| = 100$ km/h

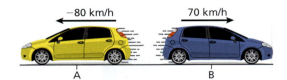

$|v_{rel}| = |70| + |-80| \therefore |v_{rel}| = 150$ km/h

Em muitos casos, raciocinar em termos de velocidade escalar relativa pode ser bastante vantajoso, simplificando-se cálculos e gastando-se menos tempo na resolução de muitas questões.

Em exercícios em que se pede o intervalo de tempo até o encontro entre dois móveis, em vez de se trabalhar com as funções horárias do espaço das partículas, convém determinar esse tempo por velocidade escalar relativa.

Veja o exemplo a seguir, em que duas pequenas esferas, 1 e 2, vão colidir. Elas percorrem uma mesma trajetória retilínea, dotadas de movimentos uniformes, com as velocidades escalares indicadas no esquema. Estão apresentadas também as respectivas posições das esferas na origem dos tempos.

Qual será o intervalo de tempo Δt até a colisão das esferas?

Bem, por velocidade escalar relativa, tem-se:

$$|v_{rel}| = \left|\frac{\Delta s_{rel}}{\Delta t}\right| \Rightarrow 10 + 30 = \frac{190 - 110}{\Delta t} \Rightarrow \Delta t = \frac{80}{40}$$

De onde se obtém:

$$\Delta t = 2,0 \text{ s}$$

NOTA!

Δs_{rel} traduz o deslocamento escalar relativo, isto é, quanto uma partícula se deslocou em relação a um referencial ligado à outra. Essa grandeza difere do deslocamento escalar de qualquer um dos corpos em relação ao solo.

Ampliando o olhar

Velocidades maiores que a da luz no vácuo? Impossível!

Vimos neste tópico como calcular velocidades escalares relativas. Esse modo, no entanto, é satisfatório para velocidades de pequena magnitude, como as de veículos e objetos terrestres.

No início do século XX, ao publicar sua Teoria da Relatividade Restrita, Albert Einstein estendeu sobremaneira essa análise. Um dos postulados de seu estudo faz referência ao conceito de que a velocidade da luz no vácuo tem a mesma intensidade, $c \cong 3{,}0 \cdot 10^8$ m/s, independentemente do referencial inercial em relação ao qual é medida. Este seria o limite supremo de velocidades no Universo, nada podendo exceder a rapidez da luz.

Para corpos cujas velocidades tenham intensidades da ordem da velocidade da luz no vácuo, o critério de cálculo da velocidade escalar relativa é bem diferente.

Suponhamos, por exemplo, uma nave **X** que se desloque em linha reta com velocidade de intensidade v = 0,80c em relação a um referencial inercial **R**. Admitamos que dentro dessa nave movimente-se na mesma direção e sentido um objeto **Y** com velocidade de intensidade u' = 0,60c em relação a **X**.

Qual será a intensidade da velocidade de **Y** em relação a **R**?

Conforme a Mecânica Clássica, deveríamos adicionar os efeitos do movimento de "arrastamento" provocado pela nave com o movimento "relativo" do objeto, obtendo-se uma velocidade u em relação a **R**, determinada por:

$$u = v + u' \Rightarrow u = 0{,}80c + 0{,}60c \Rightarrow u = 1{,}40c$$

Esse resultado, no entanto, conflita com o 2º Postulado da Relatividade Restrita. Recapitulando: o valor c da velocidade da luz no vácuo jamais pode ser ultrapassado.

Para situações como essa, o cálculo da velocidade de **Y** em relação a **R** deve obedecer a uma equação um tanto complexa, que leva em conta conceitos relativísticos.

$$u = \frac{u' + v}{1 + \dfrac{vu'}{c^2}}$$

No exemplo em discussão:

$$u = \frac{0{,}60c + 0{,}80c}{1 + \dfrac{0{,}80c \cdot 0{,}60c}{c^2}} \Rightarrow u = \frac{1{,}40c}{1 + \dfrac{0{,}48c^2}{c^2}} \Rightarrow u = \frac{1{,}40c}{1{,}48} \Rightarrow \boxed{u \cong 0{,}95c}$$

DESCUBRA MAIS

1. *Proxima Centauri*, uma anã vermelha, é a estrela mais próxima do sistema solar. Sua distância até o Sol é de aproximadamente 4,22 anos-luz, em que um ano-luz é a distância percorrida pela luz no vácuo durante um ano terrestre. Quanto tempo, em anos, a luz emitida pela *Proxima Centauri* gasta para atingir observatórios na Terra?

2. Pesquise a respeito das seguintes questões:
   a) O movimento da Lua em torno da Terra é uniforme?
   b) O movimento da Terra em torno do Sol é uniforme?
   c) O movimento de Mercúrio em torno do Sol é uniforme?

Exercícios Nível 1

23. Considere dois trens, **A** e **B**, que trafegam em ferrovias retilíneas e paralelas com velocidades escalares constantes de módulos respectivamente iguais a 54 km/h e 72 km/h. Sabendo-se que esses trens têm comprimentos $L_A = 120$ m e $L_B = 90$ m, determine os intervalos de tempo para que um comboio passe completamente pelo outro nos seguintes casos:

a) **A** e **B** se movimentam em sentidos opostos;

b) **A** e **B** se movimentam no mesmo sentido.

Resolução:

As velocidades dos trens **A** e **B** são:

$$v_A = 54 \text{ km/h} = \frac{54}{3,6} \text{ m/s} = 15 \text{ m/s}$$

$$v_B = 72 \text{ km/h} = \frac{72}{3,6} \text{ m/s} = 20 \text{ m/s}$$

Esse exercício tem sua resolução bastante simplificada se raciocinarmos em termos de velocidade escalar relativa.

É importante observar que tanto no caso de os movimentos ocorrerem em sentidos opostos como no caso de ocorrerem no mesmo sentido, o deslocamento de um trem em relação ao outro é igual à soma dos comprimentos dos comboios, isto é, $\Delta s_{rel} = L_A + L_B$.

Observe isso nos esquemas seguintes.

a)
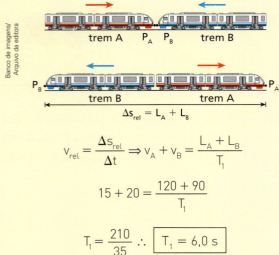

$$v_{rel} = \frac{\Delta s_{rel}}{\Delta t} \Rightarrow v_A + v_B = \frac{L_A + L_B}{T_1}$$

$$15 + 20 = \frac{120 + 90}{T_1}$$

$$T_1 = \frac{210}{35} \therefore \boxed{T_1 = 6,0 \text{ s}}$$

b)
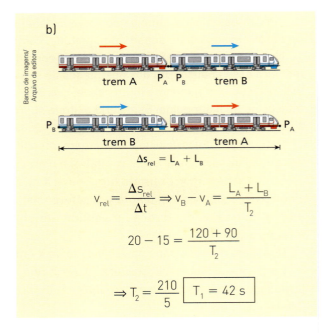

$$v_{rel} = \frac{\Delta s_{rel}}{\Delta t} \Rightarrow v_B - v_A = \frac{L_A + L_B}{T_2}$$

$$20 - 15 = \frac{120 + 90}{T_2}$$

$$\Rightarrow T_2 = \frac{210}{5} \quad \boxed{T_1 = 42 \text{ s}}$$

24. (FGV-SP) Uma ambulância de 6,0 m de comprimento se desloca a 90 km/h com a sirene ligada para atender a uma emergência em uma estrada retilínea. À sua frente viaja um treminhão carregado com cana de açúcar, com comprimento de 24,0 m, a 72 km/h. Ao ouvir o som da sirene, o motorista do treminhão posiciona seu veículo à direita para dar passagem à ambulância. A ultrapassagem começa no instante em que a dianteira da ambulância alcança a traseira do caminhão e acaba quando a traseira da ambulância emparelha-se com a frente do caminhão. Durante a ultrapassagem, a ambulância percorre em relação à estrada:

a) 50 m

b) 75 m

c) 100 m

d) 150 m

e) 200 m

25. (Unesp-SP) Em uma viagem de carro com sua família, um garoto colocou em prática o que havia aprendido nas aulas de Física. Quando seu pai ultrapassou um caminhão em um trecho reto da estrada, ele calculou a velocidade escalar do caminhão ultrapassado utilizando um cronômetro.

80 UNIDADE 1 | CINEMÁTICA

(http://jiper.es. Adaptado.)

O garoto acionou o cronômetro quando seu pai alinhou a frente do carro com a traseira do caminhão e o desligou no instante em que a ultrapassagem terminou, com a traseira do carro alinhada com a frente do caminhão, obtendo 8,5 s para o tempo de ultrapassagem.

Em seguida, considerando-se a informação contida na figura e sabendo-se que o comprimento do carro era 4,0 m e que a velocidade escalar do carro permaneceu constante e igual a 30 m/s, ele calculou a velocidade escalar média do caminhão, durante a ultrapassagem, obtendo corretamente o valor

a) 24 m/s
b) 21 m/s
c) 22 m/s
d) 26 m/s
e) 28 m/s

Exercícios Nível 2

26. (Udesc) Um automóvel de passeio, **A**, em uma longa reta de uma rodovia, viaja com velocidade escalar constante de 108 km/h e à sua frente, à distância de 100,0 m, segue um caminhão, **B**, que viaja com velocidade escalar também constante de 72 km/h. O automóvel tem comprimento igual a 5,0 m e o caminhão, comprimento de 25,0 m, conforme ilustra o esquema abaixo, fora de escala, que retrata o instante $t_0 = 0$.

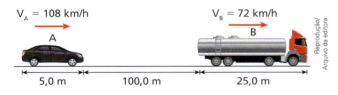

Pede-se determinar:
a) o instante t em que se consuma a ultrapassagem completa de **A** sobre **B**;
b) a distância percorrida em relação à pista por cada veículo no intervalo de t_0 a t.

27. O jamaicano Usain Bolt é mesmo um fenômeno! Ele detém vários recordes mundiais, rivalizando-se com os maiores medalhistas de todos os tempos. No atletismo, é especialista em provas como os 100 e 200 metros rasos, além do revezamento 4 × 100 m por equipes.

Na Olimpíada do Rio de Janeiro – Rio 2016 – ele viveu outro momento de glória, agregando às suas conquistas mais três medalhas de ouro.

// Na prova de revezamento 4 × 100 m, com Bolt correndo os últimos 100 m, a equipe jamaicana ganhou a medalha de ouro na Rio 2016.

Admita que nos 100 m finais da prova de revezamento 4 × 100 m da Rio 2016, ao receber o bastão do companheiro de equipe, Bolt já estivesse com velocidade escalar de intensidade 12,5 m/s, 2,0 m atrás do adversário virtualmente campeão. Suponha, ainda, que o jamaicano tenha vencido a prova com uma vantagem de

2,0 s sobre o segundo colocado. Desprezando-se as dimensões dos atletas, ambos considerados em movimento uniforme ao longo de uma mesma reta, responda:

a) Qual o intervalo de tempo gasto por Bolt para completar os 100,0 m finais?
b) Qual a intensidade da velocidade escalar do segundo colocado?
c) Bolt ultrapassou seu adversário quantos metros depois de ter recebido o bastão?

28. Istambul (antiga Constantinopla), na Turquia, capital do velho Império Bizantino, é mesmo um lugar único, até porque tem uma parte de seu território na Europa e outra, na Ásia. A cidade é entrecortada pelo estreito de Bósforo, que estabelece uma conexão marítima entre o mar de Mármara e o mar Negro.

// Na parte de baixo desta imagem está a cidade de Istambul, à esquerda situa-se o continente europeu e, à direita, o asiático.

De extremo a extremo, o estreito de Bósforo tem cerca de 30 km e sua profundidade na região do canal central gira em torno de 124 m, o que permite a navegação de embarcações de grande calado.

Suponha que no instante $t_0 = 0$ dois navios, **A** e **B**, de comprimentos respectivamente iguais a 100 m e 150 m, adentrem o estreito de Bósforo, o primeiro pelo mar Negro e o segundo, pelo mar de Mármara, com vistas a atravessar o canal ao longo de seu eixo central mais profundo. Se a velocidade escalar de **A** tem módulo igual a 30 nós e a de **B**, módulo igual a 20 nós, adotando-se 1 nó marítimo $\cong$ 1,8 km/h, pede-se determinar:

a) o instante t_E, em minutos, em que ocorre o encontro de **A** com **B**;
b) a distância D, em quilômetros, do ponto onde ocorre o encontro entre as duas embarcações à extremidade do estreito voltada para o mar Negro;
c) o intervalo de tempo T, em segundos, para que ocorra a passagem completa de um navio pelo outro.

29. Considere dois atletas **A** e **B** que correm no mesmo sentido ao longo da pista que aparece na fotografia abaixo (pista de atletismo do Estádio Olímpico no Rio de Janeiro-RJ) com velocidades escalares constantes. O atleta **A**, o mais veloz, completa o trajeto em 72 s, enquanto o **B**, o mais lento, completa o trajeto em 81 s.

Com base nessas informações, responda:

a) Se a velocidade escalar de **A** é de 5,0 m/s, qual o comprimento L da pista?
b) A velocidade escalar de **B** é que fração da velocidade escalar de **A**?
c) De quanto em quanto tempo **A** adiciona mais uma volta de vantagem sobre **B**?

Exercícios Nível 3

30. (Vunesp) Vanderlei participou da Corrida Internacional de São Silvestre e manteve durante todo o percurso, que é de 15 km, a velocidade escalar constante de 10 km/h. Como largou entre a multidão que participa da corrida, quando Vanderlei passou pela linha de largada, o atleta que venceu a corrida já estava correndo há 21 minutos e desenvolveu durante todo o percurso a velocidade escalar constante de 20 km/h.

Quando o atleta que venceu a prova cruzou a linha de chegada, a distância, em quilômetros, que Vanderlei havia corrido após passar pela linha de largada era de

a) 3,0   c) 5,0   e) 7,0
b) 4,0   d) 6,0

31. (OBF) João Antônio foi aconselhado por seu médico a andar 2 000 m todos os dias. Como o tempo estava chuvoso e não desejando deixar de realizar a caminhada diária, ele resolveu ir para uma academia que possuísse uma esteira rolante.

a) No caso de a esteira movimentar-se com uma velocidade de módulo 4,0 m/s, quanto tempo, em minutos e segundos, será necessário para cumprir a recomendação médica?

b) Considerando-se o comprimento de cada passo igual a 80 cm, quantos passos ele dará em 1,0 segundo e no percurso total?

32. (Fuvest-SP) Marta e Pedro combinaram encontrar-se em um certo ponto de uma autoestrada plana, para seguirem viagem juntos. Marta, ao passar pelo marco zero da estrada, constatou que, mantendo uma velocidade escalar constante de 80 km/h, chegaria na hora certa ao ponto de encontro combinado. No entanto, quando ela já estava no marco do quilômetro 10, ficou sabendo que Pedro tinha se atrasado e, só então, estava passando pelo marco zero, pretendendo continuar sua viagem a uma velocidade escalar constante de 100 km/h. Mantendo essas velocidades, seria previsível que os dois amigos se encontrassem próximos a um marco da estrada com indicação de:

a) km 20   c) km 40   e) km 60
b) km 30   d) km 50

33. (OBF) Ao passar por uma cidade, viajando por uma rodovia a 80 km/h, o motorista percebeu que o indicador de combustível de seu veículo mostrava $\frac{3}{4}$ de tanque. Ao passar pela cidade seguinte, notou que o indicador registrava $\frac{1}{4}$ de tanque.

O manual do veículo afirma que o tanque tem uma capacidade de 48 litros e que o veículo faz 10 km/L (quilômetros por litro) à velocidade padrão de módulo 80 km/h. Admitindo-se que o manual do veículo esteja correto e que o motorista mantenha a velocidade escalar constante, o tempo gasto entre as duas cidades foi de:

a) 1,0 h   d) 4,0 h
b) 2,0 h   e) 5,0 h
c) 3,0 h

34. (OPF) Uma formiga se movimenta com velocidade escalar constante de 1,0 mm/s na superfície de um cilindro. O cilindro tem altura de 20 mm e raio de 5 mm.

Utilize $\pi = 3$.

Qual o tempo mínimo que a formiga leva para ir do ponto **A** ao ponto **B**?

a) 60 s   d) 25 s
b) 45 s   e) 10 s
c) 30 s

35. No esquema fora de escala a seguir, um homem está diante de um alvo a 612 m deste, quando dispara um tiro. O projétil, suposto em movimento retilíneo e uniforme com velocidade de módulo 510 m/s, atinge o alvo e o ruído produzido pelo impacto é ouvido pelo homem 3,0 s após o disparo. Pede-se determinar o módulo da velocidade das ondas sonoras no local do tiro.

// Para a prática do tiro esportivo, modalidade olímpica, o esportista deve requerer porte de arma ao órgão responsável.

36. (OBF) A velocidade do som no ar (cerca de 300 m/s) é grande para os padrões cotidianos, mas a velocidade da luz (300 000 km/s) é ainda muito maior. Essa propriedade permite as transmissões "ao vivo", nas quais o telespectador acredita que está assistindo ao evento ao mesmo tempo que ele acontece. A figura a seguir mostra como uma transmissão funciona a longas distâncias. Nas proximidades do evento a ser transmitido é instalada uma antena parabólica que utiliza ondas de rádio para enviar a imagem a um satélite geoestacionário. O satélite reflete esse sinal em direção à Terra, onde ele é captado por outra antena parabólica, próxima do telespectador.

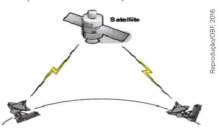

a) Quando um juiz apita o início de uma partida de futebol, quanto tempo demora para que ele seja ouvido por um torcedor no estádio que está a 240 m de distância do juiz, adotando-se a velocidade do som mencionada acima?

b) Considerando-se que o atraso entre a captação da imagem e a recepção pelo telespectador deve-se exclusivamente à viagem entre as antenas e o satélite, calcule o atraso com que o telespectador vê o juiz apitar o início da partida, se a distância entre o satélite e as antenas for de 39 000 km.

37. (Efomm-RJ) Uma videochamada ocorre entre dois dispositivos móveis sobre a superfície da Terra, próximos à linha do Equador, mas em lados diametralmente opostos de um determinado meridiano. As informações, codificadas em sinais eletromagnéticos, trafegam por cabos de telecomunicações (fibras ópticas) praticamente à velocidade da luz ($3{,}0 \cdot 10^8$ m/s). Se o raio da Terra é próximo de $\dfrac{1}{15} \cdot 10^8$ m e adotando-se $\pi \cong 3$, o intervalo de tempo mínimo, em segundos, para que um desses sinais atinja o receptor e retorne ao transmissor é:

a) $\dfrac{1}{30}$ c) $\dfrac{2}{15}$ e) $\dfrac{3}{10}$

b) $\dfrac{1}{15}$ d) $\dfrac{1}{5}$

38. José Paulino realizou seu grande sonho de conhecer algumas montanhas dos Andes argentinos: Cerro Tronador, Cerro Catedral e Cerro López, na região de San Carlos de Bariloche.

// Vista do Cerro Tronador: 3 354 m de altitude.

Em um dos dias de sua viagem, colocou-se a uma distância d de um grande penhasco vertical e passou a bater palmas com frequência constante igual 0,40 Hz. Ele notou que, transcorrido um intervalo tempo T do início de sua ação, cada vez que batia as mãos, recebia o eco correspondente à batida de mãos imediatamente anterior. Admitindo-se que o som se propagou isotropicamente e sem dissipações no ar local com velocidade de intensidade 340 m/s, determine:

a) o valor de T;
b) o valor de d.

Considere:
A frequência (em hertz) é o inverso do período (em segundos) e este corresponde ao intervalo de tempo entre duas palmas sucessivas de José Paulino.

39. (AFA-SP) O diagrama abaixo representa as posições de dois corpos, **A** e **B**, em função do tempo.

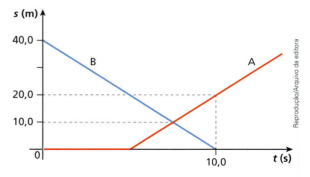

Por esse diagrama, afirma-se que o corpo **A** iniciou o seu movimento, em relação ao corpo **B**, depois de

a) 2,5 s c) 7,5 s
b) 5,0 s d) 10,0 s

40. (Uerj) Uma partícula se afasta de um ponto de referência **O**, a partir de uma posição inicial **A**, no instante t = 0 s, deslocando-se em movimento retilíneo e uniforme.
A distância da partícula em relação ao ponto **O**, no instante t = 3,0 s, é igual a 28,0 m e, no instante t = 8,0 s, é igual a 58,0 m.
a) Calcule a velocidade escalar da partícula.
b) Determine a distância, em metros, da posição inicial **A** em relação ao ponto de referência **O**.

41. Escadas rolantes fazem parte do mundo moderno, estando presentes em locais de grande afluxo de pessoas, como metrôs, aeroportos, *shoppings*, etc. Propiciam maior comodidade nas subidas e descidas entre pisos situados em diferentes níveis. Considere duas pessoas, P_1 e P_2, que vão utilizar duas escadas rolantes paralelas, uma que sobe e outra que desce, de mesmo comprimento L, que interligam dois andares **A** e **B**. P_1 utilizará a escada que sobe (velocidade escalar constante de módulo v_1) e P_2 utilizará a escada que desce (velocidade escalar constante de módulo v_2). As pessoas não irão se movimentar em relação aos degraus das escadas. Sabendo-se que P_2 embarca na sua escada depois de um intervalo de tempo T em relação ao embarque de P_1, determine quanto tempo depois do embarque de P_1 uma pessoa passará ao lado da outra.

42. Em determinado instante da empolgante final da Corrida de São Silvestre, realizada em 31 de dezembro de 1997, o paranaense Emerson Iser Bem estava 25 m atrás do favorito, o queniano Paul Tergat, quando, numa reação espetacular, imprimiu uma velocidade escalar constante de 7,7 m/s, ultrapassando Tergat e vencendo a prova com uma vantagem de 75 m. Admitindo que a velocidade escalar de Tergat se manteve constante e igual a 5,2 m/s, calcule o intervalo de tempo decorrido desde o instante em que Iser Bem reagiu, imprimindo a velocidade escalar de 7,7 m/s, até o instante em que cruzou a linha de chegada.

43. (PUC-GO) Duas partículas, **A** e **B**, estão com movimentos uniformes em uma mesma circunferência de comprimento 6,0 m.
As partículas se encontram a cada 3,0 s quando se movem no mesmo sentido e a cada 1,0 s quando se movem em sentidos opostos.
Calcule os módulos das velocidades das partículas, sabendo-se que **A** é mais rápida que **B**.

44. Trafegando ao longo de uma rodovia retilínea, um caminhão-cegonha de comprimento igual a 24,0 m vai ultrapassar um pedestre que caminha pelo acostamento no mesmo sentido do movimento do veículo.

Cesar Diniz/Pulsar Imagens

Ambos os movimentos são uniformes e a velocidade escalar do caminhão é o quíntuplo da do pedestre. Quantos metros o pedestre caminhará em relação à estrada enquanto estiver sendo ultrapassado pelo caminhão?

45. (Olimpíada de Física da Unicamp) Dois trens, cada um com uma velocidade constante de módulo 30 km/h, estão indo ao encontro um do outro na mesma linha retilínea. Um pássaro com velocidade constante de módulo 60 km/h sai de um dos trens quando estes se encontram a 60 km de distância e vai direto, em linha reta, ao outro trem. Ao chegar ao outro trem, ele voa de volta ao primeiro trem, com velocidade de mesmo módulo 60 km/h, e repete o movimento até os trens colidirem. Despreze o tempo gasto pelo pássaro para inverter sua velocidade ao chegar a cada trem.
A distância total percorrida pelo pássaro até ser esmagado quando os trens colidirem
a) vale 15 km.   d) vale 120 km.
b) vale 30 km.   e) está indeterminada.
c) vale 60 km.

46. Considere dois carros **A** e **B** que vão realizar uma corrida em um circuito circular. Observa-se que o carro **A** dá uma volta completa a cada intervalo de 1 min 20 s, enquanto o carro **B**, nesse mesmo intervalo de tempo, realiza apenas 90% de uma volta. Estando o carro **A** meia volta atrás do carro **B**, o intervalo de tempo necessário para que **A** alcance **B** vale T. Determine:
a) o intervalo de tempo T_B que o carro **B** gasta para dar uma volta no circuito;
b) o valor de T.

Para raciocinar um pouco mais

47. À noite, numa quadra esportiva, uma pessoa de altura h caminha em movimento retilíneo e uniforme com velocidade escalar v. Apenas uma lâmpada **L**, que pode ser considerada uma fonte luminosa puntiforme e que se encontra a uma altura H do piso, está acesa.
Determine, em função de H, h e v, a velocidade escalar média v_E da extremidade **E** da sombra da pessoa projetada no chão.

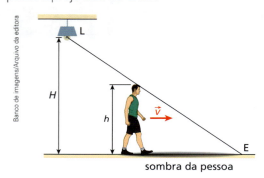
sombra da pessoa

48. Suponha que você more em uma cidade dotada de muitos arranha-céus e que sua residência seja em um prédio alto equidistante dos topos de dois grandes edifícios de alturas iguais, **A** e **B**, separados horizontalmente por 3,0 km. De uma das janelas de seu apartamento, você assiste diariamente aviões a caminho do pouso em um aeroporto próximo. Certo dia, você nota que um avião, em rota de aterrissagem (movimento uniforme em trajetória horizontal, paralela à reta que liga os topos de **A** e **B**), passa diante do prédio **B** 1,0 min 40 s depois de haver passado diante do prédio **A**. Considerando-se que sua distância até **A** ou **B** é de 2,5 km e que a distância de seus olhos à trajetória do avião é igual a 4,0 km, determine a velocidade escalar da aeronave no referido trecho, em km/h.

49. Um avião, voando paralelamente ao solo plano e horizontal, a 4 000 m de altitude com velocidade escalar constante v_A, passou por um ponto **A** e depois por um ponto **B**, distante 3 000 m de **A**. Um observador no solo, em repouso em um ponto **O** da vertical do ponto **B**, começou a ouvir o som do avião proveniente de **A** 4,0 s antes de ouvir o som proveniente de **B**. Se o som se propaga no ar ambiente a 320 m/s, pede-se:
a) calcular o valor de v_A, em m/s;
b) dizer se o avião em questão é supersônico ou não.

50. Considere um frasco cilíndrico de diâmetro D e altura H e uma placa retangular impermeável de base D e altura $\frac{H}{2}$, perfeitamente encaixada e assentada no fundo do frasco, conforme ilustram as duas figuras.
Uma torneira despeja água dentro do frasco, vazio no instante $t_0 = 0$, com vazão rigorosamente constante.

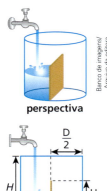
perspectiva

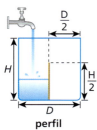
perfil

a) Sendo y a maior altura da superfície livre da água em relação à base do frasco e t o tempo, trace o gráfico de y em função de t desde $t_0 = 0$ até t = T (frasco totalmente cheio).
b) Determine a relação entre as velocidades escalares de subida da superfície livre da água no frasco no início do enchimento do recipiente, v_i, e no final do processo, v_f.

51. Em um torneio de atletismo, dois corredores, **A** e **B**, passam por determinado ponto da pista, que será designado origem dos espaços ($s_0 = 0$), em instantes diferentes. O corredor **A** passa por esse local no instante $t_0 = 0$; e o corredor **B**, embora mais veloz que **A**, passa por esse mesmo local dois segundos atrasado, isto é, em t = 2,0 s. Os dois corredores seguem no sentido positivo da pista, descrevendo movimentos uniformes, como mostra o gráfico s (m) × t (s) a seguir.

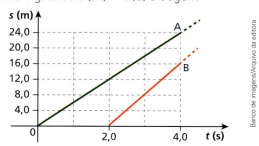

Com base nessas informações, pede-se determinar:
a) as funções horárias do espaço, s = f(t), em unidades SI, para os corredores **A** e **B**;
b) o espaço associado à posição em que **B** ultrapassa **A**;
c) o espaço associado à posição de **A** no instante em que **B** cruza a linha de chegada, na posição s = 240 m.

TÓPICO 3

Movimento uniformemente variado

// Foto estroboscópica de um carrinho descendo um plano inclinado.

Na imagem acima, um carrinho se desloca com aceleração escalar praticamente constante (não nula). Nesse caso a velocidade escalar varia uniformemente, isto é, sobre variações iguais em intervalos de tempo sucessivos e iguais. As distâncias percorridas nesses intervalos variam em progressão aritmética e este é um movimento uniformemente variado. Estudaremos neste tópico o conceito desse importante movimento com suas equações e propriedades. Uma análise gráfica será desenvolvida conjuntamente com vistas a uma visão consistente do assunto.

Bloco 1

1. Introdução

Muitas atitudes, ações ou *performances* são dignas de aplausos, como se verifica no encerramento de um bom espetáculo teatral ou musical. Nessas ocasiões, batemos as mãos vigorosamente no intuito de gerar o som característico de bater palmas para demonstrar apreciação ao espetáculo. Nesse caso, as mãos saem do repouso e descrevem movimentos acelerados, como sugere a imagem abaixo.

// Vamos aplaudir!

Para obter sons fortes e contundentes, empreendemos ações musculares que fazem a velocidade das mãos se intensificar. Essas batidas de palmas se repetem periodicamente, reproduzindo em cada ciclo o breve movimento acelerado de cada uma das mãos.

Mas como seria o crescimento da intensidade da velocidade escalar de uma das mãos?

Talvez, bastante irregular, como ilustra o gráfico abaixo.

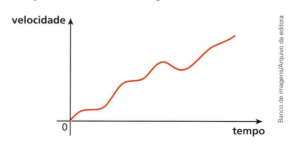

Já se largarmos um carrinho em uma rampa, como mostra a fotografia estroboscópica da abertura deste tópico, ele também vai descrever um movimento acelerado, porém de maneira mais "regular" que a verificada no exemplo anterior.

Se não levarmos em conta o atrito nem a resistência do ar, poderemos verificar que o valor absoluto da velocidade escalar do carrinho vai, nesse caso, crescer uniformemente, isto é, vai sofrer incrementos iguais em intervalos de tempo sucessivos e iguais.

Numa situação ideal, o gráfico da velocidade escalar do carrinho em função do tempo terá o aspecto indicado abaixo.

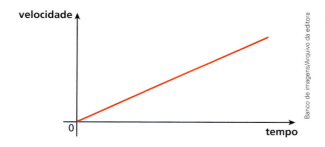

Veja uma situação concreta adiante em que um carro parte do repouso em movimento acelerado.

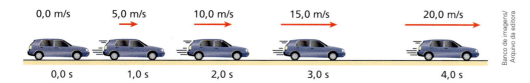

Observe que em cada segundo que passa, a velocidade escalar do carro sofre sempre o mesmo acréscimo: 5,0 m/s. Isso significa que, nesse exemplo, a aceleração escalar é constante, podendo ser determinada por:

$$\alpha = \frac{\Delta v}{\Delta t} \Rightarrow \alpha = \frac{5,0 \frac{m}{s}}{1,0\ s} \Rightarrow \boxed{\alpha = 5,0\ m/s^2}$$

O gráfico da velocidade escalar em função do tempo para essa situação tem o aspecto indicado no diagrama abaixo. Observe que a velocidade escalar cresce **uniformemente** com o passar do tempo.

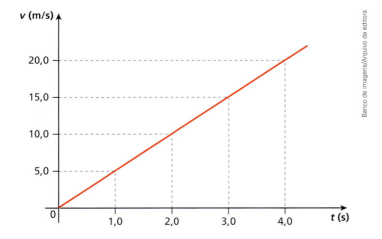

Esse comportamento da velocidade escalar também pode ser notado em movimentos retardados, como ilustramos abaixo.

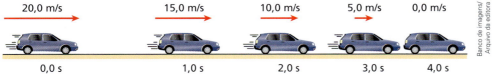

Observe que, a cada segundo transcorrido, a velocidade escalar do carro sofre sempre o mesmo decréscimo: −5,0 m/s. Isso significa que, nesse exemplo, a aceleração escalar é constante, podendo ser determinada por:

$$\alpha = \frac{\Delta v}{\Delta t} \Rightarrow \alpha = \frac{-5,0\,\frac{m}{s}}{1,0\,s}$$

$$\boxed{\alpha = -5,0\,m/s^2}$$

O gráfico da velocidade escalar em função do tempo para essa situação tem o aspecto indicado no diagrama abaixo. Observe que a velocidade escalar decresce **uniformemente** com o passar do tempo.

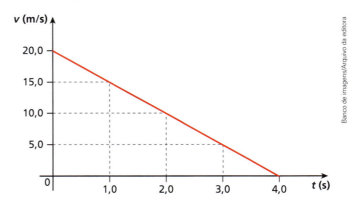

Diante disso, apresentamos a seguinte definição:

> Denomina-se **movimento uniformemente variado** (em qualquer trajetória) todo aquele em que a velocidade escalar varia **uniformemente** com passar do tempo, isto é, sofre variações iguais em intervalos de tempo iguais.

Daí decorre que:

> No movimento uniformemente variado, **a aceleração escalar é constante e diferente de zero**.
>
> $$\alpha = \frac{\Delta v}{\Delta t} = \text{constante} \neq 0$$

Movimentos uniformemente variados podem ocorrer em **qualquer trajetória**.

JÁ PENSOU NISTO?

Com aceleração escalar constante?

Gotas de água que se desprendem de uma torneira mal fechada realizam até a pia um movimento quase uniformemente variado (acelerado). Nota-se que a velocidade escalar das gotas cresce numa taxa próxima de 1,0 m/s a cada 0,1 s, o que confere a elas uma aceleração escalar constante de 10,0 m/s².

Essa aceleração é provocada pelo campo gravitacional terrestre, como será mais bem conceituado em Dinâmica, sendo denominada **aceleração da gravidade**.

90 UNIDADE 1 | CINEMÁTICA

2. Função horária da velocidade escalar

Consideremos uma partícula percorrendo uma trajetória orientada, como representa a figura abaixo, em movimento uniformemente variado. Seja α a aceleração escalar constante dessa partícula. Suponhamos que no instante $t_0 = 0$ (origem dos tempos), a velocidade escalar da partícula tenha valor v_0 (velocidade escalar inicial) e que em um instante posterior qualquer, t, essa velocidade tenha magnitude v.

No movimento uniformemente variado, a aceleração escalar instantânea tem valor igual ao da aceleração escalar média. Logo:

$$\alpha = \frac{\Delta v}{\Delta t} \Rightarrow \alpha = \frac{v - v_0}{t - t_0}$$

Considerando $t_0 = 0$, segue-se que:

$$\alpha = \frac{v - v_0}{t} \Rightarrow \alpha t = v - v_0$$

De onde se obtém:

$$v = v_0 + \alpha t$$

Veja que a função obtida é do 1º grau (função afim), como era de se esperar, já que a velocidade escalar no movimento uniformemente variado varia **uniformemente com o tempo**.

NOTA!

Sempre que a dependência matemática entre duas grandezas quaisquer, *a* e *b*, for regida por uma função do 1º grau (função afim), poderemos dizer que *a* varia uniformemente com *b*. Assim, por exemplo, se a temperatura ao longo de um dia estiver variando com o tempo, conforme uma função do 1º grau, poderemos dizer que a temperatura varia uniformemente com o tempo.

3. Gráfico da velocidade escalar em função do tempo

Como vimos, no movimento uniformemente variado, a velocidade escalar varia **uniformemente**, isto é, sofre variações iguais em intervalos de tempo iguais.

Isso está relacionado com a função horária do 1º grau que apresentamos acima, no item 2.

Tal comportamento da velocidade escalar é traduzido graficamente em função do tempo por um segmento de reta oblíquo, como já expusemos no item 1.

Quem determina se a reta será crescente ou decrescente é o sinal da aceleração escalar. Se $\alpha > 0$, a reta será crescente e se $\alpha < 0$, a reta será decrescente.

Veja os casos a seguir.

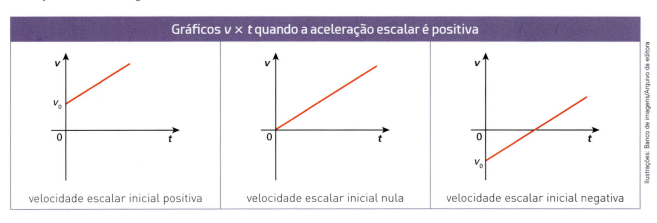

Gráficos $v \times t$ quando a aceleração escalar é positiva

| velocidade escalar inicial positiva | velocidade escalar inicial nula | velocidade escalar inicial negativa |

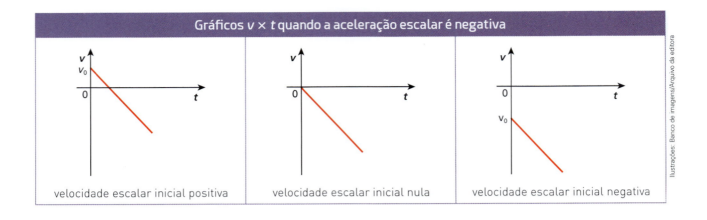

4. Gráfico da aceleração escalar em função do tempo

A constância da aceleração escalar nos movimentos uniformemente variados pode ser traduzida em função do tempo por um gráfico paralelo ao eixo dos tempos.

Veja as situações abaixo:

(I) Movimento progressivo e uniformemente acelerado

(II) Movimento progressivo e uniformemente retardado

(III) Movimento retrógrado e uniformemente acelerado

(IV) Movimento retrógrado e uniformemente retardado

5. Propriedades gráficas

As propriedades que apresentamos a seguir podem ser bastante vantajosas na resolução de exercícios.

Propriedades do gráfico da velocidade escalar em função do tempo

1ª Propriedade

Vamos considerar o caso particular ao lado em que está traçado o gráfico da velocidade escalar v em função do tempo t para um movimento uniformemente variado. Seja θ o ângulo formado entre o gráfico e o eixo do tempo (declividade da reta).

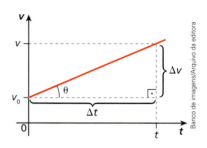

Com base no triângulo retângulo da figura ao lado, podemos constatar que a tangente do ângulo θ expressa a relação entre a variação de velocidade escalar sofrida pelo móvel, Δv, e o intervalo de tempo correspondente, Δt.

De fato:

$$\text{tg } \theta = \frac{v - v_0}{t - 0} = \frac{\Delta v}{\Delta t}$$

Dizemos, então, que a declividade do gráfico fornece uma medida da **aceleração escalar**.

$$\text{tg } \theta = \alpha$$

Diante dessa conclusão, podemos dizer que quanto mais inclinado for o gráfico $v \times t$ em relação ao eixo dos tempos (mais verticalizado), isto é, quanto maiores forem θ e tg θ, maior será a magnitude da aceleração escalar da partícula.

2ª Propriedade

Como foi apresentado no tópico anterior, a "área" compreendida entre o gráfico $v \times t$ e o eixo dos tempos fornece, no intervalo de tempo delimitado por dois instantes quaisquer, uma medida da variação de espaço ou deslocamento escalar da partícula nesse intervalo.

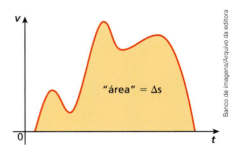

Propriedade do gráfico da aceleração escalar em função do tempo

Consideremos o caso particular do gráfico da aceleração escalar em função do tempo, $\alpha \times t$, esboçado ao lado. Como se pode notar, trata-se de um movimento uniforme uniformemente variado, já que a aceleração escalar é constante. Vamos escolher dois instantes quaisquer, t_1 e t_2, e calcular a "área" A que eles determinam entre o gráfico e o eixo dos tempos.

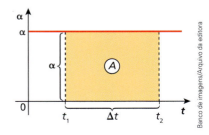

A região destacada na figura é um retângulo, cuja base representa o intervalo de tempo Δt entre t_1 e t_2 e a altura representa a aceleração escalar, α.

Lembrando-se de que a área de um retângulo é obtida multiplicando-se a medida de sua base pela medida da altura, tem-se:

$$A = \Delta t\, \alpha \quad (I)$$

Como

$$\alpha = \frac{\Delta v}{\Delta t}$$

Temos que

$$\Delta v = \Delta t\, \alpha \quad (II)$$

Comparando-se as expressões (I) e (II), concluímos que:

$$A = \Delta v$$

Dizemos, então, que a "área" compreendida entre o gráfico $\alpha \times t$ e o eixo dos tempos fornece, no intervalo de tempo delimitado pelos instantes t_1 e t_2, uma medida da variação de velocidade escalar da partícula.

Pode-se demonstrar que o cálculo dessa "área" também fornece a variação da velocidade escalar em gráficos de formatos quaisquer.

> **NOTA!**
> A palavra área foi grafada entre aspas porque o que se calculou não foi simplesmente a área geométrica do retângulo, mas o produto daquilo que representa sua base (Δt) por aquilo que representa sua altura (α).

> **NOTA!**
> A demonstração formal e ampla dessa propriedade requer o uso de elementos de Cálculo Diferencial e Integral, o que não é do escopo deste curso.

6. Propriedade da velocidade escalar média

Consideremos uma partícula em movimento uniformemente variado conforme o gráfico da velocidade escalar em função do tempo esboçado abaixo.

A área A destacada traduz a variação de espaço da partícula (deslocamento escalar), $\Delta s = s_2 - s_1$, no intervalo de tempo considerado, $\Delta t = t_2 - t_1$.

Recordemos que a área de um trapézio, como o destacado no diagrama, é dada fazendo-se:

$$\text{área} = \frac{(\text{base maior} + \text{base menor})\,\text{altura}}{2}$$

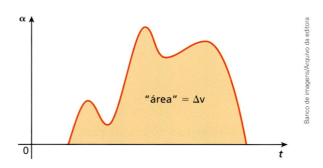

Diante disso, tem-se que:

$$\Delta s = \text{"área"} \Rightarrow \Delta s = \frac{(v_2 + v_1)(t_2 - t_1)}{2} \quad (I)$$

A velocidade escalar média da partícula no intervalo de tempo considerado, porém, pode ser expressa por:

$$v_m = \frac{\Delta s}{\Delta t} \Rightarrow v_m = \frac{\Delta s}{t_2 - t_1} \quad (II)$$

Substituindo-se (I) em (III), segue-se que:

$$v_m = \frac{(v_2 + v_1)(t_2 - t_1)}{2(t_2 - t_1)}$$

De onde se conclui:

$$v_m = \frac{v_2 + v_1}{2}$$

No movimento uniformemente variado, a **velocidade escalar média** entre dois instantes quaisquer é a **média aritmética** das velocidades escalares determinadas nesses dois instantes.

No exemplo esquematizado abaixo, o carro realiza um movimento uniformemente acelerado.

Nesse intervalo de tempo, sua velocidade escalar média fica determinada fazendo-se:

$$v_m = \frac{v_2 + v_1}{2} \Rightarrow v_m = \frac{90 + 60}{2} \therefore \boxed{v_m = 75 \text{ km/h}}$$

Exercícios — Nível 1

1. Acerca de uma partícula em movimento uniformemente acelerado, analise as afirmações a seguir e identifique as corretas:

(01) A velocidade escalar da partícula é constante.

(02) A aceleração escalar da partícula é constante (não nula).

(04) A velocidade escalar da partícula é crescente com o tempo de acordo com uma função do 1º grau.

(08) A velocidade escalar da partícula é crescente com o tempo de acordo com uma função do 2º grau.

(16) A velocidade escalar média da partícula entre dois instantes é a média aritmética das velocidades escalares nesses instantes.

(32) A trajetória descrita pela partícula é retilínea.

Dê como resposta a soma dos códigos associados às proposições corretas.

2. As primeiras passadas após a largada de uma prova de 100 metros rasos são decisivas no resultado final. Aí deve preponderar a explosão muscular do atleta para se atingir, a partir do repouso, elevadas velocidades finais.

Suponha que na largada de uma prova de 100 metros rasos um determinado atleta tenha percorrido os 36,0 m iniciais em exatos 5,76 s, com aceleração escalar constante, e que, após esse intervalo de tempo, ele tenha seguido em movimento uniforme até a linha final.

Com base nessas informações, responda:
a) Qual a velocidade escalar final com que o atleta concluiu a prova?
b) Qual a intensidade da aceleração escalar nos 36,0 m iniciais?
c) Em quanto tempo o atleta concluiu a prova?

Resolução:

A velocidade escalar média nos movimentos em geral é definida por:

$$v_m = \frac{\Delta s}{\Delta t} \quad (I)$$

No movimento uniformemente variado, como é o caso do atleta em estudo, nos 36,0 m iniciais da prova, a velocidade escalar média pode ser calculada pela seguinte média aritmética:

$$v_m = \frac{v_0 + v}{2} \quad (II)$$

Comparando-se as expressões (I) e (II), segue-se que:

$$\frac{v_0 + v}{2} = \frac{\Delta s}{\Delta t}$$

No caso, com $v_0 = 0$, $\Delta s_1 = 36,0$ m e $\Delta t_1 = 5,76$ s, determina-se a velocidade escalar v_1 do atleta no instante final do processo de arrancada.

$$\frac{0 + v_1}{2} = \frac{36,0}{5,76} \therefore \boxed{v_1 = 12,5 \text{ m/s}}$$

Esta também é a velocidade escalar final com que o atleta concluiu a prova.

A aceleração escalar do corredor pode ser obtida aplicando-se a função horária da velocidade escalar:

$$v = v_0 + \alpha t \Rightarrow 12,5 = \alpha \cdot 5,76 \therefore \boxed{\alpha \cong 2,17 \text{ m/s}^2}$$

Depois de percorrer os 36,0 m iniciais, o atleta ainda tem pela frente outros 64,0 m a serem descritos com velocidade escalar constante de 12,5 m/s.

Cálculo do intervalo de tempo gasto neste trecho final:

$$v = \left(\frac{\Delta s}{\Delta t}\right)_2 \Rightarrow 12,5 = \frac{64,0}{\Delta t_2} \therefore \boxed{\Delta t_2 = 5,12 \text{ s}}$$

Sendo T o intervalo de tempo total da prova, podemos escrever que:

$$T = \Delta t_1 + \Delta t_2 \Rightarrow T = 5,76 + 5,12$$

Da qual:

$$\boxed{T = 10,88 \text{ s}}$$

3. José Ribamar adorava visitar o movimentado aeroporto de sua cidade para assistir a sucessivos pousos e decolagens de aeronaves diversas. Certo dia, ele estimou que determinado avião, ao partir do repouso para decolar, percorreu 800 m na pista até alçar voo, decorridos 20,0 s do início do procedimento.

Admitindo-se que a aeronave tenha acelerado com intensidade constante, pede-se determinar:
a) a velocidade escalar do avião no instante correspondente ao fim da corrida na pista, em km/h;
b) a aceleração escalar da aeronave, em m/s².

4. O gráfico abaixo mostra a variação da velocidade escalar de uma composição do metrô em função do tempo entre duas estações **A** e **B** separadas por um trecho retilíneo da ferrovia.

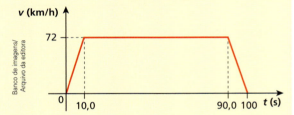

Com base nessas informações, responda:
a) Quais os módulos das acelerações escalares do trem, em m/s², na arrancada e na freada?
b) Qual a distância, em km, que separa as estações **A** e **B**?
c) Qual a velocidade escalar média da composição, em km/h, entre as estações **A** e **B**?

Resolução:

a) $72 \dfrac{\text{km}}{\text{h}} = \dfrac{72,0}{3,6} \dfrac{\text{m}}{\text{s}} = 20 \dfrac{\text{m}}{\text{s}}$

Tanto na arrancada como na freada, a composição sofre uma variação de velocidade escalar módulo igual a 20,0 m/s durante 10,0 s. Isso significa que nessas duas etapas o metrô tem acelerações escalares com módulos iguais. Sendo α a magnitude dessas acelerações, tem-se:

$$\alpha = \frac{|\Delta v|}{\Delta t} \Rightarrow \alpha = \frac{20,0 \text{ m/s}}{10,0 \text{ s}}$$

Da qual:

$$\boxed{\alpha = 2,0 \text{ m/s}^2}$$

b) A distância que separa as estações **A** e **B** pode ser determinada pela "área" entre o gráfico e o eixo dos tempos (trapézio):

$$\Delta s = \frac{(100 + 80) \cdot 20}{2} \therefore \Delta s = 1800 \text{ m}$$

De onde se obtém:

$$\boxed{\Delta s = 1{,}8 \text{ km}}$$

c) A velocidade escalar média fica determinada pela definição dessa grandeza:

$$v_m = \frac{\Delta s}{\Delta t} \Rightarrow v_m = \frac{1800 \text{ m}}{100 \text{ s}}$$

$$v_m = 18{,}0 \text{ m/s} \Rightarrow v_m = 18{,}0 \cdot 3{,}6 \text{ km/h}$$

$$v_m = 18{,}0 \cdot 3{,}6 \text{ km/h} \Rightarrow \boxed{v_m = 64{,}8 \text{ km/h}}$$

5. Uma das invenções fundamentais que permitiram que se modificasse radicalmente o padrão arquitetônico das grandes cidades foi a do elevador. Esse equipamento, apresentado em versão segura pelo estadunidense Elisha Graves Otis em 1853, permitiu uma rápida modificação no panorama urbano mundial com o advento das edificações verticais.

Admita que um funcionário, desejando subir a um andar superior do prédio onde trabalha, tenha tomado o elevador no instante $t_0 = 0$, e que esse rapaz tenha desembarcado do equipamento no instante $t = 20{,}0$ s. A velocidade escalar do elevador variou com o tempo ao longo desse trajeto conforme o gráfico abaixo.

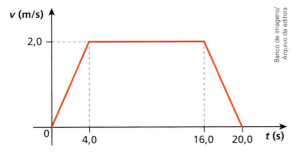

Sabendo-se que o funcionário embarcou no elevador no 3º andar e que a distância vertical entre os pisos de dois andares consecutivos é constante e igual a 4,0 m, responda:
a) Quais os módulos das acelerações escalares do elevador na arrancada e na freada?
b) Em que andar o funcionário desembarcou?
c) Qual a velocidade escalar média do elevador no percurso considerado?

6. (Ufscar-SP) Em um filme, para explodir a parede da cadeia a fim de que seus comparsas pudessem escapar, o "bandido" ateia fogo a um pavio de 0,60 m de comprimento, que tem sua outra extremidade presa a um barril contendo pólvora. Enquanto o pavio queima, o "bandido" se põe a correr em sentido oposto e, no momento em que salta sobre uma rocha, o barril explode.

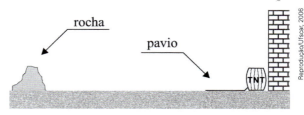

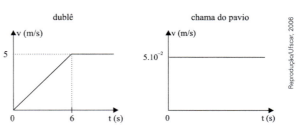

Ao planejar essa cena, o piroplasta utilizou os dados gráficos obtidos cuidadosamente da análise das velocidades do dublê (que representa o bandido) e da chama no pavio, o que permitiu determinar que a rocha deveria estar a uma distância, relativamente ao ponto em que o pavio foi aceso, em m, de:
a) 20,0
b) 25,0
c) 30,0
d) 40,0
e) 45,0

7. (Fuvest-SP) Arnaldo e Batista disputam uma corrida de longa distância. O gráfico das velocidades escalares dos dois atletas, no primeiro minuto da corrida, é mostrado a seguir.

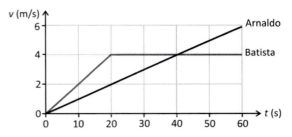

Determine:
a) a aceleração escalar a_B de Batista em $t = 10$ s;
b) as distâncias d_A e d_B percorridas por Arnaldo e Batista, respectivamente, até $t = 50$ s;
c) a velocidade escalar média v_A de Arnaldo no intervalo de tempo entre 0 a 50 s.

8. Se beber, não dirija!

A ingestão de álcool, a depender da dose, pode levar o indivíduo de um estado de euforia e sociabilidade até uma situação comatosa e de óbito. Isso porque a substância atua como um depressor progressivo do sistema nervoso central.

A taxa de álcool no sangue de uma pessoa depende da quantidade de álcool ingerida, da massa da pessoa e do momento em que ela bebe (em jejum ou durante as refeições).

A equação a seguir permite calcular a taxa de álcool no sangue (TAS), medida em gramas por litro (g/L).

$$TAS = \frac{Q}{mk}$$

- Q = quantidade de álcool ingerido, em gramas.
- m = massa da pessoa, em kg.
- k é uma constante que vale 1,1 se o consumo de álcool é feito nas refeições ou 0,7 se o consumo for feito fora das refeições.

Admita ainda que o tempo de reação t_R de um motorista varia com a taxa de álcool no sangue (TAS) de acordo com a relação:

$$t_R = 0,5 + 1,0\,(TAS)^2$$

(TAS medida em g/L e t_R medido em segundos)

Um motorista está dirigindo um carro com velocidade de módulo $v_0 = 72,0$ km/h quando avista uma pessoa atravessando a rua imprudentemente à sua frente. Após o seu tempo de reação, o motorista aciona o freio, imprimindo ao carro uma aceleração de módulo constante até a imobilização do veículo. O gráfico a seguir mostra a velocidade escalar do carro em função do tempo. Sabe-se que a distância percorrida pelo carro desde a visão do pedestre ($t_0 = 0$) até a sua imobilização (t = 5,5 s) foi de 70,0 m.

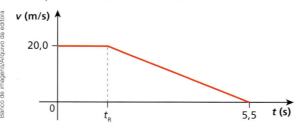

Determine:
a) o tempo t_R de reação do motorista e o módulo α da aceleração do carro durante a freada;
b) a taxa de álcool no sangue do motorista (TAS) e a quantidade de álcool ingerida Q, sabendo-se que o motorista tem massa m = 70 kg e ingeriu bebida alcoólica durante o almoço.

9.
E.R. Um carro parte do repouso no instante $t_0 = 0$ em movimento uniformemente acelerado, conforme o gráfico da aceleração escalar em função do tempo esboçado a seguir. Subitamente, notando que esqueceu seu telefone celular, o motorista é obrigado a frear, o que ocorre em movimento uniformemente retardado.

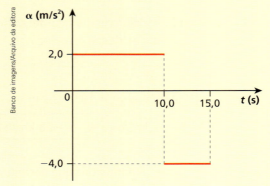

Com base nas informações do diagrama, pede-se:

a) traçar o gráfico da velocidade escalar do carro em função do tempo no intervalo de $t_0 = 0$ a t = 15,0 s;
b) calcular a velocidade escalar média do veículo no intervalo de $t_0 = 0$ a t = 15,0 s.

Resolução:

a) Pela área entre os segmentos de gráfico e o eixo dos tempos no diagrama α × t, podemos calcular a variação de velocidade escalar do carro:

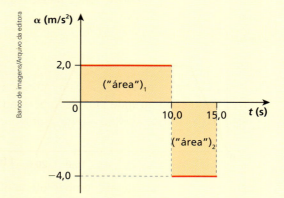

Δv_1 = (área)$_1$ = 10,0 · 2,0 ∴ Δv_1 = 20,0 m/s
Δv_2 = (área)$_2$ = 10,0 · (−2,0) ∴ Δv_2 = −20,0 m/s
Toda a velocidade que o carro ganhou na fase de arrancada ele perdeu na fase de freada, o que significa que o veículo volta ao repouso no instante t = 15,0 s, conforme representa o gráfico v × t a seguir.

Convém relembrar que no movimento uniformemente variado, como ocorre nas duas etapas do deslocamento do carro em questão, o gráfico da velocidade escalar em função do tempo em cada trecho é um segmento de reta oblíquo em relação aos eixos.
Veja o diagrama $v \times t$ a seguir.

b) (I) O deslocamento escalar do carro, Δs, pode ser obtido pela área entre o gráfico $v \times t$ e o eixo dos tempos (triângulo):

$$\Delta s = (\text{área})_{v \times t} = \frac{15{,}0 \cdot 20{,}0}{2}$$

$$\boxed{\Delta s = 150 \text{ m}}$$

(II) A velocidade escalar média fica determinada pela definição:

$$v_m = \frac{\Delta s}{\Delta t} \Rightarrow v_m = \frac{150}{15{,}0}$$

$$\boxed{v_m = 10{,}0 \text{ m/s}}$$

10. Uma moto parte do repouso em determinada pista no instante $t_0 = 0$ e, devido a trocas instantâneas de marchas sequenciais, em três intervalos de tempo sucessivos e de igual duração T, sua aceleração escalar, α, se comporta em função do tempo, t, como indica o gráfico abaixo.

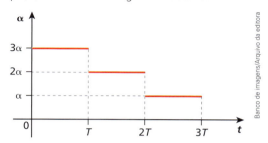

A respeito dessa situação, analise as proposições abaixo e identifique as corretas:

(01) A trajetória da moto é retilínea.
(02) De $t_0 = 0$ a $t = 3T$, a velocidade escalar da moto é crescente.
(04) A máxima velocidade escalar da moto ocorre no instante $t = T$.
(08) Sendo Δv_1, Δv_2 e Δv_3 os ganhos de velocidade escalar da moto de 0 a T, de T a $2T$ e de $2T$ a $3T$, respectivamente, é correto que $\Delta v_1 > \Delta v_2 > \Delta v_3$.
(16) Sendo D_1, D_2 e D_3 as distâncias percorridas pela moto de 0 a T, de T a $2T$ e de $2T$ a $3T$, respectivamente, é correto que $D_1 > D_2 > D_3$.

Dê como resposta a soma dos códigos associados às proposições corretas.

Exercícios Nível 2

11. Ufa!
Em muitos aeroportos do Brasil e do mundo, aeronaves de médio e grande porte são obrigadas a pousar e decolar em pistas relativamente curtas, o que impõe a todos, pilotos, tripulantes e passageiros, momentos de apreensão.

Suponha que para decolar determinado avião parta do repouso da cabeceira de uma pista reta e horizontal e acelere com intensidade constante, levantando voo ao fim de 20,0 s de corrida na pista, com velocidade de intensidade 288 km/h. Admitindo-se que a extensão útil dessa pista seja igual a 1 000 m, pede-se determinar:
a) a quantos metros do final da pista, o avião alça voo;
b) o módulo da aceleração da aeronave.

12. A Linha Amarela do Metrô de S. Paulo – Linha 4 – foi colocada em operação parcial em 2010, interligando as estações Paulista e Faria Lima. Quando totalmente concluída, provavelmente em 2019, deverá conectar as estações Luz e Vila Sônia.

// Atualmente, a Linha 4 transporta 500 mil passageiros por dia.

A Linha Amarela é a única administrada pela iniciativa privada na capital, apresentando requintes de funcionamento em conformidade com o que há de mais moderno no mundo. Os trens são operados remotamente – sem maquinista –, utilizando-se uma tecnologia pioneira na América do Sul. As plataformas das estações da Linha Amarela têm 150 m de extensão, exatamente o mesmo comprimento de cada trem. Ao adentrar uma determinada estação, no instante $t_0 = 0$, uma composição tem velocidade escalar v_0 e mantém essa velocidade constante até o meio (ponto médio) da plataforma. Imediatamente em seguida, o comboio passa a ser freado com aceleração escalar constante de módulo α até sua completa imobilização no instante $t = 15$ s, quando, em repouso, abrange todo o trecho de plataforma. Com base nessas informações, determine:

a) o valor de v_0, em km/h;
b) o valor de α, em m/s².

13. No instante $t_0 = 0$, Reginaldo lança verticalmente para cima a partir do solo um pequeno artefato não propulsionado que, depois de atingir a altura máxima H, no instante $t = 4{,}0$ s, sem sofrer os efeitos do ar, é capturado na descida por seu colega Marcos, no instante $t = 6{,}0$ s. O gráfico abaixo mostra a variação da velocidade escalar do artefato em função do tempo.

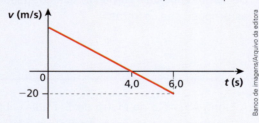

Sabendo-se que Marcos se encontra sobre uma estrutura de altura H_0 em relação ao solo, pede-se determinar:

a) o módulo da aceleração escalar do artefato;
b) o valor de H;
c) o valor de H_0.

Resolução:
a)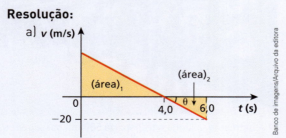

A aceleração escalar, α, do artefato pode ser calculada pela declividade do gráfico, isto é:

$$\alpha = \text{tg}\,\theta \Rightarrow \alpha = \frac{-20}{6{,}0 - 4{,}0} \Rightarrow \alpha = -\frac{20}{2{,}0}$$

Da qual:

$$|\alpha| = 10 \text{ m/s}^2$$

O módulo da aceleração escalar do artefato corresponde à magnitude da aceleração da gravidade local ($g = 10$ m/s²).

b) (I) Cálculo da velocidade escalar inicial, v_0, do artefato:
Semelhança de triângulos:

$$\frac{v_0}{20} = \frac{4{,}0}{6{,}0 - 4{,}0}$$

Da qual:

$$v_0 = 40 \text{ m/s}$$

(II) Cálculo de H:

$$H = (\text{área})_1 \Rightarrow H = \frac{4{,}0 \cdot 4{,}0}{2}$$

De onde se obtém:

$$H = 80 \text{ m}$$

c) Cálculo de H_0:

$$H_0 = H - (\text{área})_2 \Rightarrow H_0 = 80 - \frac{(6{,}0 - 4{,}0) \cdot 20}{2}$$

Da qual:

$$H_0 = 60 \text{ m}$$

14. Um pequeno foguete é lançado verticalmente para cima a partir de um ponto situado no solo, subindo sob a propulsão de seu motor sem sofrer os efeitos da resistência do ar. O combustível do foguete acaba, porém, no instante T em que sua velocidade escalar é igual a v, ficando o artefato, a partir daí, sob a ação exclusiva da gravidade. O gráfico abaixo mostra o comportamento da velocidade escalar do foguete até seu retorno ao ponto de partida, no instante $t = 30$ s.

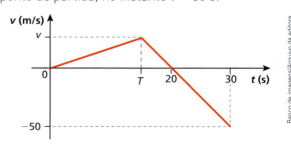

Com base nessas informações, determine:
a) a altura máxima atingida pelo foguete em relação ao solo;
b) o valor de v;
c) o valor de T.

15. (Unifesp) Dois veículos, **A** e **B**, partem simultaneamente de uma mesma posição e movem-se no mesmo sentido ao longo de uma rodovia plana e retilínea durante 120 s. As curvas do gráfico representam, nesse intervalo de tempo, como variam suas velocidades escalares em função do tempo.

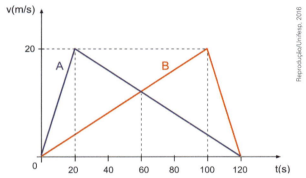

Calcule:
a) o módulo das velocidades escalares médias de **A** e de **B**, em m/s, durante os 120 s;
b) a distância entre os veículos, em metros, no instante t = 60 s.

16. Uma lebre corre em linha reta com velocidade escalar constante de 72,0 km/h rumo à sua toca. No instante t = 0, a lebre está a 200 m da toca; neste instante, um lobo que está 40 m atrás da lebre parte do repouso com aceleração escalar constante de 5,0 m/s² mantida ao longo de 90 m e, em seguida, desenvolve velocidade escalar constante. O lobo descreve a mesma reta descrita pela lebre.
a) Faça um gráfico da velocidade escalar em função do tempo para os movimentos da lebre e do lobo desde o instante t_0 = 0 até o instante em que a lebre chegaria à sua toca.
b) Determine se o lobo alcança a lebre antes que ela chegue à sua toca.

17. Na região de Londres, às margens do rio Tâmisa, situa-se o Palácio de Westminster, sede do parlamento britânico. Sobressai-se eloquente ao lado dessa edificação neogótica do século XIX a Elizabeth Tower, com altura de 96 m, verdadeiro ícone e cartão-postal, na qual está instalado o segundo maior relógio de quatro faces do mundo.

Esse dispositivo, sempre associado à propalada pontualidade britânica, dispõe de um enorme sino com mais de 13 toneladas, chamado de Big Ben, talvez em alusão à alcunha de seu idealizador, Benjamin Hall, corpulento ministro de obras inglês, de apelido Big Ben.

Admita que a velocidade escalar da extremidade de um dos ponteiros dos minutos do sistema obedeça ao gráfico a seguir. Nele, pode-se notar que essa extremidade opera em ciclos de duração de 60 s cada um. Em cada ciclo, a ponta do ponteiro arranca, freia e permanece em repouso por algum tempo.

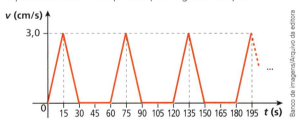

Com base nas informações do gráfico, pede-se calcular:
a) a aceleração escalar da extremidade do ponteiro dos minutos, em $\dfrac{cm}{s^2}$, na fase de arrancada;
b) a velocidade escalar média da extremidade do ponteiro dos minutos, em $\dfrac{cm}{s}$, considerando-se uma volta completa desse ponteiro no mostrador do relógio;
c) o comprimento do ponteiro dos minutos. Responda em metros e adote $\pi \cong 3$.

18. Uma nova montanha-russa?

Não, é o Monotrilho de S. Paulo, nova alternativa que promete revolucionar o transporte público da capital paulista. A previsão é que o sistema entre em operação plena até 2020, transportando cerca de um milhão de passageiros por dia. O monotrilho é fabricado em alumínio e isso o torna 30% mais leve que versões similares feitas de aço. Essa maior leveza permite deslocamentos mais suaves e velozes. O comboio é totalmente elétrico, o que colabora para a obtenção de índices praticamente nulos de poluição. Uma novidade é que o veículo opera sem condutor. Seu controle é feito remotamente por um sistema de computadores existente em uma central. (...)

Helou, Newton e Gualter, *Física*. Editora Saraiva, 2016.

Admita que um comboio do Monotrilho parta do repouso de uma determinada estação com aceleração escalar de intensidade 1,0 m/s², mantida constante durante um intervalo de tempo de duração T_1. Imediatamente após atingir a velocidade máxima, esse veículo começa a ser freado com aceleração escalar também de intensidade constante, mas de valor 1,5 m/s². Decorrido um intervalo de tempo T_2 do início da frenagem, o trem para na próxima estação, distante 750 m da primeira. Com base nessas informações, determine, em km/h:

a) a velocidade escalar média do Monotrilho entre as duas estações;

b) a intensidade da velocidade máxima atingida pelo comboio ao longo do percurso.

19. Estatisticamente, dentre os veículos convencionais, o avião ainda é o meio de transporte mais seguro. Pousos e decolagens, porém, são momentos que implicam alguma tensão, exigindo de toda a tripulação competência e perícia.

A análise cinemática do procedimento de decolagem de um A319 levou à construção do gráfico da velocidade escalar (v) em função do tempo (t) que aparece a seguir. Dada a autorização de partida, a aeronave teve imediatamente as suas turbinas aceleradas, no instante $t_0 = 0$, e percorreu a pista reta e horizontal, de extensão 1 300 m, perdendo o contato com ela no instante $t_1 = 20$ s. Depois de levantar voo, o avião se manteve inclinado em relação ao solo, considerado plano e horizontal, de um ângulo constante igual a 37° até o instante $t_2 = 50$ s, quando posicionou seu eixo em direção horizontal.

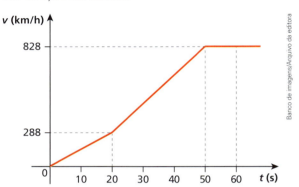

Supondo-se que todo o movimento descrito tenha ocorrido em um mesmo plano vertical e adotando-se sen 37° = 0,60 e cos 37° = 0,80, pede-se:

a) calcular a distância horizontal percorrida pelo avião no intervalo $t_0 = 0$ a $t_2 = 50$ s;

b) determinar a altura da aeronave em relação ao solo no instante $t_2 = 50$ s;

c) traçar o gráfico da intensidade da aceleração do avião em função do tempo desde o instante $t_0 = 0$ até o instante $t_3 = 60$ s.

20. Na cidade de Berlim, na Alemanha, o transporte público é muito seguro e pontual. Na região central da cidade há nos pontos de ônibus grandes painéis eletrônicos com informações de linhas, destinos e horários com as próximas partidas.

Admita que um ônibus, partindo do repouso no instante $t_0 = 0$ de um ponto de sua linha tenha seguido com a aceleração escalar variando em função do tempo de acordo com o gráfico abaixo.

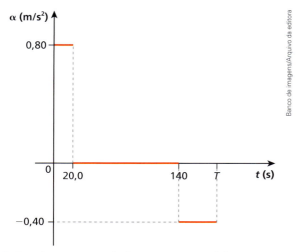

Sabendo-se que o ônibus para no próximo ponto de sua linha no instante T, pede-se:
a) determinar o valor de T;
b) traçar o gráfico da velocidade escalar do ônibus em função do tempo no intervalo de $t_0 = 0$ a $t = T$;
c) calcular a velocidade escalar média do veículo, em km/h, no intervalo de tempo citado no item anterior.

21. Um sonho recorrente do homem sempre foi o de poder se equiparar aos pássaros; ser capaz de voar. Em certa medida, o paraquedismo viabiliza esse ato, proporcionando a seus aficionados uma intensa excitação, além de uma grande sensação de liberdade. Há mais de 2000 anos, os chineses já propunham versões rudimentares de paraquedas, mas apenas no período renascentista surgiram projetos que possibilitaram saltos com alguma segurança. Leonardo da Vinci, em 1485, projetou um tipo de paraquedas em forma de pirâmide, que foi testado com sucesso a partir da primeira década do corrente século. O suíço Olivier Vietti-Tepa realizou, em 2008, o primeiro salto bem-sucedido a partir de um helicóptero estacionado no ar, a uma altura de 600 m do solo.
O paraquedas utilizado, embora obedecesse ao desenho original de Da Vinci, foi confeccionado com materiais leves da atualidade e partiu já aberto da aeronave, realizando uma suave descida vertical.

// O paraquedas de Da Vinci em desenho original.

No gráfico a seguir, está representada a variação da velocidade escalar do paraquedas de Vietti-Tepa em função da posição, medida a partir do helicóptero.

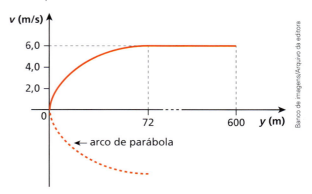

Com base nas informações contidas no texto e no gráfico, pede-se:
a) determinar a intensidade da aceleração do paraquedas, suposta constante, ao longo dos primeiros 72 m de descida;
b) calcular o intervalo de tempo gasto por Vietti-Tepa desde a partida do helicóptero até sua chegada ao solo;
c) esboçar o gráfico da velocidade escalar do paraquedista em função do tempo de descida. O gráfico deve conter valores numéricos de acordo com o contexto.

Bloco 2

7. Função horária do espaço

Consideremos uma partícula percorrendo um eixo orientado, como o representado abaixo, em movimento uniformemente variado, com aceleração escalar igual a α.

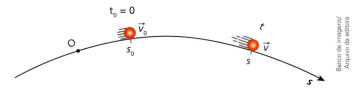

Sejam s_0 e v_0 o espaço inicial e a velocidade escalar inicial, respectivamente, definidos no instante $t_0 = 0$ (origem dos tempos) e chamemos de s o espaço da partícula em um instante qualquer, t, em que a velocidade escalar vale v.

Tracemos o gráfico $v \times t$ correspondente a essa situação.

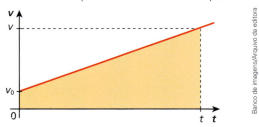

Para obter uma expressão matemática de s em função de t, denominada **função horária do espaço**, calculemos a área A destacada no diagrama. Essa "área" fornece a variação de espaço ou deslocamento escalar da partícula.

$$\Delta s = \text{"área"} \Rightarrow \Delta s = \frac{(v + v_0)t}{2} \quad \text{(I)}$$

Lembrando-se de que

$$v = v_0 + \alpha t \quad \text{(II)}$$

Substituindo-se (II) em (I), vem:

$$\Delta s = \frac{(v_0 + \alpha t + v_0)t}{2} \Rightarrow \Delta s = \frac{2v_0}{2}t + \frac{\alpha}{2}t^2$$

De onde se obtém:

$$\boxed{\Delta s = v_0 t + \frac{\alpha}{2}t^2}$$

Observando-se que $s - s_0 = \Delta s$, também podemos escrever:

$$s - s_0 = v_0 t + \frac{\alpha}{2}t^2 \quad \text{ou} \quad \boxed{s = s_0 + v_0 t + \frac{\alpha}{2}t^2}$$

Veja que a função horária do espaço do movimento uniformemente variado é do **2º grau**, o que estabelece, no caso de v_0 ser nulo, uma variação quadrática entre Δs e t. Isso significa que, dobrando-se o valor de t, o correspondente valor de Δs quadruplica; triplicando-se o valor de t, o correspondente valor de Δs nonuplica (aumenta nove vezes), e assim por diante.

8. Gráfico do espaço em função do tempo

> Funções do 2º grau dão como gráfico cartesiano **arcos de parábola**.

É o que ocorre com a função horária do espaço, do 2º grau, do movimento uniformemente variado.

$$s = s_0 + v_0 t + \frac{\alpha}{2} t^2$$

Quem determina se o arco de parábola terá concavidade voltada para cima ou para baixo é o sinal do coeficiente do termo de 2º grau, no nosso caso, o sinal da aceleração escalar α.

> Se $\alpha > 0$, a parábola terá concavidade **voltada para cima**.

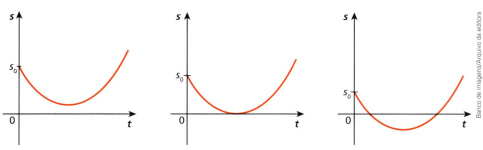

// Nos três casos, a aceleração escalar é positiva.

> Se $\alpha < 0$, a parábola terá concavidade **voltada para baixo**.

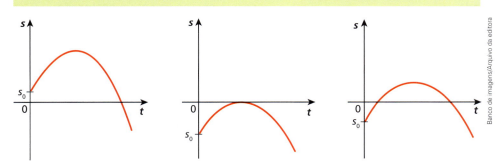

// Nos três casos, a aceleração escalar é negativa.

Em todas essas situações, nos instantes associados aos vértices das parábolas, a **velocidade escalar é nula**. Nos nossos exemplos estaria ocorrendo inversão no sentido do movimento.

Para uma melhor compreensão desse estudo gráfico, apresentamos a seguir, para o movimento uniformemente variado, dois grupos com os três diagramas horários fundamentais: $s \times t$, $v \times t$ e $\alpha \times t$. Logo em seguida a cada grupo de gráficos, classificamos os movimentos como **progressivos** ou **retrógrados**; **acelerados** ou **retardados**.

Aceleração escalar positiva (α > 0)

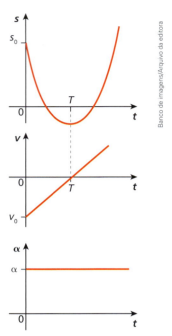

(I) Para $0 \leq t < T$:

O espaço é decrescente e o movimento é **retrógrado**. O módulo da velocidade escalar é decrescente e o movimento é **retardado**.

(II) Para $t > T$:

O espaço é crescente e o movimento é **progressivo**. O módulo da velocidade escalar é crescente e o movimento é **acelerado**.

Aceleração escalar negativa (α < 0)

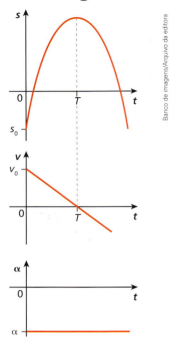

(I) Para $0 \leq t < T$:

O espaço é crescente e o movimento é **progressivo**. O módulo da velocidade escalar é decrescente e o movimento é **retardado**.

(II) Para $t > T$:

O espaço é decrescente e o movimento é **retrógrado**. O módulo da velocidade escalar é crescente e o movimento é **acelerado**.

9. A Equação de Torricelli

Os primeiros estudos com embasamento científico do movimento uniformemente variado foram elaborados pelo italiano de Pisa, **Galileu** Galilei (1564-1642). Em seus trabalhos, equacionou de maneira inédita o movimento uniformemente acelerado de corpos deslizando praticamente sem atrito em planos inclinados, além de objetos despencando em queda livre.

Conta-se que Galileu largava pequenos corpos a partir de alturas diferentes da Torre de Pisa e estudava sua queda em busca de alguma regularidade que regesse de modo geral aqueles movimentos. E tudo era medido de maneira rudimentar para os padrões de hoje, já que na época não havia cronômetros nem instrumentos de precisão. Mesmo assim, as conclusões de Galileu nesse campo se tornaram definitivas, como estudaremos no Bloco 3 deste tópico.

Galileu é um personagem basilar na Física Clássica, sendo considerado o "pai da ciência moderna" pelo método científico proposto – comprovação das verdades da natureza por meio de sistemática experimentação e criteriosa fundamentação matemática – que diferia em grande medida das condutas aristotélicas então vigentes.

Os trabalhos de Galileu deram suporte à Teoria Heliocêntrica de Nicolau Copérnico e serviram de base para que o inglês Isaac **Newton** (1642-1727) formulasse mais tarde sua lei da Gravitação.

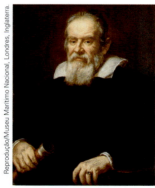

// **Galileu** Galilei foi figura proeminente da ciência do século XVII. Notabilizou-se, sobretudo, por suas observações astronômicas. A partir de lunetas construídas por ele mesmo, visualizou as crateras lunares, os anéis de Saturno e os satélites de Júpiter.

Galileu teve alguns discípulos diretos, dentre eles seu compatriota Evangelista **Torricelli** (1608-1647), que o acompanhou nos últimos meses de sua vida.

Fundamentado nas duas funções horárias, da velocidade escalar e do espaço, implementadas anteriormente por Galileu em seus estudos do movimento uniformemente variado, o adepto e seguidor Torricelli elaborou uma outra expressão que hoje é conhecida pelo seu nome.

Para obter sua equação, Torricelli eliminou a variável tempo nas duas expressões de Galileu.

$$v = v_0 + \alpha t \Rightarrow t = \frac{v - v_0}{\alpha} \quad (I)$$

$$\Delta s = v_0 t + \frac{\alpha}{2} t^2 \quad (II)$$

Substituindo-se (I) em (II), vem:

$$\Delta s = v_0 \left(\frac{v - v_0}{\alpha} \right) + \frac{\alpha}{2} \left(\frac{v - v_0}{\alpha} \right)^2$$

$$\Delta s = \frac{v_0 v}{\alpha} - \frac{v_0^2}{\alpha} + \frac{\alpha}{2} \left(\frac{v^2 - 2v_0 v + v^2}{\alpha^2} \right)$$

$$\Delta s = \frac{v_0 v}{\alpha} - \frac{v_0^2}{\alpha} + \frac{v^2}{2\alpha} - \frac{v_0 v}{\alpha} + \frac{v_0^2}{2\alpha}$$

$$\alpha \Delta s = \frac{v^2}{2} - \frac{v_0^2}{2} \Rightarrow 2\alpha \Delta s = v^2 - v_0^2$$

De onde se obtém a **Equação de Torricelli**:

$$v^2 = v_0^2 + 2\alpha \Delta s$$

A fórmula acima, que relaciona v, v_0, α e Δs, sem a variável tempo, é muito útil na resolução de questões sobre o movimento uniformemente variado.

// Evangelista **Torricelli** construiu um barômetro por meio do qual fez avaliações da pressão atmosférica e, com isso, lançou as bases da atual Meteorologia. Medindo a pressão atmosférica local, ele fazia previsões do tempo, o que logo lhe rendeu a pecha de bruxo. Torricelli também se notabilizou em Geometria ao descrever as características de um sólido infinitamente longo, hoje denominado *trombeta de Gabriel*.

Exercícios Nível 1

22. Considere uma partícula que vai partir do repouso com aceleração escalar constante, indo se deslocar ao longo de um eixo retilíneo no sentido positivo desse eixo. A respeito dessa situação, podemos afirmar que:
a) A velocidade escalar da partícula vai crescer com o passar do tempo de acordo com uma função do 2º grau;
b) A distância percorrida pela partícula vai crescer com o passar do tempo de acordo com uma função do 1º grau;
c) Se durante 1,0 s a partícula se deslocar 5,0 m, então durante 2,0 s ela vai se deslocar 10,0 m;
d) Se durante 1,0 s a velocidade escalar da partícula crescer 2,0 m/s, então durante 2,0 s a velocidade escalar da partícula vai crescer 4,0 m/s;
e) A partícula vai descrever um movimento retrógrado.

23. "... ao perceber que a tempestade se avizinhava, engatei uma terceira e pisei fundo no acelerador. Imediatamente, o velho caminhãozinho empinou o capô em forma de flecha e largou lama, quase voando sobre a estrada barrenta por 300 m durante vinte segundos..."

Admita que nessa narrativa a aceleração escalar do caminhãozinho tenha se mantido constante com valor α. Considerando-se que no momento inicial da arrancada do veículo a velocidade escalar era $v_0 = 36$ km/h, determine:
a) o valor de α;
b) a velocidade escalar final do caminhãozinho, v, em km/h, ao fim do percurso de 300 m.

Resolução:

a) Trata-se de um movimento uniformemente acelerado em que o deslocamento do caminhãozinho pode ser equacionado por:

$$\Delta s = v_0 t + \frac{\alpha}{2} t^2$$

Com $\Delta s = 300$ m, $v_0 = 36 \frac{km}{h} = \frac{36}{3,6} \frac{m}{s}$ e $t = 20$ s, calcula-se o valor de α:

$$300 = 10 \cdot 20 + \frac{\alpha}{2} \cdot (20)^2 \Rightarrow 300 = 200 + 200\alpha$$

De onde se obtém:

$$\boxed{\alpha = 0,50 \text{ m/s}^2}$$

b) Pela função horária da velocidade escalar:
$$v = v_0 + \alpha t \Rightarrow v = 10 + 0,50 \cdot 20$$

Da qual:

$$\boxed{v = 20 \text{ m/s}} \Rightarrow v = 20 \cdot 3,6 \therefore \boxed{v = 72 \text{ km/h}}$$

24.

[...] A melhor primeira volta de todos os tempos da história da Fórmula 1 foi um verdadeiro show de ultrapassagens de Ayrton Senna. Com uma pilotagem impecável, Senna parecia ser o único que estava pilotando na pista seca, enquanto os adversários sequer ofereciam resistência a ele no traçado molhado. A ultrapassagem sobre o austríaco Karl Wendlinger, por fora e em uma área onde somente Senna encontrou aderência, foi uma das mais inesquecíveis do brasileiro na F-1. [...]

Disponível em: <www.ayrtonsenna.com.br/confira-seis-ultrapassagens-de-ayrton-senna-que-sao-dignas-de-cinema/>. Acesso em: 6 jun. 2018.

// Como de praxe, depois de suas muitas vitórias na Fórmula 1, o inesquecível Ayrton Senna celebrava suas conquistas dando uma volta no circuito empunhando uma bandeira do Brasil.

Admitamos que logo após a ultrapassagem sobre Wendlinger, mencionada no texto, Senna, estando a 252 km/h, tenha imprimido ao seu carro uma aceleração escalar constante de 4,0 m/s² durante os 5,0 s subsequentes. Com base nessas suposições, responda:

a) Qual a distância percorrida pelo carro de Senna, em metros, durante esse intervalo de tempo?
b) Qual a velocidade escalar do veículo, em km/h, ao fim desse percurso?

25. Uma partícula está percorrendo um eixo **E.R.** orientado com aceleração escalar constante $\alpha = 2,0$ m/s² de modo que, no instante $t_0 = 0$, sua velocidade escalar é $v_0 = -10,0$ m/s e sua posição na trajetória é $s_0 = 28,0$ m. Pede-se determinar:

a) o intervalo de tempo decorrido entre as duas passagens da partícula na posição da trajetória em que s = 4,0 m;
b) as velocidades escalares da partícula nos dois instantes em que s = 4,0 m.

Resolução:

a) Trata-se de um movimento uniformemente variado em que a posição na trajetória (espaço) varia em função do tempo conforme a expressão:

$$s = s_0 + v_0 t + \frac{\alpha}{2} t^2$$

Com $s_0 = 28,0$ m, $v_0 = -10$ m/s e $\alpha = 2,0$ m/s², fazendo-se s = 4,0 m, determinam-se os dois instantes em que a partícula passa por essa posição da trajetória.

$$4,0 = 28,0 - 10,0t + \frac{2,0}{2} t^2$$

$$1,0 t^2 - 10,0 t + 24,0 = 0$$

$$t = \frac{10,0 \pm \sqrt{100 - 96,0}}{2,0} \Rightarrow t = \frac{10,0 \pm 2,0}{2,0}$$

Da qual:

$$\boxed{t_1 = 4,0 \text{ s}} \quad \text{e} \quad \boxed{t_2 = 6,0 \text{ s}}$$

O intervalo de tempo pedido é Δt, dado por:
$$\Delta t = t_2 - t_1 \Rightarrow \Delta t = 6,0 - 4,0$$

De onde se obtém:

$$\boxed{\Delta t = 2,0 \text{ s}}$$

b) No movimento uniformemente variado, a velocidade escalar varia uniformemente com o tempo, de acordo com a função:
$$v = v_0 + \alpha t$$

As velocidades escalares pedidas ficam determinadas fazendo-se:

$v_1 = -10,0 + 2,0 \cdot (4,0) \therefore \boxed{v_1 = -2,0 \text{ m/s}}$

$v_2 = -10,0 + 2,0 \cdot (6,0) \therefore \boxed{v_2 = 2,0 \text{ m/s}}$

É importante observar que quando uma partícula, dotada de aceleração escalar constante, passa duas vezes por uma mesma posição da trajetória, em um sentido e depois no outro, suas velocidades escalares instantâneas são simétricas, isto é, $v_2 = -v_1$.

26. Na aula de Robótica as alunas Bruna e Rosária programaram um carrinho para se deslocar ao longo de um trilho retilíneo e orientado com aceleração escalar constante $\alpha = 2,0 \text{ m/s}^2$. Num determinado instante, que chamaremos de origem dos tempos ($t_0 = 0$), a velocidade escalar do carrinho era $v_0 = -8,0$ m/s e a posição do pequeno veículo sobre a trajetória era $s_0 = 15,0$ m. Com base nessas informações, responda:

a) Qual o intervalo de tempo que intercalou as duas passagens do carrinho pela origem dos espaços ($s = 0$)?

b) Qual o valor algébrico das velocidades escalares do carrinho nessas duas passagens pela origem dos espaços?

27. Uma partícula descreve uma trajetória retilínea **E.R.** em movimento uniformemente variado com aceleração escalar de valor absoluto a e velocidade escalar inicial – associada ao instante $t_0 = 0$ – de módulo v_0. O gráfico abaixo apresenta a variação do espaço s da partícula ao longo de sua trajetória em função do tempo t.

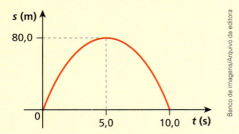

Pede-se determinar:
a) o valor de v_0;
b) o valor de a;
c) a distância total percorrida pela partícula, D, desde o instante $t_0 = 0$ até seu retorno à posição inicial.

Resolução:
a) Em geral, a velocidade escalar média é dada por:

$$v_m = \frac{\Delta h}{\Delta t} \quad \text{(I)}$$

No movimento uniformemente variado, a velocidade escalar média também pode ser determinada pela média aritmética:

$$v_m = \frac{v_0 + v_1}{2} \quad \text{(II)}$$

Comparando-se (I) e (II), vem:

$$\frac{v_0 + v_1}{2} = \frac{\Delta h}{\Delta t}$$

Analisando-se a lombada esquerda do arco de parábola, depreende-se do gráfico que $\Delta s = 80,0$ m, $\Delta t = 5,0$ s e que $v_1 = 0$ (no instante associado ao vértice da parábola, ocorre inversão no sentido do movimento e a velocidade escalar é nula). Logo:

$\frac{v_0 + 0}{2} = \frac{80,0}{5,0} \therefore \boxed{v_0 = 32,0 \text{ m/s}}$

b) Aplicando-se a função horária da velocidade escalar, chega-se ao valor a da intensidade da aceleração escalar.

$v = v_0 + \alpha t \Rightarrow 0 = 32,0 + \alpha \cdot 5,0$

Da qual:

$\alpha = -6,4 \text{ m/s}^2$

$a = |\alpha| \Rightarrow \boxed{a = 6,4 \text{ m/s}^2}$

c) Pela simetria do gráfico, depreende-se que a partícula retorna ao ponto de partida no instante $t = 10,0$ s. A distância total percorrida até esse instante fica determinada por:
$D = |\Delta s_{ida}| + |\Delta s_{volta}| \Rightarrow D = |80,0| + |-80,0|$

$\boxed{D = 160 \text{ m}}$

28. Para viagens espaciais de grande extensão, o planeta Marte poderá receber uma base terrestre muito estratégica. Já temos, inclusive, tecnologia para chegar a Marte e sobreviver minimamente por lá! Muitos fatores, porém, como a baixa gravidade, o ar irrespirável (composto essencialmente por CO_2 – dióxido de carbono), os gradientes térmicos de grande amplitude entre o dia e a noite, ventos fortes com severas tempestades de areia, além de radiações eletromagnéticas ionizantes não absorvidas pela tênue atmosfera marciana, dificultam a permanência humana no planeta.

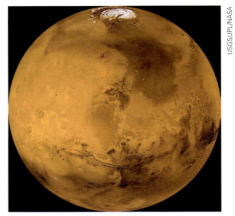

Marte, o planeta vermelho, vizinho imediato da Terra, tem condições naturais inóspitas para receber humanos.

Suponha que um astronauta lance uma pequena pedra verticalmente para cima a partir do solo de Marte e que esta descreva um movimento uniformemente variado sob a ação exclusiva do campo gravitacional. O gráfico a seguir mostra a variação da altura da pedra em relação ao solo do planeta durante o trânsito desse corpo na subida e no retorno ao ponto de lançamento.

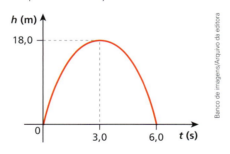

Sabendo-se que a aceleração da gravidade terrestre tem intensidade 10,0 m/s² e considerando-se as informações contidas no gráfico, responda:
a) Qual o módulo da velocidade de lançamento da pedra?
b) Qual a intensidade da aceleração da gravidade marciana?
c) Qual a relação entre as magnitudes das acelerações da gravidade da Terra e de Marte?

29. A demanda por trens de alta velocidade – trens-bala – tem crescido em todo mundo. Uma preocupação importante no projeto desses trens, no entanto, é o conforto dos passageiros durante as arrancadas e freadas do comboio. Tanto em um processo como no outro, a intensidade da aceleração máxima, $a_{máx}$, não deve exceder a $0,1g$, em que g é o módulo da aceleração da gravidade ($g = 10$ m/s²).

Admitindo-se que certo trem-bala, a partir do repouso, atinja ao fim de um procedimento de arrancada velocidade escalar de intensidade igual 432 km/h, com a máxima aceleração escalar possível, suposta constante, pede-se determinar:
a) a distância percorrida pelo trem, em km, nesse procedimento;
b) o intervalo de tempo transcorrido, em min, durante essa arrancada.

Exercícios Nível 2

30. (FMTM-MG) Neste antigo cartum, o atleta de meia idade, em total concentração durante uma corrida, não percebe a aproximação do rolo compressor que desce a ladeira, desligado e sem freio, com aceleração escalar constante de 0,50 m/s².

No momento registrado pelo cartum, a máquina já está com velocidade escalar de 4,0 m/s, enquanto o atleta mantém velocidade escalar constante de 6,0 m/s. Se a distância que separa o homem da máquina é de 5,0 m, e ambos, máquina e corredor, mantiveram sua marcha sobre o mesmo caminho retilíneo, o tempo de vida que resta ao desatento corredor é, em s, de aproximadamente

a) 6,0
b) 10,0
c) 12,0
d) 14,0
e) 16,0

31. Considere dois carros, **A** e **B**, em uma mesma trajetória retilínea orientada. No instante $t_0 = 0$, **B** passa pela origem dos espaços em movimento uniforme, com velocidade escalar igual a 20,0 m/s. Nesse mesmo instante, **A** parte do repouso do ponto de espaço 48,0 m, movendo-se no mesmo sentido de **B**, em movimento uniformemente acelerado, com aceleração escalar de intensidade 4,0 m/s². No instante $t = T_1$, **B** ultrapassa **A**, mas, posteriormente, no instante $t = T_2$, **A** ultrapassa **B**. Pede-se determinar o intervalo de tempo $\Delta t = T_2 - T_1$.

32. Uma leoa com velocidade escalar constante de 8,0 m/s se aproxima de um búfalo, inicialmente em repouso. Quando a distância entre eles é de 20,0 m, o búfalo parte com aceleração escalar constante de 2,0 m/s² para fugir da leoa.
Admita que a leoa e o búfalo descrevam uma mesma trajetória retilínea e considere o instante em que o búfalo parte como origem dos tempos ($t_0 = 0$).
a) Demonstre que a leoa não alcança o búfalo.
b) Determine a distância mínima entre o búfalo e a leoa.

33. (OBF) Dois carros, **A** e **B**, considerados pontos
E.R. materiais, partem simultaneamente do repouso separados por uma distância de 300 m, indo um de encontro ao outro ao longo de uma pista retilínea. O carro **A**, que se desloca para a direita, tem aceleração escalar constante de módulo 2,0 m/s², e o carro **B**, que se desloca para a esquerda, tem aceleração escalar também constante, mas de módulo 4,0 m/s². A partir desses valores, determine o intervalo de tempo, em segundos, que os carros levam para cruzar um com o outro na pista:
a) 1,0   c) 5,0   e) 20,0
b) 3,0   d) 10,0

Resolução:
Sugerimos raciocinar-se em termos dos movimentos relativos:
$$\Delta s_{rel} = v_{0_{rel}} t + \frac{\alpha_{rel}}{2} t^2$$
Com $\Delta s_{rel} = 300$ m, $v_{0_{rel}} = 0$ e $\alpha_{rel} = 2,0 + 4,0$ (m/s²) $= 6,0$ m/s² (movimentos em sentidos opostos), vem:
$$300 = \frac{6,0}{2} t^2 \therefore \boxed{t = 10,0 \text{ s}}$$
Resposta: alternativa **d**.

34. (OBF) Em uma estrada de pista única, uma moto de 2,0 m de comprimento, cuja velocidade tem módulo igual a 22,0 m/s, quer ultrapassar um caminhão longo de 30,0 m, que está com velocidade constante de módulo igual a 10,0 m/s. Supondo-se que a moto faça a ultrapassagem com uma aceleração de módulo igual a 4,0 m/s², calcule o tempo que ela leva para ultrapassar o caminhão e a distância percorrida durante a ultrapassagem.

35. Considere o gráfico a seguir, que representa de modo aproximado a velocidade escalar com que se eleva verticalmente o ponto mais alto de um pé de milho da variedade BRS *Caimbé*, desde o instante $t_0 = 0$, em que a planta eclode do solo, iniciando seu crescimento, até o instante $t_1 = 10$ semanas, em que esse crescimento termina.

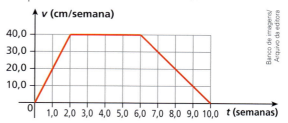

Com base no diagrama, pede-se:
a) determinar a altura máxima atingida pelo pé de milho;
b) traçar o gráfico da altura do pé de milho em função do tempo, desde $t_0 = 0$, em que a altura é nula, até $t_1 = 10$ semanas;
c) traçar o gráfico da aceleração escalar do ponto mais alto do pé de milho em função do tempo, desde $t_0 = 0$ até $t_1 = 10$ semanas.

36. O quadrado da velocidade escalar de um atleta em função de sua posição na pista durante uma corrida de 100 metros rasos está esboçado no gráfico abaixo.

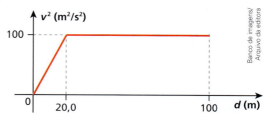

Com base nas informações contidas no diagrama, pede-se:
a) calcular o intervalo de tempo T_1 gasto pelo atleta para percorrer os 20,0 m iniciais da prova;
b) calcular o intervalo de tempo T_2 gasto pelo atleta para percorrer os 80,0 m finais da prova;
c) traçar o gráfico da velocidade escalar do atleta em função do tempo durante a corrida.

37. **Dirigir com baixa luminosidade é ruim; dirigir com baixa luminosidade e com chuva é ainda pior!**
Suponha que um motorista, dirigindo seu carro em um fim de tarde chuvoso ao longo de uma rodovia retilínea, com velocidade escalar constante de 72 km/h, aviste a distância de 70 m uma árvore que caiu na estrada, bloqueando toda a pista, como ilustra a fotografia abaixo.

Entre a visão do perigo e a ação muscular de pisar no freio transcorre um intervalo de tempo de 0,50 s (tempo de reação do motorista) durante o qual o veículo segue com a velocidade escalar anterior à ação de frenagem. Sabendo-se que o sistema de freios imprime ao carro uma desaceleração de intensidade constante igual a 4,0 m/s², determine se o carro para antes do obstáculo. Em caso afirmativo, a quantos metros da árvore a velocidade do veículo se anula?

38. Com alguma frequência, somos informados de que ocorreu uma colisão entre dois trens em alguma parte do mundo. Infelizmente, essas notícias vêm carregadas de negatividade, já que falam de prejuízos materiais, ambientais, além de irreparáveis perdas de vidas humanas.

Considere o esquema a seguir, em que estão representadas, fora de escala, duas ferrovias perpendiculares entre si que se cruzam em um ponto **X**. Um trem **A**, de comprimento 100 m, trafega pela ferrovia 1 rumo ao ponto **X**, com velocidade escalar constante igual a 72,0 km/h.

Admita que, em determinado instante ($t_0 = 0$), a frente da locomotiva deste trem esteja a 400 m de **X**. Nesse mesmo instante, um trem **B**, de comprimento 150 m, que percorre a ferrovia **2** também rumo ao ponto **X**, tem velocidade escalar igual a 18,0 km/h e a frente de sua locomotiva dista 50 m de **X**.

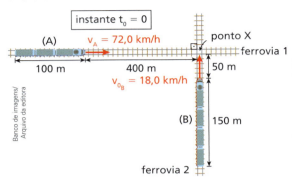

Visando evitar uma colisão com o trem **A**, o maquinista do trem **B** deverá tomar, imediatamente, uma das duas decisões abaixo:

I. frear seu comboio de modo a pará-lo no ponto **X**;
II. acelerar seu comboio de modo a passar completamente pelo ponto **X** imediatamente antes da chegada do trem **A** a esse ponto.

Em ambos os casos, a intensidade da aceleração a ser imprimida pelo trem **B** deverá ser constante. Desprezando-se as larguras dos trens e das respectivas linhas férreas, determine a intensidade da aceleração do trem **B** caso seja cogitada a:

a) Decisão (I).
   No instante em que o trem **B** para, qual a distância entre a traseira do trem **A** e o ponto **X**?
b) Decisão (II).

39. Para demonstrar aos leitores de uma revista
E.R. especializada em motocicletas os perigos que altas velocidades podem oferecer aos motociclistas, uma importante fabricante desses veículos sobre duas rodas realizou testes com determinado modelo em uma pista de provas retilínea e horizontal dotada de sensores eletrônicos em sua lateral.

A uma velocidade escalar inicial $v_1 = v_0$, a moto parou em um intervalo de tempo T_1, depois de percorrer uma distância d_1. Já a uma velocidade escalar inicial $v_2 = 2v_0$, a moto parou em um intervalo de tempo T_2, depois de percorrer uma distância d_2. Considerando-se que em ambas as frenagens o veículo foi submetido a uma mesma aceleração escalar constante, pede-se:

a) a relação $\dfrac{T_2}{T_1}$;

b) a relação $\dfrac{d_2}{d_1}$.

Resolução:

a) O movimento é uniformemente variado, logo:

1º caso: $v = v_0 + \alpha t \Rightarrow 0 = v_0 - \alpha T_1 \Rightarrow T_1 = \dfrac{v_0}{\alpha}$

2º caso: $v = v_0 + \alpha t \Rightarrow 0 = 2v_0 - \alpha T_2 \Rightarrow T_2 = \dfrac{2v_0}{\alpha}$

Comparando-se os dois resultados, depreende-se que $T_2 = 2T_1$, logo:

$$\boxed{\dfrac{T_2}{T_1} = 2}$$

b) Pela equação de Torricelli, segue que:

1º caso: $v^2 = v_0^2 + 2\alpha d$

$0 = v_0^2 + 2(-\alpha)d_1 \Rightarrow d_1 = \dfrac{v_0^2}{2\alpha}$

2º caso: $v^2 = v_0^2 + 2\alpha d$

$0 = (2v_0)^2 + 2(-\alpha)d_2 \Rightarrow d_2 = \dfrac{4v_0^2}{2\alpha}$

Comparando-se os dois resultados, conclui-se que $d_2 = 4d_1$, logo:

$$\boxed{\dfrac{d_2}{d_1} = 4}$$

40. Um determinado carro será freado em uma pista retilínea até sua completa imobilização, sempre com a mesma aceleração escalar constante, de módulo igual a 4,0 m/s². Ocorrerão duas situações distintas: na primeira, a velocidade escalar inicial do carro é de 72 km/h, e na segunda, a velocidade escalar inicial do veículo é de 144 km/h. Com base nessas informações, responda:

a) Quantos segundos a mais o carro requer para frear na segunda situação em relação à primeira?

b) Quantos metros a mais o veículo exige para frear na segunda situação em relação à primeira?

41. Dizer que um avião "rompe a barreira do som" significa afirmar que a aeronave adquire velocidade maior que a das ondas sonoras que se propagam no ar.

A foto abaixo mostra um moderno caça supersônico no exato instante em que ele rompe a barreira do som. Isso provoca o surgimento de uma onda de choque de grande potência que passa a se propagar isotropicamente no ar, com formato cônico.

No esquema a seguir, um observador de dimensões desprezíveis, em repouso no ponto **C** do solo plano e horizontal, ouve o estrondo provocado pela onda de choque produzida por um jato ao romper a barreira do som no ponto **A**. A percepção dessa onda ocorre no mesmo instante em que ele avista a aeronave passando pelo ponto **B**. A trajetória do avião deve ser considerada retilínea e paralela ao solo e seu movimento ocorre com aceleração escalar constante (movimento uniformemente acelerado).

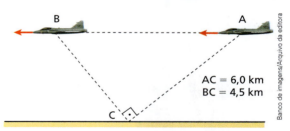

AC = 6,0 km
BC = 4,5 km

Supondo-se a propagação luminosa praticamente instantânea nesse contexto e adotando-se para a velocidade do som no ar o valor 300 m/s, determine:

a) o intervalo de tempo gasto pela onda de choque no percurso **AC**;

b) a aceleração escalar do jato;

c) a intensidade da velocidade da aeronave ao passar pelo ponto **B**. Essa velocidade equivale a quantos Mach? Observe que Mach 1 corresponde a uma vez a velocidade do som no ar.

Bloco 3

10. Movimentos livres na vertical sob a ação exclusiva da gravidade

Queda livre

Suponha que você abandone a partir do repouso uma pequena bola e uma folha de papel aberta. Esses dois corpos vão certamente cair rumo ao chão, mas a folha de papel sofrerá sobremaneira os efeitos da resistência do ar, descrevendo uma trajetória irregular e gastando mais tempo para atingir o solo.

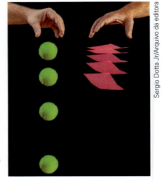

// O movimento do papel é bastante afetado pelo ar, fazendo com que seu tempo de queda seja maior que o da bola.

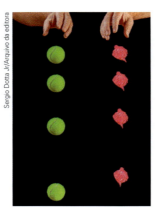

Repetindo-se o experimento, agora com a folha de papel amassada, você vai notar que esta cairá aproximadamente na vertical, do mesmo modo que a bola, atingindo o chão praticamente no mesmo instante que esta.

Isso acontece porque sobre o papel embolado as ações de resistência ao movimento impostas pelo ar são menores que no caso anterior. Aqui, tanto o papel amassado quanto a bola descrevem movimentos bastante parecidos, chegando praticamente juntos ao chão.

// Movimentos praticamente iguais.

Em uma situação ideal, sem nenhuma resistência do ar, o papel e a bola, abandonados do repouso em um mesmo instante, descreveriam em suas **quedas livres** até o solo movimentos verticais **idênticos**, com a mesma aceleração escalar – a aceleração da gravidade g –, a mesma velocidade escalar em cada instante e o mesmo tempo de queda.

Como a intensidade da aceleração da gravidade é constante em deslocamentos verticais relativamente curtos, esses movimentos seriam **uniformemente acelerados**, conforme os padrões estudados neste tópico.

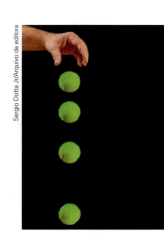

// Fotografia estroboscópica do movimento uniformemente acelerado de uma pequena bola em queda livre a partir do repouso. Nesse caso, a aceleração de queda é a da gravidade, cerca de 10 m/s², o que significa que, a cada segundo transcorrido, a velocidade escalar da bola é acrescida em 10 m/s.

Utilizando corpos de dimensões desprezíveis que despencavam ao longo de trechos de pequena extensão, Galileu constatou esse fato ainda no final do século XVI.

Segundo sua conclusão, podemos escrever:

> Nas proximidades do solo, independentemente de suas massas, formas ou materiais, todos os corpos em **queda livre** caem verticalmente com a **mesma aceleração**; a **aceleração da gravidade (g)**.

Uma interessante propriedade da queda livre

Consideremos um pequeno corpo que vai partir do repouso em queda livre (sem sofrer os efeitos da resistência do ar). Seu movimento será uniformemente acelerado pela ação da gravidade, com aceleração escalar igual a g.

O deslocamento escalar desse corpo será regido pela equação:

$$\Delta s = \frac{g}{2} t^2$$

Cálculo das distâncias percorridas pelo corpo em intervalos de tempo sucessivos de duração T:

No primeiro intervalo:

$$\Delta s_1 = \frac{g}{2} T^2$$

No segundo intervalo:

$$\Delta s_2 = \frac{g}{2}(2T)^2 - \Delta s_1 \Rightarrow \Delta s_2 = 4\frac{g}{2}T^2 - \frac{g}{2}T^2 \Rightarrow \Delta s_2 = 3\frac{g}{2}T^2$$

No terceiro intervalo:

$$\Delta s_3 = \frac{g}{2}(3T)^2 - \Delta s_1 - \Delta s_2 \Rightarrow \Delta s_3 = 9\frac{g}{2}T^2 - 3\frac{g}{2}T^2 - \frac{g}{2}T^2 \Rightarrow \Delta s_3 = 5\frac{g}{2}T^2$$

A conclusão a ser extraída desses cálculos foi notada originalmente por Galileu:

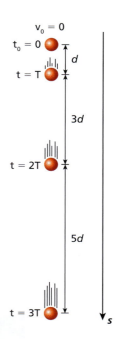

> Corpos em **queda livre** a partir do repouso percorrem, em intervalos de tempo sucessivos e iguais, distâncias que crescem proporcionalmente aos números ímpares, 1, 3, 5 ..., o que corresponde a uma **progressão aritmética (P. A.)**.

O gráfico da velocidade escalar em função do tempo a seguir ilustra de forma bem concreta essa propriedade. Relembre que nesse gráfico a "área" entre o gráfico e o eixo dos tempos dá uma medida do deslocamento escalar em cada intervalo de tempo. Repare que os triângulos retângulos delimitados por linhas tracejadas em cada intervalo de tempo de duração T têm áreas iguais e que as áreas indicadas em cores diferentes abrangem distâncias percorridas iguais a 1d, 3d e 5d, respectivamente.

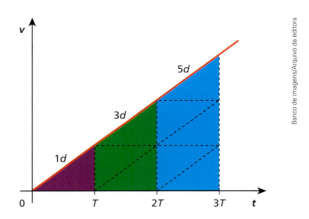

Faça você mesmo

Medindo o tempo de reação de uma pessoa

Existe um hiato temporal para os humanos entre a visualização de um fato e a correspondente ação muscular. Um motorista devidamente capacitado e em perfeitas condições mentais, por exemplo, acionará os freios do veículo um pouco depois de perceber opticamente um perigo na pista. Esse intervalo existente entre o ato de enxergar e a atitude muscular é denominado **tempo de reação** e varia com a faixa etária do indivíduo e também de pessoa para pessoa.

Um valor médio para o tempo de reação seria algo em torno de 0,4 s (quatro décimos de segundo).

Para medir o tempo de reação de uma pessoa, propomos a seguir um experimento muito simples para o qual você só vai precisar de uma régua e de alguns conhecimentos do movimento uniformemente variado.

Material necessário

- 1 régua.

Procedimento

I. Segure entre os dedos a régua em posição vertical, prendendo-a na marca final de sua escala. Peça à pessoa cujo tempo de reação se quer medir para dispor o polegar e o indicador de uma das mãos alinhados com a extremidade inferior da régua, marca 0 (zero), em posição de prender a régua. Esses dedos devem estar distanciados cerca de 5 cm. A figura 1 retrata a situação inicial.

II. Sem avisos prévios ou sinais que caracterizem que você vai largar o objeto, abandone a régua e ela passará a cair praticamente em movimento uniformemente acelerado.

III. A pessoa deverá então fechar os dedos tão rápido quanto conseguir, parando prontamente a descida do objeto, conforme ilustra a figura 2.

IV. Verifique na escala da régua quantos centímetros ela desceu.

Desenvolvimento

A partir da função horária do espaço para o movimento uniformemente variado, é possível obter o tempo de reação da pessoa, t_R:

$$\Delta s = v_0 t + \frac{\alpha}{2} t^2 \Rightarrow \Delta s = \frac{g}{2} t_R^2$$

Da qual:

$$t_R = \sqrt{\frac{2\Delta s}{g}}$$

O valor de Δs você obtém diretamente da régua. Essa medida deverá ser transformada para metros, bastando-se dividir o número de centímetros obtido por 100. Adotando-se para a intensidade da aceleração da gravidade o valor $g = 10 \text{ m/s}^2$, você vai calcular o valor de t_R.

Um bom resultado final para o tempo de reação da pessoa, $\bar{t}_R$, exigirá que o procedimento seja repetido pelo menos cinco vezes. Feito isso, $\bar{t}_R$ estará determinado pela **média aritmética** dos valores experimentais encontrados.

$$\bar{t}_R = \frac{t_{R_1} + t_{R_2} + ... t_{R_n}}{n}$$

Lançamento vertical para cima

Você estudou a queda livre de um corpo, regida pelas acertadas conclusões de Galileu.

Vamos, agora, estender um pouco a nossa análise, tratando do lançamento de uma partícula verticalmente para cima.

Consideremos a situação ilustrada ao lado em que um pequeno objeto será lançado verticalmente para cima no instante $t_0 = 0$ com velocidade escalar inicial igual a v_0.

Seja g a intensidade da aceleração da gravidade local e desprezemos os efeitos da resistência do ar.

Orientando-se a trajetória para cima, como se faz normalmente em situações como essa, o objeto vai subir em movimento uniformemente retardado, com velocidade escalar positiva ($v > 0$) e aceleração escalar negativa ($\alpha < 0$), dará uma paradinha instantânea no ponto de altura máxima, no instante $t = T$, e vai descer em movimento uniformemente acelerado, com velocidade escalar negativa ($v < 0$) e aceleração escalar também negativa ($\alpha < 0$).

É importante notar que, se a trajetória estiver orientada para cima, a partícula terá **aceleração escalar negativa** tanto na subida como na descida, isto é, na ida e na volta, $\alpha = -g$.

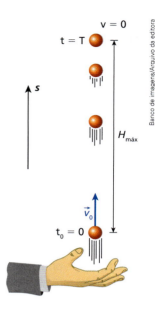

Cálculo do tempo de subida, T:

Função horária da velocidade escalar:
$$v = v_0 + \alpha t \Rightarrow 0 = v_0 - gT$$

Da qual:
$$T = \frac{v_0}{g}$$

Cálculo da altura máxima, $H_{máx}$:

Equação de Torricelli:
$$v^2 = v_0^2 + 2\alpha \Delta s \Rightarrow 0 = v_0^2 + 2(-g)H_{máx}$$

De onde se obtém:
$$H_{máx} = \frac{v_0^2}{2g}$$

> **NOTA!**
>
> Como na volta ao ponto de partida o corpo percorrerá, a partir do repouso, a mesma distância da subida e com a mesma aceleração escalar, **o tempo de descida será igual ao de subida** (simetria entre os movimentos de subida e descida). O tempo total, de ida e volta, ficará determinado por:
>
> $$\Delta t_{total} = 2T \Rightarrow \boxed{\Delta t_{total} = 2\frac{v_0}{g}}$$

> **NOTAS!**
>
> - Deve-se observar que T é diretamente proporcional a v_0, enquanto $H_{máx}$ é diretamente proporcional ao quadrado de v_0. Isso significa que, dobrando-se v_0, por exemplo, T duplica e $H_{máx}$ quadruplica.
> - Em um mesmo ponto da trajetória – mesma altura h em relação a um determinado nível de referência –, a partícula passa subindo e depois descendo com velocidades escalares simétricas, isto é $v_2 = -v_1$. A verificação dessa propriedade pode ser feita pela Equação de Torricelli, observando-se que ao passar duas vezes pela mesma posição da trajetória, o deslocamento escalar é nulo ($\Delta s = 0$).
>
> $$v_2^2 = v_1^2 + 2(-g)\Delta s \Rightarrow v_2^2 = v_1^2 + 2(-g)0$$
>
> Da qual:
> $$v_2 = \pm v_1 \Rightarrow \boxed{v_2 = -v_1}$$
>
> Essa propriedade é extensiva a qualquer movimento uniformemente variado em que uma partícula vai e volta a um mesmo ponto ao longo de uma mesma trajetória orientada, mantendo constante, nas duas etapas, sua aceleração escalar.

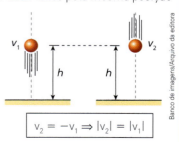

$$v_2 = -v_1 \Rightarrow |v_2| = |v_1|$$

JÁ PENSOU NISTO?

Tudo o que sobe, desce?

Um projétil disparado verticalmente para cima sobe em movimento retardado e depois desce, pelo menos a princípio, em movimento acelerado.

Depois de percorrer certo trecho em seu movimento descendente ganhando velocidade, o projétil tende a adquirir uma velocidade constante com a qual vai chegar ao chão: é a **velocidade terminal limite**.

Isso ocorre porque, na prática, o ar exerce significativa influência no movimento do projétil. O meio gasoso atua com forças contrárias ao sentido do deslocamento e, na descida, amortece as tendências de ganho de velocidade.

Contudo, se não existissem as forças de resistência do ar, o projétil retornaria ao ponto de partida com velocidade de mesma intensidade que a verificada no ato do disparo...

Seria um perigo, não? Por esse e outros motivos, o porte de armas no Brasil é regulamentado pelo Estatuto do Desarmamento (Lei nº 10.826/2003), sendo proibido a civis em todo o território nacional, salvo casos excepcionais.

Como veremos em Dinâmica, no tópico sobre energia mecânica e sua conservação, desprezando-se a resistência do ar, se formos disparando sucessivamente para cima partículas com velocidades de intensidades crescentes, haverá de se verificar uma velocidade limítrofe a partir da qual a partícula não mais retornará ao solo terrestre, já que escapará da atração gravitacional do planeta. Esta velocidade é denominada **velocidade de escape** e varia de astro para astro. No caso da Terra, a velocidade de escape vale cerca de 11,2 km/s.

Portanto, nem tudo o que sobe, desce.

Exercícios   Nível 1

42. Uma pequena esfera é abandonada do repouso a partir de uma altura igual a 20,0 m em relação ao solo, despencando sob a ação exclusiva da gravidade em uma trajetória retilínea e vertical. Sendo g = 10,0 m/s² a intensidade da aceleração da gravidade, responda:

a) Quanto tempo a esfera gasta em seu trânsito até o solo?
b) Qual a intensidade da velocidade da esfera logo antes de atingir o solo?
c) A massa da esfera teve influência nos resultados dos itens **a** e **b**?

Resolução:

a) O movimento é uniformemente acelerado pela ação da gravidade, logo:

$$\Delta s = v_0 t + \frac{\alpha}{2} t^2 \Rightarrow H = \frac{g}{2} T^2 \Rightarrow T = \sqrt{\frac{2H}{g}}$$

Sendo H = 20,0 m e g = 10,0 m/s², vem:

$$T = \sqrt{\frac{2 \cdot 20,0}{10,0}} \therefore \boxed{T = 2,0 \text{ s}}$$

b) $v = v_0 + \alpha t \Rightarrow v = 10,0 \cdot 2,0 \therefore \boxed{v = 20,0 \text{ m/s}}$

c) A massa da esfera não teve influência nos resultados dos itens **a** e **b**.

43. Até pouco tempo, ter um prédio ou uma torre alta em uma grande cidade era sinal de prestígio e reconhecimento. Alguns países, como Estados Unidos, China, Japão, Malásia, Arábia Saudita e Emirados Árabes Unidos, entre outros, levaram isso a sério e disputam hoje o título de "lugar mais próximo do céu".

Atualmente, o edifício mais alto do mundo é o Burj Khalifa, situado em Dubai, Emirados Árabes Unidos, com 828 metros e 160 andares.

// Os dados referentes ao Burj Khalifa são superlativos, a começar pelas quantidades de aço e concreto utilizadas na construção. É possível se avistar a antena existente no topo do edifício desde 90 km de distância e, do mirante mais alto do prédio, vê-se toda Dubai, notando-se com clareza a curvatura da Terra ao se mirar o horizonte em dias de pouca nebulosidade.

Imagine uma situação hipotética em que um pequeno objeto vai ser abandonado do repouso a partir de uma janela do Burj Khalifa situada a 720 m de altura em relação ao solo. Admitindo-se que o objeto descreva uma trajetória retilínea e vertical sob a ação exclusiva da gravidade, adotando-se g = 10,0 m/s², pede-se determinar:
a) o tempo de queda do objeto até o chão;
b) a velocidade escalar do objeto, em km/h, logo antes de colidir contra o solo.

44. (Fuvest-SP) Em uma tribo indígena de uma ilha tropical, o teste derradeiro de coragem de um jovem é deixar-se cair em um rio, do alto de um penhasco. Um desses jovens se soltou verticalmente, a partir do repouso, de uma altura de 45 m em relação à superfície da água. O tempo decorrido, em segundos, entre o instante em que o jovem iniciou sua queda e aquele em que um espectador, parado no alto do penhasco, ouviu o barulho do impacto do jovem na água é, aproximadamente,
a) 3,1. b) 4,3. c) 5,2. d) 6,2. e) 7,0.

Note e adote:
Considere o ar em repouso e ignore sua resistência.
Ignore as dimensões das pessoas envolvidas.
Velocidade do som no ar: 360 m/s.
Aceleração da gravidade: 10 m/s².

45. Um pequeno corpo é abandonado do repouso **E.R.** nas proximidades da Terra e despenca em trajetória vertical sem sofrer os efeitos da resistência do ar. Se nos três primeiros intervalos de tempo de igual duração, subsequentes ao abandono do corpo, este percorre as distâncias h_1, h_2 e h_3, respectivamente, pede-se expressar essas distâncias em função da distância total percorrida, H. Considere que $H = h_1 + h_2 + h_3$.

Resolução:
O movimento de queda livre é uniformemente acelerado e a velocidade escalar cresce uniformemente com o tempo, como indica o gráfico a seguir.

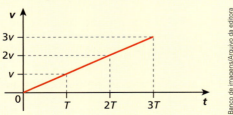

(I) A distância total percorrida, H, pode ser equacionada calculando-se a área sob o gráfico no intervalo de 0 a 3T (triângulo).

$$H = \frac{3T \cdot 3v}{2} \Rightarrow H = 9\frac{Tv}{2} \quad (1)$$

(II) A distância percorrida no primeiro intervalo de tempo de duração T, h_1, pode ser equacionada calculando-se a área sob o gráfico no intervalo de 0 a T (triângulo).

$$h_1 = \frac{Tv}{2} \quad (2)$$

Dividindo-se (2) por (1), membro a membro, vem:

$$\frac{h_1}{H} = \frac{\frac{Tv}{2}}{9\frac{Tv}{2}} \Rightarrow \boxed{h_1 = \frac{1}{9}H}$$

(III) A distância percorrida no segundo intervalo de tempo de duração T, h_2, pode ser equacionada calculando-se a área sob o gráfico no intervalo de T a 2T (trapézio).

$$h_2 = \frac{T(2v + v)}{2} \Rightarrow h_2 = 3\frac{Tv}{2} \quad (3)$$

Dividindo-se (3) por (1), membro a membro, vem:

$$\frac{h_2}{H} = \frac{3\frac{Tv}{2}}{9\frac{Tv}{2}} \Rightarrow \boxed{h_2 = \frac{3}{9}H}$$

(IV) A distância percorrida no terceiro intervalo de tempo de duração T, h_3, pode ser equacionada calculando-se a área sob o gráfico no intervalo de 2T a 3T (trapézio).

$$h_3 = \frac{T(3v + 2v)}{2} \Rightarrow h_3 = 5\frac{Tv}{2} \quad (4)$$

Dividindo-se (4) por (1), membro a membro, vem:

$$\frac{h_3}{H} = \frac{5\frac{Tv}{2}}{9\frac{Tv}{2}} \Rightarrow \boxed{h_3 = \frac{5}{9}H}$$

Deve-se observar que as distâncias h_1, h_2 e h_3 obedecem a uma **progressão aritmética** (P.A.) de razão $\frac{2}{9}H$.

46. Um paraquedista se deixa cair a partir do repouso do estribo de um helicóptero estacionado a grande altitude em relação ao solo, despencando praticamente sem sofrer a resistência do ar. Com o paraquedas ainda fechado, esse paraquedista percorre verticalmente 20,0 m durante um primeiro intervalo de tempo de duração T e 60,0 m durante o intervalo de tempo subsequente, também de duração T. Adotando-se g = 10,0 m/s², pede-se determinar:
a) o valor de T;
b) a distância percorrida pelo paraquedista durante o terceiro intervalo consecutivo de duração T.

47. Gabriel, brincando de lançar sua borracha de apagar verticalmente para cima a partir do solo, dispara esse objeto com velocidade escalar inicial igual a 6,0 m/s. Desprezando-se a resistência do ar e adotando-se g = 10,0 m/s², pede-se calcular:

a) o intervalo de tempo gasto pela borracha para atingir a altura máxima;
b) a altura máxima atingida pelo objeto.

Resolução:
a) Do local do lançamento até o ponto de altura máxima, a borracha realiza um movimento uniformemente retardado pela ação da gravidade.

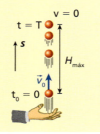

Orientando-se a trajetória verticalmente para cima, e lembrando-se de que no ponto de altura máxima v = 0, vem:
$$v = v_0 + \alpha t \Rightarrow 0 = 6{,}0 - 10{,}0t$$

De onde se obtém:
$$\boxed{t = 0{,}60 \text{ s}}$$

b) Aplicando-se a Equação de Torricelli, temos:
$$v^2 = v_0^2 + 2\alpha \Delta s$$
$$0 = (6{,}0)^2 + 2(-10{,}0)H_{máx}$$
$$20{,}0 H_{máx} = 36{,}0 \therefore \boxed{H_{máx} = 1{,}8 \text{ m}}$$

48. João e Antônio são dois operários bastante entrosados que cuidam da parte hidráulica de construções civis. Certo dia, João lança uma trena verticalmente para cima com a intenção de que Antônio a capture no topo de um andaime de altura igual a 7,2 m no exato instante em que a velocidade escalar do objeto se anula. Desprezando-se as dimensões dos operários, bem como a resistência do ar, e adotando-se g = 10,0 m/s², pede-se calcular:
a) a intensidade da velocidade com que João deve lançar a trena de modo que Antônio a capture de acordo com as condições especificadas;
b) o tempo de subida da trena.

Exercícios Nível 2

49. Um pequeno vaso cai do topo de um prédio (posição **A**), a partir do repouso no instante $t_0 = 0$, e passa verticalmente diante de uma janela **BC**, de extensão L = 2,2 m, gastando um intervalo de tempo T = 0,2 s no trânsito diante dessa janela. O esquema abaixo ilustra a situação proposta.

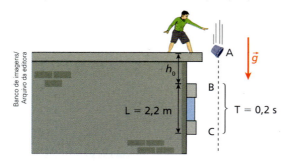

Desprezando-se a resistência do ar e adotando-se g = 10,0 m/s², pede-se calcular:
a) o valor de h_0, indicado na figura;
b) os módulos das velocidades escalares do vaso, v_A e v_B, respectivamente nas posições **A** e **B**.

50. (OBF) Durante o último segundo de queda livre, um corpo que partiu do repouso percorreu $\frac{3}{4}$ de todo o seu caminho até o solo. Adotando-se g = 10,0 m/s², responda:
a) Qual o intervalo de tempo total de queda desse corpo, T?
b) Qual o valor da altura total de queda, H?

51. Do telhado de um prédio pingam gotas de água da chuva em intervalos de tempo regulares; sucessivos e iguais. Essas gotas atingem o solo depois de percorrerem 20,0 m sem sofrer os efeitos da resistência do ar. Verifica-se que no instante em que a 5ª gota se desprende do telhado, a 1ª gota toca o chão. Adotando-se para a aceleração da gravidade o valor $g = 10{,}0 \text{ m/s}^2$, pede-se:

a) calcular o intervalo de tempo T que intercala o desprendimento de duas gotas consecutivas;

b) determinar as distâncias $d_{4,5}$, $d_{3,4}$, $d_{2,3}$ e $d_{1,2}$, respectivamente, entre a 4ª e a 5ª gotas, entre a 3ª e a 4ª gotas, entre a 2ª e a 3ª gotas e entre a 1ª e a 2ª gotas;

c) verificar se as distâncias determinadas no item anterior obedecem a uma **progressão aritmética** (P.A.). Em caso afirmativo, qual a razão dessa P.A.?

Resolução:

O esquema a seguir retrata o instante citado no enunciado.

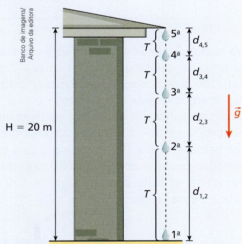

a) O intervalo de tempo T que intercala o desprendimento de duas gotas consecutivas fica determinado aplicando-se à 1ª gota a equação do espaço do movimento uniformemente variado:

$$\Delta s = v_0 t + \frac{\alpha}{2} t^2$$

Temos:

$$H = \frac{g}{2}(4T)^2 \Rightarrow 20{,}0 = \frac{10{,}0}{2} \cdot 16 T^2$$

Da qual:

$$\boxed{T = 0{,}50 \text{ s}}$$

b) Também pela mesma equação do item anterior, tem-se:

$$d_{4,5} = \frac{g}{2} T^2 \Rightarrow d_{4,5} = \frac{10{,}0}{2} \cdot (0{,}50)^2$$

$$\boxed{d_{4,5} = 1{,}25 \text{ m}}$$

$$d_{4,5} + d_{3,4} = \frac{g}{2}(2T)^2$$

$$1{,}25 + d_{3,4} = \frac{10{,}0}{2} \cdot 4 \cdot (0{,}50)^2$$

$$\boxed{d_{3,4} = 3{,}75 \text{ m}}$$

$$d_{4,5} + d_{3,4} + d_{2,3} = \frac{g}{2}(3T)^2$$

$$1{,}25 + 3{,}75 + d_{2,3} = \frac{10{,}0}{2} \cdot 9 \cdot (0{,}50)^2$$

$$\boxed{d_{2,3} = 6{,}25 \text{ m}}$$

$$d_{4,5} + d_{3,4} + d_{2,3} + d_{1,2} = \frac{g}{2}(4T)^2$$

$$1{,}25 + 3{,}75 + 6{,}25 + d_{1,2} = \frac{10{,}0}{2} \cdot 10 \cdot (0{,}50)^2$$

$$\boxed{d_{1,2} = 8{,}75 \text{ m}}$$

c) As distâncias $d_{4,5}$, $d_{3,4}$, $d_{2,3}$ e $d_{1,2}$ crescem em progressão aritmética (P.A.) de razão 2,50 m.

Esta é uma propriedade do movimento uniformemente variado:

Em intervalos de tempo sucessivos e iguais, as distâncias percorridas pela partícula variam em progressão aritmética (P.A.). A razão dessa P.A. é αt^2, em que α é a aceleração escalar e t é o intervalo de tempo considerado.

52. O esquema abaixo representa em um determinado instante uma torneira mal fechada que goteja periodicamente água sobre uma pia. A altura da boca da torneira em relação à superfície da pia é $H = 0{,}20 \text{ m}$.

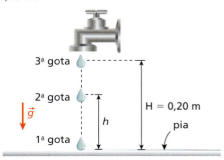

Observando-se que no momento em que a 3ª gota se desprende, a 1ª gota atinge a pia e adotando-se g = 10,0 m/s², pede-se calcular:

a) o intervalo de tempo *T* que intercala o desprendimento de duas gotas consecutivas;
b) a distância *h* entre a 1ª e a 2ª gotas no instante considerado.

53. **E.R.** Em Belém, no estado do Pará, especialmente em momentos de ventos ou tempestades, tomar uma "mangada" no corpo ou na lataria do automóvel é bastante comum. A cidade tem em suas ruas e avenidas centrais centenas de frondosas mangueiras, plantadas no início do Século XX com vistas à arborização da cidade que, devido à sua posição equatorial, recebe intensa radiação solar.

// A população de Belém tem à sua disposição deliciosas mangas que podem ser colhidas diretamente das mangueiras que arborizam a cidade. A degustação da fruta em pleno território urbano faz parte da cultura local.

Imagine que um pedestre esteja caminhando horizontalmente em linha reta, com velocidade escalar constante, ao longo de uma rua de Belém rumo a uma mangueira carregada de frutos. Admita que no instante em que a pessoa se encontra a 96 cm da vertical de uma determinada manga, esta se desprenda pela ação do vento de uma altura igual a 7,2 m, despencando numa trajetória vertical que intercepta a trajetória do pedestre. Adotando-se g = 10 m/s² e desprezando-se a resistência do ar, qual deverá ser o módulo da velocidade escalar da pessoa para não ser atingida pela fruta? Considere o pedestre e a manga pontos materiais.

Resolução:

(I) Cálculo do tempo de queda da manga:
Do movimento uniformemente variado:
$$\Delta s = v_0 t + \frac{\alpha}{2} t^2$$

Temos:
$$H = \frac{g}{2} T^2 \Rightarrow T = \sqrt{\frac{2H}{g}} \Rightarrow T = \sqrt{\frac{2 \cdot 7,2}{10}}$$

$$\boxed{T = 1,2 \text{ s}}$$

(II) Calculemos a velocidade escalar do pedestre, considerando-se um deslocamento Δs = 0,96 m e um intervalo de tempo Δt = T = 1,2 s.
Para o movimento uniforme do pedestre:
$$v = \frac{\Delta s}{\Delta t} \Rightarrow v = \frac{0,96 \text{ m}}{1,2}$$

Da qual:
$$\boxed{v = 0,8 \text{ m/s}}$$

(III) Assim, para que o pedestre não seja atingido pela manga, o módulo de sua velocidade escalar deverá ser diferente de 0,8 m/s:

$$\boxed{0 < v < 0,8 \text{ m/s ou } v > 0,8 \text{ m/s}}$$

54. Na realização de um filme, um corajoso dublê deverá despencar de uma altura igual a 20,0 m, a partir do repouso, sobre um espesso colchão de espuma que reveste completamente a carroceria de um caminhão que se desloca em linha reta com velocidade escalar constante. O comprimento da carroceria é igual a 10,0 m e o início dela está, no princípio da queda do dublê, a 40,0 m de distância da vertical do salto, conforme ilustra, fora de escala, a figura abaixo.

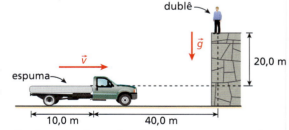

Os elementos ilustrados não estão na mesma escala.

Desprezando-se a resistência do ar e adotando-se g = 10,0 m/s², pede-se determinar, em km/h, as possíveis velocidades escalares *v* do caminhão para que o dublê caia dentro da carroceria do veículo. Despreze as dimensões do dublê e admita que a trajetória do caminhão intercepta a vertical da queda do intrépido artista.

55. Um balão sobe verticalmente com velocidade
E.R. escalar constante de módulo 5,0 m/s. Quando sua altura em relação ao solo é de 30 m, um garoto abandona do balão um pequeno pacote, que fica sob a ação exclusiva do campo gravitacional terrestre, cuja intensidade é de 10 m/s². Determine:
a) a altura máxima que o pacote alcança em relação ao solo;
b) o intervalo de tempo gasto pelo pacote para chegar ao solo, a contar do instante em que foi abandonado;
c) o módulo da velocidade escalar de impacto do pacote contra o solo.

Resolução:
a) Devido à inércia, no instante em que o pacote é abandonado do balão a intensidade de sua velocidade em relação ao solo é idêntica à do balão, isto é, 5,0 m/s.
O pacote vai descrever um movimento uniformemente variado para o qual vale a equação de Torricelli:
$$v^2 = v_0^2 + 2\alpha\Delta s$$
No instante em que o pacote atinge o ponto de altura máxima, v = 0 e:
$$\Delta s = H_{máx} - H_0 \Rightarrow \Delta s = H_{máx} - 30$$
Adotando-se um eixo de posições vertical, orientado para cima, e com origem no solo, teremos $v_0 = +5{,}0$ m/s e $\alpha = -10$ m/s². Logo:
$$0 = (5{,}0)^2 + 2 \cdot (-10) \cdot (H_{máx} - 30)$$
$$20 \cdot (H_{máx} - 30) = 25 \Rightarrow H_{máx} - 30 = 1{,}25$$
Da qual:
$$\boxed{H_{máx} = 31{,}25 \text{ m}}$$

b) Aplicando-se a função horária do espaço para o movimento uniformemente variado e observando-se que no instante em que o pacote atinge o solo s = 0, vem:
$$s = s_0 + v_0 t + \frac{\alpha}{2}t^2 \Rightarrow 0 = 30 + 5{,}0t - \frac{10}{2}t^2$$
$$5{,}0t^2 - 5{,}0t - 30 = 0 \Rightarrow t = \frac{5{,}0 \pm \sqrt{25 + 600}}{10}$$
$$t = \frac{5{,}0 \pm 25}{10} \quad \therefore \quad \boxed{t = 3{,}0 \text{ s}}$$

c) Pela função horária da velocidade escalar, temos:
$v = v_0 + \alpha t \Rightarrow v = 5{,}0 - 10 \cdot 3{,}0 \therefore v = -25$ m/s
Em valor absoluto:
$$\boxed{|v| = 25 \text{ m/s}}$$

56. No esquema a seguir representa-se o instante do salto vertical de um homem em que ele possui velocidade dirigida para cima com módulo igual a 1,0 m/s. Nesse instante o corpo do homem está ereto, alinhado com o prumo local, e ele larga de suas mãos uma bolinha.

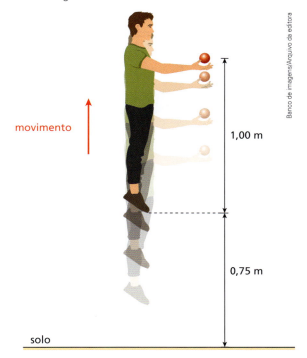

Desprezando-se a resistência do ar nos movimentos do homem e da bolinha e adotando-se para a aceleração da gravidade intensidade g = 10,0 m/s², responda:
a) Quem atinge primeiro o ponto mais alto da respectiva trajetória, o homem ou a bolinha?
b) Qual o intervalo de tempo, Δt, que vai intercalar a chegada da bolinha e dos pés do homem ao solo?

57. Uma pequena bola é abandonada a partir do repouso da janela de um prédio situada a 24 m de altura em relação ao solo no mesmo instante em que um rojão parte do solo verticalmente para cima, com velocidade inicial nula, segundo a mesma reta percorrida pela bola. Admitindo-se que a bola despenque em queda livre, com a aceleração da gravidade (intensidade igual a 10 m/s²), e que o rojão tenha aceleração escalar constante de módulo 2,0 m/s², determine:
a) quanto tempo após o início dos movimentos o rojão colide com a bola;
b) a que altura, em relação ao solo, ocorre a colisão.

Exercícios Nível 3

58. (OPF) Uma taça de forma esférica, como mostra a figura abaixo, está sendo cheia com água a uma taxa constante.

A altura do líquido y, em função do tempo, t, pode ser representada graficamente por:

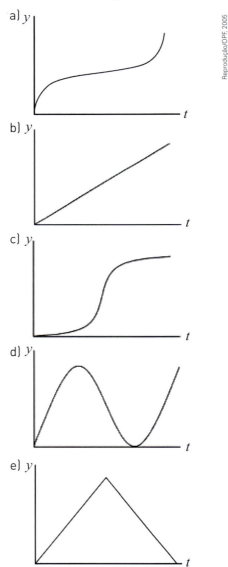

59. (UFMS) Uma rodovia, plana e retilínea, possui uma lombada eletrônica nas proximidades da qual os veículos devem trafegar com uma velocidade escalar máxima de 30 km/h num intervalo de 20 metros, compreendido entre os pontos **B** e **C**, veja na figura. Um veículo se aproxima, com velocidade escalar de 90 km/h, e quando está no ponto **A**, que está a 40 metros do ponto **B**, começa a reduzir uniformemente a velocidade, e quando chega ao ponto **B** está na velocidade limite de 30 km/h, e assim permanece com essa velocidade até o ponto **C**. A partir do ponto **C**, acelera uniformemente, e após distar 40 metros do ponto **C**, chega ao ponto **D** com a velocidade escalar original de 90 km/h. Considere que, se não houvesse a lombada eletrônica, o veículo trafegaria todo o percurso, compreendido entre os pontos **A** e **D**, com uma velocidade escalar constante de 90 km/h, e dessa forma o tempo da viagem seria menor.

Do primeiro para o segundo caso, qual o valor da diferença no tempo da viagem?

60. Um veículo arranca do repouso e percorre certa distância em movimento retilíneo uniformemente acelerado. Se esse veículo partir novamente do repouso e percorrer a mesma distância em movimento retilíneo uniformemente acelerado, mas com aceleração escalar igual ao dobro da aceleração escalar verificada no caso anterior, o intervalo de tempo gasto nesse percurso será reduzido em relação ao intervalo de tempo gasto no primeiro caso em, aproximadamente:
a) 25%;   d) 50%;
b) 30%;   e) 70%.
c) 45%;

61. (Unicamp-SP) A Copa do Mundo é o segundo maior evento desportivo do mundo, ficando atrás apenas dos Jogos Olímpicos. Uma das regras do futebol que gera polêmica com certa frequência é a do impedimento. Para que o atacante **A** não esteja em impedimento, deve haver ao menos dois jogadores adversários a sua frente, **G** e **Z**, no exato instante em que o jogador **L** lança a bola para **A** (ver figura). Considere que somente os jogadores **G** e **Z** estejam à frente de **A** e que somente **A** e **Z** se deslocam nas situações descritas a seguir.

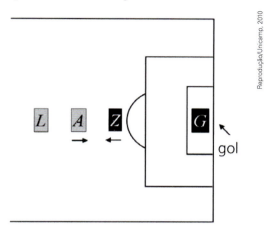

a) Suponha que a distância entre **A** e **Z** seja de 12 m. Se **A** parte do repouso em direção ao gol com aceleração de 3,0 m/s² e **Z** também parte do repouso com a mesma aceleração no sentido oposto, quanto tempo o jogador **L** tem para lançar a bola depois da partida de **A** antes que **A** encontre **Z**?

b) O árbitro demora 0,1 s entre o momento em que vê o lançamento de **L** e o momento em que determina as posições dos jogadores **A** e **Z**. Considere agora que **A** e **Z** movem-se a velocidades constantes de 6,0 m/s, como indica a figura. Qual a distância mínima entre **A** e **Z** no momento do lançamento para que o árbitro decida de forma inequívoca que **A** não está impedido?

62. (Uepa) Uma das causas de acidentes de trânsito é a imprudência de certos motoristas, que realizam manobras arriscadas ou inapropriadas. Por exemplo, em uma manobra realizada em um trecho retilíneo de uma rodovia, o motorista de um automóvel de passeio de comprimento igual a 3,0 m resolveu ultrapassar, de uma só vez, uma fileira de veículos medindo 17,0 m de comprimento.
Para realizar a manobra, o automóvel, que se deslocava inicialmente a 90 km/h, acelerou uniformemente, ultrapassando a fileira de veículos em um intervalo de tempo de 4,0 s. Supondo-se que a fileira se tenha mantido em movimento retilíneo uniforme, a uma velocidade escalar de 90,0 km/h, afirma-se que a velocidade escalar do automóvel, no instante em que a sua traseira ultrapassou completamente a fileira de veículos, era, em m/s, igual a:
a) 25,0   b) 30,0   c) 35,0   d) 40,0   e) 45,0

63. (Olimpíada Peruana de Física) Um carro e um caminhão se deslocam ao longo de uma mesma estrada retilínea. No instante t = 0, ambos têm a mesma velocidade escalar de 20,0 m/s e a parte dianteira do carro está 25,0 m atrás da parte traseira do caminhão. O comprimento do carro é de 5,0 m e do caminhão é de 20,0 m. O caminhão se mantém em movimento uniforme. Para ultrapassar o caminhão, o carro acelera com aceleração escalar constante de 0,60 m/s², que é mantida até que, no instante t = T, a parte traseira do carro está 25,0 m à frente da parte dianteira do caminhão.

Dado: $\sqrt{10} \cong 3,2$.

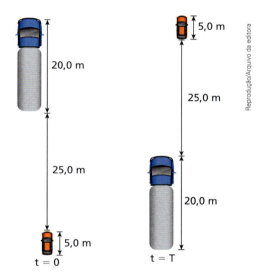

O valor de T é mais próximo de:
a) 5,0 s   b) 7,0 s   c) 8,0 s   d) 10,0 s   e) 16,0 s

64. (AFA-SP) A maior aceleração (ou retardamento) tolerada pelos passageiros de um trem urbano tem módulo igual a 1,5 m/s². É dado o gráfico da velocidade escalar do trem em função do tempo entre duas estações.

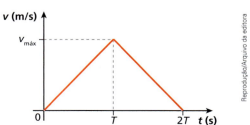

A trajetória do trem é suposta retilínea. O módulo da velocidade máxima que pode ser atingida pelo trem, que parte de uma estação rumo à outra, distante 600 m da primeira, em m/s, vale:
a) 30
b) 42
c) 54
d) 68
e) 72

65. (Ceperj) Um trem **A** viajava com uma velocidade escalar de 40 m/s quando seu maquinista percebeu que, nos mesmos trilhos à sua frente, encontrava-se outro trem, **B**, em repouso. Imediatamente, ele aplica os freios, imprimindo ao trem **A** uma aceleração retardadora constante. Nesse mesmo instante, o trem **B** parte uniformemente acelerado. Felizmente, por isso, foi evitada a colisão. A figura abaixo representa os gráficos velocidade escalar-tempo dos dois trens, sendo t = 0 o instante em que, simultaneamente, o trem **A** começou a frear, e o trem **B** partiu acelerado.

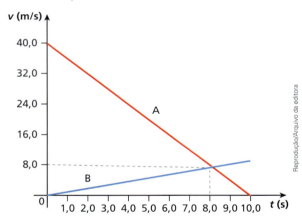

Sabendo-se que nesse instante t = 0 a distância entre ele era de 162,0 m, pede-se determinar a menor distância entre a dianteira do trem **A** e a traseira do trem **B**.

66. (FMTM-MG) Nas planícies africanas, o jogo entre predador e presa encontra um limite delicado. A gazela, sempre atenta, vive em grupos. É rápida e seu corpo suporta uma aceleração de 0 m/s a 14 m/s em 3,0 s.
O guepardo, com sua cabeça pequena e mandíbulas curtas projetadas para um abate preciso por estrangulamento, está bem camuflado e, com seu corpo flexível, amplia sua passada, sobrevoando o solo na maior parte de sua corrida. Mais ágil que a gazela vai de 0 m/s a 20,0 m/s em 3,0 s. O esforço, no entanto, eleva sua temperatura a níveis perigosos de sobrevivência e, em virtude disto, as perseguições não podem superar 20,0 s.

Um guepardo aproxima-se a 27,0 m de uma gazela. Parados, gazela e guepardo fitam-se simultaneamente, quando, de repente, começa a caçada. Supondo-se que ambos corram em uma trajetória retilínea comum e, considerando-se o gráfico dado a seguir, que traduz o desempenho de cada animal, qual a duração da caçada?

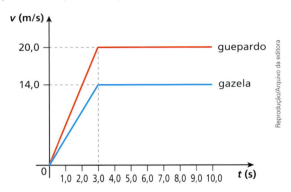

67. (FCMSCSP) Um motorista dirige seu automóvel por uma estrada reta. Ao passar pela placa 1, com velocidade de 25 m/s, iniciou a frenagem de seu veículo mantendo uma desaceleração constante até passar pela lombada. Em seu trajeto, passou pela placa 2, com velocidade de 15 m/s.

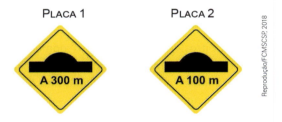

O intervalo de tempo decorrido entre a passagem do veículo pela placa 1 e a passagem pela lombada foi de
a) 30 s.
b) 20 s.
c) 25 s.
d) 10 s.
e) 15 s.

68. Considere um carrinho de brinquedo que vai partir do repouso de um ponto **A** de uma pista reta e horizontal no instante $t_0 = 0$. Esse veículo vai descrever um **MUV** de modo a passar por um ponto **B**, distante 4,0 m de **A**, com velocidade escalar v_B, e por um ponto **C**, distante 12,0 m de **B**, com velocidade escalar v_C, depois de 4,0 s da passagem por **B**. Sendo α a aceleração escalar do carrinho, pede-se determinar:
a) o valor de α;
b) os valores de v_B e v_C;
c) o instante da passagem do veículo pelo ponto **B**.

69. Em uma fábrica de produtos químicos, existe um grande tanque cheio de um certo líquido que está sendo testado por um engenheiro. Para isso, ele deixa uma esfera de aço cair através do líquido, partindo do repouso na sua superfície.

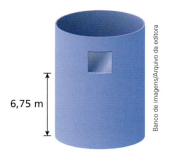

A queda da esfera é observada através de uma janela quadrada de vidro, com 2,00 m de lado, situada a 6,75 m do fundo do tanque, conforme a figura acima.

O engenheiro, com base em suas observações, conclui que a esfera cai com aceleração constante de módulo 2,0 m/s² e leva 1,0 segundo para passar completamente pela janela. A altura total do tanque é igual a:

a) 8,75 m.   d) 9,50 m.
b) 9,00 m.   e) 9,75 m.
c) 9,25 m.

70. (Ceperj) Numa indústria toda automatizada, as peças fabricadas são transportadas para o depósito por meio do seguinte dispositivo: uma esteira, que possui orifícios equidistantes uns dos outros, se desloca horizontalmente com velocidade constante. Acima dela, as pequenas peças são abandonadas, duas a duas, simultaneamente, na mesma vertical, mas em alturas diferentes, a intervalos regulares de tempo e vão se encaixar nos orifícios da esteira, como ilustra a figura.

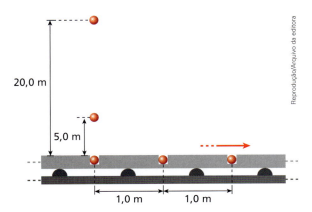

Os elementos da ilustração não estão na mesma escala.

As peças são abandonadas respectivamente a 5,0 m e a 20,0 m de altura da esteira e cada orifício dista 1,0 m do outro.

Considere g = 10,0 m/s² e desprezível a resistência do ar. A velocidade mínima da esteira tem módulo igual a:

a) 1,0 m/s   d) 2,5 m/s
b) 1,5 m/s   e) 3,0 m/s
c) 2,0 m/s

71. Um tubo cilíndrico oco parte do repouso no instante $t_0 = 0$ em um local onde o efeito do ar é desprezível e g = 10,0 m/s².

No mesmo instante, $t_0 = 0$, uma pequena esfera (ponto material) é lançada verticalmente para baixo a partir da abertura superior do cilindro, cujo comprimento vale L, com velocidade de módulo $v_0 = 10,0$ m/s.

Quando a esfera sai pela outra extremidade do tubo, no instante t_1, sua velocidade tem módulo $v_1 = 20,0$ m/s.

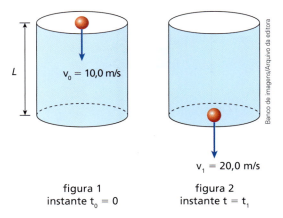

figura 1   figura 2
instante $t_0 = 0$ instante $t = t_1$

De posse dessas informações, determine o valor de L.

72. (Olimpíada Peruana de Física) Desde o piso, lança-se uma moeda **A** verticalmente para cima com velocidade escalar igual a 20 m/s. Após 1,0 s, lança-se da mesma posição outra moeda, **B**, também verticalmente para cima, mas com velocidade escalar igual a 25 m/s. Adotando-se para a aceleração da gravidade intensidade g = 10 m/s² e desprezando-se os efeitos do ar, no instante em que as moedas colidem, a velocidade escalar da moeda **A** é igual a:

a) −20 m/s   c) zero   e) 20 m/s
b) −10 m/s   d) 10 m/s

Para raciocinar um pouco mais

73. O esquema abaixo representa, visto de cima e fora de escala, a situação no instante $t_0 = 0$ de um caminhão "baú" que trafega ao longo de uma estrada plana, reta e horizontal com velocidade de módulo constante igual a 72 km/h. Pousada no galho de uma árvore à beira da pista está uma pequena ave **A**, que vai partir do repouso em $t_0 = 0$, acelerando com intensidade constante ao longo da reta **r** horizontal, perpendicular à trajetória do caminhão e pertencente a um plano situado acima do plano do teto da cabine do veículo, porém abaixo do plano do topo do "baú" do caminhão.

Os elementos da ilustração não estão na mesma escala.

Levando-se em conta as dimensões indicadas, pede-se:

a) calcular o intervalo de tempo T que o "baú" do caminhão leva para passar pela reta **r**;

b) os possíveis valores da intensidade da aceleração da ave **A** para que ela não seja atingida pelo caminhão.

74. Na construção das fundações para o erguimento de um edifício foi feita uma grande vala em forma de paralelepípedo retângulo com as dimensões indicadas a seguir. Alguns materiais e ferramentas foram transferidos por um grupo de operários posicionado ao nível do solo, no vértice **A**, para um outro grupo reunido dentro da vala, no vértice **G**. A transferência foi feita utilizando-se uma associação serial retilínea de dois cabos de aço, **AO** e **OG**, de modo que o cabo **AO** tinha três quartos do comprimento total **AG**. Um contêiner de pequenas dimensões e carregando materiais e ferramentas, pendurado por um conjunto de roldanas, partia do repouso do vértice **A** e percorria o cabo **AO** com aceleração constante de módulo 1,5 m/s². A partir do ponto **O**, devido ao cabo **OG** ser mais espesso, o contêiner atingia o vértice **G** com velocidade praticamente nula.

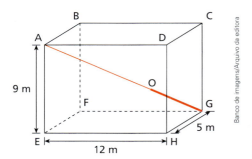

Sabendo-se que ao longo de **OG** a aceleração do contêiner também era constante e adotando-se $\sqrt{10} \cong 3{,}2$, pede-se:

a) calcular o módulo da aceleração do contêiner no trecho **OG**;

b) determinar a relação entre os intervalos de tempo gastos pelo contêiner ao percorrer respectivamente os trechos **AO** e **OG**;

c) adotando-se o ponto **A** como origem dos espaços e orientando-se a trajetória no sentido do movimento traçar para o contêiner o gráfico posição (m) × tempo (s) ao longo do percurso de **A** até **G**.

75. Uma partícula **A** parte do repouso no instante $t_0 = 0$ descrevendo uma trajetória retilínea com aceleração constante de módulo a. Uma outra partícula **B** parte do repouso no instante $t = T$ descrevendo a mesma trajetória retilínea de **A** com aceleração constante também de módulo a. As partículas se encontravam em um mesmo ponto da trajetória. Com base nessas informações, pede-se:

a) calcular a distância entre **A** e **B** no instante $t = T$;

b) esboçar o gráfico da distância entre **A** e **B** em função do tempo a partir do instante t = T.

76. A aceleração no sentido da velocidade de um carro equipado com um motor turbo, ao longo de uma pista orientada, tem valor escalar, α, variando em função do tempo, t, conforme o gráfico a seguir.

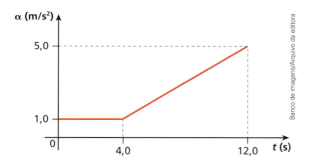

Sabendo-se que no instante $t_0 = 0$ a velocidade escalar do veículo é de 10,0 m/s, pede-se:

a) determinar a distância D percorrida pelo carro no intervalo de $t_0 = 0$ a $t = 12,0$ s;
b) traçar o gráfico da velocidade escalar do veículo nesse intervalo, de $t_0 = 0$ a $t = 12,0$ s.

77. Duas bolas de dimensões desprezíveis, **A** e **B**, são atiradas verticalmente do topo de um edifício muito alto, uma após a outra, com velocidades de mesma magnitude, $v_0 = 2,0$ m/s. A bola **A** é atirada para cima e, após um intervalo de tempo $\Delta t = 1,0$ s, a bola **B** é atirada para baixo. Despreze os efeitos dissipativos e adote $g = 10,0$ m/s^2.
a) Calcule a distância entre **A** e **B** no instante em que a bola **B** é atirada.
b) Determine a velocidade escalar relativa entre as bolas enquanto nenhuma delas atinge o solo.
c) Trace o gráfico da distância entre as bolas em função do tempo a partir do instante em que **B** é atirada.

DESCUBRA MAIS

1. Em 1971, um dos tripulantes da missão Apollo 15, o astronauta David Scott, realizou na Lua um experimento que consistia em deixar cair, da mesma altura e a partir do repouso, uma pena de águia e um martelo de aço. Scott notou que esses dois corpos atingiram o solo lunar simultaneamente. Atualmente, este experimento pode ser realizado em um centro de pesquisas da Nasa (Administração Nacional da Aeronáutica e do Espaço, agência do governo federal dos Estados Unidos), o Space Power Facility, em Ohio, nos Estados Unidos. Quais as condições desta instalação que possibilitam a realização deste experimento? Por que o astronauta David Scott conseguiu realizar com sucesso o experimento na Lua?

// No interior do Space Power Facility, bolas de boliche e plumas caem emparelhadas, independentemente de suas massas, atingindo o solo ao mesmo tempo.

TÓPICO

4

Vetores e Cinemática vetorial

// Representação artística do telescópio espacial Hubble, que orbita a Terra.

Satélites de diversas nacionalidades orbitam a Terra praticamente em movimento circular e uniforme. Esses equipamentos se prestam às telecomunicações, ao posicionamento por GPS (do inglês, *Global Positioning System*), ao monitoramento climático, de catástrofes, queimadas em solo etc. Embora sejam dotados de velocidade escalar constante, sua velocidade vetorial é variável em direção ao longo da trajetória. A aceleração vetorial é centrípeta, com intensidade constante e igual à da aceleração da gravidade nos pontos da órbita. Vetorialmente, porém, essa aceleração, que é radial e dirigida para o centro do planeta, também é variável.

No presente tópico, será realizado um estudo mais abrangente da Cinemática, agora se considerando velocidade e aceleração com seu caráter pleno: vetorial.

Bloco 1

1. Grandezas escalares e vetoriais

Vivemos cercados de grandezas físicas.

O despertador toca estridente; são 6 h da manhã. O **tempo** é mesmo implacável, mas começou um novo dia e é hora de estudar. Em um gesto decidido, você deixa a cama, dirige-se para o banheiro e acende a luz. Uma lâmpada de **potência** excessiva brilha forte no teto chegando quase a ofuscar. Ora, isso não está de acordo com a proposta da família, que é de economizar **energia**. Todos estão dizendo que o valor cobrado na conta de luz tem andado pelas alturas...

Você abre a torneira da pia para iniciar sua higiene matinal e começa a escovar os dentes. Nota então que a água jorra em grande **vazão**, o que exige uma consciente intervenção. Afinal, há também que se economizar água! Em razão da **força** aplicada por uma rajada de vento, uma porta bate violentamente, quebrando o silêncio próprio da hora. Você se vê refletido no espelho de grande **área** embaçado pelo vapor ascendente vindo da água quente do chuveiro já aberto...

No rápido café da manhã, um bom pedaço de pão compõe com o leite escurecido pela grande **massa** de chocolate em pó a primeira refeição. Descendo no elevador do prédio, você lê uma vez mais aquela pequena placa que adverte sobre o **peso** máximo suportado pelo equipamento...

Já na calçada, você nota que o dia será quente, o que é confirmado pela **temperatura** indicada em um painel eletrônico: 24 °C. E eis que chega o esperado ônibus de sempre. O tráfego está intenso, o que impõe ao veículo um **deslocamento** lento pelas ruas do bairro. Visando realizar o percurso com a **velocidade média** prevista, o motorista aproveita para arrancar com grande **aceleração** nos trechos livres... Você está sentado e tem sobre as pernas sua mochila cheia de livros, cadernos e outros objetos, o que incomoda um pouco por exercer nas superfícies de apoio uma intensa **pressão**.

Ligeiramente atrasado, você finalmente chega ao colégio e percorre apressadamente o grande **comprimento** do corredor principal.

Essa rotina fictícia destaca as grandezas físicas tempo, potência, energia, vazão, força, área, massa, peso, temperatura, deslocamento, velocidade média, aceleração, pressão e comprimento, muito ligadas ao nosso dia a dia.

Em Física, há duas categorias de grandezas: as **escalares** e as **vetoriais**. As primeiras, majoritárias, caracterizam-se apenas pelo valor numérico, acompanhado da unidade de medida. Já as segundas requerem um valor numérico (sem sinal), denominado **módulo** ou **intensidade**, acompanhado da respectiva unidade de medida e de uma orientação, isto é, uma **direção** e um **sentido**.

Na figura ao lado, o comprimento $\ell = 4{,}75$ cm medido por uma régua milimetrada é uma grandeza escalar, já que fica totalmente determinado pelo valor numérico (4,75) acompanhado da unidade de medida (cm).

São também escalares as grandezas: área, massa, tempo, energia, potência, densidade, pressão, temperatura, carga elétrica e tensão elétrica, dentre outras.

// O comprimento é uma grandeza escalar.

Considere agora o caso hipotético de uma embarcação com o casco avariado, em repouso em alto-mar, que receba pelo rádio a recomendação de deslocar-se em linha reta 20 milhas (1 milha náutica = 1,852 km) a fim de chegar a um estaleiro onde será realizado o reparo necessário. Ora, há infinitas maneiras de se cumprir o deslocamento sugerido, isto é, a embarcação poderá navegar a partir de sua posição inicial em infinitas direções. O deslocamento proposto não está determinado! Eis que vem, então, uma informação complementar para que o barco navegue em linha reta 20 milhas na direção norte-sul. Mas isso ainda não é tudo! Deve-se dizer também se a embarcação deverá navegar para o norte ou para o sul, ou seja, em que sentido deverá ocorrer o deslocamento. De uma forma completa, dever-se-ia informar ao responsável pela embarcação que o deslocamento necessário para se atingir o estaleiro deve ter módulo de 20 milhas náuticas, direção norte-sul e sentido para o sul. Só dessa maneira a embarcação conseguiria chegar sem rodeios ao destino recomendado.

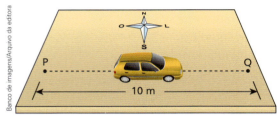

// O deslocamento é uma grandeza vetorial.

Veja com isso que a definição de um deslocamento não é tão simples como a de um comprimento. Definir plenamente um deslocamento requer um módulo, uma direção e um sentido, sendo essa grandeza física de natureza **vetorial**.

Observe, na figura ao lado, que o deslocamento sofrido pelo carro ao movimentar-se de **P** até **Q** é uma grandeza vetorial, caracterizada por um módulo (10 m), uma direção (leste-oeste) e um sentido (de oeste para leste).

São também vetoriais as grandezas: velocidade, aceleração, força, impulso, quantidade de movimento (ou momento linear), vetor campo elétrico e vetor indução magnética, dentre outras.

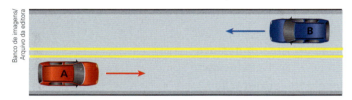

Atenção: não confunda direção com sentido, pois são conceitos diferentes. Uma reta define uma direção. A essa direção podemos associar dois sentidos.

Na figura ao lado, os carros **A** e **B** percorrem uma mesma avenida retilínea e vão se cruzar. Suas velocidades têm a mesma direção, mas sentidos opostos.

// A ponte Rio-Niterói, sobre a baía de Guanabara, é uma das maiores pontes marítimas do mundo, com aproximadamente 13 km de extensão. O trecho dessa ponte mostrado na fotografia tem uma direção de tráfego, porém dois sentidos de percurso, do Rio de Janeiro para Niterói e de Niterói para o Rio de Janeiro.

// Fotografia mostrando uma placa em estrada.

Nas placas indicativas existentes em rodovias, o motorista obtém informações sobre direção e sentido a serem seguidos para chegar a um determinado destino. Essas informações se referem às grandezas vetoriais deslocamento e velocidade do veículo.

Até este capítulo, velocidade e aceleração foram tratadas com caráter escalar, isto é, não nos preocupamos com a natureza vetorial dessas grandezas, mas apenas com seus valores algébricos. Note que essa é uma simplificação conveniente e permitida quando as trajetórias são previamente conhecidas. Insistimos, entretanto, que ambas são grandezas vetoriais, cabendo-lhes, além do módulo ou intensidade, uma direção e um sentido.

JÁ PENSOU NISTO?

Projétil mais veloz que o som?
Nesta fotografia ultrarrápida, um projétil atravessa uma maçã. Sua velocidade tem módulo (intensidade) próximo de 600 m/s (valor supersônico), direção horizontal e sentido da esquerda para a direita.

A velocidade é uma **grandeza vetorial**, já que possui módulo, direção e sentido.

2. Vetor

Vetor é um ente matemático constituído de um módulo, uma direção e um sentido, utilizado em Física para representar as grandezas vetoriais.

Um vetor pode ser esboçado graficamente por um segmento de reta orientado (seta), como mostra a figura ao lado.

O comprimento ℓ do segmento orientado está associado ao módulo do vetor, a reta suporte **r** fornece a direção, e a orientação (ponta aguçada do segmento) evidencia o sentido.

No exemplo das figuras ao lado, um homem está empurrando um bloco horizontalmente para a direita, aplicando sobre ele uma força de intensidade 200 N (N = newton, a unidade de força no SI).

A força de 200 N que o homem aplica no bloco (grandeza física vetorial) está representada pelo segmento de reta orientado, de comprimento 5,0 unidades, em que cada unidade de comprimento equivale a 40 N.

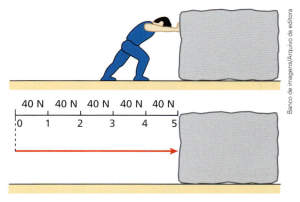

A notação de um vetor é feita geralmente se utilizando uma letra sobreposta por uma pequena seta, como, por exemplo, $\vec{a}, \vec{b}, \vec{v}, \vec{F}$.

Outra notação também comum é obtida nomeando-se com letras maiúsculas as extremidades do segmento orientado que representa o vetor.

Nessa notação, faz-se sempre a letra que nomeia a ponta aguçada da seta menos a letra que nomeia a extremidade oposta (ou "origem"):

$$\vec{a} = B - A.$$

3. Adição de vetores

Considere os vetores $\vec{a}, \vec{b}, \vec{c}, \vec{d}$ e $\vec{e}$ representados ao lado.

Como podemos obter o vetor-soma (ou resultante) $\vec{s}$, dado por $\vec{s} = \vec{a} + \vec{b} + \vec{c} + \vec{d} + \vec{e}$?

Para responder a essa questão, faremos outra figura associando sequencialmente os segmentos orientados – representativos dos vetores parcelas –, de modo que a "origem" de um coincida com a ponta aguçada do que lhe antecede. Na construção dessa figura, devemos preservar as características de cada vetor: módulo, direção e sentido.

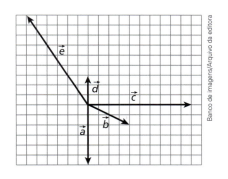

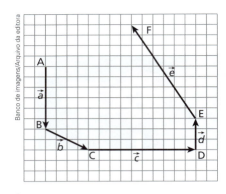

De acordo com a figura ao lado, o que se obtém é uma linha segmentada, denominada **linha poligonal**.

Então, temos: $\vec{a} = B - A$, $\vec{b} = C - B$, $\vec{c} = D - C$, $\vec{d} = E - D$ e $\vec{e} = F - E$.

Logo:
$$\vec{s} = (B - A) + (C - B) + (D - C) + (E - D) + (F - E)$$

Assim:

$$\vec{s} = F - A$$

Na figura ao lado está ilustrado o vetor resultante $\vec{s}$. O segmento orientado que representa $\vec{s}$ **sempre fecha o polígono** e sua ponta aguçada coincide com a ponta aguçada do segmento orientado que representa o último vetor parcela.

A esse método de adição de vetores damos o nome de **regra do polígono**.

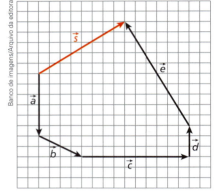

NOTAS!

- Vale a **propriedade comutativa**, isto é, a ordem dos vetores parcelas não altera o vetor soma.

$$\vec{a} + \vec{b} + \vec{c} + \vec{d} + \vec{e} = \vec{b} + \vec{e} + \vec{d} + \vec{c} + \vec{a}$$

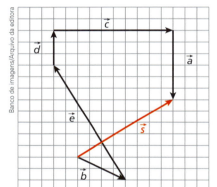

A figura acima representa a mesma soma de vetores da figura anterior, mas com as parcelas em ordens diferentes. É possível verificar que o vetor $\vec{s}$ é o mesmo.

- Se a linha poligonal dos vetores parcelas for fechada, então o vetor soma será **nulo**, como ocorre no caso da soma dos vetores $\vec{a}$, $\vec{b}$ e $\vec{c}$ das figuras abaixo.

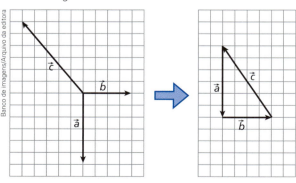

$$\vec{s} = \vec{a} + \vec{b} + \vec{c} = \vec{0}$$

JÁ PENSOU NISTO?

Criança boa de bola!

Nesta fotografia, a bola está em equilíbrio sob a ação de três forças principais: seu peso, $\vec{P}$, a força de contato com a perna da criança, $\vec{F}_1$, e a força de contato com os dedos de seu pé, $\vec{F}_2$. Estando a bola em repouso (equilíbrio estático), a resultante de $\vec{P}$, $\vec{F}_1$ e $\vec{F}_2$ é nula e, para que isso ocorra, a linha poligonal constituída por essas três forças deve ser fechada.

Nas figuras a seguir você pode observar $\vec{P}$, $\vec{F}_1$ e $\vec{F}_2$ alinhadas com o centro de massa, (CM), da bola, e a linha poligonal constituída por essas três forças.

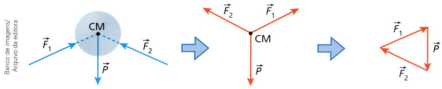

4. Adição de dois vetores

Considere os vetores $\vec{a}$ e $\vec{b}$ representados na figura 1. Admitamos que seus segmentos orientados representativos tenham "origens" coincidentes no ponto 0 e que o ângulo formado entre eles seja θ.

Na figura 2 está feita a adição $\vec{a} + \vec{b}$ pela regra do polígono:

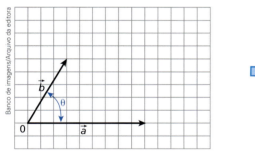

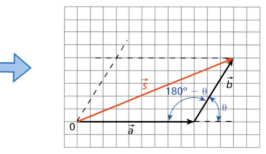

figura 1   figura 2

Observe que o segmento orientado representativo do vetor resultante $\vec{s}$ nada mais é que a **diagonal do paralelogramo** formado ao traçarmos linhas paralelas aos vetores.

Assim, dados dois vetores, é sempre possível obter graficamente o vetor soma (resultante) pela **regra do paralelogramo**: fazemos que os segmentos orientados representativos dos vetores tenham "origens" coincidentes; da ponta aguçada do segmento orientado que representa um dos vetores, traçamos uma paralela ao segmento orientado que representa o outro vetor e vice-versa; o segmento orientado representativo do vetor resultante está na diagonal do paralelogramo obtido. Veja na figura 3 o vetor $\vec{s} = \vec{a} + \vec{b}$ obtido pela **regra do paralelogramo**.

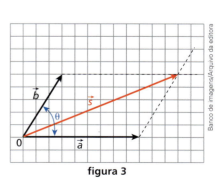

figura 3

TÓPICO 4 | VETORES E CINEMÁTICA VETORIAL   **135**

// Garoto lançando uma bolinha de gude.

Na situação mostrada na fotografia, o garoto lança uma bolinha de gude sobre uma mesa horizontal, utilizando um elástico tracionado preso em dois pregos fixos.

No ato do lançamento, a bolinha recebe do elástico as forças $\vec{F}_1$ e $\vec{F}_2$, representadas na figura abaixo.

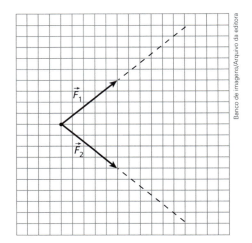

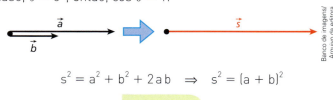

O movimento ocorrerá na direção e no sentido da força $\vec{F}$, resultante de $\vec{F}_1$ e $\vec{F}_2$, obtida na figura ao lado pela regra do paralelogramo.

Retornando agora à figura 2 na página 135, em que aparece a soma $\vec{a} + \vec{b}$ dada pela regra do polígono, nota-se que o módulo do vetor soma (resultante) $\vec{s}$ pode ser obtido aplicando-se uma importante relação matemática denominada **Lei dos Cossenos** ao triângulo formado pelos segmentos orientados representativos de $\vec{a}$, $\vec{b}$ e $\vec{s}$.

Sendo a o módulo de $\vec{a}$, b o módulo de $\vec{b}$ e s o módulo de $\vec{s}$, temos:
$$s^2 = a^2 + b^2 - 2ab\cos(180° - \theta)$$
Mas:
$$\cos(180° - \theta) = -\cos\theta$$
Assim:
$$\boxed{s^2 = a^2 + b^2 + 2ab\cos\theta}$$

Casos particulares

I. $\vec{a}$ e $\vec{b}$ têm a mesma direção e o mesmo sentido.

Neste caso, $\theta = 0°$; então, $\cos\theta = 1$.

$$s^2 = a^2 + b^2 + 2ab \Rightarrow s^2 = (a+b)^2$$

$$\boxed{s = a + b}$$

II. $\vec{a}$ e $\vec{b}$ têm a mesma direção e sentidos opostos.

Neste caso, $\theta = 180°$; então, $\cos \theta = -1$.

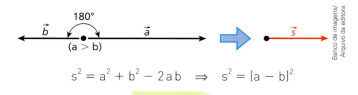

$$s^2 = a^2 + b^2 - 2ab \Rightarrow s^2 = (a-b)^2$$

$$s = a - b$$

III. $\vec{a}$ e $\vec{b}$ são perpendiculares entre si.

Neste caso, $\theta = 90°$; então, $\cos \theta = 0$.

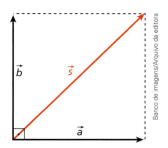

$$s^2 = a^2 + b^2$$

(Teorema de Pitágoras)

Exercícios Nível 1

1. A respeito das grandezas físicas escalares e vetoriais, analise as proposições a seguir:

(01) As escalares ficam perfeitamente definidas, mediante um valor numérico acompanhado da respectiva unidade de medida.

(02) As vetoriais, além de exigirem na sua definição um valor numérico, denominado módulo ou intensidade, acompanhado da respectiva unidade de medida, requerem, ainda, uma direção e um sentido.

(04) Comprimento, área, volume, tempo e massa são grandezas escalares.

(08) Deslocamento, velocidade, aceleração e força são grandezas vetoriais.

Dê como resposta a soma dos números associados às proposições corretas.

2. Na figura, temos três vetores coplanares formando uma linha poligonal fechada. A respeito, vale a relação:

a) $\vec{a} + \vec{b} = \vec{c}$.
b) $\vec{a} = \vec{b} + \vec{c}$.
c) $\vec{a} + \vec{b} + \vec{c} = \vec{0}$.
d) $\vec{a} + \vec{b} - \vec{c} = \vec{0}$.
e) $\vec{a} = \vec{b} - \vec{c}$.

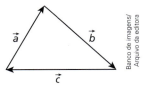

3. Dados os vetores $\vec{A}$ e $\vec{B}$, a melhor representação para o vetor $\vec{A} + \vec{B}$ é:

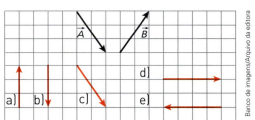

4. Numa competição de arco e flecha, o que faz a flecha atingir altas velocidades é a ação da força resultante $\vec{R}$, obtida por meio da soma vetorial entre as forças $\vec{F}_1$ e $\vec{F}_2$ exercidas pelo fio impulsor. A figura que melhor representa a resultante $\vec{R}$ é:

5. Num plano α, temos dois vetores $\vec{a}$ e $\vec{b}$ de mesma origem formando um ângulo θ. Se os módulos de $\vec{a}$ de $\vec{b}$ são, respectivamente, iguais a 3 u e 4 u, em que **u** é uma unidade arbitrária, determine o módulo do vetor soma em cada um dos casos seguintes:
a) θ = 0°;
b) θ = 90°;
c) θ = 180°;
d) θ = 60°.

Resolução:

a) Se o ângulo formado pelos vetores é 0°, eles possuem a mesma direção e o mesmo sentido:

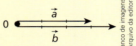

Sendo s o módulo do vetor soma, temos:
s = a + b ⇒ s = 3 + 4

$\boxed{s = 7\ u}$

b) Se θ = 90°, podemos calcular o módulo s do vetor soma aplicando o **Teorema de Pitágoras**:

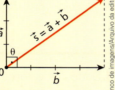

$s^2 = a^2 + b^2 \Rightarrow s^2 = 3^2 + 4^2$

$\boxed{s = 5\ u}$

c) Se o ângulo formado pelos vetores é 180°, eles possuem a mesma direção e sentidos opostos:

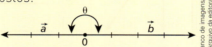

O módulo s do vetor soma fica determinado por:
s = b − a ⇒ s = 4 − 3

$\boxed{s = 1\ u}$

d) Para θ = 60°, aplicando a **Lei dos Cossenos**, obtemos:

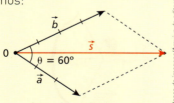

$s^2 = a^2 + b^2 + 2ab\cos\theta$
$s^2 = 3^2 + 4^2 + 2(3)(4)\cos 60°$
$s^2 = 9 + 16 + 24 \cdot \dfrac{1}{2} \Rightarrow s^2 = 37$

$\boxed{s \cong 6\ u}$

6. Determine o módulo do vetor soma de $\vec{a}$ (a = 60 u) com $\vec{b}$ (b = 80 u) em cada caso:

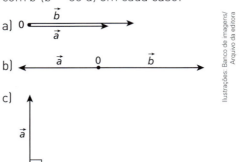

7. Considere dois vetores, $\vec{u}$ e $\vec{v}$, de módulos respectivamente iguais a 10 unidades e 15 unidades. Qual o intervalo de valores admissíveis para o módulo do vetor $\vec{s}$, soma de $\vec{u}$ com $\vec{v}$?

8. Dois vetores $\vec{a}$ e $\vec{b}$, de mesma origem, formam entre si um ângulo θ = 60°. Se os módulos desses vetores são a = 7 u e b = 8 u, qual o módulo do vetor soma?

9. (UFRN) Qual é o módulo da resultante das forças coplanares $\vec{M}$, $\vec{N}$, $\vec{P}$, e $\vec{Q}$ aplicadas ao ponto **O**, como se mostra na figura abaixo?

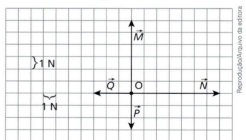

10. A figura mostra um sistema de seis forças aplicadas em uma partícula. O lado de cada quadrado na figura representa uma força de intensidade 1,0 N.

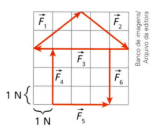

A força resultante do sistema tem módulo igual a:
a) zero
b) 3,0 N
c) 4,0 N
d) 5,0 N
e) 6,0 N

Exercícios Nível 2

11. Considere as grandezas físicas relacionadas a seguir, acompanhadas de um código numérico:
Energia (1)   Aceleração (5)
Massa (2)   Deslocamento (6)
Força (3)   Tempo (7)
Densidade (4)   Velocidade (8)

Escrevendo em ordem crescente os códigos associados às **grandezas escalares** e os códigos associados às **grandezas vetoriais**, obtemos dois números com quatro algarismos cada um. Determine:
a) o número correspondente às **grandezas escalares**;
b) o número correspondente às **grandezas vetoriais**.

12. (UPM-SP) Com seis vetores de módulos iguais a 8 u, construiu-se o hexágono regular ao lado. O módulo do vetor resultante desses seis vetores é:
a) zero.   c) 24 u.   e) 40 u.
b) 16 u.   d) 32 u.

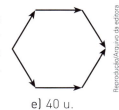

13. (UPM-SP) A figura mostra 5 forças representadas por vetores de origem comum, dirigindo-se aos vértices de um hexágono regular.
Sendo 10 N o módulo da força $\vec{F}_C$, a intensidade da resultante dessas 5 forças é:
a) 50 N.   d) 35 N.
b) 45 N.   e) 30 N.
c) 40 N.

14. No plano quadriculado a seguir, temos três
E.R. vetores, $\vec{a}$, $\vec{b}$ e $\vec{c}$:

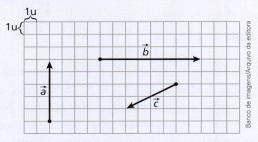

Qual é o módulo do vetor resultante da soma desses vetores?

Resolução:
Inicialmente, devemos trasladar os vetores, de modo que a origem de um coincida com a extremidade do outro, tomando cuidado para manter as características (direção, sentido e módulo) de cada vetor sem alteração.
O vetor resultante é aquele que fecha a linha poligonal.

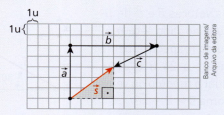

Observe que o vetor resultante é a hipotenusa de um triângulo retângulo de catetos 3 u e 4 u. Aplicando o Teorema de Pitágoras, temos:

$s^2 = 3^2 + 4^2 \Rightarrow s^2 = 9 + 16 \Rightarrow s^2 = 25$

$\boxed{s = 5\ u}$

15. No plano quadriculado abaixo, estão representados três vetores: $\vec{x}$, $\vec{y}$ e $\vec{z}$.

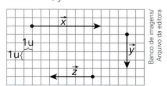

Determine o módulo do vetor soma $\vec{s} = \vec{x} + \vec{y} + \vec{z}$.

16. (UPM-SP) O vetor resultante da soma de $\overrightarrow{AB}$, $\overrightarrow{BE}$ e $\overrightarrow{CA}$ é:
a) $\overrightarrow{AE}$.   d) $\overrightarrow{CE}$.
b) $\overrightarrow{AD}$.   e) $\overrightarrow{BC}$.
c) $\overrightarrow{CD}$.

17. Na figura estão representadas 14 forças. O lado de cada quadrícula da figura representa uma força de intensidade 1,0 N.
A força resultante do sistema das 14 forças tem intensidade igual a:
a) 10,0 N.   d) 29,0 N.
b) 16,0 N.   e) 42,0 N.
c) 26,0 N.

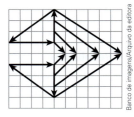

18. Considere duas forças $\vec{F}_1$ e $\vec{F}_2$ de intensidades respectivamente iguais a 18 N e 12 N, aplicadas em uma partícula **P**. A resultante $\vec{R} = \vec{F}_1 + \vec{F}_2$ **não poderá** ter intensidade igual a:
a) 30 N. c) 12 N. e) 3,0 N.
b) 18 N. d) 6,0 N.

19. Suponha dois vetores de mesmo módulo v. A respeito da soma desses vetores, podemos afirmar que:
a) pode ter módulo $v\sqrt{10}$;
b) pode ter módulo v;
c) tem módulo $2v$;
d) é nula;
e) tem módulo $v\sqrt{2}$.

20. Os vetores $\vec{a}$ e $\vec{b}$ da figura ao lado têm módulos respectivamente iguais a 24 u e 21 u. Qual o módulo do vetor soma $\vec{s} = \vec{a} + \vec{b}$?
Dado:
sen 30° = cos 60° = 0,50

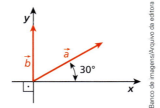

21. A soma de dois vetores perpendiculares entre si tem módulo igual a $\sqrt{20}$. Se o módulo de um deles é o dobro do módulo do outro, qual é o módulo do maior?

22. Duas forças $\vec{F}_1$ e $\vec{F}_2$ estão aplicadas sobre uma partícula, de modo que a força resultante é perpendicular a $\vec{F}_1$.
Se $|\vec{F}_1| = x$ e $|\vec{F}_2| = 2x$, qual o ângulo entre $\vec{F}_1$ e $\vec{F}_2$?

23. Três forças $\vec{F}_1$, $\vec{F}_2$ e $\vec{F}_3$, contidas em um mesmo **E.R.** plano, estão aplicadas em uma partícula **O**, conforme ilustra a figura. $\vec{F}_1$ e $\vec{F}_2$ têm módulos iguais a 10 N.

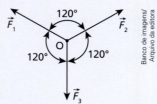

Qual deve ser o módulo de $\vec{F}_3$ para que a soma $\vec{F}_1 + \vec{F}_2 + \vec{F}_3$:
a) tenha módulo nulo?
b) tenha módulo 5,0 N estando dirigida para baixo?

Resolução:
Inicialmente, vamos calcular o módulo da soma $\vec{F}_1 + \vec{F}_2$. Aplicando a **Lei dos Cossenos**, vem:

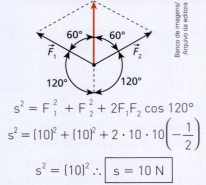

$s^2 = F_1^2 + F_2^2 + 2F_1F_2 \cos 120°$

$s^2 = (10)^2 + (10)^2 + 2 \cdot 10 \cdot 10 \left(-\dfrac{1}{2}\right)$

$s^2 = (10)^2 \therefore \boxed{s = 10\ N}$

$\vec{F}_3$ tem a mesma direção de $\vec{s} = \vec{F}_1 + \vec{F}_2$, porém sentido oposto, logo:

a) $F_3 - s = 0 \Rightarrow F_3 - 10 = 0 \therefore \boxed{F_3 = 10\ N}$

Nesse caso, a linha poligonal de $\vec{F}_1$, $\vec{F}_2$ e $\vec{F}_3$ forma um **triângulo equilátero**, conforme ilustra a figura a seguir:

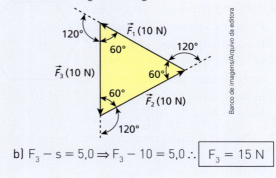

b) $F_3 - s = 5,0 \Rightarrow F_3 - 10 = 5,0 \therefore \boxed{F_3 = 15\ N}$

24. Considere três vetores coplanares $\vec{A}$, $\vec{B}$ e $\vec{C}$, de módulos iguais a x e com origens coincidentes num ponto **O**. Calcule o módulo do vetor resultante da soma $\vec{A} + \vec{B} + \vec{C}$ nos dois casos esquematizados abaixo:
a)   b)

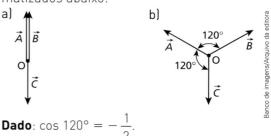

Dado: $\cos 120° = -\dfrac{1}{2}$.

25. Três forças coplanares $\vec{F}_1$, $\vec{F}_2$ e $\vec{F}_3$, de intensidades respectivamente iguais a 10 N, 15 N e 20 N, estão aplicadas em uma partícula. Essas forças podem ter suas direções modificadas para alterar os ângulos entre elas. Determine para a resultante de $\vec{F}_1$, $\vec{F}_2$ e $\vec{F}_3$:
a) a intensidade máxima; b) a intensidade mínima.

Bloco 2

5. Subtração de dois vetores

Considere os vetores $\vec{a}$ e $\vec{b}$ representados na figura ao lado. Admita que os segmentos orientados representativos de $\vec{a}$ e $\vec{b}$ tenham "origens" coincidentes no ponto **0** e que o ângulo formado entre eles seja θ.

O vetor diferença entre $\vec{a}$ e $\vec{b}$ ($\vec{d} = \vec{a} - \vec{b}$) pode ser obtido pela soma do vetor $\vec{a}$ com o **oposto** de $\vec{b}$: $\vec{d} = \vec{a} - \vec{b} \Rightarrow \vec{d} = \vec{a} + (-\vec{b})$. O oposto do vetor $\vec{b}$, ou seja, o vetor $-\vec{b}$, tem mesmo módulo e mesma direção de $\vec{b}$, porém em sentido contrário, o que será justificado na seção 7.

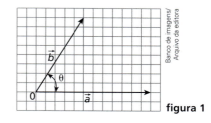
figura 1

Graficamente, temos:

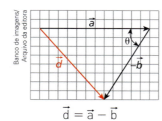
figura 2
$\vec{d} = \vec{a} - \vec{b}$

O vetor $\vec{d}$ fica então representado na figura 1 como aparece ao lado.
O módulo de $\vec{d}$ também fica determinado pela **Lei dos Cossenos**.

$$d^2 = a^2 + b^2 - 2ab\cos\theta$$

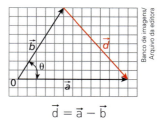
$\vec{d} = \vec{a} - \vec{b}$

Variação de uma grandeza vetorial

A subtração de dois vetores tem caráter fundamental no estudo da Física.

A variação de uma grandeza vetorial qualquer ($\Delta\vec{G}$, por exemplo) é obtida subtraindo-se a grandeza inicial ($\vec{G}_i$) da grandeza final ($\vec{G}_f$).

$$\Delta\vec{G} = \vec{G}_f - \vec{G}_i$$

Na ilustração ao lado, vê-se de cima um carro que percorre uma curva passando pelo ponto **A** com velocidade $\vec{v}_A$ de intensidade 60 km/h e pelo ponto **B** com velocidade $\vec{v}_B$ de intensidade 80 km/h. Podemos concluir que a variação da velocidade escalar desse carro tem módulo igual a 20 km/h.

Determinemos agora as características da variação $\Delta\vec{v} = \vec{v}_B - \vec{v}_A$ da velocidade vetorial do veículo no percurso de **A** até **B**.

A direção e o sentido de $\Delta\vec{v}$ estão caracterizados na figura ao lado.
É interessante observar que $\Delta\vec{v}$ é dirigida para "dentro" da curva.
A intensidade de $\Delta\vec{v}$ é determinada pela **Lei dos cossenos**:

$$\Delta v^2 = v_A^2 + v_B^2 - 2v_Av_B\cos\theta$$
$$\Delta v^2 = (60)^2 + (80)^2 - 2 \cdot 60 \cdot 80 \cdot \cos 60°$$
$$\Delta v^2 = 3\,600 + 6\,400 - 2 \cdot 4\,800 \cdot \frac{1}{2}$$
$$\Delta v^2 = 5\,200 \therefore \boxed{\Delta v \cong 72 \text{ km/h}}$$

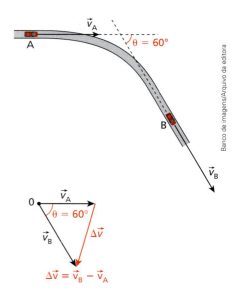

Observe que, nesse exemplo, a intensidade da variação da velocidade vetorial (72 km/h) é diferente do módulo da variação da velocidade escalar (20 km/h).

JÁ PENSOU NISTO?

Voleio com inversão no sentido da velocidade!

Admita que, no caso dessa fotografia, o tenista receba a bola com velocidade horizontal $\vec{v}_1$ de intensidade de 80 km/h dirigida para a esquerda e realize um vigoroso voleio, devolvendo a bola também na horizontal com velocidade $\vec{v}_2$ de intensidade de 100 km/h dirigida para a direita. A variação da velocidade vetorial da bola, $\Delta\vec{v}$, fica determinada por:

$$\Delta\vec{v} = \vec{v}_2 - \vec{v}_1 \Rightarrow \Delta\vec{v} = \vec{v}_2 + (-\vec{v}_1)$$

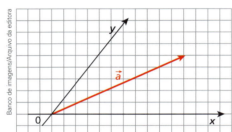

A intensidade de $\Delta\vec{v}$ é obtida com:

$\Delta v = (100 + 80)$ km/h

$\boxed{\Delta v = 180 \text{ km/h}}$

// As velocidades típicas do tênis são muito altas. Em 2014, por exemplo, a alemã Sabine Lisicki obteve o recorde de saque mais rápido em torneios femininos, com um lance que registrou 210,8 km/h.

6. Decomposição de um vetor

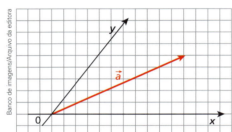

Considere o vetor $\vec{a}$, representado na figura ao lado, e as retas *x* e *y* que se interceptam no ponto **0**, "origem" de $\vec{a}$.

Conforme a regra do paralelogramo, podemos imaginar que o vetor $\vec{a}$ é o resultante da soma de dois vetores $\vec{a}_x$ e $\vec{a}_y$, contidos, respectivamente, nas retas *x* e *y*, conforme figura 1.

Os vetores $\vec{a}_x$ e $\vec{a}_y$ são, portanto, componentes do vetor $\vec{a}$ nas direções *x* e *y*.

Incita especial interesse, entretanto, o caso particular das componentes do vetor $\vec{a}$ contidas em duas retas *x* e *y* perpendiculares entre si.

figura 1

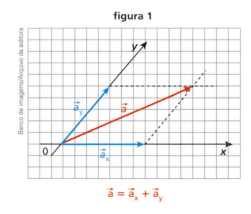

$\vec{a} = \vec{a}_x + \vec{a}_y$

figura 2

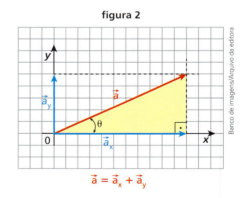

$\vec{a} = \vec{a}_x + \vec{a}_y$

Levando em conta a regra do paralelogramo, teremos as componentes $\vec{a}_x$ e $\vec{a}_y$, representadas na figura 2.

Observando o triângulo retângulo destacado na figura e sendo a_x o módulo de $\vec{a}_x$, a_y o módulo de $\vec{a}_y$, a o módulo de $\vec{a}$ e θ o ângulo formado entre $\vec{a}$ e a reta *x*, são aplicáveis as seguintes relações métricas e trigonométricas:

$$\cos\theta = \frac{\text{cateto adjacente}}{\text{hipotenusa}} = \frac{a_x}{a} \Rightarrow \boxed{a_x = a\cos\theta}$$

$$\text{sen }\theta = \frac{\text{cateto oposto}}{\text{hipotenusa}} = \frac{a_y}{a} \Rightarrow \boxed{a_y = a\text{ sen }\theta}$$

Assim, o módulo de $\vec{a}$ pode ser determinado pelo **Teorema de Pitágoras**:

$$\boxed{a^2 = a_x^2 + a_y^2}$$

Exemplo

Nesta situação, estão calculadas as intensidades das componentes $\vec{F}_x$ e $\vec{F}_y$ da força $\vec{F}$ representada na figura ao lado.

Consideremos os seguintes dados: F = 20 N, sen 37° = 0,60, cos 37° = 0,80.

Portanto, os módulos de F_x e F_y são:

$F_x = F \cos 37° \Rightarrow F_x = 20 \cdot 0,80$

$$\boxed{F_x = 16 \text{ N}}$$

$F_y = F \text{ sen } 37° \Rightarrow F_y = 20 \cdot 0,60$

$$\boxed{F_y = 12 \text{ N}}$$

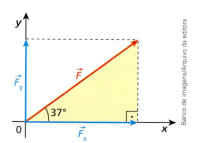

Por outro lado, a **Lei dos Senos**, que estabelece a proporcionalidade entre a medida do lado de um triângulo qualquer e o seno do ângulo oposto a ele, pode ser muito útil no estudo dos vetores.

Considere, por exemplo, o triângulo ao lado, cujos lados têm comprimentos a, b e c. Sejam α, β e γ os ângulos internos desse triângulo opostos, respectivamente, aos lados de medidas a, b e c.

A Lei dos senos estabelece que:

$$\boxed{\frac{a}{\text{sen }\alpha} = \frac{b}{\text{sen }\beta} = \frac{c}{\text{sen }\gamma}}$$

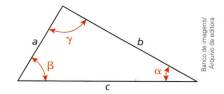

7. Multiplicação de um número real por um vetor

O produto de um número real n, não nulo, por um vetor $\vec{A}$ é um vetor $\vec{B}$, tal que seu módulo é dado pelo produto do módulo de n pelo módulo de $\vec{A}$, ou seja, $|\vec{B}| = |n|\,|\vec{A}|$. Sua direção é a mesma de $\vec{A}$; seu sentido, no entanto, é o mesmo de $\vec{A}$ se n for positivo, mas oposto ao de $\vec{A}$ se n for negativo.

Exemplo 1

Admitamos, por exemplo, n = 3. Sendo $\vec{A}$ o vetor representado na figura ao lado, determinamos o vetor $\vec{B} = n\vec{A} = 3\vec{A}$.

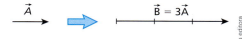

Exemplo 2

Consideremos $n = -\dfrac{1}{2}$. Sendo $\vec{C}$ o vetor representado na figura ao lado, determinamos o vetor $\vec{D} = n\vec{C} = -\dfrac{1}{2}\vec{C}$.

Exemplo 3

Façamos n = −1. Sendo $\vec{E}$ o vetor representado na figura ao lado, determinamos o vetor $\vec{F} = n\vec{E} = -\vec{E}$ chamado **vetor oposto** de $\vec{E}$.

Exercícios Nível 1

26. No plano quadriculado abaixo, estão representados os vetores $\vec{x}, \vec{y}, \vec{z}$ e $\vec{w}$.

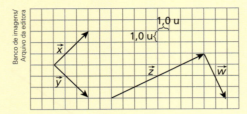

Determine o módulo dos vetores:
a) $\vec{d}_1 = \vec{x} - \vec{y}$
b) $\vec{d}_2 = \vec{z} - \vec{w}$

Resolução:

a) $\vec{d}_1 = \vec{x} - \vec{y} \Rightarrow \vec{d}_1 = \vec{x} + (-\vec{y})$

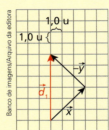

Observando a figura, concluímos que:

$|\vec{d}_1| = 6{,}0 \text{ u}$

b) $\vec{d}_2 = \vec{z} - \vec{w} \Rightarrow \vec{d}_2 = \vec{z} + (-\vec{w})$

O módulo de $\vec{d}_2$ fica determinado aplicando-se o **Teorema de Pitágoras** ao triângulo retângulo destacado na figura:

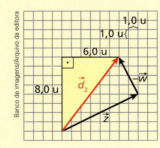

$|\vec{d}_2|^2 = (8{,}0)^2 + (6{,}0)^2$

$|\vec{d}_2| = 10 \text{ u}$

27. No plano quadriculado abaixo, estão representados dois vetores $\vec{x}$ e $\vec{y}$. O módulo do vetor diferença $\vec{x} - \vec{y}$ vale:

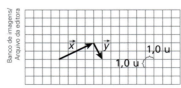

a) 1 u.
b) 2 u.
c) 3 u.
d) 4 u.
e) 5 u.

28. Dados os vetores $\vec{V}_1$ e $\vec{V}_2$, representados na figura, com $V_1 = 16$ u e $V_2 = 10$ u, pede-se:

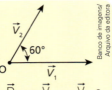

a) representar os vetores $\vec{D}_1 = \vec{V}_1 - \vec{V}_2$ e $\vec{D}_2 = \vec{V}_2 - \vec{V}_1$;
b) calcular os módulos de $\vec{D}_1$ e $\vec{D}_2$.

Resolução:

a) $\vec{D}_1 = \vec{V}_1 - \vec{V}_2$
$\vec{D}_1 = \vec{V}_1 + (-\vec{V}_2)$

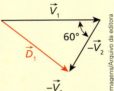

$\vec{D}_2 = \vec{V}_2 - \vec{V}_1$
$\vec{D}_2 = \vec{V}_2 + (-\vec{V}_1)$

O vetor $\vec{D}_2$ é o **vetor oposto** de $\vec{D}_1$, isto é, $\vec{D}_2$ e $\vec{D}_1$ têm mesmo módulo, mesma direção e sentidos contrários.

b) Sendo D o módulo de $\vec{D}_1$ ou de $\vec{D}_2$, aplicando a **Lei dos Cossenos**, vem:

$D^2 = V_1^2 + V_2^2 - 2V_1V_2 \cos 60°$

$D^2 = (16)^2 + (10)^2 - 2 \cdot 16 \cdot 10 \cdot \dfrac{1}{2}$

$D = 14 \text{ u}$

29. Observe os vetores $\vec{a}$ e $\vec{b}$ representados ao lado. Considerando $a = 7{,}0$ u e $b = 8{,}0$ u, pede-se:

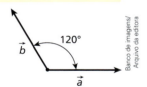

a) represente os vetores $\vec{D}_1 = \vec{a} - \vec{b}$ e $\vec{D}_2 = \vec{b} - \vec{a}$;
b) calcule os módulos de $\vec{D}_1$ e $\vec{D}_2$.

Dado: $\cos 120° = -\dfrac{1}{2}$.

30. Na figura, estão representadas três forças que agem em um ponto material. Levando em conta a escala indicada, determine a intensidade da resultante dessas três forças.

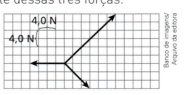

a) 5 N
b) 10 N
c) 15 N
d) 20 N
e) 25 N

Exercícios Nível 2

31. No plano quadriculado abaixo, estão representados cinco vetores: $\vec{a}, \vec{b}, \vec{c}, \vec{d}$ e $\vec{e}$.

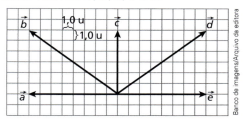

Aponte a alternativa **incorreta**:
a) $\vec{a} = -\vec{e}$
b) $\vec{c} - \vec{a} = \vec{d}$
c) $\vec{c} - \vec{e} = \vec{b}$
d) $\vec{a} + \vec{d} = \vec{b} + \vec{e}$
e) $\vec{a} + \vec{c} = \vec{e} + \vec{c}$

32. Considere duas forças $\vec{F}_A$ e $\vec{F}_B$ com intensidades respectivamente iguais a 12 N e 5,0 N. Calcule a intensidade das forças $\vec{S} = \vec{F}_A + \vec{F}_B$ e $\vec{D} = \vec{F}_A - \vec{F}_B$ nos seguintes casos:

a) $\vec{F}_A$ e $\vec{F}_B$ têm mesma direção e sentidos opostos;

b) $\vec{F}_A$ e $\vec{F}_B$ são perpendiculares.

33. (Ufop-MG) Os módulos de duas forças $\vec{F}_1$ e $\vec{F}_2$ são $|\vec{F}_1| = 3$ e $|\vec{F}_2| = 5$, expressos em **newtons**. Então, é sempre verdade que:

I. $|\vec{F}_1 - \vec{F}_2| = 2$.
II. $2 \leq |\vec{F}_1 - \vec{F}_2| \leq 8$.
III. $|\vec{F}_1 + \vec{F}_2| = 8$.
IV. $2 \leq |\vec{F}_1 + \vec{F}_2| \leq 8$.

Indique a alternativa **correta**:
a) Apenas I e III são verdadeiras.
b) Apenas II e IV são verdadeiras.
c) Apenas II e III são verdadeiras.
d) Apenas I e IV são verdadeiras.
e) Nenhuma sentença é sempre verdadeira.

34. Nas duas situações esquematizadas a seguir, **E.R.** o garoto lança uma bola de borracha contra uma parede vertical fixa. Admita que as colisões sejam perfeitamente elásticas, isto é, que a bola conserve o módulo de sua velocidade vetorial igual a v.

Na **situação 1**, a bola vai e volta pela mesma reta horizontal.

Na **situação 2**, a bola incide sob um ângulo de 60° em relação à reta normal à parede no ponto de impacto, sendo refletida sob um ângulo também de 60° em relação à mesma reta.

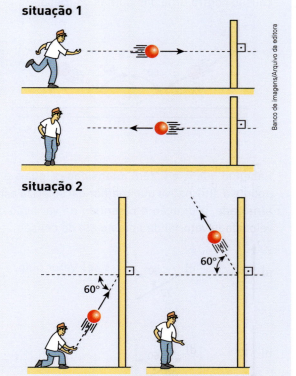

Calcule o módulo da variação da velocidade vetorial da bola:
a) na situação 1;
b) na situação 2.

Resolução:

Em ambos os casos, a variação da velocidade vetorial da bola ($\Delta\vec{v}$) fica determinada pela diferença entre a velocidade final ($\vec{v}_f$) e a velocidade inicial ($\vec{v}_i$).

$$\Delta\vec{v} = \vec{v}_f - \vec{v}_i \Rightarrow \Delta\vec{v} = \vec{v}_f + (-\vec{v}_i)$$

a)

$|\Delta\vec{v}| = v + v \Rightarrow \boxed{|\Delta\vec{v}| = 2v}$

b) O triângulo formado pelos vetores $\vec{v}_f$, $-\vec{v}_i$ e $\Delta\vec{v}$ é **equilátero** e, por isso, esses três vetores têm **módulos iguais**.

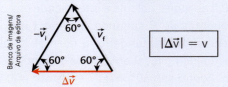

$\boxed{|\Delta\vec{v}| = v}$

35. Na figura, estão representadas as velocidades vetoriais $\vec{v}_1$ e $\vec{v}_2$ de uma bola de sinuca, imediatamente antes e imediatamente depois de uma colisão contra uma das bordas da mesa.

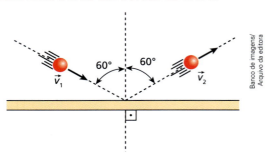

Sabendo que $\vec{v}_1$ e $\vec{v}_2$ têm intensidades iguais a v, aponte a alternativa que melhor caracteriza a intensidade, a direção e o sentido da variação da velocidade vetorial da bola no ato da colisão:

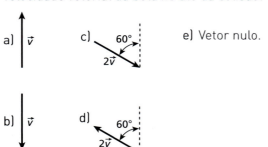

e) Vetor nulo.

36. **E.R.** O peso de um corpo é uma força vertical, dirigida para baixo. Na figura, está representado um bloco de peso $\vec{P}$, apoiado em um plano inclinado de 60° em relação à horizontal.

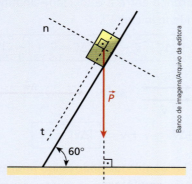

Sabendo que a intensidade de $\vec{P}$ é igual a 20,0 newtons, calcule a intensidade das componentes de $\vec{P}$ segundo as retas **t** e **n**, respectivamente, tangente e normal ao plano inclinado no local em que se encontra o bloco. Adote: sen 60° ≅ 0,87 e cos 60° = 0,50.

Resolução:

Na figura a seguir, estão representadas as componentes de $\vec{P}$ segundo as retas **t** e **n**, respectivamente, $\vec{P}_t$ (componente tangencial) e $\vec{P}_n$ (componente normal).

É importante observar que, no triângulo retângulo destacado, temos β = α = 60° (ângulos de lados perpendiculares têm medidas iguais).

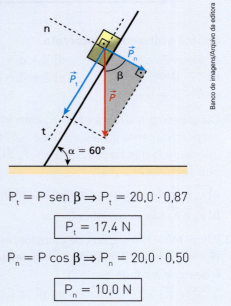

$P_t = P \operatorname{sen} β \Rightarrow P_t = 20{,}0 \cdot 0{,}87$

$$P_t = 17{,}4 \text{ N}$$

$P_n = P \cos β \Rightarrow P_n = 20{,}0 \cdot 0{,}50$

$$P_n = 10{,}0 \text{ N}$$

37. (UFC-CE) Na figura abaixo, em que o reticulado forma quadrados de lado L = 0,50 cm, estão desenhados dez vetores, contidos no plano **xy**. O módulo da soma de todos esses vetores é, em centímetros:

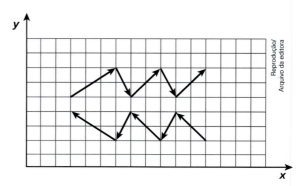

a) 0,0.
b) 0,50.
c) 1,0.
d) 1,5.
e) 2,0.

38. Uma antena transmissora de telefonia celular, de comprimento igual a 32 m, é mantida em equilíbrio na posição vertical devido a um sistema de cabos de aço que conectam sua extremidade superior ao solo horizontal. Na figura, está representado apenas o cabo **AB**, de comprimento igual a 40 m.

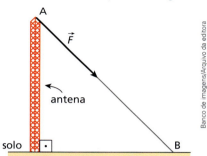

Sabendo que a força $\vec{F}$ que o cabo **AB** exerce sobre a antena tem intensidade igual a $2{,}0 \cdot 10^3$ N, determine a intensidade das componentes horizontal e vertical de $\vec{F}$.

39. Objetivando a decolagem, um avião realiza a corrida na pista, alçando voo com velocidade $\vec{v}$, de intensidade 360 km/h, que é mantida constante ao longo de uma trajetória retilínea e ascendente, como esquematizado a seguir. O Sol está a pino, e a sombra do avião é projetada sobre o solo plano e horizontal.

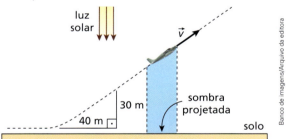

Determine:
a) a intensidade da velocidade com que a sombra do avião percorre o solo;
b) o intervalo de tempo gasto pelo avião para atingir a altura de 480 m;
c) a distância percorrida pelo avião desde o instante em que alça voo até o instante em que atinge a altura de 480 m.

40. Um **versor** é um vetor de módulo unitário utilizado como referência na expressão de outros vetores.
    No plano quadriculado abaixo, estão indicados os vetores $\vec{a}$, $\vec{b}$ e $\vec{c}$.

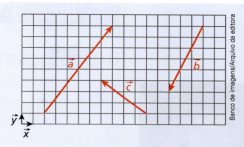

Considerando-se os versores $\vec{x}$ e $\vec{y}$, respectivamente da horizontal e da vertical, pede-se obter:
a) O módulo do vetor $\vec{a}$;
b) A expressão vetorial de $\vec{R} = \vec{a} + \vec{b} + \vec{c}$.

Resolução:
a) O comprimento (módulo) do vetor $\vec{a}$ corresponde ao comprimento da hipotenusa de um triângulo retângulo de catetos com comprimentos respectivamente iguais a 6 u e 8 u. Logo, aplicando-se o Teorema de Pitágoras, vem:
$$a^2 = 6^2 + 8^2 \Rightarrow a = 10 \text{ u}$$

b) Vamos obter, inicialmente, as expressões vetoriais de $\vec{a}$, $\vec{b}$ e $\vec{c}$ em termos dos versores $\vec{x}$ e $\vec{y}$.
$$\vec{a} = 6\vec{x} + 8\vec{y}$$
$$\vec{b} = -3\vec{x} - 6\vec{y}$$
$$\vec{c} = -4\vec{x} + 3\vec{y}$$

Somando-se os termos semelhantes, obtém-se a expressão do vetor $\vec{R}$:
$$\vec{R} = -1\vec{x} + 5\vec{y}$$

41. Três forças coplanares, $\vec{F}_1$, $\vec{F}_2$ e $\vec{F}_3$, representadas no quadriculado abaixo, são aplicadas em uma partícula num determinado instante. Na figura, cada quadradinho tem lado equivalente a 1,0 N e $\vec{i}$ e $\vec{j}$ são, respectivamente, os versores das direções horizontal e vertical.

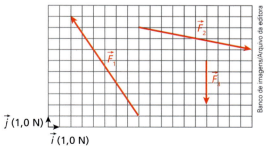

Determine, no instante considerado:
a) A expressão da força resultante $\vec{F} = \vec{F}_1 + \vec{F}_2 + \vec{F}_3$, em termos de $\vec{i}$ e $\vec{j}$;
b) O seno do menor ângulo formado entre as direções de $\vec{F}$ e $\vec{i}$.

Bloco 3

8. Deslocamento vetorial

Uma compreensão mais consistente da Mecânica passa pela assimilação conceitual das grandezas físicas vetoriais que definiremos a seguir.

É importante destacar inicialmente, porém, que muito do que apresentaremos nesse ponto do presente tópico está fundamentado no pensamento do filósofo, físico e matemático francês René Descartes (1596-1650), que é considerado um dos intelectuais mais influentes do pensamento ocidental.

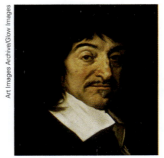

René Descartes: "Penso, logo existo". Pintura de Frans Hals, c. 1640. Museu do Louvre.

Como filósofo, Descartes foi o fundador do movimento chamado Racionalismo, que se baseou na valorização da dúvida, isto é, na busca das verdades essenciais por meio do questionamento: "Nenhum objeto do pensamento resiste à dúvida, mas o próprio ato de duvidar é indubitável". Ele criou um método dedutivo que obedecia a uma sequência lógica: evidência, análise, síntese e enumeração. Uma das citações de Descartes, feita originalmente em latim – *Cogito, ergo sum* –, tornou-se célebre: "Penso, logo existo".

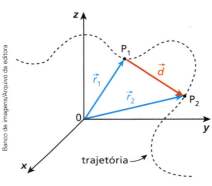

No campo da Matemática, criou a Geometria Analítica, que funde Geometria e Álgebra, tendo como elemento de sustentação um sistema de coordenadas chamado cartesiano.

Considere uma partícula em movimento com relação a um referencial cartesiano **Oxyz**. Na figura ao lado estão indicadas a trajetória descrita pela partícula, bem como as posições **P₁** e **P₂** ocupadas por ela, respectivamente, nos instantes t_1 e t_2. Os vetores $\vec{r}_1$ e $\vec{r}_2$ são os vetores posição correspondentes a **P₁** e **P₂**. Os vetores posição "apontam" a posição da partícula em cada ponto da trajetória. Sua "origem" está sempre na origem **O** do referencial e sua extremidade (ou ponta) aguçada coincide com o ponto em que a partícula se encontra no instante considerado.

Definimos o deslocamento vetorial ($\vec{d}$) no percurso de **P₁** a **P₂** por meio da subtração vetorial:

$$\vec{d} = \vec{r}_2 - \vec{r}_1$$

O deslocamento vetorial sempre conecta duas posições na trajetória. Sua "origem" coincide com o ponto de partida da partícula e sua extremidade (ou ponta) aguçada, com o ponto de chegada.

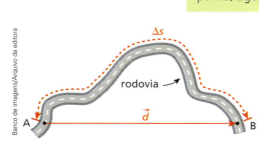

Na situação esquematizada na figura ao lado, um carro parte do ponto **A** e percorre a rodovia até atingir o ponto **B**. Nessa figura estão indicados o deslocamento vetorial $\vec{d}$ e o deslocamento escalar Δs.

Observe que o módulo de $\vec{d}$ nunca excede o módulo de Δs.

$$|\vec{d}| \leq |\Delta s|$$

Ocorrerá o caso da igualdade, $|\vec{d}| = |\Delta s|$, quando a trajetória for retilínea.

9. Velocidade vetorial média

É definida como o quociente do deslocamento vetorial $\vec{d}$ pelo respectivo intervalo de tempo Δt.

$$\vec{v}_m = \frac{\vec{d}}{\Delta t} = \frac{\vec{r}_2 - \vec{r}_1}{t_2 - t_1}$$

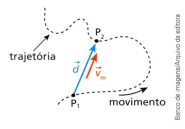

Como Δt é um escalar positivo, a velocidade vetorial média tem sempre a mesma direção e o mesmo sentido que o deslocamento vetorial (ambos são secantes à trajetória), como representa a figura ao lado.

Vamos comparar agora o módulo da velocidade vetorial média com o módulo da velocidade escalar média.

Sabemos que:

$$|\vec{v}_m| = \frac{|\vec{d}|}{\Delta t} \quad \text{e} \quad |v_m| = \frac{|\Delta s|}{\Delta t}$$

Lembrando que $|\vec{d}| \leq |\Delta s|$, podemos concluir que o módulo da velocidade vetorial média nunca excede o módulo da velocidade escalar média.

$$|\vec{v}_m| \leq |v_m|$$

Ocorrerá também o caso da igualdade, $|\vec{v}_m| = |v_m|$, quando a trajetória for retilínea.

Exemplo:

No caso da figura ao lado, uma partícula P_1 vai de **A** até **B** percorrendo a semicircunferência, enquanto outra partícula P_2 também vai de **A** até **B**, porém percorrendo o diâmetro que conecta esses dois pontos.

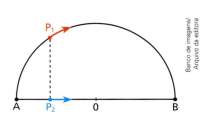

Supondo que as duas partículas se desloquem de **A** até **B** durante o **mesmo intervalo de tempo**, podemos concluir que:

  I. os deslocamentos vetoriais são iguais: $\vec{d}_1 = \vec{d}_2$.
  II. os deslocamentos escalares têm módulos diferentes: $|\Delta s_1| > |\Delta s_2|$.
  III. $|\vec{d}_1| < |\Delta s_1|$; $|\vec{d}_2| = |\Delta s_2|$
  IV. as velocidades vetoriais médias têm módulos iguais: $|\vec{v}_{m_1}| = |\vec{v}_{m_2}|$.
  V. as velocidades escalares médias têm módulos diferentes: $|v_{m_1}| > |v_{m_2}|$.
  VI. $|\vec{v}_{m_1}| < |v_{m_1}|$; $|\vec{v}_{m_2}| = |v_{m_2}|$.

10. Velocidade vetorial (instantânea)

Frequentemente denominada apenas velocidade vetorial, a velocidade vetorial instantânea é dada matematicamente por:

$$\vec{v} = \lim_{\Delta t \to 0} \frac{\vec{d}}{\Delta t} = \lim_{\Delta t \to 0} \vec{v}_m$$

AAComo vimos, a velocidade vetorial média é secante à trajetória, apresentando mesma direção e mesmo sentido do deslocamento vetorial no intervalo de tempo considerado.

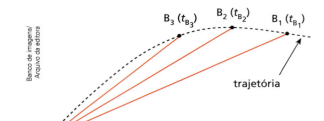

A velocidade vetorial instantânea, entretanto, pelo fato de ser definida em intervalos de tempo tendentes a zero, é **tangente à trajetória** em cada ponto e **orientada no sentido do movimento**.

$\Delta t_1 = t_{B_1} - t_A$; $\Delta t_2 = t_{B_2} - t_A$; $\Delta t_3 = t_{B_3} - t_A$

$$\Delta t_3 < \Delta t_2 < \Delta t_1$$

Reduzindo-se a duração do intervalo de tempo, obtém-se no limite para Δt tendente a zero o ponto **B** praticamente coincidente com o ponto **A**. Com isso, no limite para Δt tendente a zero, a direção da velocidade vetorial média passa de secante a tangente à trajetória no ponto considerado.

Exemplo:

Na situação apresentada na figura ao lado, uma partícula percorre de **A** para **C**, em movimento uniforme, a trajetória esquematizada. Estão representadas nos pontos **A**, **B** e **C** as velocidades vetoriais da partícula, todas tangentes à trajetória e orientadas no sentido do movimento.

Observe que, embora as três velocidades vetoriais representadas tenham módulos iguais (movimento uniforme), $\vec{v}_A \neq \vec{v}_B \neq \vec{v}_C$. Isso ocorre porque os vetores representativos dessas velocidades têm direções diferentes.

Dois vetores ou mais são iguais somente quando têm o mesmo módulo, a mesma direção e o mesmo sentido.

O módulo (intensidade) da velocidade vetorial instantânea é sempre igual ao módulo da velocidade escalar instantânea:

$$|\vec{v}| = |v|$$

Exercícios Nível 1

42. Um escoteiro, ao fazer um exercício de marcha com seu pelotão, parte de um ponto **P** e sofre a seguinte sequência de deslocamentos:

I. 600 m para o Norte;
II. 300 m para o Oeste;
III. 200 m para o Sul.

Sabendo que a duração da marcha é de 8 min 20 s e que o escoteiro atinge um ponto **Q**, determine:

a) o módulo do seu deslocamento vetorial de **P** a **Q**;
b) o módulo da velocidade vetorial média e da velocidade escalar média de **P** a **Q**. (Dê sua resposta em m/s.)

Resolução:

a) No esquema a seguir, estão representados os três deslocamentos parciais do escoteiro e também seu deslocamento total, de **P** até **Q**.

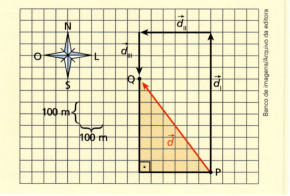

Aplicando o **Teorema de Pitágoras** ao triângulo retângulo destacado, obtemos o módulo do deslocamento vetorial do escoteiro de **P** até **Q**.

$$|\vec{d}|^2 = (300)^2 + (400)^2 \therefore \boxed{|\vec{d}| = 500 \text{ m}}$$

b) O intervalo de tempo gasto pelo escoteiro de **P** até **Q** é $\Delta t = 8$ min 20 s $= 500$ s. Logo:

$$|\vec{v}_m| = \frac{|\vec{d}|}{\Delta t} \Rightarrow |\vec{v}_m| = \frac{500 \text{ m}}{500 \text{ s}}$$

$$\boxed{|\vec{v}_m| = 1{,}0 \text{ m/s}}$$

$$|v_m| = \frac{|\Delta s|}{\Delta t} = \frac{|\vec{d}_I| + |\vec{d}_{II}| + |\vec{d}_{III}|}{\Delta t}$$

$$|v_m| = \frac{600 + 300 + 200}{500}$$

$$\boxed{|v_m| = 2{,}2 \text{ m/s}}$$

43. Três cidades **A**, **B** e **C**, situadas em uma região plana, ocupam os vértices de um triângulo equilátero de 60 km de lado. Um carro viaja de **A** para **C**, passando por **B**. Se o intervalo de tempo gasto no percurso total é de 1 h 12 min, determine, em km/h:

a) o valor absoluto da velocidade escalar média;
b) a intensidade da velocidade vetorial média.

44. Um carro percorreu a trajetória **ABC**, representada na figura, partindo do ponto **A** no instante $t_0 = 0$ e atingindo o ponto **C** no instante $t_1 = 20$ s. Considerando que cada quadrícula da figura tem lado igual a 10 m, determine:

a) o módulo do deslocamento vetorial sofrido pelo carro de **A** até **C**;
b) o módulo das velocidades vetorial média e escalar média no intervalo de t_0 a t_1.

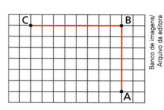

Exercícios Nível 2

45. (Unicamp-SP) A figura abaixo representa um mapa da cidade de Vectoria o qual indica o sentido das mãos do tráfego. Devido ao congestionamento, os veículos trafegam com a velocidade média de 18 km/h. Cada quadra dessa cidade mede 200 m por 200 m (do centro de uma rua ao centro da outra rua). Uma ambulância localizada em **A** precisa pegar um doente localizado bem no meio da quadra em **B**, sem andar na contramão.

a) Qual é o menor intervalo de tempo gasto (em minutos) no percurso de **A** para **B**?
b) Qual é o módulo do vetor velocidade média (em km/h) entre os pontos **A** e **B**?

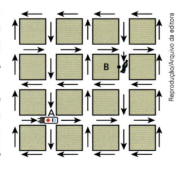

46. (Vunesp) O plano de voo de um avião comercial prevê os seguintes trechos: do aeroporto **A** ao aeroporto **B**, 1 100 km para o norte, em 1,5 h; escala de 30 min em B; do aeroporto **B** ao aeroporto **C**, 800 km para o oeste, em 1,0 h; escala de 30 min em **C**; do aeroporto **C** ao aeroporto **D**, 500 km para o sul, em 30 min. O módulo da velocidade vetorial média, de **A** até **D**, desenvolvida por esse avião, em km/h, terá sido de

a) 250.   d) 400.
b) 300.   e) 450.
c) 350.

47. Uma embarcação carregada com suprimentos zarpa de um porto **O** na costa às 7 h para fazer entregas em três pequenas ilhas, **A**, **B** e **C**, posicionadas conforme representa o esquema.

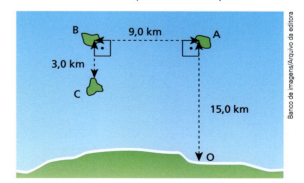

A embarcação atraca na ilha **C** às 13 h do mesmo dia. Calcule para o percurso total de **O** até **C**:

a) a velocidade escalar média;
b) a velocidade vetorial média.

48. Uma partícula parte do ponto **A** da trajetória **ABC**, esquematizada abaixo, no instante $t_0 = 0$, atinge o ponto **B** no instante $t_1 = 3{,}0$ s e para no ponto **C** no instante $t_2 = 5{,}0$ s. A variação de sua velocidade escalar pode ser observada no gráfico abaixo:

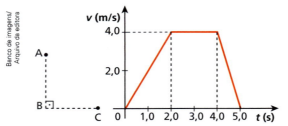

Considerando o intervalo de 0 a 5,0 s, calcule para a partícula:
a) o valor absoluto da velocidade escalar média;
b) a intensidade da velocidade vetorial média.

49. Considere uma partícula que percorre um quarto de circunferência de 2,0 m de raio em 10 s. Adotando $\sqrt{2} \cong 1{,}4$ e $\pi \cong 3{,}0$, determine:
a) o módulo da velocidade escalar média da partícula;
b) a intensidade da sua velocidade vetorial média.

Resolução:
Na figura abaixo, estão indicados o deslocamento escalar (Δs) e o deslocamento vetorial ($\vec{d}$) da partícula:

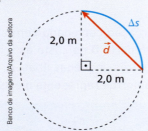

$$|\Delta s| = \frac{2\pi R}{4} = \frac{2 \cdot 3{,}0 \cdot 2{,}0}{4}$$

$$\boxed{|\Delta s| = 3{,}0 \text{ m}}$$

$$|\vec{d}| = \sqrt{(2{,}0)^2 + (2{,}0)^2} = 2{,}0\sqrt{2}$$

$$|\vec{d}| = 2{,}0 \cdot 1{,}4 \therefore \boxed{|\vec{d}| = 2{,}8 \text{ m}}$$

a) O módulo da velocidade escalar média é dado por:

$$|v_m| = \frac{|\Delta s|}{\Delta t} = \frac{3{,}0}{10} \therefore \boxed{|v_m| = 0{,}30 \text{ m/s}}$$

b) A intensidade da velocidade vetorial média é dada por:

$$|\vec{v}_m| = \frac{|\vec{d}|}{\Delta t} = \frac{2{,}8}{10} \therefore \boxed{|\vec{v}_m| = 0{,}28 \text{ m/s}}$$

Observe, nesse caso, que $|\vec{v}_m| < |v_m|$.

50. Um ciclista percorre a metade de uma pista circular de 60 m de raio em 15 s. Adotando $\pi \cong 3{,}0$, calcule para esse ciclista:
a) o módulo da velocidade escalar média;
b) a intensidade da velocidade vetorial média.

51. Considere o esquema seguinte, em que o trecho curvo corresponde a uma semicircunferência de raio R.

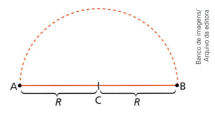

Duas partículas, **X** e **Y**, partem simultaneamente do ponto **A** rumo ao ponto **B**. A partícula **X** percorre o trecho curvo, enquanto a partícula **Y** segue pelo diâmetro **AB**. Sabendo que as partículas atingem o ponto **B** no mesmo instante, calcule:
a) a relação entre os módulos das velocidades escalares médias de **X** e **Y**;
b) a relação entre as intensidades das velocidades vetoriais médias de **X** e **Y**.

52. Analise as proposições a seguir:
(01) A velocidade vetorial média entre dois pontos de uma trajetória tem sempre a mesma direção e o mesmo sentido do deslocamento vetorial entre esses pontos.
(02) A velocidade vetorial é, em cada instante, tangente à trajetória e orientada no sentido do movimento.
(04) Nos movimentos uniformes, a velocidade vetorial é constante.
(08) Nos movimentos retilíneos, a velocidade vetorial é constante.
(16) A velocidade vetorial de uma partícula só é constante nas situações de repouso e de movimento retilíneo e uniforme.

Dê como resposta a soma dos números associados às proposições corretas.

53. Dois aviões de combate, **A** e **B**, em movimento num mesmo plano vertical, apresentam-se em determinado instante, conforme ilustra a figura, com velocidades vetoriais $\vec{v}_A$ e $\vec{v}_B$ de intensidades respectivamente iguais a 1000 km/h.

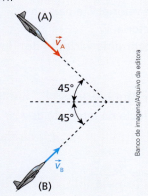

Adotando $\sqrt{2} \cong 1{,}41$, determine as características da velocidade vetorial $\vec{v}_R$ do avião **B** em relação ao avião **A** no instante considerado.

Resolução:

Do ponto de vista vetorial, a velocidade de uma partícula 1 em relação a outra partícula 2 é $\vec{v}_{rel_{1,2}}$, dada pela subtração:

$$\vec{v}_{rel_{1,2}} = \vec{v}_1 - \vec{v}_2$$

em que $\vec{v}_1$ e $\vec{v}_2$ são as velocidades vetoriais de 1 e 2 em relação ao solo.

Assim, a velocidade $\vec{v}_R$ do avião **B** em relação ao avião **A** fica determinada por:

$\vec{v}_R = \vec{v}_B - \vec{v}_A \Rightarrow \vec{v}_R = \vec{v}_B + (-\vec{v}_A)$

Graficamente:

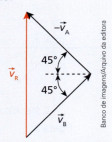

$\vec{v}_R$ é **vertical** e **dirigida para cima** e sua intensidade pode ser obtida pelo **Teorema de Pitágoras**:

$|\vec{v}_R|^2 = |\vec{v}_A|^2 + |\vec{v}_B|^2 \Rightarrow |\vec{v}_R|^2 = (1000)^2 + (1000)^2$

$|\vec{v}_R| = 1000\sqrt{2} \therefore \boxed{|\vec{v}_R| = 1410 \text{ km/h}}$

54. Considere um carro **A** dirigindo-se para o Norte, com velocidade $\vec{v}_A$ de intensidade igual a 45 km/h, e um carro **B** dirigindo-se para o Leste, com velocidade $\vec{v}_B$ de intensidade igual a 60 km/h, conforme representa a figura abaixo.

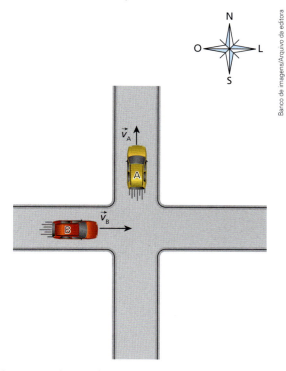

Aponte a alternativa que melhor traduz as características da velocidade $\vec{v}_{B,A}$ do carro **B** em relação ao carro **A**:

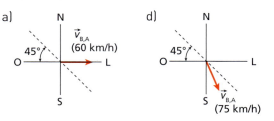

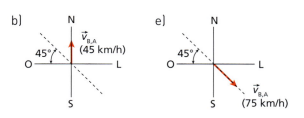

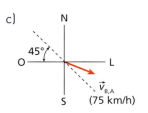

Bloco 4

11. Aceleração vetorial média

Considere agora uma partícula que, percorrendo uma trajetória como a esquematizada na figura ao lado, passa pela posição **P₁** no instante t_1 com velocidade vetorial $\vec{v}_1$ e pela posição **P₂** no instante t_2 com velocidade vetorial $\vec{v}_2$.

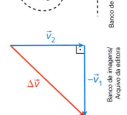

De **P₁** para **P₂**, a partícula experimenta uma variação de velocidade vetorial $\Delta\vec{v}$, dada por:

$$\Delta\vec{v} = \vec{v}_2 - \vec{v}_1$$

Graficamente, está representada na figura ao lado.

A aceleração vetorial média da partícula no intervalo de t_1 a t_2 é definida por:

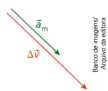

$$\vec{a}_m = \frac{\Delta\vec{v}}{\Delta t} = \frac{\vec{v}_2 - \vec{v}_1}{t_2 - t_1}$$

Como Δt é um escalar positivo, a aceleração vetorial média ($\vec{a}_m$) tem sempre a mesma direção e o mesmo sentido que a variação da velocidade vetorial ($\Delta\vec{v}$).

12. Aceleração vetorial (instantânea)

Em muitos casos simplesmente denominada aceleração vetorial, a aceleração vetorial instantânea é definida por:

$$\vec{a} = \lim_{\Delta t \to 0} \frac{\Delta\vec{v}}{\Delta t} = \lim_{\Delta t \to 0} \vec{a}_m$$

Admita que, ao percorrer a trajetória esboçada na figura 1 a seguir, uma partícula tenha no ponto **P** uma aceleração vetorial $\vec{a}$. As retas **t** e **n** são, respectivamente, **tangente** e **normal** à trajetória no ponto **P**.

Decompondo $\vec{a}$ segundo as retas **t** e **n**, obtemos, respectivamente, as componentes $\vec{a}_t$ (**tangencial**) e $\vec{a}_n$ (**normal**) (figura 2).

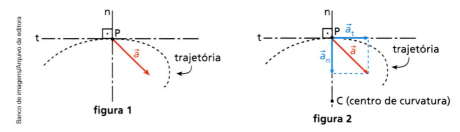

figura 1   figura 2

A componente normal de $\vec{a}$ ($\vec{a}_n$), pelo fato de estar dirigida para o centro de curvatura da trajetória em cada instante, recebe também o nome de **componente centrípeta**. Preferiremos esta última denominação e adotaremos o símbolo $\vec{a}_{cp}$.

Relacionando vetorialmente $\vec{a}$, $\vec{a}_t$ e $\vec{a}_{cp}$, temos:

$$\vec{a} = \vec{a}_t + \vec{a}_{cp}$$

Aplicando o **Teorema de Pitágoras** e considerando a o módulo de $\vec{a}$, a_t o módulo de $\vec{a}_t$ e a_{cp} o módulo de $\vec{a}_{cp}$, podemos escrever que:

$$a^2 = a_t^2 + a_{cp}^2$$

Por ter a direção do raio de curvatura da trajetória em cada ponto, a aceleração centrípeta também é denominada **aceleração radial**.

Componente tangencial ou aceleração tangencial ($\vec{a}_t$)

A **aceleração tangencial** está relacionada com as **variações de intensidade** da velocidade vetorial.

- Nos **movimentos variados**, isto é, naqueles em que a intensidade da velocidade vetorial é variável (movimentos acelerados ou retardados), **a aceleração tangencial é não nula**.
- Nos **movimentos uniformes**, isto é, naqueles em que a intensidade da velocidade vetorial é constante, **a aceleração tangencial é nula**.

Pode-se verificar que o módulo da aceleração tangencial é igual ao módulo da aceleração escalar.

$$|\vec{a}_t| = |\alpha|$$

A direção da aceleração tangencial é sempre a mesma da tangente à trajetória no ponto considerado, e seu sentido depende de o movimento ser acelerado ou retardado.

Nos **movimentos acelerados**, $\vec{a}_t$ tem o **mesmo sentido** da velocidade vetorial; no entanto, nos **movimentos retardados**, $\vec{a}_t$ tem **sentido oposto** ao da velocidade vetorial, conforme representam as figuras abaixo.

Representação esquemática de movimento acelerado.

Representação esquemática de movimento retardado.

Componente centrípeta ou aceleração centrípeta ($\vec{a}_{cp}$)

A **aceleração centrípeta** está relacionada com as **variações de direção** da velocidade vetorial.

- Nos **movimentos curvilíneos**, isto é, naqueles em que a direção da velocidade vetorial é variável, **a aceleração centrípeta é não nula**.
- Nos **movimentos retilíneos**, isto é, naqueles em que a direção da velocidade vetorial é constante, **a aceleração centrípeta é nula**.

Pode-se demonstrar (veja boxe na página 156) que o módulo da aceleração centrípeta é calculado por:

$$|\vec{a}_{cp}| = \frac{v^2}{R}$$

em que v é a velocidade escalar instantânea e R é o raio de curvatura da trajetória.

A direção da aceleração centrípeta ($\vec{a}_{cp}$) é sempre normal à trajetória e o sentido é sempre para o centro de curvatura.

Note que a aceleração centrípeta ($\vec{a}_{cp}$) e a velocidade vetorial ($\vec{v}$) são perpendiculares entre si. Isso se justifica pois, enquanto $\vec{a}_{cp}$ é normal à trajetória, $\vec{v}$ é tangencial.

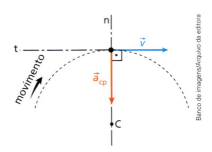

Ampliando o olhar

Demonstrações de $a_{cp} = \dfrac{v^2}{R}$

Tratamento vetorial

Na figura 1, uma partícula realiza movimento circular e uniforme ao longo de uma circunferência de raio R. Sua velocidade vetorial tem intensidade v, sendo representada pelo vetor $\vec{v}_A$ no ponto **A** e pelo vetor $\vec{v}_B$ no ponto **B**.

Sendo Δt o intervalo de tempo gasto no percurso de **A** até **B**, o módulo da aceleração vetorial média da partícula fica determinado por:

$$|\vec{a}_m| = \frac{|\Delta \vec{v}|}{\Delta t} \quad \text{(I)}$$

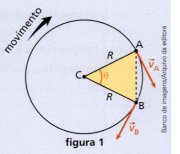

figura 1

A variação de velocidade vetorial $\Delta \vec{v} = \vec{v}_B - \vec{v}_A$ está representada na figura 2.

Observando-se na figura 2 que o ângulo formado entre $\vec{v}_A$ e $\vec{v}_B$ é igual ao ângulo formado entre os raios da circunferência nos pontos **A** e **B** da figura 1 (ângulos de lados perpendiculares têm medidas iguais), pode-se concluir que os triângulos destacados nas duas figuras são semelhantes; logo:

$$\frac{|\Delta \vec{v}|}{\overline{AB}} = \frac{|\vec{v}_A|}{R}$$

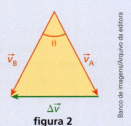

figura 2

Admitindo-se Δt muito pequeno, a medida do segmento $\overline{AB}$ fica praticamente igual à do arco $\widehat{AB}$. Observando-se que $\overline{AB} \cong \widehat{AB} = v\Delta t$ e que $|\vec{v}_A| = v$, tem-se:

$$\frac{|\Delta \vec{v}|}{v \Delta t} = \frac{v}{R} \Rightarrow \frac{|\Delta \vec{v}|}{\Delta t} = \frac{v^2}{R} \quad \text{(II)}$$

Comparando as equações (I) e (II), vem:

$$|\vec{a}_m| = \frac{v^2}{R}$$

Para intervalos de tempo tendentes a zero, no entanto, a aceleração vetorial média assume caráter instantâneo, com direção radial e orientação para o centro da trajetória da mesma forma que $\Delta \vec{v}$, o que justifica a denominação **aceleração centrípeta (a_{cp})**. Finalmente:

$$\boxed{a_{cp} = \frac{v^2}{R}}$$

Tratamento escalar

Na figura 3, uma partícula percorre uma circunferência de raio R com velocidade escalar constante igual a v (movimento circular e uniforme).

Para intervalos de tempo tendentes a zero, o movimento descrito pela partícula pode ser assimilado a uma sucessão de pares de movimentos elementares: um uniforme na direção tangencial e outro uniformemente acelerado na direção radial. Em cada movimento tangencial, a partícula percorre uma distância $\Delta s_1 = vt$, e em cada movimento radial ela percorre, a partir do repouso, uma distância $\Delta s_2 = \dfrac{\alpha t^2}{2}$, em que α traduz a aceleração escalar nessa direção.

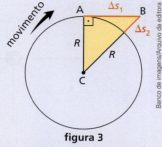

figura 3

Aplicando-se o **Teorema de Pitágoras** ao triângulo **ABC** destacado na figura, em que aparecem as distâncias Δs_1 e Δs_2 com dimensões exageradas para melhor visualização, vem:

$$(R + \Delta s_2)^2 = (\Delta s_1)^2 + R^2 \Rightarrow R^2 + 2R\Delta s_2 + (\Delta s_2)^2 = (\Delta s_1)^2 + R^2 \Rightarrow 2R\Delta s_2 + (\Delta s_2)^2 = (\Delta s_1)^2$$

Para pequenos intervalos de tempo:

$$\Delta s_2 \ll R \Rightarrow (\Delta s_2)^2 \ll R\,\Delta s_2$$

Logo, na soma $2R\Delta s_2 + (\Delta s_2)^2$, pode-se desprezar a parcela $(\Delta s_2)^2$, já que seu valor é muito menor que o da parcela $2R\Delta s_2$. Assim:

$$2R\Delta s_2 \cong (\Delta s_1)^2 \Rightarrow 2R\dfrac{\alpha}{2}t^2 = (vt)^2$$

$$R\alpha t^2 = v^2 t^2 \Rightarrow a = \dfrac{v^2}{R}$$

Como a aceleração calculada ocorre na direção radial e no sentido do centro da trajetória, trata-se de uma **aceleração centrípeta** (a_{cp}). Finalmente:

$$\boxed{a_{cp} = \dfrac{v^2}{R}}$$

▰ Christian Huygens (1629-1695), físico e astrônomo holandês (aqui em gravura de Gerard Edelinck baseada em pintura de Caspar Netscher, 1655; Bibliothèque Nationale, Paris), elucidou alguns fenômenos luminosos, atribuindo à luz caráter ondulatório. Isso conflitou com as teorias de Newton, que tratavam a luz como um conjunto de partículas. Huygens, ao construir telescópios sofisticados para a sua época, descobriu a lua Titã de Saturno e explicou a natureza dos anéis que circundam esse planeta. A Huygens credita-se a importante equação da aceleração centrípeta: $a_{cp} = \dfrac{v^2}{R}$.

Exercícios — Nível 1

55. Se a aceleração vetorial de uma partícula é constantemente nula, suas componentes tangencial e centrípeta também o são. A respeito de um possível movimento executado por essa partícula, podemos afirmar que ele pode ser:
a) acelerado ou retardado, em trajetória retilínea.
b) uniforme, em trajetória qualquer.
c) apenas acelerado, em trajetória curva.
d) apenas uniforme, em trajetória retilínea.
e) acelerado, retardado ou uniforme, em trajetória curva.

56. Uma partícula movimenta-se ao longo de uma trajetória circular com velocidade escalar constante. A figura a seguir representa a partícula no instante em que passa pelo ponto **P**:

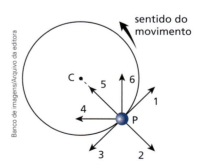

As setas que representam a velocidade vetorial e a aceleração vetorial da partícula em **P** são, respectivamente:
a) 1 e 2.
b) 3 e 5.
c) 1 e 4.
d) 3 e 6.
e) 1 e 5.

57. A figura a seguir representa um instante do movimento curvilíneo e acelerado de uma partícula:

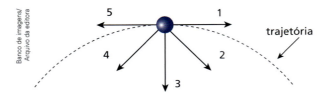

Se o movimento ocorre da esquerda para a direita, os vetores que melhor representam a velocidade vetorial e a aceleração vetorial da partícula no instante considerado, e nessa ordem, são:

a) 1 e 2.
b) 5 e 3.
c) 1 e 4.
d) 5 e 4.
e) 1 e 1.

58. Admita que o piloto inglês Lewis Hamilton entre em uma curva freando seu carro de Fórmula 1. Seja $\vec{v}$ a velocidade vetorial do carro em determinado ponto da curva e $\vec{a}$ a respectiva aceleração. A alternativa que propõe a melhor configuração para $\vec{v}$ e $\vec{a}$ é:

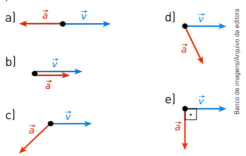

59. Um piloto consegue manter seu *kart* em movimento uniforme numa pista circular de raio 50 m. Sabendo que a velocidade escalar do *kart* é igual a 20 m/s, determine a intensidade da sua aceleração vetorial.

Resolução:

O movimento do *kart* é circular e uniforme, o que torna sua aceleração vetorial **centrípeta**.
Sendo v = 20 m/s e R = 50 m, a intensidade da aceleração centrípeta (a_{cp}) fica determinada por:

$$a_{cp} = \frac{v^2}{R} \Rightarrow a_{cp} = \frac{(20)^2}{50}$$

$$\boxed{a_{cp} = 8{,}0 \text{ m/s}^2}$$

60. (IJSO) Uma atleta decide fazer um pequeno teste de velocidade, primeiramente em linha reta e depois em movimento circular. Durante o percurso em linha reta, sua velocidade obedece o gráfico conforme exibido na figura a seguir.

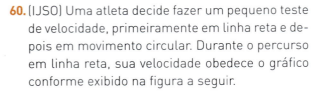

a) Encontre a aceleração instantânea da atleta nos pontos **A**, **B** e **C**.
b) Calcule a distância que ela percorre nos dois primeiros segundos da corrida.
c) O percurso circular começa no instante t = 4 s, com a velocidade indicada pelo gráfico da figura acima. A força de atrito limitante entre o tênis e o solo não permite que a atleta tenha uma aceleração centrípeta maior do que 3,0 ms^{-2}. Calcule o raio mínimo de seu percurso circular. Considere uma velocidade constante ao longo de todo o percurso.

61. Um móvel executa um movimento com velocidade escalar constante ao longo de uma trajetória plana, composta de trechos retilíneos e trechos em arcos de circunferências, conforme indica a figura a seguir. Os raios de curvatura nos pontos **A**, **C**, **D** e **E** estão indicados na ilustração:

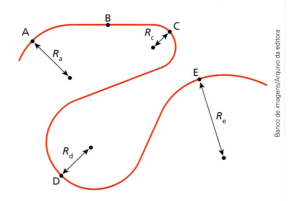

R_a = 2,50 m R_d = 1,70 m
R_c = 1,20 m R_e = 3,50 m

Pode-se afirmar corretamente que o valor máximo da aceleração vetorial ocorreu quando o móvel passava nas proximidades do ponto:

a) **A**.   b) **B**.   c) **C**.   d) **D**.   e) **E**.

Exercícios Nível 2

62. Um carrinho percorre a trajetória representada na figura, passando pelo ponto **P₁** no instante t₁ = 5,0 s, com velocidade vetorial $\vec{v}_1$, e pelo ponto **P₂** no instante t₂ = 10 s, com velocidade vetorial $\vec{v}_2$. As retas **r** e **s** são perpendiculares entre si.

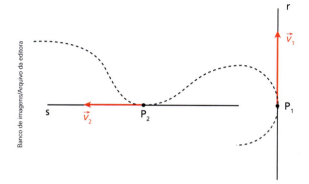

Sabendo que $|\vec{v}_1|$ = 15 m/s e que $|\vec{v}_2|$ = 20 m/s, calcule para o percurso de **P₁** a **P₂** o módulo dos seguintes vetores:
a) variação de velocidade vetorial;
b) aceleração vetorial média.

63. O carrinho esquematizado na figura a seguir percorre a trajetória circular da esquerda para a direita. I, II, III, IV e V são vetores que podem estar associados ao movimento. Indique, justificando, que vetores representam melhor a velocidade e a aceleração do carrinho nos seguintes casos:

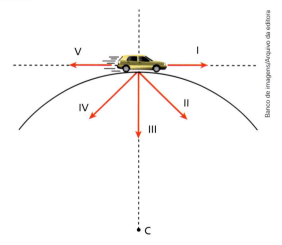

a) o movimento é acelerado;
b) o movimento é retardado;
c) o movimento é uniforme.

64. O gráfico abaixo representa o módulo da velocidade (v) de um automóvel em função do tempo (t) quando ele percorre um trecho circular de uma rodovia.

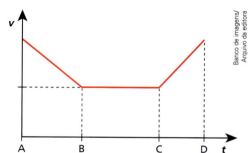

Em relação a esse movimento, podemos afirmar que:
a) entre **A** e **B**, a aceleração tangencial tem o mesmo sentido da velocidade.
b) entre **B** e **C**, a aceleração tangencial é nula.
c) entre **B** e **C**, a aceleração centrípeta é nula.
d) entre **C** e **D**, a aceleração centrípeta é nula.
e) entre **C** e **D**, a aceleração tangencial tem sentido oposto ao da velocidade.

65. Admita que a trajetória da Terra em torno do Sol seja uma circunferência de raio R = 1,5 · 10¹¹ m e que o ano terrestre tenha duração T = 3,1 · 10⁷ s. Considerando uniforme o movimento de translação da Terra em torno do Sol e adotando π ≅ 3,1, determine:
a) o módulo da velocidade vetorial do planeta em km/s;
b) a intensidade da sua aceleração vetorial em m/s².

66. A extremidade de uma das pás de um ventilador descreve uma circunferência de raio 0,50 m, com aceleração escalar de módulo 1,5 m/s². No instante em que a velocidade vetorial dessa extremidade tiver módulo igual a 1,0 m/s, calcule a intensidade de sua aceleração vetorial.

67. Uma partícula percorre uma trajetória circular de 6,0 m de diâmetro, obedecendo à função:
$$v = 1,0 + 4,0\,t$$
com v em m/s e t em s. Para o instante t = 0,50 s, determine:
a) a intensidade da velocidade vetorial;
b) a intensidade da aceleração vetorial.

68. Uma partícula descreve uma circunferência de 12 m de raio com aceleração escalar constante e igual a 4,0 m/s². Determine a intensidade da aceleração vetorial da partícula no instante em que sua velocidade for de 6,0 m/s.

Resolução:

A aceleração tangencial tem intensidade igual ao módulo da aceleração escalar:
$$|\vec{a}_t| = |\alpha| = 4,0 \text{ m/s}^2$$

A aceleração centrípeta tem intensidade dada por:
$$|\vec{a}_{cp}| = \frac{|v^2|}{R} = \frac{(6,0)^2}{12} \therefore a_{cp} = 3,0 \text{ m/s}^2$$

A aceleração vetorial tem intensidade calculada pelo Teorema de Pitágoras:

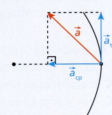

$$|\vec{a}| = \sqrt{(|\vec{a}_t|)^2 + (|\vec{a}_{cp}|)^2}$$
$$|\vec{a}| = \sqrt{(4,0)^2 + (3,0)^2}$$
$$\boxed{|\vec{a}| = 5,0 \text{ m/s}^2}$$

69. Uma partícula percorre uma circunferência de 1,5 m de raio no sentido horário, como está representado na figura. No instante t_0, a velocidade vetorial da partícula é $\vec{v}$ e a aceleração vetorial é $\vec{a}$.

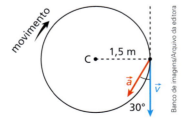

Sabendo que $|\vec{v}| = 3,0$ m/s:
a) calcule $|\vec{a}|$;
b) diga se no instante t_0 o movimento é **acelerado** ou **retardado**. Justifique sua resposta.

70. (GAVE) A figura seguinte representa um automóvel que percorre um trecho circular de uma estrada situada num plano horizontal.

O automóvel entra na curva com uma velocidade de módulo 8,0 m/s. No percurso considerado, o módulo da velocidade do automóvel aumenta 2,0 m/s em cada segundo (aceleração escalar constante).

Em qual dos esquemas seguintes se encontram corretamente representadas as componentes tangencial, $\vec{a}_t$, e normal, $\vec{a}_n$, da aceleração do automóvel, nas posições assinaladas?

a)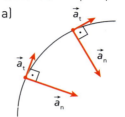

b)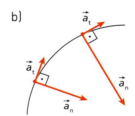

c)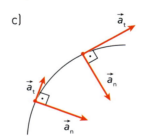

d)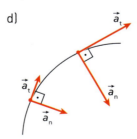

e)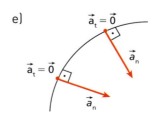

Bloco 5

13. Velocidade relativa, de arrastamento e resultante

Consideremos um barco navegando em um rio, conforme ilustra a figura ao lado. Sejam $\vec{v}_{rel}$ a velocidade do barco em relação às águas e $\vec{v}_{arr}$ a velocidade das águas em relação às margens.

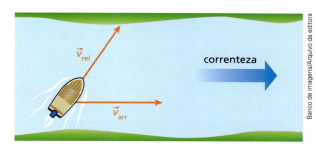

O barco tem, portanto, dois movimentos parciais: o **movimento relativo**, provocado pelo motor em relação às águas, com velocidade $\vec{v}_{rel}$, e o **movimento de arrastamento**, provocado pela correnteza, com velocidade $\vec{v}_{arr}$.

Fazendo a composição desses movimentos, o barco apresentará em relação às margens um **movimento resultante** com velocidade $\vec{v}_{res}$, que é dada pela soma vetorial de $\vec{v}_{rel}$ com $\vec{v}_{arr}$.

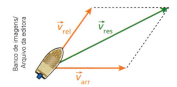

$$\vec{v}_{res} = \vec{v}_{rel} + \vec{v}_{arr}$$

Note que o movimento provocado pelo motor do barco (movimento relativo) é o que a embarcação teria em relação às margens se no rio não houvesse correnteza (se as águas estivessem em repouso).

Casos particulares notáveis

Simbolizando por v_{res}, v_{rel} e v_{arr} os módulos de $\vec{v}_{res}$, $\vec{v}_{rel}$ e $\vec{v}_{arr}$, respectivamente, temos:

I. O barco "desce o rio" (navega a favor da correnteza).

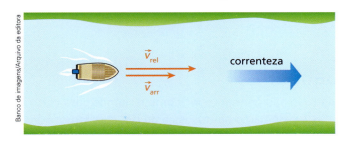

$$v_{res} = v_{rel} + v_{arr}$$

II. O barco "sobe o rio" (navega contra a correnteza).

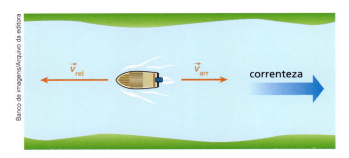

$$v_{res} = v_{rel} - v_{arr}$$

JÁ PENSOU NISTO?

Uma situação intrigante!

Imagine que uma nadadora esteja descendo um rio sob a ação exclusiva da correnteza, arrastada pela água com velocidade constante de intensidade v_{arr}, medida em relação às margens. Suponha que sua posição seja equidistante (distância D) de duas boias iguais, **B₁** e **B₂**, que também descem o rio sob a ação exclusiva da água. Veja a ilustração ao lado.

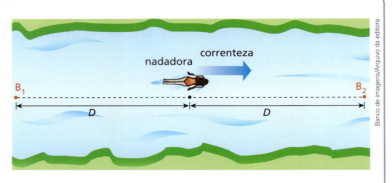

Ela resolve, então, agarrar uma das boias e, para isso, coloca-se a nadar em linha reta rumo a uma delas com velocidade constante de intensidade v_{rel}, medida em relação à água. Qual das duas boias a nadadora conseguiria atingir no menor intervalo de tempo, **B₁** ou **B₂**? Pense um pouco.

Se você optou por **B₁** ou por **B₂**, você errou, já que qualquer uma das boias poderia ser alcançada em um mesmo intervalo de tempo de duração T!

A explicação para esse fato é a seguinte: como a água afeta igualmente o movimento da nadadora e das boias, impondo aos três a velocidade própria da correnteza (v_{arr}), podemos raciocinar como se esse arrastamento não existisse. Logo, tudo se passa como se a água e as boias estivessem em repouso e só a nadadora se movimentasse! Isso significa que as duas boias poderiam ser alcançadas em intervalos de tempo de igual duração, já que a nadadora se desloca em movimento uniforme a partir de uma posição equidistante de ambas.

O valor de T fica determinado por:

$$v_{rel} = \frac{D}{T} \Rightarrow \boxed{T = \frac{D}{v_{rel}}}$$

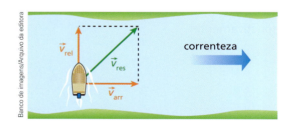

III. O barco é dirigido perpendicularmente à correnteza.

Teorema de Pitágoras:

$$v_{res}^2 = v_{rel}^2 + v_{arr}^2$$

14. Princípio de Galileu

Analisando a situação ilustrada na figura anterior, como faríamos para calcular o intervalo de tempo Δt gasto pelo barco na travessia do rio, cuja largura admitiremos igual a L?

Consideramos no cálculo apenas o movimento relativo do barco, independentemente do movimento de arrastamento imposto pela água, pois a componente da velocidade associada à travessia é, nesse caso, exclusivamente $\vec{v}_{rel}$. A componente $\vec{v}_{arr}$ está relacionada com o deslocamento do barco rio abaixo, não tendo nenhuma relação com a travessia propriamente dita.

Assim, o cálculo do intervalo de tempo Δt é feito por:

$$v_{rel} = \frac{L}{\Delta t} \Rightarrow \boxed{\Delta t = \frac{L}{v_{rel}}}$$

Estudando situações análogas à descrita, o cientista italiano **Galileu** Galilei (1564-1642) enunciou que:

> Se um corpo apresenta um **movimento composto**, cada um dos movimentos componentes se realiza como se os demais não existissem. Consequentemente, o intervalo de tempo de duração do movimento relativo é **independente** do movimento de arrastamento.

Visando reforçar o conceito de que o movimento relativo é independente do movimento de arrastamento, vamos estudar um exemplo em que uma locomotiva de brinquedo se deslocará com velocidade constante sobre trilhos retilíneos, montados em cima de uma mesa horizontal forrada com uma toalha, indo da extremidade **A** à extremidade **B**.

Para tanto, considere duas situações:

I. A locomotiva irá de **A** até **B** com velocidade $\vec{v}_{rel}$ em relação à toalha, que será mantida em repouso em relação à mesa.

II. A locomotiva irá de **A** até **B** com velocidade $\vec{v}_{rel}$ em relação à toalha e esta, por sua vez, será puxada com velocidade $\vec{v}_{arr}$ em relação à mesa. Neste ato, despreze qualquer abalo na locomotiva.

situação I situação II

Nas duas situações, o intervalo de tempo Δt gasto pela locomotiva na travessia da mesa, da extremidade **A** à extremidade **B** do trilho, será o mesmo, independentemente do movimento de arrastamento imposto pela toalha na situação II.

Sendo L a distância de **A** até **B**, o intervalo de tempo Δt fica determinado nos dois casos por:

$$v_{rel} = \frac{L}{\Delta t} \Rightarrow \boxed{\Delta t = \frac{L}{v_{rel}}}$$

Ampliando o olhar

Aeronaves em voo sob a ação de ventos

Os aviões modernos dispõem de um grande número de equipamentos que auxiliam na pilotagem, além de computadores e sistemas de segurança, o que lhes permite voar praticamente sozinhos, com mínima ingerência da tripulação. A cabine de comando, em alguns casos, mais parece um ambiente multimídia repleto de *joysticks* e *videogames*.

Apesar de todos esses dispositivos, condições meteorológicas adversas podem surgir durante um voo, exigindo eficiência de todos esses aparelhos e perícia do comandante.

Suponha que logo após uma decolagem a cabine de comando de um grande avião de passageiros receba a informação de que um forte vento com velocidade de arrastamento ($\vec{v}_{arr}$) com intensidade constante igual a 72 km/h soprará horizontalmente durante toda a viagem no sentido de oeste para leste.

Admita que a velocidade do avião em relação ao ar sem vento ($\vec{v}_{rel}$) tenha intensidade constante de 650 km/h e que o voo tenha sido planejado para ocorrer horizontalmente no sentido de sul para norte ao longo de 1 292 km.

Para seguir a rota planejada, o piloto deverá aproar o avião entre noroeste e norte de modo que a velocidade resultante da aeronave, medida em relação ao solo, seja horizontal com sentido de sul para norte.

Isso significa que a equipe de comando terá que providenciar uma composição entre movimento relativo da aeronave e o movimento de arrastamento imposto pelo vento.

Veja o esquema ao lado.

// Decolagem para voo em linha reta com intenso vento lateral.

A partir da situação proposta, desprezando-se os intervalos de tempo gastos no taxiamento em solo, decolagem e pouso, como seria feito o cálculo da duração total do voo?

(I) Aplicando-se o Teorema de Pitágoras, deve-se calcular de início a intensidade da velocidade resultante ($\vec{v}_R$) do avião.

$$v_{rel}^2 = v_R^2 + v_{arr}^2 \Rightarrow (650)^2 = v_R^2 + (72)^2$$

Da qual:

$$\boxed{v_R = 646 \text{ km/h}}$$

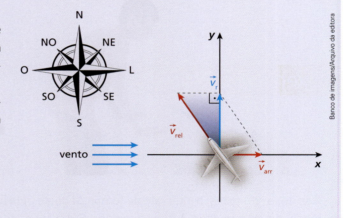

(II) Agora, tendo-se em conta que o movimento resultante é uniforme, calcula-se a duração total do voo.

$$v_R = \frac{\Delta s}{\Delta t} \Rightarrow 646 = \frac{1292}{\Delta t}$$

De onde se obtém:

$$\boxed{\Delta t = 2{,}0 \text{ h}}$$

É importante observar que, conhecidos os lados do triângulo retângulo destacado no esquema (v_{rel}, v_{arr} e v_R), pode-se determinar por meio de funções trigonométricas o valor do ângulo θ entre o eixo da fuselagem do avião e a direção sul-norte. Apresente, pelo menos, duas dessas funções.

Tente responder: se a intensidade da velocidade de arrastamento imposta vento ($\vec{v}_{arr}$) aumentar, o que deverá ocorrer com a intensidade da velocidade do avião em relação ao ar sem vento ($\vec{v}_{rel}$) e com o ângulo θ formado entre essa velocidade e a direção sul-norte para que a velocidade resultante do avião em relação ao solo ($\vec{v}_R$) não se modifique?

JÁ PENSOU NISTO?

Gotas d'água mais velozes que o caminhão?

Nesta fotografia aparecem as rodas de um caminhão de grande porte trafegando em uma pista molhada. As gotas d'água que se desprendem dos pontos mais altos dos pneus têm, em relação ao solo, velocidade equivalente ao dobro da do caminhão. Se o veículo estiver trafegando com velocidade de intensidade 100 km/h, por exemplo, estará lançando gotas d'água a partir dos pontos mais altos dos pneus com velocidade de intensidade 200 km/h. Essas gotas, depois de realizarem trajetórias parabólicas, vão molhar partes do caminhão localizadas à frente das respectivas rodas.

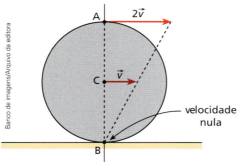

Exercícios — Nível 1

71. Um barco motorizado desce um rio deslocando-se de um porto **A** até um porto **B**, distante 36 km, em 0,90 h. Em seguida, esse mesmo barco sobe o rio deslocando-se do porto **B** até o porto **A** em 1,2 h. Sendo v_B a intensidade da velocidade do barco em relação às águas e v_C a intensidade da velocidade das águas em relação às margens, calcule v_B e v_C.

Resolução:

O barco desce o rio:

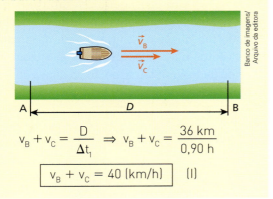

$$v_B + v_C = \frac{D}{\Delta t_1} \Rightarrow v_B + v_C = \frac{36 \text{ km}}{0,90 \text{ h}}$$

$$\boxed{v_B + v_C = 40 \text{ (km/h)}} \quad \text{(I)}$$

O barco sobe o rio:

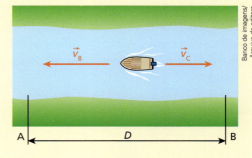

$$v_B - v_C = \frac{D}{\Delta t_2} \Rightarrow v_B - v_C = \frac{36 \text{ km}}{1,2 \text{ h}}$$

$$\boxed{v_B + v_C = 30 \text{ km/h}} \quad \text{(II)}$$

Fazendo (I) + (II), vem:

$$2v_B = 70 \therefore \boxed{v_B = 35 \text{ km/h}}$$

De (I) ou (II), obtemos:

$$\boxed{v_C = 5,0 \text{ km/h}}$$

72. Considere um rio cujas águas correm com velocidade de intensidade 3,0 km/h em relação às margens. Um barco desce esse rio, deslocando-se de um porto **A** até um porto **B** em 1,2 h. Em seguida, esse mesmo barco sobe o rio, deslocando-se do porto **B** até o porto **A** em 1,8 h. Sendo v_B a intensidade da velocidade do barco em relação às águas e **D** a distância entre os portos **A** e **B**, calcule v_B e **D**.

73. Um artista de cinema, ao gravar uma das cenas de um filme de aventura, vai de um extremo ao outro de um vagão de um trem, que se move em trilhos retilíneos com velocidade constante de 36 km/h, gastando 20 s. Sabendo que o vagão tem comprimento de 30 m e que o artista se move no mesmo sentido do movimento do trem, calcule:

a) a intensidade da velocidade do artista em relação ao trem;
b) o intervalo de tempo necessário para que o artista percorra 230 m em relação ao solo.

74. Ao fazer um voo entre duas cidades, um ultraleve é posicionado por seu piloto de Sul para Norte. O motor impulsiona a aeronave com velocidade constante de módulo igual a 100 km/h. Durante o trajeto, passa a soprar um vento de velocidade 100 km/h, de Oeste para Leste. Se o piloto não mudar as condições iniciais do movimento do ultraleve, qual será a nova velocidade desse aparelho em relação à Terra, em módulo, direção e sentido?

Resolução:

A velocidade que o ultraleve passa a ter, em relação à Terra, é dada pela soma vetorial a seguir:

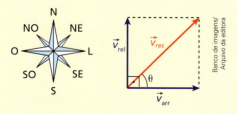

em que:

$\vec{v}_{rel}$ é a velocidade do ultraleve em relação ao ar (100 km/h);

$\vec{v}_{arr}$ é a velocidade do ar em relação à Terra (100 km/h);

$\vec{v}_{res}$ é a velocidade do ultraleve em relação à Terra.

Dessa forma, aplicando o **Teorema de Pitágoras**, temos:

$$v_{res}^2 = v_{rel}^2 + v_{arr}^2$$

$$v_{res}^2 = 100^2 + 100^2 \therefore \boxed{v_{res} \cong 141 \text{ km/h}}$$

O ângulo θ da figura, cujo valor é igual a 45°, já que $v_{rel} = v_{arr}$, define a direção da velocidade $\vec{v}_{res}$. Na rosa dos ventos, notamos que a orientação de $\vec{v}_{res}$ é de Sudoeste (SO) para Nordeste (NE).

75. Uma pessoa deseja atravessar um rio cujas águas correm com velocidade constante de 6,0 m/s em relação às margens. Para tanto, usa um barco provido de motor de popa capaz de impulsionar a embarcação com uma velocidade constante de módulo igual a 8,0 m/s em relação às águas. Se o barco é pilotado perpendicularmente às margens, e mantendo-se o leme nessa direção, sua velocidade em relação à Terra será:

a) 2,0 m/s.   c) 8,0 m/s.   e) 14,0 m/s.
b) 6,0 m/s.   d) 10,0 m/s.

76. (UFMT) Um homem tem velocidade, relativa a uma esteira, de módulo 1,5 m/s e direção perpendicular à da velocidade de arrastamento da esteira. A largura da esteira é de 3,0 m e sua velocidade de arrastamento, em relação ao solo, tem módulo igual a 2,0 m/s. Calcule:

a) o módulo da velocidade da pessoa em relação ao solo;
b) a distância percorrida pela pessoa, em relação ao solo, ao atravessar a esteira.

77. (UPM-SP) Um passageiro em um trem, que se move para sua direita em movimento retilíneo e uniforme, observa a chuva através da janela. Não há ventos e as gotas de chuva já atingiram sua velocidade-limite. O aspecto da chuva observado pelo passageiro é:

a) janela   c) janela   e) janela
b) janela   d) janela

Exercícios Nível 2

78. Luís Eduardo vai da base de uma escada rolante até seu topo e volta do topo até sua base, gastando um intervalo de tempo total de 12 s. A velocidade dos degraus da escada rolante em relação ao solo é de 0,50 m/s e a velocidade de Luís Eduardo em relação aos degraus é de 1,5 m/s. Desprezando o intervalo de tempo gasto pelo garoto na inversão do sentido do seu movimento, calcule o comprimento da escada rolante.

79. Uma balsa percorre o Rio Cuiabá de Porto Cercado a Porto Jofre (Pantanal mato-grossense), gastando 9,0 h na descida e 18 h na subida. O motor da balsa funciona sempre em regime de potência máxima, tal que a velocidade da embarcação em relação às águas pode ser considerada constante. Admitindo que a velocidade das águas também seja constante, responda: quanto tempo uma rolha, lançada na água em Porto Cercado e movida sob a ação exclusiva da correnteza, gastará para chegar até Porto Jofre?

80. Um rio de margens retilíneas e largura constante igual a 5,0 km tem águas que correm paralelamente às margens, com velocidade de intensidade 30 km/h. Um barco, cujo motor lhe imprime velocidade de intensidade sempre igual a 50 km/h em relação às águas, faz a travessia do rio.

a) Qual o mínimo intervalo de tempo possível para que o barco atravesse o rio?

b) Na condição de atravessar o rio no intervalo de tempo mínimo, que distância o barco percorre paralelamente às margens?

c) Qual o intervalo de tempo necessário para que o barco atravesse o rio percorrendo a menor distância possível?

Resolução:

a) A travessia do rio é feita no menor intervalo de tempo possível quando a velocidade do barco em relação às águas é mantida **perpendicular** à velocidade da correnteza.
(O movimento relativo é independente do movimento de arrastamento.)

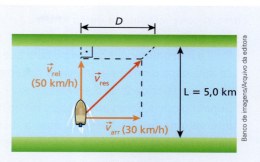

Travessia em tempo mínimo

$$v_{rel} = \frac{L}{\Delta t} \Rightarrow 50 = \frac{5,0}{\Delta t} \Rightarrow \Delta t = \frac{5,0}{50}$$

$$\Delta t = 0,10 \text{ h} = 6,0 \text{ min}$$

b) A distância D que o barco percorre paralelamente às margens, arrastado pelas águas do rio, é calculada por:

$$v_{arr} = \frac{D}{\Delta t} \Rightarrow 30 = \frac{D}{0,10} \Rightarrow D = 30 \cdot 0,10$$

$$D = 3,0 \text{ km}$$

c) A travessia do rio é feita com o barco percorrendo a menor distância possível entre as margens quando sua velocidade em relação ao solo (velocidade resultante) é mantida **perpendicular** à velocidade da correnteza.

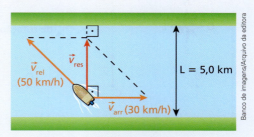

Travessia em distância mínima

I. Pelo **Teorema de Pitágoras**:

$$v_{rel}^2 = v_{res}^2 + v_{arr}^2$$

$$(50)^2 = v_{res}^2 + (30)^2 \therefore \boxed{v_{res} = 40 \text{ km/h}}$$

II. $v_{res} = \dfrac{L}{\Delta t'} \Rightarrow 40 = \dfrac{5,0}{\Delta t'} \Rightarrow \Delta t' = \dfrac{5,0}{40}$

$$\Delta t' = 0,125 \text{ h} = 7,5 \text{ min}$$

81. Um barco provido de um motor que lhe imprime velocidade de 20 km/h em relação às águas é posto a navegar em um rio de margens paralelas e largura igual a 5,0 km, cujas águas correm com velocidade de 15 km/h em relação às margens.
a) Qual o menor intervalo de tempo para que o barco atravesse o rio? Esse intervalo de tempo depende da velocidade da correnteza?
b) Supondo que o barco atravesse o rio no menor intervalo de tempo possível, qual a distância percorrida por ele em relação às margens?

82. Seja $\vec{v}_1$ a velocidade de um barco em relação às águas de um rio de margens paralelas e $\vec{v}_2$ a velocidade das águas em relação às margens. Sabendo que $v_1 = 40$ km/h e que $v_2 = 20$ km/h, determine o ângulo entre $\vec{v}_1$ e $\vec{v}_2$ para que o barco atravesse o rio perpendicularmente às margens. Admita que $\vec{v}_2$ seja paralela às margens.

83. O olho **C** de um furacão desloca-se em linha reta com velocidade de intensidade $v_C = 150$ km/h em relação à Terra na direção Sul-Norte, dirigindo-se para o Norte. A massa de nuvens desse ciclone tropical, contida em um plano horizontal paralelo ao solo, realiza uma rotação uniforme no sentido horário em torno de **C** abrangendo uma região praticamente circular de raio R igual a 100 km, conforme ilustra a figura, em que O_1 e O_2 são dois observadores em repouso em relação à superfície terrestre.

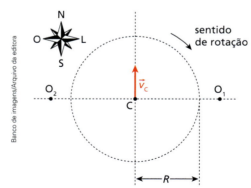

Sabendo que a velocidade angular da massa de nuvens é constante e igual a 0,50 rad/h, responda:
a) Qual a intensidade da velocidade dos ventos medida por O_1?
b) Qual a intensidade da velocidade dos ventos medida por O_2?
c) De que lado (Leste ou Oeste) o furacão tem maior poder de destruição?

84. (Unifei-MG) A cidade de Belo Horizonte (BH) localiza-se a 300 km ao norte da cidade de Volta Redonda. Se um avião sai desta cidade rumo a BH num dia de vento soprando na direção Leste-Oeste, no sentido de Oeste para Leste, com velocidade de módulo 60 km/h, pergunta-se: em que direção o piloto deve aproar o eixo longitudinal do seu avião para manter o rumo Sul-Norte e completar seu percurso em 0,50 h? Considere que o voo ocorre com velocidade constante e utilize a tabela apresentada a seguir:

θ (graus)	5,0	5,7	6,0	6,7	8,0
tg θ	0,09	0,10	0,11	0,12	0,14

85. (Vunesp) Sob a ação de um vento horizontal com velocidade de intensidade v = 15 m/s, gotas de chuva caem formando um ângulo de 30° em relação à vertical. A velocidade de um vento horizontal capaz de fazer com que essas mesmas gotas de chuva caiam formando um ângulo de 60° em relação à vertical deve ter intensidade, em m/s, igual a:
a) 45.
b) 30.
c) 20.
d) 15.
e) 10.

86. Num dia de chuva, um garoto em repouso consegue abrigar-se perfeitamente mantendo a haste do seu guarda-chuva vertical, conforme ilustra a figura 1. Movimentando-se para a direita com velocidade de intensidade 4,0 m/s, entretanto, ele só consegue abrigar-se mantendo a haste do guarda-chuva inclinada 60° com a horizontal, conforme ilustra a figura 2.

figura 1 figura 2

Admitindo que as gotas de chuva tenham movimento uniforme, calcule a intensidade da sua velocidade em relação ao garoto:
a) nas condições da figura 1;
b) nas condições da figura 2.

Resolução:

Sendo $\vec{v}_{rel}$ a velocidade das gotas de chuva em relação ao garoto, $\vec{v}_{res}$ a velocidade do garoto em relação ao solo e $\vec{v}_{res}$ a velocidade das gotas de chuva em relação ao solo, temos:

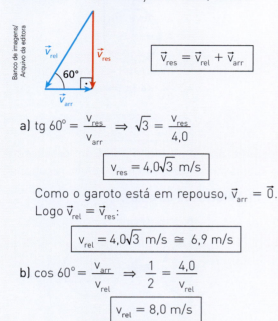

$$\vec{v}_{res} = \vec{v}_{rel} + \vec{v}_{arr}$$

a) $\tg 60° = \dfrac{v_{res}}{v_{arr}} \Rightarrow \sqrt{3} = \dfrac{v_{res}}{4,0}$

$$v_{res} = 4,0\sqrt{3} \text{ m/s}$$

Como o garoto está em repouso, $\vec{v}_{arr} = \vec{0}$. Logo $\vec{v}_{rel} = \vec{v}_{res}$:

$$v_{rel} = 4,0\sqrt{3} \text{ m/s} \cong 6,9 \text{ m/s}$$

b) $\cos 60° = \dfrac{v_{arr}}{v_{rel}} \Rightarrow \dfrac{1}{2} = \dfrac{4,0}{v_{rel}}$

$$v_{rel} = 8,0 \text{ m/s}$$

87. Um trem dotado de janelas laterais retangulares de dimensões 80 cm (base) × 60 cm (altura) viaja ao longo de uma ferrovia retilínea e horizontal com velocidade constante de intensidade 40 km/h. Ao mesmo tempo, cai uma chuva vertical (chuva sem vento), de modo que as gotas apresentam, em relação ao solo, velocidade constante de intensidade v. Sabendo que o trajeto das gotas de chuva observado das janelas laterais do trem tem a direção da diagonal dessas janelas, determine:
a) o valor de v;
b) a intensidade da velocidade das gotas de chuva em relação a um observador no trem.

88. (Fuvest-SP) Um disco **E.R.** rola sobre uma superfície plana, sem deslizar. A velocidade do centro **O** é $\vec{v}_0$. Em relação ao plano de rolagem, responda:
a) qual é a velocidade $\vec{v}_B$ do ponto **B**?
b) qual é a velocidade $\vec{v}_A$ do ponto **A**?

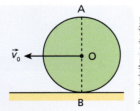

Resolução:

Os pontos **A** e **B** têm **dois movimentos parciais**: o **relativo**, provocado pela **rotação** do disco, e o de **arrastamento**, provocado pela **translação**. O movimento **resultante**, observado do plano de rolagem, é a **composição** desses movimentos parciais.

Como não há deslizamento da roda, a velocidade do ponto **B**, em relação ao plano de rolagem, é **nula**. Por isso, as velocidades desse ponto, devidas aos movimentos relativo e de arrastamento, devem ter mesmo módulo, mesma direção e sentidos opostos, como está representado nas figuras abaixo:

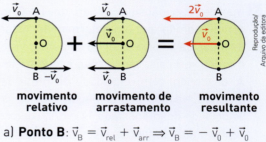

movimento relativo   movimento de arrastamento   movimento resultante

a) **Ponto B**: $\vec{v}_B = \vec{v}_{rel} + \vec{v}_{arr} \Rightarrow \vec{v}_B = -\vec{v}_0 + \vec{v}_0$

$$\vec{v}_B = \vec{0}$$

b) **Ponto A**: $\vec{v}_A = \vec{v}_{rel} + \vec{v}_{arr} \Rightarrow \vec{v}_A = \vec{v}_0 + \vec{v}_0$

$$\vec{v}_A = 2\vec{v}_0$$

Nota:
• Em situações como essa, podemos raciocinar também em termos do **centro instantâneo de rotação** (CIR) que, no caso, é o ponto **B**. Tudo se passa como se **A** e **B** pertencessem a uma "barra rígida", de comprimento igual ao diâmetro do disco, articulada em **B**. Essa barra teria, no instante considerado, velocidade angular ω, de modo que:

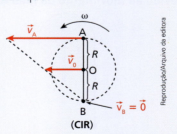
(CIR)

ponto A: $v_A = \omega 2R$
ponto O: $v_0 = \omega R$

$$v_A = 2v_0$$

89. Um carro trafega a 100 km/h sobre uma rodovia retilínea e horizontal. Na figura, está representada uma das rodas do carro, na qual estão destacados três pontos: **A**, **B** e **C**.

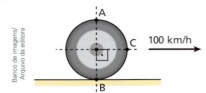

Desprezando derrapagens, calcule as intensidades das velocidades de **A**, **B** e **C** em relação à rodovia. Adote nos cálculos $\sqrt{2} \cong 1{,}4$.

90. Considere uma pessoa que tem entre as palmas de suas mãos um cilindro de eixo **C** horizontal. Admita que em determinado instante as mãos da pessoa estejam dotadas de movimentos verticais, com a mão esquerda (mão **A**) descendo, com velocidade de intensidade 8,0 cm/s, e a mão direita (mão **B**) subindo, com velocidade de intensidade 12 cm/s, conforme representa o esquema.

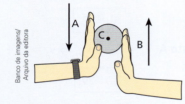

Supondo que não haja escorregamento do cilindro em relação às mãos, determine no instante considerado as características (intensidade, direção e sentido) da velocidade do eixo **C**.

Resolução:

Analisemos os efeitos parciais que cada mão provoca no cilindro.

I. Devido ao movimento da mão A:

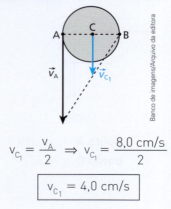

$$v_{C_1} = \frac{v_A}{2} \Rightarrow v_{C_1} = \frac{8{,}0 \text{ cm/s}}{2}$$

$$\boxed{v_{C_1} = 4{,}0 \text{ cm/s}}$$

II. Devido ao movimento da mão B:

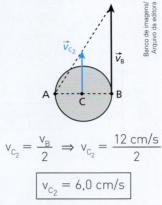

$$v_{C_2} = \frac{v_B}{2} \Rightarrow v_{C_2} = \frac{12 \text{ cm/s}}{2}$$

$$\boxed{v_{C_2} = 6{,}0 \text{ cm/s}}$$

Superpondo os efeitos parciais provocados pelas duas mãos, obtemos o efeito resultante.

III. Velocidade do eixo C:

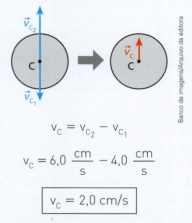

$$v_C = v_{C_2} - v_{C_1}$$

$$v_C = 6{,}0 \; \frac{\text{cm}}{\text{s}} - 4{,}0 \; \frac{\text{cm}}{\text{s}}$$

$$\boxed{v_C = 2{,}0 \text{ cm/s}}$$

($\vec{v}_C$ é vertical e dirigida para cima)

91. (Fuvest-SP) Um cilindro de madeira de 4,0 cm de diâmetro rola sem deslizar entre duas tábuas horizontais móveis, **A** e **B**, como representa a figura. Em determinado instante, a tábua **A** se movimenta para a direita com velocidade de 40 cm/s e o centro do cilindro se move para a esquerda com velocidade de intensidade 10 cm/s. Qual é nesse instante a velocidade da tábua **B** em módulo e sentido?

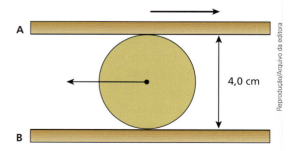

DESCUBRA MAIS

1. Admita que o ponteiro dos minutos e o das horas de um determinado relógio tenham o formato de setas com pontas aguçadas e que suas dimensões lineares estejam na proporção de 4/3, com o ponteiro das horas apresentando um comprimento igual a *L*. Esses ponteiros giram em torno do centro **O** do relógio a partir da situação correspondente ao meio-dia. Se eles caracterizassem dois vetores com origens coincidentes em **O**, passíveis de serem somados vetorialmente, como seria o gráfico do módulo da soma desses vetores em função do ângulo θ, expresso em radianos, formado entre os dois? Esboce o gráfico para, pelo menos, um intervalo de tempo igual a 1 h a partir do horário inicial.

2. Admita que exista uma longa ferrovia retilínea denominada Norte-Sul superposta a um dos meridianos terrestres e que intercepte a Linha do Equador. Um trem-bala trafega regularmente nessa ferrovia com velocidade constante de intensidade igual a 500 km/h em relação ao solo. Considere o movimento de rotação da Terra com período de 24 h e suponha que o planeta seja esférico com raio igual a $6,4 \cdot 10^6$ m. Em relação a um referencial fixo no centro da Terra, qual é a intensidade da velocidade do trem, em km/h, no instante em que ele cruza a Linha do Equador?

3. Se a calota de um carro que se desloca em movimento retilíneo e uniforme se desprender da roda, no instante em que ela tocar o solo, ainda em rotação em um plano perpendicular ao da estrada e deslocando-se no sentido do movimento do carro, seu centro desenvolverá uma velocidade de translação relativa ao solo menor que a do veículo. Por isso, o acessório se distanciará do automóvel, tendendo a se tornar um objeto perdido. Suponha que, no instante em que a calota toca o solo, sua velocidade angular seja igual à velocidade angular de rotação das rodas do carro. Explique por que a calota se distancia do veículo e substancie sua justificativa com expressões matemáticas.

Exercícios — Nível 3

92. Dados os vetores $\vec{a}$ e $\vec{b}$ representados na figura, determine o módulo de:

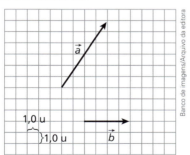

a) $\vec{s} = \vec{a} + \vec{b}$; b) $\vec{d} = \vec{a} - \vec{b}$.

93. Determine em cada caso a expressão vetorial que relaciona os vetores $\vec{a}$, $\vec{b}$ e $\vec{c}$.

a)   c)

b)

94. No esquema, estão representados os vetores $\vec{v}_1$, $\vec{v}_2$, $\vec{v}_3$ e $\vec{v}_4$. A relação vetorial correta entre esses vetores é:

a) $\vec{v}_1 + \vec{v}_4 = \vec{v}_2 + \vec{v}_3$.
b) $\vec{v}_1 + \vec{v}_2 + \vec{v}_3 + \vec{v}_4 = \vec{0}$.
c) $\vec{v}_1 + \vec{v}_3 + \vec{v}_4 = \vec{v}_2$.
d) $\vec{v}_1 + \vec{v}_4 = \vec{v}_2$.
e) $\vec{v}_1 + \vec{v}_3 = \vec{v}_4$.

95. Seis vetores fecham um hexágono regular, dando resultante nula. Se trocarmos o sentido de três deles, alternadamente, a resultante terá módulo:

a) igual ao de um vetor componente;
b) 2 vezes o módulo de um vetor componente;
c) $2\sqrt{3}$ vezes o módulo de um vetor componente;
d) $3\sqrt{2}$ vezes o módulo de um vetor componente;
e) nulo.

96. Guardar no verão para não faltar no inverno

As formigas – da família Formicidae – distribuídas por todo o planeta, exceto nas regiões polares, significam entre 15% e 20% da biomassa animal terrestre. Atualmente, são cerca de 12 600 espécies catalogadas! Esses insetos manifestam comportamento social e colaborativo e, como as vespas e as abelhas, pertencem à ordem dos Hymenoptera.

Admita que, num determinado instante, quatro formigas exerçam em uma folha posicionada em um plano horizontal as forças coplanares e concorrentes representadas no esquema a seguir, todas com intensidade F.

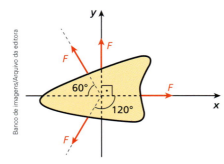

Qual será, nesse instante, a intensidade, a direção e o sentido da força resultante sobre a folha? Tenha como referência para sua resposta os eixos x e y indicados.

97. Uma partícula se desloca sobre o plano cartesiano **Oxy** tal que suas coordenadas de posição, x e y, variam em função do tempo t, conforme as expressões:

$x = 1,0t^2 + 1,0t$ (SI) e $y = 1,0t^3 + 5,0$ (SI)

Sabendo-se que em $t_0 = 0$ a partícula se encontra em um ponto **A** e que no instante $t_1 = 2,0$ s ela se encontra em um ponto **B**, pede-se determinar:
a) o seno do ângulo θ formado entre o deslocamento vetorial da partícula de **A** até **B** e o eixo **Ox**;
b) a intensidade da velocidade vetorial média da partícula no trânsito de **A** até **B**.

98. Considere uma partícula em movimento sobre o plano cartesiano **Oxy**. Suas coordenadas de posição variam em função do tempo, conforme mostram os gráficos a seguir:

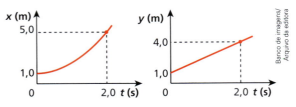

No intervalo de $t_0 = 0$ a $t_1 = 2,0$ s, calcule:
a) a intensidade do deslocamento vetorial da partícula;
b) a intensidade da sua velocidade vetorial média.

99. Uma partícula parte do repouso e dá uma volta completa numa circunferência de raio R, gastando um intervalo de tempo de 2,7 s. A variação da sua velocidade escalar com o tempo pode ser observada no gráfico abaixo.

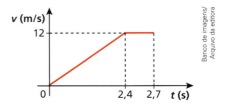

Adotando $\pi \cong 3,0$, calcule:
a) o valor de R;
b) a intensidade da aceleração vetorial da partícula no instante t = 1,2 s.

100. A figura representa dois carros, **A** e **B**, em um instante $t_0 = 0$. O referencial **Oxy** adotado está contido no solo, suposto plano e horizontal. O carro **A** se desloca com velocidade de módulo constante de 72 km/h em uma curva circular de centro **C** e raio R = 50 m; o carro **B** tem uma velocidade inicial de módulo 54 km/h e se desloca em uma trajetória reta.

Para evitar a colisão, o motorista do carro **B** começa a frear, no instante $t_0 = 0$, com uma aceleração de módulo 4,0 m/s².

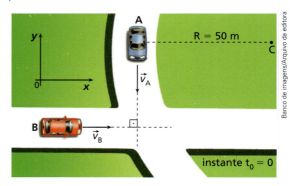

Pede-se determinar:
a) o módulo da aceleração de **A** em relação ao solo;

b) o módulo da velocidade de **A** em relação a **B** no instante $t_0 = 0$;
c) o módulo de aceleração de **A** em relação a **B** no instante $t_0 = 0$.

101. (UFBA) Um barco vai de Manaus até Urucu descendo um rio e, em seguida, retorna à cidade de partida, conforme esquematizado na figura.

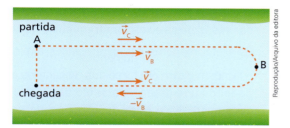

A velocidade da correnteza é constante e tem módulo v_C em relação às margens.

A velocidade do barco em relação à água é constante e tem módulo v_B.

Desconsiderando-se o tempo gasto na manobra para voltar, a velocidade escalar média do barco, em relação às margens, no trajeto total de ida e volta tem módulo dado por:

a) $\dfrac{v_B + v_C}{2}$. c) $\sqrt{v_B v_C}$. e) $\dfrac{v_B^2 - v_C^2}{v_B}$.

b) $\dfrac{v_B - v_C}{2}$. d) $\dfrac{v_B^2 + v_C^2}{v_B}$.

102. Um inseto percorre o raio $OA = 10$ cm da polia representada na figura, com velocidade de intensidade constante igual a 5,0 cm/s, medida em relação à polia. Esta, por sua vez, está rigidamente acoplada ao eixo de um motor que gira de modo uniforme, realizando 30 rotações por minuto. Sabendo que o inseto passa pelo ponto **O** no instante $t_0 = 0$, calcule a intensidade da sua velocidade em relação à base de apoio do motor no instante $t_1 = 0,80$ s. Adote nos cálculos $\pi \cong 3$.

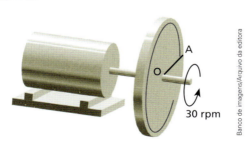

a) 8,0 cm/s
b) 10 cm/s
c) 13 cm/s
d) 15 cm/s
e) 17 cm/s

103. Um barco motorizado desenvolve, em relação às águas de um rio, velocidade constante de módulo v. Esse barco está subindo um trecho retilíneo do rio quando o piloto é informado de que um *container* flutuante, encerrando uma preciosa carga, caiu na água há exatamente uma hora. Nesse intervalo de tempo, a embarcação percorreu 16 km em relação às margens. Prontamente, o piloto inverte o sentido do movimento do barco e passa a descer o rio em busca do material perdido. Sabendo que as águas correm com velocidade constante de módulo 4,0 km/h, que o *container* adquire velocidade igual à das águas imediatamente após sua queda e que ele é resgatado pela tripulação do barco, determine:
a) a distância percorrida pelo *container* desde o instante de sua queda na água até o instante do resgate;
b) o valor de v.

104. Nos dois experimentos esquematizados a seguir, um trem de brinquedo, percorrendo trilhos retilíneos fixos a uma toalha postada sobre uma mesa, vai de um ponto **A** a um ponto **B** com velocidade $\vec{v}_1$ de intensidade 24 cm/s. A velocidade $\vec{v}_1$ é medida em relação aos trilhos, e os pontos **A** e **B** são pontos dos trilhos.

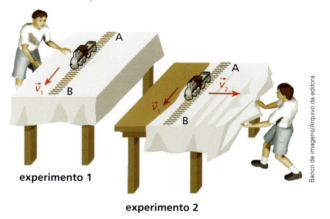

No experimento 1, o trem percorre 1,2 m de **A** até **B**. No experimento 2, o garoto puxa a toalha, sem perturbar o movimento próprio do trem, com velocidade $\vec{v}_2$ de intensidade 10 cm/s. A velocidade $\vec{v}_2$ é medida em relação à mesa e é perpendicular a $\vec{v}_1$.

Com relação ao experimento 2 e considerando o percurso de **A** até **B**, responda:
a) Qual a distância percorrida pelo trem na direção de $\vec{v}_2$?
b) Qual a distância percorrida pelo trem em relação à mesa?

105. Considere um rio de margens paralelas e cuja correnteza tem velocidade constante de módulo v_C.

Uma lancha tem velocidade relativa às águas constante e de módulo 10 m/s.

A lancha parte do ponto **A** e atinge a margem oposta no ponto **B**, indicado na figura, gastando um intervalo de tempo de 100 s.

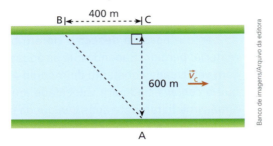

O valor de v_C é:
a) 2,0 m/s.
b) 4,0 m/s.
c) 6,0 m/s.
d) 8,0 m/s.
e) 10 m/s.

106. No esquema a seguir, uma pequena esfera de isopor é lançada horizontalmente com velocidade $\vec{v}_x$ de intensidade 2,5 m/s no interior da água contida em um tanque. O lançamento ocorre no instante $t_0 = 0$ a partir da origem do referencial **Oxy** indicado. Devido à pequena influência de forças de resistência viscosa, a velocidade horizontal da esfera permanece constante e ela realiza uma trajetória parabólica de equação $y = 0{,}24x^2$, com y e x em metros, passando no ponto **P** no instante $t = 2{,}0$ s.

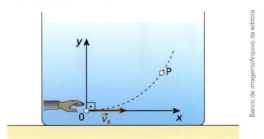

Determine no ponto **P**:
a) a intensidade da velocidade vetorial da partícula;
b) a intensidade de sua aceleração vetorial.

107. O tanque de guerra esquematizado na figura está em movimento retilíneo e uniforme para a direita, com velocidade de módulo v. Não há escorregamento das esteiras em relação ao solo nem das esteiras em relação aos roletes.

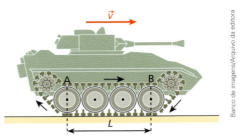

Os roletes maiores têm raio R e giram em torno dos respectivos eixos com frequência de 50 rpm. Os roletes menores, das extremidades, têm raio $\frac{2R}{3}$ e também giram em torno dos respectivos eixos. Sabendo que determinado elo da esteira da figura gasta 1,5 s para deslocar-se do ponto **A** até o ponto **B** e que nesse intervalo de tempo esse elo sofre um deslocamento de 6,0 m em relação ao solo, calcule:
a) o valor de v, bem como o comprimento L indicado no esquema;
b) a frequência de rotação dos roletes menores.

108. O esquema representa um carretel de linha sendo puxado sem escorregamento sobre o solo plano e horizontal. No instante considerado, o ponto **A** da linha tem velocidade horizontal para a direita, de intensidade v.

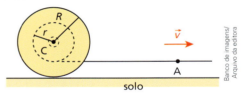

Determine nesse instante a intensidade da velocidade do ponto **C**, pertencente ao eixo longitudinal do carretel, em relação:
a) ao solo;
b) ao ponto **A**.

109. (AFA-SP) Um operário puxa a extremidade de um cabo que está enrolado num cilindro. À medida que o operário puxa o cabo, o cilindro vai rolando sem escorregar. Quando a distância entre o operário e o cilindro for igual a 2,0 m (ver figura abaixo), o deslocamento do operário em relação ao solo será de:

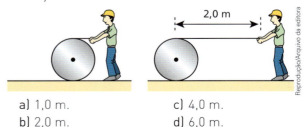

a) 1,0 m.
b) 2,0 m.
c) 4,0 m.
d) 6,0 m.

Para raciocinar um pouco mais

110. Considere dois vetores $\vec{A}$ e $\vec{B}$ de módulos iguais a x, com origens coincidentes no ponto **O**, conforme representa a figura. O vetor $\vec{A}$ é fixo e o vetor $\vec{B}$ pode girar no plano da figura, porém mantendo sempre sua origem em **O**.
Sendo $\vec{R}$ o vetor resultante de $\vec{A} + \vec{B}$, o gráfico que melhor representa a variação do módulo de $\vec{R}$ em função do ângulo θ formado entre $\vec{A}$ e $\vec{B}$ é:

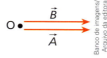

a)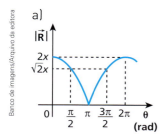

d)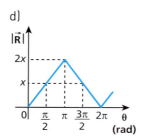

b)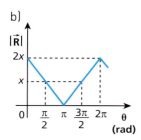

e)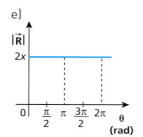

c)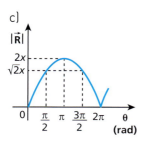

111. A velocidade vetorial $\vec{v}$ de uma partícula em função do tempo acha-se representada pelo diagrama vetorial da figura:

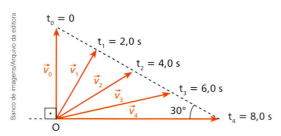

Sabendo que a intensidade de $\vec{v}_0$ é igual a 40 m/s, determine a intensidade da aceleração vetorial média da partícula no intervalo de $t_0 = 0$ a $t_4 = 8{,}0$ s.

112. Na situação representada a seguir, têm-se dois trilhos perpendiculares, **X** e **Y**, com **X** na horizontal e **Y** na vertical, por onde pode deslocar-se uma barra rígida **AB**. Nas extremidades **A** e **B** da barra, existem dois pequenos roletes que se movimentam sem atrito acoplados aos trilhos.

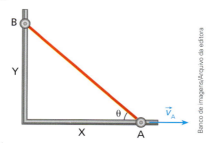

Num determinado instante, verifica-se que a extremidade **A** tem velocidade vetorial horizontal dirigida para a direita, de intensidade v_A, de modo que a barra forma um ângulo θ com o trilho **X**. Qual é, nesse instante, a intensidade v_B da velocidade vetorial da extremidade **B** da barra?

113. Um burro, deslocando-se para a direita sobre o solo plano e horizontal, iça verticalmente uma carga por meio de uma polia e de uma corda inextensível, como representa a figura:

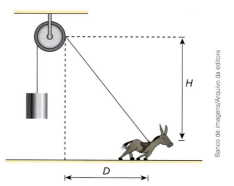

Se, no instante considerado, a velocidade da carga tem intensidade v, determine a intensidade da velocidade do burro em função de v e dos comprimentos H e D indicados no esquema.

114. Numa partida de futebol, dois jogadores, **A** e **B**, deslocam-se sobre o gramado plano e horizontal com as velocidades constantes $\vec{v}_A$ e $\vec{v}_B$ representadas abaixo. No esquema, mostram-se as posições de **A** e de **B** no instante $t_0 = 0$ em que a distância que separa os dois jogadores é igual a D. O jogador **A** conduz a bola, enquanto **B** vai tentar desarmá-lo.

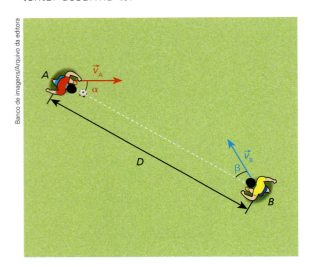

Supondo-se conhecidas as intensidades das velocidades dos jogadores, v_A e v_B, os ângulos α e β que essas velocidades formam com o segmento de reta que interliga os atletas, além da distância D, pede-se determinar:

a) a relação entre v_A, v_B, α e β para que ocorra encontro entre os dois jogadores;
b) na condição de encontro, com α constante, o ângulo β para que v_B seja mínima. Calcule, nesse caso, o valor de v_B;
c) o instante de encontro dos jogadores.

115. Considere um rio de margens retilíneas e paralelas, de largura $L = 600$ m, que será atravessado por um barco motorizado de modo que gaste nesse deslocamento o menor intervalo de tempo, T, possível. O barco vai ser propulsionado por um motor que lhe confere uma velocidade de intensidade constante $v_B = 5,0$ m/s em relação às águas.

A correnteza do rio, por sua vez, é tal que, junto às margens, a velocidade de arrastamento é nula, mas a intensidade dessa velocidade, v_C, cresce uniformemente com a distância d a uma das margens, conforme a expressão:

$v_C = 4,0 \cdot 10^{-2}\, d$, com d em metros e v_C em m/s.

A intensidade de v_C é máxima no meio do rio, a 300 m de qualquer uma das margens, conforme ilustra o diagrama vetorial a seguir.

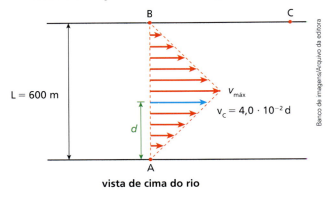

vista de cima do rio

Com base nessas informações, pede-se:

a) calcular o valor de T;
b) traçar o gráfico da intensidade da velocidade de arrastamento da correnteza (v_C) em função do tempo (t) de travessia do barco;
c) determinar a distância entre os pontos **B** e **C**, sabendo-se que **C** é o local onde o barco atraca na margem oposta;
d) esboçar a trajetória descrita pelo barco na travessia do rio, adotando-se como referencial um ponto fixo em uma das margens.

116. Uma lancha que desenvolve em relação às águas de um rio uma velocidade constante de módulo v deve partir do ponto **A** e chegar ao ponto **B** indicados na figura.

O rio tem largura constante e a velocidade da correnteza também é constante e de módulo v_C.

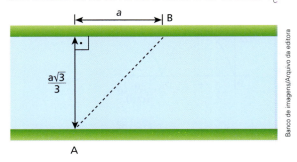

O valor mínimo possível para v é:

a) $v_C \sqrt{3}$
b) v_C
c) $\dfrac{v_C \sqrt{3}}{3}$
d) $\dfrac{v_C}{2}$
e) $\dfrac{v_C}{4}$

TÓPICO 5

Movimentos circulares

// Em relógios analógicos, o movimento circular está presente não apenas no movimento dos ponteiros, mas também no de suas engrenagens internas.

Nos delicados mecanismos dos relógios analógicos, muitas peças operam em rotação, como algumas pequenas engrenagens. Com isso, seus pontos giram de modo sincronizado e preciso, acionando cada um dos ponteiros. Os movimentos circulares fazem parte do nosso dia a dia; muitas das máquinas que laboram em favor de maiores funcionalidades têm engrenagens, volantes e polias em franca rotação. Aqui, você entrará em contato com algumas grandezas angulares, necessárias à descrição dos movimentos circulares.

Bloco 1

1. Introdução

// Entre uma diversão radical e outra, para relaxar, vai bem um carrossel. Nesse caso, as pessoas, em repouso sobre o brinquedo, giram descontraídas em movimentos circulares em relação ao solo.

Nos parques de diversões, muitas são as atrações que envolvem movimentos circulares. Entre elas, destacam-se o carrossel, a roda-gigante, o chapéu mexicano e a xícara maluca.

O funcionamento de diversos utensílios domésticos também envolve movimentos circulares, como ventiladores, enceradeiras, liquidificadores, batedeiras, furadeiras, ou mesmo tocadores de CDs e DVDs.

Se pensarmos nas máquinas que fazem parte do nosso dia a dia, também se manifestam vários movimentos circulares. É o que se verifica em rodas de veículos, volantes, ponteiros de relógios, polias, engrenagens, etc.

Assim, devido à sua grande abrangência prática, os movimentos circulares requerem um olhar atento e detalhada compreensão, especialmente nesse momento em que encerramos a Cinemática para nos lançarmos aos estudos da Dinâmica.

2. Velocidade escalar angular

Tratamos até aqui de **grandezas lineares**, que envolvem a noção de comprimento, medido no SI em metros (m). É o caso do espaço, da velocidade escalar e da aceleração escalar.

Para uma melhor especificação neste tópico, utilizaremos os termos espaço linear (s), velocidade escalar linear (v) e aceleração escalar linear (α).

Nos movimentos circulares, no entanto, convém raciocinar também em termos de **grandezas angulares**, que envolvem medidas de ângulos.

Recordemos, inicialmente, os dois dos principais critérios para se medir ângulos:

- **Grau**: Um grau (1°) é a medida do ângulo central correspondente a $\frac{1}{360}$ de uma volta completa em uma circunferência.
- **Radiano**: Um radiano (1 rad) é a medida do ângulo central que "enxerga" um arco de comprimento igual ao raio de uma circunferência.

Decorre da definição acima que um ângulo central θ qualquer fica expresso em **rad** dividindo-se o comprimento do arco de circunferência que ele "enxerga" pelo correspondente raio.

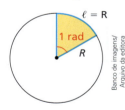

$$\theta = \frac{\ell}{R} \quad (\theta \text{ em rad})$$

O ângulo correspondente a uma volta numa circunferência equivale a 2π rad ou 360°. Lembrando-se que $\pi \cong 3{,}14$, segue que:

$$2\pi \text{ rad} \cong 2 \cdot 3{,}14 \text{ rad} \cong 6{,}28 \text{ rad}$$

$$6{,}28 \text{ rad} \longrightarrow 360°$$
$$1 \text{ rad} \longrightarrow x$$

De onde decorre que:

$$1 \text{ rad} \cong 57°$$

NOTA!

O radiano (rad) não tem dimensão física, já que é definido pelo quociente entre dois comprimentos. É, portanto, uma unidade de medida adimensional.

Espaço angular ou fase (φ)

Consideremos o esquema a seguir em que uma partícula percorre uma circunferência de raio R no sentido identificado – anti-horário –, apresentando-se na posição indicada em um instante t.

Adotando-se a reta radial **r** como referência e o ponto **O** como origem dos espaços, a partícula poderá ser posicionada na circunferência pelo espaço linear (s), já conhecido, indicado na figura.

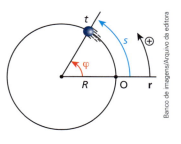

Por outro lado, podemos também, nesse caso, localizar a partícula na circunferência por meio de um ângulo φ, com vértice no centro da circunferência (ângulo central) e medido positivamente a partir da reta **r**, no sentido do movimento, até o raio que contém a partícula no instante t.

A seta à direita (com o sinal ⊕) indica o sentido que vamos usar para determinar o ângulo φ. A esse ângulo φ damos o nome de **espaço angular** ou **fase**.

> **Espaço angular** ou **fase** é uma coordenada de posição na trajetória circular dada por um ângulo φ com vértice no centro da circunferência, medido positivamente no sentido do movimento a partir de uma reta de referência r até o raio que contém a partícula em um instante t.
> A medida de φ é geralmente dada em **radianos** (rad).

A relação entre o espaço linear (s) e o espaço angular (φ) decorre em analogia ao que foi dito anteriormente:

$$\varphi = \frac{s}{R} \Rightarrow s = \varphi R \quad (\varphi \text{ em radianos})$$

Velocidade escalar angular média (ω_m)

Vamos conceituar agora uma grandeza própria dos movimentos giratórios, especialmente dos movimentos circulares, que expressa rapidez de "varredura" de ângulos.

Para isso, consideremos o esquema ao lado em que uma partícula percorre uma circunferência de raio R de modo que seus espaços angulares nos instantes t_1 e t_2 valem, respectivamente, φ_1 e φ_2.

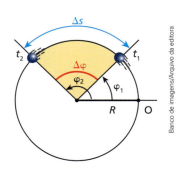

Seja $\Delta\varphi = \varphi_2 - \varphi_1$ a variação do espaço angular da partícula no intervalo de tempo $\Delta t = t_2 - t_1$.

> Define-se **velocidade escalar angular média**, ω_m, como sendo o quociente entre a variação do espaço angular (ou deslocamento angular), $\Delta\varphi$, e o correspondente intervalo de tempo, Δt.
> Matematicamente:
>
> $$\omega_m = \frac{\Delta\varphi}{\Delta t} = \frac{\varphi_2 - \varphi_1}{t_2 - t_1}$$

Com $\Delta\varphi$ expresso em radianos (rad) e Δt medido em segundos (s), ω_m fica dada em **radianos por segundo** (**rad/s**).

Relação entre as velocidades escalares linear e angular médias

A variação de espaço linear (Δs) relaciona-se com a variação de espaço angular pela expressão: $\Delta s = \Delta \varphi R$.

Logo:
$$\Delta \varphi = \frac{\Delta s}{R} \quad \text{(I)}$$

Vimos, porém, que:
$$\omega_m = \frac{\Delta \varphi}{\Delta t} \quad \text{(II)}$$

Substituindo-se (I) em (II), vem:
$$\omega_m = \frac{\Delta s}{R \Delta t}$$

Recordando-se que a relação $\frac{\Delta s}{\Delta t}$ traduz a velocidade escalar linear média (v_m), decorre que:

$$\omega_m = \frac{v_m}{R} \Rightarrow \boxed{v_m = \omega_m R}$$

Velocidade escalar angular instantânea (ω)

Sabemos que as grandezas instantâneas são obtidas a partir das respectivas grandezas médias passando-se estas últimas ao limite para o intervalo de tempo tendente a zero. Então, podemos definir:

> A **velocidade escalar angular instantânea**, ω, é o limite da velocidade escalar angular média, ω_m, quando o intervalo de tempo Δt tende a zero.
> Matematicamente:
> $$\omega = \lim_{\Delta t \to 0} \omega_m = \lim_{\Delta t \to 0} \frac{\Delta \varphi}{\Delta t}$$

Em termos de grandezas instantâneas, podemos escrever:

$$\boxed{v = \omega R}$$

Ampliando o olhar

Quem varre ângulos mais depressa?

Devido à necessidade de medir a passagem do tempo, relógios são uma das invenções humanas mais antigas. A primeira indicação de relógio mecânico consta de 725 d.C., quando o monge budista chinês Yi Xing (683-727) desenvolveu um complexo sistema de engrenagens que utilizava água para marcar as horas em seu mosteiro. Já no Ocidente, a invenção do relógio mecânico é comumente creditada ao papa Silvestre II (950-1003). Por volta de 1344, ele foi aprimorado por Ricardo de Walinfard (1293-1336), Jacopo de Dondi (1290-1359) e seu filho Giovanni de Dondi (c. 1330-1388).

Utilizando engrenagens, alavancas e molas, esses relógios fazem seus ponteiros girar de maneira uniforme e sincronizada, registrando adequadamente cada horário.

Em geral, relógios analógicos têm três ponteiros: o das horas, o dos minutos e o dos segundos.

Qual desses três ponteiros varre ângulos mais depressa?

Para responder a essa pergunta, basta calcularmos a velocidade escalar angular de cada um.

Ao dar uma volta completa no mostrador do relógio, o deslocamento angular de qualquer um desses ponteiros é:

$$\Delta\varphi = 2\pi \text{ rad}$$

E eles gastam nesse percurso intervalos de tempo respectivamente iguais a:

$$\Delta t_H = 12 \text{ h}$$
$$\Delta t_M = 1 \text{ h}$$
$$\Delta t_s = 60 \text{ s} = 60 \cdot \frac{1}{3600} \text{ h} = \frac{1}{60} \text{ h}$$

Assim, observando-se que as velocidades escalares angulares médias podem ser calculadas nesse caso pela expressão $\omega_m = \frac{\Delta\varphi}{\Delta t}$, vem:

$$\omega_H = \frac{2\pi}{12} \therefore \omega_H \cong 0,52 \frac{\text{rad}}{\text{h}}$$

$$\omega_M = \frac{2\pi}{1} \therefore \omega_M \cong 6,28 \frac{\text{rad}}{\text{h}}$$

$$\omega_S = \frac{2\pi}{\frac{1}{60}} \therefore \omega_S \cong 376,89 \frac{\text{rad}}{\text{h}}$$

Assim:

$$\boxed{\omega_S > \omega_M > \omega_H}$$

Logo, o ponteiro dos segundos varre ângulos mais depressa que o ponteiro dos minutos e este varre ângulos mais depressa que o ponteiro das horas.

3. Movimentos periódicos

No movimento de vaivém de um pêndulo simples ideal, isento de atritos e da resistência do ar, a posição – linear e angular –, bem como as intensidades da velocidade e da aceleração se repetem identicamente em intervalos de tempo sucessivos e iguais. Isso caracteriza um **movimento periódico**.

São também periódicos os movimentos dos ponteiros de relógios, bem como os movimentos de translação dos planetas em torno do Sol.

A Terra, por exemplo, descreve uma órbita quase circular de raio próximo de 150 000 000 km, realizando um ciclo completo em cerca de 365,25 dias.

A Lua também executa um movimento periódico ao redor da Terra. O raio de sua órbita é de aproximadamente 384 400 km e o intervalo de tempo gasto em cada revolução é cerca de 27 dias. Além disso, a Lua apresenta um movimento de rotação em torno de um eixo imaginário e sabe-se que o "dia" lunar tem a mesma duração do intervalo de tempo de sua translação em torno da Terra: 27 dias. Por isso, esse satélite sempre volta a mesma face para a Terra. Seu outro lado – a face "obscura" da Lua – só foi visualizado fotograficamente pelos humanos depois do advento das viagens espaciais.

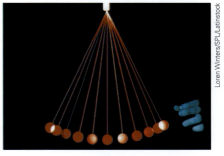

// Oscilando em condições ideais, um pêndulo simples realiza um **movimento periódico**.

// A Lua, único satélite natural da Terra, descreve ao redor do planeta um movimento periódico, circular e uniforme, em que todos os estados cinemáticos se repetem em intervalos de tempo sucessivos e iguais.

Período (T)

Chamamos de **período** (T) em um movimento periódico o intervalo de tempo correspondente à realização de um ciclo completo: oscilação, revolução, rotação, etc.

O período pode ser medido em qualquer unidade de tempo. Por exemplo, o período de rotação da Terra é de 1 dia ou 24 h; os de giro dos ponteiros das horas, minutos e segundos em um relógio são 12 h, 60 min e 60 s, respectivamente.

No SI o período é medido em segundos (s).

Frequência (f)

Chamamos de **frequência** (f) o número de ciclos (N) que ocorrem em um movimento – ou fenômeno – periódico durante certo intervalo de tempo (Δt). Matematicamente:

$$f = \frac{1}{\Delta t}$$

É fundamental destacar que, se o intervalo de tempo considerado for de um período (Δt = T), teremos a realização de um ciclo (N = 1), de onde se obtém:

$$f = \frac{1}{T}$$

Costuma-se dizer que a frequência é o inverso do período ou que o período é o inverso da frequência.

A unidade de frequência é o inverso da unidade de tempo. No SI, a frequência é medida em **hertz**:

$$\frac{1}{s} = s^{-1} = \text{hertz (Hz)}$$

// Não é exagero afirmar que o físico alemão Heinrich **Hertz** (1857–1894) é um dos principais nomes das telecomunicações por meios eletrônicos. A telefonia celular, por exemplo, deve muito a esse cientista. Fundamentado nas teorias e equações do físico-matemático escocês James Clerk **Maxwell** (1831–1879), Hertz construiu os primeiros equipamentos capazes de transmitir e receber sinais de rádio – radiofrequências. A unidade hertz (Hz) é uma homenagem a Heinrich Hertz.

Alguns múltiplos usuais do Hz:
- 1 kHz (quilohertz) = 10^3 Hz
- 1 MHz (megahertz) = 10^6 Hz
- 1 GHz (gigahertz) = 10^9 Hz

Uma unidade muito utilizada na expressão de frequências é **rpm** (rotações por minuto). A relação entre rpm e Hz está deduzida abaixo.

$$1 \text{ rpm} = 1 \frac{\text{rotação}}{\text{min}} = 1 \frac{\text{rotação}}{60 \text{ s}}$$

$$1 \text{ rpm} = \frac{1}{60} \text{ rps} = \frac{1}{60} \text{ Hz}$$

Alguns modelos de veículos são equipados com conta-giros, que registram o número de ciclos por minuto realizados pelo motor. Um valor habitual, com o veículo em velocidades relativamente baixas, é 3 000 rpm.

A título de exemplo, qual o valor dessa frequência em Hz?

$$3\,000 \text{ rpm} = \frac{3000}{60} \text{ Hz} \Rightarrow \boxed{3\,000 \text{ rpm} = 50 \text{ Hz}}$$

4. Movimento circular e uniforme

Rodas-gigantes em franco funcionamento fazem com que as pessoas que ocupam seus bancos, gôndolas ou cabines realizem movimento circular e uniforme em relação a um referencial fixo no solo.

// A High Roller, em Las Vegas, Estados Unidos, é uma das maiores rodas-gigantes em operação no mundo. Do alto dos seus 180 m (equivalente a um prédio com cerca de 60 andares) é possível avistar toda a cidade, além de áreas do deserto típico do estado de Nevada. Ocupantes das cabines dessa gigantesca estrutura experimentam um movimento circular aproximadamente uniforme.

Movimento circular e uniforme (MCU) é todo aquele que ocorre em trajetória circular com velocidades escalares, linear (v) e angular (ω), constantes.

O MCU é **periódico**. Por isso, atribuem-se a este movimento os conceitos de período (T) e frequência (f).

As mesmas propriedades e regras estudadas no Tópico 2, Movimento uniforme, também se aplicam a este caso. Recordando:
- O móvel percorre distâncias iguais em intervalos de tempo iguais.
- A aceleração tangencial ($\vec{a}_t$) é nula e o mesmo ocorre com a aceleração escalar (α).

Vale acrescentar que no MCU um raio girante ligado ao móvel varre ângulos iguais em intervalos de tempo iguais.

5. Equações fundamentais

As expressões a seguir são muito úteis no estudo do MCU.

Chamando de R o raio da circunferência, T o período e f a frequência e observando que, no percurso de uma volta completa, o deslocamento escalar linear é $\Delta s = 2\pi R$, o deslocamento escalar angular é $\Delta \varphi = 2\pi$ rad e o intervalo de tempo correspondente é $\Delta t = T$, tem-se:

- **Velocidade escalar linear (v)**.

  Medida em m/s, no SI:

$$v = \frac{\Delta s}{\Delta t} \Rightarrow \boxed{v = \frac{2\pi R}{T} = 2\pi R f}$$

- **Velocidade escalar angular (ω).**
  Medida em rad/s, no SI:

$$\omega = \frac{\Delta\varphi}{\Delta t} \Rightarrow \boxed{\omega = \frac{2\pi}{T} = 2\pi f}$$

Embora já tenhamos apresentado essa expressão, vale a pena reforçar a relação entre v e ω:

$$\boxed{v = \omega R}$$

6. Funções horárias dos espaços linear (s) e angular (φ)

No MCU, como em qualquer movimento uniforme, a velocidade escalar linear (v) é constante e o espaço linear (s) varia uniformemente com o passar do tempo (t).

Isso é caracterizado por uma função afim, do 1º grau, do tipo:

$$\boxed{s = s_0 + vt}$$

Em que s_0 é o espaço linear inicial, definido no instante $t_0 = 0$.

Dividindo-se todos os termos da última expressão pelo raio R da circunferência, segue-se que:

$$\frac{s}{R} = \frac{s_0}{R} + \frac{v}{R}t$$

Observando-se que $\frac{s}{R} = \varphi$ (espaço angular, ou fase, no instante t), $\frac{s_0}{R} = \varphi_0$ (espaço angular inicial ou fase inicial no instante $t_0 = 0$) e que $\frac{v}{R} = \omega$ (velocidade escalar angular), podemos escrever a função horária do espaço angular (ou fase), também do 1º grau, própria ao MCU:

$$\boxed{\varphi = \varphi_0 + \omega t}$$

7. Aceleração no movimento circular e uniforme

Como foi visto no Tópico 4, Vetores e Cinemática vetorial, a aceleração vetorial ($\vec{a}$) é dada pela soma de duas componentes: a **tangencial** ($\vec{a}_t$) e a **centrípeta** ($\vec{a}_{cp}$).

$$\vec{a} = \vec{a}_t + \vec{a}_{cp}$$

A aceleração tangencial é não nula nos movimentos variados – acelerados ou retardados – e nula nos movimentos uniformes, em que a velocidade escalar é constante. Com isso, no MCU a aceleração tangencial é nula, como também é nula a aceleração escalar.

No MCU: $\vec{a}_t = \vec{0} \Rightarrow \alpha = 0$

Já a aceleração centrípeta é não nula nos movimentos curvilíneos. Logo, no movimento circular e uniforme, a componente centrípeta da aceleração vetorial deve ser diferente de zero.

No MCU: $\vec{a}_{cp} \neq \vec{0}$

Tem-se, em resumo, portanto:

> No **movimento circular e uniforme** (MCU), a aceleração vetorial é **centrípeta**, radial à circunferência em cada instante, perpendicular à velocidade vetorial e dirigida para o centro da trajetória.
>
> **No MCU:** $\vec{a} = \vec{a}_{cp}$

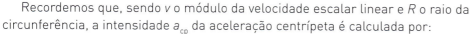

Recordemos que, sendo v o módulo da velocidade escalar linear e R o raio da circunferência, a intensidade a_{cp} da aceleração centrípeta é calculada por:

$$a_{cp} = \frac{v^2}{R}$$

Raciocinando-se em termos do módulo da velocidade escalar angular, ω, e lembrando-se que $v = \omega R$, a intensidade de a_{cp} também fica determinada fazendo-se:

$$a_{cp} = \frac{(\omega R)^2}{R} \Rightarrow a_{cp} = \frac{\omega^2 R^2}{R}$$

De onde se conclui:

$$a_{cp} = \omega^2 R$$

Ampliando o olhar

Satélites para muitas finalidades

Do artefato russo Sputnik para cá (primeiro satélite artificial a orbitar a Terra, colocado no espaço em 1957), um número incalculável de objetos foram postos em movimento ao redor do planeta, muitos deles hoje se constituindo sucata espacial. Há satélites com finalidades diversas, como os **geoestacionários**, utilizados em telecomunicações, dotados de período igual a 24 h, em órbita equatorial e em repouso em relação a determinado ponto da superfície da Terra, e os **polares**, para mapeamento geográfico e análises climáticas e ambientais, em órbitas que contêm os polos Norte e Sul da Terra.

Satélites que percorrem órbitas circulares movimentam-se em sua maioria sem nenhuma autopropulsão. Descrevem MCU em torno do planeta, mantendo constantes suas velocidades escalares linear e angular. A aceleração vetorial desses corpos é centrípeta e quem faz esse papel é a **aceleração da gravidade** nos pontos das respectivas órbitas.

$$\vec{a}_{cp} = \vec{g}$$

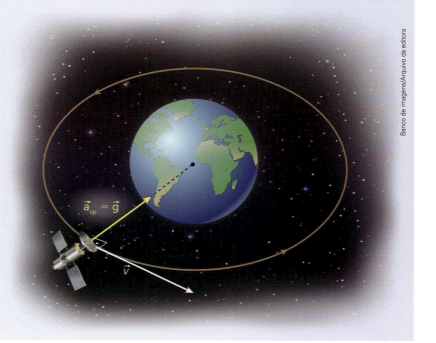

TÓPICO 5 | MOVIMENTOS CIRCULARES **185**

Exercícios Nível 1

1. Uma moto percorre uma pista circular em movimento rigorosamente uniforme. A respeito dessa situação, avalie como **falsa** ou **verdadeira** cada uma das proposições abaixo:
(01) A velocidade escalar linear é constante.
(02) A velocidade escalar angular é constante.
(04) A velocidade vetorial é constante.
(08) A aceleração escalar é constante e igual a zero.
(16) A aceleração vetorial é constante.
Dê como resposta a soma dos códigos associados às proposições verdadeiras.

2. *Hobbies* são atividades prazerosas exercidas como passatempo, estando geralmente associados ao lazer.

O **aeromodelismo** – por cabos ou controle remoto – é um *hobby* muito envolvente, que engloba delicada tecnologia e a intervenção direta do praticante.

Admitamos que um pequeno avião aeromodelo, controlado por cabos de aço de comprimento igual a 15 m, esteja equipado com um motor de alta potência, que confere à aeronave uma velocidade de intensidade constante igual a 108 km/h. Sabendo que o avião percorre uma trajetória circular contida em um plano horizontal, adotando $\pi \cong 3$ e $\sqrt{2} \cong 2$, calcule:
a) o intervalo de tempo, Δt, gasto pelo avião para realizar 20 voltas em sua trajetória;
b) a velocidade escalar angular, ω, do avião;
c) a intensidade, a, da aceleração vetorial da aeronave.

Resolução:
a) A velocidade do aeromodelo é:
$$v = 108 \frac{km}{h} = \frac{108}{3,6} \frac{m}{s} = 30 \text{ m/s}$$

Portanto, para 20 voltas, temos:
$$v = \frac{\Delta s}{\Delta t} \Rightarrow v = 20 \frac{2\pi R}{\Delta t}$$
$$30 = 20 \cdot \frac{2 \cdot 3 \cdot 15}{\Delta t} \therefore \boxed{\Delta t = 60 \text{ s} = 1 \text{ min}}$$

b) Temos:
$$v = \omega^2 R \Rightarrow 30 = \omega^2 \cdot 15 \Rightarrow \omega^2 = 2,0$$
$$\omega = \sqrt{2,0} \text{ rad/s} \Rightarrow \boxed{\omega = 1,4 \text{ rad/s}}$$

c) No movimento circular e uniforme, a aceleração vetorial é centrípeta, logo:
$$a = a_{cp} \Rightarrow a = \omega^2 R$$
$$a = 2,0 \cdot 15 \therefore \boxed{a = 30 \text{ m/s}^2}$$

3. (UFJF-MG) Maria brinca em um carrossel, que gira com velocidade angular constante. A distância entre Maria e o centro do carrossel é de 4,0 m. Sua mãe está do lado de fora do brinquedo e contou 20 voltas nos 10 min em que Maria esteve no carrossel. Considerando-se essas informações, calcule:
a) a distância total percorrida por Maria;
b) a velocidade angular de Maria, em rad/s;
c) o módulo da aceleração centrípeta de Maria.
Adote $\pi = 3$.

4. Um carro percorre uma pista circular de raio R. O carro parte do repouso de um ponto **A** e retorna ao ponto **A**, completando uma volta após um intervalo de tempo de 1,0 min.
O gráfico a seguir representa a velocidade escalar do carro em função do tempo.

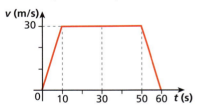

Determine:
a) o raio R da circunferência descrita, adotando-se $\pi = 3$;
b) o módulo a da aceleração vetorial do carro no instante $t = 30$ s;
c) a razão r entre os módulos da aceleração centrípeta e da aceleração tangencial do carro no instante $t = 5$ s.

5. Um satélite artificial percorre em torno da Terra uma órbita circular de raio R sob a ação exclusiva do campo gravitacional do planeta, de intensidade igual a g. A distância percorrida pelo satélite ao longo de sua órbita durante um intervalo de tempo T está corretamente expressa na alternativa:

a) $2T\sqrt{gR}$
b) $T\sqrt{2gR}$
c) $T\sqrt{gR}$
d) $T\sqrt{\dfrac{gR}{2}}$
e) $\dfrac{T}{2}\sqrt{gR}$

Exercícios Nível 2

6. Um carro arranca a partir do repouso em uma pista retilínea, acelerando com intensidade constante igual a 1,5 m/s² durante um intervalo de tempo T. Verifica-se que ao fim desse intervalo a velocidade escalar do carro é igual a 108 km/h, conforme indica a imagem do velocímetro do veículo, abaixo.

Adotando-se $\pi = 3$, responda:
a) Qual o valor de T?
b) Qual o valor da velocidade angular constante, ω, do ponteiro do velocímetro nesse intervalo de tempo?
c) Por que ω é constante?

7. Depois da meia-noite, quanto tempo demora, **E.R.** em horas, minutos e segundos, para que o ponteiro dos minutos de um bom relógio se superponha ao ponteiro das horas pela quarta vez?

Resolução:

O período de rotação dos ponteiros dos minutos é $T_M = 60$ min $= 1$ h, logo:

$$\omega_M = \frac{2\pi}{T_M} \Rightarrow \omega_M = \frac{2\pi}{1} \therefore \omega_M = 2\pi \text{ rad/h}$$

O período de rotação dos ponteiros das horas é $T_H = 12$ h, logo:

$$\omega_H = \frac{2\pi}{T_H} \Rightarrow \omega_H = \frac{2\pi}{12} \therefore \omega_H = \frac{\pi}{6} \text{ rad/h}$$

Nesse cálculo, sugerimos raciocinar em termos de velocidade escalar angular relativa.

$$\omega_{rel} = \frac{\Delta\varphi_{rel}}{\Delta t} \Rightarrow \omega_M - \omega_H = \frac{n2\pi}{t}$$

$$\frac{2\pi}{1} - \frac{2\pi}{12} = \frac{n2\pi}{t} \Rightarrow \frac{12-1}{12} = \frac{n}{t}$$

Da qual:

$$t = \frac{12n}{11} \text{ (h) (Com } 0 \leq n \leq 11)$$

Impondo-se n = 4, vem:

$$t = \frac{12 \cdot 4}{11} \Rightarrow t = \frac{48}{11}$$

t = 4,363636...h = 4 h + 60 · 0,36363... min
t = 4 h + 21,818181... min
t = 4 h + 21 min + 60 · 0,81818... s
t = 4 h + 21 min + 49,090909... s

De onde se obtém:

$$t \cong 4 \text{ h } 21 \text{ min } 49 \text{ s}$$

8. O Palácio de Westminster talvez seja o cartão-postal mais característico da cidade de Londres, na Inglaterra. Às margens do rio Tâmisa, a construção imponente, com mais de 1 000 salas e cerca de 5 km de corredores, abriga o Parlamento Inglês, com suas duas casas: a Câmara dos Lordes e a Câmara dos Comuns. Sobressai-se a Elizabeth Tower, com seus quatro relógios e o enorme sino (o Big Ben), que marca com suas badaladas a reconhecida pontualidade britânica.

Admita que os ponteiros dos relógios da Elizabeth Tower trabalhem sincronizados, realizando rotação uniforme. Supondo-se que os ponteiros dos minutos tenham o dobro do comprimento dos ponteiros das horas e que todos os ponteiros estejam perfeitamente superpostos às 12 h, determine:

a) a razão entre os módulos das velocidades escalares lineares das extremidades dos ponteiros dos minutos e das horas;
b) os instantes t, em horas, nos quais os ponteiros dos minutos ficam perfeitamente superpostos com os ponteiros das horas no intervalo de $t_0 = 0$ a $t_1 = 12$ h;
c) o horário (em horas, minutos e segundos) em que os ponteiros dos minutos se superpõem com os das horas pela terceira vez depois das 12 h.

9. Dois ciclistas **A** e **B** percorrem determinada pista circular de raio R = 100 m, no mesmo sentido, com velocidades escalares constantes, respectivamente iguais a $v_A = 8{,}0$ m/s e $v_B = 5{,}0$ m/s. Num determinado instante, o ciclista **A** ultrapassa o ciclista **B** diante de um marco **M** fixo na pista. Adotando-se $\pi = 3$, pergunta-se:
a) De quanto em quanto tempo **A** acrescentará uma volta a mais de vantagem em relação a **B**?
b) De quanto em quanto tempo **A** ultrapassará **B** diante do marco **M**?

Resolução:

a) Recomendamos raciocinar-se em termos de velocidade escalar relativa:

$$v_{rel} = \frac{\Delta s_{rel}}{\Delta t} \Rightarrow v_A - v_B = \frac{\Delta s_{rel}}{\Delta t_1}$$

Nesse caso, tudo se passa como se o ciclista **B** permanecesse em repouso e só o ciclista **A** se movimentasse com a velocidade escalar relativa.

Dessa forma, **A** acrescentará uma volta a mais de vantagem em relação a **B** quando o deslocamento escalar relativo for

$$\Delta s_{rel} = 2\pi R$$

Logo:

$$v_A - v_B = \frac{2\pi R_{rel}}{\Delta t_1}$$

$$8{,}0 - 5{,}0 = \frac{2 \cdot 3 \cdot 100}{\Delta t_1} \Rightarrow 3{,}0 = \frac{600}{\Delta t_1}$$

Da qual:

$$\boxed{\Delta t_1 = 200 \text{ s} = 3 \text{ min } 20 \text{ s}}$$

b) (I) Cálculo dos períodos T_A e T_B dos movimentos circulares e uniformes dos ciclistas **A** e **B**:

$$v = \frac{\Delta s}{\Delta t} \Rightarrow v = \frac{2\pi R}{T}$$

$$T = \frac{2\pi R}{v}$$

$$T_A = \frac{2 \cdot 3 \cdot 100}{8{,}0} \therefore T_A = 75 \text{ s}$$

$$T_B = \frac{2 \cdot 3 \cdot 100}{5{,}0} \therefore T_B = 120 \text{ s}$$

(II) Para que **A** ultrapasse **B** diante do marco **M**, os dois ciclistas deverão dar números inteiros de voltas.

Isso significa que o intervalo de tempo procurado, Δt_2, será um múltiplo (inteiro) de T_A e T_B. O mínimo múltiplo comum (m.m.c.) entre $T_A = 75$ s e $T_B = 120$ s é:

$$\boxed{\Delta t_2 = 600 \text{ s} = 10 \text{ min}}$$

Nesse caso, **A** dá oito voltas na pista, enquanto **B** dá apenas cinco voltas.

10. Dois atletas, **A** e **B**, estão correndo em uma mesma pista circular com velocidades escalares constantes, porém em sentidos opostos. Verifica-se que o atleta **A** dá seis voltas na pista em 24 min, enquanto o atleta **B**, nesse mesmo intervalo de tempo, realiza apenas quatro voltas.

Se num determinado instante $t_0 = 0$, **A** passa por **B** em determinado ponto da pista, pergunta-se:
a) Em que instante t_1 **A** e **B** estarão, pela primeira vez, em posições diametralmente opostas na trajetória?
b) Em que instante t_2 **A** cruzará pela primeira vez com **B** na mesma posição da pista em que esses atletas se encontravam em $t_0 = 0$?

188 UNIDADE 1 | CINEMÁTICA

Bloco 2

8. Associações de polias e engrenagens

Polias e engrenagens comparecem isoladas ou associadas em inúmeros mecanismos, desde os mais delicados até aqueles de grande porte. É o que se verifica em relógios mecânicos, molinetes e carretilhas de pesca, moendas, trituradores, bicicletas, motocicletas, motores de veículos automotivos, caixas de câmbio, etc.

// Essas rodas dentadas – **engrenagens** – transmitem umas às outras **movimento de rotação**. Nesta imagem, podem-se notar duas engrenagens ligadas a um mesmo eixo, acopladas a outras por contato direto.

Mesmo eixo

Na situação esquematizada ao lado, têm-se duas engrenagens – uma verde e uma azul – rigidamente fixadas a um mesmo eixo, que provoca rotação uniforme no sistema.

Nesse caso, é importante notar que cada giro do eixo também imprime um giro completo a cada uma das engrenagens. Isso significa que os intervalos de tempo gastos pelas engrenagens em uma revolução é o mesmo, o que implica o **mesmo período de rotação**:

$$\boxed{T_{verde} = T_{azul}}$$

Essa conclusão abrange também a frequência, f, e a velocidade escalar angular, ω.

$$f = \frac{1}{T} \Rightarrow \boxed{f_{verde} = f_{azul}}$$

$$\omega = \frac{2\pi}{T} \Rightarrow \boxed{\omega_{verde} = \omega_{azul}}$$

As velocidades escalares lineares dos pontos periféricos das engrenagens, v, no entanto, **são diferentes**. Sendo a velocidade escalar angular constante, os valores de v crescem na proporção direta dos respectivos raios das trajetórias, segundo a expressão:

$$\boxed{v = \omega R}$$

No caso, tem-se, do esquema, que $R_{verde} > R_{azul}$, logo:

$$\boxed{v_{verde} > v_{azul}}$$

Contato direto ou conexão por correias ou correntes

Nas associações representadas a seguir, há duas polias (ou engrenagens) **A** e **B**, de raios R_A e R_B, que operam em rotação uniforme, sem escorregamento, com velocidades escalares lineares em seus pontos periféricos de módulos v_A e v_B, frequências f_A e f_B, períodos T_A e T_B e velocidades escalares angulares de módulos ω_A e ω_B, respectivamente.

Na figura 1, as polias giram em contato direto, apresentando rotações em sentidos opostos.

Já na figura 2, as polias giram no mesmo sentido, acionadas por uma correia devidamente tracionada.

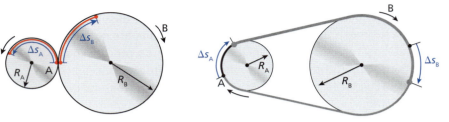

// Figura 1: polias em contato direto. // Figura 2: polias acopladas por correias

Essas duas situações têm grande equivalência conceitual.

Veja que, em ambos os casos, durante um mesmo intervalo de tempo, um ponto periférico na polia **A** sofre um deslocamento escalar linear de mesmo módulo que o sofrido por um ponto periférico na polia **B**. Afinal, na figura 1, um ponto (ou dente) "empurra" o outro sem escorregamento e na figura 2, a correia imprime o mesmo módulo de variação de espaço linear a todos os pontos (ou dentes) periféricos com quem estabelece contato.

Isso significa que:

$$\frac{\Delta s_A}{\Delta t} = \frac{\Delta s_B}{\Delta t} \Rightarrow \boxed{v_A = v_B}$$

> As **velocidades escalares lineares** dos pontos periféricos das polias têm o **mesmo módulo**.

Depreende-se dessa conclusão que:

$$v_A = v_B \Rightarrow 2\pi R_A f_A = 2\pi R_B f_B \Rightarrow \boxed{\frac{f_A}{f_B} = \frac{R_B}{R_A}}$$

> As frequências guardam **proporção inversa** em relação aos respectivos raios.

Decorre também desse estudo que:

$$\frac{f_A}{f_B} = \frac{R_B}{R_A} \Rightarrow \frac{\frac{1}{T_A}}{\frac{1}{T_B}} = \frac{R_B}{R_A} \Rightarrow \boxed{\frac{T_B}{T_A} = \frac{R_B}{R_A}}$$

> Os períodos guardam **proporção direta** em relação aos respectivos raios.

$$v_A = v_B \Rightarrow v_A R_A = v_B R_B \Rightarrow \boxed{\frac{\omega_A}{\omega_B} = \frac{R_B}{R_A}}$$

> As velocidades escalares angulares guardam **proporção inversa** em relação aos respectivos raios.

Exercícios Nível 1

11. Como transportar uma coisa assim?

E.R.

O que você vê na imagem abaixo é a maior lâmina de turbina eólica do mundo a caminho da maior turbina eólica marítima do mundo. São impressionantes 83,5 metros de comprimento por 4,2 metros de largura sendo transportado da Dinamarca, lugar onde foi fabricada, para a Escócia. Um verdadeiro pesadelo logístico. [...]

Disponível em: <www.tecmundo.com.br/energia-eolica/53969-lamina-de-turbina-eolica-de-83-metros-e-transportada-por-caminhoes.htm>. Acesso em: 19 jul. 2018.

// A lâmina da imagem, desenvolvida e produzida pela empresa SSP Technology, percorreu mais de 170 km de estradas.

Imagine essa turbina eólica devidamente montada com o eixo do gerador girando preso às lâminas e em funcionamento em um dia de vento fraco, com frequência constante igual a 5,0 rpm. Considerando-se um ponto **A** na extremidade da lâmina e um ponto **B** distante 56,0 m de **A** sobre a mesma linha radial que contém **A**, adotando-se $\pi \cong 3$, pergunta-se:

a) Quais os módulos, v_A e v_B, das velocidades escalares lineares dos pontos **A** e **B**, em km/h?

b) Qual a intensidade, a, da aceleração vetorial do ponto **A**, em m/s²?

Resolução:

a) (I) Cálculo da frequência de rotação da lâmina em rps ou Hz:

$$f = 5,0 \text{ rpm} = \frac{5,0}{60} \text{ rps ou Hz}$$

$$\boxed{f = \frac{1,0}{12} \text{ Hz}}$$

Essa frequência será comum aos movimentos circulares e uniformes de **A** e de **B**.

(II) Cálculo de v_A:

$$v_A = \left(\frac{\Delta s}{\Delta t}\right)_A = 2\pi R_A f$$

$$v_A = 2 \cdot 3 \cdot 84,0 \cdot \left(\frac{1,0}{12}\right)$$

$$v_A = 42,0 \text{ m/s} = 42,0 \cdot 3,6 \text{ km/h}$$

$$\boxed{v_A = 151,2 \text{ km/h}}$$

(III) Cálculo de v_B:

$$v_B = \left(\frac{\Delta s}{\Delta t}\right)_B = 2\pi R_B f$$

$$v_B = 2 \cdot 3 \cdot (84,0 - 56,0) \cdot \left(\frac{1,0}{12}\right)$$

$$v_B = 14,0 \text{ m/s} = 14,0 \cdot 3,6 \text{ km/h}$$

$$\boxed{v_B = 50,4 \text{ km/h}}$$

b) Os pontos da lâmina girante descrevem movimentos circulares e uniformes e a aceleração vetorial é a centrípeta nas respectivas trajetórias.

Para o ponto **A**, tem-se:

$$a = a_{cp_A} \Rightarrow a = \frac{(v_A)^2}{R_A} \Rightarrow a = \frac{(42,0)^2}{84,0}$$

Da qual:

$$\boxed{a = 21,0 \text{ m/s}^2}$$

12. A música e a dança exercem papel de suma importância na vida social e cultural dos povos indígenas. O povo indígena dança para celebrar diversas situações: a boa colheita, a boa caça, a boa pesca, a chegada da adolescência e também para homenagear os mortos.

Danças como o Toré o Kuarup, a Acyigua e o Kahê-Tuagê influenciaram sobremaneira o folclore e os ritmos típicos de cada região do Brasil, como o Cateretê, o Jacundá e o Gato.

Considere que, em uma dança como a ilustrada na imagem anterior, as oito mulheres se mantenham abraçadas, equidistantes e perfeitamente alinhadas entre si. Elas vão girar em círculo de maneira coordenada e uniforme, que terá como centro a mulher 1, gastando todas 30 s para dar uma volta completa. Considerando as mulheres 8 e 3 distantes 5,0 m entre si e adotando $\pi \cong 3$, pede-se determinar para essas duas mulheres:

a) o módulo da velocidade escalar angular;
b) o módulo da velocidade escalar linear.

13. (Efomm-RJ) Considere uma polia girando em torno de seu eixo central, conforme figura ao lado. As velocidades escalares lineares dos pontos **A** e **B** são, respectivamente, 60 cm/s e 0,3 m/s.

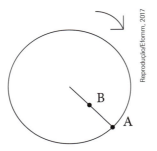

A distância **AB** vale 10 cm. O diâmetro e a velocidade angular da polia, respectivamente valem:

a) 10 cm e 1,0 rad/s
b) 20 cm e 1,5 rad/s
c) 40 cm e 3,0 rad/s
d) 50 cm e 0,5 rad/s
e) 60 cm e 2,0 rad/s

14. (Etec-SP) Em um antigo projetor de cinema, o filme a ser projetado deixa o carretel **F**, seguindo um caminho que o leva ao carretel **R**, onde será rebobinado. Os carretéis são idênticos e se diferenciam apenas pelas funções que realizam. Pouco depois do início da projeção, os carretéis apresentam-se como mostrado na figura, na qual observamos o sentido de rotação que o aparelho imprime ao carretel **R**.

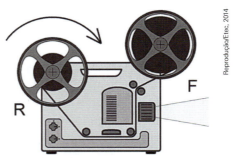

// Os motores do projetor que fazem girar os carretéis **F** e **R** trabalham de modo sincronizado, fazendo com que a película passe diante da lente do equipamento com velocidade escalar constante.

Nesse momento, considerando as quantidades de filmes que os carretéis contêm e o tempo necessário para que o carretel **R** dê uma volta completa,

é correto concluir que o carretel **F** gira em sentido

a) anti-horário e dá mais voltas que o carretel **R**.
b) anti-horário e dá menos voltas que o carretel **R**.
c) horário e dá mais voltas que o carretel **R**.
d) horário e dá menos voltas que o carretel **R**.
e) horário e dá o mesmo número de voltas que o carretel **R**.

15. No esquema abaixo as engrenagens **A**, **B** e **C** têm dentes com iguais dimensões e giram solidárias fazendo parte de um mecanismo multiplicador de velocidades. Os números de dentes em **A**, **B** e **C** são, respectivamente, 16, 12 e 8. Ao eixo da engrenagem **A** está ligada uma manivela que é girada, no sentido horário, por um operador externo, com frequência constante, $f_{operador} = 60$ rpm. Não há qualquer deslizamento entre as peças do sistema.

Com base nessas informações, responda:
a) Em que sentido giram as engrenagens **B** e **C**?
b) Quais as frequências de rotação das engrenagens **A**, **B** e **C**, em rpm?

Resolução:

a) A engrenagem **A** – engrenagem motriz – gira no **sentido horário**, igual ao da manivela fixada a ela, e com a mesma frequência que esta, isto é:

$$f_A = f_{operador} = 60 \text{ rpm}$$

Veja, no esquema abaixo, o sentido de rotação das engrenagens **B** e **C** – engrenagens parasitas.

Engrenagem B: sentido anti-horário.
Engrenagem C: sentido horário.

b) Sendo *d* a largura dos dentes de iguais dimensões das engrenagens, os comprimentos das circunferências periféricas dessas peças ficam expressos por:

$$C_A = 2 \cdot 16d \Rightarrow 2\pi R_A = 2 \cdot 16\,d \Rightarrow R_A = 16\frac{d}{\pi}$$

$$C_B = 2 \cdot 12d \Rightarrow 2\pi R_B = 2 \cdot 12\,d \Rightarrow R_B = 12\frac{d}{\pi}$$

$$C_C = 2 \cdot 8d \Rightarrow 2\pi R_C = 2 \cdot 18 \Rightarrow R_C = 8\frac{d}{\pi}$$

> Os raios das engrenagens são **diretamente proporcionais** aos respectivos números de dentes.

Por outro lado, em situações como essa, em que as engrenagens giram em contato sem escorregamento, os pontos periféricos de todas elas percorrem distâncias iguais em intervalos de tempo iguais.
Isso significa que esses pontos se deslocam com igual **velocidade escalar linear**.
Para as engrenagens **A** e **B**:

$$v_B = v_A \Rightarrow 2\pi R_B f_B = 2\pi R_A f_A$$

De onde se obtém:

$$\frac{f_B}{f_A} = \frac{R_A}{R_B} \Rightarrow \frac{f_B}{60} = \frac{16\frac{d}{\pi}}{12\frac{d}{\pi}}$$

Da qual:

$$\boxed{f_B = 80\text{ rpm}}$$

Para as engrenagens **B** e **C**:

$$v_C = v_B \Rightarrow 2\pi R_C f_C = 2\pi R_B f_B$$

De onde se obtém:

$$\frac{f_C}{f_B} = \frac{R_B}{R_C} \Rightarrow \frac{f_C}{80} = \frac{12\frac{d}{\pi}}{8\frac{d}{\pi}}$$

Da qual:

$$\boxed{f_C = 120\text{ rpm}}$$

> É importante destacar que nesse tipo de acoplamento direto – e em similares – as frequências de rotação das engrenagens e os respectivos raios variam na **proporção inversa**.

16. As engrenagens **A** e **B** da figura abaixo, de raios respectivamente iguais a 10 cm e 24 cm, operam acopladas, sendo que a engrenagem **A** está conectada a um motor que lhe confere uma frequência de rotação constante, igual a 120 rotações por minuto (rpm).

Pede-se determinar o intervalo de tempo, em segundos, gasto pela engrenagem **B** para realizar uma volta completa.

17. Se motos elétricas são opções mais sustentáveis para lidar com o trânsito das grandes cidades, o que dizer de um monociclo elétrico? A Ryno é uma invenção do designer Chris Hoffmann que pode chegar a 40 km/h e percorrer quase 50 km com uma única carga – e sobre uma única roda. [...]

Disponível em: <www.ecodesenvolvimento.org/posts/2011/novembro/designer-apresenta-ryno-um-monociclo-eletrico-para/>. Acesso em: 10 jun. 2018.

Suponha que uma Ryno se desloque de modo que sua roda gire com frequência constante f = 150 rpm, sem escorregamento em relação ao solo. Admitindo-se que a circunferência externa da roda tem raio R = 0,50 m e adotando-se $\pi \cong 3$, pede-se determinar:
a) a velocidade escalar angular da roda, em rad/s;
b) a velocidade escalar de translação do conjunto homem-monociclo elétrico, em km/h.

TÓPICO 5 | MOVIMENTOS CIRCULARES **193**

Exercícios Nível 2

18. Evite imprevistos com a correia dentada

O motorista se lembra de sua existência apenas quando ela se rompe. Só que nessa hora não há mais solução. O carro não sai do lugar e a alternativa é chamar o guincho. O rompimento da correia dentada é um dos motivos mais comuns que levam o carro a ter uma pane no meio da rua. Na madrugada, é uma das peças mais vendidas em auto elétricos. Fazer a manutenção preventiva da correia sincronizada – o nome técnico da correia dentada – é a solução mais rápida (e barata) para evitar aborrecimentos. [...]

Disponível em: <www.estadao.com.br/noticias/geral,evite-imprevistos-com-a-correia-dentada,20041110p10635>. Acesso em: 10 jun. 2018.

Considere as polias **A** e **B** indicadas nesta imagem, que giram sem escorregamento acionadas pela correia dentada de um veículo. Os raios de **A** e **B** estão na proporção $\dfrac{R_A}{R_B} = \dfrac{4}{3}$.

a) Se um ponto da correia dentada percorre dentro do motor uma distância igual a 1,0 m, quanto percorrem, no mesmo intervalo de tempo, pontos periféricos das polias **A** e **B**?

b) Qual a relação entre as frequências de rotação das polias **A** e **B**, isto é, $\dfrac{f_A}{f_B}$?

c) Se, durante certo intervalo de tempo, a polia **A** realiza 120 voltas completas, quantas voltas completas realizará a polia **B** nesse mesmo intervalo?

19. A engrenagem ilustrada na figura seguinte tem raio igual a 6 cm e opera presa ao eixo de um motor que lhe imprime rotação com velocidade angular constante. Esta engrenagem, por sua vez, aciona uma cremalheira, rigidamente acoplada ao topo do portão de uma garagem, abrindo-o ou fechando-o com velocidade horizontal de módulo 15 cm/s.

Com base nessas informações, determine, em rpm, a frequência de rotação do eixo do motor que movimenta a engrenagem e o portão. Considere nos cálculos $\pi \cong 3$.

20. Um trator trafega em linha reta por uma superfície plana e horizontal com velocidade constante de intensidade *v*. Seus pneus, cujas dimensões então indicadas na figura, rolam sobre a superfície sem escorregar.

Em determinado instante, duas listras brancas pintadas nas laterais dos pneus encontram-se nas posições mais baixas de suas trajetórias, como mostra o esquema. Sabendo-se que $\pi \cong 3$ e que a roda dianteira gira com frequência de 5,0 Hz, determine:

a) o valor de *v*;

b) o intervalo de tempo mínimo, *T*, para que as duas listras brancas estejam novamente nas posições mais baixas de suas trajetórias.

Resolução:

a) As velocidades dos pontos periféricos dos pneus em relação aos respectivos eixos das rodas do trator são iguais entre si e têm o mesmo valor da velocidade de translação do veículo em relação ao solo, isto é, v.

Sendo v_D a intensidade da velocidade dos pontos periféricos do pneu dianteiro em relação ao eixo da roda dianteira, o que foi dito significa que:

$$v = v_D \Rightarrow v = 2\pi R_D f_D$$

$$v = 2 \cdot 3 \cdot \frac{0,8}{2} \cdot 5,0$$

Da qual:

$$\boxed{v = 12,0 \text{ m/s}}$$

b) (I) O período de rotação da roda dianteira, T_D, fica determinado fazendo-se:

$$T_D = \frac{1}{f_D} \Rightarrow T_D = \frac{1}{5,0} \text{ s} \Rightarrow \boxed{T_D = 0,2 \text{ s}}$$

(II) Mas, sendo T_T o período de rotação da roda traseira, também deve ocorrer que:

$$v_T = v \Rightarrow \frac{2\pi R_T}{T_T} = v$$

$$\frac{2 \cdot 3 \cdot \frac{2,0}{2}}{T_T} = 12,0$$

$$\frac{6,0}{T_T} = 12,0 \therefore \boxed{T_T = 0,5 \text{ s}}$$

(III) O intervalo de tempo T procurado deve corresponder a um número inteiro de voltas da roda dianteira e também a um número inteiro de voltas da roda traseira. Logo, o valor de T deve ser múltiplo inteiro de T_D e T_T.

Interessa-nos o mínimo múltiplo comum (m. m. c.) entre $T_D = 0,2$ s e $T_T = 0,5$ s.

$$\boxed{T \text{ é o m.m.c. entre } T_D \text{ e } T_T.}$$

Sendo assim:

$$\boxed{T = 1,0 \text{ s}}$$

Nesse caso, a roda dianteira dará cinco voltas enquanto a traseira dará apenas duas.

---

21. A invenção da bicicleta teria ocorrido na China, há mais de 2 500 anos. Há estudiosos, porém, que atribuem a concepção desse veículo, de apenas duas rodas, a Leonardo da Vinci (ou um de seus discípulos), manifestada em desenho existente no *Codex Atlanticus* do final do século XV. Na década de 70 do século XIX, bicicletas denominadas *penny-farthing* eram produzidas em série, mas seu desempenho funcional foi logo rejeitado, principalmente pela discrepância entre os diâmetros das rodas dianteira e traseira, o que causava desconforto e mau manejo ao ciclista. A denominação *penny-farthing* seria uma alusão a duas moedas britânicas em circulação na época. O diâmetro do *penny* era bem maior que o do *farthing*, o que suscitou o pitoresco apelido.

Considere uma bicicleta *penny-farthing* cuja roda traseira tem diâmetro de 0,40 m, igual a um quarto do diâmetro da roda dianteira. Suponha que essa bicicleta esteja em movimento uniforme, com velocidade de 10,8 km/h, ao longo de uma estrada retilínea e horizontal. Imagine que os pneus desse veículo tenham duas pequenas marcas brancas bem visíveis em sua lateral – uma em cada pneu – e que em determinado instante essas marcas estejam, ao mesmo tempo, embaixo, junto ao chão. Adotando-se $\pi \cong 3$, responda:

a) De quanto em quanto tempo as duas marcas brancas se apresentarão, ao mesmo tempo, embaixo, junto ao chão?
b) Qual a relação entre as intensidades das acelerações centrípetas, respectivamente, de um ponto na periferia da roda dianteira e de um ponto na periferia da roda traseira?
c) Qual a forma da trajetória da marca branca existente na roda dianteira da bicicleta em relação a um observador em repouso à beira da estrada? Faça um esboço dessa trajetória.

22. Em uma bicicleta, a propulsão é provocada pela ação muscular do ciclista e se dá por meio de um par de pedais rigidamente acoplados a uma engrenagem denominada coroa. Esta, por meio de uma corrente, é conectada a outra engrenagem, chamada de catraca, que gira solidária à roda traseira do veículo, conforme representa o esquema.

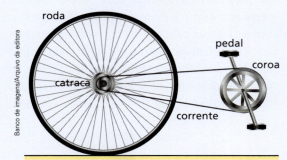

Admitamos que em determinada bicicleta, os raios da coroa e da catraca sejam, respectivamente, 5 cm e 15 cm, que o raio da roda traseira seja 30 cm e que o mecanismo coroa-corrente-catraca opere sem deslizamentos. Adotando-se $\pi \cong 3$ e supondo-se que as rodas da bicicleta não derrapem em relação ao solo, pede-se calcular quantos metros a bicicleta se desloca pela ação exclusiva de uma volta completa no pedal.

Resolução:

(I) Se não há deslizamentos, a intensidade da velocidade dos pontos periféricos da coroa (v_{co}) e da catraca (v_{ca}), bem como dos pontos da corrente, é a mesma, logo:

$$v_{ca} = v_{co} \Rightarrow 2\pi f_{ca} R_{ca} = 2\pi f_{co} R_{co}$$

Da qual:

$$f_{ca} = \frac{R_{co}}{R_{ca}} f_{co}$$

Devemos observar, porém, que:

$$f_{pedais} = f_{co}$$

Assim:

$$f_{ca} = \frac{R_{co}}{R_{ca}} f_{pedais} \quad (1)$$

(II) A intensidade da velocidade de translação da bicicleta em relação ao solo, v_B, deve ser igual à intensidade da velocidade dos pontos periféricos das rodas, v_{ro}, em relação aos respectivos eixos. Com isso:

$$v_B = v_{ro} \Rightarrow v_B = 2\pi R_{ro} f_{ro}$$

Como a catraca opera solidária à roda traseira, podemos afirmar que $f_{ro} = f_{ca}$. Portanto:

$$v_B = 2\pi R_{ro} f_{ca} \quad (2)$$

(III) Substituindo-se (1) em (2), decorre que:

$$\boxed{v_B = 2\pi R_{ro} \frac{R_{co}}{R_{ca}} f_{pedais}}$$

(IV) Fazendo-se $v_B = \dfrac{\Delta s_B}{T_{pedais}}$ e $f_{pedais} = \dfrac{1}{T_{pedais}}$, segue-se que:

$$\frac{\Delta s_B}{T_{pedais}} = 2\pi R_{ro} \frac{R_{co}}{R_{ca}} \cdot \frac{1}{T_{pedais}}$$

$$\Delta s_B = 2\pi R_{ro} \frac{R_{co}}{R_{ca}}$$

Com $\pi \cong 3$, $R_{ro} = 30$ cm $= 0,3$ m, $R_{co} = 15$ cm e $R_{ca} = 5$ cm, vem:

$$\Delta s_B = 2 \cdot 3 \cdot 0,3 \cdot \frac{15}{5}$$

De onde se obtém:

$$\boxed{\Delta s_B = 5,4 \text{ m}}$$

23. A figura ilustra, de forma esquematizada, um sistema de transmissão coroa-catraca de uma bicicleta. Na figura r_a, r_b, r_c e ω_a, ω_b, ω_c identificam, respectivamente, os raios e as velocidades angulares da coroa, da catraca e da roda da bicicleta. Considere a situação em que um ciclista, pedalando em um modelo de bicicleta com $r_a = 10$ cm, $r_b = 5$ cm e $r_c = 40$ cm, mantém velocidade escalar constante em uma bicicleta cujo pedal leva 0,1 segundo para ser deslocado da posição 1 para a posição 2, na horizontal. Considere, ainda, que a bicicleta não sofre deslizamentos. Adote $\pi = 3$.

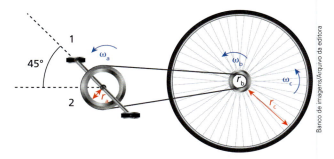

A velocidade escalar da bicicleta é mais próxima de:
a) 2,0 m/s
b) 4,0 m/s
c) 5,0 m/s
d) 6,0 m/s
e) 7,0 m/s

24. A cidade de Macapá, no Brasil, situa-se sobre
E.R. a linha do equador, na latitude $\theta = 0°$. Já a
ilha de Kayak localiza-se no Alasca, Estados
Unidos, na latitude $\theta' = 60°$. Admita a Terra
esférica, com raio igual 6 371 km, e considere exclusivamente, nessa abordagem, o movimento de rotação do planeta em torno de
seu eixo, responsável pela sucessão dos dias
e noites. Adotando-se $\pi \cong 3{,}14$, pede-se determinar:
a) o módulo da velocidade escalar linear de
um corpo em Macapá em relação ao eixo
de rotação da Terra;
b) a relação entre as velocidades escalares
lineares de dois corpos, em Kayak e
Macapá, respectivamente, em relação a
esse eixo;
c) o gráfico do módulo da velocidade escalar
linear de um corpo que vai do Equador ao
Polo Norte em função da latitude.

Resolução:

a) O corpo em Macapá descreve em torno do
eixo da Terra um movimento circular e
uniforme com raio R = 6 371 km e período
T = 24 h.
Logo, o módulo da velocidade escalar
linear desse corpo, v, fica determinado
fazendo-se:

$$v = \frac{\Delta s}{\Delta t} \Rightarrow v = \frac{2\pi R}{T}$$

$$v = \frac{2 \cdot 3{,}14 \cdot 6\,371}{24}$$

Da qual:

$$\boxed{v \cong 1\,667 \text{ km/h}}$$

b) Tanto em Macapá como em Kayak, o período de rotação da Terra é o mesmo:
T = 24 h. Isso significa que nessas duas
localidades, bem como em qualquer outro
ponto do planeta (interno ou em sua superfície), exceto aqueles pertencentes ao
eixo de rotação, a velocidade escalar angular, ω, é a mesma.
Em Kayak, o raio R' da circunferência descrita pelo corpo em torno do eixo da Terra
é menor que em Macapá. Veja a figura a
seguir:

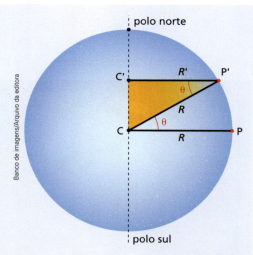

$$\cos \theta = \frac{R'}{R} \Rightarrow R' = R\cos \theta$$

Lembrando-se que $v = \omega R$, vem:

$$\frac{v'}{v} = \frac{\omega R'}{\omega R} \Rightarrow \frac{v'}{v} = \frac{R\cos 60°}{R}$$

De onde se obtém:

$$\boxed{\frac{v'}{v} = \frac{1}{2}}$$

c) O módulo v da velocidade escalar linear de
um corpo que vai do equador ao polo norte
em função da latitude θ desse corpo em
cada instante é dado pela expressão:

$$\boxed{v = \omega R \cos \theta}$$

em que ω e R são constantes.
Logo, à medida que o corpo se desloca do
equador para o polo norte, o ângulo θ cresce de 0° a 90° ao mesmo tempo que $\cos \theta$
decresce de 1,0 a zero, respectivamente.
A curva representativa de $v \times \theta$ é um arco
de cossenoide, como esboçamos a seguir:

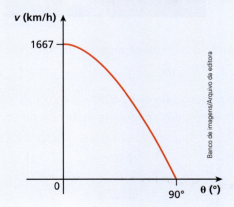

25. (Vunesp) Para a determinação da posição de qualquer objeto sobre a superfície da Terra, o globo terrestre foi dividido por círculos no sentido vertical e no sentido horizontal, conforme a figura.

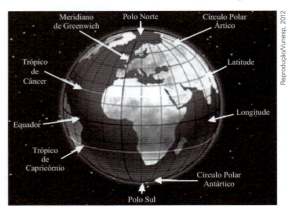

Considere duas pessoas, ambas na superfície da Terra, uma localizada no Equador e outra no Trópico de Câncer. Admitindo-se apenas o movimento de rotação da Terra em torno do seu próprio eixo, pode-se dizer que, para a pessoa localizada no Equador em relação à pessoa localizada no Trópico de Câncer,

a) a aceleração centrípeta será maior e a frequência de rotação, igual.
b) a velocidade angular será maior e a frequência de rotação, menor.
c) a velocidade angular será maior e a frequência de rotação, maior.
d) a aceleração centrípeta será maior e a velocidade de rotação, menor.
e) a velocidade linear será maior e a frequência de rotação, menor.

26. Nos pontos da órbita circular de um satélite artificial da Terra a intensidade do campo gravitacional é igual a g. Sendo T o período de revolução desse satélite, é correto afirmar que o módulo de sua velocidade orbital é igual a:

a) $\pi g T$ b) $2gT$ c) gT d) $\dfrac{gT}{2}$ e) $\dfrac{gT}{2\pi}$

Exercícios Nível 3

27. (UEA/SIS-AM) A vantagem de se construir bases de lançamento de foguetes nas proximidades da linha do equador terrestre é que o foguete já parte com uma velocidade maior, dada pela rotação da Terra. No Brasil, o Centro de Lançamento de Alcântara (CLA) apresenta esse requisito.

(www.cta.br. Adaptado.)

Sendo a velocidade angular de rotação da Terra $\omega = \dfrac{\pi}{12}$ rad/h e supondo-se que no CLA o raio de rotação seja de 6 360 km, a velocidade escalar, em km/h, de um foguete instalado na superfície do CLA é

a) $\dfrac{\pi}{530}$ c) 12π e) 530π

b) $\dfrac{\pi}{350}$ d) 350π

28. (UFPR) Em 10 de setembro de 2008, a Organização Europeia para Pesquisa Nuclear (sigla internacional CERN) ligou pela primeira vez o acelerador de partículas Grande Colisor de Hádrons (LHC, em inglês), máquina com a qual se espera descobrir partículas elementares que comprovarão ou não o modelo atual das partículas nucleares. O colisor foi construído em um gigantesco túnel circular de 27 km de comprimento, situado sob a fronteira entre a Suíça e a França e a uma profundidade de 50 a 120 m. Prótons são injetados no tubo circular do LHC e, após algum tempo em movimento, atingem velocidades próximas à da luz no vácuo (c). Supondo-se que após algumas voltas os prótons atinjam a velocidade escalar constante de $0,18c$, com base nas informações acima e desprezando-se os efeitos relativísticos, determine:

a) quantas voltas os prótons dariam ao longo do túnel no intervalo de um minuto;
b) a velocidade angular desses prótons. Adote $\pi = 3$.
Dado: $c = 3,0 \cdot 10^8$ m/s.

29. (Fuvest-SP) Uma criança com uma bola nas mãos está sentada em um "gira-gira" que roda com velocidade angular constante e frequência $f = 0,25$ Hz.

a) Considerando-se que a distância da bola ao centro do "gira-gira" é 2,0 m, determine os módulos da velocidade $\vec{v}_T$ e da aceleração $\vec{a}$ da bola, em relação ao chão.

Num certo instante, a criança arremessa a bola horizontalmente em direção ao centro do "gira-gira", com velocidade $\vec{v}_R$ de módulo 4,0 m/s, em relação a si.

Determine, para um instante imediatamente após o lançamento:

b) o módulo da velocidade $\vec{U}$ da bola em relação ao chão;

c) o ângulo θ entre as direções das velocidades $\vec{U}$ e $\vec{v}_R$ da bola.

Note e adote:
sen 37° = cos 53° = 0,60
cos 37° = sen 53° = 0,80 e π ≅ 3

30. (Unicamp-SP) Considere um computador que armazena informações em um disco rígido que gira a uma frequência de 120 Hz. Cada unidade de informação ocupa um comprimento físico de 0,2 μm na direção do movimento de rotação do disco. Quantas informações magnéticas passam, por segundo, pela cabeça de leitura, se ela estiver posicionada a 3,0 cm do centro de seu eixo, como mostra o esquema simplificado apresentado abaixo? (Considere π ≅ 3.)

a) $1,62 \cdot 10^6$.
b) $1,8 \cdot 10^6$.
c) $64,8 \cdot 10^8$.
d) $1,08 \cdot 10^8$.

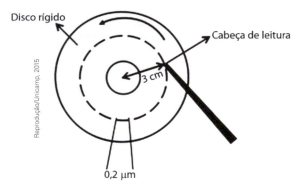

31. (Uern)

Seguir uma trajetória correta nas curvas é algo fundamental para a segurança do motociclista. Na estrada, encontramos o mais variado gênero de curvas: de raio crescente, sucessivas, em variados ângulos. (...) Antes de chegar a uma curva, devemos ter em mente como efetuar a manobra e, supostamente, conhecer a curva em questão. Devemos também decidir qual a velocidade, quando e onde vamos frear, porque nem todos o fazem de idêntico modo. Realizar tudo isto permite circular com superior segurança, porque o nosso cérebro passa a coordenar antecipadamente todas as manobras.

(http://www.motoesporte.com.br/site/dicas/como-fazer-curvas)

Um motociclista percorre uma curva que corresponde a um arco de circunferência de 60° com velocidade escalar constante de 108 km/h e aceleração centrípeta de módulo 2,5 m/s². Considerando-se π = 3, o intervalo de tempo gasto para percorrer toda a curva é

a) 12 s
b) 20 s
c) 15 s
d) 10 s

32. (UEA-AM) Dois objetos, **A** e **B**, estão ligados por um cabo rígido e descrevem movimento circular uniforme. As distâncias dos objetos ao centro comum **C** das trajetórias estão indicadas na figura.

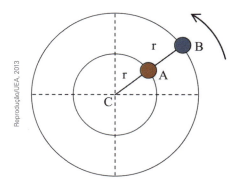

As razões entre as velocidades escalares lineares $\dfrac{v_B}{v_A}$ e os módulos das acelerações centrípetas $\dfrac{a_B}{a_A}$ são, respectivamente,

a) 2 e 4
b) 1 e 2
c) 1 e 1
d) 2 e 1
e) 2 e 2

33. (Uninove-SP) Para prender uma broca ao mandril de uma furadeira, utiliza-se uma ferramenta especialmente desenhada para esse fim. A chave de mandril, como é denominada, consiste em uma pequena engrenagem que se acopla à engrenagem do cilindro do mandril e que, ao ser girada, fecha as pinças que seguram a broca.

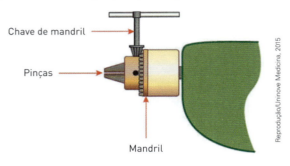

Sabendo-se que a engrenagem da chave de mandril tem 10 dentes e que a engrenagem do cilindro do mandril tem 40 dentes, se a chave de mandril é girada com velocidade angular de 2,0 rad/s, o cilindro do mandril é girado com velocidade angular, em rad/s, igual a

a) 4   b) 1   c) $\frac{1}{4}$ d) $\frac{1}{2}$ e) 2

34. (Unesp-SP) A figura a seguir representa, de forma simplificada, parte de um sistema de engrenagens que tem a função de fazer girar duas hélices idênticas, H_1 e H_2. Um eixo ligado a um motor gira com velocidade angular constante e nele estão rigidamente presas duas engrenagens, **A** e **B**. Esse eixo pode movimentar-se horizontalmente, assumindo a posição 1 ou a posição 2. Na posição 1, a engrenagem **B** acopla-se à engrenagem **C** e, na posição 2, a engrenagem **A** acopla-se à engrenagem **D**. Com as engrenagens **B** e **C** acopladas, a hélice H_1 gira com velocidade angular ω_1 e, com as engrenagens **A** e **D** acopladas, a hélice H_2 gira com velocidade angular ω_2.

POSIÇÃO 1

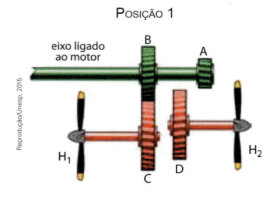

POSIÇÃO 2

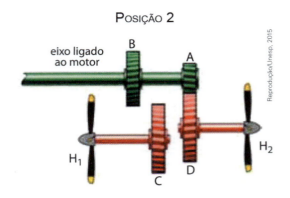

Considere r_A, r_B, r_C e r_D os raios das engrenagens **A**, **B**, **C** e **D**, respectivamente. Sabendo que $r_B = 2r_A$ e que $r_C = r_D$, é correto afirmar que a relação $\frac{\omega_1}{\omega_2}$ é igual a

a) 1,0.   c) 0,5.   e) 2,2.
b) 0,2.   d) 2,0.

35. (Unesp-SP) Um pequeno motor a pilha é utilizado para movimentar um carrinho de brinquedo. Um sistema de engrenagens transforma a velocidade de rotação desse motor na velocidade de rotação adequada às rodas do carrinho. Esse sistema é formado por quatro engrenagens, **A**, **B**, **C** e **D**, sendo que **A** está presa ao eixo do motor, **B** e **C** estão presas a um segundo eixo e **D** a um terceiro eixo, no qual também estão presas duas das quatro rodas do carrinho.

(www.mecatronicaatual.com.br. Adaptado.)

Nessas condições, quando o motor girar com frequência f_M, as duas rodas do carrinho girarão com frequência f_R. Sabendo que as engrenagens **A** e **C** possuem 8 dentes, que as engrenagens **B** e **D** possuem 24 dentes, que os dentes das engrenagens são todos iguais, que não há escorregamento entre as engrenagens e que $f_M = 13{,}5$ Hz, é correto afirmar que f_R, em Hz, é igual a:

a) 1,5   d) 1,0
b) 3,0   e) 2,5
c) 2,0

36. (Enem) A invenção e o acoplamento entre engrenagens revolucionaram a ciência na época e propiciaram a invenção de várias tecnologias, como os relógios. Ao construir um pequeno cronômetro, um relojoeiro usa o sistema de engrenagens mostrado. De acordo com a figura, um motor é ligado ao eixo e movimenta as engrenagens fazendo o ponteiro girar. A frequência do motor é de 18 rpm, e o número de dentes das engrenagens está apresentado no quadro.

Engrenagem	Dentes
A	24
B	72
C	36
D	108

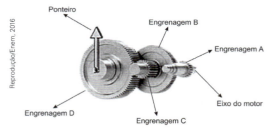

A frequência de giro do ponteiro, em rpm, é
a) 1   b) 2   c) 4   d) 81   e) 162

37. O estudo do movimento circular e uniforme introduz algumas noções próprias dos movimentos periódicos, como período e frequência. Traz também o conceito de velocidade angular e aceleração centrípeta, este último associado a todos os movimentos curvilíneos.

Na foto abaixo, um caminhão percorre uma pista circular de raio 120 m mantendo velocidade escalar constante igual a 108 km/h. As rodas dianteiras desse veículo têm diâmetro menor que as traseiras, sendo de 60 cm e 80 cm tais diâmetros, respectivamente.

Com base nessas informações, pede-se determinar:
a) a intensidade da aceleração vetorial do caminhão;
b) a relação entre as velocidades angulares das rodas traseiras e dianteiras;
c) o número de voltas que as rodas dianteiras dão a mais que as traseiras quando o caminhão realiza uma volta completa na pista.

38. (Fuvest-SP) Para suportar acelerações elevadas, um piloto de caça foi treinado em uma grande centrífuga com frequência de 20 rotações por minuto (rpm). A figura mostra o comportamento do módulo da aceleração angular α da centrífuga, em função do tempo, desde t = 0 até o instante t = 14 s, em que ela adquire a frequência de 20 rpm.

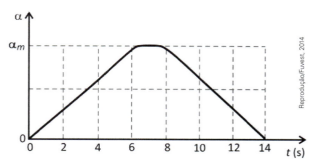

O valor máximo do módulo da aceleração, α_m, é próximo de
a) 0,15 rad/s²   c) 0,70 rad/s²   e) 25 rad/s²
b) 0,25 rad/s²   d) 15 rad/s²
Adote $\pi \cong 3$.

39. (Fuvest-SP) De férias em Macapá, cidade brasileira situada na linha do equador e a 51 de longitude oeste, Maria faz um *selfie* em frente ao monumento do marco zero do equador. Ela envia a foto a seu namorado, que trabalha em um navio ancorado próximo à costa da Groenlândia, a 60° de latitude norte e no mesmo meridiano em que ela está. Considerando-se apenas os efeitos da rotação da Terra em torno de seu eixo, determine, para essa situação,
a) a velocidade escalar v_M de Maria;
b) o módulo a_M da aceleração de Maria;
c) a velocidade escalar v_n do namorado de Maria;
d) a medida do ângulo α entre as direções das acelerações de Maria e de seu namorado.

> **Note e adote:**
> Maria e seu namorado estão parados em relação à superfície da Terra.
> As velocidades e acelerações devem ser determinadas em relação ao centro da Terra.
> Considere a Terra uma esfera com raio $6 \cdot 10^6$ m.
> Duração do dia $8 \cdot 10^4$ s.
> $\pi \cong 3$
> Ignore os efeitos da translação da Terra em torno do Sol.
> sen 30° = cos 60° = 0,5
> sen 60° = cos 30° = 0,9

Para raciocinar um pouco mais

40. Suponha que fosse possível um pequeno satélite realizar translações em torno da Terra, admitida perfeitamente esférica, em uma órbita rasante (muito próxima ao solo) coincidente com a linha do Equador. Se ao comprimento dessa órbita fosse acrescido 1,0 m, a que altura x em relação do chão orbitaria o satélite?

41. Atualmente, gravitam ao redor da Terra centenas de satélites artificiais de várias nacionalidades, destacando-se os satélites **estacionários** (em repouso relativamente a um determinado ponto da superfície do planeta) e os satélites **polares**. Os estacionários, utilizados em telecomunicações, gravitam no plano do Equador em órbita circular alta, com raio próximo de 42 500 km. Já os polares, utilizados em monitoramento e mapeamento geográfico, meteorologia e espionagem, gravitam no plano que contém os polos Norte e Sul em órbitas baixas, com raios diversos que variam de 6 700 km a 8 400 km.

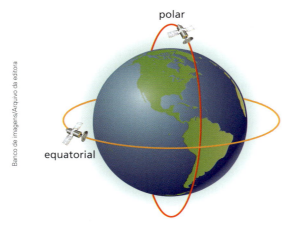

Suponha que um determinado satélite polar, em órbita circular de raio 8 400 km, ao passar duas vezes consecutivas por um mesmo ponto de sua órbita, o faça sobre dois meridianos terrestres alternados, intercalados por dois fusos horários. Adotando-se $\pi \cong 3$, pede-se responder:

a) Qual a velocidade escalar linear desse satélite polar, em km/h?
b) Em um período de 24 h, quantas vezes esse satélite passa sobre a cidade de Macapá, situada na Amazônia Brasileira, sobre a linha do Equador?
c) De quanto em quanto tempo esse satélite passa pela reta radial à esfera terrestre que contém um mesmo satélite estacionário?

42. Um disco horizontal dotado de um furo circular gira horizontalmente em rotação uniforme com frequência f, conforme ilustra o esquema a seguir. Uma bola, cujo diâmetro é pouco menor que o desse furo, será abandonada do repouso de uma altura H em relação à superfície girante e deverá despencar verticalmente em queda livre de modo a trespassar o furo existente no disco enquanto este realiza um número N (inteiro) de voltas.

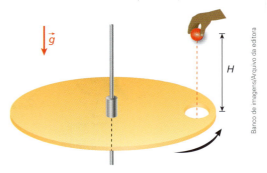

Sendo g a intensidade da aceleração da gravidade, pede-se:

a) determinar o valor de N em função de H, g e f;
b) esboçar o gráfico de N em função de H.

43. Considere um satélite artificial em órbita circular contida no plano do Equador, no mesmo sentido da rotação da Terra, com período de translação igual à T_S. Sabendo-se que esse satélite é visualizado a pino (no Zênite) sobre a cidade de Macapá a cada três dias, pede-se determinar, em horas, o valor de T_S nos seguintes casos:

a) a velocidade angular do satélite em sua órbita é maior que a velocidade angular de rotação da Terra;
b) a velocidade angular do satélite em sua órbita é menor que a velocidade angular de rotação da Terra.

44. Para aprimorar suas habilidades em curvas relativamente fechadas, um piloto de motocicletas partiu do repouso no instante $t_0 = 0$ em uma pista circular de raio R, realizou seu treinamento e voltou ao repouso no instante $t = 135$ s, ao completar 25 voltas na trajetória.

O gráfico da velocidade escalar, v, em função do tempo, t, dado abaixo, traduz esse evento cinemático.

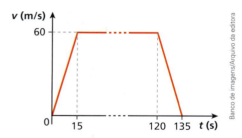

Desprezando-se as dimensões do conjunto piloto-moto e adotando-se $\pi \cong 3$, pede-se determinar:
a) o valor de R, em metros;
b) a velocidade escalar angular do conjunto piloto-moto, ω, em rad/s, entre os instantes t = 15 s e t = 120 s;
c) a intensidade da aceleração vetorial do conjunto piloto-moto, a, em m/s², no instante t = 132 s.

45. O LHC (Large Hadron Collider) é o maior acelerador de partículas em operação no mundo, estando localizado na fronteira entre a França e a Suíça. Sua forma é circular, com cerca de 27 km de comprimento, e sua instalação é subterrânea, a uma profundidade média de 100 m. Nesse equipamento feixes de prótons, núcleos atômicos e íons de chumbo são acelerados por potentes campos elétricos e magnéticos até velocidades da ordem da velocidade da luz no vácuo, sofrendo depois disso colisão com outras partículas. Desse impacto, resultam partículas ainda menores, similares às que existiam logo depois do instante primordial: o *big-bang*. Com isso, fica possível um "olhar ao passado", que permite aos cientistas identificarem características que existiam nos primórdios do Universo.

Suponha que um próton parta do repouso no LHC e acelere uniformemente até atingir a velocidade escalar linear de 0,6c (c = 3,0 · 10⁸ m/s) depois de 1,0 s.

Não se levando em conta efeitos relativísticos, responda:
a) Qual intensidade da aceleração escalar angular do próton durante sua arrancada?
b) Quantas voltas o próton dá no LHC, aproximadamente, durante seu primeiro segundo de movimento?

46. No esquema abaixo estão representadas, fora de escala, duas polias, **A** e **B**, rigidamente acopladas entre si e trespassadas pelo eixo de um motor em **O**. O raio de **A** é R_A = 40 cm e o de **B** é R_B = 30 cm. Em **A** e **B** estão enrolados fios ideais que prendem em suas extremidades livres dois blocos, 1 e 2, de dimensões desprezíveis, inicialmente distantes 4,0 m do nível horizontal que contém o eixo **O**.

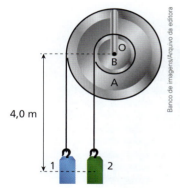

Num determinado instante, o motor é ligado, impondo ao seu eixo uma aceleração escalar angular de módulo 0,2 rad/s², o que faz as polias girarem no sentido horário a partir do repouso e os blocos subirem.
a) Qual dos blocos, 1 ou 2, atinge primeiro o nível horizontal que contém o eixo **O**?
b) Depois de quanto tempo da situação inicial o bloco "vencedor" atinge esse nível?

DESCUBRA MAIS

1. Uma das maiores façanhas da Matemática em todos os tempos foi, sem dúvida, a medição do comprimento da circunferência da Terra e, consequentemente, do raio do planeta, realizada pelo grego de Sirene (território atual da Líbia), **Eratóstenes** (~276 a.C.-194 a.C.).
Pesquise sobre o método utilizado pelo matemático e como ele obteve seu resultado. O valor encontrado por Eratóstenes foi muito destoante do valor atual do raio da Terra, estimado em 6 371 km?

UNIDADE 2
Dinâmica

$$\frac{K(\Delta x)^2}{2}$$

Na preparação de um atleta de ponta, especializado em provas de 100 metros rasos ou em corridas de meio-fundo (de 800 a 3 000 metros), ou mesmo de fundo (de 5 000 metros à maratona), tudo deve ser muito bem planejado e monitorado. O treinamento e a alimentação do esportista, seu peso, as capacidades aeróbica e de aceleração, além da velocidade escalar média, são realmente decisivos. Até o calçado mais adequado deve ser levado em conta com vistas a se obterem resultados mais contundentes ou até mesmo recordes.

Em **Dinâmica**, estudam-se os movimentos juntamente com as causas que os produzem e modificam. Nesse estudo comparecem as grandezas físicas massa, força, trabalho, energia, impulso e quantidade de movimento, entre outras.

$$\tau_{\vec{P}} = Ph = mgh$$

$$\vec{F} = \vec{F}_1 + \vec{F}_2 + \ldots + \vec{F}_n$$

$$F = ma = m\frac{\Delta v}{\Delta t} = m\frac{(v - v_0)}{\Delta t}$$

$$E_m = \frac{mv^2}{2} + mgh$$

$$E_e = \frac{K(\Delta x)^2}{2}$$

$$Pot = \lim_{\Delta t \to 0} Pot_m = \lim_{\Delta t \to 0} \frac{\tau}{\Delta t}$$

$$\vec{I}_{total} = \Delta \vec{Q} \Rightarrow \vec{I}_{total} = \vec{Q}_{final} - \vec{Q}_{inicial}$$

NESTA UNIDADE VAMOS ESTUDAR:

- **Tópico 1:** Os princípios da Dinâmica
- **Tópico 2:** Atrito entre sólidos
- **Tópico 3:** Resultantes tangencial e centrípeta
- **Tópico 4:** Gravitação
- **Tópico 5:** Movimentos em campo gravitacional uniforme
- **Tópico 6:** Trabalho e potência
- **Tópico 7:** Energia mecânica e sua conservação
- **Tópico 8:** Quantidade de movimento e sua conservação

TÓPICO 1
Os princípios da Dinâmica

// Nesta imagem, atletas com traje de *wingsuit* saltam sobre Koror, Palau.

O *wingsuit* é um esporte radical em que os praticantes têm incríveis momentos de homens-pássaros. Trajando roupas aerodinâmicas, especialmente desenhadas para essa modalidade, paraquedistas realizam longos movimentos de descida sob a ação da gravidade e das forças de resistência do ar.

Considerando-se uma queda vertical, enquanto a intensidade do peso do esportista supera a magnitude da força de resistência do ar, o movimento é acelerado, tornando-se uniforme a partir do instante em que essas forças se equilibram.

No tópico que aqui iniciamos, estudaremos as **Leis de Newton**, fundamentais na análise das causas que produzem e modificam os movimentos. Nesse estudo, serão adicionadas duas grandezas físicas essenciais ao desenvolvimento da Mecânica: **força** e **massa**.

Bloco 1

1. Introdução

Vivemos em um Universo em movimento. Galáxias se movem, o mesmo acontece com estrelas, planetas, asteroides, satélites, cometas e meteoros. Uma pedra em queda, uma pessoa caminhando, um ônibus se deslocando ou um elétron se movimentando no interior de um acelerador de partículas são situações de movimento que exigem análise e compreensão.

Os movimentos fascinam o espírito indagador humano desde os mais remotos tempos. Muitos pensadores formularam hipóteses na tentativa de explicá-los. O filósofo grego Aristóteles apresentou teorias que vigoraram por muitos séculos, pois se adequavam ao pensamento religioso da época. Posteriormente, entretanto, suas ideias foram em grande parte refutadas por Galileu Galilei. Depois deste, seguiram-se Isaac Newton e Albert Einstein, que deram sustentação matemática às teorias já existentes e ampliaram o conhecimento sobre os movimentos.

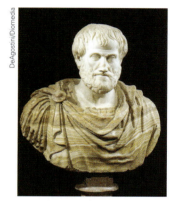

Aristóteles (384 a.C.-322 a.C.). Considerado um dos maiores pensadores do Ocidente, nasceu na Grécia, na cidade de Estagira (hoje Stavros), dominada na época pelos macedônios. Discípulo de Platão, durante grande parte da sua vida viveu em Atenas, onde produziu obras de importância fundamental para o desenvolvimento do pensamento humano, abrangendo praticamente todos os assuntos de interesse para a Filosofia e a Ciência. Seus postulados constituem a base da lógica e muitas de suas citações sobre os movimentos tiveram, no mínimo, relevância histórica, já que estimularam outros pensadores a iniciar uma discussão mais fundamentada sobre o assunto.

Galileu Galilei (1564-1642). Italiano de Pisa, é considerado o fundador da Ciência Moderna pela introdução do **método científico** – compreensão e comprovação das leis da natureza por meio da experimentação sistemática. Estudou a queda dos corpos e inventou uma série de instrumentos científicos ligados à Hidrostática e à Astronomia. Desenvolveu o telescópio, que lhe permitiu observar a Lua, os anéis de Saturno e as manchas solares. Deu forte apoio à teoria heliocêntrica de Copérnico, o que lhe custou enfrentamentos com a Igreja, a qual o obrigou a abjurar perante um tribunal da Inquisição.

// Retrato de **Galileu** Galilei, pintado por Domenico Robusti, conhecido por il Tintoretto.

Isaac Newton (1642-1727). Inglês de Woolstorpe, fundamentou-se nos trabalhos de Galileu para apresentar as leis do movimento em seu livro *Philosophiae Naturalis Principia Mathematica*. Elaborou a importantíssima Lei da Atração das Massas, que deu à Física e à Astronomia explicações essenciais. Formulou teorias sobre Óptica e estudou a decomposição da luz branca nos prismas. Ao perceber que a matemática da época era insuficiente para descrever completamente os fenômenos físicos conhecidos, desenvolveu o Cálculo Diferencial Integral, abrindo novos horizontes aos pesquisadores. Segundo Voltaire, Newton seria "o maestro que regeria a orquestra quando, um dia, todos os gênios do mundo se reunissem".

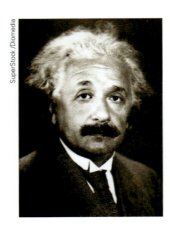

Albert Einstein (1879-1955). Alemão de Ulm, publicou, em 1905, a Teoria da Relatividade Restrita ao descobrir que os princípios da Mecânica Clássica de Galileu e Newton eram inadequados para descrever movimentos de corpos a velocidades próximas à da luz no vácuo ($c \cong 3{,}0 \cdot 10^8$ m/s). Na sua teoria, os conceitos de comprimento, massa e tempo adquiriram caráter relativo, já que dependiam da velocidade do corpo considerado. Einstein, homem genial, foi distinguido com o Nobel de Física, em 1921, por trabalhos sobre o efeito fotoelétrico. Estabeleceu a relação de transformação de massa em energia, o que, para sua tristeza, serviu de base para a construção de bombas atômicas.

A Dinâmica é a parte da Mecânica que estuda os movimentos, considerando os fatores que os produzem e modificam. Nessa parte da Física, aparecem as leis que regem os movimentos, envolvendo os conceitos de massa, força e energia, entre outros. Em nosso curso, abordaremos a chamada Mecânica Clássica, que é baseada nos pensamentos de Galileu e Newton. No final do volume 3, apresentaremos os fundamentos da Mecânica Relativística de Einstein.

2. O efeito dinâmico de uma força

Na Cinemática, estudamos diversas situações em que a aceleração vetorial não era nula, ou seja, as partículas movimentavam-se com velocidade vetorial variável. É o que acontece, por exemplo, nos movimentos acelerados, em que há aumento do módulo da velocidade no decorrer do tempo. Entretanto, esses movimentos de aceleração não nula foram apresentados sem que fosse feita uma pergunta fundamental: quem é o agente físico causador da aceleração? E a resposta aqui está: é a **força**.

Somente sob a ação de uma força é que uma partícula pode ser acelerada, isto é, pode experimentar variações de velocidade vetorial ao longo do tempo.

Diz-se, então, que:

> **Força** é o agente físico cujo efeito dinâmico é a aceleração.

JÁ PENSOU NISTO?

Aceleradíssimos!

Os *dragsters* são veículos capazes de arrancar com acelerações elevadíssimas se comparadas às dos carros comuns, conseguindo atingir 500 km/h em apenas 8 s, depois de partirem do repouso. Isso se deve a um motor especial, de grande potência, instalado em uma estrutura leve e de aerodinâmica adequada. Para obter essa aceleração, os *dragsters* requerem uma força propulsora externa que é aplicada pelo solo sobre as rodas motrizes traseiras.

208 UNIDADE 2 | DINÂMICA

3. Conceito de força resultante

Consideremos o arranjo experimental representado na figura ao lado, em que um bloco, apoiado em uma mesa horizontal e lisa, é puxado horizontalmente pelas garotas **A** e **B**.

A garota **A** puxa o bloco para a direita, aplicando-lhe uma força $\vec{F}_A$. A garota **B**, por sua vez, puxa o bloco para a esquerda, exercendo uma força $\vec{F}_B$.

Se apenas **A** puxasse o bloco, este seria acelerado para a direita, com aceleração $\vec{a}_A$. Se, entretanto, apenas **B** puxasse o bloco, este seria acelerado para a esquerda, com aceleração $\vec{a}_B$.

Supondo que **A** e **B** puxem o bloco conjuntamente, observaremos como produto final uma aceleração $\vec{a}$, que poderá ter características diversas. Tudo dependerá da intensidade de $\vec{F}_A$ comparada à de $\vec{F}_B$:

- Se $|\vec{F}_A| > |\vec{F}_B|$, notaremos $\vec{a}$ dirigida para a direita;
- se $|\vec{F}_A| = |\vec{F}_B|$, teremos $\vec{a} = \vec{0}$;
- se $|\vec{F}_A| < |\vec{F}_B|$, $\vec{a}$ será orientada para a esquerda.

A **força resultante** de $\vec{F}_A$ e $\vec{F}_B$ equivale a uma força única que, atuando sozinha, imprime ao bloco a mesma aceleração $\vec{a}$ que $\vec{F}_A$ e $\vec{F}_B$ imprimiriam se agissem em conjunto.

Considere a partícula da figura ao lado submetida à ação de um sistema de *n* forças.

A resultante ($\vec{F}$) desse sistema de forças é a soma vetorial das *n* forças que o compõem:

$$\vec{F} = \vec{F}_1 + \vec{F}_2 + \ldots + \vec{F}_n$$

> **NOTA!**
>
> A resultante $\vec{F}$ não é uma força a mais a agir na partícula; $\vec{F}$ é apenas o resultado de uma adição vetorial.

Exercícios — Nível 1

1. Uma partícula está sujeita à ação de três forças, $\vec{F}_1$, $\vec{F}_2$ e $\vec{F}_3$, cuja resultante é nula. Sabendo que $\vec{F}_1$ e $\vec{F}_2$ são perpendiculares entre si e que suas intensidades valem, respectivamente, 6,0 N e 8,0 N, determine as características de $\vec{F}_3$.

Resolução:

Inicialmente, temos que:

> Se a resultante de três forças aplicadas em uma partícula é nula, então as três forças devem estar contidas no mesmo plano.

No caso, $\vec{F}_1$ e $\vec{F}_2$ determinam um plano. A força $\vec{F}_3$ (equilibrante da soma de $\vec{F}_1$ e $\vec{F}_2$) deve pertencer ao plano de $\vec{F}_1$ e de $\vec{F}_2$ e, além disso, ser oposta em relação à resultante de $\vec{F}_1$ e $\vec{F}_2$.

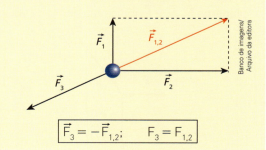

$$\vec{F}_3 = -\vec{F}_{1,2}; \quad F_3 = F_{1,2}$$

A intensidade de $\vec{F}_3$ pode ser calculada pelo **Teorema de Pitágoras**:

$$F_3^2 = F_1^2 + F_2^2 \Rightarrow F_3^2 = (6,0)^2 + (8,0)^2$$

$$\boxed{F_3 = 10\ N}$$

Respondemos, finalmente, que as características de $\vec{F}_3$ são:

- **intensidade**: 10 N;
- **direção**: a mesma da resultante de $\vec{F}_1$ e $\vec{F}_2$;
- **sentido**: contrário ao da resultante de $\vec{F}_1$ e $\vec{F}_2$.

2. Nos esquemas de I a IV, é representada uma partícula e todas as forças que agem sobre ela. As forças têm a mesma intensidade F e estão contidas em um mesmo plano. Em que caso (ou casos) a força resultante na partícula é certamente nula?

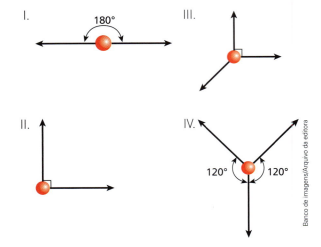

Exercícios Nível 2

3. Com base no sistema de forças coplanares de mesma intensidade, representado abaixo, indique a alternativa correta:

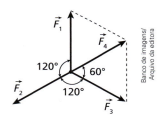

a) $\vec{F}_1$ é resultante da soma de $\vec{F}_2$ e $\vec{F}_3$.
b) $\vec{F}_2 + \vec{F}_3 + \vec{F}_4 = \vec{0}$.
c) $\vec{F}_2$ é resultante da soma de $\vec{F}_1$, $\vec{F}_3$ e $\vec{F}_4$.
d) $\vec{F}_1 + \vec{F}_2 + \vec{F}_3 = \vec{0}$.
e) $\vec{F}_2$ é resultante da soma de $\vec{F}_1$ e $\vec{F}_3$.

4. Um ponto material está sob a ação das forças coplanares $\vec{F}_1$, $\vec{F}_2$ e $\vec{F}_3$ indicadas na figura abaixo.

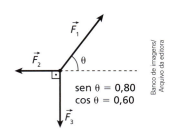

sen θ = 0,80
cos θ = 0,60

Sabendo que as intensidades de $\vec{F}_1$, $\vec{F}_2$ e $\vec{F}_3$ valem, respectivamente, 100 N, 66 N e 88 N, calcule a intensidade da força resultante do sistema.

5. (PUC-SP) Os esquemas seguintes mostram um barco sendo retirado de um rio por dois homens. Em (a), são usadas cordas que transmitem ao barco forças paralelas de intensidades F_1 e F_2. Em (b), são usadas cordas inclinadas de 90° que transmitem ao barco forças de intensidades iguais às anteriores.

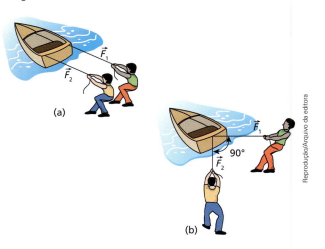

Sabe-se que, no caso (a), a força resultante transmitida ao barco tem valor 700 N e, no caso (b), 500 N. Nessas condições, calcule F_1 e F_2.

Bloco 2

4. Equilíbrio de uma partícula

Dizemos que uma partícula está em **equilíbrio** em relação a um dado referencial quando a resultante das forças que nela agem é nula.

Distinguem-se dois tipos de equilíbrio para uma partícula: equilíbrio **estático** e equilíbrio **dinâmico**.

Equilíbrio estático

Dizemos que uma partícula está em **equilíbrio estático** quando se apresenta em repouso em relação a um dado referencial.

Estando em equilíbrio estático, uma partícula tem velocidade vetorial constante e nula ($\vec{v}$ = constante = $\vec{0}$).

Considere, por exemplo, a situação da figura abaixo, em que um homem pendurou no teto de uma sala uma pequena esfera, utilizando um cordão. Suponha que ele tenha associado a um dos cantos da sala um referencial cartesiano, formado pelos eixos **x** (abscissas), **y** (ordenadas) e **z** (cotas).

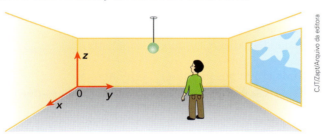

Se a posição da esfera é invariável em relação ao referencial adotado, temos aí uma situação de equilíbrio estático. A esfera está em repouso (velocidade vetorial nula) e a resultante das forças que nela agem é nula.

Equilíbrio dinâmico

Dizemos que uma partícula está em **equilíbrio dinâmico** quando se apresenta em movimento retilíneo e uniforme (MRU) em relação a um dado referencial.

Estando em equilíbrio dinâmico, uma partícula tem velocidade vetorial constante e não nula ($\vec{v}$ = constante $\neq \vec{0}$).

Um exemplo em que se pode analisar o equilíbrio dinâmico é o lançamento de uma nave espacial da Terra rumo a um astro distante. Inicialmente seu movimento é acelerado sob a ação dos sistemas propulsores em franco funcionamento.

Ao atingir regiões do espaço onde as influências gravitacionais são desprezíveis, entretanto, os sistemas propulsores podem ser desligados. Com esses sistemas desligados a nave não para; segue em movimento retilíneo e uniforme, mantendo constante a velocidade que tinha no instante do desligamento.

Livre de ações gravitacionais significativas e com os sistemas propulsores desligados, a nave encontra-se em equilíbrio dinâmico.

5. Conceito de inércia

Inércia é a tendência dos corpos em conservar sua velocidade vetorial.

Exemplifiquemos o conceito de inércia abordando uma situação conhecida de todos: trata-se do corriqueiro caso do passageiro que viaja de pé no corredor de um ônibus.

Suponhamos que o ônibus esteja parado diante de um semáforo. Quanto valem as velocidades do ônibus e do passageiro em relação à Terra? Zero! Então, o ônibus arranca e, como se diz na linguagem cotidiana, o passageiro é jogado para trás. Nesse instante, ele está manifestando **inércia de repouso**, pois tende a continuar, em relação à Terra, parado no mesmo lugar. É importante frisar que, em relação à Terra, o passageiro não foi "jogado para trás": na realidade, seu corpo apenas manifestou uma tendência de manter a velocidade nula.

Vamos supor ainda que o ônibus esteja viajando por uma estrada retilínea, plana e horizontal, com velocidade de 60 km/h. Quanto vale a velocidade do passageiro, nesse caso, em relação à Terra? Também 60 km/h. Então, o ônibus freia bruscamente e o passageiro é "atirado para a frente". Nessa situação, ele está manifestando **inércia de movimento**, pois tende a continuar, em relação à Terra, com a mesma velocidade (60 km/h), em movimento retilíneo e uniforme. É importante destacar que, em relação à Terra, o passageiro não foi "atirado para a frente": na realidade, seu corpo apenas manifestou uma tendência de manter a velocidade anterior à freada.

O passageiro entrará em movimento a partir do repouso ou será freado a partir de 60 km/h se receber do meio que o cerca uma **força**. Só com a aplicação de uma força externa adequada é que suas tendências inerciais serão vencidas e, consequentemente, sua velocidade vetorial será alterada.

Com base no que foi exposto, podemos concluir:

> Tudo o que possui matéria tem inércia.
> A inércia é uma característica própria da matéria.

E ainda:

> Para que as tendências inerciais de um corpo sejam vencidas, é necessária a intervenção de força externa.

6. O Princípio da Inércia (1ª Lei de Newton)

Este princípio está implícito nos itens anteriores. Vamos agora formalizá-lo por meio de dois enunciados equivalentes.

1º Enunciado

> Se a força resultante sobre uma partícula é nula, ela permanece em repouso ou em movimento retilíneo e uniforme, por inércia.

Como exemplo, admitamos um grande lago congelado, cuja superfície é perfeitamente lisa, plana e horizontal. No local, não há presença de ventos, e a influência do ar é desprezível. Num caminhão parado no meio do lago, a força resultante é nula. Se o motorista tentar arrancar com o veículo, não conseguirá, pois, devido à inexistência de atrito, o caminhão permanecerá "patinando", sem sair do lugar.

CJT/Zapt/Arquivo da editora

// Quando em **repouso**, enquanto a força resultante for nula, o caminhão permanecerá em repouso, por inércia.

Vamos supor, no entanto, que, de algum modo, o caminhão seja colocado em movimento. Nesse caso, sua velocidade será constante, ou seja, o veículo seguirá em linha reta, em movimento uniforme. Se o motorista virar o volante para qualquer lado ou acionar os freios, nada ocorrerá. Pelo fato de a força externa resultante ser nula, o movimento do caminhão não será afetado.

// Quando em **movimento**, enquanto a força externa resultante for nula, o caminhão seguirá em movimento retilíneo e uniforme (MRU), por inércia.

2º Enunciado

> Um corpo livre de uma força externa resultante é incapaz de variar sua própria velocidade vetorial.

Para entender o Princípio da Inércia sob esse ponto de vista, analisemos o exemplo a seguir.

Na figura abaixo, está representada uma mesa plana, horizontal e perfeitamente lisa, sobre a qual um bloco, preso por um fio inextensível, realiza um movimento circular e uniforme (MCU) em torno do centro **O**.

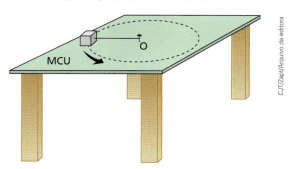

Nesse caso, embora tenha módulo constante, a velocidade vetorial do bloco varia em direção de ponto para ponto da trajetória. Quem provoca essa variação na direção da velocidade? É a força aplicada pelo fio que, em cada instante, tem a direção do raio da circunferência e está dirigida para o centro **O**. É ela quem mantém o bloco em movimento circular.

Suponha que, em dado instante, o fio se rompa. O bloco "escapará pela tangente", passando a descrever, sobre a mesa, um movimento retilíneo e uniforme (MRU).

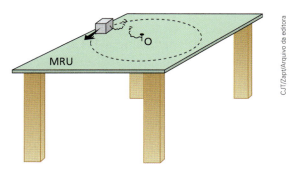

Pode-se concluir, então, que, eliminada a força exercida pelo fio, o bloco torna-se incapaz de, por si só, variar sua velocidade vetorial. Ele segue, por inércia, em trajetória reta com velocidade constante.

Note que, para variar a velocidade vetorial de um corpo, é necessária a intervenção de uma força resultante, fruto das ações de agentes externos ao corpo. Sozinho (livre de força resultante externa), um corpo em movimento mantém velocidade vetorial constante, por inércia.

Faça você mesmo

Observando a inércia de repouso de uma moeda

Manifestações da inércia dos corpos podem ser notadas em diversas ocorrências do dia a dia, como na situação que propomos a seguir.

Material necessário

- 1 copo de vidro transparente;
- 1 moeda de 1 real ou equivalente;
- 1 placa retangular bem lisa, de acrílico ou papelão.

Procedimento

I. Coloque a moeda sobre a placa e esta sobre a boca do copo, apoiando todo o conjunto em cima de uma mesa. Cuide para que durante o procedimento o copo não se desloque.

II. Puxe vigorosa e rapidamente a placa, na direção horizontal. Você perceberá a moeda cair dentro do copo, atingindo seu fundo.

Desenvolvimento

1. Com base nos conceitos de força resultante e peso, e também na **1ª Lei de Newton** (Princípio da Inércia), redija uma explicação para o fenômeno observado. Compare seu texto com o de seus colegas e discuta os resultados obtidos.
2. Se a placa retangular fosse bastante áspera, ainda assim a moeda cairia dentro do copo?
3. Se você puxasse a placa retangular lentamente, ainda assim a moeda cairia dentro do copo?
4. Enumere outras situações práticas similares à da atividade experimental proposta que você já tenha vivenciado em seu dia a dia.
5. Considere um enorme bloco de gelo em forma de paralelepípedo apoiado sobre a carroceria de um caminhão inicialmente em repouso em uma estrada reta, plana e horizontal. Despreze qualquer atrito entre o gelo e a superfície de apoio, bem como a resistência do ar. Admita ainda que a carroceria do veículo consista simplesmente de uma plataforma plana paralela ao solo. Se o caminhão arrancar, imprimindo um movimento acelerado, o que ocorrerá com o bloco de gelo? Justifique sua resposta com base em princípios físicos.

Exercícios Nível 1

6. Leia a tirinha abaixo.

Elaborado com base na ideia de Ricardo Helou Doca.

É possível concluir que o cavaleiro foi atirado para fora do cavalo porque:
a) conforme a 1ª Lei de Newton, matéria atrai matéria.
b) conforme a 1ª Lei de Newton, todos os corpos são capazes de se mover sozinhos.
c) conforme o Princípio da Inércia, cavalos permanecem inertes diante de cobras.
d) com a súbita freada, sua aceleração inicial foi mantida por inércia.
e) com a súbita freada, sua velocidade inicial foi mantida por inércia.

7. Indique a alternativa que está em desacordo com o Princípio da Inércia.
a) A velocidade vetorial de uma partícula só pode ser variada se esta estiver sob a ação de uma força resultante não nula.
b) Se a resultante das forças que agem em uma partícula é nula, dois estados cinemáticos são possíveis: repouso ou movimento retilíneo e uniforme.
c) Uma partícula livre da ação de uma força externa resultante é incapaz de vencer suas tendências inerciais.
d) Numa partícula em movimento circular e uniforme, a resultante das forças externas não pode ser nula.
e) Uma partícula pode ter movimento acelerado sob força resultante nula.

8. (Cesgranrio) Uma bolinha descreve uma trajetória circular sobre uma mesa horizontal sem atrito, presa a um prego por um cordão (figura seguinte).

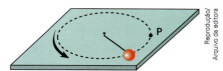

Quando a bolinha passa pelo ponto **P**, o cordão que a prende ao prego arrebenta. A trajetória que a bolinha então descreve sobre a mesa é:

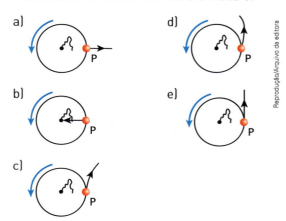

9. Super-homem, famoso herói das histórias em quadrinhos e do cinema, acelera seu próprio corpo, freia e faz curvas sem utilizar sistemas propulsores, tais como asas e foguetes. É possível a existência de um herói como o Super-homem? Fundamente sua resposta em leis físicas.

10. Analise as proposições a seguir:
  I. O cinto de segurança, item de uso obrigatório no trânsito brasileiro, visa aplicar ao corpo do motorista e dos passageiros forças que contribuam para vencer sua inércia de movimento.
  II. Um cachorro pode ser acelerado simplesmente puxando com a própria boca a guia presa à coleira atada em seu pescoço.
  III. O movimento orbital da Lua ao redor da Terra ocorre por inércia.

Estão corretas:
a) I, II e III.
b) Somente I e II.
c) Somente II e III.
d) Somente I e III.
e) Somente I.

Exercícios Nível 2

11. (Uepa) Na parte final de seu livro, *Discursos e demonstrações concernentes a duas novas ciências*, publicado em 1638, Galileu Galilei trata do movimento de um projétil da seguinte maneira: "Suponhamos um corpo qualquer, lançado ao longo de um plano horizontal, sem atrito; sabemos... que esse corpo se moverá indefinidamente ao longo desse mesmo plano, com um movimento uniforme e perpétuo, se tal plano for ilimitado."

O princípio físico com o qual se pode relacionar o trecho destacado acima é:

a) o Princípio da Inércia ou 1ª Lei de Newton.
b) o Princípio Fundamental da Dinâmica ou 2ª Lei de Newton.
c) o Princípio da Ação e Reação ou 3ª Lei de Newton.
d) a Lei da Gravitação Universal.
e) o Teorema da Energia Cinética.

12. A respeito de uma partícula em equilíbrio, examine as proposições abaixo:
  I. Não recebe a ação de forças.
  II. Descreve trajetória retilínea.
  III. Pode estar em repouso.
  IV. Pode ter altas velocidades.

São corretas:
a) todas.
b) apenas I e II.
c) apenas I e III.
d) apenas III e IV.
e) apenas I, III e IV.

13. (PUCC-SP) Submetida à ação de três forças constantes, uma partícula se move em linha reta com movimento uniforme. A figura ao lado representa duas dessas forças: A terceira força tem módulo:
a) 5.   c) 12.   e) 17.
b) 7.   d) 13.

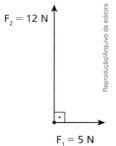

14. O avião esquematizado na figura a seguir está em voo ascendente, de modo que sua trajetória é uma reta **x**, inclinada de um ângulo θ em relação ao solo, admitido plano e horizontal. Nessa situação, o avião recebe a ação de quatro forças:
$\vec{P}$: força da gravidade ou peso (perpendicular ao solo);
$\vec{S}$: força de sustentação do ar (perpendicular a **x**);
$\vec{F}$: força propulsora (na direção de **x**);
$\vec{R}$: força de resistência do ar (na direção de **x**).

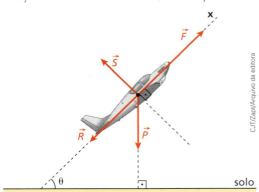

Supondo que o movimento do avião seja uniforme, analise as proposições a seguir e identifique as corretas:

(01) O avião está em equilíbrio dinâmico.
(02) $\vec{P} + \vec{S} + \vec{F} + \vec{R} = \vec{0}$
(04) $|\vec{F}| = |\vec{R}| + |\vec{P}|\,\text{sen}\,\theta$
(08) $|\vec{S}| = |\vec{P}|$
(16) O avião está em movimento, por inércia.

Dê como resposta a soma dos números associados às proposições corretas.

15. Nas situações 1 e 2 esquematizadas a seguir, um mesmo bloco de peso $\vec{P}$ é apoiado sobre a superfície plana de uma mesa, que é mantida em repouso em relação ao solo horizontal. No caso 1, o bloco permanece parado e, no caso 2, ele desce a mesa inclinada, deslizando com velocidade vetorial constante.

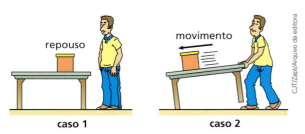

Sendo $\vec{F}_1$ e $\vec{F}_2$ as forças totais de contato que a mesa aplica sobre o bloco nos casos 1 e 2, respectivamente, aponte a alternativa **incorreta**:

a) $|\vec{F}_1| = |\vec{P}|$.
b) $\vec{F}_1 = -\vec{P}$.
c) $\vec{F}_2$ é perpendicular ao solo.
d) $\vec{F}_1 = \vec{F}_2$.
e) $|\vec{F}_2| > |\vec{P}|$.

Bloco 3

7. O Princípio Fundamental da Dinâmica (2ª Lei de Newton)

Consideremos uma partícula submetida à ação de uma força resultante $\vec{F}$. O que devemos esperar que aconteça com essa partícula? Ela adquirirá uma aceleração $\vec{a}$, isto é, experimentará variações de velocidade com o decorrer do tempo.

Supondo que $\vec{F}$ seja horizontal e dirigida para a direita, qual será a direção e o sentido de $\vec{a}$? Mostra a experiência que $\vec{a}$ terá a mesma orientação de $\vec{F}$, ou seja, será horizontal para a direita.

Se $\vec{F}$ é a resultante das forças que agem em uma partícula, esta adquire uma aceleração $\vec{a}$ de mesma orientação que $\vec{F}$, isto é, $\vec{a}$ tem a mesma direção e o mesmo sentido que $\vec{F}$.

Se aumentarmos a intensidade de $\vec{F}$, o que ocorrerá? Verifica-se que esse aumento provoca aumento diretamente proporcional no módulo de $\vec{a}$. A partícula experimenta variações de velocidade cada vez maiores, para um mesmo intervalo de tempo.

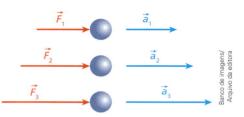

Considere o exemplo esquematizado ao lado, em que uma mesma partícula é submetida, sucessivamente, à ação das forças resultantes $\vec{F}_1$, $\vec{F}_2$ e $\vec{F}_3$. Consequentemente, como já dissemos, a partícula irá adquirir, respectivamente, as acelerações $\vec{a}_1$, $\vec{a}_2$ e $\vec{a}_3$.

Assim, se $F_3 > F_2 > F_1$, teremos $a_3 > a_2 > a_1$. Lembrando que o módulo da aceleração é diretamente proporcional à intensidade da força, podemos escrever:

$$\frac{F_3}{a_3} = \frac{F_2}{a_2} = \frac{F_1}{a_1} = k$$

em que k é a constante da proporcionalidade.

A constante k está ligada à dificuldade de se produzir na partícula determinada aceleração, isto é, refere-se à medida da inércia da partícula. Essa constante denomina-se **massa** (inercial) da partícula e é simbolizada por m. Daí segue que:

$$\frac{F_3}{a_3} = \frac{F_2}{a_2} = \frac{F_1}{a_1} = m$$

Ou, de forma genérica:

$$\frac{F}{a} = m \Rightarrow F = ma$$

Escrevendo essa expressão na forma vetorial, temos: $\vec{F} = m\vec{a}$.

Tendo em vista o exposto, cabe ao **Princípio Fundamental da Dinâmica** (2ª Lei de Newton) o seguinte enunciado:

> Se $\vec{F}$ é a resultante das forças que agem em uma partícula, então, em consequência de $\vec{F}$, a partícula adquire na mesma direção e no mesmo sentido da força uma aceleração $\vec{a}$, cujo módulo é diretamente proporcional à intensidade da força.
>
> A expressão matemática da 2ª Lei de Newton é:
>
> $$\boxed{\vec{F} = m\vec{a}}$$

// Um litro de leite pasteurizado, que tem uma grande porcentagem de água, apresenta massa muito próxima de 1 kg a cerca de 4 °C.

No SI, a unidade de massa é o quilograma (kg), que corresponde à massa de um protótipo cilíndrico de platina iridiada, conservado no Escritório Internacional de Pesos e Medidas, em Sèvres, na França.

Para se ter uma noção simplificada da unidade **quilograma**, basta considerar 1 litro de água pura, que tem massa de 1 quilograma, a 4,4 °C.

Outras unidades de massa frequentemente usadas são:

- grama (g): 1 g = 0,001 kg = 10^{-3} kg;
- miligrama (mg): 1 mg = 0,001 g = 10^{-6} kg;
- tonelada (t): 1 t = 1000 kg = 10^{3} kg.

Conforme vimos na Cinemática, a unidade SI de aceleração é o metro por segundo ao quadrado (m/s²).

Considerando que $\vec{F} = m\vec{a}$, podemos deduzir a unidade de força:

unid. (F) = unid. (m) · unid. (a)

No SI:

$$\text{unid. (F)} = kg\,\frac{m}{s^2} = \text{newton (N)}$$

Costuma-se definir 1 newton da seguinte maneira:

Um newton é a intensidade da força que, aplicada em uma partícula de massa igual a 1 quilograma, produz na sua direção e no seu sentido uma aceleração de módulo 1 metro por segundo, por segundo.

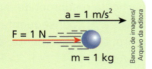

JÁ PENSOU NISTO?

Como é definido o quilograma?

A medição de massa e das demais grandezas físicas que com ela se relacionam – como força, energia e quantidade de movimento – depende de um objeto cilíndrico de platina-irídio com diâmetro e altura iguais a 39 mm (do tamanho de uma ameixa), confeccionado há mais de cem anos. Esse protótipo, entretanto, tem se mostrado inadequado, já que foi comprovada uma alteração de sua massa em cerca de 50 microgramas desde a sua elaboração. Por isso, está se cogitando um padrão de medida de massa baseado em algum fenômeno natural, que se repita da mesma forma independentemente de época ou condições externas. Duas abordagens despontam como mais promissoras: uma está relacionada à massa de uma determinada quantidade de carbono-12, e outra envolve fenômenos quânticos.

Outras duas grandezas físicas fundamentais – o comprimento e o tempo – já dispõem de unidades de medida no SI definidas a partir de fenômenos naturais. Um metro equivale à distância percorrida pela luz no vácuo durante 1/299 792 458 de segundo. Por outro lado, um segundo corresponde à duração de 9 192 631 770 períodos da radiação emitida pelo átomo de césio-133 na transição entre dois níveis hiperfinos do seu estado fundamental.

// Fotografia de quilograma-padrão exposto no Escritório Internacional de Pesos e Medidas, em Sèvres, França.

Ampliando o olhar

Leis físicas: dogmas perenes ou visões em mutação?

A Física está longe de ser uma ciência dogmática, alicerçada em verdades absolutas, imunes a retoques. Com o passar das eras, surgem novas abordagens e tecnologias que retomam velhos temas sob um novo olhar.

Às vezes, porém, isso coloca em xeque conceitos, ou mesmo leis, amplamente estabelecidos.

Seriam as Leis de Newton, estudadas neste tópico, inquestionáveis? Elas valem em quaisquer circunstâncias? Haveria contornos limitantes para sua utilização?

Sabidamente, nos primórdios do Universo, logo após o *Big Bang*, a matéria se sobrepujou à antimatéria. Elétrons, em maior número, aniquilaram pósitrons, o que gerou fantásticas quantidades de energia.

Positivo atrai negativo, há dois tipos de carga elétrica, que manifestam comportamentos opostos. Convencionou-se que cargas como a do elétron são negativas, enquanto cargas como a do próton são positivas.

Haveria também a possibilidade de massa positiva e negativa? Em analogia com as cargas elétricas, isso seria perfeitamente possível!!

Descobertas recentes apontam para a possibilidade de massa negativa, o que conflita com algumas expectativas da mecânica newtoniana que, diante dessas revelações, têm seu âmbito de aplicação restringido.

No texto a seguir, do jornal BBC Brasil, você pode se informar a respeito.

Cientistas criam objeto com "massa negativa", que desafia as leis da Física

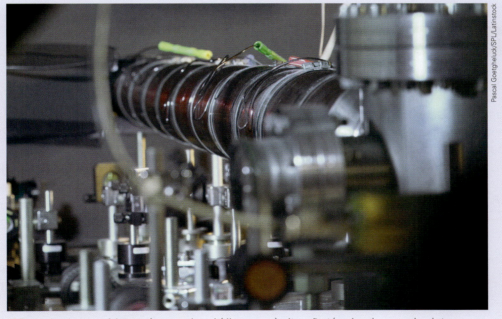

// Pesquisadores esfriaram átomos de rubídio quase à situação térmica do zero absoluto.

Físicos criaram um fluido com "massa negativa", que acelera em direção a você quando empurrado.

A descoberta desafia a Segunda Lei de Newton, conhecida como o Princípio Fundamental da Dinâmica, segundo a qual, quando empurrado, o objeto se acelera na mesma direção que a força aplicada nele.

Mas, em teoria, a matéria pode ter massa negativa, da mesma forma que uma carga elétrica pode ser positiva ou negativa.

O fenômeno foi descrito na publicação científica *Physical Review Letters*.

Uma equipe de cientistas, liderada por Peter Engels, da Washington State University (WSU), esfriou átomos de rubídio a uma temperatura pouco acima do zero absoluto (perto de −273 °C), gerando o que é conhecido como Condensado de Bose-Einstein.

Nesse estado da matéria, as partículas se comportam como ondas, se movem de forma extremamente lenta, conforme previsto pela Mecânica Quântica.

Elas também se sincronizam e se movimentam juntas no que é conhecido como superfluido, que flui sem perder energia.

Para criar as condições para a massa negativa, os pesquisadores usaram *lasers* para capturar os átomos de rubídio e empurrá-los para frente e para trás, mudando a forma como eles giram.

Quando os átomos foram liberados da "armadilha do *laser*", eles se expandiram, revelando massa negativa.

"Com massa negativa, se você empurrar alguma coisa, ela acelera em sua direção", disse o coautor Michael Forbes, professor-assistente de Física da WSU.

"Parece que o rubídio se choca contra uma parede invisível".

A técnica poderia ser usada para entender melhor o fenômeno, dizem os pesquisadores.

"Primeiramente, nos chamou atenção o controle que temos sobre a natureza da massa negativa, sem quaisquer complicações", diz Forbes.

Esse controle também fornece aos pesquisadores uma ferramenta para explorar as possíveis relações entre massa negativa e fenômenos observados no cosmos, como estrelas de nêutrons, buracos negros e energia escura.

Cientistas criam objeto com "massa negativa", que desafia as leis da Física.
Disponível em: <www.bbc.com/portuguese/geral-39652571>. Acesso em: 21 jul. 2018.

Exercícios — Nível 1

16. Um corpúsculo desloca-se em movimento retilíneo e acelerado de modo que, num instante t, sua velocidade é $\vec{v}$. Sendo $\vec{F}$ e $\vec{a}$, respectivamente, a força resultante e a aceleração no instante referido, aponte a alternativa que traz um possível esquema para os vetores $\vec{v}$, $\vec{F}$ e $\vec{a}$.

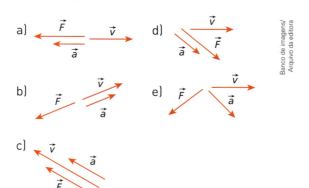

17. O bloco da figura tem massa igual a 4,0 kg e está sujeito à ação exclusiva das forças horizontais $\vec{F}_1$ e $\vec{F}_2$:

Sabendo que as intensidades de $\vec{F}_1$ e de $\vec{F}_2$ valem, respectivamente, 30 N e 20 N, determine o módulo da aceleração do bloco.

Resolução:

Como $|\vec{F}_1| > |\vec{F}_2|$, o bloco é acelerado horizontalmente para a direita por uma força resultante $\vec{F}$, cuja intensidade é dada por:

$$F = F_1 - F_2 \Rightarrow F = 30 - 20$$

$$\boxed{F = 10\ N}$$

A aceleração $\vec{a}$ do bloco pode ter seu módulo calculado pelo **Princípio Fundamental da Dinâmica**:

$$F = ma \Rightarrow a = \frac{F}{m}$$

$$a = \frac{10\ N}{4,0\ kg} \Rightarrow \boxed{a = 2,5\ m/s^2}$$

18. Uma partícula de massa 2,0 kg está em repouso quando, a partir do instante $t_0 = 0$, passa a agir sobre ela uma força resultante constante, de intensidade 6,0 N.

a) Calcule o módulo da aceleração da partícula.
b) Trace o gráfico de sua velocidade escalar em função do tempo desde $t_0 = 0$ até $t_1 = 4{,}0$ s.

19. Um fragmento de meteorito de massa 1,0 kg é acelerado no laboratório a partir do repouso pela ação exclusiva das forças $\vec{F}_A$ e $\vec{F}_B$, que têm mesma direção, mas sentidos opostos, como representa o esquema a seguir.

Sabendo que a aceleração do corpo tem módulo 2,0 m/s² e que $|\vec{F}_A| = 10$ N, determine:
a) $|\vec{F}_B|$ se $|\vec{F}_B| < |\vec{F}_A|$ e se $|\vec{F}_B| > |\vec{F}_A|$;
b) o módulo da velocidade do corpo ao completar 25 m de deslocamento.

20. O gráfico a seguir mostra a variação do módulo da aceleração (a) de duas partículas **A** e **B** com a intensidade (F) da força resultante que atua sobre elas.

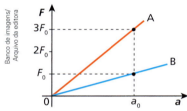

Determine a relação $\dfrac{m_A}{m_B}$ entre as massas de **A** e de **B**.

21. Aplica-se a mesma força resultante em duas partículas **A** e **B** de massas respectivamente iguais a M e a 4M. Qual a relação entre as intensidades das acelerações adquiridas por **A** e **B**?

22. A velocidade escalar de um carrinho de massa 6,0 kg que percorre uma pista retilínea varia em função do tempo, conforme o gráfico abaixo.

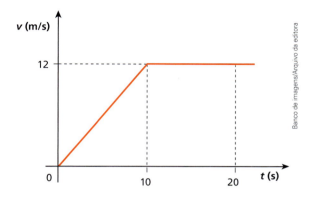

Determine:
a) a velocidade escalar média do carrinho no intervalo de 0 a 20 s;
b) a intensidade da força resultante no carrinho nos intervalos de 0 a 10 s e de 10 s a 20 s.

Exercícios Nível 2

23. Um bloco de massa m_1, inicialmente em repouso, recebe a ação exclusiva de uma força $\vec{F}$ constante que o leva a percorrer uma distância d durante um intervalo de tempo T. Um outro bloco, de massa m_2, também inicialmente em repouso, recebe a ação da mesma força $\vec{F}$ constante, de modo a percorrer a mesma distância d durante um intervalo de tempo 2T. Pede-se determinar a relação de massas $\dfrac{m_2}{m_1}$.

24. Uma força resultante $\vec{F}$ produz num corpo de massa m uma aceleração de intensidade 2,0 m/s² e num corpo de massa M, uma aceleração de intensidade 6,0 m/s². Qual a intensidade da aceleração que essa mesma força produziria se fosse aplicada nesses dois corpos unidos?

25. (PUC-PR) Dois corpos, **A** e **B**, de massas M_A e M_B, estão apoiados em uma superfície horizontal sem atrito. Sobre eles são aplicadas forças iguais. A variação de suas velocidades é dada pelo gráfico.

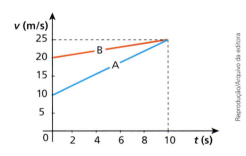

Para esses corpos, é correto afirmar que:

a) $\dfrac{M_A}{M_B} = 4$ c) $\dfrac{M_A}{M_B} = \dfrac{1}{3}$ e) $\dfrac{M_A}{M_B} = 2$

b) $\dfrac{M_A}{M_B} = 3$ d) $\dfrac{M_A}{M_B} = \dfrac{1}{2}$

26. Uma partícula de massa 4,0 kg parte do repouso no instante $t_0 = 0$, sob a ação de uma força resultante constante. Sabendo que no instante $t_1 = 2,0$ s sua velocidade escalar vale 10 m/s, calcule:
a) a aceleração escalar da partícula;
b) a intensidade da força resultante.

27. (Unicamp-SP) Um carro de massa 800 kg, andando em linha reta a 108 km/h, freia bruscamente e para em 5,0 s.
a) Qual o módulo da desaceleração do carro, admitida constante?
b) Qual a intensidade da força de atrito que a pista aplica sobre o carro durante a freada?

28. Uma espaçonave de massa $8,0 \cdot 10^2$ kg em movimento retilíneo e uniforme num local de influências gravitacionais desprezíveis tem ativados simultaneamente dois propulsores que a deixam sob a ação de duas forças $\vec{F}_1$ e $\vec{F}_2$ de mesma direção e sentidos opostos, conforme está representado no esquema a seguir:

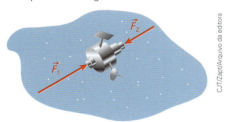

Sendo as intensidades de $\vec{F}_1$ e $\vec{F}_2$ respectivamente iguais a 4,0 kN e 1,6 kN, determine o módulo, a direção e o sentido da aceleração vetorial adquirida pela espaçonave.

29. (Etec-SP) No Monumento às Bandeiras, situado no Parque do Ibirapuera em São Paulo, o escultor Victor Brecheret representou a ação de escravos e portugueses empenhados em transportar uma enorme canoa, arrastando-a pela mata.

Admita que, numa situação real, todos os homens que estão a pé exerçam forças de iguais intensidades entre si e que as forças exercidas pelos cavalos também tenham as mesmas intensidades entre si.

Na malha quadriculada, estão representados o sentido e a direção dos vetores força de um homem, de um cavalo e do atrito da canoa com o chão. Como a malha é constituída de quadrados, também é possível verificar que as intensidades da força de um cavalo e do atrito são múltiplos da intensidade da força de um homem.

Legenda
$\vec{h}$: vetor que representa a força de um único homem.
$\vec{c}$: vetor que representa a força de um único cavalo.
$\vec{a}$: vetor que representa a força de atrito da canoa com o chão.

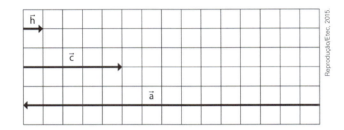

Imagine que, em determinado momento, as forças horizontais sobre a canoa sejam unicamente a de sete homens, dois cavalos e do atrito da canoa com o chão. A canoa tem massa igual a 1 200 kg e, devido às forças aplicadas, ela é movimentada com aceleração de 0,4 m/s².

Com base nessas informações, é correto afirmar que a intensidade da força exercida por um único homem é, em newtons,
a) 180.
b) 240.
c) 360.
d) 480.
e) 500.

30. Na imagem abaixo, um barco de pesca reboca com velocidade constante um pequeno bote por meio de uma corda ideal inclinada 30° em relação à superfície da água, considerada plana e horizontal.

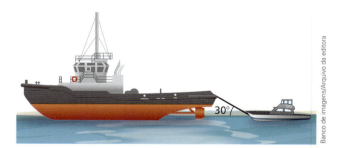

Adotando-se sen 30° = 0,50 e cos 30° = 0,87 e sabendo-se que a intensidade da força de tração na corda é igual a 200 N, pede-se determinar:
a) a intensidade da força horizontal de resistência que a água opõe ao movimento do bote;
b) a intensidade da componente vertical da força que a corda exerce no barco de pesca.

31. A figura a seguir ilustra duas pessoas (representadas por pontos), uma em cada margem de um rio, puxando um bote de massa 600 kg através de cordas ideais paralelas ao solo. Neste instante, o ângulo que cada corda faz com a direção da correnteza do rio vale θ = 37°, o módulo da força de tração em cada corda é F = 80 N e o bote possui aceleração de módulo 0,02 m/s², no sentido contrário ao da correnteza. (O sentido da correnteza está indicado por setas tracejadas.)

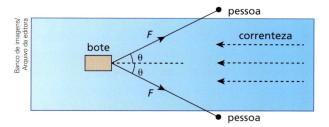

Considerando-se sen 37° = 0,6 e cos 37° = 0,8, qual é o módulo da força que a correnteza exerce no bote?

32. (Unicamp-SP) Na viagem do descobrimento, a frota de Cabral precisou navegar contra o vento uma boa parte do tempo. Isso só foi possível devido à tecnologia de transportes marítimos mais moderna da época: as caravelas. Nelas, o perfil das velas é tal que a direção do movimento pode formar um ângulo agudo com a direção do vento, como indicado pelo diagrama de forças a seguir:

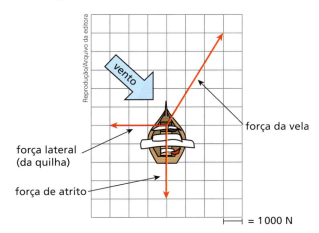

Considere uma caravela com massa de 20 000 kg.
a) Determine a intensidade, a direção e o sentido da força resultante sobre a embarcação.
b) Calcule o módulo da aceleração da caravela.

33. Uma bola está em repouso na marca do pênalti quando um jogador transmite a ela um poderoso chute rasteiro, fazendo-a sair com uma velocidade de 20 m/s. Sabendo que a bola tem massa de 0,50 kg e que a duração do impacto do pé do jogador com ela foi de $1,0 \cdot 10^{-3}$ s, calcule a intensidade da força média recebida pela bola por ocasião do chute.

Resolução:

Apliquemos à bola a **2ª Lei de Newton**, considerando que a força recebida no ato do chute é a resultante:

$$F_m = ma$$

No caso, o módulo da aceleração média que a bola adquire pode ser dado por:

$$a = \frac{\Delta v}{\Delta t} = \frac{v_{final} - v_{inicial}}{\Delta t}$$

Assim:

$$F_m = m \frac{(v_{final} - v_{inicial})}{\Delta t}$$

Sendo m = 0,50 kg, v_{final} = 20 m/s, $v_{inicial}$ = 0 e $\Delta t = 1,0 \cdot 10^{-3}$ s, calculemos F_m, que é a intensidade da força média que a bola recebe por ocasião do chute:

$$F_m = 0,50 \cdot \frac{(20 - 0)}{1,0 \cdot 10^{-3}} \quad \therefore \quad \boxed{F_m = 1,0 \cdot 10^4 \text{ N}}$$

34. Um projétil de massa 10 g repousa na câmara de um fuzil quando o tiro é disparado. Os gases provenientes da explosão comunicam ao projétil uma força média de intensidade $1,2 \cdot 10^3$ N. Sabendo que a detonação do cartucho dura $3,0 \cdot 10^{-3}$ s, calcule o módulo da velocidade do projétil imediatamente após o disparo.

35. (UPM-SP) Um corpo em repouso de massa 1,0 t é submetido a uma resultante de forças, com direção constante, cuja intensidade varia em função do tempo (t), segundo a função F = 200t, no Sistema Internacional, a partir do instante zero. A velocidade escalar desse corpo no instante t = 10 s vale:
a) 3,6 km/h.
b) 7,2 km/h.
c) 36 km/h.
d) 72 km/h.
e) 90 km/h.

Bloco 4

8. Peso de um corpo

Uma caixa de isopor vazia é leve ou pesada? Um grande paralelepípedo maciço de aço é leve ou pesado? As noções de leve ou pesado fazem parte de nosso dia a dia e nos possibilitam responder de imediato a perguntas como essas: a caixa de isopor vazia é leve, e o grande paralelepípedo maciço de aço é pesado.

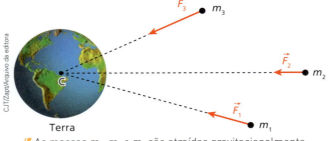

Um corpo é tanto mais pesado quanto mais intensa for a **força de atração gravitacional** exercida pelo planeta sobre ele.

Por outro lado, todos sabemos que, se largarmos uma laranja ou outros corpos nas proximidades da Terra, eles cairão verticalmente, indo de encontro à superfície do planeta. Isso se deve também a uma interação de natureza gravitacional que ocorre entre a Terra e o corpo, que recebe uma força atrativa dirigida para o centro de massa do planeta. Essa força é o que, na ausência de atritos, faz o corpo despencar em movimento acelerado até colidir com o solo.

As massas m_1, m_2 e m_3 são atraídas gravitacionalmente por meio das forças $\vec{F}_1$, $\vec{F}_2$ e $\vec{F}_3$ respectivamente.
(Ilustração com tamanhos e distâncias fora de escala e em cores fantasia.)

Desprezando os efeitos ligados à rotação da Terra, podemos dizer em primeira aproximação que:

> O **peso** de um corpo é a força de atração gravitacional exercida sobre ele.

É importante destacar que a aceleração produzida pela força gravitacional (peso) é a **aceleração da gravidade** ($\vec{g}$), que constitui o vetor característico da interação de campo entre a Terra e o corpo.

Para pontos situados fora da Terra, o vetor $\vec{g}$ e a força peso têm a mesma orientação: são radiais à "esfera" terrestre e dirigidos para o seu centro.

JÁ PENSOU NISTO?

Pegando pesado

Na busca por uma vida mais saudável, algumas pessoas adquiriram o hábito de frequentar sistematicamente academias de ginástica e musculação. Isso deve ser feito, porém, com acompanhamento médico e de profissionais capacitados para que sobrecargas e excessos não provoquem lesões ou alterações indesejáveis. Nesses ambientes, os conceitos de leve ou pesado se fazem presentes, já que cada aparelho ou utensílio requer uma regulagem adequada ao grau de dificuldade do exercício a ser praticado.

A intensidade de $\vec{g}$, por sua vez, depende do local em que é feita a avaliação. Como veremos no Tópico 4, Gravitação, quanto maior for a distância do ponto considerado à superfície terrestre, menor será a magnitude da aceleração da gravidade, o que significa que $|\vec{g}|$ decresce com a altitude. Além disso, e em razão principalmente da rotação da Terra, verifica-se que, sobre a superfície terrestre, do Equador para os polos, |$\vec{g}$| cresce, mostrando que o valor dessa aceleração varia com a latitude.

Por meio de diversos experimentos, pôde-se constatar que, ao nível do mar e em um local de latitude 45°, o módulo de $\vec{g}$ (denominado normal) vale:

$$g_n = 9{,}80665 \text{ m/s}^2$$

Como podemos, porém, calcular o peso de um corpo? Para responder a essa pergunta, vamos considerar a situação a seguir.

Sejam três corpos de pesos $\vec{P}_1$, $\vec{P}_2$ e $\vec{P}_3$, com massas respectivamente iguais a m_1, m_2 e m_3, situados em um mesmo local.

Através de experimentos, verifica-se que a intensidade do peso é diretamente proporcional à massa do corpo considerado. À maior massa corresponde o peso de maior intensidade.

Levando em conta a proporcionalidade mencionada, podemos escrever que:

$$\frac{|\vec{P}_1|}{m_1} = \frac{|\vec{P}_2|}{m_2} = \frac{|\vec{P}_3|}{m_3} = k \text{ (constante)}$$

A constante da proporcionalidade (k) é o módulo da aceleração da gravidade do local, o que nos permite escrever que:

$$\frac{|\vec{P}|}{m} = |\vec{g}| \Rightarrow |\vec{P}| = m|\vec{g}|$$

ou vetorialmente:

$$\vec{P} = m\vec{g}$$

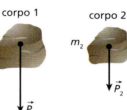

// Representação do vetor $\vec{g}$ em quatro diferentes pontos do campo gravitacional terrestre. (Ilustração com tamanhos e distâncias fora de escala e em cores fantasia.)

// Se $m_1 > m_2 > m_3$, então $P_1 > P_2 > P_3$.

Observe que a massa m é uma grandeza escalar positiva, enquanto o peso $\vec{P}$ é uma grandeza vetorial. Assim, o peso tem direção (da vertical do lugar) e sentido (para baixo), da mesma forma que o vetor de aceleração da gravidade $\vec{g}$.

De acordo com os preceitos da Mecânica Clássica, a massa de um corpo é uma característica sua, sendo constante em qualquer ponto do Universo. No entanto, o mesmo não ocorre com o peso, que é função do local, já que depende de $\vec{g}$. Na Lua, por exemplo, uma mesma pessoa pesa cerca de $\frac{1}{6}$ do que pesa na Terra, pois o módulo da aceleração da gravidade na superfície lunar é cerca de 1,67 m/s², o que corresponde a $\frac{1}{6}$ de 9,8 m/s² aproximadamente.

JÁ PENSOU NISTO?

Afinal, as balanças são medidores de peso ou massa?

As balanças, como as encontradas em banheiros, farmácias ou supermercados, são dinamômetros acionados pela força de compressão que exercemos sobre elas, cuja intensidade é igual à do nosso peso nas condições da avaliação. Esses dispositivos, no entanto, indicam em seus mostradores uma medida de massa – em quilogramas, por exemplo – que está mais de acordo com o hábito das pessoas, que teriam dificuldade em expressar pesos em newtons ou quilogramas-força. Onde se deveria ler "980 N" ou "100 kgf", por exemplo, o fabricante grafa "100 kg".

O quilograma-força (kgf)

Um quilograma-força é uma unidade de força usada na medição da intensidade de pesos e é definida pela intensidade do peso de um corpo de 1 quilograma de massa, situado em um local onde a gravidade é normal (aceleração da gravidade com módulo $g_n \cong 9{,}8\ m/s^2$).

$$P = mg$$
$$1\ kgf = 1\ kg \cdot 9{,}8\ m/s^2$$

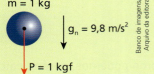

Destaquemos que, em um ponto onde a gravidade é normal ($g_n \cong 9{,}8\ m/s^2$), o peso de um corpo em kgf é numericamente igual à sua massa em kg.

Vejamos a relação entre as unidades quilograma-força (kgf) e newton (N):
$$1\ kgf = 1\ kg \cdot 9{,}8\ m/s^2 = 9{,}8\ kg\ m/s^2$$

Como $1\ N = 1\ kg\ m/s^2$, temos:

$$1\ kgf = 9{,}8\ N$$

Ampliando o olhar

Elevadores e a sensação da ausência de peso

Uma das grandes invenções do milênio passado foi, sem dúvida, o elevador. Apresentado originalmente pelo mecânico norte-americano Elisha Graves Otis (1811-1861), em 1854, na Feira Mundial de Nova York, esse engenho modificou o cenário urbano do planeta, uma vez que, a partir dele, foram viabilizados os arranha-céus, que proporcionaram às grandes cidades a possibilidade de crescimento vertical.

O elevador permite o içamento e o abaixamento de cargas em condições seguras e confortáveis. Para tanto, utiliza um sistema de contrapesos conectados por cabos de aço à cabina. Esses cabos passam por roldanas e são tracionados por um motor elétrico.

Elevadores podem se comportar como verdadeiras câmaras de produção de gravidade artificial diferente da gravidade normal ($g \cong 9{,}8\ m/s^2$). Isso ocorre quando se deslocam verticalmente, para cima ou para baixo, com acelerações diferentes de zero.

Se o elevador subir ou descer com aceleração dirigida para cima, tudo o que estiver em seu interior aparentará um peso maior que o real, ocorrendo o contrário se subir ou descer com aceleração orientada para baixo.

Uma situação intrigante é a do elevador que se desloca com aceleração igual à da gravidade ($\vec{g}$). Nesse caso, os corpos em seu interior aparentam peso nulo, permanecendo imponderáveis, em levitação.

Alguns parques de diversões têm brinquedos que simulam elevadores em queda livre. Durante o despencamento vertical do sistema, os ocupantes sofrem grandes descargas de adrenalina e sentem um "frio na barriga", que se justifica pela levitação das vísceras dentro do abdome.

Simulação de queda livre em parques de diversões: adrenalina e "frio na barriga".

Faça você mesmo

Determinando experimentalmente a intensidade de $\vec{g}$

Há muitas maneiras de obter experimentalmente a intensidade da aceleração da gravidade. Vamos propor um procedimento relativamente simples que, se bem realizado, pode conduzir a um valor bem próximo do teórico: **9,81 m/s²**.

Material necessário

- 1 cronômetro digital (disponível em alguns modelos de telefone celular);
- 1 trena ou fita métrica;
- 1 arruela metálica (ou anel) de pequenas dimensões (diâmetro próximo de 1 cm);
- 1 fio de náilon fino, desses utilizados como linha de pescar, de comprimento um pouco maior que 2 m;
- fita adesiva ou pequenos pregos (tachinhas);
- óleo de cozinha.

Procedimento

I. Mergulhe previamente o fio de náilon no óleo de cozinha; lubrifique também a arruela com o mesmo líquido para atenuar os atritos, certamente existentes. Em seguida, passe o fio de náilon pelo orifício da arruela.

II. Feito isso, fixe uma das extremidades do fio de náilon no solo e a outra em uma parede vertical de modo que este ponto de fixação fique a 1 m de altura em relação ao piso. As extremidades do fio podem ser fixadas utilizando-se a fita adesiva ou os pequenos pregos (tachinhas).

A ilustração ao lado representa a montagem pronta para ser utilizada.

Observe que o ângulo θ formado entre o fio de náilon e o solo é praticamente igual a 30°. Isso pode ser verificado fazendo-se:

$$\text{sen}\,\theta = \frac{\text{cateto oposto}}{\text{hipotenusa}}$$

$$\text{sen}\,\theta = \frac{1,00\ m}{2,00\ m} = 0,5 \Rightarrow \theta = 30°$$

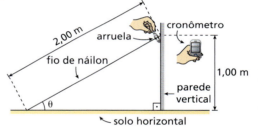

III. Abandone a arruela junto ao ponto de fixação do fio de náilon na parede vertical, acionando simultaneamente o cronômetro, previamente zerado. Cronometre então o intervalo de tempo gasto pela arruela para percorrer os 2,00 m de extensão do fio. É muito importante que a medida encontrada para esse intervalo de tempo seja obtida com a maior precisão possível. Para tanto, repita a medição várias vezes, adotando como valor mais provável, a ser utilizado nos cálculos, o da **média aritmética** das diversas medidas verificadas no cronômetro. Quanto mais próximo de **0,903 s** for o intervalo de tempo obtido, melhor.

Desenvolvimento

Pode-se dizer que o movimento descrito pela arruela é uniformemente acelerado, o que nos permite calcular a intensidade de sua aceleração ao longo do fio de náilon como fazemos a seguir:

$$\Delta s = v_0 t + \frac{\alpha}{2} t^2$$

Com $\Delta s = 2,00$ m, $v_0 = 0$ e $t \cong 0,903$ s, temos:

$$2,00 = 0 + \frac{\alpha}{2}(0,903)^2 \therefore \alpha \cong 4,905\ m/s^2$$

A componente de peso da arruela na direção do fio de náilon (componente tangencial) tem intensidade dada por:

$$P_t = P\,\text{sen}\,\theta \Rightarrow P_t = mg\,\text{sen}\,\theta \qquad (I)$$

Mas, não levando em conta os possíveis atritos, a força resultante responsável pela aceleração da arruela é a componente de seu peso na direção do fio de náilon (componente tangencial).

Logo, aplicando-se a **2ª Lei de Newton**, obtemos:

$$F = ma \Rightarrow P_t = ma \quad \text{(III)}$$

Comparando-se (I) e (III), segue que:

$$ma = mg\,\text{sen}\,\theta \Rightarrow g = \frac{a}{\text{sen}\,\theta}$$

Substituindo a por 4,905 m/s² e sen θ por 0,5, determinamos a intensidade aproximada da aceleração da gravidade no local (g):

$$g \cong \frac{4,905}{0,5} \text{ m/s}^2 \Rightarrow g \cong 9,81 \text{ m/s}^2$$

Realize as atividades a seguir:

1. Avalie o resultado encontrado em seu experimento e reflita sobre o que pode ser feito para torná-lo mais próximo de 9,81 m/s².
2. Será que a lubrificação do fio de náilon e da arruela pode ser melhorada? O que podemos fazer para atenuar ainda mais os atritos? Aponte soluções.
3. A medição do intervalo de tempo gasto pela arruela em sua descida, feita com o cronômetro do telefone celular, pode ser mais bem realizada? O tempo de reação do experimentador exerce alguma influência no resultado? Proponha métodos melhores que permitam obter valores mais exatos desse intervalo de tempo.
4. Por que foi sugerido medir-se o intervalo de tempo de descida da arruela diversas vezes, tirando-se uma média aritmética dos valores experimentais encontrados?
5. Você é capaz de propor outro procedimento experimental para se obter o valor da aceleração da gravidade de um local? Compartilhe suas ideias com os colegas e o professor.

Exercícios Nível 1

36. (Cesgranrio) Considere um helicóptero movimentando-se no ar em três situações diferentes:
  I. subindo verticalmente com velocidade escalar constante;
  II. descendo verticalmente com velocidade escalar constante;
  III. deslocando-se horizontalmente para a direita, em linha reta, com velocidade escalar constante.

A resultante das forças exercidas pelo ar sobre o helicóptero, em cada uma dessas situações, é corretamente representada por:

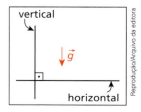

37. (Cesgranrio) Um pedaço de giz é lançado horizontalmente de uma altura H. Desprezando-se a influência do ar, a figura que melhor representa a(s) força(s) que age(m) sobre o giz é:

a)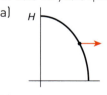

d)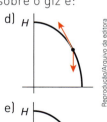

b)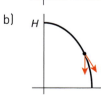

e)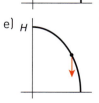

c)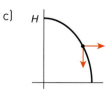

38. (EsPCEx-SP) Na superfície da Terra, uma pessoa lança uma pedra verticalmente para cima. Considerando-se que a resistência do ar não é desprezível, indique a alternativa que representa as forças que atuam na pedra, no instante em que ela está passando pelo ponto médio de sua trajetória durante a subida. Despreze o empuxo do ar.

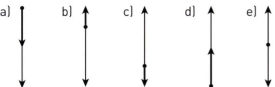

39. Na Terra, um astronauta de massa M tem peso P. Supondo que na Lua a aceleração da gravidade seja $\frac{1}{6}$ da verificada na Terra, obtenha:
a) a massa do astronauta na Lua;
b) o peso do astronauta na Lua.

Resolução:
a) A massa de um corpo independe do local, sendo a mesma em qualquer ponto do Universo. Assim, na Lua, a massa do astronauta também será igual a M.
b) O peso P do astronauta na Terra é dado por:
$$P = Mg$$
O peso (P') do astronauta na Lua será dado por:
$$P' = Mg'$$
Sendo $g' = \frac{1}{6}g$, segue que:
$$P' = M\frac{1}{6}g = \frac{1}{6}Mg$$
$$\boxed{P' = \frac{1}{6}P}$$

40. Na Terra, num local em que a aceleração da gravidade vale 9,8 m/s², um corpo pesa 49 N. Esse corpo é, então, levado para a Lua, onde a aceleração da gravidade vale 1,6 m/s². Determine:
a) a massa do corpo;
b) seu peso na Lua.

41. Num local em que a gravidade é normal (9,8 m/s²), um bloco de concreto pesa 20 kgf. Determine:
a) a massa do bloco em kg;
b) o peso do bloco em newtons.

42. (Fuvest-SP) Um homem tenta levantar uma caixa de 5 kg, que está sobre uma mesa, aplicando uma força vertical de 10 N.
Nesta situação, o valor da força que a mesa aplica na caixa é de:

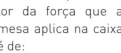

a) 0 N.
b) 5 N.
c) 10 N.
d) 40 N.
e) 50 N.

43. Um bloco de massa 2,0 kg é acelerado verticalmente para cima com 4,0 m/s², numa região em que a influência do ar é desprezível. Sabendo que, no local, a aceleração da gravidade tem módulo 10 m/s², calcule:
a) a intensidade do peso do bloco;
b) a intensidade da força vertical ascendente que age sobre ele.

Resolução:
a) O peso do bloco é calculado por: P = mg.
Com m = 2,0 kg e g = 10 m/s², vem:
$$P = 2,0 \cdot 10 \therefore \boxed{P = 20 \text{ N}}$$

b) O esquema abaixo mostra as forças que agem no bloco:

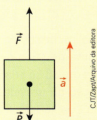

Aplicando ao bloco o **Princípio Fundamental da Dinâmica**, calculemos a intensidade de $\vec{F}$:
$$F - P = ma \Rightarrow F - 20 = 2,0 \cdot 4,0$$
$$\boxed{F = 28 \text{ N}}$$

44. (UFMT) Um corpo de massa 5,0 kg é puxado verticalmente para cima por uma força $\vec{F}$, adquirindo uma aceleração constante de intensidade igual a 2,0 m/s², dirigida para cima. Adotando g = 10 m/s² e desprezando o efeito do ar, determine a intensidade de $\vec{F}$.

Exercícios Nível 2

45. Um garoto arremessa verticalmente para cima uma pedra, que passa a mover-se sob a ação exclusiva do campo gravitacional terrestre. A influência do ar é desprezível. A alternativa que representa corretamente os vetores força resultante na pedra ($\vec{F}$), aceleração resultante ($\vec{a}$) e velocidade instantânea ($\vec{v}$), em dado instante do movimento de subida, é:
a) ↑$\vec{F}$ ↑$\vec{a}$ ↑$\vec{v}$
b) ↑$\vec{F}$ ↓$\vec{a}$ ↑$\vec{v}$
c) ↓$\vec{F}$ ↓$\vec{a}$ ↑$\vec{v}$
d) ↑$\vec{F}$ ↓$\vec{a}$ ↓$\vec{v}$
e) ↓$\vec{F}$ ↓$\vec{a}$ ↓$\vec{v}$

46. Na Terra, num local em que a aceleração da gravidade é normal, uma sonda espacial pesa $5,0 \cdot 10^2$ kgf. Levada para um planeta **X**, seu peso passa a valer $1,0 \cdot 10^4$ N. Determine:
a) a massa da sonda na Terra e no planeta **X**;
b) o módulo da aceleração da gravidade na superfície do planeta **X**.

47. (Unip-SP) Uma balança de farmácia (balança de mola) foi graduada em kg em um local onde g = 9,8 m/s². A balança é levada para um local onde g = 10 m/s². Nesse novo local, uma pessoa de massa 49 kg sobe na balança.
A leitura na balança será de:
a) 9,8 kg.
b) 10 kg.
c) 49 kg.
d) 50 kg.
e) 490 kg.

48. (UFMG) Na Terra, um fio de cobre é capaz de suportar, em uma de suas extremidades, massas suspensas de até 60 kg sem se romper. Considere a aceleração da gravidade, na Terra, igual a 10 m/s² e, na Lua, igual a 1,5 m/s².
a) Qual a intensidade da força máxima que o fio poderia suportar na Lua?
b) Qual a maior massa de um corpo suspenso por esse fio, na Lua, sem que ele se rompa?

49. Um balão atmosférico de massa M desloca-se verticalmente com aceleração de intensidade a dirigida para baixo. Adotando-se para aceleração da gravidade módulo g e considerando-se que nesse balão só atuam o peso e o empuxo (força vertical dirigida para cima aplicada pelo ar), admitidos constantes, pede-se determinar a massa m de lastro que deve ser descartada para que a aceleração do sistema mantenha sua intensidade (a), mas inverta seu sentido.

50. Um robô foi projetado para operar no planeta Marte, porém ele é testado na Terra, erguendo verticalmente a partir do repouso e ao longo de um comprimento d um pedaço de rocha de massa igual a 5,0 kg com aceleração constante de módulo 2,0 m/s². Remetido ao seu destino e trabalhando sempre com a mesma calibração, o robô iça verticalmente, também a partir do repouso e ao longo do mesmo comprimento d, uma amostra do solo marciano de massa idêntica à do pedaço de rocha erguido na Terra. Sabendo que na Terra e em Marte as acelerações da gravidade têm intensidades respectivamente iguais a 10,0 m/s² e 4,0 m/s², determine:
a) a intensidade da força que o robô exerce para erguer o pedaço de rocha na Terra;
b) o módulo da aceleração adquirida pela amostra do solo marciano;
c) a relação entre os tempos de duração da operação em Marte e na Terra.

51. No esquema ao lado, os blocos **A** e **B** têm massas m_A = 2,0 kg e m_B = 3,0 kg. Desprezam-se o peso do fio e a influência do ar. Sendo $|\vec{F}|$ = 80 N e adotando $|\vec{g}|$ = 10 m/s², determine:
a) o módulo da aceleração do sistema;
b) a intensidade da força que traciona o fio.

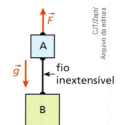

52. Uma esfera maciça, **A**, de peso P, está ligada por um fio inextensível, **C**, de massa desprezível, a outra esfera, **B**, também maciça, de peso P' = $2P$. O conjunto é abandonado no vácuo, sem velocidade inicial, e executa um movimento de queda livre com o fio reto na vertical. A aceleração da gravidade tem intensidade g. Calcule:
a) os módulos das acelerações das esferas **A** e **B**;
b) a intensidade da força de tração no fio.

Resolução:
a) Como as esferas **A** e **B** estão em queda livre, sua aceleração é igual à da gravidade: g.
b) A força resultante em cada esfera em queda livre é o seu próprio peso. Por isso, as duas esferas não interagem com o fio, que permanece frouxo sem estar tracionado (tração nula).

53. Na situação esquematizada na figura abaixo, os blocos **A** e **B** encontram-se em equilíbrio, presos a fios ideais iguais, que suportam uma tração máxima de 90 N.

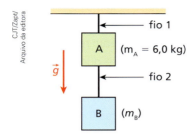

Sabendo que $|\vec{g}| = 10$ m/s², determine:
a) a maior massa m_B admissível ao bloco **B**, de modo que nenhum dos fios arrebente;
b) a intensidade da força de tração no fio 2, supondo que o fio 1 se rompeu e que os blocos estão em queda livre na vertical.

54. (PUC-PR) Sobre o bloco **A**, de massa 2,0 kg, atua a força vertical $\vec{F}$. O bloco **B**, de massa 4,0 kg, é ligado ao **A** por um fio inextensível, de massa desprezível e alta resistência à tração.
Adote g = 10 m/s².

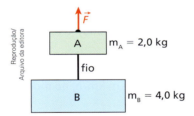

Considere as proposições:
I. Se F = 60 N, o sistema está em equilíbrio e a tração no fio é 50 N.
II. Se F = 120 N, o sistema está em movimento acelerado e a tração no fio é 40 N.
III. Se F = 0, o sistema tem uma aceleração de 10 m/s² e a tração no fio é nula.
IV. Se F = 12 N, o sistema tem aceleração dirigida para baixo e a tração no fio é 8,0 N.
a) Apenas IV está correta.
b) Todas estão corretas.
c) Apenas I está correta.
d) Apenas I, II e III estão corretas.
e) Apenas III e IV estão corretas.

55. Considere o esquema a seguir, em que estão representados um elevador **E** de massa igual a $1,0 \cdot 10^3$ kg (incluída a massa do seu conteúdo), um contrapeso **B** de massa igual a $5,0 \cdot 10^2$ kg e um motor elétrico **M** que exerce no cabo conectado em **E** uma força vertical constante $\vec{F}$. Os dois cabos têm massas desprezíveis, são flexíveis e inextensíveis, e as polias são ideais. No local, a influência do ar é desprezível e adota-se g = 10 m/s².

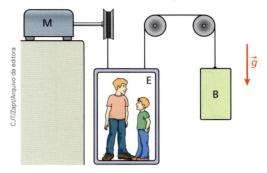

Se o elevador está acelerado para cima, com aceleração de módulo 0,20 m/s², a intensidade de $\vec{F}$ é:
a) $4,7 \cdot 10^3$ N.
b) $5,0 \cdot 10^3$ N.
c) $5,2 \cdot 10^3$ N.
d) $5,3 \cdot 10^3$ N.
e) $5,5 \cdot 10^3$ N.

56. **E.R.** Considere um veículo, como o representado abaixo, em movimento retilíneo sobre um plano horizontal. Pelo fato de estar acelerado para a direita, um pêndulo preso ao seu teto desloca-se em relação à posição de equilíbrio, formando um ângulo α com a vertical.

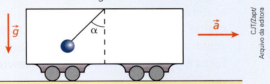

São conhecidos o ângulo α, o módulo da aceleração da gravidade (g) e a massa da esfera (m) atada ao fio ideal.
a) Qual o módulo da aceleração $\vec{a}$ do veículo?
b) O módulo de $\vec{a}$ depende de m?

Resolução:
a) Isolemos a esfera pendular e identifiquemos as forças que nela agem em relação a um referencial inercial, isto é, todo aquele para o qual vale o Princípio da Inércia:

Na esfera pendular, agem duas forças: seu peso ($\vec{P}$) e a força de tração devida ao fio ($\vec{T}$). Façamos a decomposição de $\vec{T}$ nas direções horizontal e vertical:

Temos que:

$$T_x = T\,\text{sen}\,\alpha \quad \text{(I)}$$

e

$$T_y = T\cos\alpha \quad \text{(II)}$$

Para o observador fixo na Terra, a esfera pendular não é acelerada verticalmente. Isso significa que $\vec{T}_y$ equilibra $\vec{P}$, o que nos leva a escrever:

$$T_y = P \Rightarrow T_y = mg \quad \text{(III)}$$

Para o mesmo observador fixo na Terra, a esfera pendular possui movimento com aceleração dirigida para a direita, juntamente com o veículo. A resultante que acelera a esfera pendular em relação à Terra é $\vec{T}_x$. Aplicando a **2ª Lei de Newton**, vem:

$$T_x = ma \quad \text{(IV)}$$

Comparando as expressões (I) e (IV), obtemos:

$$ma = T\,\text{sen}\,\alpha \quad \text{(V)}$$

Comparando as expressões (III) e (II), vem:

$$mg = T\cos\alpha \quad \text{(VI)}$$

Dividindo (V) e (VI) membro a membro, temos:

$$\frac{ma}{mg} = \frac{T\,\text{sen}\,\alpha}{T\cos\alpha} \Rightarrow \frac{a}{g} = \frac{\text{sen}\,\alpha}{\cos\alpha}$$

$$\boxed{a = g\,\text{tg}\,\alpha}$$

b) O módulo de $\vec{a}$ não depende de m, que foi cancelada nos cálculos.

57. Um passageiro de um avião que taxia em um aeroporto segura um pêndulo constituído de um fio ideal em cuja extremidade está atado um pequeno objeto. Inicialmente, com a aeronave em repouso na cabeceira da pista, o pêndulo permanece na vertical, conforme indica a figura 1. Iniciada a corrida para a decolagem, em movimento retilíneo uniformemente acelerado, verifica-se que o pêndulo deixa sua posição inicial, assumindo a posição representada na figura 2, formando com a vertical um ângulo θ, tal que sen θ = 0,60 e cos θ = 0,80.

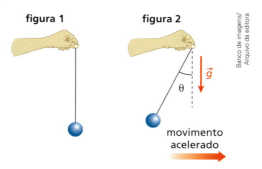

Sabendo-se que a aeronave percorre, até alcançar voo na pista horizontal, uma distância igual a 540 m, não se levando em conta a influência do ar sobre o objeto e admitindo-se para o módulo da aceleração da gravidade o valor $g = 10{,}0$ m/s², pede-se determinar:

a) a intensidade da aceleração do avião;
b) sua velocidade, em km/h, no momento em que levanta voo.

58. Na figura 1, mostra-se um duplo pêndulo em equilíbrio, constituído de fios leves e inextensíveis e duas esferas **A** e **B** de massas M e $2M$, respectivamente.

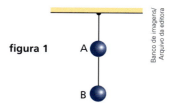

Na figura 2, aparece um carro em cujo teto está dependurado o duplo pêndulo. O carro, em movimento para a direita, inicia, em dado instante, uma freada com desaceleração constante.

Das alternativas a seguir, a que melhor representa o duplo pêndulo durante a freada é:

a) ... c) ... e) ...

b) ... d) ...

59. Um corpo de massa 4,0 kg cai, a partir do repouso, no campo gravitacional terrestre, suposto de intensidade constante, de módulo 10 m/s². A força de resistência que o corpo recebe do ar durante a queda tem intensidade dada, em newtons, pela expressão $F_r = 10v^2$, em que v é o módulo de sua velocidade. Admitindo que a altura de queda seja suficientemente grande, calcule a velocidade-limite atingida pelo corpo.

Resolução:

Durante a queda, duas forças agem no corpo: o peso ($\vec{P}$) e a força de resistência do ar ($\vec{F}_r$).

A intensidade de $\vec{F}$ cresce a partir de zero. A intensidade de $\vec{P}$, entretanto, é constante.

esfera em queda no ar

À medida que o corpo ganha velocidade durante a queda, $\vec{F}$, se intensifica, atingindo, depois de certo intervalo de tempo, o mesmo valor de $\vec{P}$.

A partir daí, a velocidade estabiliza, assumindo um valor constante denominado **velocidade-limite**.

Condição de velocidade-limite:
$F_r = P \Rightarrow F_r = mg$

$10 v_{lim}^2 = 4{,}0 \cdot 10 \therefore \boxed{v_{lim} = 2{,}0 \text{ m/s}}$

60. (Fuvest-SP) O gráfico seguinte descreve o deslocamento vertical y, para baixo, de um surfista aéreo de massa igual a 75 kg, em função do tempo t. A origem $y = 0$, em $t = 0$, é tomada na altura do salto. Nesse movimento, a força R de resistência do ar é proporcional ao quadrado da velocidade v do surfista ($R = kv^2$, em que k é uma constante que depende principalmente da densidade do ar e da geometria do surfista). A velocidade inicial do surfista é nula; cresce com o tempo, por aproximadamente 10 s; e tende para uma velocidade constante denominada velocidade-limite (v_L).

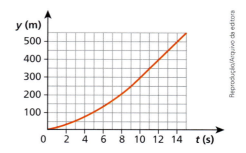

Adotando g = 10 m/s², determine:
a) o valor da velocidade-limite v_L;
b) o valor da constante k no SI;
c) a aceleração do surfista quando sua velocidade é a metade da velocidade-limite.

61. (Unifesp) Em um salto de paraquedismo, identificam-se duas fases do movimento de queda do paraquedista. Nos primeiros instantes do movimento, ele é acelerado. Devido à força de resistência do ar, porém, o seu movimento passa rapidamente a ser uniforme com velocidade v_1, com o paraquedas ainda fechado. A segunda fase tem início no momento em que o paraquedas é aberto. Rapidamente, ele entra novamente em um regime de movimento uniforme, com velocidade v_2. Supondo-se que a densidade do ar é constante, a intensidade da força de resistência do ar sobre um corpo é proporcional à área sobre a qual atua a força e ao quadrado de sua velocidade. Se a área efetiva aumenta 100 vezes no momento em que o paraquedas se abre, pode-se afirmar que:

a) $\dfrac{v_2}{v_1} = 0{,}08$.

b) $\dfrac{v_2}{v_1} = 0{,}10$.

c) $\dfrac{v_2}{v_1} = 0{,}15$.

d) $\dfrac{v_2}{v_1} = 0{,}21$.

e) $\dfrac{v_2}{v_1} = 0{,}30$.

Bloco 5

9. Deformações em sistemas elásticos

Lei de Hooke

Consideremos a figura a seguir, em que uma mola de massa desprezível tem uma de suas extremidades fixa.

O comprimento da mola na situação **A** é seu comprimento natural (x_0). Portanto, a mola não está deformada.

Na situação **B**, uma força $\vec{F}$ foi aplicada à extremidade livre da mola, provocando nela uma deformação (alongamento) Δx.

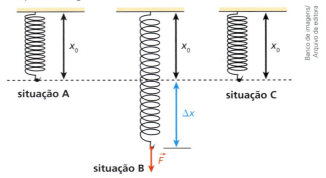

Na situação **C**, $\vec{F}$ foi suprimida e a mola recobrou seu comprimento natural x_0.

Pelo fato de a mola ter recobrado seu comprimento natural (x_0) depois de cessada a ação da força, dizemos que ela experimentou, na situação **B**, uma deformação **elástica**.

Em seus estudos sobre deformações elásticas, Robert Hooke (1635-1703) chegou à seguinte conclusão, que ficou conhecida por **Lei de Hooke**:

> Em regime elástico, a deformação sofrida por uma mola é **diretamente proporcional** à intensidade da força que a provoca.

A expressão matemática da Lei de Hooke é dada a seguir:

$$F = K\Delta x$$

em que: F é a intensidade da força deformadora;
K é a constante de proporcionalidade;
Δx é a deformação (alongamento ou encurtamento sofrido pela mola).

A constante de proporcionalidade K é uma qualidade da mola considerada que depende do material de que é feita a mola e das dimensões que ela possui, dentre outras características. A constante K é comumente chamada de **constante elástica** e tem por unidade no SI o N/m.

// Cientista inglês de raro senso prático, **Robert Hooke** notabilizou-se como antagonista de muitas ideias do seu contemporâneo Isaac Newton. Desenvolveu mecanismos operados por molas que permitiram a construção de relógios de maior precisão. Aperfeiçoou o microscópio e, ao observar pedaços de cortiça com esse instrumento, notou a existência de uma unidade construtiva, que chamou de célula (do latim *cellula*: pequenos cômodos ou celas adjacentes). Esse termo se tornou usual entre os biólogos para denominar estruturas elementares de matéria viva.

Consideremos o modelo experimental representado na figura ao lado, em que uma mola, de eixo horizontal, é puxada, por uma pessoa, para a direita.

Admitindo-se que a mola esteja em regime de deformação elástica, o gráfico da intensidade da força exercida pela pessoa em função da deformação é representado abaixo.

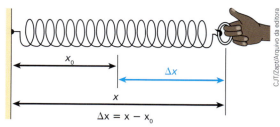

Esse comportamento linear dura até o limite de elasticidade da mola. A partir daí, o formato do gráfico modifica-se.

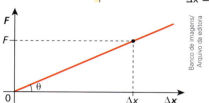

NOTAS!

- Embora na apresentação da Lei de Hooke tenhamos nos baseado na deformação de uma mola, a conclusão a que chegamos estende-se a quaisquer sistemas elásticos de comportamento similar. Como exemplo, podemos destacar uma tira de borracha ou um elástico que, ao serem tracionados, também podem obedecer a essa lei.
- A declividade do gráfico anterior (tg θ) fornece a constante elástica da mola. De fato:

$$\text{tg } \theta = \frac{F}{\Delta x} = K$$

O dinamômetro

O **dinamômetro** (ou "balança de mola") é um dispositivo destinado a indicar intensidade de forças.

O funcionamento desse aparelho baseia-se nas deformações elásticas sofridas por uma mola que tem ligado a si um cursor. À medida que a mola é deformada, o cursor corre ao longo de uma escala impressa no aparato de suporte.

A calibração da escala, que pode ser graduada em newtons, em kgf ou em qualquer outra unidade de força, é feita utilizando-se corpos-padrão de pesos conhecidos.

A força resultante no dinamômetro, suposto de massa desprezível – dinamômetro ideal –, é nula. Isso significa que suas extremidades são puxadas por forças opostas, isto é, de mesma intensidade e direção, mas de sentidos contrários.

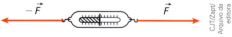

Uma importante característica funcional de um dinamômetro é o fato de ele indicar a intensidade da força aplicada **em uma de suas extremidades**. No caso da figura anterior, o dinamômetro indica a intensidade de $\vec{F}$ (ou de $-\vec{F}$) e não o dobro desse valor, como poderia ser imaginado.

No caso de ambas as extremidades estarem interligadas a um fio tracionado, o dinamômetro indica a intensidade da força de tração estabelecida no fio.

Veja o exemplo ao lado, em que duas garotas tracionam uma corda que tem um dinamômetro intercalado nela.

Como ambas puxam as extremidades da corda em sentidos opostos com 400 N, o dinamômetro registra 400 N, que é o valor da tração estabelecida no fio.

Ampliando o olhar

Associação de molas

Dispondo de duas molas de massas desprezíveis com constantes elásticas respectivamente iguais a K_1 e K_2 que obedeçam à Lei de Hooke é possível associá-las de duas maneiras: em **série** ou em **paralelo**.

Associação em série

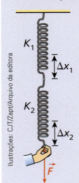

Nessa associação, a intensidade da força aplicada nas duas molas é igual e a deformação total do sistema, Δx, é obtida pela soma das deformações individuais exibidas em cada mola, isto é:

$$\Delta x = \Delta x_1 + \Delta x_2$$

Utilizando a lei de Hooke, podemos obter a constante elástica K_s equivalente à associação:

$$\frac{F}{K_s} = \frac{F}{K_1} + \frac{F}{K_2} \Rightarrow \boxed{\frac{1}{K_s} = \frac{1}{K_1} + \frac{1}{K_2}}$$

No caso de n molas associadas em série, a constante elástica equivalente K_s fica determinada por:

$$\boxed{\frac{1}{K_s} = \frac{1}{K_1} + \frac{1}{K_2} + ... + \frac{1}{K_n}}$$

Associação em paralelo

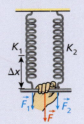

Para essa associação, ao aplicar uma força $\vec{F}$ em um ponto bem determinado da barra, as duas molas sofrem deformações iguais, e a intensidade da força total aplicada na barra é dada pela soma das intensidades das forças aplicadas em cada mola, isto é:

$$F = F_1 + F_2$$

Representando K_p a constante elástica equivalente à associação, decorre que:

$$K_p \Delta x = K_1 \Delta x + K_2 \Delta x \Rightarrow \boxed{K_p = K_1 + K_2}$$

No caso de n molas associadas em paralelo, a constante elástica equivalente K_p fica determinada por:

$$\boxed{K_p = K_1 + K_2 + ... + K_n}$$

Exercícios — Nível 1

62. O gráfico abaixo mostra como varia a intensidade da força de tração aplicada em uma mola em função da deformação estabelecida:

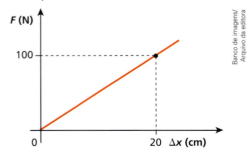

Determine:
a) a constante elástica da mola (em N/m);
b) a intensidade da força de tração para a deformação de 5,0 cm.

63. Na montagem do esquema, os blocos **A** e **B** têm pesos iguais a 100 N cada um:

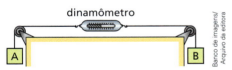

A indicação do dinamômetro ideal, que está graduado em newtons, é de:
a) 400 N;
b) 200 N;
c) 100 N;
d) 50 N;
e) zero.

64. (UFRGS-RS) Um dinamômetro fornece uma leitura de 15 N quando os corpos **x** e **y** estão pendurados nele, conforme mostra a figura ao lado. Sendo a massa de **y** igual ao dobro da de **x**, qual a tração na corda que une os dois corpos?

Exercícios Nível 2

65. Uma tira de borracha de peso desprezível e comprimento natural (sem deformação) L_0 é fixada em um suporte de modo a permanecer em posição vertical. Nesse elástico, são pendurados sucessivamente dois blocos, **A** e **B**, de pesos respectivamente iguais a 1,0 N e 3,0 N. Com **A** suspenso e em equilíbrio, verifica-se que a tira de borracha apresenta um comprimento de 8,0 cm e com **B** suspenso e em equilíbrio, nota-se, agora, um comprimento de 12,0 cm. Admitindo-se que a tira de borracha obedeça à Lei de Hooke, pede-se determinar:
a) o valor de L_0, em centímetros;
b) a constante elástica K da tira de borracha, em N/cm.

66. (UFRN) No gráfico seguinte, estão representadas as distensões (Δx) de dois elásticos (**x** e **y**) em função do módulo (F) da força de tração aplicada em cada um deles separadamente:

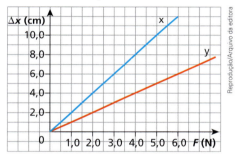

a) Suponha que os elásticos sejam associados em série, como mostra a figura abaixo. Qual é o valor da constante elástica deste sistema em N/cm?

b) Se os elásticos forem associados em paralelo, como mostra a figura seguinte, qual será o valor da constante elástica do sistema em N/cm?

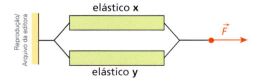

67. Um garoto está em repouso pendurado na extremidade **A** de uma corda elástica de massa desprezível, como ilustra a figura 1. Nesse caso, o alongamento sofrido pela corda é igual a x_1. O garoto sobe, então, permanecendo em repouso dependurado no ponto **B**, como ilustra a figura 2. Nesse caso, o alongamento sofrido pela corda é igual a x_2. Se a intensidade da aceleração da gravidade é constante, a expressão que relaciona corretamente x_2 e x_1 é:

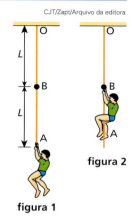

a) $x_2 = 4x_1$ d) $x_2 = \dfrac{x_1}{2}$

b) $x_2 = 2x_1$ e) $x_2 = \dfrac{x_1}{4}$

c) $x_2 = x_1$

68. (FEI-SP) O bloco da figura, de massa m = 4,0 kg, desloca-se sob a ação de uma força horizontal constante de intensidade $\vec{F}$. A mola ideal, ligada ao bloco, tem comprimento natural (isto é, sem deformação) $\ell_0 = 14,0$ cm e constante elástica K = 160 N/m.

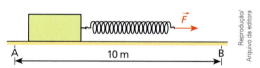

Desprezando-se as forças de atrito e sabendo-se que as velocidades escalares do bloco em **A** e **B** são, respectivamente, iguais a 4,0 m/s e 6,0 m/s, qual é, em centímetros, o comprimento da mola durante o movimento?

69. A figura ao lado representa o corte de um dos compartimentos de um foguete, que acelera verticalmente para cima nas proximidades da Terra.
No teto do compartimento, está fixado um dinamômetro ideal, que tem preso a si um bloco de massa 4,0 kg. Adotando $|\vec{g}| = 10$ m/s² e admitindo que a indicação do dinamômetro seja 60 N, determine o módulo da aceleração do foguete.

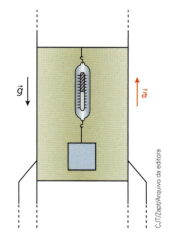

TÓPICO 1 | OS PRINCÍPIOS DA DINÂMICA   **237**

Bloco 6

10. O Princípio da Ação e da Reação (3ª Lei de Newton)

Analisemos a situação a seguir, em que um homem empurra horizontalmente para a direita um pesado bloco.

Ao empurrar o bloco, o homem aplica sobre ele uma força $\vec{F}_{HB}$, que convencionaremos chamar de **força de ação**.

força de **ação** do homem sobre o bloco

Será que o bloco também "empurra" o homem? Sim! Mostram fatos experimentais que, se o homem exerce força no bloco, este faz o mesmo em relação ao homem. O bloco aplica no homem uma força $\vec{F}_{BH}$, dirigida para a esquerda, que convencionaremos chamar de **força de reação**.

força de **reação** do bloco sobre o homem

Em resumo, o homem exerce no bloco uma força $\vec{F}_{HB}$, horizontal e para a direita. O bloco, por sua vez, exerce no homem uma força de reação $\vec{F}_{BH}$, horizontal e para a esquerda.

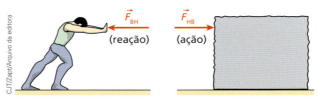

// O homem e o bloco trocam entre si forças de ação e reação.

Verifica-se que as forças $\vec{F}_{HB}$ e $\vec{F}_{BH}$ são opostas, isto é, $\vec{F}_{HB} = -\vec{F}_{BH}$. Devemos entender, então, que $\vec{F}_{HB}$ e $\vec{F}_{BH}$ têm mesma intensidade, mesma direção e sentidos opostos. Supondo, por exemplo, que a intensidade da ação ($\vec{F}_{HB}$) seja 100 N, observaremos que a intensidade da reação ($\vec{F}_{BH}$) também será 100 N.

Outro detalhe importante é o fato de as forças de ação e reação estarem aplicadas em **corpos diferentes**. No caso da situação descrita, a ação ($\vec{F}_{HB}$) está aplicada no bloco, enquanto a reação ($\vec{F}_{BH}$) está aplicada no homem.

O **Princípio da Ação e da Reação** pode ser enunciado da seguinte maneira:

> A toda força de **ação** corresponde uma de **reação**, de modo que essas forças têm sempre mesma intensidade, mesma direção e sentidos opostos, estando aplicadas em corpos diferentes.

É importante destacar que as forças de ação e reação, por estarem aplicadas em corpos diferentes, nunca se equilibram (isto é, nunca se anulam) mutuamente.

Em nossa vida prática, várias são as situações relacionadas com o Princípio da Ação e da Reação. Vejamos algumas delas.

Exemplo 1

Ao caminhar, uma pessoa age no chão, empurrando-o "para trás". Este, por sua vez, reage na pessoa, empurrando-a "para a frente".

Observemos, nesse caso, que a ação está aplicada no solo, enquanto a reação está aplicada na pessoa.

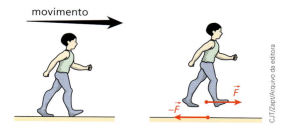

Exemplo 2

Na colisão entre dois automóveis, ambos deformam-se. Isso prova que, se um deles age, o outro reage em sentido contrário.

Os automóveis trocam forças de ação e reação que têm mesma intensidade, mesma direção e sentidos opostos.

Embora os carros troquem forças de intensidades iguais, ficará menos deformado aquele que receber a pancada numa região de estrutura mais resistente.

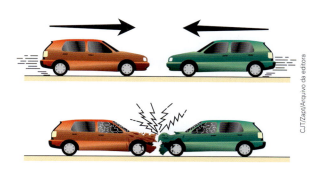

Exemplo 3

Ao remar um barco, uma pessoa põe em prática o Princípio da Ação e da Reação.

O remo age na água, empurrando-a com uma força $-\vec{F}$. Esta, por sua vez, reage no remo, empurrando-o em sentido oposto com uma força $\vec{F}$.

É importante notar que a ação $-\vec{F}$ está aplicada na água, enquanto a reação $\vec{F}$ está aplicada no remo.

Ação e reação aplicam-se em **corpos diferentes**.

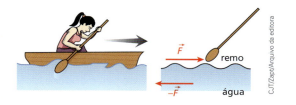

Exemplo 4

Consideremos um corpo sob a influência do campo gravitacional terrestre. Conforme sabemos, o corpo é atraído gravitacionalmente, sendo solicitado por uma força $\vec{P}$. Mas, se a Terra, por meio do seu campo de gravidade, age no corpo, este reage na Terra, atraindo-a com uma força $-\vec{P}$.

O corpo e a Terra interagem gravitacionalmente, trocando entre si forças de ação e reação. Observemos que $\vec{P}$ está aplicada no corpo, enquanto $-\vec{P}$ está aplicada na Terra (no seu centro de massa).

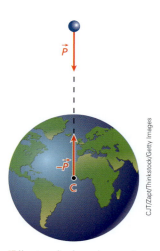

> **NOTAS!**
>
> - Nos três primeiros exemplos, as forças de ação e de reação exercidas pelos corpos descritos são **forças de contato**. Entretanto, no exemplo 4, as forças trocadas pela Terra e pelo corpo são **forças de campo**, pois advêm de uma interação a distância, que não necessita de contato para ocorrer.
> - É importante perceber que as forças de ação e reação têm sempre a mesma natureza, ou seja, são ambas de contato ou ambas de campo.

// Ilustração fora de escala e em cores fantasia.

JÁ PENSOU NISTO?

Cena chocante!

Nesta imagem, literalmente chocante, as forças trocadas entre o rosto do jogador e a bola são do tipo **ação** e **reação**. Por isso, essas forças têm mesma intensidade, mesma direção e sentidos opostos, estando aplicadas em corpos diferentes. As deformações visíveis tanto no rosto do jogador como na bola deixam evidente que, durante o breve intervalo de tempo em que ocorre o contato, as duas partes – rosto e bola – ficam sob a ação de forças.

Ampliando o olhar

Aplicações da 3ª Lei de Newton

Um experimento simples que você já deve ter realizado está esquematizado na figura ao lado, na qual está representado um balão de borracha movimentando-se à medida que expele o ar existente em seu interior.

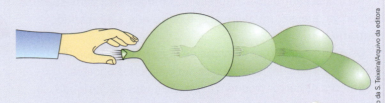

Esse fenômeno pode ser explicado pelo Princípio da Ação e da Reação. Cada partícula do ar ejetado recebe uma "força para trás". Essas partículas, que são em grande número, reagem no balão com "pequenas forças para a frente". Essas "forças" originam uma força resultante expressiva, capaz de acelerar o corpo elástico.

As mochilas espaciais também são equipamentos que operam com base no Princípio da Ação e da Reação, permitindo a um astronauta se locomover autonomamente no espaço.

Jatos estrategicamente posicionados, dotados de um dispositivo de acionamento individual, expelem um gás acondicionado em alta pressão. As partículas desse gás recebem forças no ato da ejeção e reagem na mochila em sentido contrário, o que possibilita o deslocamento do astronauta. Isso propicia uma série de atividades fora da nave, como reparos, observações e experimentos.

// Fotografia de astronauta fora da nave, equipado com uma mochila espacial.

O conjunto astronauta-mochila troca forças de ação e reação com as partículas de gás expelidas pelos jatos e também com o planeta, já que ambos se atraem mutuamente com forças de origem gravitacional (forças de campo).

Jogando com as Leis de Newton

O rapel é um esporte radical, derivado do alpinismo, que permite descidas verticais em montanhas, cachoeiras e, até mesmo, em pontes e edifícios. Os praticantes utilizam cordas, argolas-mosquetões, argolas em 8 (que têm a função de freio), além, é claro, do capacete. A prática do rapel, que também é empregado em salvamentos e resgates, requer coragem, perícia e treinamento especializado.

Numa descida vertical, desprezada a influência do ar, o corpo de um praticante de rapel fica sujeito a duas forças de mesma direção: o peso, $\vec{P}$, e a força exercida pela corda, ou força de tração, $\vec{T}$, como ilustra a figura.

// Rapel: emoção e adrenalina em descidas radicais.

240 UNIDADE 2 | DINÂMICA

Conforme o Princípio Fundamental da Dinâmica (2ª Lei de Newton), deve-se inferir que, se $|\vec{P}| = |\vec{T}|$, o corpo da pessoa permanece em repouso ou desloca-se para baixo em movimento retilíneo e uniforme.

Já, se $|\vec{P}| > |\vec{T}|$, a força resultante e a correspondente aceleração ficam dirigidas para baixo, e a pessoa desce em movimento acelerado. Ainda, se $|\vec{P}| < |\vec{T}|$, a força resultante e a correspondente aceleração ficam dirigidas para cima, e a pessoa desce em movimento retardado.

O avião, por outro lado, é um dos meios de transporte mais seguros em operação, permitindo deslocamentos rápidos entre dois locais quaisquer do planeta. Prevê-se para meados deste século aeronaves ainda mais rápidas, para pouco mais de 100 passageiros, que voarão a altitudes da ordem de 30 000 m, com velocidades em torno de Mach 4 (quatro vezes a velocidade do som no ar, ou cerca de 4 900 km/h). Dessa forma, serão possíveis voos entre Nova York e Paris em pouco mais de uma hora.

Pilotar aviões, desde os mais simples até os mais sofisticados, implica administrar quatro forças: a de sustentação aerodinâmica $\vec{S}$, a de propulsão, ou empuxo, $\vec{F}$, o peso, $\vec{P}$, e a resistência ao avanço, $\vec{F}_R$, representadas no esquema a seguir.

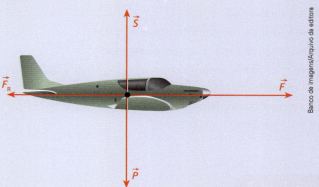

A sustentação aerodinâmica ($\vec{S}$) provém de diferenças de pressão do ar entre a parte de baixo da aeronave e a parte de cima, como será mais bem explicado em Hidrodinâmica. A fuselagem e as asas do avião são desenhadas de modo a receberem do ar que escoa em sentido contrário ao do voo a força de sustentação aerodinâmica.

A propulsão ($\vec{F}$) vem da interação entre os motores da aeronave (hélices ou turbinas) e o ar. Os motores do avião "empurram" o ar para trás e o ar, conforme a 3ª Lei de Newton, reage no corpo da aeronave, "empurrando-a" para frente.

O peso ($\vec{P}$) é a força aplicada pela gravidade. O peso é vertical e dirigido para baixo, atuando no sentido de "derrubar" a aeronave.

A força de resistência ao avanço ($\vec{F}_R$), por sua vez, também é imposta pelo ar, mas no sentido de resistir ao movimento do avião.

Vamos admitir um avião em pleno voo. De forma simples e considerando-se um referencial fixo no solo terrestre, podemos dizer que:

1. Se $\vec{S} + \vec{F} + \vec{P} + \vec{F}_R = \vec{0}$, a aeronave segue em movimento retilíneo e uniforme. Este é o momento de realizar o serviço de bordo, com oferta de lanches e bebidas aos passageiros, já que a aeronave está equilibrada (equilíbrio dinâmico).
2. Se $F > F_R$, a aeronave avança em movimento acelerado.
3. Se $F < F_R$, a aeronave avança em movimento retardado.
4. Se $S > P$, a aeronave realiza movimento com aceleração dirigida para cima (sobe em movimento acelerado ou desce em movimento retardado).
5. Se $S < P$, a aeronave realiza movimento com aceleração dirigida para baixo (desce em movimento acelerado ou sobe em movimento retardado).

Exercícios Nível 1

70. Um garoto encontra-se em pé sobre o trampolim de uma piscina, conforme representa o esquema seguinte:

A deflexão do trampolim é desprezível, de forma que este pode ser considerado horizontal. Desprezando-se os efeitos do ar, caracterize todas as forças que atuam no corpo do garoto, dizendo quais as outras que formam, com aquelas primeiras, pares ação-reação.

A massa do garoto vale 60 kg e, no local, $|\vec{g}| = 10 \text{ m/s}^2$.

Resolução:

Se o garoto está em repouso na extremidade do trampolim, a resultante das forças que atuam em seu corpo é nula (o garoto está em equilíbrio estático).

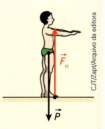

Apenas duas forças verticais e de sentidos opostos atuam no corpo do garoto, conforme representa o esquema a seguir.

$\vec{P}$ = ação gravitacional (exercida pela Terra);
$\vec{F}_n$ = reação normal do apoio (exercida pelo trampolim).

As forças $\vec{P}$ e $\vec{F}_n$ equilibram-se mutuamente, portanto têm intensidades iguais:

$|\vec{F}_n| = |\vec{P}| = m|\vec{g}|$

$|\vec{F}_n| = |\vec{P}| = 60 \cdot 10$

$\boxed{|\vec{F}_n| = |\vec{P}| = 600 \text{ N}}$

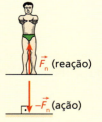

A ação correspondente à reação $\vec{F}_n$ é a força de compressão $-\vec{F}_n$ que o garoto exerce no trampolim.

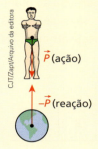

$$|\vec{F}_n| = |-\vec{F}_n| = 600\ N$$

A reação correspondente à ação $\vec{P}$ é a força $-\vec{P}$, que o garoto exerce no centro de massa da Terra.

$$|\vec{P}| = |-\vec{P}| = 600\ N$$

Nota:
- As forças $\vec{P}$ e $\vec{F}_n$ têm mesma intensidade, mesma direção e sentidos opostos, porém, não constituem entre si um par ação-reação, uma vez que estão aplicadas no mesmo corpo (o do garoto).

71. Um homem empurra um bloco sobre uma mesa horizontal perfeitamente sem atrito, aplicando-lhe uma força paralela à mesa, conforme ilustra a figura:

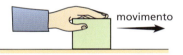

Faça um esquema representando todas as forças que agem no bloco, bem como as que, com elas, formam pares ação-reação.

72. Leia a tirinha a seguir:

Papai Noel, o personagem da tirinha, é reconhecidamente bastante opulento e rechonchudo.

Suponha que ele esteja na Terra, na Lapônia, e que a balança se encontre em repouso, apoiada sobre o solo horizontal.

Considere que, na situação de repouso, Papai Noel exerça sobre a plataforma da balança uma compressão de intensidade 1 200 N.

A respeito do descrito, são feitas as seguintes afirmações:

I. O peso do Papai Noel, na Terra, tem intensidade 1 200 N.
II. A plataforma da balança exerce sobre Papai Noel uma força de intensidade 1 200 N.
III. Papai Noel exerce no centro de massa da Terra uma força atrativa de intensidade menor que 1 200 N.
IV. O peso de Papai Noel e a força que a plataforma da balança exerce sobre ele constituem entre si um par ação-reação.

É(são) verdadeira(s):
a) somente I e II;
b) somente II e III;
c) somente I, II e III;
d) somente I, III e IV;
e) todas as afirmativas.

73. Um trem está se deslocando para a direita sobre trilhos retilíneos e horizontais, com movimento uniformemente variado em relação à Terra.

Uma esfera metálica, que está apoiada no piso horizontal de um dos vagões, é mantida em repouso em relação ao vagão por uma mola colocada entre ela e a parede frontal, como ilustra a figura. A mola encontra-se comprimida.

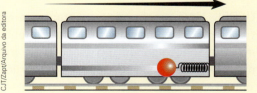

Supondo desprezível o atrito entre a esfera e o piso do vagão:
a) esquematize a força $\vec{F}_{EM}$, que a esfera exerce na mola, e a força $\vec{F}_{ME}$ que a mola exerce na esfera;
b) determine a direção e o sentido da aceleração do trem em relação à Terra.

c) verifique se o movimento do trem é uniformemente acelerado ou uniformemente retardado.

Resolução:

a) Se a mola se encontra **comprimida**, a força de contato (ação) $\vec{F}_{EM}$ que ela recebe da esfera é dirigida para a direita.

A mola, por sua vez, reage na esfera com a força $\vec{F}_{ME}$ dirigida para a esquerda, conforme está esquematizado abaixo:

$\vec{F}_{ME} = -\vec{F}_{EM}$

b) A força resultante na esfera é $\vec{F}_{ME}$. Como essa força está dirigida para a esquerda, o mesmo ocorre com a correspondente aceleração (2ª Lei de Newton), que é igual à do trem, já que a esfera está em repouso em relação ao seu piso.

> A aceleração da esfera, que é igual à do trem, é horizontal e dirigida para a esquerda.

c)

O movimento é **uniformemente retardado**, uma vez que o vetor aceleração ($\vec{a}$) tem sentido oposto ao do movimento do trem.

74. (UFPE) Uma mola de constante elástica $K = 1,5 \cdot 10^3$ N/m é montada horizontalmente em um caminhão, ligando um bloco **B** de massa m = 30 kg a um suporte rígido **S**. A superfície de contato entre o bloco **B** e a base **C** é perfeitamente lisa. Observa-se que, quando o caminhão se desloca sobre uma superfície plana e horizontal com aceleração $\vec{a}$, dirigida para a direita, a mola sofre uma compressão Δx = 10 cm. Determine o módulo de $\vec{a}$ em m/s².

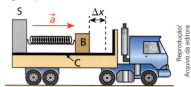

75. Os dois blocos indicados na figura encontram-se em contato, apoiados em um plano horizontal sem atrito. Com os blocos em repouso, aplica-se em **A** uma força constante, paralela ao plano de apoio e de intensidade F. Sabe-se que as massas de **A** e **B** valem, respectivamente, 2M e M.

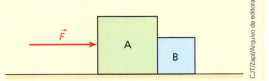

Não considerando a influência do ar, determine:

a) o módulo da aceleração adquirida pelo sistema;

b) a intensidade da força de contato trocada pelos blocos.

Resolução:

a) A resultante externa que acelera o conjunto A + B é $\vec{F}$:

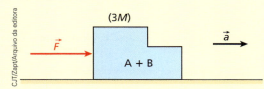

Aplicando ao conjunto A + B (de massa total 3M) o Princípio Fundamental da Dinâmica, vem:

$F = (m_A + m_B)a \Rightarrow F = 3Ma$

$$a = \frac{F}{3M}$$

b) Isolando os blocos e fazendo o esquema das forças que agem em cada um:

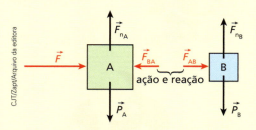

Na região de contato, os blocos exercem entre si as forças $\vec{F}_{AB}$ e $\vec{F}_{BA}$, que constituem um par ação-reação.

A intensidade de $\vec{F}_{AB}$ (ou de $\vec{F}_{BA}$) pode ser facilmente calculada aplicando-se a 2ª Lei de Newton ao bloco **B**. Assim:

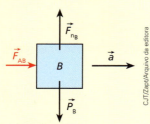

$\vec{F}_{n_B}$ e $\vec{P}_B$ equilibram-se, já que a aceleração vertical é nula. Logo, quem acelera exclusivamente o bloco **B** é $\vec{F}_{AB}$.

$$F_{AB} = m_B a \Rightarrow F_{AB} = M \frac{F}{3M}$$

$$\boxed{F_{AB} = F_{BA} = \frac{F}{3}}$$

76. Na figura abaixo, os blocos **A** e **B** têm massas $m_A = 6{,}0$ kg e $m_B = 2{,}0$ kg e, estando apenas encostados entre si, repousam sobre um plano horizontal perfeitamente liso.

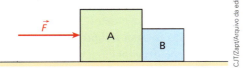

A partir de um dado instante, exerce-se em **A** uma força horizontal $\vec{F}$, de intensidade igual a 16 N. Desprezando a resistência do ar, calcule:
a) o módulo da aceleração do conjunto;
b) a intensidade das forças que **A** e **B** exercem entre si na região de contato.

77. A figura seguinte representa dois blocos, **A** **E.R.** (massa M) e **B** (massa $2M$), interligados por um fio ideal e apoiados em uma mesa horizontal sem atrito:

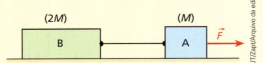

Aplica-se em **A** uma força paralela à mesa, de intensidade F e que acelera o conjunto. Desprezando a influência do ar, calcule:
a) o módulo da aceleração do sistema;
b) a intensidade da força que traciona o fio.

Resolução:
a) A resultante externa que acelera o conjunto A + B é $\vec{F}$:

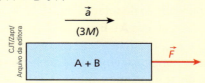

O módulo da aceleração $\vec{a}$ é calculado pelo Princípio Fundamental da Dinâmica:
$$F = (m_A + m_B)a \Rightarrow F = 3Ma$$

$$\boxed{a = \frac{F}{3M}}$$

b) As forças verticais (peso e normal) equilibram-se em cada bloco; assim, isolando os blocos e o fio, obtemos o seguinte esquema de forças horizontais:

A força que traciona o fio tem a mesma intensidade daquela que acelera o bloco **B**. Assim, aplicando a **B** a 2ª Lei de Newton, vem:

$$T = m_B a \Rightarrow T = 2M \frac{F}{3M}$$

$$\boxed{T = \frac{2}{3}F}$$

78. (FGV-SP) Dois carrinhos de supermercado, **A** e **B**, podem ser acoplados um ao outro por meio de uma pequena corrente de massa desprezível, de modo que uma única pessoa, em vez de empurrar dois carrinhos separadamente, possa puxar o conjunto pelo interior do supermercado. Um cliente aplica uma força horizontal constante de intensidade F sobre o carrinho da frente, dando ao conjunto uma aceleração de intensidade 0,5 m/s².

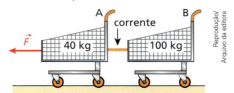

Sendo o piso plano e as forças de atrito desprezíveis, o módulo da força F e o da força de tração na corrente são, em N, respectivamente:
a) 70 e 20.   c) 70 e 50.   e) 60 e 50.
b) 70 e 40.   d) 60 e 20.

79. Na montagem representada na figura, o fio é
E.R. inextensível e de massa desprezível; a polia pode girar sem atrito em torno de seu eixo, tendo inércia de rotação desprezível; as massas dos blocos **A** e **B** valem, respectivamente, m_A e m_B; inexiste atrito entre o bloco **A** e o plano horizontal em que se apoia e a resistência do ar é insignificante:

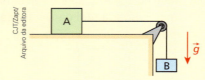

Em determinado instante, o sistema é abandonado à ação da gravidade. Assumindo para o módulo da aceleração da gravidade o valor g, determine:

a) o módulo da aceleração do sistema;
b) a intensidade da força que traciona o fio.

Resolução:

Façamos, inicialmente, o esquema das forças que agem em cada bloco:

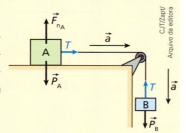

Apliquemos o Princípio Fundamental da Dinâmica a cada um deles:

Bloco **B**: $P_B - T = m_B a$ (I)
Bloco **A**: $T = m_A a$ (II)

a) Somando (I) e (II), calculamos o módulo da aceleração do sistema:

$$P_B = (m_A + m_B)a \Rightarrow a = \frac{P_B}{m_A + m_B}$$

$$\boxed{a = \frac{m_B}{m_A + m_B} g}$$

Nota:
- A força resultante que acelera o conjunto A + B é o peso de **B**.

b) Substituindo o valor de a em (II), obtemos a intensidade da força que traciona o fio:

$$T = m_A a \Rightarrow \boxed{T = \frac{m_A m_B}{m_A + m_B} g}$$

80. No arranjo experimental esquematizado a seguir, os blocos **A** e **B** têm massas respectivamente iguais a 4,0 kg e 1,0 kg (desprezam-se os atritos, a resistência do ar e a inércia da polia).

Considerando o fio que interliga os blocos leve e inextensível e adotando nos cálculos $|\vec{g}| = 10$ m/s², determine:

a) o módulo da aceleração dos blocos;
b) a intensidade da força de tração estabelecida no fio.

81. O dispositivo representado
E.R. no esquema ao lado é uma máquina de Atwood, numa referência ao físico inglês George Atwood (1745-1807). A polia tem inércia de rotação desprezível e não se consideram os atritos. O fio é inextensível e de massa desprezível, e, no local, a aceleração gravitacional tem módulo g. Sabe-se, ainda, que as massas dos corpos **A** e **B** valem, respectivamente, M e m, com $M > m$. Supondo que em determinado instante a máquina é destravada, determine:

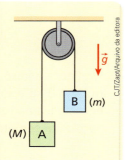

a) o módulo da aceleração adquirida pelo bloco **A** e pelo bloco **B**;
b) a intensidade da força que traciona o fio durante o movimento dos blocos.

Resolução:

A figura ao lado mostra o esquema das forças que agem em cada corpo.

Como $M > m$, o corpo **A** é acelerado para baixo, enquanto **B** é acelerado para cima. Aplicando a **A** e a **B** a 2ª Lei de Newton, obtemos:

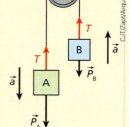

Corpo **A**: $P_A - T = Ma$ (I)
Corpo **B**: $T - P_B = ma$ (II)

a) Somando (I) e (II), calculamos o módulo da aceleração dos blocos:

$$P_A - P_B = (M + m)a$$
$$(M - m)g = (M + m)a$$

$$\boxed{a = \frac{(M - m)}{M + m}g}$$

Nota:
- A força resultante que acelera o conjunto A + B é dada pela diferença entre os pesos de **A** e **B**.

b) De (II), segue que:
$$T - mg = m\frac{(M - m)}{M + m}g$$

$$\boxed{T = \frac{2Mm}{M + m}g}$$

82. O dispositivo esquematizado na figura é uma máquina de Atwood. No caso, não há atritos, o fio é inextensível e desprezam-se sua massa e a da polia.

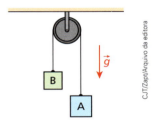

Supondo que os blocos **A** e **B** tenham massas respectivamente iguais a 3,0 kg e 2,0 kg e que $|\vec{g}| = 10$ m/s², determine:

a) o módulo da aceleração dos blocos;
b) a intensidade da força de tração estabelecida no fio;
c) a intensidade da força de tração estabelecida na haste de sustentação da polia.

83. Um homem de massa 60 kg acha-se de pé
E.R. sobre uma balança graduada em newtons. Ele e a balança situam-se dentro da cabine de um elevador que tem, em relação à Terra, uma aceleração vertical de módulo 1,0 m/s². Adotando $|\vec{g}| = 10$ m/s², calcule:

a) a indicação da balança no caso de o elevador estar acelerado para cima;
b) a indicação da balança no caso de o elevador estar acelerado para baixo.

Resolução:
A figura a seguir representa a situação proposta, juntamente com o esquema das forças que agem no homem.

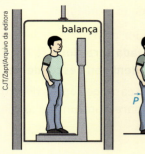

$\vec{P}$: peso do homem
$(P = mg = 60 \cdot 10$ N $= 600$ N$)$;

$\vec{F}_n$: reação normal da balança.

A força $\vec{F}_n$ tem intensidade igual à indicação da balança. Isso ocorre pelo fato de o homem e a balança trocarem, na região de contato, forças de ação e reação. A intensidade de $\vec{F}_n$ é o **peso aparente** do homem dentro do elevador.

a) No caso de o elevador estar acelerado para cima, $|\vec{F}_{n_1}| > |\vec{P}|$:
Aplicando a 2ª Lei de Newton, vem:

$$F_{n_1} - P = ma$$
$$F_{n_1} = m(g + a)$$
$$F_{n_1} = 60(10 + 1{,}0)$$

$$\boxed{F_{n_1} = 660 \text{ N}}$$

O peso aparente é **maior** que o peso real (660 N > 600 N).

b) No caso de o elevador estar acelerado para baixo, $|\vec{F}_{n_2}| < |\vec{P}|$:
Aplicando a 2ª Lei de Newton, vem:

$$P - F_{n_2} = ma$$
$$F_{n_2} = m(g - a)$$
$$F_{n_2} = 60(10 - 1{,}0)$$

$$\boxed{F_{n_2} = 540 \text{ N}}$$

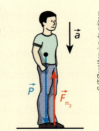

O peso aparente é **menor** que o peso real (540 N < 600 N)

Nota:

- Podemos dizer que dentro de um elevador em movimento acelerado na vertical reina uma **gravidade aparente** (g_{ap}) diferente da gravidade externa (g).

  (I) Elevador com aceleração de módulo **a**, **orientada para cima** (↑), em movimento **ascendente** ou **descendente**.

  Nesse caso, os corpos dentro do elevador aparentam um peso maior que o real:

  $$g_{ap} = g + a$$

  (II) Elevador com aceleração de módulo **a**, **orientada para baixo** (↓), em movimento **ascendente** ou **descendente**.

  Nesse caso, os corpos dentro do elevador aparentam um peso menor que o real:

  $$g_{ap} = g - a$$

  Observe que, se $a = g$, teremos $g_{ap} = 0$ e os corpos, dentro do elevador, aparentarão peso nulo.

84. Em determinado parque de diversões, o elevador que despenca verticalmente em queda livre é a grande atração. Rafael, um garoto de massa igual a 70 kg, encara o desafio e, sem se intimidar com os comentários de seus colegas, embarca no brinquedo, que começa a subir a partir do repouso. Durante a ascensão vertical do elevador, são verificadas três etapas:

I. movimento uniformemente acelerado com aceleração de módulo 1,0 m/s²;

II. movimento uniforme;

III. movimento uniformemente retardado com aceleração de módulo 1,0 m/s².

Depois de alguns segundos estacionado no ponto mais alto da torre, de onde Rafael acena triunfante para o grupo de amigos, o elevador é destravado, passando a cair com aceleração praticamente igual à da gravidade (10 m/s²). Pede-se calcular o peso aparente de Rafael:

a) nas etapas I, II e III;
b) durante a queda livre.

85. Uma partícula de massa m é abandonada no topo do plano inclinado da figura, de onde desce em movimento acelerado com aceleração $\vec{a}$.

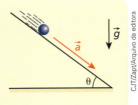

O ângulo de inclinação do plano em relação à horizontal é θ, e o módulo da aceleração da gravidade é g. Desprezando os atritos e a influência do ar:

a) calcule o módulo de $\vec{a}$;
b) trace os seguintes gráficos: módulo de $\vec{a}$ em função de θ e módulo de $\vec{a}$ em função de m.

Resolução:

a) Nas condições citadas, apenas duas forças atuam na partícula: seu peso ($\vec{P}$) e a reação normal do plano inclinado ($\vec{F}_n$):

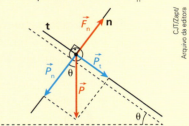

$\vec{P}_n$ = componente normal do peso
($P_n = P \cos \theta$)
Como, na direção **n**, a aceleração da partícula é nula, deve ocorrer:

$$P_n = F_n$$

$\vec{P}_t$ = componente tangencial do peso
($P_t = P \sen \theta$)
A resultante externa que acelera a partícula na direção **t** é $\vec{P}_t$. Logo, aplicando o Princípio Fundamental da Dinâmica, vem:

$$P_t = ma \Rightarrow P \sen \theta = ma$$

$$mg \sen \theta = ma \Rightarrow \boxed{a = g \sen \theta}$$

b)

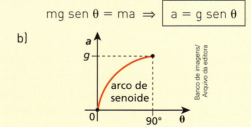

Como a independe de m, obtemos:

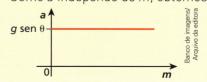

86. No plano inclinado representado a seguir, o bloco encontra-se impedido de se movimentar devido ao calço no qual está apoiado. Os atritos são desprezíveis, a massa do bloco vale 5,0 kg e g = 10 m/s².

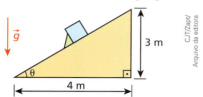

a) Copie a figura esquematizando todas as forças que agem no bloco.
b) Calcule as intensidades das forças com as quais o bloco comprime o calço e o plano de apoio.

87. Um garoto de massa igual a 40,0 kg parte do repouso do ponto **A** do escorregador esquematizado abaixo e desce sem sofrer a ação de atritos ou da resistência do ar.

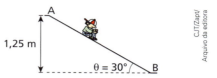

Sabendo-se que no local a aceleração da gravidade tem intensidade 10,0 m/s², responda:

a) Qual o módulo da aceleração adquirida pelo garoto? O valor calculado depende de sua massa?
b) Qual o intervalo de tempo gasto pelo garoto no percurso de **A** até **B**?
c) Com que velocidade ele atinge o ponto **B**?

Exercícios Nível 2

88. Um astronauta, do qual desprezaremos as dimensões, encontra-se em repouso no ponto **A** da figura 1, numa região do espaço livre de ações gravitacionais significativas. **Oxyz** é um referencial inercial. Por meio de uma mochila espacial, dotada dos jatos 1, 2 e 3, de mesma potência e que expelem combustível queimado nos sentidos indicados na figura 2, o astronauta consegue mover-se em relação a **Oxyz**.

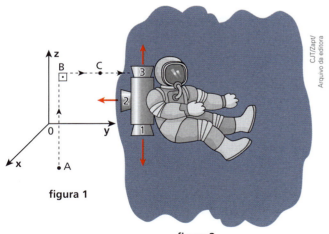

figura 1

figura 2

Para percorrer a trajetória A → B → C →, o astronauta deverá acionar, durante o mesmo intervalo de tempo, os jatos na seguinte sequência:

a) 1 e 2;
b) 3 e 2;
c) 3, 1 e 2;
d) 1, 3 e 2;
e) 1, 2 e 3.

89. Dois garotos **A** e **B**, de massas respectivamente iguais a 40 kg e 60 kg, encontram-se sobre a superfície plana, horizontal e perfeitamente lisa de um grande lago congelado. Em dado instante, **A** empurra **B**, que sai com velocidade de 4,0 m/s. Supondo desprezível a influência do ar, determine:

a) o módulo da velocidade de **A** após o empurrão;
b) a distância que separa os garotos, decorridos 10 s do empurrão.

Resolução:

a) Durante o contato (empurrão), **A** e **B** trocam entre si forças de ação e reação: **A** age em **B** e **B** reage em **A**.

O Princípio Fundamental da Dinâmica, aplicado ao garoto **A**, conduz a:

$$F_A = m_A a_A = m_A \frac{\Delta v_A}{\Delta t} = m_A \frac{(v_A - v_{0_A})}{\Delta t}$$

Como $v_{0_A} = 0$ (**A** estava inicialmente parado), vem:

$$F_A = m_A \frac{v_A}{\Delta t}$$

O Princípio Fundamental da Dinâmica, aplicado ao garoto **B**, conduz a:

$$F_B = m_B a_B = m_B \frac{\Delta v_B}{\Delta t} = m_B \frac{(v_B - v_{0_B})}{\Delta t}$$

Como $v_{0_B} = 0$ (**B** estava inicialmente parado), vem:

$$F_B = m_B \frac{v_B}{\Delta t}$$

Notas:
- F_A e F_B são as intensidades das forças médias recebidas, respectivamente, por **A** e **B** no ato do mútuo empurrão (ação e reação). Como as forças de ação e reação têm intensidades iguais, segue que:

$$F_A = F_B \Rightarrow m_A \frac{v_A}{\Delta t} = m_B \frac{v_B}{\Delta t}$$

$$\boxed{\frac{v_A}{v_B} = \frac{m_B}{m_A}}$$

- As velocidades adquiridas pelos garotos têm intensidades inversamente proporcionais às respectivas massas. Sendo $v_B = 4{,}0$ m/s, $m_A = 40$ kg e $m_B = 60$ kg, calculamos v_A:

$$\frac{v_A}{4{,}0} = \frac{60}{40} \therefore \boxed{v_A = 6{,}0 \text{ m/s}}$$

b)

A distância D que separa os garotos, decorridos 10 s do empurrão, é dada por:
$$D = d_A + d_B$$
em que d_A e d_B são as distâncias percorridas por **A** e por **B** no referido intervalo de tempo. Assim:

$$d_A = 6{,}0\,\frac{m}{s} \cdot 10\,s \Rightarrow d_A = 60\,m$$
$$d_B = 4{,}0\,\frac{m}{s} \cdot 10\,s \Rightarrow d_B = 40\,m$$

Logo:
$$D = 60\,m + 40\,m \Rightarrow \boxed{D = 100\,m}$$

90. O esquema seguinte representa um canhão rigidamente ligado a um carrinho, que pode deslizar sem atrito sobre o plano horizontal.

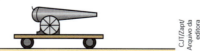

O sistema, inicialmente em repouso, dispara horizontalmente um projétil de 20 kg de massa, que sai com velocidade de $1{,}2 \cdot 10^2$ m/s. Sabendo que a massa do conjunto canhão-carrinho perfaz $2{,}4 \cdot 10^3$ kg e desprezando a resistência do ar, calcule o módulo da velocidade de recuo do conjunto canhão-carrinho após o disparo.

91. Nas figuras seguintes, o dinamômetro tem **E.R.** peso desprezível. Determine, em cada caso, a indicação do aparelho, supondo que a unidade de calibração das escalas seja coerente com as unidades em que estão dadas as intensidades das forças. Os fios são ideais, isto é, inextensíveis, flexíveis e de massas desprezíveis.

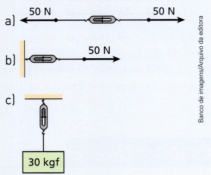

Resolução:
a) Nesse caso, o dinamômetro indica 50 N, conforme suas características funcionais.
b) Essa situação equivale fisicamente à do caso **a**:

De fato, o dinamômetro puxa a parede para a direita, aplicando-lhe uma força de 50 N, e esta reage, puxando o dinamômetro para a esquerda, também com uma força de 50 N. Assim, nesse caso, o dinamômetro indica 50 N.
c) Nesse arranjo, o dinamômetro indica a intensidade do peso do bloco, isto é, 30 kgf.

92. Dois blocos 1 e 2 de pesos respectivamente iguais a 30 kgf e 10 kgf estão em equilíbrio, conforme mostra a figura abaixo:

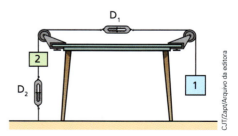

Quais as indicações dos dinamômetros D_1 e D_2, graduados em kgf?

93. (Faap-SP) Um homem está sobre a plataforma de uma balança e exerce força sobre um dinamômetro preso ao teto. Sabe-se que, quando a leitura no dinamômetro é zero, a balança indica 80 kgf.

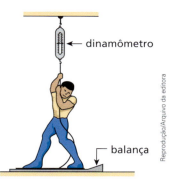

a) Qual a intensidade do peso do homem?
b) Se o homem tracionar o dinamômetro, de modo que este indique 10 kgf, qual será a nova indicação da balança?

94. (Vunesp) Uma barra **AC** homogênea de massa M e comprimento L, colocada em uma mesa lisa e horizontal, desliza sem girar sob a ação de uma força $\vec{F}$, também horizontal, aplicada em sua extremidade esquerda.

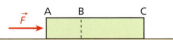

Se o comprimento da fração **BC** da barra é $\frac{2L}{3}$, determine a intensidade da força que essa fração exerce na fração **AB**.

95. Na situação esquematizada na figura, desprezam-se os atritos e a influência do ar. As massas de **A** e **B** valem, respectivamente, 3,0 kg e 2,0 kg.

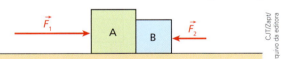

Sabendo-se que as forças $\vec{F}_1$ e $\vec{F}_2$ são paralelas ao plano horizontal de apoio e que $|\vec{F}_1| = 40$ N e $|\vec{F}_2| = 10$ N, pode-se afirmar que a intensidade da força que **B** aplica em **A** vale:

a) 10 N
b) 12 N
c) 18 N
d) 22 N
e) 26 N

96. Na situação do esquema seguinte, não há atrito entre os blocos e o plano horizontal, a influência do ar é desprezível e as massas de **A** e de **B** valem, respectivamente, 2,0 kg e 8,0 kg:

Sabe-se que o fio leve e inextensível que une **A** com **B** suporta, sem romper-se, uma tração máxima de 32 N. Calcule a maior intensidade admissível à força $\vec{F}$, horizontal, para que o fio não se rompa.

97. Na montagem esquematizada na figura, os blocos **A**, **B** e **C** têm massas iguais a 2,0 kg e a força $\vec{F}$, paralela ao plano horizontal de apoio, tem intensidade 12 N.

Desprezando todas as forças resistentes, calcule:
a) o módulo da aceleração do sistema;
b) as intensidades das forças de tração estabelecidas nos fios ideais 1 e 2.

98. Na situação esquematizada na figura, **A** é uma caixa de massa $m_A = 4,0$ kg que pode se movimentar sem atrito em uma mesa horizontal. Sobre **A** é colocado um bloco **B**, de massa $m_B = 2,0$ kg, que não escorrega em relação à caixa.
$\vec{F}_1$ e $\vec{F}_2$ são forças horizontais, de intensidades respectivamente iguais a 20,0 N e 2,0 N aplicadas em **A** e **B**.

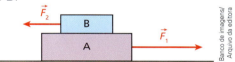

Desprezando-se a resistência do ar, pede-se determinar:
a) o módulo da aceleração do conjunto **AB**;
b) a intensidade da força de atrito trocada entre **A** e **B**.

99. (Unesp-SP) Em um trecho retilíneo e horizontal de uma ferrovia, uma composição constituída por uma locomotiva e 20 vagões idênticos partiu do repouso e, em 2 minutos, atingiu a velocidade de 12 m/s. Ao longo de todo o percurso, um dinamômetro ideal acoplado à locomotiva e ao primeiro vagão indicou uma força de módulo constante e igual a 120 000 N. Considere que uma força total de resistência ao movimento, horizontal e de intensidade média correspondente a 3% do peso do conjunto formado pelos 20 vagões, atuou sobre eles nesse trecho. Adotando $g = 10$ m/s², calcule:

a) a distância percorrida pela frente da locomotiva, desde o repouso até atingir a velocidade de 12 m/s;
b) a massa de cada vagão da composição.

100. Na figura, os blocos **A**, **B** e **C** têm massas respectivamente iguais a $3M$, $2M$ e M; o fio e a polia são ideais. Os atritos são desprezíveis e a aceleração da gravidade tem intensidade g.

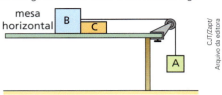

Admitindo os blocos em movimento sob a ação da gravidade, calcule as intensidades da força de tração no fio (T) e da força de contato trocada por **B** e **C** (F).

101. Admita que você disponha de quatro blocos iguais, de massa M cada um, e de um fio e de uma polia ideais. Com esses elementos, você realiza as três montagens esquematizadas a seguir:

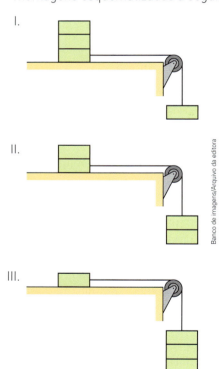

O plano horizontal de apoio é perfeitamente liso e, no local, a aceleração da gravidade tem módulo g. Desprezando os efeitos do ar e admitindo que os blocos empilhados se movam em relação à mesa de apoio sem apresentar movimento relativo entre si, calcule para as montagens I, II e III:
a) o módulo da aceleração dos blocos;
b) a intensidade da força de tração no fio.

102. Na figura, estão representadas uma caixa, de massa igual a 4,7 kg, e uma corrente constituída de dez elos iguais, com massa de 50 g cada um. Um homem aplica no elo 1 uma força vertical dirigida para cima, de intensidade 78 N,

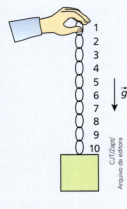

e o sistema adquire aceleração. Admitindo $|\vec{g}| = 10$ m/s^2 e desprezando todos os atritos, responda:
a) Qual a intensidade da aceleração do sistema?
b) Qual a intensidade da força de contato entre os elos 4 e 5?

Resolução:
a) Supondo que a corrente e a caixa constituam um corpo único de massa total igual $(4,7 + 0,50)$ kg $= 5,2$ kg, apliquemos ao sistema a 2ª Lei de Newton:

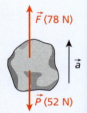

$$F - P_{total} = m_{total}\, a$$
$$F - m_{total}\, g = m_{total}\, a$$
$$78 - 5,2 \cdot 10 = 5,2a$$
$$\boxed{a = 5,0 \text{ m/s}^2}$$

b) Sendo $m = 50$ g $= 0,050$ kg a massa de cada elo, aplicamos a 2ª Lei de Newton aos elos 1, 2, 3 e 4 e calculamos a intensidade da força $\vec{C}$ de contato entre os elos 4 e 5.

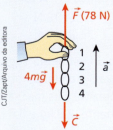

$$F - P - C = 4ma \Rightarrow F - 4mg - C = 4ma$$
$$78 - 4 \cdot 0,050 \cdot 10 - C = 4 \cdot 0,050 \cdot 5,0$$
$$\boxed{C = 75 \text{ N}}$$

103. Depois de regar o jardim de sua casa, José Procópio enrolou cuidadosamente os 10 m da mangueira flexível utilizada na operação, deixando um arremate de 60 cm emergido do centro do rolo, conforme ilustra a figura. Querendo guardar o acessório em uma prateleira elevada, o rapaz puxou o rolo para cima, exercendo, por alguns instantes, uma força vertical $\vec{F}$ de intensidade 30,0 N na extremidade do arremate.

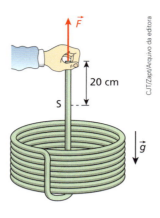

Sabendo que a densidade linear da mangueira (massa por unidade de comprimento) é igual a 250 g/m e que $|\vec{g}| = 10{,}0$ m/s², calcule, durante o breve intervalo de tempo de atuação da força $\vec{F}$:

a) o módulo da aceleração adquirida pela mangueira;

b) a intensidade da força de tração em uma secção **S** do arremate situada 20 cm abaixo da mão de José Procópio.

104. Na máquina de Atwood da figura ao lado, o fio (inextensível) e a polia têm pesos desprezíveis, a influência do ar é insignificante e a aceleração da gravidade tem módulo g. As massas dos blocos **A** e **B** são, respectivamente, M e m, com $M > m$.

Sendo a o módulo da aceleração dos blocos e D_1 e D_2 as indicações dos dinamômetros ideais 1 e 2, analise as proposições seguintes:

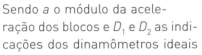

I. $a < g$

II. $D_1 = \dfrac{2Mm}{M+m}g$

III. $D_2 = (M+m)g$

IV. $mg < D_1 < Mg$

Responda mediante o código:
a) Todas as proposições são corretas.
b) Todas as proposições são incorretas.
c) Apenas as proposições I e III são corretas.
d) Apenas as proposições I, II e IV são corretas.
e) Apenas as proposições I, III e IV são corretas.

105. Dois blocos **A** e **B**, de massas $m_A = 2{,}0$ kg e $m_B = 3{,}0$ kg, estão acoplados por um fio inextensível de massa desprezível que passa por uma polia fixa, conforme ilustra a figura ao lado.

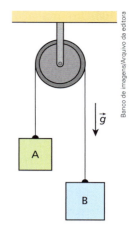

Esses blocos foram abandonados à ação da gravidade ($|\vec{g}| = 10$ m/s²) e, após moverem-se por 1,0 m, quando o bloco **B** se encontrava a 3,0 m do solo, o fio de conexão de **A** com **B** arrebentou. Desprezando a massa da polia, a resistência do ar, bem como todas as formas de atrito, determine, em segundos, o intervalo de tempo decorrido desde o rompimento do fio até o bloco **B** colidir com o chão.

106. Na montagem experimental abaixo, os blocos **A**, **B** e **C** têm massas $m_A = 5{,}0$ kg, $m_B = 3{,}0$ kg e $m_C = 2{,}0$ kg. Desprezam-se os atritos e a resistência do ar. Os fios e as polias são ideais e adota-se $|\vec{g}| = 10$ m/s².

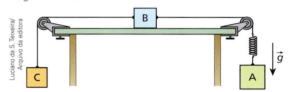

No fio que liga **A** com **B**, está intercalada uma mola leve, de constante elástica $3{,}5 \cdot 10^3$ N/m. Com o sistema em movimento, calcule, em centímetros, a deformação da mola.

107. Na máquina de Atwood esquematizada ao lado, a caixa **A** é mais pesada que a caixa **B**. Os dois bonecos são idênticos e cada um apresenta um peso de intensidade P. Com o sistema abandonado à ação da gravidade, os bonecos comprimem as bases das caixas com forças de intensidades F_A e F_B, respectivamente. Considerando a polia e o fio ideais e desprezando a influência do ar, aponte a alternativa correta:

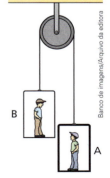

a) $F_A = P = F_B$
b) $F_A < P < F_B$
c) $F_A < F_B < P$
d) $F_A > P > F_B$
e) $F_A > F_B > P$

108. Um macaco, de massa m = 10 kg, sobe verticalmente em movimento uniformemente acelerado puxando para baixo com força constante o ramo direito de uma corda ideal que passa por uma polia sem atrito, como esquematizado ao lado.

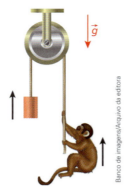

Ao mesmo tempo, uma carga de massa M = 15 kg sobe verticalmente com velocidade constante presa no ramo esquerdo da corda. Desprezando-se as forças de resistência do ar e adotando-se g = 10 m/s², pede-se determinar:
a) a intensidade T da força de tração na corda;
b) o módulo a da aceleração do macaco em relação ao solo.

109. Um homem de massa igual a 80 kg sobe na plataforma de uma balança de banheiro esquecida no interior de um elevador em operação. A balança está graduada em quilogramas, e o homem fica intrigado ao verificar que a indicação do instrumento é de 100 kg. Sabendo-se que no local g = 10,0 m/s², pede-se:
a) determinar o sentido e o módulo da aceleração do elevador;
b) indicar se o elevador está subindo ou descendo.

110. Considere um elevador cujo piso suporta uma força de compressão de intensidade máxima igual a $4,0 \cdot 10^3$ N. Esse elevador vai subir em movimento acelerado, transportando n caixas de massa 50 kg cada uma. Sabendo que a aceleração do elevador tem módulo igual a 2,0 m/s² e que $|\vec{g}| = 10$ m/s², calcule o máximo valor de n.

111. No esquema da figura, Raimundo tem apoiada na palma de sua mão uma laranja de massa 100 g. O elevador sobe aceleradamente, com aceleração de módulo 2,0 m/s².

Em dado instante, Raimundo larga a laranja, que se choca com o piso.

Supondo $|\vec{g}| = 10$ m/s², calcule:

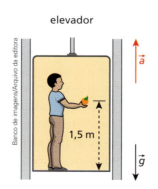

a) a intensidade da força (em newtons) aplicada pela laranja na mão de Raimundo enquanto em contato com ela;
b) o intervalo de tempo decorrido desde o instante em que a laranja é largada até o instante do seu choque com o piso (a laranja é largada de uma altura de 1,5 m em relação ao piso do elevador). Despreze o efeito do ar.

112. A figura representa os blocos **A** e **B**, de massas respectivamente iguais a 3,00 kg e 1,00 kg, conectados entre si por um fio leve e inextensível que passa por uma polia ideal, fixa no teto de um elevador. Os blocos estão inicialmente em repouso, em relação ao elevador, nas posições indicadas.

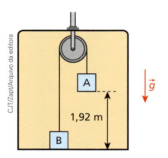

Admitindo que o elevador tenha aceleração de intensidade 2,0 m/s², vertical e dirigida para cima, determine o intervalo de tempo necessário para o bloco **A** atingir o piso do elevador. Adote nos cálculos $|\vec{g}| = 10,0$ m/s².

113. No arranjo experimental esquematizado na figura, o fio e a polia são ideais, despreza-se o atrito entre o bloco **A** e o plano inclinado e adota-se $|\vec{g}| = 10$ m/s². Não levando em conta a influência do ar, calcule:

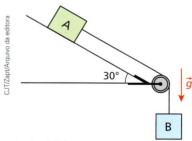

Massa de **A**: 6,0 kg.
Massa de **B**: 4,0 kg.
a) o módulo da aceleração dos blocos;
b) a intensidade da força de tração no fio;
c) a intensidade da força resultante que o fio aplica na polia.

114. No esquema a seguir, fios e polia são ideais. Desprezam-se todos os atritos, bem como a influência do ar.

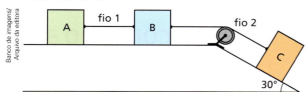

Sendo g o módulo da aceleração da gravidade e $2m$, $2m$ e m as massas dos blocos **A**, **B** e **C**, nessa ordem, calcule:
a) o módulo da aceleração de cada bloco;
b) a intensidade das forças que tracionam os fios 1 e 2;
c) a intensidade da força paralela ao plano horizontal de apoio a ser aplicada no bloco **A** de modo que o sistema permaneça em repouso.

115. Na situação esquematizada na figura, o fio
E.R. e as polias são ideais. Os blocos **A** e **B** têm massas respectivamente iguais a M e m, e o atrito entre o bloco **A** e a mesa horizontal de apoio é desprezível.

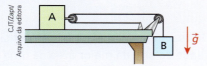

Sendo g a intensidade da aceleração da gravidade, determine:
a) o módulo da aceleração do bloco **A** e do bloco **B**;
b) a intensidade da força que traciona o fio.

Resolução:

Observando os esquemas, podemos notar que o deslocamento do bloco **B** é o dobro do deslocamento do bloco **A** durante o mesmo intervalo de tempo.

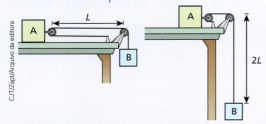

Isso permite concluir que o módulo da aceleração do bloco **B** é o dobro do módulo da aceleração do bloco **A**.

$$a_B = 2a_A$$

a) 2ª Lei de Newton para o bloco **A**:

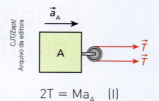

$$2T = Ma_A \quad (I)$$

2ª Lei de Newton para o bloco **B**:

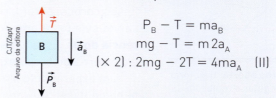

$$P_B - T = ma_B$$
$$mg - T = m\,2a_A$$
$$(\times 2): 2mg - 2T = 4ma_A \quad (II)$$

Somando-se (I) e (II), vem:
$$2mg = (M + 4m)a_A$$

Logo, $\boxed{a_A = \dfrac{2mg}{M + 4m}}$ e $\boxed{a_B = \dfrac{4mg}{M + 4m}}$

b) De (I): $2T = Ma_A \Rightarrow 2T = M\dfrac{2mg}{M + 4m}$

$$\boxed{T = \dfrac{Mmg}{M + 4m}}$$

116. (AFA-SP) Os corpos **A** e **B** da figura ao lado têm massas M e m respectivamente. Os fios são ideais. A massa da polia e todos os atritos podem ser considerados desprezíveis.

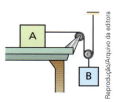

O módulo da aceleração de **B** é igual a:
a) $\dfrac{mg}{M + m}$
b) $\dfrac{mg}{4M + m}$
c) $\dfrac{2Mg}{M + m}$
d) $\dfrac{2mg}{4M + m}$

117. No arranjo experimental da figura, a caixa **A** é acelerada para baixo com $2,0$ m/s². As polias e o fio têm massas desprezíveis e adota-se $|\vec{g}| = 10$ m/s².

Supondo que a massa da caixa **B** seja de 80 kg e ignorando a influência do ar no sistema, determine:
a) o módulo da aceleração de subida da caixa **B**;
b) a intensidade da força de tração no fio;
c) a massa da caixa **A**.

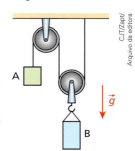

Intersaberes

A força de resistência do ar e o estudo da queda vertical de um corpo no ar

A força de resistência do ar

Folha aberta: trajetória irregular e maior tempo de queda.

Por ser um meio gasoso, o ar permite a penetração de corpos através dele. Esses corpos, porém, colidem com as moléculas do ar durante o movimento, ficando sujeitos a uma força de oposição ao avanço, denominada **força de resistência do ar**. Essa força é tanto mais intensa quanto maior for a área da superfície externa do corpo exposta às colisões com as partículas do ar.

Um experimento simples que comprova esse fato pode ser realizado com uma folha de papel. Deixando-se a folha cair aberta, ela descreverá uma trajetória irregular. Se essa mesma folha cair do mesmo ponto, porém embolada, descreverá uma trajetória praticamente retilínea, gastando até o solo um intervalo de tempo menor que o gasto no caso anterior. Isso mostra que, na folha embolada, a ação do ar é menos expressiva, pois a área que colide com as moléculas torna-se menor.

É fácil constatar que a força de resistência do ar é tanto mais intensa quanto maior for a velocidade do corpo em relação ao ar, o que se justifica pela intensificação dos efeitos das colisões das partículas de ar contra o corpo. Verifica-se que, na maioria dos casos, a proporção é aproximadamente quadrática, isto é, do tipo:

$$F_r = kv^2$$

Folha embolada: trajetória praticamente retilínea e menor tempo de queda.

em que F_r é a intensidade da força de resistência do ar; k é um coeficiente que depende da forma do corpo, da densidade do ar e da maior área de uma seção do corpo perpendicular à direção do movimento; v é a intensidade da velocidade.

O *design* de um carro define sua forma aerodinâmica, que influi no coeficiente k. Modelos que apresentam pequenos valores de k percebem menos a força de resistência do ar, que cresce em qualquer caso com a velocidade.

Em um carro em movimento, atua uma força de resistência exercida pelo ar que depende, entre outros fatores, da forma do veículo (aerodinâmica) e da velocidade.

O estudo da queda vertical, no ar, de um corpo de dimensões relativamente pequenas

Consideremos um corpo esférico abandonado do repouso de uma grande altitude em relação ao solo. Desprezando-se a ação de ventos, durante a queda apenas duas forças agirão sobre ele: o peso ou força da gravidade ($\vec{P}$) e a força de resistência do ar ($\vec{F_r}$), conforme representa a figura ao lado.

Supondo desprezíveis as variações do campo gravitacional durante a queda do corpo, seu peso permanecerá constante durante o movimento. Entretanto, o mesmo não ocorrerá com a força de resistência do ar, pois esta terá intensidade crescente à medida que o corpo for ganhando velocidade.

Esta etapa de movimento acelerado terá duração limitada, visto que, atingida certa velocidade, a força de resistência do ar assumirá intensidade igual à da força-peso.

A partir daí, a força resultante será nula, de modo que o corpo prosseguirá sua queda em movimento retilíneo e uniforme, por inércia. A velocidade constante apresentada durante esse movimento inercial denomina-se **velocidade-limite**.

// Um paraquedista descreve, inicialmente, um movimento acelerado na direção vertical, sob a ação da força da gravidade (peso) e da força vertical de resistência do ar. A partir do instante em que o componente vertical da força resistente aplicada pelo ar equilibra o peso, o movimento do esportista torna-se uniforme, e a velocidade constante adquirida é a **velocidade-limite**.

Nos gráficos qualitativos (I), (II) e (III) ao lado, representamos as variações com o tempo (t) da intensidade da força resultante (R) sobre o corpo, da intensidade da aceleração (a) e da intensidade da velocidade (v). Nesses gráficos, g é o módulo da aceleração da gravidade, v_{lim} é o módulo da velocidade-limite atingida pelo corpo e T é o instante em que é atingida essa velocidade.

Condição de v_{lim}: $|\vec{F}_r| = |\vec{P}|$

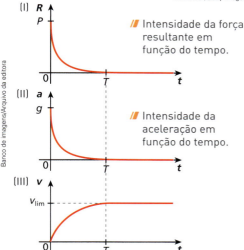

// Intensidade da força resultante em função do tempo.

// Intensidade da aceleração em função do tempo.

// Intensidade da velocidade em função do tempo.

Superaquecimento por fricção com o ar na entrada na atmosfera teria sido a causa da desintegração do ônibus espacial Columbia

Nem só de sucessos vive a história das viagens espaciais estadunidenses.

Por duas vezes, ônibus espaciais de missões promovidas pelos Estados Unidos espatifaram-se, ceifando a vida de toda a tripulação. O primeiro foi o Challenger, em 28 de janeiro de 1986, que explodiu 73 s depois do lançamento, matando seus sete astronautas. Um dos foguetes propulsores apresentou defeito, provocando a explosão da espaçonave. Com isso, estabeleceu-se uma pausa de 32 meses nas viagens espaciais organizadas por esse país com ônibus espaciais reutilizáveis.

A segunda tragédia ocorreu em 1º de fevereiro de 2003, com o ônibus espacial Columbia, o segundo veículo reutilizável da série *space shuttles* construída pelos Estados Unidos. Depois de uma missão de 16 dias, em que foram realizados 80 experimentos com sucesso, a nave se desintegrou ao reentrar na atmosfera terrestre, matando seus sete tripulantes.

A provável causa do acidente do Columbia foi o colapso da estrutura externa constituída por um revestimento cerâmico capaz de suportar temperaturas elevadíssimas. Com danos nesse revestimento, regiões próximas à asa direita superaqueceram devido à fricção com o ar na entrada na atmosfera, o que teria provocado a desintegração total do veículo.

// O Columbia sendo lançado ao espaço. Cabo Canaveral, Flórida, janeiro de 2003.

TÓPICO 1 | OS PRINCÍPIOS DA DINÂMICA

O jornal *Folha de S.Paulo* (edição de 1º fev. 2003, *on-line*) assim descreveu o desastre do Columbia:

Ônibus espacial se desintegra sobre EUA; sete astronautas morrem

O ônibus espacial Columbia se desintegrou na manhã de sábado sobre os Estados Unidos enquanto preparava-se para pousar, confirmou a Nasa (agência espacial norte-americana).

A tripulação, formada por seis norte-americanos e um israelense, morreu. A Nasa hasteou a bandeira dos Estados Unidos a meio mastro no Centro Espacial Kennedy, no cabo Canaveral.

O ônibus caiu no Estado do Texas, após a agência perder o contato com os astronautas às 14 h (12 h em Brasília), 16 minutos antes do horário programado para sua aterrissagem no cabo Canaveral, na Flórida. Moradores da cidade de Palestine, no leste do Texas, disseram à rede de televisão CNN que escutaram uma "grande explosão".

O Columbia teria se desintegrado durante a entrada na atmosfera, a 63 quilômetros de altitude. Ele era o mais antigo ônibus espacial americano, lançado pela primeira vez em 12 de abril de 1981.

Durante sua decolagem, em janeiro, uma placa de isolamento térmico se desprendeu da fuselagem. No entanto, a agência afirmou que o incidente não comprometeria a missão.

No ano passado, fissuras encontradas em tubos de combustível fizeram com que ele e os outros três ônibus espaciais da Nasa passassem por uma revisão. Esta era a primeira missão do Columbia desde então.

Sean O'Keefe, administrador da Nasa, afirmou que duas equipes, uma federal e outra independente, investigarão a causa do acidente. Segundo ele, não há indicações de que o acidente tenha sido causado por algo ou alguém em terra.

Missão cumprida

Os sete astronautas participavam de uma missão científica e estavam há 16 dias na órbita terrestre.

A tripulação se dividiu em duas equipes, cada uma trabalhando 12 horas, para dar conta das 80 experiências programadas. A maioria, 59, foi realizada em um módulo laboratório no porão de carga do ônibus.

A maior parte dos dados foi transmitida à Terra antes do fim da missão, que vinha sendo considerada um sucesso até o acidente.

"A tripulação era totalmente dedicada. Temos de saber o que aconteceu e não deixar que o sacrifício deles seja em vão", disse o administrador associado da Nasa, Bill Readdy.

Disponível em: <www1.folha.uol.com.br/folha/ciencia/ult306u8321.shtml>. Acesso em: 21 jul. 2018.

// Tripulação do Columbia antes do retorno da fatídica missão.

Compreensão, pesquisa e debate

1. Como os pássaros voam?
2. Qual é a finalidade das asas e dos aerofólios existentes nos carros de Fórmula 1?
3. Qual é o valor aproximado da velocidade-limite atingida por um paraquedista em queda vertical no ar com seu paraquedas aberto?
4. Pesquise pelo menos dois outros cientistas ou estudiosos que pereceram em nome da ciência e cite as circunstâncias da morte de cada um.
5. A saga dos ônibus espaciais reutilizáveis finalizou-se em 2012 com a última missão do Atlantis. No futuro próximo, como será feito o envio de missões tripuladas ao espaço?

Exercícios Nível 3

118. (UFTM-MG) Para testar a viabilidade da construção de casas antiterremotos, engenheiros construíram um protótipo constituído de um único cômodo, capaz de acomodar uma pessoa de 90 kg. Sob o fundo do piso do cômodo, inúmeros ímãs permanentes foram afixados e igual número de ímãs foi afixado ao piso sobre o qual a casa deveria flutuar.

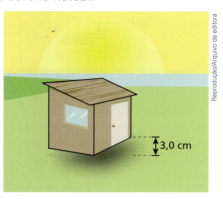

O cômodo, muito leve, somava, com seu ocupante, uma massa de 900 kg e, devidamente ocupado, pairava sobre o solo a 3,0 cm de distância. Supondo-se que, devido à disposição dos ímãs, a intensidade da força magnética dependa inversamente do quadrado da distância entre os polos de mesmo nome, no momento em que a pessoa dentro do cômodo o deixasse, a nova distância entre a parte inferior da construção e o solo, em cm, tornar-se-ia, aproximadamente,
a) 3,2   c) 6,1   e) 9,0
b) 4,3   d) 6,2

119. (Vunesp) Numa regata, as massas dos dois remadores, da embarcação e dos quatro remos somam 220 kg. Quando acionam seus remos sincronizadamente, os remadores imprimem ao barco quatro forças de mesma intensidade F durante 2,0 s na direção e sentido do movimento e, em seguida, os remos são mantidos fora da água por 1,0 s, preparando a próxima remada. Durante esses 3,0 s, o barco fica o tempo todo sujeito a uma força resistiva F_R, constante, exercida pela água, conforme a figura 1. Dessa forma, a cada 3,0 s o barco descreve um movimento retilíneo acelerado seguido de um retilíneo retardado, como mostrado no gráfico da figura 2.

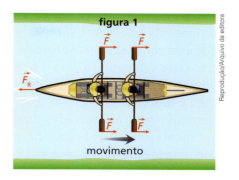

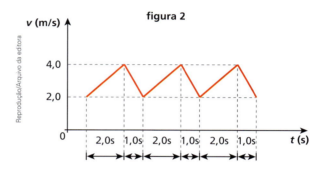

Considerando-se desprezível a força de resistência do ar, pode-se afirmar que a intensidade de cada força F vale, em N,
a) 55
b) 165
c) 225
d) 440
e) 600

120. Uma partícula de massa m = 2,0 kg vai se deslocar sobre uma superfície plana e horizontal na qual está associado um referencial cartesiano **Oxy**. Essa partícula passa pelo ponto de coordenadas $x_0 = 0$; $y_0 = 0$ no instante $t_0 = 0$ com uma velocidade $v_0 = 3,0$ m/s, no sentido do eixo **Ox**. Nesse mesmo instante, passa a atuar na partícula uma força resultante constante, $\vec{F}$, no sentido do eixo **Oy**, de intensidade igual a 4,0 N. Com base nessas informações, pede-se:
a) a partir de $t_0 = 0$, determinar no SI a equação da trajetória descrita pela partícula em relação ao referencial adotado;
b) no intervalo de $t_0 = 0$ a $t_1 = 4,0$ s, esboçar no sistema cartesiano **Oxy** a trajetória descrita pela partícula;
c) em $t_1 = 4,0$ s, calcular o módulo do vetor posição da partícula.

121. (FICSAE-SP) Um caminhão-tanque, estacionado sobre um piso plano e horizontal, tem massa de 12 toneladas quando o tanque transportador, internamente cilíndrico, de raio interno 1 m, está totalmente vazio. Quando esse tanque está completamente cheio de combustível, ele fica submetido a uma reação normal do solo de 309 600 N. Com base nessas informações e nas contidas no gráfico, referentes ao combustível transportado, determine o comprimento interno do tanque cilíndrico, em unidades do SI. Suponha invariável a densidade do combustível em função da temperatura.

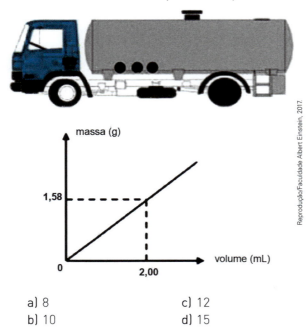

a) 8
b) 10
c) 12
d) 15

122. (Fuvest-SP) Um tubo de vidro de massa m = 30 g está sobre uma balança. Na parte inferior do vidro, está um ímã cilíndrico de massa M_1 = 90 g.
Dois outros pequenos ímãs de massas $M_2 = M_3$ = 30 g são colocados no tubo e ficam suspensos devido às forças magnéticas e aos seus pesos.

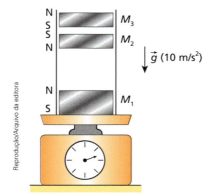

a) Qual a orientação e o módulo (em newtons) da resultante das forças magnéticas que agem sobre o ímã 2?
b) Qual a indicação da balança (em gramas)?

123. (FEI-SP) Os blocos representados na figura a seguir possuem, respectivamente, massas m_1 = 2,0 kg e m_2 = 4,0 kg; a mola **AB** possui massa desprezível e constante elástica K = 50 N/m. Não há atrito entre os dois blocos nem entre o bloco maior e o plano horizontal.

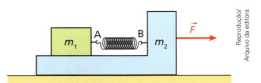

Aplicando ao conjunto a força $\vec{F}$ constante e horizontal, verifica-se que a mola experimenta uma deformação de 20 cm. Qual a aceleração do conjunto e a intensidade da força $\vec{F}$?

124. (UFJF-MG) Na figura a seguir, um bloco de gelo, de massa 3,0 t, é colocado sobre o reboque de um caminhão que inicialmente está em repouso. No instante t = 0, o caminhão arranca, recebendo do chão uma força total de atrito de intensidade 10 kN. A massa do caminhão é de 3,0 t, a massa do reboque é de 1,0 t e o engate tem massa desprezível. O atrito entre o bloco de gelo e o reboque é desprezível. Não considere a força de resistência do ar.

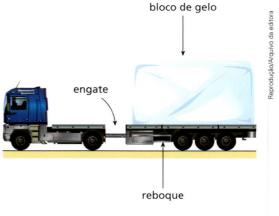

Calcule:

a) os módulos das acelerações do caminhão, do reboque e do bloco de gelo, imediatamente após o instante t = 0;
b) a intensidade da força no engate.

125. Na figura seguinte, a locomotiva interage com os trilhos, recebendo deles uma força horizontal, dirigida para a direita e de intensidade 60 000 N. Essa força acelera os vagões **A** e **B** e a própria locomotiva, que parte do repouso no instante $t_0 = 0$.

No local do movimento, a estrada de ferro é plana, reta e horizontal. No instante t = 20 s, o vagão **B** desacopla-se da composição, o mesmo ocorrendo com o vagão **A** no instante t = 40 s.

a) Determine o módulo da aceleração do trem no instante t = 10 s, bem como as intensidades das forças de tração nos dois engates.
b) Faça o traçado, num mesmo par de eixos, dos gráficos da velocidade escalar em função do tempo para os movimentos da locomotiva, do vagão **A** e do vagão **B**, desde $t_0 = 0$ até t = 50 s.

126. A figura esquematiza dois blocos **A** e **B** de massas respectivamente iguais a 6,0 kg e 3,0 kg em movimento sobre o solo plano e horizontal. O bloco **B** está simplesmente apoiado em uma reentrância existente no bloco **A**, não havendo atrito entre **B** e **A**.

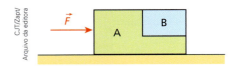

Admitindo que a intensidade da força horizontal $\vec{F}$ que acelera o conjunto é 120 N e que $|\vec{g}| = 10$ m/s²:
a) faça um esquema representando as forças que agem no bloco **A**;
b) calcule a intensidade da força de contato que **A** exerce em **B**.

127. Turbulência nas alturas

Muitos passageiros de avião negligenciam as orientações da tripulação em relação a manter afivelado o cinto de segurança em determinados momentos do voo. Recentemente, um avião em rota de aproximação do aeroporto de Guarulhos, em São Paulo, procedente dos Estados Unidos, ficou sujeito a uma intensa rajada de vento vertical, o que impôs à aeronave um deslocamento vertical para baixo de 200 m em 4,0 s. Em decorrência disso, alguns tripulantes que encerravam o serviço de bordo foram parar no teto da cabina, junto com pratos, garrafas, talheres e também alguns passageiros incautos, que não usavam o cinto de segurança.

Admita que nesses aterrorizantes 4,0 s o avião tenha mantido aceleração vertical constante e iniciado seu movimento nessa direção a partir do repouso. Sendo *F* a intensidade da força vertical de contato entre um corpo qualquer projetado contra o teto da cabina e *P* a intensidade do peso desse corpo, pode-se afirmar que:

(Adote para a intensidade da aceleração da gravidade o valor 10,0 m/s².)

a) $F = \dfrac{P}{2}$

b) $F = P$

c) $F = \dfrac{3}{2} P$

d) $F = 2P$

e) $F = \dfrac{5}{2} P$

128. Considere um recipiente de massa m = 0,5 kg, de formato indicado na figura, contendo em seu interior uma esfera de massa M = 1,0 kg. Não há atrito entre o recipiente e a esfera, nem entre o recipiente e o apoio horizontal. Uma força horizontal constante de intensidade F = 30,0 N é aplicada ao recipiente. Despreze o efeito do ar e adote g = 10,0 m/s².

Dados: sen 53° = 0,80; cos 53° = 0,60.

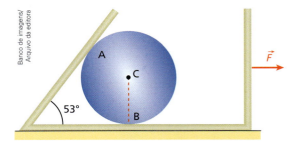

Calcule:
a) o módulo da aceleração do sistema;
b) a intensidade da força normal que o recipiente aplica na esfera no ponto **A**;
c) a intensidade da força normal que o recipiente aplica na esfera no ponto **B**.

129. Na situação representada abaixo, os blocos **A** e **B** têm massas M e m respectivamente. O fio e a polia são ideais e não há atrito entre **A** e o plano horizontal de apoio. A aceleração da gravidade vale g e não há influência do ar.

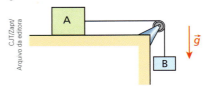

Sendo a o módulo da aceleração dos blocos e T a intensidade da força de tração no fio, analise as proposições seguintes:

  I. Por maior que seja M em comparação com m, verifica-se sempre $a \neq 0$.
  II. $a < g$
  III. $T < mg$
  IV. $T < Mg$

Responda mediante o código:
a) Todas as proposições são corretas.
b) Todas as proposições são incorretas.
c) Apenas as proposições I e IV são corretas.
d) Apenas as proposições II e III são corretas.
e) Apenas as proposições I, II e III são corretas.

130. Na montagem experimental esquematizada a seguir, a mesa horizontal é perfeitamente lisa, o fio e a polia são ideais e os blocos **A** e **B** têm massas respectivamente iguais a 1,0 kg e 1,5 kg:

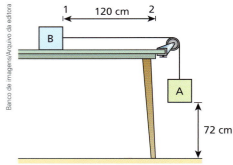

Com o bloco **B** na posição 1, o sistema é destravado no instante $t_0 = 0$, ficando sob a ação da gravidade. Desprezando a influência do ar, adotando $|\vec{g}| = 10$ m/s² e admitindo que a colisão de **A** com o solo seja instantânea e perfeitamente inelástica, determine:
a) a intensidade da aceleração dos blocos no instante $t_1 = 0{,}50$ s;
b) o instante t_2 em que o bloco **B** atinge a posição 2.

131. No arranjo experimental do esquema seguinte, desprezam-se os atritos e a influência do ar. O fio e a polia são ideais, e adota-se para a aceleração da gravidade o valor 10 m/s².

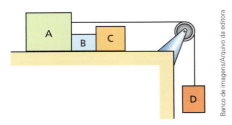

Largando-se o bloco **D**, o movimento do sistema inicia-se e, nessas condições, a força de contato trocada entre os blocos **B** e **C** tem intensidade 20 N. Sabendo que as massas de **A**, **B** e **C** valem, respectivamente, 6,0 kg, 1,0 kg e 5,0 kg, calcule:
a) a massa de **D**;
b) a intensidade da força de tração estabelecida no fio;
c) a intensidade da força de contato trocada entre os blocos **A** e **B**.

132. Uma corda flexível e homogênea tem secção transversal constante e comprimento total L. A corda encontra-se inicialmente em repouso, com um trecho de seu comprimento apoiado em uma mesa horizontal e perfeitamente lisa, conforme indica a figura a seguir.

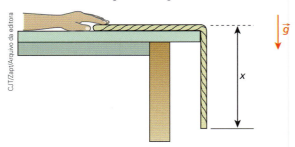

Em determinado instante, a corda é abandonada, adquirindo movimento acelerado. Não considerando a influência do ar e assumindo para o módulo da aceleração da gravidade o valor g, responda: como poderia ser apresentada a variação do módulo da aceleração da corda em função do comprimento pendente x?

a) $a = \dfrac{g}{L} x$ c) $a = \dfrac{gL}{x}$

b) $a = \dfrac{g}{L^2} x^2$ d) $a = \dfrac{g}{L^3} x^3$

e) Não há elementos para uma conclusão, pois a massa da corda não foi dada.

133. (Olimpíada Americana de Física) Um estudante entra em um elevador em repouso e sobe em uma balança de mola. O elevador faz um gráfico de indicação da balança, graduada em N, em função do tempo.

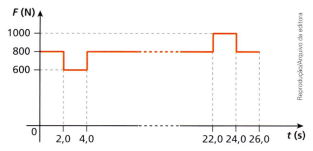

O elevador começa a se mover no instante t = 2,0 s e volta ao repouso no instante t = 24,0 s. Adote g = 10,0 m/s².

Determine:
a) a massa do estudante;
b) a velocidade escalar máxima atingida pelo elevador e o intervalo de tempo em que manteve esta velocidade máxima.
c) o gráfico velocidade escalar × tempo no intervalo de 0 a 26,0 s.
d) a distância percorrida pelo elevador.

134. Incêndios florestais constituem um grave problema ambiental que tem fustigado diversos países no mundo, especialmente o Brasil. Conforme dados do Ministério do Meio Ambiente, 2007 foi um ano atípico, que registrou um número recorde de focos de mata ardente, algo em torno de 38 mil ocorrências, bem acima da média histórica nacional.

No esquema a seguir, um helicóptero desloca-se horizontalmente com velocidade constante transportando um contêiner cheio de água que vai ser despejada sobre as chamas de um incêndio em uma reserva florestal. O cabo que sustenta o contêiner, cuja massa total, incluída a da água, é 400 kg, está inclinado de um ângulo θ = 37° em relação à vertical.

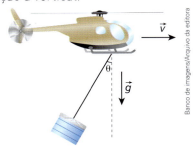

Essa inclinação se deve à força de resistência do ar, que tem intensidade dada em função da velocidade do sistema por $F_{ar} = 1{,}2v^2$, com F_{ar} em newtons e v em m/s.

Supondo-se que no local a aceleração da gravidade tem módulo g = 10 m/s² e adotando-se sen θ = 0,60 e cos θ = 0,80, pede-se determinar:
a) a intensidade da força de tração no cabo de sustentação do contêiner, admitido de massa desprezível;
b) a velocidade, em km/h, com que se desloca o helicóptero.

135. (SBF) Dois corpos, com massas m e 2m, são ligados por um fio e suspensos verticalmente por uma polia, como mostra a figura. Um suporte colocado sob a massa 2m mantém o sistema em repouso.

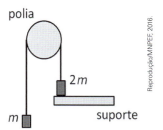

Num dado instante, o suporte é retirado e o corpo de massa 2m desce, elevando o corpo de massa m. O fio é inextensível, tem massa desprezível e desliza sem atrito pela polia. Se $\vec{T}_0$ é a força tensora no fio antes da retirada do suporte, e $\vec{T}$ é a força tensora após a retirada do suporte, podemos afirmar que

a) $T = \dfrac{T_0}{2}$

b) $T = T_0$

c) $T = \dfrac{4T_0}{3}$

d) $T = 2T_0$

136. Na figura 1, a corda flexível e homogênea de comprimento L repousa apoiada na polia ideal de dimensões desprezíveis. Um pequeno puxão é dado ao ramo direito da corda e esta põe-se em movimento. Sendo g o módulo da aceleração da gravidade, aponte a opção que mostra como varia o módulo da aceleração a da extremidade direita da corda em função da coordenada x indicada na figura 2, a seguir.

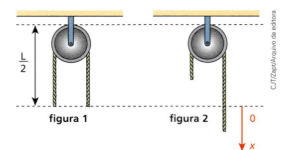

a) $a = \dfrac{g}{L}x$

b) $a = \dfrac{2g}{L}x$

c) $a = \dfrac{2g}{3L}x$

d) $a = g$

e) A aceleração depende da massa da corda.

137. (IJSO) Um macaco está segurando a extremidade de uma corda de massa desprezível que passa por uma polia isenta de atrito e na outra extremidade está preso um espelho plano de massa igual à do macaco e na mesma altura em relação ao solo.

Na situação de equilíbrio, o macaco é capaz de ver sua imagem no espelho.

Considere as seguintes situações:

I. O macaco sobe pela corda com velocidade constante.

II. O macaco sobe pela corda com movimento acelerado.

III. O macaco solta a corda e cai em queda livre.

Em que situação o macaco continua a ver sua imagem?

a) Somente em I.
b) Somente em II.
c) Somente em III.
d) Somente em I e II.
e) I, II, III.

138. No teto de um vagão ferroviário, prende-se uma esfera de aço por meio de um fio leve e inextensível. Verifica-se que, em um trecho retilíneo e horizontal da ferrovia, o fio mantém-se na posição indicada, formando com a vertical um ângulo $\theta = 45°$. No local, adota-se $|\vec{g}| = 10$ m/s^2.

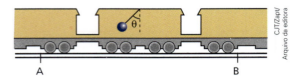

Sendo $\vec{v}$ a velocidade vetorial do trem e $\vec{a}$ sua aceleração vetorial, responda:

a) Qual a orientação de $\vec{a}$, de **A** para **B** ou de **B** para **A**?

b) Qual a intensidade de $\vec{a}$?

c) Qual a orientação de $\vec{v}$, de **A** para **B** ou de **B** para **A**?

139. Na situação esquematizada, os blocos **A** e **B** têm massas respectivamente iguais a m e M, e os fios são ideais. Inicialmente, com o sistema em repouso suspenso na vertical, as trações nos fios 1 e 2 valem T_1 e T_2. Acelerando-se o conjunto verticalmente para cima com intensidade a, as trações nos fios passam a valer T'_1 e T'_2. Sendo g a intensidade da aceleração da gravidade e não levando em conta a influência do ar, analise as proposições a seguir:

I. $T_1 = (M + m)g$ e $T_2 = Mg$

II. $T'_1 = T_1$ e $T'_2 = T_2$

III. $\dfrac{T'_1}{T_1} = \dfrac{T'_2}{T_2} = \dfrac{a+g}{g}$

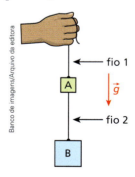

Responda mediante o código:

a) Se todas forem corretas.
b) Se todas forem incorretas.
c) Se I e II forem corretas.
d) Se II e III forem corretas.
e) Se I e III forem corretas.

140. No esquema abaixo, o homem (massa de 80 kg) é acelerado verticalmente para cima juntamente com a plataforma horizontal (massa de 20 kg) sobre a qual está apoiado.

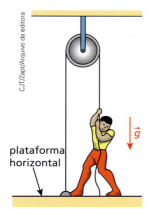

Isso é possível porque ele puxa verticalmente para baixo a corda que passa pela polia fixa. A aceleração do conjunto homem-plataforma tem módulo 5,0 m/s² e adota-se $|\vec{g}| = 10$ m/s². Considerando ideais a corda e a polia e desprezando a influência do ar, calcule:

a) a intensidade da força com que o homem puxa a corda;

b) a intensidade da força de contato trocada entre o homem e a plataforma.

141. Na figura seguinte, os pesos da polia, do fio e da mola são desprezíveis.

No local, o efeito do ar é desprezível e assume-se g = 10 m/s².

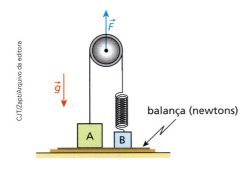

Sendo m_A = 40 kg e m_B = 24 kg, a deformação da mola de 50 cm e a intensidade de $\vec{F}$ igual a 720 N, determine:

a) a constante elástica da mola, em N/m;

b) o módulo das acelerações de **A**, de **B** e do eixo da polia;

c) a indicação da balança sobre a qual repousam, inicialmente, os dois blocos.

142. (Fuvest-SP) O mostrador de uma balança, quando um objeto é colocado sobre ela, indica 100 N, como esquematizado em **A**. Se tal balança estiver desnivelada, como se observa em **B**, seu mostrador deverá indicar, para esse mesmo objeto, o valor de:

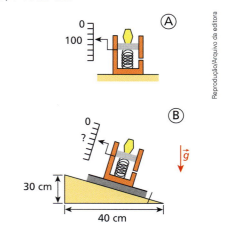

a) 125 N.
b) 120 N.
c) 100 N.
d) 80 N.
e) 75 N.

143. (Cesgranrio) Na figura, o carrinho move-se ao longo de um plano inclinado, sujeito apenas às interações gravitacional e com a superfície do plano inclinado.

Preso ao teto do carrinho, existe um pêndulo simples cujo fio permanece perpendicular à direção do movimento do sistema.

São feitas as seguintes afirmações:

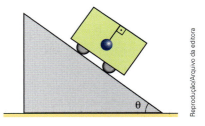

I. O carrinho está descendo o plano inclinado.
II. O movimento do carrinho é uniforme.
III. Não há atrito entre a superfície do plano inclinado e o carrinho.

Dessas afirmações, é (são) necessariamente verdadeira(s) apenas:

a) I e II.
b) I e III.
c) I.
d) II.
e) III.

144. (Fuvest-SP) Duas cunhas **A** e **B**, de massas M_A e M_B respectivamente, se deslocam juntas sobre um plano horizontal sem atrito, com aceleração constante de módulo a, sob a ação de uma força horizontal $\vec{F}$ aplicada à cunha **A**, como mostra a figura a seguir. A cunha **A** permanece parada em relação à cunha **B**, apesar de não haver atrito entre elas, e, no local, o módulo de aceleração da gravidade é igual a g.

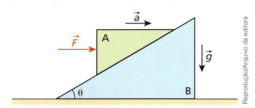

a) Determine a intensidade da força $\vec{F}$ aplicada à cunha **A**.
b) Determine a intensidade da força $\vec{N}$ que a cunha **B** aplica à cunha **A**.
c) Sendo θ o ângulo de inclinação da cunha **B**, determine a tangente de θ.

145. Dois alpinistas, **A** e **B**, de massas respectivamente iguais a 40 kg e 60 kg, mantêm-se unidos por meio de uma corda esticada enquanto sobem, enfileirados, por uma encosta plana coberta de neve, inclinada de 30° em relação à horizontal, rumo ao almejado cume da montanha. De repente, o alpinista que caminhava atrás (**A**) despenca em uma enorme fenda vertical escondida sob a neve, puxando em sua direção, por meio da corda, o alpinista que caminhava à frente (**B**). Após um breve intervalo de tempo escorregando praticamente sem atrito, **B** cravou uma pequena picareta no piso gelado e, com isso, sob a ação da salvadora força resistente ao longo de um percurso retilíneo de 2,0 m, passou a frear a si mesmo e seu parceiro, até o repouso.

No instante em que a picareta foi introduzida na neve, a intensidade da velocidade do conjunto era de 2,0 m/s. Desprezando-se a massa da corda, admitida flexível e inextensível, e considerando-se como dados $g = 10$ m/s², $\sen 30° = \frac{1}{2}$ e $\cos 30° = \frac{\sqrt{3}}{2}$, determine:

a) a intensidade da força de tração na corda durante o breve intervalo de tempo decorrido entre a queda de **A** e a introdução da picareta de **B** no solo nevado;
b) a intensidade da força de atrito que a picareta de **B** recebe da neve, admitida constante, durante o providencial movimento retardado dos dois alpinistas.

146. Na figura, o sistema está sujeito à ação da resultante externa $\vec{F}$, paralela ao plano horizontal sobre o qual o carrinho está apoiado. Todos os atritos são irrelevantes e as inércias do fio e da polia são desprezíveis. As massas dos corpos **A**, **B** e **C** valem, respectivamente, 2,0 kg, 1,0 kg e 5,0 kg e, no local, o módulo da aceleração da gravidade é 10 m/s².

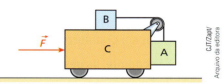

Supondo que **A** esteja apenas encostado em **C**, determine a intensidade de $\vec{F}$ de modo que **A** e **B** não se movimentem em relação ao carrinho **C**.

147. No esquema da figura, tem-se o sistema locomovendo-se horizontalmente, sob a ação da resultante externa $\vec{F}$. A polia tem peso desprezível, o fio que passa por ela é ideal e a influência do ar no local do movimento é irrelevante. Não há contato da esfera **B** com a parede vertical.

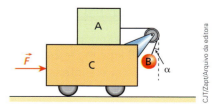

Sendo $m_A = 10{,}0$ kg, $m_B = 6{,}00$ kg, $m_C = 144$ kg e $g = 10{,}0$ m/s², determine a intensidade de $\vec{F}$ que faz com que **não** haja movimento dos dois corpos **A** e **B** em relação a **C**.

Para raciocinar um pouco mais

148. Um bloco maciço e homogêneo de densidade volumétrica ρ, em forma de um paralelepípedo retângulo de comprimento L e seção quadrada de lado C, está inicialmente em repouso sobre uma mesa horizontal perfeitamente lisa. Aplica-se nesse bloco uma força horizontal constante de intensidade F, como na figura, que o faz adquirir aceleração na direção e sentido da força.

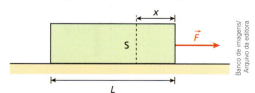

Sendo **S** uma seção transversal do bloco situada a uma distância horizontal x do ponto de aplicação da força, faça o que se pede:

a) calcular a intensidade da aceleração do bloco em função de F, ρ, C e L;

b) traçar o gráfico da intensidade T da força interna de tração na seção S do bloco em função de x.

149. No sistema representado na figura não há atritos, e o fio é inextensível e de peso desprezível. No local, a intensidade da aceleração da gravidade vale g. Ignorando a influência do ar, calcule o intervalo de tempo que o corpo **A** (de massa m) leva para atingir a base do corpo **B** (de massa M) quando é abandonado de uma altura h em relação a **B**.

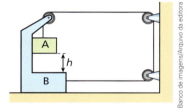

150. Na situação representada na figura, uma esfera metálica de raio R e densidade volumétrica (massa por unidade de volume) μ está em repouso sustentada por um cabo de aço de comprimento L e densidade linear (massa por unidade de comprimento) ρ.

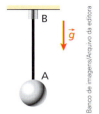

Sabendo-se que no local a aceleração da gravidade tem intensidade g, pede-se:

a) determinar a intensidade do peso da esfera;

b) determinar a intensidade da força de tração no ponto médio do cabo de aço;

c) esboçar o gráfico da intensidade da força de tração ao longo do cabo de aço em função da posição medida de **A** para **B**.

151. Duas pequenas esferas, **A** e **B**, de massas respectivamente iguais a m e 2m, estão em repouso penduradas em uma mola fixa de massa desprezível com eixo disposto na vertical, conforme indica a figura. No local, a aceleração da gravidade é $\vec{g}$ e a presença do ar pode ser ignorada.

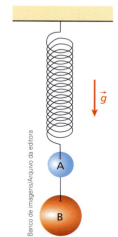

Num determinado instante, o fio ideal que conecta **A** com **B** se rompe. Quais serão, logo após esse instante, as acelerações de **A** e **B**? Responda em termos do vetor $\vec{g}$.

152. No sistema esquematizado ao lado, o fio e a polia são ideais, a influência do ar é desprezível e $|\vec{g}| = 10$ m/s². Os blocos **A** e **B**, de massas respectivamente iguais a 6,0 kg e 2,0 kg, encontram-se inicialmente em repouso, nas posições indicadas.

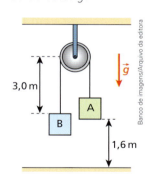

Abandonando-se o sistema à ação da gravidade, pede-se calcular:

a) o módulo da velocidade do bloco **A** imediatamente antes da colisão com o solo, admitida instantânea e perfeitamente inelástica;

b) a distância percorrida pelo bloco **B** em movimento ascendente.

153. Na figura, **AB**, **AC** e **AD** são três tubos de pequeno diâmetro, muito bem polidos internamente e acoplados a um arco circular. O tubo **AC** é vertical e passa pelo centro do arco.

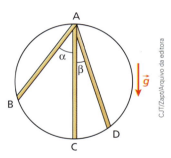

Uma mesma esfera é abandonada do repouso sucessivamente do topo dos três tubos, atingindo o arco circular decorridos intervalos de tempo respectivamente iguais a t_{AB}, t_{AC} e t_{AD}. A aceleração da gravidade tem módulo g e $\alpha > \beta$.

Não considerando a influência do ar:
a) calcule o módulo da aceleração da bolinha no tubo **AB**, em função de g e de α;
b) relacione t_{AB}, t_{AC} e t_{AD}.

154. Na situação esquematizada na figura, o bloco **A** de massa m está apoiado sobre o prisma **B** de massa M. O bloco **A** deverá ser mantido em repouso em relação ao prisma **B**. Para tanto, utiliza-se um fio ideal paralelo à face do prisma inclinada de um ângulo θ em relação à superfície de apoio do sistema, considerada plana e horizontal. Todos os atritos são desprezíveis e a aceleração da gravidade local tem módulo g.

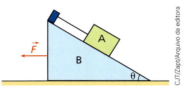

Aplica-se em **B** uma força constante horizontal $\vec{F}$, e o sistema é acelerado para a esquerda. Admitindo que **A** não perde o contato com **B**, determine a máxima intensidade admissível para $\vec{F}$.

155. Na figura abaixo, um prisma **ABC**, inclinado de um ângulo α em relação à horizontal, é acelerado horizontalmente para a direita com aceleração $\vec{a}$ de intensidade 7,5 m/s². Na face **AB** do prisma está apoiado um pequeno bloco, de massa igual a 0,40 kg, que se mantém em repouso em relação ao prisma, sem escorregar. Qualquer influência do ar deve ser desprezada.

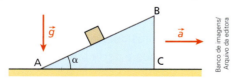

Adotando-se para a aceleração da gravidade módulo $g = 10$ m/s² e sabendo-se que a força normal de contato que o prisma exerce no bloco tem intensidade igual a 3,0 N, pede-se calcular:
a) a intensidade da força de atrito que o prisma exerce no bloco;
b) o valor aproximado do ângulo α.
Utilize, se necessário:
sen 37° = cos 53° = 0,60
sen 53° = cos 37° = 0,80

156. Uma corda flexível, homogênea, de secção transversal constante e de comprimento igual a L será posta a deslizar no interior de uma canaleta perfeitamente lisa, inclinada de um ângulo $\theta = 30°$ em relação à horizontal, conforme representa a figura. Na situação, a influência do ar é desprezível e a aceleração da gravidade tem intensidade $g = 10$ m/s².

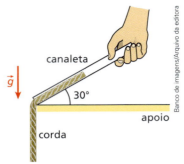

No instante em que o comprimento pendente na vertical for igual a $\dfrac{L}{2}$, a intensidade da aceleração da corda:
a) valerá 2,5 m/s².
b) valerá 5,0 m/s².
c) valerá 7,5 m/s².
d) valerá 10 m/s².
e) estará indeterminada, pois não foi dado o valor numérico de L.

157. Um garoto realizou o seguinte experimento: conseguiu uma balança dessas utilizadas em banheiros, colocou-a sobre a plataforma horizontal de um carrinho dotado de pequenas rodas, de modo que este foi posto a deslizar para baixo ao longo de uma rampa inclinada de um ângulo θ, como representa a figura. O garoto, cuja massa é 56 kg, ficou surpreso ao observar que, durante seu movimento em conjunto com o carrinho, a balança indicou apenas 42 kg.

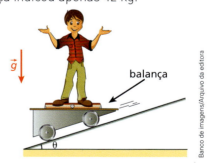

Desprezando-se os atritos resistentes ao movimento do carrinho e adotando-se $|\vec{g}| = 10,0$ m/s², responda:
a) Qual o sentido da força de atrito atuante nos pés do garoto durante o movimento? Para a esquerda ou para a direita? Justifique.
b) Qual o valor do ângulo θ?

158. Considere a situação esquematizada a seguir em que uma estrutura em forma de L está articulada em **O**, podendo girar em torno desse ponto em um plano vertical. Dessa forma, o ângulo θ, formado entre a parte esquerda da estrutura e uma mesa horizontal, pode ser variado entre 0° e 90°. São utilizadas duas polias ideais, fixas nas extremidades do L, e um fio leve, flexível e inextensível para conectar dois pequenos blocos **A** e **B** de massas iguais, de valor m = 2,0 kg, cada uma. Os atritos são desprezíveis, bem como a influência do ar, e, no local, adota-se $|\vec{g}|$ = 10,0 m/s².

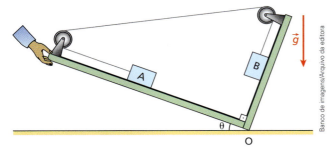

a) Obtenha, em função de g e θ, uma expressão matemática para o valor algébrico da aceleração dos blocos e determine os valores de θ para que essa aceleração tenha intensidade máxima.
b) Calcule, em cada caso, a intensidade da força de tração no fio.
c) Para que valor de θ os blocos permanecem em equilíbrio?

159. (OBF) Em um quadro de madeira fixo na parede, é preso um pêndulo constituído de uma barra metálica de massa desprezível de 40 cm e um pequeno disco que pode oscilar livremente. O pêndulo é colocado a oscilar e, no momento em que ele passa pela parte mais baixa de sua trajetória, com velocidade de módulo igual a 2,0 m/s, deixa-se o quadro cair em queda livre (sem girar, inclinar, vibrar ou encostar na parede). Depois de quanto tempo o disco voltará a passar pela mesma posição mais baixa de sua trajetória?

Despreze o atrito e a resistência do ar. Adote π = 3.

Admita que o disco pode completar a circunferência sem colidir com o quadro, que continua em queda livre.

DESCUBRA MAIS

1. Suponha que, ao perceber a iminente colisão frontal entre seu barco e uma rocha, um homem desligue imediatamente o motor de popa e puxe vigorosamente uma corda amarrada na proa da embarcação em sentido oposto ao do movimento, que ocorre com alta velocidade. O homem consegue frear o barco dessa maneira? Justifique sua resposta.

2. Nos porta-aviões, os caças dispõem de cerca de 80,0 m para realizar sua decolagem. É um comprimento muito pequeno, que obriga cada aeronave, com massa próxima de 13 300 kg, a ser arremessada por um dispositivo denominado catapulta a vapor. Esse sistema, constituído de trilhos e cabos de aço, imprime ao avião forças que, somadas às de impulsão provocadas pelas turbinas funcionando em alta rotação e em pós-combustão, produzem o empurrão resultante necessário à decolagem.

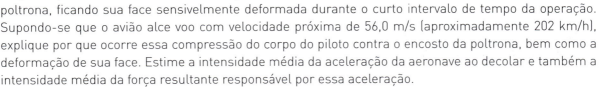

A arrancada do caça na curta pista do porta-aviões é tão violenta que o corpo do piloto sofre uma intensa compressão contra o encosto da poltrona, ficando sua face sensivelmente deformada durante o curto intervalo de tempo da operação. Supondo-se que o avião alce voo com velocidade próxima de 56,0 m/s (aproximadamente 202 km/h), explique por que ocorre essa compressão do corpo do piloto contra o encosto da poltrona, bem como a deformação de sua face. Estime a intensidade média da aceleração da aeronave ao decolar e também a intensidade média da força resultante responsável por essa aceleração.

3. Quando abandonamos uma pequena pedra nas proximidades do solo, ela cai verticalmente com aceleração de intensidade próxima de 10 m/s². Durante essa queda, a pedra e a Terra atraem-se mutuamente, trocando forças gravitacionais de ação e reação, que têm intensidades iguais. O planeta experimenta alguma aceleração detectável devido a essa interação? Justifique sua resposta.

TÓPICO 2

Atrito entre sólidos

// Acender um fósforo só é possível devido ao atrito da cabeça do palito com a superfície da caixinha. Na extremidade do palito que se inflama prontamente há algumas substâncias que fazem com que a combustão seja possível. No entanto, é necessário que haja uma faísca inicial para provocar a combustão. Essa faísca ocorre quando raspamos a cabeça do palito na caixa. O atrito entre as duas superfícies gera energia térmica, essa energia converte o fósforo vermelho em fósforo branco, que, ao interagir com o oxigênio no ar, origina a faísca catalizadora do processo.

Situações que envolvem atrito permeiam o nosso cotidiano, apresentando seus aspectos convenientes (por exemplo, ao utilizar o freio em uma bicicleta) e inconvenientes (ao empurrar um armário).

Veremos neste tópico a natureza das forças de atrito entre sólidos, os conceitos de força de atrito estático e cinético e o papel que as forças de atrito desempenham em diversos fenômenos, desde o simples ato de caminhar até o funcionamento de frenagem em automóveis.

Bloco 1

1. Introdução

O atrito é um fenômeno de grande importância no acontecimento de determinados fatos em nossa vida diária. Se, por um lado, apresenta um caráter útil, por outro, revela um caráter indesejável.

Se não fosse o atrito, seria impossível caminhar sobre o solo, bem como seria impraticável o movimento de um carro convencional sobre o asfalto. Um lápis não escreveria sobre uma folha de papel, tampouco conseguiríamos empunhá-lo; uma lixa não desgastaria um pedaço de madeira, e não poderíamos desfrutar do som emitido por um violino, já que esse som é obtido pelo esfregar das fibras ou dos fios do arco sobre as cordas do instrumento.

O atrito também se manifesta em várias situações como agente dissipador de formas de energia, como é o caso da energia cinética (de movimento). Se, por exemplo, você lançar o apagador do quadro de giz sobre o chão da sala de aula, notará que, pela ação do atrito, ele será freado, perdendo a energia cinética recebida no ato do lançamento.

Uma superfície qualquer, por mais bem polida que seja, sempre apresenta irregularidades: saliências e reentrâncias, altos e baixos, enfim, asperezas.

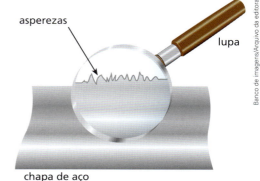

Consideremos dois corpos em contato, comprimindo-se mutuamente. Quando a superfície de um deles escorrega ou tende a escorregar em relação à superfície do outro, há troca de forças, denominadas **forças de atrito**. Essas forças, que sempre surgem no sentido de se opor ao escorregamento ou à tendência de escorregamento, devem-se a interações de origem eletromagnética entre os átomos das regiões de contato efetivo das duas superfícies. O modelo mecânico de irregularidades (rugosidades), entretanto, satisfaz nossas necessidades neste estudo e, por isso, nos restringiremos a ele.

Consideremos, por exemplo, a situação ao lado, em que o bloco **B** repousa sobre a superfície **S**, plana e horizontal.

Admitamos que **B** seja empurrado horizontalmente para a direita por uma força $\vec{F}$, mas sem sair do lugar.

Ao ser empurrado, **B** aplica em **S** uma força $\vec{F}_{BS}$ horizontal dirigida para a direita.

Como se explica, então, o repouso de **B**? Ocorre que esse bloco recebe de **S**, na região de contato, uma força $\vec{F}_{SB}$ horizontal dirigida para a esquerda, que equilibra a força $\vec{F}$.

As forças $\vec{F}_{BS}$ e $\vec{F}_{SB}$ que **B** e **S** trocam na região de contato são forças de atrito e constituem um par **ação-reação** (3ª Lei de Newton).

Observemos que $\vec{F}_{BS}$ e $\vec{F}_{SB}$ têm mesma intensidade, mesma direção e sentidos opostos, estando aplicadas em corpos diferentes.

Destaquemos, ainda, que as forças de atrito $\vec{F}_{BS}$ e $\vec{F}_{SB}$ só aparecem se $\vec{F} \neq \vec{0}$. De fato, se não houver solicitação de escorregamento, não haverá troca de forças de atrito entre as superfícies em contato.

Então, para o bloco **B** em repouso sobre a superfície **S**, temos:

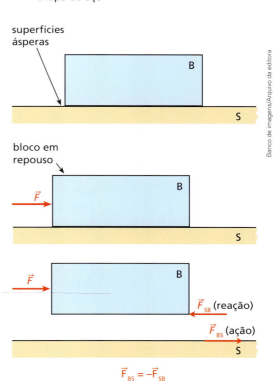

$$\text{Se } \vec{F} = \vec{0} \Rightarrow \vec{F}_{BS} = \vec{F}_{SB} = \vec{0}$$

No caso de **B** já estar escorregando sobre a superfície **S**, as forças de atrito também estarão presentes, independentemente de $\vec{F}$ estar atuando ou não.

Estudaremos neste tópico o atrito de escorregamento entre sólidos, atribuindo-lhe duas denominações: **atrito estático**, enquanto não houver escorregamento entre as superfícies atritantes, e **atrito cinético**, para o caso de o escorregamento já haver se iniciado.

2. O atrito estático

Conceito

Considere uma mesa horizontal sobre a qual repousa uma régua de madeira. Imagine uma borracha escolar apoiada sobre a face mais larga da régua. Inicialmente, a borracha não recebe forças de atrito, uma vez que não manifesta nenhuma tendência de escorregamento.

Suponha agora que a régua seja inclinada lentamente em relação à superfície da mesa, conforme sugere a figura a seguir.

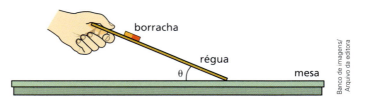

De início, para pequenos valores do ângulo θ, a borracha permanece parada e a força de atrito que a mantém em equilíbrio é do tipo estático. Tal força tem intensidade crescente para valores constantes de θ, constituindo-se na equilibrante da força que solicita a borracha a descer (componente tangencial do peso da borracha).

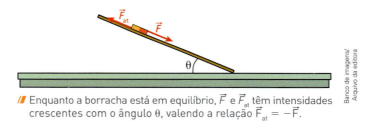

⫽ Enquanto a borracha está em equilíbrio, $\vec{F}$ e $\vec{F}_{at}$ têm intensidades crescentes com o ângulo θ, valendo a relação $\vec{F}_{at} = -\vec{F}$.

Continuando a inclinar a régua de modo que aumente o ângulo θ, chega-se a um ponto em que a borracha se apresenta na iminência de movimento, isto é, está prestes a descer. Nesse caso, a força de atrito estático, que ainda mantém a borracha em equilíbrio, terá atingido sua máxima intensidade. Essa máxima força de atrito estático, que se manifesta quando o escorregamento é iminente, denomina-se **força de atrito de destaque** $\left(\vec{F}_{at_d}\right)$.

Resumindo, vimos que a força de atrito estático tem intensidade variável desde zero, quando não há solicitação de escorregamento, até um valor máximo ou de destaque, quando o corpo fica na iminência de escorregar.

Assim, podemos dizer que:

$$0 \leq F_{at} \leq F_{at_d}$$

A intensidade da força de atrito estático depende da intensidade da força que visa provocar o escorregamento, sendo sempre igual à desta última.

JÁ PENSOU NISTO?

O atrito permite-nos caminhar!

Ao caminhar, o pé de uma pessoa empurra o chão para trás e este reage no pé da pessoa, empurrando-o para a frente. Pé e solo trocam entre si forças de atrito do tipo **ação** e **reação** (mesma intensidade, mesma direção e sentidos opostos). Você deve observar que uma força está aplicada no chão e a outra, no pé da pessoa.

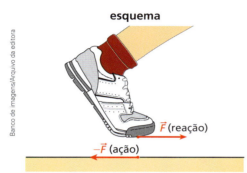

Cálculo da intensidade da força de atrito de destaque ($\vec{F}_{at_d}$)

Vamos considerar agora uma caixa de papelão, como uma caixa de sapatos, destampada e apoiada sobre a superfície plana e horizontal de um piso de concreto. Empurrando-se a caixa inicialmente vazia com uma força horizontal, ela será colocada "facilmente" em movimento. Se colocarmos, porém, certa quantidade de areia dentro dela, a força horizontal necessária para iniciar o movimento será, certamente, mais intensa que aquela aplicada no caso anterior. Se aumentarmos gradativamente a quantidade de areia na caixa, notaremos que, quanto mais areia introduzirmos, maior será a intensidade da força horizontal a ser aplicada para que o movimento seja iniciado. Isso mostra que, à medida que se preenche a caixa com areia, maior se torna a força de atrito de destaque entre ela e o plano de apoio.

Você seria capaz de responder qual é a relação entre a quantidade de areia na caixa e o atrito de destaque?

Ocorre que a introdução de areia contribui para o aumento do peso do sistema e, por isso, este exerce sobre o plano de apoio uma força normal de compressão cada vez mais intensa.

Verifica-se que a intensidade da força de atrito de destaque (F_{at_d}) é diretamente proporcional à intensidade da força normal (F_n) trocada entre as superfícies atritantes na região de contato.

Matematicamente:

$$F_{at_d} = \mu_e F_n$$

A constante de proporcionalidade μ_e denomina-se **coeficiente de atrito estático** e seu valor depende dos materiais atritantes e do grau de polimento deles.

// Aumentando-se a quantidade de areia na caixa, aumenta-se a intensidade da força de atrito de destaque e, consequentemente, mais intensa deve ser a força exercida pelo operador para iniciar o movimento.

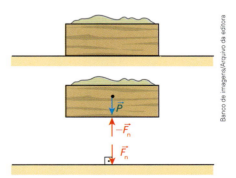

// Quanto mais areia é depositada na caixa, maior é o peso do sistema e mais intensa é a força normal de compressão ($\vec{F}_n$) exercida sobre o piso.

JÁ PENSOU NISTO?

Sem deixar cair!

É muito comum comprimirmos horizontalmente objetos contra paredes verticais no intuito de mantê-los em repouso. Isso é possível desde que a força de compressão seja suficientemente intensa para que a intensidade do peso do objeto não supere a intensidade da força de atrito de destaque. Na situação de equilíbrio, a força de atrito estático (não necessariamente a de destaque) equilibra a força peso.

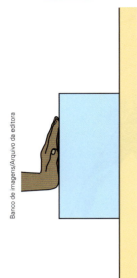

esquema de forças na caixa

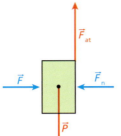

$\vec{F}$: força aplicada pela mão da pessoa;
$\vec{F}_n$: reação normal da parede;
$\vec{P}$: força da gravidade (peso);
$\vec{F}_{at}$: força de atrito estático.
Equilíbrio na horizontal: $|\vec{F}_n| = |\vec{F}|$
Equilíbrio na vertical: $|\vec{F}_{at}| = |\vec{P}|$

Nessa análise, não consideramos a possível força de atrito entre a caixa e a mão.

O experimento proposto nas imagens abaixo tem a finalidade de determinar o coeficiente de atrito estático entre um bloco de ferro de massa-padrão 1,0 kg e superfícies horizontais de apoio de materiais diferentes. No primeiro caso, o bloco é colocado sobre uma lâmina de vidro (superfície bastante lisa), e o dinamômetro indica na situação de movimento iminente uma força de 3,1 N. No segundo caso, o bloco é colocado sobre uma lixa de papel (superfície bastante áspera), e o dinamômetro indica na situação de movimento iminente 5,9 N. Supondo $g = 10$ m/s², pode-se determinar para o primeiro caso $\mu_{e_1} = 0{,}31$ e para o segundo, $\mu_{e_2} = 0{,}59$.

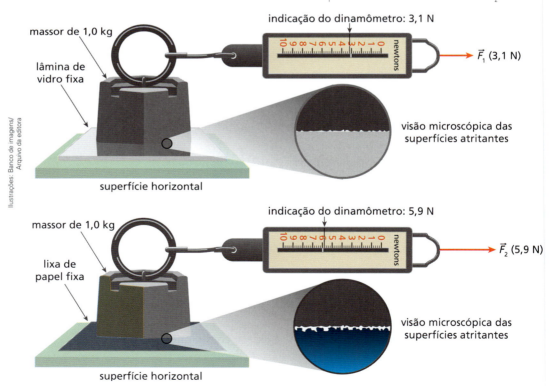

Faça você mesmo

Determinando experimentalmente o coeficiente de atrito estático

Experimento 1

Vamos descrever agora um experimento muito simples, com o objetivo de determinar o coeficiente de atrito estático entre duas superfícies.

Material necessário

- 1 tábua plana de madeira sem irregularidades (ondulações, rachaduras, etc.);
- 1 bloco de madeira ou de outro material, sem irregularidades;
- Régua ou trena.

Procedimento

I. Apoie o bloco sobre a tábua de madeira e incline lentamente a tábua em relação à horizontal, conforme indicado na figura abaixo. Perceba que será estabelecida uma situação em que o bloco se apresentará na iminência de deslizar. Nesta situação, fixe a tábua.

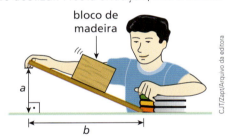

II. Com a tábua fixada, meça com uma régua ou trena os comprimentos *a* e *b* indicados na figura. O coeficiente de atrito estático μ_e entre o bloco e a superfície de apoio será determinado por:

$$\mu_e = \frac{a}{b}$$

Desenvolvimento

1. Junto com um colega, faça a demonstração matemática da expressão apresentada no procedimento II.
2. Use os valores que você obteve e determine o coeficiente de atrito estático μ entre o bloco e a tábua.

Experimento 2

Maior compressão: escorregamento mais difícil

Sugerimos a seguir um experimento muito simples que pode ser feito em casa. Com ele, você irá comprovar que a intensidade da força de atrito de destaque cresce com a intensidade da força normal de compressão. Vejamos:

Material necessário

- 1 vassoura;
- 1 objeto comprido e pesado – uma barra de ferro, um cilindro de madeira como aquele conhecido por "pau de macarrão", ou mesmo a própria vassoura.

Procedimento

I. Coloque a vassoura na posição horizontal, com o cabo apoiado sobre os seus dois dedos indicadores, distantes um do outro.
Se você tentar fazer com que seus dedos escorreguem no sentido de se encontrarem, como sugere a fotografia, notará uma dificuldade muito maior em relação ao indicador da mão direita, que se encontra do lado mais pesado, que é a extremidade que contém, amarrados, os tufos de fibras (vegetais, animais ou sintéticas).
Isso acontece porque, devido à maior concentração de massa à sua direita, a força normal de compressão sobre o dedo indicador da mão direita é mais intensa que a força normal de compressão sobre o dedo indicador da mão esquerda.

II. Segure o objeto pesado escolhido de modo que o seu eixo fique perpendicular ao solo, conforme sugere a fotografia abaixo.
Se você afrouxar os dedos, exercendo menor pressão sobre o objeto, ele cairá. Esse afrouxamento provoca uma redução na intensidade da força normal de compressão sobre o objeto e, consequentemente, uma redução na intensidade da força de atrito de destaque que, ao ser superada pelo peso do objeto, determina seu deslizamento.

Exercícios Nível 1

1. Uma caixa de peso 10 kgf acha-se em repouso sobre uma mesa horizontal. Calcule a intensidade da força de atrito exercida sobre a caixa quando ela é empurrada por uma força horizontal de 2,0 kgf. O coeficiente de atrito estático entre a caixa e a mesa vale 0,30.

Resolução:

A situação descrita está esquematizada abaixo:
Inicialmente, vamos calcular a intensidade da força de atrito de destaque entre a caixa e a mesa:

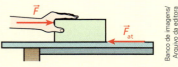

$$F_{at} = \mu_e F_n \Rightarrow F_{at_d} = \mu_e P$$

Sendo $\mu_e = 0,30$ e $P = 10$ kgf, vem:
$$F_{at_d} = 0,30 \cdot 10$$
$$\boxed{F_{at_d} = 3,0 \text{ kgf}}$$

Como a força com que a caixa é empurrada (2,0 kgf) é menos intensa que a força de atrito de destaque (3,0 kgf), temos uma situação de equilíbrio. A caixa permanece em repouso, e a força de atrito estático exercida sobre ela tem intensidade 2,0 kgf:

$$\boxed{F_{at} = 2,0 \text{ kgf}}$$

2. (FGV-SP) O sistema indicado está em repouso devido à força de atrito entre o bloco de massa de 10 kg e o plano horizontal de apoio. Os fios e as polias são ideais e adota-se $g = 10$ m/s².

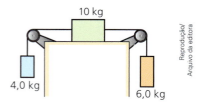

a) Qual o sentido da força de atrito no bloco de massa de 10 kg, para a esquerda ou para a direita?
b) Qual a intensidade dessa força?

3. Para colocar um bloco de peso 100 N na iminência de movimento sobre uma mesa horizontal, é necessário aplicar sobre ele uma força, paralela à mesa, de intensidade 20 N. Qual o coeficiente de atrito estático entre o bloco e a mesa?

4. Na situação esquematizada na figura, um homem de massa 70 kg está deitado sobre uma mesa horizontal para submeter-se a uma terapia por tração.

O fio e a polia são ideais e o coeficiente de atrito estático entre o corpo do homem e a mesa vale 0,40. Se o homem está na iminência de deslizar sobre a mesa, qual o valor da massa M?

5. Sobre um piso horizontal, repousa uma caixa de massa $2,0 \cdot 10^2$ kg. Um homem a empurra, aplicando-lhe uma força paralela ao piso, conforme sugere o esquema abaixo:

O coeficiente de atrito estático entre a caixa e o piso é 0,10 e, no local, $g = 10$ m/s². Determine:
a) a intensidade da força com que o homem deve empurrar a caixa para colocá-la na iminência de movimento;
b) a intensidade da força de atrito que se exerce sobre a caixa quando o homem a empurra com 50 N.

6. Na figura abaixo, Roberval está empurrando um fogão de massa 40 kg, aplicando sobre ele uma força $\vec{F}$, paralela ao solo plano e horizontal. O coeficiente de atrito estático entre o fogão e o solo é igual a 0,75 e, no local, adota-se $g = 10$ m/s².

Supondo que o fogão está na iminência de escorregar, calcule:
a) a intensidade de $\vec{F}$;
b) a intensidade da força $\vec{C}$ de contato que o fogão recebe do solo.

Resolução:

No esquema a seguir, representamos as forças que agem no fogão:

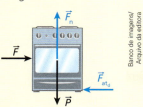

$\vec{F}$: força aplicada por Roberval;
$\vec{F}_{at_d}$: força de atrito de destaque (movimento iminente);
$\vec{P}$: força da gravidade (peso);
$\vec{F}_n$: força normal.

a) **Equilíbrio na vertical**: $F_n = P$

$F_n = mg \Rightarrow F_n = 40 \cdot 10 \therefore \boxed{F_n = 400 \text{ N}}$

Equilíbrio na horizontal: $F = F_{at_d}$

$F = \mu_e F_n \Rightarrow F = 0{,}75 \cdot 400 \therefore \boxed{F = 300 \text{ N}}$

b) A força $\vec{C}$ é a resultante da soma vetorial de $\vec{F}_{at_d}$ com $\vec{F}_n$.
Aplicando o Teorema de Pitágoras, vem:

$C^2 = F_n^2 + F_{at_d}^2$

$C^2 = (400)^2 + (300)^2$

$\boxed{C = 500 \text{ N}}$

---

7. Considere a situação esquematizada na figura, em que um tijolo está apoiado sobre uma plataforma de madeira plana e horizontal. O conjunto parte do repouso no instante $t_0 = 0$ e passa a descrever uma trajetória retilínea com velocidade de intensidade v, variável com o tempo, conforme o gráfico apresentado. No local, a influência do ar é desprezível.

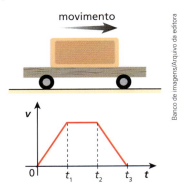

Admitindo que não haja escorregamento do tijolo em relação à plataforma e adotando um referencial fixo no solo, aponte a alternativa que melhor representa as forças que agem no tijolo nos intervalos de 0 a t_1, de t_1 a t_2 e de t_2 a t_3:

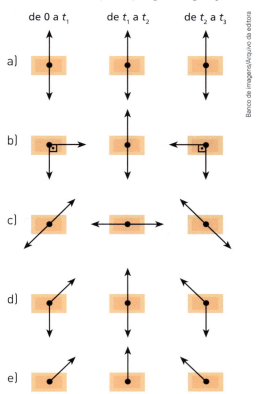

8. Para vencer o atrito e deslocar um grande contêiner **C**, no sentido indicado, é necessária uma força horizontal que supere 500 N. Na tentativa de movê-lo, blocos de massa m = 15 kg são pendurados em um fio, que é esticado entre o contêiner e o ponto **P** na parede, como na figura.

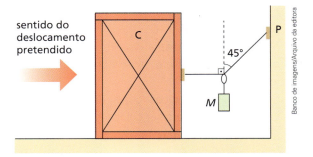

Para movimentar o contêiner, é preciso pendurar no fio, no mínimo:
(Adote g = 10 m/s².)

a) 1 bloco.
b) 2 blocos.
c) 3 blocos.
d) 4 blocos.
e) 5 blocos.

Exercícios Nível 2

9. O instante de largada – momento de pura explosão muscular – é decisivo em uma corrida de pedestrianismo, especialmente em provas disputadas em curtas distâncias, de cem ou duzentos metros.

Admita que o atleta que aparece nessa imagem tenha massa igual a 60 kg e que, partindo do repouso, adquira movimento horizontal. A força $\vec{F}$ indicada é a reação total de contato que o apoio de pés, rigidamente fixado ao solo, exerce no corpo do atleta.
Sendo $g = 10$ m/s^2, sen 37° = 0,60 e cos 37° = 0,80, pede-se determinar:
a) a intensidade da componente horizontal de atrito aplicada pelo apoio de pés no corpo do atleta;
b) o valor aproximado do módulo da aceleração de largada adquirida por ele.

10. Na situação da figura, o bloco **B** e o prato **P** pesam, respectivamente, 80 N e 1,0 N. O coeficiente de atrito estático entre **B** e o plano horizontal de apoio vale 0,10 e desprezam-se os pesos dos fios e o atrito no eixo da polia. No local, $|\vec{g}| = 10$ m/s^2.

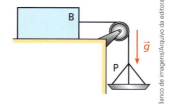

Dispõe-se de 20 blocos iguais, de 100 g de massa cada um, que podem ser colocados sobre o prato **P**.
a) Colocando-se dois blocos sobre **P**, qual a intensidade da força de atrito exercida em **B**?
b) Qual o número de blocos que deve ser colocado sobre **P**, para que **B** fique na iminência de se movimentar?

11. (Unirio-RJ) Uma caixa vazia, pesando 20 N, é colocada sobre uma superfície horizontal. Ao atuar sobre ela uma força também horizontal, ela começa a se movimentar quando a intensidade da força supera 5,0 N; cheia de água, isso acontece quando a intensidade da força supera 30 N. Qual a massa de água contida na caixa? (Admita $g = 10$ m/s^2.)

12. Sobre um plano inclinado, de ângulo θ variável, apoia-se uma caixa de pequenas dimensões, conforme sugere o esquema ao lado.

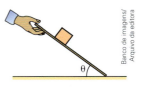

Sabendo-se que o coeficiente de atrito estático entre a caixa e o plano de apoio vale 1,0, qual o máximo valor de θ para que a caixa ainda permaneça em repouso?

13. E.R. Na figura, representa-se um caminhão inicialmente em repouso sobre uma pista plana e horizontal. Na sua carroceria, apoia-se um bloco de massa M.

Sendo μ o coeficiente de atrito estático entre o bloco e a carroceria e g o valor da aceleração da gravidade local, determine a máxima intensidade da aceleração que o caminhão pode adquirir sem que o bloco escorregue.

Resolução:
Na figura ao lado, estão representadas as forças que agem no bloco:

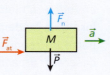

$\vec{P}$: força da gravidade (peso);
$\vec{F}_n$: reação normal;
$\vec{F}_{at}$: força de atrito.
É importante notar que a força de atrito tem sentido oposto ao da tendência de escorregamento do bloco, porém o mesmo sentido do movimento do caminhão.
A força que acelera o bloco em relação à pista é $\vec{F}_{at}$; logo, aplicando a 2ª lei de Newton:
$$F_{at} = Ma \quad (I)$$
O bloco está em equilíbrio na vertical; logo:
$$F_n = P \Rightarrow F_n = Mg \quad (II)$$

Como o bloco **não** deve escorregar, o atrito entre ele e a carroceria é **estático**. Assim:

$$F_{at} \leq F_{at_d} \Rightarrow F_{at} \leq \mu F_n \quad (III)$$

Substituindo (I) e (II) em (III), segue que:

$$Ma \leq \mu Mg \Rightarrow a \leq \mu g$$

$$\boxed{a_{máx} = \mu g}$$

Nota:
- Observe que a aceleração calculada independe da massa do bloco.

14. (OBF) Durante as aulas sobre as leis de Newton, em especial sobre as condições de atrito entre superfícies em contato, o professor colocou um objeto com massa de 1,0 kg apoiado sobre uma prancha de 4,0 kg, como mostra a figura abaixo.

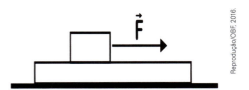

Em seguida, o professor puxa o objeto aplicando-lhe uma força $\vec{F}$ horizontal e constante. Considerando-se que o atrito entre a prancha e a mesa seja desprezível e que os coeficientes de atrito estático e dinâmico entre o objeto e a prancha sejam iguais a 0,8 e 0,6, respectivamente, a maior aceleração que a prancha possa adquirir será de:

Dado: $g = 10$ m/s².

a) 1,0 m/s²   c) 1,5 m/s²   e) 2,0 m/s²
b) 1,2 m/s²   d) 1,6 m/s²

15. Considere duas caixas, **A** e **B**, de massas respectivamente iguais a 10 kg e 40 kg, apoiadas sobre a carroceria de um caminhão que trafega em uma estrada reta, plana e horizontal. No local, a influência do ar é desprezível. Os coeficientes de atrito estático entre **A** e **B** e a carroceria valem $\mu_A = 0{,}35$ e $\mu_B = 0{,}30$ e, no local, $g = 10$ m/s².

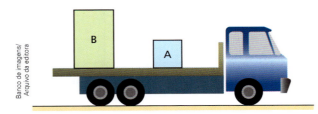

Para que nenhuma das caixas escorregue, a maior aceleração (ou desaceleração) permitida ao caminhão tem intensidade igual a:

a) 3,5 m/s²   c) 2,5 m/s²   e) 1,5 m/s²
b) 3,0 m/s²   d) 2,0 m/s²

16. Um homem comprime uma caixa contra uma parede vertical, aplicando-lhe com o dedo uma força de intensidade F perpendicular à parede, conforme representa a figura.

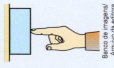

Sendo m a massa da caixa e g a intensidade da aceleração da gravidade e desprezando o atrito entre o dedo e a caixa, responda: qual é o menor coeficiente de atrito estático entre a caixa e a parede que impede o seu escorregamento?

Resolução:

Na figura ao lado, representamos as forças que agem na caixa:
$\vec{F}$: força aplicada pelo homem;
$\vec{P}$: força da gravidade (peso);
$\vec{F}_n$: reação normal da parede;
$\vec{F}_{at}$: força de atrito.

Se não há escorregamento da caixa em relação à parede, o atrito é **estático**. Logo:

$$F_{at} \leq \mu_e F_n \quad (I)$$

Equilíbrio na horizontal:

$$F_n = F \quad (II)$$

Equilíbrio na vertical:

$$F_{at} = P \Rightarrow F_{at} = mg \quad (III)$$

Substituindo (II) e (III) em (I), vem: $mg \leq \mu_e F$.

$$\mu_e \geq \frac{mg}{F}$$

$$\boxed{\mu_{e_{mín}} = \frac{mg}{F}}$$

17. Na figura, uma caixa de peso igual a 30 kgf é mantida em equilíbrio, na iminência de deslizar, comprimida contra uma parede vertical por uma força horizontal $\vec{F}$.

Sabendo que o coeficiente de atrito estático entre a caixa e a parede é igual a 0,75, determine, em kgf:
a) a intensidade de $\vec{F}$;
b) a intensidade da força de contato que a parede aplica na caixa.

Bloco 2

3. O atrito cinético

Conceito

Admita que o bloco da figura abaixo esteja em repouso sobre um plano horizontal áspero. Suponha que sobre ele seja aplicada uma força $\vec{F}$, paralela ao plano de apoio. Com a atuação de $\vec{F}$, o bloco recebe do plano a força de atrito $\vec{F}_{at}$.

Qual a condição a ser satisfeita para que o bloco seja colocado em movimento? A resposta é simples: o movimento será iniciado se a intensidade de $\vec{F}$ superar a intensidade da força de atrito de destaque.

Supondo que essa condição tenha sido cumprida, observaremos uma situação dinâmica, com o bloco em movimento. Enquanto o bloco estava em repouso, o atrito era chamado de estático. Agora, porém, receberá a denominação de **atrito cinético** (ou **dinâmico**).

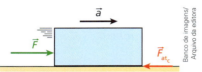

// Sendo $F > F_{at_d}$, o bloco entra em movimento e, nessa situação, o atrito recebido do plano de apoio é cinético.

Cálculo da intensidade da força de atrito cinético (F_{at_c})

Verifica-se que a intensidade da força de atrito cinético (F_{at_c}) é diretamente proporcional à intensidade da força normal trocada pelas superfícies atritantes.

Matematicamente, temos:

$$F_{at_c} = \mu_c F_n$$

A constante de proporcionalidade μ_c denomina-se **coeficiente de atrito cinético** (ou **dinâmico**), e seu valor também depende dos materiais atritantes e do grau de polimento deles.

Surge, então, outra pergunta: a força de atrito cinético tem a mesma intensidade que a força de atrito de destaque? A resposta também é simples: essas forças não possuem a mesma intensidade, pois $\mu_c \neq \mu_e$. É de observação experimental que geralmente $\mu_c < \mu_e$, o que implica $F_{at_c} < F_{at_d}$.

De fato, podemos constatar que é mais fácil manter um armário escorregando sobre o chão do que iniciar seu movimento a partir do repouso.

Em muitos casos, porém, para simplificar os cálculos, a diferença entre μ_c e μ_e é ignorada, possibilitando-nos escrever que $F_{at_c} = F_{at_d} = \mu F_n$, em que μ é chamado apenas de coeficiente de atrito.

Veja, na tabela ao lado, os valores de coeficientes de atrito entre alguns materiais.

Materiais	μ_e	μ_c
Metal com metal	0,15	0,06
Borracha com concreto	1,0	0,8
Aço com aço	0,74	0,57
Madeira com madeira	0,5	0,2
Gelo com gelo	0,1	0,03
Juntas sinoviais humanas	0,01	0,003

Fonte: <http://engineering.nyu.edu/gk12/Information/Vault_of_Labs/Physics_Labs/static%20and%20kinetic%20friction.doc>. Acesso em: 20 jul. 2018.

NOTA!

Para sólidos, a intensidade da força de atrito cinético nunca ultrapassa a da força de atrito estático. No entanto, para fluidos, a força de atrito é obtida utilizando modelos mais complexos, podendo ocorrer que a intensidade da força de atrito cinético é maior que a da força de atrito estático.

Graficamente, a intensidade da força de atrito recebida por um corpo em função da intensidade da força que o solicita ao escorregamento é dada conforme os diagramas abaixo:

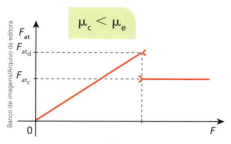
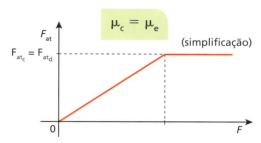

Note, de acordo com os gráficos apresentados, que a força de atrito cinético permanece constante, pelo menos dentro de certos limites de velocidade.

4. Lei do atrito

Revelam os experimentos que:

> As forças de atrito de destaque e cinético são praticamente independentes da área de contato entre as superfícies atritantes.

Disso decorre, por exemplo, que uma mesma caixa de madeira empurrada sobre uma mesma superfície horizontal de concreto recebe, para uma mesma solicitação, forças de atrito de intensidades iguais, independentemente de ela estar apoiada conforme a situação 1 ou a situação 2, ilustradas ao lado.

Foi o artista e inventor italiano Leonardo da Vinci (1452-1519) quem primeiro apresentou a formulação das leis do atrito. Quase dois séculos antes de Isaac Newton propor formalmente o conceito de força, ele já dizia: "O atrito exige o dobro do esforço se o peso for dobrado". E também: "O atrito provocado pelo mesmo peso determinará a mesma resistência no início do movimento, embora áreas ou comprimentos de contato sejam diferentes".

Alguns séculos depois, o cientista francês Charles Augustin Coulomb (1736-1806) realizou muitos experimentos sobre atrito e estabeleceu a diferença entre atrito estático e atrito cinético.

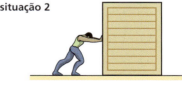
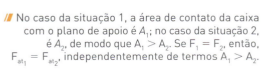
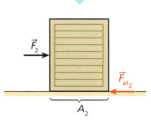

// No caso da situação 1, a área de contato da caixa com o plano de apoio é A_1; no caso da situação 2, é A_2, de modo que $A_1 > A_2$. Se $F_1 = F_2$, então, $F_{at_1} = F_{at_2}$, independentemente de termos $A_1 > A_2$.

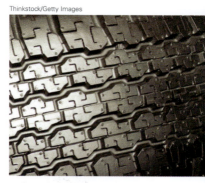

// Os sulcos dos pneus dos carros têm por finalidade favorecer o escoamento da água que se interpõe entre a borracha e o asfalto. Isso evita as reduções bruscas do coeficiente de atrito que geralmente provocam o fenômeno da aquaplanagem, causador de derrapagens do veículo. Pneus "carecas", com sulcos pouco profundos, são responsáveis por muitos acidentes de trânsito, pois determinam, entre outros fatores, frenagens menos eficientes.

// Para a locomoção sobre barro ou neve, pode-se revestir os pneus com correntes. Dessa forma, é compensada a insuficiência de atrito.

Ampliando o olhar

Leonardo da Vinci

Italiano de Anchiano, Leonardo da Vinci, além de ter sido um dos maiores mestres da arte renascentista, notabilizando-se por obras como a *Mona Lisa* (Museu do Louvre – Paris), também foi um visionário da ciência. Já nos séculos XV e XVI, ainda distante de formulações matemáticas que se sucederiam no campo da Física, ele projetava objetos voadores, paraquedas e mecanismos para trocar cenários de teatros (altamente sofisticados até para os dias de hoje). No campo da Biologia, estudou anatomia humana, registrando suas descobertas em desenhos que servem de referência para a Medicina ainda nos tempos atuais. Foi um verdadeiro gênio, como poucos que a humanidade conheceu.

Gravura representando Leonardo da Vinci. Autor desconhecido, séc. XIX. Coleção particular.

Reprodução dos desenhos originais do livro de notas de Da Vinci: estudos para uma máquina voadora.

Ampliando o olhar

Como obter maior eficiência nas arrancadas e freadas?

Em muitas competições de automobilismo, o piloto arranca fazendo as rodas de tração derraparem ou, como se diz na linguagem coloquial, "cantando os pneus". Será que é dessa forma que se obtém a máxima intensidade na aceleração de largada? Certamente que não. A aceleração máxima é obtida quando as rodas de tração ficam prestes a deslizar. É nessa situação que a principal força que impulsiona o carro tem intensidade máxima, já que se trata da força de atrito de destaque. Numa arrancada em que o piloto deixa as rodas derraparem, devido ao fato de haver escorregamento entre os pneus e a pista, o atrito é do tipo dinâmico e este é em geral menor que o atrito de destaque. Dessa forma, fica diminuída a força propulsora sobre o veículo, o que determina uma menor aceleração.

Também nas freadas não se deve deixar as rodas travarem, pois, na situação de um carro deslizando com os pneus bloqueados, a força de atrito responsável pela frenagem – atrito dinâmico – tem intensidade menor que a da força de atrito de destaque, o que obriga o veículo a percorrer uma distância maior até sua imobilização. O processo de frenagem ocorre com eficiência maior quando se mantêm as rodas na iminência de travar, já que nesse caso o veículo fica sujeito à força máxima de retardamento: a força de atrito de destaque.

Isso explica a enorme aceitação pelo mercado consumidor do sistema de freios ABS – *Antiblock Braking System* –, pois ele impede o travamento das rodas do veículo durante as freadas. Em geral, diante de perigo iminente, motoristas tendem a pressionar o pedal de freio com muita força, o que quase sempre provoca bloqueio das rodas. Com freios ABS, essa possibilidade fica praticamente eliminada, o que garante frenagens mais eficazes e seguras.

Largada com o veículo "cantando os pneus": desperdício de potência e aceleração com intensidade menor que a máxima possível.

Exercícios Nível 1

18. Na situação esquematizada na figura ao lado, um trator arrasta uma tora cilíndrica de $4{,}0 \cdot 10^3$ N de peso sobre o solo plano e horizontal. Se a velocidade vetorial do trator é constante e a força de tração exercida sobre a tora vale $2{,}0 \cdot 10^3$ N, qual é o coeficiente de atrito cinético entre a tora e o solo?

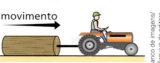

19. Na situação esquematizada abaixo, um bloco de peso igual a 40 N está inicialmente em repouso sobre uma mesa horizontal. Os coeficientes de atrito estático e dinâmico entre a base do bloco e a superfície da mesa valem, respectivamente, 0,30 e 0,25. Admita que seja aplicada no bloco uma força horizontal $\vec{F}$. Adotando $g = 10$ m/s², indique os valores que preenchem as lacunas da tabela abaixo com as intensidades da força de atrito e da aceleração do bloco correspondentes às intensidades definidas para a força $\vec{F}$.

F (N)	10	12	30
F_{at} (N)			
a (m/s²)			

20. Uma caixa de fósforos é lançada sobre uma mesa horizontal com velocidade de 2,0 m/s, parando depois de percorrer 2,0 m. No local do experimento, a influência do ar é desprezível. Adotando para o campo gravitacional módulo igual a 10 m/s², determine o coeficiente de atrito cinético entre a caixa e a mesa.

Resolução:

A figura seguinte ilustra o evento descrito no enunciado:

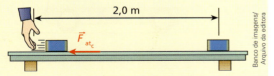

Inicialmente, devemos calcular o módulo da aceleração de retardamento da caixa de fósforos. Para isso, aplicamos a Equação de Torricelli:

$$v^2 = v_0^2 + 2\alpha \Delta s$$

Como $v = 0$, $v_0 = 2{,}0$ m/s e $\Delta s = 2{,}0$ m, vem:
$$0 = (2{,}0)^2 + 2 \cdot \alpha \cdot 2{,}0 \quad \therefore \quad \alpha = -1{,}0 \text{ m/s}^2$$
$$a = |\alpha| = 1{,}0 \text{ m/s}^2$$

A força resultante responsável pela freada da caixa é a força de atrito cinético. Pela 2ª Lei de Newton, podemos escrever:
$$F_{at_c} = ma \quad \text{(I)}$$

Entretanto:
$$F_{at_c} = \mu_c F_n = \mu_c mg \quad \text{(II)}$$

Comparando (I) e (II), calculamos, finalmente, o coeficiente de atrito cinético μ_c:

$$\mu_c mg = ma \Rightarrow \mu_c = \frac{a}{g} = \frac{1{,}0 \text{ m/s}^2}{10 \text{ m/s}^2}$$

$$\boxed{\mu_c = 0{,}10}$$

21. Na figura, o esquiador parte do repouso do ponto **A**, passa por **B** com velocidade de 20 m/s e para no ponto **C**:

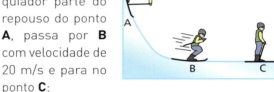

O trecho **BC** é plano, reto e horizontal e oferece aos esquis um coeficiente de atrito cinético de valor 0,20. Admitindo desprezível a influência do ar e adotando $g = 10$ m/s², determine:

a) a intensidade da aceleração de retardamento do esquiador no trecho **BC**;
b) a distância percorrida por ele de **B** até **C** e o intervalo de tempo gasto nesse percurso.

22. Os blocos **A** e **B** da figura ao lado têm massas respectivamente iguais a 2,0 kg e 3,0 kg e estão sendo acelerados horizontalmente sob a ação de uma força $\vec{F}$ de intensidade de 50 N, paralela ao plano do movimento.

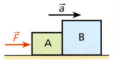

Sabendo que o coeficiente de atrito de escorregamento entre os blocos e o plano de apoio vale $\mu = 0{,}60$, que $g = 10$ m/s² e que o efeito do ar é desprezível, calcule:

a) o módulo da aceleração do sistema;
b) a intensidade da força de interação trocada entre os blocos na região de contato.

23. (Unesp-SP) A figura ilustra um bloco **A**, de massa $m_A = 2{,}0$ kg, atado a um bloco **B**, de massa $m_B = 1{,}0$ kg, por um fio inextensível de massa desprezível. O coeficiente de atrito cinético entre cada bloco e a mesa é μ_c. Uma força de intensidade F = 18,0 N é aplicada ao bloco **B**, fazendo com que os dois blocos se desloquem com velocidade constante.

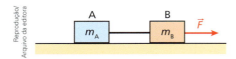

Considerando-se $g = 10{,}0$ m/s², calcule:
a) o coeficiente de atrito μ_c;
b) a intensidade da tração T no fio.

24. O corpo **A**, de 5,0 kg de massa, está apoiado em um plano horizontal, preso a uma corda que passa por uma roldana de massa e atrito desprezíveis e que sustenta em sua extremidade o corpo **B**, de 3,0 kg de massa. Nessas condições, o sistema apresenta movimento uniforme. Adotando $g = 10$ m/s² e desprezando a influência do ar, determine:

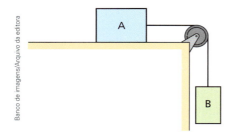

a) o coeficiente de atrito cinético entre o corpo **A** e o plano de apoio;
b) a intensidade da aceleração do sistema se colocarmos sobre o corpo **B** uma massa de 2,0 kg.

25. (Uerj) Considere um carro de tração dianteira que acelera no sentido indicado na figura abaixo. O motor é capaz de impor às rodas de tração, por meio de um torque, um determinado sentido de rotação. Só há movimento quando há atrito, pois, na sua ausência, as rodas de tração patinam sobre o solo, como acontece em um terreno enlameado.

O diagrama que representa **corretamente** as orientações das forças de atrito estático que o solo exerce sobre as rodas é:

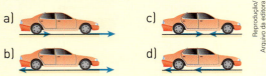

Resolução:
A roda motriz (com tração) empurra o chão para trás e recebe deste, pelo atrito, uma força dirigida para frente ($\vec{F}_{at}$).

A roda parasita (sem tração) é arrastada para frente juntamente com o veículo e raspa o chão também para a frente, recebendo deste, pelo atrito, uma força dirigida para trás ($\vec{f}_{at}$).

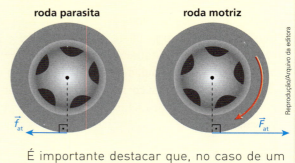

É importante destacar que, no caso de um movimento acelerado:

$$F_{at} \gg f_{at}$$

26. (EsPCEx-SP) A figura abaixo representa um automóvel em movimento retilíneo e acelerado da esquerda para a direita. Os vetores desenhados junto às rodas representam os sentidos das forças de atrito exercidas pelo chão sobre as rodas.

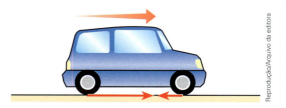

Sendo assim, pode-se afirmar que o automóvel:
a) tem tração apenas nas rodas traseiras.
b) tem tração nas quatro rodas.
c) tem tração apenas nas rodas dianteiras.
d) move-se em ponto morto, isto é, sem que nenhuma das rodas seja tracionada.
e) está em alta velocidade.

27. Na figura, está representado o limpador de para-brisa de um carro. O aparelho está funcionando, e tanto sua borracha quanto o vidro sobre o qual ela desliza podem ser considerados homogêneos. Admitindo que a compressão do limpador sobre o para-brisa seja uniforme em toda a extensão **AB**, podemos afirmar que:

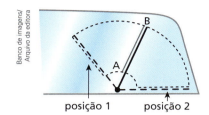

a) da posição 1 à posição 2, a velocidade angular média da extremidade **B** é maior que a da extremidade **A**;
b) da posição 1 à posição 2, a aceleração angular média da extremidade **B** é menor que a da extremidade **A**;
c) da posição 1 à posição 2, a velocidade linear média da extremidade **B** é igual à da extremidade **A**;
d) a força de atrito na região próxima da extremidade **A** é mais intensa que a força de atrito na região próxima da extremidade **B**;
e) a borracha próxima da extremidade **B** desgasta-se mais rapidamente que a borracha próxima da extremidade **A**.

Exercícios Nível 2

28. (Vunesp) Na linha de produção de uma fábrica, uma esteira rolante movimenta-se no sentido indicado na figura 1, com velocidade constante, transportando caixas de um setor a outro. Para fazer uma inspeção, um funcionário detém uma das caixas, mantendo-a parada diante de si por alguns segundos, mas ainda apoiada na esteira que continua rolando, conforme a figura 2.

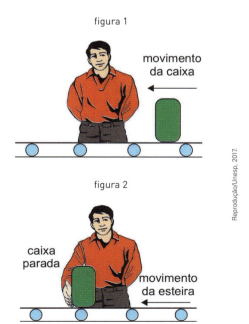

No intervalo de tempo em que a esteira continua rolando com velocidade constante e a caixa é mantida parada em relação ao funcionário (figura 2), a resultante das forças aplicadas pela esteira sobre a caixa está corretamente representada na alternativa

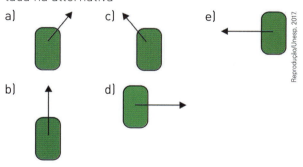

29. Um bloco de 2,0 kg de massa repousa sobre um plano horizontal quando lhe é aplicada uma força $\vec{F}$, paralela ao plano, conforme representa a figura abaixo:

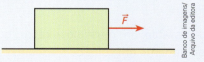

Os coeficientes de atrito estático e cinético entre o bloco e o plano de apoio valem, respectivamente, 0,50 e 0,40 e, no local, a aceleração da gravidade tem módulo 10 m/s². Calcule:
a) a intensidade da força de atrito recebida pelo bloco quando $|\vec{F}| = 9{,}0$ N;
b) o módulo da aceleração do bloco quando $|\vec{F}| = 16$ N.
Despreze o efeito do ar.

Resolução:

Devemos, inicialmente, calcular a intensidade da força de atrito de destaque entre o bloco e o plano de apoio:

$$F_{at_d} = \mu_e F_n \Rightarrow F_{at_d} = \mu_e P = \mu_e mg$$

Sendo $\mu_e = 0{,}50$, $m = 2{,}0$ kg e $g = 10$ m/s², vem:

$$F_{at_d} = 0{,}50 \cdot 2{,}0 \cdot 10 \therefore \boxed{F_{at_d} = 10 \text{ N}}$$

a) A força $\vec{F}$, apresentando intensidade 9,0 N, é insuficiente para vencer a força de atrito de destaque (10 N). Por isso, o bloco permanece em repouso e, nesse caso, a força de atrito que ele recebe equilibra a força $\vec{F}$, tendo intensidade 9,0 N:

$$\boxed{F_{at} = 9{,}0 \text{ N}}$$

b) Com $|\vec{F}| = 16$ N, o bloco adquire movimento, sendo acelerado para a direita. Nesse caso, o atrito é cinético e sua intensidade é dada por:

$$F_{at_c} = \mu_c F_n = \mu_c mg$$

$$F_{at_c} = 0{,}40 \cdot 2{,}0 \cdot 10 \therefore \boxed{F_{at_c} = 8{,}0 \text{ N}}$$

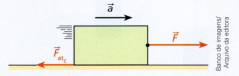

A 2ª Lei de Newton, aplicada ao bloco, permite escrever que:

$$F - F_{at_c} = ma \Rightarrow 16 - 8{,}0 = 2{,}0 \cdot a$$

$$\boxed{a = 4{,}0 \text{ m/s}^2}$$

30. José Osvaldo, um musculoso rapaz, empurra horizontalmente um cofre de massa $m = 100$ kg sobre um plano horizontal, conforme indica a figura.

O cofre encontra-se inicialmente em repouso e sabe-se que os coeficientes de atrito estático e cinético entre ele e o plano de apoio valem, respectivamente, 0,820 e 0,450.

Considerando $g = 10$ m/s², calcule:

a) a intensidade da força de atrito recebida pelo cofre se a força aplicada pelo jovem valer $8{,}00 \cdot 10^2$ N;

b) o módulo da aceleração do cofre se a força aplicada por José Osvaldo valer $8{,}50 \cdot 10^2$ N.

31. No esquema seguinte, representa-se um livro inicialmente em repouso sobre uma mesa horizontal sendo empurrado horizontalmente por um homem; $\vec{F}$ é a força que o homem aplica no livro e $\vec{F}_{at}$ é a força de atrito exercida pela mesa sobre o livro. Representa-se, também, como varia a intensidade de $\vec{F}_{at}$ em função da intensidade de $\vec{F}$. No local, a influência do ar é desprezível e adota-se $|\vec{g}| = 10$ m/s².

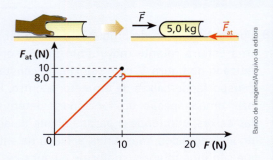

Com base no gráfico e nos demais dados, determine:

a) os coeficientes de atrito estático e cinético entre o livro e a mesa;

b) o módulo da aceleração do livro quando $F = 18$ N.

Resolução:

a) (I) Determinação do coeficiente de atrito estático (μ_e):

Observando o gráfico, percebemos que a força de atrito máxima (de destaque) que o livro recebe da mesa vale $F_{at_d} = 10$ N. A partir disso, podemos escrever que:

$$F_{at_d} = \mu_e F_n = \mu_e mg \Rightarrow 10 = \mu_e \cdot 5{,}0 \cdot 10$$

$$\boxed{\mu_e = 0{,}20}$$

(II) Determinação do coeficiente de atrito cinético (μ_c):

Observando o gráfico, notamos que a força de atrito cinético que age no livro depois de iniciado seu movimento vale $F_{at_c} = 8{,}0$ N.

Dessa conclusão, segue que:
$F_{at_c} = \mu_c F_n = \mu_c mg \Rightarrow 8{,}0 = \mu_c \cdot 5{,}0 \cdot 10$

$$\boxed{\mu_c = 0{,}16}$$

b) Calculamos o módulo da aceleração do livro aplicando a ele a 2ª Lei de Newton:

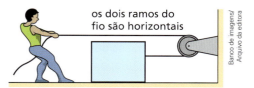

$F - F_{at_c} = ma \Rightarrow 18 - 8{,}0 = 5{,}0\,a$

$$\boxed{a = 2{,}0 \text{ m/s}^2}$$

32. No arranjo experimental da figura, Bernardo puxa a corda para a esquerda e, com isso, consegue acelerar horizontalmente a caixa para a direita:

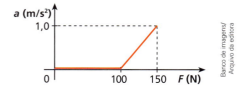

O módulo de aceleração da caixa varia com a intensidade da força que o homem aplica na corda, conforme o gráfico seguinte.

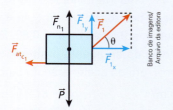

Admitindo que o fio e a polia sejam ideais e desprezando a influência do ar:
a) esboce o gráfico da intensidade da força de atrito recebida pela caixa em função da intensidade da força exercida por Bernardo na corda;
b) calcule a massa da caixa e o coeficiente de atrito entre ela e o plano de apoio ($g = 10$ m/s^2).

33. Nas duas situações esquematizadas abaixo, **E.R.** uma mesma caixa de peso 20 N deverá ser arrastada sobre o solo plano e horizontal em movimento retilíneo e uniforme. O coeficiente de atrito cinético entre a caixa e a superfície de apoio vale 0,50.

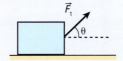 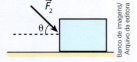

Dados: sen θ = 0,80 e cos θ = 0,60.
Desprezando a influência do ar, calcule as intensidades das forças $\vec{F}_1$ e $\vec{F}_2$ que satisfazem à condição citada.

Resolução:
Decompondo $\vec{F}_1$ nas direções horizontal e vertical, obtemos, respectivamente, as componentes $\vec{F}_{1x}$ e $\vec{F}_{1y}$, de intensidades dadas por:

$F_{1x} = F_1 \cos θ$ e $F_{1y} = F_1 \sen θ$

Equilíbrio na vertical:

$F_{n_1} + F_1 \sen θ = P$
$F_{n_1} + 0{,}80\,F_1 = 20$
$F_{n_1} = 20 - 0{,}80\,F_1$

Equilíbrio na horizontal:

$F_1 \cos θ = \mu_c F_{n_1}$
$0{,}60\,F_1 = 0{,}50(20 - 0{,}80\,F_1)$

$$\boxed{F_1 = 10 \text{ N}}$$

Decompondo, agora, $\vec{F}_2$ nas direções horizontal e vertical, obtemos, respectivamente, as componentes $\vec{F}_{2x}$ e $\vec{F}_{2y}$, de intensidades dadas por:

$F_{2x} = F_2 \cos θ$ e $F_{2y} = F_2 \sen θ$

Equilíbrio na vertical:

$F_{n_2} = P + F_2 \sen θ$
$F_{n_2} = 20 + 0{,}80\,F_2$

Equilíbrio na horizontal:

$F_2 \cos θ = \mu_c F_{n_2}$
$0{,}60\,F_2 = 0{,}50(20 + 0{,}80\,F_2)$

$$\boxed{F_2 = 50 \text{ N}}$$

34. Considere o esquema seguinte, em que se representa um bloco de 1,0 kg de massa apoiado sobre um plano horizontal. O coeficiente de atrito de arrastamento entre a base do bloco e a superfície de apoio vale 0,25 e a aceleração da gravidade, no local, tem módulo 10 m/s².

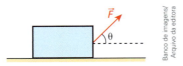

A força $\vec{F}$, cuja intensidade é de 10 N, forma com a direção horizontal um ângulo θ constante, tal que sen θ = 0,60 e cos θ = 0,80. Desprezando a influência do ar, aponte a alternativa que traz o valor correto da aceleração do bloco:

a) 7,0 m/s²
b) 5,5 m/s²
c) 4,0 m/s²
d) 2,5 m/s²
e) 1,5 m/s²

35. (Efomm-RJ) Os blocos **A** e **B** representados na figura possuem massas de 3,0 kg e 2,0 kg respectivamente. A superfície horizontal onde eles se deslocam apresenta um coeficiente de atrito cinético igual a 0,30. $\vec{F}_1$ e $\vec{F}_2$ são forças horizontais que atuam nos blocos.

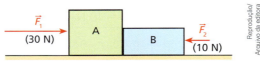

Adotando g = 10 m/s² e desprezando o efeito do ar, determine:
a) o módulo da aceleração do sistema;
b) a intensidade da força de contato entre **A** e **B**.

36. Sobre o plano horizontal da figura, apoiam-se os blocos **A** e **B**, interligados por um fio inextensível e de massa desprezível. O coeficiente de atrito estático entre os blocos e o plano vale 0,60, e o cinético, 0,50. No local, a influência do ar é desprezível, e adota-se $|\vec{g}|$ = 10 m/s².

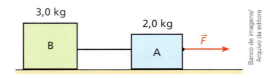

Sabendo que a força $\vec{F}$ é horizontal e que sua intensidade vale 50 N, calcule:
a) o módulo da aceleração do sistema;
b) a intensidade da força de tração no fio.

37. (Fuvest-SP) Um vagão de carga, transportando sobre seu piso plano uma caixa de massa m, desloca-se com velocidade constante $\vec{v}_0$ sobre trilhos retilíneos e horizontais. Em dado instante, o vagão choca-se com uma pedra sobre os trilhos e para instantaneamente. A caixa começa, então, a deslizar sobre o piso, parando antes de atingir a extremidade do vagão. Sabe-se que o coeficiente de atrito entre a caixa e o piso do vagão vale μ e a aceleração da gravidade tem intensidade igual a g.

a) Durante quanto tempo a caixa desliza?
b) Qual a distância percorrida pela caixa sobre o vagão?

38. (Vunesp) Dois blocos, **A** e **B**, ambos de massa m, estão ligados por um fio leve e flexível, que passa por uma polia de massa desprezível, que gira sem atrito. O bloco **A** está apoiado sobre um carrinho de massa 4m, que pode se deslocar sobre a superfície horizontal sem encontrar qualquer resistência. A figura mostra a situação descrita.

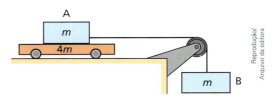

Quando o conjunto é liberado, **B** desce e **A** se desloca com atrito constante sobre o carrinho, acelerando-o. Sabendo que o coeficiente de atrito dinâmico entre **A** e o carrinho vale 0,20 e fazendo g = 10 m/s², determine:
a) o módulo da aceleração do carrinho;
b) o módulo da aceleração do sistema constituído por **A** e **B**.

39. (Cesesp-PE) Uma fina corrente metálica encontra-se parcialmente dependurada de uma mesa, como ilustra a figura.

Se o coeficiente de atrito estático entre a corrente e a mesa for μ, qual é a fração mínima do comprimento da corrente que deve ser mantida sobre a mesa para que a corrente não escorregue?

Resolução:

Admitamos a corrente na **iminência de escorregar**. Nesse caso, a força de atrito recebida pelo trecho apoiado na mesa é igual à força de atrito de destaque.

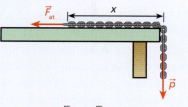

$$F_{at} = F_{at_d}$$
$$F_{at} = \mu F_n \quad (I)$$

Sejam L o comprimento da corrente, M a sua massa total e m a massa do comprimento $(L - x)$ pendente na vertical.

Analisando o equilíbrio da corrente, temos:
$$F_{at} = p \Rightarrow F_{at} = mg \quad (II)$$
$$F_n = P_{total} - p \Rightarrow F_n = (M - m)g \quad (III)$$

Substituindo (II) e (III) em (I), vem:
$$mg = \mu(M - m)g \Rightarrow \frac{m}{M-m} = \mu \quad (IV)$$

Como a corrente é suposta homogênea, sua densidade linear ρ é constante, isto é, a relação entre a massa considerada e o respectivo comprimento é sempre a mesma.

$$\frac{m}{L-x} = \rho \quad e \quad \frac{M-m}{x} = \rho$$

Donde:
$$\frac{m}{L-x} = \frac{M-m}{x}$$
$$\frac{m}{M-m} = \frac{L-x}{x} \quad (V)$$

Comparando (IV) e (V), segue que:
$$\frac{L-x}{x} = \mu \Rightarrow L - x = \mu x$$
$$L = (\mu + 1)x \Rightarrow \boxed{\frac{x}{L} = \frac{1}{\mu + 1}}$$

Observe que a fração $\frac{x}{L}$ é a menor possível (mínima), já que a corrente está na iminência de escorregar.

40. (UFF-RJ) Um pano de prato retangular, com 60 cm de comprimento e constituição homogênea, está em repouso sobre uma mesa, parte sobre sua superfície, horizontal e fina, e parte pendente, como mostra a figura. Sabendo-se que o coeficiente de atrito estático entre a superfície da mesa e o pano é igual a 0,50 e que o pano está na iminência de deslizar, pode-se afirmar que o comprimento ℓ da parte sobre a mesa é:
a) 40 cm.
b) 45 cm.
c) 50 cm.
d) 55 cm.
e) 58 cm.

41. Na figura seguinte, a superfície **S** é horizontal, a intensidade de $\vec{F}$ é 40 N, o coeficiente de atrito de arrastamento entre o bloco **A** e a superfície **S** vale 0,50 e g = 10 m/s².

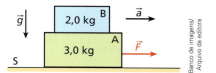

Sob a ação da força $\vec{F}$, o sistema é acelerado horizontalmente e, nessas condições, o bloco **B** apresenta-se na iminência de escorregar em relação ao bloco **A**. Desprezando a influência do ar:
a) determine o módulo da aceleração do sistema;
b) calcule o coeficiente do atrito estático entre os blocos **A** e **B**.

42. Um pequeno bloco é lançado para baixo ao longo de um plano com inclinação de um ângulo θ com a horizontal, passando a descer com velocidade constante.

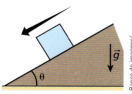

Sendo g o módulo da aceleração da gravidade e desprezando a influência do ar, analise as proposições seguintes:

I. O coeficiente de atrito cinético entre o bloco e o plano de apoio depende da área de contato entre as superfícies atritantes.
II. O coeficiente de atrito cinético entre o bloco e o plano de apoio é proporcional a g.
III. O coeficiente de atrito cinético entre o bloco e o plano de apoio vale tg θ.
IV. A força de reação do plano de apoio sobre o bloco é vertical e dirigida para cima.

Responda mediante o código:
a) Somente I e III são corretas.
b) Somente II e IV são corretas.
c) Somente III e IV são corretas.
d) Somente III é correta.
e) Todas são incorretas.

43. (PUCC-SP) Um bloco de massa 5,0 kg é arrastado para cima, ao longo de um plano inclinado, por uma força $\vec{F}$, constante, paralela ao plano e de intensidade 50 N, como representa a figura abaixo. Sabendo que o coeficiente de atrito dinâmico entre o bloco e o plano vale 0,40 e que a aceleração da gravidade tem módulo g = 10 m/s², a intensidade da aceleração do bloco em m/s², vale:

a) 0,68   b) 0,80   c) 1,0   d) 2,5   e) 6,0

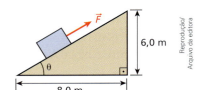

44. Na situação esquematizada na figura, o fio e a polia são ideais; despreza-se o efeito do ar e adota-se g = 10 m/s².

sen θ = 0,60
cos θ = 0,80

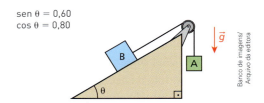

Sabendo que os blocos **A** e **B** têm massas iguais a 5,0 kg e que os coeficientes de atrito estático e cinético entre **B** e o plano de apoio valem, respectivamente, 0,45 e 0,40, determine:

a) o módulo da aceleração dos blocos;
b) a intensidade da força de tração no fio.

45. (OBF) O corpo **B** da figura possui 1,6 kg de massa, através de um sistema de cordas e polias ideais, faz com que o corpo **A** de massa 1,0 kg suba o plano inclinado com velocidade constante de 2,0 m/s. Desprezando-se a massa da corda, da polia móvel e o atrito nas polias, determine o valor do coeficiente de atrito entre o bloco **A** e o plano inclinado.

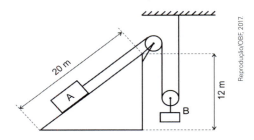

Dado: g = 10 m/s².

a) 0,50.   c) 0,25.   e) 0,15.
b) Nulo.   d) 0,40.

DESCUBRA MAIS

1. Sabidamente, há quatro forças fundamentais na natureza que se manifestam em ambientes e contextos distintos. São elas: a força nuclear forte, a força eletromagnética, a força nuclear fraca e a força gravitacional, citadas em ordem decrescente de intensidade relativa. Foi dito na introdução deste tópico que as forças de atrito são de origem eletromagnética. Que outras forças, além das forças de atrito, também são eletromagnéticas?

2. Por que a presença de lubrificantes geralmente atenua a intensidade das forças de atrito trocadas entre as duas superfícies sólidas?

3. Por que as lagartixas podem subir paredes, deslocando-se na vertical, sem cair?

Exercícios Nível 3

46. Um cubo 1, de aço e de aresta a, acha-se apoiado sobre um piso de madeira plano, horizontal e que lhe oferece atrito. Nessas condições, a força horizontal que o deixa na iminência de se movimentar tem intensidade F_1. Substitui-se, então, o cubo 1 por um cubo 2, de mesmo material, porém de aresta 2a. A força que coloca o cubo 2 na iminência de se movimentar tem intensidade F_2. Analise as proposições seguintes:

I. O coeficiente de atrito estático é o mesmo para os dois cubos.

II. $F_2 = F_1$, pois a força de atrito máxima independe da área de contato entre as superfícies atritantes.

III. $F_2 = 8F_1$, pois o peso do cubo 2 tem intensidade oito vezes a do cubo 1.

Aponte a alternativa correta:
a) Somente I é verdadeira.
b) Somente II é verdadeira.
c) Somente III é verdadeira.
d) Somente I e II são verdadeiras.
e) Somente I e III são verdadeiras.

47. (PUC-PR) Um bloco **A** de massa 3,0 kg está apoiado sobre uma mesa plana horizontal e preso a uma corda ideal. A corda passa por uma polia ideal e na sua extremidade final existe um gancho de massa desprezível, conforme mostra o desenho. Uma pessoa pendura, suavemente, um bloco **B** de massa 1,0 kg no gancho. Os coeficientes de atrito estático e cinético entre o bloco **A** e a mesa são, respectivamente, $\mu_e = 0{,}50$ e $\mu_c = 0{,}20$. Determine a força de atrito que a mesa exerce sobre o bloco **A**. Adote $g = 10$ m/s².

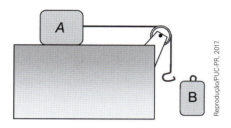

a) 15 N b) 6,0 N c) 30 N d) 10 N e) 12 N

48. (Unesp-SP) A figura a seguir mostra um tijolo de 1,2 kg sendo arrastado com velocidade constante por duas forças constantes de módulos iguais a 6,0 N cada, paralelas ao plano horizontal.
Dados: $g = 10$ m/s²; sen 30° = cos 60° = 0,50; sen 60° = cos 30° = 0,87.

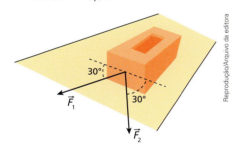

O valor do coeficiente de atrito cinético entre o corpo e o piso sobre o qual ele é arrastado é:
a) 0,05. b) 0,08 c) 0,50 d) 0,80 e) 0,96.

49. Um carro especial projetado para arrancadas de alta *performance* (*drag racing*) tem tração nas rodas traseiras de modo que elas comprimem a pista de provas – plana, reta e horizontal – com uma força equivalente a $\frac{2}{3}$ do peso total do veículo. No local, a aceleração da gravidade tem intensidade g e a resistência do ar pode ser ignorada. Supondo que os coeficientes de atrito estático e cinético entre as rodas traseiras e a pista valham μ_e e μ_c, respectivamente, e admitindo desprezíveis os atritos nas rodas não motrizes, determine:

a) o módulo da máxima aceleração possível para o carro;
b) o mínimo intervalo de tempo para o veículo percorrer, a partir do repouso, uma distância d com aceleração de intensidade constante.

50. (Fuvest-SP) Você empurra um livro sobre uma mesa horizontal, comunicando-lhe certa velocidade inicial. Você observa que, depois de abandonado, o livro desliza aproximadamente 1 metro sobre a mesa, até parar. Se a massa do livro fosse o dobro e se você o empurrasse, comunicando-lhe a mesma velocidade inicial, ele deslizaria, até parar, aproximadamente:
a) 0,25 m. d) 1,4 m.
b) 0,5 m.   e) 2 m.
c) 1 m.

51. Pedro Paulo faz a montagem esquematizada abaixo e verifica que a tampa da garrafa PET de altura h, que serve de apoio para o livro de comprimento 50 cm, depois de levemente impulsionada, desce o plano inclinado constituído pela capa do livro com velocidade praticamente constante.

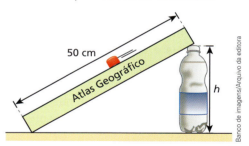

Se ele sabe que o coeficiente de atrito cinético entre a tampa da garrafa e a capa do livro é igual a 0,75, que valor aproximado Pedro Paulo pode determinar para h?

52. (Unicamp-SP) Um estudo publicado em 2014 na renomada revista científica *Physical Review Letters* (http://journals.aps.org/prl/abstract/10.1103/PhysRevLett.112.175502) descreve como a antiga civilização egípcia reduzia o atrito entre a areia e os trenós que levavam pedras de até algumas toneladas para o local de construção das pirâmides. O artigo demonstrou que a areia na frente do trenó era molhada com a quantidade certa de água para que ficasse mais rígida, diminuindo a força necessária para puxar o trenó. Caso necessário, use $g = 10$ m/s² para resolver as questões a seguir.

a) Considere que, no experimento realizado pelo estudo citado anteriormente, um bloco de massa m = 2 kg foi colocado sobre uma superfície de areia úmida e puxado por uma mola de massa desprezível e constante elástica k = 840 N/m, com velocidade constante, como indica a figura abaixo. Se a mola em repouso tinha comprimento $l_{repouso}$ = 0,10 m, qual é o coeficiente de atrito dinâmico entre o bloco e a areia?

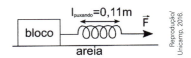

b) Neste experimento, o menor valor de coeficiente de atrito entre a areia e o trenó é obtido com a quantidade de água que torna a areia rígida ao cisalhamento. Esta rigidez pode ser caracterizada pelo seu módulo de cisalhamento, dado por $G = \dfrac{Fl}{A\Delta x}$, em que F é o módulo da força aplicada tangencialmente a uma superfície de área A de um material de espessura l, e que a deforma por uma distância Δx, como indica a figura abaixo. Considere que a figura representa o experimento realizado para medir G da areia e também o coeficiente de atrito dinâmico entre a areia e o bloco, ambos em função da quantidade de água na areia. O resultado do experimento é mostrado no gráfico apresentado no espaço de resolução abaixo. Com base no experimento descrito, qual é o valor da razão $\dfrac{l}{\Delta x}$ da medida que resultou no menor coeficiente de atrito dinâmico?

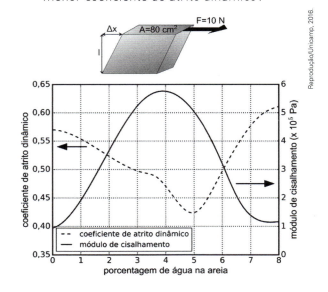

53. (CPAEN-RJ) Analise a figura abaixo.

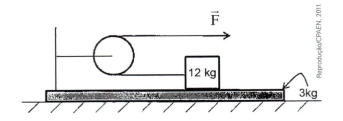

A figura acima exibe um bloco de 12 kg que se encontra na horizontal sobre uma plataforma de 3,0 kg. O bloco está preso a uma corda de massa desprezível que passa por uma roldana de massa e atrito desprezíveis fixada na própria plataforma. Os coeficientes de atrito estático e cinético entre as superfícies de contato (bloco e plataforma) são, respectivamente, 0,3 e 0,2. A plataforma, por sua vez, encontra-se inicialmente em repouso sobre uma superfície horizontal sem atrito. Considere que em um dado instante uma força horizontal $\vec{F}$ passa a atuar sobre a extremidade livre da corda, conforme indicado na figura. Para que não haja escorregamento entre o bloco e plataforma, o maior valor do módulo da força F aplicada, em newtons, é

a) $\dfrac{4}{9}$

b) $\dfrac{15}{9}$

c) 10

d) 20

e) 30

Dado: g = 10 m/s².

54. (ITA-SP) A figura abaixo representa três blocos de massas M_1 = 1,00 kg, M_2 = 2,50 kg e M_3 = 0,50 kg respectivamente. Entre os blocos e o piso que os apoia existe atrito, cujos coeficientes cinético e estático são, respectivamente, 0,10 e 0,15; a aceleração da gravidade vale 10,0 m/s².

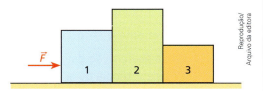

Se ao bloco 1 for aplicada uma força $\vec{F}$ horizontal de 10,0 N, qual será a intensidade da força que o bloco 2 exercerá no bloco 3?

55. (UFRN) Seu Alfredo limpa uma parede vertical com um escovão, como mostra a figura abaixo. Ele empurra o escovão contra a parede de tal modo que o escovão desliza sobre ela, realizando um movimento vertical, **de baixo para cima**, com velocidade constante. A força $\vec{F}$ aplicada por Seu Alfredo sobre o escovão tem a mesma direção do cabo do utensílio, que, durante todo o movimento, forma um ângulo constante θ com a parede. Considere que o cabo tenha massa desprezível em comparação com a massa m do escovão. O coeficiente de atrito cinético entre o escovão e a parede é μ_c e a aceleração da gravidade tem módulo g.

a) Faça um desenho mostrando as forças que atuam sobre o escovão.
b) Deduza a expressão para o módulo da força $\vec{F}$ em função de m, g, μ_c, sen θ e cos θ.

56. Na situação da figura a seguir, os corpos **A** e **B** têm massas M e m, respectivamente, estando **B** simplesmente encostado em uma parede vertical de **A**. O sistema movimenta-se horizontalmente sob a ação da força $\vec{F}$, paralela ao plano de apoio, sem que **B** escorregue em relação a **A**. O efeito do ar é desprezível, não há atrito entre **A** e o solo e no local a aceleração da gravidade vale g.

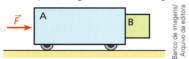

Sendo μ o coeficiente de atrito estático entre **B** e **A**, analise as proposições seguintes:
 I. A situação proposta só é possível se o sistema estiver, necessariamente, em alta velocidade.
 II. Para que **B** não escorregue em relação a **A**, a aceleração do sistema deve ser maior ou igual a μg.
 III. Se **B** estiver na iminência de escorregar em relação a **A**, a intensidade de $\vec{F}$ será $(M + m)g/\mu$.
Responda mediante o código:
a) Se somente I e II forem corretas.
b) Se somente I e III forem corretas.
c) Se somente II e III forem corretas.
d) Se somente II for correta.
e) Se somente III for correta.

57. Um elevador é acelerado verticalmente para cima com 6,0 m/s², num local em que $|\vec{g}| = 10$ m/s². Sobre o seu piso horizontal, é lançado um bloco, sendo-lhe comunicada uma velocidade inicial de 2,0 m/s. O bloco é freado pela força de atrito exercida pelo piso até parar em relação ao elevador. Sabendo que o coeficiente de atrito cinético entre as superfícies atritantes vale 0,25, calcule, em relação ao elevador, a distância percorrida pelo bloco até parar.

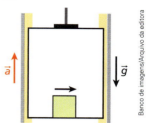

58. Um bloco pesando 100 N deve permanecer em repouso sobre um plano inclinado, que faz com a horizontal um ângulo de 53°. Para tanto, aplica-se ao bloco a força $\vec{F}$, representada na figura, paralela à rampa.

Sendo $\mu_e = 0{,}50$ o coeficiente de atrito estático entre o bloco e o plano, que valores são admissíveis para $\vec{F}$, tais que a condição do problema seja satisfeita?
Dados: sen 53° = 0,80; cos 53° = 0,60.

59. Um corpo de massa 20 kg é colocado em um plano inclinado de 53° sendo-lhe aplicada uma força $\vec{F}$ paralela ao plano, conforme representa a figura. No local, a influência do ar é desprezível e adota-se $g = 10$ m/s².
Dados: sen 53° = 0,80; cos 53° = 0,60.

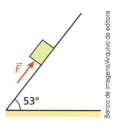

Sabendo que os coeficientes de atrito estático e dinâmico entre o corpo e a superfície de apoio valem 0,30 e 0,20, respectivamente, determine:
a) a intensidade da força de atrito que atua no corpo quando F = 160 N;
b) o módulo da aceleração do corpo quando F = 100 N.

60. (Unesp-SP) Um homem sustenta uma caixa de peso 1 000 N, que está apoiada em uma rampa com atrito, a fim de colocá-la em um caminhão, como mostra a figura 1. O ângulo de inclinação da rampa em relação à horizontal é igual a θ_1 e a força de sustentação aplicada pelo homem para que a caixa não deslize sobre a superfície inclinada é $\vec{F}$, sendo aplicada à caixa paralelamente à superfície inclinada, como mostra a figura 2.

FIGURA 1

(http://portaldoprofessor.mec.gov.br)

FIGURA 2

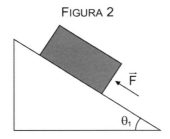

Quando o ângulo θ_1 é tal que sen $\theta_1 = 0,60$ e cos $\theta_1 = 0,80$, o valor mínimo da intensidade da força $\vec{F}$ é 200 N. Se o ângulo for aumentado para um valor θ_2, de modo que sen $\theta_2 = 0,80$ e cos $\theta_2 = 0,60$, o valor mínimo da intensidade da força F passa a ser de

a) 400 N   c) 800 N   e) 500 N
b) 350 N   d) 270 N

61. Um corpo de massa 10 kg parte do repouso do alto de um plano inclinado de um ângulo $\theta = 30°$, conforme representa a figura, escorregando sem sofrer a ação de atritos ou da resistência do ar até atingir um plano horizontal áspero, de coeficiente de atrito cinético $\mu_c = 0,20$. Sabendo que o corpo gasta 2,0 s para descer o plano inclinado, num local em que $|\vec{g}| = 10$ m/s², determine:

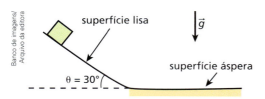

a) a duração total do movimento;
b) as distâncias percorridas pelo corpo no plano inclinado e no plano horizontal.

62. (Faap-SP) Qual é a força horizontal capaz de tornar iminente o deslizamento do cilindro, de 50 kgf de peso, ao longo do apoio em **V**, mostrado na figura? O coeficiente de atrito estático entre o cilindro e o apoio vale 0,25.

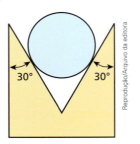

63. O esquema representa, visto de cima, uma caixa de CDs de computador apoiada sobre uma mesa plana e horizontal submetida à ação conjunta de três forças de mesma direção, paralelas à mesa, $\vec{F}_1$, $\vec{F}_2$ e $\vec{F}_3$ (não representada), de intensidades respectivamente iguais a 1,0 N, 4,0 N e 2,7 N.

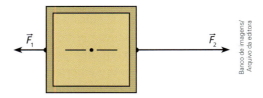

Supondo que a caixa se mantenha em repouso, determine o intervalo de valores possíveis para a força de atrito estático que atua sobre ela.

64. Na situação esquematizada, o fio e as polias são ideais e inexiste atrito entre os pés da mesa (massa da mesa igual a 15 kg) e a superfície horizontal de apoio. O coeficiente de atrito estático entre o bloco (massa do bloco igual a 10 kg) e o tampo da mesa vale 0,60 e, no local, adota-se g = 10 m/s².

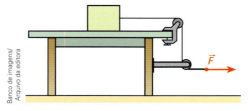

Qual é a máxima intensidade da força horizontal $\vec{F}$ aplicada na extremidade livre do fio que faz o sistema ser acelerado sem que o bloco escorregue em relação à mesa?

Para raciocinar um pouco mais

65. No esquema, representa-se um plano inclinado, cujo ângulo de elevação θ tem seno igual a 0,60. O fio e a polia são ideais, a massa da caixa apoiada na rampa é de 10,0 kg e, no local, adota-se $\vec{g} = 10{,}0$ m/s². Pendente no segmento vertical do fio está um balde que pode receber água, por um processo lento, da torneira externa 1, e despejar água, também por um processo lento, pela torneira 2, acoplada ao balde e de peso desprezível.

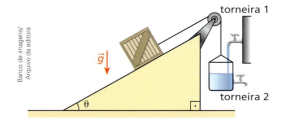

Verifica-se que, quando a torneira 1 é aberta e a massa total do balde com água assume o valor 10,0 kg, a caixa fica na iminência de se deslocar para cima ao longo da rampa. Considerando-se o experimento proposto e os dados fornecidos, responda:

a) Qual é o coeficiente de atrito estático entre a caixa e a superfície do plano inclinado?

b) Com a torneira 1 fechada e a torneira 2 aberta até que a caixa fique na iminência de se deslocar para baixo ao longo da rampa, qual a massa do balde com água nesta situação?

66. Fato que não é tão raro é o de um motorista desatento que esquece um pequeno objeto no teto do carro e arranca com o veículo... (sic)

Pois bem, suponha que isso tenha acontecido! Rinaldo deixou uma pequena caixa simplesmente apoiada no teto horizontal de sua caminhonete, conforme indica a figura, entrou no veículo e acelerou a partir do repouso, no instante $t_0 = 0$, em uma pista reta, plana e horizontal.

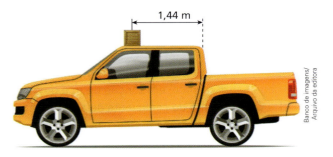

A velocidade escalar da caminhonete em função do tempo obedeceu ao gráfico abaixo.

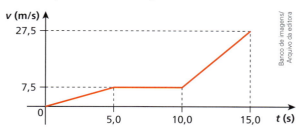

Os coeficientes de atrito estático e dinâmico entre a caixa e o teto do veículo valem, respectivamente, 0,30 e 0,20. No local, a influência do ar é desprezível e adota-se $g = 10$ m/s². A partir dos dados apresentados, determine:

a) a intensidade da máxima aceleração da caminhonete de modo que a caixa não deslize em relação ao teto do veículo.

b) o instante t em que a caixa despenca do teto da caminhonete.

67. Na situação esquematizada abaixo, os blocos **A** e **B** são idênticos, apresentando comprimento L = 50 cm e massa M = 1,0 kg, cada um. O atrito entre **A** e **B** e a superfície horizontal de apoio é desprezível e, no local, $g = 10$ m/s². Num determinado instante, caracterizado como $t_0 = 0$, com **A** e **B** em contato e em repouso, um terceiro bloco, **C**, de dimensões desprezíveis e massa m = 200 g, é lançado horizontalmente sobre **A** com velocidade de intensidade $v_0 = 3{,}0$ m/s.

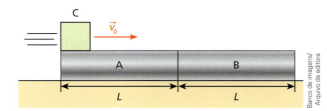

Sabendo-se que o coeficiente de atrito dinâmico entre o bloco **C** e os blocos **A** e **B** é $\mu = 0{,}60$, pede-se traçar o gráfico da intensidade da velocidade dos três blocos em função do tempo a partir do instante $t_0 = 0$.

68. (OBF) A boca de um copo é coberta com um cartão circular, e sobre o cartão coloca-se uma moeda (Veja a figura a seguir). Os centros do cartão e da moeda são coincidentes com o centro da boca do copo. Considere como dados deste problema: o raio do cartão, R, o raio da boca do copo, r, o coeficiente de atrito entre a moeda e o cartão, μ, e o módulo g da aceleração da gravidade. O raio da moeda pode ser desprezado.

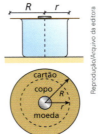

Move-se o cartão horizontalmente, em trajetória retilínea e com aceleração constante. Determine o valor da menor aceleração do cartão, a_c, para que a moeda ainda caia dentro do copo quando o cartão for retirado por completo.

69. Tudo pronto para decolar

Viagens de avião são geralmente mais rápidas e seguras se comparadas a opções terrestres e marítimas. Na fotografia abaixo uma aeronave, visando decolar, vai partir do repouso no instante $t_0 = 0$ com aceleração constante de intensidade $a = 5{,}0$ m/s². O avião deverá percorrer uma pista retilínea e horizontal.

Antes de o aparelho levantar voo, uma pequena caixa apoiada sobre o assoalho, inicialmente em repouso junto à cabine do piloto em $t_0 = 0$, vai escorregar ao longo do corredor retilíneo de comprimento $L = 18$ m, destacado na imagem, até colidir contra uma estrutura existente na traseira da aeronave, o que ocorre em um instante t, com velocidade relativa de intensidade v_R. Os coeficientes de atrito estático e cinético entre a caixa e a superfície de apoio têm o mesmo valor, $\mu = 0{,}10$, a influência do ar no movimento da caixa é desprezível e, no local, adota-se $g = 10$ m/s².
Com base nessas informações, calcule:
a) o valor de t;   b) o valor de v_R.

70. Na situação esquematizada a seguir, uma caixa de massa $m = 2{,}0$ kg em forma de paralelepípedo está em repouso com uma de suas faces em contato com uma parede vertical sob a ação de duas forças $\vec{F}_1$ (horizontal) e $\vec{F}_2$ (vertical). As intensidades dessas forças, em newtons, são variáveis com o tempo, expresso em segundos, conforme as expressões $F_1 = F_0 + 2{,}0t$ e $F_2 = F_0 + 3{,}0t$.

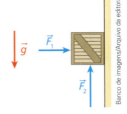

Sabe-se que no instante $t_0 = 0$, a caixa está na iminência de escorregar para baixo. Se o coeficiente de atrito estático entre as superfícies em contato, da caixa e da parede, é igual a 0,60 e $g = 10{,}0$ m/s², qual o sentido e a intensidade da força de atrito que a parede exerce na caixa em $t_1 = 3{,}0$ s?

71. Considere uma corda flexível e inextensível de comprimento igual a L com massa uniformemente distribuída ao longo de toda sua extensão. Inicialmente, essa corda encontra-se em repouso, como mostra a figura, parcialmente apoiada em uma superfície horizontal áspera que oferece a ela coeficientes de atrito estático e cinético de mesmo valor μ.

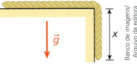

Sendo g o módulo da aceleração da gravidade local e desprezando-se os efeitos do ar, pedem-se:
a) determinar o máximo valor do comprimento pendente na vertical, $x_{máx}$, para que a corda ainda continue em repouso em relação à superfície de apoio;
b) para $x > x_{máx}$, traçar o gráfico da intensidade da aceleração dos pontos da corda em função de x.

72. (Ufes) No teto de um vagão, presa por uma haste rígida, está fixada uma polia ideal. Pela polia, passa um fio ideal.

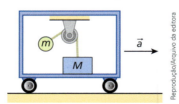

Nas extremidades do fio estão presos uma pequena esfera de massa m e um bloco de massa $M = 28\,m$. A esfera encontra-se suspensa e o bloco está em repouso em relação ao vagão, em contato com o piso. Devido ao fato de o vagão estar acelerado horizontalmente com uma aceleração de módulo $a = 3g/4$, em que g é a intensidade da aceleração da gravidade, a parte do fio que passa pela polia e prende a esfera não se encontra na vertical.
Com base nessas informações, determine:
a) o ângulo θ de inclinação do fio que prende a esfera, em relação à vertical;
b) a intensidade da força de atrito estático que age sobre o bloco, em função de m e de g;
c) o valor mínimo do coeficiente de atrito estático entre o piso do vagão e o bloco para que o bloco permaneça em repouso em relação ao vagão.

Resultantes tangencial e centrípeta

TÓPICO 3

No Globo da Morte, acrobatas realizam manobras impressionantes com motocicletas dentro de uma estrutura oca de forma esférica, com paredes de aço. Essas manobras consistem em percorrer o globo em movimentos circulares em diversos planos, que são possíveis graças à componente centrípeta da força resultante que atua em cada conjunto moto-piloto.

Ao estudar os princípios da Dinâmica, vimos que a aceleração de uma partícula está relacionada a uma força resultante que atua sobre ela. Neste tópico, estudaremos as componentes da força resultante sobre um corpo em movimento curvilíneo: as componentes tangencial e centrípeta.

Desenvolveremos a análise vetorial dessas componentes e estudaremos como elas influenciam o movimento. Apresentaremos também exemplos de sistemas nos quais as componentes tangencial e centrípeta desempenham papel fundamental e, por último, analisaremos o conceito de força centrífuga.

Bloco 1

1. Componentes da força resultante

// Observe nesta fotografia que o *cockpit* de um carro de Fórmula 1 é bastante apertado, oferecendo apenas o espaço necessário para alojar o corpo do piloto.

Vida de piloto de Fórmula 1 não é nada fácil! Afinal, ao longo de uma corrida são inúmeros os solavancos ou chacoalhadas que submetem o intrépido competidor a condições extremas, que exigem muito preparo físico.

Nas arrancadas, o corpo do piloto tende a ficar em repouso, por inércia, e para que seja acelerado juntamente com o carro deve receber do encosto do banco, predominantemente, uma força no mesmo sentido do movimento. Já nas freadas, seu corpo tende a manter a velocidade anterior a este ato, também por inércia, e para que ocorra a frenagem adequada os cintos de segurança devem entrar em ação, aplicando as forças necessárias ao movimento retardado, em sentido oposto ao da velocidade. Em uma curva para a direita, o corpo do piloto tende a seguir em frente, por inércia, e, para que ele acompanhe a trajetória do carro, os cintos de segurança e a parte lateral esquerda do *cockpit* (termo em inglês para a cabine, o espaço do veículo onde fica o piloto) devem exercer uma força total dirigida para o centro da curva, sem a qual o piloto "sairia pela tangente". Finalmente, em uma curva para a esquerda, o corpo do piloto também tende a seguir em frente, por inércia, e, para que ele acompanhe a trajetória do carro, os cintos de segurança e a parte lateral direita do *cockpit* devem exercer uma força total dirigida para o centro da curva, sem a qual, mais uma vez, o piloto "sairia pela tangente".

A Lei da Inércia é mesmo implacável!

Em resumo, em relação a um observador em repouso no solo que está assistindo a uma corrida de Fórmula 1, a força resultante no corpo de um piloto deve admitir nas arrancadas uma componente no sentido do movimento, nas freadas uma componente em sentido oposto ao do movimento e nos trechos curvos do circuito uma componente dirigida para o centro de curvatura da trajetória.

Neste tópico, faremos um estudo mais conceitual sobre a influência da força resultante em uma partícula. Buscaremos explicar como essa força afeta a velocidade vetorial em casos de arrancadas, freadas e trajetórias curvas.

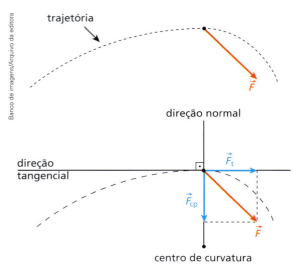

Para tanto, devemos recordar que a força resultante é o resultado de uma adição vetorial, ou seja, é a soma vetorial de todas as forças que atuam na partícula.

Consideremos a figura ao lado, na qual está representada uma partícula em dado instante do seu movimento curvilíneo e variado. Nesse instante, $\vec{F}$ é a resultante de todas as forças.

A resultante $\vec{F}$ pode ser decomposta em duas direções perpendiculares entre si: uma tangencial e outra normal à trajetória. Essa decomposição é usualmente feita quando conveniente. Decompondo $\vec{F}$, obtemos a configuração ao lado.

Para $\vec{F}_t$ e $\vec{F}_{cp}$ atribuímos as denominações **componente tangencial** e **componente centrípeta** respectivamente.

O termo "centrípeta" advém do fato de a componente $\vec{F}_{cp}$ estar, a cada instante, dirigida para o centro de curvatura da trajetória.

Como as componentes $\vec{F}_t$ e $\vec{F}_{cp}$ são perpendiculares entre si, podemos relacionar suas intensidades com a intensidade de $\vec{F}$, aplicando o **Teorema de Pitágoras**:

$$F^2 = F_t^2 + F_{cp}^2$$

A componente centrípeta da força resultante, por ter a direção do raio de curvatura da trajetória em cada ponto, é também denominada **radial** ou **normal**.

2. A componente tangencial ($\vec{F}_t$)

Intensidade

Na figura seguinte, seja m a massa da partícula e $\vec{a}_t$ a aceleração produzida por $\vec{F}_t$:

Aplicando a **2ª Lei de Newton**, podemos escrever que:
$$\vec{F}_t = m\vec{a}_t$$

Conforme sabemos, o módulo de $\vec{a}_t$ é igual ao módulo da aceleração escalar α:
$$|\vec{a}_t| = |\alpha|$$

Assim, a intensidade da componente tangencial da força resultante pode ser expressa por:

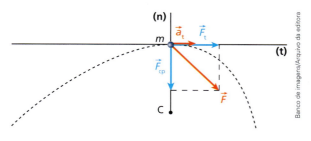

$$|\vec{F}_t| = m|\alpha|$$

Orientação

A direção de $\vec{F}_t$ é sempre a da **tangente** à trajetória em cada instante. Por isso, é a mesma da velocidade vetorial, que também é tangente à trajetória em cada instante.

O sentido de $\vec{F}_t$, por sua vez, depende do fato de o movimento ser acelerado ou retardado. Veja as figuras abaixo:

// No caso de **movimento acelerado**, $\vec{F}_t$ tem o **mesmo sentido** da velocidade vetorial $\vec{v}$.

// Já no caso de **movimento retardado**, $\vec{F}_t$ tem **sentido contrário** ao da velocidade vetorial $\vec{v}$.

Admitamos, por exemplo, o pêndulo da figura a seguir, cujo fio é fixo no ponto **O**. Supondo desprezível a influência do ar, a esfera pendular, abandonada no ponto **A**, entra em movimento, passa pelo ponto **B**, no qual sua velocidade tem intensidade máxima, e vai parar no ponto **C**.

Entre os pontos **A** e **B**, o movimento é acelerado, o que significa que a componente tangencial da força resultante tem a mesma direção e o mesmo sentido da velocidade vetorial.

Por outro lado, entre os pontos **B** e **C**, o movimento é retardado, o que significa que a componente tangencial da força resultante tem mesma direção, porém, sentido oposto em relação à velocidade vetorial.

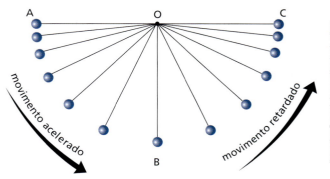

Função

A componente tangencial da força resultante ($\vec{F}_t$) tem por função **variar a intensidade da velocidade vetorial** ($\vec{v}$) da partícula móvel.

Isso se explica com base no fato de $\vec{F}_t$ e $\vec{v}$ terem mesma direção.

Nos movimentos variados (acelerados ou retardados), $\vec{v}$ varia em intensidade e quem provoca essa variação é a componente $\vec{F}_t$, que, nesses casos, é não nula.

Já nos movimentos uniformes, $\vec{v}$ não varia em intensidade, isto é, o valor de $\vec{v}$ é constante, o que implica, nessas situações, que a componente $\vec{F}_t$ é nula.

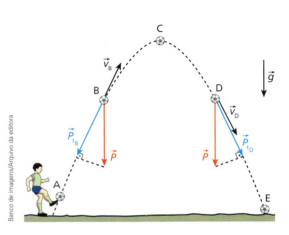

Consideremos, por exemplo, a figura ao lado, em que aparece um jogador de futebol chutando uma bola, à qual ele imprime uma velocidade inicial oblíqua em relação ao gramado.

Desprezando os efeitos do ar, a bola fica sob a ação exclusiva do campo gravitacional, e, por isso, a força resultante que sobre ela atua ao longo de toda a trajetória parabólica é seu peso $\vec{P}$.

Entre **A** e **C** (ponto mais alto), o movimento é retardado, e a intensidade da velocidade vetorial da bola decresce. Quem responde por isso é a componente tangencial de $\vec{P}$, que, na subida da bola, tem sentido oposto ao de $\vec{v}$.

Entre **C** e **E**, o movimento é acelerado, e a intensidade da velocidade vetorial da bola cresce. Quem responde por isso é também a componente tangencial de $\vec{P}$, que, na descida da bola, tem o mesmo sentido de $\vec{v}$.

JÁ PENSOU NISTO?

Trem-bala: mais veloz que um carro de Fórmula 1?

Os trens-bala utilizados na Europa e no Japão trafegam ao longo das ferrovias com velocidades que podem superar 500 km/h. Na fase de arrancada, que sucede à partida de uma estação, a força resultante sobre eles deve admitir uma componente tangencial no sentido do movimento, o que provoca o aumento da intensidade da velocidade vetorial.

O Brasil, por sua vez, propõe para um futuro próximo um sistema de trens-bala ligando os centros mais populosos do país, São Paulo e Rio de Janeiro, com conexões nos dois maiores aeroportos brasileiros, Cumbica e Galeão. O projeto, em desenvolvimento, almeja que a viagem entre São Paulo e Rio, de aproximadamente 518 km, seja feita em menos de duas horas, a uma velocidade escalar média superior a 250 km/h. O nascedouro dessa linha será construído na região de Campinas (SP). É importante observar que os trens-bala são propulsionados por energia elétrica e que os fatores que contribuem de forma importante para torná-los tão velozes são o traçado das trajetórias – bastante retilíneas, por utilizarem túneis, pontes e viadutos – e seu formato aerodinâmico, capaz de "cortar" o ar com facilidade.

// Trem de alta velocidade. Anthéor, França. Setembro de 2014.

Exercícios Nível 1

Considere a situação seguinte, referente aos exercícios **1** a **5**.

No esquema a seguir aparece, no ponto **P**, um carrinho de massa 2,0 kg, que percorre a trajetória indicada da esquerda para a direita. A aceleração escalar do carrinho é constante, e seu módulo vale 0,50 m/s².

As setas enumeradas de I a V representam vetores que podem estar relacionados com a situação proposta.

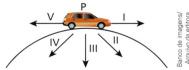

1. A velocidade vetorial do carrinho em **P** é mais bem representada pelo vetor:

a) I b) II c) III d) IV e) V

2. Se o movimento for acelerado, a componente tangencial da força resultante que age no carrinho em **P** será mais bem representada pelo vetor:

a) I b) II c) III d) IV e) V

3. Se o movimento for retardado, a componente tangencial da força resultante que age no carrinho em **P** será mais bem representada pelo vetor:

a) I b) II c) III d) IV e) V

4. A intensidade da componente tangencial da força resultante que age no carrinho em **P** vale:

a) zero
b) 0,25 N
c) 0,50 N
d) 1,0 N
e) 2,0 N

5. Analise as proposições seguintes:
I. Ao longo da trajetória, a componente tangencial da força resultante que age no carrinho tem intensidade variável.
II. Ao longo da trajetória, a componente tangencial da força resultante que age no carrinho é constante.
III. Ao longo da trajetória, a velocidade vetorial do carrinho tem intensidade variável.
IV. Quem provoca as variações do módulo da velocidade do carrinho ao longo da trajetória é a componente tangencial da força resultante que age sobre ele.

Responda mediante o código:
a) Todas são corretas.
b) Todas são incorretas.
c) Somente I e II são corretas.
d) Somente III e IV são corretas.
e) Somente II, III e IV são corretas.

Exercícios Nível 2

Considere o enunciado abaixo para os exercícios **6** a **8**.

Abandona-se um pêndulo no ponto **A**, representado na figura. Este desce livremente e atinge o ponto **E**, após passar pelos pontos **B**, **C** e **D**. O ponto **C** é o mais baixo da trajetória e despreza-se a influência do ar.

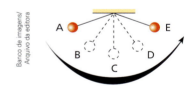

6. No ponto **B**, a componente da força resultante que age na esfera pendular, na direção tangencial à trajetória, é mais bem caracterizada pelo vetor:

d)
e) Nenhum dos anteriores.

7. No ponto **C**, a componente da força resultante que age na esfera pendular, na direção tangencial à trajetória, é mais bem caracterizada pelo vetor:

d)
e) Nenhum dos anteriores.

8. No ponto **D**, a componente da força resultante que age na esfera pendular, na direção tangencial à trajetória, é mais bem caracterizada pelo vetor:

d)
e) Nenhum dos anteriores.

9. Na figura a seguir, está representada uma partícula de massa m em determinado instante de seu movimento curvilíneo. Nesse instante, a velocidade vetorial é $\vec{v}$, a aceleração escalar tem módulo α e apenas duas forças agem na partícula: $\vec{F}_1$ e $\vec{F}_2$.

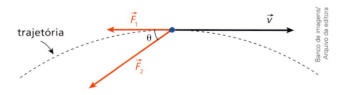

No instante citado, é correto que:
a) o movimento é acelerado e $F_1 = m\alpha$.
b) o movimento é retardado e $F_1 = m\alpha$.
c) o movimento é acelerado e $F_1 + F_2 \cos \theta = m\alpha$.
d) o movimento é retardado e $F_1 + F_2 \cos \theta = m\alpha$.
e) o movimento é retardado e $F_1 + F_2 \sin \theta = m\alpha$.

Bloco 2

3. A componente centrípeta ($\vec{F}_{cp}$)

Intensidade

Na figura abaixo, representamos uma partícula de massa m, vista num instante em que sua velocidade vetorial é $\vec{v}$.

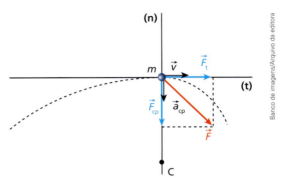

A trajetória descrita por ela é uma curva que, para a posição destacada no esquema, tem raio de curvatura R. Seja, ainda, $\vec{a}_{cp}$ a aceleração centrípeta comunicada por $\vec{F}_{cp}$.

Aplicando a **2ª Lei de Newton**, podemos escrever que:

$$\vec{F}_{cp} = m\vec{a}_{cp}$$

Conforme vimos em Cinemática Vetorial, o módulo de $\vec{a}_{cp}$ é dado pelo quociente do quadrado do módulo de $\vec{v}$ por R, isto é:

$$a_{cp} = \frac{v^2}{R}$$

Assim, a intensidade da componente centrípeta da força resultante fica determinada por:

$$|\vec{F}_{cp}| = \frac{mv^2}{R}$$

Para m e v constantes, $|\vec{F}_{cp}|$ é inversamente proporcional a R. Isso significa que, quanto mais "fechada" é a curva (menor raio de curvatura), maior é a intensidade da força centrípeta requerida pelo móvel. Reduzindo-se R à metade, por exemplo, $|\vec{F}_{cp}|$ dobra.

Para m e R constantes, $|\vec{F}_{cp}|$ é diretamente proporcional ao quadrado de v. Assim, para uma mesma curva (raio constante), quanto maior é a velocidade v, maior é a intensidade da força centrípeta requerida pelo móvel. Dobrando-se v, por exemplo, $|\vec{F}_{cp}|$ quadruplica.

Sendo ω a velocidade angular, expressemos $|\vec{F}_{cp}|$ em função de m, ω e R:

$$|\vec{F}_{cp}| = \frac{mv^2}{R} = \frac{m(\omega R)^2}{R} = \frac{m\omega^2 R^2}{R}$$

Logo:

$$|\vec{F}_{cp}| = m\omega^2 R$$

Orientação

Conforme definimos, a componente $\vec{F}_{cp}$ tem, a cada instante, direção normal à trajetória e sentido para o centro de curvatura. Note que $\vec{F}_{cp}$ é perpendicular à velocidade vetorial em cada ponto da trajetória. A figura abaixo ilustra a orientação de $\vec{F}_{cp}$.

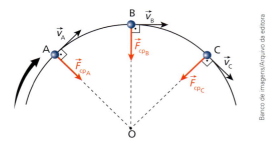

Função

A componente centrípeta da força resultante $(\vec{F}_{cp})$ tem por função **variar a direção da velocidade vetorial** $(\vec{v})$ da partícula móvel. Isso se explica pelo fato de $\vec{F}_{cp}$ e $\vec{v}$ serem perpendiculares entre si.

Nos movimentos curvilíneos, $\vec{v}$ varia em direção ao longo da trajetória e quem provoca essa variação é a componente $\vec{F}_{cp}$, que, nesses casos, é não nula.

Já nos movimentos retilíneos, $\vec{v}$ não varia em direção, o que implica, nessas situações, que a componente $\vec{F}_{cp}$ é nula.

Consideremos, por exemplo, a Lua em seu movimento orbital ao redor da Terra.

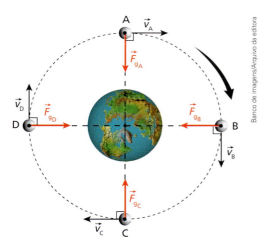

// Ilustração com tamanhos e distâncias fora de escala.

Para um referencial inercial ligado ao centro da Terra, a Lua descreve um movimento praticamente circular, em que sua velocidade vetorial varia em direção ao longo da trajetória. O que, no entanto, provoca essa variação na direção da velocidade vetorial da Lua, mantendo-a em sua órbita? É a força de atração gravitacional $(\vec{F}_g)$ exercida pela Terra, que, estando sempre dirigida para o centro da trajetória, desempenha a função de resultante centrípeta no movimento circular.

$$\vec{F}_g = \vec{F}_{cp}$$

Observe outro exemplo interessante: a figura abaixo representa a vista aérea de uma pista plana e horizontal, em que existe uma curva circular.

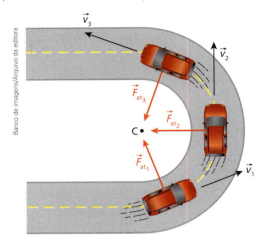

Um carro, ao percorrer o trecho curvo em movimento uniforme, tem sua velocidade vetorial variando em direção de ponto para ponto. Desprezando a influência do ar, tem-se que a força responsável por esse fato é a força de atrito, que o carro recebe do asfalto por intermédio dos seus pneus. A força de atrito ($\vec{F}_{at}$), estando dirigida em cada instante para o centro da trajetória, é a resultante centrípeta que mantém o carro em movimento circular e uniforme.

$$\vec{F}_{at} = \vec{F}_{cp}$$

O que ocorreria se, a partir de certo ponto da curva, a pista deixasse de oferecer atrito ao carro? Sem a força de atrito (resultante centrípeta), o carro "escaparia pela tangente" à trajetória, já que um corpo, por si só, é incapaz de variar sua velocidade vetorial (Princípio da Inércia).

Queremos, com isso, enfatizar que, **sem força centrípeta, corpo nenhum pode manter-se em trajetória curvilínea**.

// Na fotografia, aviões soltando fumaça descrevem curvas espetaculares. Isso significa que, em cada ponto de suas trajetórias, a resultante das forças externas admite uma componente dirigida para o centro de curvatura. Essa componente é a força centrípeta, que provoca as variações de direção da velocidade vetorial.

4. As componentes tangencial e centrípeta nos principais movimentos

Comentaremos, nos movimentos mencionados a seguir, a presença ou não das componentes tangencial e centrípeta da força resultante.

Movimento retilíneo e uniforme	Movimento circular e uniforme
Pelo fato de o movimento ser uniforme: $|\vec{v}| =$ constante $\neq 0 \Rightarrow \vec{F}_t = \vec{0}$ Pelo fato de o movimento ser retilíneo: $\vec{v}$ tem direção constante $\Rightarrow \vec{F}_{cp} = \vec{0}$ **A resultante total é nula.**	Pelo fato de o movimento ser uniforme: $|\vec{v}| =$ constante $\neq 0 \Rightarrow \vec{F}_t = \vec{0}$ Pelo fato de o movimento ser circular: $\vec{v}$ tem direção variável $\Rightarrow \vec{F}_{cp} \neq \vec{0}$ **A resultante total é centrípeta.**
Movimento retilíneo e variado	**Movimento curvilíneo e variado**
Pelo fato de o movimento ser variado: $|\vec{v}|$ é variável $\Rightarrow \vec{F}_t \neq \vec{0}$ Pelo fato de o movimento ser retilíneo: $\vec{v}$ tem direção constante $\Rightarrow \vec{F}_{cp} = \vec{0}$ **A resultante total é tangencial.**	Pelo fato de o movimento ser variado: $|\vec{v}|$ é variável $\Rightarrow \vec{F}_t \neq \vec{0}$ Pelo fato de o movimento ser curvilíneo: $\vec{v}$ tem direção variável $\Rightarrow \vec{F}_{cp} \neq \vec{0}$ **A resultante total admite duas componentes: a tangencial e a centrípeta.**

JÁ PENSOU NISTO?

Como descrever as componentes da força resultante no movimento de esquiadores na neve?

Os dois esquiadores que aparecem nesta fotografia descrevem trajetórias sinuosas ao percorrerem a encosta não muito íngreme de uma montanha. Eles realizam movimentos ora acelerados, ora retardados. Nos trechos de movimento curvilíneo e acelerado, a força resultante admite uma componente centrípeta e uma componente tangencial de sentido igual ao da velocidade, enquanto nos trechos de movimento curvilíneo e retardado a força resultante admite uma componente centrípeta e uma componente tangencial de sentido oposto ao da velocidade.

Ampliando o olhar

Velocidade e estabilidade no automobilismo

No automobilismo, sobretudo na Fórmula 1, os décimos, os centésimos e até os milésimos de segundo são decisivos.

Uma ótima máquina e muita sorte são aspectos que não podem ser dissociados de um campeão, mas apenas isso não basta! É preciso também muito arrojo e técnica ao dirigir. Utilizar um autódromo e usufruir de um carro extraindo de ambos toda a sua potencialidade é privilégio de poucos.

Um dos pontos fundamentais para a boa dirigibilidade é o **traçado de curva**, que consiste em fazer uma curva buscando uma trajetória que harmonize velocidade e estabilidade.

Suponhamos que um piloto deva fazer uma curva circular contida em um plano horizontal como a que esquematizamos na figura ao lado. Admitamos que o movimento seja uniforme. Recomenda-se, então, o traçado em que o carro tangencie as zebras **A**, **B** e **C**, isto é, aquele que tem o **maior raio possível**.

traçado de maior raio possível

O motivo dessa recomendação é fundamentado no fato de que, para uma mesma massa (m) e uma mesma velocidade escalar (v), a intensidade da resultante centrípeta ($\vec{F}_{cp}$) é inversamente proporcional ao raio (R):

$$F_{cp} = \frac{mv^2}{R}$$

// A imagem deixa claro o procedimento dos pilotos ao fazer a curva: eles buscam a trajetória de raio máximo, o que possibilita mais estabilidade e maior velocidade.

Quanto maior for o raio da trajetória, menor será a intensidade da resultante centrípeta exigida pelo carro e, consequentemente, menor será a solicitação dos pneus e da estrutura do veículo. Dessa forma, o piloto poderá percorrer a curva em maior velocidade e com maior estabilidade.

Curva circular em pista sobrelevada sem atrito

Algumas modalidades de corrida são realizadas em pistas circulares ou ovais dotadas de **sobrelevação** (inclinação do piso em relação ao plano horizontal), que contribui para reduzir a necessidade de atrito entre os pneus do veículo e o solo.

Consideremos um carro de massa m percorrendo uma curva circular de raio R, sobrelevada de um ângulo θ em relação ao plano horizontal. Suponhamos que a aceleração da gravidade tenha módulo g e que o movimento seja uniforme, com velocidade de intensidade v.

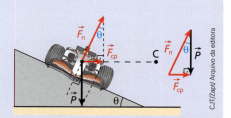

// Pilotos de Fórmula Indy em curva com sobrelevação. Iowa, EUA. Julho de 2015.

Admitindo que o atrito não seja solicitado lateralmente, apenas duas forças, no plano da figura ao lado, agirão no carro: a força da gravidade (peso) $\vec{P}$ e a reação normal da pista $\vec{F}_n$.

Nesse caso, para que o veículo se mantenha em trajetória circular, a resultante entre $\vec{P}$ e $\vec{F}_n$ deverá ser centrípeta, e a intensidade da velocidade v em função de g, R e θ ficará determinada por:

$$\text{tg}\,\theta = \frac{F_{cp}}{P} \Rightarrow \text{tg}\,\theta = \frac{mv^2}{Rmg}$$

$$\boxed{v = \sqrt{gR\,\text{tg}\,\theta}}$$

Destacamos ainda que, para g e R constantes, quanto maior for θ, maiores serão tg θ e v.

Motos inclinadas

Em corridas de motocicletas, é comum observarmos os pilotos tombando suas máquinas nas curvas na tentativa de percorrê-las com a maior velocidade possível. Isso é realmente necessário? Sim! Veja a explicação a seguir.

Vamos considerar um conjunto moto-piloto de massa m percorrendo uma curva circular de raio R, contida em um plano horizontal, em movimento uniforme, com velocidade de intensidade v. Sejam θ o ângulo de inclinação do eixo do corpo do piloto em relação à pista e g o módulo da aceleração da gravidade no local.

No esquema abaixo, estão representadas, em dado ponto da curva, a força da gravidade (peso) $\vec{P}$, a reação normal do solo $\vec{F}_n$ e a força de atrito $\vec{F}_{at}$, que impede a derrapagem da moto:

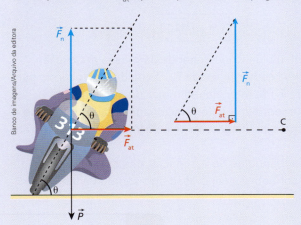

Observando que $\vec{F}_n$ equilibra $\vec{P}$ e que $\vec{F}_{at}$ desempenha o papel de resultante centrípeta, calculemos v em função de g, R e θ.

$$\text{tg}\,\theta = \frac{F_n}{F_{at}} \Rightarrow \text{tg}\,\theta = \frac{mg}{\frac{mv^2}{R}}$$

$$\text{tg}\,\theta = \frac{gR}{v^2} \Rightarrow \boxed{v = \sqrt{\frac{gR}{\text{tg}\,\theta}}}$$

Note que, quanto maior for v, menor deverá ser $\text{tg}\,\theta$, o que obriga o piloto a tombar a moto a ponto de, em alguns casos, esfregar um dos joelhos na pista.

Destacamos que, para pequenas $\text{tg}\,\theta$, devemos ter pequenos ângulos θ.

Avião em curva circular contida em plano horizontal

Sabemos que aviões não utilizam rodas em voo. Esse fato motiva a seguinte pergunta: Sem interação direta com o solo, como as aeronaves realizam curvas, alterando a direção de sua velocidade vetorial e, consequentemente, sua trajetória?

Isso ocorre por meio da deflexão de *flaps*, o que provoca inclinação das asas, como representa a imagem ao lado.

Dessa forma, o avião fica sujeito a uma componente da força resultante que desempenha a função de força centrípeta, o que viabiliza a realização da curva.

É importante ter sempre em mente o **Princípio da Inércia (1ª Lei de Newton)**: para que seja alterada a direção da velocidade vetorial, faz-se necessária uma força externa, perpendicular à trajetória em cada instante: a força centrípeta.

// Airbus A380 em voo, inclinado em relação à horizontal. Essa aeronave é uma das maiores em operação no mundo e pode transportar quase 600 pessoas, entre tripulantes e passageiros.

No esquema a seguir, está representado um avião, visto de frente, realizando uma curva circular de raio R contida em um plano horizontal. Estão indicadas duas forças atuantes na aeronave, fundamentais nesta análise: a força da gravidade (peso) $\vec{P}$, vertical e dirigida para baixo, e a força de sustentação aerodinâmica $\vec{S}$ exercida pelo ar, perpendicular ao plano das asas do avião.

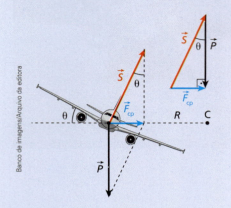

Admitindo-se que o movimento seja uniforme com velocidade de intensidade v, pode-se inferir que a força resultante de $\vec{P}$ e $\vec{S}$ é centrípeta. Assim, a soma vetorial $\vec{P} + \vec{S} = \vec{F}_{cp}$ está dirigida para o centro C da trajetória.

Sendo θ o ângulo formado entre o eixo das asas da aeronave e a direção horizontal, g o módulo da aceleração da gravidade e m a massa, é possível determinar uma expressão correspondente à intensidade da velocidade do avião:

$$\operatorname{tg} \theta = \frac{F_{cp}}{P} \Rightarrow \operatorname{tg} \theta = \frac{mv^2}{Rmg}$$

$$\boxed{v = \sqrt{gR\operatorname{tg}\theta}}$$

É importante notar que a expressão obtida para o cálculo de v não depende da massa m do avião.

Imagine que uma aeronave tenha percorrido uma curva com velocidade $\vec{v}_1$. O que deveria ocorrer para que a mesma trajetória fosse percorrida com velocidade $\vec{v}_2$, de intensidade maior do que $\vec{v}_1$?

Observe que, como não se pode variar g nem R, o aumento de v está relacionado ao aumento de tg θ, o que implicaria o avião percorrer a curva com as asas mais inclinadas, ou seja, formando com a horizontal um ângulo θ maior que no caso anterior.

Nesse caso, maiores velocidades demandam maiores ângulos de inclinação das asas em relação à direção horizontal. Converse com os colegas e o professor sobre a conclusão apresentada acima.

Faça você mesmo

! Cuidado ao manusear o prego e o martelo.

Gira-gira

Apresentamos nesta seção dois experimentos bastante simples, que podem ser realizados com materiais acessíveis, com o fim de avaliarmos algumas características da componente centrípeta da força resultante.

Material necessário

- 1 pedaço de barbante resistente ou fio de náilon (linha de pescar) de aproximadamente 2 m de comprimento;
- 1 borracha escolar, relativamente grande;
- 1 lata de refrigerante vazia, como as de 350 mL ou um pedaço de mangueira de aproximadamente 15 cm de comprimento;
- 1 pequena sacola de plástico resistente;
- algumas bolinhas de gude ou outros objetos equivalentes para a finalidade do experimento (porcas de parafusos, por exemplo);
- 1 prego relativamente grosso;
- 1 martelo.

Experimento 1

Procedimento

I. Atravesse o centro da borracha com o prego, tomando cuidado para não se machucar. Passe o barbante pelo orifício da borracha e dê alguns nós em sua extremidade de modo que a borracha fique fortemente fixada ao barbante.

II. Em um ambiente onde não haja risco de machucar pessoas ou danificar objetos, segurando firmemente a extremidade livre do barbante, faça a borracha realizar um movimento circular em um plano horizontal acima da sua cabeça, como mostra a figura da página anterior. Procure produzir um movimento uniforme, em que a borracha tenha velocidade com intensidade praticamente constante.

III. Em um determinado momento, com a borracha passando em frente ao seu rosto, largue o barbante e observe a trajetória descrita pelo objeto imediatamente após esse ato. Você deverá notar que a borracha escapará pela tangente à circunferência que ela descrevia antes da soltura do barbante, como ilustra o esquema abaixo.

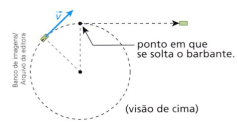

(visão de cima)

Desenvolvimento

1. Quais são as forças que agem na borracha durante seu movimento circular e uniforme no plano horizontal?
2. Que força desempenha o papel de resultante centrípeta nesse movimento?
3. Por que a borracha escapou pela tangente à circunferência imediatamente após a soltura do barbante?
4. Ignorando-se os efeitos do ar, que força (ou forças) atua (atuam) na borracha em seu deslocamento até o chão?
5. Em relação a você, qual é a forma da trajetória descrita pela borracha logo após a soltura do barbante?

Experimento 2

Procedimento

I. Utilizando o prego e o martelo e tomando o devido cuidado para não se ferir, faça um furo circular relativamente grande no fundo da lata de refrigerante de modo que esse furo fique alinhado com o bocal da lata. Esse alinhamento deverá ocorrer segundo uma reta paralela às paredes laterais da lata. Cuide para não deixar rebarbas no furo feito no fundo da lata, já que isso poderá cortar o barbante durante o experimento.

II. Passe o barbante pelo furo e pelo bocal da lata. Em uma extremidade desse fio deverá estar fixada a borracha e, na outra, você irá amarrar fortemente a sacola plástica contendo certo número de bolinhas de gude.

III. Faça a borracha girar em um plano horizontal um pouco acima da sua cabeça de modo que ela realize um movimento circular e uniforme. Estabeleça para a borracha uma velocidade de intensidade adequada tal que a sacola com o seu conteúdo permaneça em equilíbrio presa no segmento vertical do barbante. Observe a figura abaixo.

Desenvolvimento

1. Desconsiderando os atritos certamente existentes entre o barbante e a lata, bem como a influência do ar, estabeleça uma comparação entre a intensidade do peso da sacola plástica com seu conteúdo e a intensidade da força centrípeta que mantém a borracha em movimento circular e uniforme no plano horizontal. Admita, para simplificar a resposta, que o segmento de barbante que prende a borracha se mantenha praticamente na horizontal.
2. Supondo que a sacola esteja em equilíbrio suspensa pelo segmento vertical do barbante, o que ocorre se você aumentar a intensidade da velocidade da borracha? E se você diminuir a intensidade dessa velocidade?
3. Seja v a intensidade da velocidade da borracha na situação em que a sacola plástica com o seu conteúdo permanece em equilíbrio presa ao segmento vertical do fio. Se você adicionar mais algumas bolinhas de gude na sacola, o equilíbrio do sistema será restabelecido operando-se a borracha com velocidade de intensidade maior ou menor que v? Verifique experimentalmente.

Exercícios Nível 1

10. Considere a tirinha abaixo.

Elaborado com base na ideia de Ricardo Helou Doca.

Considerando-se uma mesma pessoa ocupando o carrinho da montanha-russa ou uma das gôndolas da roda-gigante, classifique as afirmações a seguir como **verdadeiras** ou **falsas**:

I. Nos trechos curvos da montanha-russa, a força resultante no corpo da pessoa deve admitir uma componente centrípeta sem a qual ela "escaparia pela tangente" à trajetória.

II. Nos trechos da montanha-russa em que o movimento do carrinho é acelerado, a força resultante no corpo da pessoa deve admitir uma componente tangencial no sentido da velocidade.

III. Na roda-gigante, a intensidade da componente centrípeta da força resultante requerida pelo corpo da pessoa é geralmente menor que na montanha-russa, pois o módulo da velocidade escalar linear é menor e o raio de curvatura da trajetória é maior.

IV. Na roda-gigante, pelo fato de o movimento da pessoa ser circular e uniforme, a força resultante em seu corpo é nula.

São **verdadeiras**:
a) Todas as afirmações.
b) Apenas as afirmações (I), (II) e (III).
c) Apenas as afirmações (I) e (II).
d) Apenas as afirmações (II) e (III).
e) Apenas as afirmações (III) e (IV).

11. Um avião de massa 4,0 toneladas descreve uma curva circular de raio R = 200 m com velocidade escalar constante igual a 216 km/h. Qual a intensidade da resultante das forças que agem na aeronave?

12. Considere um carro de massa $1,0 \cdot 10^3$ kg percorrendo, com velocidade escalar constante, uma curva circular de 125 m de raio, contida em um plano horizontal. Sabendo que a força de atrito responsável pela manutenção do carro na curva tem intensidade 5,0 kN, determine o valor da velocidade do carro. Responda em km/h.

13. (FGV-SP) A espiral logarítmica é uma curva plana com a propriedade de que todas as retas pertencentes ao seu plano e que passam por um certo ponto fixo interceptam essa curva fazendo com ela o mesmo ângulo.
Ela ocorre com muita frequência na natureza, como por exemplo, nos braços de ciclones tropicais, nos braços de galáxias espirais, como a própria Via Láctea, e em conchas de moluscos. Mas uma de suas ocorrências mais interessantes é na Biologia. Falcões-peregrinos, ao se aproximarem de suas presas, não seguem o caminho mais curto, a linha reta, mas sim uma espiral logarítmica. A figura a seguir mostra um falcão-peregrino se movendo em uma espiral que está no plano horizontal. Note que sua velocidade faz sempre o mesmo ângulo θ com a reta que liga o falcão ao ponto **P**, posição da presa.

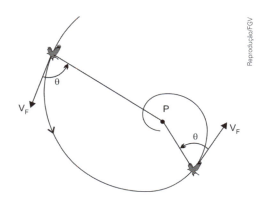

Supondo-se que o módulo da velocidade do falcão (V_F) seja constante no trecho de sua trajetória indicado na figura, assinale a afirmativa correta referente a esse trecho (considere o falcão como uma partícula).

a) Como o módulo da velocidade do falcão é constante, também sua aceleração tem módulo constante.
b) O vetor aceleração do falcão aponta para o ponto **P**.
c) A força resultante sobre o falcão é nula, pois sua velocidade tem módulo constante.
d) A força resultante sobre o falcão é vertical e para cima, anulando o seu peso.
e) O módulo da aceleração do falcão aumenta, pois, embora o módulo de sua velocidade seja constante, o raio de curvatura de sua trajetória diminui.

14. A figura representa uma partícula em movimento circular no instante em que ela passa por um ponto **P** de sua trajetória. Sabendo que o movimento acontece no sentido anti-horário, reproduza a figura, desenhando o vetor que representa a força resultante sobre a partícula nos seguintes casos:

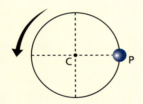

a) quando o movimento é acelerado;
b) quando o movimento é retardado.

Resolução:

a) No caso de o movimento ser acelerado, a força resultante deve admitir uma componente tangencial ($\vec{F}_{t_1}$) de mesmo sentido que o movimento.
Pelo fato de o movimento ser circular, a força resultante deve admitir uma componente centrípeta ($\vec{F}_{cp_1}$).
A resultante total, nesse caso, é $\vec{F}_1$, dada por:
$$\vec{F}_1 = \vec{F}_{t_1} + \vec{F}_{cp_1}$$
Graficamente, temos:

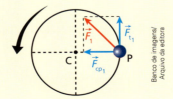

b) No caso de o movimento ser retardado, a força resultante deve admitir uma componente tangencial ($\vec{F}_{t_2}$) de sentido contrário ao do movimento.
Pelo fato de o movimento ser circular, a força resultante deve admitir uma componente centrípeta ($\vec{F}_{cp_2}$).
A resultante total, nesse caso, é $\vec{F}_2$, dada por:
$$\vec{F}_2 = \vec{F}_{t_2} + \vec{F}_{cp_2}$$
Graficamente, temos:

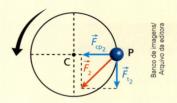

15. A figura abaixo mostra a fotografia estroboscópica do movimento de uma partícula:

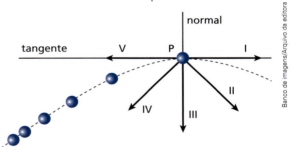

A resultante das forças que atuam na partícula no ponto **P** é mais bem representada pelo vetor:
a) I   c) III   e) V
b) II   d) IV

16. Uma partícula percorre certa trajetória curva e plana, como a representada nos esquemas a seguir. Em **P**, a força resultante que age sobre ela é $\vec{F}$ e sua velocidade vetorial é $\vec{v}$:

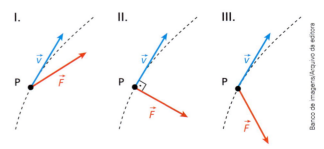

Nos casos I, II e III, a partícula está dotada de um dos três movimentos citados abaixo:
A – movimento uniforme;
B – movimento acelerado;
C – movimento retardado.

A alternativa que traz as associações corretas é:
a) I – A; II – B; III – C.
b) I – C; II – B; III – A.
c) I – B; II – A; III – C.
d) I – B; II – C; III – A.
e) I – A; II – C; III – B.

17. Um carrinho, apenas apoiado sobre um trilho, desloca-se para a direita com velocidade escalar constante, conforme representa a figura a seguir. O trilho pertence a um plano vertical e o trecho que contém o ponto **A** é horizontal. Os raios de curvatura nos pontos **B** e **C** são iguais.

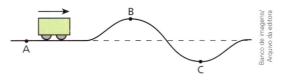

Sendo F_A, F_B e F_C, respectivamente, as intensidades das forças de reação normal do trilho sobre o carrinho nos pontos **A**, **B** e **C**, podemos concluir que:
a) $F_A = F_B = F_C$
b) $F_C > F_A > F_B$
c) $F_B > F_A > F_C$
d) $F_A > F_B > F_C$
e) $F_C > F_B > F_A$

Exercícios Nível 2

Na figura abaixo, vemos, de cima, um antigo toca-discos apoiado sobre uma mesa horizontal. Sobre o prato do aparelho, que em operação gira no sentido horário, foi colocada uma pequena moeda **M**, que não escorrega em relação à superfície de apoio.

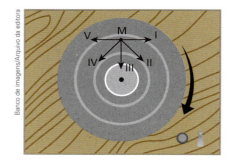

O toca-discos é ligado e, depois de funcionar normalmente durante certo intervalo de tempo, é desligado. O gráfico ao lado mostra a variação da intensidade v da velocidade tangencial de M em função do tempo t.

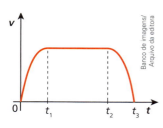

Com base nesse enunciado, responda às questões **18** a **20**.

18. Qual das setas numeradas de I a V melhor representa a força resultante em **M** num instante do intervalo de 0 a t_1?
a) I   b) II   c) III   d) IV   e) V

19. Qual das setas numeradas de I a V melhor representa a força resultante em **M** num instante do intervalo de t_1 a t_2?
a) I   b) II   c) III   d) IV   e) V

20. Qual das setas numeradas de I a V melhor representa a força resultante em **M** num instante do intervalo de t_2 a t_3?
a) I   b) II   c) III   d) IV   e) V

21. Na figura, está representado um pêndulo em oscilação num plano vertical. O fio é inextensível e de massa desprezível e o ar não influencia significativamente o movimento do sistema. Na posição **C**, o fio apresenta-se na vertical. Nas posições **A** e **E**, ocorre inversão no sentido do movimento.

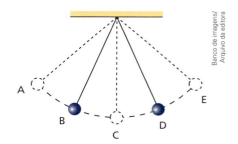

Reproduza o esquema do pêndulo desenhando nas posições **A**, **B**, **C**, **D** e **E**, respectivamente, cinco setas representativas das forças resultantes $\vec{F}_A$, $\vec{F}_B$, $\vec{F}_C$, $\vec{F}_D$ e $\vec{F}_E$ na esfera pendular.

22. Uma pista é constituída por três trechos: dois retilíneos, **AB** e **CD**, e um circular, **BC**, conforme representa a vista aérea abaixo.

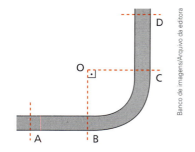

Admita que um carro de massa m percorra a pista com velocidade de intensidade constante igual a v. Sendo R o raio do trecho **BC**, analise as proposições a seguir:

(01) No trecho **AB**, a força resultante sobre o carro é nula.
(02) No trecho **CD**, a força resultante sobre o carro é não nula.
(04) Em qualquer ponto do trecho **BC**, a força resultante sobre o carro é dirigida para o ponto **O** e sua intensidade é dada por $\frac{mv^2}{R}$.
(08) No trecho **BC**, a força resultante sobre o carro é constante.
(16) De **A** para **D**, a variação da velocidade vetorial do carro tem intensidade $v\sqrt{2}$.

Dê como resposta a soma dos números associados às proposições corretas.

23. Considere uma partícula de massa M descrevendo movimento circular e uniforme com velocidade de intensidade v. Se o período do movimento é igual a T, a intensidade da força resultante na partícula é:

a) $\frac{Mv}{T}$ c) $\frac{2\pi Mv}{T}$ e) $\frac{2\pi v}{T}$

b) $\frac{2Mv}{T}$ d) $\frac{\pi Mv}{T}$

24. Um ponto material de massa 4,0 kg realiza movimento circular e uniforme ao longo de uma trajetória contida em um plano vertical de 7,5 m de raio. Sua velocidade angular é $\omega = 1{,}0$ rad/s e, no local, $|\vec{g}| = 10$ m/s². No ponto **A** indicado na figura, além da força da gravidade $\vec{P}$, age no ponto material somente uma outra força, $\vec{F}$. Caracterize $\vec{F}$, calculando sua intensidade e indicando graficamente sua orientação.

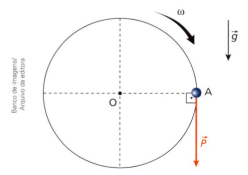

25. A partícula indicada na figura descreve uma trajetória circular de raio R e centro **O**. Ao passar pelo ponto **A**, verifica-se que sobre ela agem apenas duas forças: $\vec{F}_1$ e $\vec{F}_2$.

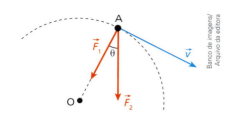

Sendo m a massa da partícula e $\vec{v}$ a sua velocidade vetorial em **A**, é correto afirmar que:

a) $F_1 = \frac{mv^2}{R}$.

b) $F_2 = \frac{mv^2}{R}$.

c) $F_1 + F_2 = \frac{mv^2}{R}$.

d) $F_1 + F_2 \cos\theta = \frac{mv^2}{R}$.

e) $F_1 + F_2 \cos\theta + F' = \frac{mv^2}{R}$, em que F' é a força centrífuga.

26. Um bloco de massa 4,0 kg descreve movimento circular e uniforme sobre uma mesa horizontal perfeitamente polida. Um fio ideal, de 1,0 m de comprimento, prende-o a um prego **C**, conforme ilustra o esquema:

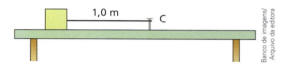

Se a força de tração no fio tem intensidade $1{,}0 \cdot 10^2$ N, qual a velocidade angular do bloco, em rad/s?

27. Na figura abaixo, uma esfera de massa m = 2,0 kg descreve sobre a mesa plana, lisa e horizontal um movimento circular. A esfera está ligada por um fio ideal a um bloco de massa M = 10 kg, que permanece em repouso quando a velocidade da esfera é v = 10 m/s. Sendo g = 10 m/s², calcule o raio da trajetória da esfera, observando a condição de o bloco permanecer em repouso.

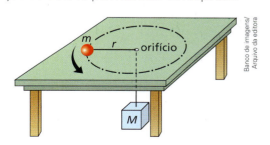

28. A figura representa duas esferas iguais, **E₁** e **E₂**, que, ligadas a fios inextensíveis e de massas desprezíveis, descrevem movimento circular e uniforme sobre uma mesa horizontal perfeitamente lisa:

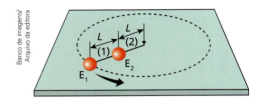

Desprezando o efeito do ar e supondo que **E₁** e **E₂** se mantenham sempre alinhadas com o centro, aponte a alternativa que traz o valor correto da relação T₁/T₂, respectivamente, das forças de tração nos fios (1) e (2):

a) 2   b) $\dfrac{3}{2}$ c) 1   d) $\dfrac{2}{3}$ e) $\dfrac{1}{2}$

29. Um carro percorre uma pista circular de raio R, **E.R.** contida em um plano horizontal. O coeficiente de atrito estático entre seus pneus e o asfalto vale μ e, no local, a aceleração da gravidade tem módulo g. Despreze a influência do ar.
a) Com que velocidade linear máxima o carro deve deslocar-se ao longo da pista, com a condição de não derrapar?
b) A velocidade calculada no item anterior depende da massa do carro?

Resolução:

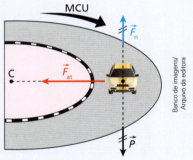

a) Na figura, estão representadas as forças que agem no carro.
A reação normal da pista ($\vec{F}_n$) equilibra o peso do carro ($\vec{P}$):
$$F_n = P \Rightarrow F_n = mg \quad (I)$$
Já a força de atrito ($\vec{F}_{at}$) é a resultante centrípeta que mantém o carro em movimento circular e uniforme (MCU):
$$F_{at} = F_{cp} \Rightarrow F_{at} = \dfrac{mv^2}{R} \quad (II)$$

Como não há derrapagem, o atrito entre os pneus do carro e o solo é do tipo estático. Assim:
$$F_{at} \leq F_{at_d} \Rightarrow F_{at} \leq \mu F_n \quad (III)$$
Substituindo (I) e (II) em (III), vem:
$$\dfrac{mv^2}{R} \leq \mu mg \Rightarrow v \leq \sqrt{\mu g R}$$
$$\boxed{v_{máx} = \sqrt{\mu g R}}$$

b) A velocidade calculada **independe** da massa do carro.

30. Um carro deverá fazer uma curva circular, contida em um plano horizontal, com velocidade de intensidade constante igual a 108 km/h. Se o raio da curva é R = 300 m e g = 10 m/s², o coeficiente de atrito estático entre os pneus do carro e a pista (μ) que permite que o veículo faça a curva sem derrapar:
a) é $\mu \geq 0{,}35$.
b) é $\mu \geq 0{,}30$.
c) é $\mu \geq 0{,}25$.
d) é $\mu \geq 0{,}20$.
e) está indeterminado, pois não foi dada a massa do carro.

31. Um estudante, indo para a faculdade em seu carro, desloca-se num plano horizontal, no qual descreve uma trajetória curvilínea de 48 m de raio, com velocidade constante, em módulo. Entre os pneus e a pista, o coeficiente de atrito estático é de 0,30.

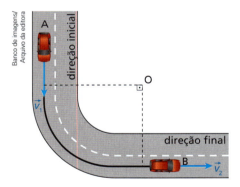

Considerando-se a figura, a aceleração da gravidade no local, com módulo de 10 m/s², e a massa do carro de 1,2 t, faça o que se pede:
a) Caso o estudante resolva imprimir uma velocidade de módulo 60 km/h ao carro, ele conseguirá fazer a curva? Justifique.
b) A velocidade escalar máxima possível, para que o carro possa fazer a curva, sem derrapar, irá se alterar se diminuirmos sua massa? Explique.

314 UNIDADE 2 | DINÂMICA

32. Na figura seguinte, um carrinho de massa **E.R.** 1,0 kg descreve movimento circular e uniforme ao longo de um trilho envergado em forma de circunferência de 2,0 m de raio:

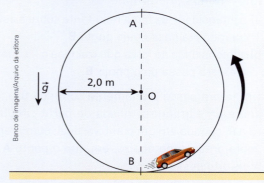

A velocidade escalar do carrinho vale 8,0 m/s, sua trajetória pertence a um plano vertical e adota-se $|\vec{g}| = 10$ m/s². Supondo que os pontos **A** e **B** sejam, respectivamente, o mais alto e o mais baixo do trilho, determine a intensidade da força que o trilho exerce no carrinho:
a) no ponto **A**; b) no ponto **B**.

Resolução:

Como o carrinho executa movimento circular e uniforme, em cada ponto da trajetória a resultante das forças que nele agem deve ser centrípeta. Calculemos a intensidade constante dessa resultante:

$$F_{cp} = \frac{mv^2}{R}$$

$$F_{cp} = \frac{1,0 \cdot (8,0)^2}{2,0} \therefore F_{cp} = 32 \text{ N}$$

O peso do carrinho vale:

$$P = mg = 1,0 \cdot 10 \therefore P = 10 \text{ N}$$

a) No ponto **A**, o esquema das forças que agem no carrinho está dado abaixo:

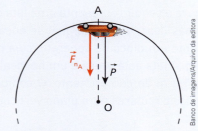

$\vec{F}_{n_A}$ = força que o trilho exerce no carrinho em **A**.
A resultante de $\vec{F}_{n_A}$ e $\vec{P}$ deve ser centrípeta, isto é:

$$\vec{F}_{cp_A} = \vec{F}_{n_A} + \vec{P}$$

Em módulo:

$$F_{cp_A} = F_{n_A} + P$$

Calculemos F_{n_A}:

$$F_{n_A} = F_{cp_A} - P \Rightarrow F_{n_A} = 32 - 10$$

$$\boxed{F_{n_A} = 22 \text{ N}}$$

b) No ponto **B**, o esquema das forças que agem no carrinho está dado a seguir:

$\vec{F}_{n_B}$ = força que o trilho exerce no carrinho em **B**.
A resultante de $\vec{F}_{n_B}$ e $\vec{P}$ deve ser centrípeta, isto é:

$$\vec{F}_{cp_B} = \vec{F}_{n_B} + \vec{P}$$

Em módulo:

$$F_{cp_B} = F_{n_B} - P$$

Calculemos F_{n_B}:

$$F_{n_B} = F_{cp_B} + P \Rightarrow F_{n_B} = 32 + 10$$

$$\boxed{F_{n_B} = 42 \text{ N}}$$

33. (Fuvest-SP) Nina e José estão sentados em cadeiras, diametralmente opostas, de uma roda-gigante que gira com velocidade angular constante. Num certo momento, Nina se encontra no ponto mais alto do percurso e José, no mais baixo; após 15 s, antes de a roda completar uma volta, suas posições estão invertidas. A roda-gigante tem raio R = 20 m e as massas de Nina e José são, respectivamente, $M_N = 60$ kg e $M_J = 70$ kg. Calcule
a) o módulo V da velocidade linear das cadeiras da roda-gigante;
b) o módulo a_R da aceleração radial de Nina e de José;
c) os módulos N_N e N_J das forças normais que as cadeiras exercem, respectivamente, sobre Nina e sobre José no instante em que Nina se encontra no ponto mais alto do percurso e José, no mais baixo.

Note e adote:
$\pi = 3$
Módulo da aceleração da gravidade g = 10m/s²

34. (Unicamp-SP) A figura adiante descreve a trajetória **ABMCD** de um avião em um voo em um plano vertical. Os trechos **AB** e **CD** são retilíneos. O trecho **BMC** é um arco de 90° de uma circunferência de 2,5 km de raio. O avião mantém velocidade de módulo constante igual a 900 km/h. O piloto tem massa de 80 kg e está sentado sobre uma balança (de mola) neste voo experimental.

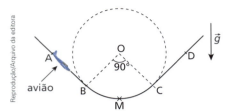

Adotando-se g = 10 m/s² e π ≅ 3, pergunta-se:
a) Quanto tempo o avião leva para percorrer o arco **BMC**?
b) Qual a marcação da balança no ponto **M** (ponto mais baixo da trajetória)?

35. (Famerp-SP) Em uma exibição de acrobacias aéreas, um avião pilotado por uma pessoa de 80 kg faz manobras e deixa no ar um rastro de fumaça indicando sua trajetória. Na figura, está representado um *looping* circular de raio 50 m contido em um plano vertical, descrito por esse avião.

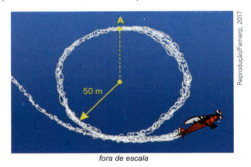

fora de escala

Adotando g = 10 m/s² e considerando que ao passar pelo ponto **A**, ponto mais alto da trajetória circular, a velocidade do avião é 180 km/h, a intensidade da força exercida pelo assento sobre o piloto, nesse ponto, é igual a
a) 3 000 N.   c) 3 200 N.   e) 2 400 N.
b) 2 800 N.   d) 2 600 N.

36. O pêndulo da figura oscila em condições ideais, invertendo sucessivamente o sentido do seu movimento nos pontos **A** e **C**:

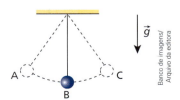

A esfera tem massa 1,0 kg e o comprimento do fio, leve e inextensível, vale 2,0 m. Sabendo que no ponto **B** (mais baixo da trajetória) a esfera tem velocidade de módulo 2,0 m/s e que $|\vec{g}| = 10$ m/s², determine:
a) a intensidade da força resultante sobre a esfera quando ela passa pelo ponto **B**;
b) a intensidade da força que traciona o fio quando a esfera passa pelo ponto **B**.

37. Um jovem passa diariamente com sua bicicleta sobre uma grande lombada de perfil circular e raio R, contida em um plano vertical, como representa o esquema abaixo, em que o ponto **A** é o mais alto dessa lombada.

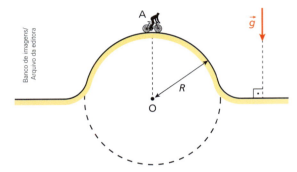

A intensidade da aceleração da gravidade local é g e a massa do rapaz juntamente com sua bicicleta é igual a M.

Qual o valor da diferença entre as intensidades da força de contato bicicleta-solo supondo-se, primeiramente, o veículo em repouso no ponto **A** e, em seguida, a bicicleta passando por esse mesmo ponto com velocidade de módulo v?

a) $Mg - \dfrac{Mv^2}{R}$ c) Mg

b) $\dfrac{Mv^2}{R} - Mg$ d) $\dfrac{Mv^2}{R}$

38. A figura a seguir representa uma lata de paredes internas lisas, dentro da qual se encaixa perfeitamente um bloco de concreto, cuja massa vale 2,0 kg. A lata está presa a um fio ideal, fixo em **O** e de 1,0 m de comprimento. O conjunto realiza *loopings* circulares num plano vertical:

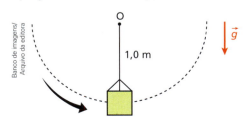

A lata passa pelo ponto mais alto dos *loopings* com velocidade de 5,0 m/s e adota-se, no local, $|\vec{g}| = 10$ m/s². Desprezando as dimensões da lata e do bloco, determine a intensidade da força vertical que o bloco troca com o fundo da lata no ponto mais alto dos *loopings*.

39. No esquema abaixo, um homem faz com que um balde cheio de água, dotado de uma alça fixa em relação ao recipiente, realize uma volta circular de raio *R* num plano vertical.

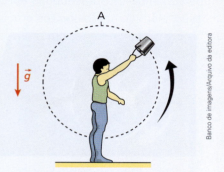

Sabendo que o módulo da aceleração da gravidade vale *g*, responda: qual a mínima velocidade linear do balde no ponto **A** (mais alto da trajetória) para que a água não caia?

Resolução:

Ao passar em **A** com a mínima velocidade admissível, a água não troca forças verticais com o balde. Assim, a única força vertical que nela age é a da gravidade, que desempenha o papel de resultante centrípeta:

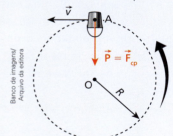

Ponto **A**:

$$P = F_{cp}$$

$$mg = \frac{mv_{mín}^2}{R}$$

$$\boxed{v_{mín} = \sqrt{gR}}$$

Nota:

- $v_{mín}$ independe da massa de água no balde.

40. A ilustração ao lado representa um globo da morte, dentro do qual um motociclista realiza evoluções circulares contidas em um plano vertical. O raio da circunferência descrita pelo conjunto moto-piloto é igual ao do globo e vale *R*.

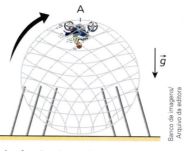

O ponto **A** é o mais alto da trajetória e por lá o conjunto moto-piloto, que tem massa *M*, passa com a mínima velocidade admissível para não perder o contato com a superfície esférica. Supondo que a aceleração da gravidade tenha módulo *g*, analise as proposições a seguir:

(01) No ponto **A**, a força vertical trocada pelo conjunto moto-piloto e o globo é nula.
(02) No ponto **A**, a força resultante no conjunto moto-piloto tem intensidade *Mg*.
(04) No ponto **A**, o peso do conjunto moto-piloto desempenha a função de resultante centrípeta.
(08) No ponto **A**, a velocidade do conjunto moto-piloto tem módulo $\sqrt{gR}$.
(16) Se a massa do conjunto moto-piloto fosse 2*M*, sua velocidade no ponto **A** teria módulo $\sqrt{2gR}$.

Dê como resposta a soma dos números associados às proposições corretas.

41. (Unicamp-SP) Uma atração muito popular nos circos é o "Globo da Morte", que consiste em uma gaiola de forma esférica no interior da qual se movimenta uma pessoa pilotando uma motocicleta. Considere um globo de raio R = 3,6 m.

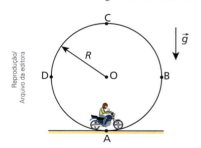

a) Reproduza a figura, fazendo um diagrama das forças que atuam sobre a motocicleta nos pontos **A**, **B**, **C** e **D** sem incluir as forças de atrito. Para efeitos práticos, considere o conjunto piloto + motocicleta como sendo um ponto material.
b) Qual a velocidade mínima que a motocicleta deve ter no ponto **C** para não perder o contato com o interior do globo? Adote $|\vec{g}| = 10$ m/s².

Ampliando o olhar

Uma questão de peso

A possibilidade de visitar outros planetas e galáxias sempre fascinou o imaginário humano, promovendo viagens mentais aos mais diferentes rincões do Universo. Mas até que ponto esse sonho pode se tornar realidade?

Considerando-se a tecnologia de que dispomos, há muitos embaraços que dificultariam viagens espaciais. Um deles é a questão da gravidade a que nosso organismo está condicionado. O coração humano, bem como o sistema circulatório, muscular e ósseo, é adaptado para operar sob uma gravidade da ordem de 10 m/s² e, no espaço, longe de qualquer influência gravitacional, ficaria exposto a situações de falta de gravidade, o que provocaria um verdadeiro colapso, sobretudo se pensarmos nas longas durações das viagens espaciais. Teríamos atrofia muscular, degeneração óssea, além de muitos outros problemas.

Os filmes de ficção científica raramente abordam a questão da ausência de gravidade de maneira satisfatória. Os personagens deslocam-se dentro de espaçonaves como se estivessem caminhando confortavelmente sobre a superfície terrestre. E de onde vem a gravidade que os mantém saudáveis praticando todas as ações da mesma forma que em nosso planeta? Isso quase nunca é revelado ao espectador. Há, porém, exceções, como em *2001, uma Odisseia no Espaço* (Estados Unidos, 1968, Stanley Kubrick e Arthur Clarke), em que uma estação espacial, parecida com uma roda de carroça, gira em torno do seu eixo, produzindo uma gravidade artificial confortável para astronautas em contato com pisos e paredes internas.

// Estação espacial de *2001, uma Odisseia no Espaço*: rotação uniforme para produzir gravidade artificial.

Consideremos uma espaçonave cilíndrica de diâmetro interno igual a 125 m. Admitindo-se $\pi \cong 3$ e desprezando-se as forças de Coriolis inerentes a essa situação, com que frequência esse cilindro deveria rotar de maneira uniforme em torno do seu eixo para que o corpo de dimensões desprezíveis e massa m "percebesse" uma gravidade artificial de mesma intensidade que a da Terra, isto é, 10 m/s²?

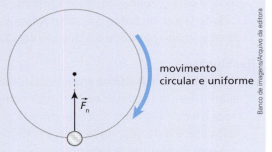

A força normal $\vec{F}_n$ exercida radialmente pela parede desempenha a função de resultante centrípeta no movimento circular e uniforme do corpo. Essa força surge como reação à força de compressão que o corpo exerce contra a parede do cilindro. É o "efeito centrífugo", que tende a projetar o corpo contra a superfície interna do rotor, de modo que ele fique o mais distante possível do eixo de rotação.

Observando-se que a intensidade de $\vec{F}_n$ deve ser igual à do peso do corpo na Terra, vem:

$$F_n = F_{cp} \Rightarrow mg = m\omega^2 R \Rightarrow g = (2\pi f)^2 R$$

Da qual:

$$f = \frac{1}{2\pi}\sqrt{\frac{g}{R}}$$

Substituindo-se os valores numéricos, vem:

$$f = \frac{1}{2 \cdot 3}\sqrt{\frac{10}{\frac{125}{2}}} \frac{\text{rotações}}{\text{s}} \Rightarrow f = \frac{1}{6}\sqrt{\frac{4}{25}} \frac{\text{rotações}}{\frac{1}{60}\text{min}}$$

Da qual:

$$\boxed{f = 4 \frac{\text{rotações}}{\text{min}}}$$

Salientemos que esse resultado independe da massa do corpo.

Do ponto de vista prático, porém, uma situação como essa traria muitos inconvenientes. Imaginando-se que a espaçonave fosse dotada de alguns andares internos, também cilíndricos e com eixo coincidente com o do cilindro externo, em cada "nível" seria percebida uma gravidade diferente, chegando-se a uma gravidade praticamente nula nas vizinhanças do eixo de rotação. No caso de uma espaçonave de pequenas dimensões, um astronauta sentiria uma determinada gravidade na região dos pés e outra menos intensa, na região da cabeça. Além disso, se fosse jogada uma partícula dentro da espaçonave, esta descreveria uma trajetória bastante diferente daquela verificada na Terra em iguais condições de lançamento. O que ocorreria com o astronauta se ele, por exemplo, desse um salto "vertical"? Como ficaria um corpo sem contato com o piso ou as paredes da espaçonave?

Mas também haveria vantagens nesse processo: a rotação do sistema seria mantida por inércia, depois da aplicação de um impulso inicial. Não seria necessária a utilização de combustível para a manutenção do movimento giratório da espaçonave.

Outro modo de gerar gravidade artificial seria acelerar a espaçonave numa direção perpendicular à do piso sobre o qual os astronautas se apoiam, no sentido de seus pés para suas cabeças. Nesse caso, no entanto, haveria necessidade da queima permanente de combustível. Na busca de uma gravidade de intensidade semelhante à da Terra, a espaçonave teria que permanecer acelerada, apresentando ao fim de um ano terrestre uma velocidade próxima à da luz no vácuo ($3,0 \cdot 10^8$ m/s), o que constitui uma conjectura impraticável.

Mais uma maneira de produzir gravidade artificial seria instalar eletroímãs sob o piso da espaçonave. Estes interagiriam com os astronautas dotados de acessórios ferromagnéticos estrategicamente fixados em seus trajes. Mas também nesse caso haveria uma série de problemas, como o consumo permanente de energia pelos eletroímãs e a exposição continuada de organismos humanos à ação magnética.

Discuta com seus colegas as melhores formas de produzir gravidade artificial. Analise os convenientes e inconvenientes, bem como a viabilidade de cada processo. Tenha sempre presente como seria a adaptação do corpo humano a cada caso. Envolva conhecimentos de Biologia, entre outros.

Para saber mais:
<http://www.xr.pro.br/fc/GRAVIDADE.HTML>
Acesso em: 15 jun. 2018.

DESCUBRA MAIS

1. As plantas "percebem" a gravidade da Terra. O crescimento de suas raízes e de seus caules é significativamente influenciado pelo campo gravitacional do planeta, o que caracteriza um tipo de **geotropismo**. Um pé de milho, por exemplo, plantado no solo, desenvolve-se de modo que seu caule se mantenha praticamente vertical durante todo o processo, na direção do vetor $\vec{g}$ do local. Suponha que um pé de milho seja plantado em um vaso fixo à borda de um carrossel que gira, o qual tem eixo vertical. Admita que esse carrossel tenha funcionamento ininterrupto por tempo indeterminado. Considerando-se apenas os efeitos ligados ao geotropismo, em que direção crescerá o caule dessa planta? Pesquise.

2. No dia 30 de março de 2006 o primeiro astronauta brasileiro, Marcos César Pontes, foi lançado ao espaço a bordo da nave russa Soyuz TMA-8. Sua missão foi permanecer cerca de oito dias na Estação Espacial Internacional (EEI) e realizar alguns experimentos científicos. Durante sua estada na EEI, Pontes observou a germinação de grãos de feijão em ambiente de microgravidade. Houve alguma direção preferencial em que essas sementes lançaram suas raízes?

3. A Terra fotografada do espaço assemelha-se a uma esfera perfeita. No entanto, estudos elaborados pelo matemático e astrônomo alemão Carl Friedrich **Gauss** (1777-1855), aliados a avaliações mais recentes, dão conta de que a Terra tem forma de **geoide**, que corresponde aproximadamente à de um elipsoide de revolução. De maneira mais simples, costuma-se dizer que a Terra é ligeiramente "achatada nos polos e dilatada no equador". A que se deve essa forma geodésica do planeta? Pesquise.

Exercícios Nível 3

42. (Uncisal-AL) As corridas de Fórmula Indy são famosas por uma série de características que lhe são peculiares por exemplo, a pontuação pelos melhores lugares no *grid* de largada ou pelo número de voltas na liderança da corrida durante sua realização etc. Uma outra característica marcante está no fato de alguns circuitos serem denominados ovais. Considere a pista de um circuito oval, cujo traçado tem dois trechos retilíneos e paralelos, **AB** e **CD**, ligados por dois trechos semicirculares, **BC** e **DA**, como mostra a figura.

Imaginando-se que um carro percorra os trechos retilíneos e curvilíneos com velocidades escalares constantes, o esboço gráfico que melhor representa a intensidade da força resultante sobre o carro em função dos instantes de passagem pelos pontos **A**, **B**, **C** e **D** é o da alternativa:

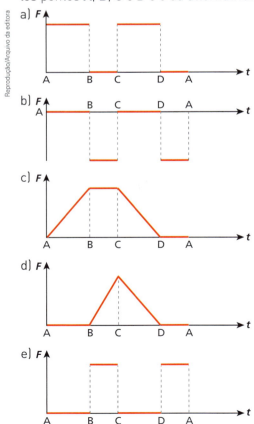

43. Pedro e Paulo são dois irmãos gêmeos (idênticos ou univitelinos), de massas praticamente iguais, que se encontram em diferentes pontos do planeta. Pedro está em Macapá, cidade brasileira situada praticamente na linha do Equador. Já Paulo está em Estocolmo, capital sueca situada na latitude 60° norte. Admitindo-se que Pedro e Paulo estejam em repouso em relação à superfície terrestre, analise as proposições a seguir:

(01) A duração do dia terrestre medida em Macapá ou em Estocolmo é exatamente a mesma.
(02) Os dois irmãos descrevem em torno do eixo de rotação da Terra movimentos circulares e uniformes com a mesma velocidade escalar angular.
(04) Os dois irmãos descrevem em torno do eixo de rotação da Terra, movimentos circulares uniformes com a mesma velocidade escalar linear.
(08) Devido à rotação da Terra em torno do seu eixo, o espaço percorrido por Paulo durante um dia é a metade do espaço percorrido por Pedro.
(16) Como as massas de Pedro e Paulo são iguais, as forças centrípetas requeridas pelos corpos dos dois irmãos para acompanhar o movimento de rotação da Terra têm intensidades iguais.

Dê como resposta a soma dos códigos associados às proposições corretas.

44. Uma ambulância de massa igual a 1 500 kg, em atendimento a uma emergência, percorre uma trajetória contida em um plano horizontal que, em determinado local, se apresenta em forma de curva circular em 90°, conforme representa a figura. O veículo entra na curva com velocidade $v_1 = 144$ km/h e diminui uniformemente a velocidade, saindo da curva com velocidade $v_2 = 72$ km/h. Sabendo-se que a curva é percorrida em 5,0 s e que $\pi \cong 3$, determine:

a) a intensidade da força tangencial que provoca a frenagem da ambulância ao longo da curva;
b) a intensidade da força centrípeta que mantém a ambulância na curva, no instante em que sua velocidade for 108 km/h.

45. (AFA-SP) Um motociclista, pilotando sua motocicleta, move-se com velocidade escalar constante durante a realização do *looping* da figura abaixo.

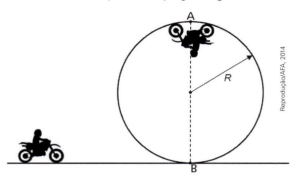

Quando está passando pelo ponto mais alto dessa trajetória circular, o motociclista lança, para trás, um objeto de massa desprezível, comparada à massa de todo o conjunto motocicleta-motociclista. Dessa forma, o objeto cai, em relação à superfície da Terra, como se tivesse sido abandonado em **A**, percorrendo uma trajetória retilínea até **B**. Ao passar, após esse lançamento, em **B**, o motociclista consegue recuperar o objeto imediatamente antes dele tocar o solo.

Desprezando-se a resistência do ar e as dimensões do conjunto motocicleta-motociclista, e considerando $\pi^2 = 10$, a razão entre a intensidade da força normal (N), que age sobre a motocicleta no instante em que passa no ponto **A**, e a intensidade do peso (P) do conjunto motocicleta-motociclista, (N/P), será igual a

a) 0,5   b) 1,0   c) 1,5   d) 3,5

46. Na situação esquematizada na figura, a mesa é plana, horizontal e perfeitamente polida. A mola tem massa desprezível, constante elástica igual a $2,0 \cdot 10^2$ N/m e comprimento natural (sem deformação) de 80 cm.

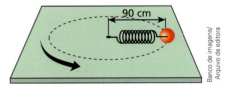

Se a esfera (massa de 2,0 kg) descreve movimento circular e uniforme, qual o módulo da sua velocidade tangencial?

47. O esquema ao lado representa um disco horizontal que, acoplado rigidamente a um eixo vertical, gira uniformemente sem sofrer resistência do ar:

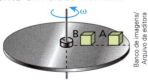

Sobre o disco, estão apoiados dois blocos, **A** e **B**, constituídos de materiais diferentes, que distam do eixo 40 cm e 20 cm respectivamente. Sabendo que, nas condições do problema, os blocos estão na iminência de deslizar, obtenha:

a) a relação v_A/v_B das velocidades lineares de **A** e de **B** em relação ao eixo;
b) a relação μ_A/μ_B dos coeficientes de atrito estático entre os blocos **A** e **B** e o disco.

48. (IJSO) Responda às duas questões a seguir:
a) Um passageiro de massa 50 kg está sentado em uma roda-gigante que tem movimento circular vertical de raio 35 m. Ela gira com uma velocidade angular constante e realiza uma volta completa a cada 50 s. Calcule a intensidade da força exercida pelo assento sobre o passageiro na parte mais baixa desse movimento circular. Considere a aceleração da gravidade 9,8 m/s². Adote $\pi^2 = 10$.

b) A figura mostra um pequeno bloco de massa m preso na extremidade de um fio de comprimento L_1. O bloco realiza um movimento circular horizontal em uma mesa sem atrito. Um segundo pequeno bloco de mesma massa m é preso ao primeiro por um fio de comprimento L_2, e também descreve um movimento circular como mostrado na figura.

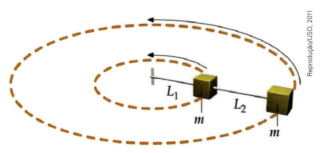

Se o período do movimento é T, determine a expressão para a força de tração F_{T_1}, no fio L_1, em função dos dados fornecidos.

49. (Fuvest-SP) Um caminhão, com massa total de 10 000 kg, está percorrendo uma curva circular plana e horizontal a 72 km/h (ou seja, 20 m/s) quando encontra uma mancha de óleo na pista e perde completamente a aderência. O caminhão encosta então no muro lateral que acompanha a curva e que o mantém em trajetória circular de raio igual a 90 m. O coeficiente de atrito entre o caminhão e o muro vale 0,30. Podemos afirmar que, ao encostar no muro, o caminhão começa a perder velocidade à razão de, aproximadamente:
a) $0,070 \text{ m} \cdot \text{s}^{-2}$ c) $3,0 \text{ m} \cdot \text{s}^{-2}$ e) $67 \text{ m} \cdot \text{s}^{-2}$
b) $1,3 \text{ m} \cdot \text{s}^{-2}$ d) $10 \text{ m} \cdot \text{s}^{-2}$

50. (UPM-SP) Um corpo de pequenas dimensões realiza voltas verticais no sentido horário dentro de uma esfera rígida de raio R = 1,8 m. Na figura abaixo, temos registrado o instante em que sua velocidade tem módulo igual a 6,0 m/s e a força de atrito, devido ao contato com a esfera, é equilibrada pelo peso. Nessas condições, determine o coeficiente de atrito cinético entre o corpo e a esfera.

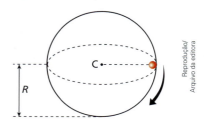

Adote $g = 10 \text{ m/s}^2$ e não considere o efeito do ar.

51. Na figura a seguir, representa-se um pêndulo fixo em **O**, oscilando num plano vertical. No local, despreza-se a influência do ar e adota-se $g = 10 \text{ m/s}^2$. A esfera tem massa de 3,0 kg e o fio é leve e inextensível, apresentando comprimento de 1,5 m. Se, na posição **A**, o fio forma com a direção vertical um ângulo de 53° e a esfera tem velocidade igual a 2,0 m/s, determine a intensidade da força de tração no fio.
Dados: sen 53° = 0,80; cos 53° = 0,60.

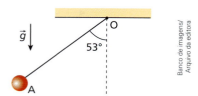

52. Uma partícula de massa 3,0 kg parte do repouso no instante $t_0 = 0$, adquirindo movimento circular uniformemente acelerado. Sua aceleração escalar é de $4,0 \text{ m/s}^2$ e o raio da circunferência suporte do movimento vale 3,0 m. Para o instante $t_1 = 1,0$ s, calcule a intensidade da força resultante sobre a partícula.

53. Na situação esquematizada na figura, um bloco **A**, de massa $m_A = 8,0$ kg, está em repouso sobre a plataforma de uma balança preso a um fio que passa por duas polias fixas ideais niveladas na mesma horizontal. Esse fio tem sua outra extremidade atada a uma pequena esfera **B**, de massa $m_B = 1,0$ kg, que vai partir do repouso da posição indicada, passando a descrever uma trajetória circular de raio R = 0,10 m.

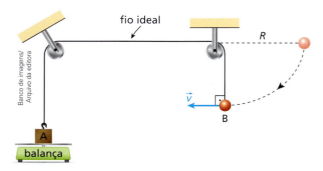

Sabendo-se que no local a influência do ar é desprezível, que $g = 10,0 \text{ m/s}^2$ e que quando a esfera **B** passa pela posição mais baixa de sua trajetória a balança indica 30,0 N, nesse instante, pede-se determinar:
a) a intensidade T da força de tração no fio;
b) o módulo v da velocidade do corpo **B**.

54. (AFA-SP) Na aviação, quando um piloto executa uma curva, a força de sustentação ($\vec{F}$) torna-se diferente do peso do avião ($\vec{P}$). A razão entre F e P é chamada fator de carga (n):

$$n = \frac{F}{p}$$

Um avião executa um movimento circular e uniforme, conforme a figura, em um plano horizontal com velocidade escalar de 40 m/s e com fator de carga igual a $\frac{5}{3}$.

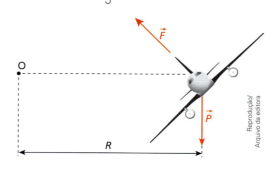

Supondo $g = 10 \text{ m} \cdot \text{s}^{-2}$, calcule o raio R da circunferência descrita pelo avião.

55. No esquema ao lado, representa-se um pêndulo cônico operando em condições ideais. A esfera pendular descreve movimento circular e uniforme, 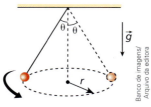 num plano horizontal, de modo que o afastamento angular do fio em relação à vertical é θ. Sendo g o módulo do campo gravitacional do local e r o raio da circunferência descrita pela esfera pendular:
a) calcule o período de revolução do pêndulo;
b) discuta, justificando, se o período calculado no item anterior seria modificado se o pêndulo fosse levado para um outro local, de aceleração da gravidade igual a $\frac{g}{4}$.

56. (Unicamp-SP) As máquinas a vapor, que foram importantíssimas na Revolução Industrial, costumavam ter um engenhoso regulador da sua velocidade de rotação, como é mostrado esquematicamente na figura abaixo. As duas esferas afastavam-se do eixo em virtude de sua rotação e acionavam um dispositivo regulador da entrada de vapor, controlando assim a velocidade de rotação, sempre que o ângulo θ atingia 30°. Considere hastes de massa desprezível e comprimento L = 0,2 m, com esferas de massas m = 0,18 kg em suas pontas, d = 0,1 m e $\sqrt{3} \cong 1,8$. Adote g = 10 m/s².

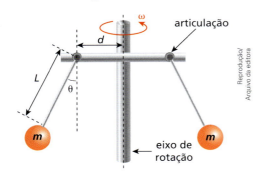

a) Faça um diagrama indicando as forças que atuam sobre uma das esferas.
b) Calcule a velocidade angular ω para a qual θ = 30°.

57. Em alguns parques de diversões, existe um brinquedo chamado rotor, que consiste em um cilindro oco, de eixo vertical, dentro do qual é introduzida uma pessoa:
De início, a pessoa apoia-se sobre um suporte, que é retirado automaticamente quando o rotor gira com uma velocidade adequada. Admita que o coeficiente de atrito estático entre o corpo da pessoa e a parede interna do rotor valha μ. Suponha que o módulo da aceleração da gravidade seja g e que o rotor tenha raio R. Calcule a mínima velocidade angular do rotor, de modo que, com o suporte retirado, a pessoa não escorregue em relação à parede.

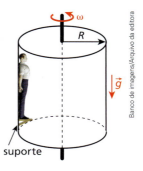

58. Considere uma superfície, em forma de tronco de cone, fixa sobre uma mesa, conforme representa a figura. Seja α o ângulo formado entre a parede externa da superfície e a mesa. Uma partícula de massa m percorre a parede interna da superfície em movimento uniforme, descrevendo uma circunferência de raio R, contida em um plano horizontal. Desprezando todos os atritos e adotando para a aceleração da gravidade o valor g, calcule a intensidade da velocidade linear da partícula.

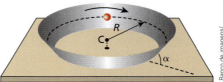

59. (Unifesp) Uma estação espacial, construída em forma cilíndrica, foi projetada para contornar a ausência de gravidade no espaço. A figura mostra, de maneira simplificada, a secção reta dessa estação, que possui dois andares.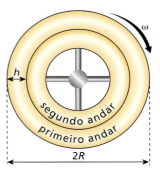
Para simular a presença de gravidade, a estação deve girar em torno do seu eixo com certa velocidade angular. Se o raio externo da estação é R:
a) deduza a velocidade angular ω com que a estação deve girar para que um astronauta, em repouso no primeiro andar e a uma distância R do eixo da estação, fique sujeito a uma aceleração de módulo igual a g;
b) suponha que o astronauta, cuja massa vale m, vá para o segundo andar, a uma distância h do piso do andar anterior. Calcule o peso do astronauta nessa posição e compare-o com o seu peso quando estava no primeiro andar. O peso aumenta, diminui ou permanece inalterado?

Para raciocinar um pouco mais

60. Admita que fosse possível reunir, num mesmo grande prêmio de Fórmula 1, os memoráveis pilotos Chico Landi, José Carlos Pace, Emerson Fittipaldi, Ayrton Senna e Nelson Piquet. Faltando apenas uma curva plana e horizontal para o final da prova, observa-se a seguinte formação: na liderança, vem Pace, a 200 km/h; logo atrás, aparece Landi, a 220 km/h; em terceira colocação, vem Senna, a 178 km/h, seguido por Fittipaldi, a 175 km/h. Por último, surge Piquet, a 186 km/h. A curva depois da qual os vencedores recebem a bandeirada final é circular e seu raio vale 625 m. Sabendo-se que o coeficiente de atrito estático entre os pneus dos carros e a pista é igual a 0,40 e que $g = 10$ m/s^2, é muito provável que tenha ocorrido o seguinte:
a) Pace venceu a corrida, ficando Landi em segundo lugar, Senna em terceiro, Fittipaldi em quarto e Piquet em quinto.
b) Landi venceu a corrida, ficando Pace em segundo lugar, Piquet em terceiro, Senna em quarto e Fittipaldi em quinto.
c) Senna venceu a corrida, ficando Fittipaldi em segundo lugar; Pace, Landi e Piquet derraparam na curva.
d) Piquet venceu a corrida, ficando Senna em segundo lugar e Fittipaldi em terceiro; Pace e Landi derraparam na curva.
e) Pace venceu a corrida, ficando Senna em segundo lugar, Fittipaldi em terceiro e Piquet em quarto; Landi derrapou na curva.

61. (Unip-SP) Uma pequena esfera **E**, de massa 1,0 kg, gira em torno de uma haste vertical com velocidade angular constante de 5,0 rad/s.
A esfera está ligada à haste por dois fios ideais de 2,0 m de comprimento cada um, que estão em contato com a haste por meio de dois anéis, **A** e **B**, a uma distância fixa de 2,0 m um do outro. A esfera **E** não se desloca verticalmente.
Adote $g = 10$ m/s^2 e despreze o efeito do ar.
Determine as intensidades T_1 e T_2 das forças que tracionam os fios 1 e 2.

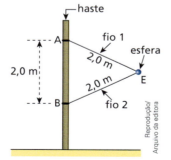

62. Um aro metálico circular e duas esferas são acoplados conforme a figura ao lado. As esferas são perfuradas diametralmente, de modo a poderem se deslocar ao longo do aro, sem atrito. Sendo R o raio do aro e m a massa de cada esfera, determine a velocidade angular que o aro deve ter, em torno do eixo vertical **EE'**, para que as esferas fiquem na posição indicada. A aceleração da gravidade tem intensidade g.

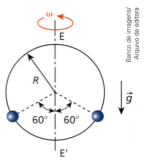

63. Um automóvel está em movimento circular e uniforme com velocidade escalar v, numa pista sobrelevada de um ângulo θ em relação à horizontal. Sendo μ o coeficiente de atrito estático entre os pneus e a pista, R o raio da trajetória e g a intensidade do campo gravitacional, determine o valor máximo de v, de modo que não haja deslizamento lateral do veículo.

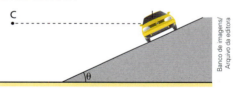

64. Uma moeda descreve movimento circular e uniforme com velocidade angular ω encostada na parede interna de um recipiente em forma de tronco de cone, com eixo vertical. A trajetória descrita pelo objeto tem raio R e está contida num plano horizontal. As paredes do recipiente formam um ângulo θ com uma superfície horizontal de apoio e, no local, a influência do ar é desprezível e a intensidade da aceleração da gravidade é igual a g.

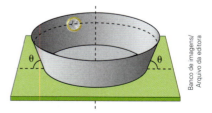

Sendo μ o coeficiente de atrito dinâmico entre a moeda e a parede interna do recipiente, pede-se determinar o mínimo valor de ω para a moeda não escorregar.

65. (Fuvest-SP) Um brinquedo consiste em duas pequenas bolas **A** e **B**, de massas iguais a M, e um fio flexível e inextensível: a bola **B** está presa na extremidade do fio e a bola **A** possui um orifício pelo qual o fio passa livremente. Para operar adequadamente o dispositivo, um jovem (com treino) deve segurar a extremidade livre do fio e girá-la de maneira uniforme num plano horizontal, de modo que as bolas realizem movimentos circulares e horizontais, de mesmo período, mas de raios diferentes. Nessa situação, como indicado na figura 1, as bolas permanecem em lados opostos em relação ao eixo vertical fixo, que apenas toca os pontos **O** e **Q** do fio. Na figura 2, estão indicados os raios das trajetórias de **A** e **B**, bem como os ângulos que os dois segmentos do fio fazem com a horizontal.

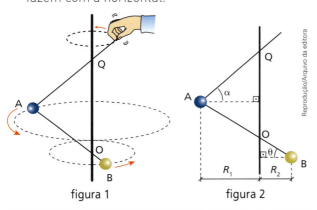

figura 1   figura 2

Note e adote:
Os atritos e a influência do ar são desprezíveis. A aceleração da gravidade tem módulo g = 10 m/s². sen θ ≅ 0,4; cos θ ≅ 0,9 e π ≅ 3.

Determine:
a) a intensidade F da força de tração, admitida constante em toda a extensão do fio, em função de M e g;
b) a razão K = sen α/sen θ entre os senos dos ângulos indicados na figura 2;
c) o número de voltas por segundo que o conjunto deve realizar no caso de o raio R_2 da trajetória descrita pela bola **B** ser igual a 0,10 m.

66. (IME-RJ) Uma mola ideal de constante elástica igual a k está distendida, fixa no corpo **A**, de massa m_A. Um fio leve e inextensível passa por uma roldana de dimensões desprezíveis e tem suas extremidades presas ao corpo **A** e ao corpo **B**, de massa m_B, que realiza um movimento circular e uniforme com raio R e velocidade angular ω em um plano horizontal.

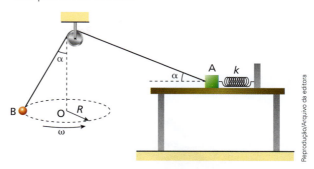

O corpo **A** encontra-se sobre uma mesa horizontal na iminência de movimento no sentido de reduzir a distensão da mola e sua massa é suficientemente grande para mantê-lo sempre apoiado sobre a mesa. Sabendo-se que a aceleração da gravidade tem módulo g e que o coeficiente de atrito estático entre o corpo **A** e a mesa é igual a μ, pede-se calcular a deformação x da mola.

67. Na situação esquematizada a seguir, o sistema realiza rotação uniforme de modo que o bloco **A** permanece apoiado sobre o disco horizontal D_1 sem deslizar em relação a este. O bloco **B**, por sua vez, mantém-se em equilíbrio na vertical preso a um fio ideal que o conecta a **A**, sem tocar no disco D_2, também horizontal. As massas de **A** e **B** valem respectivamente m e M e o coeficiente de atrito estático entre **A** e D_1 vale μ.

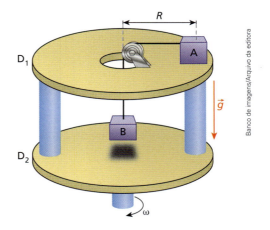

Sendo $ω_{máx}$ e $ω_{mín}$, respectivamente, as velocidades angulares máxima e mínima do sistema que atendem às condições do problema e desprezando-se a influência do ar, calcule a relação entre $ω_{máx}$ e $ω_{mín}$.

APÊNDICE

Força centrífuga

Pessoas se divertindo no brinquedo conhecido como chapéu mexicano.

Uma atração muito concorrida nos parques de diversões é o chapéu mexicano, como o que aparece na fotografia. A rotação do dispositivo faz com que as pessoas descrevam trajetórias circulares de raios tanto maiores quanto maior for a velocidade angular do sistema. Para um referencial solidário ao banco ocupado por uma pessoa, esta se encontra em equilíbrio, o que torna nula a resultante das forças em seu corpo. Isso requer uma força de inércia, denominada **força centrífuga**, definida apenas em relação ao referencial acelerado do banco. Do ponto de vista da pessoa, é a força centrífuga que puxa seu corpo para fora da trajetória, fazendo-o distanciar-se do eixo de rotação do brinquedo. A força centrífuga somada vetorialmente com as demais forças (peso, força de tração aplicada pelo cabo de sustentação do banco, resistência do ar, etc.) torna nula a força resultante no corpo da pessoa, o que justifica seu equilíbrio no referencial do banco. É importante salientar, porém, que a força centrífuga não é definida em relação ao solo (referencial inercial); só é "sentida" no referencial acelerado associado ao banco.

Consideremos um conjunto moto-piloto descrevendo uma curva circular em movimento uniforme. Nesse caso, em relação a um referencial ligado ao solo (referencial inercial), a resultante das forças no corpo do piloto é radial e dirigida para o centro da curva, sendo denominada **centrípeta** ($\vec{F}_{cp}$).

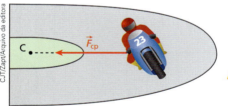

Em relação a um referencial no solo, a resultante das forças no corpo do piloto é **centrípeta**.

Chamando de m a massa do piloto, de v a intensidade da velocidade e de R o raio de curvatura da trajetória, temos:

$$|\vec{F}_{cp}| = \frac{mv^2}{R}$$

Em relação a um referencial ligado à moto (referencial acelerado), entretanto, o piloto está em repouso e, por isso, a resultante das forças que agem em seu corpo deve ser nula. Isso significa que, em relação a esse referencial, deve ser considerada uma força que equilibra a resultante centrípeta. A equilibrante da força centrípeta é, portanto, uma força também radial, porém dirigida para fora da trajetória, sendo denominada **centrífuga** ($\vec{F}_{cf}$).

Destaquemos que a intensidade da força centrífuga é igual à da força centrípeta:

$$|\vec{F}_{cf}| = |\vec{F}_{cp}| \Rightarrow |\vec{F}_{cf}| = \frac{mv^2}{R}$$

A força centrífuga é uma **força de inércia** que é introduzida para justificar o equilíbrio de um corpo em relação a um referencial acelerado quando este corpo descreve trajetórias curvilíneas em relação a um referencial inercial. Trata-se de uma força fictícia, já que não é consequência de nenhuma interação: é um artifício criado para que as duas primeiras leis de Newton possam ser usadas em referenciais em que elas não valem.

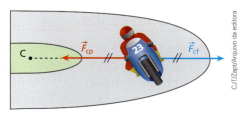

// Em relação a um referencial na moto, a resultante das forças no corpo do piloto é nula; a força centrífuga equilibra a força centrípeta.

JÁ PENSOU NISTO?

Haja pescoço!

Um piloto de Fórmula 1 tem a musculatura do pescoço bastante solicitada ao fazer uma curva. Em relação a um referencial no carro, isso se deve à **força centrífuga**, que "puxa" sua cabeça para fora da trajetória. Alguns amenizam esse efeito adaptando elásticos, que conectam o capacete aos ombros.

Deve-se entender, entretanto, que a força centrífuga não existe para quem vê a corrida parado em relação ao solo; ela é definida em relação ao carro, que é um referencial acelerado (não inercial).

Faça você mesmo

Pêndulo cônico

Um pequeno corpo preso a um fio realiza movimento circular e uniforme em um plano horizontal.

O sistema assim descrito denomina-se **pêndulo cônico**.

Material necessário

- Aproximadamente 50 cm de barbante;
- 1 pequeno objeto de aproximadamente 50 g de massa.

Procedimento

I. Prenda o corpo em uma das extremidades do barbante.

II. Pegue esse conjunto e faça o objeto girar num plano horizontal descrevendo uma circunferência com velocidade de intensidade constante.

III. Você notará que o barbante varrerá no espaço uma superfície cônica e permanecerá formando um ângulo θ invariável em relação a um eixo imaginário vertical baixado do ponto de suspensão **O**.

IV. Você poderá verificar que, aumentando-se a intensidade da velocidade, o ângulo θ e o raio R da circunferência descrita pelo objeto também ficarão maiores, isto é, mais o barbante tenderá a ficar horizontal.

Desenvolvimento

1. Considerando-se um referencial ligado ao objeto, você poderá dizer que, quanto maior for a intensidade da velocidade, maior será a força centrífuga? Isso justifica o afastamento do objeto em relação ao eixo vertical do dispositivo?

2. Sendo L o comprimento do barbante, g a intensidade da aceleração da gravidade e ω a velocidade angular, demonstre que o raio R da circunferência descrita pelo objeto é função crescente de ω de acordo com a expressão:

$$R = \sqrt{L^2 - \frac{g^2}{\omega^4}}$$

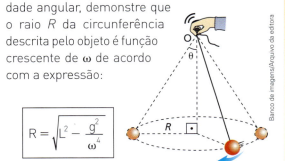

TÓPICO 3 | RESULTANTES TANGENCIAL E CENTRÍPETA   **327**

Exercícios

68. Com relação à força centrífuga, aponte a alternativa incorreta:
a) É ela que "puxa" o nosso corpo para fora da trajetória quando fazemos uma curva embarcados em um veículo qualquer.
b) Numa mesma curva, sua intensidade cresce com o quadrado da velocidade do corpo.
c) Tem a mesma intensidade que a força centrípeta, porém sentido oposto.
d) É uma força de inércia, que só é definida em relação a referenciais acelerados.
e) É a reação à força centrípeta.

69. Considere a Lua (massa M) em sua gravitação em torno da Terra. Admita que, em relação à Terra, a órbita da Lua seja circular de raio R e que sua velocidade vetorial tenha intensidade v.

Analise os esquemas ao lado nos quais estão representadas forças na Lua com suas respectivas intensidades.

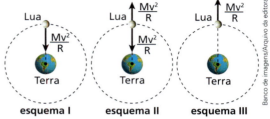

Para um referencial na Terra e um na Lua, os esquemas corretos são, respectivamente:

// Ilustração com tamanhos e distâncias fora de escala.

a) I e II.   b) I e III.   c) II e III.   d) I e I.   e) II e II.

70. Considere um cilindro oco de raio R, como o esquematizado ao lado, em rotação em torno de um eixo vertical com velocidade angular igual a ω. Uma pessoa de massa m está acompanhando o movimento do sistema apenas encostada na parede interna do cilindro, porém na iminência de escorregar. As forças horizontais $\vec{F}_1$ (reação normal da parede) e $\vec{F}_2$ ($\vec{F}_2 = -\vec{F}_1$) têm sentidos opostos e estão aplicadas no corpo da pessoa. A respeito dessa situação, analise as proposições abaixo:

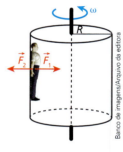

(01) Diminuindo-se a velocidade angular do cilindro aquém do valor ω, a pessoa escorrega em relação à parede, deslocando-se para baixo.
(02) Aumentando-se a velocidade angular do cilindro além do valor ω, a pessoa escorrega em relação à parede, deslocando-se para cima.
(04) Em relação a um referencial externo, fixo no solo, não deve ser considerada $\vec{F}_1$. $\vec{F}_2$ é a resultante centrífuga, de intensidade dada por $m\omega^2/R$.
(08) Em relação a um referencial externo, fixo no solo, não deve ser considerada $\vec{F}_2$. $\vec{F}_1$ é a resultante centrípeta, de intensidade dada por $m\omega^2 R$.
(16) Em relação a um referencial interno, fixo no cilindro, devem ser consideradas $\vec{F}_1$ e $\vec{F}_2$, ambas com intensidade dada por $m\omega^2 R$. $\vec{F}_2$ é a força centrífuga que equilibra $\vec{F}_1$.

Dê como resposta a soma dos números associados às proposições corretas.

71. Para pessoas imunes a vertigens e enjoos, o chapéu mexicano, com seu frenético movimento giratório que projeta os usuários para fora do prumo vertical, é uma das grandes atrações dos parques de diversões.

No esquema ao lado, uma pessoa que ocupa um dos assentos do chapéu mexicano descreve, com velocidade angular ω, um movimento circular e uniforme em um plano horizontal em torno do eixo vertical do brinquedo.

Sendo g a intensidade da aceleração da gravidade e R o raio da circunferência descrita pela pessoa, pedem-se:

a) determinar o valor do ângulo θ formado entre as amarras do assento e a direção vertical;
b) desenhar um vetor que indique a aceleração da gravidade aparente, como sentida pela pessoa em seu assento, calculando-se também a intensidade desse vetor.

Respostas

Unidade 1 – Cinemática

Tópico 1 – Introdução à Cinemática escalar

1. d
2. a) 26 km   b) 40 km
4. a) I. Circular; II. Helicoidal.
   b) I. Retilínea; II. Parabólica.
5. d
6. e
7. a) Circunferência.
   b) Hélice cilíndrica.
8. a) 0,50 rps
   b) Segmento de reta.
   c) Espiral.
10. a) $y = \dfrac{4,0}{3,0}x - \dfrac{x^2}{45,0}$ (SI)
    b) Alcance horizontal: 60 m e altura máxima: 20,0 m

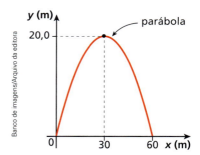

11. 2 min 30 s
13. 225 km/h
14. 2 m/s²
15. 15,0 m e −6,0 m/s²
16. Na subida: movimento retardado; na descida: movimento acelerado.
18. a) De 0 a t_1: Movimento progressivo e acelerado.
    De t_1 a t_2: Movimento progressivo e uniforme.
    De t_2 a t_3: Movimento progressivo e retardado.
    De t_3 a t_4: Movimento retrógrado e acelerado.
    De t_4 a t_5: Movimento retrógrado e retardado.
    De t_5 a t_6: Movimento progressivo e acelerado.
    b) t_3 e t_5

19. a) 60 pessoas.
    b) 70 m
20. 6 cm/s
21. 72 km/h
23. a) 10 m   b) 0,5 m/s
25. a) $\dfrac{25L}{12v}$ b) $\dfrac{48v}{25}$
27. a) 10 s;
    b) 20 s;
    c) 2,7 cm/s
29. d
30. a) Aproximadamente 11,6 m/s²
    b) Aproximadamente 149,2 km/h
31. a) 230,4 km/h
    b) 6 m/s²
32. c
34. a) 25,0 m
    b) 5,0 m/s
    c) De 1,0 s a 2,0 s: Movimento progressivo e retardado.
    De 2,0 s a 3,0 s: Movimento retrógrado e acelerado.
    d) Inversão no sentido do movimento.
35. c
36. b
37. b
38. 36 min
39. 102,3 km/h
40. a) 72 km/h   b) 3 m
41. a
42. a) 80 m   c) 100 m
    b) 60 m
43. $3,0 \cdot 10^3$ m ou 3,0 km
44. a) 96 m   c) 192 m
    b) 288 m
45. a) 25,0 min
    b) 4
    c)

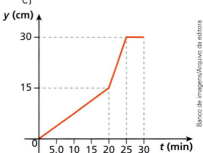

46. a) $y = \sqrt{27,0x}$ (x e y em metros)
    b) Arco de parábola com eixo de simetria em x.
47. a) Repouso.
    b) Movimento no plano xy.
    c) Movimento ao longo de uma reta paralela ao eixo z.
    d) Repouso ou movimento sobre a reta $x = y = z$.
48. a) π b) $\dfrac{4L}{v}$
49. 13 h 36 min
50. a) $2,0 \cdot 10^{-2}$ s
    b) 6,0 s
51. a) 5,0 m   b) 4,0 s

Tópico 2 – Movimento uniforme

1. 20 cm/s
2. c
3. Aproximadamente 100 µs
5. d
7. a) Retrógrado.
   b) $y = 6,5 - 0,5t$ (SI)
   c)

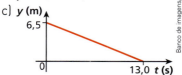

8. e
9. d
11. 120 km
12. a) 100 m
    b) 260 s ou 4 min 20 s
13. 400 m/s
15. 1 450 m/s
16. $d > 17$ m
17. a) 80 s ou 1 min 20 s
    b) 160 passos.
18. a) 100 s ou 1 min 40 s
    b) 2,0 km
20. a) 8,0 s
    b) 36,0 m
22. a) 20 s
    b) 37,5 passos.
24. d
25. d
26. a) 13 s
    b) 390 m e 260 m

27. a) 8,0 s
b) 9,8 m/s
c) Aproximadamente 9,3 m

28. a) 20 min   c) 10 s
b) 18 km

29. a) 360 m
b) $\dfrac{8}{9}$
c) 648 s ou 10 min 48 s

30. b

31. a) 8 min 20 s
b) 5 passos e 2500 passos

32. d

33. c

34. d

35. 340 m/s

36. a) 0,80 s   b) 0,26 s

37. c

38. a) 2,5 s   b) 425 m

39. b

40. a) 6,0 m/s   b) 10,0 m

41. $\dfrac{L + v_2 T}{v_1 + v_2}$

42. 40 s

43. 4,0 m/s e 20 m/s

44. 6,0 m

45. c

46. a) $T_B = 89$ s   b) 400 s

47. $\dfrac{H}{H - h} v$

48. 216 km/h

49. a) Aproximadamente 421 m/s
b) É supersônico.

50. a)

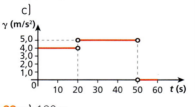

b) 2

51. a) $s_A = 6{,}0t$ (SI) e $s_B = 8{,}0 (t - 2{,}0)$ (SI)
b) 48,0 m
c) 192 m

Tópico 3 – Movimento uniformemente variado

1. 22

3. a) 288 km/h   b) 4,0 m/s²

5. a) 0,50 m/s²
b) 11º andar.
c) 1,6 m/s

6. e

7. a) 0,20 m/s²
b) 125 m e 160 m
c) 2,5 m/s

8. a) 1,5 s e 5,0 m/s²
b) 1,0 g/L e 77 g

10. 10

11. a) 200 m   b) 4,0 m/s²

12. a) 54 km/h
b) 1,5 m/s²

14. a) 250 m   c) 15 s
b) 25 m/s

15. a) Para os dois veículos: 10 m/s
b) 480 m

16. a)

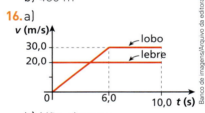

b) Não alcança.

17. a) 0,20 cm/s²
b) 0,75 cm/s
c) 4,5 m

18. a) 54 km/h   b) 108 km/h

19. a) 4520 m
b) 2790 m
c)

20. a) 180 s
b)

c) 48,0 km/h

21. a) 0,25 m/s²
b) 1 min 52 s
c)

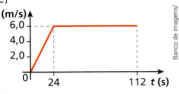

22. d

24. a) 400 m
b) 324 km/h

26. a) 2,0 s
b) Respectivamente, −2,0 m/s e 2,0 m/s

28. a) 12,0 m/s   c) 2,5
b) 4,0 m/s²

29. a) 7,2 km   b) 2,0 min

30. b

31. 2,0 s

32. a) I. Equações horárias
$s_L = s_0 + Vt$ (MU)
$s_L = 8{,}0 t$ (SI)
$s_B = s_0 + V_0 t + \dfrac{\alpha}{2} t^2$ (MUV)
$s_B = 20{,}0 + 1{,}0 t^2$ (SI)
II. Para demonstrar que a leoa não alcança o búfalo, basta mostrar que a equação $s_L = s_B$ não tem solução real ($\Delta < 0$).
De fato: $s_B = s_L$
$1{,}0 t^2 + 20{,}0 = 8{,}0 t$
$1{,}0 t^2 - 8{,}0 t + 20{,}0 = 0$
$\Delta = 64{,}0 - 80{,}0 \Rightarrow \Delta < 0$
(não há solução real)
b) 4,0 m

34. 2,0 s e 52,0 m

35. a) 280,0 cm
b)

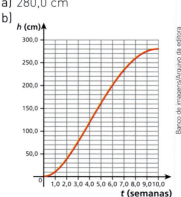

c)

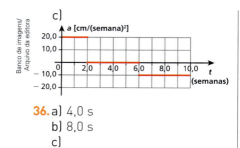

36. a) 4,0 s
b) 8,0 s
c)

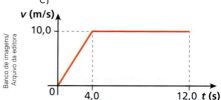

37. O carro para antes da barreira, a 10 m dela.

38. a) 0,25 m/s² e 100 m
b) 0,50 m/s²

40. a) 5,0 s
b) 150 m

41. a) 20 s
b) 7,5 m/s²
c) 450 m/s e 1,5 Mach

43. a) 12,0 s
b) 432 km/h

44. a

46. a) 2,0 s   b) 100 m

48. a) 12,0 m/s   b) 1,2 s

49. a) 5,0 m
b) 10,0 m/s e 12,0 m/s

50. a) 2,0 s   b) 20,0 m

52. a) 0,10 s   b) 0,15 m

54. 72,0 km/h ⩽ v ⩽ 90,0 km/h

56. a) O homem e a bolinha atingem os respectivos pontos de altura máxima simultaneamente.
b) 0,2 s

57. a) 2,0 s
b) 4,0 m

58. a

59. 3,2 s

60. b

61. a) 2,0 s
b) 1,2 m

62. c

63. e

64. a

65. 2,0 m

66. 6,0 s

67. b

68. a) 0,5 m/s²
b) 2,0 m/s e 4,0 m/s
c) 4,0 s

69. b

70. a

71. 10,0 m

72. c

73. a) 0,6 s
b) 0 < α < 2,5 m/s² ou α > 12,4 m/s²

74. a) 4,5 m/s²
b) 3,0
c)

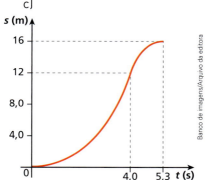

75. a) $\dfrac{a}{2}T^2$
b)

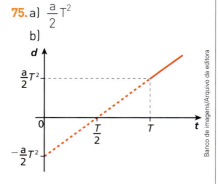

76. a) 256 m
b)

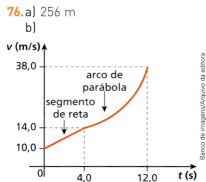

77. a) 3,0 m
b) 6,0 m/s
c)

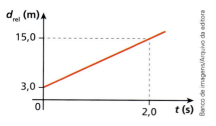

Tópico 4 – Vetores e Cinemática vetorial

1. 15   **2.** c   **3.** d   **4.** b

6. a) 140 u   c) 100 u
b) 20 u

7. 5 unidades ⩽ $|\vec{s}|$ ⩽ 25 unidades

8. 13 u

9. 5 N

10. b

11. a) 1 247   b) 3 568

12. d   **13.** e   **15.** 5 u   **16.** d

17. c   **18.** e   **19.** b   **20.** 39 u

21. 4

22. 120°

24. a) x   b) Zero

25. a) 45 N   b) Zero

27. e

29. a)

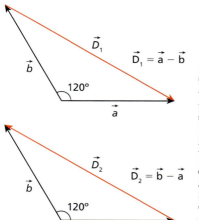

b) 13 u

30. b   **31.** e

32. a) 7,0 N e 17 N
b) 13 N e 13 N

33. b   **35.** a   **37.** e

38. Na horizontal: $1,2 \cdot 10^3$ N; na vertical: $1,6 \cdot 10^3$ N.

39. a) 288 km/h   c) 800 m
b) 8,0 s

41. a) $4,0\vec{i} + 3,0\vec{j}$ (N)
b) 0,60

43. a) 100 km/h   b) 50 km/h

44. a) 100 m
b) 5,0 m/s e 7,0 m/s

45. a) 3,0 min   b) 10 km/h

46. a

47. a) 4,5 km/h   b) 2,5 km/h

48. a) 2,8 m/s   b) 2,0 m/s

50. a) 12 m/s   b) 8,0 m/s

51. a) $\dfrac{\pi}{2}$ b) 1

52. 19   **54.** c   **55.** d

56. e   **57.** a   **58.** c

60. a) **A**: $2,0$ m/s²; **B**: zero e **C**: $-2,0$ m/s²
b) 4,0 m
c) 2,0 m

61. c

62. a) 25 m/s   b) 5,0 m/s²

63. a) (I) e (II)   c) (I) e (III)
b) (I) e (IV)

64. b

65. a) 30 km/s
b) $6,0 \cdot 10^{-3}$ m/s²

66. 2,5 m/s²

67. a) 3,0 m/s   b) 5,0 m/s²

69. a) 12 m/s²
b) Acelerado.

70. b

72. 15,0 km/h e 21,6 km

73. a) 1,5 m/s   b) 20 s

75. d

76. a) 2,5 m/s   b) 5,0 m

77. b   **78.** 8,0 m   **79.** 36 h

81. a) 15 min; independe da velocidade da correnteza.
b) 6,25 km

82. 120°

83. a) 100 km/h   c) Lado oeste.
b) 200 km/h

84.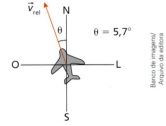

85. a

87. a) 30 km/h   b) 50 km/h

89. 200 km/h, zero e 140 km/h

91. 60 cm/s para a esquerda

92. a) 10,0 u   b) 6,0 u

93. a) $\vec{a} + \vec{b} = \vec{c}$
b) $\vec{a} + \vec{b} + \vec{c} = \vec{0}$
c) $\vec{a} - \vec{c} = \vec{b}$

94. a

95. e

96. Intensidade F na direção e no sentido do eixo y.

97. a) sen θ = 0,80
b) 5,0 m/s

98. a) 5,0 m   b) 2,5 m/s

99. a) 3,0 m   b) 13 m/s²

100. a) 8,0 m/s²   c) 12 m/s²
b) 90 km/h

101. e

102. c

103. a) 8,0 km   b) 20 km/h

104. a) 50 cm   b) 1,3 m

105. b

106. a) 6,5 m/s   b) 3,0 m/s²

107. a) 2,0 m/s e 3,0 m
b) 75 rpm

108. a) $\dfrac{R}{R-r}v$ b) $\dfrac{r}{R-r}v$

109. c

110. a

111. 10 m/s²

112. v_A cotg θ

113. $\dfrac{\sqrt{H^2+D^2}}{D}v$

114. a) v_A sen α = v_B sen β
b) β = 90° e v_A sen α
c) $\dfrac{D}{v_A \cos α + v_B \cos β}$

115. a) 120 s = 2,0 min
b)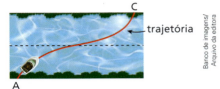
c) 720 m
d)

116. d

Tópico 5 – Movimentos circulares

1. 11

3. a) 480 m   c) 0,16 m/s²
b) 0,20 rad/s

4. a) 250 m   c) 0,3
b) 3,6 m/s²

5. c

6. a) 20 s
b) 0,10 rad/s
c) A velocidade escalar do carro sofre variações iguais em intervalos de tempo iguais.

8. a) 24
b) $\dfrac{12n}{11}$ h (0 ≤ n ≤ 11)
c) Aproximadamente 3 h 6 min 22 s

10. a) $t_1 = 1,2$ min
b) $t_2 = 12$ min

12. a) 0,2 rad/s
b) Mulher 8: 1,4 m/s
c) Mulher 3: 0,4 m/s

13. c

14. d

16. 1,2 s

17. a) 15,0 rad/s
b) 27,0 km/h

18. a) 1,0 m   b) $\dfrac{3}{4}$
c) 160 voltas

19. 25 rpm

21. a) 1,6 s   b) $\dfrac{1}{4}$

c) Cicloidal.

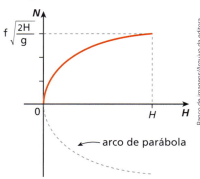

23. d **25.** a **26.** e **27.** e

28. a) $1,5 \cdot 10^5$
b) $1,2 \cdot 10^4$ rad/s

29. a) 3,0 m/s e 4,5 m/s²
b) 5,0 m/s
c) 37°

30. d **31.** a **32.** e **33.** d
34. d **35.** a **36.** b

37. a) 7,5 m/s²
b) $\dfrac{3}{4}$
c) 100 voltas.

38. b

39. a) $4,5 \cdot 10^2$ m/s
b) $3,4 \cdot 10^{22}$ m/s²
c) Aproximadamente $2,3 \cdot 10^2$ m/s
d) 0°

40. Aproximadamente 16 cm

41. a) 25 200 km/h
b) 2 vezes
c) De 12 em 12 horas

42. a) $N = f\sqrt{\dfrac{2H}{g}}$

b)

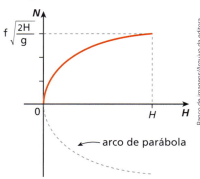

arco de parábola

43. a) 18 h
b) 36 h

44. a) 48 m; b) 1,25 rad/s; c) 5,0 m/s²

45. a) Aproximadamente $4,2 \cdot 10^4$ rad/s²
b) Aproximadamente 3 333,3 voltas.

46. a) Bloco 1; b) 10 s

Unidade 2 – Dinâmica
Tópico 1 – Os princípios da Dinâmica

2. (I), (IV) **3.** d **4.** 10 N

5. $F_1 = 400$ N e $F_2 = 300$ N ou $F_1 = 300$ N e $F_2 = 400$ N

6. e **7.** e **8.** e

9. Não, pois ele contraria o Princípio da Inércia. Para realizar suas manobras radicais, é necessária a atuação de uma força resultante externa.

10. e **11.** a **12.** d **13.** d
14. 23 **15.** d **16.** c
18. a) 3,0 m/s²

b)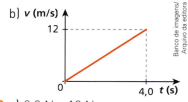

19. a) 8,0 N e 12 N
b) 10 m/s

20. $\dfrac{m_A}{m_B} = 3$

21. 4

22. a) 9,0 m/s
b) 7,2 N e zero

23. 4

24. 1,5 m/s²

25. c

26. a) 5,0 m/s² b) 20 N

27. a) 6,0 m/s² b) 4,8 kN

28. O módulo da aceleração é 3,0 m/s², a direção é a de $\vec{F}_1$ ou $\vec{F}_2$ e o sentido é o de $\vec{F}_1$.

29. b

30. a) 174 N b) 100 N

31. 116 N

32. a) A força resultante tem intensidade de 1 000 N (1,0 kN) e direção da força de atrito, porém sentido oposto ao dessa força.
b) $5,0 \cdot 10^{-2}$ m/s²

34. $3,6 \cdot 10^2$ m/s

35. c **36.** a **37.** e **38.** a

40. a) 5,0 kg b) 8,0 N
41. a) 20 kg b) 196 N
42. d **44.** 60 N **45.** c
46. a) $5,0 \cdot 10^2$ kg b) 20 m/s²
47. d
48. a) $6,0 \cdot 10^2$ N b) $4,0 \cdot 10^2$ kg
49. $\dfrac{2Ma}{g+a}$
50. a) 60,0 N c) $\dfrac{1}{2}$
b) 8,0 m/s²
51. a) 6,0 m/s² b) 48 N
53. a) 3,0 kg
b) Tração nula.
54. e **55.** d
57. a) 7,5 m/s² b) 324 km/h
58. c
60. a) 50 m/s
b) 0,30 N · s²/m²
c) 7,5 m/s²
61. b
62. a) 500 N/m b) 25 N
63. c
64. 10 N
65. a) 6,0 cm b) 0,50 N/cm
66. a) $\dfrac{1}{3}$ N/cm b) 1,5 N/cm
67. d
68. 16,5 cm
69. 5,0 m/s²

71.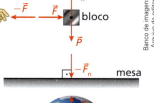

72. c
74. 5,0 m/s²
76. a) 2,0 m/s² b) 4,0 N
78. c
80. a) 2,0 m/s² b) 8,0 N
82. a) 2,0 m/s² c) 48 N
b) 24 N

84. a) Respectivamente, 770 N, 700 N e 630 N.
b) Peso aparente nulo.

86. a)
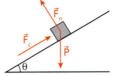

$\vec{P}$ = peso
$\vec{F}_n$ = reação normal do plano inclinado
$\vec{F}_c$ = reação do calço
b) 30 N e 40 N

87. a) $5{,}0 \text{ m/s}^2$ e a aceleração independe da massa
b) 1,0 s
c) 5,0 m/s

88. d   **90.** 1,0 m/s

92. 30 kgf e 20 kgf

93. a) 80 kgf   b) 70 kgf

94. $\dfrac{2F}{3}$ **95.** d   **96.** 40 N

97. a) $2{,}0 \text{ m/s}^2$
b) Fio 1: 8,0 N; fio 2: 4,0 N

98. a) $3{,}0 \text{ m/s}^2$ b) 8,0 N

99. a) $7{,}2 \cdot 10^2$ m
b) $1{,}5 \cdot 10^4$ kg

100. $T = \dfrac{3Mg}{2}$ e $F = \dfrac{Mg}{2}$

101. a) (I): $1\dfrac{g}{4}$, (II): $2\dfrac{g}{4}$, (III): $3\dfrac{g}{4}$
b) (I): $\dfrac{3}{4}Mg$, (II): Mg, (III): $\dfrac{3}{4}Mg$

103. a) $2{,}0 \text{ m/s}^2$ b) 29,4 N

104. d   **105.** 0,60 s

106. 1,0 cm   **107.** b

108. a) 150 N   b) $5{,}0 \text{ m/s}^2$

109. a) Aceleração dirigida para cima, com módulo igual a $2{,}5 \text{ m/s}^2$.
b) O elevador pode estar subindo em movimento acelerado ou descendo em movimento retardado.

110. 6 caixas

111. a) 1,2 N   b) 0,50 s

112. $8{,}00 \cdot 10^{-1}$ s

113. a) $7{,}0 \text{ m/s}^2$ c) 12 N
b) 12 N

114. a) $\dfrac{g}{10}$; b) $\dfrac{mg}{5}$ e $\dfrac{2mg}{5}$;
c) $\dfrac{mg}{2}$

116. b

117. a) $1{,}0 \text{ m/s}^2$ c) 55 kg
b) $4{,}4 \cdot 10^2$ N

118. a   **119.** b

120. a) $y = \dfrac{1{,}0}{9{,}0} \cdot x^2$ (SI)
b)
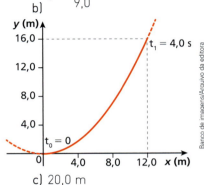
c) 20,0 m

121. a

122. a) Vertical para cima e módulo $3{,}0 \cdot 10^{-1}$ N.
b) 180 g

123. $5{,}0 \text{ m/s}^2$ e 30 N

124. a) $a_g = 0$ e $a_C = a_R = 2{,}5 \text{ m/s}^2$
b) 2,5 kN

125. a) $0{,}50 \text{ m/s}^2$; entre a locomotiva e o vagão **A**: 45 000 N; entre os vagões **A** e **B**: 30 000 N.
b)
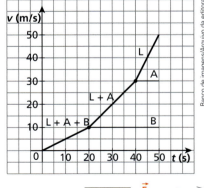

126. a)
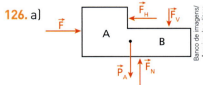
b) 50 N

127. c

128. a) $20{,}0 \text{ m/s}^2$ c) 25,0 N
b) 25,0 N

129. a

130. a) $4{,}0 \text{ m/s}^2$ b) 0,80 s

131. a) 8,0 kg   c) 24 N
b) 48 N

132. a

133. a) 80,0 kg
b) 5,0 m/s e 4,0 s a 22,0 s
c)
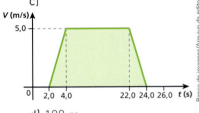
d) 100 m

134. a) 5,0 kN   b) 180 km/h

135. c   **136.** b   **137.** e

138. a) De **A** para **B**
b) 10 m/s^2
c) Pode ser de **A** para **B** ou de **B** para **A**.

139. e

140. a) $7{,}5 \cdot 10^2$ N
b) $4{,}5 \cdot 10^2$ N

141. a) 720 N/m
b) A: zero; B: $5{,}0 \text{ m/s}^2$ e polia: $2{,}5 \text{ m/s}^2$
c) 40 N

142. d   **143.** e

144. a) $F = (M_A + M_B)a$
b) $N = \sqrt{M_A^2 a^2 + M_B^2 g^2}$
c) $\tg \theta = \dfrac{M_B a}{M_A g}$

145. a) 120 N   b) 800 N

146. $1{,}6 \cdot 10^2$ N

147. $1{,}20 \cdot 10^3$ N

148. a) $\dfrac{F}{\rho C^2 L}$
b)
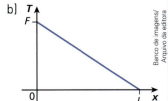

149. $\sqrt{\dfrac{(5m+M)h}{2mg}}$

150. a) $\dfrac{4}{3}\pi\mu gR^3$

b) $\dfrac{4}{3}\pi\mu gR^3 + \dfrac{\rho Lg}{2}$

c)
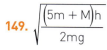

$T_A = \dfrac{4}{3}\pi\mu gR^3$

$T_B = \dfrac{4}{3}\pi\mu gR^3 + \dfrac{\rho Lg}{2}$

151. $\vec{a}_A = -2\vec{g}$ e $\vec{a}_B = \vec{g}$
152. a) 4,0 m/s b) 2,4 m
153. a) $g\cos\alpha$
b) $t_{AB} = t_{AC} = t_{AD}$
154. $(M+m)g\cotg\theta$
155. a) 4,0 N b) 16°
156. c
157. a) A força de atrito nos pés do garoto é horizontal e dirigida para a esquerda.
b) $\theta = 30°$
158. a) $a = \dfrac{g}{2}(\cos\theta - \sen\theta); \theta_1 = 0°$ e $\theta_2 = 90°$
b) $T_1 = T_2 = 10,0$ N
c) $\theta = 45°$
159. 1,2 s

Tópico 2 – Atrito entre sólidos

2. a) Para a esquerda.
b) 20 N
3. 0,20 4. 28 kg
5. a) $2,0 \cdot 10^2$ N
b) 50 N
7. d 8. d
9. a) 800 N
b) Aproximadamente 13,3 m/s²
10. a) 3,0 N b) 7 blocos

11. 10 kg 12. $\theta = 45°$
14. e 15. b
17. a) 40 kgf b) 50 kgf
18. 0,50
19.

F (N)	10	12	30
F_{at} (N)	10	12	10
a (m/s²)	0	0	5,0

21. a) 2,0 m/s²
b) 100 m e 10 s
22. a) 4,0 m/s² b) 30 N
23. a) 0,60 b) 12,0 N
24. a) 0,60 b) 2,0 m/s²
26. a 27. e 28. c
30. a) $8,00 \cdot 10^2$ N
b) 4,00 m/s²
32. a)
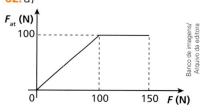

b) 50 kg e 0,20
34. a
35. a) 1,0 m/s² b) 18 N
36. a) 5,0 m/s² b) 30 N
37. a) $\dfrac{v_0}{\mu g}$ b) $\dfrac{v_0^2}{2\mu g}$
38. a) 0,50 m/s² b) 4,0 m/s²
40. a
41. a) 3,0 m/s² b) 0,30
42. c 43. b
44. a) 0,40 m/s² b) 48 N
45. c
46. e 47. d
48. c
49. a) $\dfrac{2}{3}\mu_e$ b) $\sqrt{\dfrac{3d}{\mu_e g}}$
50. c
51. 30 cm
52. a) 0,42 b) 400
53. d
54. 1,25 N

55. a)
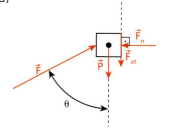

b) $F = \dfrac{mg}{\cos\theta - \mu_c \sen\theta}$

56. e
57. 50 cm
58. 50 N ≤ F ≤ 110 N
59. a) Intensidade nula.
b) 1,8 m/s²
60. e
61. a) 7,0 s
b) 10 m e 25 m
62. 25 kgf
63. 0,30 N ≤ F_{at} ≤ 5,7 N
64. 100 N
65. a) 0,50 b) 2,0 kg
66. a) 3,0 m/s² b) 11,2 s
67.
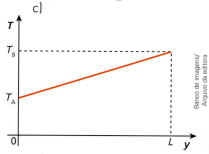

68. $\dfrac{(R+r)}{r}\mu g$
69. a) 3,0 s b) 12 m/s
70. Para baixo, com intensidade 1,5 N.
71. a) $\dfrac{\mu L}{1+\mu}$
b)
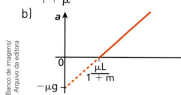

72. a) $\theta = \text{arctg}\left(\dfrac{3}{4}\right)$
  b) 21mg
  c) Aproximadamente 0,79

Tópico 3 – Resultantes tangencial e centrípeta

1. a **2.** a **3.** e
4. d **5.** d **6.** a
7. e **8.** d **9.** d
10. b
11. $7{,}2 \cdot 10^4$ N
12. 90 km/h
13. e **15.** b **16.** c
17. b **18.** b **19.** c
20. d
21.

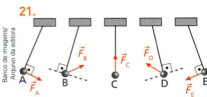

22. 21
23. c
24. F = 50 N

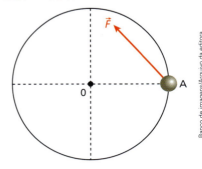

25. d
26. 5,0 rad/s
27. 2,0 m
28. d
30. b
31. a) O estudante não conseguirá fazer a curva (irá derrapar).
  b) A velocidade máxima independe da massa do carro.
33. a) 4,0 m/s
  b) 0,8 m/s²
  c) 552 N e 756 N

34. a) 15 s   **b)** 2,8 kN
35. c
36. a) 2,0 N   **b)** 12 N
37. d
38. 30 N
40. 15
41. a)

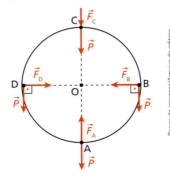

  b) 6,0 m/s
42. e
43. 11
44. a) 6,0 kN
  b) 13,5 kN
45. c
46. 3,0 m/s
47. a) 2   **b)** 2
48. a) 518 N
  b) $\dfrac{4\pi^2 m}{T^2}(2L_1 + L_2)$
49. b
50. 0,50
51. 26 N
52. 24 N
53. a) 50,0 N
  b) 2,0 m/s
54. 120 m
55. a) $2\pi\sqrt{\dfrac{r}{g\,\text{tg}\,\theta}}$
  b) O período dobraria.
56. a)

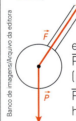

em que:
$\vec{P}$ = força da gravidade (peso)
$\vec{F}$ = força aplicada pela haste

  b) 5,5 rad/s
57. $\sqrt{\dfrac{g}{\mu r}}$
58. $\sqrt{gR\,\text{tg}\,\alpha}$
59. a) $\sqrt{\dfrac{g}{R}}$
  b) $mg\dfrac{(R-h)}{R}$; o peso aparente diminui.
60. c
61. a) 35 N; 15 N
62. $\sqrt{\dfrac{2g}{R}}$
63. $\sqrt{\dfrac{Rg(\text{sen}\,\theta + \mu\cos\theta)}{\cos\theta - \mu\,\text{sen}\,\theta}}$
64. $\sqrt{\dfrac{g(\text{sen}\,\theta - \mu\cos\theta)}{R(\cos\theta + \mu\,\text{sen}\,\theta)}}$
65. a) 2,5 Mg
  b) 2
  c) 2,5 voltas por segundo
66. $\dfrac{m_B g + \mu\left(m_A g - m_B \omega^2 R\right)}{k}$
67. $\left(\dfrac{M + \mu m}{M - \mu m}\right)^{\frac{1}{2}}$
68. e
69. a
70. 25
71. a) $\text{arctg}\left(\dfrac{\omega^2 R}{g}\right)$
  b)

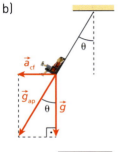

$g_{ap} = \sqrt{\omega^4 R^2 + g^2}$

Sumário

Parte II

Unidade 2 – Dinâmica

Tópico 4 – Gravitação 339

Bloco 1 340
   1. Introdução 340
   2. As Leis de Kepler 345
   3. Universalidade das Leis de Kepler 348

Bloco 2 352
   4. Lei de Newton da Atração das Massas 352
   5. Satélites 353

Bloco 3 363
   6. Estudo do campo gravitacional
      de um astro 363
   7. Variação aparente da intensidade da
      aceleração da gravidade devido
      à rotação do astro 368

Tópico 5 – Movimentos em campo gravitacional uniforme 380

Bloco 1 381
   1. Campo gravitacional uniforme 381
   2. Movimento vertical 382
   3. Movimento balístico 384

Bloco 2 396
   4. Lançamento horizontal 396

Tópico 6 – Trabalho e potência 409

Bloco 1 410
   1. Energia e trabalho 410
   2. Trabalho de uma força constante 411
   3. Sinais do trabalho 412
   4. Casos particulares importantes 412
   5. Cálculo gráfico do trabalho 414

Bloco 2 418
   6. Trabalho da força peso 418
   7. Trabalho da força elástica 419

   8. O Teorema da Energia Cinética 420
   9. Trabalho no erguimento de um corpo 422

Bloco 3 430
   10. Introdução ao conceito de potência 430
   11. Potência média 430

Bloco 4 434
   12. Potência instantânea 434
   13. Relação entre potência
       instantânea e velocidade 434
   14. Propriedade do gráfico da potência
       em função do tempo 435
   15. Rendimento 436

Tópico 7 – Energia mecânica e sua conservação 455

Bloco 1 456
   1. Princípio de conservação –
      Intercâmbios energéticos 456
   2. Unidades de energia 459
   3. Energia cinética 460
   4. Energia potencial 461

Bloco 2 467
   5. Cálculo da energia mecânica 467
   6. Sistema mecânico conservativo 468
   7. Princípio de Conservação da
      Energia Mecânica 469

Apêndice: Energia potencial gravitacional 490

Tópico 8 – Quantidade de movimento e sua conservação 493

Bloco 1 494
   1. Impulso de uma força constante 494
   2. Cálculo gráfico do valor algébrico
      do impulso 495
   3. Quantidade de movimento 496
   4. O Teorema do Impulso 498

Bloco 2 507
- 5. Sistema mecânico isolado 507
- 6. O Princípio de Conservação da Quantidade de Movimento 507

Bloco 3 519
- 7. Introdução ao estudo das colisões mecânicas 519
- 8. Quantidade de movimento e energia mecânica nas colisões 519
- 9. Velocidade escalar relativa 520
- 10. Coeficiente de restituição ou de elasticidade (e) 522
- 11. Classificação das colisões quanto ao valor de *e* 522

Apêndice: Centro de massa 545

Unidade 3 – Estática 552

Tópico 1 – Estática dos sólidos 554

Bloco 1 555
- 1. Introdução 555
- 2. Conceitos fundamentais 556

Bloco 2 569
- 3. Momento escalar de uma força 569
- 4. Binário ou conjugado 571
- 5. Equilíbrio estático de um corpo extenso ... 573
- 6. Teorema das Três Forças 573
- 7. Centro de gravidade 575
- 8. Centro de gravidade e centro de massa ... 576
- 9. Equilíbrio dos corpos suspensos 579
- 10. Equilíbrio dos corpos apoiados 579
- 11. A relação entre equilíbrio e energia potencial 581
- 12. Máquina simples 582
- 13. Alavancas 583
- 14. A talha exponencial 585

Tópico 2 – Estática dos fluidos 606

Bloco 1 607
- 1. Três teoremas fundamentais 607
- 2. Massa específica ou densidade absoluta (μ) 607
- 3. Densidade de um corpo (d) 609
- 4. Densidade relativa 609
- 5. O conceito de pressão 610

Bloco 2 614
- 6. Pressão exercida por uma coluna líquida ... 614
- 7. Forças exercidas nas paredes de um recipiente por um líquido em equilíbrio ... 615
- 8. O Teorema de Stevin 616
- 9. Consequências do Teorema de Stevin 617
- 10. A pressão atmosférica e o experimento de Torricelli 618

Bloco 3 625
- 11. O Teorema de Pascal 625
- 12. Consequência do Teorema de Pascal 626
- 13. Pressão absoluta e pressão efetiva 627
- 14. Vasos comunicantes 628
- 15. Prensa hidráulica 630

Bloco 4 635
- 16. O Teorema de Arquimedes 635
- 17. Uma verificação da Lei do Empuxo 637

Apêndice: Dinâmica dos fluidos 655

Respostas 668

Gravitação

TÓPICO 4

// Representação artística da sonda Juno na vizinhança de Júpiter.

Depois de cinco anos de viagem, a sonda espacial norte-americana Juno, propulsionada essencialmente por energia solar, chegou, em 2016, às vizinhanças de Júpiter, o maior planeta do sistema solar. Júpiter é um planeta gasoso em torno do qual gravitam 79 satélites, sendo os quatro maiores denominados luas de Galileu por terem sido catalogados originalmente, em 1610, por esse notável cientista italiano. São eles: Io, Europa, Ganimedes e Calisto, em ordem crescente de distância em relação ao astro. A partir das imagens enviadas pela nave Juno, muitos dados foram obtidos pelos astrônomos a respeito desse colossal planeta gasoso, dono de um verdadeiro "sistema planetário particular". As leis de Kepler e de Newton que veremos neste tópico aplicam-se também à gravitação das luas de Júpiter em torno desse "pequeno Sol sem luz própria".

Bloco 1

1. Introdução

> **Gravitação** é o estudo das forças de atração entre massas (forças de campo gravitacional) e dos movimentos de corpos submetidos a essas forças.

Muitas teorias se sucederam até que chegássemos à concepção atual do sistema solar a que pertencemos. De início, o misticismo e a religião dissociavam as ideias sobre o Universo do caráter científico.

Foram os antigos gregos os fundadores da ciência modernamente conhecida por Astronomia. No século II d.C., Cláudio **Ptolomeu** (c.100-c.170), matemático, geógrafo e astrônomo, propôs um modelo planetário em que a Terra era o centro do sistema solar, de modo que todos os astros conhecidos, inclusive o Sol e a Lua, deveriam gravitar ao seu redor. Esse modelo – **geocêntrico**, pois tinha a Terra como centro – foi aceito por mais de quinze séculos, sobretudo por ser coerente com a filosofia e os valores correntes.

// Retrato de Ptolomeu.

No século XVI, o monge polonês Nicolau **Copérnico** (1473-1543), estudioso de Medicina, Matemática e Astronomia, apresentou uma concepção revolucionária para o sistema solar. Segundo ele, o Sol, e não a Terra, seria o centro em torno do qual deveriam gravitar em órbitas circulares a Terra e todos os planetas conhecidos. Embora mais simples que o de Ptolomeu, o modelo de Copérnico – **heliocêntrico**, pois admitia o Sol como centro do sistema – encontrou grandes obstáculos para sua aceitação, já que se contrapunha aos preceitos antropocêntricos da Igreja.

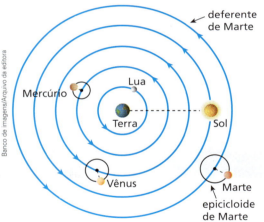

// No modelo ptolomaico do sistema solar, cada planeta realizava dois movimentos circulares concomitantemente. Marte, por exemplo, descrevia um epiciclo, cujo centro realizava uma deferente ao redor da Terra. Contudo, isso não acontecia com a Lua e com o Sol, que descreviam apenas a deferente. Neste tópico, todos os esquemas representativos de trajetórias estão com tamanhos e distâncias fora de escala e em cores fantasia.

// Retrato de Nicolau Copérnico.

A obra mais importante de Nicolau Copérnico, *Das revoluções dos mundos celestes*, escrito originalmente em latim (*De Revolutionibus Orbium Coelestium*), conforme a tradição da época, constitui um dos mais importantes marcos da evolução dos conceitos referentes à situação da Terra diante do panorama universal. Copérnico recebeu o primeiro exemplar de seu livro no dia de sua morte (25 de maio de 1543), em Frauenburg, na Polônia. Nessa obra, ele propunha a **Teoria Heliocêntrica**, além de explicar os fundamentos do movimento de rotação da Terra, responsável pela sucessão dos dias e das noites. Por contestar o dogma de que o ser humano, obra-prima da criação divina, deveria ocupar juntamente com a Terra o centro do Universo, esse livro foi imediatamente incluído no *Index* – relação das leituras proibidas pela Igreja.

Um importante adepto do pensamento copernicano foi o físico e astrônomo italiano Galileu Galilei (1564-1642). Devido às necessidades de suas observações astronômicas, Galileu construiu diversas lunetas. Com elas, ele descobriu os satélites de Júpiter, os anéis de Saturno, as manchas solares e detalhes da Lua. Além disso, elaborou mapas celestes de rara precisão para a época.

Seus estudos o levaram a também concordar com a ideia de que o Sol, e não a Terra, deveria ser o centro do sistema solar. Por essa razão, foi perseguido e preso pela Inquisição e, sob pressão, negou perante um tribunal as teses que defendia.

A crescente controvérsia entre as proposições de Ptolomeu e Copérnico levou os astrônomos a estudos mais acurados. Foi o astrônomo alemão Johannes **Kepler** (1571-1630) quem conseguiu descrever de modo preciso os movimentos planetários.

Atualmente, o modelo aceito para o sistema solar é basicamente o de Copérnico, feitas as correções sugeridas por Kepler e por cientistas que o sucederam.

Sabe-se que oito planetas gravitam em torno do Sol, descrevendo órbitas elípticas. Na ordem crescente de distâncias ao Sol, são eles: Mercúrio, Vênus, Terra, Marte, Júpiter, Saturno, Urano e Netuno.

Modelo de luneta utilizada por Galileu.

> **NOTA!**
>
> Na época de Kepler (por volta de 1600), eram conhecidos apenas seis planetas: Mercúrio, Vênus, Marte, Júpiter e Saturno, todos observáveis a olho nu, e Terra. A presença de Urano, Netuno e Plutão (planeta-anão) só foi constatada com a evolução de equipamentos de observação, como lunetas e telescópios, além de teorias e cálculos mais avançados.

Johannes Kepler foi autor de uma obra extensa que inclui vários opúsculos e livros, como *Epitome Astronomiae Copernicanae* e *Harmonice Mundi*, em que ratifica e amplia as teorias de Copérnico, descrevendo de maneira precisa os movimentos dos planetas em torno do Sol. Para elaborar seus trabalhos, Kepler fundamentou-se em suas observações do planeta Marte, em correspondências com Galileu Galilei e, sobretudo, em dados e medidas astronômicos obtidos pelo seu mestre dinamarquês, Tycho **Brahe** (1546-1601), com quem trabalhou durante algum tempo.

Retrato de Johannes Kepler.

Na figura, temos um aspecto das órbitas planetárias em torno do Sol. Observe que as trajetórias descritas pelos planetas pertencem praticamente a um mesmo plano. A órbita de Mercúrio é a mais elíptica, sendo as demais aproximadamente circulares. (Ilustração com tamanhos e distâncias fora de escala e em cores fantasia.)

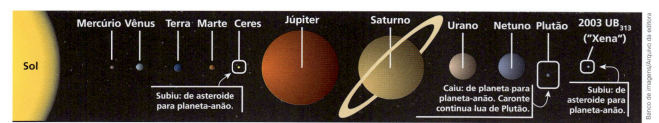

Depois das deliberações da União Astronômica Internacional (UAI), em 2006, esta é a situação atual do sistema solar.

Ampliando o olhar

Onde vamos parar?

Ao contemplar o céu em noite sem nebulosidade, podemos observar a olho nu até 6 000 corpos celestes: nebulosas (galáxias), estrelas, planetas, satélites, etc. Com sofisticados equipamentos astronômicos, contudo, o que inclui o supertelescópio Hubble, esse número se estende a fronteiras inimagináveis, conduzindo o pensamento a devaneios e suposições.

A saga humana rumo à conquista do espaço teve início em 1957, quando a então União Soviética colocou em órbita da Terra o satélite artificial Sputnik. No período da Guerra Fria seguiram-se muitas outras missões, inclusive as viagens à Lua, componentes do Projeto Apollo, da Nasa (Administração Nacional da Aeronáutica e Espaço, órgão do governo federal dos Estados Unidos), de 1961 a 1972, o que possibilitou, em 20 de julho de 1969, ao primeiro ser humano – o astronauta Neil Armstrong – colocar o pé em solo lunar.

Na jornada humana pela exploração espacial, um dos objetivos é prospectar a existência de vida em outros astros, ainda que em formas embrionárias. E o corpo celeste mais próximo e promissor, capaz de descortinar essa possibilidade, é o planeta Marte, nosso vizinho imediato, mais distante do Sol que a Terra. Várias sondas foram enviadas ao planeta vermelho, com destaque para a norte-americana Mars Science Laboratory, que fez pousar em solo marciano, em 2012, um veículo "espião" denominado Curiosity. Também a Organização Indiana de Pesquisas Espaciais colocou em órbita do planeta, em 2013, a nave Mars Orbiter Mission, que já enviou à Terra muitas e preciosas informações.

Curiosity em solo marciano: imagens detalhadas do ambiente do planeta vermelho.

A exploração de Marte está em franco andamento e a essa altura muito se sabe a respeito desse planeta, especialmente sobre as condições adversas à habitabilidade humana, como a pequena aceleração da gravidade local (cerca de 4,0 m/s²), a baixíssima pressão atmosférica, o reduzido nível de insolação, o que o torna as temperaturas ambientes próximas de −100 °C, as severas tempestades de areia com ventos de até 170 km/h e, o que é pior, a altíssima incidência de raios cósmicos repletos de radiações ionizantes – de alta energia – nocivas ao corpo humano. Com isso, possíveis bases humanas em Marte deverão ser subterrâneas ou inseridas dentro de redomas imunes a todas essas intempéries.

Na busca por conhecer melhor o sistema solar, fomos a Saturno, o planeta gasoso dos anéis, somente menor do que Júpiter. Depois de percorrer cerca de 3,5 bilhões de quilômetros, uma nave produzida por um consórcio norte-americano-europeu – a Cassini-Huygens – orbitou Saturno, enviando à Terra detalhadíssimas imagens do seu polo norte, bem como das luas Titã (onde pousou a sonda Huygens) e Encélado.

Mas já fomos mais longe, realmente aos confins do nosso sistema planetário. A primeira nave espacial não tripulada feita pelo homem – a New Horizons – se avizinhou de Plutão, corpo celeste rebaixado à condição de planeta-anão, entre todos os planetas, o mais distante do Sol (seu raio médio de órbita tem cerca de 39,29 UA, em que 1,00 UA, ou uma Unidade Astronômica, é a distância média entre a Terra e o Sol: 150 milhões de quilômetros). A viagem durou ao todo 9 anos e 6 meses, tendo a New Horizons – corpo do tamanho de um piano de cauda – percorrido algo próximo de 5 bilhões de quilômetros. Depois de ganhar velocidade por meio do "estilingue gravitacional" proporcionado por Júpiter, a nave seguiu "dormente" até ser "despertada" já na aproximação de Plutão. A 12 500 km do astro, a sonda produziu uma série de fotografias em alta definição que permitirão aos cientistas avaliarem muitas características do planeta-anão e de sua principal Lua, Caronte.

A imagem a seguir é uma das muitas centenas de fotos enviadas à Nasa pela New Horizons. Nela, aparecem Plutão (em primeiro plano) e a lua Caronte (ao fundo), satélite natural com centro distante cerca de 19 600 quilômetros do centro de Plutão e com massa próxima de 15% da massa de Plutão. Na realidade, Plutão-Caronte é considerado um astro binário, já que os dois corpos celestes giram em torno do centro de massa do sistema com velocidade angular estimada em 1,0 rad/dia.

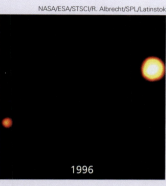

1930 — 1996 — 2015

// Plutão-Caronte em uma das imagens enviadas à Terra pela New Horizons. O trânsito do sinal eletromagnético entre a espaçonave e a Nasa, região de vácuo sideral, tem duração próxima de cinco horas.

// Aqui, da primeira à mais recente imagem de Plutão: a tecnologia proporciona notáveis avanços.

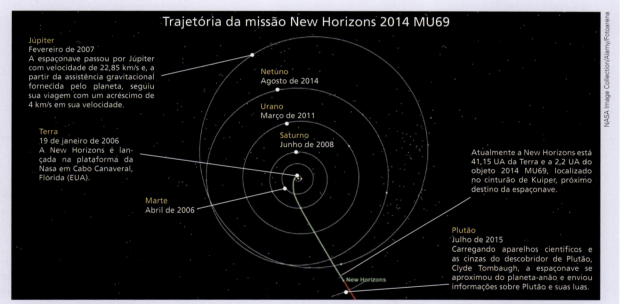

// A aventura da New Horizons: cerca de 5 bilhões de quilômetros em 9,5 anos. Dados disponíveis em: <http://pluto.jhuapl.edu/Mission/Where-is-New-Horizons/Passing-Planets-Jupiter.php>. Acesso em: 2 ago. 2018.

É consensual na comunidade científica que o sistema solar deverá entrar em colapso daqui a cerca de 5 bilhões de anos, pondo fim ao nosso planeta e toda sorte de vida encontrada por aqui. Por isso, visando-se preservar especialmente a raça humana, tornou-se imperativo prospectar-se no Universo alternativas de habitabilidade similares à Terra – exoplanetas.

No momento, o que há de mais promissor na Via Láctea – a nossa galáxia – é um sistema recém-descoberto situado a 39 anos-luz, constituído de uma pequena estrela – a Trappist-1 – que tem sete planetas rochosos a gravitar em órbitas praticamente circulares ao seu redor. Esses planetas, em ordem de distâncias crescentes ao seu "sol", foram chamados provisoriamente de **b**, **c**, **d**, **e**, **f**, **g** e **h**, respectivamente. As temperaturas nesses astros variam entre 0 °C e 100 °C, o que possibilita a existência de água no estado líquido em suas superfícies.

O infográfico a seguir traz algumas estimativas já elaboradas em relação aos planetas da Trappist-1, comparadas com parâmetros da Terra.

// Trappist-1: o futuro *habitat* da humanidade?

A aventura humana pelo espaço deverá buscar, porém, antes de tudo, naves mais velozes que tornem mais breve a permanência de "terráqueos" embarcados. Isso nos leva a considerar veículos que possam se deslocar a velocidades da ordem da velocidade da luz no vácuo: 300 000 km/s. Esses *space shuttles* utilizariam "dobras" no espaço-tempo, cuja existência é justificada pela Teoria da Relatividade Geral.

Antes de seguirmos nosso estudo, é importante que você saiba o que é uma elipse.

> **Elipse** é o conjunto de pontos de um plano para os quais a soma das distâncias d_1 e d_2, respectivamente a dois pontos fixos, denominados focos, **F₁** e **F₂** pertencentes a esse plano, permanece constante.

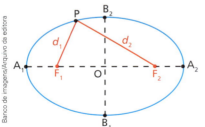

// Qualquer que seja o ponto **P** considerado na elipse, tem-se $d_1 + d_2 =$ constante.

Observando a figura ao lado, note que uma elipse é composta dos seguintes elementos geométricos:

F₁ e **F₂** são os focos;
$OA_1 = OA_2$ são os semieixos maiores;
$OB_1 = OB_2$ são os semieixos menores.

Façamos $OA_1 + OA_2 = E$ (eixo maior da elipse) e $OF_1 + OF_2 = f$ (distância entre os focos da elipse). Chama-se **excentricidade da elipse** a grandeza adimensional *e* dada por:

$$e = \frac{f}{E} \quad (0 \leq e < 1)$$

Se $f = 0$, **F₁** e **F₂** serão coincidentes e a elipse assumirá a forma particular de uma circunferência com o centro localizado em $F_1 \equiv F_2$. Se *f* tender a **E**, porém, a excentricidade *e* se aproximará de 1 e a elipse ficará semelhante a um segmento de reta.

Faça você mesmo

Elipses

Desenhar uma elipse é uma tarefa relativamente simples.

Material necessário

- 2 pregos;
- 1 barbante;
- 1 giz ou lápis.

Procedimento

I. Fixe os dois pregos em dois pontos **F₁** e **F₂** de uma superfície plana, de modo que a distância entre eles seja menor que o comprimento do barbante.
II. Em cada prego, amarre uma das extremidades do barbante (figura 1).
III. Coloque o giz em contato com o barbante (de modo que este permaneça esticado) e, com ele, vá riscando a superfície (figura 2).
IV. A figura obtida será uma elipse, de acordo com a definição apresentada, com os pregos situados em seus respectivos focos.

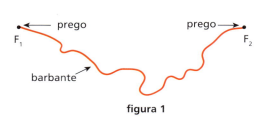

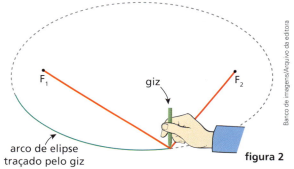

Desenvolvimento

Analise o seguinte fato: se o local onde estão os pregos fosse alterado, continuaria se formando uma elipse?

2. As Leis de Kepler

Foi por intermédio de Kepler que a Astronomia se desvencilhou da Teologia para se ligar definitivamente à Física.

Dono de uma personalidade indagadora e obstinada, esse professor de Matemática e Astronomia, conhecedor das teorias de Copérnico, herdou um grande acervo de informações e medidas. Esses ingredientes ajudaram-no a verificar que existem notórias regularidades nos movimentos planetários, de modo que ele pôde formular, mesmo sem demonstrar matematicamente, três generalizações, conhecidas como **Leis de Kepler**.

// Ainda hoje, mesmo dispondo do supertelescópio Hubble, visto aqui em representação artística, e de outros artefatos de exploração espacial, não temos teorias definitivas sobre o Universo.

1ª Lei – Lei das órbitas

Em relação a um referencial no Sol, os planetas movimentam-se descrevendo **órbitas elípticas**, ocupando o Sol um dos focos da elipse.

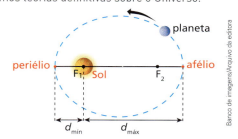

TÓPICO 4 | GRAVITAÇÃO   345

O ponto da órbita mais próximo do Sol é denominado **periélio**, e o mais afastado, **afélio**.

Chamando de $d_{mín}$ e $d_{máx}$ as distâncias do periélio e do afélio ao centro do Sol, respectivamente, definimos **raio médio da órbita** (R) do planeta como a média aritmética entre $d_{mín}$ e $d_{máx}$.

$$R = \frac{d_{mín} + d_{máx}}{2}$$

De acordo com a definição acima, podemos concluir que o raio médio da órbita é o semieixo maior da elipse.

Entre os planetas do sistema solar, Mercúrio é o que descreve órbita de maior excentricidade. Os demais planetas, inclusive a Terra, realizam órbitas praticamente circulares, como pode ser observado na tabela ao lado, em que apresentamos o valor da excentricidade da órbita de cada planeta.

O fato de existirem órbitas praticamente circulares não invalida, contudo, a 1ª Lei de Kepler, já que a circunferência é um caso particular de elipse que tem os focos coincidentes.

Uma evidência de que a órbita da Terra é praticamente circular é que, quando observamos o Sol, ele nos aparenta ter o mesmo

Planeta	Excentricidade da elipse
Mercúrio	0,205
Vênus	0,007
Terra	0,017
Marte	0,094
Júpiter	0,049
Saturno	0,057
Urano	0,046
Netuno	0,011

Fonte: <https://nssdc.gsfc.nasa.gov/planetary/factsheet/>.
Acesso em: 22 jul. 2018.

"tamanho" em qualquer época do ano. Se a órbita terrestre fosse uma elipse de grande excentricidade, visualizaríamos o Sol muito grande quando o planeta percorresse a região do periélio e muito pequeno quando o planeta percorresse a região do afélio. Além disso, na passagem da Terra pela região do periélio, sentiríamos um calor imenso, ficando sujeitos a marés devastadoras. Na passagem da Terra pela região do afélio, porém, nos submeteríamos a fenômenos opostos: sentiríamos um frio glacial e as marés seriam amenas, provocadas quase que exclusivamente pela influência da Lua.

2ª Lei – Lei das áreas

As áreas varridas pelo vetor-posição de um planeta em relação ao centro do Sol são **diretamente proporcionais** aos respectivos intervalos de tempo gastos.

Sendo A a área e Δt o correspondente intervalo de tempo, podemos escrever que:

$$A = v_a \Delta t$$

A constante de proporcionalidade v_a denomina-se **velocidade areolar** e caracteriza a rapidez com que o vetor-posição do planeta, que tem origem no centro do Sol e extremidade no centro do planeta, varre as respectivas áreas.

Também podemos enunciar a Lei das áreas da seguinte maneira:

O vetor-posição de um planeta em relação ao centro do Sol varre **áreas iguais em intervalos de tempo iguais**.

Considere a figura ao lado, que ilustra um planeta em quatro instantes consecutivos do seu movimento orbital em torno do Sol. Nela, estão representados os vetores-posição $\vec{r}_A$, $\vec{r}_B$, $\vec{r}_C$ e $\vec{r}_D$ associados aos instantes t_A, t_B, t_C e t_D respectivamente.

Representamos por A_1 e A_2 as áreas varridas pelo vetor-posição do planeta nos intervalos $\Delta t_1 = t_B - t_A$ e $\Delta t_2 = t_D - t_C$:

Conforme propõe a 2ª Lei de Kepler, temos:

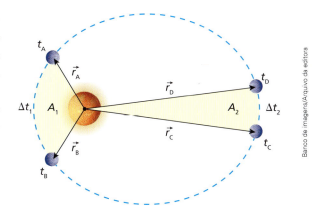

> Se $\Delta t_1 = \Delta t_2$, então $A_1 = A_2$.

É importante reforçar que a velocidade areolar para um dado planeta do sistema solar é **constante**. Isso não significa, porém, que o movimento do planeta ao longo de sua órbita seja uniforme.

Admitimos que, na figura ao lado, as áreas A_1 e A_2 sejam varridas em intervalos de tempo iguais. Com base na Lei das áreas, concluímos que $A_1 = A_2$ e que, devido à excentricidade da órbita, o espaço percorrido pelo planeta na região do periélio (deslocamento escalar) é maior que o espaço percorrido pelo planeta na região do afélio ($\Delta s_1 > \Delta s_2$).

Ora, se na região do periélio, num intervalo de tempo de mesma duração, o planeta percorre um espaço maior que o percorrido na região do afélio, podemos dizer que sua velocidade escalar média de translação é maior na região do periélio que na do afélio.

No periélio, o planeta tem velocidade de translação com intensidade **máxima**, enquanto no afélio ele tem velocidade de translação com intensidade **mínima**.

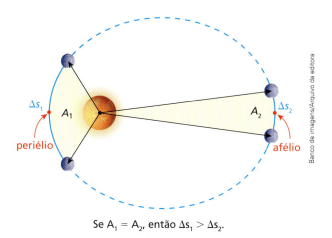

Se $A_1 = A_2$, então $\Delta s_1 > \Delta s_2$.

Isso nos mostra que o movimento de um planeta que descreve órbita elíptica em torno do Sol **não é uniforme**. Do afélio para o periélio, o movimento é **acelerado**, e, do periélio para o afélio, o movimento é **retardado**.

A explicação para esse mecanismo está na **força de atração gravitacional** que o Sol exerce no planeta. Essa força, que está sempre dirigida para o centro de massa do Sol, foi descrita por Newton, como veremos detalhadamente no Bloco 2 deste tópico.

Observe na figura ao lado que, do afélio para o periélio, a força gravitacional admite uma componente tangencial no sentido da velocidade, ocorrendo o contrário do periélio para o afélio.

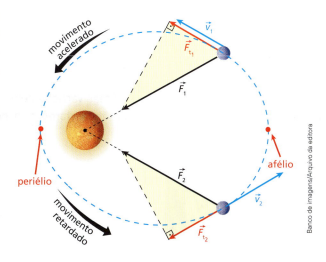

Destacamos que:

> O movimento será **uniforme** no caso particular de planetas descrevendo órbitas circulares.

3ª Lei – Lei dos períodos

Para qualquer planeta do sistema solar, é **constante** o quociente do cubo do raio médio da órbita, R^3, pelo quadrado do período de revolução (ou translação), T^2, em torno do Sol.

$$\frac{R^3}{T^2} = K_p$$

A constante K_p denomina-se **constante de Kepler** e seu valor depende apenas da massa do Sol e das unidades de medida.

Na tabela abaixo, estão relacionados os oito planetas do sistema solar com seus respectivos raios médios de órbita (R) e períodos de revolução (T). Na coluna à direita, aparecem os valores do quociente $\frac{R^3}{T^2}$ para cada caso.

Planeta	Raio médio da órbita (UA)	Período de revolução (dias)	$\frac{R^3}{T^2}$ (UA³/dias²)
Mercúrio	0,387	88,0	$7,48 \cdot 10^{-6}$
Vênus	0,723	224,70	$7,48 \cdot 10^{-6}$
Terra	1,000	365,25	$7,49 \cdot 10^{-6}$
Marte	1,524	687	$7,50 \cdot 10^{-6}$
Júpiter	5,200	4331	$7,49 \cdot 10^{-6}$
Saturno	9,580	10747	$7,61 \cdot 10^{-6}$
Urano	19,195	30589	$7,55 \cdot 10^{-6}$
Netuno	30,055	59800	$7,59 \cdot 10^{-6}$

Fonte: <https://nssdc.gsfc.nasa.gov/planetary/factsheet/planet_table_ratio.html>.
Acesso em: 22 jul. 2018.

Note que o período de revolução cresce com o raio médio da órbita descrita pelo planeta em torno do Sol. Mercúrio é o planeta mais próximo do Sol e, por isso, é o que tem o menor ano (88 dias terrestres). Netuno é o planeta mais afastado do Sol e, por isso, é o que tem maior ano (aproximadamente 164 anos terrestres).

3. Universalidade das Leis de Kepler

As três Leis de Kepler apresentadas até aqui são **universais**, isto é, valem para o sistema solar a que pertencemos e também para qualquer outro sistema do Universo em que exista uma grande massa central em torno da qual gravitem massas menores. O planeta Júpiter e seus setenta e nove satélites, por exemplo, constituem um sistema desse tipo. O mesmo ocorre com Marte e seus satélites Deimos e Fobos.

Em torno da Terra, gravitam a Lua e centenas de satélites artificiais, além de muita sucata espacial. Nessa situação, podemos aplicar as três leis de Kepler, com a Terra fazendo o papel de "Sol" e os citados corpos, o papel de "planetas".

Nesta imagem, uma espaçonave coloca um satélite em órbita da Terra. Quanto maior for o raio médio da órbita do satélite, maior será seu período de revolução ao redor do planeta.

Exercícios   Nível 1

1. Adotando o Sol como referencial, aponte a alternativa que condiz com a 1ª Lei de Kepler da Gravitação (Lei das órbitas):

a) As órbitas planetárias são quaisquer curvas, desde que fechadas.
b) As órbitas planetárias são espiraladas.
c) As órbitas planetárias não podem ser circulares.
d) As órbitas planetárias são elípticas, com o Sol ocupando o centro da elipse.
e) As órbitas planetárias são elípticas, com o Sol ocupando um dos focos da elipse.

2. Na figura a seguir, está representada a órbita elíptica de um planeta em torno do Sol:

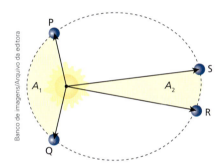

a) Se os arcos de órbita **PQ** e **RS** são percorridos em intervalos de tempo iguais, qual a relação entre as áreas A_1 e A_2?
b) Em que lei física você se baseou para responder ao item **a**?

3. (PUC-MG) A figura abaixo representa o Sol, três astros celestes e suas respectivas órbitas em torno do Sol: Urano, Netuno e o objeto recentemente descoberto (década de 1990), de nome 1996 TL$_{66}$.

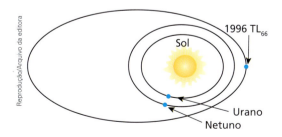

Analise as afirmativas a seguir:

I. Essas órbitas são elípticas, estando o Sol em um dos focos dessas elipses.
II. Os três astros representados executam movimento uniforme em torno do Sol, cada um com um valor de velocidade diferente do dos outros.
III. Dentre os astros representados, quem gasta menos tempo para completar uma volta em torno do Sol é Urano.

Indique:

a) se todas as afirmativas são corretas.
b) se todas as afirmativas são incorretas.
c) se apenas as afirmativas I e II são corretas.
d) se apenas as afirmativas II e III são corretas.
e) se apenas as afirmativas I e III são corretas.

4. (UFRGS-RS) A elipse, na figura abaixo, representa a órbita de um planeta em torno de uma estrela S. Os pontos ao longo da elipse representam posições sucessivas do planeta, separadas por intervalos de tempo iguais. As regiões alternadamente coloridas representam as áreas varridas pelo raio vetor da trajetória nesses intervalos de tempo. Na figura, em que as dimensões dos astros e o tamanho da órbita não estão em escala, o segmento de reta $\overline{SH}$, de comprimento p, representa a distância do afélio ao foco da elipse.

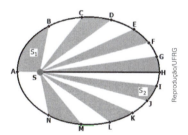

Considerando-se que a única força atuante no sistema estrela-planeta seja a força gravitacional, são feitas as seguintes afirmações.

I. As áreas S_1 e S_2, varridas pelo raio vetor da trajetória, são iguais.
II. O período da órbita é proporcional a p^3.
III. As velocidades tangenciais do planeta nos pontos **A** e **H**, V_A e V_H, são tais que $V_A > V_H$.

Quais estão corretas?

a) Apenas I.
b) Apenas I e II.
c) Apenas I e III.
d) Apenas II e III.
e) I, II e III.

5. O astrônomo alemão Johannes Kepler apresentou três generalizações a respeito dos movimentos planetários em torno do Sol, conhecidas como Leis de Kepler.
Fundamentado nessas leis, analise as proposições a seguir:
(01) O quociente do cubo do raio médio da órbita pelo quadrado do período de revolução é constante para qualquer planeta do sistema solar.
(02) Quadruplicando-se o raio médio da órbita, o período de revolução de um planeta em torno do Sol octuplica.
(04) Quanto mais próximo do Sol (menor raio médio de órbita) gravitar um planeta, maior será seu período de revolução.
(08) No sistema solar, o período de revolução dos planetas em torno do Sol cresce de Mercúrio para Netuno.
(16) Quando a Terra está mais próxima do Sol (região do periélio), a estação predominante no planeta é o verão.
Dê como resposta a soma dos números associados às proposições corretas.

6. A **Estação Espacial Internacional** (EEI), ou em inglês International Space Station (ISS), é um laboratório espacial completamente concluído, cuja montagem em órbita começou em 1998 e acabou oficialmente em 8 de junho de 2011. A estação encontra-se em órbita baixa, em altitude próxima de 345 km, o que possibilita ser vista da Terra a olho nu. A espaçonave viaja a uma velocidade escalar média de 27 700 km/h, completando 15,77 órbitas por dia, o que significa um período de translação em torno da Terra de aproximadamente 1h 31 min 18 s.

// Representação artística da EEI.

À medida que foi sendo montada em pleno espaço por meio de sucessivas missões americanas, russas e europeias, a EEI foi adquirindo maior massa. Supondo-se que o raio de órbita do laboratório não tenha sido alterado, que modificação no período de translação dessa base sua montagem acarretou?

Exercícios Nível 2

7. Com relação às Leis de Kepler, podemos afirmar que:
   a) não se aplicam ao estudo da gravitação da Lua em torno da Terra;
   b) só se aplicam ao sistema solar a que pertencemos;
   c) aplicam-se à gravitação de quaisquer corpos em torno de uma grande massa central;
   d) contrariam a Mecânica de Newton;
   e) não preveem a possibilidade da existência de órbitas circulares.

8. (Unicamp-SP) A figura a seguir representa a órbita descrita por um planeta em torno do Sol. O sentido de percurso está indicado pela seta. Os pontos **A** e **C** são colineares com o Sol, o mesmo ocorrendo com os pontos **B** e **D**. O ponto **A** indica o local de maior aproximação do planeta em relação ao Sol e o ponto **C**, o local de maior afastamento.

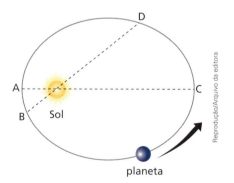

a) Em que ponto da órbita o planeta tem velocidade de translação com intensidade máxima? E em que ponto sua velocidade de translação tem intensidade mínima?
b) Segundo Kepler, a linha imaginária que liga o planeta ao centro do Sol "varre" áreas iguais em intervalos de tempo iguais. Fundamentado

nessa informação, coloque em **ordem crescente** os intervalos de tempo necessários para o planeta realizar os seguintes percursos: **ABC**, **BCD**, **CDA** e **DAB**.

9. (Unifae-SP) O periélio da órbita de um planeta ao redor do Sol é o ponto dessa órbita em que o planeta está o mais próximo possível do Sol. O afélio é o ponto de maior afastamento do planeta em relação ao sol.

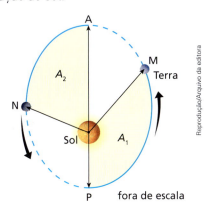

Em 2014, a Terra passou pelo periélio, ponto **P** na figura, no início de janeiro e pelo afélio, ponto **A**, seis meses depois.

Considerando-se que a Terra se move no sentido indicado pelas setas na figura, que as áreas A_1 e A_2 são iguais e que, em 2014, a Terra passou pelo ponto **M** no início do mês de maio é correto afirmar que, nesse mesmo ano, ela passou pelo ponto **N** no início do mês de

a) setembro.
b) dezembro.
c) novembro.
d) agosto.
e) outubro.

10. **E.R.** Considere um planeta hipotético gravitando em órbita circular em torno do Sol. Admita que o raio da órbita desse planeta seja o quádruplo do raio da órbita da Terra. Nessas condições, qual o período de translação do citado planeta, expresso em anos terrestres?

Resolução:
Sejam:
r_T: raio da órbita da Terra ($r_T = R$);
r_H: raio da órbita do planeta hipotético ($r_H = 4R$);
T_T: período de translação da Terra (ano da Terra);
T_H: período de translação do planeta hipotético (ano do planeta).

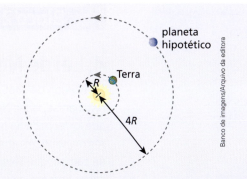

Aplicando a 3ª Lei de Kepler (Lei dos períodos) para os dois planetas, temos:

$$\frac{r^3}{T^2} = K_p \text{ (constante de Kepler)}$$

Assim:

- para o planeta hipotético: $\dfrac{r_H^3}{T_H^2} = K_p$ (I)

- para a Terra: $\dfrac{r_T^3}{T_T^2} = K_p$ (II)

Comparando (I) e (II), segue que:

$$\frac{r_H^3}{T_H^2} = \frac{r_T^3}{T_T^2} \Rightarrow T_H^2 = \left(\frac{r_H}{r_T}\right)^3 T_T^2$$

Como estabelecemos que $r_H = 4R$ e $r_T = R$, temos:

$$T_H^2 = \left(\frac{4R}{R}\right)^3 T_T^2 \Rightarrow T_H^2 = 64 T_T^2 \Rightarrow \boxed{T_H = 8 T_T}$$

Logo:

O ano do planeta hipotético é oito vezes o terrestre.

11. Em torno de um planeta fictício gravitam, em órbitas circulares e coplanares, dois satélites naturais: Taurus e Centaurus. Sabendo que o período de revolução de Taurus é 27 vezes o de Centaurus e que o raio da órbita de Centaurus vale R, determine:
a) o raio da órbita de Taurus;
b) o intervalo de valores possíveis para a distância que separa os dois satélites durante seus movimentos em torno do planeta.

12. Admita que o período de revolução da Lua em torno da Terra seja de 27 dias e que o raio da sua órbita valha $60R$, sendo R o raio da Terra. Considere um satélite geoestacionário, desses utilizados em telecomunicações. Em relação ao referido satélite, responda:
a) Qual o período de revolução?
b) Qual o raio de órbita?

Bloco 2

4. Lei de Newton da Atração das Massas

No ano de 1665, uma grande epidemia de peste assolou a Inglaterra. Buscando refugiar-se, Isaac Newton interrompeu suas atividades na Universidade de Cambridge, que foi fechada na ocasião, e retornou a Woolsthorpe, localidade em que seus familiares mantinham uma pequena propriedade rural. Foi nesse momento, na tranquilidade do campo, que Newton viveu, aos 23 anos, uma das fases mais fecundas de sua vida como homem de ciência. Apoiado nos trabalhos de seus antecessores (Copérnico, Galileu e Kepler), ele enunciou uma lei de âmbito universal, que trouxe nova luz ao conhecimento da época. A Lei de Newton da Atração das Massas é um dos mais prodigiosos trabalhos de seu autor, constituindo-se em um dos instrumentos que deu sustentação matemática às teorias da Mecânica Clássica.

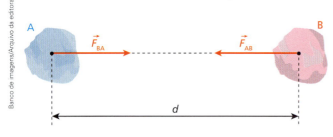

Considere a figura ao lado, em que os corpos **A** e **B**, de massas m_A e m_B, respectivamente, têm seus centros de gravidade separados por uma distância d.

Newton verificou que os dois corpos se atraem mutuamente, trocando forças de **ação** e **reação**. O corpo **A** age no corpo **B** com uma força $\vec{F}_{AB}$, enquanto **B** reage em **A** com uma força $\vec{F}_{BA}$, de mesma intensidade que $\vec{F}_{AB}$.

Temos, então, que:

$$\vec{F}_{AB} = -\vec{F}_{BA} \quad \text{(vetorialmente)}$$
$$F_{AB} = F_{BA} \quad \text{(em módulo)}$$

As forças trocadas por **A** e **B** têm a mesma natureza daquela responsável pela manutenção da Lua em sua órbita em torno da Terra e também daquela responsável pela queda de corpos nas vizinhanças de um astro: são forças atrativas de **origem gravitacional**.

As intensidades de $\vec{F}_{AB}$ e $\vec{F}_{BA}$ são diretamente proporcionais ao produto das massas m_A e m_B, mas inversamente proporcionais ao quadrado da distância d. Representando por F a intensidade de $\vec{F}_{AB}$ ou de $\vec{F}_{BA}$, podemos escrever que:

$$F = G \frac{m_A m_B}{d^2}$$

A constante G denomina-se **Constante da Gravitação** e seu valor numérico, num mesmo sistema de unidades, **independe do meio** em que os corpos se encontram.

Foi o físico e químico inglês Henry Cavendish (1731-1810) quem, em 1798, obteve a primeira medida precisa para a Constante da Gravitação. Utilizando uma balança de torção, ele mediu a intensidade da força atrativa entre dois pares de corpos de massas conhecidas e, a partir dos dados obtidos, calculou o valor de G.

Atualmente, o valor aceito para G é:

$$G = 6{,}67 \cdot 10^{-11} \text{ N m}^2/\text{kg}^2$$

Vamos agora estudar como varia a intensidade (F) da força de atração gravitacional entre dois corpos de massas M e m em função da distância d entre seus centros de gravidade.

Levando em consideração que F é inversamente proporcional ao quadrado de d, temos a tabela:

Distância	d	2d	3d	4d
Força	F	$\frac{F}{4}$	$\frac{F}{9}$	$\frac{F}{16}$

A variação de F em função de d pode ser observada no diagrama abaixo.

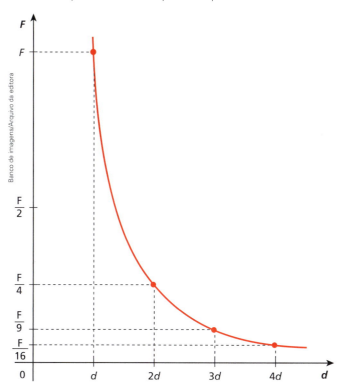

A Terra e a Lua atraem-se gravitacionalmente trocando forças de ação e reação. É devido à força recebida da Terra que a Lua mantém-se em órbita ao seu redor, realizando uma volta completa em, aproximadamente, 27 dias.

NOTA!

Dois corpos quaisquer sempre interagem gravitacionalmente, atraindo-se. Entretanto, pelo fato de o valor de G ser muito pequeno ($6,67 \cdot 10^{-11}$ no SI), a intensidade da força atrativa só se torna apreciável se pelo menos uma das massas for consideravelmente grande. É por isso que duas pessoas, por exemplo, se atraem gravitacionalmente, mas com forças de intensidade tão pequena que seus efeitos passam despercebidos. A força de atração gravitacional adquire intensidade considerável quando um dos corpos é, por exemplo, um planeta e, além disso, a distância envolvida é relativamente pequena.

5. Satélites

Estudo do movimento de um satélite genérico

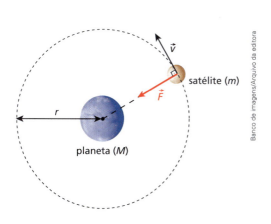

Considere a figura ao lado, em que um satélite genérico de massa m gravita em órbita circular em torno de um planeta de massa M. Representemos por r o raio da órbita e por G a Constante da Gravitação.

Como prevê, por exemplo, a **2ª Lei de Kepler**, se a órbita descrita pelo satélite é circular, seu movimento é **uniforme**.

TÓPICO 4 | GRAVITAÇÃO **353**

Determinação da velocidade orbital (v)

A força gravitacional que o satélite recebe do planeta é a **resultante centrípeta** no seu movimento circular e uniforme.

$$F = F_{cp}$$

Mas: $\quad F = G\dfrac{Mm}{r^2} \quad e \quad F_{cp} = \dfrac{mv^2}{r}$

Assim: $\quad G\dfrac{Mm}{r^2} = \dfrac{mv^2}{r}$

Logo: $\quad \boxed{v = \sqrt{\dfrac{GM}{r}}}$

Observe que v independe da massa do satélite, sendo inversamente proporcional à raiz quadrada de r.

Determinação do período de revolução (T)

Como o satélite realiza movimento circular e uniforme, temos que:

$$v = \dfrac{2\pi r}{T} \Rightarrow T = \dfrac{2\pi r}{v}$$

Sendo $v = \sqrt{\dfrac{GM}{r}}$, segue que:

$$T = \dfrac{2\pi r}{\sqrt{\dfrac{GM}{r}}} \Rightarrow T = 2\pi \sqrt{\dfrac{r^2}{\dfrac{GM}{r}}}$$

Donde: $\quad \boxed{T = 2\pi \sqrt{\dfrac{r^3}{GM}}}$

Note que T também independe da massa do satélite, sendo proporcional à raiz quadrada do cubo de r. Se um outro satélite, com massa diferente do primeiro, descrevesse a mesma órbita, esta seria percorrida com o mesmo período de revolução.

Ao formular a Lei da Atração das Massas, Newton pôde demonstrar matematicamente a 3ª Lei de Kepler. Seguindo um raciocínio semelhante ao que desenvolvemos para obter a equação do período de revolução, ele confirmou que, para qualquer corpo em órbita de uma grande massa central, o quociente $\dfrac{r^3}{T^2}$ é **constante**. A constante, denominada constante de Kepler no caso do sistema solar, nada mais é que o quociente $\dfrac{GM}{4\pi^2}$ e, de fato, só depende da massa central (M).

$$\boxed{\dfrac{r^3}{T^2} = \dfrac{GM}{4\pi^2} \Rightarrow \text{constante}}$$

Determinação da velocidade areolar (v_a)

Quando o satélite realiza uma volta completa em sua órbita, seu vetor-posição em relação ao centro do planeta varre uma área $A = \pi r^2$ durante um intervalo de tempo $\Delta t = T$.

Da **2ª Lei de Kepler**, sabemos que:

$$A = v_a \Delta t \Rightarrow v_a = \frac{A}{\Delta t}$$

Com $A = \pi r^2$ e $\Delta t = T = 2\pi\sqrt{\dfrac{r^3}{GM}}$, calculemos v_a:

$$v_a = \frac{A}{\Delta t} \Rightarrow v_a = \frac{\pi r^2}{2\pi\sqrt{\dfrac{r^3}{GM}}}$$

Logo:
$$v_a = \frac{1}{2}\sqrt{GMr}$$

Da mesma forma que v e T, a velocidade areolar v_a independe da massa do satélite, mas depende do raio da órbita (r) e da massa do planeta (M) que, no caso, faz o papel de "Sol".

Lançamento horizontal com entrada em órbita

Sabe-se que Newton unificou as ideias de Galileu e Kepler ao identificar a órbita da Lua como equivalente ao movimento de um projétil. O raciocínio de Newton foi o seguinte: imagine um canhão no topo de uma montanha muito alta, como mostrado esquematicamente, fora de escala, na figura ao lado.

A trajetória de um projétil disparado pelo canhão vai depender de sua velocidade inicial. Na ausência de gravidade ou resistência do ar, o movimento do projétil seria uma linha reta com velocidade constante, conforme determinado pelo princípio da inércia; mas a gravidade deflete a trajetória do projétil, fazendo-o cair com aceleração radial. Se sua velocidade inicial for pequena, o projétil cairá perto da base da montanha (trajetória **A**). De acordo com essas ideias, é possível imaginar que, se aumentássemos a potência do canhão, no final o projétil teria uma velocidade horizontal suficiente para, simplesmente, "continuar caindo". Embora esteja sendo atraído continuamente para baixo pela força gravitacional, ele nunca vai bater no chão. Ou seja, o projétil entraria em órbita (trajetória **C**), e viraria um satélite da Terra.

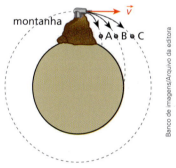

// Ilustração com tamanhos e distâncias fora de escala.

Considerando um corpo de massa m em órbita rasante (raio da órbita praticamente igual ao raio R terrestre), calculemos a intensidade v da velocidade de lançamento.

O peso faz o papel de resultante centrípeta, logo:

$$P = F_{cp} \Rightarrow mg = \frac{mv^2}{R}$$

Daí:
$$v = \sqrt{gR}$$

Sendo $g \cong 10$ m/s² a aceleração da gravidade nas proximidades da Terra e $R \cong 6,4 \cdot 10^6$ m o raio do planeta, vem:

$$v = \sqrt{10 \cdot 6,4 \cdot 10^6} \therefore \boxed{v = 8,0 \cdot 10^3 \text{ m/s} = 8,0 \text{ km/s}}$$

Em km/h, a velocidade calculada fica expressa por:

$$v = 8,0 \cdot 10^3 \cdot 3,6 \therefore \boxed{v = 28\,800 \text{ km/h}}$$

A velocidade determinada tem a denominação de **velocidade cósmica primeira**. Observe que essa velocidade independe da massa do corpo.

Ampliando o olhar

Satélites estacionários

A saga dos satélites artificiais teve início em 4 de outubro de 1957 quando foi colocado em órbita o Sputnik, fabricado pela então União Soviética. Esse artefato deu início à corrida espacial, que envolveu as duas superpotências da época, Estados Unidos e União Soviética. A busca pela supremacia espacial, que incluiu o desenvolvimento de satélites "espiões", exacerbou a "guerra fria" entre as duas nações.

Idealizados por Herman Potočnik (1892-1929) e popularizados por Arthur C. Clarke (1917-2008), inventor e autor de ficção científica inglês, em um artigo de 1945, os satélites estacionários – ou geoestacionários – são utilizados essencialmente para observação de pontos específicos da Terra e em telecomunicações, prestando-se, sobretudo, à telefonia e à transmissão de sinais de TV. Recebem e transmitem micro-ondas de frequências compreendidas entre 1 GHz e 10 GHz. Essas radiações têm a propriedade de atravessar facilmente a ionosfera, tanto em direção ao satélite como no retorno, rumo a antenas captadoras na superfície do planeta.

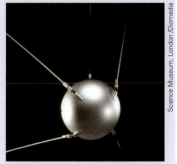

// O Sputnik foi o pioneiro. Lançado pelos soviéticos, esse satélite, de formato esférico, permaneceu 22 dias em órbita baixa e obteve dados importantes a respeito das altas camadas da atmosfera terrestre.

Satélite: a Física nas comunicações

Os satélites estacionários descrevem órbitas circulares contidas no plano equatorial, no mesmo sentido da rotação da Terra, e recebem esse nome por permanecerem sempre parados em relação ao solo. Por exemplo, um satélite geoestacionário sobre a cidade de Macapá, situada na linha do equador, quando visualizado por alguém naquela localidade, sempre será observado imóvel e no zênite (a pino).

O período de translação desses satélites deve ser igual ao período de rotação da Terra, isto é T = 1 dia = 24 h = $8,64 \cdot 10^4$ s. Pode-se dizer também que os satélites estacionários deslocam-se em sua órbita com velocidade angular ω igual à velocidade angular de rotação do planeta.

Para permanecer parado em relação à superfície terrestre, um satélite estacionário deve descrever uma órbita de raio R bastante específica. É a chamada órbita Clarke.

// Vivemos hoje a era das comunicações. Esse novo tempo é possibilitado pela tecnologia, que coloca à nossa disposição a telefonia, a televisão e a internet. O tráfego de dados eletrônicos é feito em grande parte "via satélite", como sugere a ilustração acima (com tamanhos e distâncias fora de escala). Ondas eletromagnéticas contendo informações são transmitidas para satélites estacionários que as devolvem para a Terra, dirigindo-as aos locais de recepção.

Considerando-se a massa da Terra M ≅ $5,98 \cdot 10^{24}$ kg e a constante da Gravitação G ≅ $6,67 \cdot 10^{-11} \frac{Nm^2}{kg^2}$, determinemos o raio R da órbita dos satélites estacionários.

A força de atração gravitacional exercida pela Terra desempenha o papel de resultante centrípeta no movimento circular e uniforme do satélite.

$$F = F_{cp} \Rightarrow G\frac{Mm}{R^2} = m\omega^2 R \Rightarrow G\frac{M}{R^2} = \left(\frac{2\pi}{T}\right)^2 R$$

Da qual: $R = \sqrt[3]{\frac{T^2 GM}{4\pi^2}}$

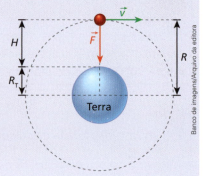

Adotando-se $\pi \cong 3,14$ e substituindo-se os valores de T, G e M, vem:

$$R = \sqrt[3]{\frac{(8,64 \cdot 10^4)^2 \cdot 6,67 \cdot 10^{-11} \cdot 5,98 \cdot 10^{24}}{4 \cdot (3,14)^2}} \therefore \boxed{R \cong 42\,265 \text{ km}}$$

Observando-se que o raio da Terra é $R_T \cong 6\,370$ km, a altura do satélite estacionário em relação à superfície terrestre é $H = R - R_T$. Dessa forma, o valor de H fica determinado por:

$$H \cong 42\,265 - 6\,370 \therefore \boxed{H \cong 35\,895 \text{ km}}$$

Tendo em conta os dados oferecidos, calcule em km/h a intensidade da velocidade de translação $\vec{v}$ do satélite estacionário. Verifique que essa velocidade é próxima de 11 059 km/h.

O telescópio Hubble, que descreve uma órbita praticamente circular em torno da Terra, a aproximadamente 600 km de altitude em relação ao solo, desloca-se em sua trajetória com que velocidade em km/h? Utilize os dados disponíveis neste texto, faça os cálculos e verifique que a citada velocidade é cerca de 27 233 km/h.

Levando-se em consideração aspectos puramente geométricos, cada satélite estacionário pode cobrir uma vasta região da superfície terrestre, como pode ser observado na ilustração ao lado, elaborada fora de escala, mas de acordo com os valores mencionados e determinados acima. O território brasileiro, por exemplo, poderia ser abrangido por um único satélite posicionado sobre a região amazônica.

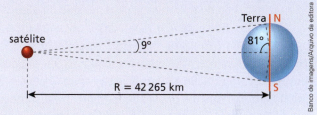

Na órbita dos satélites estacionários há mais de uma centena de artefatos em operação, pertencentes a vários países e corporações. Como todos trafegam no mesmo sentido e com a mesma velocidade linear, não ocorrem colisões entre eles. Pequenas correções de órbita podem ser realizadas por meio de autopropulsão controlada – geralmente minifoguetes acoplados a cada equipamento.

Mas satélites em geral têm vida útil determinada. Depois de esgotarem suas baterias e outros sistemas se deteriorarem, tansformam-se em lixo espacial.

Atualmente, gravitam ao redor da Terra cerca de 700 000 objetos, que vão de ferramentas e pequenas peças largadas por astronautas da Estação Espacial Internacional até grandes corpos, como satélites e antigas bases espaciais. Alguns desses corpos acabam despencando, acelerados e atraídos pelo campo gravitacional do planeta, mas, para sorte da população, desintegram-se ao adentrar a atmosfera, e os pequenos fragmentos que não se desmancham caem em grande número nos oceanos, mares e regiões desabitadas.

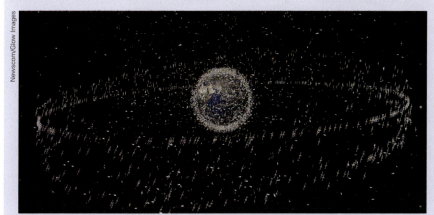

// Nesta ilustração, representa-se o lixo especial que gravita ao redor da Terra: cerca de 700 000 objetos. Fragmentos de tamanho avantajado, com velocidades da ordem de 10^4 km/h, constituem perigo iminente a satélites e para astronautas em missão fora das respectivas naves espaciais.

Para saber mais:

<www.geocities.ws/saladefisica5/leituras/satelites.html>. Acesso em: 17 jun. 2018.

Ampliando o olhar

A Estação Espacial Internacional (EEI)

O fim da Guerra Fria provocou sensíveis distensões nas relações entre Estados Unidos e Rússia, os quais passaram a adotar políticas de cooperação mútua e parcerias tecnológicas. O sonho norte-americano de construir uma base espacial maior e mais moderna que a soviética *Mir*, colocada em órbita em 1986 e notabilizada por abrigar astronautas por longos períodos de tempo, de um ano ou mais, ganhou contornos concretos, já que o ideal envolveu e agregou também outros rincões do planeta.

Associaram-se às duas nações outros quatorze países – o Canadá, o Japão, o Brasil (único país em desenvolvimento a integrar o consórcio) e onze países da Europa –, cada qual com direito de utilização proporcional aos investimentos financeiros aplicados e às contribuições tecnológicas propostas. O grupo elaborou, então, um ambicioso projeto, orçado em cerca de 100 bilhões de dólares, prevendo a construção de uma gigantesca base a ser montada em etapas, denominada Estação Espacial Internacional (EEI). Em novembro de 1998, foram lançados os primeiros módulos, iniciando-se assim uma sucessão de acoplagens e conexões em pleno espaço. Em julho de 2011, a montagem da EEI foi encerrada, restando a partir daí apenas serviços de manutenção e reposição de alguns equipamentos.

A EEI tem cerca de 420 toneladas e abrange uma área equivalente a quase dois campos de futebol, com 110 m de comprimento por 73 m de largura. Ela pode ser vista da Terra, inclusive durante o dia, constituindo-se no corpo mais brilhante no céu depois do Sol e da Lua. Sua órbita, que tem altura média de 407 km em relação à superfície terrestre, é percorrida a cada 1 h 30 min a uma velocidade próxima de 28 000 km/h, o que lhe possibilita percorrer a distância entre Rio de Janeiro e Paris em apenas 20 min.

A EEI pode servir de ponto de partida para outras missões de exploração do cosmo. Em razão de sua inclinação de 51,6 graus em relação ao equador, é um posto privilegiado de observação da Terra, já que praticamente a totalidade do planeta (85% da sua área superficial) pode ser visualizada e monitorada. Fenômenos meteorológicos podem ser mais bem avaliados. Cientistas dos países signatários do ousado empreendimento podem realizar experimentos em ambiente de microgravidade, verificando o comportamento de substâncias e organismos vivos – até do próprio ser humano – submetidos a essas condições, o que torna possível o desenvolvimento de novos materiais, procedimentos técnicos, terapias e medicamentos. Será possível criar no futuro próximo tecnologias mais avançadas para diversas áreas, como robótica, computação e telecomunicações.

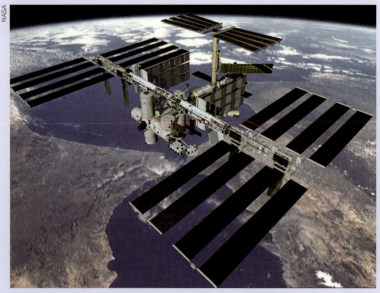

Fotomontagem da EEI elaborada pela Nasa. A estação é um superlaboratório que comporta até sete astronautas de cada vez. Nesta imagem, ela está passando sobre o estreito de Gibraltar.

Exercícios Nível 1

13. (UFRGS-RS) Um planeta descreve trajetória elíptica em torno de uma estrela que ocupa um dos focos da elipse, conforme indica a figura abaixo. Os pontos **A** e **C** estão situados sobre o eixo maior da elipse e os pontos **B** e **D**, sobre o eixo menor.

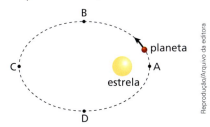

Se t_{AB} e t_{BC} forem os intervalos de tempo para o planeta percorrer os respectivos arcos de elipse, e se $\vec{F}_A$ e $\vec{F}_B$ forem, respectivamente, as forças resultantes sobre o planeta nos pontos **A** e **B**, pode-se afirmar que:

a) $t_{AB} < t_{BC}$ e que $\vec{F}_A$ e $\vec{F}_B$ apontam para o centro da estrela.
b) $t_{AB} < t_{BC}$ e que $\vec{F}_A$ e $\vec{F}_B$ apontam para o centro da elipse.
c) $t_{AB} = t_{BC}$ e que $\vec{F}_A$ e $\vec{F}_B$ apontam para o centro da estrela.
d) $t_{AB} = t_{BC}$ e que $\vec{F}_A$ e $\vec{F}_B$ apontam para o centro da elipse.
e) $t_{AB} > t_{BC}$ e que $\vec{F}_A$ e $\vec{F}_B$ apontam para o centro da estrela.

14. Duas partículas de massas respectivamente iguais a M e m estão no vácuo, separadas por uma distância d. A respeito das forças de interação gravitacional entre as partículas, podemos afirmar que:
a) têm intensidade inversamente proporcional a d.
b) têm intensidade diretamente proporcional ao produto Mm.
c) não constituem entre si um par ação-reação.
d) podem ser atrativas ou repulsivas.
e) teriam intensidade maior se o meio fosse o ar.

15. (Unifor-CE) A força de atração gravitacional entre dois corpos de massas M e m, separados de uma distância d, tem intensidade F. Então, a força de atração gravitacional entre dois outros corpos de massas $\frac{M}{2}$ e $\frac{m}{2}$, separados de uma distância $\frac{d}{2}$, terá intensidade:

a) $\frac{F}{4}$ b) $\frac{F}{2}$ c) F d) $2F$ e) $4F$

16. Considere uma estrela **A** e dois planetas **B** e **C** alinhados em determinado instante, conforme indica a figura. A massa de **A** vale $200\,M$ e as massas de **B** e **C**, M e $2M$, respectivamente.

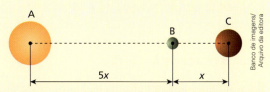

Sendo dada a distância x e a Constante da Gravitação (G), calcule, no instante da figura, a intensidade da força resultante das ações gravitacionais de **A** e **C** sobre **B**.

Resolução:

O planeta **B** é atraído gravitacionalmente pela estrela **A** e pelo planeta **C**, recebendo, respectivamente, as forças $\vec{F}_{AB}$ e $\vec{F}_{CB}$, representadas no esquema abaixo:

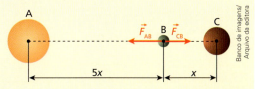

As intensidades de $\vec{F}_{AB}$ e de $\vec{F}_{CB}$ ficam determinadas pela Lei de Newton da Atração das Massas.

$$F_{AB} = G\frac{200M \cdot M}{(5x)^2} \Rightarrow F_{AB} = 8G\frac{M^2}{x^2}$$

$$F_{CB} = G\frac{2M \cdot M}{x^2} \Rightarrow F_{CB} = 2G\frac{M^2}{x^2}$$

A intensidade (F) da força resultante das ações gravitacionais de **A** e **C** sobre **B** é calculada por:

$$F = F_{AB} - F_{CB} \Rightarrow F = 8G\frac{M^2}{x^2} - 2G\frac{M^2}{x^2}$$

Logo:

$$\boxed{F = 6G\frac{M^2}{x^2}}$$

Nota:
• A força resultante calculada é dirigida para a estrela **A**.

17. Em determinado instante, três corpos celestes **A**, **B** e **C** têm seus centros de massa alinhados e distanciados, conforme mostra o esquema abaixo:

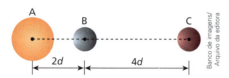

Sabendo que as massas de **A**, **B** e **C** valem, respectivamente, 5M, 2M e M, determine a relação entre as intensidades das forças gravitacionais que **B** recebe de **A** e de **C**.

18. Na situação esquematizada na figura, os corpos P_1 e P_2 estão fixos nas posições indicadas e suas massas valem 8M e 2M respectivamente.

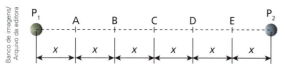

Deve-se fixar no segmento que une P_1 a P_2 um terceiro corpo P_3, de massa M, de modo que a força resultante das ações gravitacionais dos dois primeiros sobre este último seja **nula**. Em que posição deve-se fixar P_3?

a) **A** b) **B** c) **C** d) **D** e) **E**

19. Um satélite de massa m descreve uma órbita
E.R. circular de raio R em torno de um planeta de massa M. Sendo G a Constante da Gravitação, responda:

a) Qual a velocidade escalar angular ω do satélite em seu movimento de translação em torno do planeta?
b) O valor de ω depende de m?

Resolução:

a)

A força gravitacional $\vec{F}$ desempenha a função de **resultante centrípeta** no movimento circular e uniforme do satélite.

$$F = F_{cp}$$

Sendo $F = G\dfrac{Mm}{R^2}$ e $F_{cp} = m\omega^2 R$, vem:

$$G\dfrac{Mm}{R^2} = M\omega^2 R \Rightarrow \dfrac{GM}{R^3} = \omega^2 \Rightarrow \boxed{\omega = \sqrt{\dfrac{GM}{R^3}}}$$

b) O valor de ω **independe** de m.
Nota:
- Satélites diferentes percorrendo uma mesma órbita circular não colidem entre si, já que suas velocidades escalares angulares são iguais.

20. Saturno é o sexto planeta do sistema solar, em ordem de distâncias crescentes ao Sol, e o segundo maior em dimensões, perdendo apenas para Júpiter. Hoje, são conhecidos mais de sessenta satélites naturais de Saturno – luas –, sendo que o maior deles, Titã, está a uma distância média de 1 200 000 km de Saturno e tem um período de translação de aproximadamente 16 dias terrestres ao redor do planeta.

// Ilustração fora de escala e em cores fantasia.

Tétis é outro dos maiores satélites naturais de Saturno, apresentando-se a uma distância média de 300 000 km do planeta.

Considerando-se os dados contidos no texto, responda às duas questões a seguir:

a) Qual o período de translação aproximado de Tétis ao redor de Saturno, em dias terrestres?
b) Sendo v_{Te} o módulo da velocidade tangencial de Tétis ao longo de sua órbita em torno de Saturno e v_{Ti} o módulo da velocidade tangencial de Titã, qual o valor da relação $\dfrac{v_{Te}}{v_{Ti}}$?

21. (Fuvest-SP) Um satélite artificial move-se em órbita circular ao redor da Terra, ficando permanentemente sobre a cidade de Macapá.

a) Qual o período de revolução do satélite em torno da Terra?
b) Por que o satélite não cai sobre a cidade?

Exercícios Nível 2

22. Sabemos que a Constante da Gravitação vale, aproximadamente, $6{,}7 \cdot 10^{-11}$ N m²/kg². Nessas condições, qual é a ordem de grandeza, em newtons, da força de atração gravitacional entre dois navios de 200 toneladas de massa cada um, separados por uma distância de 1,0 km?
a) 10^{-11} b) 10^{-6} c) 10^{-1} d) 10^{5} e) 10^{10}

Resolução:

De acordo com a Lei de Newton da Atração das Massas, a intensidade da força de atração gravitacional entre os dois navios é dada por:

$$F = G\frac{Mm}{d^2} \Rightarrow F = 6{,}7 \cdot 10^{-11} \frac{(200 \cdot 10^3)^2}{(1{,}0 \cdot 10^3)^2}$$

Da qual:

$$\boxed{F = 2{,}68 \cdot 10^{-6} \text{ N}}$$

Portanto, a ordem de grandeza da força de atração gravitacional é 10^{-6}.

Resposta: alternativa **b**.

23. Leia o texto a seguir.

[...]

Durante o Congresso Espacial Mundial, que começou na última quinta-feira e vai até sábado, em Houston, EUA, a agência espacial americana apresentou o próximo item em sua lista de prioridades aeronáuticas: uma nova base no espaço.

[...]

A base, apelidada de L₁ *Gateway*, ficaria mais de 800 vezes mais distante da Terra que a ISS. Sua localização seria no primeiro dos cinco pontos de Lagrange do sistema Terra-Lua (daí o "L₁" do nome). O ponto de Lagrange (ou de libração), nesse caso, é um local do espaço em que a gravidade da Terra e da Lua se compensam, fazendo com que um objeto ali localizado fique mais ou menos no mesmo lugar (com relação à Terra e à Lua) o tempo todo.

NOGUEIRA, S. Nasa quer construir base próxima à Lua.
Disponível em: <www1.folha.uol.com.br/fsp/ciencia/
fe1510200201.htm>. Acesso em: 06 jul. 2018.

Considere que a massa da Terra seja cerca de 81 vezes a massa da Lua. Sendo *D* a distância entre os centros de massa desses dois corpos celestes, a distância *d* entre o local designado para a base **L₁** Gateway e o centro da Terra deve corresponder a que porcentagem de *D*?

24. No dia 5 de junho de 2012 pôde-se observar de determinadas regiões da Terra o fenômeno celeste denominado **Trânsito de Vênus**, cuja próxima ocorrência, conforme previsões astronômicas, se dará somente em 2117. Tal fenômeno só é possível devido às órbitas de Vênus e da Terra em torno do Sol serem praticamente coplanares e porque o raio da órbita de Vênus (0,724 UA) é menor que o raio da órbita da Terra (1,000 UA).

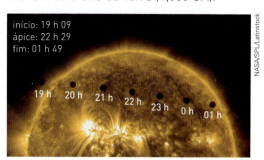

Admitindo-se circulares as órbitas de Vênus e da Terra em torno do Sol e considerando-se que a Terra percorre sua órbita com velocidade tangencial e módulo muito próximo de 30,0 km/s, com base também nas informações da ilustração, pede-se determinar:

a) o módulo da velocidade tangencial com que Vênus percorre sua órbita;
b) o comprimento do arco de órbita percorrido por Vênus em seu trânsito diante do Sol. Despreze nesse cálculo os efeitos de paralaxe inerentes ao movimento orbital da Terra.

25. Considere o raio médio da órbita de Plutão (planeta-anão) cem vezes o raio médio da órbita de Mercúrio e 40 vezes o raio médio da órbita da Terra. Sabendo que a duração aproximada do ano de Mercúrio é de três meses terrestres e que a velocidade orbital da Terra tem intensidade igual a 30 km/s, determine:

a) a duração do ano de Plutão expressa em anos terrestres;
b) a intensidade da velocidade orbital de Plutão.

Resolução:

a) Sejam:

R_T: raio médio da órbita da Terra;
R_M: raio médio da órbita de Mercúrio;

R_P: raio médio da órbita de Plutão
($R_P = 100R_M$ e $R_P = 40R_T$);
T_T: período orbital da Terra;
T_M: período orbital de Mercúrio
$\left(T_M = \dfrac{T_T}{4} = \dfrac{1}{4} \text{ ano}\right)$;
T_P: período orbital de Plutão.

Aplicando a **3ª Lei de Kepler**, temos:

$$\dfrac{R_P^3}{T_P^2} = \dfrac{R_M^3}{T_M^2} \Rightarrow T_P^2 = \left(\dfrac{R_P}{R_M}\right)^3 T_M^2$$

$$T_P^2 = \left(\dfrac{100R_M}{R_M}\right)^3 \left(\dfrac{1}{4}\right)^2 \therefore \boxed{T_P = 250 \text{ anos}}$$

Logo:

> O ano de Plutão é 250 vezes o terrestre.

b) A velocidade orbital v_P de Plutão (de massa m_P) é obtida igualando a resultante centrípeta à força gravitacional exercida pelo Sol (de massa M):

$$F_{cp} = F \Rightarrow m_P \dfrac{v_P^2}{R_P} = G\dfrac{Mm_P}{R_P^2} \Rightarrow v_P = \sqrt{\dfrac{GM}{R_P}}$$

O mesmo raciocínio pode ser empregado para obter a velocidade orbital da Terra:

$$F_{cp} = F \Rightarrow m_T \dfrac{v_T^2}{R_T} = G\dfrac{Mm_T}{R_T^2} \Rightarrow v_T = \sqrt{\dfrac{GM}{R_T}}$$

Dividindo as duas expressões e sabendo que a velocidade orbital da Terra é 30 km/s, temos:

$$\dfrac{v_P}{v_T} = \dfrac{\sqrt{\dfrac{GM}{R_P}}}{\sqrt{\dfrac{GM}{R_T}}} \Rightarrow v_P = v_T\sqrt{\dfrac{R_T}{R_P}}$$

$$v_P = 30 \cdot \sqrt{\dfrac{R_T}{40R_T}} \therefore \boxed{v_P \cong 4{,}7 \text{ km/s}}$$

26. (UFRJ) A tabela a seguir ilustra uma das leis do movimento dos planetas: a razão entre o cubo da distância média D de um planeta ao Sol e o quadrado do seu período de revolução T em torno do Sol é constante (3ª Lei de Kepler). O período é medido em anos e a distância em unidades astronômicas (UA). A unidade astronômica é igual à distância média entre o Sol e a Terra. Suponha que o Sol esteja no centro comum das órbitas circulares dos planetas.

Planeta	T^2	D^3
Mercúrio	0,058	0,058
Vênus	0,378	0,378
Terra	1,00	1,00
Marte	3,5	3,5
Júpiter	141	141
Saturno	868	868

Um astrônomo amador supõe ter descoberto um novo planeta no sistema solar e o batiza como planeta **X**. O período estimado do planeta **X** é de 125 anos. Calcule:

a) a distância do planeta **X** ao Sol em UA;
b) a razão entre o módulo da velocidade orbital do planeta **X** e o módulo da velocidade orbital da Terra.

27. (Fuvest-SP) Um anel de Saturno é constituído por partículas girando em torno do planeta em órbitas circulares.
a) Em função da massa M do planeta, da Constante da Gravitação Universal G e do raio de órbita r, calcule a intensidade da velocidade orbital de uma partícula do anel.
b) Sejam R_i o raio interno e R_e o raio externo do anel. Qual a razão entre as velocidades angulares ω_i e ω_e de duas partículas, uma da borda interna e outra da borda externa do anel?

28. Nos Estados Unidos, é possível simular dentro de um avião a sensação de imponderabilidade – ausência aparente de peso – como a sentida por astronautas da EEI em movimento orbital em torno da Terra. Para isso, foi adaptada uma aeronave que realiza uma subida vertiginosa e, ao atingir determinada altura, é projetada em uma trajetória praticamente parabólica, semelhante à de um pequeno objeto lançado obliquamente sob a ação exclusiva da gravidade. Durante a descida, que dura alguns poucos segundos, privilegiados (ou ousados) passageiros flutuam dentro do avião como se, subitamente, o campo gravitacional tivesse sido "desligado".
Veja a imagem a seguir.

Como você explica essa "levitação"?

Bloco 3

6. Estudo do campo gravitacional de um astro

Linhas de força do campo gravitacional

De acordo com os preceitos da Física Clássica, toda massa tem capacidade de criar em torno de si um campo de forças, denominado **campo gravitacional**. Uma estrela, por exemplo, tem ao seu redor um campo gravitacional, o mesmo ocorrendo com um simples asteroide.

A intensidade do campo gravitacional em determinado ponto aumenta com a massa geradora do campo e diminui com a distância até essa massa, como verificaremos mais adiante em nosso estudo.

O campo gravitacional é **atrativo**, já que partículas submetidas exclusivamente aos seus efeitos são "puxadas" para junto da massa geradora.

> **Linhas de força** de um campo gravitacional são linhas que representam, em cada ponto, a orientação da força que atua em uma partícula (massas de prova) submetida exclusivamente aos efeitos desse campo.

Se o astro considerado for esférico e homogêneo, as linhas de força do seu campo gravitacional terão a direção do raio da esfera em cada ponto (linhas radiais), sendo orientadas para o centro do astro, como representa a figura ao lado.

A grandeza física que caracteriza um campo gravitacional é o **vetor aceleração da gravidade** ($\vec{g}$), que é a aceleração adquirida por uma partícula deixada exclusivamente aos efeitos do campo.

A aceleração da gravidade tem a mesma direção e o mesmo sentido das linhas de força, isto é, é radial ao astro e dirigida para o seu centro.

// Nesta ilustração, a redução na espessura das linhas de força representa a diminuição da intensidade do campo gravitacional com o aumento da distância à massa geradora.

Cálculo da intensidade da aceleração da gravidade num ponto externo ao astro

Vamos admitir um astro esférico e homogêneo de raio R e massa M. Nesse caso, podemos considerar toda a sua massa concentrada em seu centro geométrico.

Um corpo de massa m, situado a uma altura h em relação à sua superfície, receberá uma força de atração gravitacional $\vec{F}$, conforme representa a figura ao lado.

Sendo G a Constante da Gravitação, podemos expressar a intensidade de $\vec{F}$ pela **Lei de Newton da Atração das Massas**:

$$F = G\frac{Mm}{d^2} \Rightarrow F = G\frac{Mm}{(R+h)^2} \quad (I)$$

Representando, porém, por g a intensidade da aceleração da gravidade no ponto em que o corpo se encontra, também podemos expressar a intensidade de $\vec{F}$ por:

$$F = mg \quad (II)$$

Comparando (II) e (I), temos:

$$mg = G\frac{Mm}{(R+h)^2} \Rightarrow \boxed{g = G\frac{M}{(R+h)^2}}$$

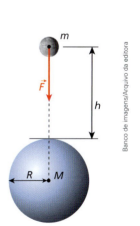

TÓPICO 4 | GRAVITAÇÃO 363

O resultado anterior evidencia que g **independe da massa de prova** (m), dependendo apenas da massa geradora do campo (M) e da distância d = R + h, como mencionamos anteriormente.

Como exemplo, observe, na tabela abaixo, a variação da intensidade da aceleração da gravidade na Terra em função da altitude.

NOTA!

O valor 0,00274 m/s², na altitude de 380 000 000 m, corresponde aproximadamente, à intensidade da aceleração da gravidade terrestre nas vizinhanças da Lua.

Altitude (m)	g (m/s²)	Altitude (m)	g (m/s²)
0	9,806	32 000	9,71
1 000	9,803	100 000	9,60
4 000	9,794	500 000	8,53
8 000	9,782	1 000 000	7,41
16 000	9,757	380 000 000	0,00271

Cálculo da intensidade da aceleração da gravidade na superfície do astro

Retomemos a expressão anterior:

$$g = G \frac{M}{(R+h)^2}$$

Desprezando os efeitos ligados à rotação e observando que sobre a crosta do astro h = 0, a intensidade da aceleração da gravidade na superfície (g_0) fica dada por:

$$g_0 = G \frac{M}{R^2}$$

Planeta	g_0 (m/s²)
Mercúrio	3,78
Vênus	8,6
Terra	9,78
Marte	3,72
Júpiter	22,88
Saturno	9,05
Urano	7,7
Netuno	11,0

Fonte: <www.if.ufrgs.br/oei/solar/solar04/solar04.html>. Acesso em: 23 jul. 2018.

Na tabela ao lado, estão relacionados os valores aproximados das acelerações da gravidade nas superfícies dos planetas do sistema solar.

Na superfície do Sol, g_0 vale 274,568 m/s² e na superfície da Lua, 1,667 m/s².

Ampliando o olhar

A humanidade pisa na Lua

O dia 20 de julho de 1969 entrou para a história como um marco nas conquistas espaciais. Pela primeira vez um ser humano, representado pelo astronauta norte-americano Neil Armstrong, colocava os pés na Lua, coroando uma era de ousadia e evoluções. O próprio Armstrong reverenciou a importância daquele momento, proferindo uma frase lapidar: "Este é um pequeno passo para um homem, mas um grande passo para a humanidade". Na Lua, a aceleração da gravidade tem valor igual a um sexto do valor registrado na Terra, aproximadamente, o que permitiu aos astronautas suportarem seus trajes e equipamentos com tranquilidade. Há registros em vídeo de alguns deles saltitando com extrema leveza, como que desfrutando de forma descontraída da baixa gravidade.

Neil Armstrong saindo do módulo, instantes antes de pisar em solo lunar.

> ### Brasileiro foi ao espaço
> O tenente-coronel aviador Marcos César Pontes tornou-se o primeiro brasileiro a ir ao espaço. Em março de 2006, após cerca de oito anos em treinamento divididos entre a Agência Espacial Norte-Americana (Nasa) e a Agência Espacial Russa (Roscosmos), ele foi conduzido à EEI pela nave russa Soyuz TMA-8.
>
> O astronauta executou oito experimentos científicos solicitados por universidades e institutos de pesquisa, cujos resultados iniciais foram apresentados em seminário realizado em novembro do mesmo ano.
>
> Mais informações em: <www.marcospontes.com>.

Cálculo da intensidade da aceleração da gravidade num ponto interno ao astro

A intensidade da aceleração da gravidade num ponto interno, distante r do centro do astro, é calculada admitindo-se que esse ponto pertença a uma superfície esférica de raio r. Essa superfície envolve uma massa m, evidentemente, menor que a massa M do astro.

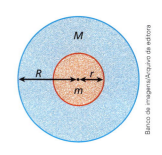

Sobre a superfície de raio r, temos:

$$g = G\frac{m}{r^2} \qquad (I)$$

Suponha que o astro tenha massa específica uniforme e igual a μ. Sendo V o volume da esfera de raio r, podemos escrever que:

$$\mu = \frac{m}{V}$$

O volume V, porém, é expresso por $V = \frac{4}{3}\pi r^3$. Logo:

$$\mu = \frac{m}{\frac{4}{3}\pi r^3} \Rightarrow m = \frac{4}{3}\pi\mu r^3 \qquad (II)$$

Substituindo (II) em (I), vem:

$$g = \frac{G}{r^2} \cdot \frac{4}{3}\pi\mu r^3 \Rightarrow g = \frac{4}{3}\pi\mu G r$$

Fazendo $\frac{4}{3}\pi\mu G = K$, em que K é uma constante, segue que:

$$g = Kr$$

Concluímos, então, que, para pontos internos ao astro, o valor de g é **diretamente proporcional** à distância do ponto considerado ao centro do astro.

Gráfico de g em função de x

A intensidade da aceleração da gravidade varia em função da distância x ao centro do astro, conforme representa o gráfico ao lado.

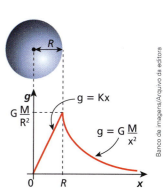

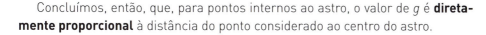

Ampliando o olhar

Por que estrelas e planetas são praticamente esféricos?

Imagine uma situação na qual você utilize um pouco de massa de modelar, que geralmente é embalada em forma de bastões cilíndricos, para fazer uma bola maciça. Como você deverá proceder para deixar o aglomerado de massa com formato que pareça o máximo possível com uma esfera?

Certamente, você irá comprimir o material em todas as direções, sempre exercendo esforços radiais, no sentido do centro do objeto em forma de esfera que pretende compor. Serão essas forças de pressão que tornarão a pelota "redondinha", com formato razoavelmente esférico.

Com estrelas e planetas, ocorre efeito semelhante. A diferença é que as forças que tornam esses corpos praticamente esféricos têm origem gravitacional. Os astros de grande porte – estrelas, planetas, satélites, etc. – são muito massivos e criam ao seu redor campos gravitacionais intensos, capazes de reter qualquer incremento de massa. A massa incorporada é puxada em direção ao centro gravitacional, o que dá a esses astros sua forma esférica peculiar, de menor energia.

Eclipse total do Sol. Longyearbyen, Noruega. Março de 2015.

Observe na imagem ao lado um eclipse total ou anular do Sol, situação em que a Lua se coloca entre o Sol e a Terra, obstruindo a visualização plena da estrela. O halo luminoso em torno do círculo negro é a coroa solar que se estende muito além da superfície do Sol. A forma esférica manifestada pela Lua é fruto da ação de forças gravitacionais do próprio astro que atraem toda a sua massa radialmente no sentido de compactá-la no centro de gravidade.

Corpos celestes menores, como cometas e asteroides, não apresentam formato esférico por não terem massa suficiente para produzir campos gravitacionais expressivos. Suas formas dependem do material rochoso que os constitui, da temperatura em que foram formados, além de outros fatores.

Asteroide Ida e sua "lua" em miniatura observados pela sonda Galileu.

O asteroide Ida, por exemplo, é um dos maiores do sistema solar. Sua forma não esférica se deve principalmente à sua pequena massa, se comparada à dos grandes corpos celestes. O campo gravitacional desse asteroide é insuficiente para moldar um formato esférico.

Buracos negros

O termo **Universo** é a chave que remete nossa imaginação a uma imensidão sem fim, em que pontos e regiões brilhantes se sobressaem, contrastando com um fundo negro ilimitado que alguns chamam de infinito.

Os pontos brilhantes que adornam o céu escuro são, na maioria, estrelas, que apresentam um ciclo natural semelhante ao dos seres vivos, de nascimento, vida e morte.

Nuvens de gases e poeira cósmica, constituídas principalmente por hidrogênio, começam a se aglomerar movidas por forças de atração gravitacional. É nesse momento que tem início o surgimento de uma nova estrela, cujo núcleo vai adquirindo temperaturas elevadíssimas, da ordem de milhões de graus Celsius. Essa elevação da temperatura desencadeia o processo de fusão nuclear que transforma o hidrogênio em hélio. Dessa forma, quantidades fantásticas de energia radiante são lançadas no espaço, propagando-se com a velocidade da luz ($c = 300\,000$ km/s).

A Terra recebe do Sol, a estrela mais próxima, uma quantidade de energia equivalente, em média, a 1,92 caloria por minuto por centímetro quadrado de área perpendicular aos raios solares. Só para se ter uma ideia da energia liberada pelo Sol, seriam necessárias todas as reservas de petróleo, gás natural e carvão da Terra para fornecer um milionésimo do que o Sol produz em 1 segundo.

Essa energia radiante, entretanto, é emanada pelas estrelas durante um intervalo de tempo limitado. Quando o combustível nuclear – o hidrogênio – se esgota, elas passam a se compactar, desabando sobre si mesmas, pela ação de forças de origem gravitacional, e concentrando suas enormes massas em volumes extremamente pequenos, se comparados aos volumes originais.

Dependendo de sua massa, uma estrela poderá transformar-se em um **buraco negro** – um corpo hipercompactado, que tem sua gigantesca quantidade de matéria aglomerada em um volume muito reduzido.

O Sol tem uma massa muito pequena para se transformar em um buraco negro. Seu colapso como estrela, previsto para daqui a 5 bilhões de anos, deverá conduzi-lo à condição de anã branca, que é outro tipo de corpo estelar. Os buracos negros mais comuns têm massa equivalente à de dez sóis.

Recordemos que a intensidade da aceleração da gravidade na superfície de um astro (g), desprezada sua rotação, é dada em função de sua massa (M) e de seu raio (R) por:

$$\boxed{g = G \frac{M}{R^2}}$$

em que G é a Constante da Gravitação.

Como no caso dos buracos negros M é muito grande e R é muito pequeno, g resulta muito grande, o que produz em torno desses corpos campos gravitacionais extremamente intensos, que influem significativamente em todas as massas das proximidades, inclusive na luz, que é sensivelmente desviada pela sua atração.

Quando lançamos uma pedra verticalmente para cima, a partir da superfície de um astro, ela atinge determinada altura máxima e, depois de certo intervalo de tempo, retorna praticamente ao ponto de partida. Se repetirmos o lançamento imprimindo à pedra uma velocidade inicial maior, ela se elevará a uma altura maior, mas ainda voltará ao solo, atraída gravitacionalmente pelo astro. Se lançarmos a pedra sucessivamente com velocidades cada vez maiores, chegaremos a situações em que ela "escapará da gravidade do astro", não mais retornando à sua superfície.

A velocidade de escape na Lua, por exemplo, é de 2,4 km/s; na Terra, de 11,2 km/s, e no Sol, de 620 km/s. Nos buracos negros, a velocidade de escape supera a barreira dos 300 000 km/s; por isso, nem mesmo a luz consegue escapar da sua atração. É por esse motivo que esses corpos celestes são invisíveis, tendo sua presença registrada por evidências observacionais indiretas, como sua expressiva influência gravitacional manifestada nos arredores.

Se o Sol tivesse volume igual ao da Terra, a velocidade de escape desse astro fictício seria de 6 500 km/s. Para que a Terra se transformasse em um buraco negro, sua massa deveria ser compactada até volumes comparáveis aos de uma bola de gude.

Apesar de ser um tema muito discutido nos dias de hoje, os buracos negros já vêm sendo estudados desde o século XVIII: o astrônomo inglês John **Michell** (1724-1793) analisou a possibilidade da existência desses corpos, o mesmo ocorrendo com o matemático francês Pierre-Simon de **Laplace** (1749-1827).

Atualmente, todas as teorias astronômicas utilizam essa concepção, dotando o Universo desses polos invisíveis, verdadeiros sorvedouros de matéria, que desafiam a imaginação e levam o ser humano a se questionar em busca de explicações.

Galáxia espiral Messier 101. Essa imagem na verdade é resultado de uma fotomontagem composta de 51 fotografias individuais obtidas pelo telescópio Hubble e elementos de imagens obtidas a partir do solo terrestre. As galáxias são repletas de buracos negros.

7. Variação aparente da intensidade da aceleração da gravidade devido à rotação do astro

Considere um astro esférico e homogêneo de raio R e massa M em rotação uniforme em torno de um eixo imaginário **yy'**, com velocidade angular igual a ω.

Um corpo de prova de massa m, colocado sobre a superfície do astro em um ponto **A** de latitude φ, descreverá uma circunferência de raio r e centro no eixo **yy'**, com velocidade angular ω.

Em **A**, o corpo de prova ficará sujeito à força de atração gravitacional $\vec{F}$, que admite duas componentes, $\vec{F}_{cp}$ e $\vec{P}$, conforme representa a figura ao lado.

A componente $\vec{F}_{cp}$ é a **força centrípeta** necessária para que o corpo realize o movimento circular e uniforme acompanhando a rotação do astro.

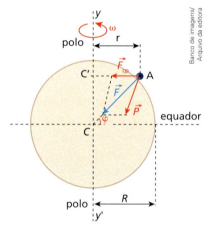

Como vimos no Tópico 3 desta unidade, a intensidade de $\vec{F}_{cp}$ é dada por:

$$F_{cp} = m\omega^2 r$$

A componente $\vec{P}$, por sua vez, traduz o **peso aparente** do corpo, isto é, a indicação que seria fornecida por um dinamômetro situado no ponto **A**, caso o corpo de prova fosse dependurado nesse aparelho.

$$\vec{F} = \vec{F}_{cp} + \vec{P}$$

$$P = mg$$

em que g é o valor aparente da aceleração da gravidade no ponto **A**.

Corpo de prova no equador do astro (latitude $\varphi = 0°$)

Neste caso, **r = R** e a intensidade da força centrípeta será **máxima**. Isso significa que o peso aparente terá intensidade **mínima**, já que a força de atração gravitacional tem intensidade constante.

Vamos calcular, então, o valor aparente da aceleração da gravidade no equador do astro (g_e):

$$\vec{F} = \vec{F}_{cp} + \vec{P} \Rightarrow \vec{P} = \vec{F} - \vec{F}_{cp}$$

Como nesse caso os vetores $\vec{F}$, $\vec{F}_{cp}$ e $\vec{P}$ têm mesma direção e mesmo sentido, vem:

$$F = F_{cp} + P \Rightarrow P = F - F_{cp}$$

$$mg_e = G\frac{Mm}{R^2} - m\omega^2 R$$

Cancelando m, obtemos:

$$g_e = G\frac{M}{R^2} - \omega^2 R$$

Destaquemos que, se o valor de ω for aumentado, g_e **diminuirá**.

Se o astro for a Terra, por exemplo, pode-se verificar que, se a velocidade angular de rotação do planeta fosse aproximadamente 17 vezes a atual, os corpos situados na linha do equador aparentariam **peso nulo**.

Corpo de prova nos polos do astro (latitude $\varphi = 90°$ norte ou 90° sul)

Neste caso, **r = 0** e a força centrípeta será **nula**. Isso significa que o peso aparente terá intensidade **máxima**, igual à intensidade da força de atração gravitacional.

Vamos calcular, então, o valor aparente da aceleração da gravidade nos polos do astro (g_p):

$$\vec{P} = \vec{F}$$

Ou, em módulo: $\quad P = F \Rightarrow mg_p = G\dfrac{Mm}{R^2}$

Donde: $\quad g_p = G\dfrac{M}{R^2}$

Nos polos, como não há influência do movimento de rotação do astro, podemos dizer que o valor aparente da aceleração da gravidade **coincide com o valor real**.

Devido à forma não esférica da Terra, e também por causa da rotação do planeta, a aceleração da gravidade em sua superfície sofre variações. Na tabela abaixo, aparecem alguns valores de g medidos ao nível do mar em pontos de diferentes latitudes.

Latitude (graus)	g (m/s²)	Latitude (graus)	g (m/s²)
0	9,780	50	9,811
10	9,782	60	9,819
20	9,786	70	9,826
30	9,793	80	9,831
40	9,802	90	9,832

Fonte: <www.if.ufrgs.br/mpef/mef008/mef008_02/Paulo/Trabalho/campo.html>. Acesso em: 23 jul. 2018.

Exercícios — Nível 1

29. Leia com atenção os quadrinhos:

Considere as proposições apresentadas a seguir:

(01) Num planeta em que a aceleração da gravidade for menor que a da Terra, o gato Garfield apresentará um peso menor.

(02) Num planeta em que a aceleração da gravidade for menor que a da Terra, o gato Garfield apresentará uma massa menor.

(04) Num planeta de massa maior que a da Terra, o gato Garfield apresentará um peso maior.

(08) Num planeta de raio maior que o da Terra, o gato Garfield apresentará um peso menor.

(16) Num planeta de massa duas vezes a da Terra e de raio duas vezes o terrestre, o gato Garfield apresentará um peso equivalente à metade do apresentado na Terra.

(32) O peso do gato Garfield será o mesmo, independentemente do planeta para onde ele vá.

Dê como resposta a soma dos números associados às proposições corretas.

30. Sabe-se que a massa da Terra é cerca de 81 vezes a massa da Lua e que o raio da Terra é aproximadamente 3,7 vezes o da Lua. Desprezando os efeitos ligados à rotação, calcule o módulo da aceleração da gravidade na superfície da Lua (g_L) em função do módulo da aceleração da gravidade na superfície da Terra (g_T).

Resolução:

Podemos calcular g_L por:

$$g_L = G\frac{M_L}{R_L^2} \quad (I)$$

Podemos calcular g_T por:

$$g_T = G\frac{M_T}{R_T^2} \quad (II)$$

Dividindo as equações (I) e (II), vem:

$$\frac{g_L}{g_T} = \frac{G\frac{M_L}{R_L^2}}{G\frac{M_T}{R_L^2}} \Rightarrow \frac{g_L}{g_T} = \frac{M_L}{M_T}\left(\frac{R_T}{R_L}\right)^2$$

Sendo $M_T = 81 M_L$ e $R_T = 3,7 R_L$, vem:

$$\frac{g_L}{g_T} = \frac{1}{81}(3,7)^2 \Rightarrow \boxed{g_L \cong \frac{1}{6}g_T}$$

Na superfície lunar, o módulo da aceleração da gravidade é aproximadamente um sexto daquele determinado na superfície terrestre.

31. Em um planeta **X**, onde a aceleração da gravidade tem intensidade 4,0 m/s², uma pessoa pesa 240 N. Adotando para a aceleração da gravidade terrestre o valor 10 m/s², responda: qual a massa e qual o peso da pessoa na Terra?

32. Um planeta hipotético tem massa um décimo da terrestre e raio um quarto do da Terra. Se a aceleração da gravidade nas proximidades da superfície terrestre vale 10 m/s², a aceleração da gravidade nas proximidades da superfície do planeta hipotético é de:

a) 20 m/s²
b) 16 m/s²
c) 10 m/s²
d) 6,0 m/s²
e) 4,0 m/s²

33. Admita que, na superfície terrestre, desprezados os efeitos ligados à rotação do planeta, a aceleração da gravidade tenha intensidade g_0. Sendo R o raio da Terra, a que altitude a aceleração da gravidade terá intensidade $\frac{g_0}{16}$?

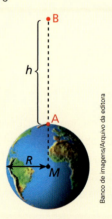

Resolução:

No ponto A: $\quad g_0 = G\frac{M}{R^2} \quad (I)$

No ponto B: $\quad \frac{g_0}{16} = G\frac{M}{(R+h)^2} \quad (II)$

Substituindo (I) em (II):

$$\frac{1}{16}G\frac{M}{R^2} = G\frac{M}{(R+h)^2}$$

$$\left(\frac{R+h}{R}\right)^2 = 16 \Rightarrow R+h = 4R \Rightarrow \boxed{h = 3R}$$

34. (Ufal) Para que a aceleração da gravidade num ponto tenha intensidade de 1,1 m/s² (cerca de um nono da registrada na superfície da Terra), a distância desse ponto à superfície terrestre deve ser:

a) igual ao raio terrestre.
b) o dobro do raio terrestre.
c) o triplo do raio terrestre.
d) o sêxtuplo do raio terrestre.
e) nove vezes o raio terrestre.

35. Admita que, na superfície terrestre, desprezados os efeitos ligados à rotação do planeta, a aceleração da gravidade tenha intensidade 10 m/s². Sendo o raio da Terra aproximadamente igual a 6400 km, a que altitude a aceleração da gravidade terá intensidade 0,40 m/s²?

Exercícios Nível 2

36. Um planeta perfeitamente esférico **A** tem raio R_A e densidade absoluta μ_A, enquanto outro planeta **B**, também perfeitamente esférico, tem raio $5R_A$ e densidade absoluta $2\mu_A$. Sendo g_A o módulo da aceleração da gravidade na superfície de **A** e g_B o módulo da aceleração da gravidade na superfície de **B**, calcule a relação g_B/g_A. Despreze os efeitos ligados às rotações de **A** e de **B**.

Resolução:
Considere um planeta esférico genérico de massa M, raio R, volume V e densidade absoluta μ.

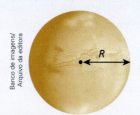

massa M; volume V.

A densidade absoluta do planeta pode ser expressa por:

$$\mu = \frac{M}{V}$$

Sendo $V = \frac{4}{3}\pi R^3$ (volume da esfera), vem:

$$\mu = \frac{M}{\frac{4}{3}\pi R^3} \Rightarrow M = \frac{4}{3}\pi\mu R^3 \quad (I)$$

O módulo da aceleração da gravidade na superfície do planeta é calculado por:

$$g = G\frac{M}{R^2} \quad (II)$$

Substituindo (I) em (II), obtemos:

$$g = G\frac{\frac{4}{3}\pi\mu R^3}{R^2} \Rightarrow \boxed{g = \frac{4}{3}\pi\mu GR}$$

Para o planeta **B**, temos que:

$$g_B = \frac{4}{3}G\pi\, 2\mu_A\, 5R_A \quad (III)$$

Para o planeta **A**, temos que:

$$g_A = \frac{4}{3}G\pi\mu_A R_A \quad (IV)$$

Dividindo (III) por (IV), obtemos:

$$\frac{g_B}{g_A} = \frac{\frac{4}{3}G\pi\, 2\mu_A\, 5R_A}{\frac{4}{3}G\pi\mu_A R_A} \Rightarrow \boxed{\frac{g_B}{g_A} = 10}$$

37. A aceleração da gravidade na superfície de um planeta hipotético, suposto esférico, vale 16 m/s². Se o volume do planeta for multiplicado por oito, mantida a mesma massa, qual será a nova aceleração da gravidade na sua superfície? Despreze os efeitos ligados à rotação.

38. Dois planetas esféricos P_1 e P_2 têm raios respectivamente iguais a R e $5R$. Desprezados os efeitos ligados às rotações, verifica-se que a intensidade da aceleração da gravidade na superfície de P_1 é g_0 e na superfície de P_2 é $10\,g_0$. Qual a relação entre as densidades absolutas de P_1 e P_2?

39. Uma espaçonave não tripulada descreve uma órbita circular rasante em torno de um planeta esférico e homogêneo, isento de atmosfera, com período de translação igual a T. Sendo G a constante da Gravitação Universal, pede-se determinar a densidade absoluta do planeta, ρ, em função de T e de G.

40. (Fuvest-SP) Recentemente Plutão foi "rebaixado", perdendo sua classificação como planeta. Para avaliar os efeitos da gravidade em Plutão, considere suas características físicas, comparadas com as da Terra, que estão apresentadas, com valores aproximados, no quadro a seguir.

Massa da Terra (M_T) = 500 × massa de Plutão (M_P)
Raio da Terra (R_T) = 5 × raio de Plutão (R_P)

Note e adote:

$$F = \frac{GMm}{R^2} \qquad \text{Peso} = mg$$

Intensidade da aceleração da gravidade na Terra: $g_T = 10$ m/s²

a) Determine o peso, na superfície de Plutão (P_P), de uma massa que na superfície da Terra pesa 40 N (P_T = 40 N).
b) Estime a altura máxima H, em metros, que uma bola, lançada verticalmente com velocidade V, atingiria em Plutão. Na Terra, essa mesma bola, lançada com a mesma velocidade, atinge uma altura h_T = 1,5 m.

Resolução:

a) Desprezando-se os efeitos de rotação, temos:

$$P = F \Rightarrow mg = \frac{GMm}{R^2}$$

Assim: $\boxed{g = G\dfrac{M}{R^2}}$

Em Plutão: $g_P = G\dfrac{M_P}{R_P^2}$ (I)

Na Terra: $g_T = G\dfrac{M_T}{R_T^2}$ (II)

Dividindo (I) e (II) membro a membro

$$\frac{g_P}{g_T} = \frac{G\dfrac{M_P}{R_P^2}}{G\dfrac{M_T}{R_T^2}} \Rightarrow \frac{g_P}{g_T} = \frac{M_P}{M_T}\left(\frac{R_T}{R_P}\right)^2$$

$$\frac{g_P}{10} = \frac{M_P}{500\,M_P}\left(\frac{5R_P}{R_P}\right)^2$$

Logo: $\boxed{g_P = 0{,}5\text{ m/s}^2}$

Em Plutão: $P_P = mg_P$ (III)
Na Terra: $P_T = mg_T$ (IV)

Dividindo-se (III) e (IV) membro a membro:

$$\frac{P_P}{P_T} = \frac{mg_P}{mg_T} \Rightarrow \frac{P_P}{P_T} = \frac{g_P}{g_T} \Rightarrow \frac{P_P}{40} = \frac{0{,}5}{10}$$

Logo: $\boxed{P_P = 2{,}0\text{ N}}$

b) Movimento uniformemente variado:
$$v^2 = v_0^2 + 2\alpha\,\Delta s$$

Na subida: $0 = v_0^2 + 2(-g)H$

$$\boxed{H = \frac{v_0^2}{2g}}$$

Em Plutão: $H_P = \dfrac{v_0^2}{2g_P}$ (V)

Na Terra: $H_T = \dfrac{v_0^2}{2g_T}$ (VI)

Dividindo-se (V) e (VI) membro a membro:

$$\frac{H_P}{H_T} = \frac{\dfrac{v_0^2}{2g_P}}{\dfrac{v_0^2}{2g_T}} \Rightarrow \frac{H_P}{H_T} = \frac{g_T}{g_P} \Rightarrow \frac{H_P}{1{,}5} = \frac{10}{0{,}5}$$

Da qual: $\boxed{H_P = 30\text{ m}}$

---

41. (IME-RJ) Um astronauta com seu traje espacial e completamente equipado pode dar pulos verticais e atingir, na Terra, alturas máximas de 0,50 m. Determine as alturas máximas que esse mesmo astronauta poderá atingir pulando num outro planeta de diâmetro igual a um quarto do da Terra e massa específica equivalente a dois terços da terrestre. Admita que nos dois planetas o astronauta imprima aos saltos a mesma velocidade inicial.

42. Um meteorito adentra o campo gravitacional terrestre e, sob sua ação exclusiva, passa a se mover de encontro à Terra, em cuja superfície a aceleração da gravidade tem módulo 10 m/s². Calcule o módulo da aceleração do meteorito quando ele estiver a uma altitude de nove raios terrestres.

43. (Fuvest-SP) O gráfico da figura a seguir representa a aceleração da gravidade g da Terra em função da distância d ao seu centro.

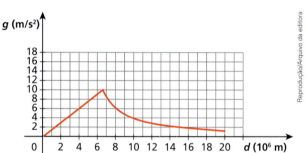

Considere uma situação hipotética em que o valor do raio R_T da Terra seja diminuído para R', sendo $R' = 0{,}8R_T$, e em que seja mantida (uniformemente) sua massa total. Nessas condições, os valores aproximados das acelerações da gravidade g_1 à distância R' e g_2 a uma distância igual a R_T do centro da "Terra Hipotética" são, respectivamente:

	g_1 (m/s²)	g_2 (m/s²)
a)	10	10
b)	8	6,4
c)	6,4	4,1
d)	12,5	10
e)	15,6	10

44. Admita que a aceleração da gravidade nos polos da Terra tenha intensidade 10 m/s² e que o raio terrestre valha 6,4 · 10⁶ m. Chamemos de ω_0 a velocidade angular de rotação do planeta nas circunstâncias atuais. Se a velocidade angular de rotação da Terra começasse a crescer a partir de ω_0, estabelecer-se-ia um valor ω para o qual os corpos situados na linha do equador apresentariam peso nulo.

a) Qual o valor de ω? Responda em função de ω_0.
b) Qual seria a duração do dia terrestre caso a velocidade angular de rotação do planeta fosse igual a ω?

Resolução:

a) O período atual de rotação da Terra é $T_0 = 24$ h $= 86\,400$ s.
Logo:
$$\omega_0 = \frac{2\pi}{T_0} \Rightarrow \omega_0 = \frac{2\pi}{86\,400}$$

$$\boxed{\omega_0 = \frac{\pi}{43\,200} \text{ rad/s}} \quad (I)$$

A intensidade (aparente) da aceleração da gravidade na linha do equador é g_e, dada por:

$$g_e = G\frac{M}{R^2} - \omega^2 R \quad \text{ou} \quad g_e = g_0 - \omega^2 R$$

No caso em que g_e anula-se, vem:

$$0 = g_0 - \omega^2 R \Rightarrow \omega = \sqrt{\frac{g_0}{R}}$$

Sendo $g_0 = 10$ m/s² e $R = 6,4 \cdot 10^6$ m, calculemos ω.

$$\omega = \sqrt{\frac{10}{6,4 \cdot 10^6}} \quad \therefore \quad \boxed{\omega = \frac{1}{800} \text{ rad/s}} \quad (II)$$

De (I) e (II), temos:

$$\frac{\omega}{\omega_0} = \frac{\frac{1}{800}}{\frac{\pi}{43\,200}}$$

$$\boxed{\omega \cong 17\omega_0}$$

b) $\omega \cong 17\,\omega_0 \Rightarrow \frac{2\pi}{T} \cong 17 \cdot \frac{2\pi}{T_0} \Rightarrow T \cong \frac{T_0}{17}$

$T \cong \frac{24 \text{ h}}{17} \Rightarrow \boxed{T \cong 1,4 \text{ h} \cong 1 \text{ h } 25 \text{ min}}$

45. Em ordem crescente de distâncias ao Sol, Marte é o quarto planeta do sistema solar. Esse astro se notabiliza pelo codinome Planeta Vermelho, justificado pelo tom ocre que manifesta quando observado da Terra. Isso se deve, principalmente, à abundância de óxido de ferro em sua superfície e às severas tempestades de areia, provocadas por fortes ventos que podem chegar a 170 km/h. Dessa forma, a fina atmosfera marciana, constituída, sobretudo, por dióxido de carbono, nitrogênio e argônio, fica impregnada de partículas sólidas em suspensão, o que corrobora com essa característica avermelhada.

// Marte, o Planeta Vermelho.

Ignorando o movimento de rotação dos planetas e sabendo-se que a massa da Terra é cerca de dez vezes a de Marte e o raio terrestre corresponde aproximadamente ao dobro do marciano e considerando-se, ainda, que a intensidade da aceleração da gravidade na superfície da Terra seja de 10,0 m/s², responda:

a) Qual a intensidade da aceleração da gravidade na superfície de Marte?
b) Se na Terra um pequeno objeto lançado verticalmente para cima atinge uma altura máxima de 2,0 m, que altura máxima atingiria um outro objeto se fosse lançado verticalmente para cima em Marte, em idênticas condições? Despreze o efeito atmosférico sobre os movimentos.

46. Chamemos de I_1 e I_2 as indicações de um dinamômetro ideal para o peso de um mesmo corpo no Equador e no polo sul, respectivamente.
Nas duas medições, o corpo é dependurado no dinamômetro e o conjunto é mantido em repouso em relação ao solo.
Supondo conhecidos o raio da Terra (R), sua velocidade angular de rotação (ω) e a massa do corpo (m), calcule o valor da diferença $I_2 - I_1$.

Ampliando o olhar

Uma teoria consistente

A Gravitação newtoniana, embora sabidamente limitada diante dos conhecimentos atuais, é bastante eficaz para resolver problemas como o que apresentamos a seguir.

Consideremos a órbita elíptica de Mercúrio em torno do Sol, cuja excentricidade e é a maior entre os planetas de nosso sistema solar. Para esse caso, e = 0,20. O semieixo maior (ou raio médio) R da trajetória descrita por Mercúrio é de 0,389 UA, o que equivale aproximadamente a $5,8 \cdot 10^{10}$ m. Sejam $d_{mín}$ e $d_{máx}$, respectivamente, as distâncias mínima e máxima do citado planeta em relação ao centro do Sol, como está indicado, fora de escala, no esquema a seguir.

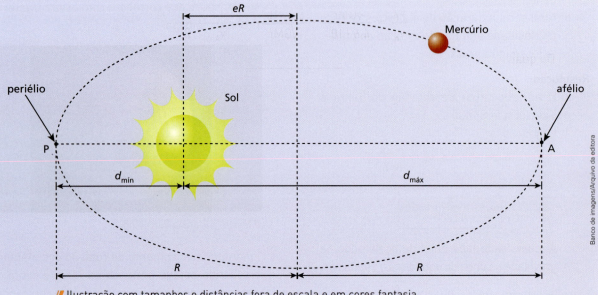

// Ilustração com tamanhos e distâncias fora de escala e em cores fantasia.

É possível determinar, por meio da Lei de Newton da Atração das Massas, a relação entre as intensidades da velocidade orbital de Mercúrio nos pontos **P** (periélio) e **A** (afélio) da órbita.

I. Cálculo da $d_{mín}$:

$$d_{mín} = R - eR \Rightarrow d_{mín} = R(1 - e)$$

$$d_{mín} = 5,8 \cdot 10^{10}(1 - 0,20) \therefore \boxed{d_{mín} \cong 4,6 \cdot 10^{10} \text{ m}}$$

II. Cálculo da $d_{máx}$:

$$d_{máx} = R + eR \Rightarrow d_{máx} = R(1 + e)$$

$$d_{máx} = 5,8 \cdot 10^{10}(1 + 0,20) \therefore \boxed{d_{máx} \cong 6,9 \cdot 10^{10} \text{ m}}$$

III. A elipse é uma figura simétrica, por isso seu raio de curvatura em **P** e **A** é o mesmo. Chamando esse raio de r, a Constante da Gravitação de G, a massa do Sol de M e a massa de Mercúrio de m, e observando ainda que a força gravitacional, dada pela Lei de Newton, desempenha o papel de resultante centrípeta em **P** e **A**, já que nesses locais ela é perpendicular à velocidade vetorial, podemos obter as intensidades da velocidade orbital de Mercúrio em **P** (v_P) e em **A** (v_A), fazendo:

no periélio (**P**): $F_P = F_{cp_P} \Rightarrow G\dfrac{Mm}{d_{mín}^2} = \dfrac{mv_P^2}{r}$

Da qual: $v_P = \dfrac{\sqrt{GMr}}{d_{mín}} \Rightarrow v_P = \dfrac{\sqrt{GMr}}{4{,}6 \cdot 10^{10}}$

no afélio (**A**): $F_A = F_{cp_A} \Rightarrow G\dfrac{Mm}{d_{máx}^2} = \dfrac{mv_A^2}{r}$

Da qual: $v_A = \dfrac{\sqrt{GMr}}{d_{máx}} \Rightarrow v_A = \dfrac{\sqrt{GMr}}{6{,}9 \cdot 10^{10}}$

Dividindo os valores de v_P e v_A, temos:

$$\dfrac{v_P}{v_A} = \dfrac{\sqrt{GMr}}{4{,}6 \cdot 10^{10}} \cdot \dfrac{6{,}9 \cdot 10^{10}}{\sqrt{GMr}} \Rightarrow \dfrac{v_P}{v_A} = \dfrac{3}{2}$$

Da qual:

$$\boxed{v_P = 1{,}5 v_A}$$

Observe que a relação obtida confirma que, de fato, no periélio a velocidade de translação do planeta tem intensidade maior que no afélio.

Como duvidar, então, da Gravitação newtoniana se os resultados previstos por ela condizem com a maioria das observações experimentais?

Algumas distorções teóricas, como as previstas na Teoria da Relatividade Geral, de Albert Einstein, porém, levaram os astrônomos a rever certos resultados, o que corroborou com a adoção da Gravitação de contornos mais amplos, como a que explica a atração entre massas por meio de deformações do chamado espaço-tempo.

DESCUBRA MAIS

1. O experimento realizado por Henry Cavendish em 1798 utilizando uma balança de torção para a determinação da Constante da Gravitação (G) também presente na Lei de Newton da Atração das Massas ($F = G\dfrac{Mm}{d^2}$, com $G = 6{,}67 \cdot 10^{-11}$ N m²/kg²) é considerado um dos dez mais importantes da Física.
Pesquise sobre esse experimento.

2. Há vários satélites estacionários, de diversas nacionalidades, inclusive brasileira, em órbita ao redor da Terra servindo às telecomunicações. Todos eles percorrem uma mesma órbita, aproximadamente circular, num mesmo sentido. Como se justifica o fato de não ocorrerem colisões entre esses satélites?

3. Na Terra, além do campo gravitacional terrestre, somos influenciados por campos gravitacionais de outros astros, como o Sol e a Lua. A participação mais ou menos intensa desses campos na formação de um campo gravitacional resultante é determinante para a ocorrência de muitos fenômenos na Terra, como o das marés, por exemplo. Dê uma explicação mais substanciada para esse fenômeno.

4. Uma possibilidade que aterroriza a todos é a de que um asteroide colida com a Terra, o que provocaria um cataclismo de proporções inimagináveis. O que tem sido feito pela comunidade científica para impedir esse tipo de ocorrência?

Exercícios   Nível 3

47. (Famerp-SP)

Cometa e Rosetta atingem ponto mais próximo do Sol

O cometa 67P/Churyumov-Gerasimenko e a sonda Rosetta, que o orbita há mais de um ano, chegaram ao ponto de maior aproximação do Sol. O periélio, a cerca de 186 milhões de quilômetros do Sol, foi atingido pelo cometa em agosto de 2015. A partir daí, o cometa começou mais uma órbita elíptica, que durará 6,5 anos. O afélio da órbita desse cometa está a cerca de 852 milhões de quilômetros do Sol. Espera-se que Rosetta o monitore por, pelo menos, mais um ano.

(www.inovacaotecnologica.com.br. Adaptado.)

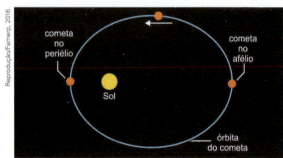

De acordo com as informações, é correto afirmar que

a) o cometa atingirá sua maior distância em relação ao Sol aproximadamente em agosto de 2017.
b) a órbita elíptica do cometa está de acordo com o modelo do movimento planetário proposto por Copérnico.
c) o cometa atingiu sua menor velocidade escalar de transição ao redor do Sol em agosto de 2015.
d) o cometa estava em movimento acelerado entre os meses de janeiro e julho de 2015.
e) a velocidade escalar do cometa será sempre crescente, em módulo, após agosto de 2015.

48. (FMJ-SP) O planeta Saturno apresenta um grande número de satélites naturais. Dois deles são Encélado e Titan. Os raios de suas órbitas podem ser medidos em função do raio de Saturno, R_S. Dessa forma, o raio da órbita de Titan vale $20R_S$, enquanto o de Encélado vale $4R_S$. Sendo T(e) e T(t), respectivamente, os intervalos de tempo que Encélado e Titan levam para dar uma volta completa ao redor de Saturno, é correto afirmar que a razão $\frac{T(t)}{T(e)}$ é, aproximadamente, igual a

a) 11,2   b) 8,4   c) 5,0   d) 0,8   e) 0,2

49. (OBF) Considere que a órbita da Terra em torno do Sol seja circular e que esse movimento possua período T. Sendo t o tempo médio que a luz do Sol leva para chegar à Terra e c o módulo da velocidade da luz no vácuo, o valor estimado da massa do Sol é:

a) $\dfrac{G}{4\pi^2}\dfrac{(ct)^3}{T^2}$ c) $\dfrac{G}{4\pi^2}\dfrac{(cT)^3}{t^2}$ e) $\dfrac{G}{4\pi^2}\dfrac{(ct)^2}{T^3}$

b) $\dfrac{4\pi^2}{G}\dfrac{(ct)^3}{T^2}$ d) $\dfrac{4\pi^2}{G}\dfrac{(cT)^3}{t^2}$

50. (Fame-SP) A ilustração a seguir foi usada por Isaac Newton para explicar como um objeto entra em órbita.

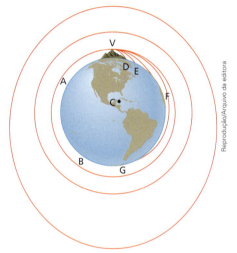

Segundo Newton, se pedras fossem lançadas horizontalmente do alto de uma montanha, a distância percorrida por elas antes de atingir o solo dependeria da velocidade de lançamento: velocidades maiores implicariam distâncias maiores. Existiria, então, uma velocidade em que a queda da pedra seria compensada pela curvatura da Terra e ela nunca atingiria o solo, permanecendo em órbita ao redor da Terra. A resistência do ar impede que isso seja realizado na prática.

Desprezando-se a resistência do ar, considerando-se o raio da Terra no ponto de lançamento igual a $6{,}4 \cdot 10^6$ m e a aceleração da gravidade com módulo igual a 10 m/s², a velocidade horizontal de lançamento da pedra, para que ela entre em órbita circular rasante à Terra tem módulo igual a:

a) $4{,}0 \cdot 10^3$ m/s   d) $6{,}4 \cdot 10^4$ m/s
b) $8{,}0 \cdot 10^3$ m/s   e) $8{,}0 \cdot 10^4$ m/s
c) $3{,}2 \cdot 10^4$ m/s

51. (Faap-SP) Em um planeta, um astronauta faz o seguinte experimento: abandona uma bola na frente de uma tela vertical, que possui marcadas linhas horizontais, separadas por 50 cm; simultaneamente, é acionada uma máquina fotográfica de *flash*-múltiplo, sendo o intervalo entre os *flashes* de 0,10 s. A partir da fotografia da queda da bola, indicada na figura, o astronauta calcula a razão entre a massa do planeta e a da Terra, pois ele sabe que o raio do planeta é o triplo do terrestre. Qual é o valor encontrado?

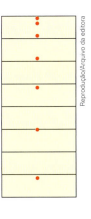

Dado: aceleração da gravidade na Terra = 10 m/s².

52. (UFF-RJ) Antoine de Saint-Exupéry gostaria de ter começado a história do Pequeno Príncipe dizendo: "Era uma vez um pequeno príncipe que habitava um planeta pouco maior que ele, e que tinha necessidade de um amigo..."

Considerando-se que o raio médio da Terra é um milhão de vezes o raio médio do planeta do Pequeno Príncipe, assinale a opção que indica a razão entre a densidade do planeta do Pequeno Príncipe, ρ_P, e a densidade da Terra, ρ_T, de modo que as acelerações da gravidade nas superfícies dos dois planetas sejam iguais.

a) $\dfrac{\rho_P}{\rho_T} = 10^{12}$ c) $\dfrac{\rho_P}{\rho_T} = 10^{18}$ e) $\dfrac{\rho_P}{\rho_T} = 10^{2}$

b) $\dfrac{\rho_P}{\rho_T} = 10^{6}$ d) $\dfrac{\rho_P}{\rho_T} = 10^{3}$

53. (Unicamp-SP) A Lua tem sido responsabilizada por vários fenômenos na Terra, tais como apressar o parto dos seres humanos e dos demais animais e aumentar o crescimento de cabelos e plantas. Sabe-se que a aceleração gravitacional da Lua em sua própria superfície é praticamente $\dfrac{1}{6}$ daquela da Terra (g_T = 10 m/s²) e que a distância entre a superfície da Terra e o centro da Lua é da ordem de 200 raios lunares. Para estimar os efeitos gravitacionais da Lua na superfície da Terra, calcule:

a) a intensidade da aceleração gravitacional provocada pela Lua em um corpo na superfície da Terra.

b) a variação no peso de um bebê de 3,0 kg devido à ação da Lua.

54. (IME-RJ) Um objeto foi achado por uma sonda espacial durante a exploração de um planeta distante. Essa sonda possui um braço ligado a uma mola ideal presa a garras especiais. Ainda naquele planeta, observou-se no equilíbrio uma deformação $x_P = 8{,}0 \cdot 10^{-3}$ m na mola, com o objeto totalmente suspenso. Retornando à Terra, repetiu-se o experimento, observando-se uma deformação $x_T = 2{,}0 \cdot 10^{-2}$ m. Ambas as deformações estavam na faixa linear da mola. Determine a razão entre o raio do planeta distante e o raio da Terra.

Dados:

1) a massa do planeta é 10% da massa da Terra;
2) módulo da aceleração da gravidade terrestre: 10,0 m/s².

55. (Unicamp-SP) Plutão é considerado um planeta anão, com massa $M_P = 1{,}0 \cdot 10^{-2}$ kg, bem menor que a massa da Terra. O módulo da força gravitacional entre duas massas m_1 e m_2 é dado por $F_g = G\dfrac{m_1 m_2}{r^2}$, em que *r* é a distância entre as massas e *G* é a constante gravitacional. Em situações que envolvem distâncias astronômicas, a unidade de comprimento comumente utilizada é a Unidade Astronômica (UA).

a) Considere que, durante a sua aproximação a Plutão, a sonda se encontra em uma posição que está $d_P = 0{,}15$ UA distante do centro de Plutão e $d_T = 30$ UA distante do centro da Terra. Calcule a razão $\left(\dfrac{F_{g_T}}{F_{g_P}}\right)$ entre o módulo da força gravitacional com que a Terra atrai a sonda e o módulo da força gravitacional com que Plutão atrai a sonda. Caso necessário, use a massa da Terra $M_T = 6 \cdot 10^{24}$ kg.

b) Suponha que a sonda New Horizons estabeleça uma órbita circular com velocidade escalar orbital constante em torno de Plutão com um raio de $r_P = 1 \cdot 10^{-4}$ UA. Obtenha o módulo da velocidade orbital nesse caso. Se necessário, use a constante gravitacional $G = 6 \cdot 10^{-11}$ N · m²/kg². Caso necessário, use 1 UA (Unidade Astronômica) = $1{,}5 \cdot 10^{8}$ km.

56. (Fuvest-SP) Foram identificados, até agora, aproximadamente 4 000 planetas fora do sistema solar, dos quais cerca de 10 são provavelmente rochosos e estão na chamada região habitável, isto é, orbitam sua estrela a uma distância compatível com a existência de água líquida, tendo talvez condições adequadas à vida da espécie humana. Um deles, descoberto em 2016, orbita *Proxima Centauri*, a estrela mais próxima da Terra. A massa, M_P, e o raio, R_P, desse planeta são diferentes da massa, M_T, e do raio, R_T, do planeta Terra, por fatores α e β: $M_P = \alpha M_T$ e $R_P = \beta R_T$.

a) Qual seria a relação entre α e β se ambos os planetas tivessem a mesma densidade? Imagine que você participe da equipe encarregada de projetar o robô C-1PO, que será enviado em uma missão não tripulada a esse planeta. Características do desempenho do robô, quando estiver no planeta, podem ser avaliadas a partir de dados relativos entre o planeta e a Terra.

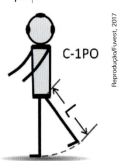
C-1PO

Nas condições do item **a**, obtenha, em função de β,

b) a razão $r_g = \dfrac{g_P}{g_T}$ entre o valor da aceleração da gravidade, g_P, que será sentida por C-1PO na superfície do planeta e o valor da aceleração da gravidade, g_T, na superfície da Terra;

c) a razão $r_T = \dfrac{t_P}{t_T}$ entre o intervalo de tempo, t_P, necessário para que C-1PO dê um passo no planeta e o intervalo de tempo, t_T, do passo que ele dá aqui na Terra (considere que cada perna do robô, de comprimento L, faça um movimento como o de um pêndulo simples de mesmo comprimento);

d) a razão $r_V = \dfrac{v_P}{v_T}$ entre os módulos das velocidades do robô no planeta, v_P, e na Terra, v_T.

> **Note e adote:**
> A Terra e o planeta são esféricos.
> O módulo da força gravitacional F entre dois corpos de massas M_1 e M_2, separados por uma distância r, é dado por $F = G\dfrac{M_1 M_2}{r^2}$ em que G é a constante de gravitação universal.
> O período de um pêndulo simples de comprimento L é dado por $T = 2\pi \left(\dfrac{L}{g}\right)^{\frac{1}{2}}$, em que g é a aceleração local da gravidade.
> Os passos do robô têm o mesmo tamanho na Terra e no planeta.

Para raciocinar um pouco mais

57. Um planeta descreve uma órbita elíptica em torno de uma estrela, conforme representa o esquema. Os pontos P_1 e P_2 indicados correspondem ao periélio e ao afélio, respectivamente, e, nesses pontos, o planeta apresenta velocidades vetoriais de intensidades v_1 e v_2.

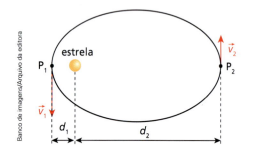

Supondo conhecidas as distâncias de P_1 e P_2 ao Sol (d_1 e d_2), mostre que $d_1 v_1 = d_2 v_2$.

58. Considere o planeta Marte com raio R e densidade absoluta média igual a μ. Supondo que o satélite Fobos descreva em torno de Marte uma órbita circular de raio r e representando por G a Constante da Gravitação, calcule o período de revolução de Fobos.

59. Admita que a Terra tenha raio R e densidade absoluta média μ e descreva em torno do Sol uma órbita circular de raio r, com período de revolução igual a T. Calcule, em função desses dados, a intensidade da força de atração gravitacional que o Sol exerce sobre a Terra.

60. Seja G a Constante da Gravitação e T o período de rotação de um planeta imaginário denominado Planton. Sabendo que no equador de Planton um dinamômetro de alta sensibilidade dá indicação nula para o peso de qualquer corpo dependurado na sua extremidade, calcule a densidade média desse planeta.

61. (OBF) Em seu trabalho sobre gravitação universal, Newton demonstrou que uma distribuição esférica homogênea de massa surte o mesmo efeito que uma massa concentrada no centro da distribuição. Se no centro da Terra fosse recortado um espaço oco esférico com metade do raio da Terra, o módulo da aceleração da gravidade na superfície terrestre diminuiria para (g é o módulo da aceleração da gravidade na superfície terrestre sem a cavidade):

a) $\dfrac{3}{8}g$.   b) $\dfrac{1}{2}g$.   c) $\dfrac{5}{8}g$.   d) $\dfrac{3}{4}g$.   e) $\dfrac{7}{8}g$.

62. (Olimpíada Ibero-Americana de Física) Uma estrela tripla é formada por três estrelas de mesma massa M que gravitam em torno do centro de massa **C** do sistema.

As estrelas estão localizadas nos vértices de um triângulo equilátero inscrito em uma circunferência que corresponde à trajetória por elas descrita, conforme ilustra a figura.

Considerando-se como dados a massa M de cada estrela, o raio R da circunferência que elas descrevem e a constante de gravitação universal G, determine o período T no movimento orbital de cada estrela.

trajetória das estrelas

63. Historicamente, teria sido Ptolomeu (século II d.C.) o primeiro a observar estrelas duplas ou binárias, um tanto comuns no Universo, às quais denominou *Eta Sagittarii*. Já estrelas triplas são mais raras, devido à sua grande instabilidade. Considere uma estrela tripla, constituída das estrelas **E₁**, **E₂** e **E₃**, de massas respectivamente iguais a M, $2M$ e M. A estrela **E₂** é o centro do sistema e **E₁** e **E₃** gravitam em torno de **E₂** com velocidades lineares de mesma intensidade, conforme ilustra o esquema:

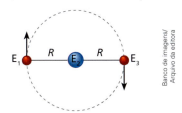

Considerando que os centros de **E₁** e **E₃** mantêm-se sempre alinhados com o centro de **E₂**, à distância R do centro desta estrela, e sendo G a constante da Gravitação, determine o período dos movimentos de **E₁** e **E₃**.

64. Estrelas como o Sol, classificadas de anãs amarelas, são comumente encontradas na observação astronômica. Na outra ponta da escala estelar estão as azuis gigantes, muito raras no Universo. Na semana passada, um grupo de astrônomos europeus anunciou a descoberta de nada menos que sete astros desse tipo, entre eles a estrela com a maior massa já encontrada. Batizada de R136a1, ela é colossal mesmo para os padrões das azuis gigantes. Sua descoberta deve levar os cientistas a rever seus cálculos sobre os limites da massa das estrelas. Até agora, achava-se impossível que existissem astros com massa superior a 150 vezes a do Sol. A R136a1 tem quase o dobro, brilha com intensidade 10 milhões de vezes maior e é sete vezes mais quente.

(SALVADOR, Alexandre. Um raro achado no cosmo. *Veja*, São Paulo, ano 43, n. 30, p. 94, 28 jul. 2010.)

Considerando que a massa da estrela *R136a1* é 265 vezes a massa do Sol, pode-se afirmar que, se ela fosse a estrela do sistema solar em vez do Sol e se, mesmo assim, a Terra descrevesse sua órbita com o mesmo raio médio, o ano terrestre teria a duração mais próxima de

a) 3 horas.
b) 3 dias.
c) 3 semanas.
d) 3 meses.
e) 3 anos.

65. Considere a situação hipotética conjecturada a seguir. Imagine que a Terra, de massa inicial M, e a Lua, de massa inicial m, se mantenham em repouso no espaço, com seus centros de massa separados por uma distância constante d. Suponha que porções sucessivas de massa da Terra sejam, de alguma maneira, transportadas para a Lua, de modo que os dois astros mantenham sempre sua forma esférica. Sendo x a massa levada da Terra para a Lua num determinado instante, pede-se:

a) esboçar o gráfico da intensidade da força de atração gravitacional entre a Terra e a Lua, F, em função de x;
b) estabelecer a relação entre as massas da Terra e da Lua para que o valor de F seja máximo.

TÓPICO 5

Movimentos em campo gravitacional uniforme

// Na imagem, vemos um chafariz que lança jatos de água obliquamente. No pequeno deslocamento escalar que o líquido realiza até retornar ao tanque, as forças de resistência do ar podem ser negligenciadas, permitindo-se que os movimentos das gotas sejam estudados como se estas estivessem sob a ação exclusiva do campo gravitacional.

Lançou, disparou, chutou? Deixa que, sozinha, a gravidade faz o resto!
É o que ocorreria se não interviessem as forças de resistência do ar...
Para percursos relativamente curtos, no entanto, as ações atmosféricas podem ser, via de regra, desprezadas, e tudo se passa como se bolas, dardos, projéteis e outros objetos lançados ao ar se deslocassem livres, sob a ação única da gravidade.
Desenvolveremos neste tópico o estudo dos movimentos de corpos sob a ação exclusiva de um campo gravitacional uniforme, abrangendo os deslocamentos verticais, bem como os lançamentos oblíquos e horizontais. Estudaremos as grandezas relevantes ao assunto, como o tempo de voo, a altura máxima atingida e o alcance horizontal.

Bloco 1

1. Campo gravitacional uniforme

Como vimos no Tópico 4, Gravitação, astros em geral criam ao seu redor uma região de influências – teoricamente infinita – capaz de impor a massas aí insertas forças de atração de natureza gravitacional. Essa região é denominada **campo gravitacional** do astro.

A Terra tem em torno de si seu campo gravitacional – o campo gravitacional terrestre –, caracterizado pelo vetor de campo $\vec{g}$, chamado **aceleração da gravidade**. Como foi visto, nas vizinhanças do nosso planeta e em pequenas altitudes, o vetor $\vec{g}$ tem intensidade próxima de 10 m/s².

O vetor $\vec{g}$, contudo, é **variável**. Sua direção se modifica à medida que se circunda a Terra, já que $\vec{g}$ é radial à "esfera" terrestre. A intensidade de $\vec{g}$ também se altera, decrescendo com a distância à superfície do planeta.

Veja a ilustração ao lado.

Sendo G a constante da gravitação, M e R, respectivamente, a massa e o raio da Terra, e h a altitude, pela expressão $g = G \dfrac{M}{(R + h)^2}$ podemos verificar que, aumentando-se h, a intensidade g da aceleração da gravidade diminui.

> Chamamos de **campo gravitacional uniforme** todo aquele em que o vetor $\vec{g}$ (aceleração da gravidade) é **constante** em toda a extensão do campo, isto é, esse vetor tem módulo, direção e sentido invariáveis em toda a região analisada.

Em ambientes de pequenas dimensões, como o interior de uma sala de aula ou um campo de futebol, o campo gravitacional pode ser considerado uniforme. Isso significa que em qualquer ponto desses locais o vetor $\vec{g}$ será vertical, dirigido perpendicularmente ao solo (admitido horizontal), orientado para baixo e com intensidade próxima de 10 m/s².

Mesmo em grandes cidades ou regiões relativamente extensas, o campo gravitacional pode ser considerado uniforme, já que eventuais variações no vetor $\vec{g}$ são imperceptíveis.

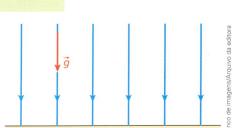

// Representação de algumas linhas de força de um campo gravitacional uniforme.

NOTA!

Em um campo gravitacional uniforme, as linhas de força (tangentes ao vetor $\vec{g}$ em cada ponto) são retas paralelas equidistantes.

// Nesta imagem da cidade de São Paulo, tirada com uma lente angular, as setas amarelas representam o vetor $\vec{g}$ em diversos locais. Veja que essas setas têm o mesmo comprimento (indicação de intensidade), a mesma direção e o mesmo sentido, sugerindo um campo gravitacional praticamente uniforme nesse local.

TÓPICO 5 | MOVIMENTOS EM CAMPO GRAVITACIONAL UNIFORME **381**

2. Movimento vertical

Um ato bastante corriqueiro consiste em lançarmos pequenos objetos verticalmente para cima, como indica a ilustração abaixo. Nesses casos, o corpo lançado sobe e depois desce, percorrendo praticamente um mesmo segmento de reta vertical.

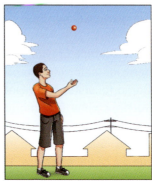
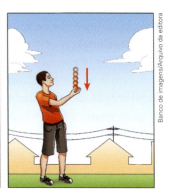

Se não levarmos em conta as forças de resistência do ar, depois de deixar o agente lançador – no caso da tirinha, a mão do garoto –, o corpo jogado para cima ficará sob a ação exclusiva de seu peso, que vai impor como aceleração a **aceleração da gravidade**, praticamente constante e traduzida pelo vetor $\vec{g}$, vertical e dirigido para baixo.

É importante lembrar que, nesse caso idealizado, a aceleração verificada será $\vec{g}$, independentemente da massa do corpo, conforme conclusão de **Galileu** Galilei, já comentada em Cinemática escalar.

Assim é que, corpos sujeitos exclusivamente à ação do campo gravitacional (suposto uniforme), terão, todos, aceleração $\vec{g}$, não importando suas massas, materiais ou formas.

Na subida, o corpo descreverá um movimento uniformemente retardado, dando uma paradinha instantânea no ponto de altura máxima. Já na descida – queda livre –, realizará um movimento uniformemente acelerado, em ambos os casos, com a aceleração da gravidade, de intensidade $g \cong 10 \text{ m/s}^2$.

Como vimos no tópico referente ao movimento uniformemente variado, o tempo de subida será igual ao tempo de descida ao local de lançamento e, em um mesmo ponto da trajetória, o corpo passará subindo e depois descendo com o mesmo módulo de velocidade escalar.

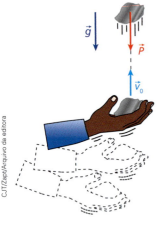

// Desprezada a influência do ar, ao deixar a mão da pessoa, a pedra ficará sujeita à ação exclusiva do seu peso $\vec{P}$ e, independentemente de sua massa, a aceleração adquirida por esse corpo será a da gravidade, $\vec{g}$.

// Foto estroboscópica do movimento de queda de uma pequena bola. Como o trecho percorrido pelo objeto é relativamente curto, as forças de resistência do ar não influenciam significativamente e o movimento pode ser considerado uniformemente acelerado, com aceleração de intensidade igual à de $\vec{g}$.

Ampliando o olhar

Levando-se em conta a resistência do ar

E se levarmos em conta a presença da atmosfera?

Afinal, este é um meio fluido essencial e corpos em movimento através dele ficam sujeitos a forças de oposição ao avanço, que determinam um efeito resultante denominado simplesmente **força de resistência do ar**.

A força de resistência do ar depende de características do corpo, como material e forma, bem como de parâmetros da própria atmosfera. Sua intensidade cresce com a velocidade, já que se intensificam as colisões de moléculas de ar contra partes do corpo expostas a esse bombardeio.

Em geral, a intensidade da força de resistência do ar, F_{ar}, é diretamente proporcional ao quadrado da velocidade, v, conforme uma expressão do tipo:

$$F_{ar} = kv^2$$

Em que k é uma constante que depende da forma do corpo (aerodinâmica), da densidade do ar e da maior área de uma seção do objeto perpendicular à direção do movimento.

Consideremos a situação ilustrada abaixo, em que uma garota vai disparar com seu estilingue, verticalmente para cima, uma pedra de massa m.

A pedra vai subir do ponto **A** até o ponto **B** de altura máxima e vai retornar ao ponto de partida, **A**.

No ponto **B**, ocorre inversão do sentido do movimento. A velocidade instantânea da pedra é nula e a força de resistência do ar também vale zero. Nos outros pontos da trajetória, porém, essa força não é nula e sua intensidade será tanto maior quanto maior for o módulo da velocidade.

Além de $\vec{F}_{ar}$, atua também na pedra durante todo o trajeto – subida e descida – a força peso, $\vec{P}$, como está representado nos esquemas.

Seja g a intensidade da aceleração da gravidade local.

No movimento de subida, aplicando-se a 2ª Lei de Newton, tem-se, em cada instante:

$$P + F_{ar} = ma_{subida} \Rightarrow a_{subida} = \frac{mg + F_{ar}}{m}$$

Da qual:

$$a_{subida} = g + \frac{F_{ar}}{m}$$

Dessa expressão depreende-se que $a_{subida} > g$. Isso ocorre mesmo com F_{ar} decrescendo na subida.
Já no movimento de descida, aplicando-se também a 2ª Lei de Newton, tem-se, em cada instante:

$$P - F_{ar} = ma_{descida} \Rightarrow a_{descida} = \frac{mg - F_{ar}}{m}$$

Da qual:

$$a_{descida} = g - \frac{F_{ar}}{m}$$

Dessa expressão conclui-se que $a_{descida} < g$. Isso ocorre mesmo com F_{ar} crescendo – pelo menos a princípio – na descida.

Afinal, deve-se ter em conta que se a pedra atingir uma grande altura no lançamento, poderá ocorrer, na descida, a nulidade da aceleração. Nesse caso, F_{ar} deixa de crescer, assumindo um valor constante. Isso acontecerá a partir do instante em que $\frac{F_{ar}}{m} = g$ e, nessa situação, a pedra percorrerá o trecho final do seu caminho de volta em movimento retilíneo e uniforme, com velocidade terminal limite.

Sendo a desaceleração de subida mais intensa que a aceleração de descida e a distância percorrida na subida igual à percorrida na descida, infere-se que **o intervalo de tempo de subida é menor que o de descida** ($\Delta t_{AB} < \Delta t_{BA}$).

// Um dos cartões-postais da cidade de Genebra, na Suíça, é o *Jet d'eau* (Jato de água, em francês), instalado no meio do lago Genève. Trata-se de um fortíssimo esguicho vertical de água, capaz de elevar o líquido a alturas em torno de 140 m (um prédio de aproximadamente 45 andares). Devido à presença da atmosfera, as gotas sofrem um forte retardamento na subida e uma aceleração pouco intensa na descida e, por isso, demoram mais para descer do que para subir.

3. Movimento balístico

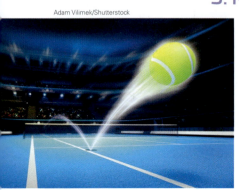

Foi ponto ou não foi?

Muitos esportes, como tênis, futebol, basquete, vôlei, golfe, lançamento de dardo, salto em distância, etc. constituem um excelente cenário para estudarmos o chamado **movimento balístico**. Esta é uma denominação genérica que se atribui ao deslocamento de bolas e outros corpos lançados ao ar em trajetórias praticamente parabólicas.

Tiros balísticos foram aprimorados com fins militares. Armas cada vez mais potentes e eficazes, capazes de arremessar seus projéteis cada vez mais longe e com melhor precisão de pontaria, definiram a supremacia de exércitos e provocaram a submissão de povos rivais.

Ampliando o olhar

Uma breve história da balística

"Ao longo da História, em muitas situações, interesses econômicos nortearam o pensamento científico. Quando a pólvora, que já era usada na China há muito tempo, ficou conhecida na Europa, teve início um rápido desenvolvimento das armas de fogo: no século XIII, os árabes usavam artilharia pesada em suas investidas e, em meados do século XIV, as armas de fogo já faziam parte do arsenal bélico de todos os países da Europa oriental, meridional e central.

No século XV, canhões foram aperfeiçoados e projéteis de pedra substituídos pelos de ferro, de modo que atingissem maiores velocidades de lançamento. No século XVI, foram desenvolvidas tabelas que forneciam o alcance horizontal dos projéteis para diversos ângulos de lançamento.

Entretanto, em meados do século XVII, esses conhecimentos empíricos de tiro mostraram-se insuficientes, pois não se apoiavam em princípios balísticos bem fundamentados. Disso decorreu a intervenção dos grandes físicos da época na história do desenvolvimento bélico, havendo evidências da relação de seus trabalhos com os interesses da artilharia. Galileu, por exemplo, investigou a queda vertical dos corpos e, com isso, reconheceu a forma parabólica da trajetória dos projéteis sem considerar a influência do ar em seus movimentos. Já Torricelli, Newton, Bernoulli e Euler investigaram a forma real da trajetória dos projéteis, isto é, sua forma modificada em virtude da influência do ar. Para tanto, tiveram de estudar, dentre outros assuntos, a relação entre a intensidade da resistência do ar e a velocidade do projétil.

Podemos dizer, então, que o estudo do lançamento de corpos não se deu simplesmente pelo desejo de se conhecer algo mais sobre a natureza, mas pela necessidade de sua aplicação em benefício do aprimoramento bélico e do cumprimento de interesses econômicos."

(HESSEN, Borís. *Las raíces socioeconómicas de la Mecánica de Newton*. Havana: Editorial Academia, 1985.)

Ignoremos no estudo a seguir os efeitos do ar.

Lançando-se obliquamente um projétil qualquer, este vai descrever uma trajetória em forma de arco de parábola em relação a um referencial fixo no solo terrestre, como demonstraremos no final deste item.

Na subida, o movimento será retardado e na descida, acelerado, sob a ação exclusiva da aceleração da gravidade, isto é, ao longo de todo o voo, a força resultante no projétil será seu peso $\vec{P}$ e a aceleração vetorial será igual a $\vec{g}$.

Na subida, o vetor $\vec{g}$ admite uma componente tangencial com magnitude **decrescente** até zero, de sentido contrário ao da velocidade vetorial. Já na descida, o vetor $\vec{g}$ admite uma componente tangencial com magnitude **crescente** a partir de zero, no mesmo sentido da velocidade vetorial.

A aceleração escalar do projétil é, portanto, variável, tanto na subida como na descida, o que torna o movimento balístico variado, mas **não uniformemente**.

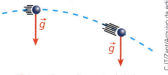

// A aceleração vetorial do projétil é $\vec{g}$ em todos os pontos da trajetória.

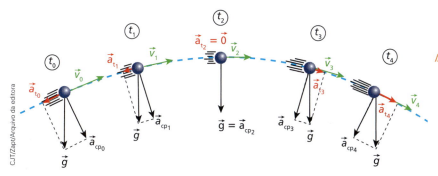

// O movimento de subida é retardado e o de descida, acelerado, mas não uniformemente. No ponto de altura máxima, a velocidade tem intensidade mínima, **não nula**. Como a trajetória é curvilínea (parabólica), a aceleração vetorial $\vec{g}$ deve admitir também uma componente centrípeta em cada ponto, de modo que $\vec{a}_t + \vec{a}_{cp} = \vec{g}$.

TÓPICO 5 | MOVIMENTOS EM CAMPO GRAVITACIONAL UNIFORME

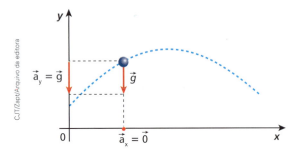

Como o movimento balístico é variado sem ser uniformemente variado, somos forçados a buscar modelos familiares que nos propiciem uma melhor compreensão e condições de estudo mais adequadas desse assunto.

Considerando-se um referencial cartesiano **Oxy**, como nos esquemas a seguir, pode-se notar que a aceleração vetorial $\vec{g}$ projetada no eixo horizontal **Ox** é um ponto. Isso significa que nessa direção a aceleração vetorial (e escalar) é nula, o que implica **movimento uniforme**.

Por outro lado, a aceleração vetorial $\vec{g}$ projetada no eixo vertical **Oy** aparece em verdadeira grandeza, isto é, surge como o próprio vetor $\vec{g}$. Por isso, nessa direção, a aceleração vetorial (e escalar) é constante e não nula, o que implica **movimento uniformemente variado**.

Diante do exposto, podemos inferir que o movimento parabólico sob a ação exclusiva do campo gravitacional é a **composição de dois movimentos** parciais mais simples: um horizontal, **retilíneo e uniforme**, e outro vertical, **retilíneo e uniformemente variado**, retardado na subida e acelerado na descida.

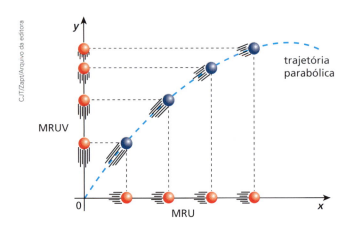

// Nesta ilustração reforçamos que o movimento balístico é composto de um **movimento retilíneo e uniforme (MRU) na horizontal** e um **movimento retilíneo e uniformemente variado (MRUV) na vertical**, retardado na subida e acelerado na descida.

// Desprezada a resistência do ar, enquanto a bola descreve uma trajetória parabólica, sua sombra projetada ortogonalmente sobre o solo plano e horizontal segue em movimento retilíneo com velocidade escalar constante.

Vamos considerar a ilustração abaixo, em que uma bolinha descreve um voo balístico em relação ao referencial cartesiano **Oxy**, fixo no solo, sob a ação exclusiva da aceleração da gravidade, suposta constante, com intensidade g.

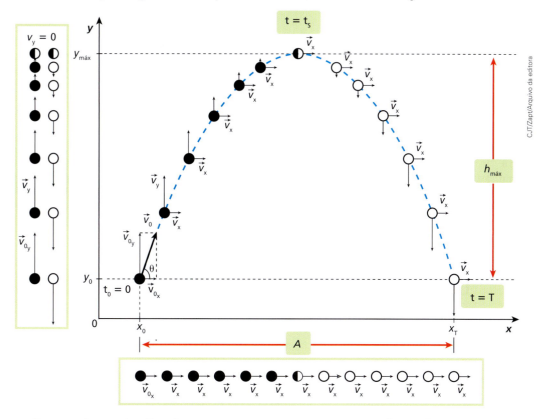

Repare alguns detalhes importantes nesse esquema que podem reforçar a compreensão do fenômeno:

- No instante de lançamento, $t_0 = 0$, a velocidade vetorial da bolinha, $\vec{v}_0$, tem duas componentes, $\vec{v}_{0y}$ e $\vec{v}_{0x}$, respectivamente, nas direções vertical e horizontal. As intensidades dessas componentes em função da intensidade de $\vec{v}_0$ e do ângulo de tiro θ ficam determinadas por:

$$\operatorname{sen}\theta = \frac{v_{0y}}{v_0} \Rightarrow \boxed{v_{0y} = v_0 \operatorname{sen}\theta} \qquad \cos\theta = \frac{v_{0x}}{v_0} \Rightarrow \boxed{v_{0x} = v_0 \cos\theta}$$

- A intensidade da velocidade horizontal permanece constante, indicando que nessa direção o movimento é uniforme.
- No instante $t = t_s$, a bolinha atinge o ponto de altura máxima e sua velocidade vetorial é horizontal e **não nula**. É importante observar que nesse instante a velocidade vetorial da bolinha nada mais é do que $\vec{v}_{0x}$.
- No ponto de altura máxima, a componente vertical da velocidade vetorial é nula. Este é o ponto de inversão do sentido do movimento vertical.
- A intensidade da velocidade vetorial vertical diminui uniformemente na subida, indicando que o movimento é uniformemente retardado, e aumenta uniformemente na descida, indicando que o movimento é uniformemente acelerado. Como o eixo **Oy** está orientado para cima, a aceleração escalar na vertical é $\alpha_y = -g$.
- Em pontos de mesma altura em relação do nível de lançamento, a intensidade da velocidade vetorial na subida é igual à intensidade da velocidade vetorial na descida (simetria).

Cálculo do tempo de voo (T)

No caso da bolinha do esquema anterior, analisando-se o movimento uniformemente retardado de subida vertical, tem-se:

$$v_y = v_{0_y} + \alpha_y t$$

Lembrando-se de que $v_{0_y} = v_0 \operatorname{sen} \theta$ e que no instante $t = t_s$ a bolinha atinge a altura máxima, com $v_y = 0$, vem:

$$0 = v_0 \operatorname{sen} \theta - gt_s \Rightarrow gt_s = v_0 \operatorname{sen} \theta$$

Da qual:

$$\boxed{t_s = \frac{v_0 \operatorname{sen} \theta}{g}}$$

Devido à simetria entre as situações ocorridas nas lombadas esquerda e direita da trajetória parabólica, podemos dizer que o tempo de descida é igual ao de subida. Assim, o tempo de voo, T, é o dobro do tempo t_s, isto é:

$$T = 2t_s \Rightarrow \boxed{T = \frac{2v_0 \operatorname{sen} \theta}{g}}$$

> **NOTA!**
>
> Para uma mesma intensidade de $\vec{v}_0$ e em um mesmo local, T é diretamente proporcional a $\operatorname{sen} \theta$. Isso significa que quanto maior for o ângulo de tiro θ ($0° < \theta < 90°$), maior será o tempo de voo do projétil.

Cálculo da altura máxima atingida ($h_{máx}$)

Apliquemos, agora, a **Equação de Torricelli** ao movimento uniformemente retardado de subida vertical.

$$v_y^2 = v_{0_y}^2 + 2\alpha_y \Delta y$$

Observando-se que $v_{0y} = v_0 \operatorname{sen} \theta$ e que no ponto em que $\Delta y = h_{máx}$, tem-se $v_y = 0$, segue-se que:

$$0 = (v_0 \operatorname{sen} \theta)^2 + 2(-g)h_{máx} \Rightarrow 2gh_{máx} = v_0^2 \operatorname{sen}^2 \theta$$

De onde se obtém:

$$\boxed{h_{máx} = \frac{v_0^2 \operatorname{sen}^2 \theta}{2g}}$$

> **NOTA!**
>
> Para uma mesma intensidade de $\vec{v}_0$ e em um mesmo local, $h_{máx}$ é diretamente proporcional ao quadrado de $\operatorname{sen} \theta$. Isso significa que quanto maior for o ângulo de tiro θ ($0° < \theta < 90°$), maior será a altura máxima atingida pelo projétil.

Cálculo do alcance horizontal (A)

Estudando-se o movimento uniforme da bolinha na horizontal, tem-se:

$$\Delta x = v_{0_x} t$$

Lembrando-se de que $v_{0_x} = v_0 \cos \theta$ e que ocorre $\Delta x = A$ no instante $t = T$, isto é, em $t = \dfrac{2v_0 \operatorname{sen} \theta}{g}$, vem:

$$A = v_0 \cos \theta \, \frac{2v_0 \operatorname{sen} \theta}{g}$$

Da qual:

$$\boxed{A = \frac{v_0^2}{g} \, 2 \operatorname{sen} \theta \cos \theta}$$

A identidade trigonométrica $2 \operatorname{sen} \theta \cos \theta$ é bastante conhecida em Matemática:

$$2 \operatorname{sen} \theta \cos \theta = \operatorname{sen} 2\theta$$

e a expressão anterior também pode ser grafada na forma:

$$\boxed{A = \frac{v_0^2}{g} \operatorname{sen} 2\theta}$$

Alcance horizontal máximo ($A_{máx}$)

Em muitos movimentos balísticos, como nos esportes – nas modalidades de lançamento de disco, dardo ou martelo, ou mesmo em salto em distância –, há uma grande preocupação com o alcance horizontal do projétil, que deve ser o maior possível.

Qual deve ser o ângulo de tiro para que um projétil sob a ação exclusiva da gravidade obtenha o máximo alcance horizontal?

Vejamos.

Com base na última expressão do alcance horizontal e fazendo-se uma análise meramente matemática com v_0 e g constantes, teremos $A_{máx}$ quando sen 2θ for máximo. Como o maior seno existente é igual a 1, segue-se que:

$$A_{máx} \Leftrightarrow (sen\ 2\theta)_{máx} = 1$$

Daí, decorre que:

$$2\theta = 90° \Rightarrow \boxed{\theta = 45°}$$

> Para uma mesma intensidade de velocidade inicial e em um mesmo local, o ângulo de tiro que proporciona o **alcance horizontal máximo** é 45°.

// O arremesso de disco provavelmente seja uma das modalidades olímpicas mais antigas. Supõe-se que tenha sido originada na Grécia, no ano 708 a.C. Nesse esporte, um disco de aço com massa próxima de 2 kg deve ver lançado o mais longe possível. Admitindo-se que o arremesso seja feito com a mesma intensidade da velocidade inicial e em um mesmo local, será obtido o alcance horizontal máximo quando o disco for disparado com um ângulo de tiro igual a 45°.

Alcance horizontal para ângulos complementares

Recordemos que dois ângulos **são complementares** quando a soma de suas medidas totaliza um ângulo reto.

Se θ_1 e θ_2 são complementares:

$$\boxed{\theta_1 + \theta_2 = 90°}$$

Ora, sabemos porém que, para ângulos complementares, o seno de um deles é igual ao cosseno do outro, como ocorre, por exemplo, com 30° e 60°.

$$sen\ 30° = cos\ 60° = \frac{1}{2} \quad e \quad cos\ 30° = sen\ 60° = \frac{\sqrt{3}}{2}$$

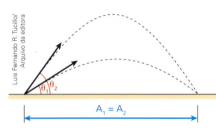

// No esquema acima, dois projéteis foram disparados de um mesmo ponto em condições ideais. As intensidades das velocidades iniciais foram iguais e os ângulos de tiro foram complementares, isto é, $\theta_1 + \theta_2 = 90°$. Nesse caso, os dois projéteis caíram em um mesmo local, manifestando **alcances horizontais iguais**, isto é, $A_1 = A_2$.

Diante disso, tendo-se em conta a primeira expressão que obtivemos para o alcance horizontal, $A = \dfrac{v_0^2}{g} 2\operatorname{sen}\theta\cos\theta$, poderemos concluir que:

> Para uma mesma intensidade de velocidade inicial e em um mesmo local, disparando-se obliquamente com **ângulos de tiro complementares** ($\theta_1 + \theta_2 = 90°$), obtêm-se **alcances horizontais iguais**.

Equação da trajetória

Retomemos a situação da bolinha lançada obliquamente que utilizamos como base na dedução das fórmula anteriores.

Desejamos obter aqui uma função $y = f(x)$ relacionando a abscissa x com a ordenada y da bolinha no referencial **Oxy**. Essa função é denominada **equação da trajetória** e serve, entre outras coisas, para comprovar que a trajetória de um projétil lançado obliquamente em condições ideais é um arco de parábola.

Para simplificar, consideraremos que a bolinha tenha sido lançada da origem do refencial. Diante disso, $x_0 = 0$ e $y_0 = 0$.

(I) Analisando-se o movimento uniforme na direção **Ox**:

$$x = v_{0_x} t \Rightarrow x = v_0 \cos\theta\, t \Rightarrow t = \dfrac{x}{v_0 \cos\theta} \quad (1)$$

(II) Estudando-se, agora, o movimento uniformemente variado na direção **Oy**:

$$y = v_{0_y} t - \dfrac{g}{2} t^2 \Rightarrow y = v_0 \operatorname{sen}\theta\, t - \dfrac{g}{2} t^2 \quad (2)$$

Substituindo-se a equação (1) na equação (2), segue-se que:

$$y = v_0 \operatorname{sen}\theta \dfrac{x}{v_0 \cos\theta} - \dfrac{g}{2}\left(\dfrac{x}{v_0 \cos\theta}\right)^2$$

De onde se obtém:

$$y = x\operatorname{tg}\theta - \dfrac{g}{2 v_0^2 \cos^2\theta} x^2$$

Trata-se de uma função do 2º grau em que o coeficiente do termo em x^2 é um número negativo. Isso significa, portanto, que a trajetória é um **arco de parábola** com concavidade voltada para baixo, como ilustramos a seguir.

// Festival de arcos de parábola.

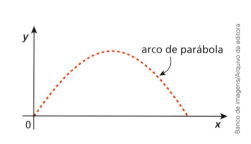

Exercícios Nível 1

1. Gael é um jovem que domina bem os fundamentos do futebol. Chutando sua bola às 12 h, como representa a figura 1, ele observa a sombra da "pelota" projetada pelos raios do sol a pino, S_1, percorrer em linha reta o solo plano e horizontal.

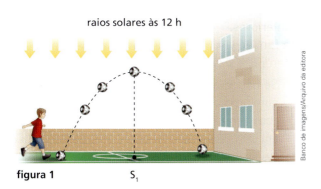

figura 1 S_1

Chutando a bola às 18 h, como representa a figura 2, ele observa a sombra da "pelota" projetada pelos raios do sol poente, S_2, percorrer em linha reta a parede lateral de um prédio vertical.

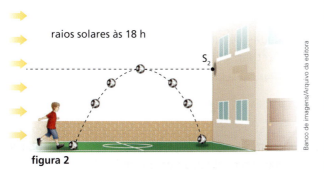

figura 2

Desprezando-se a resistência do ar no movimento da bola, é correto afirmar que Gael vê de sua posição:

a) S_1 se afastar em movimento uniforme e S_2 subir e descer também em movimento uniforme.
b) S_1 se afastar em movimento uniformemente acelerado e S_2 subir em movimento uniforme e descer em movimento uniformemente acelerado.
c) S_1 se afastar em movimento uniforme e S_2 subir em movimento uniformemente retardado e descer em movimento uniformemente acelerado.
d) S_1 se afastar em movimento uniformemente acelerado e S_2 subir em movimento uniformemente retardado e descer em movimento uniformemente acelerado.
e) S_1 se afastar em movimento uniforme e S_2 subir em movimento uniformemente acelerado e descer em movimento uniformemente retardado.

2. Uma equipe de futebol ensaia um lance que consiste de uma cobrança de falta com dois jogadores, **A** e **B**, posicionados lado a lado. O jogador **A** chuta a bola obliquamente sem muita força e, nesse mesmo instante, o jogador **B** se põe a correr em movimento retilíneo e uniforme de modo a interceptar a bola exatamente no instante em que esta atinge o gramado, admitido plano e horizontal. Supondo-se que numa determinada partida essa jogada tenha sido praticada com êxito, com o jogador **A** disparando a bola com velocidade vetorial $\vec{v}_0$ de intensidade 5,0 m/s, inclinada $\theta = 53°$ em relação ao solo, adotando-se $g = 10$ m/s², sen 53° = 0,8 e cos 53° = 0,6 e desprezando-se a influência do ar, pede-se determinar:

a) a intensidade da velocidade vetorial desenvolvida pelo jogador **B**;
b) a altura máxima atingida pela bola em relação ao campo de jogo.

Resolução:

a) A velocidade vetorial constante desenvolvida pelo jogador **B**, $\vec{v}_B$, foi igual à componente horizontal, $\vec{v}_{0_x}$, da velocidade inicial $\vec{v}_0$ da bola.

$$v_B = v_{0_x} \Rightarrow v_B = v_0 \cos \theta$$
$$v_B = 5,0 \cdot \cos 53°$$
$$v_B = 5,0 \cdot 0,6$$

Da qual:

$$\boxed{v_B = 3,0 \text{ m/s}}$$

b) A altura máxima atingida pela bola em relação ao campo de jogo, H, fica determinada estudando-se o movimento vertical uniformemente variado da bola.

Equação de Torricelli:

$$v_y^2 = v_{0_y}^2 + 2\alpha_y \Delta y$$

Lembrando-se de que

$v_{0_y} = v_0 \,\text{sen}\,\theta = 5{,}0 \,\text{sen}\,53° = 5{,}0 \cdot 0{,}8 = 4{,}0$ m/s

e que $\alpha_y = -g = -10$ m/s² (a trajetória foi orientada para cima) e que no ponto de altura máxima $v_y = 0$, determina-se o valor de H.

$0 = (4{,}0)^2 + 2(-10)H \Rightarrow 20H = 16$

De onde se obtém:

$$\boxed{H = 0{,}8 \text{ m} = 80 \text{ cm}}$$

3. O tênis de mesa – às vezes chamado de pingue-pongue para desespero de muitos jogadores – é um esporte de lances super-rápidos, que exigem dos praticantes bastante agilidade, com tempos de reação extremamente curtos.

Admita que na fotografia acima o jogador de costas na imagem golpeie a bolinha no exato momento em que esta atinge a altura máxima logo depois de haver quicado na mesa de jogo. Nesse instante, a velocidade da bolinha tem intensidade 1,5 m/s e este corpo está elevado de 20 cm em relação à superfície horizontal da mesa. Sendo $\vec{v}_0$ a velocidade vetorial da bolinha imediatamente depois de quicar na mesa para receber a raquetada e θ o ângulo de inclinação dessa velocidade em relação à direção horizontal, desprezando-se a resistência do ar e adotando-se $g = 10$ m/s², pede-se determinar:

a) o módulo de $\vec{v}_0$; b) o seno do ângulo θ.

4. Nos esportes em geral, várias são as modalidades em que corpos são disparados obliquamente, descrevendo trajetórias praticamente parabólicas. É o caso, por exemplo, do futebol, do basquete, do vôlei e do golfe, além dos lançamentos de dardos, discos e martelos.

Nestes últimos casos, almeja-se que o projétil disparado vá o mais longe possível, isto é, consiga o máximo alcance horizontal.

// O lançamento de dardos faz parte do atletismo e constitui modalidade olímpica.

Se não levarmos em conta a resistência do ar e admitirmos que todos os objetos serão lançados com a mesma intensidade de velocidade inicial e em um mesmo estádio, os técnicos dos lançamentos de discos, dardos e martelos deverão orientar seus atletas a fazerem os disparos com um ângulo de tiro, em relação à direção horizontal, igual a:

a) 30° b) 45° c) 60° d) 75° e) 90°

5. No esquema abaixo, duas garotas **A** e **B** posicionadas nos locais indicados conseguem atingir, chutando duas bolas, uma pequena lata posicionada em um ponto **P**, equidistante das duas jovens. As velocidades com que as bolas são disparadas, $\vec{v}_A$ e $\vec{v}_B$, têm intensidades iguais, mas são direcionadas segundo ângulos de tiro diferentes, respectivamente θ_A e θ_B, de modo que a bola de **A** vai mais alto que a de **B**.

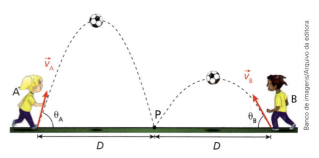

Nesse contexto, o campo gravitacional é uniforme e a resistência do ar pode ser ignorada. Sendo assim, é necessariamente correto que:

a) $\theta_A = \theta_B = 45°$
b) $\theta_A = 60°$ e $\theta_B = 30°$
c) $\theta_A = 53°$ e $\theta_B = 37°$
d) $\theta_A + \theta_B = 60°$
e) $\theta_A + \theta_B = 90°$

Exercícios Nível 2

6. Uma catapulta de brinquedo dispara uma bolinha com velocidade vetorial $\vec{v}_0$, que descreve a trajetória esboçada abaixo, definida em relação ao referencial cartesiano **Oxy**.

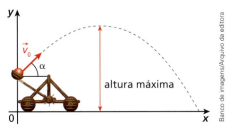

Se a bolinha se desloca sob a ação exclusiva do campo gravitacional, dentre os vetores abaixo, o que mais bem representa sua variação de velocidade vetorial entre o ponto de lançamento e o ponto de altura máxima é:

a)   b)   c)   d)

7. Indignado com uma tampinha de garraga PET jogada na calçada plana e horizontal, Felipe dá um chute nesse objeto, levando-o diretamente ao interior de uma caçamba estacionada na rua, rente ao meio-fio. A tampinha é disparada com velocidade inicial $\vec{v}_0$ de intensidade 7,5 m/s, inclinada de $\theta = 53°$ em relação à superfície da calçada e atinge o contêiner já em seu movimento descendente.

Desprezando-se a resistência do ar e adotando-se sen 53° = 0,8, cos 53° = 0,6 e g = 10 m/s², pede-se determinar:

a) a intensidade da velocidade da tampinha no ponto de altura máxima de sua trajetória;

b) a altura máxima atingida pela tampinha em relação à superfície da calçada.

8. Um dos armamentos ainda utilizados pelo Exército Brasileiro é o Obuseiro 155 mm M 114 AR, como o da imagem abaixo, com alcance horizontal máximo estimado em 14,6 km.

E.R.

Admita que em uma manobra militar esse obuseiro seja disparado em um terreno plano e horizontal com vistas a atingir um alvo posicionado no ponto de alcance máximo do armamento.

Desprezando-se o efeito do ar no movimento do projétil e adotando-se g = 10 m/s², responda:

a) Qual a intensidade da velocidade com que o projétil deixa o obuseiro?

b) Qual a altura máxima atingida pelo projétil nesse disparo?

Resolução:

Devemos recordar inicialmente que o máximo alcance horizontal ocorre quando o ângulo de tiro é $\theta = 45°$, como representa o esquema abaixo.

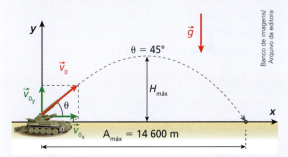

Cálculo das intensidades das componentes vertical e horizontal da velocidade inicial de lançamento do projétil, $\vec{v}_0$, respectivamente, $\vec{v}_{0x}$ e $\vec{v}_{0y}$.

Sendo $\theta = 45°$, decorre que:

$$v_{0y} = v_{0x} = v_0 \operatorname{sen} 45° \Rightarrow \boxed{v_{0y} = v_{0x} = v_0 \frac{\sqrt{2}}{2}}$$

a) (I) O tempo total de voo, T, pode ser obtido analisando-se o movimento uniformemente variado do projétil na direção vertical.

Com a trajetória vertical orientada para cima, tem-se $\alpha_y = -g$ e, na chegada do projétil ao solo no ponto de alcance máximo, $v_y = -v_{0y}$.

Logo:

$$v_y = v_{0y} + \alpha_y t \Rightarrow -v_{0y} = v_{0y} - gT \Rightarrow gT = 2v_{0y}$$

$$T = \frac{2v_{0y}}{g} \Rightarrow T = \frac{2v_0 \frac{\sqrt{2}}{2}}{10} \Rightarrow \boxed{T = \frac{v_0\sqrt{2}}{10}} \quad (1)$$

(II) O alcance horizontal máximo do projétil, $A_{máx}$, fica determinado estudando-se o movimento uniforme na direção horizontal.

$$\Delta x = v_{0_x} t \Rightarrow \boxed{A_{máx} = v_{0_x} T} \quad (2)$$

Lembrando-se que $A_{máx} = 14\,600$ m, $v_{0_x} = v_0 \dfrac{\sqrt{2}}{2}$ e substituindo-se (1) em (2), segue-se que:

$$14\,600 = v_0 \dfrac{\sqrt{2}}{2} \dfrac{v_0 \sqrt{2}}{10} \Rightarrow v_0^2 = 146\,000 \text{ (SI)}$$

De onde se obtém:

$$\boxed{v_0 \cong 382 \text{ m/s}}$$

b) A altura máxima atingida pelo projétil nesse disparo, $H_{máx}$, fica determinada analisando-se o movimento uniformemente variado na vertical:

Equação de Torricelli:

$$v_y^2 = v_{0_y}^2 + 2\alpha_y \Delta y$$

Lembrando-se de que o ponto de altura máxima $v_y = 0$, segue-se que:

$$0 = v_{0_y}^2 + 2(-g)H_{máx} \Rightarrow H_{máx} = \dfrac{v_{0_y}^2}{2g}$$

Com $v_{0_y} = v_0 \dfrac{\sqrt{2}}{2} = 382 \dfrac{\sqrt{2}}{2}$ m/s $\cong 270$ m/s

e $g = 10$ m/s², vem:

$$H_{máx} \cong \dfrac{(270)^2}{2 \cdot 10} \therefore \boxed{H_{máx} \cong 3\,645 \text{ m}}$$

9. O líbero, no vôlei, é um atleta especializado nos fundamentos que são realizados com mais frequência no fundo da quadra, isto é, na recepção e na defesa. Essa função foi introduzida pela Federação Internacional de Voleibol (FIVB) em 1998, com o propósito de permitir disputas mais longas de pontos e tornar o jogo mais atraente para o público.

Esse jogador deve ser muito bom nas "manchetes", ilustradas no esquema a seguir, muito utilizadas na recepção de saques e jogadas de ataque do time adversário.

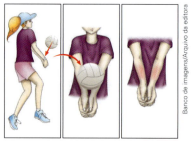

Suponha que na defesa de um violento saque o líbero de uma equipe tenha devolvido a bola, praticamente do nível do solo, quase da linha de fundo, para o outro lado da rede, utilizando uma manchete espetacular. Admita que a bola tenha sido rebatida com velocidade $\vec{v}_0$ de intensidade 10 m/s, inclinada 53° em relação à superfície da quadra. Desprezando-se os efeitos do ar, considerando-se $g = 10$ m/s², sen 53° = 0,8 e cos 53° = 0,6, pede-se determinar:

a) a altura máxima, H, atingida pela bola;
b) a distância horizontal, A, percorrida pela bola até tocar o piso da quadra adversária, caracterizando um precioso ponto.

10. Uma jogadora de voleibol salta no bloqueio e rebate uma bola na linha da rede, a uma altura $H = 2,60$ m, com velocidade inicial $\vec{v}_0$ formando um ângulo θ com a direção vertical, como representa o esquema. Nesse contexto, a influência do ar pode ser desprezada e adota-se $g = 10,0$ m/s².

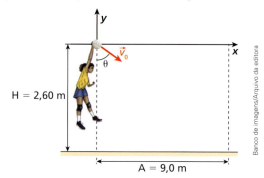

Sabendo-se que a distância horizontal entre a linha da rede e a linha de fundo da quadra é $A = 9,0$ m e considerando-se que a bola leva exatos 0,20 s para voar no plano da figura e atingir esta marca, pede-se determinar a tangente do ângulo θ.

11. (PUC-SP) Considere a figura a seguir, na qual um jogador chuta a bola com velocidade de módulo 72 km/h em um ângulo de 20° em relação à horizontal. A distância inicial entre a bola e a barreira é de 9,5 m e entre a bola e a linha do gol, 19 m. A trave superior do gol encontra-se a 2,4 m do solo. Considere desprezível o trabalho de forças dissipativas sobre a bola.

Dados: g = 10 m/s²; sen 20° = 0,35 e cos 20° = 0,95.

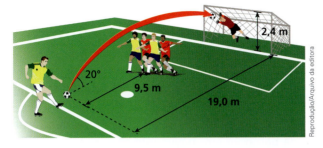

a) Determine qual é a máxima altura que a barreira pode ter para que a bola a ultrapasse.
b) Determine a distância entre a trave superior e a bola, no instante em que ela entra no gol.

12. (OBC) Uma pequena esfera é lançada obliquamente do solo horizontal com velocidade vetorial de módulo $v_0 = 10$ m/s. O ângulo de tiro em relação ao solo é θ, tal que sen $\theta = 0,6$ e cos $\theta = 0,8$. Despreze os atritos e considere $g = 10$ m/s². Nos instantes em que as alturas atingidas pela esfera em relação ao plano de lançamento são iguais a 1,6 m, quais as distâncias desse corpo à vertical do ponto de lançamento?

13. O astro da NBA (Associação Nacional de Basquete dos Estados Unidos), Stephen Curry, do Golden State Warriors, é um grande pontuador, especialmente em cestas de três pontos, quando a bola é arremessada de fora da linha semicircular correspondente a essa pontuação.
Suponhamos que Curry tenha arremessado uma bola com velocidade inicial $\vec{v}_0$ formando um ângulo $\theta = 37°$ em relação à horizontal, conforme ilustra o esquema a seguir. Consideremos desprezível a resistência do ar e adotemos para a intensidade da aceleração da gravidade o valor $g = 10$ m/s².

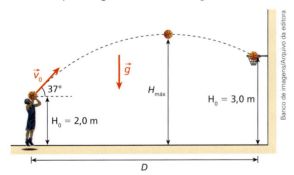

Sabendo-se que a bola atingiu a cesta decorrido, a partir do lançamento, um intervalo de tempo $T = 1,0$ s, adotando-se sen $\theta = 0,6$ e cos $\theta = 0,8$ e levando-se em conta os dados indicados no esquema, pede-se determinar:
a) o módulo de $\vec{v}_0$;

b) a distância horizontal D;
c) a altura máxima, $H_{máx}$, atingida pela bola em relação ao piso da quadra.

14. Admita que em uma batalha ao estilo medieval duas catapultas **A** e **B** disparem simultaneamente enormes pedras, uma contra a outra, com velocidades vetoriais $\vec{v}_A$ e $\vec{v}_B$, ambas com igual intensidade $v_0 = 50$ m/s, mas inclinadas $\theta_A = 37°$ e $\theta_B = 53°$, respectivamente, em relação ao solo plano e horizontal. As armas estão distanciadas de $D = 180$ m e as pedras, lançadas por **A** e **B**, ultrapassam seus respectivos alvos, atingindo o solo a uma distância d_b da catapulta **B** e a uma distância d_A da catapulta **A**, como representa, fora de escala, o esquema a seguir.

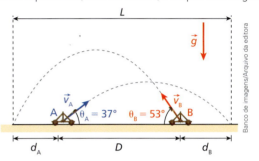

Desprezando-se os efeitos do ar, adotando-se para a aceleração da gravidade o valor $g = 10$ m/s² e fazendo-se sen 37° = cos 53° = 0,6 e sen 53° = cos 37° = 0,8, pede-se determinar:
a) a distância L entre os pontos de impacto contra o solo das pedras disparadas por **A** e **B**;
b) o intervalo de tempo T decorrido entre esses impactos.

15. Inconformado pelo fato de o árbitro haver marcado uma falta violenta sua contra um atacante da equipe adversária em uma partida de futebol, o zagueiro Pedreira chutou a bola obliquamente para cima no instante $t_0 = 44$ min do segundo tempo de jogo, o que lhe rendeu um cartão amarelo mais uma advertência verbal.
Admita que a bola tenha sido disparada do nível do gramado com velocidade inicial $\vec{v}_0$ de intensidade 72 km/h, inclinada de 53° em relação ao solo. Desprezando-se a resistência do ar, adotando-se para a aceleração da gravidade módulo $g = 10$ m/s² e considerando-se sen 53° = 0,8 e cos 53° = 0,6, pede-se determinar:
a) a altura h_1 da bola em relação ao gramado no instante $t_1 = 44$ min 2,0 s;
b) a intensidade v_2 da velocidade da bola no instante $t_2 = 44$ min 2,1 s.

Bloco 2

4. Lançamento horizontal

Admitamos a situação a seguir em que um objeto será lançado horizontalmente com velocidade de intensidade v_0 de uma altura H em relação ao solo, plano e horizontal.

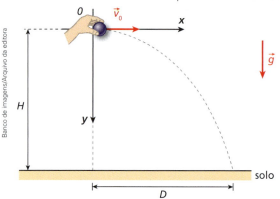

Desprezando-se os efeitos ao ar, o objeto vai descrever um arco de parábola em movimento acelerado, mas não uniformemente.

Trata-se de um semimovimento balístico para o qual também se aplicam os conceitos citados no bloco anterior, isto é, na horizontal, o movimento é retilíneo e uniforme e, na vertical, é retilíneo e uniformemente variado (acelerado).

Para este caso sugerimos a utilização de um referencial **Oxy** com origem no ponto de lançamento, eixo **Ox** orientado no sentido da velocidade inicial e eixo **Oy** orientado para baixo. Com isso, a aceleração escalar na vertical fica positiva, isto é, $\alpha_y = g$.

Cálculo do tempo de queda (t_q)

Analisando-se o movimento uniformemente acelerado na vertical, vem:

$$\Delta y = v_{0_y} t + \frac{\alpha_y}{2} t^2$$

Observando-se que no ato do lançamento a velocidade do objeto é horizontal e, consequentemente, $v_{0_y} = 0$ e que, para $t = t_q$, tem-se $\Delta y = H$, segue-se:

$$H = \frac{g}{2} t_q^2 \Rightarrow t_q^2 = \frac{2H}{g}$$

Da qual:

$$t_q = \sqrt{\frac{2H}{g}}$$

NOTA!

O tempo de queda t_q é diretamente proporcional à raiz quadrada da altura H. Isso significa que, quadruplicando-se H, t_q duplica.

É importante destacar que:

O tempo de queda **independe** da velocidade horizontal de lançamento.

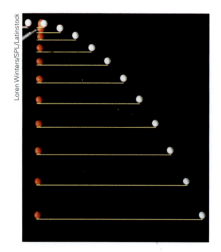

Isso quer dizer que, com pequeno v_0 ou grande v_0, o tempo de voo do objeto até o solo será sempre o mesmo. Tal fato pode ser explicado com base no **Princípio da Independência dos Movimentos**, de Galileu: o movimento vertical ocorre independentemente, como se o movimento horizontal não existisse.

Na imagem ao lado, temos uma foto estroboscópica em que uma partícula foi lançada horizontalmente para a direita no mesmo instante em que outra foi largada do repouso da mesma altura em relação ao solo.

Acompanhe os fotogramas e observe que as duas partículas atingem o nível mais baixo juntas, depois do mesmo tempo de queda.

Cálculo do alcance horizontal (D)

Deveremos examinar agora o movimento uniforme na horizontal:

$$\Delta x = v_0 t$$

Com $t = t_q$, ou seja, $t = \sqrt{\dfrac{2H}{g}}$, obtém-se $\Delta x = D$.

Assim:

$$D = v_0 \sqrt{\dfrac{2H}{g}}$$

NOTA!

O alcance horizontal desse lançamento é diretamente proporcional à intensidade da velocidade horizontal de lançamento. Dobrando-se v_0, por exemplo, D também dobra e o objeto vai "o dobro mais longe".

JÁ PENSOU NISTO?

O canhão que nunca atirou

O Tsar Pushka, ou simplesmente o canhão do Czar (imperador da Rússia), é um armamento de proporções descomunais. Construído em 1586 por Andrey Tchokov (c.1545-1629), o canhão tem massa próxima de 40 toneladas, comprimento igual a 5,34 metros, calibre de 890 mm e diâmetro externo de 1 200 mm. É considerado pelo Guinness Book o maior canhão por calibre do mundo, sendo uma grande atração turística de Moscou.

Este canhão, concebido para defender o Kremlin moscovita em tempos de guerra, possui a capacidade de atirar balas de 800 kg. Apesar de seu grande poderio militar, o canhão nunca foi utilizado em combate, o que leva a crer que na verdade tenha sido construído apenas como uma demonstração simbólica do poderio militar e da engenharia russa.

Suponhamos que esse imenso canhão esteja instalado no topo de um elevado penhasco vertical como arma de proteção costeira. Admitamos que ele dispare horizontalmente uma de suas balas esféricas rumo ao mar e que no mesmo instante outra bala seja colocada em queda vertical do mesmo ponto do disparo. Desprezando-se a resistência do ar, é de constatação teórica que, quando a bala disparada pelo canhão atingir a água, o mesmo acontecerá com a outra bala, já que ambas terão movimentos verticais idênticos.

Ampliando o olhar

Você é bom de mira?

Imaginemos a situação hipotética de um parque de diversões que dispõe da seguinte atração: um desafio de pontaria.

Você é informado previamente de que no exato instante em que acionar o gatilho de uma espingarda lançadora de dardos, uma latinha será desprendida magneticamente de uma estrutura de sustentação, passando a cair ao longo de um segmento de reta vertical.

Desprezemos as influências atmosféricas nos movimentos do dardo e da latinha e admitamos que o alcance horizontal do dardo nas condições do desafio seja maior que a distância d entre a saída do cano da arma e a vertical que passa pela latinha. Seja, ainda, g a intensidade da aceleração da gravidade.

Veja o esquema a seguir e, com base nessas informações, responda:

A linha de mira da espingarda no momento do disparo deverá estar dirigida para cima da posição inicial da latinha, diretamente para a posição inicial da latinha ou para baixo dessa posição?

E a resposta a essa questão é: a linha de mira da espingarda deverá estar dirigida exatamente para a posição inicial da latinha.

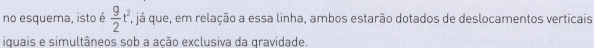

Isso deverá ocorrer porque, em cada instante t, tanto o dardo como a latinha apresentarão o mesmo afastamento vertical em relação à linha de mira indicada no esquema, isto é $\frac{g}{2}t^2$, já que, em relação a essa linha, ambos estarão dotados de deslocamentos verticais iguais e simultâneos sob a ação exclusiva da gravidade.

Outra explicação para o fato é a seguinte: como o dardo e o projétil têm aceleração vetorial igual a $\vec{g}$, **a aceleração relativa entre esses dois corpos é nula**.

Nesse caso, "um não enxerga a ação da gravidade sobre o outro" e tudo se passa como se a latinha permanecesse em repouso, "flutuando" em sua posição inicial, e o projétil seguisse em movimento retilíneo e uniforme, mantendo sua velocidade inicial, adquirida no ato do disparo.

Exercícios — Nível 1

16. (Vunesp) Um marinheiro, situado no cesto de uma embarcação que se move com velocidade horizontal constante $\vec{v}$, lança horizontalmente um objeto na mesma direção e sentido em que a embarcação se move. O objeto cai a uma distância d da base do mastro que suporta o cesto, conforme mostra a figura.

Desprezando-se os efeitos da resistência do ar, se a velocidade da embarcação fosse $2\vec{v}$, a distância da base do mastro a que o objeto cairia ao ser lançado nas mesmas condições anteriores

a) seria a mesma da anterior.
b) seria a metade da anterior.
c) seria um quarto da anterior.
d) dependeria da altura do cesto.
e) seria o dobro da anterior.

17. Uma figura lendária do cinema é Rambo, imortalizado pelo ator e cineasta norte-americano Sylvester Stallone. Numa das cenas antológicas da série de películas, o personagem dispara uma metralhadora horizontalmente.

Vamos imaginar que a resistência do ar pudesse ser desprezada no local dos disparos, realizados em um imenso terreno plano e horizontal. Suponhamos ainda que as cápsulas deflagradas tivessem deixado lateralmente a arma, a partir do repouso, no mesmo instante em que os respectivos projéteis foram expelidos.

Sobre esse contexto, é correto afirmar:

a) Uma cápsula deflagrada atingiu o solo antes do respectivo projétil;

b) Uma cápsula deflagrada atingiu o solo depois do respectivo projétil;
c) Uma cápsula deflagrada atingiu o solo no mesmo instante do respectivo projétil;
d) Uma cápsula deflagrada atingiu o solo, mas o respectivo projétil seguiu em linha reta, sem jamais ter atingido o solo;
e) Tanto a trajetória da cápsula deflagrada como a do respectivo projétil foram parabólicas, em relação a Rambo.

18. Um garoto lança uma bolinha de papel horizontalmente da janela de sua casa, a 3,2 m de altura em relação ao solo do terreno externo, plano e horizontal, com velocidade de intensidade igual a 2,5 m/s. Desprezando-se a resistência do ar e adotando-se $g = 10$ m/s², pede-se determinar a que distância do pé da vertical da janela a bolinha atinge o solo.

Resolução:

(I) A bolinha vai realizar até o solo dois movimentos parciais: o vertical, retilíneo e uniformemente acelerado pela ação da gravidade, e o horizontal, retilíneo e uniforme. Analisando-se o movimento vertical, calcula-se o tempo de queda, T, da bolinha.

$$\Delta y = v_{0_y} t + \frac{\alpha_y}{2} t^2 \Rightarrow H = \frac{g}{2} T^2$$

Da qual:

$$\boxed{T = \sqrt{\frac{2H}{g}}} \quad (1)$$

Nota: T independe de .

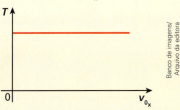

(II) O alcance horizontal do lançamento, D, fica determinado estudando-se o movimento uniforme horizontal.

$$\Delta x = v_{0_x} t \Rightarrow D = v_{0_x} T \quad (2)$$

Substituindo-se a equação (1) em (2), segue-se que:

$$\boxed{D = v_{0_x} \sqrt{\frac{2H}{g}}}$$

Nota: D é diretamente proporcional a v_{0_x}.

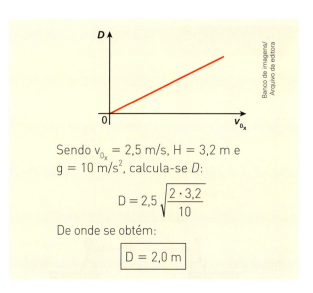

Sendo $v_{0_x} = 2{,}5$ m/s, $H = 3{,}2$ m e $g = 10$ m/s², calcula-se D:

$$D = 2{,}5 \sqrt{\frac{2 \cdot 3{,}2}{10}}$$

De onde se obtém:

$$\boxed{D = 2{,}0 \text{ m}}$$

19. Depois de localizar um grupo de náufragos à deriva em um pequeno bote em alto-mar, o piloto de um avião em voo horizontal, à altitude $H = 500$ m e com velocidade de módulo $v_0 = 288$ km/h, ordena a um tripulante que seja largado da escotilha da aeronave um pacote flutuante contendo suprimentos e insumos básicos de sobrevivência de modo que este caia o mais próximo possível do bote. Sabendo-se que $g = 10$ m/s² e desprezando-se a resistência do ar, que distância será percorrida horizontalmente pelo pacote até cair na água?

20. Na foto estroboscópica ao lado, uma bolinha foi lançada horizontalmente com velocidade de módulo igual a 60 cm/s, voando sob a ação exclusiva da gravidade de intensidade igual a 10 m/s².

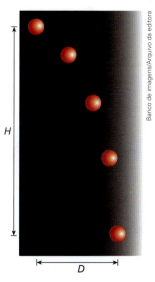

Sabendo-se que o intervalo de tempo entre dois fotogramas consecutivos observados na imagem foi $T = 0{,}10$ s, pede-se determinar, em centímetros:

a) o desnível H entre a primeira e a última imagem da bolinha;
b) a distância horizontal D entre a primeira e a última imagem da bolinha.

Exercícios Nível 2

21. (Facisb-SP) Dois garotos estão em repouso sobre plataformas elevadas e arremessam, simultaneamente e em sentidos opostos, duas bolas, **A** e **B**, com velocidades iniciais horizontais de módulos, V_A e V_B com $V_A < V_B$. As bolas se movem, então, em um mesmo plano vertical que também contém os garotos, livres de resistência do ar.

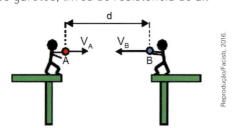

A figura que representa, corretamente, as trajetórias das bolas depois dos arremessos é

a)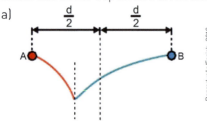

b)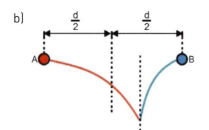

c)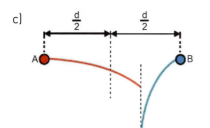

d)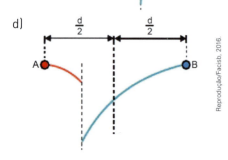

e)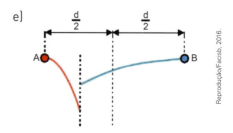

22. Uma esteira transportadora lança minério horizontalmente com velocidade $\vec{v}_0$. Considere desprezível a influência do ar e adote $g = 10 \text{ m/s}^2$.

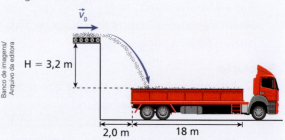

a) Determine o intervalo das intensidades de $\vec{v}_0$ para que o minério caia dentro da carroceria do caminhão.

b) Se o desnível H fosse maior, o intervalo citado no item anterior aumentaria, diminuiria ou permaneceria o mesmo?

Resolução:

a) Deve-se impedir que o minério colida contra as bordas da carroceria do caminhão e, para isso, o alcance horizontal de lançamento desse material, d, deverá ser tal que:

$$2,0 \text{ m} < d < 20 \text{ m}$$

Lembrando-se de que as grandezas $H = 3,2$ m e $g = 10 \text{ m/s}^2$ são constantes, vem:

(I) $d_1 = v_{0_1} \sqrt{\dfrac{2H}{g}} \Rightarrow 2,0 = v_{0_1} \sqrt{\dfrac{2 \cdot 3,2}{10}}$

$$v_{0_1} = 2,5 \text{ m/s}$$

(II) $d_2 = v_{0_2} \sqrt{\dfrac{2H}{g}} \Rightarrow 20 = v_{0_2} \sqrt{\dfrac{2 \cdot 3,2}{10}}$

$$v_{0_2} = 25 \text{ m/s}$$

Sendo v_0 e d diretamente proporcionais, decorre que:

$$2{,}5 \text{ m/s} < v_0 < 25 \text{ m/s}$$

b) Como comentamos no item anterior, $2{,}0 \text{ m} < d < 20 \text{ m}$.

Mas, sendo $d = v_0 \sqrt{\dfrac{2H}{g}}$, vem:

$$2{,}0 < v_0 \sqrt{\dfrac{2H}{g}} < 20$$

Multiplicando-se os termos dessa desigualdade por $\sqrt{\dfrac{g}{2H}}$, segue-se que:

$$2{,}0\sqrt{\dfrac{g}{2H}} < v_0 \sqrt{\dfrac{2H}{g}}\sqrt{\dfrac{g}{2H}} < 20\sqrt{\dfrac{g}{2H}}$$

$$2{,}0\sqrt{\dfrac{g}{2H}} < v_0 < 20\sqrt{\dfrac{g}{2H}}$$

Analisando-se a última expressão, depreende-se que, se aumentarmos o desnível H, seriam reduzidas tanto a intensidade da velocidade menor como a intensidade da velocidade maior. Dessa forma, o intervalo de velocidades determinado anteriormente seria "estreitado", reduzindo-se de $\cong 22{,}5$ m/s para algo menor que isso.

23. Uma indústria descarta alguns de seus rejeitos lançando-os em uma vala que é posteriormente aterrada. Esses rejeitos são acondicionados em pequenas caixas herméticas que são lançadas por uma esteira transportadora na horizontal, conforme representa o esquema.

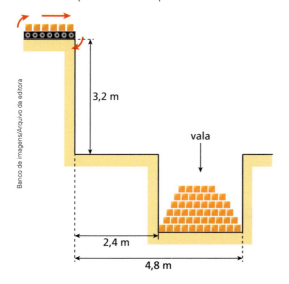

O operador do equipamento pode regular a intensidade v_0 da velocidade de arrastamento das caixas de modo a preencher a vala da maneira mais uniforme possível, mas tudo deve ocorrer sem que as caixas escorreguem em relação à esteira. Adotando-se $g = 10$ m/s^2 e desprezando-se a resistência do ar, pede-se determinar o intervalo de valores admissíveis para v_0 tal que que nenhuma caixa fique fora da vala.

24. (Olimpíada Peruana de Física) Um avião de treinamento militar voa horizontalmente, em linha reta, a uma altitude relativa ao solo de 500 m, com velocidade escalar constante de módulo 180 km/h. Seu piloto solta um artefato no instante em que está exatamente na vertical de um jipe que trafega no solo plano e horizontal, em linha reta e no mesmo sentido do avião, em movimento uniformemente acelerado, mas com velocidade escalar de módulo 72 km/h no instante da soltura do artefato. Desprezando-se a resistência do ar e adotando-se $g = 10$ m/s^2, qual deverá ser a aceleração escalar do veículo para que este seja atingido no solo pelo artefato?

25. (Famerp-SP) Uma bola rola sobre uma bancada horizontal e a abandona com velocidade $\vec{v}_0$, caindo até o chão. As figuras representam a visão de cima e a visão de frente desse movimento, mostrando a bola em instantes diferentes durante sua queda, até o momento em que ela toca o solo.

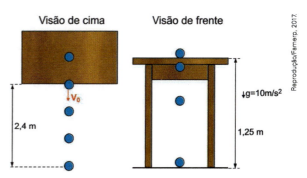

Desprezando a resistência do ar e considerando-se as informações das figuras, o módulo de $\vec{v}_0$ é igual a

a) 2,4 m/s.
b) 0,6 m/s.
c) 1,2 m/s.
d) 4,8 m/s.
e) 3,6 m/s.

Exercícios Nível 3

26. (Olimpíada Peruana de Física) Um vaso se encontra preso a uma plataforma circular a 60 cm de seu centro e está girando com velocidade escalar constante de 18 m/s.

No instante em que o vaso se encontra na vertical da boca da torneira, desprende-se uma gota d'água que cai livremente a partir do repouso acertando o vaso no exato instante em que este completa uma volta.

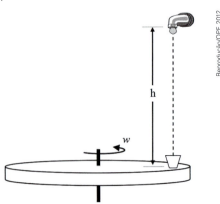

Despreze o efeito do ar e adote g = 10 m/s² e π = 3. A altura h em que se encontra a torneira é mais próxima de:

a) 5 cm   c) 15 cm   e) 25 cm
b) 10 cm   d) 20 cm

27. (Ceperj) Durante um treino num campo de futebol, um jogador bate faltas, ora com o objetivo de encobrir uma barreira, ora com o objetivo de fazer um lançamento a grande distância. Para cada um desses objetivos, é necessário chutar a bola de maneira diferente, de modo que ela percorra trajetórias também diferentes. Na figura abaixo, estão representadas três trajetórias, **A**, **B** e **C** da bola, correspondentes a três chutes, supondo-se a resistência do ar desprezível.

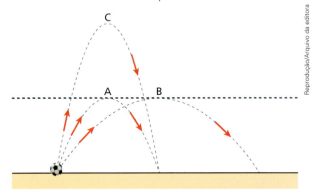

Sejam Δt_A, Δt_B e Δt_C os intervalos de tempo decorridos entre o instante do chute e o instante em que a bola retorna ao solo, depois de percorrer as trajetórias **A**, **B** e **C**, respectivamente. Esses intervalos são tais que:

a) $\Delta t_A = \Delta t_C < \Delta t_B$ d) $\Delta t_A = \Delta t_B < \Delta t_C$
b) $\Delta t_A < \Delta t_B < \Delta t_C$ e) $\Delta t_A = \Delta t_B > \Delta t_C$
c) $\Delta t_A < \Delta t_C < \Delta t_B$

28. (IJSO) Um jovem com seu *skate* sobe uma rampa de comprimento 5,0 m e inclinada de um ângulo θ tal que sen θ = 0,8 e cos θ = 0,6. Após passar pelo ponto **B**, com velocidade de módulo 20 m/s, fica sob ação exclusiva da gravidade. Seja g = 10 m/s² o módulo da aceleração da gravidade.

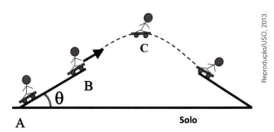

A altura máxima que ele atinge, em relação ao solo, é igual a:

a) 12,6 m   c) 16,8 m   e) 23,0 m
b) 14,4 m   d) 17,9 m

29. A figura abaixo representa a foto estroboscópica do movimento de uma bola que realizou um voo balístico em um plano vertical. A influência do ar pode ser desprezada, no local, e adota-se g = 10,0 m/s². O intervalo de tempo que intercalou dois fotogramas consecutivos foi de 0,13 s e cada quadrícula que serve de base para a imagem tem lado de comprimento L.

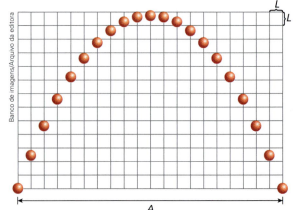

Chamando-se de v_{0_x} e v_{0_y}, respectivamente, as intensidades das componentes horizontal e vertical da velocidade da bola no primeiro fotograma – embaixo e à esquerda da imagem –, pede-se determinar:

a) o alcance horizontal A do voo da bola;
b) os valores de v_{0_x} e v_{0_y}.

30. (Aman-RJ) Um lançador de granadas deve ser posicionado a um distância D da linha vertical que passa por um ponto **A**. Este ponto está localizado em uma montanha a 300 m de altura em relação à extremidade de saída da grama, conforme o desenho, fora de escala, abaixo.

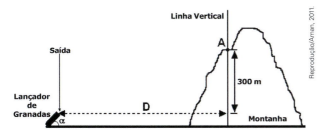

A velocidade da granada, ao sair do lançador, é de 100 m/s e forma um ângulo α com a horizontal; a aceleração da gravidade é igual a 10 m/s² e todos os atritos são desprezíveis. Para que a granada atinja o ponto **A**, somente após a sua passagem pelo ponto de maior altura possível de ser atingido por ela, a distância D deve ser de:

Dados: cos α = 0,6 e sen α = 0,8.

a) 240 m c) 480 m e) 960 m
b) 360 m d) 600 m

31. (Unicamp-SP) Uma bola de tênis rebatida numa das extremidades da quadra descreve a trajetória parabólica representada na figura a seguir, atingindo o chão na outra extremidade da quadra. O comprimento da quadra é de 24 m.

a) Calcule o tempo de voo da bola, antes de atingir o chão. Desconsidere a resistência do ar nesse caso e adote g = 10 m/s².
b) Qual é o módulo da velocidade horizontal da bola no caso acima?
c) Quando a bola é rebatida com efeito, aparece uma força $\vec{F}_e$, vertical, de cima para baixo e igual a 3 vezes o peso da bola de modo que a aceleração vertical da bola passa a ser $4\vec{g}$ em que $\vec{g}$ é a aceleração da gravidade. Qual será o módulo da velocidade horizontal da bola, rebatida com efeito para uma trajetória idêntica à da figura?

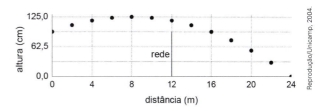

32. (Olimpíada de Física da Unicamp) Um acrobata muito corajoso estava planejando seu número de homem-bala, em que ele seria lançado por um canhão, a uma grande velocidade. A diferença do seu plano em relação aos congêneres é que o canhão estaria a uma altura de 25 m da rede onde ele cairia, o que aumentaria o alcance e sua velocidade final (despreze forças dissipativas).

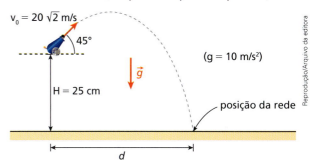

a) Considerando-se que o acrobata ajustou o ângulo do canhão em 45° e estimou o módulo de sua velocidade inicial como sendo $20\sqrt{2}$ m/s, calcule o tempo que ele levará desde o seu lançamento até cair na rede.
b) A que distância d do canhão a rede deve ser posicionada para que o acrobata termine seu número em segurança?

33. Anita Wlodarczyk quebra o recorde mundial de lançamento de martelo feminino na Rio 2016
A atleta polonesa obteve a marca histórica de 82,3 m ao disparar o martelo de uma altura em torno de 50 cm em relação ao gramado do Engenhão sob um ângulo de tiro próximo de 45°.

// Na Olimpíada do Rio de Janeiro, em 2016, a atleta polonesa Anita Wlodarczyk superou o recorde mundial.

Adotando-se $\sqrt{2} \cong 1{,}4$, desprezando-se a resistência do ar e considerando-se $g = 10 \text{ m/s}^2$, pede-se determinar:

a) o tempo de voo do martelo, T;
b) a intensidade da velocidade de disparo do objeto, v_0;
c) a altura máxima atingida pelo martelo em relação ao solo, $H_{máx}$.

34. (Fuvest-SP) A trajetória de um projétil, lançado da beira de um penhasco sobre um terreno plano e horizontal, é parte de uma parábola com eixo de simetria vertical, como ilustrado na figura. O ponto **P** sobre o terreno, pé da perpendicular traçada a partir do ponto ocupado pelo projétil, percorre 30 m desde o instante do lançamento até o instante em que o projétil atinge o solo. A altura máxima do projétil, de 200 m acima do terreno, é atingida no instante em que a distância percorrida por **P**, a partir do instante do lançamento, é de 10 m. Quantos metros acima do terreno estava o projétil quando foi lançado?

Dado: $g = 10 \text{ m/s}^2$.
a) 60   b) 90   c) 120   d) 150   e) 180

35. Coisa de criança?

Na imagem, um garoto arremessou uma pedra em forma de disco rumo à superfície tranquila da água e observou, eufórico, o objeto ricochetear diversas vezes antes de soçobrar em direção ao fundo do lago.

Admita que a pedra tenha sido lançada horizontalmente da vertical que contém a borda do lago, de uma altura igual a 0,80 m em relação à superfície líquida, com velocidade de 54 km/h. Suponha também que a velocidade vertical de subida do objeto imediatamente após sua primeira colisão tenha sido de 3,6 km/h.

Considere:
A resistência do ar ao movimento da pedra deve ser desprezada.
Nas colisões entre a pedra e a superfície líquida, admitidas instantâneas, o atrito entre o objeto e a água deve ser desprezado.
A velocidade de propagação (v) de uma onda em uma superfície líquida depende da profundidade (h), conforme a expressão aproximada $v = \sqrt{gh}$, em que g é a intensidade da aceleração da gravidade. Intensidade da aceleração da gravidade local: 10 m/s^2.

Sabendo-se que o lago tem profundidade constante igual a 1,6 m, pede-se determinar:

a) o alcance horizontal do primeiro voo balístico da pedra, antes de sua primeira colisão contra a superfície da água;
b) o tempo de voo da pedra entre a primeira e a segunda colisão;
c) o intervalo de tempo que intercalou a chegada, junto à borda do lago, das duas primeiras ondas provocadas pelo impacto da pedra contra a superfície da água, respectivamente, na primeira e na segunda colisão.

36. (Famema-SP) Um helicóptero sobrevoa horizontalmente o solo com velocidade constante e, no ponto **A**, abandona um objeto de dimensões desprezíveis que, a partir desse instante, cai sob ação exclusiva da força peso e toca o solo plano e horizontal no ponto **B**. Na figura, o helicóptero e o objeto são representados em quatro instantes diferentes.

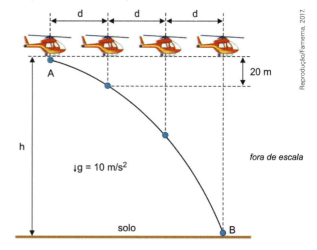

Considerando-se as informações fornecidas, é correto afirmar que a altura h de sobrevoo desse helicóptero é igual a

a) 200 m.   c) 240 m.   e) 180 m.
b) 220 m.   d) 160 m.

37. (EsPCEx-SP) Um pequeno balde contendo água é preso a um leve e inextensível fio de comprimento L, tal que L = 0,50 m, sendo afixado a uma altura (H) de 1,0 m do solo (S), como mostra a figura. À medida que o balde gira numa circunferência horizontal com velocidade constante, gotas de água que dele vazam atingem o solo formando um círculo de raio R. Considerando 10 m/s² o módulo da aceleração devida à gravidade e θ = 60°, o valor de R será, em metros:

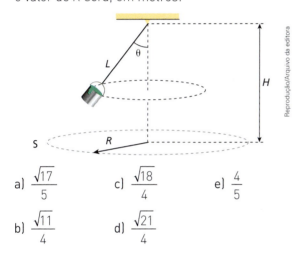

a) $\dfrac{\sqrt{17}}{5}$ c) $\dfrac{\sqrt{18}}{4}$ e) $\dfrac{4}{5}$

b) $\dfrac{\sqrt{11}}{4}$ d) $\dfrac{\sqrt{21}}{4}$

38. (Unifae-SP) Uma esteira rolante lança objetos horizontalmente de uma altura h com velocidade constante de módulo v_0. Os objetos tocam o solo horizontal no ponto **A** indicado na figura. Sabe-se que, se aumentarmos o módulo da velocidade da esteira em 2,0 m/s, os objetos passam a cair no ponto **B**, 4,0 m à frente de **A**.

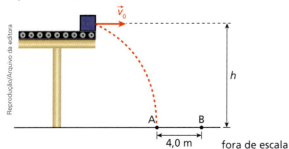

Desprezando-se a resistência do ar e adotando-se g = 10 m/s², é correto afirmar que a altura h, em metros, de onde os objetos são lançados é igual a

a) 5,0.   c) 15.   e) 25.
b) 10.   d) 20.

39. (OBF) Fernando está parado nas margens de um lago observando o movimento de um barco, de comprimento 2,0 m, que se desloca para a sua esquerda. Em determinado instante, a partir da parte central do barco, um marinheiro lança verticalmente para cima uma bola que alcança a altura de 5,0 m. Fernando constata que a bola, ao descer, bate a ponta direita do barco (atrás do barco). No momento em que a bola foi lançada, o barco estava com uma velocidade de módulo igual a 2,0 m/s. Qual a aceleração escalar do barco, suposta constante? Despreze a resistência do ar e a resistência da água. Adote g = 10 m/s².

40. Uma bolinha é lançada horizontalmente do topo da escada esquematizada a seguir com velocidade $\vec{v}_0$ de intensidade igual a 4,0 m/s. No local, a resistência do ar é desprezível e adota-se g = 10 m/s².

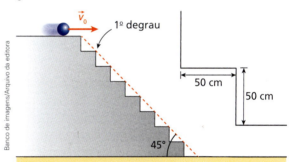

Levando-se em conta as dimensões indicadas, contra que degrau a bolinha irá colidir primeiro?

41. (FGV-SP) Atira-se uma pedra, a partir do solo, com uma velocidade $\vec{v}_0$, apontando para uma fruta que pende de uma árvore. A velocidade $\vec{v}_0$ é tal que o alcance A do lançamento da pedra é maior do que a distância D, medida sobre o solo horizontal entre o ponto de lançamento da pedra e a vertical tirada da fruta ao solo, como ilustra a figura a seguir.

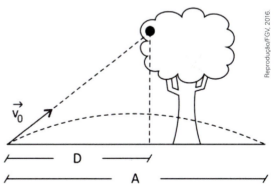

Desprezando-se a resistência do ar, se no exato instante em que a pedra é lançada a fruta se desprender da árvore e cair verticalmente, a pedra

a) passará por cima da fruta se $D < \frac{A}{2}$.

b) passará por baixo da fruta se $D < \frac{A}{2}$.

c) passará por cima da fruta se $D > \frac{A}{2}$.

d) passará por baixo da fruta se $D > \frac{A}{2}$.

e) atingirá a fruta para qualquer valor de $D \leq A$.

42. Um paraquedista radical, de $M = 80,0$ kg, juntamente com os seus equipamentos, se deixa cair, no instante $t_0 = 0$, da borda de uma ponte a uma altura H acima da superfície da água de um rio em um local em que $g = 10,0$ m/s². Com o paraquedas fechado, o paraquedista despenca ao longo de 45,0 m praticamente sem sofrer os efeitos do ar. Ao fim desse percurso, o paraquedas é aberto, o que impõe ao sistema uma força de resistência do ar de intensidade $F = 960$ N, que é mantida constante até a chegada do paraquedista à água, com velocidade de módulo 2,0 m/s, no instante $t = T$.
Com base nessas informações, faça o que se pede:

a) determine o valor de T;

b) esboce o gráfico da velocidade escalar do paraquedista em função do tempo no intervalo de $t_0 = 0$ a $t = T$;

c) calcule a altura H.

43. A figura 1 abaixo ilustra a situação inicial de dois blocos de massas respectivamente iguais a M e $m = 2,50$ kg. Sobre o bloco de massa M, que está apoiado sobre uma superfície horizontal sem atrito, está afixado um recipiente de massa desprezível que contém uma pequena esfera de massa $m_E = 0,50$ kg.

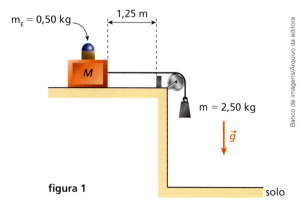

figura 1

O sistema é abandonado à ação da gravidade ($g = 10,0$ m/s²) de modo que, depois de percorrer uma distância $D = 1,25$ m sobre a superfície horizontal, o bloco de massa M para instantaneamente devido a uma colisão contra uma estrutura existente logo antes de uma roldana ideal, conforme representa a figura 2.

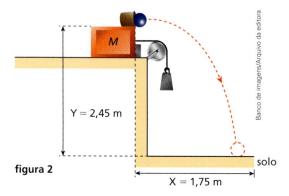

figura 2

Devido ao choque mecânico, a esfera é lançada horizontalmente, deixando seu alojamento com velocidade de intensidade v.

Sabendo-se que no voo balístico até o solo, a esfera percorre os comprimentos $X = 1,75$ m na horizontal e $Y = 2,45$ m na vertical, desprezando-se a resistência do ar, calcule:

a) o valor de v;

b) a intensidade da aceleração, a, do sistema enquanto o bloco de massa M se desloca sobre a superfície horizontal;

c) o valor da massa M.

44. Uma pequena esfera de massa $m = 1,0$ kg é posta a girar no sentido anti-horário em um plano vertical ao redor do ponto **C** indicado na figura abaixo. Esse corpo está preso a um fio inextensível de comprimento $r = 1,0$ m, que suporta uma força de tração de intensidade máxima $T_{máx} = 46$ N. No local a influência do ar pode ser desprezada e adota-se $g = 10$ m/s².

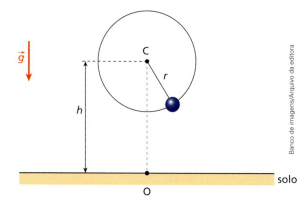

Sabendo-se que o ponto **C** está a uma altura h = 6,0 m em relação ao solo, responda:

a) Que velocidade angular, ω, deve ter a esfera para provocar o rompimento do fio?

b) Com o fio rompido, a que distância d do ponto **O** a esfera atinge o solo?

45. Pretende-se lançar obliquamente determinado objeto na Terra e em um planeta **P** de modo que em ambos os disparos sejam obtidos alcances horizontais iguais. O ângulo de tiro em relação à direção horizontal será o mesmo nos dois casos. Sabendo-se que a massa da Terra é o quádruplo da de **P** e o raio da Terra é o sêxtuplo do de **P**, pede-se determinar a relação $\frac{v_P}{v_T}$ entre as intensidades das velocidades de lançamento desse objeto em **P** e na Terra, respectivamente. Despreze possíveis resistências atmosféricas.

Para raciocinar um pouco mais

46. Um disco circular disposto horizontalmente, dotado de um orifício **O** próximo à sua borda, é colocado em rotação em torno de um eixo vertical com velocidade angular constante ω. Subitamente, com o disco na posição indicada na figura, dispara-se uma bolinha através de **O** com velocidade $\vec{v}_0$ de intensidade igual a 10 m/s inclinada de 30° em relação à superfície do disco, como se representa.

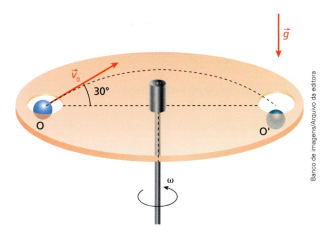

Verifica-se que a bolinha, depois de realizar um voo balístico sob a ação exclusiva da gravidade (g = 10 m/s²), trespassa o disco pelo mesmo orifício **O**, porém situado em uma posição diametralmente oposta em relação à inicial. Adotando-se π ≅ 3, pede-se determinar os valores de ω que viabilizam a situação proposta.

47. O esquema a seguir representa um avião que voa a uma altitude constante H em relação ao solo, considerado plano e horizontal, em movimento retilíneo e uniforme com velocidade de intensidade v_A. Mostra-se também um canhão antiaéreo que deverá disparar um projétil obliquamente contra o avião no exato instante em que este passar pela vertical do armamento. A velocidade do projétil terá intensidade v_P e o ângulo de tiro será igual a θ em relação à horizontal, tal que 0° < θ < 90°.

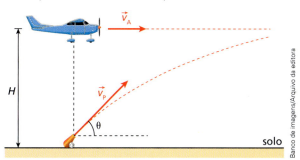

Desprezando-se a resistência do ar sobre o movimento do projétil e adotando-se para a aceleração da gravidade intensidade g, pede-se determinar as condições da magnitude v_P para que o projétil acerte a aeronave. Não considere as dimensões do canhão nem do avião.

48. **É de fato instigante a trajetória curva descrita por uma bola de golfe disparada obliquamente no ar!**

A compreensão dos conceitos sobre lançamentos balísticos, necessários também em assuntos de ordem militar, só ocorreu em bases científicas depois dos estudos de Galileu (1564-1642) sobre a queda livre dos corpos. Posteriormente, Torricelli (1608-1647), Newton (1642-1727), Bernoulli (1700-1782) e Euler (1707-1783) introduziram elementos que permitiram analisar o fenômeno levando-se em conta a resistência do ar.

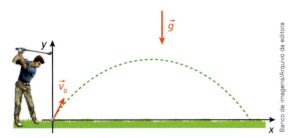

// Desprezando-se os efeitos do ar, a bola de golfe descreve em relação ao solo uma trajetória parabólica de modo que na direção vertical, **y**, seu movimento é uniformemente variado com aceleração igual à da gravidade, $\vec{g}$, enquanto na direção horizontal, **x**, o movimento é uniforme.

Considere o esquema a seguir em que duas partículas 1 e 2 serão disparadas simultaneamente do topo de um penhasco de altura H. As velocidades vetoriais terão a mesma intensidade, v_0, porém estarão inclinadas respectivamente de um mesmo ângulo θ para cima e para baixo em relação à horizontal. No local, a influência do ar é desprezível e a aceleração da gravidade tem módulo g.

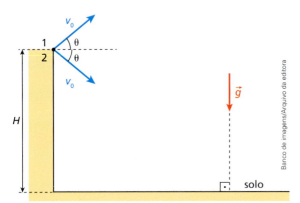

Admitindo-se o solo plano e horizontal, responda:

a) Qual é a distância D entre as partículas quando ambas tiverem colidido de modo totalmente inelástico contra o solo?
b) O valor máximo de D ocorre para que ângulo α entre as velocidades iniciais de lançamento das partículas 1 e 2?
c) Qual é o intervalo de tempo Δt que intercala as colisões das partículas contra o solo?
d) Os valores de D e Δt dependem de H?

49. Uma partícula foi disparada horizontalmente com velocidade de intensidade v_0 = 30 m/s a partir do ponto **O** de um plano inclinado de 53° em relação à horizontal, conforme ilustra a figura. No local, o efeito do ar é desprezível e adota-se g = 10 m/s².

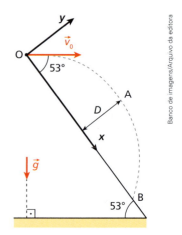

O referencial **Oxy** indicado, com origem no ponto **O**, foi utilizado na observação do voo balístico da partícula.

Adotando-se sen 53° = cos 37° = 0,8 e cos 53° = sen 37° = 0,6, pede-se determinar:

a) o valor do máximo afastamento D da partícula em relação à superfície do plano inclinado;
b) a distância X = BO entre o ponto **B** onde a partícula atinge o plano inclinado e o ponto **O**, de onde foi disparada.

50. Lança-se horizontalmente do alto de uma torre de altura H = 85 m uma pequena bola de borracha com velocidade $\vec{v}_0$ de intensidade igual a 5,0 m/s. Depois de realizar um voo balístico sem sofrer influências do ar, a bola colide com uma estrutura sólida e inclinada na razão de uma unidade de comprimento na horizontal por 8 unidades de comprimento na vertical. A base dessa estrutura dista d = 10 m da base da torre, conforme indica a figura, fora de escala, abaixo.

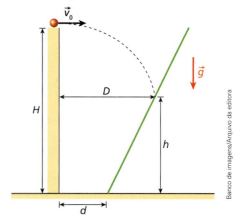

Adotando-se para o módulo da aceleração da gravidade o valor g = 10 m/s², determine:

a) o comprimento vertical h;
b) o comprimento horizontal D.

TÓPICO 6
Trabalho e potência

// A decolagem de um avião, como as aeronaves da imagem acima, é sempre um fato espetacular. Como um corpo de massa da ordem de 10^2 ou 10^3 toneladas alcança altitudes de 10 000 m ou mais, atingindo velocidades próximas de 1 000 km/h ou superiores?

Responsáveis pela propulsão das aeronaves, as turbinas "sugam" o ar à sua frente e o expelem vigorosamente para trás. Para tanto, as potências associadas a essas máquinas são muito grandes quando comparadas às potências desenvolvidas por carros, até mesmo os esportivos.

Neste tópico exploraremos a definição de potência, não sem antes abordarmos o conceito de trabalho de uma força e a fundamental relação entre trabalho e energia mecânica. Veremos também como as noções de potência e velocidade estão relacionadas.

Bloco 1

1. Energia e trabalho

... E a luz de mais um dia estimula a fotossíntese, provocando uma verdadeira revolução bioquímica nos vegetais, o que lhes permite cumprir seu ciclo virtuoso de crescimento, viço e morte. Os animais, incluindo o homem, nutrem-se de acordo com sua posição na cadeia alimentar, o que lhes faculta crescer, andar, correr, reproduzir e lutar pela própria subsistência.

Mas que elixir é esse que movimenta a fantástica máquina da vida, tornando nossa Terra um planeta tão singular? Trata-se do mesmo substrato primordial, responsável por fazer operar todas as máquinas, dos automóveis aos caminhões, dos tratores aos guindastes, dos aviões às naves espaciais. Essa substância imponderável que possibilita o funcionamento de todos os organismos – vivos ou não – recebe o nome de **energia**.

// Pôr do sol no rio Paraguai na Estação Ecológica de Taiamã, em Mato Grosso. A energia solar, constituída essencialmente de luz e calor, é o item preponderante na matriz energética terrestre.

As usinas hidrelétricas são acionadas pela energia da água represada em grandes reservatórios; as instalações termelétricas queimam derivados de petróleo, carvão ou outros materiais; as usinas nucleares baseiam-se na fissão de núcleos de urânio, do qual são extraídas quantidades fantásticas de energia. Todo esse intercâmbio energético visa iluminar cidades, acionar fábricas e fazer funcionar geladeiras, fornos de micro-ondas, computadores, bem como todos os dispositivos que tornam a vida humana mais segura e confortável.

A energia comporta-se como um camaleão fugaz que surge e ressurge sob os mais variados matizes e mantos. Verifica-se em todas as estruturas – das micro às macro – uma verdadeira simbiose em que uma determinada quantidade de energia se pulveriza em doses menores sempre, porém de totalização idêntica à porção original. A energia térmica obtida na combustão da gasolina no motor de um carro, por exemplo, transforma-se parcialmente em energia de movimento do veículo, mais energia térmica e acústica, geradas de várias formas, inclusive pelo atrito entre as peças.

Isaac Newton (1642-1727) não conjeturou em suas teorias o conceito de energia. Para ele, toda a Mecânica era estruturada na noção de força. Foi o matemático, cientista e filósofo alemão Gottfried Wilhelm von **Leibniz** (1646-1716) quem esboçou as primeiras ideias sobre energia, afirmando que o ímpeto de movimento manifestado por alguns corpos se devia a uma espécie de "força viva" intrínseca ao corpo, ao que ele chamou de *vis viva*, expressão extraída do latim. Leibniz também teria sido o descobridor do Cálculo Diferencial e Integral, que abriu imensas possibilidades à ciência formal a partir do século XVII. Há, no entanto, controvérsias quanto à paternidade do Cálculo, já que Newton apresentou na mesma época trabalhos importantes sobre o assunto. O físico e médico suíço Daniel **Bernoulli** (1700-1782) aprimorou a noção de energia ao publicar seus estudos sobre escoamento de fluidos. Ele notou que, em situações de pressão constante, um aumento na velocidade de certos líquidos ocorria sempre à custa da diminuição na altura da tubulação em relação a um nível de referência determinado. Mas quem estabeleceu os contornos definitivos do conceito foi o cientista inglês James Prescott **Joule** (1818-1889) ao analisar manifestações e conservação de energia em sistemas termodinâmicos.

Definir amplamente energia de modo axiomático ou verbal é tarefa muito difícil. Por isso pretendemos introduzir essa noção de forma gradual, contando com o bom senso, a intuição e a vivência do leitor em cada contexto.

A palavra energia tem origem grega – *ergos* – e significa **trabalho**. O conceito de trabalho que desenvolveremos neste capítulo difere da noção de ocupação, ofício ou profissão. Realizar trabalho em Física implica a transferência de energia de um sistema para outro e, para que isso ocorra, são necessários uma **força** e um **deslocamento** adequados.

A força que um halterofilista exerce sobre um haltere, por exemplo, no ato de seu levantamento, realiza trabalho. Nessa operação, o atleta transfere energia de seu corpo para o haltere, utilizando a força como veículo dessa transferência.

O mesmo não ocorre, porém, se ele apenas mantiver o haltere suspenso sobre sua cabeça, sem apresentar movimento algum. Nesse caso, o atleta exerce uma força para manter o "peso" em equilíbrio, porém o fato de não haver deslocamento determina a não transferência de energia mecânica e, consequentemente, a não realização de trabalho.

// As forças exercidas pelo halterofilista realizam trabalho no ato de erguer o "peso".

// O trabalho das forças do halterofilista para manter o "peso" suspenso, em repouso, é nulo.

2. Trabalho de uma força constante

Consideremos a figura ao lado, em que uma partícula é deslocada de **A** até **B**, ao longo da trajetória indicada. Várias forças, não representadas, estão atuando na partícula, incluindo $\vec{F}$, que é constante, isto é, tem intensidade, direção e sentido invariáveis.

Seja $\vec{d}$ o deslocamento vetorial da partícula de **A** até **B** e θ o ângulo formado por $\vec{F}$ e $\vec{d}$.

O trabalho (τ) da força $\vec{F}$ no deslocamento de **A** a **B** é a grandeza escalar dada por:

$$\tau = |\vec{F}||\vec{d}|\cos\theta$$

ou, em notação mais simples:

$$\tau = F\,d\cos\theta$$

No Sistema Internacional (SI), o trabalho é medido em **joule (J)**, em homenagem a James Prescott Joule.

NOTAS!

- O produto $|\vec{d}|\cos\theta$ é a projeção de $\vec{d}$ na direção de $\vec{F}$. Assim, podemos dizer que o trabalho de uma força constante é calculado pelo produto da intensidade da força pela projeção do deslocamento na direção da força.
- O produto $|\vec{F}|\cos\theta$, por sua vez, é a projeção de $\vec{F}$ na direção de $\vec{d}$. Assim, podemos dizer também que o trabalho de uma força constante é calculado pelo produto do módulo do deslocamento pela projeção da força na direção do deslocamento.
- Se $\vec{F}$ ou $\vec{d}$ forem nulos, teremos $\tau = 0$.
- O deslocamento vetorial $\vec{d}$ tem origem no ponto de partida e extremidade no ponto de chegada da partícula. Veja o mapa ao lado.

  // Independentemente da trajetória seguida, o deslocamento vetorial de um carro que viaja de São Paulo a Presidente Prudente é o vetor $\vec{d}$, de origem em São Paulo e extremidade em Presidente Prudente.

Fonte: ÍSOLA, Leda; CALDINI, Vera. *Atlas geográfico Saraiva*. São Paulo: Saraiva, 2004.

3. Sinais do trabalho

O trabalho é uma grandeza algébrica, isto é, admite valores positivos e negativos.

O que impõe o sinal do trabalho é o cos θ, já que $|\vec{F}|$ e $|\vec{d}|$ são quantidades sem sinal.

Trabalho motor

Para $0 \leq \theta < 90°$, temos $\cos\theta > 0$ e, por isso, $\tau > 0$. Nesse caso, o trabalho é denominado **motor**.

O trabalho de uma força é motor quando esta é "favorável" ao deslocamento.

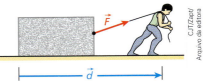

// Neste exemplo, a força, $\vec{F}$, que o homem exerce na caixa por meio da corda realiza trabalho motor (positivo). Isso ocorre pelo fato de $\vec{F}$ ser "favorável" ao deslocamento $\vec{d}$.

Trabalho resistente

Para $90° < \theta \leq 180°$, temos $\cos\theta < 0$ e, por isso, $\tau < 0$. Nesse caso, o trabalho é denominado **resistente**.

O trabalho de uma força é resistente quando esta é "desfavorável" ao deslocamento.

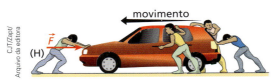

*// Neste exemplo, o trabalho da força exercida pelo homem **H** sobre o carro é resistente (negativo). Isso ocorre pelo fato de a referida força ser "desfavorável" ao deslocamento do carro (para a esquerda).*

// Nesta fotografia, um guindaste ergue um contêiner verticalmente. O trabalho das forças exercidas pelos cabos de aço no contêiner é motor (positivo), enquanto o trabalho do peso do contêiner é resistente (negativo).

4. Casos particulares importantes

$\vec{F}$ e $\vec{d}$ têm mesma direção e mesmo sentido

Neste caso, $\theta = 0°$ e $\cos\theta = 1$. Assim, o trabalho é calculado por:
$$\tau = Fd\cos\theta \Rightarrow \tau = Fd(1)$$

ou $\boxed{\tau = Fd}$

Esse é o caso em que a força realiza seu trabalho **máximo**.

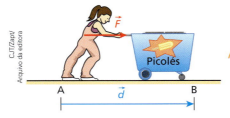

*// Neste exemplo, a força $\vec{F}$ (constante) que a vendedora de sorvetes exerce em seu carrinho tem a mesma direção e o mesmo sentido que o deslocamento vetorial $\vec{d}$ de **A** até **B**. O trabalho de $\vec{F}$ pode ser calculado por $\tau = Fd$.*

$\vec{F}$ e $\vec{d}$ têm mesma direção e sentidos opostos

Neste caso, $\theta = 180°$ e $\cos \theta = -1$. Assim, o trabalho é calculado por:
$$\tau = Fd\cos\theta \Rightarrow \tau = Fd(-1)$$

ou $\boxed{\tau = -Fd}$

// Neste exemplo, o bloco desloca-se de **A** para **B** ao longo de um plano horizontal áspero. Nesse deslocamento ($\vec{d}$), o bloco sofre a ação da força de atrito $\vec{F}$ (admitida constante), cujo trabalho pode ser calculado por $\tau = -Fd$.

$\vec{F}$ e $\vec{d}$ são perpendiculares entre si

Neste caso, $\theta = 90°$ e $\cos \theta = 0$. Assim, o trabalho é calculado por:
$$\tau = Fd\cos\theta \Rightarrow \tau = Fd(0)$$

ou $\boxed{\tau = 0}$

> Sempre que a força e o deslocamento forem perpendiculares entre si, a força não realizará trabalho.

JÁ PENSOU NISTO?

Um eficiente modal de transporte urbano: o monotrilho

A composição que aparece na imagem a seguir não é um novo modelo de montanha-russa.

É o monotrilho de São Paulo, nova alternativa que promete revolucionar o transporte público da capital paulista. A previsão é que o sistema entre em plena operação até 2020, transportando diariamente cerca de 1 milhão de passageiros.

O monotrilho é fabricado em alumínio e isso o torna 30% mais leve que versões similares feitas de aço. Essa maior leveza permite deslocamentos mais suaves e velozes. O comboio é totalmente elétrico, o que colabora para a obtenção de índices praticamente nulos de poluição.

Uma novidade é que o veículo opera sem condutor. Seu controle é feito remotamente por um sistema de computadores existente em uma central. Para deslocamentos horizontais, tem-se que a força da gravidade (peso) e a força vertical recebida da estrutura de sustentação (força normal) não realizam trabalho. Isso ocorre porque essas forças são perpendiculares ao deslocamento.

// Teste com monotrilho de São Paulo. Dezembro de 2015.

Outro caso interessante é o da força centrípeta. Conforme vimos no Tópico 3 (Resultantes tangencial e centrípeta), a força centrípeta é, a cada instante, perpendicular à velocidade vetorial. Por isso, para intervalos de tempo elementares (extremamente pequenos), a força centrípeta é perpendicular aos respectivos deslocamentos elementares sofridos pela partícula, o que nos permite afirmar que:

> A força centrípeta nunca realiza trabalho; seu trabalho é sempre nulo.

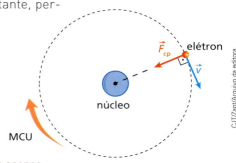

// Nesta figura, tem-se a representação clássica do átomo de hidrogênio, em que apenas um elétron realiza movimento circular e uniforme em torno do núcleo. A resultante centrípeta que mantém o elétron em sua órbita é a força de atração eletrostática recebida do núcleo. Essa resultante não realiza trabalho, pois, a cada intervalo elementar de tempo, ela é perpendicular à direção do respectivo deslocamento.

$\tau_{(\vec{F}_{cp})} = 0$

5. Cálculo gráfico do trabalho

No esquema a seguir temos um bloco percorrendo o eixo **0x**. Ele se desloca sob a ação exclusiva da força $\vec{F}$, paralela ao eixo.

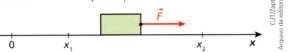

Façamos o gráfico do valor algébrico de $\vec{F}$ em função de x. O **valor algébrico** de $\vec{F}$ é o valor dessa força com relação ao eixo **0x**. Esse valor é **positivo** quando $\vec{F}$ atua no sentido do eixo e **negativo** quando $\vec{F}$ atua em sentido oposto ao do eixo. Considerando que $\vec{F}$ é constante, obtemos:

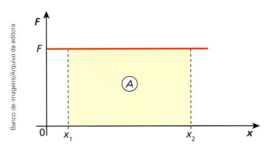

Tomemos a "área" A, destacada no diagrama. Teria essa "área" algum significado especial? Sim, ela fornece uma medida do valor algébrico do trabalho da força $\vec{F}$ ao longo do deslocamento do bloco, do ponto de abscissa x_1 ao ponto de abscissa x_2.

De fato, isso pode ser verificado fazendo-se:
$$A = F(x_2 - x_1),$$
mas $x_2 - x_1 = d$, em que d é o módulo do deslocamento vetorial do bloco. Logo:
$$A = Fd$$
Recordando que o produto Fd corresponde ao trabalho de $\vec{F}$, obtemos:

$$A = \tau$$

Embora a última propriedade tenha sido apresentada com base em uma situação simples e particular, sua validade estende-se também ao caso de forças paralelas ao deslocamento, porém de valor algébrico variável. Entretanto, para esses casos, sua verificação requer um tratamento matemático mais elaborado.

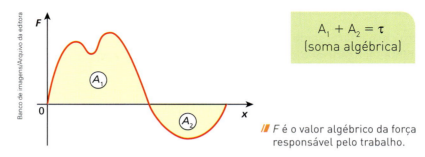

$A_1 + A_2 = \tau$
(soma algébrica)

// F é o valor algébrico da força responsável pelo trabalho.

Em termos gerais, podemos enunciar que:

Dado um diagrama do valor algébrico da força atuante em uma partícula em função de sua posição, a "área" compreendida entre o gráfico e o eixo das posições expressa o valor algébrico do trabalho da força. No entanto, a força considerada deve ser paralela ao deslocamento da partícula.

Exercícios Nível 1

1. Na figura abaixo, embora puxe a carroça com uma força horizontal de $1{,}0 \cdot 10^3$ N, o cavalo não consegue tirá-la do lugar devido ao entrave de uma pedra:

Qual é o trabalho da força do cavalo sobre a carroça?

2. No SI, a unidade de trabalho pode ser expressa por:

a) $kg \cdot \dfrac{m}{s^2}$　　c) $kg^2 \cdot \dfrac{m}{s^2}$　　e) $kg \cdot \dfrac{m^2}{s^3}$

b) $kg \cdot \dfrac{m^2}{s^2}$　　d) $kg \cdot \dfrac{m}{s}$

3. Um homem empurra um carrinho ao longo de uma estrada plana, comunicando a ele uma força constante, paralela ao deslocamento, e de intensidade $3{,}0 \cdot 10^2$ N. Determine o trabalho realizado pela força aplicada pelo homem sobre o carrinho, considerando um deslocamento de 15 m.

Resolução:

A situação descrita está representada a seguir:

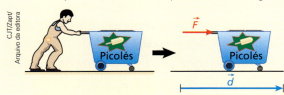

Sendo $\vec{F}$ e $\vec{d}$ de mesma direção e mesmo sentido, o trabalho de $\vec{F}$ fica dado por:

$$\tau_{(\vec{F})} = F\,d$$

Como $F = 3{,}0 \cdot 10^2$ N e $d = 15$ m, vem:

$\tau_{(\vec{F})} = 3{,}0 \cdot 10^2 \cdot 15$ ∴ $\boxed{\tau_{(\vec{F})} = 4{,}5 \cdot 10^3 \text{ J}}$

4. Uma força de intensidade 20 N atua em uma partícula na mesma direção e no mesmo sentido do seu movimento retilíneo, que acontece sobre uma mesa horizontal. Calcule o trabalho da força, considerando um deslocamento de 3,0 m.

5. No esquema da figura, uma mesma caixa é arrastada três vezes ao longo do plano horizontal, deslocando-se do ponto **A** até o ponto **B**:

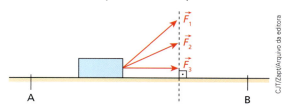

Na primeira vez, é puxada pela força $\vec{F}_1$, que realiza um trabalho τ_1; na segunda, é puxada pela força $\vec{F}_2$, que realiza um trabalho τ_2; e na terceira é puxada por uma força $\vec{F}_3$, que realiza um trabalho τ_3. Supondo os comprimentos dos vetores da figura proporcionais às intensidades de $\vec{F}_1$, $\vec{F}_2$ e $\vec{F}_3$, aponte a alternativa correta.

a) $\tau_1 > \tau_2 > \tau_3$　　d) $\tau_1 = \tau_2 = 0$

b) $\tau_1 < \tau_2 < \tau_3$　　e) $\tau_1 = \tau_2 < \tau_3$

c) $\tau_1 = \tau_2 = \tau_3$

6. Considere um garoto de massa igual a 50 kg em uma roda-gigante que opera com velocidade angular constante de 0,50 rad/s.

Supondo que a distância entre o garoto e o eixo da roda-gigante seja de 4,0 m, calcule:

a) a intensidade da força resultante no corpo do garoto;

b) o trabalho realizado por essa força ao longo de meia volta.

7. A intensidade da resultante das forças que agem em uma partícula varia em função de sua posição sobre o eixo **0x**, conforme o gráfico a seguir:

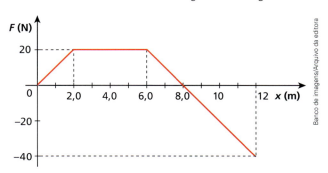

Calcule o trabalho da força para os deslocamentos:

a) de $x_1 = 0$ a $x_2 = 8{,}0$ m;

b) de $x_2 = 8{,}0$ m a $x_3 = 12$ m;

c) de $x_1 = 0$ a $x_3 = 12$ m.

Exercícios Nível 2

8. (UCG-GO) Uma força constante $\vec{F}$, horizontal, de intensidade 20 N, atua durante 8,0 s sobre um corpo de massa 4,0 kg que estava em repouso apoiado em uma superfície horizontal perfeitamente sem atrito. Não se considera o efeito do ar. Qual o trabalho realizado pela força $\vec{F}$ no citado intervalo de tempo?

9. (Fuvest-SP) Um carregador em um depósito empurra, sobre o solo horizontal, uma caixa de massa 20 kg, que inicialmente estava em repouso. Para colocar a caixa em movimento, é necessária uma força horizontal de intensidade 30 N. Uma vez iniciado o deslizamento, são necessários 20 N para manter a caixa movendo-se com velocidade constante. Considere $g = 10$ m/s².
a) Determine os coeficientes de atrito estático e cinético entre a caixa e o solo.
b) Determine o trabalho realizado pelo carregador ao arrastar a caixa por 5 m.
c) Qual seria o trabalho realizado pelo carregador se a força horizontal aplicada inicialmente fosse de 20 N? Justifique sua resposta.

10. Uma partícula percorre o eixo **Ox** indicado, **E.R.** deslocando-se da posição $x_1 = 2$ m para a posição $x_2 = 8$ m:

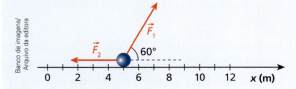

Sobre ela, agem duas forças constantes, $\vec{F}_1$ e $\vec{F}_2$, de intensidades respectivamente iguais a 80 N e 10 N. Calcule os trabalhos de $\vec{F}_1$ e $\vec{F}_2$ no deslocamento de x_1 a x_2.

Resolução:

O trabalho de $\vec{F}_1$ é motor (positivo), sendo calculado por:

$$\tau_{(\vec{F}_1)} = F_1 \, d \cos \theta_1$$

Tendo-se $\vec{F}_1 = 80$ N, $d = x_2 - x_1 = 8$ m $- 2$ m $= 6$ m e $\theta_1 = 60°$, vem:

$$\tau_{(\vec{F}_1)} = 80 \cdot 6 \cdot \cos(60°) \therefore \boxed{\tau_{(\vec{F}_1)} = 240 \text{ J}}$$

O trabalho de $\vec{F}_2$ é resistente (negativo), sendo calculado por:

$$\tau_{(\vec{F}_2)} = F_2 \, d \cos \theta_2$$

Tendo-se $F_2 = 10$ N, $d = 6$ m e $\theta_2 = 180°$, vem:

$$\tau_{(\vec{F}_2)} = 10 \cdot 6 \cdot \cos(180°) \therefore \boxed{\tau_{(\vec{F}_2)} = -60 \text{ J}}$$

11. Na figura, Alex puxa a corda com uma força constante, horizontal e de intensidade $1,0 \cdot 10^2$ N, fazendo com que o bloco sofra, com velocidade constante, um deslocamento de 10 m ao longo do plano horizontal.

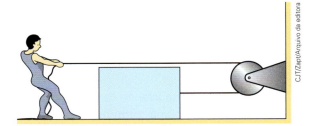

Desprezando a influência do ar e considerando o fio e a polia ideais, determine:
a) o trabalho realizado pela força que Alex exerce na corda;
b) o trabalho da força de atrito que o bloco recebe do plano horizontal de apoio.

12. O bloco da figura acha-se inicialmente em repouso, livre da ação de forças externas. Em dado instante, aplica-se sobre ele o sistema de forças indicado, constituído por $\vec{F}_1$, $\vec{F}_2$, $\vec{F}_3$ e $\vec{F}_4$, de modo que $\vec{F}_1$ e $\vec{F}_3$ sejam perpendiculares a $\vec{F}_4$:

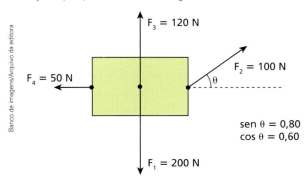

sen $\theta = 0,80$
cos $\theta = 0,60$

Sendo τ_1, τ_2, τ_3 e τ_4, respectivamente, os trabalhos de $\vec{F}_1$, $\vec{F}_2$, $\vec{F}_3$ e $\vec{F}_4$ para um deslocamento de 5,0 m, calcule τ_1, τ_2, τ_3 e τ_4.

13. Na figura, estão representadas em escala duas forças, $\vec{F}_1$ e $\vec{F}_2$, aplicadas em um anel que pode se movimentar ao longo de um trilho horizontal **T**.

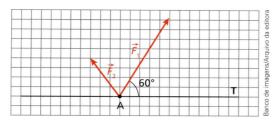

Admitindo que a intensidade de $\vec{F}_1$ seja 10 N e que o anel sofra um deslocamento de 2,0 m da esquerda para a direita, calcule:
a) a intensidade de $\vec{F}_2$;
b) os trabalhos de $\vec{F}_1$ e $\vec{F}_2$ no deslocamento referido.

14. O esquema a seguir ilustra um homem que, puxando a corda verticalmente para baixo com força constante, arrasta a caixa de peso $4,0 \cdot 10^2$ N em movimento uniforme, ao longo do plano inclinado:

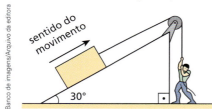

Desprezando os atritos e a influência do ar e admitindo que a corda e a roldana sejam ideais, calcule o trabalho da força exercida pelo homem ao provocar na caixa um deslocamento de 3,0 m na direção do plano inclinado.

15. O gráfico abaixo representa a variação do valor algébrico das duas únicas forças que agem em um corpo que se desloca sobre um eixo **Ox**. As forças referidas têm a mesma direção do eixo.

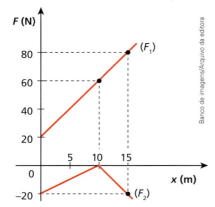

Calcule:
a) o trabalho da força $\vec{F}_1$, enquanto o corpo é arrastado nos primeiros 10 m;
b) o trabalho da força $\vec{F}_2$, enquanto o corpo é arrastado nos primeiros 10 m;
c) o trabalho da força resultante para arrastar o corpo nos primeiros 15 m.

16. Na situação representada na figura, uma pequena esfera de massa m = 2,4 kg realiza movimento circular e uniforme com velocidade angular ω em torno do ponto **O**. A circunferência descrita pela esfera tem raio R = 30 cm e está contida em um plano horizontal. O barbante que prende a esfera é leve e inextensível e seu comprimento é L = 50 cm.

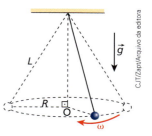

Sabendo que no local a influência do ar é desprezível e que g = 10 m/s², determine:
a) a intensidade da força de tração no barbante;
b) o valor de ω;
c) o trabalho da força que o barbante exerce sobre a esfera em uma volta.

17. No esquema abaixo, um náufrago de massa m = 70,0 kg é içado por um cabo vertical, inextensível e de massa desprezível, manejado pelos tripulantes de um helicóptero em repouso em relação à água do mar. Nesse resgate, a influência do ar sobre o movimento do náufrago, que é acelerado para cima com intensidade a = 0,20 m/s², deve ser desprezada.

Sendo H = 25,0 m a altura a que o náufrago deverá ser erguido e g = 10,0 m/s² a intensidade da aceleração da gravidade, determine:
a) a intensidade da força de tração no cabo;
b) o trabalho da força resultante sobre o náufrago nesse resgate.

Bloco 2

6. Trabalho da força peso

Consideremos a partícula da figura abaixo, inicialmente situada no ponto **A**. Sob a ação de diversas forças, incluindo de seu peso $\vec{P}$, ela sofre o deslocamento $\vec{d}$, atingindo o ponto **B**. De **A** até **B**, a partícula percorre a trajetória indicada:

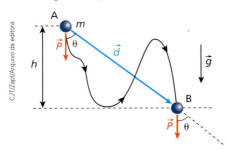

em que θ é o ângulo entre $\vec{P}$ e $\vec{d}$;
m é a massa da partícula;
g é a intensidade da aceleração da gravidade;
h é o desnível (diferença de alturas) entre **A** e **B**.

Admitindo que, de **A** até **B**, $\vec{g}$ seja constante, temos, como consequência, $\vec{P}$ constante. Diante disso, o trabalho de $\vec{P}$ pode ser calculado por:

$$\tau_{\vec{P}} = |P||d|\cos\theta \quad \text{(I)}$$

Entretanto, observando a geometria da figura, notamos que:

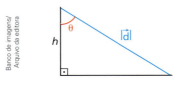

$$h = |\vec{d}|\cos\theta \quad \text{(II)}$$

Substituindo (II) em (I), vem:

$$\tau_{\vec{P}} = |\vec{P}|h \quad \text{ou} \quad \boxed{\tau_{\vec{P}} = Ph = mgh}$$

Como $\tau_{\vec{P}}$ só depende de $\vec{P}$ e de h, concluímos que:

> **O trabalho da força peso é independente da trajetória descrita pela partícula.**

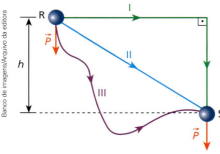

// Em qualquer uma das trajetórias, I, II ou III, o trabalho de $\vec{P}$ vale: $\tau_{\vec{P}} = Ph = mgh$.

Isso significa que, no caso da figura ao lado, qualquer que seja a trajetória descrita pela partícula ao se deslocar do ponto **R** ao ponto **S**, o trabalho de seu peso será o mesmo.

Suponhamos agora que a partícula do exemplo acima faça o deslocamento oposto, isto é, saia de **B** e atinja **A**.

O trabalho de $\vec{P}$ fica determinado ao se fazer:

$$\tau_{\vec{P}} = |\vec{P}||\vec{d}|\cos(180° - \theta)$$

Observando que $\cos(180° - \theta) = -\cos\theta$ (ângulos suplementares têm cossenos opostos), vem:

$$\tau_{\vec{P}} = -|\vec{P}||\vec{d}|\cos\theta$$

Como $h = |\vec{d}|\cos\theta$, obtém-se:

$$\tau_{\vec{P}} = -|\vec{P}|h \quad \text{ou} \quad \boxed{\tau_{\vec{P}} = -Ph = -mgh}$$

Generalizando, podemos escrever que:

$$\boxed{\tau_{\vec{P}} = \pm Ph = \pm mgh}$$

Exemplo 1
A garota **A** joga a bola para o garoto **B**. Na descida, o trabalho do peso da bola é motor (positivo):

$$\tau_{\vec{P}} = +mgh$$

> O trabalho do peso é **positivo** na descida.

Exemplo 2
O garoto **B** joga a bola para a garota **A**. Na subida, o trabalho do peso da bola é resistente (negativo):

$$\tau_{\vec{P}} = -mgh$$

> O trabalho do peso é **negativo** na subida.

Exemplo 3
Na fotografia ao lado, um pêndulo oscila em um plano vertical sem ser influenciado significativamente pelo ar. Seja m a massa pendular, g a intensidade da aceleração da gravidade e h o desnível entre as posições mais alta e mais baixa ocupadas pelo corpo pendente da haste de peso desprezível. O trabalho da força peso é dado por mgh na descida e por $-mgh$ na subida do sistema. Entre as posições de inversão do sentido do movimento, o trabalho da força peso é nulo, já que essas duas posições estão no mesmo nível horizontal.

7. Trabalho da força elástica

Admitamos uma mola sendo deformada em regime elástico pela mão de um operador. Nesse caso, a mola e a mão trocam, na região de contato, forças de ação e reação.

Chamemos de **força elástica** ($\vec{F}_e$) a força aplicada pela mola na mão do operador. Essa força sempre "aponta" para a posição em que estaria a extremidade livre da mola, caso esta não estivesse deformada. Por isso, é denominada **força de restituição**.

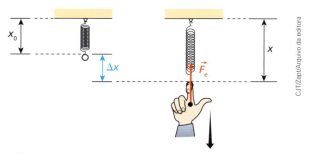

// À medida que a mão do operador é deslocada verticalmente para baixo, provocando alongamento na mola, ela recebe a força elástica ($\vec{F}_e$) dirigida verticalmente para cima.

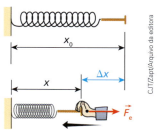

// À medida que a mão do operador é deslocada horizontalmente para a esquerda, provocando compressão na mola, ela recebe a força elástica ($\vec{F}_e$) dirigida horizontalmente para a direita.

A intensidade de $\vec{F}_e$ pode ser calculada pela Lei de Hooke, vista no Tópico 1, Os princípios da Dinâmica, desta unidade:

$$F_e = K \Delta x$$

em que K é a constante elástica da mola e Δx é a deformação da mola (alongamento ou compressão).

Calculemos o trabalho de $\vec{F}_e$, traçando, inicialmente, o gráfico da intensidade de $\vec{F}_e$ em função de Δx (o módulo do trabalho de $\vec{F}_e$ é dado pela "área" A, destacada no diagrama).

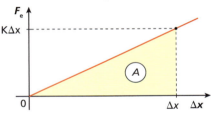

$$|\tau_{\vec{F}_e}| = A \Rightarrow |\tau_{\vec{F}_e}| = \frac{K\Delta x \cdot \Delta x}{2}$$

$$|\tau_{\vec{F}_e}| = \frac{K(\Delta x)^2}{2}$$

Levando em conta que $\tau_{\vec{F}_e}$ pode ser motor (+) ou resistente (−), escrevemos:

$$|\tau_{\vec{F}_e}| = \pm \frac{K(\Delta x)^2}{2}$$

O trabalho da força elástica é motor (+) na fase em que a mola está retornando ao seu comprimento natural e é resistente (−) na fase em que ela é deformada (alongada ou comprimida).

O trabalho da força elástica independe da trajetória de seu ponto de aplicação.

Analisemos, a título de exemplo, o caso de um garoto que vai lançar uma pedra utilizando um estilingue.

Na fase de tracionamento, em que as tiras de borracha do dispositivo são esticadas, as forças elásticas realizam sobre a mão do garoto um trabalho **resistente** (negativo). No ato do lançamento, entretanto, essas forças realizam sobre a pedra um trabalho **motor** (positivo).

Uma força é denominada **conservativa** quando seu trabalho, entre duas posições, independe da trajetória descrita por seu ponto de aplicação.

Diante disso, temos que a força peso e a força elástica são conservativas. Entretanto, nem toda força satisfaz à definição anterior. A força de atrito, a força de resistência do ar e a força de resistência viscosa exercida pelos líquidos, por exemplo, têm trabalhos dependentes da trajetória, o que as torna não conservativas.

// O estilingue, ainda utilizado em brincadeiras infantis, é um ótimo exemplo para compreender os conceitos de trabalho resistente e motor.

8. O Teorema da Energia Cinética

Energia cinética

Consideremos uma partícula de massa m que, em dado instante, tem, em relação a um determinado referencial, velocidade escalar v. Pelo fato de estar em movimento, dizemos que a partícula está energizada, ou seja, dizemos que ela está dotada de uma forma de energia denominada **cinética**. A **energia cinética** (E_c) é a modalidade de energia associada aos movimentos, sendo quantificada pela expressão:

$$E_c = \frac{mv^2}{2}$$

// Os carros de Fórmula 1 são equipados com motores muito potentes, que lhes permitem deslocamentos com altíssimas velocidades, em comparação com os carros comuns. Em alguns circuitos, é possível alcançar marcas da ordem de 300 km/h.
Quando em movimento, esses carros são dotados de energia cinética. A energia cinética depende da massa e da velocidade, sendo diretamente proporcional à massa e ao quadrado da velocidade.

O teorema

> O trabalho total, das forças internas e externas, realizado sobre um corpo é igual à variação de sua energia cinética.
> $$\tau_{total} = \Delta E_c = E_{c_{final}} - E_{c_{inicial}}$$

Demonstração para um caso particular

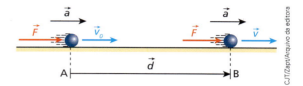

Na figura ao lado, temos uma pequena esfera maciça sujeita à ação da **força resultante** constante $\vec{F}$, paralela ao deslocamento. Sejam $\vec{a}$ a aceleração comunicada por $\vec{F}$, $\vec{v}_0$ a velocidade da esfera no ponto **A** e $\vec{v}$ sua velocidade no ponto **B**. Seja, ainda, $\vec{d}$ o deslocamento da esfera de **A** até **B**.

O trabalho de $\vec{F}$ no deslocamento de **A** até **B** (τ_{total}) é dado por:
$$\tau_{total} = F\,d \quad (I)$$

Do Princípio Fundamental da Dinâmica, podemos escrever que:
$$F = ma \quad (II)$$

Nas condições descritas, a esfera realiza um movimento uniformemente variado. Aplicando a Equação de Torricelli, vem:
$$v^2 = v_0^2 + 2ad$$

Daí:
$$d = \frac{v^2 - v_0^2}{2a} \quad (III)$$

Substituindo (II) e (III) em (I), segue:
$$\tau_{total} = ma\frac{(v^2 - v_0^2)}{2a} \Rightarrow \tau_{total} = \frac{mv^2}{2} - \frac{mv_0^2}{2}$$

Como $\frac{mv^2}{2} = E_{c_{final}}$ e $\frac{mv_0^2}{2} = E_{c_{inicial}}$, temos:

$$\tau_{total} = \Delta E_c = E_{c_{final}} - E_{c_{inicial}}$$

Embora tenhamos demonstrado o Teorema da Energia Cinética com base em uma situação simples e particular, sua aplicação é geral, estendendo-se ao cálculo do trabalho total de forças constantes ou variáveis, conservativas ou não. O trabalho expresso pelo Teorema da Energia Cinética inclui também os trabalhos de forças internas, como as forças exercidas pela musculatura de uma pessoa que caminha ou aquelas decorrentes do funcionamento dos mecanismos de um carro.

Por exemplo, o trabalho total realizado sobre ciclistas em movimento em pistas horizontais é dado pela soma (algébrica) do trabalho motor (útil) realizado pelas forças musculares (forças internas) com o trabalho resistente das forças exercidas pelo ar e das forças de atrito nos eixos da bicicleta. É fundamental observar que, na hipótese de não haver derrapagens, as forças de atrito trocadas entre as rodas das bicicletas e o solo **não realizam trabalho**, já que essas forças são do tipo estático e não produzem deslocamento em seu ponto de aplicação (em cada instante, o ponto de contato do pneu com a pista apresenta velocidade nula).

Ciclistas em movimento sobre pista horizontal: o trabalho motor provém das forças musculares internas.

Considerando que trabalho é igual à variação de energia cinética, trabalho e energia são grandezas físicas de iguais dimensões, isto é, que podem ser medidas nas mesmas unidades. Assim, a unidade de energia no Sistema Internacional (SI) também é o **joule** (**J**).

9. Trabalho no erguimento de um corpo

No esquema ao lado, um corpo de massa m, inicialmente em repouso no ponto **A** do solo, é erguido por um operador, sendo deixado também em repouso no ponto **B** de uma mesa de altura h. No local, a intensidade da aceleração da gravidade é g.

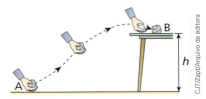

Na subida, desprezando a influência do ar, só duas forças agem no corpo: a exercida pelo operador e a da gravidade (peso).

Pretendemos calcular o trabalho (τ_{oper}) da força exercida pelo operador durante o erguimento do corpo.

$$\tau_{total} = \tau_{oper} + \tau_{peso} \quad (I)$$

Mas, pelo Teorema da Energia Cinética:

$$\tau_{total} = E_{c_B} - E_{c_A} \quad (II)$$

Comparando (I) e (II), temos:

$$\tau_{oper} + \tau_{peso} = E_{c_B} - E_{c_A} \quad (III)$$

Na subida, o trabalho do peso é resistente (negativo), sendo dado por: $\tau_{peso} = -mgh$

Temos, ainda: $E_{c_B} = \dfrac{mv_B^2}{2}$ e $E_{c_A} = \dfrac{mv_A^2}{2}$.

Substituindo em (III), obtemos:

$$\tau_{oper} - mgh = \dfrac{mv_B^2}{2} - \dfrac{mv_A^2}{2}$$

Entretanto, $v_A = v_B = 0$, pois o corpo partiu do repouso em **A** e foi deixado em repouso em **B**. Logo:

$$\tau_{oper} - mgh = 0 \implies \boxed{\tau_{oper} = mgh}$$

JÁ PENSOU NISTO?

Realizamos trabalho ao subir escadas?

O Corpo de Bombeiros dispõe de um equipamento fundamental para combater incêndios em edifícios altos: é a **escada Magirus**. Acoplada a um caminhão, essa escada permite que soldados levem mangueiras e outros instrumentos até a altura de onde provêm as chamas. Supondo que na subida a variação de energia cinética seja nula, podemos dizer que o trabalho das forças musculares de um bombeiro (forças internas) é dado pelo produto mgh, em que m é a massa erguida, g é a intensidade da aceleração da gravidade e h é a elevação vertical do centro de massa do sistema em relação ao nível inicial.

// Corpo de Bombeiros combatendo incêndio no Museu da Língua Portuguesa. São Paulo, dezembro de 2015.

Ampliando o olhar

Um jogo estranho, mas divertido!

O *curling* é um esporte bastante antigo, criado no século XVI nos lagos congelados da Escócia, sendo anterior ao futebol. Seu nome deriva do verbo *curl*, que em inglês significa enrolar ou encaracolar. Atualmente, faz parte dos Jogos de Inverno e os locais com mais tradição na prática desse esporte estão na Escandinávia, Suíça e Canadá. O Brasil, que não tem lagos congelados naturais, também já entrou na era do *curling*, figurando atualmente em algumas competições internacionais.

Com o objetivo de atingir um determinado alvo, o lançador dispara horizontalmente um bloco de granito de base plana e circular, com cerca de 20 kg, sobre uma pista de gelo horizontal. Antes do lançamento, porém, provoca-se um gotejamento de água sobre a pista, e o líquido, ao entrar em contato com o piso em baixa temperatura, congela-se, tornando o solo mais áspero e irregular. Dois jogadores da equipe do lançador podem alisar a pista em frente ao bloco e, para isso, utilizam apetrechos semelhantes a vassouras, o que reduz o atrito, permitindo que o bloco percorra distâncias maiores até parar.

Suponhamos que na situação da fotografia abaixo, à direita, o jogador lance horizontalmente o bloco de granito com velocidade de intensidade v_0 sobre uma pista de gelo horizontal. Seja μ_c o coeficiente de atrito dinâmico, admitido constante, entre o granito e o gelo e g a intensidade da aceleração da gravidade.

Desprezando-se a resistência do ar e utilizando-se o Teorema da Energia Cinética, pode-se calcular a distância d que o bloco percorre até parar.

$$\tau_{\vec{F}_{at}} = \frac{mv^2}{2} - \frac{mv_0^2}{2} \quad \Rightarrow \quad F_{at}\, d\,(\cos 180°) = 0 - \frac{mv_0^2}{2}$$

$$-\mu_c\, m\, g\, d = -\frac{mv_0^2}{2}$$

Da qual:

$$\boxed{d = \frac{v_0^2}{2\mu_c g}}$$

Se o lançador atirasse o bloco de granito horizontalmente com o dobro de v_0, por qual fator ficaria multiplicada a distância d? Além disso, se a massa do bloco fosse maior, isso afetaria a distância d?

Exercícios Nível 1

18. Um projétil de massa *m* é lançado obliquamente no vácuo, descrevendo a trajetória indicada abaixo:

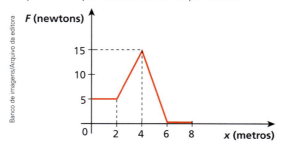

A altura máxima atingida é *h* e o módulo da aceleração da gravidade vale *g*. Os trabalhos do peso do projétil nos deslocamentos de **A** até **B**, de **B** até **C** e de **A** até **C** valem, respectivamente:

a) 0, 0 e 0.
b) mgh, mgh e 2mgh.
c) −mgh, mgh e 0.
d) mgh, −mgh e 0.
e) Não há dados para os cálculos.

19. O trabalho total realizado sobre uma partícula de massa 8,0 kg foi de 256 J. Sabendo que a velocidade inicial da partícula era de 6,0 m/s, calcule a velocidade final.

20. Uma partícula sujeita a uma força resultante de intensidade 2,0 N move-se sobre uma reta. Sabendo que entre dois pontos **P** e **Q** dessa reta a variação de sua energia cinética é de 3,0 J, calcule a distância entre **P** e **Q**.

21. Uma partícula de massa 900 g, inicialmente em repouso na posição $x_0 = 0$ de um eixo **0x**, submete-se à ação de uma força resultante paralela ao eixo. O gráfico abaixo mostra a variação da intensidade da força em função da abscissa da partícula:

Determine:
a) o trabalho da força de $x_0 = 0$ a $x_1 = 6$ m;
b) a velocidade escalar da partícula na posição $x_2 = 8$ m.

22. Um pequeno objeto de massa 2,0 kg, abandonado de um ponto situado a 15 m de altura em relação ao solo, cai verticalmente sob a ação da força peso e da força de resistência do ar. Sabendo que sua velocidade ao atingir o solo vale 15 m/s, calcule o trabalho da força de resistência do ar.

Dado: $g = 10$ m/s².

Resolução:

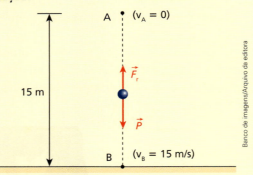

Aplicando o Teorema da Energia Cinética, temos:

$$\tau_{total} = E_{c_B} - E_{c_A}$$

$$\tau_{\vec{P}} + \tau_{\vec{F}_r} = \frac{mv_B^2}{2} - \frac{mv_A^2}{2}$$

$$mgh + \tau_{\vec{F}_r} = \frac{mv_B^2}{2} - \frac{mv_A^2}{2}$$

Sendo m = 2,0 kg, g = 10 m/s², h = 15 m, $v_A = 0$ e $v_B = 15$ m/s, calculemos o trabalho da força de resistência do ar ($\tau_{\vec{F}_r}$):

$$2,0 \cdot 10 \cdot 15 + \tau_{\vec{F}_r} = \frac{2,0 \cdot (15)^2}{2}$$

$$300 + \tau_{\vec{F}_r} = 225$$

$$\boxed{\tau_{\vec{F}_r} = -75 \text{ J}}$$

O resultado negativo refere-se a um trabalho **resistente**.

23. (Ufal) Um corpo de massa 6,0 kg é abandonado de uma altura de 5,0 m num local em que g = 10 m/s². Sabendo que o corpo chega ao solo com velocidade de intensidade 9,0 m/s, calcule a quantidade de calor gerada pelo atrito com o ar.

24. Na situação esquematizada, um halterofilista levanta 80 kg num local em que g = 10 m/s² e mantém o haltere erguido, como representa a figura 2, durante 10 s.

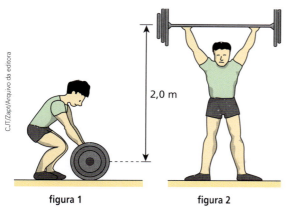

figura 1   figura 2

Os trabalhos das forças musculares durante o levantamento do haltere e durante sua manutenção no alto valem, respectivamente:
a) 800 J e 800 J.
b) 1 600 J e 1 600 J.
c) 800 J e zero.
d) 1 600 J e zero.
e) 1 600 J e 800 J.

25. (UFSC) Um helicóptero suspenso no ar, em repouso em relação ao solo, ergue por meio de um cabo de aço, mantido vertical, uma caixa de massa igual a 200 kg que se desloca com velocidade constante ao longo de um percurso de 10 m. No local, g = 10 m/s². Sabendo que no deslocamento citado as forças de resistência do ar realizam sobre a caixa um trabalho de −1 400 J, calcule o trabalho da força aplicada pelo cabo de aço sobre a caixa.

Exercícios Nível 2

26. (Vunesp) Uma parcela significativa da população residente nas cidades do ABC paulista gosta de passar os finais de semana e feriados no litoral, porque se trata de um passeio agradável e de curto deslocamento. Entre as duas regiões, há um desnível médio de 800 m, que pode ser realizado basicamente por duas rodovias: a Anchieta, com uma extensão maior no trecho de serra, e a Imigrantes que, por ser dotada de uma série de túneis, constitui um caminho mais curto no mesmo trecho.

Considere um carro lotado de 4 passageiros, com 1 400 kg de massa total, descendo no sentido do litoral, e a aceleração da gravidade com módulo igual a 10 m/s². Os trabalhos realizados pela força peso e pela força normal na descida da serra valem, em J, respectivamente,

a) $1{,}12 \cdot 10^7$ e zero, qualquer que seja a rodovia escolhida para a viagem.
b) $1{,}12 \cdot 10^7$ e zero, apenas se a estrada escolhida for a mais curta.
c) $1{,}12 \cdot 10^7$ e zero, apenas se a estrada escolhida for a mais comprida.
d) $1{,}12 \cdot 10^6$ e $1{,}12 \cdot 10^6$, qualquer que seja a estrada escolhida para a viagem.
e) zero e $1{,}12 \cdot 10^6$, qualquer que seja a estrada escolhida para a viagem.

27. Uma partícula, inicialmente em repouso no ponto **A**, é levada ao ponto **B** da calha contida em um plano vertical, de raio igual a 2,0 m, indicada na figura. Uma das forças que agem sobre a partícula é $\vec{F}$, horizontal, dirigida sempre para a direita e de intensidade igual a 10 N. Considerando a massa da partícula igual a 2,0 kg e assumindo g = 10 m/s², determine:

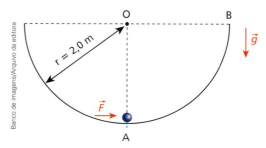

a) o trabalho de $\vec{F}$ ao longo do deslocamento **AB**;
b) o trabalho do peso da partícula ao longo do deslocamento referido no item anterior.

28. Um operário tem a incumbência de elevar uma carga de peso com módulo P à mesma altura h em duas situações distintas, I e II, com velocidade constante.
Na situação I são utilizadas uma polia fixa e uma corda. Já na situação II, além da polia fixa e da corda, é também utilizada uma polia móvel.

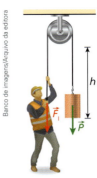

situação I   situação II

As massas das polias são desprezíveis, bem como suas dimensões. A corda é ideal e não sofre interações de atrito com as polias.

Sendo F_I e F_{II} as intensidades das forças aplicadas pelo trabalhador na corda e τ_I e τ_{II} os trabalhos de F_I e F_{II}, respectivamente, nas situações I e II, é correto afirmar que:

a) $F_{II} = \dfrac{F_I}{2}$ e $\tau_{II} = \dfrac{\tau_I}{2}$
b) $F_{II} = \dfrac{F_I}{2}$ e $\tau_{II} = \tau_I$
c) $F_{II} = F_I$ e $\tau_{II} = \tau_I$
d) $F_{II} = F_I$ e $\tau_{II} = \dfrac{\tau_I}{2}$

29. (Unicamp-SP) O primeiro satélite geoestacionário brasileiro foi lançado ao espaço em 2017 e será utilizado para comunicações estratégicas do governo e na ampliação da oferta de comunicação de banda larga. O foguete que levou o satélite ao espaço foi lançado do Centro Espacial de Kourou, na Guiana Francesa. A massa do satélite é constante desde o lançamento até a entrada em órbita e vale $m = 6{,}0 \cdot 10^3$ kg. O módulo de sua velocidade orbital é igual a $v_{or} = 3{,}0 \cdot 10^3$ m/s. Desprezando a velocidade inicial do satélite em razão do movimento de rotação da Terra, o trabalho da força resultante sobre o satélite para levá-lo até a sua órbita é igual a

a) 2 MJ.
b) 18 MJ.
c) 27 GJ.
d) 54 GJ.

30. (Fuvest-SP) Considere um bloco de massa $M = 10$ kg que se move sobre uma superfície horizontal com uma velocidade inicial de 10 m/s. No local, o efeito do ar é desprezível e adota-se $|\vec{g}| = 10$ m/s².

a) Qual o trabalho realizado pela força de atrito para levar o corpo ao repouso?
b) Supondo que o coeficiente de atrito cinético seja $\mu = 0{,}10$, qual o intervalo de tempo necessário para que a velocidade do bloco seja reduzida à metade do seu valor inicial?

31. (Vunesp) Um vagão, deslocando-se lentamente com velocidade v num pequeno trecho plano e horizontal de uma estrada de ferro, choca-se com um monte de terra e para abruptamente. Em virtude do choque, uma caixa de madeira, de massa 100 kg, inicialmente em repouso sobre o piso do vagão, escorrega e percorre uma distância de 2,0 m antes de parar, como mostra a figura.

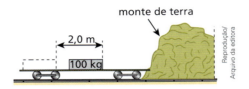

Considerando g = 10 m/s² e sabendo que o coeficiente de atrito dinâmico entre a caixa e o piso do vagão é igual a 0,40, calcule:

a) a velocidade v do vagão antes de se chocar com o monte de terra;
b) a energia cinética da caixa antes de o vagão se chocar com o monte de terra e o trabalho realizado pela força de atrito que atuou na caixa enquanto ela escorregava.

32. Um projétil de 10 g de massa atinge horizontalmente uma parede de alvenaria com velocidade de 120 m/s, nela penetrando 20 cm até parar. Determine, em newtons, a intensidade média da força resistente que a parede opõe à penetração do projétil.

33. (UPM-SP) Um corpo de massa 2,0 kg é submetido à ação de uma força cuja intensidade varia de acordo com a equação $F = 8{,}0x$. F é a força medida em newtons e x é o deslocamento dado em metros. Admitindo que o corpo estava inicialmente em repouso, qual a intensidade da sua velocidade após ter-se deslocado 2,0 m?

34. Jobson, de massa 40 kg, partiu do repouso no ponto **A** do tobogã da figura a seguir, atingindo o ponto **B** com velocidade de 10 m/s.
E.R.

426 UNIDADE 2 | DINÂMICA

Admitindo $|\vec{g}| = 10$ m/s² e desprezando o efeito do ar, calcule o trabalho das forças de atrito que agiram no corpo de Jobson de **A** até **B**.

Resolução:

Durante a descida, três forças agem no corpo de Jobson:

$\vec{P}$ = força da gravidade (peso);

$\vec{F}_n$ = reação normal do tobogã;

$\vec{F}_{at}$ = força de atrito.

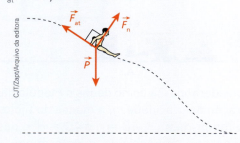

O trabalho total, de todas as forças, é dado por:

$$\tau_{total} = \tau_{\vec{P}} + \tau_{\vec{F}_{at}} + \tau_{\vec{F}_n}$$

A parcela $\tau_{\vec{F}_n}$ é nula, pois $\vec{F}_n$ é, a cada instante, perpendicular à trajetória. Assim:

$$\tau_{total} = \tau_{\vec{P}} + \tau_{\vec{F}_{at}} \quad (I)$$

Conforme o Teorema da Energia Cinética, temos:

$$\tau_{total} = E_{c_B} - E_{c_A}$$

$$\tau_{total} = \frac{mv_B^2}{2} - \frac{mv_A^2}{2}$$

Como $v_A = 0$ (Jobson partiu do repouso), vem:

$$\tau_{total} = \frac{mv_B^2}{2} \quad (II)$$

Comparando (I) e (II), obtém-se:

$$\tau_{\vec{P}} + \tau_{\vec{F}_{at}} = \frac{mv_B^2}{2} \Rightarrow mgh + \tau_{\vec{F}_{at}} = \frac{mv_B^2}{2}$$

$$\tau_{\vec{F}_{at}} = \frac{mv_B^2}{2} - mgh$$

Sendo $m = 40$ kg, $v_B = 10$ m/s e $g = 10$ m/s², calculemos $\tau_{\vec{F}_{at}}$:

$$\tau_{\vec{F}_{at}} = \frac{40 \cdot (10)^2}{2} - 40 \cdot 10 \cdot 10$$

$$\boxed{\tau_{\vec{F}_{at}} = -2{,}0 \cdot 10^3 \text{ J}}$$

35. Em situações de emergência, bombeiros se dirigem muito rapidamente às viaturas de combate a incêndios deslocando-se, a princípio, de um andar ao outro, utilizando um cano vertical. Eles descem por esse tradicional utensílio, sob a ação de seu peso e da força de atrito, que é ajustada ao longo do percurso visando evitar colisões traumáticas contra o solo.

Admita que um bombeiro de massa m = 70 kg parta do repouso e escorregue verticalmente para baixo ao longo de um cano que interliga dois andares, cujos pisos são desnivelados por 5,0 m. Adotando-se g = 10 m/s² e sabendo-se que o bombeiro atinge o andar inferior com velocidade de intensidade 2,0 m/s, determine o valor algébrico do trabalho das forças de atrito sobre seu corpo.

36. Um corpo de massa *m* é abandonado de uma
E.R. altura *h* acima de um solo coberto de neve. O corpo penetra verticalmente uma distância *d* na neve até parar.

Despreze o efeito do ar na queda e denote *g* o módulo da aceleração da gravidade.

Determine em função de *m*, *g*, *h* e *d* a intensidade da força média de retardamento imposta pela neve ao corpo.

Resolução:

Temos, pelo Teorema da Energia Cinética, que o trabalho corresponde à variação de energia cinética do corpo:

$$\tau_{total} = \Delta E_c$$
$$\tau_{\vec{P}} + \tau_{\vec{F}_m} = 0$$
$$mg(h + d) - F_m d = 0$$

$$\boxed{F_m = \frac{mg(h + d)}{d}}$$

37. (Fuvest-SP) Um bloco de massa 2,0 kg é lançado do topo de um plano inclinado, com velocidade escalar de 5,0 m/s, conforme indica a figura. Durante a descida, atua sobre o bloco uma força de atrito constante de intensidade 7,5 N, que faz o bloco parar após deslocar-se 10 m. Calcule a altura H, desprezando o efeito do ar e adotando $g = 10 \text{ m} \cdot \text{s}^{-2}$.

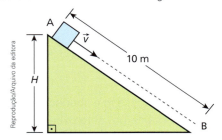

38. Na situação esquematizada na figura, a mola tem massa desprezível, constante elástica igual a $1,0 \cdot 10^2$ N/m e está inicialmente travada na posição indicada, contraída de 50 cm. O bloco, cuja massa é igual a 1,0 kg, está em repouso no ponto **A**, simplesmente encostado na mola. O trecho **AB** do plano horizontal é perfeitamente polido e o trecho **BC** é áspero.

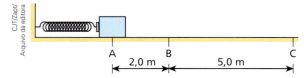

Em determinado instante, a mola é destravada e o bloco é impulsionado, atingindo o ponto **B** com velocidade de intensidade v_B. No local, a influência do ar é desprezível e adota-se $g = 10 \text{ m/s}^2$. Sabendo que o bloco para ao atingir o ponto **C**, calcule:
a) o valor de v_B;
b) o coeficiente de atrito cinético entre o bloco e o plano de apoio no trecho **BC**.

39. (OBF) Um servente de pedreiro, empregando uma pá, atira um tijolo verticalmente para cima para o mestre de obras, que está em cima da construção. Veja a figura. Inicialmente, utilizando a ferramenta, ele acelera o tijolo uniformemente de **A** para **B**; a partir de **B**, o tijolo se desliga da pá e prossegue em ascensão vertical, sendo recebido pelo mestre de obras com velocidade praticamente nula em **C**.

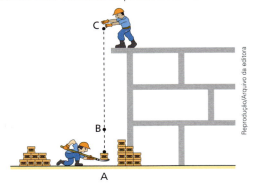

Considerando-se como dados o módulo da aceleração da gravidade, g, a massa do tijolo, M, e os comprimentos, AB = h e AC = H, e desprezando-se a influência do ar, determine:
a) a intensidade F da força com a qual a pá impulsiona o tijolo;
b) o módulo a da aceleração do tijolo ao longo do percurso **AB**.

40. Na situação representada nas figuras 1 e 2, a mola tem massa desprezível e está fixa no solo com o seu eixo na vertical. Um corpo de pequenas dimensões e massa igual a 2,0 kg é abandonado da posição **A** e, depois de colidir com o aparador da mola na posição **B**, aderindo a ele, desce e para instantaneamente na posição **C**.

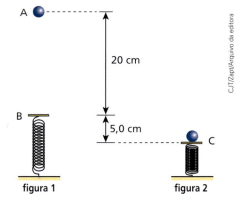

Adotando $g = 10 \text{ m/s}^2$ e desprezando o efeito do ar e a energia mecânica dissipada no ato da colisão, calcule:
a) o trabalho do peso do corpo no percurso **AC**;
b) o trabalho da força aplicada pela mola sobre o corpo no percurso **BC**;
c) a constante elástica da mola.

41. Uma partícula de massa 2,0 kg, inicialmente em repouso sobre o solo, é puxada verticalmente para cima por uma força $\vec{F}$, cuja intensidade varia com a altura h, atingida pelo seu ponto de aplicação, conforme mostra o gráfico:

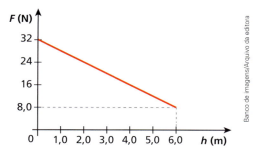

No local, $|\vec{g}| = 10 \text{ m} \cdot \text{s}^{-2}$ e despreza-se a influência do ar. Considerando a ascensão da partícula de $h_0 = 0$ a $h_1 = 6,0$ m, determine:

a) a altura em que a velocidade tem intensidade máxima;
b) a intensidade da velocidade para $h_1 = 6,0$ m.

42. Nas duas situações representadas abaixo, uma mesma carga de peso P é elevada a uma mesma altura h:

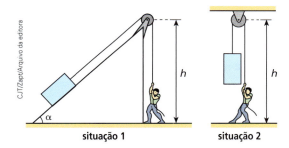

Nos dois casos, o bloco parte do repouso, parando ao atingir a altura h. Desprezando todas as forças passivas, analise as proposições seguintes:

I. Na situação 1, a força média exercida pelo homem é menos intensa que na situação 2.
II. Na situação 1, o trabalho realizado pela força do homem é menor que na situação 2.
III. Em ambas as situações, o trabalho do peso da carga é calculado por $-Ph$.
IV. Na situação 1, o trabalho realizado pela força do homem é calculado por Ph.

Responda mediante o código:

a) Todas são corretas.
b) Todas são incorretas.
c) Somente II e III são corretas.
d) Somente I, III e IV são corretas.
e) Somente III é correta.

43. Considere um corpo de massa 20 kg, homogêneo, em forma de paralelepípedo, como ilustrado abaixo.

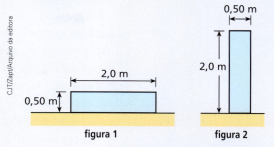

O corpo, inicialmente apoiado sobre sua maior face (figura 1), é erguido por um operador, ficando apoiado sobre sua menor face (figura 2). Sendo $g = 10 \text{ m} \cdot \text{s}^{-2}$, calcule o trabalho da força do operador no erguimento do corpo.

Resolução:

Observe que este é um corpo extenso, de dimensões não desprezíveis. Para efeito de cálculo vamos considerar o seu centro de massa, ou seja, o ponto **CM**, onde se admite concentrada toda a massa do sistema.

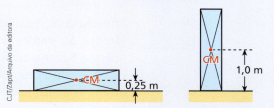

Sendo $m = 20$ kg, $g = 10 \text{ m} \cdot \text{s}^{-2}$ e $h = 1,0 - 0,25 = 0,75$ m, calculamos o trabalho pedido (τ_{oper}):

$$\tau_{oper} = mgh \Rightarrow \tau_{oper} = 20 \cdot 10 \cdot 0,75$$

$$\boxed{\tau_{oper} = 1,5 \cdot 10^2 \text{ J}}$$

44. Considere uma tora de madeira de massa igual a $2,0 \cdot 10^2$ kg, cilíndrica e homogênea, posicionada sobre o solo, conforme indica a figura.

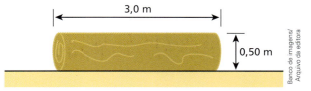

Adotando $g = 10 \text{ m} \cdot \text{s}^{-2}$, calcule o trabalho realizado pelas forças aplicadas por um grupo de pessoas para colocar a tora com o eixo longitudinal na vertical, apoiada sobre sua base.

Bloco 3

10. Introdução ao conceito de potência

Na maioria dos casos práticos, não basta dizer apenas que certo dispositivo é capaz de cumprir determinada função. Às vezes é mais importante definir em quanto tempo ele executa essa função.

Tomemos, por exemplo, o caso de um guindaste. Suponhamos que ele erga uma viga de 1 tonelada a uma altura de 10 metros. Uma pergunta importante que deve ser feita nesse problema é: em quanto tempo o guindaste ergue a viga?

Do ponto de vista geral, a **potência** de um sistema consiste na rapidez com que ele realiza suas atribuições. A potência é tanto maior quanto menor é o intervalo de tempo utilizado na execução de uma mesma tarefa.

Dependendo do sistema em estudo, a potência recebe especificações diferentes. Falamos, por exemplo, de potência elétrica nos geradores, de potência térmica nos aquecedores e de potência mecânica quando estudamos a viabilidade de uma cachoeira para a instalação de um sistema de conversão hidrelétrico.

Quanto maior for a velocidade de rotação das facas de um liquidificador, por exemplo, menor será o intervalo de tempo que ele levará para triturar uma mesma quantidade de certo tipo de alimento. Assim, aumentando a velocidade de rotação das facas, estaremos aumentando a potência do sistema.

mais velocidade → mais potência

controle de velocidade

11. Potência média

Vamos considerar, agora, um sistema mecânico S_1 que, durante um intervalo de tempo Δt, transfere para um sistema mecânico S_2 uma quantidade de energia ΔE.

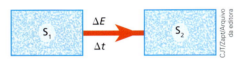

Nesse processo, define-se **potência média** (Pot_m) como o quociente da energia transferida (ΔE) pelo intervalo de tempo (Δt) em que essa transferência ocorreu:

$$Pot_m = \frac{\Delta E}{\Delta t}$$

Essa energia transferida equivale a um trabalho τ. Assim, a potência mecânica média também pode ser dada por:

$$Pot_m = \frac{\tau}{\Delta t}$$

A unidade de potência é obtida pelo quociente da unidade de trabalho (ou energia) pela unidade de tempo:

$$\text{unid. (Pot)} = \frac{\text{unid. }(\tau)}{\text{unid. }(t)}$$

No Sistema Internacional (SI):

$$\text{unid. }(\tau) = \text{joule (J)}$$
$$\text{unid. }(t) = \text{segundo (s)}$$

Logo:

$$\text{unid. (Pot)} = \frac{J}{s} = \text{watt (W)}$$

Um múltiplo muito usado do watt é o **quilowatt** (**kW**):

$$1 \text{ kW} = 10^3 \text{ W}$$

Outros múltiplos também usados com frequência, principalmente quando se fala de geração e transmissão de energia elétrica, são o **megawatt** (**MW**) e o **gigawatt** (**GW**):

$$1 \text{ MW} = 10^6 \text{ W}$$
$$1 \text{ GW} = 10^9 \text{ W}$$

Embora não pertencentes ao Sistema Internacional (SI), são também muito empregadas as seguintes unidades de potência:

- cavalo-vapor (cv): $1 \text{ cv} \cong 735{,}5 \text{ W}$

- *horse-power* (hp): $1 \text{ hp} \cong 745{,}7 \text{ W}$

No quadro a seguir, fornecemos os valores aproximados das potências máximas disponibilizadas por quatro tipos de veículo automotor: um carro popular, um carro de padrão médio, um carro esportivo e um carro de Fórmula 1.

Categoria do veículo	Desenho básico	Potência máxima disponibilizada, em cavalos-vapor (cv)
Carro popular		60
Carro de padrão médio		110
Carro esportivo		400
Carro de Fórmula 1		750

James Watt (1736-1819) foi um engenheiro escocês de fundamental importância no desenvolvimento e aprimoramento de máquinas térmicas, que constituíram a essência tecnológica de um dos períodos mais notáveis da história: a Revolução Industrial. Os mecanismos mais importantes projetados por ele eram acionados por vapor de água em alta pressão, obtido a partir da ebulição do líquido em caldeiras. Outros engenhos, porém, utilizavam tração animal, rodas-d'água e moinhos de vento. Um cavalo-vapor (cv), como foi definido por Watt, era a potência empreendida por um cavalo robusto para erguer uma carga de 75 kgf a uma altura de um metro durante um segundo.

// Retrato de James Watt, pintado por Carl Frederik von Breda em 1792. Science Museum, Londres.

$$\text{Pot}_m = \frac{\tau}{\Delta t} = \frac{mgh}{\Delta t}$$

$$\text{Pot}_m = \frac{75 \text{ kg} \cdot 9{,}807 \text{ m/s}^2 \cdot 1 \text{ m}}{1 \text{ s}}$$

$$\boxed{\text{Pot}_m \cong 735{,}5 \text{ W}}$$

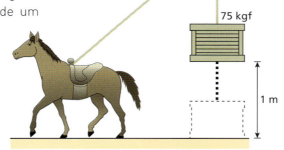

Exercícios Nível 1

45. Na figura, um operário ergue um balde cheio de concreto, de 20 kg de massa, com velocidade constante. A corda e a polia são ideais e, no local, g = 10 m/s². Considerando um deslocamento vertical de 4,0 m, que ocorre em 25 s, determine:

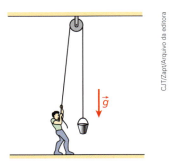

a) o trabalho realizado pela força do operário;
b) a potência média útil na operação.

46. (PUC-SP) Uma pessoa de massa 80 kg sobe uma escada de 20 degraus, cada um com 20 cm de altura.

a) Calcule o trabalho que a pessoa realiza contra a gravidade (adote g = 10 m/s²).
b) Se a pessoa subir a escada em 20 segundos, ela se cansará mais do que se subir em 40 segundos. Como se explica isso, já que o trabalho realizado é o mesmo nos dois casos?

47. (Fuvest-SP) Dispõe-se de um motor com potência útil de 200 W para erguer um fardo de massa de 20 kg à altura de 100 m em um local onde g = 10 m/s².
Supondo que o fardo parte do repouso e volta ao repouso, calcule:
a) o trabalho desenvolvido pela força aplicada pelo motor;
b) o intervalo de tempo gasto nessa operação.

48. Entre as unidades seguintes, aponte aquela que não pode ser utilizada na medição de potências.

a) kg · m² · s⁻³
b) N · $\frac{m}{s}$
c) cavalo-vapor
d) quilowatt-hora
e) J · s⁻¹

Exercícios Nível 2

49. (UFRGS-RS) O resgate de trabalhadores presos em uma mina subterrânea no norte do Chile foi realizado através de uma cápsula introduzida numa perfuração do solo até o local em que se encontravam os mineiros, a uma profundidade da ordem de 600 m. Um motor com potência total aproximadamente igual a 200 kW puxava a cápsula de 250 kg contendo um mineiro de cada vez.

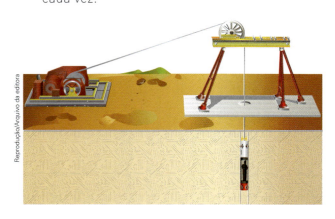

Considere que, para o resgate de um mineiro de 70 kg de massa a cápsula gastou 10 minutos para completar o percurso e suponha que a aceleração da gravidade local tenha módulo igual a 10 m/s².
Não se computando a potência necessária para compensar as perdas por atrito, a potência efetivamente fornecida pelo motor para içar a cápsula foi de:

a) 686 W
b) 2 450 W
c) 3 200 W
d) 18 816 W
e) 41 160 W

50. (Fuvest-SP) Uma esteira rolante transporta 15 caixas de bebida por minuto de um depósito no subsolo até o andar térreo. A esteira tem comprimento de 12 m, inclinação de 30° com a horizontal e move-se com velocidade constante. As caixas a serem transportadas já são colocadas com a mesma velocidade da esteira. Se cada caixa pesa 200 N, o motor que aciona esse mecanismo deve fornecer a potência de:

a) 20 W
b) 40 W
c) 3,0 · 10² W
d) 6,0 · 10² W
e) 1,0 · 10³ W

51. (Unicamp-SP)

Um carro recentemente lançado pela indústria brasileira tem aproximadamente 1,5 tonelada e pode acelerar, sem derrapagens, do repouso até uma velocidade escalar de 108 km/h, em 10 segundos.

Fonte: *Revista Quatro Rodas*.

Despreze as forças dissipativas e adote 1 cavalo-vapor (cv) = 750 W.

a) Qual o trabalho realizado, nessa aceleração, pelas forças do motor do carro?
b) Qual a potência média do motor do carro, em cv?

52. O gráfico a seguir mostra a variação da intensidade de uma das forças que agem em uma partícula em função de sua posição sobre uma reta orientada. A força é paralela à reta.

Sabendo que a partícula tem movimento uniforme com velocidade de 4,0 m/s, calcule, para os 20 m de deslocamento descritos no gráfico abaixo:

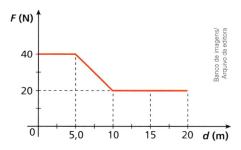

a) o trabalho da força;
b) sua potência média.

53. A usina hidrelétrica de Itaipu é uma obra conjunta do Brasil e do Paraguai que envolve números gigantescos. A potência média teórica chega a 12 600 MW quando 18 unidades geradoras operam conjuntamente, cada qual com uma vazão próxima de 700 m³ por segundo. Suponha que a água da represa adentre as tubulações que conduzem o líquido às turbinas com velocidade praticamente nula e admita que os geradores aproveitem 100% da energia hídrica disponível. Adotando-se para a aceleração da gravidade o valor 10 m/s² e sabendo-se que a densidade da água é igual a 1,0 · 10³ kg/m³, determine o desnível entre as bocas das tubulações e suas bases, onde estão instaladas as turbinas das unidades geradoras.

Resolução:

A potência elétrica disponibilizada em cada unidade geradora é calculada fazendo-se:

$$Pot_m = \frac{12600}{18} \therefore Pot_m = 700 \text{ MW} = 7,0 \cdot 10^8 \text{ W}$$

Sendo $\mu = 1,0 \cdot 10^3$ km/m³; $Z = 7,0 \cdot 10^2$ m³/s, $g = 10$ m/s², calculamos o desnível h:

$$Pot_m = \mu Z g h$$
$$7,0 \cdot 10^8 = 1,0 \cdot 10^3 \cdot 7,0 \cdot 10^2 \cdot 10 \cdot h$$

Logo: $\boxed{h = 100 \text{ m}}$

54. (UFPE) As águas do rio São Francisco são represadas em muitas barragens, para o aproveitamento do potencial hidrográfico e transformação de energia potencial gravitacional em outras formas de energia. Uma dessas represas é Xingó, responsável por grande parte da energia elétrica que consumimos. A figura a seguir representa a barragem e uma tubulação, que chamamos de tomada d'água, e o gerador elétrico. Admita que, no nível superior do tubo, a água está em repouso, caindo a seguir até um desnível de 118 m, onde encontra o gerador de energia elétrica. O volume de água que escoa, por unidade de tempo, é de $5,0 \cdot 10^2$ m³/s.

Considere a densidade da água igual a $1,0 \cdot 10^3$ kg/m³, adote g = 10 m/s² e admita que não haja dissipação de energia mecânica.

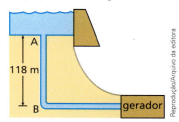

Calcule, em MW, a potência hídrica na entrada do gerador.

55. (UnB-DF) Um automóvel de massa m é acelerado uniformemente pelo seu motor. Sabe-se que ele parte do repouso e atinge a velocidade v_0 em t_0 segundos. Então, a potência que o motor desenvolve após transcorridos t segundos da partida é:

a) $\dfrac{mv_0^2}{2t_0^3} t^2$

b) $\dfrac{mv_0^2}{t_0^2} t$

c) $\dfrac{mv_0^2}{t^2} t_0$

d) $\dfrac{2mv_0^2}{t_0^2} t$

Bloco 4

12. Potência instantânea

Definimos a potência média em um intervalo de tempo Δt. Se fizermos esse intervalo de tempo tender a zero, teremos, no limite, a **potência instantânea**, que pode ser expressa matematicamente por:

$$\text{Pot} = \lim_{\Delta t \to 0} \text{Pot}_m = \lim_{\Delta t \to 0} \frac{\tau}{\Delta t}$$

NOTA!
Em uma situação em que a potência é constante, o valor instantâneo iguala-se ao médio.

13. Relação entre potência instantânea e velocidade

Em vários problemas de Mecânica, há interesse em se relacionar a potência com a velocidade. Conhecendo, por exemplo, a intensidade da velocidade de um veículo em certo instante, podemos determinar a potência útil fornecida por seu motor no instante considerado.

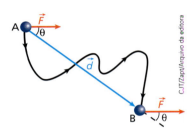

Estudemos a situação ao lado, em que uma partícula é deslocada de **A** para **B** ao longo da trajetória indicada, sob a ação da força $\vec{F}$ (constante), entre outras forças.

Sejam $\vec{d}$ o deslocamento vetorial de **A** a **B**, θ o ângulo entre $\vec{F}$ e $\vec{d}$ e Δt o intervalo de tempo gasto no trajeto. O trabalho de $\vec{F}$ de **A** até **B** pode ser calculado por:

$$\tau = |\vec{F}||\vec{d}| \cos \theta \quad (I)$$

A potência média de $\vec{F}$ nesse deslocamento é:

$$\text{Pot}_m = \frac{\tau}{\Delta t} \quad (II)$$

Substituindo (I) em (II), segue:

$$\text{Pot}_m = \frac{|\vec{F}||\vec{d}| \cos \theta}{\Delta t}$$

O quociente $\frac{|\vec{d}|}{\Delta t}$, entretanto, é o módulo da velocidade vetorial média ($\vec{v}_m$) da partícula.

Assim:

$$\text{Pot}_m = |\vec{F}||\vec{v}_m| \cos \theta$$

A potência instantânea de $\vec{F}$ é obtida passando-se o último resultado ao limite, para o intervalo de tempo tendendo a zero ($\Delta t \to 0$):

$$\text{Pot} = \lim_{\Delta t \to 0} \text{Pot}_m = \lim_{\Delta t \to 0} (|\vec{F}||\vec{v}_m| \cos \theta)$$

Diante desse limite, os valores médios transformam-se em instantâneos e obtemos:

$$\text{Pot} = |\vec{F}||\vec{v}| \cos \theta$$

ou, em notação mais simples:

$$\text{Pot} = F v \cos \theta$$

NOTA!
Observe na expressão ao lado que θ é o ângulo formado entre $\vec{F}$ e $\vec{v}$:

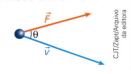

Caso particular importante: θ = 0°

Nesse caso, $\vec{F}$ e $\vec{v}$ têm a mesma orientação, isto é, mesma direção e sentido.

$$Pot = Fv\cos\theta$$

Se $\theta = 0° \Rightarrow \cos\theta = 1$, levando-nos a concluir que:

$$Pot = Fv$$

// Os foguetes russos Soyuz, lançados do cosmódromo de Baikonur, no Casaquistão, são atualmente os veículos responsáveis pelo envio de astronautas à Estação Espacial Internacional (EEI ou ISS), superbase-laboratório terrestre em órbita ao redor do planeta. A força propulsora ($\vec{F}$) recebida pelo veículo tem a mesma direção e o mesmo sentido da velocidade ($\vec{v}$), razão pela qual a potência Pot dessa força fica determinada em cada instante pelo produto $Pot = |\vec{F}||\vec{v}|$.

14. Propriedade do gráfico da potência em função do tempo

Admitamos uma situação em que a potência de uma força seja constante no decorrer do tempo. O gráfico ao lado corresponde a esse caso.

Teria a "área" A destacada algum significado especial? Sim, pois ela fornece uma medida algébrica do trabalho da força durante o intervalo de tempo considerado.

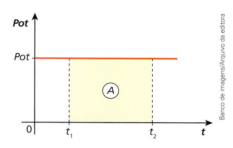

Isso pode ser verificado fazendo-se:

$$A = Pot\,(t_2 - t_1)$$

Sendo $t_2 - t_1 = \Delta t$ (intervalo de tempo), temos:

$$A = Pot\,\Delta t \qquad (I)$$

Entretanto,

$$Pot = \frac{\tau}{\Delta t} \Rightarrow \tau = Pot\,\Delta t \qquad (II)$$

Comparando (I) e (II), concluímos que:

$$A = \tau$$

Apresentamos essa propriedade a partir de um caso particular, isto é, partimos da suposição de que a potência era constante. Entretanto, sua validade estende-se também aos casos em que a potência é variável. Nessas situações, a demonstração requer o uso de elementos de Cálculo Diferencial e Integral, o que foge ao escopo deste curso.

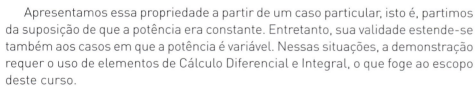

$$A_1 + A_2 = \tau$$
(soma algébrica)

De modo geral, podemos enunciar que:

Dado um diagrama da potência em função do tempo, a "área" compreendida entre o gráfico e o eixo dos tempos expressa o valor algébrico do trabalho ou da energia transferida.

Ampliando o olhar

Haja gasolina!

Muitas vezes nos surpreendemos com o aumento de consumo de combustível apresentado por um veículo que faz uma determinada viagem em alta velocidade. É completar o trajeto, mandar encher o tanque e ter a surpresa.

— Esse carro está bebendo demais!!!

Isso se explica porque, quanto maior for a velocidade, maior será a solicitação de potência do motor e maior será, consequentemente, o consumo de combustível.

Imaginemos uma situação em que a intensidade da força total de resistência ao movimento (F_r) seja proporcional ao quadrado da intensidade da velocidade do veículo (v). Sendo k a constante da proporcionalidade, podemos escrever que:

$$F_r = kv^2 \quad \text{(I)}$$

Supondo o veículo em movimento retilíneo e uniforme, deslocando-se em uma pista horizontal, a intensidade da força motriz que atua sobre ele (F_m) é igual à intensidade da força total de resistência ao movimento (F_r), já que essas duas forças se equilibram mutuamente.

$$F_m = F_r \quad \text{(II)}$$

Substituindo (I) em (II), vem:

$$F_m = kv^2 \quad \text{(III)}$$

Veículo em movimento retilíneo e uniforme com velocidade $\vec{v}$: $F_m = F_r \Rightarrow F_m = kv^2$.

Como a força motriz tem a mesma direção e o mesmo sentido da velocidade, sua potência instantânea (*Pot*) é determinada por:

$$Pot = F_m v \quad \text{(IV)}$$

Substituindo (III) em (IV), temos:

$$Pot = kv^2 \cdot v$$

Daí:

$$\boxed{Pot = kv^3}$$

Observe que a potência (*Pot*) é diretamente proporcional ao cubo da velocidade (v). Isso significa que, dobrando-se v, por exemplo, o valor da *Pot* fica multiplicado por oito.

Então podemos concluir que um pequeno aumento na velocidade implica um grande aumento na potência solicitada do motor, o que acarreta, entre outros efeitos, maior consumo de combustível.

15. Rendimento

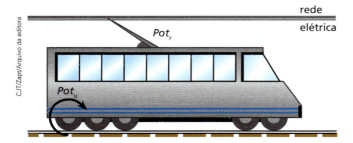

A noção de rendimento é largamente utilizada em diversos segmentos da atividade humana, sobretudo nas áreas técnicas. Fala-se, por exemplo, que o rendimento de um carro não está bom. Até nos esportes é comum mencionar que um determinado atleta não está rendendo como de costume.

Tome como exemplo a figura ao lado, em que uma locomotiva elétrica se encontra em movimento para a direita.

Suponhamos que ela receba da rede uma potência Pot_r. Será que toda a potência recebida é utilizada no movimento? Claro que não! Uma parte é dissipada, perdendo-se por efeito de atritos: aquecimento, ruídos, entre outros.

Sendo Pot_u a potência útil (utilizada no movimento) e Pot_d a potência dissipada, temos:

$$Pot_u = Pot_r - Pot_d$$

O rendimento (η) da locomotiva, por sua vez, é calculado pelo quociente da potência útil (Pot_u) pela potência recebida (Pot_r). Veja:

$$\eta = \frac{Pot_u}{Pot_r}$$

Esse exemplo pode ser estendido a outros casos. Em termos gerais, diz-se que:

O **rendimento** (η) de um sistema físico qualquer é dado pelo quociente da potência útil (Pot_u) pela potência recebida (Pot_r).

O rendimento é adimensional (não tem unidades) por ser definido pelo quociente entre duas grandezas medidas nas mesmas unidades. É expresso geralmente em porcentagem, bastando, para isso, multiplicar seu valor por 100%.

O rendimento de um sistema físico real é sempre inferior a 1 ou a 100%, pois, em razão das dissipações sempre existentes, a potência útil é sempre menor que a recebida.

De fato: $\quad \eta = \dfrac{Pot_u}{Pot_r} \Rightarrow \eta = \dfrac{Pot_r - Pot_d}{Pot_r}$

Daí: $\quad \eta = 1 - \dfrac{Pot_d}{Pot_r}$

O esquema a seguir ilustra o conceito de rendimento a partir de uma queda-d'água até uma linha de transmissão.

// Garganta do Diabo, o maior conjunto de quedas-d'água das cataratas do Iguaçu (2012).

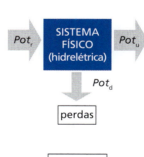

// Linha de transmissão em campo de girassol.

A ocorrência de $\eta = 1$ ou 100% implica $Pot_d = 0$, o que é inviável em termos reais. Dizemos que o rendimento de um sistema é baixo quando a potência útil é bem menor que a recebida e que o rendimento de um sistema é alto quando a potência útil é pouco menor que a recebida.

Ampliando o olhar

Árvores laboriosas: trabalho no erguimento de água e os rios voadores da Amazônia

Quem disse que existem apenas rios líquidos escoando ao longo de calhas bem definidas, esculpidas pela água durante décadas a fio, e que esses rios serpenteiam rumo a rios maiores ou mesmo em direção ao mar?

Pois bem, a Floresta Amazônica despeja na atmosfera através de suas muitas árvores – estimadas em cerca de 600 bilhões de unidades, sabidamente, um verdadeiro manto verde equatorial – uma quantidade enorme de vapor de água, que supera em massa o que o Rio Amazonas verte diariamente em sua foz no Oceano Atlântico (cerca de 17 bilhões de toneladas de água). Calcula-se que cada árvore de grande porte transfira sozinha do subsolo para o ar aproximadamente 1 000 L de água a cada 24 horas. Existe sobre nós, por conseguinte, um imenso rio voador!

E essa enorme massa de H_2O viaja transversalmente pelo céu do Brasil, do noroeste para o sudeste, irrigando o solo e possibilitando condições favoráveis e controladas de vida.

Trata-se de um processo sofisticado e eficaz, diferente do verificado nos gêiseres, que se constituem de dutos que fazem conexão com o subsolo. Nesse caso, o vapor de água em alta pressão produzido pelo magma superaquecido, devido à súbita descompressão, explode em jatos líquidos para a atmosfera.

A floresta lança sobre um quadrilátero imaginário com vértices aproximadamente em São Paulo, Buenos Aires, Cordilheira dos Andes e Cuiabá um grande rio aéreo que faz chover regularmente em toda essa região. É importante notar que esse quadrilátero situa-se em uma latitude – a implacável latitude 30° Sul – na qual ocorrem desertos em outras partes do mundo, como o Atacama, no Chile, o Kalahari, na África, e o Outback, na Austrália. Sendo irrigada pelas chuvas amazônicas, essa área da América do Sul escapa sorrateira da cruel estatística dos desertos, sendo atualmente a responsável por 70% do Produto Interno Bruto (PIB) do continente. Somos, pois, uma exceção, e isso é uma verdadeira dádiva, não é mesmo?

Carapanaúba. Manaus (AM). Setembro de 2014. As árvores puxam água existente no subsolo permitindo que ela evapore através de suas folhas. Trata-se de um incrível mecanismo da biosfera responsável por dotar de umidade a atmosfera terrestre.

Essa poderosíssima usina ambiental, equivalente a 50 mil Itaipus, depende, porém, de sutilezas para continuar funcionando e a principal delas é a preservação da floresta. Agressões, como queimadas e desmatamentos, podem ser fatais, impactando imediatamente essa fantástica engrenagem e conduzindo o Centro-Oeste, o Sudeste e o Sul brasileiros a situações de escassez de chuvas – secas – e desabastecimento de água, como temos vivenciado nos dias atuais.

Um rio de toras de madeira no seio da indefesa floresta. Grande parte dessa destruição ocorre de forma clandestina, burlando-se as leis e a fiscalização.

Sistema da Cantareira (SP). Novembro de 2014. Imagens como esta têm permeado os noticiários brasileiros nos últimos tempos. Seca na região Sudeste? Quem diria! A natureza reclama e a contrapartida exigida para uma possível reversão desse quadro é restaurar as florestas – reflorestar.

Com um olhar para os malefícios da abertura indiscriminada de áreas agrícolas na Amazônia, cabe, portanto, uma maior reflexão da sociedade no que se refere a legislações ambientais, especialmente em pontos que deliberam sobre queimadas e desmatamentos.

Sem as florestas, o meio ambiente caminhará para um colapso e o homem, cujo conforto e estabilidade dependem sobremaneira da harmonia e sustentabilidade ambientais, sucumbirá, padecendo com severas crises de oferta de insumos básicos, a começar por falta de água.

Fonte de pesquisa: Documento *O Futuro Climático da Amazônia* – Relatório de Avaliação Científica, do cientista ambiental Professor Antônio Donato Nobre (PhD), Articulación Regional Amazónica (ARA). Disponível em: <www.ccst.inpe.br/o-futuro-climatico-da-amazonia-relatorio-de-avaliacao-cientifica-antonio-donato-nobre/>. Acesso em: 2 jul. 2018.

JÁ PENSOU NISTO?

Gerar energia elétrica com menos impacto ambiental?

Uma modalidade de energia que vem sendo utilizada cada vez em maior escala é a **eólica**, proveniente das correntes de ar (ventos). O aproveitamento desse tipo de energia, considerada energia limpa por não causar poluição, pode ser observado em regiões áridas ou desérticas, como no oeste dos Estados Unidos, nos estados da Califórnia, de Nevada e do Arizona, além de alguns estados do Nordeste brasileiro.

O vento age nas pás dos rotores, fazendo-as girar. Esse movimento é transmitido aos eixos de geradores, que disponibilizam em seus terminais tensão elétrica. A potência útil disponível em cada ventoinha é sempre menor que a potência recebida do vento, já que sempre ocorrem dissipações. Isso indica que o rendimento de cada sistema captador é menor que 100%.

Maior complexo eólico da América Latina, localizado nos municípios de Caetité, Guanambi e Igaporã, na Bahia. Dezembro de 2014.

Exercícios Nível 1

56. No esquema seguinte, $\vec{F}$ é a força motriz que age no carro e $\vec{v}$, sua velocidade vetorial instantânea:

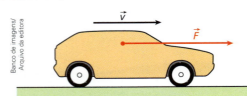

Sendo $|\vec{F}| = 1{,}0 \cdot 10^3$ N e $|\vec{v}| = 5{,}0$ m/s, calcule, em kW, a potência de $\vec{F}$ no instante considerado.

57. Uma partícula de massa 2,0 kg parte do repouso sob a ação de uma força resultante de intensidade 1,0 N. Determine:
a) o módulo da aceleração adquirida pela partícula;
b) a potência da força resultante, decorridos 4,0 s da partida.

58. No arranjo da figura, Aurélio faz com que a carga de peso igual a 300 N seja elevada com velocidade constante de 0,50 m/s.
Considerando a corda e a polia ideais e o efeito do ar desprezível, determine:

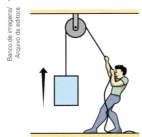

a) a intensidade da força com que Aurélio puxa a corda;
b) a potência útil da força exercida por ele.

59. (UFPE) Um gerador elétrico suposto ideal é acionado pela queda de um bloco de massa M que desce sob a ação da gravidade com velocidade escalar constante de 5,0 m/s. Sabendo que a potência fornecida pelo gerador é usada para acender uma lâmpada de 100 W, calcule o valor de M.

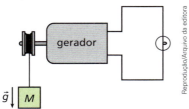

Despreze os atritos e adote $|\vec{g}| = 10$ m · s^{-2}.

60. O diagrama seguinte representa a potência instantânea fornecida por uma máquina, desde $t_0 = 0$ s até $t_1 = 30$ s:

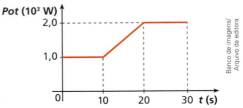

Com base no diagrama, determine:
a) o trabalho realizado pela máquina, de $t_0 = 0$ s até $t_1 = 30$ s;
b) a potência média fornecida pela máquina no intervalo referido no item anterior.

61. O rendimento de determinada máquina é de 80%. Sabendo que ela recebe uma potência de 10,0 kW, calcule:
a) a potência útil oferecida;
b) a potência dissipada.

Resolução:

a) O rendimento (η) da máquina pode ser expresso por:
$$\eta = \frac{Pot_u}{Pot_r}$$

Sendo $\eta = 80\% = 0{,}80$ e $Pot_r = 10{,}0$ kW, calculemos Pot_u:
$$Pot_u = \eta \, Pot_r \Rightarrow Pot_u = 0{,}80 \cdot 10{,}0$$

$$\boxed{Pot_u = 8{,}0 \text{ kW}}$$

b) Temos:
$Pot_u = Pot_r - Pot_d$ ou $Pot_d = Pot_r - Pot_u$
Logo:
$$Pot_d = 10{,}0 \text{ kW} - 8{,}0 \text{ kW}$$

$$\boxed{Pot_d = 2{,}0 \text{ kW}}$$

62. Qual é o rendimento de uma máquina que, ao receber 200 W, dissipa 50 W?
a) 25%   c) 75%   e) 150%
b) 50%   d) 100%

63. O rendimento de um motor é de 90%. Sabendo que ele oferece ao usuário uma potência de 36 hp, calcule:
a) a potência total que o motor recebe para operar;
b) a potência que ele dissipa durante a operação.

Exercícios Nível 2

64. Uma caixa de massa $5,0 \cdot 10^2$ kg é erguida verticalmente por um guindaste, de modo que sua altura em relação ao solo varia em função do tempo, conforme o gráfico abaixo:

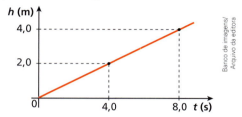

Considerando $|\vec{g}| = 10$ m/s², analise as proposições seguintes:

I. O movimento da caixa é uniforme.
II. A velocidade escalar da caixa no instante t = 5,0 s é $5,0 \cdot 10^{-1}$ m/s.
III. A força que os cabos do guindaste aplicam na caixa tem intensidade $5,0 \cdot 10^3$ N.
IV. A potência útil do guindaste é de 2,5 kW.

Responda conforme o código:
a) Todas são corretas.
b) Todas são incorretas.
c) Somente I e II são corretas.
d) Somente III e IV são corretas.
e) Somente I, III e IV são corretas.

65. Um paraquedista desce com velocidade constante de 5,0 m/s. O conjunto paraquedas e paraquedista pesa 100 kgf. Considerando g = 9,8 m/s², podemos dizer que a potência dissipada pelas forças de resistência do ar tem módulo:
a) 0,50 kW   c) 5,0 kW   e) 50 kW
b) 4,9 kW   d) 49 kW

66. (Fatec-SP) Um carro de massa 1,0 tonelada sobe 20 m ao longo de uma rampa inclinada de 20° com a horizontal, mantendo velocidade constante de 10 m/s. Adotando g = 10 m/s², sen 20° = 0,34 e cos 20° = 0,94 e desprezando o efeito do ar, calcule, nesse deslocamento:
a) o trabalho realizado pelo peso do carro;
b) a potência útil do motor.

67. Uma caminhonete de massa 1,2 tonelada sobe uma rampa inclinada de 30° em relação à horizontal, com velocidade constante de intensidade 36 km/h. As forças de atrito, resistentes ao movimento, perfazem 25% do peso do veículo. Adotando g = 10 m/s², calcule:

a) a intensidade da força motriz exercida na caminhonete;
b) a potência útil desenvolvida pelo motor do veículo.

68. Sabe-se que a intensidade da força total de resistência recebida por um carro de Fórmula 1 em movimento sobre o solo plano e horizontal é diretamente proporcional ao quadrado da intensidade de sua velocidade.

Admita que, para manter o carro com velocidade v_A = 140 km/h, o motor forneça uma potência útil P_A = 30 hp. Que potência útil P_B deverá o motor fornecer para manter o carro com velocidade v_B = 280 km/h?

69. E.R. A velocidade escalar (v) de uma partícula em trajetória retilínea varia com o tempo (t), conforme a função:

$$v = 4,0t \quad (SI)$$

Sabendo que a massa da partícula vale 3,0 kg, determine:

a) a expressão da potência instantânea da força resultante que age na partícula;
b) o valor da potência no instante t = 2,0 s.

Resolução:

Analisando a função v = 4,0t, concluímos que o movimento é uniformemente variado, com aceleração de intensidade 4,0 m/s².

Aplicando a 2ª Lei de Newton, obtemos a intensidade da força que acelera a partícula:

$$F = ma \implies F = 3,0 \cdot 4,0$$

$$\boxed{F = 12 \text{ N}}$$

a) Como a força resultante tem a mesma orientação da velocidade, sua potência é dada por:

$$Pot = Fv$$

Como F = 12 N e v = 4,0t, vem:

$$Pot = 12 \cdot 4,0t \implies \boxed{Pot = 48t} \quad (SI)$$

b) Para t = 2,0 s, temos:

$$Pot = 48 \cdot 2 \therefore \boxed{Pot = 96 \text{ W}}$$

70. Sob a ação de uma força resultante constante e de intensidade 20 N, uma partícula parte do repouso, adquirindo um movimento cuja função das velocidades escalares é v = 2kt (SI), sendo k uma constante adimensional e positiva. Sabendo que, no instante t = 1 s, a potência da força resultante sobre a partícula vale 200 W, determine o valor de k.

71. **E.R.** Um bloco de 15 kg de massa repousa sobre uma mesa horizontal e sem atrito. No instante $t_0 = 0$ s, passa a agir sobre ele uma força cuja potência é dada em função do tempo, conforme o gráfico seguinte:

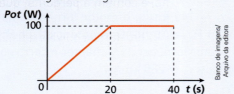

Desprezando o efeito do ar e supondo que a força referida seja paralela à mesa, determine:
a) o trabalho da força sobre o bloco de $t_0 = 0$ s até $t_1 = 40$ s;
b) o módulo da velocidade do bloco no instante $t_1 = 40$ s.

Resolução:
a) O trabalho é calculado pela "área" A destacada abaixo:

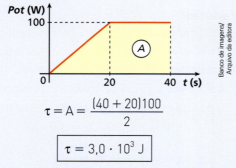

$$\tau = A = \frac{(40 + 20)100}{2}$$

$$\boxed{\tau = 3,0 \cdot 10^3 \text{ J}}$$

b) A força em questão é a resultante sobre o bloco, o que nos permite aplicar o Teorema da Energia Cinética:

$$\tau = E_{c_{40}} - E_{c_0}$$

$$\tau = \frac{mv_{40}^2}{2} - \frac{mv_0^2}{2}$$

Sendo m = 15 kg, $v_0 = 0$ e $\tau = 3,0 \cdot 10^3$ J, calculemos v_{40}:

$$3,0 \cdot 10^3 = \frac{15 v_{40}^2}{2} \therefore \boxed{v_{40} = 20 \text{ m/s}}$$

72. O gráfico abaixo mostra a variação da potência instantânea da força resultante em uma partícula de massa 2,0 kg que, no instante $t_0 = 0$, tem velocidade escalar igual a 1,0 m/s.

Supondo que a trajetória seja retilínea, calcule:
a) a potência média da força resultante, no intervalo de $t_0 = 0$ a $t_1 = 5,0$ s;
b) a velocidade escalar da partícula no instante $t_1 = 5,0$ s.

73. Os trólebus são veículos elétricos ainda em operação no transporte público urbano de algumas capitais brasileiras, como São Paulo. Para se movimentarem, eles devem ser conectados a uma linha de força suspensa que os alimenta energeticamente, permitindo um deslocamento silencioso com produção de níveis praticamente nulos de poluição. Embora sua concepção tecnológica seja antiga, os trólebus funcionam com rendimentos maiores que os dos ônibus similares movidos a *diesel*, sendo, porém, cativos dos trajetos preestabelecidos em que existem as linhas de alimentação. Considere um trólebus trafegando com velocidade de intensidade constante, 36 km/h, num trecho retilíneo e horizontal de uma avenida. Sabendo que a potência elétrica que ele recebe da rede é de 5 000 kW e que seu rendimento é igual a 60%, determine:
a) a potência dissipada nos mecanismos do trólebus;
b) a intensidade da força resistente ao movimento do veículo.

74. Na situação da figura a seguir, o motor elétrico faz com que o bloco de massa 30 kg suba com velocidade constante de 1,0 m/s. O cabo que sustenta o bloco é ideal, a resistência do ar é desprezível e adota-se $|\vec{g}| = 10$ m/s². Considerando que nessa operação o motor apresenta rendimento de 60%, calcule a potência por ele dissipada.

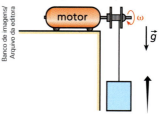

Ampliando o olhar

Avião tem hp?

A decolagem de um jato é sempre um fato espetacular, que desperta interesse e indagações: como um corpo de massa da ordem de 10^2 ou 10^3 toneladas, inicialmente em repouso sobre o solo, pode ser elevado a altitudes de 10 000 m, ou mais, atingindo velocidades próximas de 1 000 km/h?

As responsáveis pela propulsão da aeronave são as turbinas, que "sugam" o ar à sua frente e o expelem vigorosamente para trás. Essa interação com o ar (ação e reação) faz com que esses dispositivos – e, consequentemente, o avião – recebam uma força denominada **empuxo**, que tem sua intensidade expressa em libras (na realidade, libras-força) e desempenha o papel de força motriz sobre o sistema.

É comum avaliar a "capacidade" de uma turbina em libras-força, isto é, menciona-se a intensidade da força de empuxo que ela pode disponibilizar ao avião. Para nós, porém, que estamos acostumados a expressar potências de motocicletas, carros e caminhões em cv ou hp, é comum a pergunta: quantos hp de potência tem um avião?

Para responder a essa questão, devemos saber inicialmente que 1 libra-força equivale a 0,453 kgf ou a 4,44 N aproximadamente.

Assim, lembrando que Pot = F v, fazendo F = 4,44 N e v = 600 km/h ≅ 167 m/s, concluímos que:
$$\text{Pot} = 4{,}44 \cdot 167 \quad \therefore \quad \text{Pot} \cong 740 \text{ W} \cong 1 \text{ hp}$$

É possível dizer, então, que, para um avião que se move a 600 km/h, cada libra-força de empuxo nas turbinas está associada a uma potência de 1 hp.

$$\boxed{1 \text{ libra-força} \quad \rightarrow \quad 1 \text{ hp}}$$

Um jato 737-300, por exemplo, que é equipado com duas turbinas de empuxo igual a 23 500 libras-força cada uma, utiliza, na velocidade de 600 km/h, uma potência de 47 000 hp.

Um carro esportivo pode oferecer potências próximas de 390 hp. Isso significa que o 737-300, a 600 km/h, tem debaixo de cada asa uma propulsão equivalente a 60 desses carros operando a "todo vapor".

O jato 737-300: sessenta carros esportivos debaixo de cada asa.

O jato A380 é o maior avião de passageiros do mundo. A aeronave, que pesa aproximadamente 560 toneladas-força, tem 22 rodas para manejo em solo e pode comportar até 600 pessoas, ou mais, conseguindo voar sem escalas trechos de 15 000 km. Seus quatro motores proporcionam, na velocidade de cruzeiro de 1 000 km/h, um empuxo de 70 000 libras-força cada um, o que dá a esse gigante uma potência total em torno de 300 000 hp.

Intersaberes

Potência em cachoeiras

O Brasil é um dos países de maior potencial hídrico do mundo, superado apenas pela Rússia e pelo Canadá. Esse potencial traduz a quantidade de energia mecânica aproveitável das águas dos rios por unidade de tempo. Dos 250 000 MW disponíveis em nosso país, cerca de 20% (50 000 MW) são transformados em potência elétrica nas muitas usinas hidrelétricas espalhadas pelo território nacional, predominantemente nas regiões Sudeste e Sul.

O potencial hídrico (potência hídrica média teórica) de uma queda-d'água depende da densidade absoluta da água (μ), do volume de líquido que despenca por unidade de tempo – vazão em volume (Z) –, da intensidade da aceleração da gravidade (g) e do desnível entre o topo da cachoeira e seu sopé (h).

Cataratas do Iguaçu, Foz do Iguaçu (PR). Novembro de 2015. A potência hídrica média teórica disponível na base de uma cachoeira cresce com o desnível entre o topo e o sopé da queda-d'água e com a vazão de água que jorra. Essa potência, entretanto, não é totalmente aproveitável, já que sempre haverá perdas nos mecanismos de captação e conversão da energia.

Vamos admitir, no cálculo a seguir, que a água apresenta velocidade praticamente nula ao se precipitar do alto da cachoeira e que m seja a massa de água que despenca do topo da cachoeira em um intervalo de tempo Δt.

O trabalho τ realizado pelas forças da gravidade para transportar a massa m do topo até o sopé da queda-d'água é dado por:

$$\tau = mgh \quad (I)$$

A potência hídrica média teórica envolvida no processo, porém, é determinada pela relação:

$$Pot_m = \frac{\tau}{\Delta t} \quad (II)$$

Substituindo (I) em (II), temos:

$$Pot_m = \frac{mgh}{\Delta t} \quad (III)$$

Representemos por V o volume de água correspondente à massa m. A densidade absoluta da água é dada pelo quociente:

$$\mu = \frac{m}{V} \Rightarrow m = \mu V \quad (IV)$$

Substituindo (IV) em (III), temos:

$$Pot_m = \frac{\mu V g h}{\Delta t}$$

Note que, na expressão anterior, o quociente $\frac{V}{\Delta t}$ representa a vazão em volume Z da cachoeira. Assim:

$$Pot_m = \mu Z g h$$

Para termos uma ideia da ordem de grandeza da potência hídrica média teórica disponível no sopé de uma cachoeira, consideremos uma queda-d'água com altura de 10 m, situada em um local em que $g = 10$ m/s², por onde jorram 10 m³ de água por segundo. Sendo de $1{,}0 \cdot 10^3$ kg/m³ a densidade absoluta da água, temos:

$$Pot_m = \mu Z g h$$
$$Pot_m = 1{,}0 \cdot 10^3 \cdot 10 \cdot 10 \cdot 10 \text{ (W)}$$
$$\boxed{Pot_m = 1{,}0 \cdot 10^3 \text{ kW} = 1{,}0 \text{ MW}}$$

Observe que, para μ, Z e g constantes, a Pot_m é diretamente proporcional à altura h da queda-d'água. Dobrando-se h, por exemplo, a Pot_m também dobra.

Já para μ, g e h constantes, a Pot_m é diretamente proporcional à vazão Z de água que jorra pela cachoeira. Dobrando-se Z, por exemplo, a Pot_m também dobra.

Leia a seguir trechos de um texto sobre a matriz energética brasileira, publicado em novembro de 2010 e reeditado em julho de 2014.

Brasil possui a matriz energética mais renovável do mundo industrializado [...]

O Brasil possui a matriz energética mais renovável do mundo industrializado com 45,3% de sua produção proveniente de fontes como recursos hídricos, biomassa e etanol, além das energias eólica e solar. As usinas hidrelétricas são responsáveis pela geração de mais de 75% da eletricidade do país. Vale lembrar que a matriz energética mundial é composta por 13% de fontes renováveis no caso de países industrializados, caindo para 6% entre as nações em desenvolvimento.[...]

O modelo energético brasileiro apresenta um forte potencial de expansão, o que resulta em uma série de oportunidades de investimento de longo prazo.[...]

Hoje, apenas um terço do potencial hidráulico nacional é utilizado. Usinas de grande porte a serem instaladas na região amazônica constituem a nova fronteira hidrelétrica nacional e irão interferir não apenas na dimensão do sistema de geração, mas também no perfil de distribuição de energia em todo o país, abrindo novas possibilidades de desenvolvimento regional e nacional.[...]

O Brasil possui uma matriz de energia elétrica que conta com a participação de 77,1% da hidroeletricidade. Energia proveniente de 140 usinas em operação, com perspectiva de aumento do uso dessa fonte. [...]

O Brasil usa energia hidrelétrica desde o final do século 19, mas as décadas de 1960 e 1970 marcaram a fase de maior investimento na construção de grandes usinas. [...] Inaugurada em 1984 depois de um acordo binacional com o Paraguai, a Usina de Itaipu tem hoje potência instalada de 14 mil MW, com 20 unidades geradoras. Essa capacidade é suficiente para suprir cerca de 80% de toda a energia elétrica consumida no Paraguai e de 20% da demanda do sistema interligado brasileiro.

Já as usinas de Jirau e Santo Antônio – ainda em fase de construção, no Rio Madeira –, por exemplo, utilizam a tecnologia de turbinas bulbo, diminuindo o alagamento necessário e, consequentemente, efeitos negativos como o deslocamento de populações locais, a desapropriação de terras e o impacto ambiental. [...]

// Usina Hidrelétrica de Itaipu, localizada no rio Paraná, fronteira entre Brasil e Paraguai. Novembro de 2015.

Disponível em: <www.brasil.gov.br/editoria/meio-ambiente/2010/11/matriz-energetica>. Acesso em: 2 jul. 2018.

A hidrelétrica com maior capacidade de geração instantânea de energia elétrica no mundo é a Usina de Três Gargantas, na China, com capacidade instalada de 22,5 mil MW. Apesar disso, a Usina de Três Gargantas e a Usina de Itaipu geram praticamente a mesma quantidade de energia anualmente, pois a região onde a usina chinesa foi instalada experimenta seis meses de pouco fluxo de água, insuficiente para a geração de energia elétrica.

// Fotografia da Usina de Três Gargantas (2009), na província de Hubei, na China, que com 26 turbinas fornece uma potência total de 22 500 MW, maior que os 14 000 MW de potência instalada de Itaipu. É um projeto controverso que inundou importantes sítios arqueológicos e demoveu 1,1 milhão de pessoas, muito embora tenha colaborado para controlar enchentes no rio Yang-Tsé.

Observe abaixo uma tabela com algumas hidrelétricas brasileiras e sua potência instalada e a seguir dois gráficos que indicam a oferta interna de energia no Brasil e no mundo. Uma consideração: em 2016, começou a funcionar no Brasil a usina hidrelétrica de Belo Monte, na bacia do rio Xingu, no Pará, com capacidade instalada de 11 GW e capacidade efetiva de geração de 4,5 GW.

Algumas usinas hidrelétricas brasileiras/Potência hídrica instalada (2014)

Nome	Capacidade (GW)	Rio	UF
Tucuruí I e II	8,54	Tocantins	PA
Itaipu (Parte brasileira)	7,00	Paraná	PR
Ilha Solteira	3,44	Paraná	SP
Xingó	3,16	São Franc.	SE
Paulo Afonso IV	2,46	São Franc.	AL
Santo Antônio	2,29	Madeira	RO
Itumbiara	2,08	Paranaíba	MG
São Simão	1,71	Paranaíba	MG
Gov. Bento Munhoz R. N.	1,68	Iguaçu	PR
Eng. Souza Dias (Jupiá)	1,55	Paraná	SP
Eng. Sérgio Motta	1,54	Paraná	MS
Jirau	1,50	Madeira	RO
Luiz Gonzaga (Itaparica)	1,48	São Franc.	BA
Itá	1,45	Uruguai	RS/SC
Marimbondo	1,44	Grande	MG

Fonte: <www.mme.gov.br/documents/1138787/0/Capacidade+Instalada+de+EE+2014.pdf/cb1d150d-0b52-4f65-a86b-b368ee715463>. Acesso em: 2 jul. 2018.

Oferta interna de energia no Brasil e no mundo

Brasil: Carvão 5,7%; Gás natural 13,5%; Hidrelétrica 11,5%; Outros 28,6%; Petróleo e derivados 39,4%; Urânio 1,3%.

Mundo: Carvão 29%; Gás natural 21,5%; Hidrelétrica 2,5%; Outros 11,2%; Petróleo e derivados 31,1%; Urânio 4,7%.

Legenda: ■ Carvão ■ Gás natural ■ Hidrelétrica ■ Outros ■ Petróleo e derivados ■ Urânio

Fonte: <www.mme.gov.br/documents/1138787/1732840/Resenha+Energetica+-+Brasil+2015_pdf/4e6b9a34-6b2e-48fa-9ef8-dc7008470bf2>. Acesso em: 2 jul. 2018.

Compreensão, pesquisa e debate

1. Forneça quatro argumentos a favor da construção de usinas hidrelétricas e quatro argumentos contra.
2. De que forma as usinas hidrelétricas colaboram para aumentar o efeito estufa?
3. A matriz energética brasileira é considerada uma das mais limpas do mundo por se fundamentar em fontes renováveis de energia. O que vêm a ser essas fontes energéticas? Cite pelo menos cinco exemplos.
4. Quais são os países cuja matriz energética descarta a maior quantidade de dejetos e resíduos poluentes no meio ambiente?
5. Como prover no futuro próximo, de forma sustentável, o crescimento populacional do planeta com energia limpa, agredindo minimamente o meio ambiente? Discuta com seus colegas e o professor.

Exercícios Nível 3

75. (Vunesp) Para acender o isqueiro, um pequeno rolete de aço com ranhuras em sua face encurvada é esfregado contra uma pedra especial, tirando-lhe faíscas. As faíscas atingem o pavio embebido em fluido inflamável, ateando-lhe fogo.

No ato de acender seu isqueiro, um rapaz faz com que o rolete se movimente, aplicando uma força tangente ao rolete, de intensidade 1,5 N. Depois de o rolete girar 1/4 de volta, o pavio se incendeia. Sabendo-se que o diâmetro do rolete mede 80 mm, pode-se inferir que a energia de ativação empregada para a ignição do fluido, nessa circunstância, seja, em joules:

Dado: $\pi = 3$.

a) $1,9 \cdot 10^{-2}$
b) $3,7 \cdot 10^{-2}$
c) $5,3 \cdot 10^{-3}$
d) $7,1 \cdot 10^{-3}$
e) $9,0 \cdot 10^{-3}$

76. (Uepa) **Quem disse que carro elétrico não anda?**
"Era isso o que esperávamos obter quando começamos a empresa há três anos: construir um carro com emissões zero que as pessoas adorassem dirigir." As palavras de Martin Eberhard, da Tesla Motors, são conclusivas quanto ao sucesso do projeto recém-concluído. O belo conversível de uma tonelada tem potência para fazer, com movimento uniformemente variado, de 0 a 108 km/h em apenas 4,0 segundos. Ele possui autonomia de 400 km por carga da bateria e sua velocidade escalar máxima é de 210 km/h. Junto com o seu novo *Tesla Roadster*, você poderá comprar um sistema de carga da bateria para ser instalado na sua garagem, capaz de carregar totalmente a bateria em apenas 3h30min.

(http://motorsa.com.br/tag/carro-eletrico. Adaptado.)

Sobre o texto, é correto afirmar que, para o carro elétrico em questão, deslocando-se em um plano horizontal, nos 4,0 primeiros segundos,

a) sua aceleração escalar média vale 25 m/s².
b) o trabalho do motor é $5,0 \cdot 10^6$ J.
c) a força resultante nele atuante, suposta constante, tem módulo aproximadamente igual a $1,0 \cdot 10^3$ N.
d) a energia elétrica de sua bateria é totalmente transformada em energia cinética.
e) a distância que ele percorreu, com aceleração suposta constante, é de 60 m.

77. (Fuvest-SP) Um menino puxa, com uma corda, na direção horizontal, um cachorro de brinquedo formado por duas partes, **A** e **B**, ligadas entre si por uma mola, como ilustra a figura adiante. As partes **A** e **B** têm, respectivamente, massas $m_A = 0,5$ kg e $m_B = 1,0$ kg, sendo $\mu = 0,30$ o coeficiente de atrito cinético entre cada parte e o piso. A constante elástica da mola é $k = 10$ N/m e, na posição relaxada, seu comprimento é $x_0 = 10$ cm. O conjunto se move com **velocidade constante** de módulo v = 0,10 m/s.

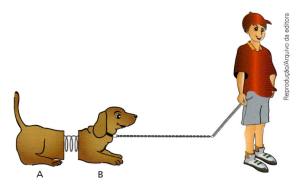

Nessas condições, determine:

a) o módulo *T* da força exercida pelo menino sobre a parte **B**;
b) o trabalho *W* realizado pela força que o menino faz para puxar o brinquedo por 2,0 minutos;
c) o módulo *F* da força exercida pela mola sobre a parte **A**;
d) o comprimento *x* da mola, com o brinquedo em movimento.

Note e adote:
Módulo da aceleração da gravidade no local: g = 10 m/s².
Despreze a massa da mola.

78. (Unicamp-SP) Importantes estudos sobre o atrito foram feitos por Leonardo da Vinci (1452-1519) e por Guillaume Amontons (1663-1705). A figura **a** é uma ilustração feita por Leonardo da Vinci do estudo sobre a influência da área de contato na força de atrito.

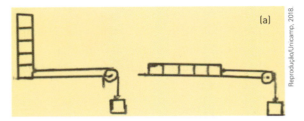

a) Dois blocos de massas $m_1 = 1{,}0$ kg e $m_2 = 0{,}5$ kg são ligados por uma corda e dispostos como mostra a figura **b**. A polia e a corda têm massas desprezíveis, e o atrito nas polias também deve ser desconsiderado. O coeficiente de atrito cinético entre o bloco de massa m_2 e a superfície da mesa é $\mu_c = 0{,}8$. Qual deve ser a distância de deslocamento do conjunto para que os blocos, que partiram do repouso, atinjam a velocidade $v = 2{,}0$ m/s?

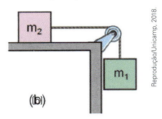

b) Em certos casos, a lei de Amontons da proporcionalidade entre a força de atrito cinético e a força normal continua válida nas escalas micrométrica e nanométrica. A figura **c** mostra um gráfico do módulo da força de atrito cinético, F_{at}, em função do módulo da força normal, N, entre duas monocamadas moleculares de certa substância, depositadas em substratos de vidro.

Considerando $N = 5{,}0$ nN, qual será o módulo do trabalho da força de atrito se uma das monocamadas se deslocar de uma distância $d = 2{,}0$ μm sobre a outra que se mantém fixa?

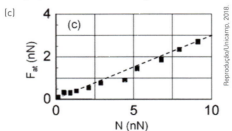

79. (Enem) Num sistema de freio convencional, as rodas do carro travam e os pneus derrapam no solo, caso a força exercida sobre o pedal seja muito intensa. O sistema ABS evita o travamento das rodas, mantendo a força de atrito no seu valor estático máximo, sem derrapagem. O coeficiente de atrito estático da borracha em contato com o concreto vale $\mu_e = 1{,}0$ e o coeficiente de atrito cinético para o mesmo par de materiais é $\mu_c = 0{,}75$. Dois carros, com velocidades iniciais iguais a 108 km/h, iniciam a frenagem numa estrada perfeitamente horizontal de concreto no mesmo ponto. O carro 1 tem sistema ABS e utiliza a força de atrito estática máxima para a frenagem; já o carro 2 trava as rodas, de maneira que a força de atrito efetiva é a cinética. Considere $g = 10$ m/s^2 e despreze o efeito do ar.

As distâncias, medidas a partir do ponto em que iniciam a frenagem, que os carros 1 (d_1) e 2 (d_2) percorrem até parar são, respectivamente,

a) $d_1 = 45$ m e $d_2 = 60$ m.
b) $d_1 = 60$ m e $d_2 = 45$ m.
c) $d_1 = 90$ m e $d_2 = 120$ m.
d) $d_1 = 5{,}8 \cdot 10^2$ m e $d_2 = 7{,}8 \cdot 10^2$ m.
e) $d_1 = 7{,}8 \cdot 10^2$ m e $d_2 = 5{,}8 \cdot 10^2$ m.

80. (Fuvest-SP) Dois pequenos corpos, 1 e 2, movem-se em um plano horizontal, com atrito desprezível, em trajetórias paralelas, inicialmente com mesma velocidade, de módulo v_0. Em dado instante, os corpos passam por uma faixa rugosa do plano, de largura d. Nessa faixa, o atrito não pode ser desprezado e os coeficientes de atrito cinético entre o plano rugoso e os corpos 1 e 2 valem μ_1 e μ_2 respectivamente. Os corpos 1 e 2 saem da faixa com velocidades $\dfrac{v_0}{2}$ e $\dfrac{v_0}{3}$ respectivamente.

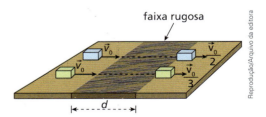

Nessas condições, a razão $\dfrac{\mu_1}{\mu_2}$ é igual a:

a) $\dfrac{2}{3}$
b) $\dfrac{4}{9}$
c) $\dfrac{27}{32}$
d) $\dfrac{16}{27}$
e) $\dfrac{1}{2}$

81. (Unifesp) Um garoto de 40 kg está sentado, em repouso, dentro de uma caixa de papelão de massa desprezível, no alto de uma rampa de 10 m de comprimento, conforme a figura.

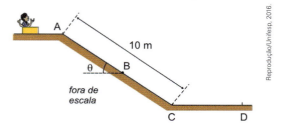

Para que ele desça a rampa, um amigo o empurra, imprimindo-lhe uma velocidade de 1 m/s no ponto **A**, com direção paralela à rampa, a partir de onde ele escorrega, parando ao atingir o ponto **D**. Sabendo que o coeficiente de atrito cinético entre a caixa e a superfície, em todo o percurso **AD**, é igual a 0,25, que sen θ = 0,6, cos θ = 0,8, g = 10 m/s² e que a resistência do ar ao movimento pode ser desprezada, calcule:
a) o módulo da força de atrito, em N, entre a caixa e a rampa no ponto **B**.
b) a distância percorrida pelo garoto, em metros, desde o ponto **A** até o ponto **D**.

82. (UFU-MG) Um menino e seu *skate*, considerados uma única partícula, deslizam numa pista construída para esse esporte, como representado na figura abaixo. A parte plana e horizontal da pista mede 2,0 m e o menino parte do repouso do ponto **A**, cuja altura, em relação à base, é de 1,0 m. Considerando-se que há atrito somente na parte plana da pista e que o coeficiente de atrito cinético é 0,20, indique a alternativa correta.

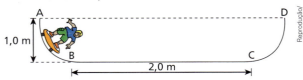

a) O menino irá parar no ponto médio da parte plana **BC**.
b) Na primeira descida, o menino consegue atingir o ponto **D**.
c) O menino irá parar no ponto **C**, no final da parte plana da pista.
d) A energia mecânica dissipada até que o conjunto pare é maior que a energia potencial que o sistema possuía no ponto de partida.
e) O menino irá parar no ponto **B**, no início da parte plana da pista.

83. (Efomm-RJ) Na situação apresentada no esquema abaixo, o bloco **B** cai a partir do repouso de uma altura y, e o bloco **A** percorre uma distância total y + d. Considere a polia ideal e que existe atrito entre o corpo **A** e a superfície de contato.

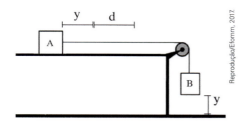

Sendo as massas dos corpos **A** e **B** iguais a m, determine o coeficiente de atrito cinético μ.

a) $\mu = \dfrac{y}{y + 2d}$ d) $\mu = \dfrac{y}{2d}$

b) $\mu = \dfrac{2d}{y + 2d}$ e) $\mu = \dfrac{d}{y + 2d}$

c) $\mu = \dfrac{y + 2d}{y}$

84. (UFTM-MG) O funcionário de um armazém, responsável pela reposição de produtos, empurra, a partir do repouso e em movimento retilíneo, um carrinho com massa total de 350 kg sobre uma superfície plana e horizontal.

Em um determinado trecho de 8,0 m de comprimento, ele dá três empurrões consecutivos no carrinho, exercendo uma força horizontal para a direita, cuja intensidade é representada no gráfico 1, em função da posição do carrinho. Nesse mesmo trecho, atua sobre o carrinho uma força de atrito de intensidade constante, igual a 100 N (gráfico 2).

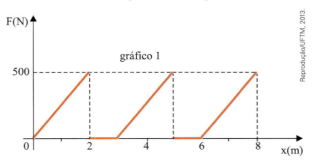

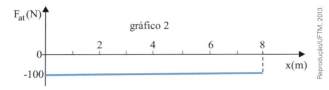

Calcule:
a) a intensidade máxima da força resultante que atuou no carrinho nos primeiros 2,0 m de deslocamento;
b) a velocidade escalar atingida pelo carrinho ao final dos 8,0 m.

85. Uma partícula de massa m = 10 kg acha-se em repouso na origem do eixo **0x**, quando passa a agir sobre ela uma força resultante $\vec{F}$, paralela ao eixo. De x = 0 a x = 4,0 m, a intensidade de $\vec{F}$ é constante, de modo que F = 120 N. De x = 4,0 m em diante, $\vec{F}$ adquire intensidade que obedece à função:

$$F = 360 - 60x \text{ (SI)}$$

a) Trace o gráfico da intensidade de $\vec{F}$ em função de x.
b) Determine a velocidade escalar da partícula no ponto de abscissa x = 7,0 m.

86. O bloco da figura tem 2,8 kg de massa e parte do repouso, na origem do eixo **0x**. Sobre ele, agem exclusivamente as forças $\vec{F}_1$ e $\vec{F}_2$ representadas, cujos valores algébricos variam em função de x, conforme o gráfico a seguir:

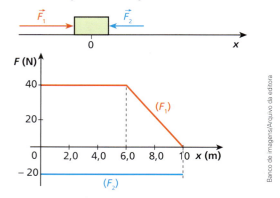

Sabendo que $\vec{F}_1$ e $\vec{F}_2$ são suprimidas na posição x = 10 m, determine a máxima velocidade escalar atingida pelo bloco.

87. A tecnologia fotovoltaica vem mesmo revolucionando a era moderna, constituindo-se numa alternativa sustentável com mínimos impactos ambientais. Atualmente, as naves cogitadas para viagens espaciais de longa distância têm muitos equipamentos acionados pela radiação solar, que é convertida em outras formas de energia a partir de placas fotocaptadoras. A verdade é que o Sol despeja continuamente sobre a Terra cerca de 1 000 watts de potência por metro quadrado de área perpendicular aos raios incidentes. Trata-se da constante solar, um dos mais importantes parâmetros que contribuem para a existência de vida em nosso planeta.

O carro solar da fotografia abaixo foi desenvolvido na universidade japonesa de Tokai e, com um aproveitamento de 30% da energia radiante, consegue acelerar de zero a mais de 100 km/h. A massa total do veículo com seu piloto é de 200 kg e suas placas fotovoltaicas apresentam área de 9,0 m^2.

Desprezando-se as forças de resistência do ar, bem como os atritos passivos, pergunta-se:
a) Em um dia de intensa insolação, por volta do meio-dia, qual a potência efetiva utilizada pelo carro?
b) Qual o intervalo de tempo gasto pelo veículo em uma arrancada do repouso até a velocidade de 108 km/h?

88. (USF-SP) A altura da superfície livre da água (densidade absoluta igual a 1,0 · 10^3 km/m^3) no lago de uma usina hidroelétrica em relação ao nível das turbinas é de 40 m e a vazão total do líquido nos equipamentos conversores de energia mecânica em elétrica corresponde a 4,0 · 10^3 litros por segundo. Sendo g = 10 m/s^2 e sabendo-se que o rendimento da instalação é de 80% e que esta abastece uma comunidade com famílias que consomem em média, por mês (30 dias), 150 kWh, calcule:
a) a potência total gerada pela usina, em MW;
b) a potência útil fornecida pela usina, em MW;
c) o número N de famílias que a usina pode atender.

89. (Enem)

A usina de Itaipu é uma das maiores hidrelétricas do mundo em geração de energia. Com 20 unidades geradoras e 14 000 MW de potência total instalada, apresenta uma queda de 118,4 m e vazão nominal de 690 m³/s por unidade geradora. O cálculo da potência teórica leva em conta a altura da massa de água represada pela barragem, a gravidade local (10 m/s²) e a densidade da água (1 000 kg/m³). A diferença entre a potência teórica e a instalada é a potência não aproveitada.

Disponível em: www.itaipu.gov.br.
Acesso em: 11 maio 2013 (adaptado).

Qual é a potência, em MW, não aproveitada em cada unidade geradora de Itaipu?

a) 0
b) 1,18
c) 116,96
d) 816,96
e) 13 183,04

90. Avião movido a energia solar?

Sim, é o Solar Impulse 2, de tecnologia suíça (École Polytechnique Fédérale, de Lousanne), que conseguiu a façanha de dar uma volta ao mundo graças exclusivamente à energia proveniente do Sol. A aeronave partiu de Abu Dhabi, nos Emirados Árabes Unidos, e retornou a essa mesma localidade dezesseis meses depois. Nesse período, intermeado por paradas para manutenção e acertos, foram percorridos cerca de 40 000 km durante aproximadamente 500 h efetivas de voo.

⁞ Nesta imagem, o Solar Impulse 2 sobrevoa a baía de São Francisco, na Califórnia, Estados Unidos.

Embora muito menos veloz em comparação com os jatos convencionais, o Solar Impulse 2 é extremamente mais leve e não polui a atmosfera, já que utiliza energia limpa.

	Massa	Envergadura
Airbus 380	560 t	80 m
Solar Impulse 2	2 t	80 m

Os motores do Solar Impulse 2 disponibilizam uma potência total P = 50 kW e suas baterias podem armazenar uma energia E = 164,0 kWh. Objetivando aproveitar ao máximo a radiação solar, durante o dia, a aeronave voa mais alto, ocorrendo o contrário durante a noite. A constante solar nas maiores altitudes é I = 1,2 kW/m² e o desnível entre esses dois patamares de voo é de 10 000 pés ou 3 480 m.

Sabendo-se que a área total de placas fotovoltaicas instaladas nas asas e na fuselagem do avião é A = 270 m² e que essa instalação aproveita apenas 25% da radiação incidente:

a) determine, em km/h, a velocidade escalar média v_m do Solar Impulse 2 durante o voo;
b) calcule a relação R entre a energia consumida por um Airbus 380 (ver tabela comparativa) e pelo Solar Impulse 2 para ascender, sem variação de energia cinética, a 10 000 pés;
c) obtenha, em horas, o intervalo de tempo Δt para carregar completamente as baterias do Solar Impulse 2, levando-se em conta que a aeronave está em voo com seus motores operando a uma potência igual a 80% de P e com as baterias inicialmente descarregadas.

91. O esquema seguinte representa os principais elementos de um sistema rudimentar de geração de energia elétrica. A água que sai do tubo com velocidade praticamente nula faz girar a roda, que, por sua vez, aciona um gerador. O rendimento do sistema é de 80% e a potência elétrica que o gerador oferece em seus terminais é de 4,0 kW.

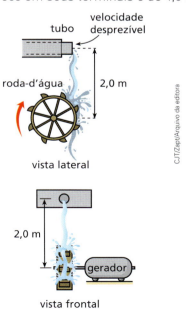

Sendo dadas a densidade da água (1,0 g/cm³) e a aceleração da gravidade (10 m/s²), aponte a alternativa que traz o valor correto da vazão da água.

a) 0,025 m³/s
b) 0,050 m³/s
c) 0,10 m³/s
d) 0,25 m³/s
e) 0,50 m³/s

92. (Fuvest-SP) Trens de alta velocidade, chamados trens-bala, deverão estar em funcionamento no Brasil nos próximos anos. Características típicas desses trens são: velocidade máxima de 300 km/h, massa total (incluindo 500 passageiros) de 500 t e potência máxima dos motores elétricos igual a 8,0 MW. Nesses trens, as máquinas elétricas que atuam como motores também podem ser usadas como geradores, freando o movimento (freios regenerativos). Nas ferrovias, curvas circulares têm raio de curvatura de, no mínimo, 5,0 km. Considerando-se um trem e uma ferrovia com essas características, determine:

Note e adote:
1 t = 1 000 kg
Desconsidere o fato de que, ao partir, os motores demoram alguns segundos para atingir sua potência máxima. Desconsidere o efeito de forças dissipativas.
Admita que o movimento ocorra em um plano horizontal.

a) o tempo necessário para o trem atingir a velocidade de módulo 288 km/h, a partir do repouso, supondo-se que os motores forneçam a potência máxima o tempo todo. Admita que o trem se deslocou em linha reta.

b) a intensidade da força máxima na direção horizontal, entre cada roda e o trilho, numa curva circular percorrida a 288 km/h, supondo-se que o trem tenha 80 rodas e que as forças entre cada uma delas e o trilho tenham a mesma intensidade. Admita que todas as rodas estejam na curva.

c) o módulo da aceleração tangencial do trem quando, na velocidade de módulo 288 km/h, as máquinas elétricas são acionadas como geradores de 8,0 MW de potência, freando o movimento.

93. (Fuvest-SP) Um carro de corrida, com massa total m = 800 kg, parte do repouso e, com aceleração constante, atinge, após 15 segundos, a velocidade de 270 km/h (ou seja, 75 m/s). A figura representa o velocímetro, que indica a velocidade instantânea do carro. Despreze as perdas por atrito e as energias cinéticas de rotação (como a das rodas do carro). Suponha que o movimento ocorra numa trajetória retilínea e horizontal.

a) Qual a velocidade angular ω do ponteiro do velocímetro durante a aceleração do carro? Indique a unidade usada.
b) Qual o valor do módulo da aceleração do carro nesses 15 segundos?
c) Qual o valor da componente horizontal da força que a pista aplica ao carro durante sua aceleração?
d) Qual a potência fornecida pelo motor quando o carro está a 180 km/h?

DESCUBRA MAIS

1. Admita que no teste de um carro, realizado em uma pista plana e horizontal, o veículo parta do repouso e atinja 100 km/h ao fim de 3 s, de modo que nessa arrancada nenhuma de suas rodas derrape. Desconsidere os efeitos do ar. Que forças são responsáveis pela aceleração do carro e que forças são responsáveis pela variação de sua energia cinética?

2. Pesquise dados técnicos sobre as maiores hidrelétricas brasileiras (região e rio onde estão instaladas, dimensões dos respectivos lagos, vazão nas tubulações que despejam água nas turbinas e potência média teórica oferecida, entre outros) e compare-os entre si. Analise os danos ambientais que a instalação de uma hidrelétrica acarreta e compare-os com os danos ambientais produzidos por outros sistemas de geração de energia elétrica (termelétricas e usinas nucleares).

Para raciocinar um pouco mais

94. Considere dois recipientes cilíndricos 1 e 2 feitos de material de espessura e peso desprezíveis. Os recipientes têm raios $R_1 = r$ e $R_2 = 2r$ e estão apoiados sobre duas prateleiras desniveladas por 1,0 m.

O recipiente 2, inicialmente vazio, está na prateleira superior, enquanto o recipiente 1, que contém 2,0 L de água até a altura de 40 cm em relação à parede do fundo, está apoiado na prateleira inferior. Terezinha pega o recipiente 1, ergue-o e despeja seu conteúdo no recipiente 2.

Considerando $g = 10$ m/s² e a densidade da água igual a 1,0 kg/L, calcule o trabalho motor realizado sobre a água no transporte do recipiente 1 para o recipiente 2.

95. Uma partícula de massa igual a 2,0 kg está em movimento retilíneo uniformemente acelerado sob a ação de uma força resultante $\vec{F}$. A energia cinética da partícula é dada em função do tempo pelo gráfico abaixo:

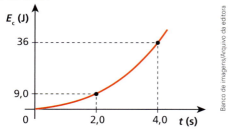

a) Qual é a intensidade da força $\vec{F}$?
b) Qual é o deslocamento da partícula no intervalo de 2,0 s a 4,0 s?

96. Um dublê deverá gravar uma cena de um filme de ação na qual tiros serão disparados contra ele, que estará mergulhando nas águas de um lago profundo, descrevendo uma trajetória horizontal. Os projéteis serão expelidos com velocidade de intensidade v_0 e realizarão movimentos verticais a partir de uma altura H em relação à superfície líquida. No local, a aceleração da gravidade tem módulo g e a influência do ar é desprezível. Admitindo-se que dentro da água a força total de resistência que cada projétil recebe durante a penetração tem intensidade constante e igual ao triplo do seu peso, determine, em função de H, v_0 e g, a profundidade segura p em que o dublê deverá se deslocar para não ser atingido por nenhum projétil.

97. Considere uma partícula de massa igual a 8,0 kg inicialmente em repouso num ponto **A** de um plano horizontal. A partir do instante $t_1 = 1,0$ s, essa partícula é deslocada até um ponto **B** do mesmo plano, sob a ação de uma força resultante $\vec{F}$, lá chegando no instante $t_2 = 3,0$ s.

Nos gráficos a seguir, estão registradas as variações das coordenadas de posição x e y da partícula em função do tempo. Os trechos curvos são arcos de parábola.

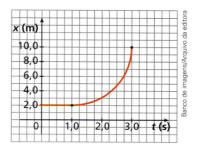

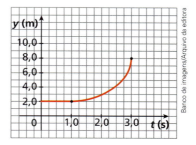

Pede-se:

a) esboçar, num diagrama **0x**, o deslocamento vetorial da partícula de **A** até **B**, destacando o seu módulo;
b) calcular o trabalho da força $\vec{F}$ de **A** até **B**, bem como a intensidade dessa força.

98. (OBF) Cintos de segurança e *air bags* salvam vidas ao reduzir as forças exercidas sobre o motorista e os passageiros em uma colisão. Os carros são projetados com uma "zona de enrugamento" na metade frontal do veículo. Se ocorrer uma colisão, o compartimento dos passageiros percorre uma distância de aproximadamente 1,0 m enquanto a frente do carro é amassada. Um ocupante restringido pelo cinto de segurança e pelo *air bag* desacelera junto com o carro. Em contraste, um ocupante que não usa tais dispositivos restringentes continua movendo-se para frente, com o mesmo módulo da velocidade (primeira Lei de Newton!), até colidir violentamente com o painel ou o para-brisa. Como estas são superfícies resistentes, o infeliz ocupante, então, desacelera em uma distância de apenas 5,0 mm. Para um dado valor de velocidade inicial do carro, indiquemos por $\vec{F}_1$ a intensidade da força que freia a pessoa quando ela não está usando cinto de segurança e o carro não dispuser de *air bag* e por $\vec{F}_2$ a intensidade de força que freia a pessoa no carro em que ela dispõe dos dois dispositivos de segurança. A razão F_1/F_2 vale:

a) 1
b) 10
c) 20
d) 100
e) 200

99. Um motorista trafega com velocidade de intensidade v_0, perpendicularmente a uma ferrovia retilínea contida numa região plana e horizontal, quando escuta o apito de um trem em iminente passagem diante do seu veículo. Ele, então, percebe que há duas maneiras de evitar uma colisão com o comboio:

Providência 1: frear o carro imediatamente, com as quatro rodas travadas mantendo a trajetória retilínea original, com desaceleração constante, fazendo o veículo parar exatamente diante da linha férrea. Nesse caso, o coeficiente de atrito dinâmico entre os pneus e o solo é igual a μ_c, e a distância percorrida é d.

Providência 2: fazer uma curva circular de raio d para a direita, com velocidade de intensidade v_0, de modo a tangenciar a linha férrea. Nesse caso, o carro fica na iminência de derrapar e o coeficiente de atrito estático entre os pneus e o solo é igual a μ_e.

As duas situações estão esquematizadas na figura abaixo.

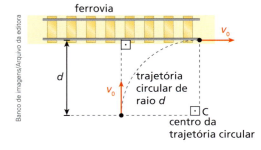

Desprezando-se a influência do ar e adotando-se para o carro o modelo de ponto material, determine a relação $\dfrac{\mu_c}{\mu_e}$.

100. Considere uma melancia que, em seu processo de crescimento, mantém permanentemente o formato esférico. Suponha que esse processo seja isotrópico, isto é, o crescimento ocorra igualmente em todas as direções. Um elástico de extremidades conectadas e constante elástica $5{,}0 \cdot 10^2$ N/m é colocado em volta da superfície externa da fruta, ao longo da circunferência de maior diâmetro, em um momento em que o raio é de 10 cm, assim permanecendo até o raio aumentar para 12 cm. Desprezando-se os atritos e adotando-se $\pi = 3$, calcule durante essa etapa:

a) o trabalho das forças elásticas sobre a melancia;
b) a intensidade da força média aplicada pela fruta sobre o elástico;
c) o módulo da força resultante exercida pela fruta sobre o elástico.

101. Um balde de massa igual a 800 g contendo inicialmente 20 litros de água (densidade absoluta 1,0 kg/L) é içado verticalmente a partir do solo até uma altura de 5,0 m. A operação é realizada em 20 s, com velocidade constante, num local em que $g = 10$ m/s^2, utilizando-se uma corda leve e inextensível que passa por uma polia fixa ideal. O balde, entretanto, tem uma rachadura que o faz perder água à razão de 0,08 L/s, que pode ser considerada constante ao longo do trajeto. Desprezando-se a influência do ar, determine:

a) o trabalho motor realizado sobre o balde nesse processo;
b) a potência da força de tração aplicada pela corda sobre o balde no fim dos primeiros 10 s.

102. Um carro sobe uma rampa inclinada de 30°, com velocidade constante de intensidade v. Nessas condições, a força de resistência do ar tem intensidade igual a um quarto do peso do carro. Em seguida, ele desce a mesma rampa com velocidade constante de intensidade $2v$. Sabendo que a força de resistência do ar tem intensidade proporcional ao quadrado da velocidade do carro, responda: qual a razão entre as potências úteis desenvolvidas pelo motor na subida e na descida?

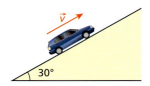 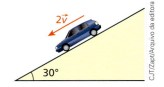

Energia mecânica e sua conservação

TÓPICO 7

// Nesta fotografia, o operário corta uma peça utilizando uma máquina elétrica apropriada para esse fim. O equipamento é dotado de uma lâmina em forma de disco que gira em alta velocidade. Na operação, a energia elétrica que alimenta a máquina se transforma essencialmente em energia mecânica (a lâmina e as fagulhas produzidas pelo atrito estão em movimento), térmica (as partes que se atritam se aquecem) e acústica (há a produção de ruído).

Por meio das nossas experiências cotidianas, sabemos que a energia pode se manifestar sob diversas formas (energia térmica, luminosa, elétrica, atômica, química, mecânica, etc.).

Veremos neste tópico as diferentes modalidades de energia mecânica com as respectivas expressões matemáticas para seu cálculo. Estudaremos com relevância os sistemas mecânicos conservativos, em que intervém o Princípio de Conservação da Energia Mecânica, caso particular do Princípio Geral da Conservação da Energia aplicado a sistemas físicos diversos.

Bloco 1

1. Princípio de conservação – Intercâmbios energéticos

A **energia** desempenha um papel essencial em todos os setores da vida, sendo a grandeza mais importante da Física.

O Sol, a água, o vento, o petróleo, o carvão e o átomo são fontes que suprem o consumo atual de energia no mundo, mas, à medida que a população do planeta cresce e os itens de conforto à disposição da espécie humana se multiplicam, aumenta também a demanda por energia, exigindo novas alternativas e técnicas de obtenção.

Ao que tudo indica, o átomo será a principal fonte de energia do futuro. Por isso, ele vem sendo objeto de estudos nos principais centros de pesquisa, que também se preocupam em investigar o aproveitamento de suas potencialidades de modo seguro e eficaz.

A energia é uma grandeza única, mas, dependendo de como se manifesta, recebe diferentes denominações:

- energia térmica;
- energia luminosa;
- energia elétrica;
- energia química;
- energia mecânica;
- energia atômica, entre outras.

Um dos preceitos mais amplos e fundamentais da Física é o **Princípio de Conservação da Energia**, segundo o qual se pode afirmar que:

> A energia total do Universo é **constante**, podendo haver apenas transformações de uma modalidade em outras.

Uma lâmpada incandescente, por exemplo, transforma energia elétrica em energia térmica. Seu filamento se aquece a tal ponto que se torna luminoso, transformando parte da energia térmica proveniente da corrente elétrica (efeito Joule) em energia luminosa.

Na explosão de uma bomba atômica, várias formas de energia estão presentes. A energia nuclear desprendida é transformada principalmente em energia mecânica, térmica e radiante (luz visível e raios γ, que podem provocar degeneração celular nos seres vivos). Considerando o Princípio de Conservação da Energia, podemos afirmar que a soma de todas as modalidades de energia liberadas pela bomba no ato da explosão é igual à energia inicial potencializada no artefato.

Tudo teria começado com alusões à conservação da matéria. Talvez a referência mais antiga a esse respeito se deva ao poeta romano **Lucrécio** (c. 99 a.C.-c. 55 a.C.), contemporâneo de Júlio César (100 a.C.-49 a.C.). Ele escreveu em seu célebre poema *De Rerum Natura*: "[...] As coisas não podem nascer do nada, nem desaparecer voltando ao nada [...]". Passou muito tempo para que esse conceito fosse retomado e adquirisse base científica. A principal contribuição experimental foi dada pelo químico francês Antoine de **Lavoisier** (1743-1794), considerado por muitos o criador da Química Moderna. Ele escreveu em 1789:

"[...] Devemos tomar como axioma incontestável que, em todas as operações da arte e da natureza, nada é criado; a mesma quantidade de matéria existe antes e após um experimento... e nada ocorre além de mudanças e modificações nas combinações dos elementos envolvidos [...]".

Explosão de uma bomba atômica no atol de Bikini, no oceano Pacífico, em 26 de março de 1954.

O princípio de Lavoisier, denominado depois Princípio de Conservação da Massa, mostrou-se extremamente fértil no desenvolvimento da Química e da Física.

O físico e médico alemão Julius Robert von **Mayer** (1814-1878) foi o primeiro a formular o conceito de conservação da energia. Em um ensaio de 1842, ele defendeu que:

"Quando uma quantidade de energia de qualquer natureza desaparece numa transformação, então se produz uma quantidade igual em grandeza de uma energia de outra natureza".

Estava lançada a semente do Princípio de Conservação da Energia.

O físico inglês James Prescott **Joule** (1818-1889) obteve em 1843, um ano depois da publicação de Mayer, com experimentos que se tornaram históricos, a relação quantitativa entre as unidades de calor e trabalho, verificando que 1 caloria = 4,1855 joules. Com isso, a noção de conservação da energia anexava-se também à Termodinâmica prática. É importante dizer que a denominação *joule* para a unidade de energia foi uma homenagem póstuma ao cientista por seus trabalhos sobre os intercâmbios entre as energias térmica e mecânica em sistemas termodinâmicos.

De forma mais abrangente, se considerarmos que o Universo é um sistema físico isolado, a Lei da Conservação da Energia estabelece que a energia total contida nesse sistema tem se mantido invariável desde os primórdios de sua formação.

O físico alemão Max **Planck** (1858-1947), considerado um dos mentores da Mecânica Quântica, campo fundamental da Física moderna que estuda o comportamento de partículas elementares, foi o primeiro a exprimir matematicamente, em 1887, em termos rigorosos e gerais, essa lei fundamental da natureza. Assim ele se referiu ao conceito:

"A energia total (mecânica e não mecânica) de um sistema isolado, isto é, um sistema que não troca matéria nem energia com o exterior, mantém-se constante".

Mas experimentos recentes fundamentados nas teorias do físico alemão Albert **Einstein** (1879-1955) confirmam que ocorre, sim, no Universo, a constância do conjunto massa e energia. Segundo Albert Einstein (1935, apud PONCZEK, R. L. *Deus ou seja a Natureza*. 2009. p. 133),

A Física pré-relativística contém duas leis de conservação cuja importância é fundamental – a Lei de Conservação da Massa e a Lei de Conservação da Energia –, em aparência, completamente independentes entre si. Por meio da Teoria da Relatividade elas se fundem em um único princípio.

O processo de aniquilamento que se verifica quando ocorre a colisão entre um elétron e um pósitron – partículas elementares de massas iguais, cargas elétricas de mesmo módulo, porém de sinais contrários –, por exemplo, confirma tal afirmação. Ao se aniquilarem, essas partículas "desaparecem", mas em seu lugar nota-se a presença de radiação γ (onda eletromagnética de frequência muito alta), de energia equivalente à massa de repouso das duas partículas mais a energia cinética associada a elas antes do processo.

Essa equivalência entre massa e energia é tratada com mais detalhamento no Volume 3, em Física Moderna.

Nosso objetivo é estudar a energia mecânica que se manifesta em situações de movimento (como um cavalo a galope) e possíveis movimentos (como uma pequena bola prestes a ser lançada por uma mola comprimida).

O Princípio de Conservação da Massa, de **Lavoisier**, pode ser assim resumido: "Na natureza, nada se cria, nada se perde, tudo se transforma".

Julius Robert von **Mayer** é o precursor da Lei da Conservação da Energia. Aplicando esse princípio à Termodinâmica, ele estabeleceu relações de igualdade entre trabalho mecânico e energia térmica, o que suscitou o surgimento da lei número 1 dessa área.

Na figura 1, o garoto está em movimento. Em relação a um referencial no solo, ele tem energia mecânica.

Na figura 2, o garoto está tentando fazer com que uma pedra role encosta abaixo. A pedra tem a potencialidade de se movimentar, apresentando, por isso, energia mecânica em relação à base da encosta.

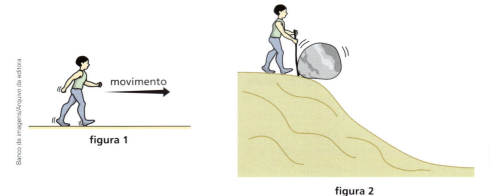

figura 1

figura 2

A energia, da mesma forma que o trabalho, é uma grandeza de natureza **escalar**, por não ter associados a ela direção e sentido.

Ampliando o olhar

Um luxo de lixo!

A sociedade de consumo está produzindo cada vez mais lixo.

Os depósitos e aterros sanitários estão abarrotados e multiplicam-se rapidamente por todo o mundo, já que a população cresce sem parar e coisas que em épocas passadas eram acondicionadas de maneira simples agora recebem camadas e mais camadas de embalagens de vidros e latas, papel e matérias plásticas.

Uma pessoa sozinha produz em média 1,2 kg de lixo por dia. Isso significa aproximadamente 30 toneladas de dejetos ao longo de sua vida, estimada em 70 anos. Esse descarte equivale a 33 bois ou carros populares, aproximadamente. Se pensarmos na população brasileira, o lixo produzido em um dia chega a 0,25 milhão de toneladas. A humanidade inteira, por sua vez – hoje, em número superior a 7 bilhões de habitantes –, joga fora aproximadamente 9 bilhões de toneladas entre um raiar de sol e o próximo.

Há lixo de toda espécie e em toda parte: lixo orgânico, lixo reciclável, lixo hospitalar... Há também lixo químico e lixo radioativo, ambos uma constante ameaça ao meio ambiente.

E o que fazer com tanto lixo? Onde pôr todos esses rejeitos que diariamente colocamos do lado de fora de nossas casas em quantidades cada vez maiores?

É fundamental que exista, acima de tudo, uma consciência ambiental que leve as pessoas a descartar o lixo de maneira seletiva para que cada item siga o caminho mais adequado. Papel, garrafas de vidro e de plástico, latas, pilhas, baterias, celulares obsoletos e sucata eletrônica, em geral, devem ser direcionados a coletas específicas para reciclagem.

Veículos e máquinas especiais são utilizados para acomodar nos aterros sanitários montanhas de lixo produzidas todos os dias.

Mas o lixo também pode ter um retorno triunfal à sociedade, sendo empregado atualmente como importante fonte de energia. As bactérias que se proliferam em lixões se alimentam da matéria orgânica lá existente e produzem o chamado biogás, uma mistura de metano e gás carbônico, principalmente.

É justamente o metano, um gás estufa que contribui bastante para o agravamento do aquecimento global, que pode ser utilizado para a produção energética. O biogás desprendido do lixo é captado por meio de drenos especiais e passa por um sistema de filtragem que separa o metano do gás carbônico. O metano é, então, direcionado para o acionamento de motores, semelhantes aos utilizados nos carros movidos a gás, que entram em operação e fazem girar eixos de geradores capazes de disponibilizar tensão suficiente para abastecer de eletricidade cidades inteiras.

Veja no esquema a seguir as etapas de captação da energia do lixo.

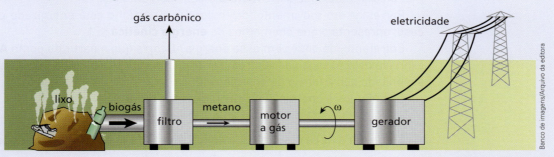

O biogás obtido em usinas de lixo pode suprir 15% da demanda energética brasileira. Há vários projetos para o aproveitamento dessa matéria-prima, e a transformação do lixo em energia ainda traria duas consequências benéficas: a primeira é de natureza ambiental, já que haveria uma melhor seleção e armazenagem dos resíduos que são a base de todo o processo; a segunda é de ordem política, uma vez que o não lançamento do metano diretamente na atmosfera geraria **créditos de carbono**, moeda forte que poderia favorecer o Brasil em negociações internacionais sobre mudanças climáticas, meio ambiente e sustentabilidade.

2. Unidades de energia

Conforme dissemos no Tópico 6, Trabalho e potência, as unidades de energia são as mesmas de trabalho. Recordando, vimos que, no SI:

$$\text{unid. (energia)} = \text{unid. (trabalho)} = \text{joule (J)}$$

Entretanto há outras unidades de energia que, embora não pertençam a nenhum sistema oficial, foram consagradas pelo uso. Temos, por exemplo:

- **Caloria** (cal): utilizada nos fenômenos térmicos.

$$1 \text{ cal} \cong 4{,}19 \text{ J}$$

- **Quilowatt-hora** (kWh): utilizada em geração e distribuição de energia elétrica.

$$1 \text{ kWh} = 3{,}6 \cdot 10^6 \text{ J}$$

- **Elétron-volt** (eV): utilizada nos estudos do átomo.

$$1 \text{ eV} = 1{,}602 \cdot 10^{-19} \text{ J}$$

3. Energia cinética

Considere a figura seguinte, em que um carrinho de massa *m* se encontra em repouso no ponto **A** do plano horizontal sem atrito. Uma pessoa empurra o carrinho, aplicando-lhe a força $\vec{F}$ indicada, constante e paralela ao plano de apoio.

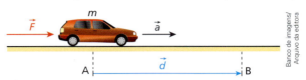

Pela ação de $\vec{F}$, o carrinho adquire a aceleração $\vec{a}$, atingindo um ponto genérico **B** com velocidade $\vec{v}$. De **A** até **B** o deslocamento é $\vec{d}$.

Por estar em movimento, dizemos que o carrinho está energizado e, nesse caso, apresenta o que chamamos de **energia cinética** (E_c).

Entretanto, de onde vem essa energia? Ocorre que a partir do ponto **A** a força exercida pela pessoa passa a realizar trabalho sobre o carrinho. Esse trabalho é assimilado sob a forma de energia cinética.

Calculemos a energia cinética do carrinho em **B**:

$$E_c = \tau \Rightarrow E_c = Fd \quad (I)$$

Como $\vec{F}$ é a força resultante, a aplicação da **2ª Lei de Newton** leva-nos a:

$$F = ma \quad (II)$$

De **A** até **B**, o carrinho descreve movimento uniformemente variado, em que o módulo do deslocamento (*d*) pode ser calculado pela Equação de Torricelli:

$$v^2 = v_0^2 + 2ad \Rightarrow d = \frac{v^2 - v_0^2}{2a}$$

Sendo $v_0 = 0$ (o carrinho partiu do repouso em **A**), vem:

$$d = \frac{v^2}{2a} \quad (III)$$

Substituindo (II) e (III) em (I), obtemos:

$$E_c = ma\frac{v^2}{2a}$$

Daí:

$$E_c = \frac{mv^2}{2}$$

A energia cinética (E_c) de uma partícula é proporcional ao quadrado de sua velocidade escalar (*v*). Graficamente, temos:

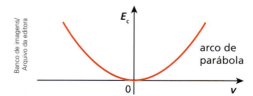

Observe que a energia cinética jamais é negativa: é **positiva** ou **nula**. Veja ainda que ela é uma grandeza relativa, pois é função da velocidade, que depende do referencial adotado. Assim, uma única partícula pode ter, ao mesmo tempo, energia cinética nula para um referencial e não nula para outro.

// Na fotografia, um ônibus espacial norte-americano, veículo outrora utilizado em missões tripuladas, é conduzido acoplado a um avião adaptado especialmente para esse fim. Estando em repouso em relação ao avião, a espaçonave apresenta energia cinética nula em relação a ele. No entanto, em relação ao solo, ela está em movimento. Isso torna sua energia cinética não nula do ponto de vista desse outro referencial.

4. Energia potencial

É uma forma de energia latente, isto é, está sempre prestes a se converter em energia cinética. Na Mecânica há duas modalidades de energia potencial:
- energia potencial de gravidade;
- energia potencial elástica.

Energia potencial de gravidade (E_p)

É função da posição de um corpo em um campo gravitacional (por exemplo, o terrestre) e depende da intensidade do peso do corpo no local onde se encontra e da altura do seu centro de massa em relação a um plano horizontal de referência.

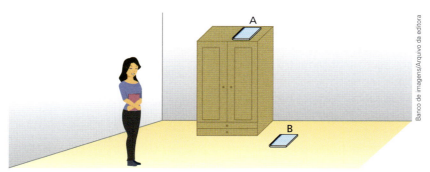

*// Utilizando o piso do quarto como plano horizontal de referência, a estudante poderá dizer que o caderno **A**, colocado sobre o armário, tem energia potencial de gravidade não nula, enquanto o caderno **B**, de espessura desprezível, apoiado sobre o solo, possui energia potencial de gravidade nula.*

Considere a situação da figura ao lado, em que uma pessoa ergue um corpo de massa m da posição **A** à posição **B**. Sejam h a altura de **B** em relação ao nível horizontal da posição **A** e g o módulo da aceleração da gravidade.

Pelo fato de ocupar a posição **B**, dizemos que o corpo está energizado, apresentando, em relação à posição **A**, **energia potencial de gravidade** (E_p).

De onde veio, no entanto, essa energia? Veio da pessoa que, ao erguer o corpo, exerceu uma força que realizou um trabalho assimilado pelo corpo sob a forma de energia potencial de gravidade.

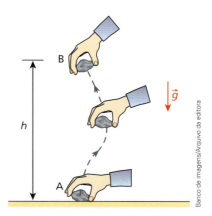

Uma vez em **B** e abandonado, o corpo cai, buscando atingir o nível da posição **A**. Esse fato mostra que, em **B**, o corpo está realmente energizado, pois cai quando largado à ação da gravidade. Assim, ocorre transformação de energia potencial de gravidade em energia cinética.

Calculando a energia potencial de gravidade do corpo na posição **B**, temos:

$$E_p = \tau \quad \text{(I)}$$

No Tópico 6 (Trabalho e potência), vimos que o trabalho motor realizado no erguimento de um corpo sem variação de energia cinética é calculado por:

$$\tau = Ph \Rightarrow \tau = mgh \quad \text{(II)}$$

De (I) e (II), obtemos:

$$E_p = Ph \quad \text{ou} \quad E_p = mgh$$

Devemos destacar que a energia potencial de gravidade deve ser definida em relação a determinado **plano horizontal de referência** (**PHR**), a partir do qual são medidas as alturas. Um mesmo corpo pode ter energia potencial de gravidade positiva, nula ou negativa, dependendo do PHR adotado.

Veja abaixo a representação gráfica da variação da E_p em função de h.

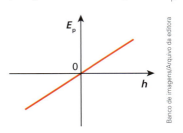

Convém observar que valores negativos de h implicam valores negativos de E_p, que estão associados a posições abaixo do PHR.

Vamos agora analisar outro exemplo, em que representamos um edifício cujo elevador serve para transportar pessoas das garagens até o oitavo andar (ao lado).

Consideremos o nível do solo (térreo) como plano horizontal de referência (PHR). Em relação a esse referencial, os passageiros do elevador, cujas dimensões serão admitidas desprezíveis, apresentarão energia potencial de gravidade positiva se estiverem em qualquer andar acima do solo, nula se estiverem no térreo e negativa se estiverem nas garagens 1 ou 2.

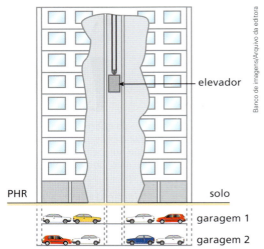

Veja o significado físico de uma energia potencial de gravidade negativa: se a energia potencial de gravidade de um corpo vale $-mgh$, deve-se realizar sobre ele um trabalho equivalente a $+mgh$ para que esse corpo chegue ao nível zero de energia potencial, isto é, ao PHR adotado.

A seguir, podemos observar um *videogame* em diferentes posições.

// Suponha que inicialmente o aparelho estivesse "deitado" e alguém o tenha colocado de pé sobre a mesma superfície de apoio. Nessa operação o centro de massa do *videogame* sofre uma elevação, de modo que ocorre uma **variação positiva** de energia potencial de gravidade.

NOTAS!

- A variação de energia potencial de gravidade (ΔE_p) é a diferença entre as energias potenciais final (E_{p_f}) e inicial (E_{p_i}).

$$\Delta E_p = E_{p_f} - E_{p_i}$$

- Se o centro de massa de um corpo sobe, então $E_{p_f} > E_{p_i}$ e $\Delta E_p > 0$.
- Se o centro de massa de um corpo desce, então $E_{p_f} < E_{p_i}$ e $\Delta E_p < 0$.
- ΔE_p **independe** do PHR adotado.

Energia potencial elástica (E_e)

É a forma de energia que encontramos armazenada em sistemas elásticos deformados. É o caso, por exemplo, de uma mola alongada ou comprimida ou de uma tira de borracha alongada.

Vamos analisar a situação das figuras a seguir, em que temos uma mola, suposta ideal, de constante elástica K, fixa em uma parede e inicialmente livre de deformações (figura 1).

Um operador puxa a extremidade livre da mola, alongando-a de modo que sofra uma deformação Δx, tal que $\Delta x = x - x_0$ (figura 2).

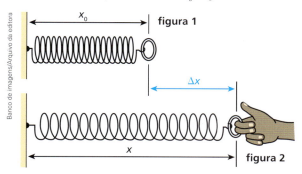

Por estar deformada, dizemos que a mola está energizada, tendo armazenada em si **energia potencial elástica** (E_e).

De onde vem, no entanto, essa energia? Vem do operador que, ao deformar a mola, exerce sobre ela uma força que realiza um trabalho, assimilado sob a forma de energia potencial elástica.

A evidência de que a mola deformada está energizada consiste no fato de que ela pode ser usada para impulsionar objetos, dotando-lhes de energia cinética.

Vamos calcular a energia potencial elástica que a mola armazena quando deformada:

$$E_e = \tau \quad (I)$$

O trabalho realizado pela força do operador ao deformar a mola é dado por:

$$\tau = \frac{K(\Delta x)^2}{2} \quad (II)$$

De (I) e (II), obtemos:

$$E_e = \frac{K(\Delta x)^2}{2}$$

Observe que a energia potencial elástica (E_e) nunca é negativa: é **positiva** ou **nula**. Ela é diretamente proporcional ao quadrado da deformação (Δx). Assim, o gráfico E_e versus Δx é um arco de parábola, como representamos abaixo.

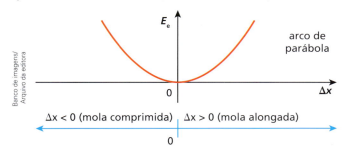

// Em um arco flexionado, como o da fotografia, há energia potencial elástica (de deformação) armazenada. No ato do disparo, essa energia é prontamente transferida para a flecha, que a assimila em forma de energia cinética.

Exercícios — Nível 1

1. Apesar das tragédias ocorridas com os ônibus espaciais norte-americanos Challenger e Columbia, que puseram fim à vida de catorze astronautas, esses veículos reutilizáveis foram fundamentais na exploração do cosmo. Admita que um ônibus espacial com massa igual a 100 t esteja em procedimento de reentrada na atmosfera, apresentando velocidade de intensidade 10 800 km/h em relação à superfície terrestre. Qual é a energia cinética desse veículo?

2. (Fuvest-SP) A equação da velocidade de um móvel de 20 quilogramas é dada por v = 3,0 + 0,20t (SI). Podemos afirmar que a energia cinética desse móvel, no instante t = 10 s, vale:
a) 45 J
b) $1,0 \cdot 10^2$ J
c) $2,0 \cdot 10^2$ J
d) $2,5 \cdot 10^2$ J
e) $2,0 \cdot 10^3$ J

3. Uma partícula **A** tem massa M e desloca-se verticalmente para cima com velocidade de módulo v. Uma outra partícula **B** tem massa $2M$ e desloca-se horizontalmente para a esquerda com velocidade de módulo $\dfrac{v}{2}$. Qual é a relação entre as energias cinéticas das partículas **A** e **B**?

Resolução:

A energia é uma grandeza física escalar. Por isso, não importam as orientações dos movimentos das partículas **A** e **B**.

A energia cinética de uma partícula é calculada por:

$$E_c = \frac{mv^2}{2}$$

Para a partícula **A**, temos: $E_{c_A} = \dfrac{Mv^2}{2}$ (I)

Para a partícula **B**:

$$E_{c_B} = \frac{2M\left(\dfrac{v}{2}\right)^2}{2} \Rightarrow E_{c_B} = \frac{2Mv^2}{8} \quad (II)$$

Dividindo (I) por (II), obtemos:

$$\frac{E_{c_A}}{E_{c_B}} = \frac{\dfrac{Mv^2}{2}}{\dfrac{2Mv^2}{8}} \Rightarrow \boxed{\dfrac{E_{c_A}}{E_{c_B}} = 2}$$

4. Três corpos, **A**, **B** e **C**, têm as características indicadas na tabela a seguir. Sendo E_A, E_B e E_C, respectivamente, as energias cinéticas de **A**, **B** e **C**, aponte a alternativa correta:

	A	B	C
Massa	M	$\dfrac{M}{2}$	2M
Velocidade escalar	v	2v	$\dfrac{v}{2}$

a) $E_A = E_B = E_C$
b) $E_A = 2E_B = 4E_C$
c) $E_B = 2E_A = 4E_C$
d) $E_C = 2E_A = 4E_B$
e) $E_A = E_B = 8E_C$

5. (Efomm-RJ) Se o nosso amigo da figura a seguir conseguisse levantar o haltere de massa igual a 75 kg a uma altura de 2,0 m, em um local onde g = 10 m · s^{-2}, qual a energia potencial que ele estaria transferindo para o haltere?

6. No esquema da figura, a esfera de massa 1,0 kg é homogênea e flutua na água com 50% do seu volume submerso:

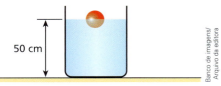

Sabendo que, no local, a aceleração da gravidade vale 9,8 m/s², calcule a energia potencial de gravidade da esfera:
a) em relação à superfície livre da água;
b) em relação ao fundo do recipiente.

7. Uma pequena pedra de massa 2,0 kg acha-se no fundo de um poço de 10 m de profundidade. Sabendo que, no local, a aceleração da gravidade tem módulo 10 m/s², indique a alternativa que traz o valor correto da energia potencial de gravidade da pedra em relação à borda do poço.
a) $-2,0 \cdot 10^2$ J
b) $2,0 \cdot 10^2$ J
c) -20 J
d) 20 J
e) Nenhuma das anteriores.

8. Tracionada com 800 N, certa mola helicoidal sofre distensão elástica de 10 cm. Qual é a energia potencial armazenada na mola quando deformada de 4,0 cm?

9. Um garoto chuta uma bola de massa 400 g que, em determinado instante, tem velocidade de 72 km/h e altura igual a 10 m em relação ao solo. Adotando $|\vec{g}| = 10$ m/s² e considerando um referencial no solo, aponte a alternativa que traz os valores corretos da energia cinética e da energia potencial de gravidade da bola no instante considerado.

	Energia cinética (joules)	Energia potencial (joules)
a)	40	40
b)	80	40
c)	40	80
d)	80	80
e)	20	60

Exercícios Nível 2

10. Em dado instante, a energia cinética de um pássaro em voo:
    a) pode ser negativa.
    b) depende do referencial adotado, sendo proporcional à massa do pássaro e ao quadrado de sua velocidade escalar.
    c) é proporcional à altura do pássaro em relação ao solo.
    d) depende da aceleração da gravidade.
    e) tem a mesma direção e o mesmo sentido da velocidade vetorial do pássaro.

11. Um corpo de massa m e velocidade $\vec{v}_0$ possui energia cinética E_0. Se o módulo da velocidade aumentar em 20%, a nova energia cinética do corpo será:
    a) $1{,}56E_0$ c) $1{,}40E_0$ e) $1{,}10E_0$
    b) $1{,}44E_0$ d) $1{,}20E_0$

12. A massa da Terra vale $6{,}0 \cdot 10^{24}$ kg, aproximadamente. Se sua velocidade orbital em torno do Sol tem intensidade média igual a 30 km/s, a ordem de grandeza da energia cinética média do planeta, em joules, é:
    a) 10^{30} c) 10^{35} e) 10^{40}
    b) 10^{33} d) 10^{38}

13. (Unip-SP) Uma partícula de massa 2,0 kg, em trajetória retilínea, tem energia cinética (E_c) variando com o quadrado do tempo (t^2) de acordo com o gráfico abaixo.

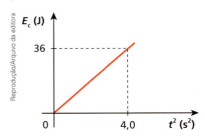

A força resultante na partícula:
a) é variável.
b) tem intensidade igual a 3,0 N.
c) tem intensidade igual a 6,0 N.
d) tem intensidade igual a 9,0 N.
e) tem intensidade igual a 72 N.

14. Um elevador, juntamente com sua carga, tem massa de 2,0 toneladas. Qual é a potência de dez que melhor expressa o acréscimo de energia potencial de gravidade do elevador – dado em joules – quando este sobe do terceiro ao sétimo andar?
    a) 10^1 c) 10^9 e) 10^{17}
    b) 10^5 d) 10^{13}

15. **E.R.** Um atleta de massa igual a 60 kg realiza um salto com vara, transpondo o sarrafo colocado a 6,0 m de altura. Calcule o valor aproximado do acréscimo da energia potencial de gravidade do atleta nesse salto. Adote $g = 10$ m/s².

Resolução:
No caso, o atleta é um **corpo extenso** (dimensões não desprezíveis) e, por isso, deve-se raciocinar em termos do seu **centro de massa**.

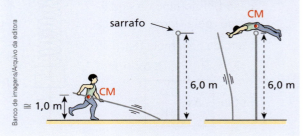

Sendo m = 60 kg, g = 10 m/s² e a elevação do centro de massa do atleta Δh ≅ 5,0 m, calculemos o acréscimo de energia potencial de gravidade (ΔE_p).

$$\Delta E_p = mg\Delta h = 60 \cdot 10 \cdot 5{,}0$$

$$\boxed{\Delta E_p = 3{,}0 \cdot 10^3 \text{ J}}$$

b) A energia potencial elástica armazenada na mola é, então, determinada por:

$$E_e = \frac{K(\Delta x)^2}{2} \Rightarrow E_e = \frac{K}{2}\left(\frac{P}{K}\right)^2$$

Logo: $\boxed{E_e = \dfrac{P^2}{2K}}$

16. (UPM-SP) Uma bola de borracha de massa 1,0 kg é abandonada da altura de 10 m. A energia perdida por essa bola ao se chocar com o solo é 28 J. Supondo g = 10 m/s², a altura máxima atingida pela bola após o choque com o solo será de:
a) 7,2 m   c) 5,6 m   e) 2,8 m
b) 6,8 m   d) 4,2 m

17. A deformação em uma mola varia com a intensidade da força que a traciona, conforme o gráfico abaixo.

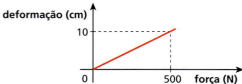

Determine:
a) a constante elástica da mola, dada em N/m;
b) a intensidade da força de tração quando a deformação da mola for de 6,0 cm;
c) a energia potencial elástica armazenada na mola quando ela estiver deformada 4,0 cm.

18. Um bloco de peso P é dependurado na extremidade livre de uma mola vertical de constante elástica K. Admitindo o sistema em equilíbrio, calcule:
a) a distensão da mola;
b) a energia potencial elástica armazenada na mola.

Resolução:
a) Na situação de equilíbrio, o peso ($\vec{P}$) do bloco é equilibrado pela força elástica exercida pela mola ($\vec{F}_e$).

$$F_e = P \Rightarrow K\Delta x = P$$

Então: $\boxed{\Delta x = \dfrac{P}{K}}$

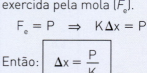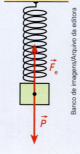

19. (UFPE) Duas massas, m₁ = 2,0 kg e m₂ = 4,0 kg, são suspensas sucessivamente em uma mesma mola vertical. Se U₁ e U₂ são, respectivamente, as energias elásticas armazenadas na mola quando as massas m₁ e m₂ foram penduradas e U₁ = 2,0 J, qual é o valor de U₂?

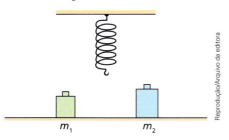

20. (UFRGS-RS) O uso de arco e flecha remonta a tempos anteriores à história escrita. Em um arco, a força da corda sobre a flecha é proporcional ao deslocamento x, ilustrado na figura abaixo, a qual representa o arco nas suas formas relaxada I e distendida II.

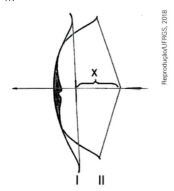

Uma força horizontal de 200 N, aplicada na corda com uma flecha de massa m = 40 g, provoca um deslocamento x = 0,5 m. Supondo que toda a energia armazenada no arco seja transferida para a flecha, qual a velocidade que a flecha atingiria, em m/s, ao abandonar a corda?

a) $5{,}0 \cdot 10^3$ c) 50   e) $10^{\frac{1}{2}}$
b) 100   d) 5

Bloco 2

5. Cálculo da energia mecânica

Calculamos a energia mecânica (E_m) de um sistema adicionando a energia cinética à energia potencial, que pode ser de gravidade ou elástica:

$$E_m = E_{cinética} + E_{potencial}$$

Observe os exemplos a seguir, em que mostramos o cálculo em cada caso.

Exemplo 1

Um jogador chuta uma bola de massa m, que descreve a trajetória indicada. No instante da figura, a velocidade da bola é $\vec{v}$ e sua altura em relação ao solo (PHR) é h.

Sendo g o módulo da aceleração da gravidade, a energia mecânica da bola no instante considerado é calculada por:

$$E_m = \frac{mv^2}{2} + mgh$$

Exemplo 2

Uma partícula de massa m oscila horizontalmente, em condições ideais, ligada a uma mola leve, de constante elástica K.

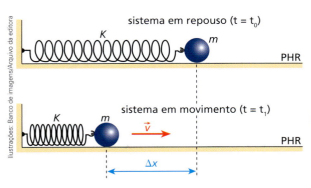

No instante $t = t_1$ indicado na figura, a velocidade da partícula é $\vec{v}$, e a energia mecânica do sistema massa–mola é calculada por:

$$E_m = \frac{mv^2}{2} + \frac{K(\Delta x)^2}{2}$$

// Na fotografia, um atleta realiza um salto com vara. Em determinado instante de sua ascensão, ainda durante o contato com a vara envergada, a energia mecânica do sistema atleta-vara em relação ao solo é composta de três parcelas: energia cinética, energia potencial de gravidade e energia elástica de deformação.

6. Sistema mecânico conservativo

Sistema mecânico conservativo é todo aquele em que as forças que realizam trabalho transformam **exclusivamente** energia potencial em energia cinética, e vice-versa. É o que ocorre com as forças de gravidade, elástica e eletrostática, que, por sua vez, são denominadas **forças conservativas**.

As forças de atrito, de resistência viscosa – exercidas pelos líquidos em corpos movendo-se em seu interior – e de resistência do ar transformam energia mecânica em outras formas de energia, principalmente térmica. Essas forças são denominadas **forças dissipativas**.

Podemos dizer, então, que um sistema mecânico só é conservativo quando o trabalho é realizado **exclusivamente por forças conservativas**. Vejamos alguns exemplos.

Exemplo 1

Uma partícula cai em movimento vertical sob a ação exclusiva do campo gravitacional terrestre.

Nesse caso, a única força que realiza trabalho sobre a partícula é a da gravidade, que é uma força conservativa.

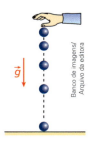

Exemplo 2

Uma partícula é lançada obliquamente, ficando sob a ação exclusiva do campo gravitacional terrestre.

Também, nesse caso, a única força que realiza trabalho é a da gravidade, que é uma força conservativa.

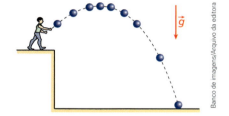

Exemplo 3

Um garoto desce por um tobogã praticamente sem atrito, movimentando-se sem sofrer a influência do ar.

Como o atrito e a influência do ar foram desprezados e a força normal não realiza trabalho, o único trabalho a considerar é o da força peso, que é uma força conservativa.

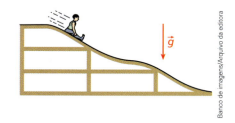

Exemplo 4

Uma partícula, presa a uma mola leve e elástica, oscila sem sofrer a ação de atritos ou da resistência do ar.

No caso **A**, somente a força elástica (conservativa) realiza trabalho. No caso **B**, duas forças conservativas realizam trabalho: a força elástica e a força peso.

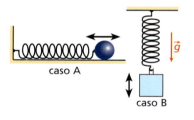

Exemplo 5

Um esporte radical que exige do praticante muita técnica e precaução é o *bungee-jump*. Uma pessoa devidamente atada à extremidade de uma corda elástica específica para esse fim, sob os cuidados de monitores especializados, projeta-se a partir de uma plataforma elevada, despencando em um voo que termina em grandes oscilações. Desprezando-se a influência do ar, apenas a força peso e a força elástica realizam trabalho, o que caracteriza o conjunto pessoa-corda como um sistema conservativo.

7. Princípio de Conservação da Energia Mecânica

Trata-se de uma aplicação particular do Princípio de Conservação da Energia em sistemas mecânicos. Seu enunciado é:

> Em um sistema mecânico conservativo, a energia mecânica total mantém-se **constante**.
>
> $$E_m = E_{cinética} + E_{potencial} \Rightarrow \textbf{constante}$$

Concluímos, então, que qualquer aumento de energia cinética observado nesse sistema ocorre a partir de uma redução igual de energia potencial (de gravidade ou elástica), e vice-versa.

Tomemos, por exemplo, uma partícula em queda livre nas vizinhanças da superfície terrestre. Temos, aí, um sistema mecânico conservativo, no qual deve permanecer constante a energia mecânica.

De fato, durante a queda livre, a energia cinética da partícula aumenta, enquanto a energia potencial de gravidade diminui na mesma quantidade. Isso faz com que a soma da energia cinética com a energia potencial não varie, de modo que a energia mecânica permaneça sempre constante.

Admita que a partícula tenha iniciado sua queda no instante $t_0 = 0$, a partir do repouso. Considere T o tempo de queda até o solo (altura zero) e E_0 a energia mecânica inicial.

Os gráficos das energias cinética, potencial de gravidade e mecânica, em função do tempo, estão traçados a seguir:

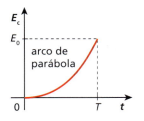 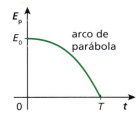 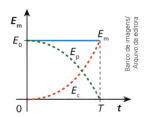

$$E_m = E_c + E_p$$

Vejamos outro exemplo. Observe agora o caso da figura ao lado, em que um pêndulo é abandonado do repouso, iniciando movimento descendente.

Durante a descida, a energia cinética do pêndulo é crescente enquanto a potencial é decrescente. Na subida ocorre o processo inverso, isto é, enquanto a energia potencial cresce, a cinética decresce.

Não levando em conta as forças dissipativas, o movimento do pêndulo constitui um sistema conservativo, no qual a energia mecânica se mantém constante.

// Parques aquáticos oferecem uma série de diversões emocionantes, como o toboágua da fotografia, em que as pessoas escorregam de grandes alturas por uma canaleta dotada de curvas e ondulações. Em razão dos atritos e da resistência do ar, ocorrem algumas dissipações de energia mecânica, mas, se essas perdas pudessem ser desprezadas, teríamos um sistema mecânico conservativo, no qual os acréscimos de energia cinética ocorreriam à custa de iguais reduções de energia potencial.

É correto afirmar que um sistema mecânico não conservativo sempre é dissipativo? A resposta é *não*, como exemplifica a situação a seguir.

Na figura abaixo, um homem ergue um bloco apoiado sobre um plano inclinado, perfeitamente liso, utilizando uma corda e uma polia ideais.

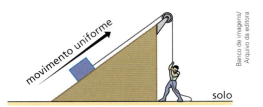

Suponhamos que o bloco se desloque em **movimento uniforme**.

Podemos afirmar que a energia cinética do bloco se mantém constante ao longo da rampa. À medida que o bloco sobe, porém, sua altura em relação ao solo aumenta, provocando também um aumento na respectiva energia potencial de gravidade.

A energia cinética constante, somada à energia potencial crescente, determina uma energia **mecânica total crescente**, o que caracteriza um sistema **não conservativo**.

Esse aumento da energia mecânica do sistema é proveniente do trabalho realizado pelas forças musculares (não conservativas) que o homem exerce sobre a corda.

Nesse caso, o sistema é também **não dissipativo**, já que não há forças dissipativas presentes.

Ampliando o olhar

Emoção no *looping* vertical

Em parques de diversões, há vários brinquedos em que veículos desafiam a gravidade, realizando *loopings* contidos em um plano vertical. Para isso, é fundamental que a construção dessas atrações leve em conta o desnível entre o ponto de partida dos veículos e o ponto mais alto do *looping*.

// Montanha-russa em parque de diversões. Gardaland, Itália. Abril de 2008. Desafiar a gravidade em uma montanha-russa é muito emocionante e divertido, especialmente quando a aceleração se aproxima de $\vec{g}$. É disso que surge aquela sensação de "frio na barriga", causada pela aparente "perda de peso" das vísceras, que praticamente levitam no interior do abdome.

Consideremos o caso ideal de uma partícula que deverá percorrer o trilho esquematizado na figura ao lado, sem sofrer a ação de atritos ou da resistência do ar. O trilho está contido em um plano vertical, e o *looping* circular tem raio R.

Se a partícula partir do repouso do ponto **A**, qual deverá ser o menor desnível h entre os pontos **A** e **B** para que ela consiga descrever toda a trajetória sem perder o contato com o trilho?

Sabe-se que $h \neq 0$, isto é, o ponto **A** está acima do ponto **B**, pois, se esses pontos estivessem no mesmo nível horizontal, a partícula teria em **B** uma parcela de energia (energia cinética) a mais que no ponto **A**, o que contrariaria o **Princípio de Conservação da Energia Mecânica**.

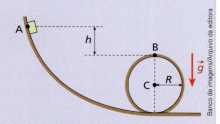

Raciocinando em termos de *h* mínimo, a partícula não trocará forças com o trilho no ponto **B** e, por isso, seu peso ($\vec{P}$) fará o papel de resultante centrípeta ($\vec{F}_{cp}$).

Assim, no ponto **B**, temos: $\vec{P} = \vec{F}_{cp}$.

Sendo *m* a massa, *g* o valor da aceleração da gravidade e v_B a intensidade da velocidade em **B**, temos:

$$mg = \frac{m(v_B)^2}{R} \Rightarrow gR = (v_B)^2 \quad \text{(I)}$$

Adotando o nível horizontal do ponto **B** como referência e aplicando o **Princípio de Conservação da Energia Mecânica**, temos:

$$mgh = \frac{m(v_B)^2}{2} \Rightarrow 2gh = (v_B)^2 \quad \text{(II)}$$

Comparando (I) e (II), calculamos *h* mínimo: $2gh = gR \Rightarrow \boxed{h = \frac{R}{2}}$

Se *h* for menor que $\frac{R}{2}$, a partícula não realizará o *looping*, perdendo o contato com o trilho antes de atingir o ponto **B**.

Se não houvesse atrito nem resistência do ar, o desnível deveria ser no mínimo igual à metade do raio do *looping*, como acabamos de demonstrar.

Na prática, entretanto, ocorrem dissipações de energia mecânica. Por esse motivo, e também por questões de segurança, é necessário que esses brinquedos sejam operados com um desnível sempre maior que a metade do raio do *looping*.

DESCUBRA MAIS

1. Um dos princípios mais importantes da Física é o de conservação de energia. Ele estabelece que energia não se cria nem se destrói; energia se transforma. O aparecimento de certa quantidade de energia implica sempre o desaparecimento de quantidade igual. Dê sustentação argumentativa a essa lei, fundamentando sua linha de raciocínio com exemplos.

2. Observe o quadrinho ao lado, em que uma tartaruga está se exercitando com entusiasmo numa cama elástica. Como foi possível iniciar essa série de saltos, considerando-se que o quelônio estava inicialmente em repouso sobre a lona? Explique as conversões de energia envolvidas no processo.

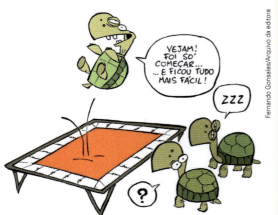

3. Considere uma granada explodindo e se fragmentando em vários estilhaços lançados nas diversas direções ao redor do local da explosão com velocidades de grande intensidade. Nessa situação, há conversão entre que modalidades de energia?
A energia total do sistema, que inclui o meio em que ocorre a explosão, permanece constante? No ato da explosão, a granada constitui um sistema mecânico conservativo?

4. A energia emanada das estrelas provém de um processo contínuo, que ocorre em seu interior, denominado fusão nuclear. Do que consiste esse processo? Fusão nuclear e fissão nuclear são um mesmo processo? Pesquise.

Exercícios Nível 1

21. O bloco da figura oscila preso a uma mola de massa desprezível, executando movimento harmônico simples:

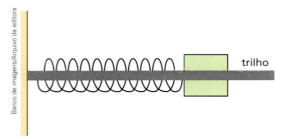

A massa do bloco é de 1,0 kg, a constante elástica da mola vale $2,0 \cdot 10^3$ N/m e o trilho que suporta o sistema é reto e horizontal.

Se no instante da figura o bloco tem velocidade de 2,0 m/s e a mola está distendida de 10 cm, qual é a energia mecânica (total) do conjunto bloco-mola em relação ao trilho?

22. Considere um sistema constituído por um homem e seu paraquedas e admita que esse conjunto esteja descendo verticalmente com velocidade de intensidade constante. Adotando-se um referencial no solo, analise as proposições a seguir:

I. A energia cinética do sistema mantém-se constante, mas sua energia potencial de gravidade diminui.
II. O sistema é conservativo.
III. Parte da energia mecânica do sistema é dissipada pelas forças de resistência do ar, transformando-se em energia térmica.

Aponte a alternativa correta:

a) As três proposições estão corretas.
b) As três proposições estão incorretas.
c) Apenas as proposições I e II estão corretas.
d) Apenas as proposições I e III estão corretas.
e) Apenas as proposições II e III estão corretas.

23. A energia potencial de uma partícula que se desloca sob a ação exclusiva de um sistema de forças conservativas varia em função da sua posição, dada por um eixo horizontal **Ox**, conforme o gráfico seguinte:

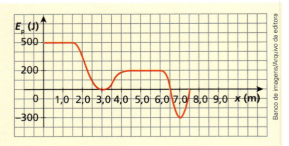

Sabendo que na posição x = 0 a partícula estava em repouso, determine:

a) sua energia mecânica nas posições x = 1,0 m, x = 3,0 m e x = 7,0 m;
b) sua energia cinética nas posições x = 1,0 m, x = 3,0 m, x = 5,0 m e x = 7,0 m.

Resolução:

a) Como a partícula estava em repouso na posição x = 0, sua energia cinética era nula nesse local. Por isso, em x = 0, a energia mecânica da partícula resumia-se à potencial:

$$E_{m_0} = E_{p_0} = 500 \text{ J}$$

Considerando-se que a partícula está sujeita a um sistema de forças conservativas, podemos dizer que sua energia mecânica é constante. Assim:

$$\boxed{E_{m_{1,0}} = E_{m_{3,0}} = E_{m_{7,0}} = 500 \text{ J}}$$

b) Podemos ler diretamente no gráfico que $E_{p_{1,0}} = 500$ J, $E_{p_{3,0}} = 0$, $E_{p_{5,0}} = 200$ J e $E_{p_{7,0}} = -300$ J.

Lembrando que $E_m = E_c + E_p$, segue que:

$E_{c_{1,0}} = E_{m_{1,0}} - E_{p_{1,0}} \Rightarrow E_{c_{1,0}} = 500 \text{ J} - 500 \text{ J}$

$$\boxed{E_{c_{1,0}} = 0}$$

$E_{c_{3,0}} = E_{m_{3,0}} - E_{p_{3,0}} \Rightarrow E_{c_{3,0}} = 500 \text{ J} - 0$

$$\boxed{E_{c_{3,0}} = 500 \text{ J}}$$

$E_{c_{5,0}} = E_{m_{5,0}} - E_{p_{5,0}} \Rightarrow E_{c_{5,0}} = 500 \text{ J} - 200 \text{ J}$

$$\boxed{E_{c_{5,0}} = 300 \text{ J}}$$

$E_{c_{7,0}} = E_{m_{7,0}} - E_{p_{7,0}} \Rightarrow E_{c_{7,0}} = 500 \text{ J} - (-300 \text{ J})$

$$\boxed{E_{c_{7,0}} = 800 \text{ J}}$$

24. (PUC-SP) O gráfico representa a energia cinética de uma partícula de massa 10 g, sujeita somente a forças conservativas, em função da abscissa x. A energia mecânica do sistema é de 400 J.

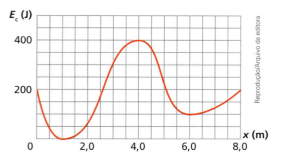

a) Qual a energia potencial para $x = 1,0$ m e para $x = 4,0$ m?

b) Calcule a velocidade da partícula para $x = 8,0$ m.

25. Um corpo movimenta-se sob a ação exclusiva de forças conservativas. Em duas posições, **A** e **B**, de sua trajetória, foram determinados alguns valores de energia. Esses valores se encontram na tabela abaixo:

	Energia cinética (joules)	Energia potencial (joules)	Energia mecânica (joules)
Posição A		800	1 000
Posição B	600		

Os valores da energia cinética em **A** e das energias potencial e mecânica em **B** são, respectivamente:

a) 0 J, 800 J e 1 000 J.
b) 200 J, 400 J e 1 000 J.
c) 100 J, 200 J e 800 J.
d) 200 J, 1 000 J e 400 J.
e) Não há dados suficientes para os cálculos.

26. (UFRN) Indique a opção que representa a altura da qual devemos abandonar um corpo de massa $m = 2,0$ kg para que sua energia cinética, ao atingir o solo, tenha aumentado de 150 J. O valor da aceleração da gravidade no local da queda é $g = 10$ m/s² e a influência do ar é desprezível.

a) 150 m
b) 75 m
c) 50 m
d) 15 m
e) 7,5 m

27. Um garoto de massa m parte do repouso no ponto **A** do tobogã da figura a seguir e desce sem sofrer a ação de atritos ou da resistência do ar:

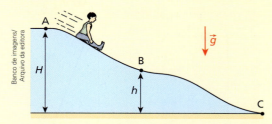

Sendo dadas as alturas H e h e o valor da aceleração da gravidade (g), calcule o módulo da velocidade do garoto:

a) no ponto **B**;
b) no ponto **C**.

Resolução:

O sistema é conservativo, o que nos permite aplicar o Princípio de Conservação da Energia Mecânica.

a) $E_{m_B} = E_{m_A} \Rightarrow E_{c_B} + E_{p_B} = E_{c_A} + E_{p_A}$

$$\frac{mv_B^2}{2} + mgh = \frac{mv_A^2}{2} + mgH$$

Sendo $v_A = 0$, calculemos v_B:

$$\boxed{v_B = \sqrt{2g(H-h)}}$$

b) $E_{m_C} = E_{m_A} \Rightarrow E_{c_C} + E_{p_C} = E_{c_A} + E_{p_A}$

$$\frac{mv_C^2}{2} + mgh_C = \frac{mv_A^2}{2} + mgH$$

Como $h_C = 0$ e $v_A = 0$, vem:

$$\boxed{v_C = \sqrt{2gH}}$$

Nota:
- As velocidades calculadas **independem** da massa do garoto e do formato da trajetória descrita por ele.

28. (Cesgranrio) O Beach Park, localizado em Fortaleza-CE, é o maior parque aquático da América Latina situado na beira do mar. Uma de suas principais atrações é um tobogáqua chamado "Insano". Descendo esse tobogáqua, uma pessoa atinge sua parte mais baixa com velocidade de módulo 28 m/s. Considerando-se a aceleração da gravidade com módulo $g = 9,8$ m/s² e desprezando-se os atritos, conclui-se que a altura do tobogáqua, em metros, é de:

a) 40   b) 38   c) 37   d) 32   e) 28

29. (UFF-RJ) Na figura 1, um corpo é abandonado em queda livre de uma altura h. Nessa situação, o tempo de queda e a velocidade ao chegar ao solo são, respectivamente, t_1 e v_1. Na figura 2, o mesmo corpo é abandonado sobre um trilho e atinge o solo com velocidade v_2, num tempo de queda igual a t_2.

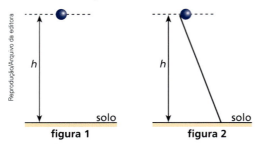

Assim, desprezando o atrito, é correto afirmar que:
a) $t_1 < t_2$ e $v_1 < v_2$.
b) $t_1 < t_2$ e $v_1 = v_2$.
c) $t_1 = t_2$ e $v_1 = v_2$.
d) $t_1 = t_2$ e $v_1 > v_2$.
e) $t_1 > t_2$ e $v_1 = v_2$.

30. Um garoto de massa m = 30 kg parte do repouso do ponto **A** do escorregador perfilado na figura e desce, sem sofrer a ação de atritos ou da resistência do ar, em direção ao ponto **C**:

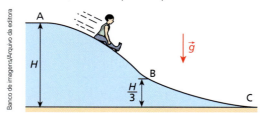

Sabendo que H = 20 m e que $|\vec{g}| = 10$ m/s², calcule:
a) a energia cinética do garoto ao passar pelo ponto **B**;
b) a intensidade de sua velocidade ao atingir o ponto **C**.

31. (Fuvest-SP) Numa montanha-russa, um carrinho com 300 kg de massa é abandonado do repouso de um ponto **A**, que está a 5,0 m de altura. Supondo que os atritos sejam desprezíveis e que g = 10 m/s², calcule:

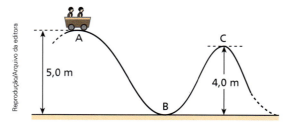

a) o valor da velocidade do carrinho no ponto **B**;
b) a energia cinética do carrinho no ponto **C**, que está a 4,0 m de altura.

32. (PUCC-SP) A pista vertical representada é um quadrante de circunferência de 1,0 m de raio. Adotando g = 10 m/s² e considerando desprezíveis as forças dissipativas, um corpo lançado em **A** com velocidade de 6,0 m/s desliza pela pista, chegando ao ponto **B** com velocidade:

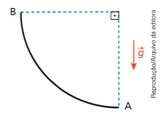

a) 6,0 m/s.
b) 4,0 m/s.
c) 3,0 m/s.
d) 2,0 m/s.
e) nula.

33. No experimento realizado a seguir, uma mola ideal, de constante elástica K, é comprimida por um operador, lançando um bloco de massa m sobre uma mesa horizontal perfeitamente polida.

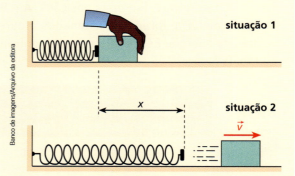

Na situação 1, a mola está comprimida de um comprimento x e o bloco está em repouso. Na situação 2, a mola está sem deformação e o bloco encontra-se em movimento, com velocidade de intensidade v. Desprezando a influência do ar, determine o valor de v.

Resolução:
Como não há atritos nem influência do ar, o sistema é conservativo, devendo ocorrer conservação da energia mecânica total.

Isso significa que a energia potencial elástica armazenada inicialmente na mola é totalmente transferida para o bloco, que a assimila em forma de energia cinética.

$$E_c = E_e \Rightarrow \frac{mv^2}{2} = \frac{Kx^2}{2}$$

Logo: $\boxed{v = \sqrt{\frac{K}{m}}\, x}$

34. No arranjo experimental da figura, desprezam-se o atrito e o efeito do ar:

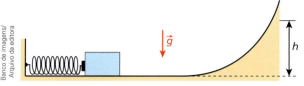

O bloco (massa de 4,0 kg), inicialmente em repouso, comprime a mola ideal (constante elástica de $3,6 \cdot 10^3$ N/m) de 20 cm, estando apenas encostado nela. Largando-se a mola, esta distende-se impulsionando o bloco, que atinge a altura máxima h.
Adotando $|\vec{g}| = 10$ m/s², determine:
a) o módulo da velocidade do bloco imediatamente após desligar-se da mola;
b) o valor da altura h.

35. (Vunesp) Um brinquedo de tiro ao alvo utiliza a energia armazenada em uma mola para lançar dardos.

Para carregar o lançador de dardos de brinquedo, um garoto aplica uma força progressivamente maior até que a mola encontre a trava.
Dados: massa de um dardo = 60 g;
módulo da aceleração da gravidade = 10 m/s².
a) O gráfico indica as forças envolvidas no processo de colocação do dardo no lançador até seu travamento, quando a mola é deformada em 6,0 cm.

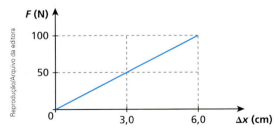

Com base no gráfico, determine o trabalho realizado pelo garoto nessa ação.
b) Disparando-se o brinquedo de forma que o dardo realize um movimento vertical para cima, determine a máxima altura alcançada por ele, em relação à sua posição inicial, admitindo-se que toda energia armazenada pela mola seja transferida para o dardo e que não haja dissipação de energia mecânica durante a sua ascensão.

36. (UFJF-MG) Um garoto brinca com uma mola helicoidal. Ele coloca a mola em pé em uma mesa e apoia sobre ela um pequeno disco de plástico. Segurando a borda do disco, ele comprime a mola, contraindo-a de 5 mm. Após o garoto soltar os dedos, a mola projeta o disco 100 mm para cima (contados do ponto de lançamento, veja a figura).

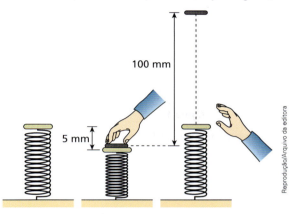

Considerando-se a mola ideal e desprezando-se a resistência do ar, quanto subiria o disco se o garoto contraísse a mola de 10 mm?
a) 400 mm   c) 100 mm   e) 90 mm
b) 200 mm   d) 80 mm

37. Rogério, de massa 40 kg, parte do repouso de uma altura de 10 m, desliza ao longo de um tobogã e atinge a parte mais baixa com velocidade de 5,0 m/s:

E.R.

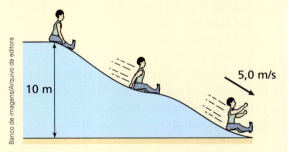

Admitindo a aceleração da gravidade igual a 10 m/s², calcule a energia mecânica degradada pelas forças dissipativas, durante a descida do garoto.

Resolução:
A energia mecânica inicial, associada a Rogério no alto do tobogã, era do tipo potencial de gravidade (referencial no solo).
$$E_{m_i} = E_p = mgh$$
$$E_{m_i} = 40 \cdot 10 \cdot 10 \therefore E_{m_i} = 4,0 \cdot 10^3 \text{ J}$$

A energia mecânica final com que o garoto atinge a parte mais baixa do tobogã é do tipo cinética:

$$E_{m_f} = E_c = \frac{mv^2}{2}$$

$$E_{m_f} = \frac{40 \cdot (5,0)^2}{2} \therefore E_{m_f} = 5,0 \cdot 10^2 \text{ J}$$

A energia mecânica degradada pelas forças dissipativas é E_d. Essa energia é calculada por:

$$E_d = E_{m_i} - E_{m_f}$$

$$E_d = 4,0 \cdot 10^3 \text{ J} - 5,0 \cdot 10^2 \text{ J}$$

$$\boxed{E_d = 3,5 \cdot 10^3 \text{ J}}$$

38. O carrinho de montanha-russa da figura seguinte pesa $6,50 \cdot 10^3$ N e está em repouso no ponto **A**, numa posição de equilíbrio instável. Em dado instante, começa a descer o trilho, indo atingir o ponto **B** com velocidade nula:

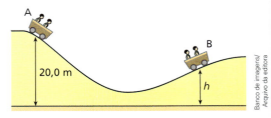

Sabendo que a energia térmica gerada pelo atrito de **A** até **B** equivale a $4,55 \cdot 10^4$ J, determine o valor da altura h.

Exercícios Nível 2

39. (Vunesp) A figura ilustra a sequência de movimentos de um atleta durante o salto com vara.

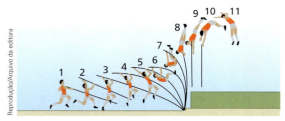

Na posição 6, indicada na figura, o sistema atleta-vara possui, em relação ao solo,

a) apenas energia potencial gravitacional e energia potencial elástica.
b) apenas energia cinética e energia potencial gravitacional.
c) apenas energia potencial gravitacional.
d) energia cinética, energia potencial gravitacional e energia potencial elástica.
e) apenas energia potencial elástica e energia cinética.

40. Em uma montanha-russa, um carrinho de massa 60 kg tem sua energia potencial de gravidade variando em função de uma coordenada horizontal de posição x, conforme o gráfico a seguir:

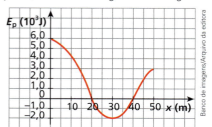

Admitindo que para $x_0 = 0$ a velocidade do carrinho é nula e supondo a inexistência de atritos:

a) calcule a altura do carrinho em relação ao nível zero de referência, bem como a intensidade de sua velocidade para $x = 50$ m (adote nos cálculos $g = 10$ m/s^2);
b) esboce o gráfico da energia cinética do carrinho em função de x.

41. Uma partícula movimenta-se sob a ação de um campo de forças conservativo, possuindo energia mecânica E. O gráfico que melhor traduz a energia cinética (E_c) da partícula em função de sua energia potencial (E_p) é:

a)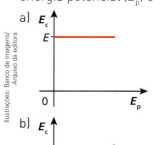

d)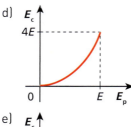

b)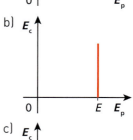

e)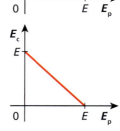

c)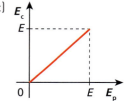

42. (Vunesp) No final de dezembro de 2004, um *tsunami* no Oceano Índico chamou a atenção pelo seu poder de destruição. Um *tsunami* é uma onda que se forma no oceano, geralmente criada por abalos sísmicos, atividades vulcânicas ou pela queda de meteoritos. Este foi criado por uma falha geológica reta, muito comprida, e gerou ondas planas que, em alto-mar, propagaram-se com comprimentos de onda muito longos, amplitudes pequenas se comparadas com os comprimentos de onda, mas com altíssimas velocidades. Uma onda desse tipo transporta grande quantidade de energia, que se distribui em um longo comprimento de onda e, por isso, não representa perigo em alto-mar. No entanto, ao chegar à costa, onde a profundidade do oceano é pequena, a velocidade da onda diminui. Como a energia transportada é praticamente conservada, a amplitude da onda aumenta, mostrando assim o seu poder devastador. Considere que o módulo da velocidade da onda possa ser obtido pela relação $v = \sqrt{hg}$, em que $g = 10{,}0$ m/s^2 e h são, respectivamente, o módulo da aceleração da gravidade e a profundidade no local de propagação. A energia da onda pode ser estimada pela relação $E = kvA^2$, em que k é uma constante de proporcionalidade e A é a amplitude da onda. Se o *tsunami* for gerado em um local com 6 250 m de profundidade e com amplitude de 2,0 m, quando chegar à região costeira, com 10,0 m de profundidade, sua amplitude será
a) 14,0 m   c) 10,0 m   e) 6,0 m
b) 12,0 m   d) 8,0 m

43. Um jogador de voleibol, ao dar um saque, comunica à bola uma velocidade inicial de 10 m/s. A bola, cuja massa é de 400 g, passa a se mover sob a ação exclusiva do campo gravitacional ($|\vec{g}| = 10$ m/s^2), descrevendo a trajetória indicada na figura:

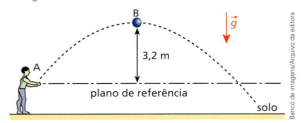

Calcule:
a) a energia mecânica da bola no ponto **A** em relação ao plano de referência indicado;
b) o módulo da velocidade da bola ao passar pelo ponto **B** (mais alto da trajetória).

44. Do ponto **A**, situado no alto de uma plataforma de altura h, um canhão de dimensões desprezíveis dispara um projétil que, depois de descrever a trajetória indicada na figura, cai no mar (ponto **C**):

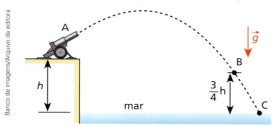

Sendo g o valor da aceleração da gravidade e v_0 o módulo da velocidade de lançamento do projétil, calcule o módulo de sua velocidade nos pontos **B** e **C**.

45. Um pequeno bloco **B**, lançado do ponto **P** com velocidade de intensidade v_0, desliza sem atrito e sem sofrer influência do ar sobre a superfície **PQ**, contida em um plano vertical.

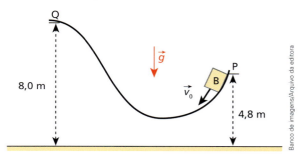

Sabendo que **B** inverte o sentido do movimento no ponto **Q** e que $|\vec{g}| = 10$ m/s^2, calcule o valor de v_0.

46. Um carrinho de dimensões desprezíveis, com massa igual a m, parte do repouso no ponto **A** e percorre o trilho **ABC** da figura, contido em um plano vertical, sem sofrer a ação de forças dissipativas:

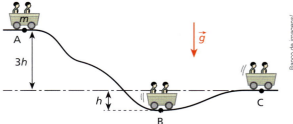

Supõe-se conhecida a altura h e adota-se para a aceleração da gravidade o valor g. Considerando como plano horizontal de referência aquele que passa pelo ponto **C**, determine:
a) a energia potencial de gravidade do carrinho no ponto **B**;
b) a relação v_B/v_C entre os módulos da velocidade do carrinho nos pontos **B** e **C**.

47. (FGV-SP) Os Jogos Olímpicos recém-realizados no Rio de Janeiro promoveram uma verdadeira festa esportiva, acompanhada pelo mundo inteiro. O salto em altura foi uma das modalidades de atletismo que mais chamou a atenção, porque o recorde mundial está com o atleta cubano Javier Sotomayor desde 1993, quando, em Salamanca, ele atingiu a altura de 2,45 m, marca que ninguém, nem ele mesmo, em competições posteriores, conseguiria superar. A foto a seguir mostra o atleta em pleno salto.

Considere que, antes do salto, o centro de massa desse atleta estava a 1,0 m do solo; no ponto mais alto do salto, seu corpo estava totalmente na horizontal e ali sua velocidade tinha módulo igual a $2\sqrt{5}$ m/s; a aceleração da gravidade tem módulo igual a 10 m/s²; e não houve interferências passivas. Para atingir a altura recorde, ele deve ter partido do solo com uma velocidade inicial, com módulo, em m/s, igual a

a) 7,0.   b) 6,8.   c) 6,6.   d) 6,4.   e) 6,2.

48. Na montagem experimental esquematizada na figura, o trilho **AB** é perfeitamente liso. No local, reina o vácuo e a aceleração da gravidade tem intensidade g.

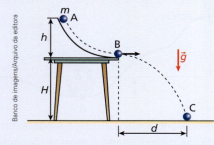

Uma bolinha de massa m, abandonada do repouso no ponto **A**, desce o trilho e projeta-se horizontalmente no ponto **B**, atingindo o solo no ponto **C**. Supondo conhecidas as alturas h e H, calcule a distância d entre o pé da vertical baixada do ponto **B** e o ponto **C**.

Resolução:

I. Cálculo de v_B:

Sistema conservativo: $E_{m_B} = E_{m_A}$

PHR em **B**: $\dfrac{mv_B^2}{2} = mgh \Rightarrow \boxed{v_B = \sqrt{2gh}}$

II. Cálculo de t_{BC}:

Na vertical, o movimento da bolinha de **B** até **C** é uniformemente variado, logo:

$H = \underbrace{v_{0_y} t_{BC}}_{\text{parcela nula}} + \dfrac{g}{2} t_{BC}^2 \Rightarrow \boxed{t_{BC} = \sqrt{\dfrac{2H}{g}}}$

III. Cálculo de d:

Na horizontal, o movimento da bolinha de **B** até **C** é uniforme, logo:

$d = v_B t_{BC} \Rightarrow d = \sqrt{2gh}\sqrt{\dfrac{2H}{g}}$

$$\boxed{d = 2\sqrt{hH}}$$

Nota:
- d independe de m e de g.

49. (UPM-SP) Uma bolinha é abandonada do ponto **A** do trilho liso **AB** e atinge o solo no ponto **C**. Supondo que a velocidade da bolinha no ponto **B** seja horizontal, a altura h vale:

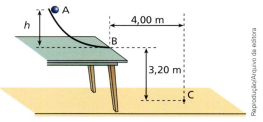

a) 1,25 m   c) 2,00 m   e) 2,50 m
b) 1,75 m   d) 2,25 m

50. (UFRJ) Um trilho em forma de arco circular, contido em um plano vertical, está fixado em um ponto **A** de um plano horizontal. O centro do arco está em um ponto **O** desse mesmo plano. O arco é de 90° e tem raio R, como ilustra a figura.

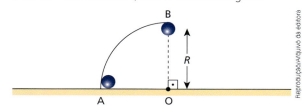

Um pequeno objeto é lançado para cima, verticalmente, a partir da base **A** do trilho e desliza apoiado internamente a ele, sem atrito, até o ponto **B**, onde escapa horizontalmente, caindo no ponto **P** do plano horizontal onde está fixado o trilho. A distância do ponto **P** ao ponto **A** é igual a 3R.

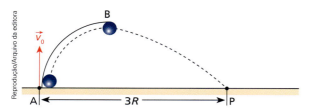

Calcule o módulo da velocidade inicial $\vec{v}_0$ com que o corpo foi lançado, em função do raio R e do módulo da aceleração da gravidade g.

51. Três pequenos pedaços de giz, **A**, **B** e **C**, vão se movimentar no interior de determinada sala de aula a partir de uma mesma altura H sob a ação exclusiva da gravidade. O pedaço **A** será abandonado do repouso para despencar verticalmente e os pedaços **B** e **C** serão lançados com velocidades de mesma intensidade v_0 para realizarem voos balísticos, em trajetórias parabólicas.

A velocidade inicial de **B** será horizontal, enquanto a de **C** será oblíqua e dirigida para cima, como representa a figura.

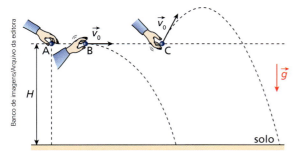

Representando-se respectivamente por T_A, T_B e T_C os tempos gastos por **A**, **B** e **C** em seus movimentos até o solo e por v_A, v_B e v_C as correspondentes intensidades das velocidades de impacto desses três pedaços de giz contra o chão, pede-se comparar:

a) T_A, T_B e T_C;
b) v_A, v_B e v_C.

52. (OBF) A CN Tower de Toronto, Canadá, tem altitude máxima de 1815 pés (553,33 m), um dos maiores edifícios do mundo. A 315 metros de altitude, os turistas têm acesso ao andar de observação.

A partir desse andar, objetos de massa m = 0,40 kg são lançados com velocidades de mesmo módulo v_0 = 10 m/s, segundo direções **A**, **B** e **C**, conforme ilustra a figura.

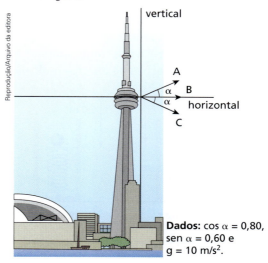

Dados: cos α = 0,80, sen α = 0,60 e g = 10 m/s².

Considerando-se o solo como altitude zero e a resistência do ar desprezível, pode-se afirmar:

a) Nas três situações, o tempo de queda do objeto é o mesmo.
b) O objeto atinge o solo com mais energia cinética quando lançado conforme a situação **C**.
c) Os três objetos atingem o solo num ponto cuja distância em relação à vertical que passa pelo ponto de lançamento é de 82,7 m (alcance horizontal).
d) Nas três situações, o módulo da velocidade de impacto do objeto com o solo vale 288 km/h.
e) Os três objetos atingem o solo com a mesma velocidade vetorial final.

53. (OBF) Um bloco de massa m = 0,60 kg, sobre um trilho de atrito desprezível, comprime uma mola de constante elástica K = 2,0 · 10³ N/m, conforme a figura abaixo.

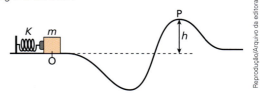

Considere que a energia potencial gravitacional seja zero na linha tracejada. O bloco, ao ser liberado, passa pelo ponto **P** (h = 0,60 m), onde 75% de sua energia mecânica é cinética. Adote g = 10,0 m/s² e despreze o efeito do ar.

A compressão x da mola foi de:

a) 9,0 cm.
b) 12,0 cm.
c) 15,0 cm.
d) 18,0 cm.
e) 21,0 cm.

54. Na figura seguinte, uma esfera de massa **E.R.** m = 5,0 kg é abandonada do ponto **R** no instante t_1, caindo livremente e colidindo inelasticamente com o aparador, que está ligado a uma mola de constante elástica igual a $2,0 \cdot 10^3$ N/m. As massas da mola e do aparador são desprezíveis, como também o são todas as dissipações de energia mecânica.

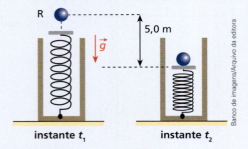

Considerando g = 10 m/s² e supondo que no instante t_2 a mola está sob compressão máxima, calcule:
a) a compressão da mola quando a esfera atinge sua máxima velocidade;
b) a compressão da mola no instante t_2.

Resolução:
a) Durante a queda livre, o movimento da esfera é uniformemente acelerado pela ação do peso constante $\vec{P}$.
Após a colisão inelástica com o aparador, entretanto, além do peso $\vec{P}$, passa a agir na esfera a força elástica $\vec{F}_e$ exercida pela mola, que, pela Lei de Hooke, tem intensidade proporcional à deformação Δx.
Assim, logo após a colisão, como a deformação da mola ainda é pequena, o mesmo ocorre com a intensidade de $\vec{F}_e$, havendo predominância de $\vec{P}$. Isso faz com que o movimento continue acelerado (não uniformemente).
A velocidade da esfera tem **intensidade máxima** no instante em que a força elástica equilibra o peso.

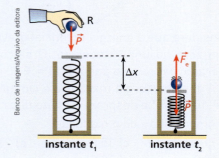

Na posição em que a velocidade é máxima:

$$|\vec{F}_e| = |\vec{P}|$$

$$K\Delta x = mg$$
$$2,0 \cdot 10^3 \cdot \Delta x = 5,0 \cdot 10$$

$$\Delta x = 2,5 \cdot 10^{-2} \text{ m} = 2,5 \text{ cm}$$

Da posição de máxima velocidade para baixo, a esfera realiza um movimento retardado (não uniformemente) até parar (instante t_2).

b)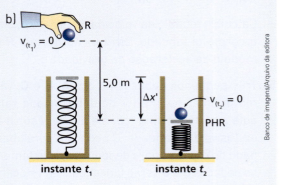

Adotando o nível do aparador na situação da mola sob máxima compressão como referência e observando que o sistema é conservativo, podemos dizer que a energia potencial elástica acumulada na mola no instante t_2 é igual à energia potencial de gravidade da esfera no instante t_1.

$$E_{e_{(t_2)}} = E_{p_{(t_1)}} \Rightarrow \frac{K(\Delta x')^2}{2} = mgh$$

$$\frac{2,0 \cdot 10^3 (\Delta x')^2}{2} = 5,0 \cdot 10 \cdot 5,0$$

$$\Delta x' = 5,0 \cdot 10^{-1} \text{ m} = 50 \text{ cm}$$

55. Um corpo de massa 1,0 kg cai livremente, a partir do repouso, da altura y = 6,0 m sobre uma mola de massa desprezível e eixo vertical, de constante elástica igual a $1,0 \cdot 10^2$ N/m.
Adotando g = 10 m/s² e desprezando todas as dissipações de energia mecânica, calcule a máxima deformação x da mola.

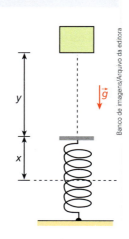

56. (FGV-SP) Em festas de aniversário, um dispositivo bastante simples arremessa confetes. A engenhoca é constituída essencialmente por um tubo de papelão e uma mola helicoidal comprimida. No interior do tubo, estão acondicionados os confetes. Uma pequena torção na base plástica do tubo destrava a mola que, em seu processo de relaxamento, empurra, por 20 cm, os confetes para fora do dispositivo.

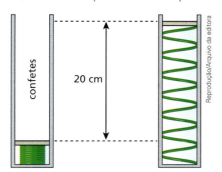

Ao serem lançados com o tubo na posição vertical, os confetes atingem no máximo 4,0 metros de altura, 20% do que conseguiriam se não houvesse a resistência do ar. Considerando-se que a porção de confetes a ser arremessada tem massa total de 10 g e que a aceleração da gravidade tem módulo igual a 10 m/s^2, o valor da constante elástica da mola utilizada é, aproximadamente, em N/m,
a) 10   b) 20   c) 40   d) 50   e) 100

57. (Unicamp-SP) *Bungee-jump* é um esporte radical, muito conhecido hoje em dia, em que uma pessoa salta de uma grande altura, presa a um cabo elástico. Considere o salto de uma pessoa de 80 kg. No instante em que a força elástica do cabo vai começar a agir, o módulo da velocidade da pessoa é de 20 m/s. O cabo adquire o dobro de seu comprimento natural quando a pessoa atinge o ponto mais baixo de sua trajetória. Para resolver as questões abaixo, despreze a resistência do ar e considere g = 10 m/s^2.
a) Calcule o comprimento normal do cabo.
b) Determine a constante elástica do cabo.

58. O pêndulo da figura oscila para ambos os lados, formando um ângulo máximo de 60° com a vertical.

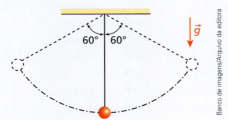

O comprimento do fio é de 90 cm e, no local, o módulo da aceleração da gravidade vale 10 m/s^2. Supondo condições ideais, determine:
a) o módulo da velocidade da esfera no ponto mais baixo de sua trajetória;
b) a intensidade da força que traciona o fio quando este se encontra na vertical (adotar, para a massa da esfera, o valor 50 g).

Resolução:
Vamos analisar, inicialmente, os aspectos geométricos do problema:

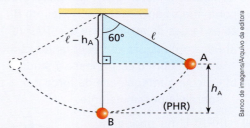

Considerando o triângulo retângulo destacado na figura, temos:

$$\cos 60° = \frac{\ell - h_A}{\ell} \Rightarrow \frac{1}{2}\ell = \ell - h_A$$

$$h_A = \frac{1}{2}\ell = \frac{90 \text{ cm}}{2} \Rightarrow \boxed{h_A = 45 \text{ cm}}$$

a) Como a única força que realiza trabalho é a da gravidade, o sistema é conservativo, permitindo-nos aplicar o Princípio de Conservação da Energia Mecânica:

$$E_{m_B} = E_{m_A}$$
$$E_{c_B} + E_{p_B} = E_{c_A} + E_{p_A}$$
$$\frac{mv_B^2}{2} + mgh_B = \frac{mv_A^2}{2} + mgh_A$$

Sendo $h_B = 0$ e $v_A = 0$, calculamos v_B:

$$v_B = \sqrt{2gh_A} = \sqrt{2 \cdot 10 \cdot 0{,}45}$$

$$\boxed{v_B = 3{,}0 \text{ m/s}}$$

b) No ponto **B**, agem na esfera seu peso ($\vec{P}$) e a força aplicada pelo fio ($\vec{T}$):
A resultante entre $\vec{P}$ e $\vec{T}$ deve ser **centrípeta**. Então, temos:

$$T - P = F_{cp_B} \Rightarrow T = m\left(\frac{v_B^2}{\ell} + g\right)$$

$$T = 50 \cdot 10^{-3}\left(\frac{3{,}0^2}{0{,}90} + 10\right) \therefore \boxed{T = 1{,}0 \text{ N}}$$

59. (UFMG) A figura mostra um trecho de uma montanha-russa de formato circular de raio R. Um carro de massa M = 200 kg parte do repouso de uma altura $\frac{R}{2}$ (ponto **A**).

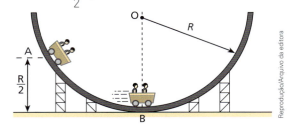

Considere o instante em que o carro passa pelo ponto mais baixo da trajetória (ponto **B**). Despreze as forças de atrito e use g = 10 m/s².

a) Faça uma figura representando as forças que atuam sobre o carro nesse instante.

b) Calcule a intensidade da força que a pista faz sobre ele nesse instante.

60. (UFPE) Uma pequena conta de vidro de massa igual a 10 g desliza sem atrito ao longo de um arame circular de raio R = 1,0 m, como indicado na figura.

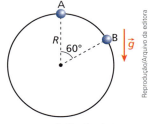

Se a conta partiu do repouso na posição **A**, determine o valor de sua energia cinética ao passar pelo ponto **B**. O arame está posicionado verticalmente em um local em que $|\vec{g}|$ = 10 m/s².

61. Considere a situação esquematizada na figura em que um aro circular de raio R = 50 cm e massa M = 3,0 kg, disposto verticalmente, é apoiado sobre uma balança graduada em newtons. Uma pequena esfera de massa m = 200 g será lançada

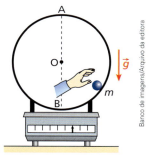

por um operador de modo a percorrer a parte interna do aro, sem perder o contato com a trajetória e sem sofrer a ação de forças de atrito.
No local, a influência do ar é desprezível e adota-se g = 10 m/s². Supondo que nos instantes em que a esfera passa no ponto **A**, o mais alto do aro, a balança indique zero, determine:

a) a intensidade da velocidade da esfera no ponto **B**, o mais baixo do aro;

b) a indicação da balança nos instantes da passagem da esfera no ponto **B**.

62. No esquema da figura, o bloco tem massa 3,0 kg e encontra-se inicialmente em repouso num ponto da rampa, situado à altura de 1,0 m:

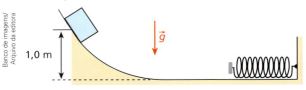

Uma vez abandonado, o bloco desce, atingindo a mola de constante elástica igual a 1,0 · 10³ N/m, que sofre uma compressão máxima de 20 cm. Adotando $|\vec{g}|$ = 10 m/s², calcule a energia mecânica dissipada no processo.

63. O assento ejetável que equipa a maioria dos caças militares modernos é um dispositivo de segurança que, em caso de desastre iminente, lança o piloto para cima e este deixa o *cockpit* da aeronave em alta velocidade. Em seguida, já distante do avião, o piloto desce rumo ao solo, fazendo uso de um paraquedas. O assento ejetável, uma vez acionado, é disparado com o auxílio de catapultas mecânicas ou sistemas explosivos comandados por foguetes.

Consideremos a situação hipotética de um caça avariado em voo paralelo à superfície terrestre, com velocidade de intensidade igual a 648 km/h, a uma altitude de 118,75 m em relação ao solo horizontal. Percebendo o inevitável colapso da aeronave, o piloto aciona o assento ejetável, cujo sistema propulsor deverá ser assimilado a uma mola ideal de eixo vertical, constante elástica K = 2,7 · 10⁶ N/m, comprimida inicialmente de x = 50 cm. A massa do piloto juntamente com seu assento é M = 120 kg e o conjunto é disparado verticalmente para cima em relação ao caça. No local, g = 10 m/s². Sabendo-se que o piloto só aciona seu paraquedas depois de iniciado o movimento de descida, adotando-se um referencial fixo no solo e ignorando-se nos cálculos a resistência do ar, pede-se determinar:

a) a energia cinética E do piloto juntamente com seu assento ao deixar a aeronave;

b) a altura máxima H atingida pelo conjunto.

Intersaberes

Salvo pelo neutrino

// Wolfgang **Pauli** ganhou o Prêmio Nobel em 1945 pela formulação do seu Princípio da Exclusão.

A água tem energia potencial de gravidade convertida em energia cinética quando despenca do topo de uma cachoeira. Há também nessa queda produção de energias térmica e acústica, outras formas desse ente físico. Se contabilizarmos, no entanto, a energia final do sistema, que inclui a água e o ambiente, veremos que o total obtido coincidirá com a energia mecânica inicial do líquido, no começo de sua precipitação. Esse e outros contextos compõem um amplo cenário que torna plausível considerarmos a manutenção da quantidade total da energia de um sistema amplo em uma transformação qualquer.

A conservação da energia, talvez a mais abrangente e importante concepção da Física, foi colocada na berlinda nas primeiras décadas do século XX. Isso aconteceu por ocasião dos estudos preliminares do decaimento β, um fenômeno atômico muito em voga na época.

O salvador do **Princípio de Conservação da Energia**, por assim dizer, foi o físico austríaco Wolfgang **Pauli** (1900-1958), que explicou o decaimento β. O físico italiano Enrico **Fermi** (1901-1954) corroborou as ideias de Pauli e chamou a misteriosa partícula de **neutrino**.

A hipótese de neutrino

[...] Durante a década de 1930, um dos grandes problemas da Física Nuclear era explicar o decaimento β. Nesse tipo de processo, um núcleo atômico instável pode transformar-se em outro núcleo pela emissão de uma partícula β (um elétron ou um pósitron). Hoje, há duas formas de explicá-lo: no caso da emissão de elétrons, um nêutron (**n**) do núcleo se transforma em um próton (**p**), um elétron (**e⁻**) e um neutrino ($\bar{\nu}$); na emissão de pósitrons, um próton do núcleo se transforma em um nêutron, um pósitron (**e⁺**) e um antineutrino.

Essas transformações são representadas, respectivamente, por:

$$n \rightarrow p^+ + e^- + \bar{\nu}; \quad e \quad p^+ \rightarrow n + e^+ + \bar{\nu}$$

Nos anos 1930, no entanto, os neutrinos ainda não eram conhecidos. Em um experimento realizado em 1911, a física Lise Meitner (1878-1968) e o químico Otto Hahn (1879-1968) mostraram que a energia do elétron emitido não era igual à diferença entre a energia final e inicial do núcleo, indicando que parte da energia era carregada por alguma partícula ainda não detectada. Medidas do *spin* do núcleo e dos elétrons emitidos indicavam, por outro lado, uma aparente violação da conservação total do *spin* do sistema.

Por isso, vários físicos, entre eles Bohr, chegaram a pensar em abandonar o **Princípio de Conservação da Energia**. Até que, em 1931, Pauli propôs uma alternativa menos drástica, supondo a existência de uma partícula com massa extremamente pequena e com *spin* 1/2, emitida junto com o elétron no processo de decaimento. Para distinguir tal partícula do nêutron, Fermi batizou-a de neutrino, usando um diminutivo de nêutron em italiano. Isso estava de acordo com a conservação da energia e do *spin*, e a razão de o neutrino não ser observado estaria na sua fraca interação com a matéria.

Em razão dessa pequena interação, os neutrinos só foram detectados quase 25 anos após a proposição teórica de Pauli. Isso ocorreu em 1956, em um experimento com reatores nucleares feito pelos físicos americanos Clyde Cowan e Frederick Reines, que deu a Reines o Prêmio Nobel de Física de 1995. [...]

SILVA, Cibelle Celestino. Wolfgang Pauli. *Scientific American Brasil*, Gênios da Ciência, São Paulo, ed. 13, p. 82-89, dez. 2006.

Compreensão, pesquisa e debate

1. Pense nos diversos intercâmbios energéticos existentes na natureza. Em sua opinião, haveria algum processo em que não se verifica o **Princípio de Conservação da Energia**? Discuta o assunto com seus colegas e professor.

2. Procure saber mais sobre o decaimento β e outros processos radioativos. Além disso, pesquise também cientistas envolvidos nesses estudos, entre eles, Marie Curie (1867-1934).

Exercícios Nível 3

64. (UFPE) Uma criança, que está brincando com blocos cúbicos idênticos, constrói as configurações compostas de três blocos mostradas na figura. Cada bloco tem aresta a = 10 cm e massa M = 100 g. A criança pode até perceber intuitivamente que a configuração **A** é mais estável do que a **B**, mas não consegue quantificar fisicamente essa estabilidade. Para tal, é necessário determinar a diferença de energia potencial gravitacional $\Delta U = U_B - U_A$ entre as duas configurações. Qual é o valor de ΔU? Adote g = 10 m/s².

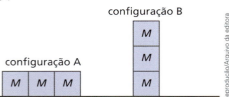

65. (UPM-SP) Uma bomba (**B**) recalca água, à taxa de $2{,}0 \cdot 10^{-2}$ m³ por segundo, de um depósito (**A**) para uma caixa (**C**) no topo de uma casa. A altura de recalque é de 9,2 m e a velocidade da água na extremidade do tubo de descarga (**D**) é de 4,0 m · s⁻¹.

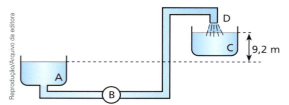

Considere g = 10 m · s⁻² e a massa específica da água igual a $1{,}0 \cdot 10^3$ kg · m⁻³. Despreze as dissipações de energia. Qual a potência da bomba em kW?

66. (ITA-SP) Uma haste vertical de comprimento L, sem peso, é presa a uma articulação **T** e dispõe em sua extremidade de uma pequena massa m que, conforme a figura, toca levemente a quina de um bloco de massa M. Após uma pequena perturbação, o sistema movimenta-se para a direita. A massa m perde o contato com M no momento em que a haste perfaz um ângulo de $\dfrac{\pi}{6}$ rad com a horizontal.

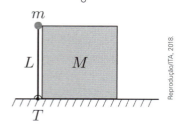

Desconsiderando atritos, assinale a velocidade final do bloco.

a) $\sqrt{\dfrac{mgL}{M}}$

b) $\sqrt{\dfrac{mgL}{M + 4m}}$

c) $\sqrt{\dfrac{mgL}{M + \dfrac{4m}{3}}}$

d) $\sqrt{\dfrac{2mgL}{M}}$

e) $\sqrt{gL}$

67. Um garoto amarra firmemente um pequeno objeto de massa m na extremidade de um fio ideal de comprimento L e faz com que o conjunto gire sucessivamente em um plano vertical. O objeto realiza dessa forma *loopings* circulares centrados na mão do garoto sem sofrer ação significativa da resistência do ar. Veja a ilustração abaixo.

Verifica-se que numa determinada volta, no ponto mais baixo da trajetória, a intensidade da força de tração no fio é o dobro daquela registrada no ponto mais alto.

Desprezando-se eventuais acréscimos de energia mecânica pela ação muscular do garoto sobre o fio e adotando-se para a aceleração da gravidade módulo igual a g, determine para o ponto mais baixo da trajetória e para o mais alto:

a) a intensidade da velocidade do objeto. Responda em função de g e de L;
b) a intensidade da força de tração no fio. Responda em função de m e de g.

68. (UFTM-MG) A figura, fora de escala, mostra um pêndulo simples abandonado à altura h do ponto mais baixo da trajetória. Na vertical que 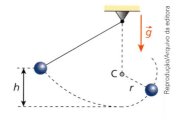 passa pelo ponto de sustentação, um pino faz o fio curvar-se e o pêndulo passa a descrever uma trajetória circular de raio r e centro **C**.

O menor valor de *h* para que a esfera pendular descreva uma circunferência completa é igual a:
a) 1,0r.   b) 1,5r.   c) 2,0r.   d) 2,5r.   e) 3,0r.

69. (ITA-SP) Uma haste rígida de peso desprezível e comprimento ℓ carrega uma massa $2m$ em sua extremidade. Outra haste, idêntica, suporta uma massa m em seu ponto médio e outra massa m em sua extremidade. As hastes podem girar ao redor do ponto fixo **A**, conforme as figuras.

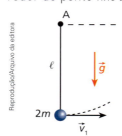
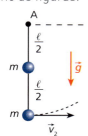

Qual a velocidade horizontal mínima que deve ser comunicada às suas extremidades para que cada haste deflita até atingir a horizontal?
Considere conhecida a intensidade da aceleração da gravidade, *g*.

70. (IJSO) Você está projetando um aparato para suportar um ator de massa 65 kg que vai voar sobre o palco durante a performance de uma peça. Você conecta o ator a uma caixa de areia de 130 kg por meio de um cabo de aço de massa desprezível que pode deslizar sem atrito sobre duas polias, como mostrado na figura a seguir.

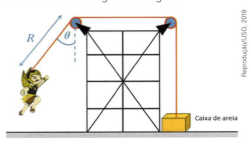

Vista esquemática do aparato usado pelo ator durante o voo na performance da peça.

Você precisa de 3,0 m de cabo entre o ator e a polia mais próxima, de maneira que a polia possa ficar escondida atrás da cortina. Para que o aparato funcione, a caixa de areia nunca pode perder contato com o solo enquanto o ator balança acima do chão do palco. O ângulo inicial que o cabo do ator faz com a vertical é θ. Qual o máximo valor que θ pode assumir antes que a caixa de areia levante do solo? (Assuma que o ator pode ser considerado como um ponto material.)
a) 30°   b) 40°   c) 60°   d) 90°

71. (Unicamp-SP) Os brinquedos de parques de diversões utilizam-se de princípios da Mecânica para criar movimentos aos quais não estamos habituados, gerando novas sensações. Por isso um parque de diversões é um ótimo local para ilustrar princípios básicos da Mecânica.

a) Considere uma montanha-russa em que um carrinho desce por uma rampa de altura H = 5 m e, ao final da rampa, passa por um trecho circular de raio R = 2 m, conforme mostra a figura (a) abaixo.

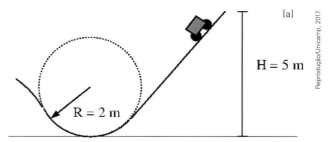

Calcule o módulo da aceleração no ponto mais baixo do circuito, considerando que o carrinho partiu do repouso.

b) Outro brinquedo comum em parques de diversões é o chapéu mexicano, em que cadeiras são penduradas com correntes na borda de uma estrutura circular que gira com seu eixo de rotação perpendicular ao solo. Considere um chapéu mexicano com estrutura circular de raio R = 6,3 m e correntes de comprimento L = 2 m. Ao girar, as cadeiras se elevam 40 cm, afastando-se 1,2 m do eixo de rotação, conforme mostra a figura (b) abaixo.

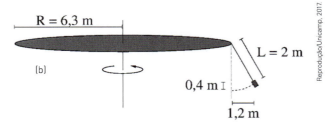

Calcule a velocidade angular de rotação do brinquedo.
Dado: $g = 10$ m/s^2.

72. (Olímpiada Americana de Física) Um trilho semicircular de raio *R* está posicionado verticalmente. Um pequeno anel é abandonado do repouso do topo do trilho e desliza sem atrito, sob ação da gravidade, até a extremidade inferior, quando então abandona o trilho horizontalmente a uma altura *H* acima do solo horizontal.

O anel atinge o solo percorrendo uma distância horizontal D.

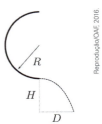

Assinale o gráfico que representa corretamente o produto RH em função de D^2.

a)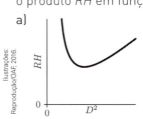

d)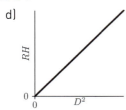

b)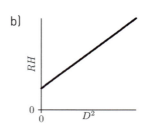

e)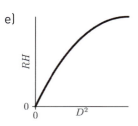

c)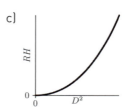

73. (Fuvest-SP) Na montanha-russa esquematizada a seguir, um motor leva o carrinho até o ponto 1. Desse ponto, ele parte, saindo do repouso, rumo ao ponto 2, localizado em um trecho retilíneo **AB**. Adote g = 10,0 m/s².

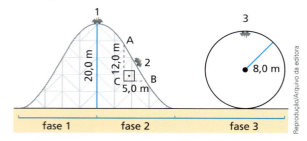

Desprezando-se a resistência do ar e as forças de atrito, calcule:

a) o módulo da aceleração do carrinho no ponto 2;
b) a velocidade escalar do carrinho no ponto 3, dentro do *loop*.

74. Na situação esquematizada abaixo, uma pequena esfera é disparada do ponto **O** do solo com velocidade $\vec{v}_0$, formando um ângulo $\theta = 45°$ em relação à horizontal. No local, a influência do ar é desprezível e o campo gravitacional é uniforme. A esfera descreve, então, uma trajetória parabólica e no ponto **A**, com velocidade horizontal, ela penetra em uma calha circular de raio R, contida em um plano vertical e fixada sobre uma mesa de apoio, a uma altura H acima do solo.

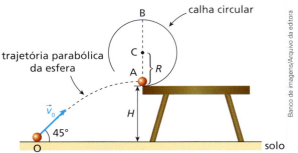

Desprezando todos os atritos e sabendo que, ao passar no ponto **B**, a esfera recebe da calha uma força normal de contato de intensidade igual à metade do seu peso, calcule a relação $\dfrac{H}{R}$.

75. (OBF) Um esquimó está no ponto mais alto do iglu semiesférico onde mora, como mostrado na figura abaixo. Ele desce ao longo da superfície do iglu de cima para baixo que tem um coeficiente de atrito cinético aproximadamente igual a zero e com velocidade inicial desprezível. Para um iglu de raio 3,75 m, encontre:

a) a altura a partir do chão onde o esquimó perde contato com a superfície do iglu;
b) a velocidade do esquimó no ponto onde ele perde contato com a superfície do iglu.

76. Um atleta de massa igual a 64,0 kg prepara-se para realizar um salto a distância. Para isso, ele começa a correr numa pista horizontal, destacando-se do solo com uma velocidade oblíqua $\vec{v}_0$ que tem componente horizontal de intensidade 10,5 m/s.

Nesse instante, o centro de massa do atleta encontra-se a uma altura de 80,0 cm em relação ao solo. No local, a aceleração da gravidade tem intensidade de g = 10,0 m/s² e a influência do ar é desprezível. Tendo-se verificado que o centro de massa do atleta sofreu uma elevação máxima de 45,0 cm durante o voo e que ao encerrar-se o salto este ponto termina praticamente ao nível do chão, determine:

a) a energia cinética do atleta no instante em que se destaca do solo;
b) o intervalo de tempo transcorrido durante o voo;
c) a marca obtida pelo atleta em seu salto, isto é, a distância percorrida por ele durante o voo, paralelamente à pista.

77. Na figura, tem-se um cilindro de massa 5,0 kg, dotado de um furo, tal que, acoplado à barra vertical indicada, pode deslizar sem atrito ao longo dela.

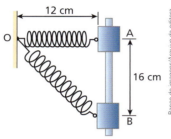

Ligada ao cilindro, existe uma mola de constante elástica igual a $5,0 \cdot 10^2$ N/m e comprimento natural de 8,0 cm, cuja outra extremidade está fixada no ponto **O**. Inicialmente, o sistema encontra-se em repouso (posição **A**) quando o cilindro é largado, descendo pela barra e alongando a mola. Calcule o módulo da velocidade do cilindro depois de ter descido 16 cm (posição **B**). Adote nos cálculos g = 10 m/s².

78. É a maior adrenalina!

O *bungee-jump* é um esporte radical que consiste de o praticante se deixar cair praticamente do repouso a partir de uma plataforma elevada preso a uma corda elástica. Equipamentos adequados e muito preparo técnico são indispensáveis nessa prática.

Admita que um atleta vá realizar um salto a partir do ponto **A**, indicado no esquema a seguir, preso a uma corda de comprimento natural $L_0 = 40$ m que obedece à Lei de Hooke. No local, a influência do ar pode ser desprezada, adota-se g = 10 m/s² e, inicialmente, a corda está dobrada em duas metades, conforme aparece na ilustração.

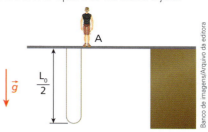

Sabendo-se que o atleta tem massa M = 100 kg e que a máxima distensão adquirida pela corda é igual a L_0, pede-se determinar:

a) o módulo da velocidade do atleta, *v*, em m/s, no instante em que a corda vai começar a esticar (adote $\sqrt{2} \cong 1,4$);
b) a constante elástica da corda, *K*, em N/m;
c) a intensidade da aceleração do atleta, *a*, em m/s², no instante em que a corda atinge sua máxima distensão;
d) o módulo da máxima velocidade atingida pelo atleta, $v_{máx}$, em m/s.

79. Uma pedra **Q**, de massa igual a 2,0 kg, está presa a um fio elástico que possui constante elástica K = $2,0 \cdot 10^2$ N/m. A pedra é projetada com velocidade $\vec{v}_Q$ de módulo

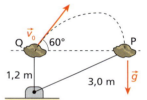

lo 20 m/s, formando um ângulo de 60° com a horizontal. No instante do lançamento, o fio elástico estava esticado 0,20 m. Desprezando a influência do ar e considerando g = 10 m/s², calcule o módulo da velocidade da pedra, em m/s, no instante em que ela atinge a posição **P**.

80. Uma partícula, saindo do repouso do ponto **A**, percorre a guia representada no esquema, disposta em um plano vertical:

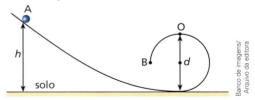

Sendo *h* a altura do ponto **A** em relação ao solo e *d* o diâmetro do arco de circunferência indicado, calcule o máximo valor admissível à relação $\frac{d}{h}$ para que a partícula consiga chegar ao ponto **B** sem perder o contato com a guia. Despreze os atritos e a resistência do ar.

Para raciocinar um pouco mais

81. (UFG-GO) A saltadora brasileira Fabiana Murer terminou as Olimpíadas de Pequim em décimo lugar, após descobrir, no meio da competição, que o Comitê Organizador dos Jogos havia perdido uma de suas varas, a de flexibilidade 21.
Fabiana Murer foi prejudicada porque teve de usar uma vara inapropriada para seu salto.
A altura que Fabiana não conseguiu ultrapassar: 4,65 m.

Com a vara errada		
Flexibilidade		Saltos para os quais a vara é apropriada
A vara que foi perdida	21,0	4,55 m e 4,60 m 4,65 m e 4,70 m
A vara que Fabiana usou	20,5	4,75 m e 4,80 m

Como se mede a flexibilidade?

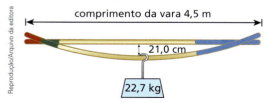

Dizer que a vara tem flexibilidade 21,0 significa que, quando apoiada e submetida a um peso de 22,7 kgf em seu centro, ela sofrerá uma deformação de 21,0 cm.

Fontes: Elson Miranda, treinador de Fabiana Murer, e Júlio Serrão, do Laboratório de Biomecânica da USP.
(VEJA. São Paulo, p. 128, 27 ago. 2008. Adaptado.)

Com a técnica adequada, considere que, ao flexionar a vara, a atleta consiga um acréscimo de energia equivalente a 20% de sua energia cinética antes do salto. Na corrida para o salto, a atleta atinge uma velocidade de módulo 8,0 m/s e seu centro de massa se encontra a 80 cm do solo. Admita que, no ponto mais alto de sua trajetória, a velocidade da atleta é desprezível.

Nessas condições, desconsiderando-se a resistência do ar e adotando-se g = 10 m/s², a altura máxima, em metros, que a atleta consegue saltar é:

a) 3,84   c) 4,64   e) 4,80
b) 4,00   d) 4,70

82. Na figura, **ABC** e **ADC** são tubos contidos em um mesmo plano vertical. Os segmentos **AB**, **BC**, **AD** e **DC** têm todos o mesmo comprimento L, estando **AD** e **BC** posicionados verticalmente.

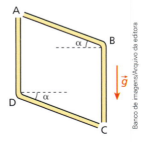

Uma esfera I parte do repouso de **A**, percorre o tubo **ABC** e atinge **C** com velocidade de intensidade v_I, gastando um intervalo de tempo Δt_I. Uma outra esfera II também parte do repouso de **A**, percorre o tubo **ADC** e atinge **C** com velocidade de intensidade v_{II}, gastando um intervalo de tempo Δt_{II}. Despreze todos os atritos e as possíveis dissipações de energia mecânica nas colisões das esferas com as paredes internas dos tubos. Supondo conhecidos o ângulo α e a intensidade da aceleração da gravidade g, pede-se:

a) calcular v_I e v_{II};
b) comparar Δt_I com Δt_{II}.

83. O trilho representado na figura está contido em um plano vertical, é perfeitamente liso e o raio do trecho circular **BCD** vale R. No local, a influência do ar é desprezível e a intensidade da aceleração da gravidade é g. Uma partícula de massa m vai partir do repouso do ponto **A** e deverá deslizar ao longo do trilho, sem perder o contato com ele.

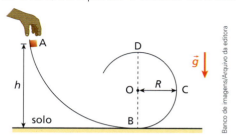

Pede-se:

a) determinar, em função de R, o desnível mínimo entre os pontos **A** e **D**;
b) esboçar o gráfico da intensidade da força de contato, F, trocada entre a partícula e o trilho no ponto **D**, em função da altura h do ponto **A** em relação ao solo.

84. (UFRJ) Uma bolinha de gude de dimensões desprezíveis é abandonada, a partir do repouso, na borda de um hemisfério oco e passa a deslizar, sem atrito, em seu interior.

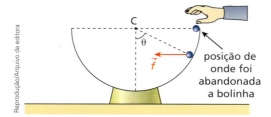

Calcule o ângulo θ (expresso por uma função trigonométrica) entre o vetor-posição da bolinha em relação ao centro **C** e a vertical para o qual a força resultante $\vec{f}$ sobre a bolinha é horizontal.

85. (CPAEN-RJ) Analise a figura abaixo.

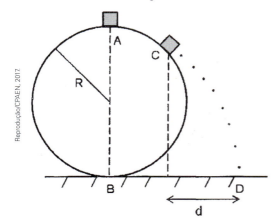

A figura acima mostra um pequeno bloco, inicialmente em repouso, no ponto **A**, correspondente ao topo de uma esfera perfeitamente lisa de raio R = 135 m. A esfera está presa ao chão no ponto **B**. O bloco começa a deslizar para baixo, sem atrito, com uma velocidade inicial tão pequena que pode ser desprezada, e ao chegar no ponto **C** o bloco perde contato com a esfera. Sabendo que a distância horizontal percorrida pelo bloco durante seu voo é d = 102 m, o tempo de voo do bloco, em segundos, ao cair do ponto **C** ao ponto **D**, vale

a) 1,3 c) 9,2 e) 18,0
b) 5,1 d) 13,0
Dado: g = 10 m/s².

86. No esquema a seguir, uma pequena bola é largada sem velocidade inicial do ponto **A** para percorrer um trilho em forma de um quarto de circunferência contido em um plano vertical até se projetar horizontalmente no ponto **B**. Todos os atritos são desprezíveis, bem como a resistência do ar.

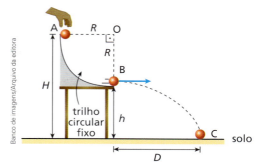

Sendo R o raio do trilho, H a altura do ponto **A** em relação ao solo, h a altura do ponto **B** em relação ao solo e admitindo-se uniforme o campo gravitacional local, pergunta-se:
a) Qual é o deslocamento horizontal, D, da bola em seu voo balístico de **B** até **C** em função de R e h?
b) Mantendo-se H constante, qual é a relação entre R e h para que D seja máximo?
c) Qual é o valor máximo de D em função de R?

87. (OBF) Considere um trilho envergado em forma de arco de circunferência com raio igual a R instalado verticalmente, como representa a figura. No local, a aceleração da gravidade tem módulo g e a resistência do ar é desprezível.
Supondo-se conhecido o ângulo θ, qual deve ser a intensidade da velocidade $\vec{v}_0$ com que se deve lançar um pequeno objeto do ponto **O**, o mais baixo do trilho, para que ele possa deslizar livremente saltando da extremidade **A** para a extremidade **B**, executando assim um movimento periódico?

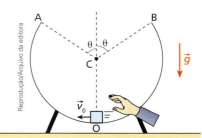

88. (UFF-RJ) Um bloco de massa igual a 5,0 kg, deslizando sobre uma mesa horizontal, com coeficientes de atrito cinético e estático iguais a 0,5 e 0,6, respectivamente, colide com uma mola de massa desprezível, com constante elástica igual a 250 N/m, inicialmente relaxada. O bloco atinge a mola com velocidade igual a 1,0 m/s.

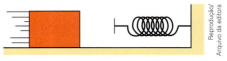

a) Determine a deformação máxima da mola.
b) O bloco retorna? Justifique sua resposta.

APÊNDICE

Energia potencial gravitacional*

Conforme vimos no Tópico 4 (Gravitação), um astro, por ter massa, cria no espaço uma zona de influências sobre outras massas, denominada **campo gravitacional**, cuja intensidade é decrescente com a distância ao astro. Um corpo qualquer situado nesse campo é atraído gravitacionalmente, ficando sujeito a uma força caracterizada pela Lei de Newton. Essa é a concepção clássica da Gravitação.

Teoricamente, o campo gravitacional se estende ao infinito. Para grandes distâncias à superfície do astro, entretanto, a intensidade desse campo é tão pequena que seus efeitos são praticamente desprezíveis.

Considere um astro esférico e homogêneo, de massa M, isolado e estacionário no espaço, interagindo gravitacionalmente com uma partícula de massa m, situada a uma distância d do centro de massa do astro.

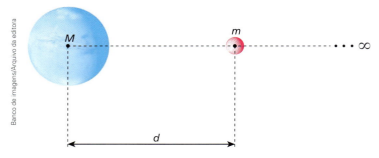

O sistema constituído pelo astro e pela partícula armazena uma modalidade de energia mecânica denominada **energia potencial gravitacional**. Trata-se de uma forma latente de energia, isto é, que está sempre prestes a se transformar em energia cinética.

Adotando-se um referencial no infinito (no suposto "fim" do campo gravitacional), pode-se demonstrar que a energia potencial gravitacional E_p associada a esse sistema é dada por:

$$E_p = -G\frac{Mm}{d}$$

em que G é a Constante da Gravitação.

Dizer que a energia potencial gravitacional do sistema vale $-G\frac{Mm}{d}$ significa que, para deslocar a partícula ao nível zero de energia potencial (infinito), é preciso realizar sobre ela um trabalho $+G\frac{Mm}{d}$.

Admitindo que o astro tenha raio R e que a partícula esteja sobre sua superfície, a energia potencial gravitacional do sistema fica expressa por:

$$E_p = -G\frac{Mm}{R}$$

---

* Quando tratamos da interação entre dois astros, preferimos usar a denominação energia potencial **gravitacional**.

Velocidade de escape

Admita que uma partícula de massa m seja lançada sucessivas vezes para cima, a partir da superfície de um astro esférico e homogêneo, de massa M e raio R, isolado e estacionário no espaço. Despreze as influências atmosféricas.

Os lançamentos são verticais (radiais ao astro) e realizados com velocidades de intensidades crescentes.

Inicialmente, a partícula sobe, atinge velocidade nula no ponto de altura máxima e volta ao solo, atraída gravitacionalmente pelo astro. Entretanto, haverá um lançamento em que a partícula subirá tanto que chegará ao "fim" do campo gravitacional (infinito). Ao chegar a esse ponto, ela apresentará velocidade nula e permanecerá em repouso, não mais retornando ao solo.

Diremos, então, que a partícula escapou da gravidade do astro e, nesse caso, chamaremos a velocidade de lançamento de **velocidade de escape** (v_e).

Para calcularmos v_e, consideremos os elementos da figura ao lado.

O sistema é conservativo, permitindo-nos aplicar o **Princípio de Conservação da Energia Mecânica**.

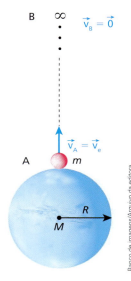

$$E_{m_A} = E_{m_B}$$

$$\frac{mv_e^2}{2} - G\frac{Mm}{R} = 0 \Rightarrow \frac{v_e^2}{2} = G\frac{M}{R}$$

$$\boxed{v_e = \sqrt{\frac{2GM}{R}}}$$

Multiplicando e dividindo a fração contida no radical acima por R, teremos:

$$v_e = \sqrt{2\frac{GM}{R^2}R} \quad (I)$$

Na Gravitação, vimos que a intensidade da aceleração da gravidade na superfície do astro (g_0) pode ser expressa por:

$$g_0 = \frac{GM}{R^2} \quad (II)$$

Substituindo (II) em (I), obtemos:

$$\boxed{v_e = \sqrt{2g_0 R}}$$

Se o astro for a Terra, teremos $g_0 \cong 9{,}81$ m/s² e $R \cong 6{,}38 \cdot 10^6$ m. Calculemos, então, v_e para a Terra:

$$v_e \cong \sqrt{2 \cdot 9{,}81 \cdot 6{,}38 \cdot 10^6}$$

$$\boxed{v_e \cong 11{,}2 \cdot 10^3 \text{ m/s} = 11{,}2 \text{ km/s}}$$

É claro que a partícula, se for lançada com velocidade maior que a de escape, chegará ao "fim" do campo gravitacional ainda em movimento e prosseguirá com velocidade constante, por inércia, livre da atração do astro de onde partiu, até entrar em zona de influência (campo gravitacional) de um outro astro.

Planeta	Mercúrio	Vênus	Terra	Marte	Júpiter	Saturno	Urano	Netuno
Velocidade de escape (km/s)	4,3	10,4	11,2	5,0	59,5	35,5	21,3	23,5

Fonte:<https://nssds.gsfc.nasa.gov/planetary/factsheet>. Acesso em: 3 ago. 2018.

NOTAS!

- A velocidade de escape de um buraco negro (estágio final de uma grande estrela que esgotou seu combustível nuclear) é maior que a velocidade da luz no vácuo ($\cong 3{,}0 \cdot 10^5$ km/s), o que justifica o fato de nem mesmo a luz conseguir escapar de sua excepcional influência gravitacional.
- A velocidade de escape da Lua é de 2,4 km/s e a do Sol é estimada em 617,5 km/s.

Exercícios

89. Um artefato espacial sem propulsão, lançado verticalmente da superfície de um planeta de massa M e raio R, atinge uma altura máxima igual a R. Supondo que o planeta seja isolado, estacionário e sem atmosfera, calcule a intensidade da velocidade de lançamento do artefato. Considere conhecida a Constante da Gravitação G.

Resolução:

Sistema conservativo:

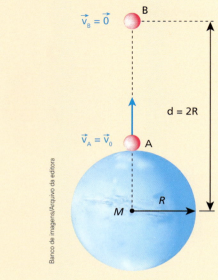

$$E_{m_A} = E_{m_B}$$

$$\frac{mv_0^2}{2} - G\frac{Mm}{R} = -G\frac{Mm}{2R}$$

$$\frac{v_0^2}{2} = G\frac{M}{R} - G\frac{M}{2R}$$

Logo: $\boxed{v_0 = \sqrt{\dfrac{GM}{R}}}$

90. Um corpo, lançado verticalmente da superfície da Terra (massa M e raio R), atinge uma altura máxima igual ao triplo do raio terrestre. Supondo a Terra estacionária no espaço, calcule a intensidade da velocidade de lançamento do corpo. Considere conhecida a Constante da Gravitação G e admita que, durante o movimento, a única força que age no corpo seja a gravitacional exercida pela Terra.

91. (PUCC-SP) Calcular o módulo da velocidade que adquiriria um corpo se, partindo do repouso de um ponto **B**, infinitamente afastado, caísse livremente na superfície da Terra, num ponto **A**. Despreze todos os movimentos da Terra (raio igual a $6,4 \cdot 10^6$ m), a influência do ar e adote a aceleração da gravidade na superfície do planeta igual a 10 m/s².

92. (UFG-GO) Um satélite, lançado da superfície da Terra, é destinado a permanecer em órbita terrestre a uma altura R. Supondo que a energia mecânica do satélite seja conservada, que R seja o raio da Terra e g a aceleração da gravidade em sua superfície, podemos afirmar que o módulo da velocidade de lançamento é:

a) $\left[\dfrac{3}{2}Rg\right]^{\frac{1}{2}}$ c) $\left[\dfrac{2}{3}gR\right]^{\frac{1}{2}}$ e) $\left[\dfrac{1}{2}gR\right]^{\frac{1}{2}}$

b) $[2gR]^{\frac{1}{2}}$ d) $[3gR]^{\frac{1}{2}}$

93. Na figura, dois corpos celestes de massas iguais a M, com centros de massa separados por uma distância D, descrevem movimento circular e uniforme em torno do centro de massa (CM) do sistema. As únicas forças a serem consideradas são as de atração gravitacional trocadas entre os dois corpos.

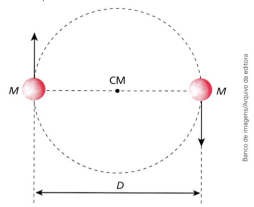

Sendo G a Constante da Gravitação, calcule:

a) a energia cinética de um dos corpos em relação ao centro de massa do sistema;
b) a energia de ligação entre os dois corpos. Considere nula a energia potencial gravitacional no caso de a distância entre os dois corpos ser infinita.

TÓPICO 8

Quantidade de movimento e sua conservação

Ao empurrar a menina no balanço, a mulher exerce sobre ela uma força que, durante o intervalo de tempo do empurrão, produz um impulso.

Diariamente vivenciamos situações que envolvem a interação com outros corpos, desde um simples empurrão que impulsiona um objeto até colisões que podem representar perigo a nossa integridade física.

Neste tópico, apresentaremos os conceitos de impulso de uma força e de quantidade de movimento (ou momento linear). Salientamos desde já o caráter vetorial dessas duas grandezas. Veremos o Teorema do Impulso, que estabelece uma correlação entre impulso e variação de quantidade de movimento, e, em seguida, abordaremos os sistemas isolados de forças externas, em que se conserva a quantidade de movimento total. Por último, trataremos, de forma específica, das colisões mecânicas. Encerraremos o tópico com um apêndice em que poderá ser estudada a noção de centro de massa, indispensável à compreensão da Mecânica dos corpos extensos.

Bloco 1

1. Impulso de uma força constante

Os impulsos mecânicos estão presentes em uma série de fenômenos do dia a dia, como nas situações em que há empurrões, puxões, impactos e explosões.

Um jogador de futebol, por exemplo, impulsiona a bola no ato de um chute. Seu pé aplica na bola uma força que, agindo durante um certo intervalo de tempo, determina um impulso.

Ao disparar um tiro com uma arma de fogo qualquer, o projétil é impulsionado pelos gases provenientes da detonação do explosivo. Esses gases agem muito rapidamente, porém de forma intensa, sobre o projétil, determinando um impulso considerável.

Também recebem impulsos uma flecha ao ser lançada por um arco e uma pedra ao ser disparada por um estilingue.

Em nosso curso vamos nos restringir à definição matemática do **impulso de uma força constante** (intensidade, direção e sentido invariáveis), uma vez que a definição geral dessa grandeza requer elementos de Matemática normalmente não estudados no Ensino Médio.

Para tanto, considere o esquema a seguir, em que uma força $\vec{F}$ constante age sobre uma partícula do instante t_1 ao instante t_2:

O impulso de $\vec{F}$ no intervalo de tempo $\Delta t = t_2 - t_1$ é a grandeza vetorial $\vec{I}$, definida por:

$$\vec{I} = \vec{F}\Delta t$$

Sendo Δt um escalar positivo, $\vec{I}$ tem sempre a mesma orientação de $\vec{F}$.

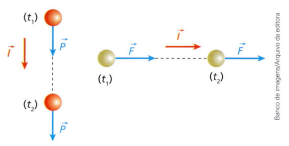

As unidades de impulso decorrem da própria definição:
$$\text{unid. }(I) = \text{unid. }(F) \cdot \text{unid. }(\Delta t)$$

No Sistema Internacional (SI), temos:

$$\text{unid. }(I) = \text{newton} \cdot \text{segundo} = N \cdot s$$

Se a força tiver direção constante, mas intensidade variável, também podemos utilizar a definição particular dada para a grandeza impulso. Basta raciocinar em termos de uma **força média** que exerça, no mesmo intervalo de tempo, o mesmo efeito dinâmico da força considerada.

Por exemplo, durante o curto intervalo de tempo em que estabelece contato com as cordas da raquete, uma bola de tênis recebe um impulso de considerável intensidade, capaz de provocar significativas variações de sua velocidade vetorial. O impulso exercido pela raquete sobre a bola tem a mesma direção e o mesmo sentido da força média que a raquete aplica sobre ela.

2. Cálculo gráfico do valor algébrico do impulso

Considere o esquema a seguir, em que uma partícula se movimenta ao longo do eixo **Ox** sob a ação da força $\vec{F}$ constante.

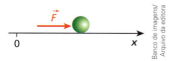

Tracemos o gráfico do valor algébrico de $\vec{F}$ (dado em relação ao eixo **Ox**) em função do tempo:

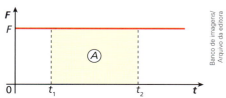

Seja a "área" A destacada no diagrama. Teria essa "área" algum significado especial? Sim: ela fornece uma medida do valor algébrico do impulso da força $\vec{F}$, desde o instante t_1 até o instante t_2.

De fato, isso pode ser facilmente verificado:

$$A = F(t_2 - t_1)$$

Mas $t_2 - t_1$ é o intervalo de tempo Δt considerado. Logo:

$$A = F\Delta t$$

Como o produto $F\Delta t$ corresponde ao valor algébrico do impulso de $\vec{F}$, segue que:

$$A = I$$

Embora a última propriedade tenha sido apresentada com base em um caso simples e particular, sua validade estende-se também a situações em que a força envolvida tem direção constante, porém valor algébrico variável. Nesses casos, entretanto, sua verificação requer um tratamento matemático mais elaborado.

$$A_1 + A_2 = I$$
(soma algébrica)

Tendo em conta o exposto, podemos fazer a seguinte generalização:

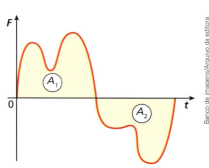

// F é o valor algébrico da força responsável pelo impulso.

Dado um diagrama do valor algébrico da força atuante em uma partícula em função do tempo, a "área" compreendida entre o gráfico e o eixo dos tempos expressa o valor algébrico do impulso da força. No entanto, a força considerada deve ter direção constante.

3. Quantidade de movimento

Em diversos fenômenos físicos é necessário agrupar os conceitos de massa e de velocidade vetorial. Isso ocorre, por exemplo, nas colisões mecânicas e nas explosões. Nesses casos, torna-se conveniente a definição de **quantidade de movimento** (ou momento linear), que é uma das grandezas fundamentais da Física.

Considere uma partícula de massa m que, em certo instante, tem velocidade vetorial igual a $\vec{v}$.

Por definição, a quantidade de movimento da partícula nesse instante é a grandeza vetorial $\vec{Q}$ expressa por:

$$\vec{Q} = m\vec{v}$$

A quantidade de movimento é uma grandeza instantânea, já que sua definição envolve o conceito de velocidade vetorial instantânea.

Sendo m um escalar positivo, $\vec{Q}$ tem sempre a mesma direção e o mesmo sentido de $\vec{v}$, isto é, em cada instante é tangente à trajetória e dirigida no sentido do movimento.

// Nestas figuras aparece uma partícula nos instantes t_0, t_1 e t_2 do seu movimento curvilíneo. À esquerda estão indicadas as velocidades vetoriais $\vec{v}_0$, $\vec{v}_1$, $\vec{v}_2$ e, à direita, as respectivas quantidades de movimento $\vec{Q}_0$, $\vec{Q}_1$ e $\vec{Q}_2$.

Observe a ilustração a seguir.

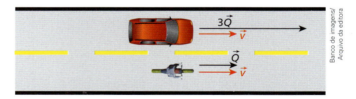

Nesta figura estamos admitindo que o carro e a moto se movimentam lado a lado, com velocidades iguais. Supondo que a massa do carro seja o triplo da massa da moto, teremos para o carro uma quantidade de movimento de intensidade o triplo da definida para a moto.

É interessante ressaltar que, quanto maior for a intensidade da quantidade de movimento de um corpo, maior será seu "poder de impacto".

Um carro que trafega sob uma forte chuva de granizo geralmente fica bastante danificado, o que certamente não seria verificado sob chuvas líquidas. Isso acontece porque as pedras de gelo que despencam das nuvens – água no estado sólido de massa geralmente maior que a de gotas de água individuais – atingem o veículo com uma quantidade de movimento relativamente intensa, o que, somado à rigidez própria do gelo, determina um maior "poder de impacto", capaz mesmo de causar estragos à lataria.

Outro exemplo é o de um caminhão a 60 km/h que vai colidir frontalmente com um poste. Esse veículo provocará um dano muito maior ao poste do que aquele que seria observado no impacto frontal de um carro popular igualmente rígido à mesma velocidade.

Para m constante, $\vec{Q}$ tem módulo diretamente proporcional ao módulo de $\vec{v}$. O gráfico a seguir representa tal proporcionalidade.

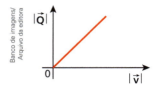

Declividade da reta:
$$\frac{|\vec{Q}|}{|\vec{v}|} = m$$

A energia cinética (E_c) pode ser relacionada com o módulo da quantidade de movimento $|\vec{Q}|$, fazendo-se:

$$E_c = \frac{m|\vec{v}|^2}{2} \quad \text{(I)}$$

$$|\vec{Q}| = m|\vec{v}| \Rightarrow |\vec{v}| = \frac{|\vec{Q}|}{m} \quad \text{(II)}$$

Substituindo (II) em (I), vem:

$$E_c = \frac{m}{2}\left(\frac{|\vec{Q}|}{m}\right)^2 \Rightarrow \boxed{E_c = \frac{|\vec{Q}|^2}{2m}}$$

Para m constante, E_c é diretamente proporcional ao quadrado de $|\vec{Q}|$. O gráfico a seguir representa tal proporcionalidade.

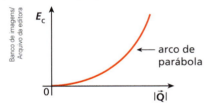

arco de parábola

As unidades de quantidade de movimento decorrem da própria definição:
$$\text{unid. (Q)} = \text{unid. (m)} \cdot \text{unid. (v)}$$

No Sistema Internacional (SI), temos:

$$\text{unid. (Q)} = \text{kg} \cdot \frac{\text{m}}{\text{s}}$$

JÁ PENSOU NISTO?

Quem tem maior quantidade de movimento?

Nesta fotografia, quatro ciclistas percorrem uma curva do velódromo mantendo, nesse trecho, espaçamento constante entre si (velocidades escalares relativas nulas). Isso significa que suas velocidades em relação ao solo têm intensidades iguais e, por isso, cada quantidade de movimento terá módulo diretamente proporcional à respectiva massa do conjunto ciclista-bicicleta, sendo tangente à trajetória e orientada no sentido do movimento.

4. O Teorema do Impulso

Um arco dispara uma flecha conferindo-lhe um impulso que provoca nela certa variação de quantidade de movimento. Um jogador de futebol cobra uma falta, imprimindo à bola no momento do chute um forte impulso. Este, por sua vez, determina expressiva variação de quantidade de movimento na bola. Você lança uma pedra e o impulso exercido no ato do lançamento provoca nela uma dada variação de quantidade de movimento.

Haveria alguma conexão entre as noções de impulso e variação de quantidade de movimento? Certamente que sim! O Teorema do Impulso, apresentado a seguir, estabelece uma relação matemática entre essas grandezas.

Enuncia-se que:

> O impulso da resultante (impulso total) das forças sobre uma partícula é igual à variação de sua quantidade de movimento:
>
> $$\vec{I}_{total} = \Delta \vec{Q} \quad \Rightarrow \quad \vec{I}_{total} = \vec{Q}_{final} - \vec{Q}_{inicial}$$

Demonstração para um caso particular

Na figura abaixo, temos uma partícula de massa m sujeita à ação da força resultante $\vec{F}$, constante e de mesma orientação que o movimento. Sejam $\vec{a}$ a aceleração comunicada por $\vec{F}$, $\vec{v}_1$ a velocidade inicial da partícula no instante t_1, e $\vec{v}_2$ sua velocidade final no instante t_2.

O impulso de $\vec{F}$ no intervalo de tempo $\Delta t = t_2 - t_1$ é $\vec{I}_{total}$, dado por:

$$\vec{I}_{total} = \vec{F} \Delta t \quad \text{(I)}$$

Como $\vec{F}$ é a resultante, a aplicação do Princípio Fundamental da Dinâmica conduz a:

$$\vec{F} = m\vec{a} \quad \text{(II)}$$

Sendo $\vec{F}$ constante, $\vec{a}$ será constante, permitindo escrever que:

$$\vec{a} = \frac{\Delta \vec{v}}{\Delta t} \Rightarrow \vec{a} = \frac{\vec{v}_2 - \vec{v}_1}{\Delta t} \quad \text{(III)}$$

Substituindo (III) em (II), vem:

$$\vec{F} = m \frac{(\vec{v}_2 - \vec{v}_1)}{\Delta t} \quad \text{(IV)}$$

Substituindo agora (IV) em (I), segue que:

$$\vec{I}_{total} = m \frac{(\vec{v}_2 - \vec{v}_1)}{\Delta t} \Delta t$$

Daí:

$$\vec{I}_{total} = m\vec{v}_2 - m\vec{v}_1$$

Como os produtos $m\vec{v}_2$ e $m\vec{v}_1$ são as respectivas quantidades de movimento da partícula nos instantes final (t_2) e inicial (t_1), temos:

$$\vec{I}_{total} = \Delta \vec{Q} \quad \Rightarrow \quad \vec{I}_{total} = \vec{Q}_{final} - \vec{Q}_{inicial}$$

Embora tenhamos demonstrado o Teorema do Impulso a partir de uma situação simples e particular, sua aplicação é geral, estendendo-se ao cálculo do impulso de forças constantes ou variáveis. Devemos observar apenas que a força, cujo impulso é igual à variação da quantidade de movimento, deve ser a **resultante**.

Podemos dizer, ainda, que o impulso da força resultante é equivalente à soma vetorial dos impulsos de todas as forças que atuam na partícula.

O Teorema do Impulso permite concluir que as unidades $N \cdot s$ e $kg \cdot m/s$, respectivamente de impulso e quantidade de movimento, são equivalentes. Isso ocorre porque essas grandezas têm as mesmas dimensões físicas.

Aplicado a uma partícula solitária, o Teorema do Impulso equivale à 2ª Lei de Newton (Princípio Fundamental da Dinâmica).

JÁ PENSOU NISTO?

Beleza e terror

As erupções vulcânicas, uma das mais espetaculares manifestações da natureza, já fizeram milhares de vítimas ao longo da história, como ocorreu no ano 79 a.C., quando o Vesúvio soterrou a cidade e toda a população de Pompeia (região de Nápoles, sul da Itália).

Quando um vulcão entra em erupção, gases e vapores produzidos em seu interior, submetidos a elevadas temperaturas e pressões, ejetam para fora da cratera lava incandescente, cinza e fragmentos mais leves, que conseguem atingir altitudes estratosféricas (da ordem de 10 km).

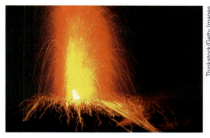

Aplicando ao material expelido por um vulcão o Teorema do Impulso, podemos afirmar que o impulso total entre dois instantes, exercido pela força resultante, é igual à variação da quantidade de movimento desse material.

Ampliando o olhar

Air bags: frenagens menos traumáticas

Nesta fotografia, observa-se um teste de colisão em que um carro equipado com *air bags* se choca contra um obstáculo fixo. No ato do impacto, os *air bags* são prontamente inflados, minimizando os efeitos da inércia de movimento inerente aos corpos situados dentro do veículo. A proteção proporcionada pelo dispositivo ocorre porque, em contato com ele, a frenagem fica suavizada, ocorrendo em um intervalo de tempo maior do que aquele no qual ocorreria sem o equipamento. Com isso, uma mesma variação de quantidade de movimento, obtida em um intervalo de tempo maior, requer uma força de intensidade menor, o que reduz os possíveis danos.

Nos gráficos a seguir você poderá assimilar melhor o que foi dito até aqui. As escalas utilizadas para intensidade de força (F) e valores de tempo (t) são as mesmas, respectivamente, e, nas duas situações, uma mesma pessoa dentro de um carro vai sofrer uma freada súbita, provocada por uma colisão frontal do veículo. Em ambos os casos a velocidade inicial é a mesma, o que impõe ao corpo da pessoa uma mesma variação de quantidade de movimento até sua completa imobilização. Assim, será exigido, nas duas frenagens, o mesmo impulso de retardamento, o que implica a igualdade entre as áreas A_1 e A_2 destacadas nos dois diagramas.

Situação 1: O carro não está equipado com *air bag* e o corpo da pessoa é freado pelas forças exercidas pelas partes internas rígidas do veículo.

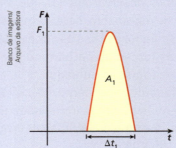

Situação 2: O carro está equipado com *air bag* e o corpo da pessoa é freado pelas forças aplicadas pelo acessório.

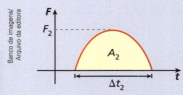

Com a utilização do *air bag*, o intervalo de tempo de frenagem é maior, isto é, $\Delta t_2 > \Delta t_1$. Sendo assim, como $A_1 = A_2$, conclui-se que $F_2 < F_1$, o que significa que, com o *air bag*, os possíveis traumas no corpo da pessoa são menores, já que as forças impactantes exercidas sobre ele são de intensidade menor.

JÁ PENSOU NISTO?

"Deixa a vida me levar..."

Imagine que você esteja sob uma intensa chuva constituída, não de gotas de água em queda vertical, como ocorre normalmente, mas de enormes pneus de caminhão...

Com certeza, esse bombardeio, felizmente fictício, seria fatal, já que você teria que absorver toda a energia de impacto transmitida pelas forças exercidas pelos pneus e o solo durante o curto intervalo de tempo de cada colisão. As forças impulsivas provocariam gravíssimas lesões, como ocorre em qualquer trombada severa.

Guardadas as devidas proporções, e em relação a pequenos insetos como moscas e muriçocas, em voo durante uma chuva regular, não ocorreria a mesma coisa? Esses pobres animais não seriam impactados por gotas de água, em certos casos, muitas vezes mais pesadas que eles?

// Inseto voando sob chuva.

Estudos desenvolvidos pelo Instituto de Tecnologia da Geórgia, nos Estados Unidos, e publicados na prestigiada revista *Proceedings of the National Academy of Sciences*, demonstraram que, ao contrário do que se imagina, os insetos em geral suportam muito bem o "impacto" das gotas de chuva, já que, ao melhor estilo "deixa a vida me levar...", uma vez em contato com o material líquido, deslocam-se de modo a acompanhar a trajetória da gota, minimizando assim os efeitos da colisão. Dessa forma, o impacto ocorre em um intervalo de tempo maior, o que reduz a intensidade das forças sobre o corpo do animal. Por isso, durante momentos de tempestade, eles voam a altitudes maiores de maneira a disporem de mais espaço vertical para realizar a manobra descendente.

Se impactados em solo, muitos insetos seriam abatidos pelas forças exercidas pelas gotas de água e pela superfície de apoio, podendo ainda sofrer afogamento, uma vez envoltos pela massa líquida derramada sobre eles.

ROCHA, Mariana. Voando na chuva. Disponível em: <http://cienciahoje.org.br/voando-na-chuva>. Acesso em: 8 jul. 2018.

Exercícios Nível 1

1. Um ciclista, junto com sua bicicleta, tem massa de 80 kg. Partindo do repouso de um ponto do velódromo, ele acelera com aceleração escalar constante de 1,0 m/s². Qual o módulo da quantidade de movimento do sistema ciclista-bicicleta após 20 s da partida?

2. Considere duas partículas **A** e **B** em movimento com quantidades de movimento constantes e iguais. É necessariamente correto que:

a) as trajetórias de **A** e **B** são retas divergentes.
b) as velocidades de **A** e **B** são iguais.
c) as energias cinéticas de **A** e **B** são iguais.
d) se a massa de **A** for o dobro da de **B**, então, o módulo da velocidade de **A** será metade do de **B**.
e) se a massa de **A** for o dobro da de **B**, então, o módulo da velocidade de **A** será o dobro do de **B**.

3. (Vunesp) Em cada ciclo cardíaco, o coração bombeia em média 80 g de sangue com uma velocidade próxima de 30 cm/s. Considerando-se que o sangue esteja inicialmente em repouso, o impulso da força exercida pelo músculo cardíaco sobre o sangue, em cada ciclo, tem módulo, em N · s, igual a:

a) $2,4 \cdot 10^{-4}$ c) $2,4 \cdot 10^{-2}$ e) $3,6 \cdot 10^{4}$
b) $3,6 \cdot 10^{-3}$ d) $2,4 \cdot 10^{3}$

4. Uma partícula de massa 8,0 kg desloca-se em trajetória retilínea, quando lhe é aplicada, no sentido do movimento, uma força resultante de intensidade 20 N. Sabendo que no instante de aplicação da força a velocidade da partícula valia 5,0 m/s, determine:

a) o módulo do impulso comunicado à partícula, durante 10 s de aplicação da força;
b) o módulo da velocidade da partícula ao fim do intervalo de tempo referido no item anterior.

Resolução:

a) A intensidade do impulso da força referida no enunciado, suposta constante, é calculada por $I = F\Delta t$.
Sendo F = 20 N e Δt = 10 s, calculemos I:

$I = 20 \cdot 10$ ∴ $\boxed{I = 2,0 \cdot 10^{2} \text{ N} \cdot \text{s}}$

b) A força aplicada na partícula é a resultante. Por isso, o impulso exercido por ela deve ser igual à variação da quantidade de movimento da partícula (Teorema do Impulso):

[diagrama: $\vec{F} \to \bullet \vec{v_1} \to$ em $t_1 = 0$; $\vec{F} \to \bullet \vec{v_2} \to$ em $t_2 = 10$ s]

$I = \Delta Q \Rightarrow I = Q_2 - Q_1$
$I = mv_2 - mv_1 \Rightarrow I = m(v_2 - v_1)$
Com $I = 2,0 \cdot 10^2$ N · s; m = 8,0 kg;
$v_1 = 5,0$ m/s, calculemos v_2:
$2,0 \cdot 10^2 = 8,0 \cdot (v_2 - 5,0)$ ∴ $\boxed{v_2 = 30 \text{ m/s}}$

5. Uma bola de bilhar de massa 0,15 kg, inicialmente em repouso, recebeu uma tacada numa direção paralela ao plano da mesa, o que lhe imprimiu uma velocidade de módulo 4,0 m/s. Sabendo que a interação do taco com a bola durou $1,0 \cdot 10^{-2}$ s, calcule:

a) a intensidade média da força comunicada pelo taco à bola;
b) a distância percorrida pela bola, enquanto em contato com o taco.

6. (Cefet-MG) Um corpo de massa m = 10 kg se movimenta sobre uma superfície horizontal perfeitamente polida, com velocidade escalar $v_0 = 4,0$ m/s, quando uma força constante de intensidade igual a 10 N passa a agir sobre ele na mesma direção do movimento, porém em sentido oposto. Sabendo que a influência do ar é desprezível e que quando a força deixa de atuar a velocidade escalar do corpo é v = –10 m/s, determine o intervalo de tempo de atuação da força.

7. Um corpo de massa 38 kg percorre um eixo orientado com velocidade escalar igual a 15 m/s. No instante $t_0 = 0$, aplica-se sobre ele uma força resultante cujo valor algébrico varia em função do tempo, conforme o gráfico seguinte:

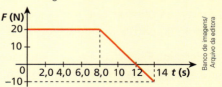

TÓPICO 8 | QUANTIDADE DE MOVIMENTO E SUA CONSERVAÇÃO

Admitindo que a força seja paralela ao eixo, calcule a velocidade escalar do corpo no instante t = 14 s.

Resolução:
Determinemos, inicialmente, o valor algébrico do impulso que a força resultante comunica ao corpo de $t_0 = 0$ a t = 14 s. Isso pode ser feito calculando-se a "área" destacada no diagrama:

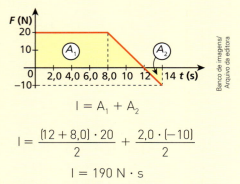

$$I = A_1 + A_2$$

$$I = \frac{(12 + 8{,}0) \cdot 20}{2} + \frac{2{,}0 \cdot (-10)}{2}$$

$$I = 190 \text{ N} \cdot \text{s}$$

Aplicando ao corpo o Teorema do Impulso, vem:
$$I = Q_{14} - Q_0 = mv_{14} - mv_0$$

Sendo I = 190 N · s, m = 38 kg e v_0 = 15 m/s, calculemos v_{14}, que é a velocidade escalar da partícula no instante t = 14 s:

$$190 = 38 \cdot (v_{14} - 15) \therefore \boxed{v_{14} = 20 \text{ m/s}}$$

8. Um carrinho de massa 2,0 kg está em repouso sobre um plano horizontal sem atrito. No instante $t_0 = 0$, passa a agir sobre ele uma força $\vec{F}$ de direção constante, paralela ao plano, cujo valor algébrico é dado em função do tempo, conforme o gráfico:

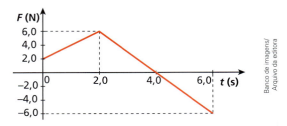

Desprezando a influência do ar, determine as velocidades escalares do carrinho nos instantes $t_1 = 2{,}0$ s, $t_2 = 4{,}0$ s e $t_3 = 6{,}0$ s.

9. Zizo chuta uma bola e esta descreve uma trajetória parabólica, como representa a figura, sob a ação exclusiva do campo gravitacional, considerado uniforme.

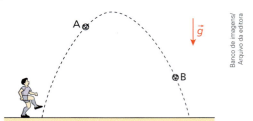

Indique a alternativa cuja seta melhor representa a variação da quantidade de movimento da bola entre os pontos **A** e **B**:

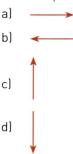

e) Faltam dados para uma conclusão possível.

Exercícios Nível 2

10. Uma partícula percorre certa trajetória em movimento uniforme.
   a) Podemos afirmar que a energia cinética da partícula é constante?
   b) Podemos afirmar que a quantidade de movimento da partícula é constante?

11. Uma formiga **F** sobe com velocidade escalar constante a "rosca" de um grande parafuso, colocado de pé sobre o solo plano e horizontal, como indica a figura. Em relação a um referencial no solo, podemos afirmar que:

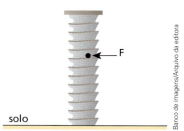

a) as energias cinética e potencial de gravidade da formiga permanecem constantes.
b) a energia cinética e a quantidade de movimento da formiga permanecem constantes.
c) a energia cinética da formiga permanece constante, mas sua energia potencial de gravidade aumenta.
d) a quantidade de movimento da formiga permanece constante, mas sua energia potencial de gravidade aumenta.
e) a energia mecânica total da formiga permanece constante.

12. (Unip-SP) Considere uma roda-gigante com movimento de rotação uniforme e formada por oito unidades simetricamente dispostas, como indica a figura.

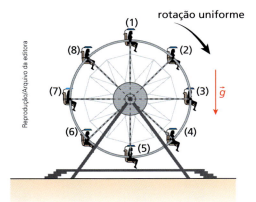

Todas as unidades são formadas pela cadeira e por uma pessoa e têm pesos iguais.
Considere um sistema de referência fixo no solo terrestre, suposto horizontal.
Analise as proposições a seguir:
(1) A quantidade de movimento de cada unidade permanece constante.
(2) A quantidade de movimento total do sistema formado pelas oito unidades permanece constante.
(3) A energia mecânica de cada unidade permanece constante.
(4) A energia mecânica total do sistema formado pelas oito unidades permanece constante.
(5) A força resultante em cada unidade não realiza trabalho. Somente está correto o que se afirma em:
a) (2) e (4).   c) (1) e (3).   e) (1), (3) e (5).
b) (4) e (5).   d) (2), (4) e (5).

13. Considere duas partículas **A** e **B** em movimento com energias cinéticas constantes e iguais. É necessariamente correto que:
a) as trajetórias de **A** e **B** são retas paralelas.
b) as velocidades de **A** e **B** têm módulos iguais.
c) as quantidades de movimento de **A** e **B** têm módulos iguais.
d) se a massa de **A** for o quádruplo da de **B**, então o módulo da quantidade de movimento de **A** será o quádruplo do de **B**.
e) se a massa de **A** for o quádruplo da de **B**, então o módulo da quantidade de movimento de **A** será o dobro do de **B**.

14. A um pequeno bloco que se encontra inicialmente em repouso sobre uma mesa horizontal e lisa aplica-se uma força constante, paralela à mesa, que lhe comunica uma aceleração de 5,0 m/s². Observa-se, então, que, 4,0 s após a aplicação da força, a quantidade de movimento do bloco vale 40 kg m/s. Calcule, desprezando o efeito do ar, o trabalho da força referida desde sua aplicação até o instante t = 4,0 s.

15. Uma partícula de massa igual a 2,0 kg, inicialmente em repouso sobre o solo, é puxada verticalmente para cima por uma força constante $\vec{F}$, de intensidade 30 N, durante 3,0 s. Adotando g = 10 m/s² e desprezando a resistência do ar, calcule a intensidade da velocidade da partícula no fim do citado intervalo de tempo.

Resolução:
Apenas duas forças agem na partícula: $\vec{F}$ e $\vec{P}$ (peso).

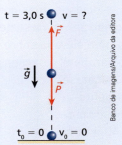

Aplicando o Teorema do Impulso, temos:

$$\vec{I}_{total} = \vec{Q} - \vec{Q}_0$$

$$\vec{I}_{(\vec{F})} + \vec{I}_{(\vec{P})} = \vec{Q} - \vec{Q}_0$$

Algebricamente:

$$F\Delta t - mg\Delta t = mv - mv_0$$

Sendo $F = 30$ N, $\Delta t = 3{,}0$ s, $m = 2{,}0$ kg, $g = 10$ m/s^2 e $v_0 = 0$, calculemos o valor de v:

$$30 \cdot 3{,}0 - 2{,}0 \cdot 10 \cdot 3{,}0 = 2{,}0\, v$$

$$\boxed{v = 15 \text{ m/s}}$$

Nota:
- Este problema também poderia ser resolvido aplicando-se a 2ª Lei de Newton.

16. Uma bola de massa igual a 40 g, ao chegar ao local em que se encontra um tenista, tem velocidade horizontal de módulo 12 m/s. A bola é golpeada pela raquete do atleta, com a qual interage durante $2{,}0 \cdot 10^{-2}$ s, retornando horizontalmente em sentido oposto ao do movimento inicial. Supondo que a bola abandone a raquete com velocidade de módulo 8,0 m/s, calcule a intensidade média da força que a raquete exerce sobre a bola.

17. **Mochila voadora**
Projetada originalmente por uma empresa de brinquedos aquáticos alemã, essa mochila propulsionada por água permite a um homem se manter em equilíbrio pairando no ar, como se pudesse voar. Trata-se do Jetlev, que deixa o usuário a cerca de 8,5 m de altura mediante um jato de água que circula pela mochila, produzindo uma força vertical dirigida para cima que equilibra o peso total. A água é introduzida em uma mangueira gigante por meio de uma bomba existente em um pequeno barco conectado ao equipamento. Essa injeção de água ocorre em grande vazão: algo em torno de 20,0 L/s. Depois de fazer uma curva de 180° na mochila com mudança de intensidade da velocidade, mas com conservação da vazão, o líquido provoca a sustentação da pessoa, que se mantém elevada sobre um lago ou o mar.

O usuário também pode deslocar-se horizontalmente a uma velocidade próxima de 40 km/h, bastando para isso inclinar adequadamente os jatos por onde a água é ejetada, além de controlar a vazão.

Considerando-se a vazão de 20,0 L/s, citada no texto, levando-se em conta que a densidade da água vale $d = 1{,}0$ g/L, que $g = 10{,}0$ m/s^2 e que a água é introduzida na mochila verticalmente para cima a 20,0 m/s e ejetada verticalmente para baixo a 30,0 m/s, que massa ficaria suspensa em equilíbrio nessas condições?

18. (UFSC) Nos Jogos Olímpicos Rio 2016, a seleção brasileira de vôlei obteve a medalha de ouro após doze anos da última conquista, com uma vitória por 3 *sets* a 0 sobre a Itália. O saque Viagem, popularizado pelos jogadores brasileiros na Olimpíada de 1984, foi de fundamental importância para o alto desempenho da equipe. Na figura abaixo, uma sequência de imagens ilustra a execução de um saque Viagem, com indicação da posição do jogador e da posição correspondente da bola em diversos instantes de tempo. O jogador lança a bola, cuja massa é de 0,3 kg, com velocidade horizontal próxima de 4,0 m/s e entra em contato novamente com ela a uma altura de 3,50 m acima do nível do solo, no instante 2,2 s. Esse contato dura apenas 0,02 s, mas projeta a bola com velocidade de módulo $V = 20$ m/s. Adote $g = 10$ m/s^2 e considere sen 10° $\cong$ 0,17 e cos 10° $\cong$ 0,98.

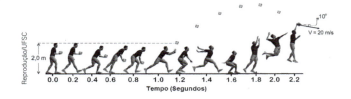

Com base na figura e nos dados acima, é correto afirmar que:

(01) o módulo da força média de interação da mão do jogador com a bola é maior que o módulo da força média de interação da bola com a mão do jogador.

(02) o módulo da velocidade vertical da bola no momento em que o jogador entra em contato novamente com ela é de 3,5 m/s.

(04) a força média de interação da mão do jogador com a bola na direção horizontal é de aproximadamente 234 N.

(08) a força média de interação da mão do jogador com a bola na direção vertical é nula.

(16) o trabalho realizado sobre a bola durante a interação é de aproximadamente 54,23 J.

Dê como resposta a soma dos números associados às proposições corretas.

19. Uma bola de tênis de massa m é lançada contra o solo, com o qual interage, refletindo-se em seguida sem perdas de energia cinética. O esquema abaixo representa o evento:

Sabendo que $|\vec{v}_i| = V$ e que a interação tem duração Δt, calcule a intensidade média da força que o solo exerce na bola.

Resolução:
Como não há perdas de energia cinética, temos:
$$|\vec{v}_i| = |\vec{v}_f| = V$$
Aplicando à bola o Teorema do Impulso, vem:
$$\vec{I} = \Delta \vec{Q} \Rightarrow \vec{I} = m\Delta\vec{v} \quad (I)$$
Mas:
$$\vec{I} = \vec{F}_m \Delta t \quad (II)$$
Comparando (I) e (II), segue que:
$$\vec{F}_m \Delta t = m\Delta\vec{v} \Rightarrow \vec{F}_m = \frac{m\Delta\vec{v}}{\Delta t}$$
Em módulo:
$$|\vec{F}_m| = \frac{m|\Delta\vec{v}|}{\Delta t}$$
Com base no diagrama vetorial abaixo, determinamos $|\Delta\vec{v}|$:

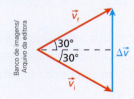

$$\Delta\vec{v} = \vec{v}_f - \vec{v}_i$$

O triângulo formado pelos vetores é equilátero, o que permite escrever:
$$|\Delta\vec{v}| = |\vec{v}_i| = |\vec{v}_f| = V$$
Assim, finalmente, calculamos $|\vec{F}_m|$:
$$\boxed{|\vec{F}_m| = \frac{mV}{\Delta t}}$$

20. Considere um carro de massa igual a $8{,}0 \cdot 10^2$ kg que entra em uma curva com velocidade $\vec{v}_1$ de intensidade 54 km/h e sai dessa mesma curva com velocidade $\vec{v}_2$ de intensidade 72 km/h. Sabendo que $\vec{v}_2$ é perpendicular a $\vec{v}_1$, calcule a intensidade do impulso total (da força resultante) comunicado ao carro.

21. Um carro de massa igual a 1,0 tonelada percorre uma pista como a esquematizada na figura, deslocando-se do ponto **A** ao ponto **B** em movimento uniforme, com velocidade de intensidade igual a 90 km/h.

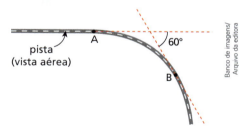

Sabendo que o comprimento do trecho **AB** é igual a 500 m, calcule:
a) o intervalo de tempo gasto pelo carro no percurso de **A** até **B**;
b) a intensidade da força capaz de provocar a variação de quantidade de movimento sofrida pelo carro de **A** até **B**.

22. Ao cobrar uma falta, um jogador de futebol chuta uma bola de massa igual a $4{,}5 \cdot 10^2$ g. No lance, seu pé comunica à bola uma força resultante de direção constante, cuja intensidade varia com o tempo, conforme o seguinte gráfico:

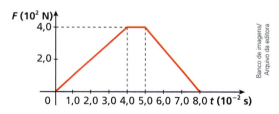

Em $t_0 = 0$ (início do chute) a bola estava em repouso. Calcule:
a) o módulo da quantidade de movimento da bola no instante $t_1 = 8{,}0 \cdot 10^{-2}$ s (fim do chute);
b) o trabalho da força que o pé do jogador exerce na bola.

23. O *skate* foi concebido na Califórnia, Estados Unidos, e consiste basicamente de uma prancha com frente (*nose*) e traseira (*tail*) levemente inclinadas, apoiada sobre quatro pequenas rodas acopladas a dois eixos metálicos (*trucks*). O esqueitista – ou *skater* – realiza uma espécie de *surf* no asfalto e em obstáculos, o que exige manobras que variam em grau de dificuldade, desde as básicas até as mais radicais. Os *skates* podem ter tamanhos diversos em função do estilo do usuário e dos exercícios que ele pretende realizar.

Para impulsionar seu *skate* em linha reta, a partir do repouso e em um plano horizontal, o jovem da fotografia abaixo mantém seu pé direito sobre a prancha e, com o pé esquerdo, empurra o solo para trás, três vezes. O gráfico a seguir representa como varia a intensidade da força de atrito resultante (R) que o conjunto jovem-*skate* recebe do chão em função do tempo nesse processo.

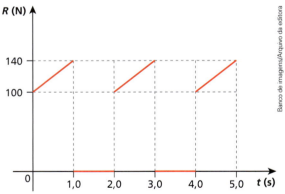

Sabendo-se que a massa do conjunto jovem-*skate* é de 60 kg e desprezando-se a resistência do ar, pede-se determinar, ao fim do terceiro impulso:
a) a intensidade da velocidade adquirida pelo conjunto jovem-*skate*;
b) o trabalho total realizado sobre ele.

24. (UFRN) Alguns automóveis dispõem de um eficiente sistema de proteção para o motorista, que consiste de uma bolsa inflável de ar. Essa bolsa é automaticamente inflada, do centro do volante, quando o automóvel sofre uma desaceleração súbita, de modo que a cabeça e o tórax do motorista, em vez de colidirem com o volante, colidem com ela.

A figura a seguir mostra dois gráficos da variação temporal da intensidade da força que age sobre a cabeça de um boneco que foi colocado no lugar do motorista. Os dois gráficos foram registrados em duas colisões de testes de segurança. A única diferença entre essas colisões é que, na colisão I, se usou a bolsa e, na colisão II, ela não foi usada.

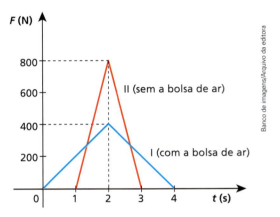

Da análise desses gráficos, indique a alternativa que melhor conclui a explicação para o sucesso da bolsa como equipamento de proteção:
a) A bolsa diminui o intervalo de tempo da desaceleração da cabeça do motorista, diminuindo, portanto, a intensidade da força média que atua sobre a cabeça.
b) A bolsa aumenta o intervalo de tempo da desaceleração da cabeça do motorista, diminuindo, portanto, a intensidade da força média que atua sobre a cabeça.
c) A bolsa diminui o módulo do impulso total transferido para a cabeça do motorista, diminuindo, portanto, a intensidade da força máxima que atua sobre a cabeça.
d) A bolsa diminui a variação total do momento linear da cabeça do motorista, diminuindo, portanto, a intensidade da força média que atua sobre a cabeça.
e) A bolsa aumenta a variação total do momento linear da cabeça do motorista, diminuindo, portanto, a intensidade da força média que atua sobre a cabeça.

Bloco 2

5. Sistema mecânico isolado

> Um sistema mecânico é denominado **isolado de forças externas** quando a resultante das forças externas atuantes sobre ele for nula.

Uma partícula em equilíbrio é o caso mais elementar de sistema mecânico isolado. Estando em repouso ou em movimento retilíneo e uniforme, a resultante das forças que agem sobre ela é nula.

Vejamos outro exemplo: admita que dois patinadores, inicialmente em repouso sobre uma plataforma plana e horizontal, se empurrem mutuamente, conforme sugerem os esquemas ao lado.

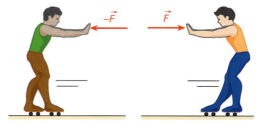

Desprezando os atritos e a influência do ar, os dois patinadores constituem um sistema mecânico isolado, pois a resultante das forças externas atuantes no conjunto é nula. De fato, as únicas forças externas que agem em cada patinador são a força da gravidade (peso) e a força de sustentação da plataforma (normal), que se equilibram.

Entretanto, uma pergunta surge naturalmente: as forças trocadas entre eles no ato do empurrão não seriam resultantes, uma vez que cada patinador, pela ação da força recebida, tem seu corpo acelerado a partir do repouso? E a resposta é simples: sim, essas forças (ação e reação) são as resultantes que aceleram **cada corpo**, porém são **forças internas** ao sistema, não devendo ser consideradas no estudo do sistema como um todo.

De fato, a soma dos impulsos das forças internas $\vec{F}$ e $-\vec{F}$ (forças de ação e reação trocadas pelos patinadores no ato do mútuo empurrão) é **nula** e, por isso, essas forças não participam da composição do impulso total externo exercido sobre o sistema.

6. O Princípio de Conservação da Quantidade de Movimento

As leis mais importantes e gerais da Física são os **princípios de conservação**, entre os quais destacamos o de conservação da energia, o da conservação da quantidade de movimento (ou momento linear), o da conservação do momento angular e o da conservação da carga elétrica.

Veremos, agora, o **Princípio de Conservação da Quantidade de Movimento**, mas, antes da apresentação formal de seu enunciado, analisemos a situação a seguir.

Consideremos um pequeno bote em repouso nas águas tranquilas de um lago. Admitamos que no local não haja correnteza nem ventos. Um homem está parado na proa da embarcação. Você pode concluir então que, nessa situação, a quantidade de movimento total do sistema homem-bote é nula. De repente, o homem lança-se horizontalmente, mergulhando diretamente na água. O que ocorre com o bote? Tomando-se por base uma série de ocorrências similares de nosso dia a dia, a resposta imediata seria: a embarcação é impulsionada para trás, em sentido oposto ao da velocidade do homem.

Nesse contexto, desprezando-se a resistência da água ao movimento do bote, houve a conservação da quantidade de movimento total do sistema homem-bote, que permaneceu nula do início ao final do episódio. Se somarmos vetorialmente as quantidades de movimento do homem e do bote em qualquer instante, desde o momento imediatamente anterior ao seu salto até a situação imediatamente posterior, a soma será nula.

Isso ocorre porque estamos diante de um sistema isolado de forças externas, como foi descrito na seção anterior, e, em casos assim, deve ocorrer a conservação da quantidade de movimento total do sistema.

A conservação da quantidade de movimento também pode ser notada no mundo atômico, como acontece no decaimento radioativo alfa, em que o núcleo de um dos isótopos radioativos do urânio (U^{232}), inicialmente em repouso, se divide em um núcleo de tório e uma partícula alfa (núcleo de hélio), que adquirem movimento em sentidos opostos de modo que a quantidade de movimento total do sistema se mantém igual a zero.

A validade desse princípio fundamental ainda pode ser verificada nas imensidões cósmicas, por ocasião de explosões estelares ou de colisões entre asteroides e astros maiores, como planetas e satélites.

Ampliando o olhar

Se fosse possível ouvir sons no espaço, este teria sido um grande estrondo!

No dia 4 de julho de 2005 ocorreu uma espetacular trombada sideral, a cerca de 132 milhões de quilômetros da Terra. Um veículo-projétil do tamanho de uma máquina de lavar roupas, com massa de 130 kg e feito predominantemente de cobre, disparado da sonda norte-americana Deep Impact (Impacto Profundo) atingiu em cheio, a 37 mil km/h, o núcleo do cometa Temple I (raio próximo de 3 km), abrindo uma cratera do tamanho de um campo de futebol. Uma imensa nuvem de fragmentos brilhantes espalhou-se pelos arredores, o que foi fotografado em alta definição pelas câmeras acopladas a dois telescópios instalados na sonda, que permaneceu à distância segura de 500 mil quilômetros do local do choque.

A análise dessas imagens trouxe preciosas informações sobre a constituição dos cometas, que sabidamente carregam gases, poeira, gelo e compostos orgânicos. Será estudado também se um processo como esse é capaz de desviar um asteroide eventualmente em rota de colisão com a Terra.

No breve intervalo de tempo da colisão, o sistema constituído pelo cometa e pelo veículo-projétil é isolado de forças externas, aplicando-se a ele um dos mais importantes conceitos físicos: o Princípio de Conservação da Quantidade de Movimento.

Enuncia-se que:

> Em um sistema mecânico isolado de forças externas, conserva-se a quantidade de movimento total.
> $$\Delta \vec{Q} = \vec{0} \quad \text{ou} \quad \vec{Q}_{final} = \vec{Q}_{inicial}$$

Façamos a verificação desse enunciado. Segundo o Teorema do Impulso, temos:
$$\vec{I}_{total} = \Delta \vec{Q}$$

Entretanto, em um sistema mecânico isolado, a resultante das forças externas é nula, o que permite dizer que o impulso total (da força resultante externa) também é nulo. Então:
$$\vec{I}_{total} = \vec{0}$$

Assim, temos:
$$\Delta \vec{Q} = \vec{0}$$
Ou, de modo equivalente:
$$\vec{Q}_{final} = \vec{Q}_{inicial}$$

Vejamos alguns exemplos típicos em que se aplica o Princípio de Conservação da Quantidade de Movimento.

Exemplo 1

Considere o esquema seguinte, em que dois blocos, **A** e **B**, amarrados pelo fio **CD**, repousam sobre uma superfície horizontal e sem atrito. Os blocos estão inicialmente separados por uma mola ideal, que se encontra comprimida.

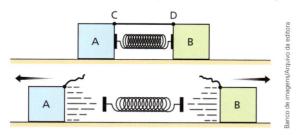

Admita que, em determinado instante, o fio **CD** seja cortado. O que ocorre? A mola distende-se bruscamente, impulsionando um bloco para cada lado.

Desprezando a influência do ar, temos, nesse caso, um sistema isolado de forças externas (as forças que os blocos recebem da mola são internas ao sistema), o que possibilita dizer que, nele, a quantidade de movimento total permanece constante. Assim:
$$\vec{Q}_{final} = \vec{Q}_{inicial}$$
Como os blocos estavam inicialmente em repouso, temos $\vec{Q}_{inicial} = \vec{0}$.
Logo:
$$\vec{Q}_{final} = \vec{0} \Rightarrow \vec{Q}_A + \vec{Q}_B = \vec{0}$$
Ou: $\vec{Q}_A = -\vec{Q}_B$ (movimentos em sentidos opostos).
Em módulo, temos:
$$Q_A = Q_B$$
Sendo m_A e v_A, m_B e v_B, respectivamente, a massa e o módulo da velocidade de **A** e **B**, vem:
$$m_A v_A = m_B v_B \Rightarrow \frac{v_A}{v_B} = \frac{m_B}{m_A}$$

Observe que se $m_B > m_A$, teremos $v_B < v_A$. Na situação estudada, as velocidades e as respectivas massas são inversamente proporcionais.

Exemplo 2

Na fotografia ao lado, duas bolas de bilhar realizam uma colisão mecânica. Por causa da breve duração da interação (da ordem de 10^{-2} s), os impulsos de eventuais forças externas – atritos, por exemplo – sobre cada bola são desprezíveis. Assim, essas forças não alteram de modo significativo a quantidade de movimento total do sistema, que permanece praticamente constante desde imediatamente antes da colisão até imediatamente após sua ocorrência.

// Fotografia estroboscópica mostrando bolas de bilhar ao realizarem uma colisão mecânica.

Portanto, é correto afirmar que, nessa colisão, o sistema é isolado de forças externas, valendo o Princípio de Conservação da Quantidade de Movimento:

$$\vec{Q}_{final} = \vec{Q}_{inicial}$$

De modo geral, os corpos que participam de uma colisão mecânica podem ser considerados um sistema isolado de forças externas, o que possibilita aplicar o Princípio de Conservação da Quantidade de Movimento.

Exemplo 3

Outra situação importante em que podemos aplicar o Princípio de Conservação da Quantidade de Movimento é a de uma explosão.

Também nesse caso, em razão da breve duração do fenômeno, os impulsos de eventuais forças externas são desprezíveis, não alterando de modo significativo a quantidade de movimento total do sistema, que se conserva, obedecendo à equação:

$$\vec{Q}_{final} = \vec{Q}_{inicial}$$

Na explosão de uma bomba, a soma vetorial das quantidades de movimento dos fragmentos imediatamente após o evento deve ser igual à quantidade de movimento inicial do artefato.

$$\vec{Q}_{final} = \vec{Q}_{inicial} \Rightarrow \vec{Q}_1 + \vec{Q}_2 + \vec{Q}_3 + \ldots = \vec{Q}_{inicial}$$

// Fotografia mostrando a explosão de uma bomba.

NOTAS!

- Nos exemplos vistos, em virtude da existência de forças internas aos sistemas, as quantidades de movimento de suas partes variam e apenas a quantidade de movimento total (soma vetorial das quantidades de movimento parciais) permanece constante.
- Não se deve confundir **sistema isolado** com **sistema conservativo**. Observe que nem todo sistema isolado é conservativo e nem todo sistema conservativo é isolado.
- O Princípio de Conservação da Quantidade de Movimento é muito amplo, porém, aplicado a um sistema de duas partículas isoladas de forças externas, conduz a resultados equivalentes aos obtidos pela aplicação da 3ª e da 2ª Leis de Newton, o Princípio da Ação e Reação e o Princípio Fundamental da Dinâmica, respectivamente.

Exercícios Nível 1

25. Considere o esquema a seguir, em que, inicialmente, tanto o homem quanto o carrinho estão em repouso em relação ao solo. No local não há ventos e a influência do ar é desprezível. O carrinho é livre para se mover para a esquerda ou para a direita sobre trilhos horizontais, sem atrito.

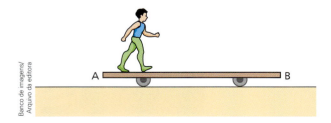

Em determinado instante, o homem sai do ponto **A** e dirige-se para o ponto **B**, movendo-se na direção do eixo longitudinal do carrinho. Admitindo que, ao chegar a **B**, o homem para em relação ao carrinho, analise as seguintes proposições:

(01) A quantidade de movimento total do sistema constituído pelo homem e pelo carrinho é nula em qualquer instante.

(02) Enquanto o homem dirige-se do ponto **A** para o ponto **B**, sua quantidade de movimento é não nula e oposta à do carrinho.

(04) Enquanto o homem dirige-se do ponto **A** para o ponto **B**, sua velocidade é não nula e oposta à do carrinho.

(08) Ao atingir o ponto **B**, o homem para em relação ao carrinho e este, por sua vez, para em relação ao solo.
(16) Após a chegada do homem a **B**, o sistema prossegue em movimento retilíneo e uniforme, por inércia.

Dê como resposta a soma dos números associados às proposições corretas.

26. Uma bomba, inicialmente em repouso, explode, fragmentando-se em três partes que adquirem quantidades de movimento coplanares de intensidades iguais. Qual das alternativas a seguir melhor representa a situação das partes da bomba imediatamente após a explosão?

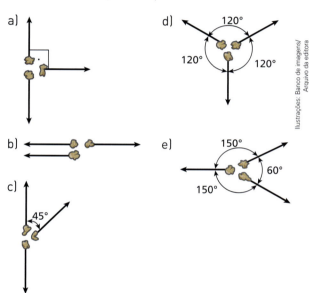

27. Sobre um plano horizontal e perfeitamente **E.R.** liso, repousam, frente a frente, um homem e uma caixa de massas respectivamente iguais a 80 kg e 40 kg. Em dado instante, o homem empurra a caixa, que se desloca com velocidade de módulo 10 m/s. Desprezando a influência do ar, calcule o módulo da velocidade do homem após o empurrão.

Resolução:

Nos elementos componentes do sistema (homem e caixa), a resultante das forças externas é nula. Por isso, o sistema é **isolado**, o que permite aplicar o Princípio de Conservação da Quantidade de Movimento:

$$\vec{Q}_{final} = \vec{Q}_{inicial}$$

Como $\vec{Q}_{inicial} = \vec{0}$ (o sistema estava inicialmente em repouso), temos:

$$\vec{Q}_{final} = \vec{0}$$

Daí, vem:

$$\vec{Q}_H + \vec{Q}_C = \vec{0} \Rightarrow \vec{Q}_H = -\vec{Q}_C$$

Considerando apenas os módulos das quantidades de movimento, pode-se escrever:

$$Q_H = Q_C \Rightarrow m_H v_H = m_C v_C$$

Então:

$$\frac{v_H}{v_C} = \frac{m_C}{m_H}$$

Sendo $v_C = 10$ m/s, $m_C = 40$ kg e $m_H = 80$ kg, calculemos v_H:

$$\frac{v_H}{10} = \frac{40}{80} \Rightarrow \boxed{v_H = 5{,}0 \text{ m/s}}$$

Nota:
- Nesse caso e em situações similares, as velocidades adquiridas pelos corpos têm intensidades inversamente proporcionais às respectivas massas.

28. (UFPE) Um casal participa de uma competição de patinação sobre o gelo. Em dado instante, o rapaz, de massa igual a 60 kg, e a garota, de massa igual a 40 kg, estão parados e abraçados frente a frente. Subitamente, o rapaz dá um empurrão na garota, que sai patinando para trás com uma velocidade de módulo igual a 0,60 m/s. Qual o módulo da velocidade do rapaz ao recuar, como consequência desse empurrão? Despreze o atrito com o chão e o efeito do ar.

29. (Uema) No dia 04/07/2010, uma emissora de TV apresentou uma matéria sobre uma sacola que foi encontrada na rodoviária de São Paulo, com suspeita de conter uma bomba em seu interior. A polícia foi acionada e a equipe do GATE (Grupo de Ações Táticas Especiais) usou um robozinho para retirar a sacola do local e, em seguida, fazer os procedimentos de desativação do artefato. Ao ser detonado, supõe-se que 3/5 de massa do artefato foi expelida com uma velocidade de módulo 40 m/s, e a outra parte foi expelida com uma velocidade de módulo:

a) 40 m/s
b) 30 m/s
c) 20 m/s
d) 60 m/s
e) 120 m/s

30. Um astronauta de massa 70 kg encontra-se em repouso numa região do espaço em que as ações gravitacionais são desprezíveis. Ele está fora de sua nave, a 120 m dela, mas consegue mover-se com o auxílio de uma pistola que dispara projéteis de massa 100 g, os quais são expelidos com velocidade de $5,6 \cdot 10^2$ m/s. Dando um único tiro, qual o menor intervalo de tempo que o astronauta leva para atingir sua nave, suposta em repouso?

31. (Acafe-SC) Num ringue de patinação, dois patinadores, João, com massa de 84 kg, e Maria, com massa 56 kg, estão abraçados e em repouso sobre a superfície do gelo, ligados por um fio inextensível de 10,0 m de comprimento. Desprezando-se o atrito entre os patinadores e a superfície do gelo, é correto afirmar que, se eles se empurrarem, passando a descrever movimentos retilíneos uniformes em sentidos opostos, a distância, em metros, percorrida por Maria, antes de o fio se romper, é:

a) 4,0   b) 5,0   c) 6,0   d) 8,0   e) 10,0

32. (UFPE) Uma menina de 40 kg é transportada na garupa de uma bicicleta de 10 kg, a uma velocidade constante de módulo 2,0 m/s, por seu irmão de 50 kg. Em dado instante, a menina salta para trás com velocidade de módulo 2,5 m/s em relação ao solo. Após o salto, o irmão continua na bicicleta, afastando-se da menina. Qual o módulo da velocidade da bicicleta, em relação ao solo, imediatamente após o salto? Admita que durante o salto o sistema formado pelos irmãos e pela bicicleta seja isolado de forças externas.

a) 3,0 m/s   c) 4,0 m/s   e) 5,0 m/s
b) 3,5 m/s   d) 4,5 m/s

Exercícios Nível 2

33. (Fuvest-SP) A figura foi obtida em uma câmara de nuvens, equipamento que registra trajetórias deixadas por partículas eletricamente carregadas. Na figura, são mostradas as trajetórias dos produtos do decaimento de um isótopo do hélio ($^6_2$He) em repouso: um elétron (e^-) e um isótopo de lítio ($^6_3$Li), bem como suas respectivas quantidades de movimento linear, no instante do decaimento, representadas, em escala, pelas setas. Uma terceira partícula, denominada antineutrino ($\bar{\nu}$, carga zero), é também produzida nesse processo.

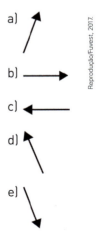

$^6_2$He $\longrightarrow$ $^6_3$Li + e^- + $\bar{\nu}$

O vetor que melhor representa a direção e o sentido da quantidade de movimento do antineutrino é

a) ↗
b) →
c) ←
d) ↖
e) ↘

34. O sumô é uma modalidade de luta muito antiga, originária do Japão, e praticada ainda nos dias de hoje. Nesse desporto, dois lutadores (*rikichis*), geralmente de grande massa corpórea, têm como meta derrubar o adversário ou levá-lo a pisar fora dos limites de um ringue circular (*dohyô*).

Na imagem acima, um menino empurra um homem muito mais massivo que ele. Imaginando-se que não houvesse atrito entre os pés dos dois indivíduos e o solo e supondo-se que ambos estivessem inicialmente em repouso, seria correto afirmar que:

a) a força aplicada pelo menino no homem é mais intensa que a força aplicada pelo homem no menino.
b) o impulso dado pelo menino no homem tem intensidade menor que o impulso dado pelo homem no menino.
c) depois do empurrão, a velocidade adquirida pelo menino terá intensidade igual à velocidade adquirida pelo homem.
d) depois do empurrão, a quantidade de movimento adquirida pelo menino terá intensidade maior que a quantidade de movimento adquirida pelo homem.
e) depois do empurrão, a quantidade de movimento total do menino e do homem será nula.

35. Um canhão, juntamente com o carrinho que lhe
E.R. serve de suporte, tem massa M. Com o conjunto em repouso, dispara-se obliquamente um projétil de massa m, que, em relação ao solo, desliga-se do canhão com uma velocidade de módulo v_0, inclinada de um ângulo θ com a horizontal. A figura abaixo retrata o evento:

Desprezando os atritos, determine o módulo da velocidade de recuo do conjunto canhão-carrinho.

Resolução:
Segundo a direção horizontal, o sistema é isolado de forças externas, o que permite aplicar a essa direção o Princípio de Conservação da Quantidade de Movimento:
$$\vec{Q}_{final} = \vec{Q}_{inicial}$$
Mas $\vec{Q}_{inicial} = \vec{0}$ (o conjunto estava inicialmente em repouso), logo:
$$\vec{Q}_{final} = \vec{0} \Rightarrow \vec{Q}_C + \vec{Q}_P = \vec{0}$$
Daí:
$\vec{Q}_C = -\vec{Q}_P$ (movimentos horizontais em sentidos opostos)
Em módulo:
$$Q_C = Q_P \Rightarrow Mv_C = mv_{0_h}$$
Na última equação, v_{0_h} é o módulo da componente horizontal de $\vec{v}_0$.
Sendo $v_{0_h} = v_0 \cos \theta \Rightarrow$, vem:
$$Mv_C = mv_0 \cos \theta \Rightarrow \boxed{v_C = \frac{m}{M} v_0 \cos \theta}$$

Nota:
• Na direção vertical, o sistema canhão-projétil **não é isolado** de forças externas. Isso ocorre devido à **força impulsiva** exercida pelo solo no ato do disparo. Essa força, que atua apenas durante o curtíssimo intervalo de tempo da explosão, tem intensidade significativa, produzindo um impulso que modifica a quantidade de movimento do canhão nessa direção.

36. Um garoto de massa 48 kg está de pé sobre um *skate* de massa 2,0 kg, inicialmente em repouso sobre o solo plano e horizontal. Em determinado instante, ele lança horizontalmente uma pedra de massa 5,0 kg, que adquire uma velocidade de afastamento (relativa ao garoto) de módulo 11 m/s. Sendo v_G e v_P, respectivamente, os módulos da velocidade do garoto e da pedra em relação ao solo imediatamente após o lançamento, calcule v_G e v_P.

37. (Unifesp) Em um teste realizado na investigação de um crime, um projétil de massa 20 g é disparado horizontalmente contra um saco de areia apoiado, em repouso, sobre um carrinho que, também em repouso, está apoiado sobre uma superfície horizontal na qual pode mover-se livre de atrito. O projétil atravessa o saco perpendicularmente aos eixos das rodas do carrinho, e sai com velocidade menor que a inicial, enquanto o sistema formado pelo saco de areia e pelo carrinho, que totaliza 100 kg, sai do repouso com velocidade de módulo v.

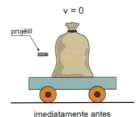
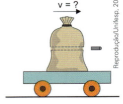

O gráfico representa a variação da velocidade escalar do projétil, v_p, em função do tempo, nesse teste.

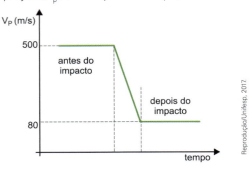

Calcule:
a) o módulo da velocidade v, em m/s, adquirida pelo sistema formado pelo saco de areia e pelo carrinho imediatamente após o saco ter sido atravessado pelo projétil.
b) o trabalho, em joules, realizado pela resultante das forças que atuaram sobre o projétil no intervalo de tempo em que ele atravessou o saco de areia.

38. (Unicamp-SP) O lixo espacial é composto de partes de naves espaciais e satélites fora de operação abandonados em órbita ao redor da Terra. Esses objetos podem colidir com satélites, além de pôr em risco astronautas em atividades extraveiculares. Considere que, durante um reparo na estação espacial, um astronauta substitui um painel solar, de massa $m_P = 80$ kg, cuja estrutura foi danificada. O astronauta estava inicialmente em repouso em relação à estação e ao abandonar o painel no espaço, lança-o com uma velocidade de módulo $v_P = 0{,}15$ m/s.
a) Sabendo-se que a massa do astronauta é $m_a = 60$ kg, calcule o módulo de sua velocidade de recuo.
b) O gráfico a seguir mostra, de forma simplificada, o módulo da força aplicada pelo astronauta sobre o painel em função do tempo durante o lançamento. Sabendo-se que a variação de momento linear é igual ao impulso, cujo módulo pode ser obtido pela área do gráfico, calcule a intensidade da força máxima $F_{máx}$.

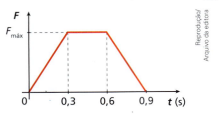

39. Dois blocos **A** e **B**, de massas respectivamente iguais a 2,0 kg e 4,0 kg, encontram-se em repouso sobre um plano horizontal perfeitamente polido. Entre os blocos, há uma mola de massa desprezível, comprimida, que está impedida de expandir-se devido a um barbante que conecta os blocos.

E.R.

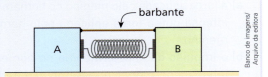

Em determinado instante, queima-se o barbante e a mola se expande, impulsionando os blocos. Sabendo que o bloco **B** adquire velocidade de intensidade 3,0 m/s e que a influência do ar é desprezível, determine:
a) a intensidade da velocidade adquirida pelo bloco **A**;
b) a energia potencial elástica armazenada na mola antes da queima do barbante.

Resolução:

a) O sistema é isolado de forças externas, o que permite aplicar o Princípio de Conservação da Quantidade de Movimento:

$$\vec{Q}_{final} = \vec{Q}_{inicial}$$

Com o sistema inicialmente em repouso, porém, temos:

$$\vec{Q}_{inicial} = \vec{0}$$

Logo: $\vec{Q}_{final} = \vec{0} \Rightarrow \vec{Q}_A + \vec{Q}_B = \vec{0}$

Assim: $\vec{Q}_A = -\vec{Q}_B$ (movimentos em sentidos opostos)

Em módulo: $Q_A = Q_B \Rightarrow m_A v_A = m_B v_B$

Sendo $m_A = 2{,}0$ kg, $m_B = 4{,}0$ kg e $v_B = 3{,}0$ m/s, calculemos v_A:

$$2{,}0 v_A = 4{,}0 \cdot 3{,}0 \therefore \boxed{v_A = 6{,}0 \text{ m/s}}$$

b) A energia elástica armazenada inicialmente na mola pode ser calculada somando-se as energias cinéticas adquiridas pelos blocos:

$$E_e = E_{c_A} + E_{c_B} \Rightarrow E_e = \frac{m_A v_A^2}{2} + \frac{m_B v_B^2}{2}$$

$$E_e = \frac{2,0 \cdot (6,0)^2}{2} + \frac{4,0 \cdot (3,0)^2}{2} \therefore \boxed{E_e = 54 \text{ J}}$$

40. Na figura, os blocos 1 e 2 têm massas respectivamente iguais a 2,0 kg e 4,0 kg e acham-se inicialmente em repouso sobre um plano horizontal e liso. Entre os blocos, existe uma mola leve de constante elástica igual a $1,5 \cdot 10^2$ N/m, comprimida de 20 cm e impedida de distender-se devido a uma trava:

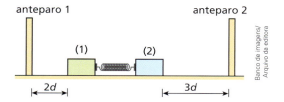

Em dado instante, a trava é liberada e a mola, ao se distender bruscamente, impulsiona os blocos, que, depois de percorrerem as distâncias indicadas, colidem com os anteparos. Não considerando o efeito do ar, determine:

a) a relação entre os intervalos de tempo gastos pelos blocos 1 e 2 para atingirem os respectivos anteparos;

b) as energias cinéticas dos blocos depois de perderem o contato com a mola.

41. (Unesp-SP) A figura representa duas esferas, 1 e 2, de massas m_1 e m_2, respectivamente, comprimindo uma mola e sendo mantidas por duas travas dentro de um tubo horizontal.

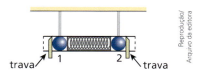

Quando as travas são retiradas simultaneamente, as esferas 1 e 2 são ejetadas do tubo, com velocidades de módulos v_1 e v_2, respectivamente, e caem sob a ação da gravidade. A esfera 1 atinge o solo num ponto situado à distância $x_1 = 0,50$ m, t_1 segundos depois de abandonar o tubo, e a esfera 2, à distância $x_2 = 0,75$ m, t_2 segundos depois de abandonar o tubo, conforme indicado na figura seguinte.

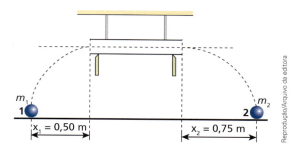

Desprezando a massa da mola e quaisquer atritos, determine:

a) as razões $\dfrac{t_2}{t_1}$ e $\dfrac{v_2}{v_1}$;

b) a razão $\dfrac{m_2}{m_1}$.

42. (Unicamp-SP) O chamado "para-choque alicate" foi projetado e desenvolvido na Unicamp com o objetivo de minimizar alguns problemas com acidentes. No caso de uma colisão de um carro contra a traseira de um caminhão, a malha de aço de um para-choque alicate instalado no caminhão prende o carro e o ergue do chão pela plataforma, evitando, assim, o chamado "efeito guilhotina". Imagine a seguinte situação: um caminhão de 6 000 kg está a 54,0 km/h e o automóvel que o segue, de massa igual a 2 000 kg, está a 72,0 km/h. O automóvel colide contra a malha, subindo na rampa. Após o impacto, os veículos permanecem engatados um ao outro.

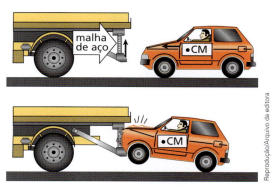

a) Qual o módulo da velocidade dos veículos imediatamente após o impacto?

b) Qual a fração da energia cinética inicial do automóvel que foi transformada em energia potencial gravitacional, sabendo-se que o centro de massa do veículo subiu 50 cm? Adote $g = 10$ m/s^2.

43. Na situação esquematizada na figura, um garoto de massa 40 kg está posicionado na extremidade **A** de uma prancha de madeira, de massa 120 kg, dotada de rodas, que tem sua extremidade **B** em contato com um muro vertical. O comprimento **AB** da prancha é igual a 6,0 m.

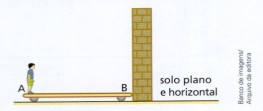

Em determinado instante, o garoto começa a caminhar de **A** para **B** com velocidade de módulo 1,2 m/s em relação à prancha.

Admitindo que o sistema garoto-prancha seja isolado de forças externas e que o garoto pare de caminhar ao atingir a extremidade **B**, calcule:

a) o módulo da velocidade da prancha em relação ao solo enquanto o garoto caminha de **A** para **B**;

b) a distância x entre a extremidade **B** da prancha e o muro no instante em que o garoto atinge a extremidade **B**.

Resolução:

a) Sendo o sistema garoto-prancha isolado de forças externas, aplica-se o Princípio de Conservação da Quantidade de Movimento.

$$\vec{Q}_{inicial} = \vec{Q}_{final}$$

Com o sistema inicialmente em repouso, porém, temos:

$$\vec{Q}_{inicial} = \vec{0}$$

Logo: $\vec{Q}_{final} = \vec{0} \Rightarrow \vec{Q}_G + \vec{Q}_P = \vec{0}$

$\vec{Q}_G = -\vec{Q}_P$ (movimentos em sentidos opostos)

Em módulo: $Q_G = Q_P \Rightarrow m_G v_G = m_P v_P$

Sendo $m_G = 40$ kg e $m_P = 120$ kg, vem:

$40 v_G = 120 v_P \Rightarrow \boxed{v_G = 3 v_P}$ (I)

Mas: $\boxed{v_G + v_P = 1,2}$ (II)

(I) em (II): $3v_P + v_P = 1,2 \therefore v_P = 0,30$ m/s

ou $\boxed{v_P = 30 \text{ cm/s}}$

b)

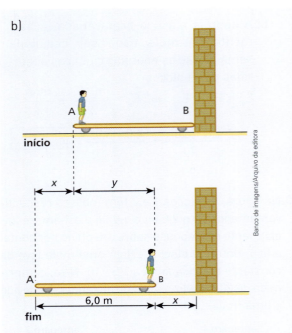

No esquema, x e y caracterizam, respectivamente, as distâncias percorridas pela prancha e pelo garoto em relação ao solo.

$$x + y = 6,0 \quad \text{(III)}$$

$$Q_G = Q_P \Rightarrow m_G v_G = m_P v_P$$

Como as velocidades do garoto e da prancha são constantes, temos:

$$40 \frac{y}{\Delta t} = 120 \frac{x}{\Delta t} \Rightarrow y = 3x \quad \text{(IV)}$$

Substituindo (IV) em (III), vem:

$$x + 3x = 6,0 \therefore \boxed{x = 1,5 \text{ m}}$$

44. A figura abaixo representa um homem de massa 60 kg, de pé sobre uma prancha de madeira, de massa 120 kg, em repouso na água de uma piscina. Inicialmente, o homem ocupa o ponto **A**, oposto de **B**, onde a prancha está em contato com a escada.

Em determinado instante, o homem começa a andar, objetivando alcançar a escada. Não levando em conta os atritos entre a prancha e a água, ventos ou correntezas, e considerando para a prancha comprimento de 1,5 m, calcule:

a) a relação entre os módulos das quantidades de movimento do homem e da prancha, enquanto o homem não alcança o ponto **B**;
b) a distância x do homem à escada, depois de ter atingido o ponto **B**;
c) o módulo da velocidade escalar média do homem em relação à escada e em relação à prancha, se, ao se deslocar de **A** até **B**, ele gasta 2,0 s.

45. (Vunesp) Um tubo de massa M contendo uma gota de éter de massa desprezível é suspenso por meio de um fio leve, de comprimento L, conforme ilustrado na figura. No local, despreza-se a influência do ar sobre os movimentos e adota-se para o módulo da aceleração da gravidade o valor g. Calcule o módulo da velocidade horizontal mínima com que a rolha de massa m deve sair do tubo aquecido para que ele atinja a altura do seu ponto de suspensão.

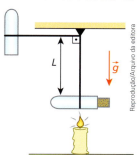

46. (UnB-DF) Novos sistemas de propulsão de foguetes e de sondas espaciais estão sempre sendo estudados pela Nasa. Um dos projetos utiliza o princípio de atirar e receber bolas de metal para ganhar impulso. O sistema funcionaria da seguinte forma: em uma estação espacial, um disco, girando, atiraria bolas metálicas, a uma velocidade de 7 200 km/h. Uma sonda espacial as receberia e as mandaria de volta ao disco da estação. Segundo pesquisadores, esse sistema de receber e atirar bolas de metal poderia ser usado para dar o impulso inicial a naves ou sondas espaciais que já estivessem em órbita.

(Adaptado de: Jornal *Folha de S.Paulo*.)

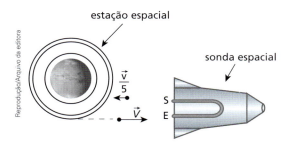

Considere uma sonda espacial com massa de 1 tonelada, em repouso em relação a uma estação espacial, conforme ilustra a figura acima. Suponha que a sonda receba, pela entrada **E**, uma bola de 10 kg, atirada a 7 200 km/h pelo disco da estação, e a devolva, pela saída **S**, com um quinto do módulo da velocidade inicial. Calcule, em m/s, o módulo da velocidade da sonda em relação à estação no instante em que a bola é devolvida.

47. Um barco de massa M, pilotado por um homem de massa m, atravessa um lago de águas tranquilas com velocidade constante $\vec{v}_0$. Em dado instante, pressentindo perigo, o homem atira-se à água, desligando-se do barco com velocidade $-2\vec{v}_0$, medida em relação às margens do lago. Nessas condições, a velocidade do barco imediatamente após o homem ter-se atirado à água é mais bem expressada por:

a) $\dfrac{2m}{M}\vec{v}_0$ c) $\dfrac{(M+3m)}{M}\vec{v}_0$ e) $\dfrac{(M+2m)}{M}\vec{v}_0$

b) $\dfrac{m}{M}\vec{v}_0$ d) $\dfrac{(M-m)}{M}\vec{v}_0$

48. Considere uma espaçonave em movimento retilíneo, com velocidade escalar de $2{,}0 \cdot 10^3$ m/s numa região de influências gravitacionais desprezíveis. Em determinado instante, ocorre uma explosão e a espaçonave se fragmenta em duas partes, **A** e **B**, de massas respectivamente iguais a M e 2M. Se a parte **A** adquire velocidade escalar de $8{,}0 \cdot 10^3$ m/s, qual a velocidade escalar adquirida pela parte **B**?

49. Uma bomba, em queda vertical nas proximidades da superfície terrestre, explode no instante em que a intensidade de sua velocidade é 20 m/s. A bomba fragmenta-se em dois pedaços, **A** e **B**, de massas respectivamente iguais a 2,0 kg e 1,0 kg. Sabendo que, imediatamente após a explosão, o pedaço **A** se move para baixo, com velocidade de intensidade 32 m/s, determine:
a) a intensidade e o sentido da velocidade do pedaço **B** imediatamente depois da explosão;
b) o aumento da energia mecânica do sistema devido à explosão.

50. (OBF) Com a intenção de estudar os movimentos dos corpos e suas relações com a massa, foi construído para uma feira de ciências um experimento que consiste de uma base **b**, uma rampa **r** e uma esfera **e**, conforme ilustrado na figura seguinte. A base foi fixada ao solo, de modo que sua superfície superior plana e absolutamente lisa ficasse perfeitamente nivelada na horizontal. A rampa, com formato circular de raio R = 6,0 m e massa 5M, foi apoiada em repouso sobre a base, mas podendo deslizar sobre ela praticamente sem atrito. No ponto mais alto da rampa, uma esfera maciça, homogênea, de massa M, foi então abandonada, deslizando sem rolar pela rampa, conforme a figura abaixo. Desprezando-se a resistência do ar e qualquer outro atrito, e considerando o módulo da aceleração da gravidade g = 10m/s², determine, em m/s, o módulo da velocidade da esfera no instante em que ela perde o contato com a rampa.

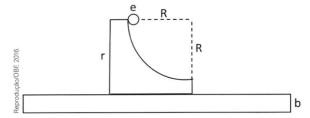

51. Uma caixa de massa $1{,}0 \cdot 10^2$ kg, inicialmente vazia, desloca-se horizontalmente sobre rodas num plano liso, com velocidade constante de 4,0 m/s. Em dado instante, começa a chover e as gotas, que caem verticalmente, vão-se depositando na caixa, que é aberta.

   a) Qual a velocidade da caixa depois de ter alojado $3{,}0 \cdot 10^2$ kg de água?
   b) Se no instante em que a caixa contém $3{,}0 \cdot 10^2$ kg parar de chover e for aberto um orifício no seu fundo, por onde a água possa escoar, qual será a velocidade final da caixa depois do escoamento de toda a água?

52. **E.R.** Na situação do esquema seguinte, um míssil move-se no sentido do eixo **Ox** com velocidade $\vec{v}_0$, de módulo 40 m/s. Em dado instante, ele explode, fragmentando-se em três partes, **A**, **B** e **C**, de massas M, 2M e 2M, respectivamente:

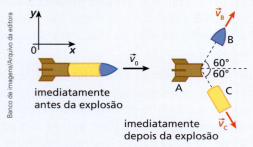

Sabendo que, imediatamente após a explosão, as velocidades das partes **B** e **C** valem $v_B = v_C = 110$ m/s, determine as características da velocidade vetorial da parte **A**, levando em conta o referencial **Oxy**.

Resolução:
Como a explosão do míssil constitui um **sistema isolado de forças externas**, podemos aplicar o Princípio de Conservação da Quantidade de Movimento:

$$\vec{Q}_{final} = \vec{Q}_{inicial}$$

Segundo a direção **Oy**, podemos escrever:

$$\vec{Q}'_{y_A} + \vec{Q}'_{y_B} + \vec{Q}'_{y_C} = \vec{Q}_{y_A} + \vec{Q}_{y_B} + \vec{Q}_{y_C}$$

$$Mv'_{y_A} + 2Mv\,\text{sen}\,60° - 2Mv\,\text{sen}\,60° = 0$$

$$Mv'_{y_A} = 0 \Rightarrow v'_{y_A} = 0$$

O último resultado leva-nos a concluir que, segundo a direção **Oy**, a velocidade vetorial do fragmento **A** não apresenta componente imediatamente após a explosão.

Segundo a direção **Ox**, podemos escrever:

$$\vec{Q}'_{x_A} + \vec{Q}'_{x_B} + \vec{Q}'_{x_C} = \vec{Q}_{x_A} + \vec{Q}_{x_B} + \vec{Q}_{x_C}$$

$$Mv'_{x_A} + 2Mv\cos 60° + 2Mv\cos 60° = 5Mv_0$$

$$v'_{x_A} + 4v\cos 60° = 5v_0$$

$$v'_{x_A} + 4v\frac{1}{2} = 5v_0 \Rightarrow v'_{x_A} = 5v_0 - 2v$$

Sendo $v_0 = 40$ m/s e $v = 110$ m/s, calculemos v'_{x_A}, que é a componente, segundo **Ox**, da velocidade vetorial do fragmento **A** imediatamente após a explosão:

$$v'_{x_A} = 5 \cdot 40 - 2 \cdot 110 \therefore \boxed{v'_{x_A} = -20 \text{ m/s}}$$

Tendo em vista os valores obtidos para v'_{y_A} e v'_{x_A}, devemos responder:

> Imediatamente após a explosão, o fragmento **A** tem velocidade na direção do eixo **Ox**, sentido oposto ao do referido eixo e módulo de 20 m/s.

53. (Olimpíada Americana de Física) Uma bomba de massa M, inicialmente em repouso, explode, fragmentando-se em três partes, **A**, **B** e **C**, de massas iguais. Imediatamente após a explosão, as partes **A** e **B** adquirem velocidades com módulo igual a v em direções perpendiculares entre si. Com base nessas informações, determine:

   a) o módulo v_C da velocidade da parte **C** imediatamente após a explosão, em função de v;
   b) a energia potencial química, E, transformada em energia cinética das três partes, em função de M e v.

Bloco 3

7. Introdução ao estudo das colisões mecânicas

Um jogo de sinuca é um excelente cenário para observarmos um bom número de colisões mecânicas. As bolas, lançadas umas contra as outras, interagem, alterando as características de seus movimentos iniciais.

As colisões mecânicas têm, em geral, breve duração. Quando batemos um prego usando um martelo, por exemplo, o intervalo de tempo médio de contato entre o martelo e o prego em cada impacto é da ordem de 10^{-2} s.

Duas fases podem ser distinguidas em uma colisão mecânica: a de **deformação** e a de **restituição**. A primeira tem início no instante em que os corpos entram em contato, passando a se deformar mutuamente, e termina quando um corpo para em relação ao outro. Nesse instante começa a segunda fase, que tem seu fim no momento em que os corpos se separam. A fase de restituição, entretanto, não ocorre em todas as colisões. Em uma batida entre dois automóveis que não se separam após o choque, por exemplo, praticamente não há restituição.

Em um jogo de sinuca, o domínio do jogador sobre as colisões que ocorrem entre as bolas pode levá-lo à vitória.

Dizemos que uma colisão mecânica é **unidimensional** (ou **frontal**) quando os centros de massa dos corpos se situam sobre uma mesma reta antes e depois do choque. Em nosso estudo, trataremos preferencialmente das colisões unidimensionais.

8. Quantidade de movimento e energia mecânica nas colisões

Conforme comentamos na seção 6 deste tópico, os corpos que participam de qualquer tipo de colisão mecânica podem ser considerados um **sistema isolado de forças externas**.

De fato, recordemos que, em razão da breve duração da interação, os impulsos das eventuais forças externas sobre o sistema são praticamente desprezíveis, não modificando de modo sensível a quantidade de movimento total.

Portanto, para qualquer colisão, podemos aplicar o Princípio de Conservação da Quantidade de Movimento, que significa o seguinte:

> Em qualquer tipo de colisão mecânica, a quantidade de movimento total do sistema mantém-se constante. A quantidade de movimento imediatamente após a interação é igual à quantidade de movimento imediatamente antes:
>
> $$\vec{Q}_{final} = \vec{Q}_{inicial}$$

É importante observar, entretanto, que, embora a quantidade de movimento total se conserve nas colisões, o mesmo não ocorre, necessariamente, com a energia mecânica (cinética) total do sistema. Quando dois corpos colidem, há, geralmente, dissipação de energia mecânica (cinética) em energia térmica, acústica e trabalho de deformação permanente, entre outras dissipações. Por isso, na maior parte das situações, os corpos que participam de uma colisão mecânica constituem um **sistema dissipativo**.

Excepcionalmente, porém, no caso de as perdas de energia mecânica serem desprezíveis – e somente nesse caso –, os corpos que participam da colisão constituem um **sistema conservativo**.

Ratificando, pois, frisemos que os corpos que participam de colisões mecânicas constituem normalmente sistemas isolados, sendo sistemas conservativos apenas excepcionalmente.

9. Velocidade escalar relativa

Este assunto foi tratado no tópico 2 de Cinemática, sobre movimento uniforme, mas é oportuno fazermos uma recapitulação.

Considere a figura a seguir, em que um carro trafega em uma rua, tendo seu velocímetro indicando permanentemente 30 km/h.

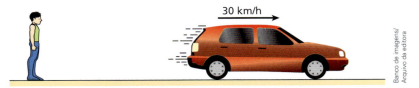

A velocidade acusada pelo velocímetro do veículo é referente ao solo, ou seja, é dada, por exemplo, em relação a uma pessoa que, parada na calçada, observa o carro passar.

Movimentos no mesmo sentido

Considere, agora, o caso em que dois carros, **A** e **B**, trafegam por uma mesma avenida retilínea, no mesmo sentido. Admita que os módulos das velocidades escalares de **A** e **B** em relação ao solo sejam, respectivamente, 60 km/h e 40 km/h, com **A** à frente de **B**.

Se o motorista do carro **B** observar o carro da frente, verá este afastar-se dele com uma velocidade escalar de módulo 20 km/h, tudo se passando como se ele próprio estivesse parado e apenas o carro **A** se movesse a 20 km/h. Diz-se então que, no caso, a velocidade escalar relativa entre os dois carros tem módulo 20 km/h.

Podemos, assim, afirmar que:

> Se duas partículas percorrem uma mesma trajetória no mesmo sentido, o módulo da velocidade escalar relativa entre elas é dado pelo módulo da diferença entre as velocidades escalares das duas, medidas em relação ao solo.

Exemplo 1

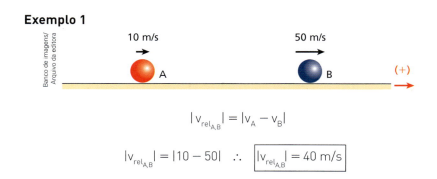

$$|v_{rel_{A,B}}| = |v_A - v_B|$$

$$|v_{rel_{A,B}}| = |10 - 50| \quad \therefore \quad \boxed{|v_{rel_{A,B}}| = 40 \text{ m/s}}$$

Exemplo 2

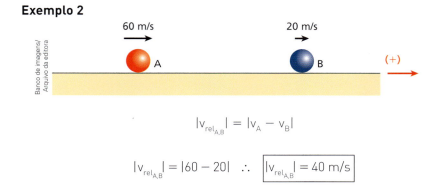

$$|v_{rel_{A,B}}| = |v_A - v_B|$$

$$|v_{rel_{A,B}}| = |60 - 20| \therefore \boxed{|v_{rel_{A,B}}| = 40 \text{ m/s}}$$

Movimentos em sentidos opostos

Imagine agora outra situação, em que os carros **A** e **B** trafegam por uma mesma estrada retilínea, em sentidos opostos. Sejam 60 km/h e 40 km/h, respectivamente, os módulos das velocidades escalares de **A** e de **B** em relação ao solo.

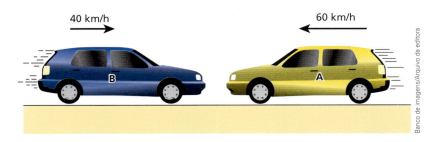

Se o motorista do carro **B** observar o carro **A**, verá este aproximar-se dele com uma velocidade escalar de módulo 100 km/h, tudo se passando como se ele próprio estivesse parado e apenas o carro **A** se movesse ao seu encontro a 100 km/h. Diz-se, então, que, no caso, a velocidade escalar relativa entre os dois carros tem módulo 100 km/h.

Dessa forma, podemos afirmar que:

> Se duas partículas percorrem uma mesma reta em sentidos opostos, o módulo da velocidade escalar relativa entre elas é dado pela soma dos módulos das velocidades escalares das duas, medidas em relação ao solo.

Exemplo 3

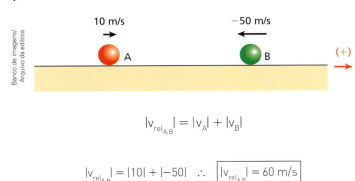

$$|v_{rel_{A,B}}| = |v_A| + |v_B|$$

$$|v_{rel_{A,B}}| = |10| + |-50| \therefore \boxed{|v_{rel_{A,B}}| = 60 \text{ m/s}}$$

NOTA!

Os critérios apresentados para o cálculo da velocidade escalar relativa são aplicáveis somente aos casos em que as partículas têm velocidades muito menores que a da luz no vácuo ($c \cong 3{,}0 \cdot 10^8$ m/s). Para partículas dotadas de grandes velocidades, os efeitos relativísticos não podem ser desprezados e os critérios de cálculo sofrem alterações, como se estuda em **Física moderna** e também foi comentado no Tópico 2 de Cinemática (Unidade 1).

Exemplo 4

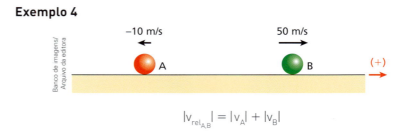

$$|v_{rel_{A,B}}| = |v_A| + |v_B|$$

$$|v_{rel_{A,B}}| = |-10| + |50| \quad \therefore \quad \boxed{|v_{rel_{A,B}}| = 60 \text{ m/s}}$$

10. Coeficiente de restituição ou de elasticidade (e)

Sejam $|v_{rel_{af}}|$ e $|v_{rel_{ap}}|$, respectivamente, os módulos das velocidades escalares relativas de **afastamento** (após a colisão) e de **aproximação** (antes da colisão) de duas partículas que realizam uma colisão unidimensional. O **coeficiente de restituição ou de elasticidade** (e) para a referida colisão é definido pelo quociente:

$$e = \frac{v_{rel_{af}}}{v_{rel_{ap}}}$$

NOTAS!

- O coeficiente de restituição (e) não depende da massa, mas dos materiais dos corpos que participam da colisão.
- O coeficiente de restituição (e) é adimensional por ser calculado pelo quociente de duas grandezas medidas nas mesmas unidades.
- Pode-se demonstrar que:

$$0 \leq e \leq 1$$

11. Classificação das colisões quanto ao valor de e

De acordo com o valor assumido pelo coeficiente de restituição e, as colisões mecânicas unidimensionais classificam-se em duas categorias: **elásticas** e **inelásticas**.

Colisões elásticas (ou perfeitamente elásticas)

Constituem uma situação ideal em que o coeficiente de restituição é máximo, isto é:

$$e = 1$$

Sendo $e = \dfrac{|v_{rel_{af}}|}{|v_{rel_{ap}}|}$, decorre que:

$$1 = \dfrac{|v_{rel_{af}}|}{|v_{rel_{ap}}|} \Rightarrow \boxed{|v_{rel_{af}}| = |v_{rel_{ap}}|}$$

Em uma colisão elástica, as partículas aproximam-se (antes da colisão) e afastam-se (depois da colisão) com a mesma velocidade escalar relativa, em módulo.

Exemplo 1

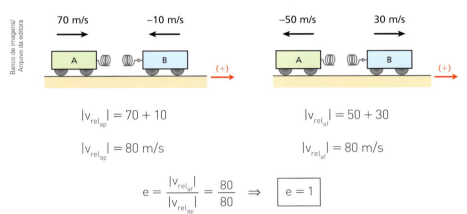

$|v_{rel_{ap}}| = 70 + 10$

$|v_{rel_{ap}}| = 80$ m/s

$|v_{rel_{af}}| = 50 + 30$

$|v_{rel_{af}}| = 80$ m/s

$$e = \dfrac{|v_{rel_{af}}|}{|v_{rel_{ap}}|} = \dfrac{80}{80} \Rightarrow \boxed{e = 1}$$

Exemplo 2

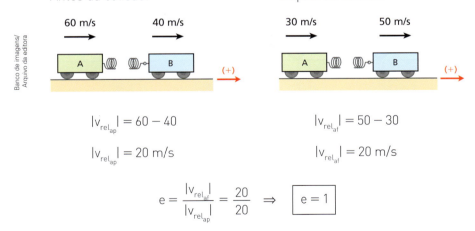

$|v_{rel_{ap}}| = 60 - 40$

$|v_{rel_{ap}}| = 20$ m/s

$|v_{rel_{af}}| = 50 - 30$

$|v_{rel_{af}}| = 20$ m/s

$$e = \dfrac{|v_{rel_{af}}|}{|v_{rel_{ap}}|} = \dfrac{20}{20} \Rightarrow \boxed{e = 1}$$

Nas colisões elásticas, o sistema, além de isolado, também é conservativo. A energia mecânica (cinética) total do sistema, imediatamente após a interação, é igual à energia mecânica (cinética) total do sistema imediatamente antes da interação.

$$\text{Colisão elástica} \Rightarrow \text{Sistema conservativo}$$
$$E_{c_{final}} = E_{c_{inicial}}$$

Nas colisões elásticas, não há degradação de energia mecânica do sistema. Durante a fase de deformação há transformação de energia cinética em energia potencial elástica. Durante a fase de restituição ocorre o processo inverso, isto é, a energia potencial elástica armazenada é totalmente reconvertida em energia cinética.

Colisões inelásticas

Colisões totalmente inelásticas

São aquelas em que o coeficiente de restituição é nulo:

$$e = 0$$

Sendo $e = \dfrac{|v_{rel_{af}}|}{|v_{rel_{ap}}|}$, decorre que:

$$0 = \dfrac{|v_{rel_{af}}|}{|v_{rel_{ap}}|} \Rightarrow |v_{rel_{af}}| = 0$$

Nas colisões totalmente inelásticas, como a velocidade escalar relativa de afastamento tem módulo nulo, concluímos que, após a interação, os corpos envolvidos **não se separam**.

Exemplo 3

Antes da colisão:

$$|v_{rel_{ap}}| = 80 + 60$$

$$|v_{rel_{ap}}| = 140 \text{ km/h}$$

Depois da colisão:

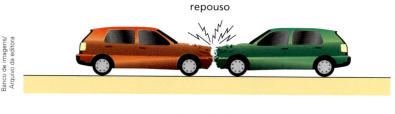

$$|v_{rel_{af}}| = 0$$

$$e = \dfrac{|v_{rel_{af}}|}{|v_{rel_{ap}}|} = \dfrac{0}{140} \Rightarrow e = 0$$

Exemplo 4

Pelo fato de os corpos permanecerem unidos (juntos) após uma colisão totalmente inelástica, inexiste a fase de restituição, ocorrendo apenas a fase de deformação.

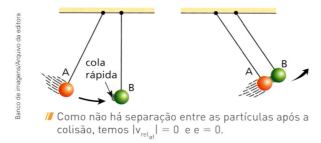

// Como não há separação entre as partículas após a colisão, temos $|v_{rel_{af}}| = 0$ e e = 0.

Os corpos que participam de colisões totalmente inelásticas constituem sistemas dissipativos. A energia mecânica (cinética) total imediatamente após a interação é menor que a energia mecânica (cinética) total imediatamente antes da interação.

$$\text{Colisão totalmente inelástica} \Rightarrow \text{Sistema dissipativo}$$
$$E_{c_{final}} < E_{c_{inicial}}$$

Destaquemos que, nas colisões totalmente inelásticas, a dissipação de energia mecânica é relativamente grande. Há casos, como o esquematizado no exemplo 3, em que toda a energia mecânica se degrada, transformando-se em energia térmica, energia acústica, trabalho de deformação permanente, entre outras formas de energia, havendo, portanto, dissipação total.

Colisões parcialmente elásticas

São aquelas em que o coeficiente de restituição se situa entre zero e um:

$$0 < e < 1$$

Sendo $e = \dfrac{|v_{rel_{af}}|}{|v_{rel_{ap}}|}$, decorre que $0 < \dfrac{|v_{rel_{af}}|}{|v_{rel_{ap}}|} < 1 \Rightarrow 0 < |v_{rel_{af}}| < |v_{rel_{ap}}|$

Nas colisões parcialmente elásticas, os corpos envolvidos separam-se após a interação, existindo, assim, a fase de restituição. Os corpos afastam-se, entretanto, com velocidade escalar relativa de módulo menor que o da aproximação.

Exemplo 5

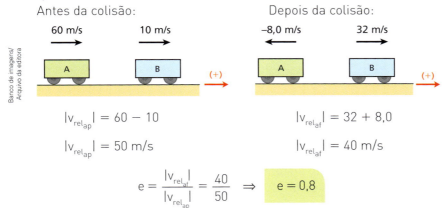

$|v_{rel_{ap}}| = 60 - 10$

$|v_{rel_{ap}}| = 50$ m/s

$|v_{rel_{af}}| = 32 + 8{,}0$

$|v_{rel_{af}}| = 40$ m/s

$e = \dfrac{|v_{rel_{af}}|}{|v_{rel_{ap}}|} = \dfrac{40}{50} \Rightarrow e = 0{,}8$

Exemplo 6

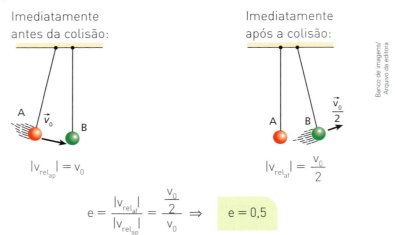

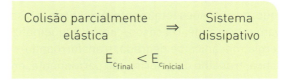

Os corpos que participam de colisões parcialmente elásticas também constituem sistemas dissipativos. A energia mecânica (cinética) total imediatamente após a interação é menor que a energia mecânica (cinética) total imediatamente antes da interação.

$$\text{Colisão parcialmente elástica} \Rightarrow \text{Sistema dissipativo}$$
$$E_{c_{final}} < E_{c_{inicial}}$$

JÁ PENSOU NISTO?

Colisões elásticas?

Nesta fotografia, seis esferas de massas praticamente iguais pendem de fios leves e inextensíveis. Por meio do fornecimento de energia mecânica (potencial) à esfera da esquerda, ela é elevada até certa altura. Soltando-a em seguida, ela desce, ocorrendo conversão de energia potencial em energia cinética. Ao atingir o nível inferior, essa esfera colide com sua vizinha em repouso e para. O impacto se transmite para as quatro esferas subsequentes, 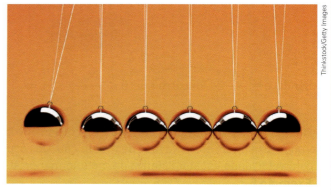 propagando-se, por meio delas, até manifestar-se na esfera da direita. Esta, por sua vez, se eleva e retorna, colidindo com a fileira das cinco esferas em repouso, fazendo a esfera da esquerda subir. Verifica-se, com o passar do tempo, que as subidas das esferas das extremidades vão se repetindo, porém, atingindo, em cada caso, uma altura máxima cada vez menor. Nota-se, finalmente, a imobilidade total das esferas, que ocorre quando o acréscimo de energia mecânica dado inicialmente para o sistema operar se degrada completamente em outras formas de energia (energia térmica e ruído, por exemplo). Na hipótese ideal de as colisões serem perfeitamente elásticas e a resistência do ar desprezível, o sistema permaneceria oscilando indefinidamente, com as esferas das extremidades atingindo sempre a mesma altura máxima após receber o impacto da esfera ao seu lado. Haveria, nesse caso, conservação da quantidade de movimento do sistema (em cada sucessão de cinco colisões em um mesmo sentido) e também da energia mecânica total.

Exercícios Nível 1

54. (Cesgranrio) Duas bolas de gude idênticas, de massa *m*, movimentam-se em sentidos opostos (veja a figura) com velocidades de módulo *v*:

Indique a opção que pode representar as velocidades das bolas imediatamente depois da colisão:

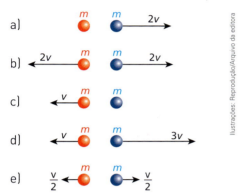

55. Nas situações representadas nas figuras seguintes, as partículas realizam colisões unidimensionais. Os módulos de suas velocidades escalares estão indicados. Determine, em cada caso, o coeficiente de restituição da colisão, dizendo, ainda, se a interação ocorrida foi elástica, totalmente inelástica ou parcialmente elástica.

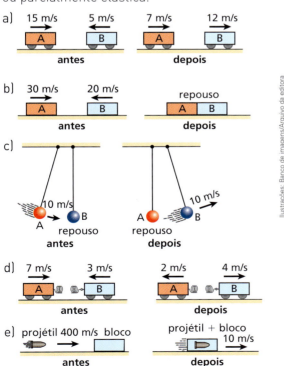

56. No esquema seguinte, estão representadas as situações imediatamente anterior e imediatamente posterior à colisão unidimensional ocorrida entre duas partículas **A** e **B**:

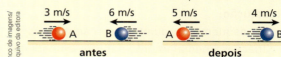

Sendo conhecidos os módulos das velocidades escalares das partículas, calcule a relação $\dfrac{m_A}{m_B}$ entre suas massas.

Resolução:

Qualquer colisão mecânica constitui um sistema isolado de forças externas, o que permite a aplicação do Princípio de Conservação da Quantidade de Movimento:

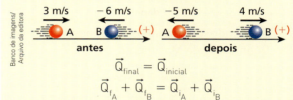

$$\vec{Q}_{final} = \vec{Q}_{inicial}$$
$$\vec{Q}_{f_A} + \vec{Q}_{f_B} = \vec{Q}_{i_A} + \vec{Q}_{i_B}$$

Como a colisão é unidimensional, levando em conta a orientação atribuída à trajetória, raciocinemos em termos escalares:

$$Q_{f_A} + Q_{f_B} = Q_{i_A} + Q_{i_B}$$
$$m_A v_{f_A} + m_B v_{f_B} = m_A v_{i_A} + m_B v_{i_B}$$
$$m_A(-5) + m_B(4) = m_A(3) + m_B(-6)$$

$$8m_A = 10m_B \;\Rightarrow\; \boxed{\dfrac{m_A}{m_B} = \dfrac{5}{4}}$$

57. Os carrinhos representados nas figuras a seguir, ao percorrer trilhos retilíneos, colidem frontalmente. Os módulos de suas velocidades escalares antes e depois das interações estão indicados nos esquemas. Calcule, para as situações dos itens **a** e **b**, a relação m_1/m_2 entre as massas dos carrinhos 1 e 2.

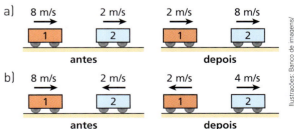

58. Um vagão (I) de massa M, movendo-se sobre trilhos retos e horizontais com velocidade de intensidade v_0, colide com um vagão (II) de massa m, inicialmente em repouso. Se o vagão (I) fica acoplado ao vagão (II), determine a intensidade da velocidade do conjunto imediatamente após a colisão.

Resolução:
Os esquemas seguintes representam as situações imediatamente anterior e imediatamente posterior à colisão:

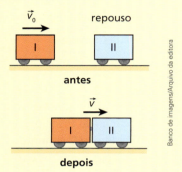

Aplicando o Princípio de Conservação da Quantidade de Movimento, temos:

$$\vec{Q}_{final} = \vec{Q}_{inicial}$$

$$(M + m)v = Mv_0 \Rightarrow \boxed{v = \frac{M}{M + m} v_0}$$

Destaquemos que a colisão é totalmente inelástica e que $v < v_0$.

59. Uma locomotiva de massa 200 t movendo-se sobre trilhos retos e horizontais com velocidade de intensidade 18,0 km/h colide com um vagão de massa 50 t inicialmente em repouso. Se o vagão fica acoplado à locomotiva, determine a intensidade da velocidade do conjunto imediatamente após a colisão.

60. (Fuvest-SP) Dois patinadores de massas iguais deslocam-se numa mesma trajetória retilínea, com velocidades escalares respectivamente iguais a 1,5 m/s e 3,5 m/s. O patinador mais rápido persegue o outro. Ao alcançá-lo, salta verticalmente e agarra-se às suas costas, passando os dois a deslocarem-se com velocidade escalar v. Desprezando o atrito, calcule o valor de v.

61. (Enem) O trilho de ar é um dispositivo utilizado em laboratórios de Física para analisar movimentos em que corpos de prova (carrinhos) podem se mover com atrito desprezível. A figura ilustra um trilho horizontal com dois carrinhos (1 e 2) em que se realiza um experimento para obter a massa do carrinho 2. No instante em que o carrinho 1, de massa 150,0 g, passa a se mover com velocidade escalar constante, o carrinho 2 está em repouso. No momento em que o carrinho 1 se choca com o carrinho 2, ambos passam a se movimentar juntos com velocidade escalar constante. Os sensores eletrônicos distribuídos ao longo do trilho determinam as posições e registram os instantes associados à passagem de cada carrinho, gerando os dados do quadro.

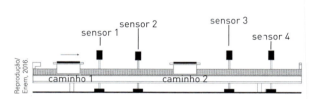

Carrinho 1		Carrinho 2	
Posição (cm)	Instante (s)	Posição (cm)	Instante (s)
15,0	0,0	45,0	0,0
30,0	1,0	45,0	1,0
75,0	8,0	75,0	8,0
90,0	11,0	90,0	11,0

Com base nos dados experimentais, o valor da massa do carrinho 2 é igual a
a) 50,0 g.
b) 250,0 g.
c) 300,0 g.
d) 450,0 g.
e) 600,0 g.

62. Ao perceber que dois carrinhos vazios **A** e **B** se deslocam acoplados ao seu encontro com uma velocidade escalar de −5,0 cm/s, o funcionário de um supermercado lança contra eles um terceiro carrinho, **C**, também vazio, com velocidade escalar de 40 cm/s, como representa a figura a seguir.

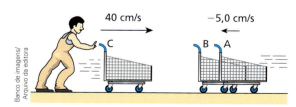

Ao colidir com o conjunto **A-B**, **C** nele se encaixa e os três carrinhos seguem unidos com velocidade escalar v. Admitindo que os carrinhos sejam iguais e que se movimentem ao longo de uma mesma reta horizontal sem a ação de atritos nos eixos das rodas, tanto antes como depois da interação, pede-se determinar:
a) o valor de v;
b) a intensidade do impulso que **C** exerce no conjunto **A-B** no ato da colisão. Considere que cada carrinho tenha massa igual a 15 kg.

63. (UFPB) A figura a seguir apresenta os gráficos da velocidade versus tempo para a colisão unidimensional ocorrida entre dois carrinhos **A** e **B**:

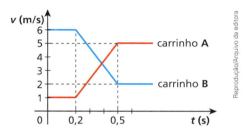

Supondo que não existam forças externas resultantes e que a massa do carrinho **A** valha 0,2 kg, calcule:
a) o coeficiente de restituição da colisão;
b) a massa do carrinho **B**.

64. (UFRN) A figura a seguir mostra dois pequenos veículos, 1 e 2, de massas iguais, que estão prestes a colidir no ponto **P**, que é o ponto central do cruzamento de duas ruas perpendiculares entre si. Toda região em torno do cruzamento é plana e horizontal. Imediatamente antes da colisão, as velocidades dos veículos têm as direções representadas na figura, tendo o veículo 2 uma velocidade que é 1,5 vez maior que a do veículo 1.

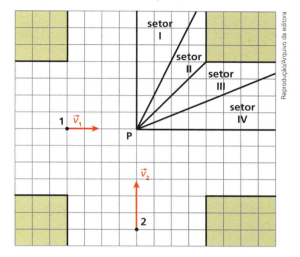

Após a colisão, os veículos vão deslizar juntos pela pista molhada, praticamente sem atrito.
Com base nessas informações, pode-se afirmar que o setor ao longo do qual os veículos vão deslizar juntos é o:
a) setor I.   c) setor III.
b) setor II.   d) setor IV.

Exercícios — Nível 2

65. A fotografia mostrada abaixo expõe a reconstituição de um acidente, resultado de uma imprudência. Um carro de massa igual a 1 t, ao tentar ultrapassar de maneira incorreta um caminhão, acabou batendo de frente em outro carro, de massa 800 kg, que estava parado no acostamento. Em virtude de a estrada estar muito lisa por causa de uma chuva ocorrida momentos antes da colisão, os carros se moveram juntos em linha reta, com uma velocidade de intensidade 54 km/h, após o impacto.

Admitindo-se que a força que deformou os veículos agiu durante 0,10 s, são feitas as seguintes afirmações para a situação descrita:
I. O choque foi totalmente inelástico e, por isso, não houve conservação da quantidade de movimento total do sistema.
II. A intensidade da velocidade do carro de 1 t antes da batida era de 97,2 km/h.
III. A intensidade do impulso em cada carro no ato da colisão foi de $1,2 \cdot 10^4$ N · s.
IV. A intensidade da força média que deformou os veículos foi de $1,2 \cdot 10^3$ N.

Estão corretas somente:
a) I e II.   d) I, II e III.
b) II e III.   e) II, III e IV.
c) III e IV.

66. Duas pequenas esferas de massas iguais **E.R.** realizam um choque unidimensional e perfeitamente elástico sobre uma mesa do laboratório. No esquema abaixo, mostra-se a situação imediatamente anterior e a imediatamente posterior ao evento:

antes — depois

Supondo conhecidos os módulos de $\vec{v}_A$ e $\vec{v}_B$ (v_A e v_B), determine os módulos de $\vec{v}'_A$ e $\vec{v}'_B$ (v'_A e v'_B).

Resolução:

Aplicando ao choque o Princípio de Conservação da Quantidade de Movimento, vem:

$$\vec{Q}_{final} = \vec{Q}_{inicial}$$

$$\vec{Q}'_A + \vec{Q}'_B = \vec{Q}_A + \vec{Q}_B$$

Escalarmente:

$$Q'_A + Q'_B = Q_A + Q_B$$

$$mv'_A + mv'_B = mv_A + mv_B$$

Logo:

$$v'_A + v'_B = v_A + v_B \quad (I)$$

Sabemos também que:

$$e = \frac{|v_{rel_{ap}}|}{|v_{rel_{ap}}|} = \frac{v'_B - v'_A}{v_A - v_B}$$

Sendo o choque perfeitamente elástico, temos e = 1, decorrendo que:

$$1 = \frac{v'_B - v'_A}{v_A - v_B} \Rightarrow v'_B - v'_A = v_A - v_B \quad (II)$$

Resolvendo o sistema constituído pelas equações (I) e (II), obtemos:

$$\boxed{v'_A = v_B} \quad e \quad \boxed{v'_B = v_A}$$

Cabe aqui uma observação importante:

> Num choque unidimensional e perfeitamente elástico entre partículas de massas iguais, estas **trocam suas velocidades**.

67. Duas bolas de boliche **A** e **B**, de massas iguais, percorrem uma mesma canaleta retilínea onde realizam um choque perfeitamente elástico. Se as velocidades escalares de **A** e **B** imediatamente antes da colisão valem $v_A = 2,0$ m/s e $v_B = -1,0$ m/s, quais as velocidades escalares v'_A e v'_B de **A** e **B** imediatamente depois da colisão?

68. (UFPI) A figura representa duas partículas idênticas, 1 e 2, ambas de massa igual a m, e ambas em repouso nas posições indicadas, **P₁** e **P₂**. O módulo da aceleração da gravidade no local é $g = 10$ m/s². A partícula 1 é então abandonada em sua posição inicial, indo colidir elasticamente com a partícula 2.

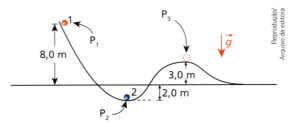

Na ausência de qualquer atrito, qual a intensidade da velocidade da partícula 2 ao atingir a posição **P₃**?

69. Considere a montagem experimental representada a seguir, em que a esfera 1 tem massa $2M$ e as demais (2, 3, 4 e 5) têm massa M:

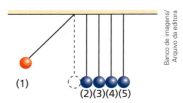

Abandonando-se a esfera 1 na posição indicada, ela desce, chegando ao ponto mais baixo de sua trajetória com velocidade $\vec{v}_0$. Supondo que todas as possíveis colisões sejam perfeitamente elásticas, podemos afirmar que, após a interação:

a) a esfera 5 sai com velocidade $2\vec{v}_0$.
b) as esferas 2, 3, 4 e 5 saem com velocidade $\frac{\vec{v}_0}{2}$.
c) as esferas 4 e 5 saem com velocidade $\vec{v}_0$.
d) as esferas 2, 3, 4 e 5 saem com velocidade $\vec{v}_0$.
e) todas as esferas permanecem em repouso.

70. (UPM-SP) Na figura, representamos uma mesa perfeitamente lisa e duas esferas **A** e **B** que vão realizar uma colisão unidimensional e perfeitamente elástica.

A esfera **A** tem massa m e, antes da colisão, se desloca com velocidade constante de 60 m/s.

A esfera **B** tem massa $2m$ e, antes da colisão, está em repouso.

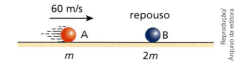

Não considere a rotação das esferas.

Sejam E_A a energia cinética de **A** antes da colisão e E_B a energia cinética de **B** após a colisão. Indique a opção correta:

a) $E_B = \dfrac{4}{9}E_A$ c) $E_B = E_A$ e) $E_B = 2E_A$

b) $E_B = \dfrac{8}{9}E_A$ d) $E_B = \dfrac{9}{8}E_A$

71. Três blocos, **A**, **B** e **C**, de dimensões idênticas e massas respectivamente iguais a $2M$, M e M, estão inicialmente em repouso sobre uma mesa horizontal sem atrito, alinhados num ambiente em que a influência do ar é desprezível. O bloco **A** é então lançado contra o bloco **B** com velocidade escalar de 9,0 m/s, conforme indica a figura.

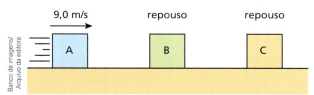

Admitindo-se que as colisões entre **A**, **B** e **C** sejam unidimensionais e perfeitamente elásticas, determine as velocidades escalares desses blocos depois de ocorridas todas as colisões possíveis entre eles.

72. **E.R.** A figura representa a situação imediatamente anterior à colisão unidimensional entre duas partículas **A** e **B**:

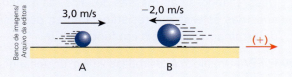

Sabendo que a massa de **B** é o dobro da de **A** e que o coeficiente de restituição da colisão vale 0,8, calcule as velocidades escalares de **A** e **B** imediatamente após o choque.

Resolução:

Aplicando o Princípio de Conservação da Quantidade de Movimento, temos:

$$\vec{Q}_{final} = \vec{Q}_{inicial}$$

$$\vec{Q}'_A + \vec{Q}'_B = \vec{Q}_A + \vec{Q}_B$$

$$m\vec{v}'_A + 2m\vec{v}'_B = m\vec{v}_A + 2m\vec{v}_B$$

Escalarmente:

$$v'_A + 2v'_B = 3{,}0 + 2(-2{,}0)$$

$$v'_A + 2v'_B = -1{,}0 \qquad (I)$$

Sendo $e = 0{,}8$, vem:

$$e = \dfrac{|v_{r_{af}}|}{|v_{r_{ap}}|} \Rightarrow 0{,}8 = \dfrac{v'_B - v'_A}{3{,}0 + 2{,}0}$$

$$v'_B - v'_A = 4{,}0 \qquad (II)$$

Fazendo (I) + (II), calculamos v'_B:

$$3v'_B = 3{,}0 \therefore \boxed{v'_B = 1{,}0 \text{ m/s}}$$

Substituindo em (I), obtemos v'_A:

$$v'_A + 2(1{,}0) = -1{,}0$$

$$\boxed{v'_A = -3{,}0 \text{ m/s}}$$

Observe que, imediatamente depois da colisão, **A** se moverá para a esquerda e **B**, para a direita.

73. A figura seguinte representa dois carrinhos **A** e **B** de massas m e $3m$, respectivamente, que percorrem um mesmo trilho retilíneo com velocidades escalares $v_A = 15$ m/s e $v_B = 5{,}0$ m/s:

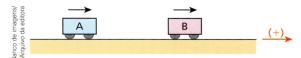

Se o choque mecânico que ocorre entre eles tem coeficiente de restituição 0,2, quais as velocidades escalares após a interação? Despreze os atritos.

74. Duas partículas 1 e 2, de massas respectivamente iguais a 3,0 kg e 2,0 kg, percorrem uma mesma reta orientada com velocidades escalares $v_1 = 2{,}0$ m/s e $v_2 = -8{,}0$ m/s. Supondo que essas partículas colidam e que o coeficiente de restituição do impacto seja 0,5, determine:

a) as velocidades escalares de 1 e de 2 imediatamente após o impacto;

b) a relação entre as energias cinéticas do sistema (partículas 1 e 2) imediatamente após e imediatamente antes do impacto.

75. Uma esfera **A**, de massa 200 g, colidiu frontalmente com outra, **B**, de massa 300 g, inicialmente em repouso. Sabendo que **A** atingiu **B** com velocidade escalar de 5,0 cm/s e que esta última adquiriu, imediatamente após a colisão, velocidade escalar de 3,0 cm/s, determine:
a) o coeficiente de restituição para a colisão ocorrida;
b) o percentual de energia cinética dissipada por efeito do impacto.

76. No diagrama seguinte, estão representadas as variações das velocidades escalares de duas partículas **A** e **B**, que realizam um choque unidimensional sobre uma mesa horizontal e sem atrito.

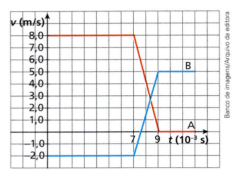

Com base no gráfico:
a) classifique o choque como elástico, totalmente inelástico ou parcialmente elástico;
b) calcule a massa de **B**, se a de **A** vale 7,0 kg;
c) determine a intensidade média da força trocada pelas partículas por ocasião do choque.

77. (OBC) Em uma canaleta circular, plana e horizontal, podem deslizar sem atrito duas pequenas esferas **A** e **B**, de massas iguais a m. A figura mostra o sistema no instante t = 0.

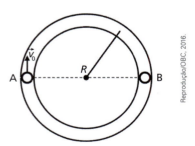

Nesse instante, a esfera **A** é lançada com velocidade de módulo v_0. Depois de um intervalo de tempo Δt ela colide com a esfera **B**, inicialmente em repouso. O coeficiente de restituição é igual a e. Após a primeira colisão, as esferas voltam a colidir decorrido um intervalo de tempo $\Delta t'$. Pode-se afirmar que:

a) $\Delta t' = \Delta t$
b) $\Delta t' = 2\Delta t$
c) $\Delta t' = e\Delta t$
d) $\Delta t' = \dfrac{2\Delta t}{e}$
e) $\Delta t' = e\dfrac{\Delta t}{2}$

78. (Unicamp-SP) Um objeto de massa $m_1 = 4{,}0$ kg e velocidade escalar $v_1 = 3{,}0$ m/s choca-se com um objeto em repouso, de massa $m_2 = 2{,}0$ kg. A colisão ocorre de modo que a perda de energia cinética é máxima, mas consistente com o Princípio de Conservação da Quantidade de Movimento.
a) Quais as velocidades escalares dos objetos imediatamente após a colisão?
b) Qual a variação da energia cinética do sistema?

79. Existe um brinquedo infantil que consiste em três pêndulos idênticos, **X**, **Y** e **Z**. Com **Y** e **Z** em repouso, dispostos verticalmente, abandona-se o pêndulo **X** a partir do repouso de uma altura H em relação à linha horizontal que contém as massas de **Y** e **Z**, conforme representa a figura 1.

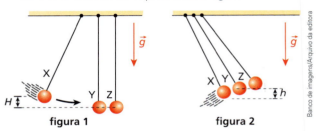

figura 1　　figura 2

Com a colisão totalmente inelástica verificada entre todos os pêndulos, o conjunto se eleva até uma altura máxima h, como indica a figura 2. Desprezando-se as massas dos fios, as dimensões das esferas e a resistência do ar, pede-se determinar o valor de h em função de H.

80. (UFBA) Um bloco **A**, de massa 2,0 kg, deslocando-se sem atrito sobre uma superfície horizontal plana, com velocidade de módulo igual a v, atinge em uma colisão frontal um bloco **B**, de massa 3,0 kg, inicialmente em repouso. Após a colisão, **A** e **B** deslocam-se unidos, com velocidade de módulo igual a 6,0 m/s. Admita agora que a colisão ocorra, nas mesmas condições da colisão anterior, entre o bloco **A** e uma mola ideal. A mola tem constante elástica igual a $5{,}0 \cdot 10^5$ N/m e foi colocada no lugar de **B**, com uma das extremidades fixa. Determine a deformação máxima da mola, em unidades do SI e em notação científica. Despreze qualquer perda de energia mecânica na interação entre o bloco **A** e a mola.

81. O dispositivo representado na figura a seguir denomina-se **pêndulo balístico** e pode ser utilizado para a determinação da intensidade da velocidade de projéteis:

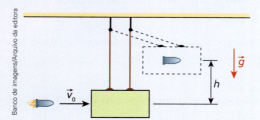

Considere desprezíveis os pesos das hastes e o efeito do ar. Um projétil de massa m é disparado horizontalmente com velocidade $\vec{v}_0$ contra o bloco de massa M, inicialmente em repouso. O projétil fica incrustado no bloco e o conjunto eleva-se a uma altura máxima h. Sendo g o módulo da aceleração da gravidade, determine, em função de M, m, g e h, a intensidade de $\vec{v}_0$.

Resolução:

Se o projétil fica incrustado no bloco, a colisão é totalmente inelástica. Calculemos o módulo v da velocidade do conjunto bloco-projétil, imediatamente após o impacto. Para tanto, apliquemos à colisão o Princípio de Conservação da Quantidade de Movimento:

$$\vec{Q}_{final} = \vec{Q}_{inicial} \Rightarrow (M+m)v = mv_0$$

Daí:

$$v = \frac{m}{M+m}v_0 \quad (I)$$

Devido às condições ideais, imediatamente após a colisão, o sistema torna-se conservativo, valendo a partir daí o Princípio de Conservação da Energia Mecânica.

Adotemos o plano horizontal de referência passando pela posição inicial do centro de massa do conjunto bloco-projétil. Assim, imediatamente após o impacto, a energia mecânica do conjunto será puramente cinética e, no ponto de altura máxima, puramente potencial de gravidade.

$$E_{m_{final}} = E_{m_{inicial}} \Rightarrow E_p = E_c$$

$$(M+m)gh = \frac{(M+m)v^2}{2} \Rightarrow gh = \frac{v^2}{2} \quad (II)$$

Substituindo (I) em (II), vem:

$$gh = \frac{1}{2}\left(\frac{m}{M+m}\right)^2 v_0^2$$

Logo:

$$\boxed{v_0 = \frac{M+m}{m}\sqrt{2gh}}$$

Nota:
- Embora imediatamente após o impacto o sistema seja conservativo, analisado do início ao fim do fenômeno, ele assim não pode ser considerado, pois, devido à colisão totalmente inelástica ocorrida, uma fração da energia mecânica total é dissipada.

82. (UFJF-MG) A figura 1 a seguir ilustra um projétil de massa $m_1 = 20$ g disparado horizontalmente com velocidade de módulo $v_1 = 200$ m/s contra um bloco de massa $m_2 = 1,98$ kg, em repouso, suspenso na vertical por um fio de massa desprezível. Após sofrerem uma colisão perfeitamente inelástica, o projétil fica incrustado no bloco e o sistema projétil-bloco atinge uma altura máxima h, conforme representado na figura 2.

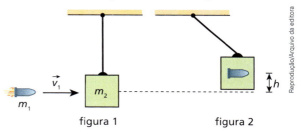

figura 1   figura 2

Desprezando-se a força de resistência do ar e adotando-se $g = 10$ m/s^2, resolva os itens abaixo.

a) Calcule o módulo da velocidade que o sistema projétil-bloco adquire imediatamente após a colisão.

b) Aplicando-se o Princípio de Conservação da Energia Mecânica, calcule o valor da altura máxima h atingida pelo sistema projétil-bloco após a colisão.

83. Uma bola é abandonada, a partir do repouso, de um ponto situado a uma altura H em relação ao solo, admitido plano e horizontal. A bola cai livremente e, após chocar-se contra o solo, consegue atingir uma altura máxima h.

a) Calcule o coeficiente de restituição do choque em função de H e de h.

b) Classifique o choque como elástico, totalmente inelástico ou parcialmente elástico, nos seguintes casos: $h = H$, $0 < h < H$ e $h = 0$.

DESCUBRA MAIS

1. Admita que você esteja em repouso sobre a superfície horizontal e perfeitamente lisa de um grande lago congelado. Em razão da inexistência de atritos é impossível caminhar. Você tem em suas mãos um pesado bloco de gelo. Que procedimento você adotaria para atingir uma determinada borda do lago com maior rapidez?

2. O **momento linear** (ou quantidade de movimento), definido pelo produto da massa pela velocidade vetorial, é uma grandeza física de grande importância, essencial no estudo de explosões e colisões. O que vem a ser **momento angular**?

3. Suponha que você esteja sentado em uma cadeira giratória realizando rotações em torno de um eixo vertical. Você está de braços cruzados e, neste caso, sua velocidade angular é igual a ω_0. Se você abrir os braços posicionando-os horizontalmente, haverá uma alteração em sua velocidade angular que adquirirá um novo valor $\omega < \omega_0$. A explicação para essa variação na velocidade angular é fundamentada em que princípio físico?

4. Imaginemos que a Terra sofra, por alguma razão, um significativo "encolhimento" (redução de raio), sendo mantidas, porém, sua massa e sua forma esférica. Isso provocaria alguma alteração no período de rotação do planeta? Os dias terrestres ficariam mais curtos, mais longos ou manteriam a duração atual de 24 h?

Exercícios Nível 3

84. (Vunesp) João estava dentro de um carro que colidiu frontalmente com uma árvore e, devido à existência do *air bag*, a colisão de sua cabeça com o para-brisa demorou um intervalo de tempo de 0,5 s. Se considerarmos que, sem o uso do *air bag*, a colisão da cabeça com o para-brisa teria durado um intervalo de tempo igual a 0,05 s, é correto afirmar que a intensidade da força média, exercida sobre a cabeça de João, na situação com *air bag*, é:
a) um décimo da intensidade da força média exercida sobre sua cabeça sem *air bag*.
b) um vigésimo da intensidade da força média exercida sobre sua cabeça sem *air bag*.
c) 10 vezes a intensidade da força média exercida sobre sua cabeça sem *air bag*.
d) 20 vezes a intensidade da força média exercida sobre sua cabeça sem *air bag*.
e) a mesma que sem o *air bag*.

85. (UFU-MG) Um corpo de 10,0 kg desloca-se em uma trajetória retilínea e horizontal, com uma velocidade de módulo 3,0 m/s, quando passa a atuar sobre ele uma força resultante $\vec{F}$, cujo módulo varia de acordo com o gráfico a seguir, formando um ângulo reto com a direção inicial do movimento. Se $\vec{F}$ é a única força que atua sobre o corpo e se sua direção e sentido permanecem constantes, analise as seguintes afirmações e responda de acordo com o código que se segue.

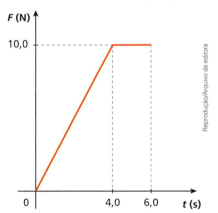

I. A energia cinética do corpo no instante t = 6,0 s é de 125 J.
II. O trabalho realizado pela força $\vec{F}$ no intervalo entre t = 0 e t = 6,0 s vale 80,0 J.
III. A quantidade de movimento do corpo no instante t = 6,0 s tem módulo igual a 70,0 kg m/s.

a) Apenas I e II são corretas.
b) Apenas I é correta.
c) Apenas II e III são corretas.
d) Apenas I e III são corretas.
e) I, II e III são corretas.

86. (Ufla-MG) Um plano inclinado de um ângulo α e massa M está inicialmente em repouso sobre uma superfície horizontal sem atrito. Um besouro de massa m, inicialmente em repouso, passa a subir o plano inclinado com velocidade constante de módulo V (relativa ao plano), de forma a deslocar o plano inclinado para a direita com velocidade de módulo V_1 (figura abaixo).

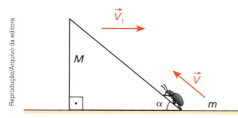

É correto afirmar que o módulo V_1 da velocidade do plano inclinado é dado por:

a) $V \dfrac{m\cos\alpha}{M + m\,\text{sen}\,\alpha}$

b) $V \dfrac{m\cos\alpha}{M + m\cos\alpha}$

c) $\dfrac{m}{M+m} V\cos\alpha$

d) $V \dfrac{m}{M} \text{tg}\,\alpha$

87. O beisebol é uma modalidade esportiva muito popular nas Américas do Norte e Central, bem como em outras partes do mundo. Envolve equipes de nove jogadores que atacam e defendem alternadamente, utilizando uma bola e um bastão (taco) específicos. Nos Estados Unidos, a MLB (*Major League Baseball*) promove o principal campeonato profissional da modalidade, lotando estádios em todo o país.

Admita que um jogador tenha lançado uma bola de massa igual a 140 g horizontalmente em direção a um rebatedor, como o que aparece na fotografia, com velocidade de intensidade 40 m/s.

Este golpeia então prontamente a bola, imprimindo-lhe logo após a tacada uma velocidade horizontal de intensidade 40 m/s de sentido oposto ao da velocidade inicial e uma velocidade vertical de intensidade 60 m/s.

Sabendo-se que o contato entre o taco e a bola teve duração de 0,70 ms e considerando-se desprezível o impulso do peso da bola no ato da colisão, pede-se determinar o módulo da força média exercida pelo taco sobre a bola.

88. Numa importante final futebolística, o meia-esquerda Tito cobra um pênalti e a bola, depois de chocar-se contra o travessão, sai numa direção perpendicular à do movimento inicial.

A bola, que tem 0,50 kg de massa, incide no travessão com velocidade de módulo 80 m/s e recebe deste uma força de intensidade média $5,0 \cdot 10^3$ N. Sabendo que o impacto da bola no travessão dura $1,0 \cdot 10^{-2}$ s, calcule:

a) o módulo da velocidade da bola imediatamente após o impacto;

b) a energia mecânica dissipada no ato do impacto.

89. (CPAEN-RJ) Analise a figura abaixo.

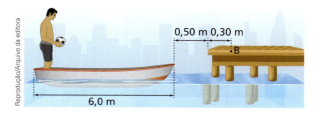

A figura acima mostra um homem de 69,0 kg, segurando um pequeno objeto de 1,0 kg, em pé na popa de um flutuador de 350 kg e 6,0 m de comprimento que está em repouso sobre águas tranquilas. A proa do flutuador está a 0,50 m de distância do píer. O homem se desloca a partir da popa até a proa do flutuador, para e em seguida lança horizontalmente o objeto, que atinge o píer no ponto **B**, indicado na figura acima. Sabendo que o deslocamento vertical do objeto durante seu voo é de 1,25 m, qual a velocidade, em relação ao píer, com que o objeto inicia o voo?

a) 2,40 m/s
b) 61,0 cm/s
c) 360 cm/s
d) 3,00 km/h
e) 15,0 km/h

As resistências são desprezíveis e g = 10 m/s².

90. Um barco de massa M = 160 kg encontra-se em repouso na superfície das águas de um lago, no qual não há correntezas. Dentro do barco está um homem de massa m = 80 kg, que em dado instante salta, deixando o barco com velocidade de módulo 2,0 m/s, paralela às águas e medida em relação às margens do lago. Desprezando os atritos e o efeito do ar, determine:
a) o módulo da velocidade do barco após o salto do homem;
b) o trabalho da força que o homem exerce no barco, por ocasião do seu salto.

91. (Cesesp-PE) Um avião voando horizontalmente atira um projétil de massa 8,0 kg, que sai com velocidade de $5{,}0 \cdot 10^2$ m/s relativa ao solo. O projétil é disparado na mesma direção e no mesmo sentido em que voa o avião. Sabendo que a massa do avião sem o projétil vale 12 toneladas, calcule, em km/h, o decréscimo na velocidade da aeronave em consequência do tiro.

92. Um artefato explosivo, inicialmente em repouso, é detonado, fragmentando-se em quatro partes, **A**, **B**, **C** e **D**, de massas respectivamente iguais a 3,0 kg, 2,5 kg, 2,0 kg e 4,0 kg. Despreze a perda de massa do sistema no ato da explosão e admita que os quatro fragmentos sejam lançados com velocidades contidas em um mesmo plano. No esquema a seguir, são fornecidas as características das velocidades vetoriais adquiridas por **A**, **B** e **C**.

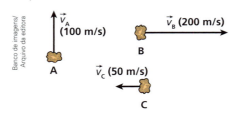

Aponte a alternativa que melhor traduz as características da velocidade vetorial adquirida por **D**:

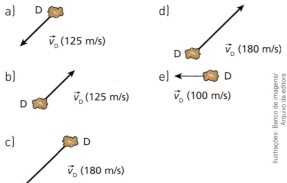

93. (Fuvest-SP) Alienígenas desejam observar o nosso planeta. Para tanto, enviam à Terra uma nave **N**, inicialmente ligada a uma nave auxiliar **A**, ambas de mesma massa. Quando o conjunto de naves se encontra muito distante da Terra, sua energia cinética e sua energia potencial gravitacional são muito pequenas, de forma que a energia mecânica total do conjunto pode ser considerada nula. Enquanto o conjunto é acelerado pelo campo gravitacional da Terra, sua energia cinética aumenta e sua energia potencial fica cada vez mais negativa, conservando a energia total nula. Quando o conjunto N-A atinge, com velocidade v_0 (a ser determinada), o ponto **P** de máxima aproximação da Terra, a uma distância R_0 do centro do planeta, um explosivo é acionado, separando **N** de **A**. A nave **N** passa a percorrer, em torno da Terra, uma órbita circular de raio R_0, com velocidade v_N (a ser determinada). A nave auxiliar **A** adquire uma velocidade v_A (a ser determinada). Suponha que a Terra esteja isolada no espaço e em repouso.

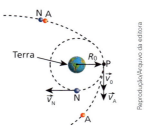

Note e adote:
1) A força de atração gravitacional F, entre um corpo de massa m e o planeta Terra, de massa M, tem intensidade dada por
$$F = \frac{GMm}{R^2} = mg_R$$
2) A energia potencial gravitacional E_P do sistema formado pelo corpo e pelo planeta Terra, com referencial de potencial zero no infinito, é dada por: $E_P = \dfrac{-GMm}{R}$.

G: constante universal da gravitação.
R: distância do corpo ao centro da Terra.
g_R: módulo da aceleração da gravidade à distância R do centro da Terra.

Determine, em função de M, G e R_0:
a) o módulo da velocidade v_0 com que o conjunto atinge o ponto **P**;
b) o módulo da velocidade v_N, quando **N** percorre sua órbita circular;
c) o módulo da velocidade v_A, logo após **A** se separar de **N**.

94. (UFBA) As leis de conservação da energia e da quantidade de movimento são gerais e valem para qualquer situação.

Um caso simples é o de um decaimento radioativo alfa. Um núcleo-pai, em repouso, divide-se, gerando dois fragmentos, um núcleo-filho e uma partícula alfa. Os fragmentos adquirem energia cinética, que é denominada energia de desintegração. Isso ocorre, porque uma parte da massa do núcleo-pai se transforma em energia cinética desses fragmentos, segundo a lei de equivalência entre massa e energia, proposta por Einstein.

Um exemplo do decaimento é o de um dos isótopos radioativos do urânio, que se transforma em tório, emitindo uma partícula alfa, um núcleo de hélio, ou seja:

$$_{92}U^{232} \rightarrow {}_{90}Th^{228} + {}_{2}He^{4}$$

Na notação empregada, o número inferior refere-se à carga nuclear, e o superior, à massa aproximada do núcleo respectivo.

Sabe-se que o núcleo de urânio está em repouso, e a energia de desintegração é E = 5,40 MeV.

Considerando-se as leis de consevação e o fato de a mecânica newtoniana permitir, com boa aproximação, o cálculo das energias cinéticas, determine a energia cinética da partícula alfa.

95. (Unip-SP) Na figura, temos um plano horizontal sem atrito e um bloco **B**, em repouso, com o formato de um prisma. Uma pequena esfera **A** é abandonada do repouso, da posição indicada na figura, e, após uma queda livre, colide elasticamente com o prisma. Despreze o efeito do ar e adote g = 10 m · s^{-2}.

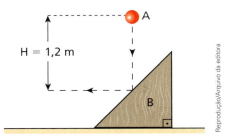

Sabe-se que, imediatamente após a colisão, a esfera **A** tem velocidade horizontal. A massa do bloco **B** é o dobro da massa da esfera **A**. A velocidade adquirida pelo bloco **B**, após a colisão, tem módulo igual a:
a) 2,0 m/s.   c) 8,0 m/s.   e) 1,0 m/s.
b) 4,0 m/s.   d) 16 m/s.

96. Uma bola de massa m = 500 g é lançada contra uma parede vertical na direção da reta **N** perpendicular à superfície de colisão. Imediatamente antes do choque, a bola tem velocidade de intensidade v_0 e, logo após o contato com a parede, esse corpo retorna também segundo a reta **N**, mas com velocidade de intensidade v. O esquema abaixo ilustra essa situação.

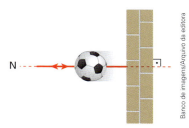

A intensidade da força que a parede exerce na bola durante a colisão está indicada no gráfico a seguir.

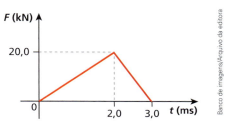

Sabendo-se que no instante t = 2,0 ms (fim da fase de deformação e início da fase de restituição) a velocidade se anula, desprezando-se o peso da bola no contato com a parede, calcule:
a) o valor de v_0;
b) o valor de v;
c) o coeficiente de restituição, e, da colisão;
d) o trabalho, τ, e o módulo do impulso total, I, da força que a parede exerce na bola no ato da colisão.

97.

Errática

E a linha deita errática sobre o carretel de madeira
Envolta em voltas, enrolada sobremaneira.
Vai como a vida, sem eira nem beira
Mas com começo e fim, certeira.

Guy Medeiros

Considere um carretel com linha, como o que aparece na imagem anterior, que será lançado sobre uma mesa horizontal com velocidade de intensidade 12,6 cm/s.

Suponha que à medida que o carretel se desloca em trajetória reta, ele vá enrolando linha de densidade linear de massa igual a 50,0 mg/m, em repouso, esticada sobre a mesa.

Considerando-se que a massa do carretel no instante do lançamento é de 2,0 g, desprezando-se as dimensões do carretel, bem como todos os atritos passivos, determine:

a) a intensidade da velocidade do sistema, em cm/s, depois de o carretel ter enrolado 2,0 m de linha;

b) a dissipação de energia cinética, em joules, ocorrida no processo.

98. (UFJF-MG) A figura a seguir mostra um sistema composto de dois blocos de massas idênticas $m_A = m_B = 3,0$ kg e uma mola de constante elástica k = 4,0 N/m. O bloco **A** está preso a um fio de massa desprezível e suspenso de uma altura h = 0,80 m em relação à superfície **S**, onde está posicionado o bloco **B**. Sabendo-se que a distância entre o bloco **B** e a mola é d = 3,0 m e que a colisão entre os blocos **A** e **B** é elástica, faça o que se pede nos itens seguintes. Adote g = 10,0 m/s² e despreze o efeito do ar.

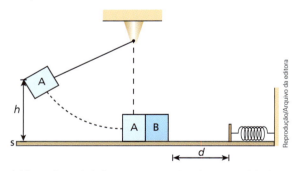

a) Usando a lei de conservação da quantidade de movimento (momento linear), calcule o módulo da velocidade do bloco **B** imediatamente após a colisão com o bloco **A**.

b) Calcule a compressão máxima sofrida pela mola se o atrito entre o bloco **B** e o solo for desprezível.

c) Calcule a distância percorrida pelo bloco **B** rumo à mola, se o coeficiente de atrito cinético entre o bloco **B** e o solo for igual a $\mu_C = 0,40$. Nesse caso, a mola será comprimida pelo bloco **B**? Justifique.

99. (Fuvest-SP) Em uma canaleta circular, plana e horizontal, podem deslizar duas pequenas bolas, **A** e **B**, com massas $M_A = 3M_B$, que são lançadas uma contra a outra, com igual velocidade $\vec{v}_0$, a partir das posições indicadas. Após o primeiro choque entre elas (em 1), que não é elástico, as duas passam a movimentar-se no sentido horário, sendo que a bola **B** mantém o módulo de sua velocidade $\vec{v}_0$.

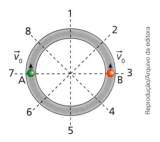

Desprezando-se os atritos, pode-se concluir que o próximo choque entre elas ocorrerá nas vizinhanças da posição:

a) 3   b) 5   c) 6   d) 7   e) 8

100. (UFF-RJ) No brinquedo ilustrado na figura, o bloco de massa m encontra-se em repouso sobre uma superfície horizontal e deve ser impulsionado para tentar atingir a caçapa, situada a uma distância x = 1,5 m do bloco. Para impulsioná-lo, utiliza-se um pêndulo de mesma massa m. O pêndulo é abandonado de uma altura h = 20 cm em relação à sua posição de equilíbrio e colide elasticamente com o bloco no instante em que passa pela posição vertical. Considerando-se a aceleração da gravidade com módulo g = 10 m/s², calcule:

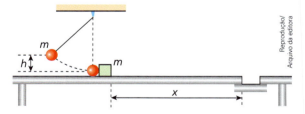

a) a intensidade da velocidade da esfera do pêndulo imediatamente antes da colisão;

b) a intensidade da velocidade do bloco imediatamente após a colisão;

c) a distância percorrida pelo bloco sobre a superfície horizontal, supondo que o coeficiente de atrito cinético entre o bloco e essa superfície seja $\mu = 0,20$. Verifique se o bloco atinge a caçapa.

101. (UFU-MG) João, num ato de gentileza, empurra horizontalmente uma poltrona (massa igual a 10 kg) para Maria (massa igual a 50 kg), que a espera em repouso num segundo plano horizontal 0,80 m abaixo do plano em que se desloca João, conforme indica a figura.

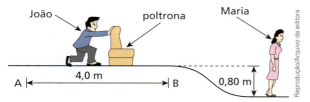

A poltrona é empurrada a partir do repouso de **A** até **B**, ao longo de 4,0 m, por uma força constante $\vec{F}$ de intensidade 25 N. Em **B**, ela é solta, descendo uma pequena rampa e atingindo Maria com velocidade de intensidade v, que se senta rapidamente. Com isso, o sistema poltrona-Maria passa a se deslocar com velocidade de intensidade v'. Desprezando-se os efeitos do ar e também os atritos sobre a poltrona e considerando-se g = 10 m/s², determine:
a) o trabalho da força aplicada por João sobre a poltrona no percurso de **A** até **B**;
b) o valor de v;
c) o valor de v'.

102. (Fuvest-SP) Um brinquedo é constituído por um cano (tubo) em forma de $\frac{3}{4}$ de circunferência, de raio médio R, posicionado em um plano vertical, como mostra a figura. O desafio é fazer com que a bola 1, ao ser abandonada de certa altura H acima da extremidade **B**, entre pelo cano em **A**, bata na bola 2 que se encontra parada em **B**, ficando nela grudada, e ambas atinjam juntas a extremidade **A**. As massas das bolas 1 e 2 são m_1 e m_2, respectivamente. Despreze os efeitos do ar e das forças de atrito.

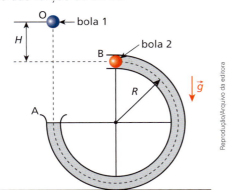

a) Determine a velocidade v com que as duas bolas grudadas devem sair da extremidade **B** do tubo para atingir a extremidade **A**.
b) Determine o valor de H para que o desafio seja vencido.

103. (UFU-MG) Sobre uma mesa fixa, de altura 0,80 m, está conectada uma rampa perfeitamente polida em forma de quadrante de circunferência de raio 45 cm, conforme representa a figura. Do ponto **A** da rampa, abandona-se uma partícula de massa m, que vai chocar-se de modo perfeitamente elástico com outra partícula de massa 2m, em repouso no ponto **B**, o mais baixo da rampa.

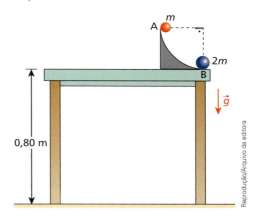

Sabendo que no local a influência do ar é desprezível e que g = 10 m/s², determine:
a) a intensidade da velocidade da partícula de massa 2m ao atingir o solo;
b) a altura, acima do tampo da mesa, atingida pela partícula de massa m após a colisão com a partícula de massa 2m;
c) a distância entre os pontos de impacto das partículas com o solo.

104. (Unifesp) Uma pequena esfera maciça é lançada de uma altura de 0,6 m na direção horizontal, com velocidade inicial de módulo 2,0 m/s. Ao chegar ao chão, somente pela ação da gravidade, colide elasticamente com o piso e é lançada novamente para o alto. Considerando-se g = 10 m/s², o módulo da velocidade e o ângulo de lançamento da esfera, a partir do solo, em relação à direção horizontal, imediatamente após a colisão, são, respectivamente, dados por:
a) 4,0 m/s e 30°.
b) 3,0 m/s e 30°.
c) 4,0 m/s e 60°.
d) 6,0 m/s e 45°.
e) 6,0 m/s e 60°.

105. (AFA-SP) Num circo, um homem-bala de massa 60 kg é disparado por um canhão com velocidade $\vec{v}_0$ de módulo 25 m/s, sob um ângulo de 37° com a horizontal. Sua parceira, cuja massa é 40 kg, está em repouso numa plataforma localizada no topo da trajetória. Ao passar pela plataforma, o homem-bala e a parceira se agarram e vão cair em uma rede de segurança, na mesma altura que o canhão. Veja a figura fora de escala a seguir.

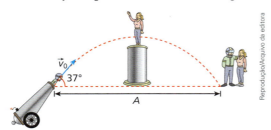

Desprezando-se a resistência do ar e considerando-se sen 37° = 0,60, cos 37° = 0,80 e g = 10 m/s², pode-se afirmar que o alcance A atingido pelo homem é:
a) 60 m.   b) 48 m.   c) 36 m.   d) 24 m.

106. (Olimpíada Peruana de Física) Em uma mesa horizontal em que os atritos podem ser desprezados uma bola de sinuca, **A**, colide com outra bola, **B**, que estava inicialmente em repouso. As bolas apresentam massas iguais e a bola **A** tem sua velocidade reduzida à metade devido à colisão. Além disso, a velocidade de **A**, após a colisão, fica inclinada de um ângulo α = 37° em relação à direção do movimento inicial dessa bola, conforme indica a figura (sen 37° = 0,6 e cos 37° = 0,8).

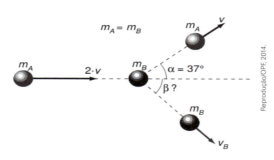

Observe os dados da tabela:

β (graus)	27	35	37	45	53
tg β	0,51	0,70	0,75	1,00	1,3

Com base nessas informações, calcule o ângulo β formado entre a velocidade da bola **B** logo após a colisão e a direção do movimento inicial da bola **A**.

107. O experimento Atlas realizado no Grande Colisor de Hádrons (LHC) – instalado na fronteira franco-suíça, o maior acelerador de partículas do mundo, com formato circular e cerca de 27 quilômetros de extensão – nos deu o primeiro vislumbre do bóson de Higgs em ação, partícula fundamental para a criação de toda sorte de matéria (massa) existente no Universo.

// O Solenoide de Múon Compacto, na figura acima, é um dos detectores de partículas que integram o LHC.

Suponha que em um acelerador de partículas seja disparado com velocidade $\vec{v}_0$ um nêutron lento ou térmico (partícula de baixa energia e massa m) contra um dêuteron inicialmente em repouso (núcleo do deutério ou hidrogênio pesado, ²H, com massa 2m), como representa o esquema 1. Admita que, imediatamente após a colisão perfeitamente elástica entre essas partículas, ocorra a situação representada no esquema 2, com o nêutron deslocando-se com velocidade $\vec{v}_1$, e o dêuteron, com velocidade $\vec{v}_2$.

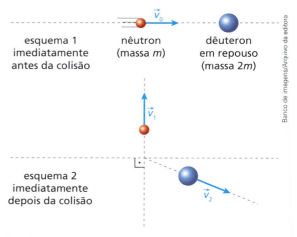

Sendo v_0, v_1 e v_2, respectivamente, as intensidades das velocidades citadas:
a) calcule v_1 em função de v_0;
b) determine a fração f da energia cinética inicial do nêutron que é transferida para o dêuteron no ato da colisão.

108. Um caminhão **A** de massa 2m colidiu com um caminhão **B** de massa m que transportava um contêiner **C** de massa 2m. Imediatamente antes da colisão, os veículos se deslocavam com velocidades de mesmo módulo, v, mas em direções perpendiculares. Ao trombarem, os veículos ficaram enganchados e passaram a se mover a 45° em relação às respectivas trajetórias iniciais, enquanto o contêiner se soltou e passou a mover-se em uma direção formando 20° com sua trajetória inicial e 25° com a velocidade comum aos caminhões imediatamente após o choque. Sendo dados cos 20° ≅ 0,94 e sen 20° ≅ 0,34, determine, em função de v, a intensidade da velocidade de **C** ao se desprender do caminhão que o transportava.

109. Na figura a seguir, há dois pêndulos idênticos, cujos fios inextensíveis e de pesos desprezíveis têm 3,2 m de comprimento. No local, reina o vácuo e a aceleração da gravidade vale 10 m/s².

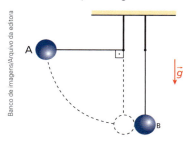

Em determinado instante, a esfera **A** é abandonada da posição indicada, descendo e chocando-se frontalmente com a esfera **B**, inicialmente em repouso. Sabendo que o coeficiente de restituição do choque vale $\frac{1}{4}$ calcule:

a) os módulos das velocidades de **A** e de **B** imediatamente após o choque;

b) a relação $\frac{h_A}{h_B}$ entre as alturas máximas atingidas por **A** e por **B** após o choque;

c) a relação entre as energias cinéticas do sistema imediatamente após o choque e imediatamente antes dele.

110. (ITA-SP) Na figura a seguir, temos uma massa M = 132 gramas, inicialmente em repouso, presa a uma mola de constante elástica K = 1,6 · 10⁴ N/m, podendo deslocar-se sem atrito sobre a mesa em que se encontra. Atira-se um projétil de massa m = 12 gramas, que encontra o bloco horizontalmente, com velocidade v_0 = 200 m/s, incrustando-se nele.

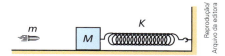

Qual é a máxima deformação que a mola experimenta?

Para raciocinar um pouco mais

111. Os gafanhotos são insetos pertencentes à subordem Caelifera, da ordem Orthoptera. Caracterizam-se por terem patas posteriores longas e fortes, o que lhes permite deslocar-se aos saltos. Algumas espécies formam enormes enxames que podem devastar grandes plantações.

Considere o gráfico a seguir, que mostra o comportamento da intensidade da força vertical que uma superfície plana e horizontal exerce sobre um gafanhoto. No intervalo em que F é constante, o inseto encontra-se em repouso sobre a superfície e, no intervalo em que F é variável, ele está realizando um salto vertical, com perda de contato com a superfície no instante t = 4,5 s.

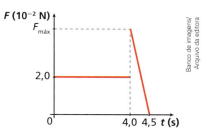

Desprezando-se as dimensões do gafanhoto, além da influência do ar, adotando-se para a intensidade da aceleração da gravidade o valor 10 m/s² e sabendo-se que a altura máxima atingida no salto é de 20 cm, determine:

a) a massa do gafanhoto, em gramas;

b) o valor de $F_{máx}$ indicado no gráfico.

112. Um dispositivo lança horizontalmente em regime permanente 200 pequenas esferas por segundo sobre o prato esquerdo de uma balança de travessão de braços iguais. As esferas colidem com esse prato e se elevam a uma altura máxima h = 0,20 m, igual à da boca do dispositivo lançador, conforme ilustra a figura.

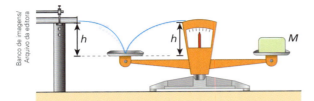

Para manter o travessão em equilíbrio na horizontal, coloca-se sobre o prato direito da balança um bloco de massa M. Supondo-se que cada esfera tenha massa m = 0,50 g, que a aceleração da gravidade tenha módulo 10 m/s² e que todos os atritos e a resistência do ar sejam desprezíveis, determine:

a) o módulo da variação da quantidade de movimento de cada esfera, em $g \cdot \frac{m}{s}$, em virtude da colisão com o prato da balança;

b) o valor da massa M, em gramas.

113. Versores são vetores de módulo unitário utilizados na expressão de outros vetores. Consideremos os versores $\vec{i}$ e $\vec{j}$ indicados abaixo, respectivamente, vetores de referência das direções horizontal e vertical, e, como exemplo, um vetor $\vec{u}$, também representado.

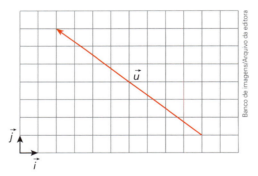

Em termos de $\vec{i}$ e $\vec{j}$, o vetor $\vec{u}$ fica determinado por $\vec{u} = -8,0\vec{i} + 6,0\vec{j}$. Isso significa que esse vetor tem uma componente horizontal para a esquerda de módulo 8,0 unidades e uma componente vertical para cima de módulo 6,0 unidades. Pelo Teorema de Pitágoras, pode-se também inferir que o módulo de $\vec{u}$ é igual a 10,0 unidades. Uma bola de massa m = 1,5 kg é lançada contra uma parede vertical. Imediatamente antes de colidir com a parede, a bola tem velocidade dada por $\vec{v} = 4,0\vec{i} + 3,0\vec{j}$, em m/s, em que $\vec{i}$ e $\vec{j}$ são os versores das direções horizontal e vertical, respectivamente. A colisão ocorre a uma altura h = 2,0 m do solo, como indica a figura, e, depois dela, a bola descreve a trajetória esboçada, atingindo o chão pela primeira vez a uma distância horizontal D da parede.

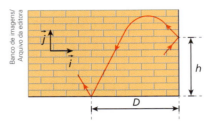

No local, a influência do ar é desprezível e adota-se g = 10,0 m/s². Sabendo-se que o impulso que a parede exerce na bola no ato da colisão é $\vec{I} = -9,0\vec{i}$, em N · s, calcule a distância D.

114. Nas estepes africanas, os leões situam-se no topo da cadeia alimentar. A tarefa de caçar é incumbida às fêmeas, que, geralmente, andam em grupos, sorrateiras, em busca de uma presa que, uma vez abatida, serve de banquete para toda a alcateia.

Admita que num instante $t_0 = 0$ uma leoa, de massa $m_L = 120$ kg, correndo em linha reta com velocidade constante de intensidade $v_L = 8,0$ m/s, está em procedimento de ataque a uma zebra, de massa $m_Z = 200$ kg, inicialmente em repouso. Nesse instante, a distância entre os dois animais é 20 m, quando a zebra inicia uma fuga desesperada, acelerando com intensidade constante de 2,0 m/s² ao longo da mesma reta percorrida pela leoa.

a) A leoa consegue êxito em seu ataque, isto é, consegue alcançar a zebra?

b) Qual é a distância mínima verificada entre os dois animais, admitidos pontos materiais?

c) Qual é a intensidade da quantidade de movimento da zebra em relação à leoa no instante em que a distância entre os dois animais for mínima?

115. Debret

Jean-Baptiste Debret (1768-1848) foi um desenhista, pintor e professor francês que esteve por cerca de quinze anos no Brasil a convite do rei de Portugal dom João VI para registrar as características da colônia. Fundou a Academia Imperial de Belas Artes no Rio de Janeiro, onde também lecionou. Ao retornar à França, publicou uma obra intitulada *Viagem pitoresca e histórica ao Brasil*, em que descreveu por meio de desenhos e textos detalhes da natureza, do homem e da sociedade brasileira.

Debret foi também um dos idealizadores da bandeira brasileira, formada pelo retângulo verde com um losango amarelo e um círculo azul inscritos, adotada oficialmente em 19 de novembro de 1889. Ele assina, ainda, o clássico abaixo, denominado *O caboclo*. Nessa figura – originalmente uma aquarela sobre papel – mestiços tentam abater aves que sobrevoam a região com flechas disparadas por meio de arcos.

Admita que o disparo de uma determinada flecha ocorra mediante um ângulo $\theta = 53°$ (sen $\theta = 0,80$ e cos $\theta = 0,60$) em relação à horizontal em um local em que $g = 10,0$ m/s² e a resistência do ar é desprezível. A massa da flecha é $m = 250$ g e o coeficiente de atrito entre o projétil e os pés do atirador é $\mu = \dfrac{1}{3}$.

Suponha que, numa situação ideal, a intensidade F da força total que o arco exerce sobre a flecha no ato do disparo varie em função do tempo t conforme o gráfico abaixo.

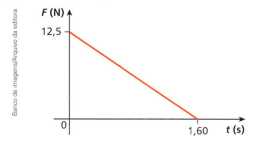

Sabendo-se que o disparo da flecha tem início em $t_0 = 0$ e que ela perde o contato com o arco em $t = 1,60$ s, pergunta-se:

a) Em que instante, durante o ato do lançamento, a velocidade da flecha tem intensidade máxima? Qual é a magnitude dessa velocidade?

b) Qual é a intensidade da velocidade com que a flecha deixa o arco, em $t = 1,60$ s?

c) Considerando-se que a flecha e as aves sejam pontos materiais, a que altura em relação ao solo (plano e horizontal) as aves devem voar horizontalmente para não serem atingidas pela flecha?

116.
Na situação esquematizada a seguir, uma caixa de massa M está em repouso sobre um plano horizontal sem atrito. Uma esfera metálica de massa m, ligada ao centro da parede superior da caixa por um fio leve e inextensível de comprimento L, também está em repouso presa magneticamente por um eletroímã.

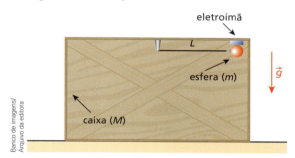

Em certo instante, o eletroímã é desligado e o sistema entra em movimento sem sofrer efeitos do ar. Sendo g a intensidade da aceleração da gravidade, pede-se determinar a intensidade da máxima velocidade horizontal da esfera em relação às paredes verticais da caixa.

117.
Uma bola de tênis é abandonada de uma altura H, acima do solo plano e horizontal. A bola cai verticalmente, choca-se com o solo e, depois do impacto, sobe também verticalmente, até parar. Depois da parada instantânea, a bola torna a cair, colidindo novamente com o solo. Supondo que seja e o coeficiente de restituição, calcule a altura máxima atingida pela bola depois de n choques sucessivos.

118.
Na situação representada na figura a seguir, dois pequenos blocos 1 e 2 de massas iguais a 2,0 kg encontram-se em repouso no ponto **B** de uma calha circular de raio R, perfeitamente lisa, contida em um plano vertical. No local, a influência do ar é desprezível e adota-se $g = 10,0$ m/s².

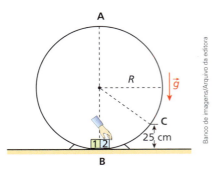

Em determinado instante, o bloco 2 é lançado para a direita, sendo-lhe comunicada uma velocidade de intensidade 10,0 m/s. Esse bloco realiza então um *loop* ao longo da parte interna da calha e em seguida se choca frontalmente com o bloco 1, parado no ponto **B**. Sabendo-se que após a colisão os blocos permanecem unidos e que ao passarem no ponto **A** eles não trocam forças com a calha, pede-se calcular:

a) o valor de R em centímetros;
b) a intensidade da força de contato trocada entre o bloco 2 e a calha na sua primeira passagem no ponto **C**.

119. O Large Hadron Collider, ou simplesmente LHC, do CERN, é o maior acelerador de partículas e o de maior energia existente do mundo. Seu principal objetivo é obter dados sobre colisões de feixes de partículas, tanto de prótons, a uma energia de 7,0 TeV (1,12 microjoules) por partícula, como de núcleos de chumbo, a uma energia de 574 TeV (92,0 microjoules) por núcleo. O laboratório localiza-se em um túnel de 27 km de circunferência, a 175 metros abaixo do nível do solo, na fronteira franco-suíça próximo a Genebra, Suíça.

Considere duas partículas com cargas elétricas de mesmo sinal em rota de colisão dentro de um acelerador semelhante ao LHC. A partícula 1 tem massa $2m$ e a partícula 2 é um próton, de massa m. Quando a distância entre elas é muito grande, suas velocidades têm a mesma direção e sentidos opostos, mas intensidades iguais a $6,0 \cdot 10^4$ m/s. Desprezando-se os efeitos relativísticos, determine os módulos das velocidades das partículas 1 e 2 imediatamente após a colisão perfeitamente elástica que se verifica entre elas.

120. No esquema a seguir uma esfera de massa m = 5,0 kg é lançada no ponto **A** com velocidade de intensidade v_0 = 12 m/s horizontalmente sobre uma plataforma de massa M = 15 kg estacionada a princípio sobre uma superfície horizontal. A esfera se desloca sobre a plataforma até se projetar, no ponto **B**, verticalmente em relação à plataforma.

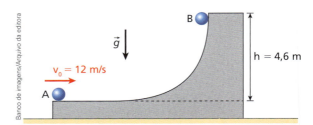

Os atritos são todos desprezíveis, bem como a resistência do ar. Adotando-se g = 10 m/s², determine em relação a um referencial fixo na superfície de apoio da plataforma e no instante em que a esfera atinge o ponto **B**:

a) o módulo v da velocidade da plataforma;
b) o módulo v_B da velocidade da esfera;
c) o módulo v_y da componente vertical da velocidade da esfera.

121. Na figura a seguir, vemos duas bolas de boliche **A** e **B** iguais, livres para se moverem num plano horizontal liso. A bola **A**, dotada inicialmente de velocidade de módulo v_0, colide elástica e obliquamente com a bola **B**, inicialmente em repouso.

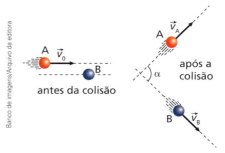

Após a colisão, **A** e **B** adquirem, respectivamente, velocidades iguais a $\vec{v}_A$ e $\vec{v}_B$, que formam entre si um ângulo α. Ignore o movimento de rotação das bolas.

a) Calcule o ângulo α.
b) No caso em que $\vec{v}_A$ e $\vec{v}_B$ têm mesmo módulo v, calcule v.

APÊNDICE

Centro de massa

Este é um conceito que foi cogitado diversas vezes ao longo deste livro sem que ainda tivesse sido fornecida sua definição formal. Tentamos, dessa maneira, apelar a seu raciocínio abstrato contando apenas com a força da expressão: **centro de massa**.

É chegado, agora, o momento que julgamos oportuno para a apresentação da referida noção e aproveitaremos para falar do centro de massa de sistemas contínuos (corpos extensos) e também do centro de massa de sistemas de partículas.

Conceito

Chama-se **centro de massa** de um sistema físico o ponto onde se admite concentrada, para efeito de cálculos, toda a sua massa.

Se o sistema físico for um corpo rígido e maciço constituído de material homogêneo, como uma esfera ou um cilindro, por exemplo, o centro de massa (**CM**) coincidirá com o centro geométrico (**C**).

// Em cada um dos corpos acima, supostos homogêneos, o centro de massa coincide com o centro geométrico.

Entretanto, se o corpo em estudo não for constituído de material homogêneo, o centro de massa ficará deslocado para a região em que houver maior concentração de massa.

É o que ocorre com a barra bimetálica maciça representada na figura a seguir. A metade esquerda da barra é constituída de chumbo e a metade direita de alumínio.

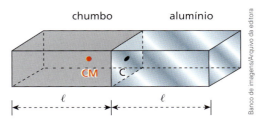

Nessa situação, como o chumbo é mais denso do que o alumínio, o centro de massa da barra fica deslocado para o lado do chumbo, não coincidindo com o centro geométrico.

O centro de massa nem sempre é um ponto pertencente ao corpo, como ocorre, por exemplo, com um anel circular, homogêneo e de espessura uniforme, cujo centro de massa se situa no ponto de interseção de dois de seus diâmetros.

Posição do centro de massa de um sistema de partículas

Considere as partículas **P₁**, **P₂**, ..., **Pᵢ**, posicionadas em relação a um sistema cartesiano **Oxyz**, como ilustra o esquema a seguir. A cada partícula, associemos uma abscissa x, uma ordenada y, uma cota z e uma massa m:

$P_1 \equiv m_1 (x_1; y_1; z_1)$
$P_2 \equiv m_2 (x_2; y_2; z_2)$
. .
. .
. .
$P_i \equiv m_i (x_i; y_i; z_i)$

Sejam $\overline{x}$, $\overline{y}$ e $\overline{z}$, respectivamente, a abscissa, a ordenada e a cota do centro de massa do sistema em relação ao mesmo referencial **Oxyz**.

Pode-se demonstrar que as coordenadas $\overline{x}$, $\overline{y}$ e $\overline{z}$ são calculadas pelas seguintes médias ponderadas:

$$\overline{x} = \frac{m_1 x_1 + m_2 x_2 + ... + m_i x_i}{m_1 + m_2 + ... + m_i}$$

$$\overline{y} = \frac{m_1 y_1 + m_2 y_2 + ... + m_i y_i}{m_1 + m_2 + ... + m_i}$$

$$\overline{z} = \frac{m_1 z_1 + m_2 z_2 + ... + m_i z_i}{m_1 + m_2 + ... + m_i}$$

Se todas as partículas estiverem dispostas em um mesmo plano **Oxy**, por exemplo, bastarão as coordenadas $\overline{x}$ e $\overline{y}$ para o posicionamento do centro de massa do sistema.

No caso de as partículas estarem alinhadas segundo uma mesma reta **Ox** bastará uma coordenada $\overline{x}$ para o posicionamento do centro de massa do sistema.

Velocidade do centro de massa de um sistema de partículas

Seja um sistema de partículas **P₁**, **P₂**, ..., **Pᵢ**, que tem massas e velocidades respectivamente iguais a $m_1, m_2, ..., m_i$ e $\vec{v}_1, \vec{v}_2, ..., \vec{v}_i$.

A velocidade do centro de massa do sistema é dada pela seguinte expressão vetorial:

$$\vec{v}_{CM} = \frac{m_1 \vec{v}_1 + m_2 \vec{v}_2 + ... + m_i \vec{v}_i}{m_1 + m_2 + ... + m_i}$$

Os produtos $m_1 \vec{v}_1, m_2 \vec{v}_2, ..., m_i \vec{v}_i$, entretanto, correspondem, respectivamente, às quantidades de movimento $\vec{Q}_1, \vec{Q}_2, ..., \vec{Q}_i$ das partículas que compõem o sistema. Assim:

$$\vec{v}_{CM} = \frac{\vec{Q}_1 + \vec{Q}_2 + ... + \vec{Q}_i}{m_1 + m_2 + ... + m_i},$$

mas $\vec{Q}_1 + \vec{Q}_2 + ... \vec{Q}_i = \vec{Q}_{total}$
e $m_1 + m_2 + ... + m_i = m_{total}$.
Disso, concluímos que:

$$\vec{v}_{CM} = \frac{\vec{Q}_{total}}{m_{total}}$$

No caso de um sistema isolado, temos $\vec{Q}_{total}$ constante (Princípio de Conservação de Quantidade de Movimento). Como m_{total} é constante, o mesmo deve acontecer com $\vec{v}_{CM}$. Diante disso, podemos enunciar que:

> O centro de massa de um sistema isolado tem **velocidade vetorial constante**, permanecendo em repouso ou em movimento retilíneo uniforme.

Por exemplo, um corpo inicialmente em repouso ou em movimento retilíneo e uniforme, ao explodir (sistema isolado de forças externas), terá imediatamente após a explosão o centro de massa de seus fragmentos respectivamente em repouso ou em movimento retilíneo e uniforme, com a mesma velocidade vetorial manifestada pelo corpo antes da explosão.

Aceleração do centro de massa de um sistema de partículas

Retomemos o sistema de partículas definido na seção anterior. Sendo $\vec{a}_1, \vec{a}_2, ..., \vec{a}_i$ as acelerações das partículas, concluímos que a aceleração do centro de massa do sistema é dada por:

$$\vec{a}_{CM} = \frac{m_1 \vec{a}_1 + m_2 \vec{a}_2 + ... + m_i \vec{a}_i}{m_1 + m_2 + ... + m_i}$$

Os produtos $m_1 \vec{a}_1, m_2 \vec{a}_2, ..., m_i \vec{a}_i$, entretanto, correspondem, respectivamente, às forças resultantes $\vec{F}_1, \vec{F}_2, ..., \vec{F}_i$ sobre cada partícula componente do sistema.

Diante disso, temos:

$$\vec{a}_{CM} = \frac{\vec{F}_1 + \vec{F}_2 + ... + \vec{F}_i}{m_1 + m_2 + ... + m_i},$$

mas $\vec{F}_1 + \vec{F}_2 + ... + \vec{F}_i = \vec{F}_{externa}$
e $m_1 + m_2 + ... + m_i = m_{total}$.
Portanto:

$$\vec{a}_{CM} = \frac{\vec{F}_{externa}}{m_{total}}$$

Esse último resultado traduz o **Teorema do Centro de Massa**.

Ampliando o olhar

O balão teimoso

Na figura ao lado, está esquematizado um balão tripulado, inicialmente em repouso em relação ao solo, em um local em que não há correntes de ar. Do cesto do balão pende uma escada de corda, que tangencia o chão. Nessas condições, o centro de massa (**CM**) do sistema balão-homem está a uma altura h em relação ao solo.

Admita que o homem resolva descer a escada na tentativa de abandonar o balão. Sua pretensão ficará frustrada, pois, ao atingir a extremidade inferior da escada, ele notará que esta já não mais tangenciará o chão como antes, tendo se elevado em relação ao solo.

A explicação para o ocorrido é a seguinte: o sistema balão-homem é isolado de forças externas ($\vec{F}_{externa} = \vec{0}$) e, por isso, a velocidade do seu centro de massa deve permanecer constante.

Como o centro de massa estava inicialmente em repouso, assim deverá permanecer durante todo o tempo.

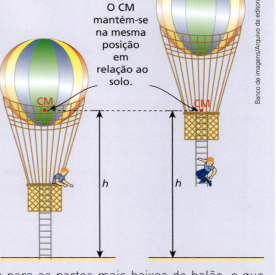

O CM mantém-se na mesma posição em relação ao solo.

Com a descida do homem há um deslocamento de massa para as partes mais baixas do balão, o que tenderia a rebaixar o centro de massa do sistema. Entretanto, a altura do centro de massa se mantém igual a h, uma vez que à medida que o homem desce, o balão sobe.

Ao retornar ao cesto do balão, o homem perceberá que, novamente, a extremidade inferior da escada estará tangenciando o chão.

Trajetória do centro de massa

Vimos que a aceleração do centro de massa de um sistema é dada pelo quociente da força externa resultante pela massa total.

$$\vec{a}_{CM} = \frac{\vec{F}_{externa}}{m_{total}}$$

Observe a figura ao lado, em que um atleta realiza um salto ornamental.

Desprezando a influência do ar, podemos dizer que a resultante das forças externas no corpo do atleta é a força da gravidade (peso), que pode ser considerada **constante** durante o salto. Como a massa não varia, concluímos que a aceleração

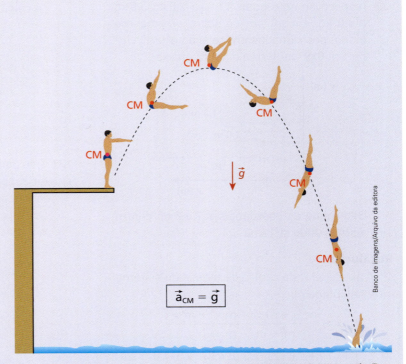

do centro de massa do corpo do atleta também não varia, mantendo-se **constante** e igual a $\vec{g}$. Por isso, esse ponto descreve uma **trajetória parabólica**, independentemente de o atleta realizar manobras com suas pernas e com seus braços e/ou contorções durante o voo.

Já um espetáculo sempre encantador é o da queima de fogos de artifício, que deve ser sempre realizado por técnicos especializados, utilizando artefatos confiáveis e profissionais de segurança. Rojões, morteiros e foguetes são lançados no céu noturno, explodindo depois de descreverem trajetórias aproximadamente parabólicas. Após a explosão, as partes de cada artefato são lançadas em diversas direções e também descrevem trajetórias aproximadamente parabólicas, porém diferentes da trajetória inicial.

// Queima de fogos: um belo *show* pirotécnico.

Como seria, no entanto, a trajetória do centro de massa do sistema depois da explosão se pudéssemos desprezar a influência do ar? Enquanto nenhum fragmento tocasse o solo, o centro de massa do sistema continuaria descrevendo a **mesma parábola inicial**. Isso ocorreria porque a força externa resultante no sistema não se alteraria (peso total), fazendo com que a aceleração do centro de massa se mantivesse constante e igual a $\vec{g}$.

Exercícios

122. Quatro partículas, P_1, P_2, P_3 e P_4, de massas respectivamente iguais a 1,0 kg, 2,0 kg, 3,0 kg e 4,0 kg, encontram-se sobre um mesmo plano, posicionadas em relação a um referencial **Oxy**, conforme a figura abaixo:

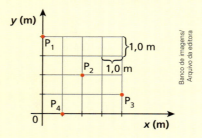

Determine as coordenadas $\bar{x}$ e $\bar{y}$ do centro de massa do sistema.

Resolução:

A abscissa $\bar{x}$ do centro de massa do sistema é calculada por:

$$\bar{x} = \frac{m_1 x_1 + m_2 x_2 + m_3 x_3 + m_4 x_4}{m_1 + m_2 + m_3 + m_4}$$

$$\bar{x} = \frac{1,0 \cdot 0 + 2,0 \cdot 2,0 + 3,0 \cdot 4,0 + 4,0 \cdot 1,0}{1,0 + 2,0 + 3,0 + 4,0} = \frac{20}{10}$$

$$\boxed{\bar{x} = 2,0 \text{ m}}$$

A ordenada $\bar{y}$ do centro de massa do sistema é calculada por:

$$\bar{y} = \frac{m_1 y_1 + m_2 y_2 + m_3 y_3 + m_4 y_4}{m_1 + m_2 + m_3 + m_4}$$

$$\bar{y} = \frac{1,0 \cdot 4,0 + 2,0 \cdot 2,0 + 3,0 \cdot 1,0 + 4,0 \cdot 0}{1,0 + 2,0 + 3,0 + 4,0} = \frac{11}{10}$$

$$\boxed{\bar{y} = 1,1 \text{ m}}$$

123. Três pontos materiais, P_1, P_2 e P_3, encontram-se em repouso sobre um mesmo plano. Suas características estão dadas a seguir, sendo expressas por m(x, y), em que *m* é a massa em kg e o par x, y, as coordenadas cartesianas em metros:

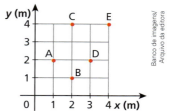

$P_1 \equiv 2(0, -1)$; $P_2 \equiv 1(1, 0)$; $P_3 \equiv 2(2, 6)$

O centro de massa do sistema é dado no diagrama acima, pelo ponto:

a) **A**   b) **B**   c) **C**   d) **D**   e) **E**

124. Suponha a Terra e a Lua esféricas e com massas uniformemente distribuídas. A distância entre os centros da Terra e da Lua é de aproximadamente $60R$, em que R representa o raio terrestre. No esquema a seguir os dois astros estão representados fora de escala e em cores fantasia.

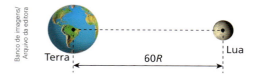

Sendo a massa da Terra aproximadamente igual a 80 vezes a massa da Lua:

a) determine a posição do centro de massa do sistema Terra-Lua em relação ao centro da Terra;

b) diga se o centro de massa do sistema é um ponto interno ou externo à esfera terrestre. Justifique a resposta.

125. A humanidade já pode comemorar!

A primeira nave espacial não tripulada feita pelo homem, a New Horizons, se avizinhou de Plutão, corpo celeste rebaixado à condição de planeta-anão, entre todos os planetas, o mais distante do Sol (seu raio médio de órbita tem cerca de 39,24 UA, em que 1 UA, ou uma Unidade Astronômica, é a distância média entre a Terra e o Sol). A viagem durou ao todo 9 anos e 6 meses, tendo a New Horizons, corpo do tamanho de um piano de cauda, percorrido algo próximo de 5 bilhões de quilômetros. Depois de ganhar velocidade por meio do estilingue gravitacional proporcionado por Júpiter, a nave seguiu "dormente" até ser "despertada" já na aproximação de Plutão. A 12 500 km do astro, a nave produziu uma série de fotografias em alta resolução que permitirão aos cientistas avaliarem muitas características do planeta-anão e sua principal lua, Caronte.

Ilustração da New Horizons, tendo ao fundo Plutão e Caronte. A nave leva em seu interior as cinzas do astrônomo descobridor do astro, o estadunidense Clyde Tombaugh, que constatou a existência de Plutão, em 1930.

A imagem a seguir é uma das muitas centenas de fotos enviadas à Nasa (Administração Nacional da Aeronáutica e do Espaço, agência do governo dos Estados Unidos) pela New Horizons. Nela, aparecem Plutão (em primeiro plano) e sua lua Caronte (ao fundo), satélite natural com centro distante cerca de 19 600 quilômetros do centro de Plutão e com massa próxima de 15% da massa de Plutão.

Na realidade, o sistema Plutão-Caronte é considerado um astro binário, já que os dois corpos celestes giram em torno do centro de massa do sistema com velocidade angular estimada em 1,0 rad/dia.

Plutão-Caronte em uma das imagens enviadas à Terra pela New Horizons. O trânsito do sinal eletromagnético entre a espaçonave e a Nasa, região de vácuo sideral, tem duração próxima de cinco horas.

Com base nas informações fornecidas, responda às questões a seguir:

a) Qual é a velocidade escalar média aproximada, v_m, em km/h, da New Horizons em sua viagem da Terra até as vizinhanças de Plutão?

b) Qual é a duração aproximada do ano de Plutão, T_P, em anos terrestres?

c) Qual é a intensidade aproximada da velocidade orbital, v, em km/h, da lua Caronte em torno do centro de massa do sistema Plutão-Caronte?

126. Uma porta que tem a sua metade inferior feita de madeira e sua metade superior feita de vidro tem espessura constante e as dimensões indicadas na figura.

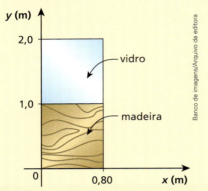

Sabendo que a massa da parte de vidro é $\frac{2}{3}$ da massa da parte de madeira, determine as coordenadas $\bar{x}$ e $\bar{y}$ do centro de massa da porta, dadas pelo referencial **Oxy**.

Resolução:

Localizemos, inicialmente, os centros de massa da parte de madeira e da parte de vidro. Para isso, tracemos as diagonais das respectivas regiões retangulares, como está mostrado na figura abaixo.

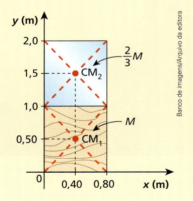

Como **CM₁** e **CM₂** pertencem à mesma vertical, a abscissa do centro de massa da porta ($\bar{x}$) fica determinada diretamente.

$$\boxed{\bar{x} = 0{,}40 \text{ m}}$$

$$\bar{y} = \frac{m_1 y_1 + m_2 y_2}{m_1 + m_2} \Rightarrow \bar{y} = \frac{M \cdot 0{,}50 + \frac{2}{3} M \cdot 1{,}5}{M + \frac{2}{3} M}$$

$$\boxed{\bar{y} = 0{,}90 \text{ m}}$$

127. Uma barra metálica é constituída pela junção de dois cilindros **A** e **B**, coaxiais e de materiais diferentes:

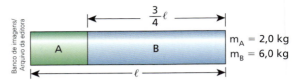

Supondo que os dois cilindros tenham secções transversais constantes e iguais e admitindo uniforme a distribuição de massas em cada um deles, determine a posição do centro de massa da barra.

128. (Uerj) A forma de uma raquete de tênis pode ser esquematizada por um aro circular homogêneo de raio R e massa m_1, preso a um cabo cilíndrico homogêneo de comprimento L e massa m_2.

Quando $R = \frac{L}{4}$ e $m_1 = m_2$, a distância do centro de massa da raquete ao centro do aro circular vale:

a) $\frac{R}{2}$ b) R c) $\frac{3R}{2}$ d) $2R$

129. Um artista plástico elaborou uma escultura que consiste de um disco metálico homogêneo de espessura constante e raio R dotado de um furo circular de raio $\frac{R}{2}$, conforme representa a figura. Levando-se em conta o referencial **Oxy** indicado, determine as coordenadas do centro de massa da peça.

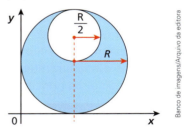

130. O esquema seguinte representa dois carrinhos, **A** e **B**, que percorrem uma reta orientada com as velocidades escalares indicadas:

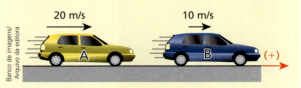

550 UNIDADE 2 | DINÂMICA

Sabendo que as massas de **A** e de **B** valem, respectivamente, 4,0 kg e 6,0 kg, calcule a velocidade do centro de massa do sistema.

Resolução:

A velocidade do centro de massa do sistema é dada por:

$$\vec{v}_{CM} = \frac{m_A \vec{v}_A + m_B \vec{v}_B}{m_A + m_B}$$

Como os movimentos têm a mesma direção, podemos raciocinar em termos escalares:

$$v_{CM} = \frac{m_A v_A + m_B v_B}{m_A + m_B}$$

Sendo $m_A = 4{,}0$ kg, $v_A = +20$ m/s, $m_B = 6{,}0$ kg e $v_B = +10$ m/s, calculemos v_{CM}:

$$v_{CM} = \frac{4{,}0 \cdot 20 + 6{,}0 \cdot 10}{4{,}0 + 6{,}0} = \frac{140}{10}$$

$$\boxed{v_{CM} = 14 \text{ m/s}}$$

131. Dois navios, **N₁** e **N₂**, de massas respectivamente iguais a 250 t e 150 t, partem de um mesmo ponto e adquirem movimentos retilíneos perpendiculares entre si. Sabendo que as velocidades de **N₁** e **N₂** têm módulos $v_1 = 32$ nós e $v_2 = 40$ nós, podemos afirmar que o centro de massa do sistema terá velocidade de módulo:

a) 35 nós.
b) 25 nós.
c) 20 nós.
d) 5 nós.
e) zero.

132. (UFC-CE) Um conjunto de três partículas, todas de igual massa m, está situado na origem de um sistema de coordenadas **xy**. Em dado instante, uma delas é atirada na direção **x**, com velocidade constante $v_x = 9{,}0$ m/s, e outra é atirada, simultaneamente, na direção **y**, com velocidade constante $v_y = 12$ m/s, ficando a terceira em repouso na origem. Determine o módulo da velocidade do centro de massa do conjunto.

133. Na situação da figura a seguir, não há atritos nem resistência do ar; a corda que os garotos **A** e **B** seguram é leve e o plano em que apoiam seus carrinhos é horizontal. As massas de **A** e **B**, adicionadas às de seus respectivos carrinhos, valem, nesta ordem, 150 kg e 100 kg.

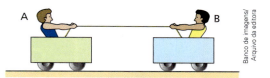

Estando inicialmente em repouso, os garotos começam a puxar a corda, objetivando provocar uma colisão entre os carrinhos. Durante o movimento mútuo de **A** e **B**, qual a velocidade do centro de massa do sistema?

134. (ITA-SP) As massas $m_1 = 3{,}0$ kg e $m_2 = 1{,}0$ kg foram fixadas nas extremidades de uma haste homogênea, de massa desprezível e 40 cm de comprimento. Esse sistema foi colocado verticalmente sobre uma superfície plana, perfeitamente lisa, conforme mostra a figura ao lado, e abandonado. A massa m_1 colidirá com a superfície a uma distância x do ponto **P** dada por:

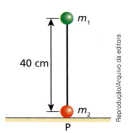

a) $x = 0$ (no ponto **P**).
b) $x = 10$ cm.
c) $x = 20$ cm.
d) $x = 30$ cm.
e) $x = 40$ cm.

135. (CPAEN-RJ)

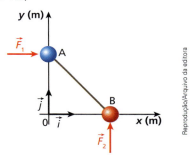

A figura acima mostra um sistema formado por duas partículas iguais, **A** e **B**, de massas 2,0 kg cada uma, ligadas por uma haste rígida de massa desprezível. O sistema encontra-se inicialmente em repouso, apoiado em uma superfície horizontal (plano **xy**) sem atrito. Em $t = 0$, uma força $\vec{F}_1 = 8{,}0\vec{i}$ N passa a atuar na partícula **A** e, simultaneamente, uma força $\vec{F}_2 = 6{,}0\vec{j}$ N passa a atuar na partícula **B**. Qual é o vetor deslocamento, em metros, do centro de massa do sistema de $t = 0$ a $t = 4{,}0$ s?

a) $2\vec{i} + \dfrac{3}{2}\vec{j}$
b) $2\vec{i} + 6\vec{j}$
c) $4\vec{i} + 3\vec{j}$
d) $4\vec{i} + 12\vec{j}$
e) $16\vec{i} + 12\vec{j}$

UNIDADE 3

Estática

O nado sincronizado é uma modalidade esportiva na qual os conceitos de equilíbrio, tanto de corpos sólidos quanto de corpos imersos em fluidos, são fundamentais para a sua prática.

A **Estática** é a parte da Física que estuda o equilíbrio dos corpos. A palavra "equilíbrio" é encontrada nos dicionários com o sentido de estabilidade, harmonia, constância, solidez, firmeza, etc. Em sentido figurado, pode significar prudência, moderação e comedimento. Na Física, no entanto, seu significado é simples e direto: força resultante nula!

NESTA UNIDADE VAMOS ESTUDAR:

- **Tópico 1:** Estática dos sólidos
- **Tópico 2:** Estática dos fluidos

TÓPICO 1

Estática dos sólidos

// A prática da dança, seja clássica, seja contemporânea, requer muita consciência corporal e equilíbrio. Para realizar coreografias e passos, é necessário que o praticante compreenda como organizar o peso do próprio corpo em diversas situações.

Na unidade anterior, estudamos a dinâmica do movimento dos corpos utilizando os conceitos de força, energia, quantidade de movimento, etc. No entanto, até então consideramos os corpos como pontos materiais. Quando levamos em consideração corpos extensos, outras grandezas são necessárias para descrever o movimento do corpo.

Estudaremos neste tópico as condições de equilíbrio para corpos extensos e para sistemas de pontos materiais. Apresentaremos o conceito de momento de uma força, os efeitos que ele produz em um corpo extenso e alguns dispositivos que utilizam esse conceito para seu funcionamento: a alavanca. Discutiremos também os possíveis tipos de equilíbrio para corpos suspensos e apoiados.

Bloco 1

1. Introdução

A Estática é a parte da Física dedicada ao estudo das forças e do equilíbrio dos corpos.

Para compreendermos o quão vasto é o campo de atuação desse tópico da Física, vamos tentar responder ao seguinte questionamento: o que um engenheiro, um ortopedista e um ortodontista necessitam ter em comum?

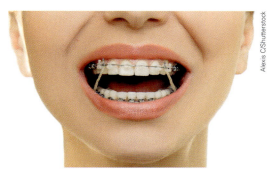

Resposta: sólidos conceitos de Estática.

De fato, um engenheiro, principalmente o engenheiro civil, tem na Estática uma companheira do dia a dia. Na elaboração de projetos de prédios, pontes e monumentos, o engenheiro precisa saber dimensionar o exato esforço que uma coluna ou uma viga deve suportar. Dezenas de cálculos e simulações devem ser executados, tendo como base os conceitos fundamentais da Estática. Um único cálculo estrutural incorreto pode levar a desabamentos e acidentes fatais.

Um médico ortopedista também necessita desses conhecimentos. Como diz Marcel Bienfait em seu livro *Os desequilíbrios estáticos*: "Nosso corpo é um conjunto de sólidos articulados, um empilhamento de segmentos em que cada peça se equilibra na subjacente [...]".

A palavra equilíbrio está no centro do estudo da Estática. Quando um médico necessita efetuar a colocação de pinos e placas no corpo de um paciente, tudo deve ser minuciosamente calculado para a perfeita reabilitação óssea. A imobilização de um braço ou de uma perna deve ser planejada, para que os membros não sejam submetidos a uma força de intensidade maior ou menor do que a necessária.

Sabe-se que esforços indevidamente aplicados podem provocar atrofias irreversíveis.

Por fim, o profissional da Ortodontia também faz uso da Estática na otimização do seu trabalho. Para que um dente que, por um motivo qualquer, precise ser reposicionado corretamente na arcada dentária, a Estática entra em ação. Forças aplicadas em direções específicas e com valores muito precisos realizam o incrível posicionamento correto do dente. Os elásticos ortodônticos e os aparelhos formam um intrincado sistema de forças que só um profissional com conhecimento e habilidade pode operar.

2. Conceitos fundamentais

Resultante de forças aplicadas a um ponto material

Consideremos um ponto material, conforme indica a figura abaixo, sujeito à ação de *n* forças: $\vec{F}_1, \vec{F}_2, ..., \vec{F}_n$. É sempre possível determinar uma força única que, aplicada ao ponto material, lhe proporcione a mesma aceleração vetorial que o conjunto das *n* forças.

Esta força é a soma vetorial de $\vec{F}_1, \vec{F}_2, ..., \vec{F}_n$ e é denominada resultante ($\vec{F}_{res}$) das *n* forças.

Para uma partícula de massa *m*, temos:

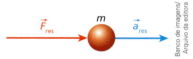

A partícula adquire uma aceleração resultante ($\vec{a}_{res}$) quando submetida a uma força resultante $\vec{F}_{res}$.

Da 2ª Lei de Newton, vem:

$$\vec{F}_{res} = m\vec{a}_{res}$$

É condição necessária para o equilíbrio da partícula que a força resultante nela atuante seja nula, assim:

$$\vec{F}_{res} = \vec{0} \Rightarrow \vec{a}_{res} = \vec{0}$$

Surgem, então, duas possibilidades: a partícula estará em repouso ou em movimento retilíneo e uniforme.

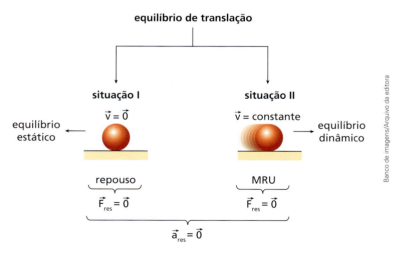

As duas possibilidades levam-nos a situações de equilíbrio.

A situação I nos remete ao equilíbrio estático da partícula e a situação II estabelece o equilíbrio dinâmico.

Resultante de duas forças

Seja uma partícula de massa *m* sob ação simultânea de duas forças coplanares $\vec{F}_1$ e $\vec{F}_2$ que formam entre si um ângulo θ qualquer, como mostra o esquema abaixo.

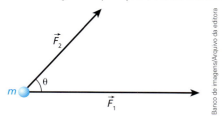

As duas forças $\vec{F}_1$ e $\vec{F}_2$ podem ser substituídas por uma única força ($\vec{F}_{res}$) que vai produzir na partícula exatamente o mesmo efeito. Podemos determinar essa força resultante, tanto graficamente como analiticamente. No Tópico 4, Vetores e Cinemática vetorial, da Unidade 1, estudamos em detalhes as operações envolvendo vetores.

1º modo (graficamente): regra do paralelogramo.

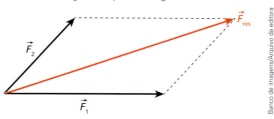

2º modo (analiticamente): Lei dos Cossenos.

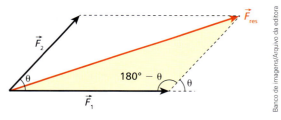

No triângulo destacado na imagem acima, podemos aplicar a Lei dos Cossenos, assim:

$$F_{res}^2 = F_1^2 + F_2^2 - 2F_1F_2 \cos(180° - \theta)$$

Sendo $\cos(180° - \theta) = -\cos\theta$, temos:

$$F_{res}^2 = F_1^2 + F_2^2 - 2F_1F_2(-\cos\theta)$$

Portanto:

$$F_{res}^2 = F_1^2 + F_2^2 + 2F_1F_2\cos\theta$$

Podemos também analisar a situação inicial proposta sob o ponto de vista das **Leis dos Senos**.

No triângulo **ABC** destacado na imagem ao lado, temos:

$$\frac{F_{res}}{\text{sen}(190° - \theta)} = \frac{F_1}{\text{sen}\,\alpha} = \frac{F_2}{\text{sen}\,\beta}$$

Como $\text{sen}(180° - \theta) = \text{sen}\,\theta$, vem:

$$\frac{F_{res}}{\text{sen}\,\theta} = \frac{F_1}{\text{sen}\,\alpha} = \frac{F_2}{\text{sen}\,\beta}$$

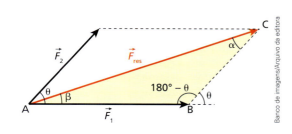

> **NOTAS!**
>
> - Quando as forças são perpendiculares entre si (θ = 90°), temos:
>
> $$F_{res}^2 = F_1^2 + F_2^2$$
>
> - Quando as forças são paralelas entre si e com mesmo sentido (θ = 0°), a resultante é dada por:
>
> $$F_{res} = F_1 + F_2$$
>
> - Quando as forças são paralelas entre si, porém com sentidos opostos (θ = 180°), a resultante é dada por:
>
> $$F_{res} = |F_1 - F_2|$$

Cálculo da resultante para n forças

Método do polígono

Passamos agora a analisar um caso mais geral quando se tem várias forças atuando em uma partícula, esquematizada ao lado.

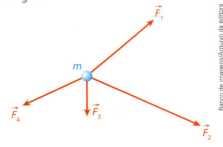

Nessa situação, a partícula de massa m está submetida à ação de quatro forças: $\vec{F}_1$, $\vec{F}_2$, $\vec{F}_3$ e $\vec{F}_4$.

Para determinarmos a força resultante sobre a partícula, podemos adotar o seguinte procedimento. Por um ponto de origem arbitrário **O** representamos a primeira força, obedecendo seu módulo e sua orientação inicial. A segunda força terá como origem a extremidade da primeira, e assim sucessivamente para todas as forças. Graficamente, esse procedimento está representado na imagem abaixo.

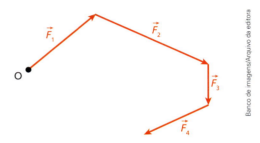

> **NOTA!**
>
> Se tivéssemos uma quinta força $\vec{F}_5$ com a mesma direção e mesmo módulo da força resultante $\vec{F}_{res}$, porém, com sentido oposto, essa força fecharia o polígono e garantiria resultante nula.

O vetor com origem em **O** que fecha o polígono formado é denominado força resultante do sistema $\vec{F}_{res}$, como mostra a imagem ao lado.

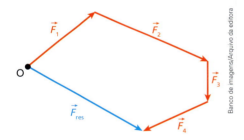

Decomposição de forças em componentes ortogonais

Seja $\vec{F}$ a força que deve ser decomposta em duas componentes ortogonais dispostas segundo os eixos **Ox** e **Oy**, conforme esquema ao lado.

Projetamos a força $\vec{F}$ sobre os dois eixos. As projetantes do ponto **P** (extremidade de $\vec{F}$) determinam sobre os eixos os pontos **A** e **B**. Os vetores $\overrightarrow{OA}$ e $\overrightarrow{OB}$, que chamaremos, respectivamente, de $\vec{F}_x$ e $\vec{F}_y$ são as componentes da força $\vec{F}$, segundo os dois eixos dados.

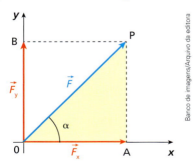

> **NOTA!**
>
> Com forças ortogonais, o cálculo da força resultante em todo o sistema é facilitado, pois pode-se analisar separadamente o eixo vertical do eixo horizontal.

Calculando o sen α e o cos α no triângulo destacado, podemos determinar os módulos de $\vec{F}_x$ e $\vec{F}_y$:

$$\operatorname{sen} \alpha = \frac{F_y}{F} \Rightarrow \boxed{F_y = F \operatorname{sen} \alpha} \qquad \cos \alpha = \frac{F_x}{F} \Rightarrow \boxed{F_x = F \cos \alpha}$$

Decomposição de uma força em duas componentes não ortogonais

Seja a força $\vec{F}$ que deve ser decomposta em duas componentes dispostas segundo os eixos **Ox** e **Oy**, como mostra a imagem ao lado. Observe, agora, que os eixos formam entre si um ângulo θ qualquer.

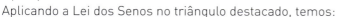

Aplicando a Lei dos Senos no triângulo destacado, temos:

$$\frac{F}{\text{sen}\,(180° - \theta)} = \frac{F_x}{\text{sen}\,\beta} = \frac{F_y}{\text{sen}\,\alpha}$$

Mas sen (180° − θ) = sen θ
Logo:

$$F_x = F\,\frac{\text{sen}\,\beta}{\text{sen}\,\theta} \quad \text{e} \quad F_y = F\,\frac{\text{sen}\,\alpha}{\text{sen}\,\theta}$$

Mas β = θ − α. Daí:

$$F_x = F\,\frac{\text{sen}\,(\theta - \alpha)}{\text{sen}\,\theta} \quad \text{e} \quad F_y = F\,\frac{\text{sen}\,\alpha}{\text{sen}\,\theta}$$

Vale notar que, se impusermos θ = 90°, obteremos os mesmos valores de F_x e F_y do item anterior.

O método das projeções

Sejam $\vec{F}_1$, $\vec{F}_2$ e $\vec{F}_3$ três forças coplanares e concorrentes em **0**.

Escolhe-se, inicialmente, um sistema de eixos cartesianos de referência no mesmo plano das forças. Se a força resultante desse sistema é nula, decorre que as projeções dessas forças nos eixos **Ox** e **Oy** também terão resultantes nulas.

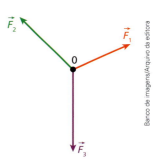

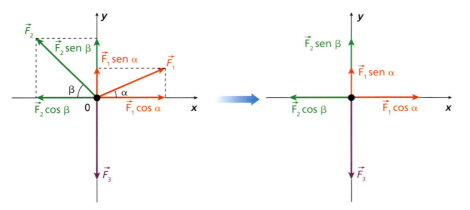

Equilíbrio no eixo **x**:
$$\vec{F}_{\text{res}_x} = \vec{0} \Rightarrow F_1 \cos \alpha = F_2 \cos \beta$$

Equilíbrio no eixo **y**:
$$\vec{F}_{\text{res}_y} = \vec{0} \Rightarrow F_1 \,\text{sen}\,\alpha + F_2 \,\text{sen}\,\beta = F_3$$

De modo geral:

$$\vec{F}_{\text{res}} = \vec{0} \Rightarrow \begin{cases} \vec{F}_{\text{res}_x} = \vec{0} \\ \vec{F}_{\text{res}_y} = \vec{0} \end{cases}$$

> **NOTA!**
>
> A melhor escolha do par de eixos é aquela em que o maior número possível de forças já se encontra sobre esses próprios eixos. Esse procedimento simplifica o número de forças a serem decompostas.

Teorema de Lamy

Para um sistema de três forças coplanares e concorrentes, atuando em uma partícula em equilíbrio, podemos fazer uso do Teorema de Lamy.

> Quando uma partícula, sujeita à ação de três forças, está em equilíbrio, os módulos das forças são proporcionais aos senos dos ângulos determinados pelas outras duas forças.

Seja a situação proposta pelo teorema acima:

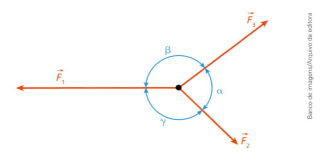

Podemos demonstrar essa relação construindo o polígono de forças:

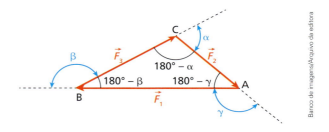

Aplicando a Lei dos Senos ao triângulo **ABC**, obtemos:

$$\frac{F_1}{\text{sen}\,(180° - \alpha)} = \frac{F_2}{\text{sen}\,(180° - \beta)} = \frac{F_3}{\text{sen}\,(180° - \gamma)}$$

Mas sen $(180° - \theta)$ = sen θ. Portanto:

$$\frac{F_1}{\text{sen}\,\alpha} = \frac{F_2}{\text{sen}\,\beta} = \frac{F_3}{\text{sen}\,\gamma}$$

Exercícios — Nível 1

1. Analise as proposições e classifique-as como verdadeiras ou falsas.

  I. Uma partícula sujeita à ação de uma única força pode estar em equilíbrio.
  II. Se uma partícula está em equilíbrio sob ação de apenas duas forças, elas devem ter mesmo módulo, mesma direção e sentidos opostos.
  III. Quando a soma vetorial de todas as forças atuantes em uma partícula é zero, ela pode estar em movimento.

a) Somente I é verdadeira.
b) Somente II é verdadeira.
c) Somente III é verdadeira.
d) I e II são verdadeiras.
e) II e III são verdadeiras.

2. Um pequeno barco está sendo manobrado em um estreito canal. Sejam $\vec{F}_1$ e $\vec{F}_2$ duas forças de intensidades iguais a 400 N e 300 N, respectivamente. Essas forças são aplicadas por cordas presas a alguns ganchos fixos no próprio barco.

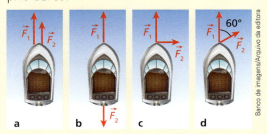

Determine a intensidade da resultante dessas forças quando o ângulo entre elas é de
a) 0°
b) 180°
c) 90°
d) 60°

Resolução:

a) Para θ = 0°, as duas forças terão mesma direção e sentido, assim:

$$F_{res} = F_1 + F_2$$
$$F_{res} = 400 + 300$$
$$\boxed{F_{res} = 700 \text{ N}}$$

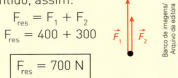

b) Para θ = 180°, as duas forças terão mesma direção, porém sentidos opostos.

$$F_{res} = F_1 - F_2$$
$$F_{res} = 400 - 300$$
$$\boxed{F_{res} = 100 \text{ N}}$$

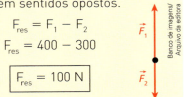

c) Para θ = 90°, as duas forças estão perpendiculares entre si.

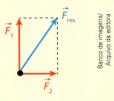

$$F_{res}^2 = F_1^2 + F_2^2$$
$$F_{res}^2 = (400)^2 + (300)^2$$
$$F_{res}^2 = 160\,000 + 90\,000$$
$$F_{res}^2 = 250\,000$$
$$\boxed{F_{res} = 500 \text{ N}}$$

d) Para θ = 60°, a força resultante pode ser calculada pela aplicação da Lei dos Cossenos.

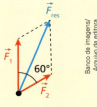

$$F_{res}^2 = F_1^2 + F_2^2 + 2F_1F_2\cos 60°$$
$$F_{res}^2 = (400)^2 + (300)^2 + 2 \cdot 400 \cdot 300 \cdot \frac{1}{2}$$
$$F_{res}^2 = 160\,000 + 90\,000 + 120\,000$$
$$F_{res} = \sqrt{370\,000}$$
$$\boxed{F_{res} = 608{,}3 \text{ N}}$$

3. (UPM-SP) As forças $\vec{F}_1$ e $\vec{F}_2$ representadas na figura abaixo têm módulos respectivamente iguais a 6 N e 8 N. O módulo da força resultante dessas duas forças é:
a) 2 N
b) 4 N
c) 8 N
d) 10 N
e) 14 N

4. (Faap-SP) Duas forças de 10 N e 6 N agem sobre um corpo. As direções das forças são desconhecidas. Determine os valores máximo e mínimo que a resultante dessas forças pode assumir.

Resolução:

A resultante tem intensidade máxima quando as forças têm mesma direção e mesmo sentido:

$$F_{res_{máx}} = 10 \text{ N} + 6 \text{ N}$$
$$\boxed{F_{res_{máx}} = 16 \text{ N}}$$

A resultante tem intensidade mínima quando as forças têm a mesma direção e sentidos contrários:

$$F_{res_{mín}} = 10 \text{ N} - 6 \text{ N}$$
$$\boxed{F_{res_{mín}} = 4 \text{ N}}$$

5. Considere duas forças $\vec{F}_1$ e $\vec{F}_2$ de módulos 6,0 N e 8,0 N respectivamente. Determine:
a) o intervalo de variação da força resultante entre $\vec{F}_1$ e $\vec{F}_2$;
b) o módulo da força resultante quando o ângulo θ entre $\vec{F}_1$ e $\vec{F}_2$ for de 90°.

6. (Unimontes-MG) Considere os vetores de força representados na figura abaixo, cujos módulos são: $F_1 = 6{,}0$ N, $F_2 = 2{,}0$ N, $F_3 = 3{,}0$ N.

O módulo do vetor soma, $\vec{F} = \vec{F}_1 + \vec{F}_2 + \vec{F}_3$, é igual a
a) 30 N
b) 4,0 N
c) 5,0 N
d) 6,0 N
e) 7,0 N

7. Três forças coplanares $\vec{F}_1$, $\vec{F}_2$, e $\vec{F}_3$ têm mesma intensidade F e formam duas a duas ângulos de 120°, conforme indicado na figura

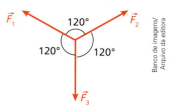

A força resultante correspondente à ação de $\vec{F}_1$, $\vec{F}_2$ e $\vec{F}_3$ terá módulo igual a
a) zero
b) $\dfrac{F}{3}$
c) $\dfrac{2}{3}F$
d) F
e) 3F

8. (Vunesp) Um bloco de peso 6 N está suspenso por um fio, que se junta a dois outros num ponto **P**, como mostra a figura 1.

Dois estudantes, tentando representar as forças que atuam em **P** e que o mantém em equilíbrio, fizeram os seguintes diagramas vetoriais, usando a escala indicada na figura 2.

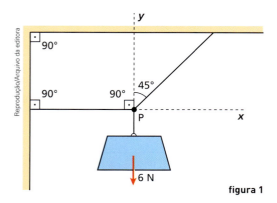

figura 1

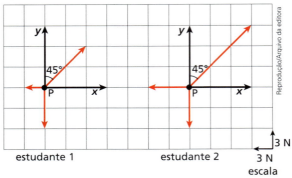

figura 2

a) Algum dos diagramas está correto?
b) Justifique sua resposta.

9. (Fatec-SP) A um ponto **P** aplicam-se as forças **E.R.** representadas no esquema. Cada divisão representa 10 N.

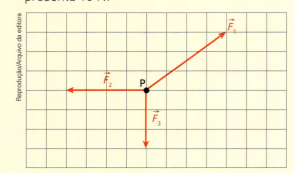

a) As forças representadas possuem intensidades $F_1 = 5$ N, $F_2 = 4$ N, $F_3 = 3$ N.
b) Sendo $F_2 = 40$ N e $F_3 = 30$ N, a resultante dessas duas forças tem intensidade igual a 70 N.
c) Sendo $F_1 = 50$ N e $F_3 = 30$ N, a resultante dessas duas não pode ter intensidade igual a 40 N.
d) As três forças figuradas formam um sistema em equilíbrio.
e) A força resultante vale 100 N.

Resolução:
Cada divisão do quadriculado equivale a uma força de 10 N, assim:
$F_2 = 4\,(10\text{ N}) = 40$ N $F_3 = 3\,(10\text{ N}) = 30$ N

As forças $\vec{F}_2$ e $\vec{F}_3$, perpendiculares entre si, geram uma resultante $\vec{F}_{2,3}$ dada por:
$$F_{2,3}^2 = F_2^2 + F_3^2 \Rightarrow F_{2,3}^2 = (40)^2 + (30)^2$$
$$F_{2,3} = \sqrt{2500}$$
$$\boxed{F_{2,3} = 50 \text{ N}}$$

Observemos, finalmente, que o vetor $\vec{F}_{2,3}$ tem o mesmo módulo, mesma direção e sentido oposto ao vetor $\vec{F}_1$; logo, o sistema está em equilíbrio e a força resultante é nula, como se afirma na alternativa **d**.

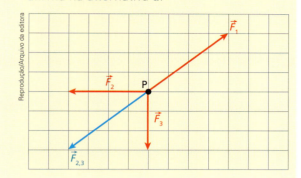

10. (Etec-SP) Há muitos conceitos físicos no ato de empinar pipas. Talvez por isso essa brincadeira seja tão divertida. Uma questão física importante para que uma pipa ganhe altura está na escolha certa do ponto em que a linha do carretel é amarrada do estirante (ponto **P**), conforme figura.

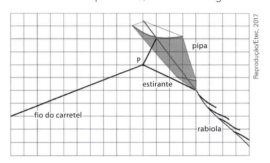

Na figura, a malha quadriculada coincide com o plano que contém a linha, o estirante e a vareta maior da pipa.

O estirante é um pedaço de fio amarrado à pipa com um pouco de folga e em dois pontos: no ponto em que as duas varetas maiores se cruzam e no extremo inferior da vareta maior, junto à rabiola.

Admitindo-se que a pipa esteja pairando no ar, imóvel em relação ao solo, e tendo como base a figura, os vetores que indicam as forças atuantes sobre o ponto **P** estão melhor representados em

a)

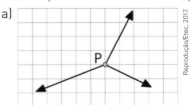

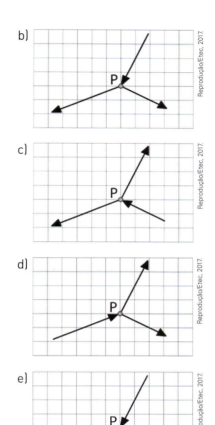

11. Bastante comum nas academias de ginástica, o aparelho denominado *leg press* é indicado pelos especialistas para treinamento e exercício de vários músculos das pernas (imagem da esquerda). Existem vários modelos desse tipo de aparelho. Na foto, vemos uma atleta exercitando-se em um modelo em que o conjunto de pesos possui massa total de 40 kg e pode deslizar sobre trilhos sem atrito. Na execução desse exercício, as pernas do atleta formam um ângulo de 45° com a horizontal quando totalmente estendidas. Para a situação em que os pesos encontram-se em equilíbrio estático, qual é a força correspondente ao esforço muscular suportado pelas pernas do atleta?

Dados: g = 10 m/s² e $\sqrt{2} = 1{,}4$.

12. (Unesp-SP) Em uma operação de resgate, um 🔲 helicóptero sobrevoa horizontalmente uma região levando pendurado um recipiente de 200 kg com mantimentos e materiais de primeiros socorros. O recipiente é transportado em movimento retilíneo e uniforme, sujeito às forças peso ($\vec{P}$), de resistência do ar horizontal ($\vec{F}$) e tração ($\vec{T}$), exercida pelo cabo inextensível que o prende ao helicóptero.

Sabendo-se que o ângulo entre o cabo e a vertical vale θ, que sen θ = 0,6, cos θ = 0,8 e g = 10 m/s², a intensidade da força de resistência do ar que atua sobre o recipiente vale, em N:

a) 500
b) 1 250
c) 1 500
d) 1 750
e) 2 000

Resolução:
Na imagem abaixo temos o diagrama de forças:

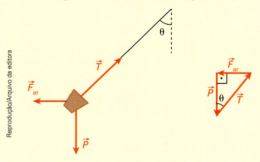

Para o equilíbrio do recipiente, a força resultante é nula e o polígono de forças é fechado.

$$\text{tg }\theta = \frac{F_{ar}}{P} \Rightarrow F_{ar} = P \text{ tg }\theta \Rightarrow F_{ar} = 2000 \cdot \frac{0,6}{0,8}$$

$$\boxed{F_{ar} = 1500 \text{ N}}$$

Resposta: alternativa **c**.

13. (Uerj) Em um pêndulo, um fio de massa desprezível sustenta uma pequena esfera magnetizada de massa igual a 0,01 kg. O sistema encontra-se em estado de equilíbrio, com o fio de sustentação em uma direção perpendicular ao solo. Um ímã, ao ser aproximado do sistema, exerce uma força horizontal sobre a esfera, e o pêndulo alcança um novo estado de equilíbrio, com o fio de sustentação formando um ângulo de 45° com a direção inicial. Admitindo-se a aceleração da gravidade com módulo igual a 10 m · s⁻², a magnitude dessa força, em newtons, é igual a:

a) 0,1   b) 0,2   c) 1,0   d) 2,0

14. (ITA-SP) Um bloco de peso $\vec{P}$ é sustentado por fios, como indica a figura.

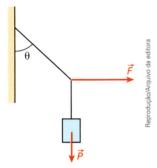

Calcular o módulo da força horizontal $\vec{F}$.

a) F = P sen θ
b) F = P cos θ
c) F = P sen θ cos θ
d) F = P cotg θ
e) F = P tg θ

15. (Unesp-SP) Um lustre está pendurado no teto de uma sala por meio de dois fios inextensíveis, de mesmo comprimento e de massas desprezíveis, como mostra a figura 1, na qual o ângulo que cada fio faz com a vertical é 30°. As forças de tensão nos fios têm a mesma intensidade.

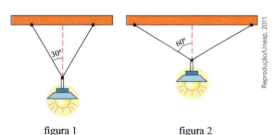

figura 1   figura 2

Considerando cos 30° ≅ 0,87, se a posição do lustre for modificada e os fios forem presos ao teto mais distantes um do outro, de forma que o ângulo que cada um faz com a vertical passe a ser o dobro do original, como mostra a figura 2, a tensão em cada fio será igual a

a) 0,50 do valor original.
b) 1,74 do valor original.
c) 0,86 do valor original.
d) 2,00 do valor original.
e) 3,46 do valor original.

16. (UEA-AM) Um semáforo de peso 120 N é sustentado por dois cabos que formam ângulos de 30° com a horizontal, como indicado na figura.

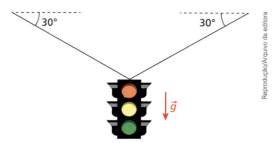

Sendo sen 30° = 0,50 e cos 30° = 0,87, é correto afirmar que a intensidade da força de tração em cada um dos cabos vale

a) 30 N   c) 87 N   e) 120 N
b) 60 N   d) 104 N

17. (Uespi) A figura abaixo ilustra um corpo de peso P, que se encontra pendurado no teto de uma sala por fios ideais, definindo ângulos α de mesmo valor. A aceleração da gravidade no local tem módulo g. Nesta situação, qual é a intensidade da força de tração no fio **AC**?

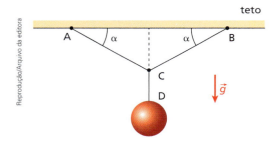

18. (Unicid-SP) A imagem mostra uma radiografia lateral do pé de um paciente, na qual o osso destacado com contornos vermelhos está em equilíbrio e submetido à ação de três forças, $\vec{F}_1$, $\vec{F}_2$ e $\vec{F}_3$, resultantes da interação com ossos adjacentes.

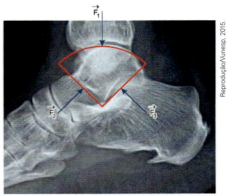

(fisioterapia.bloguepessoal.com. Adaptado.)

As forças $\vec{F}_2$ e $\vec{F}_3$ possuem módulos iguais a 400 e 300 newtons, respectivamente, e formam ângulos retos entre si. Supondo-se que a aceleração da gravidade tenha módulo igual a 10 m/s² e que a força $\vec{F}_1$ tenha a metade do valor e a mesma direção do peso do paciente, é correto afirmar que a massa aproximada desse paciente, em quilogramas, é igual a

a) 60   d) 100
b) 75   e) 120
c) 80

19. (UEA-AM) A figura mostra uma armação tipo arco e flecha, apoiada em dois cavaletes fixos.

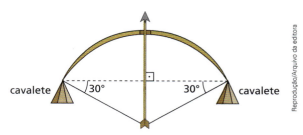

A flecha, que forma 90° com a linha tracejada na figura, imprime uma força de intensidade 40 N no ponto médio da corda ideal, permanecendo em equilíbrio.

Sendo sen 30° = $\frac{1}{2}$ e cos 30° = $\frac{\sqrt{3}}{2}$, a intensidade da força de tração na corda, em newtons, é:

a) 20   d) 35
b) 25   e) 40
c) 30

20. (UFMA) O sistema ilustrado na figura abaixo encontra-se em equilíbrio. O valor de P_2 em newtons é:

a) 150 N   d) 200 N
b) 160 N   e) 220 N
c) 180 N

Considere: P_1 = 140 N; sen 45° = cos 45° ≅ 0,7.

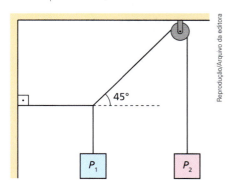

21. (UFS-SE) Um fio vertical é submetido à tração de intensidade T quando sustenta um corpo de massa 10 kg. A extremidade desse fio é presa ao teto por dois fios: o fio 1, cuja tração tem módulo T_1, forma 37° com o teto horizontal; e o fio 2, submetido à tração de módulo T_2, forma 53° com o teto.

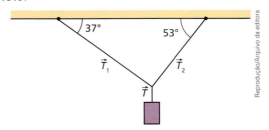

Dados: g = 10 m/s²;
sen 37° = cos 53° = 0,60;
cos 37° = sen 53° = 0,80.
Analise as afirmações.
1. T = 100 N.
2. $T_1 + T_2 = T$.
3. $\vec{T}_1 + \vec{T}_2 + \vec{T} = \vec{0}$.
4. $T_1 = 80$ N
5. $T_2 = 60$ N
Somente está correto o que se afirma em:
a) 1 e 2.
b) 1 e 3.
c) 4 e 5.
d) 3, 4 e 5.
e) 2 e 3.

22. (Efomm-RJ) – Considere o sistema em equilíbrio da figura dada:

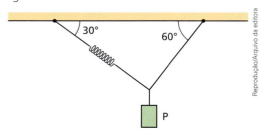

Dados:
cos 30° = 0,87;
cos 60° = 0,50.
Os fios são ideais e o peso do bloco **P** é de 50,0 N. Sabendo-se que a constante elástica da mola K vale $5,0 \cdot 10^3$ N/m, determina-se que a mola está alongada de:
a) 0,05 cm
b) 0,10 cm
c) 0,50 cm
d) 0,87 cm
e) 1,00 cm

23. (UPM-SP) Em uma experiência de laboratório, um estudante utilizou os dados do gráfico da figura 1, que se referiam à intensidade da força aplicada a uma mola helicoidal, em função de sua deformação ($|\vec{F}| = k|x|$). Com esses dados e uma montagem semelhante à da figura 2, determinou a massa (m) do corpo suspenso.

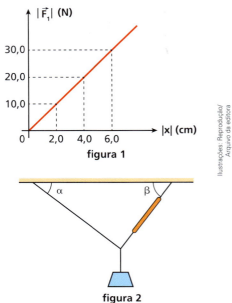

Considerando-se que as massas da mola e dos fios (inextensíveis) são desprezíveis, que $|\vec{g}| = 10$ m/s² e que, na posição de equilíbrio, a mola está deformada de 6,4 cm, a massa (m) do corpo suspenso é
a) 12,0 kg
b) 8,0 kg
c) 4,0 kg
d) 3,2 kg
e) 2,0 kg

Dados:
sen α = cos β = 0,60; sen β = cos α = 0,80.

24. (UPM-SP) A resultante das três forças, de módulos $F_1 = F$, $F_2 = 2F$ e $F_3 = F\sqrt{3}$, indicadas na figura abaixo, é zero.

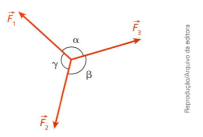

Os ângulos α, β e γ valem respectivamente:
a) 150°; 150° e 60°
b) 135°; 135° e 90°
c) 90°; 135° e 135°
d) 90°; 150° e 120°
e) 120°; 120° e 120°

Exercícios Nível 2

25. (Unesp-SP) Um professor de física pendurou uma pequena esfera, pelo seu centro de gravidade, ao teto da sala de aula, conforme a figura:

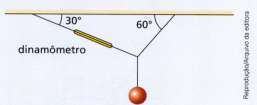

Em um dos fios que sustentava a esfera ele acoplou um dinamômetro e verificou que, com o sistema em equilíbrio, ele marcava 10 N. O peso, em newtons, da esfera pendurada é de:

a) $5\sqrt{3}$.
b) 10.
c) $10\sqrt{3}$.
d) 20.
e) $20\sqrt{3}$.

Dados: $\text{sen } 30° = \cos 60° = \dfrac{1}{2}$;

$\text{sen } 60° = \cos 30° = \dfrac{\sqrt{3}}{2}$.

Resolução:
1ª solução (método da poligonal):

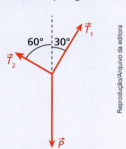

Para o equilíbrio do sistema, a força resultante deve ser nula e o polígono de forças deve ser fechado.

A força indicada pelo dinamômetro tem intensidade igual à da força que traciona o fio no qual ele está intercalado.

$F_{din} = T_2 = 10$ N

Do triângulo de forças, temos:

$\text{sen } 30° = \dfrac{T_2}{P} \Rightarrow \dfrac{1}{2} = \dfrac{10}{P} \therefore \boxed{P = 20 \text{ N}}$

2ª solução (método das projeções):

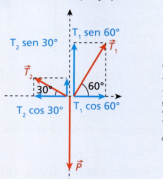

Equilíbrio no eixo **x**:

$T_1 \cos 60° = T_2 \cos 30°$

$T_1 \cdot \dfrac{1}{2} = T_2 \cdot \dfrac{\sqrt{3}}{2}$

$T_1 = T_2 \sqrt{3}$

Do enunciado, $T_2 = 10$ N (indicação do dinamômetro), portanto:

$T_1 = 10\sqrt{3}$ N

Equilíbrio no eixo **y**:

$T_1 \text{ sen } 60° + T_2 \text{ sen } 30° = P$

$10\sqrt{3} \cdot \dfrac{\sqrt{3}}{2} + 10 \cdot \dfrac{1}{2} = P$

$15 + 5{,}0 = P \therefore \boxed{P = 20 \text{ N}}$

26. (OBF) No sistema representado e em equilíbrio, a mola tem uma constante elástica igual a 1,0 kN/m, a bola tem um peso P_B igual a 200 N, o ângulo α vale 45° e o corpo suspenso tem peso P_A igual a 50 N. Nessas condições, calcule:

a) a intensidade da força de reação F_N que o plano de apoio exerce sobre a bola;
b) a deformação x provocada na mola para assegurar o equilíbrio. Adote $\sqrt{2} = 1{,}4$.

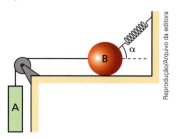

27. (Cefet-PR) A mola representada na figura está em equilíbrio, na posição horizontal, tem constante elástica k = 2,0 · 10³ N/m e peso desprezível.

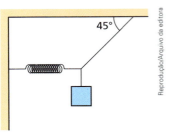

O corpo suspenso pesa 5,0 · 10² N.
Calcule:
a) a deformação da mola;
b) a intensidade da força tensora no fio.

28. (Fatec-SP) Um corpo está sujeito a duas forças, $\vec{F}_1$ e $\vec{F}_2$. Dados sen θ = 0,60 e cos θ = 0,80, uma terceira força $\vec{F}_3$ é aplicada ao corpo e provoca o equilíbrio estático. Esta nova força $\vec{F}_3$ é:

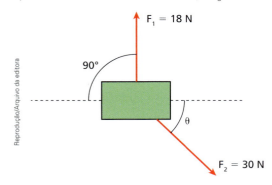

a) horizontal para a esquerda, de intensidade 30 N.
b) horizontal para a direita, de intensidade 30 N.
c) horizontal para a esquerda, de intensidade 24 N.
d) horizontal para a direita, de intensidade 18 N.
e) inclinada de θ para baixo, de intensidade 30 N.

29. (OBC) Numa partícula, atuam três forças, conforme está indicado na figura.

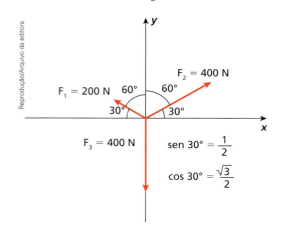

A força resultante que age na partícula tem intensidade igual a
a) 1 000 N c) 600 N e) 200 N
b) 800 N   d) 400 N

30. (Uerj) Em uma sessão de fisioterapia, a perna de um paciente acidentado é submetida a uma força de tração que depende do ângulo α, como indica a figura abaixo.

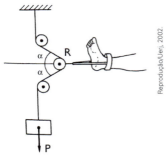

(KING, A. R. & REGEV, O. *Physics with answers*. Cambridge: Cambridge University Press, 1997.)

O ângulo α varia deslocando-se a roldana **R** sobre a horizontal. Se, para um mesmo peso P, o fisioterapeuta muda α de 60° para 45°, o valor da tração na perna fica multiplicado por:

a) $\sqrt{3}$ b) $\sqrt{2}$ c) $\dfrac{\sqrt{3}}{2}$ d) $\dfrac{\sqrt{2}}{2}$

31. Uma esfera homogênea de peso P e raio R está suspensa em equilíbrio, fixa a uma parede sem atrito por um fio ideal, em um ponto **A**, que está indicado na figura.
Determine, em função de P, L e R:

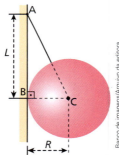

a) a intensidade F da força que a parede exerce sobre a esfera;
b) a intensidade T da força que traciona o fio.

32. (OBF) Uma esfera de peso P está apoiada numa parede vertical sem atrito e mantida nessa posição por um plano inclinado, também sem atrito, que forma um ângulo θ com o plano horizontal. Calcular as intensidades das reações da parede e do plano sobre a esfera.

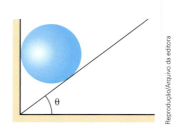

Bloco 2

3. Momento escalar de uma força

Em muitas situações do cotidiano, fazemos uso de conceitos físicos sem perceber. Vejamos alguns exemplos.

// Determinadas ferramentas, como a chave de boca da imagem ao lado, permitem um ajuste preciso de porcas e parafusos, garantindo o bom funcionamento de equipamentos.

Se temos dificuldade na retirada de um parafuso ou de uma porca, tentamos utilizar uma ferramenta que tenha um braço maior ou um extensor, como mostram a imagem acima e as imagens abaixo.

// Para trocar o pneu de um carro, utilizamos a chave de roda. Essa ferramenta é encaixada na porca da roda do veículo e, após aplicação de força, rotaciona a porca para que o pneu seja trocado.

Sabemos quase intuitivamente, por experiência cotidiana, qual o local mais apropriado para tentar abrir um grande portão, como o esquematizado na imagem a seguir.

// A força utilizada para abrir um portão depende do ponto de aplicação escolhido. Quanto mais distante do eixo de rotação (dobradiça), menor a intensidade da força que deverá ser empregada.

TÓPICO 1 | ESTÁTICA DOS SÓLIDOS **569**

No parque da escola ou da praça da cidade, sabemos onde devemos nos sentar para brincar de gangorra com uma pessoa que tenha um peso maior ou menor que o nosso.

// Na situação acima, o equilíbrio do sistema depende do peso das pessoas e da distância com que cada uma delas se situa em relação ao eixo de rotação da gangorra. A mulher, por ter um peso maior que o da criança, deve sentar mais próximo ao eixo de rotação da gangorra para que esta fique paralela ao solo.

Muitas vezes, se a intuição falhar, o método da tentativa e erro pode nos levar à resposta correta. Em todas essas situações apresentadas, ao aplicarmos uma força, a consequência imediata é uma rotação ou uma tendência de rotação.

Para caracterizar essa capacidade de imprimir rotação, apresentada por uma força, define-se uma grandeza chamada **momento da força em relação a um polo**.

Sejam $\vec{F}$ a força aplicada no ponto **A** do corpo rígido, **O** o **polo** em torno do qual o corpo rígido pode girar e d a distância do polo **O** à linha de ação da força (d é denominado **braço** de alavanca e é sempre medido na perpendicular baixada do polo à linha de ação da força).

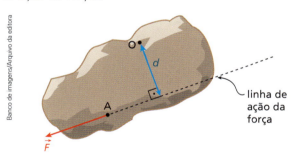

O momento da força $\vec{F}$ em relação ao polo **O** pode ser assim definido:

> O **momento escalar da força** $\vec{F}$ em relação ao polo **O** é o produto do módulo da força pelo braço de alavanca d, sendo esse produto precedido do sinal + ou −, conforme o sentido da rotação produzida pela força seja anti-horário ou horário. Assim:
>
> $$M_F^O = \pm Fd$$

No Sistema Internacional (SI), a unidade de momento escalar da força é o produto da unidade de força (N) e da unidade de distância (m): **N · m**.

Convencionalmente:

Rotação em sentido horário	Momento negativo
Rotação em sentido anti-horário	Momento positivo

Essa convenção é arbitrária e pode ser adotada de maneira oposta sem nenhum prejuízo. Na imagem a seguir, podemos observar a relação entre o sentido de rotação da chave inglesa e o sinal do momento escalar, conforme a convenção usual.

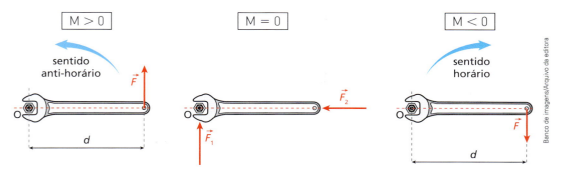

Quando a força está aplicada no próprio polo ou tem sua linha de ação passando pelo polo, como na segunda imagem acima, o momento escalar é nulo, pois o braço da alavanca d = 0. Nessa situação, a força $\vec{F}_2$ promove uma compressão da chave, mas não imprime tendência de rotação, assim:

$$\boxed{M^O_{F_1} = 0} \text{ e } \boxed{M^O_{F_2} = 0}$$

NOTA!

O momento da força ou torque é, de fato, uma grandeza física vetorial, porém, trabalharemos neste tópico exclusivamente com o momento escalar da força.

4. Binário ou conjugado

A seguir, estudaremos em detalhes o sistema de forças denominado binário.

Denomina-se **binário** ou **conjugado** um sistema de duas forças de intensidades iguais, sentidos opostos e linhas de ação paralelas entre si.
Braço do binário é a distância *d* entre as linhas de ação das forças.
Plano do binário é o plano determinado pelas linhas de ação das duas forças.

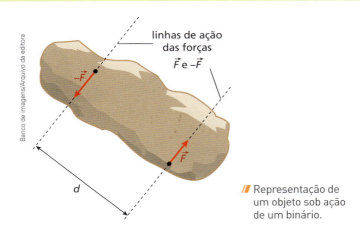

Representação de um objeto sob ação de um binário.

No irrigador giratório, as forças dos jatos de água geram um binário.

Os efeitos de um binário sobre um corpo são a **rotação** e a **torção**, se ao sólido não for permitido girar. Como vimos anteriormente, a força resultante devido ao binário é nula; portanto, o corpo não adquire movimento de translação.

Momento resultante de um binário

Sendo $\vec{F}_1$ e $\vec{F}_2$ forças coplanares e de mesmo módulo, o momento resultante do binário pode ser determinado pela soma algébrica dos momentos provocados pelas forças componentes. Na figura a seguir, **O** é o ponto em que o plano do binário é interceptado por um eixo e d é a distância entre os pontos de aplicação das forças $\vec{F}_1$ e $\vec{F}_2$ nesse eixo.

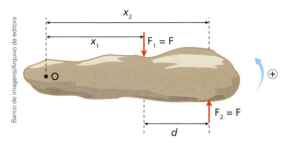

Assim, o momento escalar do binário ($M_{binário}$) é obtido considerando-se os momentos escalares das forças em relação a **O**:

$$M_{binário} = M^O_{F_1} + M^O_{F_2} \Rightarrow M_{binário} = -F_1 x_1 + F_2 x_2$$

Mas $F_1 = F_2 = F$, então:

$$M_{binário} = -F x_1 + F x_2 \Rightarrow M_{binário} = F(x_2 - x_1)$$

Temos ainda:

$$x_2 - x_1 = d$$

Portanto:

$$M_{binário} = F d$$

De modo geral:

> O **momento escalar de um binário** é o produto de uma de suas forças ($\vec{F}$) pelo braço do binário (d) precedido do sinal + ou − conforme convenção adotada.
> $$M_{binário} = \pm F d$$

▟ Para apertar um parafuso ou encaixar um saca-rolha, aplica-se um binário de momento escalar resultante de módulo Fd.

▟ Utilizando as duas mãos ao volante ao fazer uma curva, produz-se também um binário de força.

5. Equilíbrio estático de um corpo extenso

A seguir, apresentaremos as condições necessárias e suficientes para que um corpo extenso se mantenha em equilíbrio.

1ª condição

A **resultante** ($\vec{F}_{res}$) de todas as forças que nele agem é **nula**.

$$\vec{F}_{res} = \vec{0} \Rightarrow \begin{cases} \vec{F}_{res_x} = \vec{0} \\ \vec{F}_{res_y} = \vec{0} \end{cases}$$

Essa condição implica que o corpo não terá movimento de translação.

2ª condição

A **soma algébrica dos momentos** de todas as forças que nele atuam é **nula**.

$$\Sigma M = 0$$

Essa condição implica que o corpo não terá movimento de rotação e é equivalente a:

$$\Sigma M_{(horário)} = \Sigma M_{(anti-horário)}$$

somatório dos momentos no sentido horário = somatório dos momentos no sentido anti-horário

Nesse caso, não há a necessidade de convencionar um sinal, positivo ou negativo, para os momentos escalares das forças atuantes. Nessa situação, trabalharemos exclusivamente com seus módulos.

6. Teorema das Três Forças

Quando um corpo qualquer está em equilíbrio sob a ação exclusiva de três forças coplanares, podemos ter as seguintes situações:

I) As três forças são paralelas entre si.

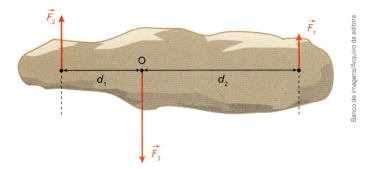

Das condições de equilíbrio, temos:

$\vec{F}_{res} = \vec{0} \Rightarrow F_1 + F_2 = F_3$

$M^O = 0 \Rightarrow F_1 d_1 = F_2 d_2$

Notemos que as forças $\vec{F}_1$ e $\vec{F}_2$ não precisam ter a mesma intensidade, mas precisam satisfazer as condições de equilíbrio acima.

II) As três forças são concorrentes em um mesmo ponto.

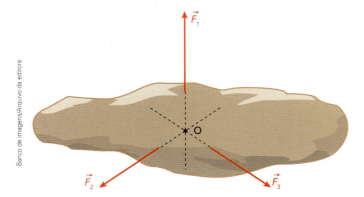

Vamos analisar por meio de um exemplo a necessidade de que as três forças tenham linha de ação passando por um mesmo ponto.

Consideremos uma escada apoiada em uma parede lisa (sem atrito) e solo rugoso (com atrito).

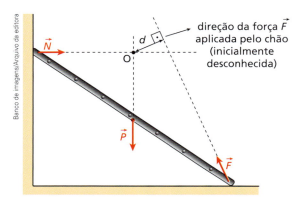

No equilíbrio, o somatório dos momentos de todas as forças em relação ao polo **O** deve ser nulo. Assim:

$$M_{\vec{N}}^O + M_{\vec{P}}^O + M_{\vec{F}}^O = 0 \Rightarrow N \cdot 0 + P \cdot 0 + F \cdot d = 0$$

$$\boxed{d = 0}$$

Se d = 0, demonstramos que a força $\vec{F}$ também deve ter linha de ação passando pelo ponto **O**.

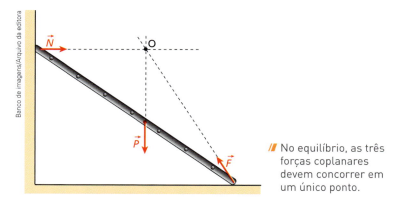

// No equilíbrio, as três forças coplanares devem concorrer em um único ponto.

Com o uso do Teorema das Três Forças, se conhecermos as direções de duas das forças atuantes, podemos determinar a direção da terceira.

7. Centro de gravidade

Centro de gravidade (CG) de um sistema de partículas é o ponto onde se pode **supor** que o peso total desse sistema esteja aplicado.

Isso facilita o estudo de problemas com corpos extensos ou de um sistema de muitas partículas.

Imaginemos um sistema simples formado por duas partículas de pesos $\vec{P}_1$ e $\vec{P}_2$ posicionadas no eixo **Ox**.

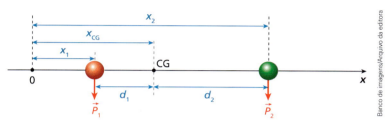

Para localizarmos a abscissa (x_{CG}) do centro de gravidade, vamos impor que o somatório dos momentos em relação a ele seja nulo; assim:

$$M_{P_1} = M_{P_2} \Rightarrow P_1 d_1 = P_2 d_2 \Rightarrow P_1 (x_{CG} - x_1) = P_2 (x_2 - x_{CG})$$

$$x_{CG}(P_1 + P_2) = P_1 x_1 + P_2 x_2$$

$$\boxed{x_{CG} = \frac{P_1 x_1 + P_2 x_2}{P_1 + P_2}}$$

Imaginemos, agora, um corpo formado por n partículas de pesos $\vec{P}_1, \vec{P}_2, ..., \vec{P}_n$. Sabemos que cada partícula desse corpo é atraída pela Terra segundo uma força de natureza gravitacional denominada peso da partícula. A resultante de todas essas n forças atrativas é o peso total do corpo. A direção da força exercida sobre cada partícula é a de uma reta que passa pelo centro da Terra, ou seja, todos esses n pesos convergem para o centro. Entretanto, como a distância até o centro da Terra é muito grande, tais forças podem ser consideradas praticamente paralelas entre si sem que se cometa algum erro significativo.

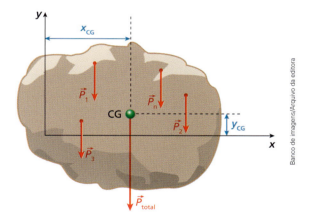

Desse modo, o resultado anterior obtido para apenas duas partículas pode ser generalizado. Assim:

$$x_{CG} = \frac{P_1 x_1 + P_2 x_2 + ... + P_n x_n}{P_1 + P_2 + ... + P_n} \quad \text{e} \quad y_{CG} = \frac{P_1 y_1 + P_2 y_2 + ... + P_n y_n}{P_1 + P_2 + ... + P_n}$$

Em que:
- $\vec{P}_1, \vec{P}_2, ..., \vec{P}_n$ representam os pesos das partículas;
- $x_1, x_2, ..., x_n$ e $y_1, y_2, ..., y_n$ representam as coordenadas de $\vec{P}_1, \vec{P}_2, ..., \vec{P}_n$;
- x_{CG} e y_{CG} representam as coordenadas do ponto de aplicação do peso total do corpo, chamado centro de gravidade e representado por **CG**.

8. Centro de gravidade e centro de massa

Quando um corpo tem distribuição homogênea de sua massa e seu formato geométrico apresenta simetria, é possível identificar nesse corpo um ponto, um eixo ou plano sobre o qual estará, necessariamente, o seu centro de gravidade (**CG**) ou baricentro.

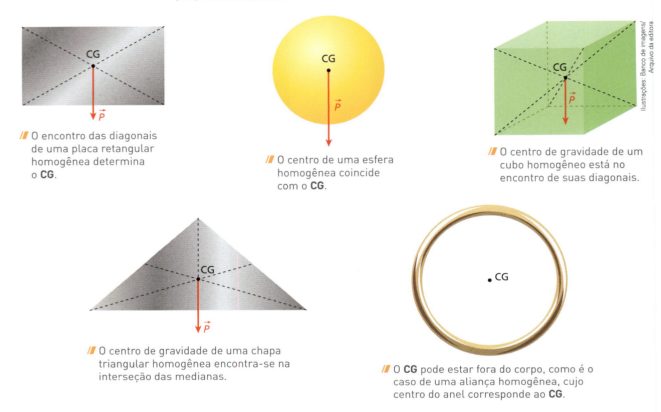

// O encontro das diagonais de uma placa retangular homogênea determina o **CG**.

// O centro de uma esfera homogênea coincide com o **CG**.

// O centro de gravidade de um cubo homogêneo está no encontro de suas diagonais.

// O centro de gravidade de uma chapa triangular homogênea encontra-se na interseção das medianas.

// O **CG** pode estar fora do corpo, como é o caso de uma aliança homogênea, cujo centro do anel corresponde ao **CG**.

Em uma região onde a aceleração da gravidade $\vec{g}$ possa ser considerada constante, o centro de gravidade (**CG**) é coincidente com o **centro de massa** do corpo (**CM**).

JÁ PENSOU NISTO?

Como o centro de gravidade afeta a nossa postura?

Quando uma pessoa carrega uma mala ou mochila com muito peso, há um deslocamento do centro de gravidade. Para que o corpo possa restabelecer o equilíbrio, algumas musculaturas são solicitadas e o organismo, como um todo, busca se reestruturar espacialmente. Essas solicitações persistentes em alguns músculos podem, com o tempo, acarretar problemas de postura e desconfortos musculares.

Faça você mesmo

Determinando o centro de gravidade: método da suspensão

Vimos na teoria que corpos extensos possuem um centro de gravidade (**CG**). Veremos nesta atividade experimental um método para determinar o centro de gravidade de objetos: o método da suspensão.

Material necessário

- 1 folha de cartolina cortada em um formato qualquer;
- linha de costura;
- fita adesiva;
- lápis;
- régua.

Procedimento

I. Em uma extremidade da folha de cartolina, prenda a linha de costura com fita adesiva.

II. Suspenda a folha por um de seus extremos e espere até que ela atinja o equilíbrio. Utilizando a régua, trace uma linha vertical passando pelo ponto de suspensão.

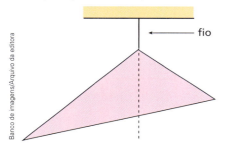

III. Adote outro extremo da folha e repita o procedimento anterior.

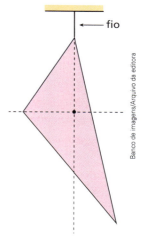

IV. A interseção das duas linhas determina o centro de gravidade do corpo.

Desenvolvimento

1. Compare o centro de gravidade do seu objeto com o centro de gravidade de outros objetos de seus colegas. Como a forma da folha de cartolina influencia na posição do centro de gravidade?

2. Você acha que esse experimento é valido para determinar o centro de gravidade de corpos tridimensionais? Quais seriam as dificuldades em determinar o centro de gravidade desses corpos utilizando esse método?

Ampliando o olhar

A Física no salto em altura

O momento mágico da conquista de uma medalha de ouro por um atleta é sempre antecedido de muita dedicação, trabalho e treinos árduos. Como diz o ditado, "Sem dor, sem ganho", tradução literal que vem do universo do halterofilismo, "*No pain, no gain*". Porém, conhecimentos de Física, Biomecânica e simulações por computador são hoje ingredientes fundamentais na preparação dos chamados atletas de elite.

A atleta curva-se de tal maneira que seu **CG** pode estar até mesmo abaixo do sarrafo.

De modo geral, a energia que um atleta coloca em jogo no salto em altura deve transformar-se em energia cinética e energia potencial gravitacional.

$$\text{Energia do atleta} = \frac{mv^2}{2} + mgh$$

Nessa modalidade, salto em altura, o atleta tenta usar todas as técnicas possíveis na tentativa de maximizar a altura h do **centro de gravidade** de seu corpo. Nessa hora, sabemos que centímetros podem fazer a diferença entre a glória e o ostracismo.

Nos longos períodos de treino que antecedem as competições, ele deve aperfeiçoar como transformar sua velocidade horizontal de aproximação do sarrafo em uma velocidade vertical máxima. Essa velocidade vertical máxima define a altura que seu centro de gravidade atingirá.

Sua concentração deve estar em alto nível pois, em fração de segundos, ele deve escolher o exato momento de usar toda sua potência muscular, em um curto intervalo de tempo, e iniciar definitivamente seu salto. A relação entre a potência (Pot) desenvolvida pelo atleta, o intervalo de tempo (Δt) considerado, a velocidade do salto (v) e a altura (h) alcançada é dada por:

$$Pot \cdot \Delta t = \frac{mv^2}{2} + mgh$$

Isso é apenas um dos vários detalhes que o atleta deve observar. No exato instante em que o atleta perde contato com o solo, sua velocidade forma um ângulo θ com a horizontal. A atenção com esse ângulo, no momento do salto, deve ser total. Não pode ser tão pequeno, que o faria voar para a frente, nem tão grande, resultando em um esforço muscular descomunal para diminuir sua velocidade horizontal, que comprometeria todo o restante do salto.

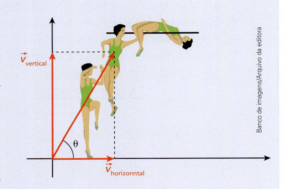

Devemos ter então um ângulo θ ótimo. Um ângulo que permita a perfeita correlação entre a velocidade horizontal e a vertical.

Alguns fatores como peso do atleta e técnicas de salto nos ajudam a determinar teoricamente esse ângulo. Analisando-se vídeos de atletas de alto rendimento, chegou-se a valores típicos para o ângulo θ na faixa de 55° a 60°.

// Durante a fase de corrida, a atleta ainda faz uma curva que também permitirá, na hora do salto, um ganho de velocidade devido à conservação de uma grandeza física, relacionada ao movimento de rotação dos corpos, denominada momento angular.

Poderíamos discorrer sobre inúmeros detalhes que permitem a um atleta chegar ao ponto mais alto do pódio, porém fica cada vez mais evidente que o conhecimento e a tecnologia, juntamente com dedicação e perseverança, são parceiros inseparáveis na conquista de uma medalha de ouro.

9. Equilíbrio dos corpos suspensos

Seja um corpo suspenso por um ponto **S**, como mostra a figura ao lado.

Para que ele esteja em equilíbrio, é necessário que o centro de suspensão **S** e o centro de gravidade **CG** estejam na mesma vertical.

O corpo estará em equilíbrio:

- **Estável:** quando o centro de gravidade **estiver abaixo** do centro de suspensão.
- **Instável:** quando o centro de gravidade **estiver acima** do centro de suspensão.
- **Indiferente:** quando o centro de gravidade **coincidir** com o centro de suspensão.

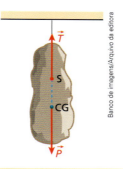

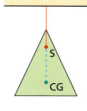 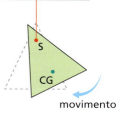

equilíbrio estável

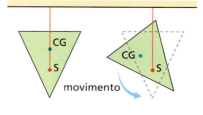

equilíbrio instável

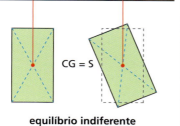

equilíbrio indiferente

10. Equilíbrio dos corpos apoiados

Para que um corpo apoiado esteja em equilíbrio, é necessário que a vertical traçada pelo centro de gravidade dele passe "dentro" da base de apoio.

Se a vertical passar "fora" da base de apoio, surgirá um momento de módulo igual a (Pd), que ocasionará uma rotação no corpo, fazendo o corpo tombar. A imagem abaixo representa essas duas situações.

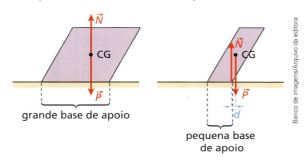

No caratê, por exemplo, o atleta, em posição de combate, promove uma maior abertura das pernas. Essa posição produz maior estabilidade, pois há uma ampliação da base de apoio.

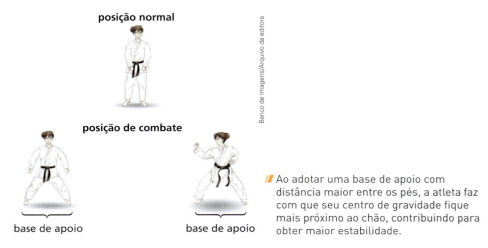

// Ao adotar uma base de apoio com distância maior entre os pés, a atleta faz com que seu centro de gravidade fique mais próximo ao chão, contribuindo para obter maior estabilidade.

TÓPICO 1 | ESTÁTICA DOS SÓLIDOS 579

O equilíbrio dos corpos apoiados pode ser:
- **Estável:** quando, afastando-se ligeiramente o corpo de sua posição de equilíbrio, ele volta à posição inicial;
- **Instável:** quando, afastando-se ligeiramente o corpo de sua posição de equilíbrio, ele não volta à posição inicial;
- **Indiferente:** quando, afastando-se ligeiramente o corpo de sua posição de equilíbrio, ele permanece em equilíbrio nessa outra posição.

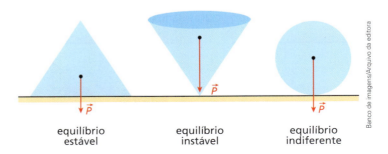

equilíbrio estável   equilíbrio instável   equilíbrio indiferente

JÁ PENSOU NISTO?

Os prédios tortos de Santos

Entre as diversas atrações turísticas da cidade de Santos (SP), estão os prédios tortos de sua orla. Esses prédios, construídos entre os anos 1950 e 1960, começaram a se inclinar na década de 1970. A inclinação é resultado da construção dessas edificações sobre fundações muito rasas. O solo de Santos é composto de uma camada de areia (8 m a 12 m), uma camada de argila marinha (20 m a 40 m) e, por fim, uma camada rochosa. As construtoras utilizaram fundações com profundidade de 4 m a 7 m, porém, em virtude das características do solo do local, as fundações deveriam ter no mínimo 40 m. Com isso, o peso das estruturas comprime a camada de argila, resultando na inclinação observada. Além disso, a proximidade entre os prédios também contribui para a inclinação deles.

A inclinação do topo dos prédios em relação ao solo varia entre 50 cm e 1,8 m. O edifício Núncio Malzoni corrigiu sua inclinação de 2,1 m utilizando macacos hidráulicos para erguer a estrutura do prédio, ao mesmo tempo que novas fundações foram instaladas.

De acordo com um levantamento realizado pela Prefeitura Municipal de Santos, cerca de 3% da população da cidade mora em prédios com inclinações maiores que 1 m. Apesar disso, a prefeitura concluiu que nenhum dos prédios inclinados corre risco de tombamento.

Ampliando o olhar

Desafiando a gravidade

Em um programa de televisão dominical, o artista provoca *frisson* na plateia quando simula burlar a ação da gravidade. De fato, a linha de ação da força peso passa completamente fora da base de apoio, o que implicaria um momento de tombamento que seria fatal para o artista. Como explicar, então, a ausência da queda iminente? Na verdade, temos aí um truque, até mesmo realizado pelo astro *pop* Michael Jackson. Com sapatos especiais, tipo bota e muito bem presos ao solo, o artista se permite inclinar muito além do que as leis da física permitiriam. O grande segredo pode ser visualizado na foto ao lado. O solado do sapato está muito bem preparado e reforçado para ficar preso ao solo. Observe, também, o forte parafuso previamente instalado no piso.

O encaixe perfeito entre o parafuso e o sapato permitem a "ilusão antigravitacional". Alguns jornais da época chegaram a afirmar que o artista havia patenteado esse tipo de calçado.

11. A relação entre equilíbrio e energia potencial

Quando um corpo está localmente em **equilíbrio estável**, a sua **energia potencial** (E_p) é **mínima**, isto é, o seu centro de gravidade se encontra na posição mais baixa possível. Qualquer deslocamento que o corpo possa sofrer implicará a elevação do seu centro de gravidade, o que só poderá acontecer à custa de energia externa.

Quando um corpo se encontra localmente em **equilíbrio instável**, a sua **energia potencial** (E_p) é **máxima**, isto é, o seu centro de gravidade está na posição mais alta possível. Qualquer deslocamento que o corpo possa sofrer implicará o abaixamento do seu centro de gravidade. O trabalho de deslocamento é realizado à custa de uma diminuição da energia potencial do próprio corpo. Dessa maneira, sem o trabalho de um operador externo, ele não retornará mais à posição inicial.

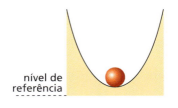 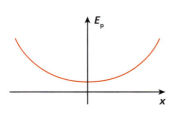

Na situação de **equilíbrio estável**, somente com a atuação de um agente externo o corpo sairá de sua posição de equilíbrio. Voltando à posição inicial ele devolve ao meio a energia recebida.

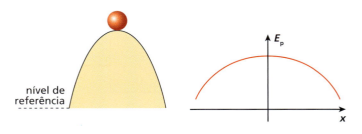

Na situação de **equilíbrio instável**, somente com o trabalho de um agente externo o corpo retornaria à posição inicial.

TÓPICO 1 | ESTÁTICA DOS SÓLIDOS **581**

Quando um corpo se encontra em um local onde o equilíbrio é **indiferente**, sua **energia potencial permanece a mesma**, qualquer que seja a posição que ele possa ocupar. Em todo e qualquer deslocamento sofrido pelo corpo o seu centro de gravidade se move conservando-se no mesmo nível. Existem infinitas posições de equilíbrio absolutamente simétricas em termos de energia.

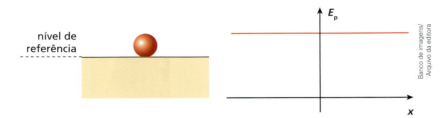

// Na situação de **equilíbrio indiferente**, o corpo encontra-se em uma superfície equipotencial, ou seja, a energia potencial do corpo é a mesma para qualquer ponto da superfície.

No **equilíbrio metaestável**, o sistema possui limites extremos de perturbação. Uma vez ultrapassados esses limites, o corpo abandona essa específica posição de equilíbrio e não mais retorna a ela.

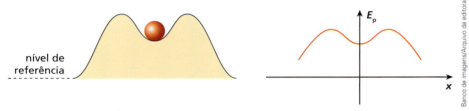

// Um **sistema metaestável** pode ter múltiplas e diferentes posições de equilíbrio.

12. Máquina simples

Máquinas são dispositivos cuja função básica é transmitir, multiplicar e modificar de modo conveniente a ação das forças.

As máquinas que, tecnicamente, são constituídas de uma única peça, um único sistema rígido, são denominadas máquinas simples.

A característica marcante de uma máquina simples é o fato de nela figurarem basicamente três forças:
- força aplicada (ou motriz) ($\vec{F}_a$);
- força transmitida (ou resistente) ($\vec{F}_t$);
- força de reação normal do apoio ($\vec{F}_n$).

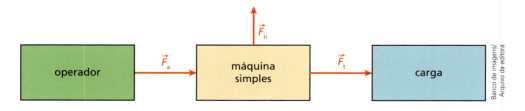

O objetivo fundamental de uma máquina simples é promover uma alteração da força em intensidade, direção ou sentido e, desse modo, permitir a realização de uma tarefa com o menor esforço possível.

Vantagem mecânica

Chama-se **vantagem mecânica da máquina** (VM) a razão entre a intensidade da força transmitida (F_t) e a intensidade da força aplicada (F_a), isto é:

$$VM = \frac{F_t}{F_a}$$

A vantagem mecânica é uma grandeza adimensional. Na verdade, podemos considerá-la um fator que exprime a eficiência de uma máquina simples.
Exemplo: se VM = 10, temos:

$$VM = \frac{F_t}{F_a} \Rightarrow 10 = \frac{F_t}{F_a} \Rightarrow \boxed{F_t = 10 F_a}$$

Assim, se quiser levantar, arrastar ou cortar uma determinada carga usando essa máquina simples, você poderá fazer uso de uma força 10 vezes maior que a aplicada.

O trabalho nas máquinas simples

No funcionamento de uma máquina simples, as forças aplicadas (ou motrizes) e as forças transmitidas (ou resistentes) devem promover um deslocamento (d) em seus pontos de aplicação. Se tivermos um sistema livre de ações dissipativas, ou seja, uma máquina simples ideal, o princípio de conservação de energia nos fornece que o trabalho (τ_a) da força aplicada (F_a) será igual ao trabalho (τ_t) da força transmitida (F_t). Assim:

$$\tau_a = \tau_t \Rightarrow F_a d_a = F_t d_t$$

Da definição de vantagem mecânica, temos:

$$VM = \frac{F_t}{F_a} = \frac{d_a}{d_t}$$

Percebe-se, assim, que as máquinas simples **não são** máquinas multiplicadoras de trabalho. São máquinas que, na verdade, promovem uma negociação entre força e deslocamento. Sempre que há um ganho em força, tem-se uma perda proporcional em distância, e vice-versa.

13. Alavancas

A alavanca é um tipo de máquina simples que consiste essencialmente de uma barra alongada que pode girar em torno de um ponto de apoio. No caso das alavancas, utilizaremos para a força aplicada o termo força potente ($\vec{F}_p$). Há três tipos de alavanca:

- **Interfixa:** é aquela que apresenta o ponto de apoio entre os pontos de aplicação da força potente ($\vec{F}_p$) e da força resistente ($\vec{F}_r$).

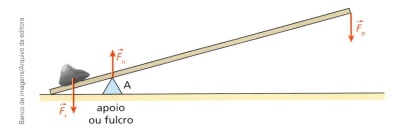

NOTA!

A **força resistente** ($\vec{F}_r$) é justamente a força que se pretende equilibrar com a alavanca.

A seguir, temos alguns exemplos de alavanca interfixas.

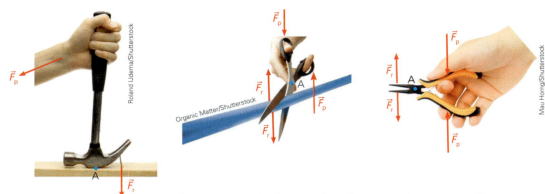

// Representação de alavancas interfixas: martelo, tesoura e alicate.

- **Inter-resistente:** é aquela que apresenta o ponto de aplicação da força resistente ($\vec{F}_r$) entre os pontos de apoio e de aplicação da força potente ($\vec{F}_p$).

A seguir, temos alguns exemplos de alavancas inter-resistentes.

  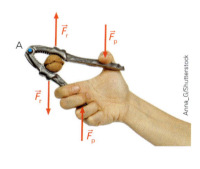

// Representações de alavancas inter-resistentes: abridor de garrafas, carrinho de mão e o quebra-nozes.

- **Interpotente:** é aquela que apresenta o ponto de aplicação da força potente ($\vec{F}_p$) entre o ponto de aplicação da força resistente ($\vec{F}_r$) e o ponto de apoio.

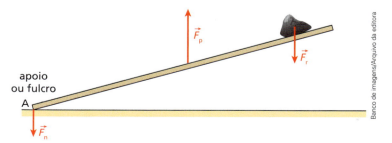

584 UNIDADE 3 | ESTÁTICA

A seguir, temos alguns exemplos de alavanca interpotente.

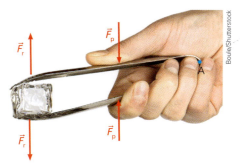

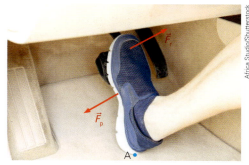

// Representações de alavancas interpotentes: pegador de gelo, vassoura e acelerador de veículo.

14. A talha exponencial

A talha exponencial consiste na combinação de várias polias móveis e uma única polia fixa.

Na primeira polia móvel, a força de tração no cabo sustenta, de cada lado, metade da intensidade da força peso $\vec{P}$ aplicada na polia. Recordemos que a polia ideal é desprovida de massa.

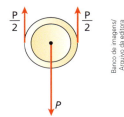

Na segunda polia móvel o processo se repete.

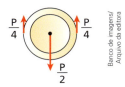

Na terceira polia móvel, temos:

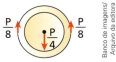

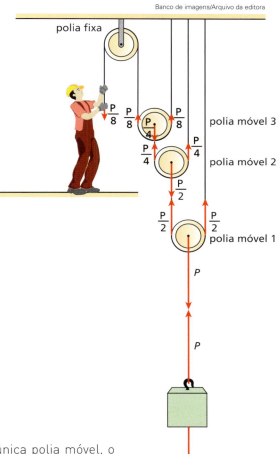

Analisando todo o sistema, percebe-se que, para uma única polia móvel, o homem aplicaria uma força $\vec{F}$ dada por: $F = \dfrac{P}{2}$.

Para 2 polias móveis: $F = \dfrac{P}{2^2}$.

Para 3 polias móveis: $F = \dfrac{P}{2^3}$.

Generalizando para *n* polias móveis, temos:

$$F = \dfrac{P}{2^n}$$

DESCUBRA MAIS

Atualmente, a Torre de Pisa apresenta uma inclinação de aproximadamente 4°.

1. Certamente a Torre de Pisa é a torre inclinada mais famosa do mundo. No entanto, existem diversas construções que apresentam inclinação, proposital ou acidental. Pesquise uma dessas edificações: procure a sua história, quando foi construída e a causa da sua inclinação.

2. Ao estudar o sistema solar em tópicos anteriores, vimos que os planetas orbitam o Sol. No entanto, seria mais correto dizer que os planetas orbitam o centro de gravidade do sistema planeta-Sol. Para a maioria dos planetas, esse centro de gravidade é tão perto do centro do Sol, que realmente podemos dizer que o centro da órbita é o Sol. Em nosso sistema solar, existe algum planeta cuja órbita não se localiza no centro do Sol? Pesquise outros sistemas solares e verifique se o centro de gravidade desses sistemas localiza-se próximo ao corpo celeste equivalente ao nosso Sol.

Exercícios — Nível 1

33. (Enem) A figura mostra uma balança de braços iguais, em equilíbrio, na Terra, onde foi colocada uma massa m, e a indicação de uma balança de força na Lua, onde a aceleração da gravidade tem módulo igual a $1{,}6 \text{ m/s}^2$, sobre a qual foi colocada uma massa M.

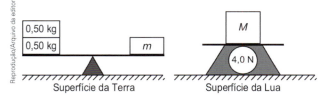

A razão das massas $\dfrac{M}{m}$ é

a) 4,0
b) 2,5
c) 1,0
d) 0,40
e) 0,25

34. Todas as forças representadas na figura têm a mesma intensidade. Qual delas, aplicadas em **P**, produz o momento de maior módulo, em relação ao ponto **O**?

a) $\vec{F}_1$
b) $\vec{F}_2$
c) $\vec{F}_3$
d) $\vec{F}_4$
e) $\vec{F}_5$

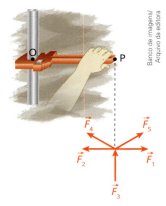

35. (Unifai-SP) Uma garota se exercita levantando uma tornozeleira de 4,0 kg, como mostra a figura.
Considerando a aceleração da gravidade igual a 10 m/s^2 e a distância entre o joelho da garota e a posição da tornozeleira igual a 30 cm, o torque da força peso da tornozeleira em relação a um ponto no joelho da garota é

a) $0{,}75 \text{ N} \cdot \text{m}$.
b) $12 \text{ N} \cdot \text{m}$.
c) $1{,}20 \text{ N} \cdot \text{m}$.
d) $1\,200 \text{ N} \cdot \text{m}$.
e) nulo.

36. (FEI-SP) Duas crianças, de massa 20,0 kg e 30,0 kg, encontram-se sobre uma gangorra de massa 4,00 kg, com apoio no ponto médio **G**, conforme a figura. Sendo $g = 10{,}0 \text{ m/s}^2$, a distância d, em metros, para que a gangorra fique em equilíbrio, deve ser:

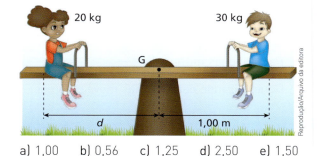

a) 1,00   b) 0,56   c) 1,25   d) 2,50   e) 1,50

37. (Etec-SP) A *Op Art* ou "arte óptica" é um segmento do Cubismo abstrato que valoriza a ideia de mais visualização e menos expressão. É por esse motivo que alguns artistas dessa vertente do Cubismo escolheram o móbile como base da sua arte. No móbile representado, considere que os "passarinhos" tenham a mesma massa e que as barras horizontais e os fios tenham massas desprezíveis.

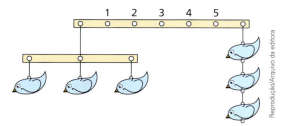

Para que o móbile permaneça equilibrado, conforme a figura, a barra maior que sustenta todo o conjunto deve receber um fio que a pendure, atado ao ponto numerado por

a) 1   b) 2   c) 3   d) 4   e) 5

38. (Fuvest-SP) A figura mostra uma barra homogênea **AB**, articulada em **A**, mantida em equilíbrio pela aplicação de uma força $\vec{F}$ em **B**:

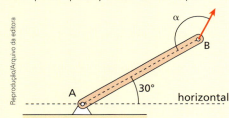

Qual o valor do ângulo α para o qual a intensidade de $\vec{F}$ é mínima?

Resolução:

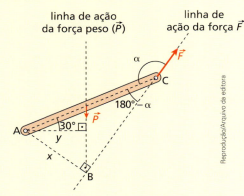

y: braço de alavanca para a força peso $\vec{P}$
x: braço de alavanca para a força $\vec{F}$

No equilíbrio:
$$\Sigma M_A = 0$$
$$Fx = Py \Rightarrow F = \frac{Py}{x}$$

Observemos que o produto Py é constante, assim:
$$F = \frac{cte}{x}$$

No triângulo retângulo **ABC**, temos:
$$\text{sen}(180° - \alpha) = \frac{x}{\ell} \Rightarrow x = \ell\,\text{sen}(180° - \alpha)$$

Para que tenhamos o menor valor para F, x deve ser máximo, portanto:
$$x = \ell\,\underbrace{\text{sen}}_{\text{máximo}}(180° - \alpha)$$

$$180° - \alpha = 90° \Rightarrow \boxed{\alpha = 90°}$$

Assim, para $F_{\text{mín}}$ devemos ter $\alpha = 90°$.

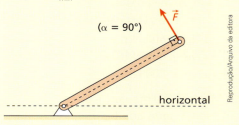

39. (Uerj) A figura abaixo ilustra uma ferramenta utilizada para apertar ou desapertar determinadas peças metálicas.

Para apertar uma peça, aplicando-se a menor intensidade de força possível, essa ferramenta deve ser segurada de acordo com o esquema indicado em:

a)  c)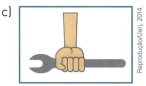

b)  d)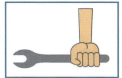

40. (Vunesp) Uma ginasta de 40 kg se apresenta numa prova de trave horizontal, cujo comprimento é igual a 6,0 metros. A ginasta está apoiada exatamente em uma das extremidades da trave, como mostra a figura.

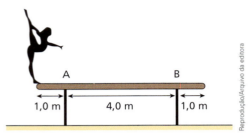

As barras de apoio da trave têm espessuras desprezíveis e a aceleração da gravidade tem módulo igual a 10 m/s². Estando o conjunto em equilíbrio, os momentos da força de contato da ginasta com a trave, relativamente aos pontos de apoio **A** e **B** com as barras verticais, têm módulos iguais a:

a) 20 Nm e 600 Nm.
b) 40 Nm e 600 Nm.
c) 40 Nm e 200 Nm.
d) 400 Nm e 6 000 Nm.
e) 400 Nm e 2 000 Nm.

41. (FMTM-MG) O monjolo é um engenho rudimentar movido a água que foi muito utilizado para descascar o café, moer o milho ou mesmo fazer a paçoca. Esculpido a partir de um tronco inteiriço de madeira, o monjolo tem, em uma extremidade, o socador do pilão, e, na outra extremidade, uma cavidade que capta a água desviada de um rio. Conforme a cavidade se enche com água, o engenho eleva o socador até o ponto em que, devido à inclinação do conjunto, a água é derramada, permitindo que o socador desça e golpeie o pilão.

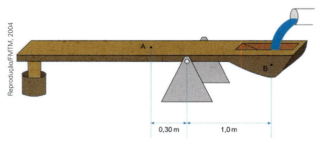

O centro de massa de um monjolo de 80 kg, sem água, encontra-se no ponto **A**, deslocado 0,30 m do eixo do mecanismo, enquanto o centro de massa da água armazenada na cavidade está localizado no ponto **B**, a 1,0 m do mesmo eixo. A menor massa de água a partir da qual o monjolo inicia sua inclinação é, em kg,

a) 12   b) 15   c) 20   d) 24   e) 26

42. (UMC-SP) Foi Arquimedes, há mais de 2 000 anos, na Grécia, quem descobriu o princípio de transmissão da força por uma alavanca. Diz-se em Física que uma alavanca permite a transferência do momento de uma força, definido como o produto da intensidade da força pelo braço da alavanca: M = F b.

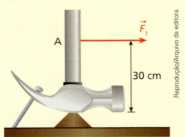

Para retirar um prego, como mostra a figura, seria necessária uma força de intensidade F_1 = 120 N aplicada em **A**. Um operário quer reduzir o esforço aplicando uma força de intensidade F_2 = 80 N para retirar o prego.
Nessas condições, de acordo com o princípio da alavanca, ele deverá aplicar $\vec{F}_2$

a) 10 cm abaixo de **A**;
b) 15 cm acima de **A**;
c) 60 cm acima de **A**;
d) no próprio ponto **A**, mas inclinado de 30° para baixo;
e) 10 cm acima de **A**.

Resolução:
Para que o prego possa ser retirado, as intensidades dos momentos aplicados nas duas situações devem ser iguais, assim:
Em relação ao ponto de apoio:
$$M_1 = M_2$$
$$F_1 b_1 = F_2 b_2$$
$$120 \cdot 30 = 80 \cdot b_2$$

$\boxed{b_2 = 45 \text{ cm} \therefore 15 \text{ cm acima de } \mathbf{A}}$

Resposta: alternativa **b**.

43. (Ufes) Para um corpo rígido estar em equilíbrio, é necessário que a soma das forças que sobre ele agem seja nula (equilíbrio de translação) e que a soma dos torques (momentos de força), em relação a algum ponto especificado, também se anule (equilíbrio de rotação). Abaixo, tem-se uma simplificação da atuação de um martelo ao ser utilizado para extrair um prego afixado em uma superfície horizontal. O martelo pode ser considerado uma alavanca, à qual se aplicam as condições de equilíbrio, desde que o movimento de extração seja bem lento. **C** é o centro de gravidade do martelo de peso $\vec{P}$, $\vec{F}_m$ é a força exercida pela mão de uma pessoa e $\vec{F}_p$ é a força exercida pelo prego no martelo; d, d_m e d_p são, respectivamente, as distâncias entre o ponto de equilíbrio **O** e as linhas de ação de $\vec{P}$, $\vec{F}_m$ e de $\vec{F}_p$.

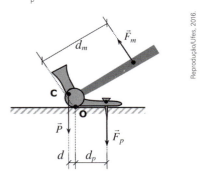

a) Se d for muito pequena, pode-se desprezar o torque do peso. Nesse caso, use a condição de equilíbrio que você julgar adequada e determine a relação entre os módulos das forças $\vec{F}_m$ e $\vec{F}_p$, sabendo-se que, na situação indicada, o prego está na iminência de se mover.

b) Na condição do item anterior (a), sabe-se que é necessário um torque de módulo 30,0 Nm, em relação ao ponto **O**, para se extrair o prego. Considerando-se que $d_m = 0{,}20$ m, determine o módulo ($|\vec{F}_m|$) da força que a pessoa deve exercer no cabo do martelo.

44. (Enem) Retirar a roda de um carro é uma tarefa facilitada por algumas características da ferramenta utilizada, habitualmente denominada chave de roda. As figuras ao lado representam alguns modelos de chaves de roda.

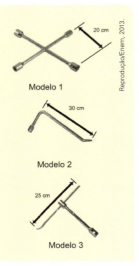

Em condições usuais, qual desses modelos permite a retirada da roda com mais facilidade?

a) 1, em função de o momento da força ser menor.
b) 1, em função da ação de um binário de forças.
c) 2, em função de o braço da força aplicada ser maior.
d) 3, em função de o braço da força aplicada poder variar.
e) 3, em função de o momento da força produzida ser maior.

Resolução:

No modelo 1, teremos um binário resultante dado, em módulo, por:
$$M_1 = F \cdot 40$$

No modelo 2, teremos um momento escalar resultante, em módulo, dado por:
$$M_2 = F \cdot 30$$

No modelo 3, teremos um binário resultante, em módulo, dado por:
$$M_3 = F \cdot 25$$

Comparando, temos:
$$M_1 > M_2 > M_3$$

Resposta: alternativa **b**.

45. (Fepese) Por volta do ano 5 000 a.C., os egípcios inventaram a balança pela necessidade de pesar o ouro, que sempre foi um dos metais mais preciosos da Terra.

A balança é muito representada em papiros da história do Egito. No Livro dos Mortos, é contada a versão egípcia do "Julgamento Final". Na narração, depois que morriam, os egípcios iam para uma sala chamada de Sala das Duas Verdades para serem julgados. Nesta sala, Anubis (deus egípcio dos mortos) colocava o coração do morto (que para eles representava a essência do ser humano) em um dos pratos da balança usando como contrapeso a pluma da deusa Maat (personalização da verdade, justiça e ordem universal). Anubis verificava qual dos dois pesava mais e, dependendo do resultado da pesagem, o espírito do morto seguia para o "paraíso" ou para o "inferno".

Http://www.ramuza.com.br/blog/origem-historia-e-curiosidadessobre-a-balanca/acesso em 23.09.2015

Conforme a figura abaixo, para ser julgado pelo deus dos mortos, um coração humano, cuja massa é de 270 g, foi colocado sobre um dos pratos da balança de Anúbis, feito de ferro, cuja massa é de 500 g. O prato é então pendurado a 8,0 cm do eixo central dessa balança. A pluma da deusa Maat, que é de avestruz, tem uma massa aproximada de 6 g e é colocada em outro prato de 110 g feito de ouro.

Em que posição deverá ser pendurado o segundo prato, em relação ao eixo central, para que a balança se equilibre e o dono desse coração consiga ir para o "paraíso"?

a) 0,08 m c) 0,53 m e) 0,80 m
b) 0,30 m d) 0,60 m

46. (Etec-SP) Você já deve ter visto em seu bairro pessoas que vieram diretamente da roça e, munidas de carrinhos de mão e de uma simples balança, vendem mandiocas de casa em casa.
A balança mais usada nessas condições é a apresentada na figura a seguir.

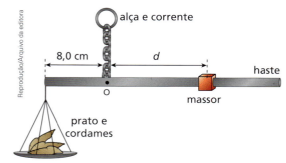

Considere desprezíveis a massa do prato com seus cordames e a massa da haste por onde corre o massor.

A balança representada está em equilíbrio, pois o produto da massa do massor pela distância que o separa do ponto **O** é igual ao produto da massa que se deseja medir pela distância que separa o ponto em que os cordames do prato são amarrados na haste até o ponto **O**.

Considere que no prato dessa balança haja 3,0 kg de mandiocas e que essa balança tenha um massor de 0,60 kg.

Para que se atinja o equilíbrio, a distância d do massor em relação ao ponto **O** deverá ser, em cm,

a) 16,0
b) 20,0
c) 24,0
d) 36,0
e) 40,0

47. Considere uma esfera homogênea suspensa por um fio ideal e encostada a uma parede vertical. A esfera está em equilíbrio. No esquema I o prolongamento do fio passa pelo centro **O** da esfera e no esquema II não passa.

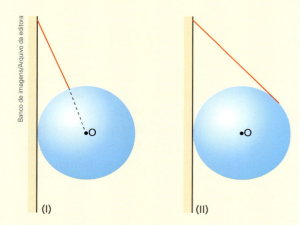

Em qual dos esquemas existe atrito entre a esfera e a parede?

Resolução:
Esquema I:

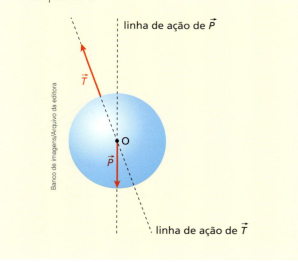

Para que a esfera esteja em equilíbrio, as três forças devem concorrer no ponto **O**. Dessa maneira, fica determinada a direção da força de reação aplicada pela parede sobre a esfera.

Nessa situação, a força de reação da parede não admite componente de atrito.

Esquema II:

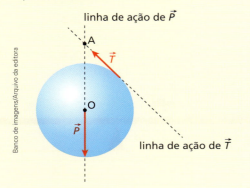

As forças $\vec{T}$ e $\vec{P}$ têm linha de ação passando pelo ponto **A**. Para que esse sistema de três forças esteja em equilíbrio, a reação $\vec{F}_r$ da parede sobre a esfera também deve ter linha de ação passando por **A**. A resultante $\vec{F}_r$ é a soma vetorial da força de atrito $\vec{F}_{at}$ e da força normal $\vec{F}_n$.

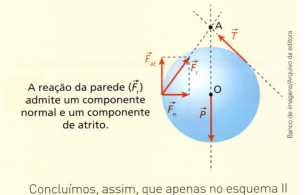

A reação da parede ($\vec{F}_r$) admite um componente normal e um componente de atrito.

Concluímos, assim, que apenas no esquema II existe atrito entre a esfera e a parede.

48. (UFF-RJ) Uma escada homogênea, apoiada sobre um piso áspero, está encostada numa parede lisa. Para que a escada fique em equilíbrio, as linhas de ação das forças que agem sobre a escada devem convergir para um momento ponto **Q**.
Assinale a opção que ilustra a situação descrita e apresenta o ponto **Q** mais bem localizado.

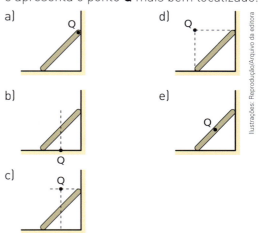

49. (Vunesp) O pai de uma criança pretende pendurar, no teto do quarto de seu filho, um móbile constituído por: seis carrinhos de massas iguais, distribuídos em dois conjuntos, **A** e **B**; duas hastes rígidas de massas desprezíveis, com marcas igualmente espaçadas; e fios ideais. O conjunto **A** já está preso a uma das extremidades da haste principal do móbile.

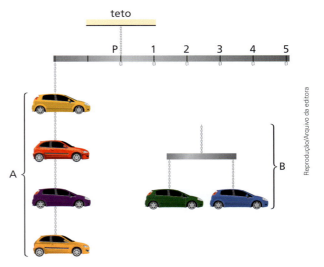

Sabendo-se que o móbile será pendurado ao teto pelo ponto **P**, para manter o móbile em equilíbrio, com as hastes na horizontal, o pai da criança deverá pendurar o conjunto **B**, na haste principal, no ponto

a) 1   b) 2   c) 3   d) 4   e) 5

50. (Vunesp) Uma balança de contrapeso é construída de uma barra **AB** de massa desprezível articulada em **O**, de um prato de massa 300 g suspenso por fios ideais no ponto **A**, a uma distância de 8,0 cm do ponto **O**, e de um contrapeso de massa m que pode deslizar pela barra. Inicialmente com o prato vazio, para se manter a barra em equilíbrio na horizontal, o contrapeso deve ser posicionado a 10,0 cm do ponto **O**, conforme a figura 1.

figura 1

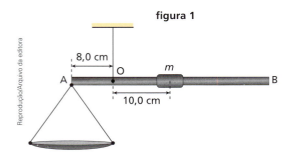

Se apoiamos no centro do prato um corpo de massa M, para se manter a barra em equilíbrio na horizontal, o contrapeso deve ser posicionado a 30,0 cm de **O**, conforme a figura 2.

figura 2

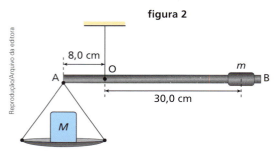

Nessas condições, a massa M, em gramas, é igual a:
a) 200
b) 300
c) 500
d) 600
e) 900

51. (Vunesp) O escavador é um instrumento de grande utilidade para os dentistas, por permitir avaliar o grau de dano causado pela cárie.
A figura ilustra o esquema de um desses escavadores em que **A** é o ponto de apoio do escavador sobre a mão do dentista; **F** é o ponto de aplicação da força $\vec{F}$, perpendicular à direção do instrumento, exercida pelo(s) dedo(s) do dentista; e **R** é o ponto de contato do escavador com o dente, no qual é aplicada a força efetiva sobre o dente, também perpendicular ao escavador. Na figura, $\vec{R}$ é a reação do dente sobre o escavador.

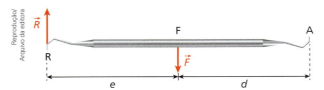

Na situação proposta, o escavador é considerado como um corpo extenso, uma alavanca, em equilíbrio. Se o ponto **A** for tomado como polo de referência, a relação correta entre as intensidades das forças $\vec{F}$ e $\vec{R}$ e as distâncias d e e será dada por:

a) $Fd = R(d + e)$
b) $\dfrac{F}{d} = \dfrac{R}{(d+e)}$
c) $Fe = R(d + e)$
d) $Fd = Re$
e) $Fe = Rd$

52. (OBF) Um gato de 5,0 kg e uma tigela de 2,0 kg de atum estão em posições opostas de uma gangorra de 4,0 m de comprimento e massa negligenciável. Um segundo gato de 4,0 kg é posicionado a uma distância d à esquerda do ponto de apoio como ilustrado na figura. Calcule a distância d de modo que o sistema atinja o equilíbrio estático

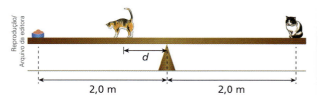

53. (Vunesp) Um pescador improvisa uma balança posicionando massas de 4,5 kg e 6,0 kg nas extremidades de uma barra de madeira homogênea que é suspensa por meio de uma corda amarrada em seu ponto médio. Ao prender o peixe na posição apresentada na figura, a barra entra em equilíbrio.

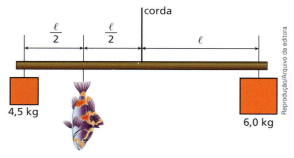

Considerando-se $g = 10$ m/s², é correto afirmar que o peso do peixe, em N, é igual a
a) 10
b) 15
c) 30
d) 45
e) 60

54. (Cederj) O sarilho é uma máquina muito utilizada para tirar água dos poços. Ele é constituído por um cilindro de base circular que pode girar em torno do próprio eixo e que é acionado por uma manivela. Enrolada no cilindro, há uma corda (inextensível e de massa desprezível) cuja extremidade está presa a um balde, como ilustra a figura 1. Sejam r = 15 cm (o raio da base de cilindro) e b = 45 cm (o comprimento da vmanivela), como ilustra a figura 2. Considere a situação em que o balde com água está em equilíbrio.

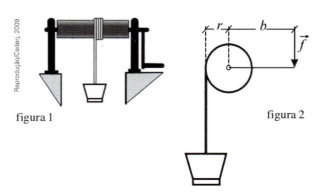

figura 1 figura 2

Sabendo-se que o peso do balde, com a água que ele contém, é 60 N, o módulo da força motriz que mantém o equilíbrio é:
a) 5,0 N
b) 10 N
c) 15 N
d) 20 N
e) 30 N

55. (UPM-SP) A barra **AB**, articulada em **A**, é **E.R.** homogênea, pesa 30 N e se mantém em equilíbrio horizontal como mostra a figura. Despreze os atritos. O fio **BC** e a polia são ideais.

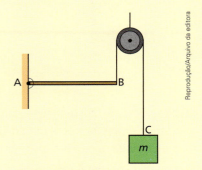

Adote g = 10 m/s². A massa m do corpo suspenso vale:
a) 1,0 kg
b) 1,5 kg
c) 2,0 kg
d) 2,5 kg
e) 3,0 kg

Resolução:
Esquema de forças:

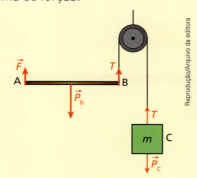

Para o corpo **C** em equilíbrio, vem:
$$P_C = T \Rightarrow mg = T \quad (I)$$
No equilíbrio da barra, o somatório dos momentos deve ser nulo em relação ao ponto **A**, assim:
$$T \cdot AB = P_b \frac{AB}{2} \Rightarrow \frac{P_b}{2} \quad (II)$$
De (I) e (II), vem:
$$mg = \frac{P_b}{2} \Rightarrow m \cdot 10 = \frac{30}{2} \therefore \boxed{m = 1,5 \text{ kg}}$$

Resposta: alternativa **b**.

56. (Vunesp) Em uma academia de ginástica, há um equipamento de musculação como o esquematizado na figura.
Um peso P é atado à extremidade de um cabo flexível, inextensível e de peso desprezível, que

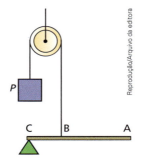

passa pelo sulco de uma roldana presa a uma base superior. A outra extremidade do cabo é atada ao ponto **B** de uma alavanca rígida **AC**, de peso desprezível, articulada na extremidade **C**; o ponto **C** é fixado em um suporte preso à base inferior do aparelho. A pessoa praticante deve exercer uma força vertical aplicada em **A**. São dados os valores: P = 400 N, CB = 20 cm e AB = 60 cm. A intensidade da força vertical aplicada pelo praticante em **A**, para manter o sistema em equilíbrio na posição mostrada, deve ser de
a) 100 N, dirigida para cima.
b) 100 N, dirigida para baixo.
c) 200 N, dirigida para cima.
d) 200 N, dirigida para baixo.
e) 400 N, dirigida para baixo.

57. (PUC-RJ) Deseja-se construir um móbile simples, com fios de sustentação, hastes e pesinhos de chumbo. Os fios e as hastes têm peso desprezível. A configuração está demonstrada na figura abaixo.

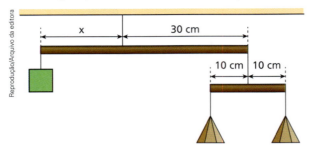

O pesinho de chumbo quadrado tem massa 30 g, e os pesinhos triangulares têm massa 10 g.

Para que a haste maior possa ficar horizontal, qual deve ser a distância horizontal x, em centímetros?

a) 10
b) 15
c) 20
d) 30
e) 45

58. (Efomm-RJ)

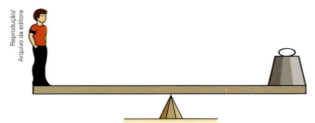

Na figura dada, inicialmente uma pessoa equilibra um bloco de 80 kg em uma tábua de 4,0 m apoiada no meio. Tanto a pessoa quanto o bloco estão localizados nas extremidades da tábua. Assinale a alternativa que indica de modo correto, respectivamente, o peso da pessoa e a distância a que a pessoa deve ficar do centro para manter o equilíbrio, caso o bloco seja trocado por outro de 36 kg. Considere g = 10 m/s².

a) 800 N, 90 cm.
b) 400 N, 90 cm.
c) 800 N, 50 cm.
d) 800 N, 100 cm.
e) 360 N, 90 cm.

59. (Vunesp) A figura a seguir é de um brinquedo equilibrista muito utilizado por professores de Física em aulas de demonstração, a partir do qual podem discutir, com seus alunos, conceitos relacionados ao equilíbrio estável.

Com relação ao pássaro, pode-se afirmar corretamente que o centro de massa

a) não coincide com o centro de gravidade.
b) coincide com o centro de gravidade e este fica acima do ponto de sustentação.
c) coincide com o centro de gravidade e este fica abaixo do ponto de sustentação.
d) não coincide com o centro de gravidade e, por isso, o pássaro se equilibra mais facilmente.
e) não coincide com o centro de gravidade e este fica exatamente no ponto de sustentação.

60. (IFRN) Considere a vassoura da figura 1 abaixo em equilíbrio estático, em uma posição horizontal, apoiada apenas no ponto **P**. Dividindo essa vassoura em dois pedaços, exatamente no ponto **P**, obtêm-se os objetos **A** e **B**, conforme as figuras 2 e 3.

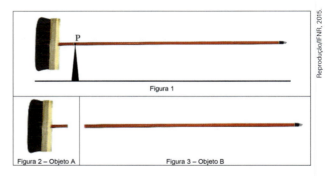

(Funcern, 2015.)

Com base nessas informações e considerando-se que o cabo da vassoura tem uma distribuição uniforme de massa, é correto afirmar que

a) a massa do objeto **A** é maior que a do objeto **B**.
b) a densidade do objeto **A** é igual à do objeto **B**.
c) a massa do objeto **A** é igual à do objeto **B**.
d) a densidade do objeto **A** é maior que o objeto **B**.
e) o peso do objeto **A** é menor que o do objeto **B**.

61. Brinquedos como o da figura ao lado fizeram muito sucesso nos anos 1970. Nele, o personagem conseguia andar de monociclo pela corda sem tombar. O brinquedo consistia do monociclo, do boneco e de uma haste à qual era preso um objeto de ferro.

Explique como é possível o personagem andar pela cordinha sem cair.

62. (UFU-MG) A figura apresentada abaixo representa um objeto cilíndrico colocado sobre uma superfície plana e inclinado em relação a ela, formando um ângulo α. O ponto **D** representa a posição de seu centro de gravidade, **A** e **B**, os dois extremos da base, e **C**, o ponto médio entre **A** e **B**.

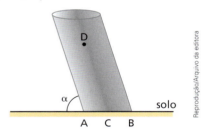

A partir da análise das condições em que se encontra o objeto cilíndrico, ele tenderá a

a) manter-se em equilíbrio se a reta normal ao solo, que passa por **D**, mantiver-se entre **A** e **B**.

b) manter-se em equilíbrio, ainda que o diâmetro da base seja reduzido a **CB**.

c) cair se sua altura diminuir e o ponto **C** aproximar-se da base **AB**.

d) manter-se em equilíbrio, mesmo com a diminuição gradual do valor de α.

63.

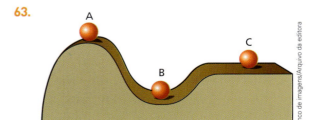

a) Classifique o equilíbrio das bolinhas quando posicionadas em **A**, **B** e **C**.
b) Explique o porquê de sua classificação para as três situações.

64. (UFPR) A figura abaixo representa o esquema de um quebra-nozes. Uma força de módulo F é aplicada perpendicularmente na extremidade móvel da haste, a uma distância D da articulação em **O**. A haste possui um pino **P** transversal situado a uma distância d da articulação em **O**, o qual pressiona a noz, como indicado na figura abaixo. Considere uma situação na qual a haste tem massa desprezível e permanece em equilíbrio estático enquanto é pressionada sobre a noz.

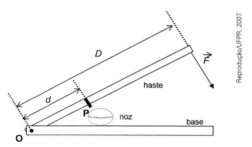

Sobre tal mecanismo, considere as seguintes afirmativas:

1. Se $d = \dfrac{D}{3}$, o módulo da força aplicada sobre a noz é 3 vezes maior que o módulo da força aplicada na extremidade móvel.

2. A força aplicada na extremidade móvel e a força exercida pela noz no pino constituem um par ação-reação.

3. Para todo d menor que D, o módulo da força sobre a noz será maior que o módulo da força aplicada na extremidade móvel.

Assinale a alternativa correta.

a) Somente as afirmativas 1 e 3 são verdadeiras.
b) Somente a afirmativa 1 é verdadeira.
c) Somente a afirmativa 2 é verdadeira.
d) Somente as afirmativas 2 e 3 são verdadeiras.
e) As afirmativas 1, 2 e 3 são verdadeiras.

65. (Fatec-SP) De acordo com a Mecânica Clássica, são reconhecidos três tipos básicos de alavancas: a interfixa, a inter-resistente e a interpotente, definidas de acordo com a posição relativa da força potente (F), da força resistente (R) e do ponto de apoio (P), conforme a figura 1.

Os seres vivos utilizam esse tipo de mecanismo para a realização de diversos movimentos. Isso ocorre com o corpo humano quando, por exemplo, os elementos ósseos e musculares do braço e do antebraço interagem para produzir movimentos e funcionam como uma alavanca, conforme a figura 2.

Figura 2

(commons.wikimedia.org/wiki/File:bíceps_(PSF).png
Acesso em 12.09.2013. Adaptado)

Nessa alavanca, o ponto de apoio está localizado na articulação entre o úmero, o rádio e a ulna. A força potente é aplicada próxima à base do rádio, onde o tendão do bíceps se insere, e a força resistente corresponde ao peso do próprio antebraço.

Com base nessas informações, é possível concluir, corretamente, que a contração do bíceps provoca no membro superior um movimento de

a) extensão, por um sistema de alavanca interfixa.
b) extensão, por um sistema de alavanca interpotente.
c) flexão, por um sistema de alavanca inter-resistente.
d) flexão, por um sistema de alavanca interpotente.
e) flexão, por um sistema de alavanca interfixa.

66. (IFSP) Em um parque de diversão Carlos e Isabela brincam em uma gangorra que dispõe de dois lugares possíveis de se sentar nas suas extremidades. As distâncias relativas ao ponto de apoio (eixo) estão representadas conforme a figura a seguir.

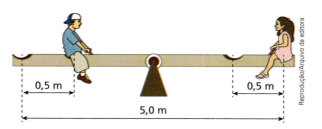

Considere a barra homogênea e de peso desprezível e o apoio no centro da barra.

Sabendo-se que Carlos tem 70 kg de massa e que a barra deve permanecer em equilíbrio horizontal, assinale a alternativa correta que indica respectivamente o tipo de alavanca da gangorra e a massa de Isabela comparada com a de Carlos:

a) Interfixa e maior que 70 kg.
b) Inter-resistente e menor que 70 kg.
c) interpotente e igual a 70 kg.
d) Inter-resistente e igual a 70 kg.
e) Interfixa e menor que 70 kg.

67. (OBF) É muito comum observarmos em oficinas de automóveis, em hospitais e cais de portos, pessoas utilizando-se de talhas exponenciais ou polias móveis para elevar pesados objetos, tais como motores. Esse fato chama a atenção de curiosos no sentido de que a força (F) aplicada à corda possui uma baixa intensidade.

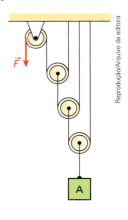

Se, na situação mostrada na figura acima, a talha possui três polias móveis, qual a intensidade da força aplicada na corda, se o peso do corpo **A** é de 1 600 N?

a) 160 N
b) 200 N
c) 400 N
d) 800 N
e) 2 000 N

68. (Cefet) No sistema a seguir, em equilíbrio estático, os fios são ideais, e cada polia pesa $P_0 = 10$ N. Sendo P = 30 N, o módulo da tração T, que sustenta a polia superior, em newtons, é

a) 7,5
b) 15
c) 20
d) 25
e) 40

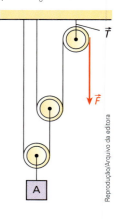

69. (Enem) Uma invenção que significou um grande avanço tecnológico na Antiguidade, a polia composta ou a associação de polias, é atribuída a Arquimedes (287 a. C. a 212 a.C.). O aparato consiste em associar uma série de polias móveis a uma polia fixa. A figura exemplifica um arranjo possível para esse aparato. É relatado que Arquimedes teria demonstrado para o rei Hierão um outro arranjo desse aparato, movendo sozinho, sobre a areia da praia, um navio repleto de passageiros e cargas algo que seria impossível sem a participação de muitos homens. Suponha que a massa do navio era de 3 000 kg, que o coeficiente de atrito estático entre o navio e a areia era de 0,8 e que Arquimedes tenha puxado o navio com uma força $\vec{F}$, paralela à direção do movimento e de módulo igual a 400 N. Considere os fios e as polias ideais, a aceleração da gravidade igual a 10 m/s² e que a superfície da praia é perfeitamente horizontal.

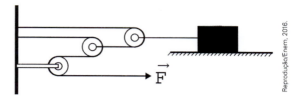

Disponível em: www.histedbr.fac.unicamp.br
Acesso em: 28 fev. 2013 (adaptado).

O número mínimo de polias móveis usadas, nessa situação, por Arquimedes foi
a) 3.
b) 6.
c) 7.
d) 8.
e) 10.

Exercícios Nível 2

70. (Uerj) Um sistema é constituído por seis moedas idênticas fixadas sobre uma régua de massa desprezível que está apoiada na superfície horizontal de uma mesa, conforme ilustrado abaixo. Observe que, na régua, estão marcados pontos equidistantes, numerados de 0 a 6.

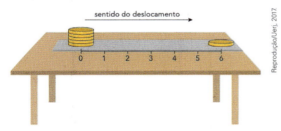

Ao se deslocar a régua da esquerda para a direita, o sistema permanecerá em equilíbrio na horizontal até que determinado ponto da régua atinja a extremidade da mesa. De acordo com a ilustração, esse ponto está representado pelo seguinte número:
a) 1
b) 2
c) 3
d) 4
e) 5

71. (UFPI) Desejamos medir a massa M de um corpo e a única balança de que dispomos é uma de dois pratos, equilibrada, com braços de tamanhos e massas diferentes. O procedimento adotado foi o seguinte: colocamos a massa a ser pesada em um dos pratos e equilibramos com uma massa m_1, trocamos a massa M de prato e verificamos que a massa equilibrante era outra, de valor m_2. Diante dessa informação, podemos dizer que o valor da massa M será dado, corretamente, por:

a) $\dfrac{m_1 + m_2}{2}$

b) $\dfrac{m_1 m_2}{2}$

c) $\sqrt{\dfrac{m_1 + m_2}{2}}$

d) $\sqrt{\dfrac{m_1 m_2}{2}}$

e) $\sqrt{m_1 m_2}$

72. (IME-RJ) A figura abaixo mostra uma viga em equilíbrio. Essa viga mede 4,0 m e seu peso é desprezível. Sobre ela, há duas cargas concentradas, sendo uma fixa e outra variável. A carga fixa, de 20 kN, está posicionada a 1,0 m do apoio **A**, enquanto a carga variável só pode posicionar-se entre a carga fixa e o apoio **B**.

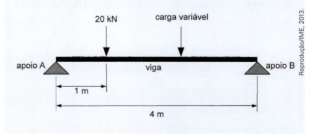

Para que as reações verticais (de baixo para cima) dos apoios **A** e **B** sejam iguais a 25 kN e 35 kN, respectivamente, a posição da carga variável, em relação ao apoio **B**, e o seu módulo devem ser:

a) 1,0 m e 50 kN.
b) 1,0 m e 40 kN.
c) 1,5 m e 40 kN.
d) 1,5 m e 50 kN.
e) 2,0 m e 40 kN.

Resolução:

Diagrama de forças:

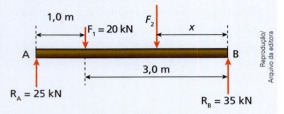

Condição de força resultante nula na vertical:

$R_A + R_B = F_1 + F_2 \Rightarrow 60 = 20 + F_2$

$\boxed{F_2 = 40 \text{ kN}}$

Momento resultante nulo em relação ao apoio **B**:

$R_A d_A = F_1 d_1 + F_2 x$

$25 \cdot 4,0 = 20 \cdot 3,0 + 40 \cdot x$

$100 = 60 + 40 \cdot x$

$\boxed{x = 1,0 \text{ m}}$

Resposta: alternativa **b**.

73. (UFJF-MG) A figura abaixo mostra um trampolim rígido de tamanho L e massa M_T. Na extremidade esquerda, existe uma corda que prende o trampolim ao solo e, a uma distância $\frac{L}{3}$ da extremidade esquerda, o trampolim está apoiado em uma base rígida e estática.

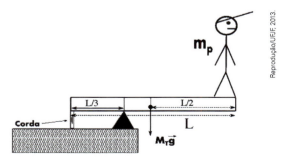

$\vec{g}$ = aceleração da gravidade

Supondo-se que a força de tração máxima que a corda suporta sem arrebentar seja $T_{máx} = 100 M_T \, g$, calcule o valor máximo de massa m_P de uma pessoa que a corda suportará, sem se romper, quando a pessoa estiver na extremidade oposta.

a) $\dfrac{21 M_T}{3}$
b) $\dfrac{19 M_T}{4}$
c) $\dfrac{42 M_T}{5}$
d) $\dfrac{10 M_T}{3}$
e) $\dfrac{25 M_T}{4}$

74. (Aman-RJ) Uma barra homogênea de peso igual a 50 N está em repouso na horizontal. Ela está apoiada em seus extremos nos pontos **A** e **B**, que estão distanciados de 2,0 m. Uma esfera **Q** de peso 80 N é colocada sobre a barra, a uma distância de 40 cm do ponto **A**, conforme representado no desenho abaixo.

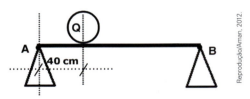

A intensidade da força de reação do apoio sobre a barra no ponto **B** é de:

a) 32 N
b) 41 N
c) 75 N
d) 82 N
e) 130 N

75. (OBC) Uma barra homogênea de peso 80 N é mantida em equilíbrio horizontal por meio de duas cordas verticais que suportam tração máxima de intensidade 130 N cada.

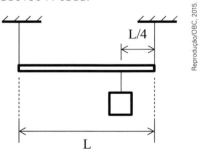

O valor máximo do peso de uma caixa que pode ser pendurada na barra, na posição indicada na figura, sem romper as cordas, é de:

a) 80 N
b) 90 N
c) 100 N
d) 110 N
e) 120 N

76. (AFA-SP) Em feiras livres ainda é comum encontrar balanças mecânicas, cujo funcionamento é baseado no equilíbrio de corpos extensos. Na figura a seguir tem-se a representação de uma dessas balanças, constituída basicamente de uma régua metálica homogênea de massa desprezível, um ponto de apoio, um prato fixo em uma extremidade da régua e um cursor que pode se movimentar desde o ponto de apoio até a outra extremidade da régua. A distância do centro do prato ao ponto de apoio é de 10 cm. O cursor tem massa igual a 0,5 kg. Quando o prato está vazio, a régua fica em equilíbrio na horizontal com o cursor a 4 cm do apoio.

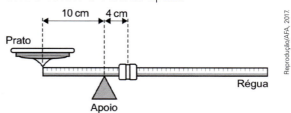

Colocando 1 kg sobre o prato, a régua ficará em equilíbrio na horizontal se o cursor estiver a uma distância do apoio, em cm, igual a
a) 18
b) 20
c) 22
d) 24

77. (UFG-GO) No sistema auditivo humano, as ondas sonoras são coletadas pela membrana timpânica e transferidas para a janela oval, por meio dos ossículos (martelo, bigorna e estribo), conforme modelo simplificado apresentado na figura a seguir.

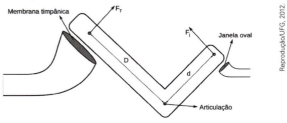

Nesse modelo, as forças médias provocadas pela membrana timpânica e janela oval sobre os ossículos são, respectivamente, $\vec{F}_T$ e $\vec{F}_J$. As áreas da membrana timpânica e da janela oval são, respectivamente, 56 mm² e 3,2 mm² e D = 1,3d.
Considerando-se o exposto, calcule:
a) o aumento porcentual da força transmitida para a janela oval;
b) a razão entre a pressão na parede oval e a pressão na parede timpânica.

78. (Aman-RJ) Uma barra horizontal rígida e de peso desprezível está apoiada em uma base no ponto **O**. Ao longo da barra, estão distribuídos três cubos homogêneos com peso P_1, P_2 e P_3 e centros de massa **G₁**, **G₂** e **G₃**, respectivamente. O desenho abaixo representa a posição dos cubos sobre a barra com o sistema em equilíbrio estático

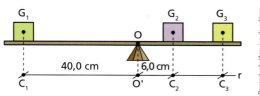

O cubo com centro de massa em **G₂** possui peso igual a $4P_1$ e o cubo com centro de massa em **G₃** possui peso igual a $2P_1$. As projeções ortogonais dos pontos **G₁**, **G₂**, **G₃** e **O** sobre a reta **r** paralela à barra são, respectivamente, os pontos **C₁**, **C₂**, **C₃** e **O'**. A distância entre os pontos **C₁** e **O'** é de 40,0 cm e a distância entre os pontos **C₂** e **O'** é de 6,0 cm. Nesta situação, a distância entre os pontos **O'** e **C₃**, representados no desenho, é de
a) 6,5 cm
b) 7,5 cm
c) 8,0 cm
d) 12,0 cm
e) 15,5 cm

79. (FCMMG) A figura 1 mostra o músculo do braço (bíceps) exercendo força para manter o antebraço na posição horizontal, enquanto sustenta uma esfera.

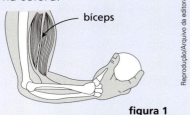

figura 1

A figura 2 mostra uma montagem que simula o braço da figura 1. A mola representa o bíceps. A massa da haste horizontal (suposta homogênea) é de 700 g e pode girar em torno de um eixo **O**. A massa da esfera é de 100 g.

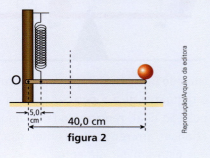

figura 2

Observando-se os dados da figura 2 e considerando-se g = 10 m/s², o módulo da força exercida pela mola é de:
a) 8,0 N
b) 36,0 N
c) 64,0 N
d) 80,0 N
e) 90,0 N

Resolução:
Diagrama de forças:

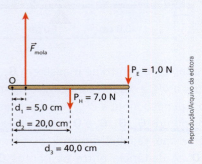

Para o equilíbrio, o somatório dos momentos em relação ao polo **O** deve ser nulo, assim:

$F_{mola} d_1 = P_H d_2 + P_E d_3$

$F_{mola} \cdot 5{,}0 = 7{,}0 \cdot 20{,}0 + 1{,}0 \cdot 40{,}0$

$\boxed{F_{mola} = 36{,}0 \text{ N}}$

Resposta: alternativa **b**.

80. (Unesp-SP) Pedrinho e Carlinhos são garotos de massas iguais a 48 kg cada um e estão inicialmente sentados, em repouso, sobre uma gangorra constituída de uma tábua homogênea articulada em seu ponto médio, no ponto **O**. Próxima a Carlinhos, há uma pedra de massa M que mantém a gangorra em equilíbrio na horizontal, como representada na figura 1.

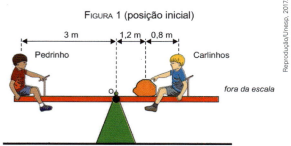

Quando Carlinhos empurra a pedra para o chão, a gangorra gira e permanece em equilíbrio na posição final, representada na figura 2, com as crianças em repouso nas mesmas posições em que estavam inicialmente.

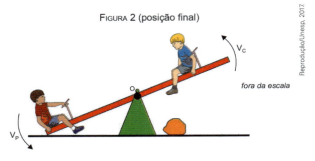

Calcule o valor da relação $\dfrac{V_p}{V_c}$, sendo V_p e V_c os módulos das velocidades escalares médias de Pedrinho e de Carlinhos, respectivamente, em seus movimentos entre as posições inicial e final. Em seguida, calcule o valor da massa M, em kg.

81. (CPAEN-RJ) O desenho abaixo representa um sistema composto por cordas e polias ideais de mesmo diâmetro. O sistema sustenta um bloco com peso de intensidade P e uma barra rígida **AB** de material homogêneo de comprimento L. A barra **AB** tem peso desprezível e está fixada a uma parede por meio de uma articulação em **A**. Em um ponto **X** da barra é aplicada uma força de intensidade F e sua extremidade **B** está presa a uma corda do sistema polias-cordas.

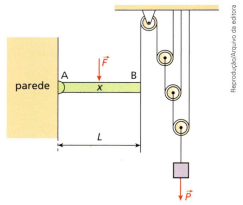

desenho ilustrativo – fora de escala

Desprezando-se as forças de atrito, o valor da distância **AX** para que a força $\vec{F}$ mantenha a barra **AB** em equilíbrio na posição horizontal é:

a) $\dfrac{PL}{8F}$

b) $\dfrac{PL}{6F}$

c) $\dfrac{PL}{4F}$

d) $\dfrac{PL}{3F}$

e) $\dfrac{PL}{2F}$

Exercícios Nível 3

82. (Fatec-SP) No interior de um vaso de forma prismática, conforme figura, depositam-se dois cilindros idênticos. Considerando-se P o peso de cada cilindro e lisas as superfícies em contato, então a reação na parede **A** é dada por:

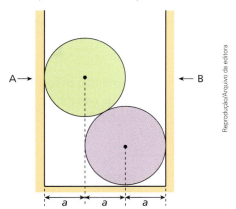

a) $\dfrac{\sqrt{3}}{3}P$ d) $\dfrac{3\sqrt{3}}{2}P$

b) $\dfrac{2\sqrt{3}}{3}P$ e) $\dfrac{P}{2}$

c) $\sqrt{3}P$

Dados: sen (30°) = $\dfrac{1}{2}$; cos (30°) = $\dfrac{\sqrt{3}}{2}$.

83. (Efomm-RJ) Cada esfera (**A** e **B**) da figura pesa 1,0 kN. Elas são mantidas em equilíbrio estático por meio de quatro cordas finas e inextensíveis, de massas desprezíveis, nas posições mostradas.

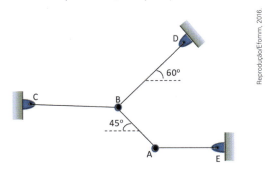

A intensidade de força de tração na corda **BD**, em kN, é

a) $\dfrac{2,0\sqrt{2}}{3}$ d) $\dfrac{3,0\sqrt{2}}{3}$

b) 1,0 e) $\dfrac{4,0\sqrt{3}}{3}$

c) $\dfrac{2,0\sqrt{3}}{3}$

84. (ITA-SP) No arranjo mostrado na figura com duas polias, o fio inextensível e sem peso sustenta a massa M e, também, simetricamente, as duas massas m, em equilíbrio estático.

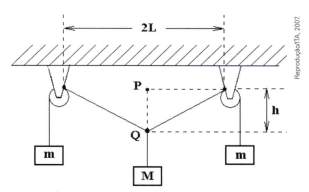

Desprezando o atrito de qualquer natureza, o valor h da distância entre os pontos **P** e **Q** vale

a) $\dfrac{ML}{\sqrt{4m^2 - M^2}}$. d) $\dfrac{mL}{\sqrt{4m^2 - M^2}}$.

b) L. e) $\dfrac{ML}{\sqrt{2m^2 - M^2}}$.

c) $\dfrac{ML}{\sqrt{M^2 - 4m^2}}$.

85. (Efomm-RJ) Uma régua escolar de massa M uniformemente distribuída com o comprimento de 30 cm está apoiada na borda de uma mesa, com $\dfrac{2}{3}$ da régua sobre a mesa. Um aluno decide colocar um corpo **C** de massa 2M sobre a régua, em um ponto da régua que está suspenso (conforme a figura). Qual é a distância mínima x, em cm, da borda livre da régua a que deve ser colocado o corpo, para que o sistema permaneça em equilíbrio?

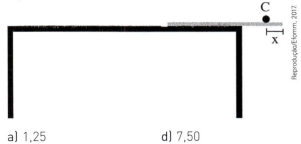

a) 1,25 d) 7,50
b) 2,50 e) 10,0
c) 5,00

86. (CPAEN-RJ)

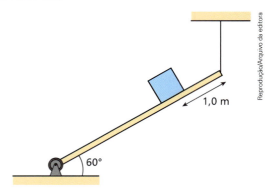

A figura acima ilustra um sistema mecânico em equilíbrio estático composto de uma tábua de 5,0 kg de massa e 6,0 m de comprimento, articulada em uma de suas extremidades e presa a um cabo na outra. O cabo está estendido na vertical. Sobre a tábua, que está inclinada a 60°, temos um bloco de massa 3,0 kg na posição indicada na figura. Sendo assim, qual o módulo, em newtons, a direção e o sentido da força que a tábua faz na articulação?

Dado: $g = 10,0$ m/s^2.

a) 45,0; horizontal para a esquerda.
b) 45,0; vertical para baixo.
c) 45,0; vertical para cima.
d) 30,0; horizontal para a esquerda.
e) 30,0; vertical para baixo.

87. (UPM-SP) Uma barra homogênea de comprimento L e peso P encontra-se apoiada na parede vertical lisa e no chão horizontal áspero formando um ângulo θ como mostra a figura abaixo.

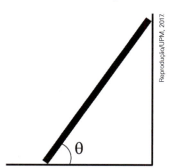

O coeficiente de atrito estático mínimo (μ_e) entre a barra e o chão deve ser

a) $\dfrac{\cos \theta}{2 \operatorname{sen} \theta}$ c) $\dfrac{\cos \theta}{L \operatorname{sen} \theta}$ e) $\dfrac{\operatorname{sen} \theta}{L \cos \theta}$

b) $\dfrac{\cos \theta}{\operatorname{sen} \theta}$ d) $\dfrac{\operatorname{sen} \theta}{2 \cos \theta}$

88. (UFPE) Dois blocos idênticos de comprimento $L = 24$ cm são colocados sobre uma mesa, como mostra a figura abaixo. Determine o máximo valor de x, em cm, para que os blocos fiquem em equilíbrio, sem tombar.

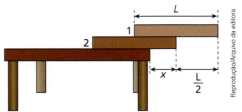

89. (Fuvest-SP) Um caminhão pesando 200 kN atravessa, com velocidade constante, uma ponte que pesa 1 000 kN e é suportada por dois pilares distantes 50 m entre si.

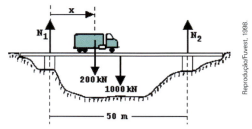

O gráfico que melhor representa as intensidades das forças de reação N_1 e N_2 nos dois pilares, em função da distância x do centro de massa do caminhão ao centro do primeiro pilar, é:

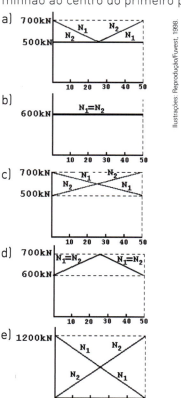

90. (UPM-SP)

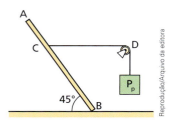

Uma barra homogênea **AB** de peso $\vec{P}_{AB}$ está apoiada no solo horizontal rugoso e mantida em equilíbrio através do corpo **P** de peso $\vec{P}_p$, como mostra a figura acima. Considere o fio e a polia ideal, o trecho **CD** horizontal, $BC = \frac{2}{3} AB$ e $\text{sen } 45° = \cos 45° = \frac{\sqrt{2}}{2}$. O coeficiente de atrito estático entre o solo e a barra **AB** é:

a) 0,35
b) 0,55
c) 0,75
d) 0,80
e) 0,90

91. (CPAEN-RJ) A viga inclinada de 60° mostrada na figura repousa sobre dois apoios **A** e **D**. Nos pontos **C** e **E**, dois blocos de massa 8,0 kg estão pendurados por meio de um fio ideal. Uma força de intensidade F = 30,0 N traciona um fio ideal preso à viga no ponto **B**.

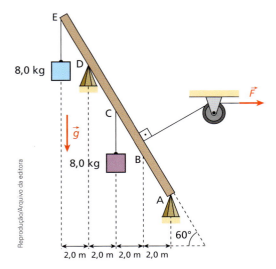

Desprezando-se o peso da viga e o atrito de apoio **D**, a reação normal que o apoio **D** exerce na viga, em newtons, é igual a
a) 30,0
b) 50,0
c) 70,0
d) 90,0
e) 110

Adote g = 10,0 m/s².

92. (ITA-SP) Um bloco cônico de massa M apoiado pela base numa superfície horizontal tem altura h e raio da base R. Havendo atrito suficiente na superfície da base de apoio, o cone pode ser tombado por uma força horizontal aplicada no vértice. O valor mínimo F dessa força pode ser obtido pela razão $\frac{h}{R}$ dada pela opção:

a) $\frac{Mg}{F}$
b) $\frac{F}{Mg}$
c) $\frac{Mg + F}{Mg}$
d) $\frac{Mg + F}{F}$
e) $\frac{Mg + F}{2 Mg}$

93. (UPM-SP) Uma esfera homogênea de raio R e peso $\vec{P}$ está apoiada como mostra a figura abaixo.

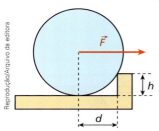

A intensidade da força $\vec{F}$ horizontal, aplicada no centro da esfera, capaz de tornar o movimento iminente, é:

a) $F = \frac{d}{R - h} P$
b) $F = \frac{h}{R - d} P$
c) $F = \frac{R - h}{R} P$
d) $F = \frac{R - h}{d} P$
e) $F = \frac{R}{d} P$

94. (ITA-SP) Uma barra homogênea, articulada no pino **O**, é mantida na posição horizontal por um fio fixado a uma distância x de **O**. Como mostra a figura, o fio passa por um conjunto de três polias que também sustentam um bloco de peso P. Desprezando efeitos de atrito e o peso das polias, determine a força de ação do pino **O** sobre a barra.

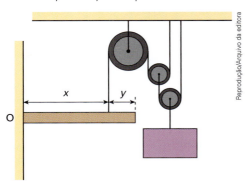

95. (ITA-SP) Uma escada de comprimento L, em repouso, jaz encostada contra uma parede lisa vertical e forma um ângulo de 60° com plano horizontal. A escada pesa 270 N e o seu centro de gravidade está distante $\frac{L}{3}$ de sua extremidade apoiada no plano horizontal, isto é, no chão.

A força resultante que o chão aplica na escada vale:

a) 275 N
b) 27,4 N
c) 27,5 N
d) 280 N
e) 27,6 N

96. (ITA-SP) Considere o sistema ilustrado na figura a seguir.

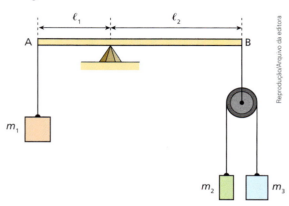

Supondo-se que tanto a massa da barra **AB** como a da polia sejam desprezíveis, podemos afirmar que **AB** está em equilíbrio se:

a) $m_1 \ell_1 = (m_2 + m_3)\ell_2$
b) $m_1(m_2 + m_3)\ell_1 = 4 m_2 m_3 \ell_2$
c) $m_1(m_2 + m_3)\ell_1 = 2 m_2 m_3 \ell_2$
d) $2m_1(m_2 + m_3)\ell_1 = m_2 m_3 \ell_2$
e) $m_1 \ell_2 = (m_1 + m_3)\ell_1$

97. (UFPE) A escada **AB** está apoiada numa parede sem atrito, no ponto **B**, e encontra-se na iminência de escorregar. O coeficiente de atrito estático entre a escada e o piso é 0,25. Se a distância de **A** até o ponto **O** é igual a 45 cm, qual a distância de **B** até **O**, em centímetros?

a) 60 cm
b) 70 cm
c) 80 cm
d) 85 cm
e) 90 cm

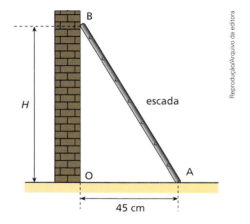

Para raciocinar um pouco mais

98. (IME-RJ) Um bloco de massa M = 20 kg está pendurado por três cabos em repouso, conforme mostra a figura abaixo.

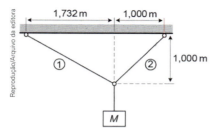

Considerando a aceleração da gravidade igual a 10 m/s², os valores das forças de tração, em newtons, nos cabos 1 e 2 são, respectivamente:

a) 146 e 179.
b) 179 e 146.
c) 200 e 146.
d) 200 e 179.
e) 146 e 200.

99. (ITA-SP) Um corpo de peso $\vec{P}$ está suspenso por fios como indica a figura. A tensão T_1 é dada por:

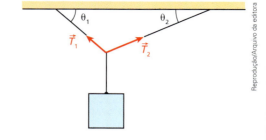

a) $T_1 = \dfrac{P \cos \theta_2}{\operatorname{sen}(\theta_1 + \theta_2)}$

b) $T_1 = \dfrac{P \cos \theta_1}{\operatorname{sen}(\theta_1 + \theta_2)}$

c) $T_1 = \dfrac{P \cos \theta_2}{\cos(\theta_1 + \theta_2)}$

d) $T_1 = \dfrac{P \cos \theta_1}{\cos(\theta_1 + \theta_2)}$

e) $T_1 = \dfrac{P \operatorname{sen} \theta_1}{\operatorname{sen}(\theta_1 + \theta_2)}$

100. (AFA-SP) A figura abaixo mostra um sistema em equilíbrio estático, formado por uma barra homogênea e uma mola ideal que estão ligadas por uma de suas extremidades e livremente articuladas às paredes.

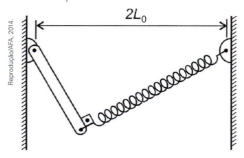

A barra possui massa m e comprimento L_0, a mola possui comprimento natural L_0 e a distância entre as articulações é de $2L_0$. Esse sistema (barra-mola) está sujeito à ação da gravidade cujo módulo de aceleração é g e, nessas condições, a constante elástica da mola vale

a) $\dfrac{mgL_0^{-1}}{4(\sqrt{3}-1)}$

b) mgL_0^{-1}

c) $2mgL_0^{-1}$

d) $\dfrac{mg}{\sqrt{6}-2}$

101. (CPAEN-RJ) Observe a figura abaixo.

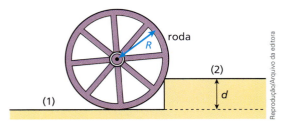

Tem-se uma roda de massa M e o raio R que deve ser erguida do plano horizontal (1) para o plano horizontal (2). Qual é a intensidade da força horizontal, aplicada no centro de gravidade da roda, capaz de erguê-la, sabendo-se que o centro de gravidade da roda coincide com seu centro geométrico $d < R$?

a) $F > \dfrac{Mg\sqrt{d(R-d)}}{R}$

b) $F > \dfrac{Mg\sqrt{d(2R-d)}}{R-d}$

c) $F > \dfrac{Mg\sqrt{2d(R-d)}}{R-d}$

d) $F > \dfrac{Mg\sqrt{d(R-d)}}{R-d}$

e) $F > \dfrac{Mg\sqrt{d^2(2R-d)^2}}{2R-d}$

102. (OBC) Um pintor abre uma escada dupla, preparando o início de seu trabalho. Cada trecho da escada (**AC** e **BC**) tem massa M, comprimento L e forma com o solo horizontal um ângulo α.

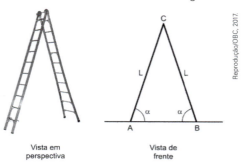

Vista em perspectiva — Vista de frente

O pintor pendura no extremo superior **C** uma lata de tinta de massa m. Seja g o módulo da aceleração da gravidade. Pode-se afirmar que as forças de atrito $\vec{F}_{at_A}$ e $\vec{F}_{at_B}$ que o solo exerce em **A** e **B** têm intensidades:

a) $F_{at_A} = F_{at_B} = \dfrac{(M+m)g}{2}\cotg\alpha$

b) $F_{at_A} = F_{at_B} = \dfrac{(M+m)g}{2}\tg\alpha$

c) $F_{at_A} = \dfrac{1}{2}F_{at_B} = \dfrac{(M+m)g}{2}\cos\alpha$

d) $F_{at_A} = 2F_{at_B} = \dfrac{(M+m)g}{2}\cos\alpha$

e) $F_{at_A} = F_{at_B} = \dfrac{(M+m)g}{2}\cos\alpha$

103. (IME-RJ)

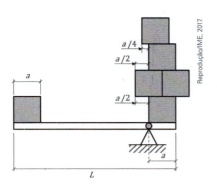

O sistema mostrado na figura acima encontra-se em equilíbrio estático, sendo composto por seis cubos idênticos, cada um com massa específica μ uniformemente distribuída e de aresta a, apoiados em uma alavanca composta por uma barra rígida de massa desprezível. O comprimento L da barra para que o sistema esteja em equilíbrio é:

a) $\dfrac{9}{4}a$

b) $\dfrac{13}{4}a$

c) $\dfrac{7}{2}a$

d) $\dfrac{15}{4}a$

e) $\dfrac{17}{4}a$

TÓPICO 2

Estática dos fluidos

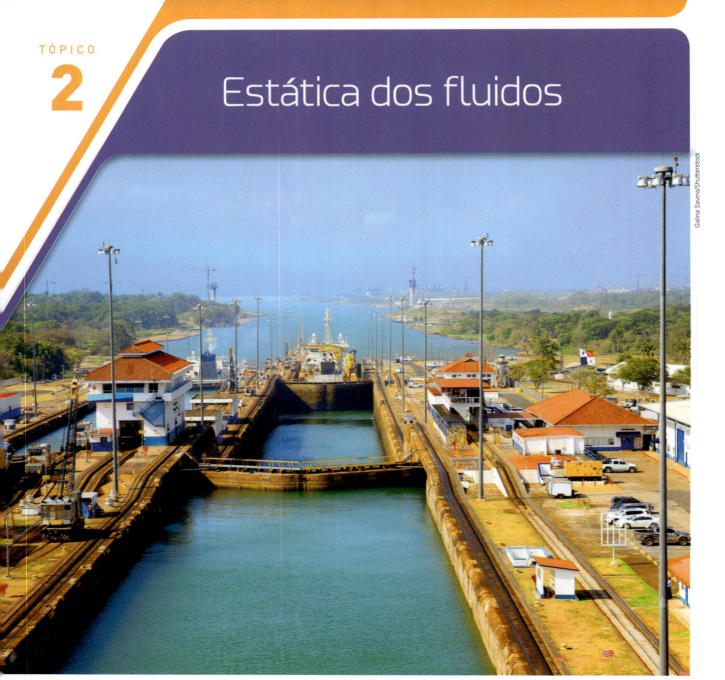

O canal do Panamá é um canal artificial construído entre 1881 e 1914 para a travessia de navios. Ele possui 77 quilômetros de comprimento e liga o oceano Atlântico ao oceano Pacífico. No entanto, há um desnível de 26 m entre esses oceanos. Para que os navios consigam realizar essa travessia, o canal utiliza um sistema de comportas e eclusas que inundam diques e permitem a elevação e descida de embarcações. O funcionamento desse sistema só é possível devido aos princípios da Estática dos fluidos. A travessia pelo canal do Panamá é quase 13 mil quilômetros mais curta que a rota pelo cabo Horn, utilizada antes de sua construção.

No tópico anterior estudamos o equilíbrio de corpos rígidos – sólidos – e agora chegou o momento de analisarmos o equilíbrio dos fluidos – líquidos e gases. Aqui, serão introduzidos novos conceitos e novas grandezas físicas serão requisitadas, como densidade e pressão. Apresentaremos com suas principais aplicações os teoremas fundamentais que regem a Hidrostática: o de Stevin, o de Pascal e o de Arquimedes. Com este último, analisaremos a força empuxo, que atua em corpos submersos e que explica flutuações em geral, como as de navios.

Bloco 1

1. Três teoremas fundamentais

A **Estática dos fluidos** ou **Hidrostática** é a parte da Mecânica que estuda os fluidos em equilíbrio.

Classificamos como **fluidos**, indistintamente, os líquidos e os gases. Em uma primeira abordagem, os líquidos não têm forma própria, embora possuam volume definido. Já os gases, por sua vez, não têm forma nem volume próprios.

Um litro de água, por exemplo, não sofre mudança de volume quando o transferimos de uma panela para uma garrafa. Nesse caso, apenas sua forma é alterada. Já uma determinada massa de gás sempre tende a ocupar todo o volume que lhe é oferecido, propriedade conhecida como expansibilidade. Devemos dizer, ainda, que a forma de certa porção de gás é a do recipiente que a contém.

Por apresentar maior utilidade prática, daremos mais ênfase ao equilíbrio dos líquidos. Nesse estado, as substâncias têm, de modo geral, uma configuração estrutural em que as moléculas se mostram notadamente reunidas. Por causa dessa característica microscópica, os líquidos oferecem grande resistência à compressão. Em nosso curso, a pequena compressibilidade dos líquidos será negligenciada e os consideraremos incompressíveis.

A estática dos fluidos está fundamentada em três teoremas (também chamados de leis). São eles:

- o Teorema de Stevin;
- o Teorema de Pascal;
- o Teorema de Arquimedes.

JÁ PENSOU NISTO?

Por que certos líquidos não se misturam?

Em alguns casos, por falta de afinidade molecular, dois ou mais líquidos podem não se misturar. Eles são chamados **líquidos imiscíveis**. Ainda que agitemos dois desses líquidos dentro de um mesmo recipiente, depois de certo intervalo de tempo ocorrerá uma separação entre eles, ficando o menos denso em cima e o mais denso embaixo.

Na fotografia ao lado, podemos observar água e óleo – líquidos imiscíveis – sendo vertidos simultaneamente dentro de um mesmo béquer. Passadas as turbulências iniciais, o óleo, que é o menos denso, vai subir, e a água, que é a mais densa, vai descer, criando-se uma nítida superfície de separação entre os dois fluidos. Situações como a da água e do óleo são estudadas em **Hidrostática**.

Água e óleo em um mesmo béquer: esses líquidos se misturam?

2. Massa específica ou densidade absoluta (μ)

Fixadas a temperatura e a pressão, uma substância pura tem a propriedade fundamental de apresentar massa diretamente proporcional ao respectivo volume.

Sejam $m_1, m_2, ..., m_n$ as massas de porções de uma substância pura em uma mesma temperatura e submetida à mesma pressão. Sendo $V_1, V_2, ..., V_n$ os respectivos volumes, podemos verificar que:

$$\frac{m_1}{V_1} = \frac{m_2}{V_2} = ... = \frac{m_n}{V_n} = \mu \text{ (constante)}$$

Por definição, a constante μ é a **massa específica** ou **densidade absoluta** da substância.

Do exposto, concluímos que:

> Em pressão e temperatura constantes, uma substância pura tem massa específica (μ) constante e calculada pelo quociente da massa considerada (m) pelo volume correspondente (V):
>
> $$\mu = \frac{m}{V}$$

As unidades de massa específica são obtidas pela divisão da unidade de massa pela unidade de volume:

$$\text{unid. } (\mu) = \frac{\text{unid. } (m)}{\text{unid. } (V)}$$

No Sistema Internacional de Unidades (SI), a massa é medida em kg e o volume, em m³. Assim:

$$\text{unid. } (\mu) = \frac{kg}{m^3}$$

Outras unidades usuais:

$$1 \frac{g}{cm^3} = \frac{10^{-3} \, kg}{10^{-3} \, dm^3 \text{ ou L}} \Rightarrow \boxed{1 \frac{g}{cm^3} = 1 \frac{kg}{L}}$$

$$1 \frac{g}{cm^3} = \frac{10^{-3} \, kg}{10^{-6} \, m^3} \Rightarrow \boxed{1 \frac{g}{cm^3} = 1 \cdot 10^3 \frac{kg}{m^3}}$$

Na tabela a seguir fornecemos os valores usuais das massas específicas de algumas substâncias.

NOTA!

Em algumas situações, pode ser adequado determinar-se o **peso específico** do fluido.

O peso específico ρ é a relação entre o peso de um fluido e o volume por ele ocupado, a uma dada pressão e uma dada temperatura:

$$\rho = \frac{P}{V}$$

No Sistema Internacional, o peso específico é expresso em N/m³.

Massa específica (μ)			
Material	μ (g/cm³)	Material	μ (g/cm³)
Ar (20 °C e 1 atm)	0,001	Ferro	7,87
Isopor	0,10	Cobre	8,96
Gelo	0,92	Prata	10,49
Água	1,00	Chumbo	11,35
Glicerina	1,26	Mercúrio	13,55
Concreto	2,00	Ouro	19,32
Alumínio	2,70	Platina	21,45

Fonte: HALLIDAY, D. et al. *Fundamentos da Física*: gravitação, ondas, termodinâmica. Rio de Janeiro: LTC, 2012. v. 2.

A água, à qual está subordinada a vida na Terra, é o líquido mais abundante do planeta, cobrindo praticamente $\frac{2}{3}$ da superfície terrestre. Por isso, o estudo da Estática dos fluidos dá ênfase especial a essa substância.

É importante observar que, como a densidade absoluta da água é igual a 1 kg/L, existe paridade entre o número que mede a massa dessa substância em quilogramas e o número que mede seu volume em litros.

// Em uma balança de travessão de braços iguais, um litro de água contido em uma garrafa plástica de massa desprezível é equilibrado por um massor de um quilograma.

3. Densidade de um corpo (d)

Será que um corpo de ferro ($\mu_{Fe} \cong 7{,}9$ g/cm^3) pode ser menos denso que a água ($\mu_{H_2O} = 1{,}0$ g/cm^3)? A resposta é sim. Para isso, esse corpo deverá ser provido de descontinuidades internas (regiões ocas), de modo que sua massa total seja medida por um número, em gramas, menor que aquele que mede, em cm^3, o volume delimitado por sua superfície externa.

> Por definição, a **densidade** de um corpo (d) é o quociente de sua massa (m) pelo volume delimitado por sua superfície externa (V_{ext}):
> $$d = \frac{m}{V_{ext}}$$

Os navios modernos são metálicos, basicamente construídos em aço. Por ser um material de elevada densidade, o aço afunda rapidamente na água quando considerado em porções maciças. No entanto, os navios flutuam na água porque, sendo dotados de descontinuidades internas (partes ocas), apresentam densidade menor que a desse líquido.

4. Densidade relativa

> Por definição, chama-se densidade de uma substância **A** relativa a outra **B** o quociente das respectivas massas específicas das substâncias **A** e **B** quando à mesma temperatura e pressão:
> $$d_{AB} = \frac{\mu_A}{\mu_B}$$

Se os volumes das substâncias consideradas forem iguais ($V_A = V_B = V$), teremos:

$$d_{AB} = \frac{\mu_A}{\mu_B} = \frac{\frac{m_A}{V}}{\frac{m_B}{V}} \quad \therefore \quad \boxed{d_{AB} = \frac{m_A}{m_B}}$$

Observe que a densidade relativa, por ser definida pelo quociente entre grandezas medidas nas mesmas unidades, é uma quantidade **adimensional**.

5. O conceito de pressão

Suponha que você esteja comprimindo na palma de uma de suas mãos uma pelota de massa de modelar com movimentos sucessivos de compressão e relaxamento. Cada vez que você aperta a pelota, seus dedos exercem sobre ela certa **pressão**. A pressão é uma importante grandeza física que se destaca sobremaneira no estudo da estática dos fluidos.

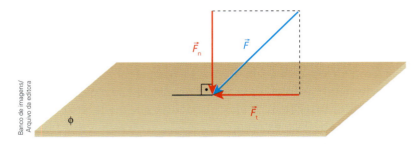

Considere a figura acima, em que a superfície ϕ, de área A, está sujeita a uma distribuição de forças cuja resultante é $\vec{F}$. A componente tangencial de $\vec{F}$ a ϕ é $\vec{F}_t$ e a componente normal de $\vec{F}$ a ϕ é $\vec{F}_n$.

Temos:

> Por definição, a **pressão média** (p_m) que $\vec{F}$ exerce na superfície ϕ é obtida dividindo-se o módulo da componente normal de $\vec{F}$ em relação a ϕ ($\vec{F}_n$) pela correspondente área A:
>
> $$p_m = \frac{|\vec{F}_n|}{A}$$

Convém destacar que apenas e tão somente a componente normal da força exerce pressão na superfície. A componente tangencial exerce outro efeito, denominado **cisalhamento**.

As unidades de pressão decorrem da própria definição, isto é, são obtidas da divisão da unidade de força pela unidade de área:

$$\text{unid.}(p) = \frac{\text{unid.}(F)}{\text{unid.}(A)}$$

No SI, a força é medida em newton (N) e a área, em m². A razão entre essas duas unidades de medida é denominada **pascal (Pa)**:

$$\text{unid.}(p) = \frac{N}{m^2} = \text{pascal (Pa)}$$

Por causa da atração gravitacional, a atmosfera terrestre pressiona a superfície da Terra. Verifica-se que, ao nível do mar, a pressão atmosférica é praticamente igual a 1 atm ou $1 \cdot 10^5$ Pa.

Representamos na ilustração ao lado a Terra e sua atmosfera. Observe as setas vermelhas. Elas indicam as forças radiais de compressão que a atmosfera exerce sobre a superfície do planeta. São essas forças que produzem a pressão atmosférica.

// Ilustração com formas e distâncias fora de escala e em cores fantasia.

A pressão é uma grandeza que não tem orientação privilegiada. Uma evidência disso é o fato de ela ser a mesma, **em qualquer direção**, em um ponto situado no interior de um fluido em equilíbrio. Por isso, a pressão é uma **grandeza escalar**, ficando plenamente definida pelo valor numérico acompanhado da respectiva unidade de medida.

Para uma mesma força normal, a pressão média exercida sobre uma superfície é inversamente proporcional à área considerada. Isso significa que um prego, por exemplo, comprimido sempre perpendicularmente a uma parede e com a mesma intensidade, poderá exercer pressões diferentes. Tudo dependerá do modo como ele entrar em contato com a superfície, pela ponta ou pela cabeça. No primeiro caso, a força estará distribuída em uma área menor, o que provocará maior pressão.

// Em algumas praias do Nordeste é tradicional o passeio de *buggy*. Esse veículo é geralmente equipado com pneus que apresentam banda de rodagem de largura maior que o normal (pneus tala larga). Em razão de uma área maior de contato com o solo, a pressão exercida pelos pneus sobre a areia torna-se menor, dificultando o atolamento.

Unidades usuais de pressão

- Uma unidade inglesa de pressão bastante utilizada nos calibradores de pneus encontrados em postos de gasolina no Brasil é o **psi**.

$$1 \text{ psi} = 1 \frac{\text{libra-força}}{(\text{polegada})^2} = \frac{\text{lbf}}{\text{pol}^2}$$

$$1 \text{ psi} \cong 6{,}9 \cdot 10^3 \text{ Pa}$$

- $\dfrac{\text{kgf}}{\text{cm}^2}$ = atmosfera técnica métrica (atm)

$$1 \frac{\text{kgf}}{\text{cm}^2} = \frac{9{,}8 \text{ N}}{10^{-4} \text{ m}^2} = 9{,}8 \cdot 10^4 \frac{\text{N}}{\text{m}^2}$$

Logo:

$$1 \text{ atm} = 9{,}8 \cdot 10^4 \frac{\text{N}}{\text{m}^2} \cong 1 \cdot 10^5 \text{ Pa}$$

// Calibrador de pneus analógico.

Exercícios — Nível 1

1. Em pressão e temperatura constantes, a massa específica de uma substância pura:
a) é diretamente proporcional à massa considerada.
b) é inversamente proporcional ao volume considerado.
c) é constante somente para pequenas porções da substância.
d) é calculada por meio do quociente da massa considerada pelo respectivo volume.
e) pode ser medida em kgf/m^3.

2. Num local em que a aceleração da gravidade tem intensidade 10 m/s^2, 1,0 kg de água ocupa um volume de 1,0 L. Determine:
a) a massa específica da água, em g/cm^3;
b) o peso específico da água, em N/m^3, em que o peso específico é o quociente entre o módulo do peso do líquido e o volume correspondente.

3. Nas mesmas condições de pressão e temperatura, as massas específicas da água e da glicerina valem, respectivamente, 1,00 g/cm^3 e 1,26 g/cm^3. Nesse caso, qual a densidade da glicerina em relação à água?

TÓPICO 2 | ESTÁTICA DOS FLUIDOS **611**

4. Um paralelepípedo de dimensões lineares, respectivamente, iguais a *a*, *b* e *c* (a > c) é apoiado sobre uma superfície horizontal, conforme representam as figuras 1 e 2.

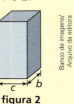

figura 1   figura 2

Sendo M a massa do paralelepípedo e g a intensidade da aceleração da gravidade, determine a pressão exercida por esse corpo sobre a superfície de apoio:

a) no caso da figura 1; b) no caso da figura 2.

Resolução:

Em ambos os casos, a força normal de compressão exercida pelo paralelepípedo sobre a superfície horizontal de apoio tem intensidade igual à do seu peso.

$$|\vec{F}_n| = |\vec{P}| \Rightarrow |\vec{F}_n| = Mg$$

a) $p_1 = \dfrac{|\vec{F}_n|}{A_1} \Rightarrow \boxed{p_1 = \dfrac{Mg}{ab}}$

b) $p_2 = \dfrac{|\vec{F}_n|}{A_2} \Rightarrow \boxed{p_2 = \dfrac{Mg}{bc}}$

Nota:
- Como ab > bc, temos $p_1 < p_2$.

5. Uma bailarina de massa 60 kg dança num palco plano e horizontal. Na situação representada na figura 1, a área de contato entre os seus pés e o solo vale $3{,}0 \cdot 10^2$ cm², enquanto na situação representada na figura 2 essa mesma área vale apenas 15 cm².

Adotando g = 10 m/s², calcule a pressão exercida pelo corpo da bailarina sobre o solo:

a) na situação da figura 1;
b) na situação da figura 2.

figura 1   figura 2

Exercícios — Nível 2

6. (Fuvest-SP) Os chamados buracos negros, de elevada densidade, seriam regiões do Universo capazes de absorver matéria, que passaria a ter a densidade desses buracos. Se a Terra, com massa da ordem de 10^{27} g, fosse absorvida por um buraco negro de densidade igual a 10^{24} g/cm³, ocuparia um volume comparável ao:

a) de um nêutron.
b) de uma gota d'água.
c) de uma bola de futebol.
d) da Lua.
e) do Sol.

7. Um volume V_A de um líquido **A** é misturado com um volume V_B de um líquido **B**. Sejam μ_A e μ_B as massas específicas dos líquidos **A** e **B**. Desprezando qualquer contração do volume no sistema e supondo que os líquidos **A** e **B** são miscíveis, determine a massa específica μ da mistura.

Resolução:

$$\mu = \dfrac{m_{total}}{V_{total}} \Rightarrow \mu = \dfrac{m_A + m_B}{V_A + V_B} \quad (I)$$

Em que: $\mu_A = \dfrac{m_A}{V_A} \Rightarrow m_A = \mu_A V_A \quad (II)$

$\mu_B = \dfrac{m_B}{V_B} \Rightarrow m_B = \mu_B V_B \quad (III)$

Substituindo (II) e (III) em (I), vem:

$$\boxed{\mu = \dfrac{\mu_A V_A + \mu_B V_B}{V_A + V_B}}$$

Nota:
- No caso particular em que $V_A = V_B$, teremos

$$\mu = \dfrac{\mu_A + \mu_B}{2}$$

8. (UEL-PR) As densidades de dois líquidos **A** e **B**, que não reagem quimicamente entre si, são $d_A = 0{,}80$ g/cm^3 e $d_B = 1{,}2$ g/cm^3, respectivamente. Fazendo-se a adição de volumes iguais dos dois líquidos, obtém-se uma mistura cuja densidade é x. Adicionando-se massas iguais de **A** e de **B**, a mistura obtida tem densidade y. Os valores de x e y, em g/cm^3, são, respectivamente, mais próximos de:
   a) 1,1 e 1,1.   c) 1,0 e 0,96.   e) 0,96 e 0,96.
   b) 1,0 e 1,1.   d) 0,96 e 1,0.

9. (UnB-DF)

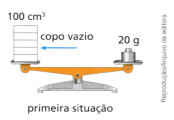

primeira situação

segunda situação

Na figura acima, está esquematizado um processo que pode ser usado para determinar a densidade de um líquido, por meio de uma balança de braços iguais e um béquer graduado. Nas duas situações retratadas, a balança está perfeitamente equilibrada. Nesse contexto, a densidade do líquido é igual a:
   a) 10,0 g/cm^3 c) 4,0 g/cm^3 e) 0,25 g/cm^3
   b) 8,0 g/cm^3 d) 2,0 g/cm^3

10. Um cubo, feito de material rígido e poroso, tem densidade igual a 0,40 g/cm^3. Quando mergulhado em água, e após absorver todo o líquido possível, sua densidade passa a ser de 1,2 g/cm^3. Sendo M a massa do cubo quando seco e M' a massa de água que ele absorve, responda: qual é a relação entre M e M'? (Considere que o volume do cubo não se altera após absorver o líquido.)

11. Com uma faca bem afiada, um açougueiro consegue tirar bifes de uma peça de carne com relativa facilidade. Com essa mesma faca "cega" e com o mesmo esforço, entretanto, a tarefa fica mais difícil. A melhor explicação para o fato é que:
    a) a faca afiada exerce sobre a carne uma pressão menor que a exercida pela faca "cega".
    b) a faca afiada exerce sobre a carne uma pressão maior que a exercida pela faca "cega".
    c) o coeficiente de atrito cinético entre a faca afiada e a carne é menor que o coeficiente de atrito cinético entre a faca "cega" e a carne.
    d) a área de contato entre a faca afiada e a carne é maior que a área de contato entre a faca "cega" e a carne.
    e) Nenhuma das anteriores explica satisfatoriamente o fato.

12. Dois blocos cúbicos **A** e **B**, extraídos de uma mesma rocha maciça e homogênea, têm arestas, respectivamente, iguais a x e $3x$ e estão apoiados sobre um solo plano e horizontal. Sendo p_A e p_B as pressões exercidas por **A** e **B** na superfície de apoio, determine a relação $\dfrac{p_A}{p_B}$.

13. Um mesmo livro é mantido em repouso apoiado nos planos representados nos esquemas seguintes:

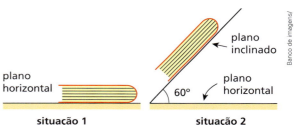

situação 1   situação 2

Sendo p_1 a pressão exercida pelo livro sobre o plano de apoio na situação 1 e p_2 a pressão exercida pelo livro sobre o plano de apoio na situação 2, qual será o valor da relação $\dfrac{p_2}{p_1}$?

14. Seja uma caixa-d'água de massa igual a $8{,}0 \cdot 10^2$ kg apoiada em um plano horizontal. A caixa, que tem base quadrada de lado igual a 2,0 m, contém água ($\mu_a = 1{,}0$ g/cm^3) até a altura de 1,0 m. Considerando $g = 10$ m/s^2, calcule, em N/m^2 e em atm, a pressão média exercida pelo sistema no plano de apoio.

15. (Unicamp-SP) Ao se usar um saca-rolhas, a força mínima que deve ser aplicada para que a rolha de uma garrafa comece a sair é igual a 360 N.
    a) Sendo $\mu_e = 0{,}2$ o coeficiente de atrito estático entre a rolha e o bocal da garrafa, encontre a força normal que a rolha exerce no bocal da garrafa. Despreze o peso da rolha.
    b) Calcule a pressão da rolha sobre o bocal da garrafa. Considere o raio interno do bocal da garrafa igual a 0,75 cm e o comprimento da rolha igual a 4,0 cm. Adote $\pi \cong 3$.

Bloco 2

6. Pressão exercida por uma coluna líquida

Considere a figura ao lado, que representa um reservatório contendo um líquido homogêneo de massa específica μ, em equilíbrio sob a ação da gravidade (de intensidade g). Seja h a altura do nível do líquido no reservatório. Isolemos, no meio fluido, uma coluna cilíndrica imaginária do próprio líquido, com peso de módulo P e área da base A.

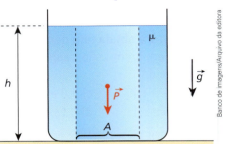

A referida coluna exerce uma pressão média (p) na base do reservatório, que pode ser calculada por:

$$p = \frac{P}{A} \quad (I),$$

mas $P = mg$, e $\mu = \frac{m}{V} \Rightarrow m = \mu V$

Assim:

$$P = \mu V g \quad (II)$$

Como a coluna é cilíndrica, seu volume é dado por:

$$V = Ah \quad (III)$$

Substituindo (III) em (II), vem:

$$P = \mu A h g \quad (IV)$$

Substituindo (IV) em (I), obtemos:

$$p = \frac{\mu A h g}{A} \Rightarrow \boxed{p = \mu g h}$$

Observe que a pressão p independe da área A e que, com μ e g constantes, p é diretamente proporcional a h.

Visando obter um dado importante para a análise de situações hidrostáticas, vamos calcular o acréscimo de pressão Δp registrado por um mergulhador que se aprofunda verticalmente $\Delta h = 10$ m na água de um lago, admitida homogênea e com massa específica $\mu = 1{,}0 \cdot 10^3$ kg/m³.

Supondo que a aceleração da gravidade local seja $g = 10$ m/s², temos:

$$\Delta p = \mu g \Delta h \Rightarrow \Delta p = 1{,}0 \cdot 10^3 \cdot 10 \cdot 10 \text{ (Pa)}$$

$$\boxed{\Delta p = 1{,}0 \cdot 10^5 \text{ Pa} \cong 1{,}0 \text{ atm}}$$

Assim, concluímos que, para cada 10 m acrescentados à profundidade do mergulhador na água, há um aumento de $1{,}0 \cdot 10^5$ Pa ou 1,0 atm na pressão exercida sobre ele.

// Um mergulhador aprofunda-se na água agarrado a uma corda. Para cada 10 m percorridos no movimento descendente vertical, acrescenta-se uma pressão de $1{,}0 \cdot 10^5$ Pa ou 1,0 atm.

7. Forças exercidas nas paredes de um recipiente por um líquido em equilíbrio

Suponhamos que o recipiente da figura a seguir esteja cheio, por exemplo, de água, em equilíbrio e sob a ação da gravidade. Se no balão localizado à direita fizermos alguns furos, notaremos que a água jorrará através deles, esguichando, de saída, radialmente (perpendicularmente) à superfície do balão.

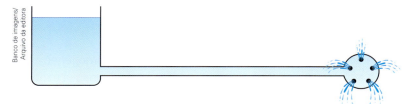

// Ao jorrar pelos orifícios, a água adquire movimento inicial normal à superfície do balão.

Chegamos, então, a uma importante conclusão:

> Um líquido em equilíbrio exerce nas paredes do recipiente que o contém forças perpendiculares a elas, no sentido líquido → parede.

Caso as paredes do recipiente sejam planas, pode-se verificar que:

> A intensidade (F) da força exercida por um líquido em equilíbrio contra uma parede plana do recipiente que o contém é igual ao produto da pressão no centro geométrico (**C**) da parede banhada pelo líquido (p_C) pela área (A) "molhada":
> $$F = p_C A$$

Considere, por exemplo, a barragem representada na figura abaixo, em que o nível livre da água está a uma altura h. Admita que a região "molhada" seja retangular e tenha largura ℓ (não indicada no esquema). Supondo que o módulo da aceleração da gravidade seja g, calculemos a intensidade F da resultante das forças exercidas pela água (massa específica μ) contra a barragem.

Temos:
$$F = p_C A \quad (I)$$

Mas:
$$p_C = \mu g h_C \Rightarrow p_C = \mu g \frac{h}{2} \quad (II)$$

e
$$A = h\ell \quad (III)$$

Substituindo (II) e (III) em (I), vem:

$$F = \mu g \frac{h}{2} h \ell \Rightarrow \boxed{F = \frac{1}{2} \mu g \ell h^2}$$

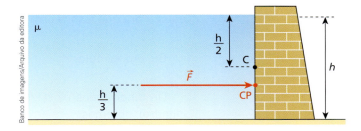

A barragem é, para o "recipiente" que contém o líquido em questão, uma parede lateral. Por isso, embora no cálculo de F tenhamos utilizado a pressão em **C** (centro geométrico da área "molhada"), a resultante das ações do líquido contra a barragem não se aplica em **C**, e sim em **CP**, ponto denominado **centro de pressões**.

Pode-se demonstrar que **CP** situa-se a uma altura $\frac{h}{3}$ em relação à base da barragem.

8. O Teorema de Stevin

Simon **Stevin** (1548-1620) nasceu em Bruges, nos Países Baixos (hoje, Bélgica), e notabilizou-se como engenheiro militar. Estudou os números fracionários e a queda livre de corpos com diferentes massas, constatando a igualdade de suas acelerações, e propôs alguns inventos, como a carroça movida a vela. Uma de suas funções era inspecionar as condições de segurança dos diques holandeses, o que o levou a importantes conclusões sobre hidrostática.

O teorema que enunciaremos a seguir, também conhecido como **Lei Fundamental da Hidrostática**, foi formulado por Simon Stevin:

> A diferença de pressões entre dois pontos de um líquido homogêneo em equilíbrio sob a ação da gravidade é calculada pelo produto da massa específica do líquido pelo módulo da aceleração da gravidade no local e pelo desnível (diferença de cotas) entre os pontos considerados:
> $$p_2 - p_1 = \mu g h$$

// Retrato de Simon Stevin. Autor desconhecido, 1590. Paris, coleção particular.

Demonstração

Considere o recipiente da figura ao lado, que contém um líquido homogêneo de massa específica μ, em equilíbrio sob a ação da gravidade ($\vec{g}$). Admita, para efeito de demonstração do teorema, um cilindro imaginário do próprio líquido, com área da base A e altura h.

Pelo fato de estar envolvido pelo líquido, o cilindro recebe dele os conjuntos de forças indicados.

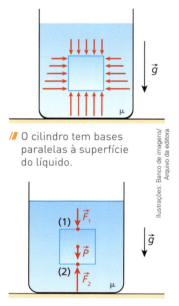

// O cilindro tem bases paralelas à superfície do líquido.

Em razão da simetria, as forças laterais ao cilindro (horizontais) equilibram-se duas a duas. As forças aplicadas segundo a vertical, no entanto, não se equilibram. Por isso, temos uma resultante $\vec{F}_1$ aplicada no ponto 1, na base superior do cilindro, e uma resultante $\vec{F}_2$ aplicada no ponto 2, na base inferior do cilindro.

Observe que, além de $\vec{F}_1$ e de $\vec{F}_2$, também atua no cilindro a força da gravidade $\vec{P}$.

Como o líquido está em equilíbrio, o cilindro, que faz parte dele, também deve estar. Para que isso ocorra, devemos ter:

$$\vec{F}_1 + \vec{F}_2 + \vec{P} = \vec{0}$$

Ou, em módulo:

$$F_2 - F_1 = P$$

Dividindo todos os termos da igualdade anterior por A (área das bases do cilindro), obtemos:

$$\frac{F_2}{A} - \frac{F_1}{A} = \frac{P}{A},$$

mas:

$\dfrac{F_2}{A} = p_2$ (pressão no ponto 2) $\dfrac{F_1}{A} = p_1$ (pressão no ponto 1)

Assim:

$$p_2 - p_1 = \frac{P}{A} \Rightarrow p_2 - p_1 = \frac{mg}{A}$$

A massa *m* pode ser expressa fazendo-se:
$$m = \mu V = \mu A h$$
Substituindo, vem:
$$p_2 - p_1 = \frac{\mu A h g}{A} \Rightarrow \boxed{p_2 - p_1 = \mu g h}$$

9. Consequências do Teorema de Stevin

1ª consequência

> Todos os pontos de um líquido em equilíbrio sob a ação da gravidade, situados em um mesmo nível horizontal, suportam a **mesma pressão**, constituindo uma **região isobárica**.

Verificação

Consideremos a figura abaixo, na qual os pontos 1, 2 e 3 pertencem ao mesmo nível (mesma horizontal). O líquido considerado é homogêneo e encontra-se em equilíbrio.

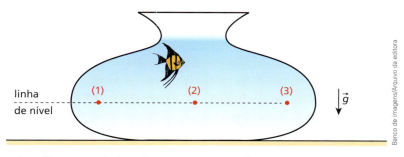

Aplicando o **Teorema de Stevin** aos pontos 1 e 2, temos:
$$p_2 - p_1 = \mu g h$$

Entretanto, se os pontos estão no mesmo nível, o desnível entre eles (*h*) é nulo, levando-nos a escrever:
$$p_2 - p_1 = 0 \Rightarrow \boxed{p_2 = p_1}$$

No aquário esquematizado acima, o peixe se submeterá à mesma pressão nos pontos 1, 2 e 3, situados no mesmo nível horizontal, não importando o fato de os pontos 1 e 3 situarem-se abaixo das paredes laterais do recipiente e de o ponto 2 situar-se sob a superfície livre da água.

2ª consequência

> Desprezando fenômenos relativos à tensão superficial, a superfície livre de um líquido em equilíbrio sob a ação da gravidade é plana e horizontal.

Verificação

Suponhamos que no recipiente da figura ao lado exista um líquido em equilíbrio, sob a ação da gravidade. Sejam 1 e 2 pontos da superfície livre do líquido, desnivelados de uma altura *h*.

Aplicando a esses pontos o **Teorema de Stevin**, obtemos:
$$p_2 - p_1 = \mu g h$$

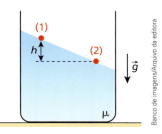

Como os pontos 1 e 2 estão expostos diretamente ao ar, a pressão que se exerce sobre ambos é a pressão atmosférica (p_0). Então, temos:

$$p_2 = p_1 = p_0$$

Assim:

$$p_0 - p_0 = \mu g h \Rightarrow \mu g h = 0$$

Como o produto $\mu g h$ é nulo e sendo $\mu \neq 0$ e $g \neq 0$, concluímos que:

$$h = 0$$

Do exposto, observamos que os pontos 1 e 2 não podem estar desnivelados, sendo, portanto, absurda a figura proposta.

Se o recipiente estiver em movimento acelerado, com aceleração horizontal constante $\vec{a}$, no entanto, a superfície livre do líquido ficará inclinada de um ângulo θ, conforme representa a figura a seguir. Podemos obter o valor de θ, como está demonstrado na sequência, fazendo tg θ = a/g, em que g é o módulo da aceleração da gravidade. Isso ocorre porque, em razão da inércia, se estabelece no interior do recipiente uma **gravidade aparente** ($\vec{g}_{ap}$) perpendicular à superfície livre do líquido, dada pela soma vetorial $\vec{g}_{ap} = -\vec{a} + \vec{g}$.

No triângulo retângulo destacado, temos:

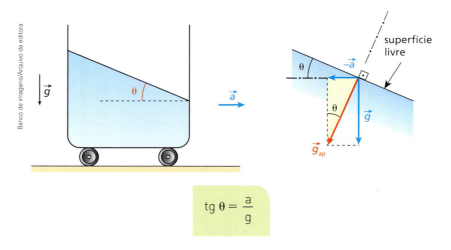

$$\tan θ = \frac{a}{g}$$

Observe que, aumentando o valor de *a*, aumenta-se também a tg θ e, consequentemente, o ângulo θ de inclinação da superfície livre do líquido em relação à horizontal.

10. A pressão atmosférica e o experimento de Torricelli

A **pressão atmosférica** influi de maneira decisiva em muitas situações. Um litro de água, por exemplo, pode ferver em maior ou em menor temperatura, dependendo da pressão atmosférica do local. A cidade de São Paulo, por estar em média a 760 m acima do nível do mar, suporta pressão atmosférica menor que Santos, no litoral. Por esse motivo, em São Paulo a água ferve a 98 °C, aproximadamente, enquanto em Santos ferve a 100 °C.

O cientista italiano Evangelista **Torricelli** (1608-1647), aluno de Galileu, propôs um critério bastante simples para a obtenção experimental do valor da pressão atmosférica. O aparato e o método utilizados por ele estão descritos a seguir.

Considere uma cuba e um tubo, de aproximadamente 1,0 m de comprimento, ambos contendo mercúrio (figura 1).

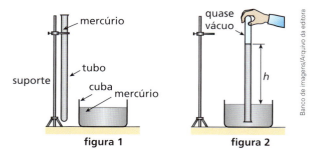

A princípio, o tubo encontra-se completamente tomado pelo fluido (mercúrio), até sua extremidade aberta.

Veda-se, então, a abertura do tubo e, posicionando-o de boca para baixo, introduz-se parte dele no mercúrio da cuba. Em seguida, destapa-se sua extremidade, tomando-se o cuidado de mantê-la sempre voltada para baixo (figura 2). Com isso, parte do mercúrio do tubo escoa para a cuba, até que seja estabelecido o equilíbrio fluidostático do sistema.

Vamos chamar de μ_{Hg} a massa específica do mercúrio, g o módulo da aceleração da gravidade, p_0 a pressão atmosférica local e h a altura do nível do mercúrio no tubo em relação à superfície livre do mercúrio na cuba (figura 2).

Na figura 3, sejam p_1 e p_2, respectivamente, as pressões nos pontos 1 e 2.

Pelo fato de o ponto 1 pertencer ao nível livre do mercúrio na cuba e estar exposto diretamente à atmosfera, tem-se:

$$p_1 = p_0$$

No ponto 2, a pressão se deve praticamente à coluna de mercúrio que aí se sobrepõe, pois acima do mercúrio do tubo temos quase o vácuo (apenas vapor de mercúrio muito rarefeito). Desse modo:

$$p_2 = \mu_{Hg}\, g\, h$$

Entretanto, no equilíbrio, as pressões nos pontos 1 e 2 são iguais, pois os referidos pontos pertencem ao mesmo fluido (mercúrio) e estão no mesmo nível (mesma região isobárica).

Assim, $p_1 = p_2$, ou seja:

$$p_0 = \mu_{Hg}\, g\, h$$

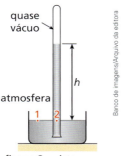

figura 3 – sistema em equilíbrio

Fazendo o experimento de Torricelli ao nível do mar ($g \cong 9{,}81$ m/s²) e a 0 °C, obtém-se para h um valor muito próximo de 76,0 cm. Assim, com $\mu_{Hg} = 13{,}6 \cdot 10^3$ kg/m³, calcula-se o valor de p_0 no local:

$$p_0 = 13{,}6 \cdot 10^3\ \frac{kg}{m^3} \cdot 9{,}81\ \frac{m}{s^2} \cdot 0{,}760\ m$$

$$p_0 \cong 1{,}01 \cdot 10^5\ \frac{N}{m^2} \cong 1{,}00\ atm$$

Na prática, para se evitar o incômodo da multiplicação $\mu_{Hg}\, g\, h$, é comum expressar-se a pressão atmosférica diretamente em cm ou mm de mercúrio. Dessa forma, ao nível do mar e a 0 °C, diz-se que a pressão atmosférica tem um valor próximo de **76,0 cmHg** ou **760 mmHg**.

NOTA!

O que há de errado com a imagem do *outdoor*?

// Esta fotografia mostra um painel publicitário no centro da cidade de São Paulo (SP), em que um jovem parece tomar refrigerante sugando o líquido por meio de um canudinho posicionado na vertical.

Faça você mesmo

> ⚠ Este experimento envolve fogo. Realize-o apenas com a supervisão do professor.

A vela que ergue água

No experimento de Torricelli descrito anteriormente, vimos que uma coluna de mercúrio com altura próxima de 76 cm produz em sua base uma pressão capaz de equilibrar a pressão atmosférica. Por outro lado, é possível demonstrar que seria necessária uma coluna líquida de água com altura em torno de 10 m para equilibrar a mesma pressão atmosférica (veja o exercício resolvido na página 623).

O experimento sugerido a seguir propõe o equilíbrio entre a pressão exercida por uma coluna de um líquido aquoso, aliada a uma coluna gasosa, e a pressão atmosférica.

Material necessário

- 1 vela com cerca de 10 cm de altura;
- 1 frasco cilíndrico de vidro transparente e incolor, de preferência de boca larga, tal que possa abrigar com folga a vela. Pode ser uma embalagem de aspargos, palmito, maionese, doces em calda, etc.;
- 1 prato fundo;
- 1 sachê de suco de frutas em pó. Recomendamos suco de uva, que tem uma pigmentação mais escura. Observe que o suco mais escuro favorece a visualização;
- 1 vasilha com água para diluir o suco de frutas em pó;
- Fósforos ou isqueiro para acender a vela.

Procedimento

I. Dilua o suco de frutas em pó na vasilha com água e, tomando o devido cuidado para não se queimar, acenda a vela. Usando a parafina derretida que surge logo de início, fixe a vela em posição vertical no centro do prato. Despeje cuidadosamente parte do suco contido na vasilha dentro do prato até preencher cerca de 1/3 de sua capacidade.

II. Em seguida, emborque o frasco com a boca para baixo e introduza a vela acesa em seu interior, de modo a apoiar a boca do frasco no fundo do prato.

III. Durante um breve intervalo de tempo, observe a vela erguer uma coluna de suco dentro do frasco com redução concomitante no tamanho da chama, que, por fim, irá se extinguir. Com a vela apagada, você perceberá uma situação de **equilíbrio** com a coluna de suco dentro do frasco praticamente estabilizada em relação ao suco contido no prato.

Fotografias: Sérgio Dotta Jr./The Next

Desenvolvimento

1. Por que a vela acaba se apagando quando confinada no interior do frasco? Elabore hipóteses e confronte-as com as de seus colegas.

2. Por que o suco sobe no interior do frasco? Elabore hipóteses e confronte-as com as de seus colegas.

3. Em termos de pressão, qual é a equação para o equilíbrio verificado na situação descrita no procedimento III? Discuta o resultado com seus colegas.

Exercícios Nível 1

16. (Ufop-MG) Considere o reservatório hermeticamente fechado esquematizado na figura:

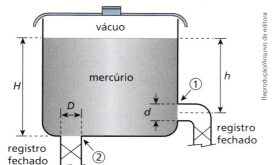

No equilíbrio hidrostático, determine a relação entre as pressões p e P, respectivamente, na entrada dos tubos ① (diâmetro d) e ② (diâmetro D):

a) $\dfrac{p}{P} = \dfrac{d}{D}$
b) $\dfrac{p}{P} = \dfrac{D}{d}$
c) $\dfrac{p}{P} = \dfrac{h}{H}$
d) $\dfrac{p}{P} = \dfrac{H}{h}$
e) $\dfrac{p}{P} = \dfrac{dh}{DH}$

17. (Unesp-SP) Um vaso de flores, cuja forma está representada na figura, está cheio de água. Três posições, **A**, **B** e **C**, estão indicadas na figura.

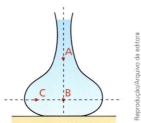

A relação entre as pressões p_A, p_B e p_C, exercidas pela água respectivamente nos pontos **A**, **B** e **C**, pode ser descrita como:

a) $p_A > p_B > p_C$
b) $p_A > p_B = p_C$
c) $p_A = p_B > p_C$
d) $p_A = p_B < p_C$
e) $p_A < p_B = p_C$

18. Considere os recipientes **A**, **B** e **C** da figura, cujas áreas das paredes do fundo são iguais. Os recipientes contêm o mesmo líquido homogêneo em equilíbrio, e em todos eles o nível livre do líquido atinge a altura h.

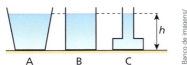

Sejam p_A, p_B e p_C e F_A, F_B e F_C, respectivamente, as pressões e as intensidades das forças exercidas pelo líquido nas paredes do fundo dos recipientes **A**, **B** e **C**. Compare:

a) p_A, p_B e p_C;
b) F_A, F_B e F_C.

19. O tanque representado na figura seguinte contém
E.R. água ($\mu = 1{,}0$ g/cm³) em equilíbrio sob a ação da gravidade ($g = 10$ m/s²):

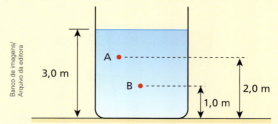

Determine, em unidades do Sistema Internacional:

a) a diferença de pressão entre os pontos **B** e **A** indicados;
b) a intensidade da força resultante devido à água na parede do fundo do tanque, cuja área vale 2,0 m².

Resolução:

a) A diferença de pressão entre os pontos **B** e **A** pode ser calculada pelo Teorema de Stevin:

$$p_B - p_A = \mu g h$$

Fazendo $p_B - p_A = \Delta p$, vem:

$$\Delta p = \mu g h$$

Sendo $\mu = 1{,}0$ g/cm³ $= 1{,}0 \cdot 10^3$ kg/m³, $g = 10$ m/s² e $h = 2{,}0$ m $- 1{,}0$ m $= 1{,}0$ m, calculemos Δp:

$$\Delta p = 1{,}0 \cdot 10^3 \cdot 10 \cdot 1{,}0$$

$$\boxed{\Delta p = 1{,}0 \cdot 10^4 \text{ N/m}^2}$$

b) A intensidade F da força resultante que a água exerce na parede do fundo do tanque é dada por:

$$F = p_{fundo} A = \mu g H A$$

Sendo $H = 3{,}0$ m e $A = 2{,}0$ m², vem:

$F = 1{,}0 \cdot 10^3 \cdot 10 \cdot 3{,}0 \cdot 2{,}0$ ∴ $\boxed{F = 6{,}0 \cdot 10^4 \text{ N}}$

20. (PUC-RJ) Em um vaso em forma de cone truncado, são colocados três líquidos imiscíveis. O menos denso ocupa um volume cuja altura vale 2,0 cm; o de densidade intermediária ocupa um volume de altura igual a 4,0 cm, e o mais denso ocupa um volume de altura igual a 6,0 cm. Supondo que as densidades dos líquidos sejam 1,5 g/cm³, 2,0 g/cm³ e 4,0 g/cm³, respectivamente, responda: qual é a força extra exercida sobre o fundo do vaso devido à presença dos líquidos? A área da superfície inferior do vaso é 20 cm² e a área da superfície livre do líquido que está na primeira camada superior vale 40 cm². A aceleração gravitacional local é 10 m/s².

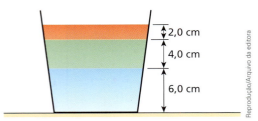

21. Um longo tubo de vidro, fechado em sua extremidade superior, é cuidadosamente mergulhado nas águas de um lago (com massa específica de $1,0 \cdot 10^3$ kg/m³) com seu eixo longitudinal coincidente com a direção vertical, conforme representa a figura.

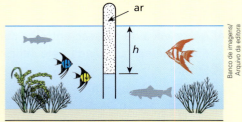

No local, a pressão atmosférica vale $p_0 = 1,0$ atm e adota-se $g = 10$ m/s².

Se o nível da água no interior do tubo sobe até uma profundidade $h = 5,0$ m, medida em relação à superfície livre do lago, qual é a pressão do ar contido no interior do tubo?

Resolução:

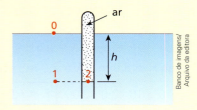

Aplicando o Teorema de Stevin aos pontos 0 e 1, temos:

$p_1 - p_0 = \mu_{água} g h \Rightarrow p_1 = \mu_{água} g h + p_0$

Concluímos, então, que a pressão total no ponto 1 é constituída por duas parcelas: $\mu_{água} g h$, que é a pressão efetiva exercida pela água, e p_0, que é a pressão atmosférica.

É importante notar que a pressão atmosférica manifesta-se não apenas na superfície livre da água, mas também em todos os pontos do seu interior, como será demonstrado no item 12.

No ponto 2, temos: $p_2 = p_{ar}$

Como os pontos 1 e 2 pertencem à água e estão situados no mesmo nível horizontal (mesma região isobárica), suportam pressões iguais. Assim:

$p_2 = p_1 \Rightarrow p_{ar} = \mu_{água} g h + p_0$

Sendo $\mu_{água} = 1,0 \cdot 10^3$ kg/m³, $g = 10$ m/s², $h = 5,0$ m e $p_0 = 1,0$ atm $\cong 1,0 \cdot 10^5$ Pa, calculemos p_{ar}:

$p_{ar} = (1,0 \cdot 10^3 \cdot 10 \cdot 5,0 + 1,0 \cdot 10^5)$ Pa

$\boxed{p_{ar} = 1,5 \cdot 10^5 \text{ Pa} \cong 1,5 \text{ atm}}$

22. (Unesp-SP) Emborca-se um tubo de ensaio em uma vasilha com água, conforme a figura. Com respeito à pressão nos pontos 1, 2, 3, 4, 5 e 6, qual das opções abaixo é válida?

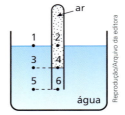

a) $p_1 = p_4$ c) $p_5 = p_4$ e) $p_3 = p_6$
b) $p_1 = p_2$ d) $p_3 = p_2$

23. A medição da pressão atmosférica reinante no interior de um laboratório de Física foi realizada utilizando-se o dispositivo representado na figura:

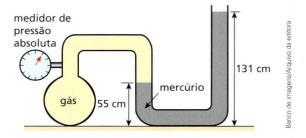

Sabendo que a pressão exercida pelo gás, lida no medidor, é de 136 cmHg, determine o valor da pressão atmosférica no local.

Exercícios Nível 2

24. (UFRJ) A figura abaixo ilustra dois recipientes de formas diferentes, mas de volumes iguais, abertos e apoiados em uma mesa horizontal. Os dois recipientes têm a mesma altura h e estão cheios, até a borda, com água.

Calcule a razão $|\vec{f}_1|/|\vec{f}_2|$ entre os módulos das forças exercidas pela água sobre o fundo do recipiente I ($\vec{f}_1$) e sobre o fundo do recipiente II ($\vec{f}_2$), sabendo que as áreas das bases dos recipientes I e II valem, respectivamente, A e 4A.

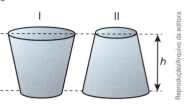

25. (UFRJ) Um recipiente cilíndrico contém água em equilíbrio hidrostático (figura 1). Introduz-se na água uma esfera metálica maciça de volume igual a $5,0 \cdot 10^{-5}$ m³, suspensa, por um fio ideal de volume desprezível, de um suporte externo. A esfera fica totalmente submersa na água sem tocar as paredes do recipiente (figura 2).

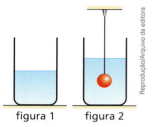

figura 1   figura 2

Restabelecido o equilíbrio hidrostático, verifica-se que a introdução da esfera na água provocou um acréscimo de pressão Δp no fundo do recipiente. A densidade da água é igual a $1,0 \cdot 10^3$ kg/m³ e a área da base do recipiente é igual a $2,0 \cdot 10^{-3}$ m². Considere g = 10 m/s².

Calcule o acréscimo de pressão Δp.

26. Se o experimento de Torricelli para a determinação da pressão atmosférica (p_0) fosse realizado com água ($\mu_{H_2O} = 1,0$ g/cm³) no lugar de mercúrio, que altura da coluna de água no tubo (em relação ao nível livre da água na cuba) faria o equilíbrio hidrostático ser estabelecido no barômetro? Desprezar a pressão exercida pelo vapor de água e adotar, nos cálculos, g = 10 m/s². A pressão atmosférica local vale $p_0 = 1,0$ atm.

Resolução:

Na figura ao lado, está representado o barômetro de Torricelli.

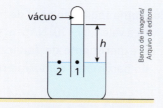

Tendo em conta o equilíbrio hidrostático do sistema, podemos afirmar que a pressão exercida pela coluna de água de altura h em sua base (p_{H_2O}) é igual à pressão atmosférica (p_0).

$$p_1 = p_2 \Rightarrow p_{H_2O} = p_0 \Rightarrow \mu_{H_2O} g h = p_0$$

Em que:

$$h = \frac{p_0}{\mu_{H_2O} g}$$

Sendo $p_0 = 1,0$ atm $\cong 1,0 \cdot 10^5$ Pa, g = 10 m/s² e $\mu_{H_2O} = 1,0 \cdot 10^3$ kg/m³, calculemos a altura h:

$$h = \frac{1,0 \cdot 10^5}{1,0 \cdot 10^3 \cdot 10} \therefore \boxed{h = 10 \text{ m}}$$

27. (Unesp-SP) O esfigmomanômetro de Riva-Rocci foi um dos primeiros aparelhos desenvolvidos para se medir a pressão arterial. Atualmente, em razão do mercúrio presente nesses aparelhos, eles vêm sendo substituídos por esfigmomanômetros eletrônicos, sem mercúrio, para reduzir impactos ambientais.

Para uma pessoa saudável, a pressão arterial máxima equilibra a coluna de mercúrio a uma altura máxima de 120 mm e a pressão arterial mínima equilibra a coluna de mercúrio a uma altura mínima de 80 mm.

Se o esfigmomanômetro de Riva-Rocci utilizasse água ao invés de mercúrio, quais seriam as alturas máxima e mínima, em milímetros, da coluna de água que seria equilibrada pelos valores máximos e mínimos da pressão arterial de uma pessoa saudável?

Considere que a densidade do mercúrio é 13 vezes a da água.

a) $H_{mín} = 1040$ mm; $H_{máx} = 1560$ mm
b) $H_{mín} = 80$ mm; $H_{máx} = 120$ mm

c) $H_{mín} = 6,2$ mm; $H_{máx} = 9,2$ mm
d) $H_{mín} = 1040$ mm; $H_{máx} = 2080$ mm
e) $H_{mín} = 860$ mm; $H_{máx} = 1560$ mm

28. Numa região ao nível do mar, a pressão atmosférica vale $1,01 \cdot 10^5$ N/m² e $g = 9,81$ m/s². Repete-se o experimento de Torricelli, dispondo-se o tubo do barômetro conforme representa a figura.

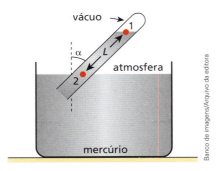

A distância L entre os pontos 1 e 2 vale 151 cm e a massa específica do mercúrio é $\mu = 13,6$ g/cm³. Estando o sistema em equilíbrio, calcule o valor aproximado do ângulo α que o tubo forma com a direção vertical.

29. (Cesgranrio) Um rapaz aspira ao mesmo tempo água e óleo, por meio de dois canudos de refrigerante, como mostra a figura. Ele consegue equilibrar os líquidos nos canudos com uma altura de 8,0 cm de água e de 10,0 cm de óleo.

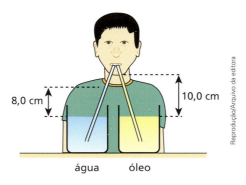

Qual a relação entre as massas específicas do óleo e da água?

30. Considere o experimento descrito a seguir:
Figura 1: Uma garrafa de vidro de altura igual a 40 cm é conectada a uma bomba de vácuo, que suga todo o ar do seu interior. Uma rolha de borracha obtura o gargalo, impedindo a entrada de ar.
Figura 2: A garrafa é emborcada em um recipiente contendo água e a rolha é retirada.

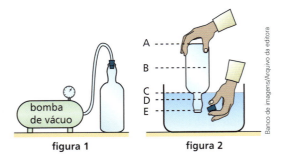

Dados: pressão atmosférica = 1,0 atm; densidade absoluta da água = 1,0 g/cm³; intensidade da aceleração da gravidade = 10 m/s².

Qual o nível da água na garrafa depois de estabelecido o equilíbrio hidrostático?

a) **A**   c) **C**   e) **E**
b) **B**   d) **D**

31. Os três aparelhos abaixo estão situados no interior da mesma sala:

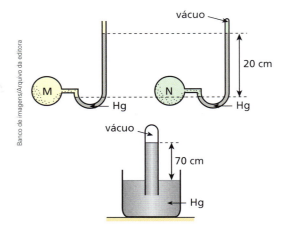

Fundamentado nas indicações das figuras, determine as pressões exercidas pelos gases contidos em **M** e **N**.

32. O sistema da figura encontra-se em equilíbrio sob a ação da gravidade, cuja intensidade vale 10 m/s²:

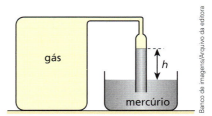

Considerando 1,0 atm = $1,0 \cdot 10^5$ N/m², calcule, em atm, a pressão do gás contido no reservatório.
Dados: pressão atmosférica $p_0 = 1,0$ atm; massa específica do mercúrio $\mu = 13,6$ g/cm³; h = 50 cm.

Bloco 3

11. O Teorema de Pascal

Blaise **Pascal** (1623-1662) nasceu em Clermont-Ferrand, França, tendo manifestado, ainda criança, grande habilidade em Matemática. Estudou Geometria, Probabilidade e Física, chegando a importantes descobertas. Aos 19 anos, depois de dois anos de trabalho intenso, terminou a construção de uma revolucionária calculadora mecânica que permitia a realização de operações aritméticas sem que o usuário precisasse saber os respectivos algoritmos. Buscando outros conhecimentos, embrenhou-se na Filosofia e na Teologia, tendo legado uma frase memorável, em que deixou clara sua insatisfação com as coisas meramente racionais: "O coração tem razões que a própria razão desconhece".

A Blaise Pascal devemos o teorema enunciado a seguir, que encontra várias aplicações práticas.

// Retrato de Pascal pintado por Philippe de Champoigne no século XVII.

> Um incremento de pressão comunicado a um ponto qualquer de um líquido incompressível em equilíbrio **transmite-se integralmente** a todos os demais pontos do líquido, bem como às paredes do recipiente.

Demonstração

Consideremos o cilindro da figura a seguir, que contém um líquido homogêneo, incompressível e em equilíbrio sob a ação da gravidade. O líquido encontra-se aprisionado por um êmbolo livre, de peso P. Consideremos dois pontos no líquido: o ponto 1, situado imediatamente sob o êmbolo, e o ponto 2, situado a uma profundidade h em relação a 1.

Aplicando o Teorema de Stevin aos pontos 1 e 2, temos:

$$p_2 - p_1 = \mu g h$$

Então: $p_2 = p_1 + \mu g h$ (I)

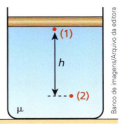

Se um corpo for depositado sobre o êmbolo, a pressão no ponto 1 será incrementada de Δp.

Tendo em vista esse incremento de pressão Δp, a nova pressão no ponto 1 (p_1') será dada por:

$$p_1' = p_1 + \Delta p$$

Com base na expressão indicada por (I), podemos constatar que a variação de p_1 acarreta também uma variação em p_2, já que a parcela $\mu g h$ não se altera (h = constante, pois o líquido é incompressível). Calculemos, então, a nova pressão (p_2') exercida no ponto 2:

$$p_2' = p_1' + \mu g h$$
$$p_2' = p_1 + \Delta p + \mu g h \Rightarrow p_2' = p_1 + \mu g h + \Delta p$$

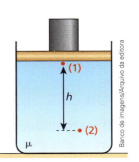

Lembrando que $p_2 = p_1 + \mu g h$, concluímos que:

$$p_2' = p_2 + \Delta p$$

Este último resultado permite-nos verificar que o incremento de pressão Δp, dado ao ponto 1, se transmitiu, manifestando-se também no ponto 2.

Vejamos a seguir outras situações em que o Teorema de Pascal é determinante no funcionamento de alguns dispositivos.

// Elevador hidráulico de automóveis (prensa hidráulica).

// Mecanismo hidráulico de abaixamento e recolhimento de trem de pouso de aviões.

// Multiplicadores hidráulicos de forças em retroescavadeiras.

12. Consequência do Teorema de Pascal

Todos os pontos de um líquido em equilíbrio exposto à atmosfera ficam submetidos à pressão atmosférica.

Verificação

No esquema ao lado temos um líquido em equilíbrio dentro de um recipiente fechado por uma tampa.

Admitamos, por hipótese, que entre a base da tampa e a superfície livre do líquido reine o vácuo. Sejam os pontos 1 e 2 pertencentes ao líquido, tal que 1 se encontre na superfície livre e 2 a uma profundidade h.

Nas condições descritas, a pressão no ponto 1 é nula, pois a esse ponto sobrepõe-se o vácuo. Assim:

$$p_1 = 0$$

No ponto 2, a pressão deve-se exclusivamente à camada líquida de altura h. Então:

$$p_2 = \mu g h$$

Se destamparmos o recipiente, a pressão no ponto 1 ficará incrementada de $\Delta p = p_0$, em que p_0 é a pressão atmosférica do local. A nova pressão p'_1 no ponto 1 será dada por:

$$p'_1 = \Delta p \quad \Rightarrow \quad p'_1 = p_0$$

Conforme o Teorema de Pascal, entretanto, esse incremento de pressão deverá transmitir-se integralmente também ao ponto 2. Por isso, a nova pressão p'_2 no ponto 2 será dada por:

$$p'_2 = \mu g h + \Delta p \quad \therefore \quad \boxed{p'_2 = \mu g h + p_0}$$

JÁ PENSOU NISTO?

O mergulhador submerso está livre da pressão atmosférica?

Nesse tranquilo mergulho oceânico, a pressão total sentida pelo mergulhador é obtida somando-se a pressão hidrostática que a água exerce sobre ele com a pressão atmosférica, que se manifesta em todos os pontos do líquido.

Vimos que uma camada (ou coluna) de água de espessura (ou altura) 10 m exerce em sua base uma pressão equivalente a 1,0 · 10⁵ Pa ou 1,0 atm.

Assim, a uma profundidade de 30 m, por exemplo, um mergulhador submerso em um lago detectará uma pressão total de 4,0 atm, sendo 3,0 atm exercidas pela água e 1,0 atm exercida pelo ar externo.

Você seria capaz de determinar a profundidade de um mergulhador que, submerso nas águas de um lago, detectasse uma pressão total de 3,8 atm?

Se você disse 28 m, acertou, pois, das 3,8 atm mencionadas, 2,8 atm são devidas à água, o que corresponde a uma profundidade de 28 m.

13. Pressão absoluta e pressão efetiva

Vamos admitir um recipiente como o representado ao lado, aberto, contendo um líquido homogêneo em equilíbrio sob a ação da gravidade. Seja um ponto **A** situado a uma profundidade h.

Conceituaremos a seguir a **pressão absoluta** e a **pressão efetiva** em **A**.

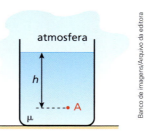

Pressão absoluta

É a pressão total verificada no ponto **A**. Em outras palavras, é a soma da pressão exercida pela coluna líquida com a pressão atmosférica (transmitida até esse ponto).

$$p_{abs} = \mu g h + p_0$$

Graficamente temos a seguinte representação:

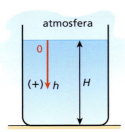
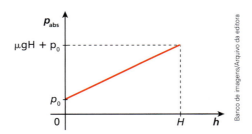

Pressão efetiva (ou hidrostática)

É a pressão exercida exclusivamente pela camada líquida que se sobrepõe ao referido ponto:

$$p_{ef} = \mu g h$$

Graficamente temos a seguinte representação:

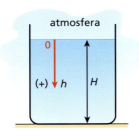
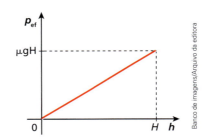

14. Vasos comunicantes

Um líquido em equilíbrio

Considere os recipientes da figura a seguir, que se comunicam pelas bases. Admita que um mesmo líquido homogêneo preencha os três ramos existentes no sistema, suposto em equilíbrio. Os ramos têm diâmetros suficientemente grandes, de modo que os efeitos ligados à capilaridade possam ser considerados desprezíveis.

Em relação à linha de nível indicada, sejam h_1, h_2 e h_3, respectivamente, as alturas das colunas líquidas nos ramos (1), (2) e (3). As pressões absolutas nos pontos 1, 2 e 3 são calculadas por:

$$p_1 = \mu g h_1 + p_0 \Rightarrow h_1 = \frac{p_1 - p_0}{\mu g}$$

$$p_2 = \mu g h_2 + p_0 \Rightarrow h_2 = \frac{p_2 - p_0}{\mu g}$$

$$p_3 = \mu g h_3 + p_0 \Rightarrow h_3 = \frac{p_3 - p_0}{\mu g}$$

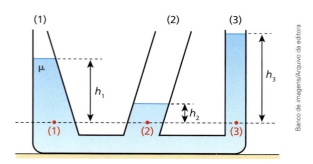

Nos três casos, p_0 (pressão atmosférica), μ (massa específica do líquido) e g (aceleração da gravidade) são constantes, e, como os pontos 1, 2 e 3 estão no mesmo nível, deve-se ter (pelo Teorema de Stevin) $p_1 = p_2 = p_3$. Assim, poderíamos constatar que:

$$h_1 = h_2 = h_3$$

Concluímos, então, que a figura proposta é absurda. Disso, podemos dizer que:

> Em um sistema de vasos comunicantes abertos nas extremidades superiores, situados em um mesmo ambiente e preenchidos por um mesmo líquido em equilíbrio, tem-se, em todos os vasos, a **mesma altura** para o nível livre do líquido.

Vamos ver alguns exemplos de vasos comunicantes.

Exemplo 1

Na fotografia ao lado, o sistema de vasos comunicantes está preenchido com um mesmo líquido. Observe que, independentemente da forma dos tubos, a altura atingida pelo líquido em cada um deles, medida a partir de um determinado nível, é sempre a mesma.

// Fotografia mostrando um sistema de vasos comunicantes.

Exemplo 2

Um bule é um sistema de vasos comunicantes em que o bico do recipiente se comunica com o corpo principal. Ao tombarmos um bule para servir um café, por exemplo, a superfície livre da bebida fica à mesma altura h em relação à linha de base do sistema, tanto no bico como no corpo principal, apresentando-se praticamente plana e horizontal, conforme representa a figura acima.

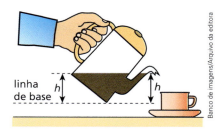

Dois líquidos imiscíveis em equilíbrio

Como já foi citado no início deste tópico, um exemplo tradicional de dois líquidos imiscíveis (que não se misturam) é o da água e do óleo, que não têm afinidade molecular. Colocando essas duas substâncias em um mesmo recipiente, observa-se que o óleo sobe enquanto a água desce. Estabelecido o equilíbrio, nota-se uma nítida superfície de separação entre os dois líquidos.

De acordo com o Teorema de Arquimedes (que será apresentado no item 16):

> Em um recipiente em que compareçam vários líquidos imiscíveis em equilíbrio, as várias camadas líquidas apresentam massa específica crescente da superfície para o fundo.

Considere o tubo em **U** da figura a seguir, com os ramos abertos em um mesmo ambiente, contendo dois líquidos imiscíveis, **A** (massa específica μ_A) e **B** (massa específica μ_B), em equilíbrio.

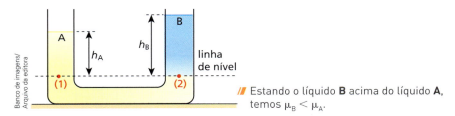

// Estando o líquido **B** acima do líquido **A**, temos $\mu_B < \mu_A$.

Passando uma linha de nível pela superfície de separação dos líquidos, temos:
h_A = altura da superfície livre de **A**;
h_B = altura da superfície livre de **B**.

Os pontos 1 e 2 pertencentes ao líquido **A**, por estarem no mesmo nível, devem suportar pressões totais iguais. Assim, temos:

Ponto 1: $p_1 = \mu_A g h_A + p_0$
Ponto 2: $p_2 = \mu_B g h_B + p_0$

mas

$$p_1 = p_2$$

Logo:

$$\mu_A g h_A + p_0 = \mu_B g h_B + p_0$$

Assim:

$$\frac{h_B}{h_A} = \frac{\mu_A}{\mu_B}$$

Na situação de equilíbrio, as alturas das superfícies livres são inversamente proporcionais às respectivas massas específicas.

15. Prensa hidráulica

É um dispositivo largamente utilizado, cuja finalidade principal é a multiplicação de forças.

Em sua versão mais elementar, a prensa hidráulica é um tubo em **U**, cujos ramos têm áreas da seção transversal diferentes. Normalmente esse tubo é preenchido com um líquido viscoso (em geral, óleo) aprisionado por dois pistões, conforme indica a figura abaixo.

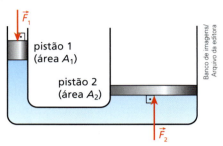

Ao exercermos uma força $\vec{F}_1$ no pistão 1, provocamos um incremento de pressão Δp nos pontos do líquido vizinhos da base desse pistão. Esse acréscimo de pressão é transmitido integralmente aos demais pontos do líquido, o que é justificado pelo Teorema de Pascal. Isso significa que os pontos vizinhos da base do pistão 2 também recebem o acréscimo de pressão Δp e, por isso, exercem uma força $\vec{F}_2$ na base desse pistão.

Temos, então:

$$\text{Pistão 1: } \Delta p = \frac{F_1}{A_1}$$

$$\text{Pistão 2: } \Delta p = \frac{F_2}{A_2}$$

Logo:
$$\frac{F_2}{A_2} = \frac{F_1}{A_1} \Rightarrow \boxed{\frac{F_2}{F_1} = \frac{A_2}{A_1}}$$

Supondo que os pistões 1 e 2 sejam circulares, com raios, respectivamente, iguais a R_1 e R_2, temos:

$$A_2 = \pi R_2^2 \quad \text{e} \quad A_1 = \pi R_1^2$$

Logo:
$$\frac{F_2}{F_1} = \frac{\pi R_2^2}{\pi R_1^2} \quad \therefore \quad \boxed{\frac{F_2}{F_1} = \left(\frac{R_2}{R_1}\right)^2}$$

As forças aplicadas nos pistões da prensa hidráulica têm intensidades diretamente proporcionais aos quadrados dos respectivos raios desses pistões. Se, por exemplo, $R_2 = 10 R_1$, teremos $F_2 = 100 F_1$.

NOTAS!

- Embora a prensa hidráulica multiplique forças, não multiplica trabalho (Princípio de Conservação da Energia). Desprezando dissipações, os trabalhos realizados sobre os dois êmbolos têm valores absolutos iguais.
- O número $\frac{A_2}{A_1}$ ou $\left(\frac{R_2}{R_1}\right)^2$ define a **vantagem mecânica** da prensa hidráulica, que é o fator de multiplicação de força oferecido pela máquina.

Exercícios Nível 1

33. (UFSE) Na figura, está representado um recipiente rígido, cheio de água, conectado a uma seringa **S**. **X**, **Y** e **Z** são pontos no interior do recipiente. Se a pressão que o êmbolo da seringa exerce sobre o líquido sofrer um aumento ΔP, a variação de pressão hidrostática nos pontos **X**, **Y** e **Z** será, respectivamente, igual a:

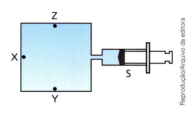

a) ΔP, ΔP e ΔP.

b) ΔP, zero e zero.

c) $\dfrac{\Delta P}{3}$, $\dfrac{\Delta P}{3}$ e $\dfrac{\Delta P}{3}$.

d) zero, $\dfrac{\Delta P}{2}$ e $\dfrac{\Delta P}{2}$.

e) zero, ΔP e zero.

34. (Fuvest-SP) O organismo humano pode ser submetido, sem consequências danosas, a uma pressão de, no máximo, $4{,}0 \cdot 10^5$ N/m² e a uma taxa de variação de pressão de, no máximo, $1{,}0 \cdot 10^4$ N/m² por segundo. Nessas condições, responda:
a) qual é a máxima profundidade recomendada a um mergulhador?
b) qual é a máxima velocidade de movimentação na vertical recomendada para um mergulhador?
Adote os dados:
- pressão atmosférica: $1{,}0 \cdot 10^5$ N/m²;
- densidade da água: $1{,}0 \cdot 10^3$ kg/m³;
- intensidade da aceleração da gravidade: 10 m/s².

35. (UFRJ) Um tubo em **U**, aberto em ambos os ramos, contém dois líquidos não miscíveis em equilíbrio hidrostático. Observe, como mostra a figura, que a altura da coluna do líquido 1 é de 34 cm e que a diferença de nível entre a superfície livre do líquido 2, no ramo da direita, e a superfície de separação dos líquidos, no ramo da esquerda, é de 2,0 cm.

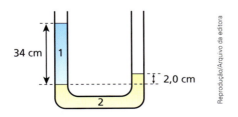

Considere a densidade do líquido 1 igual a 0,80 g/cm³.
Calcule a densidade do líquido 2.

36. Na situação esquematizada fora de escala na figura, um tubo em **U**, longo e aberto nas extremidades, contém mercúrio, de densidade 13,6 g/cm³. Em um dos ramos desse tubo, coloca-se água, de densidade 1,0 g/cm³, até ocupar uma altura de 32,0 cm. No outro ramo, coloca-se óleo, de densidade 0,80 g/cm³, que ocupa uma altura de 6,0 cm.

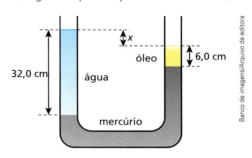

Qual é o desnível x entre as superfícies livres da água e do óleo nos dois ramos do tubo?

37. (Unesp-SP) No sistema auditivo humano, as ondas sonoras são captadas pela membrana timpânica, que as transmite para um sistema de alavancas formado por três ossos (martelo, bigorna e estribo). Esse sistema transporta as ondas até a membrana da janela oval, de onde são transferidas para o interior da cóclea. Para melhorar a eficiência desse processo, o sistema de alavancas aumenta a intensidade da força aplicada, o que, somado à diferença entre as áreas das janelas timpânica e oval, resulta em elevação do valor da pressão.

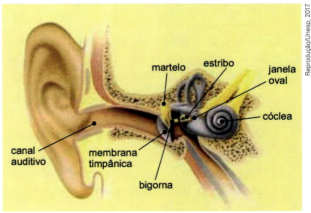

Considere que a força aplicada pelo estribo sobre a janela oval seja 1,5 vez maior do que a aplicada pela membrana timpânica sobre o martelo e que as áreas da membrana timpânica e da janela oval sejam 42,0 mm² e 3,0 mm², respectivamente. Quando uma onda sonora exerce sobre a membrana timpânica uma pressão de valor P_T, a correspondente pressão exercida sobre a janela oval vale

a) $42P_T$.
b) $14P_T$.
c) $63P_T$.
d) $21P_T$.
e) $7P_T$.

38. (UFPE) Dois tubos cilíndricos interligados, conforme a figura, estão cheios de um líquido incompressível. Cada tubo tem um pistão capaz de ser movido verticalmente e, assim, pressionar o líquido. Se uma força de intensidade 5,0 N é aplicada no pistão do tubo menor, conforme a figura, qual a intensidade da força, em newtons, transmitida ao pistão do tubo maior? Os raios internos dos cilindros são de 5,0 cm (tubo menor) e 20 cm (tubo maior).

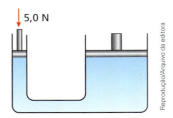

Exercícios Nível 2

39. Um submarino, inicialmente em repouso em um ponto do nível 0 (superfície da água), indicado na figura, inunda seus compartimentos de lastro e afunda verticalmente, passando pelos níveis 1, 2 e 3. No local, a pressão atmosférica é normal (1,0 atm) e $|\vec{g}| = 10$ m/s².

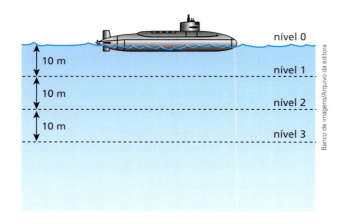

Sabendo que a densidade absoluta da água, suposta homogênea, é de $1,0 \cdot 10^3$ kg/m³ e considerando 1,0 atm = $1,0 \cdot 10^5$ Pa:

a) calcule o acréscimo de pressão registrado pelos aparelhos do submarino quando ele desce de um dos níveis referidos para o imediatamente inferior;

b) trace o gráfico da pressão total (em atm) em função da profundidade quando o submarino desce do nível 0 ao nível 3.

40. (UPM-SP) No tubo em **U** da figura, de extremidades abertas, encontram-se dois líquidos imiscíveis, de densidades iguais a 0,80 g/cm³ e 1,0 g/cm³. O desnível entre as superfícies livres dos líquidos é h = 2,0 cm.

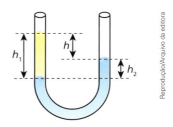

As alturas h_1 e h_2 são, respectivamente:

a) 4,0 cm e 2,0 cm.
b) 8,0 cm e 4,0 cm.
c) 10 cm e 8,0 cm.
d) 12 cm e 10 cm.
e) 8,0 cm e 10 cm.

41. No esquema abaixo, representa-se um tubo em **U**, aberto nas extremidades, contendo dois líquidos imiscíveis em equilíbrio fluidostático sob a ação da gravidade:

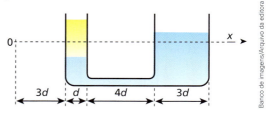

Considere o eixo **0x** indicado, que atravessa o sistema. Sendo p_0 a pressão atmosférica, qual dos gráficos a seguir representa qualitativamente a variação da pressão absoluta em função da posição x?

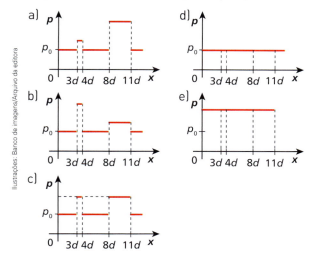

42. Na figura, representa-se o equilíbrio de três líquidos não miscíveis **A**, **B** e **C**, confinados em um sistema de vasos comunicantes:

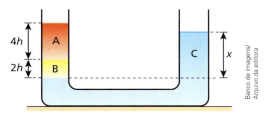

Os líquidos **A**, **B** e **C** têm densidades μ_A, μ_B e μ_C, que obedecem à relação:

$$\frac{\mu_A}{1} = \frac{\mu_B}{2} = \frac{\mu_C}{3}$$

Supondo o valor de h conhecido, responda: qual é o valor do comprimento x indicado?

43. Na figura seguinte, é representado um tubo em **U**, cuja secção transversal tem área constante de 4,0 cm². O tubo contém, inicialmente, água ($\mu_a = 1{,}0$ g/cm³) em equilíbrio.

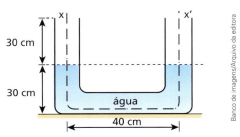

Supõe-se que a pressão atmosférica local seja de $1{,}00 \cdot 10^5$ Pa e que $g = 10$ m/s².

a) Determine o máximo volume de óleo ($\mu_0 = 0{,}80$ g/cm³) que poderá ser colocado no ramo esquerdo do tubo.

b) Trace o gráfico da pressão absoluta em função da posição ao longo da linha **xx'**, supondo que no ramo esquerdo do tubo foi colocado o máximo volume de óleo, calculado no item **a**.

44. Um tubo cilíndrico contendo óleo (0,80 g/cm³) e mercúrio (13,6 g/cm³) é ligado a um reservatório que contém ar e mercúrio, conforme a figura abaixo:

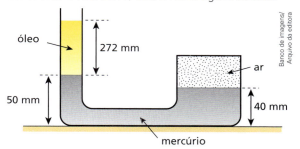

Sendo de 760 mmHg a pressão atmosférica local, qual é, em mmHg, a pressão do ar dentro do reservatório?

45. Na figura seguinte, está representado um
E.R. recipiente constituído pela junção de dois tubos cilíndricos coaxiais e de eixos horizontais. O recipiente contém um líquido incompressível aprisionado pelos êmbolos 1 e 2, de áreas, respectivamente, iguais a 0,50 m² e 2,0 m².

Empurrando-se o êmbolo 1 para a direita com a força $\vec{F}_1$ de intensidade 100 kgf, obtém-se, nesse êmbolo, um deslocamento de 80 cm. Desprezando os atritos, determine:

a) a intensidade da força horizontal $\vec{F}_2$ com que o líquido empurra o êmbolo 2;
b) o deslocamento do êmbolo 2.

Resolução:

a) Seja Δp o acréscimo de pressão que os pontos do líquido, vizinhos do êmbolo 1, recebem devido à aplicação de $\vec{F}_1$. Temos:

$$\Delta p = \frac{F_1}{A_1} \quad (I)$$

Conforme o **Teorema de Pascal**, esse acréscimo de pressão transmite-se a todos os demais pontos do líquido, manifestando-se no êmbolo 2 por uma força $\vec{F}_2$, perpendicular ao êmbolo:

$$\Delta p = \frac{F_2}{A_2} \quad \text{(II)}$$

Comparando (I) e (II), vem:

$$\frac{F_2}{A_2} = \frac{F_1}{A_1} \Rightarrow F_2 = \frac{A_2}{A_1} F_1$$

Sendo $A_2 = 2{,}0\ m^2$, $A_1 = 0{,}50\ m^2$ e $F_1 = 100\ kgf$, calculamos F_2:

$$F_2 = \frac{2{,}00}{0{,}50} \cdot 100 \therefore \boxed{F_2 = 400\ kgf}$$

b) Ao se deslocar, o êmbolo 1 expulsa do tubo de menor diâmetro um volume de líquido ΔV, dado por:

$$\Delta V = A_1 L_1 \quad \text{(III)}$$

Como o líquido é incompressível, esse volume ΔV é integralmente transferido para o tubo de maior diâmetro, provocando no êmbolo 2 um deslocamento L_2. Temos, então, que:

$$\Delta V = A_2 L_2 \quad \text{(IV)}$$

De (III) e (IV), vem: $A_2 L_2 = A_1 L_1 \Rightarrow L_2 = \frac{A_1}{A_2} L_1$

Lembrando que $L_1 = 80$ cm, vem:

$$L_2 = \frac{0{,}50}{2{,}0} \cdot 80 \therefore \boxed{L_2 = 20\ cm}$$

46. (Unicamp-SP) A figura abaixo mostra, de forma simplificada, o sistema de freios a disco de um automóvel. Ao se pressionar o pedal do freio, este empurra o êmbolo de um primeiro pistão que, por sua vez, através do óleo do circuito hidráulico, empurra um segundo pistão. O segundo pistão pressiona uma pastilha de freio contra um disco metálico preso à roda, fazendo com que ela diminua sua velocidade angular.

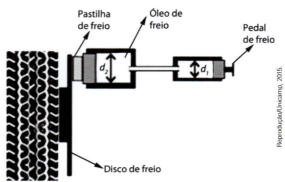

Considerando o diâmetro d_2 do segundo pistão duas vezes maior que o diâmetro d_1 do primeiro, qual a razão entre a força aplicada ao pedal de freio pelo pé do motorista e a força aplicada à pastilha de freio?

a) $\frac{1}{4}$.   b) $\frac{1}{2}$.   c) 2.   d) 4.

47. (UPM-SP) O diagrama abaixo mostra o princípio do sistema hidráulico do freio de um automóvel.

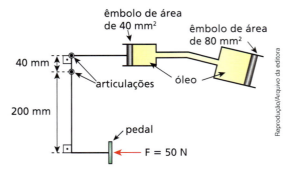

Quando uma força de 50 N é exercida no pedal, a força aplicada pelo êmbolo de área igual a 80 mm² é de:

a) 100 N.
b) 250 N.
c) 350 N.
d) 400 N.
e) 500 N.

48. Por meio do dispositivo da figura, pretende-se elevar um carro de massa $1{,}0 \cdot 10^3$ kg a uma altura de 3,0 m em relação à sua posição inicial. Para isso, aplica-se sobre o êmbolo 1 a força $\vec{F}_1$ indicada e o carro sobe muito lentamente, em movimento uniforme.

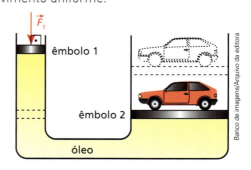

As áreas dos êmbolos 1 e 2 valem, respectivamente, $1{,}0\ m^2$ e $10\ m^2$. No local, $g = 10\ m/s^2$. Desprezando a ação da gravidade sobre os êmbolos e sobre o óleo e também os atritos e a compressibilidade do óleo, determine:

a) a intensidade de $\vec{F}_1$;
b) o trabalho da força que o dispositivo aplica no carro, bem como o trabalho de $\vec{F}_1$.

Bloco 4

16. O Teorema de Arquimedes

Qual é a força vertical e dirigida para cima que equilibra o peso de um navio permitindo que ele flutue? Que força arrebatadora vertical e dirigida para cima colabora para que uma bola de plástico, mergulhada totalmente na água de uma piscina, quando largada, aflore rapidamente à superfície? Reflita ainda sobre a força vertical e dirigida para cima responsável pela manutenção de um balão suspenso no ar...

Qual a origem dessas forças? Teriam elas algo em comum? Sim, elas advêm do fluido que envolve total ou parcialmente os corpos citados. Essa força vertical e dirigida para cima que os corpos recebem quando imersos na água, no ar ou em outros líquidos ou gases tem fundamental importância na compreensão de fenômenos hidrostáticos. Seu nome é **empuxo**, tendo sido descrita por Arquimedes de Siracusa no século III a.C.

Arquimedes (287 a.C.-212 a.C.) nasceu em Siracusa, na ilha da Sicília, cidade que na época pertencia à Magna Grécia. Em viagem de estudos a Alexandria (Egito), conheceu Euclides e seus discípulos, tornando-se entusiasta de sua obra. Determinou a área da superfície esférica, obteve com precisão o centro de gravidade de várias figuras planas, construiu engenhos bélicos de notável eficiência e também um parafuso capaz de elevar a água de poços e estudou o mecanismo das alavancas. O que realmente o celebrizou, no entanto, foi a formulação da lei do empuxo. Morreu em plena atividade, na Primeira Guerra Púnica, durante o massacre realizado pelos romanos quando da tomada de Siracusa.

Veja o enunciado do Teorema de Arquimedes:

> Quando um corpo é imerso total ou parcialmente em um fluido em equilíbrio sob a ação da gravidade, ele recebe do fluido uma força denominada **empuxo** (ou impulsão de Arquimedes). Tal força tem sempre direção vertical, sentido de baixo para cima e intensidade igual à do peso do fluido deslocado pelo corpo.

// Arquimedes. Gravura do séc. XVII. Biblioteca Nacional de Paris.

Demonstração

Vamos admitir um líquido homogêneo de massa específica μ_f, contido no recipiente da figura. O sistema acha-se em equilíbrio sob a ação da gravidade ($\vec{g}$). Seja também um cilindro, de altura h e bases de área A, totalmente imerso no líquido.

Por estar envolvido pelo líquido, o cilindro recebe forças deste, indicadas pelo esquema. As forças horizontais (laterais) equilibram-se duas a duas devido à simetria. Na vertical, entretanto, temos duas forças a considerar: uma, $\vec{F}_1$, aplicada no ponto 1, resultante na base superior do cilindro, e outra, $\vec{F}_2$, aplicada no ponto 2, resultante na base inferior desse cilindro.

Devido à maior profundidade do ponto 2, devemos ter $|\vec{F}_2| > |\vec{F}_1|$, o que significa que as forças $\vec{F}_1$ e $\vec{F}_2$ admitem uma resultante vertical e dirigida para cima. Essa resultante que o líquido exerce no cilindro, suposto em repouso, denomina-se **empuxo** ($\vec{E}$).

Temos, então, que: $\vec{F}_2 + \vec{F}_1 = \vec{E}$

Em módulo: $F_2 - F_1 = E$ (I)

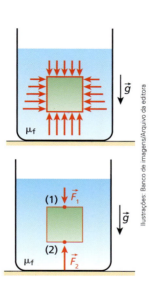

A intensidade de $\vec{E}$ pode ser obtida aplicando-se aos pontos 1 e 2 o Teorema de Stevin:

$$p_2 - p_1 = \mu_f g h$$

Sendo $p_2 = \dfrac{F_2}{A}$ e $p_1 = \dfrac{F_1}{A}$, vem:

$$\dfrac{F_2}{A} - \dfrac{F_1}{A} = \mu_f h g \Rightarrow F_2 - F_1 = \mu_f g h A$$

O produto $h\,A$ traduz o volume do cilindro imerso no líquido (V). Assim:

$$F_2 - F_1 = \mu_f V g \quad \text{(II)}$$

Comparando (I) e (II), segue que:

$$E = \mu_f V g$$

Seja V_{fd} o volume de fluido deslocado em razão da imersão do cilindro. É fundamental notar que esse volume é exatamente igual ao volume do cilindro imerso no fluido.

$$V_{fd} = V$$

Diante disso, podemos escrever:

$$E = \mu_f V_{fd}\, g$$

Entretanto, $\mu_f V_{fd} = m_{fd}$ (massa do fluido deslocado). Assim, obtemos, finalmente:

$$E = \mu_f V_{fd}\, g \Rightarrow E = m_{fd}\, g \Rightarrow E = P_{fd}$$

Na situação representada na figura abaixo, temos uma esfera em repouso totalmente imersa na água. A resultante das ações da água sobre a esfera é o empuxo $\vec{E}$, força vertical e dirigida para cima. A intensidade de $\vec{E}$ é igual à do peso do fluido deslocado pela esfera.

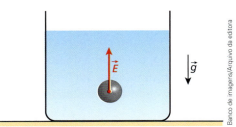

É importante notar os seguintes pontos:
- O empuxo só pode ser considerado a resultante das ações do fluido sobre o corpo se este estiver em repouso.
- A linha de ação do empuxo passa sempre pelo centro de gravidade da porção fluida que ocupava o local em que está o corpo.
- O empuxo não tem nenhuma relação geral com o peso do corpo imerso, cuja intensidade pode ser maior que a do empuxo, menor que ela ou igual à do empuxo.
- Para μ_f e g constantes, E é diretamente proporcional a V_{fd}.
  Se uma bola for inflada debaixo da água, por exemplo, a intensidade do empuxo exercido sobre ela aumentará. Quanto maior for o volume da bola, maior será o volume de água deslocado e maior será a intensidade do empuxo.
- Para V_{fd} e g constantes, E é diretamente proporcional a μ_f.
  Um corpo totalmente imerso na água do mar receberá um empuxo mais intenso que o recebido quando totalmente imerso na água límpida de um lago. Isso ocorre porque a água salgada do mar tem densidade absoluta maior que a da água "doce" do lago.

Exemplo 1

Na figura, temos uma bola de pingue-pongue (**A**) e uma esfera maciça de aço (**B**), de mesmo volume externo.

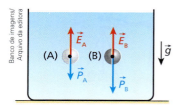

Esses dois corpos estão totalmente imersos na água. É claro que a esfera **B** é mais pesada que a bola **A**, porém, por terem o mesmo volume externo, **A** e **B** deslocam volumes iguais de água e, por isso, recebem **empuxos de mesma intensidade**:

$$|\vec{P}_A| < |\vec{P}_B|, \text{ mas } |\vec{E}_A| = |\vec{E}_B|$$

Exemplo 2

No experimento ilustrado ao lado, quando o bloco (sem porosidades) é introduzido na jarra preenchida com água até o nível do seu bico, certo volume do líquido extravasa, sendo recolhido no recipiente lateral. O volume de água extravasado é igual ao volume do bloco, e a intensidade do empuxo recebido por ele é igual à do peso do líquido deslocado (Teorema de Arquimedes).

Exemplo 3

Na fotografia ao lado, um balão inflado com um gás menos denso que o ar mantém suspensa, em repouso, uma pedra presa por um barbante.

Nesse caso, o sistema apresenta-se em equilíbrio e a intensidade do seu peso total é igual à intensidade do empuxo exercido pelo ar.

É interessante observar que, como a densidade do ar é bem menor que a da água ($\mu_{ar} \cong 1,3$ kg/m^3 e $\mu_{água} \cong 1\,000$ kg/m^3), para se obter no ar empuxos equivalentes aos obtidos na água é necessário utilizar, no meio gasoso, corpos de grandes volumes. É por isso que os balões atmosféricos são tão grandes.

// Balão inflado mantendo uma pedra suspensa, em repouso.

17. Uma verificação da Lei do Empuxo

Consideremos a situação representada na figura 1, em que se tem uma balança de travessão de braços iguais em equilíbrio. Nessas condições, o peso pendente na extremidade esquerda do travessão tem intensidade igual à do peso pendente na extremidade direita.

Admitamos, agora, a situação representada na figura 2. Introduzindo o corpo de ferro não poroso (dependurado no prato esquerdo) em um recipiente contendo água, verificamos certo desequilíbrio da balança. Isso ocorre porque, ao ser imerso na água, o corpo de ferro recebe desta uma força vertical e dirigida para cima – o empuxo –, que provoca uma redução na intensidade da força que traciona a extremidade esquerda do travessão.

Na situação mostrada na figura 3, o travessão encontra-se novamente em equilíbrio, tendo retornado à sua posição inicial. Para isso, foi necessário reduzir a intensidade do peso pendente à direita, retirando-se um dos massores do prato.

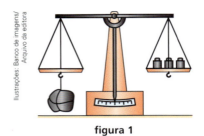
figura 1

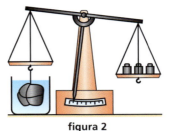
figura 2

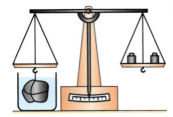
figura 3

Supondo que a retirada de um massor do prato à direita tenha sido suficiente para recolocar o travessão na horizontal, podemos afirmar que a intensidade do peso desse objeto é igual à do empuxo recebido pelo corpo de ferro imerso na água.

Ampliando o olhar

Um banho revelador

Hierão, tirano de Siracusa, no século III a.C., havia encomendado uma coroa de ouro para homenagear uma divindade, mas suspeitava de que o ourives o enganara, não utilizando ouro puro, conforme havia sido combinado. Ele queria descobrir, sem danificar o objeto, se em sua confecção não teriam sido utilizados outros metais, como, por exemplo, a prata. Só um homem talvez conseguisse resolver a questão: seu amigo Arquimedes – filho de Fídias, o astrônomo –, inventor de vários mecanismos e notabilizado por seus trabalhos em Matemática.

Hierão mandou chamá-lo e pediu-lhe que pusesse fim à sua dúvida. Arquimedes aceitou a incumbência e pôs-se a procurar uma solução para o problema, que lhe ocorreu durante um memorável banho. Enquanto se banhava, observou que o volume de água que se elevava na banheira, ao submergir, era igual ao volume do seu próprio corpo. Ali estava a chave que viria a desvendar o enigma do tirano. No entusiasmo da descoberta, Arquimedes teria saído nu pelas ruas, gritando a quem pudesse ouvir: *Eureka! Eureka!* (Encontrei! Encontrei!).

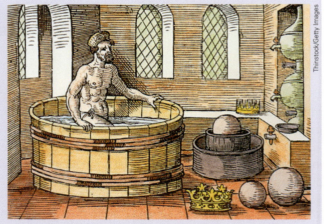

Gravura que retrata Arquimedes em seu banho enquanto pensava sobre o problema da coroa de Hierão.

Agora bastaria aplicar ao problema em questão o método que descobrira. Então ele mediu o volume de água que transbordava de um recipiente totalmente cheio (volume deslocado) quando nele eram mergulhados, sucessivamente, um corpo de ouro de massa igual à da coroa, um corpo de prata de massa igual à da coroa e a própria coroa. Tendo verificado que o volume de água deslocado pela coroa era intermediário entre os outros dois, por análise das densidades, ele concluiu que a coroa não era de ouro puro e, desse modo, também determinou a porcentagem de prata utilizada em sua confecção.

Arquimedes foi um dos maiores gênios de todos os tempos. Incluídos nas suas muitas criações estão os espelhos ustórios (que queimam; que facilitam a combustão): superfícies côncavas refletoras com as quais os defensores de Siracusa teriam queimado a distância – pela "concentração" dos raios solares – navios romanos que sitiavam a região.

Além disso, Arquimedes foi um exímio conhecedor das leis das alavancas, resumindo a importância desses dispositivos dizendo: "Dê-me uma alavanca e um ponto de apoio e moverei o mundo".

Exercícios — Nível 1

49. As esferas, **X** e **Y**, da figura têm volumes iguais e são constituídas do mesmo material. **X** é oca e **Y**, maciça, estando ambas em repouso no interior de um líquido homogêneo em equilíbrio, presas a fios ideais.

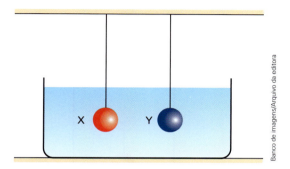

Nessas condições, é correto afirmar que as esferas:

a) têm massas iguais;
b) possuem pesos de mesma intensidade;
c) apresentam a mesma densidade;
d) são sustentadas por fios igualmente tracionados;
e) estão submetidas a empuxos iguais.

50. (UFPA) Quando um peixe morre em um aquário, verifica-se que, imediatamente após a morte, ele permanece no fundo e, após algumas horas, com a decomposição, são produzidos gases dentro de seu corpo e o peixe vem à tona (flutua). A explicação correta para esse fato é que, com a produção de gases:

a) o peso do corpo diminui, diminuindo o empuxo.
b) o volume do corpo aumenta, aumentando o empuxo.
c) o volume do corpo aumenta, diminuindo o empuxo.
d) a densidade do corpo aumenta, aumentando o empuxo.
e) a densidade do corpo aumenta, diminuindo o empuxo.

51. (FGV-SP) Uma pessoa mergulhou na água do mar gelado de uma praia argentina e desceu até determinada profundidade. Algum tempo depois, ela teve a oportunidade de mergulhar à mesma profundidade na tépida água de uma praia caribenha. Lembrando que a densidade da água varia com a temperatura, é correto afirmar que o empuxo sofrido pela pessoa

a) e a pressão exercida pela água sobre ela foram os mesmos tanto na praia argentina como na caribenha.
b) foi de menor intensidade na praia caribenha, mas a pressão exercida pela água foi a mesma em ambas as praias.
c) foi de maior intensidade na praia caribenha, mas a pressão exercida pela água nessa praia foi menor.
d) foi de menor intensidade na praia caribenha, e a pressão exercida pela água nessa praia foi menor também.
e) foi de mesma intensidade em ambas as praias, mas a pressão exercida pela água na praia caribenha foi maior.

52. Um balão indeformável de massa 2,0 kg apresenta, num local em que g = 10 m/s², peso específico de 25 N/m³. Supondo que o balão esteja totalmente imerso na água (μ_a = 1,0 g/cm³), determine:

a) o volume de água deslocado;
b) o módulo do empuxo que o balão recebe da água.

Resolução:

a) Chamando de ρ o peso específico do balão, temos:

$$\rho = \frac{|\vec{P}|}{V} \Rightarrow \rho = \frac{mg}{V}$$

Sendo ρ = 25 N/m³, m = 2,0 kg e g = 10 m/s², calculemos o volume V do balão.

$$25 = \frac{2,0 \cdot 10}{V} \Rightarrow V = \frac{20}{25}$$

$$\boxed{V = 0,80 \text{ m}^3}$$

b) O empuxo recebido pelo balão tem intensidade E, dada por:

$$E = \mu_a V g$$

Sendo μ_a = 1,0 g/cm³ = 1,0 · 10³ kg/m³, vem:

$$E = 1,0 \cdot 10^3 \cdot 0,80 \cdot 10$$

$$\boxed{E = 8,0 \cdot 10^3 \text{ N}}$$

53. (UFPE) Um cubo de isopor, de massa desprezível, é preso por um fio no fundo de um recipiente que está sendo preenchido com um fluido. O gráfico abaixo representa como a intensidade da força de tração no fio varia em função da altura y do fluido no recipiente.

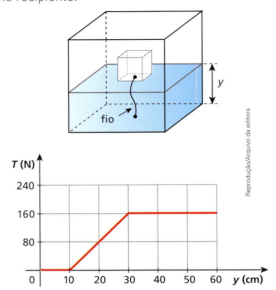

Adotando g = 10 m/s², determine:
a) o comprimento L do fio e a aresta A do cubo, em cm;
b) a densidade do fluido em g/cm³.

54. (Unesp-SP) Um bloco de certo material, quando suspenso no ar por uma mola de massa desprezível, provoca uma elongação de 7,5 cm na mola. Quando o bloco está totalmente imerso em um líquido desconhecido, desloca $5{,}0 \cdot 10^{-5}$ m³ de líquido e a elongação da mola passa a ser 3,5 cm. A força exercida pela mola em função da elongação está dada no gráfico da figura:

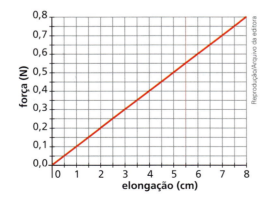

Despreze o empuxo do ar e considere g = 10 m/s². Nessas condições, determine:

a) a intensidade do empuxo que o líquido exerce no bloco;
b) a massa específica (densidade) do líquido em kg/m³.

55. (Unip-SP) Para medirmos a densidade do álcool, utilizado como combustível nos automóveis, usamos duas pequenas esferas, **A** e **B**, de mesmo raio, unidas por um fio de massa desprezível. As esferas estão em equilíbrio, totalmente imersas, como mostra a figura, e o álcool é considerado homogêneo.

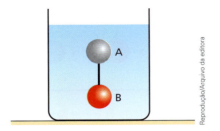

Sendo a densidade de **A** igual a 0,50 g/cm³ e a densidade de **B** igual a 1,0 g/cm³, podemos concluir que:

a) não há dados suficientes para obtermos a densidade do álcool.
b) a densidade do álcool vale 1,5 g/cm³.
c) a densidade do álcool vale 0,50 g/cm³.
d) a densidade do álcool vale 0,75 g/cm³.
e) a densidade do álcool vale 1,0 g/cm³.

56. Um bloco de madeira flutua inicialmente na
E.R. água com metade do seu volume imerso. Colocado a flutuar no óleo, o bloco apresenta $\frac{1}{4}$ do seu volume emerso. Determine a relação entre as massas específicas da água (μ_a) e do óleo (μ_0).

Resolução:

Analisemos, inicialmente, o equilíbrio do bloco parcialmente imerso em um fluido de massa específica μ_f:

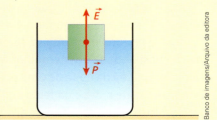

Para que se verifique o equilíbrio, o empuxo recebido pelo volume imerso do bloco ($\vec{E}$) deve equilibrar a força da gravidade ($\vec{P}$):

$$\vec{E} + \vec{P} = \vec{0}$$

Ou, em módulo:

$$E = P$$

Lembrando que $E = \mu_f V_i g$, vem:

$$\mu_f V_i g = P$$

Para a flutuação na água, temos:

$$\mu_a \frac{1}{2} V g = P \quad (I)$$

Para a flutuação no óleo, temos:

$$\mu_o \frac{3}{4} V g = P \quad (II)$$

Comparando (I) e (II), vem:

$$\mu_a \frac{1}{2} V g = \mu_o \frac{3}{4} V g \Rightarrow \mu_a = \frac{3}{2} \mu_o$$

$$\boxed{\frac{\mu_a}{\mu_o} = \frac{3}{2}}$$

57. Um bloco de gelo (densidade de 0,90 g/cm³) flutua na água (densidade de 1,0 g/cm³). Que porcentagem do volume total do bloco permanece imersa?

58. (Unesp-SP) Um bloco de madeira de massa 0,63 kg é abandonado cuidadosamente sobre um líquido desconhecido, que se encontra em repouso dentro de um recipiente. Verifica-se que o bloco desloca 500 cm³ do líquido, até que passa a flutuar em repouso.
a) Considerando g = 10,0 m/s², determine a intensidade (módulo) do empuxo exercido pelo líquido no bloco.
b) Qual é o líquido que se encontra no recipiente? Para responder, consulte a tabela seguinte, após efetuar seus cálculos.

Líquido	Massa específica a temperatura ambiente (g/cm³)
Álcool etílico	0,79
Benzeno	0,88
Óleo mineral	0,92
Água	1,00
Leite	1,03
Glicerina	1,26

59. (Unifesp) Um estudante adota um procedimento caseiro para obter a massa específica de um líquido desconhecido. Para isso, utiliza um tubo cilíndrico transparente e oco, de secção circular, que flutua tanto na água quanto no líquido desconhecido. Uma pequena régua e um pequeno peso são colocados no interior desse tubo e ele é fechado. Qualquer que seja o líquido, a função da régua é registrar a porção submersa do tubo, e a do peso, fazer com que o tubo fique parcialmente submerso, em posição estática e vertical, como ilustrado na figura a seguir.

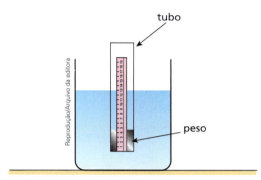

No recipiente com água, a porção submersa da régua é de 10,0 cm e, no recipiente com o líquido desconhecido, a porção submersa da régua é de 8,0 cm. Sabendo que a massa específica da água é 1,0 g/cm³, o estudante deve afirmar que a massa específica procurada é:

a) 0,08 g/cm³.
b) 0,12 g/cm³.
c) 0,8 g/cm³.
d) 1,0 g/cm³.
e) 1,25 g/cm³.

60. (UFC-CE) Um corpo flutua em água com $\frac{7}{8}$ do seu volume emersos. O mesmo corpo flutua em um líquido **X** com $\frac{5}{6}$ do seu volume emersos. Qual a relação entre a massa específica do líquido **X** e a massa específica da água?

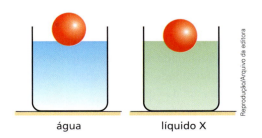

água   líquido X

61. Uma esfera de isopor de volume 2,0 · 10² cm³ encontra-se inicialmente em equilíbrio presa a um fio inextensível, totalmente imersa na água (figura 1). Cortando-se o fio, a esfera aflora, passando a flutuar na superfície da água (figura 2).

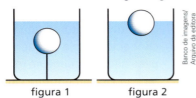

figura 1   figura 2

Sabendo que as massas específicas do isopor e da água valem, respectivamente, 0,60 g/cm³ e 1,0 g/cm³ e que $|\vec{g}| = 10$ m/s², calcule:

a) a intensidade da força de tração no fio na situação da figura 1;

b) a porcentagem do volume da esfera que permanece imersa na situação da figura 2.

Exercícios Nível 2

62. Quando a esfera de aço representada na figura é imersa inteiramente na água, observa-se que o ponteiro, rigidamente fixado à mola de constante elástica K = 1,0 · 10² N/m, sofre um deslocamento vertical de 1,0 cm.

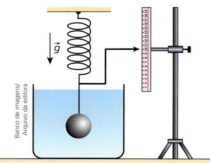

Adote $|\vec{g}| = 10$ m/s² e admita que a densidade absoluta da água vale 1,0 g/cm³.
a) O deslocamento sofrido pelo ponteiro é para cima ou para baixo?
b) Qual o volume da esfera?

63. (UFPB) Dois corpos maciços e uniformes, ligados por um fio de massa e volume desprezíveis, estão em equilíbrio totalmente imersos em água, conforme ilustra a figura ao lado.

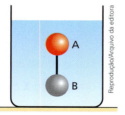

Sabendo que o volume do corpo **A** é 3,0 · 10⁻³ m³, que sua densidade é 6,0 · 10² kg/m³ e que a intensidade do empuxo sobre o corpo **B** vale 8,0 N, determine:
a) a intensidade do empuxo sobre o corpo **A**;
b) a intensidade da força que traciona o fio;
c) a massa do corpo **B**.
Dados: módulo da aceleração da gravidade g = 10 m/s²; densidade da água: d = 1,0 · 10³ kg/m³.

64. (UFPE) Um bloco de massa m = 5,0 · 10² g e volume igual a 30 cm³ é suspenso por uma balança de braços iguais, apoiada em seu centro de gravidade, sendo completamente imerso em um líquido. Sabendo que para equilibrar a balança é necessário colocar uma massa M = 2,0 · 10² g sobre o prato suspenso pelo outro braço, determine:

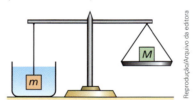

a) a intensidade do empuxo que o líquido exerce no bloco;
b) a densidade do líquido.
Adote g = 10 m/s² e despreze o efeito do ar, bem como o peso do prato da balança.

65. Na situação da figura, uma barra rígida e de peso desprezível está em equilíbrio na posição horizontal. Na extremidade esquerda da barra está pendurado um bloco de ferro (densidade de 8,0 · 10³ kg/m³), de volume igual a 1,0 · 10⁻³ m³, que está totalmente imerso em água (densidade de 1,0 · 10³ kg/m³). A extremidade direita da barra está presa a uma mola ideal de constante elástica K = 2,8 · 10³ N/m.

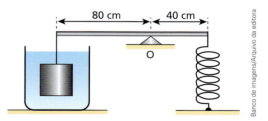

Adotando g = 10 m/s², calcule:
a) a intensidade do empuxo recebido pelo bloco;
b) a deformação da mola.

66. (Unip-SP) Na figura, as esferas maciças **A** e **B** estão ligadas por um fio ideal e o sistema está em equilíbrio. A esfera **A** está no interior de um líquido homogêneo de densidade $2d$ e a esfera **B** está no interior de outro líquido homogêneo de densidade $3d$.

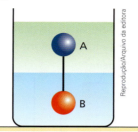

Sabendo que as esferas têm raios iguais e que a esfera **A** tem densidade d, podemos concluir que a densidade da esfera **B** vale:
a) d.
b) $2d$.
c) $3d$.
d) $4d$.
e) $5d$.

67. Um bloco de gelo flutua na água, conforme representa a figura a seguir. O gelo e a água encontram-se em equilíbrio térmico, num local em que a pressão atmosférica é normal. Demonstre que, se o gelo se fundir, o nível da água no recipiente na situação final não se alterará. Admita que na situação final a temperatura do sistema ainda seja de 0 °C.

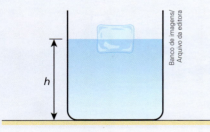

Resolução:

Para que o gelo permaneça em equilíbrio, flutuando na água, seu peso deve ter módulo igual ao do empuxo recebido pela fração imersa de seu volume. Assim:

$$m_G g = \mu_A V_i g \Rightarrow m_G = \mu_A V_i \quad (I)$$

Para que a água proveniente da fusão do gelo permaneça em equilíbrio, seu peso deve ter módulo igual ao do empuxo recebido. Assim:

$$m_A g = \mu_A V_A g \Rightarrow m_A = \mu_A V_A \quad (II)$$

Considerando, entretanto, a conservação da massa do gelo que se funde, podemos escrever:

$$m_A = m_G$$

Portanto, de (I) e (II), vem:

$$\mu_A V_A = \mu_A V_i \Rightarrow \boxed{V_A = V_i}$$

Temos, então, que o volume de água proveniente da fusão do gelo (V_A) é igual ao volume da fração do gelo imersa inicialmente na água (V_i). Assim, se o volume de água deslocado pelo gelo e pela água oriunda de sua fusão é o mesmo, podemos afirmar que o nível da água no recipiente não se alterará.

68. (Unip-SP) Considere três recipientes idênticos, contendo um mesmo líquido homogêneo, até a mesma altura H, colocados em cima de balanças idênticas em um plano horizontal. O recipiente **A** só contém líquido. O recipiente **B**, além do líquido, contém uma esfera homogênea que está em equilíbrio flutuando em sua superfície. O recipiente **C**, além do líquido, contém uma esfera homogênea que, por ser mais densa que o líquido, afundou e está comprimindo o fundo do recipiente.

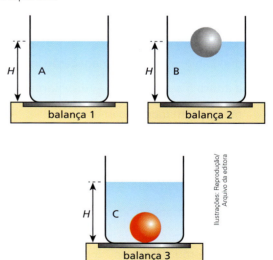

As balanças 1, 2 e 3, calibradas em newtons, indicam, respectivamente, F_1, F_2 e F_3. Podemos afirmar que:
a) $F_1 = F_2 = F_3$.
b) $F_3 > F_2 > F_1$.
c) $F_3 < F_2 < F_1$.
d) $F_1 = F_2 > F_3$.
e) $F_1 = F_2 < F_3$.

69. (Unesp-SP) Um bloco de madeira, de volume V, é fixado a outro bloco, construído com madeira idêntica, de volume 5V, como representa a figura 1. Em seguida, o conjunto é posto para flutuar na água, de modo que o bloco menor fique em cima do maior. Verifica-se, então, que $\frac{3}{5}$ do volume do bloco maior ficam imersos e que o nível da água sobe até a altura h, como mostra a figura 2.

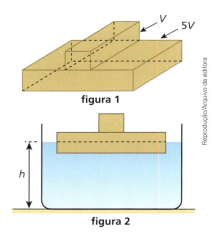

Se o conjunto for virado, de modo a flutuar com o bloco menor embaixo do maior:

a) a altura h diminuirá e $\frac{1}{5}$ do volume do bloco maior permanecerá imerso.

b) a altura h permanecerá a mesma e $\frac{2}{5}$ do volume do bloco maior permanecerão imersos.

c) a altura h aumentará e $\frac{3}{5}$ do volume do bloco maior permanecerão imersos.

d) a altura h permanecerá a mesma e $\frac{4}{5}$ do volume do bloco maior permanecerão imersos.

e) a altura h aumentará e $\frac{5}{5}$ do volume do bloco maior permanecerão imersos.

70. (UPM-SP) Um cubo de madeira (densidade = = 0,80 g/cm³) de aresta 20 cm flutua em água (massa específica = 1,0 g/cm³) com a face superior paralela à superfície livre da água. Adotando g = 10 m/s², a diferença entre a pressão na face inferior e a pressão na face superior do cubo é:
a) $1,2 \cdot 10^3$ Pa.
b) $1,6 \cdot 10^3$ Pa.
c) $2,4 \cdot 10^3$ Pa.
d) $3,0 \cdot 10^3$ Pa.
e) $4,0 \cdot 10^3$ Pa.

71. (UFPI) Um cubo de madeira, de aresta a = 20 cm, flutua, parcialmente imerso em água, com $\frac{2}{5}$ de cada aresta vertical fora d'água (a densidade da água é $\rho_A = 1,0$ g/cm³), conforme a figura **a**. Um fio é então amarrado, prendendo a base do cubo ao fundo do recipiente, como na figura **b**. Se o módulo da aceleração da gravidade é 10 m/s², a intensidade da força tensora no fio é:

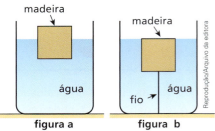

a) 64 N.   c) 32 N.   e) 8,0 N.
b) 48 N.   d) 16 N.

72. (UFF-RJ) Recentemente, alguns cubanos tentaram entrar ilegalmente nos Estados Unidos. Usaram um caminhão Chevrolet 1951 amarrando-o em vários tambores de óleo vazios, utilizados como flutuadores. A guarda costeira norte-americana interceptou o caminhão próximo ao litoral da Flórida e todos os ocupantes foram mandados de volta para Cuba.

Dados:
- massa do caminhão M_C = 1 560 kg;
- massa total dos tambores m_T = 120 kg;
- volume total dos tambores V_T = 2 400 litros;
- massa de cada um dos cubanos m = 70 kg;
- densidade da água ρ = 1,0 g/cm³ = 1,0 kg/litro.

Supondo-se que apenas os tambores são responsáveis pela flutuação de todo o sistema, é correto afirmar que o número máximo de passageiros que o "caminhão-balsa" poderia transportar é igual a:

a) 8.   b) 9.   c) 10.   d) 11.   e) 12.

73. Um estudante, utilizando uma balança de mola tipo dinamômetro, faz no ar e na água a pesagem de um corpo maciço, constituído de um metal de massa específica μ.

Sendo P a medida obtida no ar e μ_A a massa específica da água, determine a medida obtida na água.

Resolução:

O peso aparente P_{ap} registrado pela balança corresponde à intensidade da força de tração exercida em suas extremidades.

Com o corpo totalmente imerso na água, temos o esquema de forças da figura a seguir:

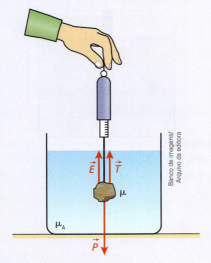

$\vec{T}$ = força de tração (peso aparente registrado pela balança);
$\vec{E}$ = empuxo;
$\vec{P}$ = peso.

Na situação de equilíbrio:
$$\vec{T} + \vec{E} + \vec{P} = \vec{0}$$

Em módulo:
$$T + E = P$$
$$T = P - E \Rightarrow P_{ap} = P - \mu_A V g \quad (I)$$

Sendo $\mu = \dfrac{m}{V} \Rightarrow V = \dfrac{m}{\mu} \quad (II)$

Substituindo (II) em (I), vem:

$$P_{ap} = P - \mu_A \dfrac{m}{\mu} g \Rightarrow P_{ap} = P - \dfrac{\mu_A}{\mu} P$$

$$\boxed{P_{ap} = P\left(1 - \dfrac{\mu_A}{\mu}\right)}$$

74. (Unifor-CE) Na construção do Porto de Pecém, foram usados blocos de concreto deslocados por grandes guindastes a fim de empilhá-los na construção do atracadouro. Verificou-se que blocos que pesavam 8 000 N, quando suspensos no ar, pesavam 5 000 N quando totalmente submersos na água. Se a densidade volumétrica da água é $\rho = 1{,}0 \cdot 10^3$ kg/m³, então podemos concluir que a densidade volumétrica do concreto é:

a) $\dfrac{5}{3} \cdot 10^3$ kg/m³   d) $\dfrac{13}{3} \cdot 10^3$ kg/m³

b) $\dfrac{8}{3} \cdot 10^3$ kg/m³   e) $\dfrac{8}{5} \cdot 10^3$ kg/m³

c) $\dfrac{5}{2} \cdot 10^3$ kg/m³

75. O esquema abaixo representa uma lata que flutua em água, de densidade igual a 1,0 g/cm³. A altura da parte emersa da lata é de 15 cm, e o corpo pendurado ao seu fundo é um bloco de forma cúbica de 10 cm de aresta.

Sabendo que a base da lata é um quadrado de 20 cm de lado, se o bloco for introduzido dentro da lata, a altura da parte emersa:

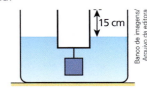

a) não será alterada.
b) passará a ser de 17,5 cm.
c) passará a ser de 14,5 cm.
d) passará a ser de 12,5 cm.
e) não existirá, pois o sistema afundará.

76. Na situação 1 da figura a seguir, tem-se um recipiente com água em equilíbrio sobre o prato de uma balança que, nessas condições, indica 80 N. Na situação 2, uma esfera de chumbo de $2{,}0 \cdot 10^2$ cm³ de volume é totalmente imersa na água, permanecendo suspensa por um fio de espessura desprezível sem contactar as paredes do recipiente.

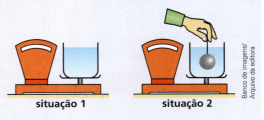

situação 1   situação 2

Sabendo que a densidade da água vale 1,0 g/cm³ e que $g = 10$ m/s², determine a indicação da balança no caso da situação 2.

Resolução:

Pelo fato de estar imersa na água, a esfera recebe o empuxo $\vec{E}$, força vertical e dirigida para cima, que corresponde à ação da água. Conforme a Terceira Lei de Newton, entretanto, ao empuxo $\vec{E}$ deve corresponder uma reação $-\vec{E}$, e isso se verifica. A esfera reage na água com uma força de mesma intensidade que o empuxo, vertical e dirigida para baixo, que provoca aumento na indicação da balança. A esfera está em equilíbrio, totalmente imersa na água. Nessas condições, ela interage com a água, havendo troca de forças de ação e reação.

A água age na esfera, aplicando-lhe a força $\vec{E}$ (empuxo).

A esfera reage na água, aplicando-lhe a força $-\vec{E}$.

Sendo *I'* e *I*, respectivamente, as indicações final e inicial da balança, temos:

$$I' = I + E$$

em que a intensidade E da força que a esfera troca com a água é calculada por:

$$E = \mu_a V g$$

Como $\mu_a = 1{,}0 \text{ g/cm}^3 = 1{,}0 \cdot 10^3 \text{ kg/m}^3$, $V = 2{,}0 \cdot 10^2 \text{ cm}^3 = 2{,}0 \cdot 10^{-4} \text{ m}^3$ e $g = 10 \text{ m/s}^2$, vem:

$$I' = I + \mu_a V g$$
$$I' = 80 + 1{,}0 \cdot 10^3 \cdot 2{,}0 \cdot 10^{-4} \cdot 10$$

Assim:

$$\boxed{I' = 82 \text{ N}}$$

77. (Univás-MG) Um vaso com água está sobre o prato de uma balança (**B**), a qual indica determinado peso. Acima do vaso, uma pedra está dependurada por um barbante em uma balança de mola (**b**), do tipo usado por verdureiros. Se abaixarmos (**b**) de modo a mergulhar a pedra na água, mas sem a encostar no fundo do vaso, o que ocorrerá com as indicações de (**B**) e (**b**)?

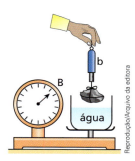

78. (Efomm-RJ) Considere uma bolinha de gude de volume igual a 10 cm³ e densidade 2,5 g/cm³ presa a um fio inextensível de comprimento 12 cm, com volume e massa desprezíveis. Esse conjunto é colocado no interior de um recipiente com água. Num instante t_0, a bolinha de gude é abandonada de uma posição (1) cuja direção faz um ângulo $\theta = 45°$ com a vertical conforme mostra a figura a seguir.

O módulo da força de tração no fio, quando a bolinha passa pela posição mais baixa (2) a primeira vez, vale 0,25 N. Determine a energia cinética nessa posição anterior.

Dados: $\rho_{\text{água}} = 1000 \text{ kg/m}^3$ e $g = 10 \text{ m/s}^2$.

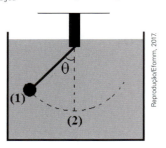

a) 0,0006 J
b) 0,006 J
c) 0,06 J
d) 0,6 J
e) 6,0 J

79. (Unifor-CE) Um corpo, constituído de um metal cuja densidade é 7,5 g/cm³, é abandonado no interior de um líquido de densidade 1,5 g/cm³. A aceleração que o corpo adquire no interior desse líquido assim que inicia o movimento, em m/s², vale:

Dado: aceleração da gravidade = 10 m/s².

a) 8,0.
b) 6,0.
c) 5,0.
d) 4,0.
e) 2,5.

80. Uma esfera de massa 1,0 kg e de volume $9{,}8 \cdot 10^{-4}$ m³ é abandonada na água de um tanque, percorrendo, em movimento vertical e acelerado, 2,5 m até chegar ao fundo. Sendo a densidade da água igual a $1{,}0 \cdot 10^3$ kg/m³ e $g = 10$ m/s², calcule depois de quanto tempo a esfera chega ao fundo do tanque. Considere desprezível a força de resistência viscosa da água.

81. (OBF) Uma bola homogênea de densidade igual a $\frac{2}{3}$ da densidade da água é solta de uma altura h = 10 m acima do nível da água de uma piscina bem profunda. Despreze o efeito do ar e adote g = 10 m/s².

a) Qual a profundidade máxima que a bola atinge em relação à superfície da água? Despreze quaisquer efeitos de turbulência que poderão ocorrer durante o movimento. Considere que a força que a água aplica na bola seja apenas o empuxo de Arquimedes, isto é, despreze a força de resistência viscosa. Não considere perdas de energia mecânica na colisão da bola com a água.

b) Qual é o tempo gasto pela bola durante a sua primeira permanência dentro da água?

DESCUBRA MAIS

1. Na construção de barragens e diques, a espessura desses retentores de água cresce uniformemente do topo para a base. Explique por quê.
2. Explique detalhadamente o mecanismo que permite a sucção de uma bebida utilizando-se um canudinho com comprimento próximo de 20 cm.
3. Por que razão os meios gasosos não são tão eficientes para transmitir acréscimos de pressão como os meios líquidos?
4. O que flutua em água com maior porcentagem de volume imerso, um cubo maciço de isopor com 1,0 m de aresta ou um cubo maciço de isopor com 10 cm de aresta? Justifique matematicamente sua resposta.
5. Como as plumas de cisnes, gansos e patos, entre outras aves aquáticas, colaboram para a flutuação dessas aves?
6. Uma das etapas no treinamento de astronautas destinados à Estação Espacial Internacional (EEI) consiste em sua permanência dentro de uma enorme piscina onde são instaladas maquetes, em tamanho natural, de alguns engenhos que estarão presentes na missão. Vestidos em trajes semelhantes aos espaciais, os astronautas são levados a realizar operações delicadas e demoradas, que envolvem o uso de equipamentos sofisticados. Com isso, ficam minimizadas as possibilidades de erros nas situações reais. Por que esses treinamentos são realizados dentro da água?

Faça você mesmo

Apertou a garrafa? Afunda!

Vamos construir um **ludião**? Esse é o nome de um dispositivo bastante simples que, além de divertido, serve para verificar os princípios de Pascal e Arquimedes.

Material necessário

- 1 garrafa de plástico transparente o mais flexível possível (garrafa PET);
- 1 caneta esferográfica;
- alguns clipes de papel.

Procedimento

I. Retire a carga da caneta, mantendo, porém, a tampinha que veda a extremidade oposta à ponta devidamente alojada. A caneta, de preferência transparente, não poderá ter nenhum orifício ao longo de sua extensão. Se houver algum furo, por menor que seja, este deverá ser vedado com um pedaço de fita adesiva, por exemplo.

II. Encha a garrafa com água e emborque a caneta dentro do líquido com a extremidade aberta voltada para baixo. Observe que a caneta deverá receber previamente alguns clipes em sua extremidade aberta de modo a permanecer flutuando na água com um pequeno comprimento emerso. Na fotografia 1, aparece o ludião; na 2, sua situação de equilíbrio na água.

III. Apertando-se agora o corpo da garrafa em sua região central, o nível livre da água sobe, comprimindo o ar confinado entre o líquido e a tampa do recipiente. Esse aumento de pressão provocado no ar é então transmitido integralmente a todos os pontos da água (Princípio de Pascal), fazendo com que uma parte do interior da caneta seja invadida por líquido. Isso torna o ludião mais pesado e mais denso que a água; dessa maneira, a intensidade do seu peso supera a intensidade do empuxo exercido pela água e o ludião afunda (fotografia 3). Suprimindo-se a pressão sobre a garrafa, porém, a água sai do interior da caneta e o ludião, agora mais leve e menos denso que no caso anterior, volta a flutuar como na situação inicial.

Desenvolvimento

1. Por que o ludião é impelido para cima? Elabore hipóteses e confronte-as com as de seus colegas.

2. Pesquise o funcionamento de imersão e emersão de submarinos. O que o experimento proposto e o funcionamento de submarinos têm em comum? Discuta as semelhanças entre essas duas situações com os seus colegas.

Exercícios Nível 3

82. (UPM-SP) Num processo industrial de pintura, as peças recebem uma película de tinta de 0,1 mm de espessura. Considere a densidade absoluta da tinta igual a 0,8 g · cm^{-3}. A área pintada com 10 kg de tinta é igual a:
a) 1250 m^2.   c) 125 m^2.   e) 50 m^2.
b) 625 m^2.   d) 75 m^2.

83. (Unicamp-SP) O avião estabeleceu um novo paradigma nos meios de transporte. Em 1906, **Alberto Santos-Dumont** realizou em Paris um voo histórico com o 14-Bis. A massa desse avião, incluindo o piloto, era de 300 kg, e a área total das duas asas era de aproximadamente 50 m^2.
A força de sustentação de um avião, dirigida verticalmente de baixo para cima, resulta da diferença de pressão entre a parte inferior e a parte superior das asas. O gráfico representa, de forma simplificada, o módulo da força de sustentação aplicada ao 14-Bis em função do tempo, durante a parte inicial do voo.

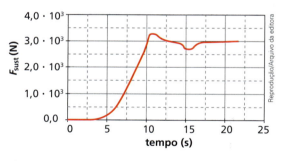

a) Em que instante a aeronave decola, ou seja, perde contato com o chão? Adote g = 10 m/s^2.
b) Qual é a diferença de pressão entre a parte inferior e a parte superior das asa, $\Delta p = p_{inf} - p_{sup}$, no instante t = 20 s?

84. Não são raras as ocasiões em que o regime de chuvas frustra as expectativas, deixando vazios mananciais e represas. Isso fatalmente compromete o fornecimento de água à população. Foi o que se verificou, especialmente entre 2014 e 2015, na região Sudeste brasileira quando as chuvas escassearam, impondo severos racionamentos e medidas emergenciais de captação do precioso líquido.

Suponha que, no período da estiagem, uma pequena pedra de massa m = 200,0 g tenha sido abandonada a partir do repouso do parapeito de uma ponte sobre as águas de uma represa, tendo demorado 2,0 s para atingir a superfície líquida. Após um período de chuvas abundantes, porém, verificou-se que outra pedra, com as mesmas características da primeira, foi abandonada do mesmo local, demorando 1,8 s para atingir a superfície da água.

Abaixo, aparecem imagens do local de abandono das pedras nos períodos da seca e das chuvas, respectivamente.

/// Ponte da Estrada Velha, em Ribeirão Pires (SP), durante estação da seca.

/// Ponte da Estrada Velha, em Ribeirão Pires (SP), durante estação chuvosa.

Adotando-se para a aceleração da gravidade o valor g = 10,0 m/s² e desprezando-se a influência do ar, pede-se determinar:

a) a elevação no nível da água na represa, ΔH, do período de seca ao período das chuvas;
b) a variação da pressão hidrostática no fundo da represa, Δp, devido à elevação ΔH do nível da água (a densidade absoluta da água é igual a 1,0 g/cm³);
c) o trabalho, τ, no segundo caso em relação ao primeiro, da força gravitacional no transporte das pedras de sua posição inicial no parapeito da ponte até a superfície da água da represa.

85. (OBF) A superfície livre da água em uma caixa de descarga residencial está a uma altura de 25,0 cm de sua base, onde existe um orifício de diâmetro 4,0 cm para a saída da água. Um tampão de massa desprezível fecha o orifício, devido à ação das forças de pressão exercidas pela água. A descarga é disparada por meio de uma alavanca, também de massa desprezível, com apoio **O** a 3,0 cm da vertical sobre o tampão e a 12,0 cm da haste de acionamento. Um esboço da caixa está na figura a seguir.

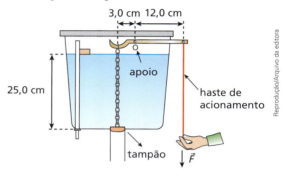

A densidade da água vale 1,0 · 10³ kg/m³ e a aceleração da gravidade tem módulo g = 10 m/s². Adotando-se $\pi \cong 3$, responda:

Qual a intensidade da força vertical $\vec{F}$ necessária para liberar o tampão?

86. No esquema seguinte, está representada, no instante $t_0 = 0$, uma caixa-d'água, cuja base tem área igual a 1,0 m². A partir desse instante, a caixa passa a ser preenchida com a água proveniente de um tubo, que opera com vazão constante de 1,0 · 10⁻² m³/min.

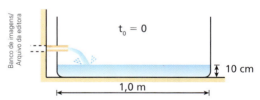

Desprezando-se as perturbações causadas pela introdução da água na caixa, adotando-se g = 10 m/s² e considerando-se que a água tem densidade igual a 1,0 g/cm³, pede-se:

a) traçar o gráfico quantitativo da pressão exercida pela água na base do reservatório, desde o instante $t_0 = 0$ até o instante t = 20 min (admita que não ocorram transbordamentos);
b) calcular, no instante t = 20 min, as intensidades das forças resultantes aplicadas pela água nas cinco paredes molhadas da caixa.

87. Um tubo de vidro, com uma extremidade fechada, **A**, e outra aberta, conforme a figura, apoia-se em **D** sobre um plano horizontal. O trecho **AB** do tubo contém ar, o trecho **BCDE** contém mercúrio e o trecho **EF** contém um líquido que não se mistura nem se combina com o mercúrio. Verifica-se que, girando o tubo em torno do ponto **D** num plano vertical, a pressão do trecho **AB** se torna igual à pressão atmosférica reinante, quando θ = 30°. Nessa posição, tem-se a = 10 cm, b = 8 cm e c = 45 cm.

Sendo a densidade absoluta do mercúrio igual a 13,5 g/cm³, calcule a densidade do líquido contido no trecho **EF** do tubo.

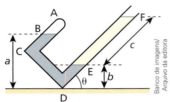

88. Um cubo de gelo a 0 °C, preso a uma mola, é totalmente imerso em um recipiente com água a 25 °C, conforme representa a figura. À medida que o gelo for se fundindo, podemos afirmar que:
a) o comprimento da mola permanecerá constante.
b) o comprimento da mola irá aumentando.
c) o comprimento da mola irá diminuindo.
d) o nível livre da água no recipiente permanecerá inalterado.
e) o nível livre da água no recipiente irá subindo.

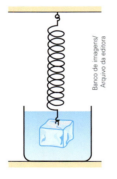

89. O esquema abaixo representa uma balança de travessão de braços iguais confinada no interior de uma campânula, na qual existe ar. A balança está em equilíbrio, tendo em suas extremidades os corpos **A** (volume V_A) e **B** (volume V_B). Sabe-se que $V_A < V_B$.

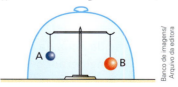

Se, por um processo qualquer, for retirado o ar de dentro da campânula:
a) a balança não sofrerá perturbações.
b) o travessão penderá para o lado do corpo **A**.
c) o travessão penderá para o lado do corpo **B**.
d) os corpos **A** e **B** perderão seus pesos.
e) os corpos **A** e **B** receberão empuxos diferentes.

90. (Fuvest-SP) Considere uma mola ideal de comprimento L_0 = 35 cm presa no fundo de uma piscina vazia (figura 1). Prende-se sobre a mola um recipiente cilíndrico de massa m = 750 g, altura h = 12,5 cm e secção transversal externa S = 300 cm², ficando a mola com comprimento L_1 = 20 cm (figura 2). Quando, enchendo-se a piscina, o nível da água atinge a altura H, começa a entrar água no recipiente (figura 3).

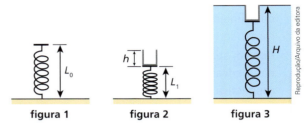

Dados: $\rho_{água}$ = 1,0 g/cm³; g = 10 m/s².
a) Qual o valor da constante elástica da mola?
b) Qual o valor, em N, da intensidade da força que traciona a mola quando começa a entrar água no recipiente?
c) Qual o valor da altura H em cm?

91. (Unesp-SP) Uma esfera de massa 50 g está totalmente submersa na água contida em um tanque e presa ao fundo por um fio, como mostra a figura 1. Em dado instante, o fio se rompe e a esfera move-se, a partir do repouso, para a superfície da água, aonde chega 0,60 s após o rompimento do fio, como mostra a figura 2.

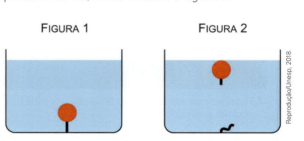

a) Considerando que, enquanto a esfera está se movendo no interior da água, a força resultante sobre ela é constante, tem intensidade 0,30 N, direção vertical e sentido para cima, calcule, em m/s, a velocidade com que a esfera chega à superfície da água.
b) Considerando que apenas as forças peso e empuxo atuam sobre a esfera quando submersa, que a aceleração gravitacional seja 10 m/s² e que a massa específica da água seja 1,0 · 10³ kg/m³, calcule a densidade da esfera, em kg/m³.

92. (Unicamp-SP) Uma esfera de raio 1,2 cm e massa 5,0 g flutua sobre a água, em equilíbrio, deixando uma altura h submersa, conforme a figura. O volume submerso como função de h é dado no gráfico. Sendo a densidade da água 1,0 g/cm³ e g = 10 m/s²:

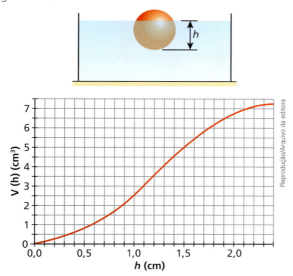

a) calcule o valor de h no equilíbrio;
b) ache a intensidade da força vertical para baixo necessária para afundar a esfera completamente.

93. (UFRJ) Uma esfera maciça flutua na água contida em um recipiente. Nesse caso, a superfície livre da água encontra-se a uma altura h do fundo do recipiente, como mostra a figura 1.

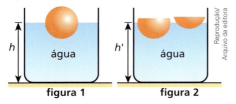

Corta-se a esfera em dois pedaços que, quando postos de volta na água, também flutuam, como mostra a figura 2. Nesse caso, a superfície livre da água encontra-se a uma altura h' do fundo do recipiente. Verifique se h' > h, h' = h ou h' < h. Justifique.

94. (Fuvest-SP) Um recipiente cilíndrico vazio flutua em um tanque de água com parte de seu volume submerso, como na figura ao lado.

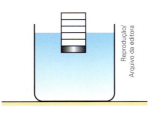

O recipiente possui marcas graduadas igualmente espaçadas, paredes laterais de volume desprezível e um fundo grosso e pesado.

Quando o recipiente começa a ser preenchido, lentamente, com água, a altura máxima que a água pode atingir em seu interior, sem que ele afunde totalmente, é mais bem representada por:

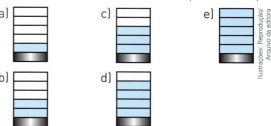

95. Um *iceberg* que flutua na água do mar é extremamente perigoso para as embarcações que navegam ao seu redor, pois a maior parte da água sólida que o constitui situa-se abaixo da superfície livre do mar. O gelo escondido pode danificar um navio que se encontra a uma distância considerável do gelo visível.

A colisão contra um *iceberg* levou o navio inglês RMS Titanic a pique com mais de 2 000 pessoas a bordo. O naufrágio dessa embarcação, na noite de 14 de abril de 1912, constitui um dos maiores desastres marítimos da história em tempos de paz.

// O Titanic afundou logo em sua viagem inaugural, de Southampton a Nova York. Os destroços desse grande navio foram localizados a 3 800 m de profundidade a 650 km a sudeste da ilha de Terra Nova, no Canadá.

Considere:

Pressão atmosférica: 1,0 atm ≅ 1,0 · 10⁵ Pa;
Intensidade da aceleração da gravidade: 10 m/s²;
Densidade absoluta da água do mar: 1040 kg/m³;
Densidade absoluta do gelo de um *iceberg*: 910 kg/m³;
Massa estimada do Titanic com sua carga: 52 000 t.

Com base nas informações contidas no texto, responda:
a) Que pressão total, *p*, em sua superfície externa deve suportar uma sonda submarina adaptada para grandes profundidades ao atingir os destroços do Titanic?
b) Qual o volume imerso, V_i, do navio quando em navegação normal?
c) Que percentual, *P*, do volume de um *iceberg* flutuante na água do mar permanece emerso (fora da água)?

96. (UFF-RJ) Um cilindro, formado por duas substâncias de massas específicas x e ρ, flutua em equilíbrio na superfície de um líquido de massa específica μ na situação representada na figura.
A massa específica x pode ser obtida em função de μ e ρ por meio da expressão:

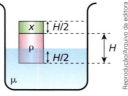

a) $2\mu + \rho$
b) $\mu - 2\rho$
c) $\dfrac{\mu}{2} + \rho$
d) $\mu + 2\rho$
e) $\dfrac{\mu}{2} - \rho$

97. (ITA-SP) Uma esfera sólida e homogênea de volume *V* e massa específica ρ repousa totalmente imersa na interface entre dois líquidos imiscíveis. O líquido de cima tem massa específica ρ_c e o de baixo, ρ_b, tal que $\rho_c < \rho < \rho_b$. Determine a fração imersa no líquido superior do volume da esfera.

98. (Fuvest-SP) Um recipiente contém dois líquidos, I e II, de massas específicas (densidades) ρ_1 e ρ_2, respectivamente. Um cilindro maciço de altura *h* encontra-se em equilíbrio, na região da interface entre os líquidos, como mostra a figura.

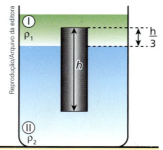

Podemos afirmar que a massa específica do material do cilindro vale:

a) $\dfrac{(\rho_1 + 2\rho_2)}{2}$.
b) $\dfrac{(\rho_1 + \rho_2)}{2}$.
c) $\dfrac{(2\rho_1 + \rho_2)}{3}$.
d) $\dfrac{(\rho_1 + 2\rho_2)}{3}$.
e) $\dfrac{2(\rho_1 + \rho_2)}{3}$.

99. Um corpo aparenta ter massa de 45 g no ar e de 37 g quando totalmente imerso na água (massa específica de 1,0 g/cm³). Sabendo que a massa específica do material de que é feito o corpo vale 9,0 g/cm³, calcule o volume da cavidade que, certamente, deve existir no corpo. Considere desprezível o empuxo do ar, bem como o ar existente na cavidade do corpo.

100. No mar Morto, todas as pessoas flutuam!

De fato, nesse imenso lago de 650 km² de área superficial a água é tão salgada, e com densidade absoluta tão elevada, que qualquer pessoa pode se manter boiando confortavelmente, sem esforço algum, mesmo sem saber nadar.

O mar Morto é uma das maiores depressões do mundo, estando cerca de 430 m abaixo do nível médio dos oceanos. Suas águas, referidas em textos bíblicos, são abastecidas pelo rio Jordão, que serve de fronteira natural entre Israel e a Jordânia. A salinidade dessas águas é tão elevada que nenhuma espécie de peixe ou alga sobrevive aos 30 g de sal e outros minerais diluídos por 100 mL de solução. Daí a denominação: mar Morto. Rochas e cristalizações de sal mineral são comuns nas bordas desse imenso reservatório.

a) Admita que uma pessoa de densidade 1,05 g/cm³ esteja flutuando nas águas do mar Morto, de densidade 1,16 g/cm³. Que porcentagem do volume do corpo dessa pessoa permanecerá emersa?
b) Suponha que uma balsa em forma de paralelepípedo retângulo, cujas dimensões são 10,0 m × 20,0 m × 0,4 m, esteja navegando nas águas do rio Jordão (densidade 1,00 g/cm³) com calado (comprimento submerso) igual a 23,2 cm. Qual será o calado dessa balsa se passar a navegar nas águas do mar Morto?
c) Para retomar o calado verificado no rio Jordão, a balsa deverá, no mar Morto, receber ou descartar carga? De quantos kN será essa variação de carga? Adote $g = 10{,}0$ m/s².

101. Um barqueiro dispõe de uma chata que permite o transporte fluvial de cargas até 10 000 N. Ele aceitou um trabalho de transporte de um lote de 50 barras maciças de ferro (10 g/cm^3) de 200 N cada. Por um erro de contagem, a firma enviou 51 barras. Não querendo perder o freguês, mas também procurando não ter prejuízo com duas viagens, o barqueiro resolveu amarrar certo número n de barras embaixo do barco, completamente submersas. Qual deve ser o número n mínimo para que a travessia das 51 barras seja feita numa só viagem? Densidade da água: $1,0$ g/cm^3.

102. Na montagem experimental ao lado, o dinamômetro **D** e a balança **B** têm escalas calibradas em kgf. No local, a gravidade é normal. A esfera **E**, de 20,0 kg de massa e volume igual a 2,40 litros, encontra-se em equilíbrio totalmente imersa na água (densidade de $1,00 \cdot 10^3$ kg/m^3).

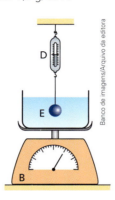

A esfera, inicialmente sustentada pelo fio ideal, não toca as paredes do frasco. Sabendo que o peso do conjunto frasco-água vale 40,0 kgf:
a) determine as indicações de **D** e de **B**;
b) calcule a nova indicação de **B** supondo que o fio que sustenta **E** seja cortado (admita **E** em repouso no fundo do frasco).

103. (PUC-PR) Uma pessoa em pé dentro de uma piscina se sente "mais leve" devido à redução de seu peso aparente dentro da água. Uma modalidade esportiva que se beneficia deste efeito é a hidroginástica. A força normal que o piso da piscina exerce sobre os pés de uma pessoa é reduzida produzindo baixo impacto durante o exercício. Considere uma pessoa em pé dentro de uma piscina rasa com 24% do volume de seu corpo sob a água. Se a densidade relativa da pessoa for 0,96, qual a redução percentual da força normal que o piso horizontal exerce sobre a pessoa dentro da água em relação ao piso fora da água?
a) 15%   b) 20%   c) 25%   d) 30%   e) 35%

104. Um corpo constituído de um material de peso específico de $2,4 \cdot 10^4$ N/m^3 tem volume externo de $2,0 \cdot 10^3$ cm^3. Abandonado no interior da água (densidade de $1,0$ g/cm^3), ele move-se verticalmente, sofrendo a ação de uma força resistente cuja intensidade é dada pela expressão $F_r = 56v$ (SI), em que v é o módulo de sua velocidade. Sendo $g = 10$ m/s^2, calcule a velocidade-limite do corpo, isto é, a máxima velocidade atingida em todo o movimento.

Para raciocinar um pouco mais

105. (FMJ-SP) O sistema de vasos comunicantes representado na figura contém dois líquidos imiscíveis, 1 e 2, de densidades ρ_1 e ρ_2, respectivamente. A diferença de pressão entre os pontos **A** e **B** é igual a $1,0 \cdot 10^3$ Pa e a densidade do líquido mais denso é igual a $2,0 \cdot 10^3$ kg/m^3.
Dado: $g = 10$ m/s^2.

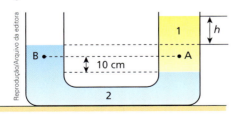

a) Determine a densidade do líquido menos denso.
b) Estabeleça a relação entre a distância da superfície de separação dos líquidos e a superfície livre de cada líquido e o desnível h.

106. (Aman-RJ) Mergulha-se a boca de uma espingarda de rolha no ponto **P** da superfície de um líquido de densidade $1,50$ g/cm^3 contido em um tanque. Despreze o atrito viscoso e considere que no local a aceleração da gravidade tem módulo 10,0 m/s^2. O cano da espingarda forma um ângulo (θ) de 45° abaixo da horizontal.

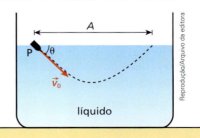

Supondo-se que a velocidade inicial ($\vec{v}_0$) da rolha tenha módulo igual a 6,0 m/s e que sua densidade seja igual a 0,60 g/cm^3, pode-se afirmar que a rolha irá aflorar à superfície da água a uma distância (A) do ponto **P** igual a:

a) 1,4 m.
b) 1,8 m.
c) 2,4 m.
d) 2,5 m.
e) 2,8 m.

107. Nas quatro situações esquematizadas a seguir, um mesmo recipiente contém água até a boca e está em repouso sobre a plataforma de uma balança. Na figura 1, apenas o líquido preenche o recipiente; na figura 2, uma esfera de madeira flutua na superfície livre da água; na figura 3, uma esfera maciça de isopor (menos densa que a água) está presa ao fundo do recipiente por meio de um fio inextensível de massa desprezível, e, na figura 4, uma esfera também maciça de aço (mais densa que a água) é mantida em equilíbrio, totalmente submersa, presa em um fio ideal.

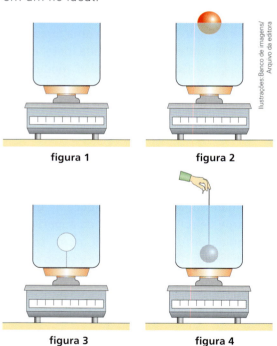

Sendo l_1, l_2, l_3 e l_4 as indicações da balança nas situações das figuras 1, 2, 3 e 4, respectivamente, aponte a alternativa correta:

a) $l_3 < l_1 = l_2 < l_4$
b) $l_3 < l_1 = l_2 = l_4$
c) $l_1 = l_2 = l_3 = l_4$
d) $l_3 < l_1 < l_2 < l_4$
e) $l_3 < l_1 < l_2 = l_4$

108. Um projétil de densidade ρ_p é lançado com um ângulo α em relação à horizontal no interior de um recipiente vazio. A seguir, o recipiente é preenchido com um superfluido de densidade ρ_s, e o mesmo projétil é novamente lançado dentro dele, só que sob um ângulo β em relação à horizontal. Observa-se, então, que, para uma velocidade inicial $\vec{v}_2$ do projétil, de mesmo módulo que a do experimento anterior, não se altera seu alcance horizontal A.

Veja as figuras abaixo.

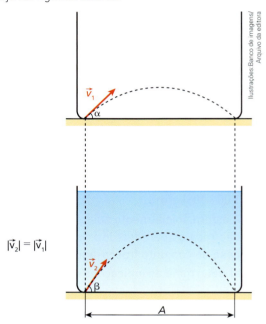

Sabendo-se que são nulas as forças de atrito num superfluido, pode-se então afirmar, com relação ao ângulo β de lançamento do projétil, que:

a) $\operatorname{sen} \beta = \left(1 - \dfrac{\rho_s}{\rho_p}\right) \operatorname{sen} \alpha$

b) $\operatorname{sen} 2\beta = \left(1 - \dfrac{\rho_s}{\rho_p}\right) \operatorname{sen} 2\alpha$

c) $\operatorname{sen} 2\beta = \left(1 + \dfrac{\rho_s}{\rho_p}\right) \operatorname{sen} 2\alpha$

d) $\cos \beta = \left(1 - \dfrac{\rho_s}{\rho_p}\right) \cos \alpha$

e) $\cos 2\beta = \left(1 + \dfrac{\rho_s}{\rho_p}\right) \operatorname{sen} 2\alpha$

APÊNDICE

Dinâmica dos fluidos

Introdução

O estudo da **Estática dos fluidos** ou **Hidrostática** é sequenciado pelo da **Dinâmica dos fluidos** ou **Hidrodinâmica**. Essa abordagem, no entanto, é reservada ao Ensino Superior, mais especificamente aos cursos de ciências exatas, como Física e Engenharia. O desenvolvimento que faremos aqui será superficial e simplificado. Daremos ênfase a alguns conceitos que julgamos apropriados ao Ensino Médio.

A Hidrodinâmica estuda o movimento dos fluidos em geral, como o escoamento da água em rios e tubulações, a circulação sanguínea no corpo humano, o deslocamento da fumaça expelida por chaminés, etc.

Nossa análise será restrita a algumas situações particulares em que estarão envolvidos fluidos ideais, particularmente líquidos **incompressíveis, não viscosos e em regime permanente de escoamento**.

Líquido incompressível: apresenta a mesma massa específica (ou densidade absoluta) em qualquer ponto, independentemente de acréscimos de pressão. Essa hipótese é aceitável, já que os líquidos em geral têm baixa compressibilidade.

Escoamento não viscoso: é o deslocamento em que as diversas camadas fluidas não trocam forças de atrito entre si, tampouco com as paredes da tubulação. Quanto maior for a viscosidade de um líquido, maior será a dissipação de energia mecânica durante seu escoamento, o que não será objeto de nosso estudo. O óleo lubrificante de motores, por exemplo, é mais viscoso que a água. Por isso, seu escoamento em idênticas condições é mais "moroso" que o da água, implicando maior produção de energia térmica.

Regime permanente (ou estacionário) de escoamento: a velocidade verificada em um dado ponto do fluxo é constante para qualquer valor de tempo, independentemente da partícula do fluido que esteja passando por esse local.

Vazão (Z)

Consideremos um trecho de uma tubulação cilíndrica por onde escoa um líquido incompressível, não viscoso e em regime permanente. Por uma seção transversal **S** dessa tubulação passa um volume de líquido ΔV durante um intervalo de tempo Δt, conforme a ilustração a seguir.

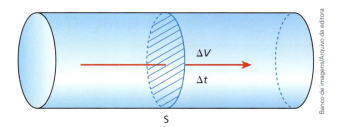

Por definição, a vazão Z verificada em **S** é expressa por:

$$Z = \frac{\Delta V}{\Delta t}$$

No Sistema Internacional de Unidades (SI), a vazão é medida em m³/s.

// Um dos vinte tubos da hidrelétrica de Itaipu. Esse duto despeja água sobre uma turbina acoplada a um gerador de tensão elétrica. Em cada tubo da usina a vazão de água é de 700 m³/s, em média.

Durante um intervalo de tempo Δt, o volume de líquido que atravessa a seção de referência **S** pode ser calculado fazendo-se $\Delta V = A\Delta s$, em que A é a área de **S** e Δs é o deslocamento das partículas do líquido nesse intervalo de tempo.

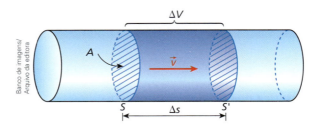

Sendo v a intensidade da velocidade de escoamento do líquido, segue que:

$$Z = \frac{A\Delta s}{\Delta t} \Rightarrow \boxed{Z = Av}$$

Equação da Continuidade

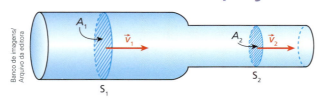

Consideremos o trecho de tubulação esquematizado ao lado por onde escoa um líquido incompressível, não viscoso e em regime permanente. Sejam A_1 e A_2 as áreas das seções **S₁** e **S₂**, e v_1 e v_2 as intensidades da velocidade de escoamento do fluido em **S₁** e **S₂**, respectivamente.

Levando-se em conta a conservação da massa, a vazão determinada em **S₁** deve ser igual à determinada em **S₂**; logo:

$$Z_1 = Z_2 \Rightarrow \boxed{A_1 v_1 = A_2 v_2}$$

A última expressão é denominada **Equação da Continuidade**, e ela nos permite notar que as intensidades das velocidades de escoamento são inversamente proporcionais às respectivas áreas das seções transversais da tubulação:

$$A_1 > A_2 \Rightarrow v_1 < v_2$$

// Neste rio de profundidade admitida constante, a velocidade da correnteza na parte mais estreita (região central da fotografia) deve ser maior que nas partes mais largas.

// À medida que a água escoa da boca de uma torneira, a intensidade de sua velocidade aumenta devido à ação da gravidade. Por isso a espessura do filete de água diminui, conforme prevê a Equação da Continuidade: à maior velocidade corresponde a menor área da seção da coluna fluida.

Teorema de Bernoulli

Consideremos um trecho de tubulação disposto verticalmente, conforme representa a figura a seguir, por onde escoa um líquido incompressível, não viscoso, de massa específica igual a μ em regime permanente. Sejam **S₁** e **S₂** duas seções transversais da tubulação, com áreas iguais a A_1 e A_2. Por essas seções o líquido passa com velocidades de intensidade v_1 e v_2, respectivamente. Sejam, ainda, p_1 e p_2 as pressões nos centros de **S₁** e **S₂**, h_1 e h_2 as alturas desses centros em relação a um plano horizontal de referência π, e g a intensidade da aceleração da gravidade.

// Daniel **Bernoulli** (1700--1782) nasceu em uma família de físicos e matemáticos. Seu pai, seu tio e seus irmãos também deram importantes contribuições à ciência. Em 1738, Bernoulli publicou o livro *Hydrodynamica*, em que, entre outros estudos, está seu notável teorema. Gravura do século XVIII, por Johann J. Haid.

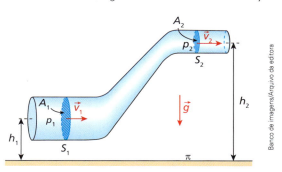

Daniel Bernoulli relacionou as grandezas citadas por meio de uma expressão de grande importância, capaz de explicar vários fenômenos do dia a dia.

$$p_1 + \mu g h_1 + \frac{\mu v_1^2}{2} = p_2 + \mu g h_2 + \frac{\mu v_2^2}{2}$$

Nessa expressão, conhecida como Teorema de Bernoulli, as parcelas p_1 e p_2 são denominadas **pressões estáticas**, enquanto as parcelas $\frac{\mu v_1^2}{2}$ e $\frac{\mu v_2^2}{2}$ são chamadas **pressões dinâmicas**.

Outra forma de apresentar o Teorema de Bernoulli é: em qualquer seção da tubulação,

$$p + \mu g h + \frac{\mu v^2}{2} = C \text{ (Constante)}$$

Casos particulares importantes

I. Se h_1 for igual a h_2, a tubulação será horizontal e, pela Equação da Continuidade, conclui-se que, sendo $A_1 > A_2$, então $v_1 < v_2$. O Teorema de Bernoulli reduz-se, nesse caso, a:

$$p_1 + \frac{\mu v_1^2}{2} = p_2 + \frac{\mu v_2^2}{2}$$

Da desigualdade $v_1 < v_2$, decorre que $p_1 > p_2$. Assim, à menor velocidade de escoamento corresponde a maior pressão estática.

Isso pode ser verificado acoplando-se à tubulação dois tubos verticais abertos na extremidade superior, como está representado ao lado. Esses acessórios são denominados **tubos de Venturi** e permitem notar que na seção **S₁** a altura atingida pelo líquido é maior que na seção **S₂**, o que é o indicador de uma pressão estática maior.

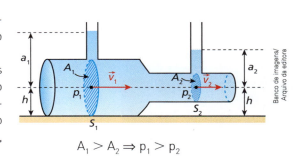

$A_1 > A_2 \Rightarrow p_1 > p_2$

Na circulação sanguínea, por exemplo, admitindo-se condições ideais, verifica-se que nas artérias e veias de maior diâmetro ocorre menor velocidade de escoamento do sangue e, consequentemente, maior pressão.

II. Se o líquido estiver em repouso, as pressões dinâmicas serão nulas e o Teorema de Bernoulli reduz-se ao Teorema de Stevin, da estática dos fluidos. De fato, se $v_1 = v_2 = 0$, tem-se:

$$p_1 + \mu g h_1 = p_2 + \mu g h_2 \Rightarrow \boxed{p_1 - p_2 = \mu g (h_2 - h_1)}$$

Efeitos Bernoulli

Relacionamos a seguir algumas situações práticas que podem ser explicadas com base no Teorema de Bernoulli.

I. Soprando-se sobre uma folha de papel, como sugerem as fotografias a seguir, a maior intensidade da velocidade de escoamento do ar sobre a folha faz com que a pressão nessa superfície fique menor que a pressão exercida sobre a face de baixo. Com isso a folha se eleva, adquirindo uma posição praticamente horizontal.

Em caso de fortes ventanias, telhados de casas e galpões podem ser arremessados para cima. Isso ocorre porque a maior velocidade do ar sobre o telhado reduz a pressão nessa superfície. Dessa forma, predominam as forças de pressão de baixo para cima, o que pode deslocar a estrutura.

Cortinas instaladas em janelas abertas podem ser lançadas para fora pela ação do vento, pois a corrente de ar do lado de fora, rente à janela, reduz a pressão do ambiente externo, fazendo com que elas sejam deslocadas no sentido da maior para a menor pressão.

Lonas de caminhões em alta velocidade estufam, movendo-se também no sentido da maior para a menor pressão.

Na imagem ao lado, pode-se observar que a lona que reveste a carga do caminhão acha-se estufada na parte de cima. Esse é um dos muitos "efeitos Bernoulli".

Em relação a um referencial ligado ao caminhão, a velocidade com que o ar se desloca na parte de cima é relativamente grande, ocorrendo o oposto com o ar confinado entre a carga e o revestimento, que praticamente não se movimenta. Isso impõe, portanto, uma diferença de pressões entre os dois lados da lona; na parte de cima se estabelece a menor pressão e, na parte de baixo, a maior. Com isso, as forças de pressão exercidas de baixo para cima prevalecem, fazendo a lona estufar.

II. A força de sustentação de um avião é exercida principalmente nas asas da aeronave. Elas têm um desenho específico, de modo que o ar escoa com maior velocidade pela superfície de cima. Com isso, a pressão exercida nessa face é menor que a pressão verificada no lado de baixo. Obtém-se, então, uma força resultante que admite uma componente vertical dirigida para cima que se opõe à tendência de queda do avião.

A velocidade de escoamento do ar é maior na face de cima das asas do avião. Assim, predominam as forças de pressão de baixo para cima, o que dá sustentação à aeronave.

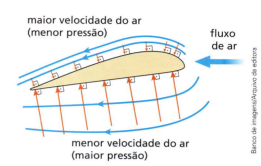

Ampliando o olhar

Pesadelo dos goleiros

Situação difícil certamente foi a dos goleiros que depararam com cobradores de faltas como Rivelino, Zico, Marcelinho Carioca, Ronaldinho Gaúcho e Rogério Ceni, entre outros. Esses atletas, que inscreveram de forma definitiva seus nomes na história do futebol, notabilizaram-se pela maneira peculiar de desferir seus chutes. Eles imprimiam à bola um grande "efeito", o que conferia ao percurso do projétil curvas espetaculares em lances decisivos. Durante o deslocamento, a bola girava em torno de um eixo central imaginário e isso determinava forte interação com o ar, com expressivas deflexões na trajetória. Nesse processo, a bola saía do previsível curso parabólico, fazendo os goleiros se desdobrarem em tentativas quase sempre frustradas de defender as cobranças.

Uma bola lançada com efeito (rotação) realiza uma trajetória curva, o que dificulta sobremaneira a ação do goleiro.

Isso também pode ser notado no tênis quando um jogador imprime um *topspin*. Nessa maneira de golpear a bola, a pequena esfera amarela e felpuda segue rodopiando, o que impõe um itinerário imprevisível que engana o adversário, dificultando um possível contragolpe.

A irregularidade nas curvas exibidas por bolas que se deslocam através do ar em movimento conjunto de translação e rotação constitui o chamado **Efeito Magnus**, que recebeu essa denominação em razão das explicações fundamentais dadas pelo físico-químico alemão Heinrich Gustav **Magnus** (1802-1870) à correta compreensão do fenômeno.

Fotografia de Heinrich Gustav Magnus; ele também apresentou importantes trabalhos sobre eletrólise, expansão de gases mediante recebimento de calor e termeletricidade.

Considere uma bola chutada por um jogador canhoto rumo ao gol. Veja a ilustração a seguir. A bola é disparada com rotação horária, como seria visto por um observador que a olhasse de cima. Representemos por ω a velocidade angular imprimida à bola no ato do chute.

Ela fará então uma curva para a direita, como justificamos a seguir.

// Ilustração representando o Efeito Magnus em um chute de falta cobrada por um jogador canhoto.

Sendo $-\vec{v}_0$ a velocidade de translação da bola em relação ao ar, podemos dizer que o ar apresenta uma velocidade $\vec{v}_0$ em relação à bola. Tudo se passa como se a bola permanecesse em repouso e o ar passasse por ela com velocidade $\vec{v}_0$. Por outro lado, em relação a um referencial ligado ao centro da bola, a intensidade das velocidades $-\vec{v}_1$ e $\vec{v}_1$ das partículas do ar nas proximidades dos pontos **A** e **B** indicados no esquema ao lado é calculada por $v_1 = \omega R$, em que R é o raio da bola. É importante notar que $-\vec{v}_1$ e $\vec{v}_1$ são as velocidades impostas às partículas do ar vizinhas à bola devido ao arrastamento provocado por seu movimento de rotação.

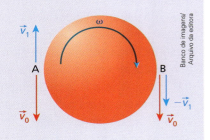

Dessa forma, admitindo-se $v_0 > v_1$ e tendo em conta a composição de movimentos, conclui-se que nas vizinhanças do ponto **A** o ar tem, em relação à bola, uma velocidade vetorial $\vec{v}_A$, de intensidade $v_A = v_0 - v_1$, e, nas proximidades do ponto **B**, uma velocidade vetorial $\vec{v}_B$, de intensidade $v_B = v_0 + v_1$. Da análise de v_A e v_B, conclui-se que $v_A < v_B$.

Sendo assim, de acordo com o Teorema de Bernoulli, estabelece-se na região do ponto **A** uma pressão p_A maior que a pressão p_B verificada na região do ponto **B**.

De fato:

$$p_A + \frac{\mu v_A^2}{2} = p_B + \frac{\mu v_B^2}{2}$$

Sendo constante a densidade μ do ar, se $v_A < v_B$, então $p_A > p_B$.

Por causa disso, a bola recebe do ar na região do ponto **A** forças de pressão mais intensas que aquelas verificadas na região do ponto **B**, o que explica a deflexão de sua trajetória para a direita.

Demonstração do Teorema de Bernoulli

Consideremos a figura a seguir, em que um líquido incompressível, não viscoso e de massa específica igual a μ escoa em regime permanente através de um trecho de tubulação disposto verticalmente em um local em que a aceleração da gravidade tem intensidade g. Estudemos o deslocamento da esquerda para a direita de uma porção de fluido compreendida em um determinado instante entre as seções S_1 (área igual a A_1) e S_2 (área igual a A_2). Nessas seções, as velocidades de escoamento têm intensidades v_1 e v_2, respectivamente.

Essa porção líquida recebe do resto do fluido as forças $\vec{F}_1$ e $\vec{F}_2$ aplicadas em S_1 e S_2, onde as pressões estáticas valem, respectivamente, p_1 e p_2. Sejam h_1 e h_2 as alturas dos centros de S_1 e S_2 em relação a um plano horizontal π adotado como referência. O líquido é então deslocado durante certo intervalo de tempo, migrando da região delimitada pelas seções S_1 e S_2 para outra, delimitada pelas seções S'_1 e S'_2.

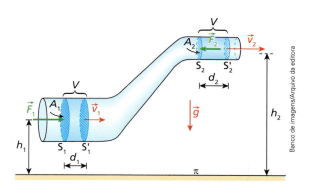

O volume V de líquido que sai da parte baixa do duto é integralmente transferido para a parte alta. Tudo se passa, para efeito de cálculo, como se fossem deslocadas as mesmas partículas do fluido de uma região à outra. Esse volume fica determinado fazendo-se:

$$V = A_1 d_1 \quad \text{ou} \quad V = A_2 d_2$$

em que d_1 e d_2 são os deslocamentos da massa m de líquido, respectivamente, na parte baixa e na parte alta da tubulação.

I. Trabalhos de $\vec{F}_1$ e $\vec{F}_2$ (τ_{fd}):

$$\tau_{fd} = \tau_{F_1} + \tau_{F_2} \Rightarrow \tau_{fd} = F_1 d_1 - F_2 d_2$$
$$\tau_{fd} = p_1 A_1 d_1 - p_2 A_2 d_2 \Rightarrow \tau_{fd} = p_1 V - p_2 V$$

Da qual:

$$\tau_{fd} = (p_1 - p_2)V \quad \text{(I)}$$

II. Trabalho da gravidade (τ_{gr}):

$$\tau_{gr} = -mg(h_2 - h_1)$$
$$\tau_{gr} = -\mu V g(h_2 - h_1) \quad \text{(II)}$$

III. Teorema da Energia Cinética:

$$\tau_{fd} + \tau_{gr} = \tau_{total} \Rightarrow \tau_{fd} + \tau_{gr} = \frac{mv_2^2}{2} - \frac{mv_1^2}{2}$$

Assim:

$$\tau_{fd} + \tau_{gr} = \frac{\mu V}{2}(v_2^2 - v_1^2) \quad \text{(III)}$$

Substituindo (I) e (II) em (III), temos:

$$(p_1 - p_2)V - \mu V g(h_2 - h_1) = \frac{\mu V}{2}(v_2^2 - v_1^2)$$

Da qual:

$$\boxed{p_1 + \frac{\mu v_1^2}{2} + \mu g h_1 = p_2 + \frac{\mu v_2^2}{2} + \mu g h_2}$$

Equação de Torricelli

Vamos admitir um recipiente cilíndrico em repouso sobre um suporte horizontal. Suponhamos que dentro dele exista um líquido incompressível, não viscoso e de massa específica igual a μ. Se fizermos um pequeno furo próximo à base do recipiente, o líquido vazará pelo orifício com velocidade horizontal, como representa a figura a seguir.

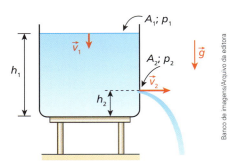

Aplicando-se o Teorema de Bernoulli, é possível determinar a intensidade (v) da velocidade de escoamento do fluido através do orifício em função do módulo da aceleração da gravidade (g) e do desnível (h) entre a superfície livre do líquido e o plano horizontal que contém o furo.

$$p_2 + \frac{\mu v_2^2}{2} + \mu g h_2 = p_1 + \frac{\mu v_1^2}{2} + \mu g h_1$$

Devemos observar, porém, que, sendo o diâmetro do orifício muito pequeno em comparação com o do recipiente, é razoável considerarmos $v_1 \cong 0$.

Por outro lado, as pressões estáticas na superfície livre do líquido (p_1) e na saída do furo (p_2) são iguais à pressão atmosférica local.

Com isso, vem:

$$\frac{\mu v_2^2}{2} = \mu g (h_1 - h_2)$$

Fazendo $h_1 - h_2 = h$ e $v_2 = v$, obtemos a chamada Equação de Torricelli, em uma alusão ao físico italiano Evangelista **Torricelli** (1608-1647).

$$v = \sqrt{2gh}$$

// Nesta fotografia, a intensidade da velocidade com que o líquido é ejetado para fora da garrafa cresce com a profundidade do furo. Isso está de acordo com a Equação de Torricelli, a qual estabelece que a intensidade da velocidade de saída do fluido dobra quando a profundidade do orifício quadruplica.

Exercícios

109. Uma mangueira tem em sua extremidade um esguicho de boca circular cujo diâmetro pode ser ajustado. Admita que essa mangueira, operando com vazão constante, consiga encher um balde de 30 L em 2 min 30 s.
a) Se a área da boca do esguicho for ajustada em 1,0 cm², com que velocidade a água sairá da mangueira?
b) Reduzindo-se o diâmetro da boca do esguicho à metade, com que velocidade a água sairá da mangueira nessa nova situação?

Resolução:

a) A vazão (Z) através da boca do esguicho é calculada por:

$$Z = Av = \frac{\Delta V}{\Delta t}$$

Sendo a área A = 1,0 cm² = 1,0 · 10⁻⁴ m², o volume ΔV = 30 L = 30 · 10⁻³ m³ e o intervalo de tempo Δt = 2,5 min = 150 s, calculemos a velocidade v de escoamento da água.

$$10 \cdot 10^{-4} v = \frac{30 \cdot 10^{-3}}{150} \therefore \boxed{v = 2,0 \text{ m/s}}$$

b) Como a área do círculo é diretamente proporcional ao quadrado do seu raio, ou do seu diâmetro $\left(A = \pi R^2 = \frac{\pi D^2}{4}\right)$, se reduzirmos o diâmetro à metade, a área será reduzida à quarta parte. Assim, aplicando-se a Equação da Continuidade, vem:

$$A'v' = Av \Rightarrow \frac{A}{4}v' = A \cdot 2,0$$

$$\boxed{v' = 8,0 \text{ m/s}}$$

110. (UFPE) A velocidade do sangue na artéria aorta de um adulto, que possui em média 5,4 litros de sangue, tem módulo aproximadamente igual a 30 cm/s. A área transversal da artéria é cerca de 2,5 cm². Qual o intervalo de tempo, em segundos, necessário para a aorta transportar o volume de sangue de um adulto?

111. (Unama-AM) Uma piscina, cujas dimensões são 18 m × 10 m × 2 m, está vazia. O tempo necessário para enchê-la é 10 h, através de um conduto de seção A = 25 cm². A velocidade da água, admitida constante, ao sair do conduto, terá módulo igual a:
a) 1 m/s
b) 2 km/s
c) 3 cm/min
d) 4 m/s
e) 5 km/s

112. (UFPA) Considere duas regiões distintas do leito de um rio: uma larga **A**, com área de secção transversal de 200 m², e outra estreita **B**, com 40 m² de área de secção transversal.
A velocidade das águas do rio na região **A** tem módulo igual a 1,0 m/s.
De acordo com a equação da continuidade aplicada ao fluxo de água, podemos concluir que a velocidade das águas do rio na região **B** tem módulo igual a:
a) 1,0 m/s
b) 2,0 m/s
c) 3,0 m/s
d) 4,0 m/s
e) 5,0 m/s

113. (UFJF-MG) Um fazendeiro decide medir a vazão de um riacho que passa em sua propriedade e, para isso, escolhe um trecho retilíneo de 30,0 m de canal. Ele observa que objetos flutuantes gastam em média 60,0 s para percorrer esse trecho. No mesmo lugar, observa que a profundidade média é de 0,30 m e a largura média, 1,50 m. A vazão do riacho, em litros de água por segundo, é:
a) 1,35
b) 3,65
c) 225
d) 365
e) 450

114. O aneurisma é uma dilatação anormal verificada em um trecho de uma artéria pela distensão parcial de suas paredes. Essa patologia, de origem congênita ou adquirida, pode provocar o rompimento do duto sanguíneo com escape de sangue, o que em muitos casos pode ser fatal. Trata-se do que popularmente se denomina **derrame**.
Admita que uma pessoa tenha um aneurisma de aorta, de modo que a área da secção reta de sua artéria dobre. Considere o sangue um fluido ideal, de massa específica 1,2 g/cm³, escoando inicialmente com velocidade 20 cm/s. Devido ao aneurisma, qual a variação da pressão estática do sangue no local da lesão, expressa em unidades do SI?

Resolução:

I. Pela Equação da Continuidade:
$Z_2 = Z_1 \Rightarrow A_2 v_2 = A_1 v_1 \Rightarrow 2A_1 v_2 = A_1$ (20)

$$v_2 = 10 \text{ cm/s} = 0,10 \text{ m/s}$$

II. Pelo Teorema de Bernoulli aplicado a um mesmo ponto do interior da artéria, tem-se:

$$p + \frac{\mu v^2}{2} = C \text{ (constante)}$$

$$p_2 + \frac{\mu v_2^2}{2} = p_1 + \frac{\mu v_1^2}{2}$$

$$p_2 - p_1 = \frac{\mu}{2}(v_1^2 - v_2^2)$$

$$\Delta p = \frac{1,2 \cdot 10^3}{2}(0,20^2 - 0,10^2)$$

$$\Delta p = 18 \text{ Pa}$$

115. (ITA-SP) Durante uma tempestade, Maria fecha as janelas do seu apartamento e ouve o zumbido do vento lá fora. Subitamente o vidro de uma janela se quebra. Considerando-se que o vidro tenha soprado tangencialmente à janela, o acidente pode ser mais bem explicado pelo(a):
a) princípio de conservação da massa.
b) equação de Bernoulli.
c) princípio de Arquimedes.
d) princípio de Pascal.
e) princípio de Stevin.

116. O ar de um furacão sopra sobre o telhado de uma casa com velocidade de módulo igual a 108 km/h. A densidade do ar vale 1,2 kg/m³.
A diferença entre a pressão do lado interno e do lado externo do telhado vale:
a) zero   c) 520 Pa   e) 560 Pa
b) 500 Pa   d) 540 Pa

117. (Unicamp-SP) "**Tornado destrói telhado de ginásio da Unicamp**. Um tornado com ventos de 180 km/h destruiu o telhado do ginásio de esportes da Unicamp [...] Segundo engenheiros da universidade, a estrutura destruída pesa aproximadamente 250 toneladas." (Folha de S.Paulo, 29/11/95)
Uma possível explicação para o fenômeno seria considerar uma diminuição de pressão atmosférica, devida ao vento, na parte superior do telhado. Para um escoamento ideal de ar, essa redução de pressão é dada por: $\frac{\rho v^2}{2}$, em que $\rho = 1,2$ kg/m³ é a densidade do ar e v é a intensidade da velocidade do vento. Considere que o telhado do ginásio tem 5 400 m² de área e que estava simplesmente apoiado sobre as paredes. Adote g = 10 m/s².
a) Calcule a variação da pressão externa devida ao vento.
b) Quantas toneladas poderiam ser levantadas pela força devida a esse vento?
c) Qual a menor intensidade da velocidade do vento (em km/h) que levantaria o telhado?

118. (UFBA) Um fenômeno bastante curioso, associado ao voo dos pássaros e do avião, pode ser visualizado através de um experimento simples, no qual se utiliza um carretel de linha para empinar pipas, um prego e um pedaço circular de cartolina.

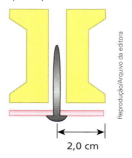

2,0 cm

O prego é colocado no centro da cartolina e inserido no buraco do carretel, conforme a figura. Soprando de cima para baixo pelo buraco superior do carretel, verifica-se que o conjunto cartolina-prego não cai. Considere a massa do conjunto cartolina-prego igual a 10 g, o raio do disco igual a 2,0 cm e a aceleração da gravidade local com módulo igual a 10 m/s².
A partir dessas informações, apresente a lei física associada a esse fenômeno e calcule a diferença de pressão média mínima, entre as faces da cartolina, necessária para impedir que o conjunto caia.

119. (ITA-SP) Considere uma tubulação de água que consiste de um tubo de 2,0 cm de diâmetro por onde a água entra com velocidade de módulo 2,0 m/s sob uma pressão de 5,0 · 10⁵ Pa. Outro tubo de 1,0 cm de diâmetro encontra-se a 5,0 m de altura, conectado ao tubo de entrada. Considerando-se a densidade da água igual 1,0 · 10³ kg/m³ e desprezando-se as perdas, calcule a pressão da água no tubo de saída. Adote g = 10 m/s².

120. (UnB-DF)

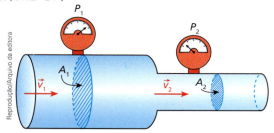

A figura acima ilustra uma tubulação que tinha, inicialmente, em toda a sua extensão, área seccional A_1. Após um acidente, parte da tubulação sofreu modificações no seu diâmetro, e a área da seção transversal passou a ser igual a $A_2 = \dfrac{A_1}{2}$, como mostrado na figura. Sabia-se que, no início do acidente, o sistema tubulação-fluido trabalhava em um regime de pressão (P_1) máxima permitida, acima da qual ocorreria rompimento da tubulação sempre que a pressão máxima do fluido fosse superior a P_1.

Com base nessas informações, considerando-se que não há variação de pressão com a altura e que a vazão do fluido é constante em toda a extensão da tubulação, assinale a opção correspondente à correta variação da pressão.

a) $P_1 - P_2 > 0$
b) $P_1 - P_2 < 0$
c) $P_1 - P_2 = 0$
d) $P_1 + P_2 = 0$
e) ΔP pode ser positivo ou negativo.

121. Considere a tubulação hidráulica esquematizada abaixo por onde escoa água em regime permanente. Os pontos 1 e 2 indicados, pertencentes a uma mesma horizontal, estão situados sob dois tubos verticais abertos em que se observa no líquido um desnível de altura h. No local a aceleração da gravidade tem intensidade g.

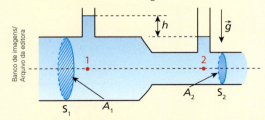

Supondo conhecidas as áreas A_1 e A_2 das secções retas S_1 e S_2, respectivamente, e considerando a água um fluido ideal, determine a intensidade da velocidade do líquido no ponto 1.

Resolução:

I. Equação da Continuidade:
$$Z_2 = Z_1 \Rightarrow A_2 v_2 = A_1 v_1$$

Assim:
$$v_2 = \dfrac{A_1}{A_2} v_1 \quad (I)$$

II. Teorema de Bernoulli:
$$p_1 + \dfrac{\mu v_1^2}{2} = p_2 + \dfrac{\mu v_2^2}{2}$$

$$\mu g h_1 + p_{atm} + \dfrac{\mu v_1^2}{2} = \mu g h_2 + p_{atm} + \dfrac{\mu v_2^2}{2}$$

Da qual:
$$g(h_1 - h_2) + \dfrac{v_1^2}{2} = \dfrac{v_2^2}{2} \quad (II)$$

Observando-se que $h_1 - h_2 = h$ e substituindo-se (I) em (II), vem:

$$gh + \dfrac{v_1^2}{2} = \dfrac{1}{2}\left(\dfrac{A_1}{A_2} v_1\right)^2$$

$$2gh = v_1^2\left[\left(\dfrac{A_1}{A_2}\right)^2 - 1\right]$$

Assim:
$$\boxed{v_1 = \left[\dfrac{2gh}{\left(\dfrac{A_1}{A_2}\right)^2 - 1}\right]^{\frac{1}{2}}}$$

122. Na tubulação horizontal esquematizada na figura a seguir, o líquido escoa com vazão de 400 cm³/s e atinge a altura de 0,50 m no tubo vertical. A massa específica do líquido, admitido ideal, é 1,0 g/cm³.

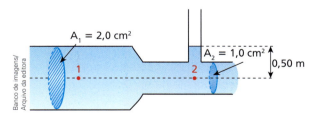

Adotando-se $g = 10$ m/s² e supondo-se o escoamento em regime permanente, pede-se calcular a pressão efetiva no ponto 1, que é a diferença entre a pressão estática nesse ponto e a pressão atmosférica.

123. Em uma caixa-d'água cilíndrica de eixo vertical, a superfície livre de água atinge uma altura H. Faz-se um pequeno furo na parede lateral da caixa, a uma altura h, por onde a água extravasa, projetando-se horizontalmente, conforme ilustra a figura. No local, a resistência do ar é desprezível e a aceleração da gravidade tem intensidade g.

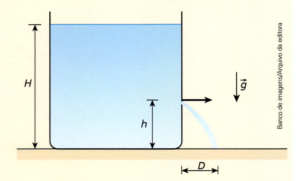

Sendo D o alcance horizontal atingido pela água, determine:

a) o máximo valor de D;
b) os valores de h para os quais se obtêm alcances horizontais iguais.

Resolução:

a) A intensidade da velocidade de escoamento da água através do furo é v, dada pela Equação de Torricelli:

$$v = \sqrt{2g(H-h)} \qquad (I)$$

O movimento das gotas de água a partir do furo é uniformemente variado na vertical; logo:

$$\Delta y = v_{0_y} t + \frac{\alpha_y}{2} t^2 \Rightarrow h = \frac{g}{2} t_q^2$$

Da qual:

$$t_q = \sqrt{\frac{2h}{g}} \qquad (II)$$

O movimento das gotas de água a partir do furo é uniforme na horizontal; logo:

$$\Delta x = vt \Rightarrow D = vt_q \qquad (III)$$

Substituindo-se (I) e (II) em (III), segue que:

$$D = \sqrt{2g(H-h)} \sqrt{\frac{2h}{g}}$$

Assim:

$$\boxed{D = 2\sqrt{(H-h)h}}$$

Chamemos de y o radicando $(H-h)h$.

$$y = (H-h)h$$

A função $y = f(h)$ é do segundo grau e sua representação gráfica é um arco de parábola com concavidade voltada para baixo, conforme aparece a seguir.

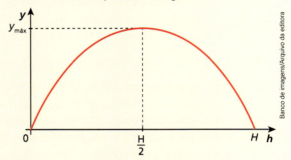

Observando-se que $y = 0$ para $h = 0$ e $h = H$, tem-se:

Para $h = \dfrac{H}{2} \Rightarrow y_{máx} \Rightarrow d_{máx}$

Logo: $D_{máx} = 2\sqrt{\left(H - \dfrac{H}{2}\right)\dfrac{H}{2}}$

Donde: $\boxed{D_{máx} = H}$

b) Alcances horizontais iguais são obtidos para um mesmo valor de y, isto é, quando $y_2 = y_1$.

Analisando-se o gráfico anterior, vem:

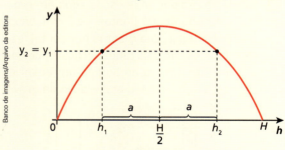

$D_2 = D_1 \Rightarrow y_2 = y_1$

Nesse caso:

$$\boxed{h_1 = \frac{H}{2} - a} \text{ e } \boxed{h_2 = \frac{H}{2} + a}$$

$$\left(\text{com } 0 < a < \frac{H}{2}\right)$$

A figura a seguir ilustra o exposto.

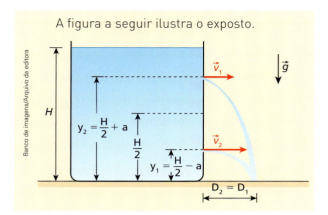

124. Na figura a seguir está esquematizado um grande tanque aberto cheio de água até uma altura H apoiado sobre uma superfície horizontal.

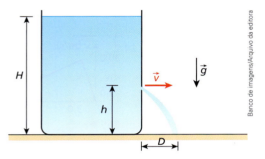

Faz-se um pequeno furo na parede lateral do reservatório, a uma altura h em relação à sua base, por onde jorra um filete d'água com velocidade horizontal de intensidade v. No local, a resistência do ar é desprezível e a acelereção da gravidade tem módulo igual a g. Sendo D o alcance horizontal da água, determine em função de H, h e g:

a) o valor de v; b) o valor de D.

125. (Unirio-RJ) Um menino deve regar o jardim de sua mãe e pretende fazer isso da varanda de sua residência, segurando uma mangueira na posição horizontal, conforme a figura abaixo.

Durante toda a tarefa, a altura da mangueira, em relação ao jardim, permanecerá constante. Inicialmente, a vazão de água, que pode ser definida como o volume de água que atravessa a área transversal da mangueira na unidade de tempo, é φ_0. Para que a água da mangueira atinja a planta mais distante no jardim, ele percebe que o alcance inicial deve ser quadruplicado. A mangueira tem em sua extremidade um dispositivo com orifício circular de raio variável. Para que consiga molhar todas as plantas do jardim sem molhar o resto do terreno, ele deve:

a) reduzir o raio do orifício em 50% e quadruplicar a vazão de água.
b) manter a vazão constante e diminuir a área do orifício em 50%.
c) manter a vazão constante e diminuir o raio do orifício em 50%.
d) manter constante a área do orifício e dobrar a vazão de água.
e) reduzir o raio do orifício em 50% e dobrar a vazão de água.

126. (Unirio-RJ) Uma bomba-d'água enche o reservatório representado na figura a seguir até a altura H. Assim que a água atinge esse nível, a tampa **T** de um escoadouro é aberta. A tampa está a uma altura y do fundo do reservatório e sua vazão é igual à da bomba, que permanece ligada o tempo todo. Sabendo que a água sai horizontalmente pela tampa, determine a expressão para o alcance máximo, $A_{máx}$, atingido pela água e a altura y do escoadouro.

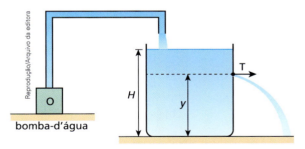

Despreze os atritos.

a) $A_{máx} = 2\sqrt{y(H-y)}$; $y = \dfrac{H}{2}$

b) $A_{máx} = 4\sqrt{y(H-y)}$; $y = \dfrac{H}{4}$

c) $A_{máx} = 3\sqrt{y(H-y)}$; $y = \dfrac{H}{3}$

d) $A_{máx} = 5\sqrt{y(H-y)}$; $y = \dfrac{H}{6}$

e) $A_{máx} = 6\sqrt{y(H-y)}$; $y = \dfrac{H}{5}$

Respostas

Unidade 2 – Dinâmica

Tópico 4 – Gravitação

1. e
2. a) $\dfrac{A_1}{A_2} = 1$
   b) 2ª Lei de Kepler
3. e   4. c   5. 11
6. Nenhuma modificação, pois o período de translação da EEI independe de sua massa.
7. c
8. a) $V_{máx}$ em **A**; $V_{mín}$ em **B**.
   b) $\Delta t_{DAB} < \Delta t_{ABC} = \Delta t_{CDA} < \Delta t_{BCD}$
9. c
11. a) 9R   b) $8R \leq d \leq 10R$
12. a) 1 dia ou 24 h
    b) Aproximadamente 6,7R
13. a   14. b   15. c
17. 20   18. d
20. a) 2 dias   b) $\dfrac{v_{Te}}{v_{Ti}} = 2$
21. a) 24 h
    b) Como o satélite está em movimento ao longo da órbita, o peso dele desempenha a função de resultante centrípeta.
23. 90%
24. a) Aproximadamente 35,3 km/s
    b) 847 200 km
26. a) 25 UA   b) $\dfrac{1}{5}$
27. a) $\sqrt{\dfrac{GM}{r}}$ b) $\left(\dfrac{R_e}{R_i}\right)^{\frac{3}{2}}$
28. As pessoas e o avião têm aceleração vetorial igual a $|\vec{g}|$.
29. 17   31. 60 kg e 600 N
32. b   34. b
35. $2,56 \cdot 10^4$ km
37. $4,0$ m/s²   38. $\dfrac{1}{2}$
39. $\dfrac{3\pi}{GT^2}$ 41. 3,0 m
42. 0,10 m/s²   43. e
45. a) 4,0 m/s²   b) 5 m
46. $m\omega^2 R$ 47. d   48. a
49. b   50. b
51. 18   52. b

53. a) $4,2 \cdot 10^{-5}$ m/s²
    b) $1,25 \cdot 10^{-4}$ N
54. $\dfrac{1}{2}$
55. a) $1,5 \cdot 10^{-2}$
    b) $2,0 \cdot 10^2$ m/s
56. a) $\alpha = \beta^2$ c) $r_T = \sqrt{\dfrac{1}{\beta}}$
    b) β d) $r_V = \sqrt{\beta}$
57. Demonstração.
58. $\left(\dfrac{3\pi r^3}{G\mu R^3}\right)^{\frac{1}{2}}$ 59. $\dfrac{16\pi^3}{3} \cdot \dfrac{\mu R^3 r}{T^2}$
60. $\dfrac{3\pi}{GT^2}$ 61. e
62. $T = 2\pi R\sqrt{\dfrac{R\sqrt{3}}{GM}}$
63. $\dfrac{4\pi R}{3}\sqrt{\dfrac{R}{GM}}$ 64. c
65. a)

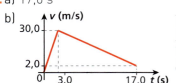

   b) 1

Tópico 5 – Movimentos em campo gravitacional uniforme

1. c
3. a) 2,5 m/s   b) 0,8
4. b   5. e   6. c
7. a) 4,5 m/s   b) 1,8 m
9. a) 3,2 m   b) 9,6 m
10. 3,75
11. a) 2,25 m   b) 0,4 m
12. 3,2 m e 6,4 m
13. a) 10 m/s   c) 3,8 m
    b) 8,0 m
14. a) 300 m   b) 2,0 s
15. a) 12 m   b) 13 m/s
16. a   17. c   19. 800 m
20. a) 80 cm   b) 24 cm
21. a
23. $3,0$ m/s $\leq v_0 \leq 6,0$ m/s
24. 6,0 m/s²
25. d   26. d   27. d   28. c

29. a) 13,0 m
    b) 5,0 m/s e 13,0 m/s
30. d
31. a) 0,75 s   c) 64 m/s
    b) 32 m/s
32. a) 5,0 s   b) 100 m
33. a) 4,1 s   c) 20,7 m
    b) 28,7 m/s
34. d
35. a) 6,0 m   c) 0,95 s
    b) 0,20 s
36. e   37. d   38. d
39. 0,50 m/s²   40. 7º degrau
41. e
42. a) 17,0 s
    b)

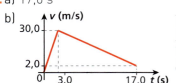

    c) 269 m
43. a) 2,5 m/s   c) 7,0 kg
    b) 2,5 m/s²
44. a) 6,0 rad/s   b) 6,0 m
45. 3
46. $3(1 + 2n)$ rad/s
47. $v_p = \dfrac{v_A}{\cos \theta}$ e $v_p \geq \dfrac{1}{\sin \theta}\sqrt{2gH}$
48. a) $\dfrac{v_0^2 \sin 2\theta}{g}$ c) $\dfrac{2v_0 \sin \theta}{g}$
    b) 90°
49. a) 48 m   b) 400 m
50. a) 40 m   b) 15 m

Tópico 6 – Trabalho e potência

1. Trabalho nulo.
2. b   4. 60 J   5. c
6. a) 50 N   b) zero
7. a) 120 J   c) 40 J
   b) -80 J
8. $3,2 \cdot 10^3$ J
9. a) 0,15 e 0,10
   b) 100 J
   c) Trabalho nulo.
11. a) $1,0 \cdot 10^3$ J
    b) $-1,0 \cdot 10^3$ J

12. $\tau_1 = 0$, $\tau_2 = 300$ J, $\tau_3 = 0$ e $\tau_4 = -250$ J
13. a) 5,0 N   b) 10 J e −6,0 J
14. $6,0 \cdot 10^2$ J
15. a) $4,0 \cdot 10^2$ J   c) $6,0 \cdot 10^2$ J
b) $-1,0 \cdot 10^2$ J
16. a) 30 N   c) zero
b) 5,0 rad/s
17. a) 714 N   b) 350 J
18. c   **19.** 10 m/s   **20.** 1,5 m
21. a) 45 J   b) 10 m/s
23. 57 J   **24.** d
25. 21 400 J   **26.** d
27. a) 20 J   b) −40 J
28. b   **29.** c
30. a) $-5,0 \cdot 10^2$ J   b) 5,0 s
31. a) 4,0 m/s
b) $8,0 \cdot 10^2$ J e $-8,0 \cdot 10^2$ J
32. $3,6 \cdot 10^2$ N   **33.** 4,0 m/s
35. −3 360 J
37. 2,5 m
38. a) 5,0 m/s   b) 0,25
39. a) $\dfrac{MgH}{h}$ b) $\left(\dfrac{H}{h} - 1\right)g$
40. a) 5,0 J
b) −5,0 J
c) $4,0 \cdot 10^3$ N/m
41. a) 3,0 m   b) zero
42. d   **44.** $2,5 \cdot 10^3$ J
45. a) $8,0 \cdot 10^2$ J   b) 32 W
46. a) $3,2 \cdot 10^3$ J
b) Ela despenderá em 20 s potência maior que em 40 s.
47. a) $2,0 \cdot 10^4$ J   b) 1 min 40 s
48. d   **49.** c   **50.** c
51. a) $6,75 \cdot 10^5$ J   b) 90 cv
52. a) $5,5 \cdot 10^2$ J   b) $1,1 \cdot 10^2$ W
54. 590 MW   **55.** b
56. 5,0 kW
57. a) $0,50$ m/s²   b) 2,0 W
58. a) 300 N   b) 150 N
59. 2,0 kg
60. a) $4,5 \cdot 10^4$ J   b) $1,5 \cdot 10^2$ W
62. c
63. a) 40 hp   b) 4 hp
64. a   **65.** b
66. a) $-6,8 \cdot 10^4$ J   b) 34 kW

67. a) 9,0 kN   b) 90 kW
68. 240 hp   **70.** 5
72. a) 16 W   b) 9,0 m/s
73. a) 2 000 kW   b) 300 kN
74. $2,0 \cdot 10^2$ W
75. e   **76.** e
77. a) 4,5 N   c) 1,5 N
b) 54 J   d) 25 cm
78. a) 0,5 m   b) $3,0 \cdot 10^{-15}$ J
79. a   **80.** c
81. a) 80 N   b) 26,2 m
82. a   **83.** a
84. a) 400 N   b) 2,0 m/s
85. a)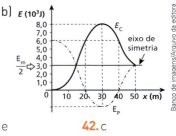
b) Aproximadamente 10,7 m/s
86. 10 m/s
87. a) 2,7 kW
b) Aproximadamente 33 s
88. a) 1,6 MW   c) 6 144 famílias
b) 428 MW
89. c
90. a) 80 km/h   c) 4,0 h
b) 280
91. d
92. a) $2,0 \cdot 10^2$ s
b) $8,0 \cdot 10^3$ N
c) $2,0 \cdot 10^{-1}$ m/s²
93. a) $\dfrac{\pi}{20}$ rad/s   c) 4,0 kN
b) 5,0 m/s²   d) $2,0 \cdot 10^5$ W
94. 17 J
95. a) 3,0 N   b) 9,0 m
96. $p > \dfrac{v_0^2}{4g} + \dfrac{H}{2}$
97. a)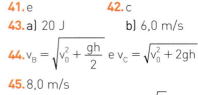
b) $4,0 \cdot 10^2$ J e 40 N

98. e
99. $\dfrac{1}{2}$
100. a) −3,6 J
b) 180 N
c) Módulo nulo.
101. a) 1,0 kJ   b) 50 W
102. $\dfrac{3}{4}$

Tópico 7 – Energia mecânica e sua conservação

1. $4,5 \cdot 10^{11}$ J   **2.** d
4. c   **5.** $1,5 \cdot 10^3$ J
6. a) zero   b) 4,9 J
7. a   **8.** 6,4 J   **9.** b
10. b   **11.** b   **12.** b
13. c   **14.** b   **16.** a
17. a) $5,0 \cdot 10^3$ N/m
b) 300 N
c) 4,0 J
19. 8,0 J   **20.** c
21. 12 J   **22.** d
24. a) 400 J e zero.
b) $2,0 \cdot 10^2$ m/s
25. b   **26.** e   **28.** a   **29.** b
30. a) 4,0 kJ   b) 20 m/s
31. a) 10 m/s   b) 3,0 kJ
32. b
34. a) 6,0 m/s   b) 1,8 m
35. a) 3,0 J   b) 5,0 m
36. a   **38.** 13,0 m   **39.** d
40. a) 5,0 m e 10 m/s
b)
41. e   **42.** c
43. a) 20 J   b) 6,0 m/s
44. $v_B = \sqrt{v_0^2 + \dfrac{gh}{2}}$ e $v_C = \sqrt{v_0^2 + 2gh}$
45. 8,0 m/s
46. a) −mgh   b) $\dfrac{2\sqrt{3}}{3}$
47. a   **49.** a   **50.** $2\sqrt{gR}$

RESPOSTAS **669**

51. a) $T_a = T_b < T_c$
b) $v_A < v_B = v_C$
52. d   **53.** b   **55.** 1,2 m
56. e
57. a) 20 m   b) 160 N/m
59. a)

b) 4,0 kN
60. $5,0 \cdot 10^{-2}$ J
61. a) 10 m/s   b) 72 N
62. 10 J
63. a) 2 281 500 J   b) 400,0 m
64. $3,0 \cdot 10^{-1}$ J
65. 2,0 kW   **66.** b
67. a) $\sqrt{11gL}$ b) 12 m g
68. d
69. $v_1 = \sqrt{2\,g\ell}$ e $v_2 = \sqrt{2,4\,g\ell}$
70. c
71. a) 5,0 m/s²   b) 1,0 rad/s
72. d
73. a) Aproximadamente 9,2 m/s²
b) Aproximadamente 8,8 m/s
74. $\dfrac{11}{4}$
75. a) 2,5 m   b) 5,0 m/s
76. a) 3 816,0 J   c) 8,4 m
b) 0,80 s
77. Aproximadamente 1,4 m/s
78. a) 28 m/s   c) 30 m/s²
b) 100 N/m   d) 30 m/s
79. 2,0 m/s   **80.** $\dfrac{4}{5}$ **81.** c
82. a) $v_{II} = v_I = \sqrt{2gL(1 + \operatorname{sen}\alpha)}$
b) $\Delta t_{II} < \Delta t_I$
83. a) $\dfrac{R}{2}$
b)
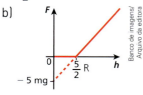
84. $\operatorname{tg}\theta = \sqrt{2}$ **85.** b

86. a) $2\sqrt{Rh}$ c) $2R$
b) $\dfrac{R}{h} = 1$
87. $\sqrt{gR\left[\dfrac{1}{\cos\theta} + 2(1 + \cos\theta)\right]}$
88. a) Aproximadamente 7,5 cm
b) Não retorna: $F_{mola} < F_{at_d}$.
90. $\sqrt{\dfrac{3GM}{2R}}$ **91.** 11,3 km/s
92. a
93. a) $\dfrac{GM^2}{4D}$ b) $-\dfrac{GM^2}{2D}$

Tópico 8 – Quantidade de movimento e sua conservação

1. $1,6 \cdot 10^3$ kg · m/s
2. d   **3.** c
5. a) 60 N   b) 2,0 cm
6. 14 s
8. 4,0 m/s, 7,0 m/s e 4,0 m/s
9. d
10. a) Sim.   b) Não.
11. c   **12.** d   **13.** e
14. $4,0 \cdot 10^2$ J   **16.** 40 N
17. 100 kg   **18.** 20
20. $2,0 \cdot 10^4$ Ns
21. a) 20 s   b) 1 250 N
22. a) 18 kg · m/s   b) $3,6 \cdot 10^2$ J
23. a) 6,0 m/s   b) 1 080 J
24. b   **25.** 11   **26.** d
28. 0,40 m/s   **29.** d
30. 2 min 30 s   **31.** c
32. e   **33.** d   **34.** e
36. $v_G = 1,0$ m/s e $v_P = 10$ m/s
37. a) $8,4 \cdot 10^{-2}$ m/s
b) -2436 J
38. a) 0,20 m/s   b) 20 N
40. a) $\dfrac{\Delta t_L}{\Delta t_2} = \dfrac{1}{3}$
b) Bloco 1: 2,0 J; bloco 2: 1,0 J
41. a) $\dfrac{t_2}{t_1} = 1$; $\dfrac{v_2}{v_1} = \dfrac{3}{2}$
b) $\dfrac{2}{3}$
42. a) 58,5 km/h
b) 0,025 ou 2,5%

44. a) $\dfrac{Q_H}{Q_P} = 1$
b) 50 cm
c) 0,50 m/s e 0,75 m/s
45. $\dfrac{M}{m}\sqrt{2gL}$
46. 24 m/s   **47.** c
48. $-1,0 \cdot 10^3$ m/s
49. a) 4,0 m/s para cima
b) 432 J
50. 10 m/s
51. a) 1,0 m/s   b) 1,0 m/s
53. a) $v\sqrt{2}$ b) $2\dfrac{M}{3}v^2$
54. e
55. a) 0,25; parcialmente elástica
b) 0; totalmente inelástica
c) 1; elástica
d) 0,6; parcialmente elástica
e) 0; totalmente inelástica
57. a) $\dfrac{m_1}{m_2} = 1$ b) $\dfrac{m_1}{m_2} = 0,6$
59. 14,4 km/h   **60.** 2,5 m/s
61. c
62. a) 10 cm/s   b) 4,5 Ns
63. a) 0,6   b) 0,2 kg
64. b   **65.** b
67. $v'_A = -1,0$ m/s e $v'_B = 2,0$ m/s
68. 10 m/s   **69.** c   **70.** b
71. **A**: 1,0 m/s; **B**: 4,0 m/s;
C: 12 m/s
73. (A): 6,0 m/s; (B): 8,0 m/s
74. a) (1): $-4,0$ m/s; (2): 1,0 m/s
b) $\dfrac{5}{14}$
75. a) 0,5   b) 45%
76. a) 0,5; parcialmente elástico
b) 8,0 kg
c) $2,8 \cdot 10^4$ N
77. d
78. a) 2,0 m/s   b) $-6,0$ J
79. $\dfrac{H}{9}$ **80.** $3,0 \cdot 10^{-2}$ m
82. a) 2,0 m/s   b) 20 cm
83. a) $\sqrt{\dfrac{h}{H}}$
b) $h = H$, elástico; $0 < h < H$, parcialmente elástico e $h = 0$, totalmente inelástico

84. a **85.** a **86.** c
87. 20 kN
88. a) 60 m/s   b) $7{,}0 \cdot 10^2$ J
89. c
90. a) 1,0 m/s   b) 80 J
91. Aproximadamente 1,2 km/h
92. a
93. a) $\sqrt{\dfrac{2GM}{R_0}}$

b) $\sqrt{\dfrac{GM}{R_0}}$

c) $(\sqrt{8}-1)\sqrt{\dfrac{GM}{R_0}}$

94. Aproximadamente 5,31 MeV
95. a
96. a) 40,0 m/s
b) 20,0 m/s
c) 0,5
d) $\tau = 0$ e $I = 30{,}0$ Ns
97. a) 12,0 cm/s   b) $7{,}56 \cdot 10^{-7}$ J
98. a) 4,0 m/s
b) Aproximadamente 3,5 m
c) 2,0 m e a mola não será comprimida.
99. b
100. a) 2,0 m/s
b) 2,0 m/s
c) 1,0 m, e o bloco não atinge a caçapa.
101. a) $1{,}0 \cdot 10^2$ J   c) 1,0 m/s
b) 6,0 m/s
102. a) $\sqrt{\dfrac{gR}{2}}$

b) $\dfrac{R}{4}\left(1+\dfrac{M_2}{M_1}\right)^2$

103. a) 4,5 m/s   c) 40 cm
b) 5,0 cm
104. c **105.** b **106.** 27°
107. a) $\dfrac{\sqrt{3}}{3} v_0$ b) $\dfrac{2}{3}$

108. $\dfrac{5}{6} v$

109. a) 3,0 m/s e 5,0 m/s
b) $\dfrac{9}{25}$
c) $\dfrac{17}{32}$
110. 5,0 cm

111. a) 2,0 g   b) $5{,}6 \cdot 10^{-2}$ N
112. a) 2,0 g · m/s
b) 140 g
113. 2,0 m
114. a) Não.
b) 4,0 m
c) 640 kg · m/s
115. a) 1,28 s; 25,6 m/s
b) 24,0 m/s
c) Maior que 18,4 m
116. $\sqrt{\dfrac{(M+m)}{M} 2gL}$

117. $e^{2n} H$
118. a) 50,0 cm   b) 390 N
119. Partícula 1: $2{,}0 \cdot 10^4$ m/s; partícula 2: $1{,}0 \cdot 10^5$ m/s
120. a) 3,0 m/s   c) 4,0 m/s
b) 5,0 m/s
121. a) 90°   b) $\dfrac{\sqrt{2}}{2} v_0$
123. a
124. a) $\dfrac{20}{27} R$

b) **CM** interno à esfera terrestre, pois $\bar{x} < R$.
125. a) $60 \cdot 10^3$ km/h
b) 246 anos
c) Aproximadamente 710 km/h
127. **CM** da barra coincide com seu centro geométrico.
128. c
129. $\bar{x} = R$ e $\bar{y} = \dfrac{5R}{6}$
131. b   **132.** 5,0 m/s
133. Velocidade nula
134. b   **135.** e

Unidade 3 – Estática
Tópico 1 – Estática dos sólidos

1. e   **3.** d
5. a) $2{,}0$ N $\leq F_R \leq 14{,}0$ N
b) 10,0 N
6. c   **7.** a
8. a) Não.
b) Os diagramas apresentados não estabelecem situações de equilíbrio. A linha poligonal formada pelos três vetores não é fechada.

10. a   **11.** 280 N   **13.** a
14. e   **15.** b   **16.** e
17. $\dfrac{P}{2 \operatorname{sen} \alpha}$

18. d **19.** e **20.** d **21.** b
22. c **23.** c   **24.** d
26. a) 150 N   b) 7,0 cm
27. a) 25 cm   b) $500\sqrt{2}$ N
28. c   **29.** e   **30.** b
31. a) $\dfrac{PR}{L}$

b) $\dfrac{P\sqrt{L^2+R^2}}{L}$

32. Reação da parede: $P \operatorname{tg} \theta$;

reação do plano: $\dfrac{P}{\cos \theta}$.

33. b **34.** c **35.** e **36.** e
37. c **39.** d **40.** e **41.** d
43. a) $\dfrac{F_m}{F_p} = \dfrac{d_p}{d_m}$.

b) 150 N
45. c **46.** e **48.** c **49.** d **50.** d
51. a   **52.** 1,5 m   **53.** c
54. d   **56.** b   **57.** c
58. a   **59.** c   **60.** a
61. O peso do objeto de ferro preso na extremidade da haste desloca o centro de gravidade, situando-o abaixo do ponto de suspensão e estabelecendo o equilíbrio do tipo estável para o brinquedo.
62. a
63. a) **A**: instável; **B**: estável; **C**: indiferente.
b) Em **A**, qualquer pequena perturbação fará a bolinha abandonar a posição e não mais retornar a ela.
Em **B**, quando ligeiramente perturbada, a bolinha tende a retornar para a posição inicial. Equilíbrio estável.
Em **C**, uma vez deslocada, a partícula permanece em repouso na nova posição. Equilíbrio indiferente.

64. a   **65.** d   **66.** e   **67.** b
68. e   **69.** b   **70.** a   **71.** e
73. b   **74.** b   **75.** e   **76.** d
77. a) 30%   b) 22, 75
78. c
80. $\dfrac{v_P}{v_C} = 1,5$ e M = 40 kg
81. a   **82.** a   **83.** e   **84.** a   **85.** d
86. e   **87.** a   **88.** 6 cm
89. c   **90.** c   **91.** c   **92.** a   **93.** a
94. $\dfrac{P(x-y)}{4(x+y)}$
95. a   **96.** b   **97.** e   **98.** a   **99.** a
100. a   **101.** b   **102.** a   **103.** d

Tópico 2 – Estática dos fluidos

1. d
2. a) 1,0 g/cm³
    b) $1,0 \cdot 10^4$ N/m³
3. 1,26
5. a) $2,0 \cdot 10^4$ N/m²
    b) $4,0 \cdot 10^5$ N/m²
6. c   **8.** c   **9.** d
10. $\dfrac{1}{2}$ **11.** b
12. $\dfrac{p_A}{p_B} = \dfrac{1}{3}$
13. $\dfrac{p_2}{p_1} = \dfrac{1}{2}$
14. $1,2 \cdot 10^4$ N/m² ou aproximadamente 0,12 atm.
15. a) $1,8 \cdot 10^3$ N   b) $1,0 \cdot 10^6$ Pa
16. c   **17.** e
18. a) $p_A = p_B = p_C$
    b) $F_A = F_B = F_C$
20. 7,0 N   **22.** d
23. 60 cmHg   **24.** $\dfrac{|\vec{f_1}|}{|\vec{f_2}|} = \dfrac{1}{4}$
25. $2,5 \cdot 10^2$ Pa   **27.** a
28. $\alpha \cong 60°$ **29.** 0,80   **30.** a
31. Gás **M**: 90 cmHg; gás **N**: 20 cmHg
32. 0,32 atm   **33.** a
34. a) 30 m   b) 1,0 m/s
35. 13,6 g/cm³   **36.** 24,0 cm
37. d   **38.** 80 N

39. a) 1,0 atm ou $1,0 \cdot 10^5$ Pa
    b)

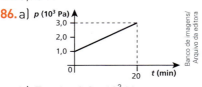

40. c   **41.** b
42. $x = \dfrac{8}{3}h$
43. a) $2,0 \cdot 10^2$ cm³
    b)

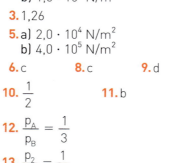

44. 786 mmHg
46. a   **47.** e
48. a) $1,0 \cdot 10^3$ N
    b) $3,0 \cdot 10^4$ J e $3,0 \cdot 10^4$ J
49. e   **50.** b   **51.** d
53. a) L = 10 cm; A = 20 cm
    b) 2,0 g/cm³
54. a) 0,40 N
    b) $8,0 \cdot 10^2$ kg/m³
55. d   **57.** 90%
58. a) 6,3 N   b) glicerina
59. e   **60.** $\dfrac{3}{4}$
61. a) 0,80 N   b) 60%
62. a) Para cima.
    b) $1,0 \cdot 10^2$ cm³
63. a) 30 N   c) 2,0 kg
    b) 12 N
64. a) 3,0 N
    b) $1,0 \cdot 10^4$ kg/m³
65. a) 10 N   b) 5,0 cm
66. d   **68.** e   **69.** b   **70.** b
71. c   **72.** c   **74.** b   **75.** d
77. A indicação de (**B**) aumentará, enquanto a indicação de (**b**) diminuirá.
78. b   **79.** a   **80.** 5,0 s
81. a) 20 m   b) $4\sqrt{2}$ s
82. c
83. a) A partir do instante t = 10 s.
    b) 60 N/m²

84. a) 3,8 m   c) 7,6 J
    b) $3,8 \cdot 10^4$ Pa
85. 0,75 N
86. a)

    b) Fundo: $3,0 \cdot 10^3$ N;
         laterais: $4,5 \cdot 10^2$ N
87. 1,2 g/cm³
88. b   **89.** c
90. a) 50 N/m   c) 107,5 cm
    b) 30 N
91. a) 3,6 m/s
    b) $6,25 \cdot 10^2$ kg/m³
92. a) 1,5 cm
    b) $2,2 \cdot 10^{-2}$ N
93. h' = h, pois o volume imerso é o mesmo em ambos os casos.
94. c
95. a) Aproximadamente 396,2 atm
    b) $5,0 \cdot 10^4$ m³
    c) 12,5%
96. b   **97.** $\dfrac{\rho_b - \rho}{\rho_b - \rho_c}$
98. d   **99.** 3,0 cm³
100. a) 9,5%
     b) 20,0 cm
     c) Receber 74,24 kN.
101. 10 barras.
102. a) 17,6 kgf; 42,4 kgf
     b) 60,0 kgf
103. c   **104.** 50 cm/s
105. a) $1,0 \cdot 10^3$ kg/m³
     b) Líquido 1: 2; líquido 2: 1
106. b   **107.** b   **108.** b
110. 72 s ou 1 min 12 s
111. d   **112.** e   **113.** c
115. b   **116.** d
117. a) $1,5 \cdot 10^3$ N/m²
     b) 810 toneladas.
     c) Aproximadamente 100 km/h
118. Princípio de Bernoulli e aproximadamente 79,6 N/m².
119. $4,2 \cdot 10^5$ Pa   **120.** a
122. $1,1 \cdot 10^4$ N/m²
124. a) $v = \sqrt{2g(H-h)} = \sqrt{2g(H-h)}$
     b) $D = 2\sqrt{(H-h)h}$
125. c   **126.** a